3D 数学基础：图形和游戏开发
（第 2 版）

[美] 弗莱彻·邓恩（Fletcher Dunn）

[美] 伊恩·帕贝利（Ian Parberry）　著

穆丽君　张　俊　译

清华大学出版社

北　京

内容简介

本书详细阐述了在计算机图形学中与数学相关的基本解决方案，主要包括笛卡儿坐标系、矢量、多个坐标空间、矩阵简介、矩阵和线性变换、矩阵详解、极坐标系、三维旋转、几何图元、二维图形的数学主题、力学知识以及三维曲线等内容。此外，本书还提供了相应的示例，以帮助读者进一步理解相关方案的实现过程。

本书适合作为高等院校计算机及相关专业的教材和教学参考书，也可作为相关开发人员的自学教材和参考手册。

北京市版权局著作权合同登记号 图字：01-2013-6406

3D Math Primer for Graphics and Game Development 2nd *Edition*/by Fletcher Dunn and Ian Parberry /ISBN:978-1-56881-723-1

Copyright © 2011 by CRC Press.

Authorized translation from English language edition published by CRC Press, part of Taylor & Francis Group LLC;All rights reserved;

本书原版由 Taylor & Francis 出版集团旗下，CRC 出版公司出版，并经其授权翻译出版。版权所有，侵权必究。

Tsinghua University Press is authorized to publish and distribute exclusively the **Chinese(Simplified Characters)** language edition.This edition is authorized for sale throughout **Mailand of China**.No part of the publication may be reproduced or distributed by any means,or stored in a database or retrieval system,without the prior written permission of the publisher.

本书中文简体翻译版授权由清华大学出版社独家出版并限在中国大陆地区销售。未经出版者书面许可，不得以任何方式复制或发行本书的任何部分。

Copies of this book sold without a Taylor & Francis sticker on the cover are unauthorized and illegal.

本书封面贴有 Taylor & Francis 公司防伪标签，无标签者不得销售。

版权所有，侵权必究。举报：010-62782989，beiqinquan@tup.tsinghua.edu.cn。

图书在版编目（CIP）数据

3D 数学基础：图形和游戏开发：第 2 版 ／（美）弗莱彻・邓恩（Fletcher Dunn），（美）伊恩・帕贝利（Ian Parberry）著；穆丽君，张俊译. —北京：清华大学出版社，2020.3（2024.8重印）
　ISBN 978-7-302-54932-1

　Ⅰ．①3⋯　Ⅱ．①弗⋯　②伊⋯　③穆⋯　④张⋯　Ⅲ．①游戏程序-程序设计　Ⅳ．①TP317.6

中国版本图书馆 CIP 数据核字（2020）第 024546 号

责任编辑：赵洛育　贾小红
封面设计：刘　超
版式设计：文森时代
责任校对：马军令
责任印制：刘海龙

出版发行：清华大学出版社
　　　　网　　　址：https://www.tup.com.cn, https://www.wqxuetang.com
　　　　地　　　址：北京清华大学学研大厦 A 座　　　邮　　编：100084
　　　　社 总 机：010-83470000　　　　　　　　　邮　　购：010-62786544
　　　　投稿与读者服务：010-62776969，c-service@tup.tsinghua.edu.cn
　　　　质量反馈：010-62772015，zhiliang@tup.tsinghua.edu.cn
印 装 者：三河市君旺印务有限公司
经　　销：全国新华书店
开　　本：185mm×230mm　　　印　　张：48.25　　　字　　数：967 千字
版　　次：2020 年 5 月第 1 版　　　　　　　印　　次：2024 年 8 月第 7 次印刷
定　　价：199.00 元

产品编号：045525-01

献给 A'me

——Fletcher Dunn

献给 Maggie
希望她继续保持对数学的兴趣

——Ian ParBerry

译 者 序

提到三维视频游戏制作，可能很多人脑海中想到的就是 3d Max、Maya 或 Combustion 之类的软件，但是，如果要学习和利用好这些软件，仍然需要掌握一定的基础知识；否则在实际制作过程中，你可能会遇到很多疑问或麻烦。"蒙惠者虽知其然，而未必知其所以然也。"本书就是帮助读者解决"知其所以然"问题的。

本书详细阐述了三维视频游戏制作所需的基础知识，从对点、线、面的分析开始，详细介绍了三维游戏中的空间坐标系、方向和矢量、坐标空间的变换、三维空间中的旋转、几何图元、三维图形工作原理、渲染方程、多边形网格、纹理贴图、骨骼动画、凹凸贴图、实时图形管道、线性运动学、速度和加速度、匀速圆周运动、动量、冲击力和碰撞测试、实时刚体模拟、参数化多项式曲线等较为全面的内容，并且为难点内容提供了具体的实现代码。为了更好地通过数学方式计算图元，本书还引入了三角函数、矩阵和线性变换、导数和积分等工具，使读者能更好地理解物理模拟和数学之间的关系，以及代码实现方式。总之，本书是学习和掌握三维视频游戏开发技术的一本不可多得的优秀入门读物。

在翻译本书的过程中，为了更好地帮助读者理解和学习，本书以中英文对照的形式保留了大量的术语，这样的安排不仅方便读者理解书中的代码，而且也有助于读者查找和利用相关技术网站上的资源。

本书由穆丽君和张俊翻译，马宏华、唐盛、黄刚、郝艳杰、黄永强、陈凯、黄进青、熊爱华等参与了程序测试和资料整理等工作。由于译者水平有限，错漏之处在所难免，在此诚挚欢迎读者提出任何意见和建议。

译　者

前　言

头炮要打响，顺序不重要。

——Who 博士，*Meglos*（1980）

本书适宜的读者范围

本书是关于 3D 数学、三维空间的几何和代数的入门教材。它旨在告诉你如何使用数学描述三维中的物体及其位置、方向和轨迹。这不是一本关于计算机图形学、模拟，甚至计算几何的书，但是，如果读者打算研究这些科目，那么肯定需要这里的信息。

这是一本适宜视频游戏程序开发人员阅读的图书。虽然本书假定大多数读者都是为了编写视频游戏而学习，但我们期待更广泛的受众，并且在设计这本书的体例时也考虑到了不同的受众。如果你是程序开发人员或有兴趣学习如何制作视频游戏，欢迎加入！如果你没有达到这些标准，那么你在这里仍然可以收获很多。我们已经尽一切努力使本书对设计师和技术美工也很有用。虽然本书中有一些代码片段，但即使对于非程序开发人员来说，它们也很容易阅读（希望如此）。最重要的是，虽然你需要先理解相关的概念才能理解代码，但是反过来并不成立。我们使用代码示例来说明如何在计算机上实现创意，而不是解释这些创意本身。

本书的书名有"游戏开发"字样，但我们所涵盖的大量材料适用于视频游戏之外。实际上，任何想要模拟、渲染或理解三维世界的人都会觉得这本书很有用。虽然我们确实尝试提供来自视频游戏开发世界的一些激动人心的示例，因为这是我们的专业领域以及主要目标受众，但是，如果完成的最后一个游戏是 Space Quest，那么你将不会被排除在外。[①] 如果你的兴趣在于比视频游戏更"成熟"的东西，请放心，这本书中没有关于一枪爆头或残肢断臂之类的视频游戏中的具体示例，也不会讨论如何让血腥画面恰到好处之类的问题。

[①] Space Quest 是一款太空探索题材的游戏，玩家的任务是要求探索的伙伴"一个也不能少"，所以说你"不会被排除在外"。当然，这款游戏最后失败了，抱歉。

阅读本书的理由

本书有许多特色，包括其主题、方法、作者和写作风格等。

独特的主题

这本书填补了其他三维游戏开发类书籍在图形、线性代数、模拟和编程等方面留下的空白。这是一本入门教材，这意味着我们的写作重点是提供对基本三维概念的全面阐述——这些主题在一些快速入门网页中通常都会被掩盖，或者降级到其他书籍的附录中，因为有些内容可能会被作者默认为读者已经掌握的基础知识。但是，我们发现这些主题往往是初学者的关键点！在某种程度上，这本书是将图形、物理和曲线等方面的书籍黏合在一起的镜像。我们将首先全面介绍数学基础知识，然后给出高级应用领域的简明描述。

本书确实试图为初学者提供比较平缓的入门通道，但这并不意味着我们将永远行驶在慢车道上。事实上，这里有很多资料，传统上被认为是"先进的"，并仅在高年级或研究生课程中教授。这些主题的专业性超过了它们的难度，并且它们最近成为需要早期教授的重要先决条件，这也是推动对这类图书的需求的一部分动力。

独特的方法

所有作者都认为，为了给读者最好的阅读体验，需要在一本正经地讲授内容和插科打诨之间取得完美的平衡，我们也不例外。但是，我们也意识到，有些认真的读者可能会不认同我们的这种自我评价，他们会觉得这本书不太正式。其实，我们专注于明显的解释和直觉的建立，这样做有时也是以牺牲严谨为代价的。我们的目标是简化，但不过度简化。我们将引领读者进入一条能避开巨魔和恶龙的道路，从而顺利抵达终点。但是，我们也知道读者最终将需要自己穿越山林，因此，在到达我们指引的目的地之后，我们还将转过身来指出危险所在，以帮助读者独闯山林。当然，本书也无法做到面面俱到，所以，有些资料性的工具建议读者通过其他来源获得，这就好比我们已经告诉你闯荡山林的基础知识，但是如果打算扎根山林，则仍然应该咨询当地人以获得更多外人无法通晓的知识，避免可能遇到的危险。这并不是说我们认为严谨是不重要的，我们只是认为在确定了宏观的直觉之后更容易获得严谨的思考和方法，而不是用处理个别案例所需的定义和公理来进行每一项的讨论。坦率地说，现在读者可以在 wikipedia.org 或 Wolfram MathWorld（mathworld.

wolfram.com）上免费阅读到很多简明而正式的演示文稿，所以我们认为任何一本书都不会过多地依赖于定义、公理、证明和边缘情况，特别是主要针对工程师的入门资料。

独特的作者

我们的综合经验使得我们可以将学术权威理论与在开发人员战壕中的实用建议结合在一起。Fletcher Dunn 拥有 15 年的专业游戏编程经验，在各种游戏平台上拥有大约十几款游戏。他曾在达拉斯的 Terminal Reality 工作，担任首席程序员，他是 Infernal 引擎的架构师和 BloodRayne 的首席程序员。他曾担任芝加哥 Wideload Games 的 Walt Disney 公司的技术总监，以及 IGN 的 E3 2010 年度家庭游戏 Disney Guilty Party 的首席程序员。他目前在华盛顿州贝尔维尤的 Valve Software 工作。但迄今为止让他声名鹊起的就是 *Call of Duty*：*Modern Warfare 2*（中文版名称《使命召唤：现代战争2》）中的 Dunn（邓恩）下士的同名。

Ian Parberry 博士在学术研究和教学方面拥有超过 25 年的经验。这是他的第六本书，也是他的第三本关于游戏编程的书。他目前是北德克萨斯大学计算机科学与工程系的终身教授，也是知名的高等教育游戏编程专业先锋人物之一，自 1993 年以来一直在北德克萨斯大学教授游戏编程课程。

独特的写作风格

我们希望读者能喜欢阅读这本数学书有两个原因。最重要的是，我们希望读者能在本书的学习过程中，了解到感兴趣的内容其实也是很有趣的；其次，我们希望读者喜欢阅读本书，就像喜欢阅读文学作品一样。当然我们不奢望能和马克·吐温在同一个层次，或者本书能够成为像 *The Hitchhiker's Guide to the Galaxy*（中文版译名《银河系漫游指南》）之类的经典之作，但做人做事总要满怀抱负不是？话说回来，无论写作风格如何，对于本书来说，第一原则应该是明确交流有关电子游戏的数学知识。①

阅读本书的基础

我们已经尝试让尽可能多的受众都可以阅读这本书。但是，这一努力也不应该超越刚才讲过的第一原则，所以，我们期望读者具备以下基本数学技能：

---

① 这就是为什么我们把大部分的趣味内容放在脚注中的原因。看，我们还是挺正儿八经的。

- ❏ 掌握代数表达式、分数和基本代数定律，例如结合律、分配律和二次方程。
- ❏ 理解变量是什么、函数是什么，并且知道如何绘制函数的图形等。
- ❏ 了解一些非常基本的二维欧几里得几何，例如点是什么、线是什么、平行线和垂直线意味着什么等。在一些地方使用了一些面积和周长的基本公式。如果你暂时忘记了，那也没关系——当你看到它们时，自然会认出它们。
- ❏ 事先能掌握三角学是最好的。我们在本书前面的章节也对三角学进行了一些简要的复习，只是没有给出解释而已。
- ❏ 之前接触过微积分的读者会有一些优势，但是我们将本书中对微积分的使用限制在非常基础的水平上，我们将在第 11 章中给那些没有接受过这种教育的读者提供一些基础概念。本书只需要掌握这些概念和基本定律即可。

如果读者具有一些编程知识做基础，那自然是极好的，但这并不是必需的。在一些地方，我们提供简短的代码片段，以展示如何将讨论的想法转化为代码（此外，某些过程在代码中更容易解释）。这些代码片段是非常基础性的，并且提供了很好的注释，读者只需要对 C 语言语法（也可用于其他几种语言）具有最基本的理解即可。大多数的技术美工或关卡设计师应该能够轻松理解这些代码片段。

章节内容概述

- ❏ 第 1 章将通过讲述本书其余部分所需的一些基础内容进行热身，这些内容读者可能已经掌握。本章将回顾二维和三维中的笛卡儿坐标系，并讨论如何使用笛卡儿坐标系来定位空间中的点。还包括对三角学和求和符号的快速复习。
- ❏ 第 2 章将介绍数学向量和几何角度的矢量，并研究点和向量（矢量）之间的重要关系。本章还将讨论许多向量运算，如何执行它们，在几何上执行它们的含义以及一些可能发现它们很有用的情况。
- ❏ 第 3 章将讨论坐标空间的示例以及它们如何嵌套在层次结构中。本章还将介绍基矢量和坐标空间变换的核心概念。
- ❏ 第 4 章将从数学和几何角度介绍矩阵，并展示矩阵如何成为线性变换背后数学的紧凑符号。
- ❏ 第 5 章将详细研究不同类型的线性变换及其相应的矩阵。本章还将讨论各种变换的类以及分类方法。
- ❏ 第 6 章将介绍一些有趣且有用的矩阵特性，如仿射变换和透视投影，并解释三维世界中四维矢量和矩阵的目的和作用。

❑ 第 7 章将讨论如何在二维和三维中使用极坐标，这样做为什么是有用的，以及如何在极坐标和笛卡儿坐标之间进行转换。

❑ 第 8 章将讨论在三维中表示方向和角位移的不同技术——欧拉角、旋转矩阵、指数映射和四元数。对于每种方法，本章解释该方法的工作原理，并介绍该方法的优缺点以及何时使用该方法。本章还显示如何在不同的表示方式之间进行转换。

❑ 第 9 章将研究一些常用的几何图元，包括直线、球体、包围盒、平面、三角形和多边形等，并讨论如何用数学方法表示和操作它们。

❑ 第 10 章是关于图形的快速进阶课程，涉及一些选定的理论和现代实际问题。首先，本章将阐述关于“图形工作原理”的高级主题，从而推出渲染方程。然后，本章将介绍一些数学性质的理论主题，包括三维视图、坐标空间和多边形网格等。接下来，它将讨论两个当代主题：骨骼动画和凹凸贴图。这些主题通常是数学难度的来源，读者应该特别感兴趣。最后，本章还将简要介绍实时图形管道，演示如何在当前渲染硬件的环境下实现本章前半部分的理论。

❑ 第 11 章将两个相当大的主题合并为一章。它将第一学期微积分的最高级主题与刚体运动学的讨论联系起来——如何描述和分析刚体的运动，而不必理解其原因或关注方向与旋转。

❑ 第 12 章将继续讨论刚体力学。它首先对经典力学进行简要的解释，包括牛顿的运动定律和惯性、质量、力和动量等基本概念。它回顾一些基本的力定律，如重力、弹簧力和摩擦力。本章还考虑到目前为止所讨论的所有线性思想的旋转类比，适当关注碰撞的重要主题。本章最后讨论使用计算机模拟刚体时出现的问题。

❑ 第 13 章将介绍三维中的参数化曲线。本章的前半部分解释如何以一些常见的重要形式表示相对较短的曲线——单项式、贝塞尔曲线和埃尔米特曲线。下半部分涉及将这些较短的部分连接成较长的曲线（称为样条曲线）。在理解每个系统时，本章将考虑系统提供给曲线设计师的控制，如何描述设计师制作的曲线并重新创建曲线，以及如何使用这些控制构建具有特定属性的曲线等。

❑ 第 14 章将激发读者追求在视频游戏方面的成就。

❑ 附录 A 是可以对几何图元执行的各种有用测试。我们的目的是将它作为一个有用的参考，当然，即便是简单浏览一下也是很有益的。

❑ 附录 B 包含本书各章练习的所有答案。

小心，我们可不想从中吸取教训。

——摘自 Bill Watterson 著 *Calvin And Hobbes*（1958—）

致　　谢

Fletcher 要感谢他的妻子 A'me，她忍受了本书写作过程中的漫长煎熬。虽然，我还对其他一些大型项目提出了很有趣的想法（这些想法在刚开始后就被放弃了四分之一），但是，我保证至少两三个星期之内不会再有大项目！

Ian 要感谢他的妻子和孩子们没有大声抱怨；感谢 Fletcher 忍受了他的拖延症；他还要感谢 Douglas Adams 的鲱鱼三明治勺子、牵牛花盆；感谢在本书中可以找到的无数其他有关《银河系漫游指南》三部曲的引用。

感谢 Mike Pratcher，他知识渊博而又细致耐心，并且还撰写了本书的很多练习题；感谢 Matt Carter 制作了本书的机器人和厨房示例，并满足了我们以各种方式摆放机器人的要求；感谢 Glenn Gamble 提供了死羊方面的资料；感谢 Eric Huang 创作了封面插图和所有其他需要艺术才能的二维艺术作品（作者完成了其余部分）；感谢 Pavel Krajcevski 提供的有益批评。

懂得感恩是获得更多恩惠的秘诀。

　　　　　　　　　　——Francois De La Rochefoucauld，法国思想家（1613—1680）

多看看，多感受。

　　　　　　　　　　——RILEY DUNN（1945—）

目　　录

这么多时间，没什么事可干！
罢工，调剂一下。

——威利·旺卡，电影《查理和巧克力工厂》

第 1 章　笛卡儿坐标系

对于那些貌似障碍重重的问题，在试图转向道德和心理方面的求解之前，不妨先从理解最基本的问题开始。

——夏洛克·福尔摩斯《血字的研究》（1887）

所谓"3D 数学"就是以数学方式精确地测量在三维空间中的位置、距离和角度。使用计算机执行此类计算的最常用的框架称为笛卡儿坐标系（Cartesian Coordinate System）。笛卡儿数学是由一位杰出的法国哲学家、物理学家、生理学家和数学家 René Descartes（勒内·笛卡儿）发明的，他生活于 1596—1650 年，在那个年代，笛卡儿数学实现了代数和几何的惊人统一。勒内·笛卡儿不仅因发明笛卡儿数学而闻名于世，他也因为能够很好地回答"我怎么知道某事是真的？"这个问题而闻名。事实上，这个问题是几代哲学家都乐于援引的，它并不必然涉及死羊问题（你可能会感到迷惑，"死羊问题"是怎么回事？别着急，第 1.1 节就会对此有详细的解释），古希腊人对此问题的答案是思想层面的（简单地说，就是"因为我告诉过你了"），或者是情感层面的（"因为它会很好"），或者是表象层面的（"因为它有意义"）。笛卡儿拒绝了古希腊人提出的答案，他致力于用自己的纸和笔来勾勒这些问题。

本章分为以下 4 个小节：

- ❑ 第 1.1 节将回顾数字系统的一些基本原理和计算机图形学的第一定律。
- ❑ 第 1.2 节将介绍二维笛卡儿数学，即平面数学。它显示如何描述二维笛卡儿坐标空间以及如何使用该空间定位点。
- ❑ 第 1.3 节将这些想法扩展到三维中。它解释左手和右手坐标空间，并建立本书中使用的一些约定。
- ❑ 第 1.4 节将快速复习一些基础知识。

1.1　一　维　数　学

读者可能会觉得奇怪：我阅读这本书的目的是因为想要了解三维数学，可为什么要和讨论一维数学呢？在进入三维的学习之前，有一些关于数字系统和计数的问题是需要厘清的。

自然数（Natural Number）通常被称为计数数字（Counting Number），是几千年前发明的，可能是为了跟踪记录死羊。"一只羊"的概念很容易（见图 1.1），然后是"两只羊""三只羊"，但人们很快就确信这样计数太烦了，并且在某些时候放弃了计数，他们总是称之为"许多羊"。不同的文化在不同的数字点上放弃了，这取决于他们对无聊的忍受程度。最终，文明进化到我们有能力让人们围坐在一起思考数字而不是做更多以生存为导向的任务（例如杀羊和吃羊）。这些精明的思想家将零（没有羊）的概念固定化，他们想出了各种系统，并且命名和使用了诸如 1、2 之类的数字（对于罗马人来说，则是 M、X、I 等），数学由此而诞生了。

图 1.1　一只死羊

将绵羊排成一排以便容易计数的习惯进而导致了数字排队（Number Line）的概念，即数字以规则的间隔进行标记并排队，如图 1.2 所示。这条排队的线原则上可以继续，只要我们愿意，可以无限数下去，但为了避免无聊，我们已经停在第 5 只羊身边并用一个箭头让你知道这条线可以继续。更聪明的思想家可以想象它会走向无限，但历史上死羊计数的传播者可能做梦也想不到这个概念。

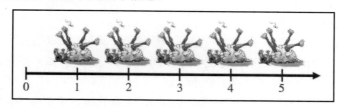

图 1.2　自然数的排队线

在历史的某个时刻，人们可能已经意识到，有时，语速特别快的人可以卖掉他们实际上并不拥有的羊，从而同时发明了债务和负数的重要概念。卖掉这只假定的羊之后，这个语速特别快的人实际上会拥有"负一只"羊，它导致了整数的发现，整数（Integer）由自然数字和它们的负面对应物组成。整数的相应数字排队如图 1.3 所示。

贫困的概念可能早于债务概念，导致越来越多的人仅有能力购买半只死羊，或者仅能购买一只死羊的四分之一。这导致迅速使用由一个整数除以另一个整数的分数，例如 2/3 或 111/27。数学家称这些数为有理数（Rational Number），它们出现在数字排队线上时，是位于整数之间的某个位置。在某些时候，人们变得懒惰并发明了十进制符号，例如，人们会书写"3.1415"而不是更长、更烦琐的 31415/10000 形式的分数。

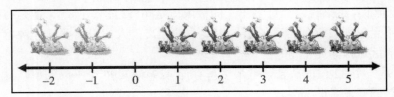

图 1.3　整数的数字排队（请注意，负数表示实际上并不存在的羊）

不久之后，人们注意到在日常生活中似乎出现的一些数字并不能表达为有理数。典型的例子是圆周长与直径的比值，通常用 π 表示（希腊字母 pi，发音为"派"）。这些是所谓的实数（Real Number），它包括有理数和 π 等数字，像 π 这样的数字如果用十进制表示法表示，则需要无限小数位。实数的数学被许多人认为是最重要的数学领域——实际上，它是大多数工程形式的基础，因此可以认为是它创造了大部分的现代文明。关于实数必须知道的事情是，虽然有理数是可数的（也就是说，可以与自然数一一对应），但实数是不可数的。自然数和整数的研究称为离散数学（Discrete Mathematics），而对实数的研究则称为连续数学（Continuous Mathematics）。

然而，事实是，实数只不过是一种精致的虚构。正如任何有名望的物理学家会告诉你的那样，它们是一种相对无害的妄想。宇宙似乎不仅是离散的，而且是有限的。

如果严格按照目前的情况那样，限定宇宙中仅存在有限数量的离散事物，那么只能计算到某个固定数，然后就会用尽所有东西——不仅仅是用完了死羊，也用完了烤面包机、各种器械和消毒剂等。所有物品都规定一个固定上限，这样显然不行，因此，可以仅使用离散数学描述宇宙，并且只需要使用自然数的有限子集（可以很大，但同时也是有限的）。在某种程度上，会有那么一个地方，可能存在一种超越技术水平的外星文明，他们从未听说过连续数学、微积分的基本定理，甚至也没有无限的概念，即使我们坚持，他们也会坚定而有礼貌地坚持不使用 π，但非常乐意使用 3.14159（或者如果他们足够精细的话，可能是 3.14159265358979323846264338332795）建造烤面包机、桥梁、摩天大楼、公共交通设置和星空战舰等。

那么为什么要使用连续数学呢？因为它是一个有用的工具，可以进行工程设计。尽管术语"实数"里面包含一个"实"字，但现实世界却是离散的。这对三维计算机生成的虚拟现实的设计者有何影响？就其本质而言，计算机是离散的和有限的，并且更有可能在创造过程中而不是在现实世界中遇到离散性和有限性的结果。C++为开发人员提供了各种不同形式的数字，可用于在虚拟世界中进行计数或测量。

这些数字可以是 short、int、float 和 double 类型的。其简要描述如下（假设采用的是当前的 PC 技术）：

- ❑ short 是一个 16 位（bit）的整数，可以存储 65536 个不同的值，这意味着对于 16 位计算机来说，"许多羊"的极限就是 65537。这听起来像是有很多羊，但它不足以测量任何合理的虚拟现实中的距离，人们只需要几分钟就可以将这样大的区域探索完。
- ❑ int 是一个 32 位的整数，它最多可存储 4294967296 个不同的值，这可能足以满足普通开发者的需要。
- ❑ float 也是一个 32 位的值，它可以存储有理数的子集（略少于 4294967296，在这里细节并不重要）。
- ❑ double 和 float 类似，但它使用 64 位而不是 32 位。

开发人员在虚拟世界中进行计数和测量时，究竟应该使用 int、float 还是 double？有些人被误导，认为这是在离散 short 和 int 与连续 float 和 double 之间进行选择的问题，但实际上，这更是精确度方面的问题。它们最终都是离散的。有关计算机图形学的一些早期资料建议开发人员使用整数，因为浮点硬件比整数硬件慢，但现在不再是这种情况了。事实上，在许多常见情况下，专用浮点矢量处理器的引入使得浮点运算比整数更快。那么应该选择哪一个？在这一点上，就是介绍计算机图形学第一定律的最佳时机，当然，最终的选择仍应由开发人员自己考虑。

🔘 **提示：计算机图形学第一定律**

　　如果它看起来正确，那就是对的。

我们将在本书中做很多三角函数。三角函数包括实数（如 π）和实值函数（如正弦和余弦）（我们稍后会介绍）。实数是一个方便的虚构物，所以我们将继续使用它们。你怎么知道这是真的？虽然前面我们告诉过读者，笛卡儿拒绝过这样的答案，但我们还是要说，因为它会很好，并且因为它有意义。

1.2　二维笛卡儿空间

读者可能已经使用过二维笛卡儿坐标系，即使之前可能从未听说过"笛卡儿"这个词。中文教材多数会使用"直角坐标"或"长方形"这样的词汇。如果曾经看过房子的平面图、使用过街道地图、欣赏或参加过美式橄榄球[①]赛，或者下过国际象棋，那么都可

[①] 显然，很多运动都和画线有关。美式橄榄球更是有明显的画线标记。

以看到二维笛卡儿坐标空间。

　　本节将介绍二维笛卡儿数学，也就是平面数学。它分为以下 3 个小节：

- ❑ 第 1.2.1 节通过想象一座名为 Cartesia 的虚构城市，将简要介绍二维笛卡儿空间的概念。
- ❑ 第 1.2.2 节将此概念概括为任意或抽象的二维笛卡儿空间。介绍的主要概念包括：
  - ➢ 原点。
  - ➢ x 轴和 y 轴。
  - ➢ 二维中的轴定向。
- ❑ 第 1.2.3 节将描述如何使用笛卡儿坐标 (x, y) 指定二维平面中点的位置。

1.2.1　示例：假设的 Cartesia 城市

　　想象一座名为 Cartesia 的虚构城市。当 Cartesia 城市规划师在设计街区布局时，将它们设计得非常特别，如图 1.4 所示。

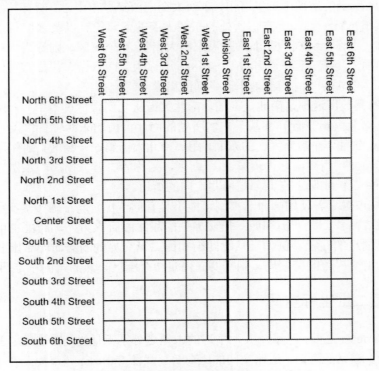

图 1.4　虚构的 Cartesia 城市地图

原　　文	译　文	原　　文	译　文
East 6th Street	东六街	North 6th Street	北六街
East 5th Street	东五街	North 5th Street	北五街
East 4th Street	东四街	North 4th Street	北四街
East 3rd Street	东三街	North 3rd Street	北三街
East 2nd Street	东二街	North 2nd Street	北二街
East 1st Street	东一街	North 1st Street	北一街
Division Street	南北大街	Center Street	东西大街
West 1st Street	西一街	South 1st Street	南一街
West 2nd Street	西二街	South 2nd Street	南二街
West 3rd Street	西三街	South 3rd Street	南三街
West 4th Street	西四街	South 4th Street	南四街
West 5th Street	西五街	South 5th Street	南五街
West 6th Street	西六街	South 6th Street	南六街

从如图 1.4 所示的地图中可以看出，东西大街向西穿过市中心。所有其他东西向的街道（与东西大街平行）都基于它们所处的东西大街的南北位置以及它们与东西大街的距离命名。例如，在东西大街的北面，距离东西大街第 3 个街区，则称为"北三街"；在东西大街的南面，距离东西大街第 6 个街区，则称为"南六街"。虽然它们的名称中有"南""北"，但实际上它们都是东西走向的街道。

Cartesia 的其他街道都是南北走向的。南北大街从北到南穿过市中心。所有其他南北向的街道（与南北大街平行）都基于它们所处的南北大街的东西位置以及它们与南北大街的距离命名。例如，在南北大街的东面，距离南北大街第 5 个街区，则称为"东五街"；在南北大街的西面，距离南北大街第 2 个街区，则称为"西二街"。虽然它们的名称中有"东""西"，但实际上它们都是南北走向的街道。

Cartesia 城市规划者使用的命名惯例可能不具有创造性，但它确实是实用的。即使不看地图，也很容易找到北四街和西二街交界处的甜甜圈店。另外，居民也可以轻松确定想要到达的目的地的路程。例如，从北四街和西二街交界处的甜甜圈店出发，要去往南三街和南北大街交界处的警察局，则需要向南走 7 个街区，然后再向东走两个街区。

1.2.2　任意二维坐标空间

在建造 Cartesia 之前，除了一大片平坦的土地之外别无他物。城市规划者随意决定城镇中心的位置、道路的走向、道路空间的距离等。就像 Cartesia 城市规划者一样，可以在任何地方建立一个二维笛卡儿坐标系统，例如，在一张纸上、一个棋盘上、一块黑板上、一块混凝土地面上，甚至一个足球场上。

图 1.5 显示了二维笛卡儿坐标系的示意图。

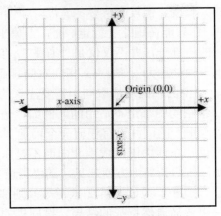

图 1.5　二维笛卡儿坐标空间

原　　文	译　　文
x-axis	x 轴
Origin (0, 0)	原点(0, 0)
y-axis	y 轴

从图 1.5 中可以看出，二维笛卡儿坐标空间由以下两条信息定义：

❑ 每个二维笛卡儿坐标空间都有一个特殊的位置，称为原点（Origin），它是坐标系的"中心"。原点类似于 Cartesia 的城市中心。

❑ 每个二维笛卡儿坐标空间都有两条直线通过原点。每条线都被称为轴（Axis），并且可以在两个相反的方向上无限延伸。两个轴彼此垂直（实际上，它们并不是必然要垂直的，但我们看到的大多数常见系统都将具有垂直轴）。这两个轴类似于 Cartesia 城市中的东西大街和南北大街。图 1.5 中的网格线则类似于 Cartesia 城市中的其他街道。

在目前这个阶段，需要重点突出 Cartesia 城市和抽象数学二维空间之间的一些显著差异，具体如下：

❑ Cartesia 城市有官方城市的限制。城市范围以外的土地不是笛卡儿的一部分。但是，二维坐标空间却是可以无限延伸的。尽管我们通常关注的是空间平面上的一个小区域，但理论上这个平面是无限的。此外，Cartesia 城市的道路只有一定距离（可能是仅限于城市范围），然后它们就会停止。相比之下，轴和网格线在两个方向上则是可以无限扩展的。

- ❑ 在 Cartesia 城市中，道路是有宽度的。相比之下，抽象坐标空间中的线条有位置和（可能是无限的）长度，但没有实际的宽度。
- ❑ 在 Cartesia 城市中，你只能在道路上行走。而在抽象坐标空间中，坐标空间平面中的每个点是空间的一部分，并不仅仅是"道路"。绘制的网格线仅用于参考。

在图 1.5 中，横向的水平轴被称为 x 轴，$+x$ 指向右侧；而纵向的垂直轴则被称为 y 轴，$+y$ 指向上方。这是坐标图中的轴的习惯取向。需要注意的是，"水平"和"垂直"这两个术语实际上在许多二维空间中都是不适用的。例如，假设在一个桌子上建立坐标空间，那么这两个轴都是"水平"的，并没有任何一个轴是"垂直"的。

笛卡儿的城市规划者可以让东西大街变成南北向而不是东西向，或者他们也可以按任意角度确定其方向。例如，纽约长岛为方便起见，其"街道"（第 1 街、第 2 街等）都是纵贯长岛的，而"大道"（第 1 大道、第 2 大道等）则都是沿着长轴方向的。岛上的长轴的地理取向是自由采用该岛自然特征的结果。按同样的方式，我们也可以为方便起见，自由地采用轴的取向。我们还必须确定每个轴的正值的方向。例如，当我们处理计算机屏幕上的图像时，通常使用图 1.6 中显示的坐标系。请注意，该坐标系的原点在屏幕的左上角，$+x$ 指向右侧，而 $+y$ 则指向下方而不是向上方。

图 1.6　计算机屏幕坐标系

原　　文	译　　文
x-axis	x 轴
Origin	原点
y-axis	y 轴

糟糕的是，在对 Cartesia 城市进行规划时，唯一的地图制作者就在邻近的马虎镇。一位低层级的办事员将制图合约发了出去，但是他没有想到的是，马虎镇的地图制作者在

绘制地图时，北可能会指向上、下、左、右，虽然他经常画的东西线与南北线是相互垂直的。但他经常会将东和西的方向画反。当上司意识到，绘图工作交给了碰巧住在马虎镇的最廉价的得标者时，"规划委员会"已经花了很多时间尝试告诉地图制作者要做什么。文书工作已经完成，采购订单也已经发出，相关部门考虑到，取消订单太昂贵也太耗时。尽管如此，没有人知道地图制作者将交付的是什么，而这个规划委员会也不过是草草搭建的班子。

规划委员会很快就决定了地图制作者可以提供的 8 种定向，如图 1.7 所示。在所有可能的世界中，他提交的地图的方向应该如左上角的矩形所示，也就是北指向页面顶端，而东则指向右侧，这是人们通常期望的。在规划委员会下面组建的该任务的小组委员会决定将它命名为正常方向（Normal Orientation）。

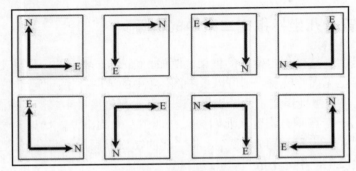

图 1.7　二维坐标空间中可能的地图轴向

原　　文	译　　文
N	北
E	东

在会议持续了若干个小时并且相关人员都已经被消磨得没脾气之后，委员会确定图 1.7 的第一排中显示的其他 3 个变体也可能是可接受的，因为它们可以通过在地图中心放置一枚固定大头针，然后围绕大头针旋转地图来转换为正常方向（你也可以这样做，将这本书平放在一张桌子上并转动它）。疲惫的工作人员将图钉分别放入图 1.7 的第二排地图的不同位置上，但这似乎只是浪费时间，因为无论如何旋转它们，看起来都无法将它们转换为正常方向。直到每个重要人士都放弃并下班回家后，一位疲惫的实习生，被指派清理用过的咖啡杯时，该实习生注意到，第二排的地图可以通过将它们对着光线从后面查看它们来转换成正常方向（你也可以这样做，把图 1.7 放在灯光下并从后面看它——当然，你也必须把它转过来）。字也是可以反着写的，传说达·芬奇（意大利著名画家、

发明家、科学家、生物学家、工程师，1452—1519 年）就习惯用左手执笔来写字，这样最终的文字就完全和常人的阅读习惯相反，也就是所谓的"镜像体"，要通过一面镜子的反射才能够看到正常的文字呈现。这或许就是"达·芬奇密码"的起源。如果达·芬奇在 15 世纪就可以反向写字，那么 Cartesia 城市的公民尽管没有他那样睿智的头脑，但也没道理到 21 世纪都还做不到这一点。

总之，无论为 x 轴和 y 轴选择了什么方向，总是可以旋转坐标空间，使+x 指向右边，+y 指向上方。对于屏幕空间坐标示例，则可以想象一下将坐标系倒置并从显示器后面看屏幕。在任何情况下，这些旋转都不会扭曲坐标系的原始形状（即使我们可能会上下颠倒或左右翻转它）。所以，在一个特定的意义上，所有的二维坐标系都是"相等的"。在第 1.3.3 节中，我们发现了一个令人惊讶的事实，即三维不是这种情况。

1.2.3　使用笛卡儿坐标指定二维中的位置

坐标空间是用于精确指定位置的框架。例如，Cartesia 城市的一位绅士如果想告诉他的朋友喜欢在哪里见面吃晚餐，则可以参考图 1.4 中的地图并说："我们在东二街和北四街的拐角处见。"这里他指定了两个坐标：一个在水平维度（东二街，在图 1.4 中的地图顶部列出）；另一个在垂直维度（北四街，在地图左侧列出）。如果他希望简洁一点，那么他可以将"东二街"缩写为"2"，将"北四街"缩写为"4"，然后语带神秘地对他的朋友说："(2,4)，不见不散"。

有序对(2,4)是所谓的笛卡儿坐标（Cartesian Coordinates）的一个例子。在二维中，两个数字即可用于指定位置（事实上，用两个数字来描述一个点的位置就是它被称为二维或二维空间的原因。在三维或三维空间中，需要使用 3 个数字）。在(2,4)这个示例中，第一个坐标（也就是 2）被称为 x 坐标；第二个坐标（也就是 4）被称为 y 坐标。

类似于 Cartesia 中的街道名称，两个坐标中的每一个都指定了该点位于原点的哪一侧，以及该点与该方向上的原点相距多远。更确切地说，每个坐标是沿着与另一个轴平行的线测量的一个轴的有符号的距离（即，在一个方向上为正，在另一个方向上为负）。基本上，我们使用东部和北部街道的正坐标以及南部和西部街道的负坐标。图 1.8 说明了 x 坐标表示从该点到 y 轴的有符号距离，沿着平行于 x 轴的直线测量；同样地，y 坐标指定从该点到 x 轴的有符号距离，沿着平行于 y 轴的线测量。

图 1.9 显示了几个点及其笛卡儿坐标。请注意，y 轴左侧的点具有负 x 值，而 y 轴右侧的点则具有正 x 值。同样地，具有正 y 值的点位于 x 轴的上方，具有负 y 值的点位于 x 轴下方。另请注意，可以指定任何点，而不仅仅是网格线交点处的点。你应该研究这个数字，直到确定自己理解了这个模式。

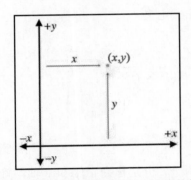

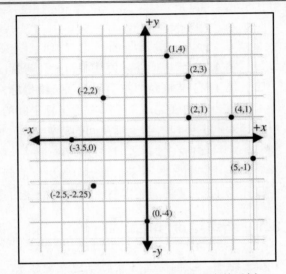

图 1.8 使用二维笛卡儿坐标指定点的位置　　图 1.9 使用二维笛卡儿坐标标记点的示例

仔细看一看通常在图 1.9 中显示的网格线。请注意，垂直网格线由所有具有相同 x 坐标的点组成，换句话说，垂直网格线（实际上是任何垂直线）标记常数 x 的线。同样地，水平网格线标记常数 y 的线，也就是说，该行上的所有点都具有相同的 y 坐标。当讨论极坐标空间时，需要稍微回顾一下这个知识点。

1.3 三维笛卡儿空间

前面的部分已经解释了笛卡儿坐标系如何在二维中工作。现在是时候离开平面二维世界并思考三维空间了。

乍看之下，三维空间只比二维"复杂 50%"。毕竟，它只是多了一个维度，而我们已经有两个维度。糟糕的是，情况并非如此。由于各种原因，三维空间比二维空间更难以让人类可视化和描述（这种困难的一个可能原因是，我们的物理世界是三维的，而书籍和计算机屏幕上的图形图像则是二维的）。通常情况下，在二维中"易于"解决的问题放在三维环境下就要困难得多，甚至在三维中尚未定义。尽管如此，二维中的许多概念确实可以直接扩展到三维中，我们经常使用二维来建立对问题的理解并开发出解决方案，然后将该解决方案扩展到三维中。

本节将二维笛卡儿数学扩展为三维。它分为 4 个主要小节：

❑ 第 1.3.1 节将开始通过添加第三轴将二维扩展为三维。介绍的主要概念包括：

> ➢ z 轴。
> ➢ xy、xz 和 yz 平面。

❑ 第 1.3.2 节将描述如何使用笛卡儿坐标(x, y, z)指定三维平面中点的位置。

❑ 第 1.3.3 节将介绍左手和右手三维坐标空间的概念。介绍的主要概念包括：

> ➢ 手动规则，左手和右手坐标空间的非正式定义。
> ➢ 左手和右手坐标空间的旋转差异。
> ➢ 如何在二者之间进行转换。
> ➢ 它们之间不存在哪一个为更好的问题，只是各有不同。

❑ 第 1.3.4 节将描述本书中使用的一些约定。

1.3.1 新增维度和轴

在三维中，我们需要 3 个轴来建立坐标系。前两个轴分别称为 x 轴和 y 轴，就像在二维中一样（当然，说它们与二维轴相同是不准确的，稍后会有更详细的解释）。我们将第三个轴（可预测地）称为 z 轴。一般来说，我们会进行设置以使所有轴相互垂直，即每个轴垂直于其他轴。图 1.10 显示了三维坐标空间的示例。

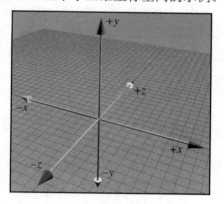

图 1.10 三维笛卡儿坐标空间

正如在第 1.2.2 节中所讨论的那样，习惯上，在二维中，$+x$ 指向右侧，$+y$ 指向上方（或者有时$+y$ 可能指向下方，但在任何一种情况下，x 轴都是水平的，y 轴则都是垂直的）。在二维中的这些约定是相当标准化的。然而，在三维中，用于在图中布置轴以及将轴分配到物理维度（左、右、上、下、前、后）的惯例并不是非常标准化的。不同的作者和研究领域有不同的惯例。第 1.3.4 节将讨论本书中所使用的约定。

如前所述，说三维中的 x 轴和 y 轴与二维中的 x 轴和 y 轴是"相同的"，这并不完全合适。在三维中，任何一对轴定义包含两个轴并垂直于第三轴的平面。例如，包含 x 轴和 y 轴的平面是 xy 平面，其垂直于 z 轴。同样，xz 平面垂直于 y 轴，yz 平面垂直于 x 轴。我们可以将这些平面中的任何一个视为自己的二维笛卡儿坐标空间。例如，如果分别将+x、+y 和+z 指向右、上和前，那么"地面"的二维坐标空间就是 xz 平面，如图 1.10 所示。

1.3.2 在三维中指定位置

在三维中，使用 3 个数字 x、y 和 z 指定点，这些数字分别给出 yz、xz 和 xy 平面的有符号距离。距离的测量将沿着平行于轴的直线进行。例如，x 值就是到 yz 平面的有符号距离，沿着平行于 x 轴的直线测量。不要让三维中这种精确定义三维点的位置的方式使我们感到困惑，因为它其实就是二维过程的直接扩展，如图 1.11 所示。

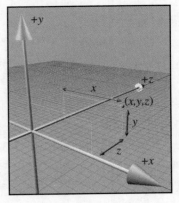

图 1.11 在三维中定位点

1.3.3 左手与右手坐标空间

正如在第 1.2.2 节中所讨论的，所有二维坐标系在某种意义上都是"相等的"，对于任何两个二维坐标空间 A 和 B，可以旋转坐标空间 A，使得+x 和+y 的指向与它们在坐标空间 B 中的指向相同（假设轴是垂直的）。让我们更详细地研究这个想法。

图 1.5 显示了"标准"二维坐标空间。请注意，此坐标空间与图 1.6 显示的"屏幕"坐标空间之间的差异在于，y 轴指向相反的方向。但是，想象一下，将图 1.6 顺时针旋转 180°，使+y 指向上方，+x 指向左侧。现在通过"翻页"并从后面查看图表来旋转它。请注意，现在轴的方向是"标准"方向，如图 1.5 所示。无论翻转轴多少次，总能找到一种

方法将事物旋转回标准方向。

看一看这个想法如何延伸到三维中。再次检查图 1.10。我们之前说过，+z 指向页面。它必须这样吗？如果在页面之外取+z 点会怎么样？这当然是允许的，所以不妨翻转 z 轴看一看。

现在，我们可以围绕坐标系旋转，以便与原始坐标系对齐吗？事实证明，我们做不到。我们可以旋转事物，一次对齐两个轴，但第三个轴总是指向错误的方向！如果无法想象这一点，请不要担心。稍后将以更具体的方式说明这一原则。

所有三维坐标空间都不相等，因为某些坐标系对不能相互对齐。有以下两种不同类型的三维坐标空间：左手（Left-Handed）坐标空间和右手（Right-Handed）坐标空间。如果两个坐标空间具有相同的旋向性（Handedness），则可以旋转它们使得轴对齐；如果两个坐标空间的旋向性相反，那么这就是不可能的。

上述坐标空间类型所谓的"左手"和"右手"究竟是什么意思呢？识别特定坐标系的灵活性最直观的方法就是使用你的双手！伸出你的左手，用拇指和食指做出一个'L'形[①]。拇指指向你的右边，食指朝上。现在伸展你的第三根手指[②]，使它直接指向前方。这样你就形成了一个左手坐标系。你的拇指、食指和第三根手指分别指向+x、+y 和+z 方向，如图 1.12 所示。

现在用右手进行相同的实验。请注意，你的食指仍指向上方，而第三根手指则指向前方。但是，右手拇指则指向左侧。这是一个右手坐标系。同样，你的拇指、食指和第三根手指分别指向+x、+y 和+z 方向。右手坐标系如图 1.13 所示。

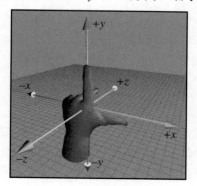

图 1.12　左手坐标空间

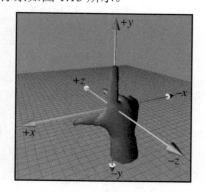

图 1.13　右手坐标空间

[①] 你可能不得不放下本书来做这个动作。

[②] 这可能需要一些手指的灵活性。如果没有先行私下练习，建议不要在公共场合这样做，以免让无辜的旁观者觉得被冒犯。

　　你可以尽量尝试，看一看能不能将左手和右手转动到某个位置，使得双手的所有 3 根手指同时指向同一方向（但是不允许弯曲手指）。

　　左旋和右旋坐标系在"正旋转"的定义上也有所不同。假设在空间中有一条直线，需要围绕这条直线旋转指定的角度。我们将此线称为旋转轴（Axis of Rotation），但不要认为这里的单词"轴"意味着只讨论其中一个基本轴（x 轴、y 轴或 z 轴）。旋转轴可以任意取向。现在，如果你告诉我"围绕轴旋转 30°"，我怎么知道旋转的方法呢？这就需要在我们之间达成一致意见，即一个旋转方向是正方向的；另一个旋转方向则是负方向的。在左手坐标系中，告知哪一个方向是旋转正方向的，哪一个方向是旋转负方向的标准方法称为左手规则（Left-Hand Rule）。首先，我们必须定义轴"指向"的方向。当然，旋转轴在理论上长度是无限的，但我们仍然认为它具有正负端，就像定义坐标空间的正常基轴一样。左手规则的工作方式如下：将左手摆出一个"竖起大拇指"的位置，拇指指向旋转轴的正值端。此时，围绕旋转轴的正向旋转方向就是手指卷曲的方向。右手坐标空间也有相应的规则。图 1.14 说明了这两条规则。

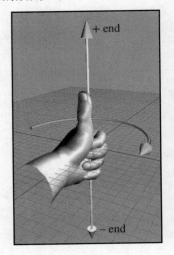

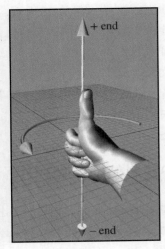

左手规则　　　　　　　　　右手规则

图 1.14　左手规则和右手规则定义哪个方向被视为"正向"旋转

原　　文	译　　文	原　　文	译　　文
+end	+正端	−end	−负端

　　从图 1.14 中可以看到，在左手坐标系中，正向旋转从轴的正端看时是顺时针（Clockwise）旋转的；而在右手坐标系中，正向旋转是逆时针（Counterclockwise）旋转的。表 1.1 显

示了当我们将这个一般性规则应用于基本轴的特定情况时会发生什么。

表 1.1　　围绕左手和右手坐标系中的主轴旋转

当从某位置望向原点时	正向旋转 左手：顺时针方向 右手：逆时针方向	负向旋转 左手：逆时针方向 右手：顺时针方向
$+x$	$+y \rightarrow +z \rightarrow -y \rightarrow -z \rightarrow +y$	$+y \rightarrow -z \rightarrow -y \rightarrow +z \rightarrow +y$
$+y$	$+z \rightarrow +x \rightarrow -z \rightarrow -x \rightarrow +z$	$+z \rightarrow -x \rightarrow -z \rightarrow +x \rightarrow +z$
$+z$	$+x \rightarrow +y \rightarrow -x \rightarrow -y \rightarrow +x$	$+x \rightarrow -y \rightarrow -x \rightarrow +y \rightarrow +x$

　　任何左手坐标系都可以转换为右手坐标系，反之亦然。最简单的方法是交换一个轴的正负端。请注意，如果翻转两个轴，那么和围绕第三个轴旋转坐标空间180°是一样的，这不会改变坐标空间的旋向性。切换坐标系的旋向性的另一种方法是交换两个轴。

　　左手和右手坐标系都是完全有效的，它们之间确实各有不同，但是并不存在哪一个更好的问题。根据它们的背景，不同研究领域的人肯定会偏好其中的一个。例如，一些较新的计算机图形文献使用左手坐标系，而传统的图形文献和更多面向数学的线性代数的研究人员则倾向于使用右手坐标系。当然，这些都是粗略概括，因此，请务必查看正在使用的坐标系。然而，最重要的是，在许多情况下，它只是 z 坐标中是否要添加负号的问题。因此，在第 1.1 节中介绍的计算机图形学的第一定律此时对你来说就很有吸引力——如果你采用从另一本书、网页或文章中获得的工具、技术或资源，但是它们看起来不正确，那么不妨尝试在 z 轴上翻转符号看一看。

1.3.4　本书中使用的一些重要约定

　　在设计三维虚拟世界时，必须事先做出几种设计决策，例如左手或右手坐标系、哪个方向是+y 等。来自马虎镇的地图制作者必须从 8 种不同的方式中进行选择，以便在二维中分配轴（见图 1.7）。而在三维中，总共有 48 种不同的组合可供选择：这些组合中的 24 种是左手坐标空间；另外 24 种是右手坐标空间（本章习题 3 将要求你列出所有这些组合）。

　　不同的情况可以要求不同的约定，因为如果采用正确的约定，某些任务可以更容易。但是，一般来说，只要在设计过程的早期建立惯例并坚持下去，它就不是什么了不起的事（事实上，这种选择很可能是由所使用的引擎或框架引起的，因为现在很少有人从头开始）。无论使用何种惯例，本书中讨论的所有基本原则都适用。在大多数情况下，本书给出的所有方程式和技术都适用于任何惯例。[①]但是，在某些情况下，在应用左手与右手坐标空间时存在一些轻微但关键的差异。当出现这种差异时，我们会特别加以指出。

本书将使用左手坐标系。+x、+y 和+z 方向分别指向右、上和前，如图 1.15 所示。在"右"和"前"不是合适术语的情况下（例如，当讨论世界坐标空间时），将+x 分配给"东"，将+z 分配给"北"。

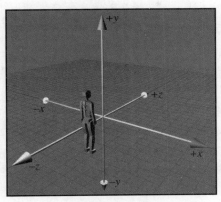

图 1.15 本书中使用的左手坐标系约定

1.4 一些零散的基础知识介绍

在本书中，我们花了很多时间专注于一些关键知识材料，这些材料经常被简洁的演示文稿所忽略，或者隐藏在图书的附录中，因为这些材料被认为是学习 3D 数学者已经掌握的一些基础知识。我们也必须假定读者在数学知识方面不是零基础的；否则，每本书都必须重复炒冷饭，就没有更多的篇幅讲述新东西了。本节将介绍一些大多数读者可能熟悉的数学知识，只不过需要快速复习一下。

1.4.1 求和与求积的表示法

求和表示法（Summation Notation）是写出事物列表总和的简写方法。这有点像数学 for 循环。我们来看以下一个例子：

---

① 这是由于自然界中令人着迷和惊人的对称性。你也可以说大自然不知道我们是使用左手还是右手坐标。在《费曼物理学讲义》（*The Feynman Lecture on Physics*）中有一个非常有趣的讨论，如果没有非常先进的物理学，那么在不引用双方都见过的物体的情况下，你要向某人描述"左"或"右"的概念是不可能的。

求和表示法
$$\sum_{i=1}^{6} a_i = a_1 + a_2 + a_3 + a_4 + a_5 + a_6^{\,\text{①}}$$

变量 i 称为索引变量（Index Variable）。求和符号上方和下方的表达式告诉我们执行"循环"的次数以及在每次迭代期间用于 i 的值。在这种情况下，将从 1 到 6 计数。为了"执行"该循环，迭代索引遍历控制条件指定的所有值。对于每次迭代，计算求和表示法右侧的表达式（用适当的值代替索引变量），并将其加到总和中。

求和符号也称为西格玛符号，因为这个看起来像 E 的符号（$\sum$）其实是希腊字母 sigma 的大写版本。

当要获取一系列值的乘积时，可使用类似的表示法，只是其中的符号变成了 Π，它是字母 π 的大写版本，具体表示法如下：

求积表示法
$$\prod_{i=1}^{n} a_i = a_1 \times a_2 \times \cdots \times a_{n-1} \times a_n$$

1.4.2 区间符号

在本书中，我们多次使用区间符号来引用实数行的子集。例如，符号 $[a, b]$ 表示"从 a 到 b 的数字行的部分"或者，更正式地，可以将 $[a, b]$ 解读为"所有满足 $a \leqslant x \leqslant b$ 的数字 x"，请注意，这是一个闭区间（Closed Interval），意味着端点 a 和 b 也包含在区间中；开区间（Open Interval）则是排除端点的区间，它用括号表示而不是方括号，即 (a, b)，该区间包含"所有满足 $a < x < b$ 的数字 x"。有时闭区间称为包含（Inclusive）区间，而开区间称为排除（Exclusive）区间。

偶尔，我们也会遇到半开（Half-Open）区间，其中包含一个端点但排除另一个端点。它们将用偏向一侧的表示法[②]表示，例如 $[a, b)$ 或 $(a, b]$，方括号放在包含的端点旁边。按照一般惯例，如果某个端点是无限的，则可以认为该端点是开放的。例如，所有非负数的集合是 $[0, \infty)$。

请注意，符号 (x, y) 既可以是指一个开区间，也可以是指一个二维的点。同样，$[x, y]$

---

① 本书中的公式格式与原书中公式的格式保持一致。

② 这样的表示法容易与文本编辑器的分隔符匹配功能相混淆。

既可以是一个闭区间，也可以是指一个二维向量（在第 2 章中讨论）。读者可以通过上下文来清晰判断是哪一种情况。

1.4.3　角度、度数和弧度

角度可以测量平面中的旋转量。表示角度的变量通常被赋予希腊字母 θ[①]。用于指定角度的最重要的度量单位是度（°）和弧度（rad）。

人类通常使用度（Degree）数来测量角度。一度表示旋转 1/360，因此 360° 代表旋转完整的一圈[②]。然而，数学家更喜欢以弧度（Radian）为单位测量角度，弧度是基于圆的属性的度量单位。当以弧度指定两条线之间的角度时，实际上是测量单位圆（以半径为 1 的原点为中心的圆）的截取弧的长度，如图 1.16 所示。

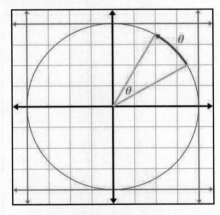

图 1.16　弧度测量单位圆上的弧长

单位圆的周长为 2π，π 近似等于 3.14159265359。因此，2π 弧度代表一个完整的圆周。

由于 $360° = 2\pi$ rad，$180° = \pi$ rad。要将某个角从弧度单位转换为度数单位，则可以乘以 $180/\pi \approx 57.29578$；而要将角度从度数转换为弧度，则可以乘以 $\pi/180 \approx 0.01745329$。也就是说，

[①] 本书没有假设读者必须熟悉希腊字母表。符号 θ 是小写的 theta，发音为"西塔"。

[②] 数字 360 是一个相对随意的选择，可能源于原始日历，例如波斯日历，将一年分为 360 天。此错误从未更正为 365，因为数字 360 非常方便。数字 360 拥有多达 22 个的整除数（不算它自己和 1）：2、3、4、5、6、8、9、10、12、15、18、20、24、30、36、40、45、60、72、90、120 和 180。这意味着在很多情况下都可以均匀地划分 360 而不需要分数，这对于早期文明来说显然是一件好事。早在公元前 1750 年，巴比伦人就设计了一个六十进制（基数为 60）的数字系统。数字 360 也足够大，使得在许多情况下精确到最接近的整数度数就已经足够了。

在弧度和度数之间的转换
$1 \text{ rad} = \quad (180/\pi)^{\circ} \quad\quad \approx 57.29578^{\circ},$ $1^{\circ} = \quad (\pi/180) \text{ rad} \quad \approx 0.01745329 \text{ rad}$

在第 1.4.4 节中，表 1.2 将列出几个常见角度的度数和弧度单位的换算值。

1.4.4　三角函数

有许多方法可以定义基本的三角函数。本节将使用单位圆来定义它们。在二维中，如果以指向 +x 的单位线条开始，然后逆时针旋转该线条角度 θ，则可以在标准位置（Standard Position）绘制该角度（如果该角度为负，则沿另一个方向旋转线条）。图 1.17 对这种定义方法进行了图解说明。

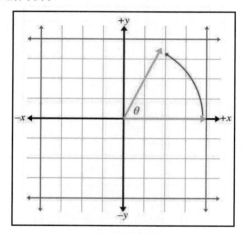

图 1.17　标准位置的角度

这样旋转的线条端点的(x, y)坐标具有特殊属性，并且在数学上非常重要，因此，它们被赋予了特殊函数，称为角度的余弦（cosine）和正弦（sine），定义如下：

使用单位圆定义正弦和余弦
$\cos \theta = x, \quad\quad\quad\quad\quad \sin \theta = y$

告诉你一个秘诀，你就可以很容易地记住它们之间的对应关系，因为它们是按字母顺序排列的：x 出现在 y 的前面，而 cos 又出现在 sin 的前面。

割线（secant）、余割（cosecant）、切线（tangent）和余切（cotangent）也是有用的三角函数。它们可以用正弦和余弦来定义，具体如下：

$$\sec\theta = \frac{1}{\cos\theta}, \qquad\qquad \tan\theta = \frac{\sin\theta}{\cos\theta},$$

$$\csc\theta = \frac{1}{\sin\theta}, \qquad\qquad \cot\theta = \frac{1}{\tan\theta} = \frac{\cos\theta}{\sin\theta}$$

如果使用旋转的线条作为斜边形成一个直角三角形（所谓"斜边"就是与直角相对的那条边），将看到 x 和 y 给出了直角边的长度。中国古代称直角三角形为勾股形，并且直角边中较小者为勾，另一较长的直角边为股，斜边为弦，所以称直角三角形定理为"勾股定理"。在术语中，勾被称为邻边（Adjacent），长度为 x；股被称为对边（Opposite），长度为 y。它们都是相对于角度 θ 进行解释的。同样，在这里字母顺序也是一个有用的记忆辅助手段——Adjacent 和 Opposite 的顺序与相应的 cosine 和 sine 的顺序是相同的。弦则被称为斜边（Hypotenuse），而缩写词 hyp、adj 和 opp 则分别指的是斜边、邻边和对边的长度，如图 1.18 所示。

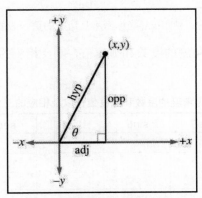

图 1.18　斜边、邻边和对边示意图

主要三角函数由以下对比关系定义：

$$\cos\theta = \frac{adj}{hyp}, \qquad \sin\theta = \frac{opp}{hyp}, \qquad \tan\theta = \frac{opp}{adj},$$

$$\sec\theta = \frac{hyp}{adj}, \qquad \csc\theta = \frac{hyp}{opp}, \qquad \cot\theta = \frac{adj}{opp}$$

由于类似三角形的属性，即使斜边不是单位长度，上述等式也适用。然而，当 θ 为钝角时它们不适用，因为不能形成具有钝角内角的直角三角形。但是，通过在标准位置显示角度并允许旋转的线条为任何长度 r（见图 1.19），可以使用 x、y 和 r 表示以下对比关系：

$$\cos\theta = x/r, \qquad \sin\theta = y/r, \qquad \tan\theta = y/x,$$

$$\sec\theta = r/x, \qquad \csc\theta = r/y, \qquad \cot\theta = x/y$$

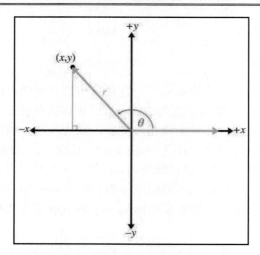

图 1.19　使用(x,y)坐标而不是边长的更一般的解释

　　表 1.2 显示了一些常见角度的度数和弧度值，以及相应的三角函数的值。请注意，该表中的 undef 指未定义项。

表 1.2　常见角度的度数和弧度值，以及相应的三角函数的值

$\theta°$	θ rad	$\cos\theta$	$\sin\theta$	$\tan\theta$	$\sec\theta$	$\csc\theta$	$\cot\theta$
0	0	1	0	0	1	undef	undef
30	$\dfrac{\pi}{6} \approx 0.5236$	$\dfrac{\sqrt{3}}{2}$	$\dfrac{1}{2}$	$\dfrac{\sqrt{3}}{3}$	$\dfrac{2\sqrt{3}}{3}$	2	$\sqrt{3}$
45	$\dfrac{\pi}{4} \approx 0.7854$	$\dfrac{\sqrt{2}}{2}$	$\dfrac{\sqrt{2}}{2}$	1	$\sqrt{2}$	$\sqrt{2}$	1
60	$\dfrac{\pi}{3} \approx 1.0472$	$\dfrac{1}{2}$	$\dfrac{\sqrt{3}}{2}$	$\sqrt{3}$	2	$\dfrac{2\sqrt{3}}{3}$	$\dfrac{\sqrt{3}}{3}$
90	$\dfrac{\pi}{2} \approx 1.5708$	0	1	undef	undef	1	0
120	$\dfrac{2\pi}{3} \approx 2.0944$	$-\dfrac{1}{2}$	$\dfrac{\sqrt{3}}{2}$	$-\sqrt{3}$	-2	$\dfrac{2\sqrt{3}}{3}$	$-\dfrac{\sqrt{3}}{3}$
135	$\dfrac{3\pi}{4} \approx 2.3562$	$-\dfrac{\sqrt{2}}{2}$	$\dfrac{\sqrt{2}}{2}$	-1	$-\sqrt{2}$	$\sqrt{2}$	-1
150	$\dfrac{5\pi}{6} \approx 2.6180$	$-\dfrac{\sqrt{3}}{2}$	$\dfrac{1}{2}$	$-\dfrac{\sqrt{3}}{3}$	$-\dfrac{2\sqrt{3}}{3}$	2	$-\sqrt{3}$
180	$\pi \approx 3.1416$	-1	0	0	-1	undef	undef

续表

$\theta°$	θ rad	$\cos\theta$	$\sin\theta$	$\tan\theta$	$\sec\theta$	$\csc\theta$	$\cot\theta$
210	$\dfrac{7\pi}{6} \approx 3.6652$	$-\dfrac{\sqrt{3}}{2}$	$-\dfrac{1}{2}$	$\dfrac{\sqrt{3}}{3}$	$-\dfrac{2\sqrt{3}}{3}$	-2	$-\sqrt{3}$
225	$\dfrac{5\pi}{4} \approx 3.9270$	$-\dfrac{\sqrt{2}}{2}$	$-\dfrac{\sqrt{2}}{2}$	1	$-\sqrt{2}$	$-\sqrt{2}$	-1
240	$\dfrac{4\pi}{3} \approx 4.1888$	$-\dfrac{1}{2}$	$-\dfrac{\sqrt{3}}{2}$	$\sqrt{3}$	-2	$-\dfrac{2\sqrt{3}}{3}$	$-\dfrac{\sqrt{3}}{3}$
270	$\dfrac{3\pi}{2} \approx 4.7124$	0	-1	undef	undef	-1	0
300	$\dfrac{5\pi}{3} \approx 5.2360$	$\dfrac{1}{2}$	$-\dfrac{\sqrt{3}}{2}$	$-\sqrt{3}$	2	$-\dfrac{2\sqrt{3}}{3}$	$-\dfrac{\sqrt{3}}{3}$
315	$\dfrac{7\pi}{4} \approx 5.4978$	$\dfrac{\sqrt{2}}{2}$	$-\dfrac{\sqrt{2}}{2}$	-1	$\sqrt{2}$	$-\sqrt{2}$	-1
330	$\dfrac{11\pi}{6} \approx 5.7596$	$\dfrac{\sqrt{3}}{2}$	$-\dfrac{1}{2}$	$-\dfrac{\sqrt{3}}{3}$	$\dfrac{2\sqrt{3}}{3}$	-2	$-\sqrt{3}$
360	$2\pi \approx 6.2832$	1	0	0	1	undef	undef

1.4.5 三角函数的恒等式

本节将介绍三角函数之间的一些基本关系。因为在本书中假设读者之前已经接触过三角学，所以不会发展或证明这些定理。相关证明可在网上或任何三角学教科书中找到。

可以基于单位圆的对称性推导出以下恒等式：

与对称性相关的基本恒等式
$\sin(-\theta) = -\sin\theta, \qquad \cos(-\theta) = \cos\theta, \qquad \tan(-\theta) = -\tan\theta,$
$\sin\left(\dfrac{\pi}{2} - \theta\right) = \cos\theta, \qquad \cos\left(\dfrac{\pi}{2} - \theta\right) = \sin\theta, \quad \tan\left(\dfrac{\pi}{2} - \theta\right) = \cot\theta$

也许大多数读者在小学教育中学到的关于直角三角形著名的且基本的恒等式就是勾股定理（也称为"毕达哥拉斯定理"），其恒等式如下：

毕达哥拉斯定理
$a^2 + b^2 = c^2$

勾股定理表示直角三角形的两条直角边的平方和等于斜边的平方，如图 1.20 所示。

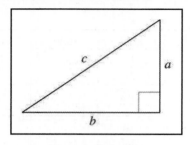

图 1.20　勾股定理

通过将毕达哥拉斯定理应用于单位圆，可以推导出以下恒等式：

毕达哥拉斯恒等式
$\sin^2\theta + \cos^2\theta = 1, \qquad 1 + \tan^2\theta = \sec^2\theta, \qquad 1 + \cot^2\theta = \csc^2\theta$

以下恒等式涉及对两个角度的和或差计算三角函数：

和或差恒等式
$\begin{aligned} \sin(a+b) &= \sin a\cos b + \cos a\sin b, \\ \sin(a-b) &= \sin a\cos b - \cos a\sin b, \\ \cos(a+b) &= \cos a\cos b - \sin a\sin b, \\ \cos(a-b) &= \cos a\cos b + \sin a\sin b, \\ \tan(a+b) &= \frac{\tan a + \tan b}{1 - \tan a\tan b}, \\ \tan(a-b) &= \frac{\tan a - \tan b}{1 + \tan a\tan b} \end{aligned}$

（1.1）

如果将上述求和恒等式应用于 a 和 b 相同的特殊情况，则可以得到以下等腰三角形恒等式：

等腰三角形恒等式
$\begin{aligned} \sin 2\theta &= 2\sin\theta\cos\theta, \\ \cos 2\theta &= \cos^2\theta - \sin^2\theta = 2\cos^2\theta - 1 = 1 - 2\sin^2\theta, \\ \tan 2\theta &= \frac{2\tan\theta}{1 - \tan^2\theta} \end{aligned}$

我们经常需要根据已知的边长或角度来求解三角形中未知的边长或角度。对于这些类型的问题，正弦定理和余弦定理是有帮助的。使用的公式取决于已知的值和未知的值。正弦定理和余弦定理分别如下：

正弦定理
$\dfrac{\sin A}{a} = \dfrac{\sin B}{b} = \dfrac{\sin C}{c}$

余弦定理
$a^2 = b^2 + c^2 - 2bc\cos A,$ $b^2 = a^2 + c^2 - 2ac\cos B,$ $c^2 = a^2 + b^2 - 2ab\cos C$

图 1.21 对正弦定理和余弦定理所使用的符号进行了图解说明，并且这些恒等式适用于任何三角形，而不仅仅是直角三角形。

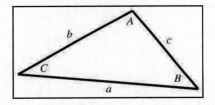

图 1.21　正弦定理和余弦定理所使用的符号

1.5　练　习

（答案见本书附录 B）

1. 请根据标准的二维约定假设，给出以下各点的坐标。较暗的网格线代表一个单位。

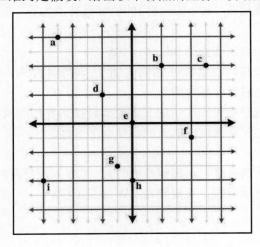

2．给出以下各点的坐标。

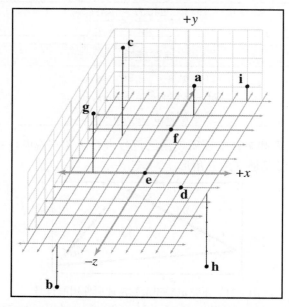

3．列出可以将三维轴分配到"北""东""向上"方向的 48 种不同方式。确定哪些组合是左手坐标空间，哪些是右手坐标空间。

4．在流行的建模程序 3ds Max 中，轴的默认方向是+ x 指向右/东，+y 指向前/北，+z 指向上。

（a）这是左手还是右手坐标空间？

（b）如何将三维坐标从 3ds Max 使用的坐标系转换为第 1.3.4 节中所讨论的坐标系可使用的点？

（c）如何将我们的约定转换为 3ds Max 约定？

5．航空航天的一个共同约定是+x 指向前/北，+y 指向右/东，z 指向下。

（a）这是左手还是右手坐标空间？

（b）如何将这些航空航天约定中的三维坐标转换为我们的约定中的坐标？

（c）将我们的约定转变为航空航天的约定会怎么样？

6．在左手坐标系中：

（a）从旋转轴的正端看时，正旋转是顺时针（CW）还是逆时针（CCW）？

（b）从旋转轴的负端看时，正旋转是 CW 还是 CCW？

在右手坐标系中：

（c）从旋转轴的正端看时，正旋转是 CW 还是 CCW？

（d）从旋转轴的负端看时，正旋转是 CW 还是 CCW？

7．计算以下内容。

（a）$\sum_{i=1}^{5} i$　　（b）$\sum_{i=1}^{5} 2i$　　（c）$\prod_{i=1}^{5} 2i$　　（d）$\prod_{i=0}^{4} 7(i+1)$　　（e）$\sum_{i=1}^{100} i$ [①]

8．从度数转换为弧度。

（a）$30°$　　（b）$-45°$　　（c）$60°$　　（d）$90°$　　（e）$-180°$

（f）$225°$　　（g）$-270°$　　（h）$167.5°$　　（i）$527°$　　（j）$-1080°$

9．从弧度转换为度数。

（a）$-\pi/6$　　（b）$2\pi/3$　　（c）$3\pi/2$　　（d）$-4\pi/3$　　（e）2π

（f）$\pi/180$　　（g）$\pi/18$　　（h）-5π　　（i）10π　　（j）$\pi/5$

10．在《绿野仙踪》中，稻草人从巫师那里获得了学位，并脱口说出了他知道的"毕达哥拉斯定理"：

"等腰三角形的任意两边的平方根的总和等于剩余边的平方根。"

显然，稻草人的这个学位名不副实，因为这个"证明他有一个大脑"的"毕达哥拉斯定理"实际上至少在两个方面是错误的。[②] 那么稻草人应该怎么说？

11．判断以下内容正误。

（a）$(\sin(\alpha) / \csc(\alpha)) + (\cos(\alpha) / \sec(\alpha)) = 1$

（b）$(\sec^2(\theta) - 1) / \sec^2(\theta) = \sin^2(\theta)$

（c）$1 + \cot^2(t) = \csc^2(t)$

（d）$\cos(\phi)(\tan(\phi) + \cot(\phi)) = \csc(\phi)$

人物、职场、科学、趣闻轶事，以及你应该在学校学到的东西，你一直在关注。

——Michael Feldman 周末电台节目 whaddya know

[①] 关于这道题，有一个众所周知的故事，那就是数学家卡尔·弗里德里希·高斯（Karl Friedrich Gauss）在小学时只用了几秒钟就解决了这个问题。正如故事里所讲的那样，他的老师希望通过让孩子们从 1 加到 100 的数字并要求在下课时提交答案来防止他们打闹。然而，在提出这项任务后仅仅几秒钟，高斯就把正确的答案传给了老师，而班上的其他小伙伴们这时则望着高斯目瞪口呆。

[②] 荷马·辛普森在上洗手间时，戴上一副眼镜，然后重复了稻草人的胡诌。附近的一位伙计纠正了他的其中一个错误。所以，如果你看过"辛普森一家"的那一集，那么你就会对这个问题有一个头绪，当然那还不是完整的答案。

第 2 章 矢 量

黄热病疫苗应在接触传染媒介（Vector）前 10～12 天给药。

——The United States Dispensatory（1978）

矢量（Vector）是用于构建 2D 和 3D 数学的正式数学单元。单词 Vector 有两个不同但相关的含义（即矢量和向量）。一方面，数学书籍，特别是关于线性代数的书籍，往往侧重于一个相当抽象的定义，关注向量中的数字，但不一定和这些数字的背景或实际意义有关；另一方面，物理图书则倾向于将矢量视为几何实体的解释，以至于在可能的情况下它们避免提及用于测量矢量的坐标。难怪你有时会发现这两个学科的人在"矢量（向量）如何真正起作用"的细节上相互纠正。当然实际上他们都是对的。[①]要精通 3D 数学，我们需要理解向量的解释以及这两种解释是如何相关的。简而言之，就是在线性代数中，Vector 被称为"向量"，而在几何中，Vector 被称为"矢量"。

本章主要介绍向量的概念。它分为以下几个小节：

❑ 第 2.1 节将介绍向量的一些基本数学特性。

❑ 第 2.2 节将对矢量的几何属性进行高级介绍。

❑ 第 2.3 节将数学定义（向量）与几何定义（矢量）联系起来，将讨论向量如何在笛卡儿坐标框架内工作。

❑ 第 2.4 节将讨论点和向量之间经常混淆的关系，并考虑为什么进行绝对测量如此困难的相当哲学的问题。

❑ 第 2.5 节～第 2.12 节将讨论可以用向量进行的基本计算，同时考虑每个操作的代数和几何解释。

❑ 第 2.13 节将列出有用的向量代数定律。

2.1 向量和其他无聊东西的数学定义

对于数学家来说，向量是一个数字列表。程序员则给了它一个同义词——数组

[①] 事实上，物理教科书所采用的视角可能更适合视频游戏编程，至少在开始阶段是如此。

（Array）。请注意，C++的标准模板库（STL）中模板数组的类名就是 vector，基本 Java 数组容器类是 java.util.Vector。所以在数学上，向量只不过是一个数字的数组。

如果向量的抽象定义不能激发灵感，请不要着急。就像许多数学科目一样，在我们得到"有趣的东西"之前，必须首先介绍一些术语和符号。

数学家会区分向量和标量（Scalar）数量。你已经是标量专家了——标量其实就是普通数字的技术术语。当希望强调特定的数量而不是向量数量时，就会特意使用这个术语。例如，正如稍后将讨论的，速度（Velocity）和位移（Displacement）都是向量，而速率（Speed）和距离（Distance）则是标量。在这里有必要再解释一下。虽然在日常生活中它们可以通用，但是严格地说，速度表示起点与终点间直线距离的长度除以所用时间所得的量，并注明方向，所以它是向量；而速率则是指起点到终点所走过的所有路程除以所用时间所得的数量，且不附加方向等其他含义，所以它是标量。

向量的维度（Dimension）表示包含的向量的数量。向量可以是任何正维度的，包括一个。实际上，标量也可以被认为是一维向量。本书主要对二维、三维和（后面的）四维向量感兴趣。

在书写向量时，数学家会列出由方括号包围的数字，例如[1, 2, 3]。当我们在段落中以内嵌方式写入向量时，通常会在数字之间加上逗号。当我们用公式写出来时，通常会省略逗号。在任何一种情况下，水平写入的向量称为行向量（Row Vector）。当然，向量也经常以如下方式垂直书写：

三维列向量
$\begin{bmatrix} 1 \\ 2 \\ 3 \end{bmatrix}$

垂直写入的向量称为列向量（Column Vector）。本书使用这两种符号。目前，行和列向量之间的区别并不重要。但是，在第 4.1.7 节中将讨论为什么在某些情况下它们之间的区别是至关重要的。

当希望引用向量中的各个分量（Components）时，可以使用下标（Subscript）表示法。在数学文献中，整数索引可用于访问元素。例如，v_1 指的是 **v** 中的第一个元素。但是，我们仅对二维、三维和四维向量特别感兴趣，而对其他任意维度 n 的向量则鲜少讨论，所以我们几乎不使用这种表示法。相反，我们使用 x 和 y 来指代二维向量中的元素；使用 x、y 和 z 表示三维向量中的元素；使用 x、y、z 和 w 表示四维向量中的元素。这种表示法如式（2.1）所示。

向量下标表示法		
$\mathbf{a} = \begin{bmatrix} 1 \\ 2 \end{bmatrix}$	$a_1 = a_x = 1$ $a_2 = a_y = 2$	
$\mathbf{b} = \begin{bmatrix} 3 \\ 4 \\ 5 \end{bmatrix}$	$b_1 = b_x = 3$ $b_2 = b_y = 4$ $b_3 = b_z = 5$	(2.1)
$\mathbf{c} = \begin{bmatrix} 6 \\ 7 \\ 8 \\ 9 \end{bmatrix}$	$c_1 = c_x = 6$ $c_2 = c_y = 7$ $c_3 = c_z = 8$ $c_4 = c_w = 9$	

请注意，四维向量的分量不是按字母顺序排列的，第四个值是 w（我想数学家们是因为用完了字母表中的字母，所以才回过头来选了 w！）。

现在来谈一谈本书中使用的一些重要的字体约定。如你所知，变量（Variable）是用于代表未知数量的占位符符号。在 3D 数学中，我们使用标量、向量和（稍后会介绍的）矩阵量。与在 C++或 Java 程序中指定变量存储的数据类型很重要一样，在处理向量时，清楚特定变量表示哪一种类型的数据也是很重要的。在本书中，我们对不同类型的变量使用不同的字体外观，具体如下：

❑ 标量变量由斜体字的小写罗马字母或希腊字母表示，如 a、b、x、y、z、θ、α、ω 和 γ 等。

❑ 任何维度的向量变量由粗体小写字母表示，如 $\mathbf{a}$、$\mathbf{b}$、$\mathbf{u}$、$\mathbf{v}$、$\mathbf{q}$ 和 $\mathbf{r}$ 等。

❑ 矩阵变量使用粗体大写字母表示，如 $\mathbf{A}$、$\mathbf{B}$、$\mathbf{M}$ 和 $\mathbf{R}$ 等。

▼ 注意：

其他作者可能会使用不同的约定。手工编写矢量时经常使用的一种方法是在矢量上绘制一个箭头，例如 $\vec{a}$。

在进一步讨论之前，关于正在采用的关于向量的观点，有一些背景知识需要介绍一下。主要处理向量和矩阵的数学分支称为线性代数（Linear Algebra），正是这是学科给出了前面讲述的抽象定义的假设：向量是一个数字数组。这种高度概括的方法允许探索大量的数学问题。在线性代数中，维数 n 的向量和矩阵可用于求解 n 个未知数的 n 个线性方程组，而不知道或不关心有什么物理意义（如果有的话）附加到任何数字。这当然是一项引人入胜且非常实用的研究，但对 3D 数学的研究兴趣并不在此，对于 3D 数学，我们主要关注向量和向量运算的几何解释。

我们的重点是几何，因此省略了线性代数的许多细节和概念，这些细节和概念无助于进一步理解二维或三维几何。尽管我们偶尔会讨论任意维度 n 的向量的属性或运算，但通常会关注二维、三维和（后来的）四维向量和矩阵。即使向量中的数字没有任何物理意义，可视化线性代数运算的能力也具有一定的实用性，因此学习如何在几何上解释操作即使在非物理应用中也是有用的。关于本书中的主题如何适应线性代数的宏大体系的更多背景知识可以在第 4.3 节中找到。

2.2　矢量的几何定义

前文已经从数学上讨论了向量，现在来看一下向量在几何学中的更多解释。从几何学上讲，向量（不，现在应该叫"矢量"）是具有大小（Magnitude）和方向（Direction）的有向线段。

- ❑　矢量的大小（Magnitude）是指矢量的长度。矢量可以具有任何非负长度。
- ❑　矢量的方向（Direction）描述矢量在空间中指向的方向。请注意，这里的方向（Direction）与定向（Orientation）并不完全相同，将在第 8.1 节中展开有关这方面的详细论述。

我们来看一个矢量。图 2.1 显示了二维中矢量的图示。它看起来像一个箭头，对吗？顺便说一句，"矢"就是箭头的意思。这是以图形方式表示矢量的标准方法，因为它捕获了矢量的两个定义特征：大小和方向。

图 2.1　二维矢量

我们有时会参考矢量的头部和尾部。在图 2.2 展示的图示中，头部是矢量的末端，上面有箭头（也叫矢量的"终点"），尾部是另一端（也叫矢量的"起点"）。

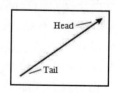

图 2.2　矢量有头部和尾部

原　　文	译　　文	原　　文	译　　文
Head	头部	Tail	尾部

这个矢量在哪里？实际上，这不是一个合适的问题。矢量没有位置，只有大小和方向。这可能听起来不可能，但我们每天处理的许多数量都有规模和方向，但没有位置。例如，在下面的两个语句中，无论它们应用的位置如何，都是有意义的。这两个语句具体如下：

- ❑ 位移（Displacement）。"向前迈出 3 步"。这句话似乎都与位置有关，但句子中使用的实际数量其实是相对位移，并没有绝对位置。该相对位移由大小（3 步）和方向（向前）组成，因此它可以由矢量表示。
- ❑ 速度（Velocity）。"以每小时 50 千米的速度向东北方向行驶"。这句话描述了一个大小数量（50 千米/小时）和方向（东北方向），但没有位置。因此，"50 千米/小时东北方向"的概念可以用矢量表示。

请注意，位移（Displacement）和速度（Velocity）在技术上与术语距离（Distance）和速率（Speed）不同。位移和速度是矢量，因此需要方向，而距离和速率是不指定方向的标量。更具体地说，距离标量是位移矢量的量值，速率标量是速度矢量的量值。

因为矢量用于表示事物之间的位移和相对差异，所以它们可以描述相对位置。例如，"我的房子在这里以东 3 个街区"。但是，你不应该认为矢量本身具有绝对位置，而是记住它描述了从一个位置到另一个位置的位移。在本示例中，就是从"这里"到"我的房子"。在第 2.4.1 节中将讨论更多相对与绝对位置的关系。为了帮助实现这一点，当你想象一个矢量时，不妨在心里画一个箭头。记住，这个箭头的长度和方向很重要，但不是位置。

由于矢量没有位置，可以在选择的任何地方的图形上表示它们，只要正确表示矢量的长度和方向即可。利用这一事实，可以将矢量移动到图形上任何有意义的位置。

现在我们已经从数学和几何角度对矢量进行了全面的阐述，接下来将学习如何在笛卡儿坐标系中使用矢量。

2.3　使用笛卡儿坐标指定矢量

当使用笛卡儿坐标来描述矢量时，每个坐标将度量相应维度中的有符号位移（Signed Displacement）。例如，在二维中，可以列出平行于 x 轴的位移，以及平行于 y 轴的位移，如图 2.3 所示。

图 2.4 显示了若干个二维矢量及其值。请注意，图形上每个矢量的位置是无关紧要的。虽然假设标准惯例为+x 指向右侧，+y 指向上方，但是这里的轴明显不存在，所以它强调了位置无关这一事实。例如，图 2.4 中的两个矢量的值均为[1.5, 1]，但它们却不在图中的

相同位置。

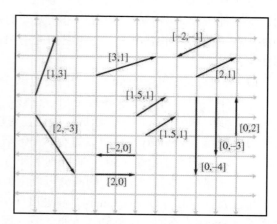

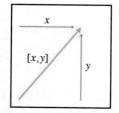

图 2.3　通过在每个维度中给出有符号
　　　　位移来指定矢量

图 2.4　二维矢量及其值的示例

　　三维矢量是二维矢量的简单扩展。三维矢量包含 3 个数字，它们可以度量 x、y 和 z
方向上的有符号位移，就像你期望的那样。

　　虽然现在集中讨论的是笛卡儿坐标，但它们并不是以数学方式描述矢量的唯一方法。
极坐标（Polar Coordinates）也很常见，特别是在物理教科书中。本书第 7 章将详细讨论
有关极坐标的主题。

2.3.1　作为位移序列的矢量

　　考虑通过矢量描述位移的一种有用方法是将矢量分解为其按轴向对齐的分量。当这
些轴向对齐的位移组合在一起时，它们即可以累加方式定义由矢量（作为一个整体）定
义的位移。

　　例如，三维矢量[1, -3, 4]表示单个位移，但可以将这个位移可视化如下：① 向右移
动 1 个单位；② 向下移动 3 个单位；③ 向前移动 4 个单位（这里假设我们的惯例是+x、
+y 和+z 分别指向右、向上和向前。还要注意，不要在步骤之间"转向"，所以"向前"
总是平行于+z）。这个位移如图 2.5 所示。

　　执行步骤的顺序并不重要，我们既可以按图 2.5 中的①、②、③顺序移动，也可以先
向前移动 4 个单位，再向下移动 3 个单位，最后向右移动 1 个单位，移动的总量是一样
的。因为不同的顺序对应于沿轴向对齐的包含矢量的边界框的不同路线。第 2.7.2 节将从
数学上验证这种几何直觉。

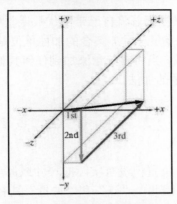

图 2.5 将矢量解释为位移序列

原 文	译 文
1st	①
2nd	②
3rd	③

2.3.2 零矢量

对于任何给定的矢量维度，都有一个特殊的矢量，称为零矢量（Zero Vector），即在每个位置都有零值。例如，三维零矢量是[0,0,0]。我们使用粗体零表示任何维度的零矢量：**0**。换句话说，

零矢量
$$\mathbf{0} = \begin{bmatrix} 0 \\ 0 \\ \vdots \\ 0 \end{bmatrix}$$

零矢量是特殊的，因为它是唯一的一个大小为零的矢量。所有其他矢量均具有正大小。此外，零矢量也是唯一没有方向的矢量。

由于零矢量没有方向或长度，所以不能像对其他矢量那样绘制箭头。相反，我们将零矢量描绘为点。但是，不要因为这样就把零矢量看作一个"点"，因为矢量并没有定义一个位置。相反，可以将零矢量看作是表达"无位移"概念的一种方式，就像标量零代表"无数量"的概念一样。

与你知道的标量零一样，给定维度的零矢量是该维度的矢量集合的加性单位元素

（Additive Identity）。你可以尝试着将自己带回代数课堂中，并从记忆深处检索有关加性单位元素的概念——对于任何元素集，集合的加性单位是元素 x，使得对于集合中的所有 y，有 $y + x = y$。[①] 换句话说，当将零矢量添加到任何其他矢量中时，我们得到该矢量：$\mathbf{0} + \mathbf{a} = \mathbf{a}$。第 2.7 节将讨论矢量的加法。

2.4 矢 量 与 点

回想一下，"点"有一个位置但没有实际的尺寸或厚度。如前文所述，"矢量"具有大小和方向，但没有位置。因此，"点"和"矢量"具有不同的目的，概念上，"点"指定的是位置，而"矢量"指定的是位移。现在来看一下图 2.6，它比较了图 1.8（该图显示了二维点的位置）和图 2.3（该图显示了如何指定二维矢量）。看起来点和矢量之间似乎存在着密切的关系。本节即讨论这个重要的关系。

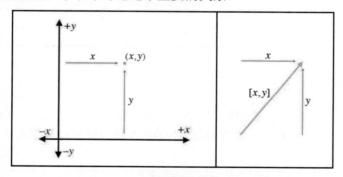

图 2.6　定位点和指定矢量的对比

2.4.1　相对位置

第 2.2 节讨论了这样一个事实，即因为矢量可以描述位移，所以它们可以描述相对位置。相对位置的想法相当简单：某物体的位置通过描述它与其他物体的已知位置之间的关系来指定。

这就引出了以下一些问题：这些"已知"的位置在哪里？什么是"绝对"的位置？令人惊讶的是，没有这样的东西！每次尝试描述一个位置时，都需要我们相对于其他事

[①] 此处使用的字体无意将讨论限制为标量集。我们正在讨论的是任何集合中的元素。此外，当我们在应该使用组合（Group）的地方却使用了集合（Set）这个词时，请那些对于抽象代数非常精通的严谨人士原谅这种做法，因为"组合"这个术语并没有得到广泛的理解，我们只能用这个脚注来说明一下它们之间的区别。

物来描述它。对位置的任何描述仅在某些（通常"较大的"）参考系的上下文中有意义。从理论上讲，我们可以建立一个包含现存一切的参考框架，并选择一个点作为该空间的"原点"，从而定义"绝对"坐标空间。然而，即使这样的绝对坐标空间是可能的，也是不实际的。对我们来说幸运的是，宇宙中的绝对位置并不重要。你知道你现在处于宇宙中的哪个确切位置吗？你不知道，没关系，我们也不知道自己的确切位置。①

2.4.2　点与矢量之间的关系

矢量用于描述位移，因此它们可以描述相对位置。点用于指定位置。但我们刚刚在第 2.4.1 节中介绍过，任何指定位置的方法都必须是相对的。因此，我们必须得出结论，点也是相对的——它们是相对于用于指定其坐标的坐标系的原点。这样我们就可以推导出点和矢量之间的关系。

图 2.7 说明了给定 x 和 y 的任意值，点(x, y)与矢量$[x, y]$相关的方式。

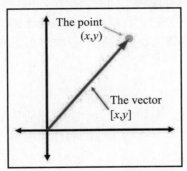

图 2.7　点和矢量之间的关系

原　　文	译　　文	原　　文	译　　文
The point	点	The vector	矢量

从图 2.7 中可以看到，如果从原点开始并按矢量$[x, y]$指定的量移动，那么将最终到达点(x, y)所描述的位置。另一种说法是，矢量$[x, y]$给出了从原点到点(x, y)的位移。

这似乎是显而易见的，但重要的是，要理解点和矢量在概念上是不同的，而在数学上是等价的。"点"和"矢量"之间的这种混淆可能是初学者的绊脚石，但它对你来说应该不是一个问题。

当你想到某个位置时，请考虑一个点并想象出这个点；当你想到位移时，请考虑一

---

① 但我们确实知道附近超市的位置。

个矢量并想象出一个箭头。

在许多情况下，位移是相对于原点而言，因此点和矢量之间的区别很好理解。但是，我们也经常处理与原点无关的数量，或者与此有关的任何其他点。在这些情况下，将这些量想象成为一个箭头而不是点是很重要的。

我们在后续章节中开发的数学运算是基于"矢量"而不是"点"的。请记住，任何点都可以表示为来自原点的矢量。

实际上，有很多人可能会固执地认为，无法赞同我们在数学上将矢量和点等同起来的观念。[①] 这样的强硬派可能会说，虽然你可以将两个矢量加起来（产生第三个矢量），也可以将一个矢量和一个点相加（产生一个新的点），但是你不能将两个点加在一起。我们承认，在某些情况下理解这些区别有一定的价值，然而，我们发现，特别是在编写对点和矢量进行操作的代码时，生硬地遵守这些规矩会导致程序几乎总是更加冗长，并且运行速度一般也快不起来。[②] 它是否使代码更清晰或更容易理解是一个非常主观的问题。虽然本书对于点和矢量没有使用不同的表示法，但一般来说，某个数量是一个点还是一个矢量，这是可以清楚区分的。我们将尽量避免不适当地使用混合的矢量和点来呈现结果，但是对于所有中间步骤，我们可能不会做那么仔细的区分。

2.4.3　一切都是相对的

在继续讨论矢量运算之前，不妨先来上一堂简短的哲学课。空间位置并不是我们这个世界上唯一很难建立"绝对"参考的东西，同样使用相对方法进行度量的，还包括温度、音量和速度等。

1．温度

制造标准温度刻度的第一次尝试发生在公元 170 年左右，当时希腊解剖学家、内科医生和作家盖伦（Galen）提出了由等量的沸水和冰组成的标准"中性"温度。在这个温度的两边都是 4 个程度的"更热"和 4 个程度的"更冷"。1724 年，德国人华伦海特（Gabriel Fahrenheit）提出了一个更精确的系统。他建议将汞用作温度计中的液体，并使用两个参考点校准其刻度：水的冰点和健康人的温度。他将他的量表称为华氏温标（Fahrenheit Scale），以华氏度（℉）为单位进行测量（目前世界上仅有包括美国在内的 5 个国家使用华氏度）。1745 年，瑞典乌普萨拉的林奈（Carolus Linnaeus）建议，如果将刻度范围设计为从 0（水的冰点）到 100（水的沸点），那么事情会更简单，并称这个刻度为百分

[①] 如果你恰好是其中的一份子，那么这里的论述对于你来说就是一个有点不一样的警告！

[②] 事实上，有时会很慢，这取决于你的编译器。

温标（Centigrade Scale）。但是后来这个刻度被放弃了，因为瑞典皇家学院更认可瑞典天文学家安德斯·摄尔修斯（Anders Celsius）在 1742 年创立的摄氏温标（Celsius Scale），也就是今天大众都知道的"摄氏度"。它们在技术上略有不同，当然其细节在这里并不重要，我们想强调的是，所有这些刻度都是相对的——它们是基于水的冰点，这是一个任意（但非常实用）的参考点。x℃的温度读数基本上意味着"比水冻结的温度高 x 度"。直到 1848 年，开尔文（Kelvin）勋爵发明了开氏温标（Kelvin Scale），人类才终于有了绝对的温度标度。0 K 是最冷的温度，对应的是-273℃。

2. 音量

音量通常以分贝（decibels，缩写为 dB）来衡量。更准确地说，分贝用于测量两个功率电平（Power Level）的比率。如果有两个功率电平 P_1 和 P_2，那么这两个功率电平之间的分贝差异是

$$10 \log_{10}(P_2/P_1) \text{ dB}$$

因此，如果 P_2 大约是 P_1 的两倍，则差值约为 3dB。请注意，这是一个相对系统，提供了一种精确的方法来测量两个功率电平的相对强度，但不是一种将数字分配给某个功率电平的方法。换句话说，我们还没有建立任何绝对参考点（你可以看到它是一个对数刻度，但是这样的细节在这里并不重要）。你可能使用了混音台、音量控制旋钮或数字音频程序来测量以 dB 为单位的音量。通常，有一个标记为 0dB 的任意点，然后大多数读数都有负值。换句话说，0dB 是最大音量，而所有其他音量设置都更柔和。

这些值都不是绝对值——但它们怎么做到这一点呢？数字音频程序如何知道你将体验到的绝对音量？这不仅取决于音频数据，还取决于计算机上的音量设置、放大器上的音量旋钮、放大器提供给扬声器的功率，以及离扬声器的距离等。

有时人们会根据绝对 dB 数来描述某些东西是多么响亮。参考前面介绍的华伦海特（Gabriel Fahrenheit）设计华氏温标的思路，这个量表可使用基于人体的参考点。"绝对" dB 数实际上相对于正常人的听力阈值。[①] 因此，实际上可能有一个"绝对"dB 读数是负的。这仅仅意味着强度低于大多数人能够听到的阈值。

值得一提的是，应该有一种方法可以通过测量压力、能量或功率等物理量来设计音量的绝对标度，所有这些物理量的绝对最小值都为零。关键是这些绝对系统在很多情况下都用不上——相对系统才是最有用的系统。

[①] 大约 20 个微帕斯卡（micropascal）。但是，这个数字会随频率而变化。它也会随着年龄增长而增加。本书的一位作者还记得，在他年轻的时候，他的父亲永远不会完全关闭车内的收音机，而是将音量降低到（父亲的）听觉阈值以下。而儿子的听力阈值足够低，这真是令人恼火。今天，这个儿子已经拥有自己的汽车和汽车收音机，并且在某种程度的尴尬中已经意识到，他也经常不关闭收音机而只是调低收音机的音量。当然，他会为自己辩护说，他一直在将其降低，低于正常人的听力阈值。而另一位作者则明确表示，即使是"正常人"这个词也是相对的。

3．速度

你现在移动的速度有多快？也许你正端坐在舒适的椅子上，所以你会说现在的速度为零。也许你在车里，所以你可能会说 65 千米/小时（请勿在开车时看书！），而实际上，即使你稳坐不动，你也正以每秒近 30 千米的速度穿越太空！这是和地球旅行有关的速度，地球每年围绕太阳公转约 9.39 亿千米。当然，即使这个速度也与太阳有关。我们的太阳系正在银河系内移动。那么从绝对意义上说，我们实际上的移动速度有多快？伽利略在 17 世纪就告诉过我们，这个问题没有答案——所有速度都是相对的。

我们建立绝对速度的困难类似于建立位置的困难。毕竟，速度是随时间的变化而产生的位移（位置之间的差值）。为了建立绝对速度，我们需要一些保持"绝对静止"的参考位置，以便可以测量从该位置的位移。困难的是，我们宇宙中的一切似乎都在绕着其他东西运行。

2.5　负　矢　量

前面已经详细阐述了有关矢量的概念。本章的余下部分将讨论在矢量上执行的特定数学运算。对于每一项运算，我们将首先定义执行运算的数学规则，然后描述该运算的几何解释，并给出运算的一些实际用途。

在这里再次说明一下，在此后的内容中，涉及线性代数的计算时，应称 Vector 为"向量"；而涉及相应的几何解释时，应称 Vector 为"矢量"；不过，考虑到这样有点烦琐，而且它们在很多时候其实是通用的，所以读者只需要具备此概念即可，此后本书将统一称 Vector 为"矢量"。

我们要考虑的第一个运算与负矢量有关。在讨论零矢量时，我们要求你从组合（Group）理论中回忆出加性单位元素（Additive Identity）的概念。伴随着加性单位元素的，应该还有一个可能早已被丢弃的明显到无用的概念：加法逆元（Additive Inverse，也称为"相反数"）。对于任何组合，x 的加法逆元，由 $-x$ 表示，当它们相加时，结果为 0。简而言之，$x + (-x) = 0$。另一种说法是，组中的元素可以变负。

负运算可以应用于矢量。每个矢量 $\mathbf{v}$ 具有与 $\mathbf{v}$ 相同维度的加法逆元 $-\mathbf{v}$，使得 $\mathbf{v} + (-\mathbf{v}) = 0$（将在第 2.7 节中学习如何将矢量相加）。

2.5.1　正式线性代数规则

为了让任何维度的矢量变负，可以简单地让矢量的每个分量变负。其正式表述如下：

让矢量变负
$$-\begin{bmatrix} a_1 \\ a_2 \\ \vdots \\ a_{n-1} \\ a_n \end{bmatrix} = \begin{bmatrix} -a_1 \\ -a_2 \\ \vdots \\ -a_{n-1} \\ -a_n \end{bmatrix}$$

将其应用于二维、三维和四维矢量的特定情况，可得

让二维、三维和四维矢量变负
$$-\begin{bmatrix} x & y \end{bmatrix} = \begin{bmatrix} -x & -y \end{bmatrix},$$ $$-\begin{bmatrix} x & y & z \end{bmatrix} = \begin{bmatrix} -x & -y & -z \end{bmatrix},$$ $$-\begin{bmatrix} x & y & z & w \end{bmatrix} = \begin{bmatrix} -x & -y & -z & -w \end{bmatrix}$$

以下是另外一些示例：

$$-\begin{bmatrix} 4 & -5 \end{bmatrix} = \begin{bmatrix} -4 & 5 \end{bmatrix},$$

$$-\begin{bmatrix} -1 & 0 & \sqrt{3} \end{bmatrix} = \begin{bmatrix} 1 & 0 & -\sqrt{3} \end{bmatrix},$$

$$-\begin{bmatrix} 1.34 & -3/4 & -5 & \pi \end{bmatrix} = \begin{bmatrix} -1.34 & 3/4 & 5 & -\pi \end{bmatrix}$$

2.5.2　几何解释

使矢量变负会产生大小相同但方向相反的矢量，如图 2.8 所示。

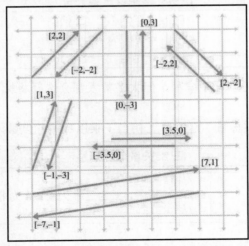

图 2.8　矢量及其变负结果的示例，矢量及其负矢量是平行的，并且具有相同的大小，但是方向则是相反的

请记住，在图 2.8 的示意图上矢量的位置是无关紧要的——只有大小和方向很重要。

2.6　标量和矢量的乘法

虽然不能将矢量和标量相加，但可以将矢量乘以标量。结果是一个与原始矢量平行的矢量，但具有不同的长度和可能相反的方向。

2.6.1　正式线性代数规则

计算矢量与标量相乘的乘法很简单，只要简单地用标量乘以矢量的每个分量即可。其正式表述如下：

使用标量乘以矢量
$k\begin{bmatrix} a_1 \\ a_2 \\ \vdots \\ a_{n-1} \\ a_n \end{bmatrix} = \begin{bmatrix} a_1 \\ a_2 \\ \vdots \\ a_{n-1} \\ a_n \end{bmatrix}k = \begin{bmatrix} ka_1 \\ ka_2 \\ \vdots \\ ka_{n-1} \\ ka_n \end{bmatrix}$

将该规则应用于三维矢量，则可以获得以下示例：

使用标量乘以三维矢量
$k\begin{bmatrix} x \\ y \\ z \end{bmatrix} = \begin{bmatrix} x \\ y \\ z \end{bmatrix}k = \begin{bmatrix} kx \\ ky \\ kz \end{bmatrix}$

虽然标量和向量可以按任意顺序编写，但大多数人都会选择将标量放在左边，即更喜欢 $k\mathbf{v}$ 而不是 $\mathbf{v}k$。

矢量也可以除以非零标量。这实际上相当于乘以标量的倒数，其表述如下：

三维矢量除以标量
$\dfrac{\mathbf{v}}{k} = \left(\dfrac{1}{k}\right)\mathbf{v} = \begin{bmatrix} v_x/k \\ v_y/k \\ v_z/k \end{bmatrix}$，其中，$\mathbf{v}$ 为三维矢量；k 为非零标量

以下是其他一些示例：

$$2\begin{bmatrix} 1 & 2 & 3 \end{bmatrix} = \begin{bmatrix} 2 & 4 & 6 \end{bmatrix},$$
$$-3\begin{bmatrix} -5.4 & 0 \end{bmatrix} = \begin{bmatrix} 16.2 & 0 \end{bmatrix},$$
$$\begin{bmatrix} 4.7 & -6 & 8 \end{bmatrix}/2 = \begin{bmatrix} 2.35 & -3 & 4 \end{bmatrix}$$

以下是关于矢量乘以标量的一些注意事项:

- 当将矢量乘以标量时,不必使用任何乘法符号。乘法是通过将两个量并排放置(通常右边的是矢量)来表示的。
- 标量和矢量的乘法和除法都在任何加法和减法之前发生。例如,$3\mathbf{a} + \mathbf{b}$ 与 $(3\mathbf{a}) + \mathbf{b}$ 相同,而不同于 $3(\mathbf{a} + \mathbf{b})$。
- 标量无法乘以矢量,矢量也无法除以另一个矢量。
- 负矢量可以被视为将矢量乘以标量-1 的特殊情况。

2.6.2 几何解释

在几何上,将矢量乘以标量 k 具有将长度缩放 $|k|$ 因子的效果。例如,为了使矢量的长度加倍,可以将矢量乘以 2;如果 $k < 0$,则翻转矢量的方向。图 2.9 演示了一个矢量乘以若干个不同标量的结果。

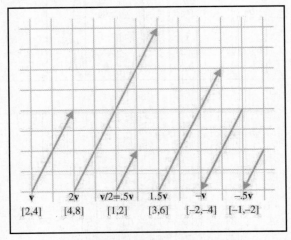

图 2.9 将二维矢量乘以不同标量的结果图示

2.7 矢量的加法和减法

我们可以让两个矢量相加或相减,只要它们具有相同的维度。结果是与矢量运算项具有相同维度的矢量。矢量加法和减法的表示法与标量的加法和减法的表示法是一样的。

2.7.1　正式线性代数规则

矢量加法的线性代数规则很简单：要使两个矢量相加，只要使用它们相应的分量相加即可。其具体规则表述如下：

矢量的加法
$$\begin{bmatrix} a_1 \\ a_2 \\ \vdots \\ a_{n-1} \\ a_n \end{bmatrix} + \begin{bmatrix} b_1 \\ b_2 \\ \vdots \\ b_{n-1} \\ b_n \end{bmatrix} = \begin{bmatrix} a_1 + b_1 \\ a_2 + b_2 \\ \vdots \\ a_{n-1} + b_{n-1} \\ a_n + b_n \end{bmatrix}$$

矢量的减法可以理解为加一个负矢量，即 $\mathbf{a} - \mathbf{b} = \mathbf{a} + (-\mathbf{b})$。其具体规则表述如下：

矢量的减法
$$\begin{bmatrix} a_1 \\ a_2 \\ \vdots \\ a_{n-1} \\ a_n \end{bmatrix} - \begin{bmatrix} b_1 \\ b_2 \\ \vdots \\ b_{n-1} \\ b_n \end{bmatrix} = \begin{bmatrix} a_1 \\ a_2 \\ \vdots \\ a_{n-1} \\ a_n \end{bmatrix} + \left(- \begin{bmatrix} b_1 \\ b_2 \\ \vdots \\ b_{n-1} \\ b_n \end{bmatrix} \right) = \begin{bmatrix} a_1 - b_1 \\ a_2 - b_2 \\ \vdots \\ a_{n-1} - b_{n-1} \\ a_n - b_n \end{bmatrix}$$

例如，给定

$$\mathbf{a} = \begin{bmatrix} 1 \\ 2 \\ 3 \end{bmatrix}, \qquad \mathbf{b} = \begin{bmatrix} 4 \\ 5 \\ 6 \end{bmatrix}, \qquad \mathbf{c} = \begin{bmatrix} 7 \\ -3 \\ 0 \end{bmatrix}$$

则有

$$\mathbf{a} + \mathbf{b} = \begin{bmatrix} 1 \\ 2 \\ 3 \end{bmatrix} + \begin{bmatrix} 4 \\ 5 \\ 6 \end{bmatrix} = \begin{bmatrix} 1+4 \\ 2+5 \\ 3+6 \end{bmatrix} = \begin{bmatrix} 5 \\ 7 \\ 9 \end{bmatrix},$$

$$\mathbf{a} - \mathbf{b} = \begin{bmatrix} 1 \\ 2 \\ 3 \end{bmatrix} - \begin{bmatrix} 4 \\ 5 \\ 6 \end{bmatrix} = \begin{bmatrix} 1-4 \\ 2-5 \\ 3-6 \end{bmatrix} = \begin{bmatrix} -3 \\ -3 \\ -3 \end{bmatrix},$$

$$\mathbf{b} + \mathbf{c} - \mathbf{a} = \begin{bmatrix} 4 \\ 5 \\ 6 \end{bmatrix} + \begin{bmatrix} 7 \\ -3 \\ 0 \end{bmatrix} - \begin{bmatrix} 1 \\ 2 \\ 3 \end{bmatrix} = \begin{bmatrix} 4+7-1 \\ 5+(-3)-2 \\ 6+0-3 \end{bmatrix} = \begin{bmatrix} 10 \\ 0 \\ 3 \end{bmatrix}$$

矢量不能和标量相加或相减，也不能和不同维度的矢量相加或相减。此外，就像标

量的加法一样，矢量的加法是可交换的，即

$$a + b = b + a$$

而矢量的减法则是反交换的，即

$$a - b = -(b - a)$$

2.7.2 几何解释

我们可以按几何形式将矢量 **a** 和 **b** 相加，方法是定位矢量，使得 **a** 的头部接触 **b** 的尾部，然后绘制一个从 **a** 的尾部到 **b** 的头部的矢量。换句话说，如果从一个点开始应用由 **a** 指定的位移，然后再应用由 **b** 指定的位移，那就像应用了单个位移 **a** + **b** 一样。这被称为矢量加法的三角形法则（Triangle Rule）。它也适用于矢量减法，如图 2.10 所示。

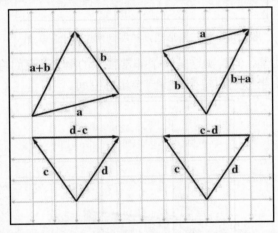

图 2.10　使用三角形法则的二维矢量加法和减法

图 2.10 提供了几何证据，即矢量加法是可交换的，但矢量减法则不是。注意，标记为 **a** + **b** 的矢量与标记为 **b** + **a** 的矢量是一样的，但是矢量 **d** - **c** 和 **c** - **d** 则指向相反的方向，因为 **d** - **c** = -(**c** - **d**)。

三角形法则可以扩展到两个以上的矢量。图 2.11 显示了三角形法则如何验证了在第 2.3.1 节中陈述的内容：矢量可以解释为一系列按轴向对齐的位移。

图 2.12 是图 2.5 的再现，它显示了矢量[1, -3, 4]如何被解释为向右移动 1 个单位，向下移动 3 个单位，然后向前移动 4 个单位，并且可以通过使用矢量加法从数学上对此结果进行验证，具体如下：

$$\begin{bmatrix} 1 \\ -3 \\ 4 \end{bmatrix} = \begin{bmatrix} 1 \\ 0 \\ 0 \end{bmatrix} + \begin{bmatrix} 0 \\ -3 \\ 0 \end{bmatrix} + \begin{bmatrix} 0 \\ 0 \\ 4 \end{bmatrix}$$

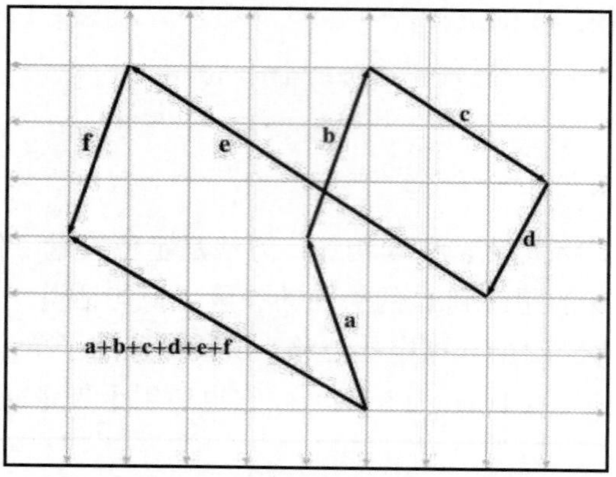

图 2.11　将三角形法则扩展到两个以上的矢量

虽然这看起来很明显，但其实这是一个非常强大的概念。我们将在第 4.2 节中使用类似的技术将矢量从一个坐标空间转换到另一个坐标空间。

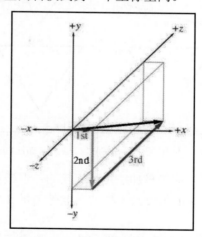

图 2.12　将矢量解释为位移序列

原　文	译　文
1st	①
2nd	②
3rd	③

2.7.3 从一点到另一点的位移矢量

开发人员经常需要计算从一个点到另一个点的位移。在这种情况下，可以使用三角形法则和矢量减法。图 2.13 显示了如何通过从 **b** 中减去 **a** 来计算从 **a** 到 **b** 的位移矢量。

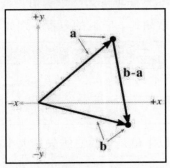

图 2.13　使用二维矢量减法计算从点 **a** 到点 **b** 的矢量

在图 2.13 中，为了计算从 **a** 到 **b** 的矢量，将点 **a** 和 **b** 解释为来自原点的矢量，然后使用三角形法则。实际上，这就是在某些文献中定义矢量的方法：两点的减法。

请注意，矢量减法 **b** − **a** 产生的是从 **a** 到 **b** 的矢量。简单地说，要找到"两点之间"的矢量没有任何意义，因为"两点之间"这样的描述并没有指定方向。我们必须始终明确，要产生的是从一个点到另一个点的矢量。

2.8　矢 量 大 小

如前文所述，矢量具有大小和方向。但是，你可能已经注意到，在矢量中没有明确表示大小和方向（至少在使用笛卡儿坐标时不是这样的）。例如，二维矢量[3, 4]的大小既不是 3 也不是 4，而是 5。由于矢量的大小没有明确表达，所以必须计算它。矢量的大小也称为矢量的长度（Length）或范数（Norm）。

2.8.1 正式线性代数规则

在线性代数中，矢量的大小通过使用围绕矢量的双垂直线来表示。这类似于用于标量的绝对值操作的单垂直线符号。这个符号和用于计算任意维数 n 的矢量大小的等式，可由方程（2.2）给出：

任意维度的矢量的大小

$$\|\mathbf{v}\| = \sqrt{\sum_{i=1}^{n} {v_i}^2} = \sqrt{{v_1}^2 + {v_2}^2 + \cdots + {v_{n-1}}^2 + {v_n}^2} \qquad (2.2)$$

因此，矢量的大小是矢量分量的平方和的平方根。这听起来好像很复杂，但二维和三维矢量的大小等式实际上非常简单。它们的方程分别如下：

二维和三维矢量的大小

$$\|\mathbf{v}\| = \sqrt{{v_x}^2 + {v_y}^2} \qquad \text{二维矢量 } \mathbf{v},$$

$$\|\mathbf{v}\| = \sqrt{{v_x}^2 + {v_y}^2 + {v_z}^2} \qquad \text{三维矢量 } \mathbf{v} \qquad (2.3)$$

矢量的大小是非负标量。以下就是计算三维矢量大小的一个示例：

$$\|\begin{bmatrix} 5 & -4 & 7 \end{bmatrix}\| = \sqrt{5^2 + (-4)^2 + 7^2} = \sqrt{25 + 16 + 49} = \sqrt{90}$$

$$\approx 9.4868$$

注意：

有些图书使用单垂直线符号来表示矢量的大小，即$|\mathbf{v}|$。

对于已经很了解矢量的范数的读者，这里有必要做一个简单的说明，虽然你们可能会忍不住想向我们发邮件提意见，但术语范数（Norm）实际上具有非常一般性的定义，并且基本上满足某一组标准的任何等式都可以称自己为范数。因此，将方程（2.2）描述为矢量的范数的方程略有误导性。为更准确起见，应该说方程（2.2）是 2-范数（2-norm）的方程，这是计算范数的一种特定方法。2-范数属于 p-范数（p-norm）的一类，而 p-范数并不是定义范数的唯一方法。但是，忽略这种普遍性并不会有什么恶劣影响，因为 2-范数测量欧几里得距离，它是迄今为止几何应用中最常用的范数。它甚至在几何解释不能直接应用的情况下也被广泛使用。对此类细节感兴趣的读者应查看本章的练习 15。

2.8.2　几何解释

让我们试着更好地理解方程（2.3）的工作原理。对于二维中的任何矢量 $\mathbf{v}$，可以形成一个直角三角形，其中 v 作为斜边，如图 2.14 所示。

请注意，确切地说，必须在分量 v_x 和 v_y 两旁放置绝对值标记。矢量的分量可能是负的，因为它们是有符号位移，但矢量的长度总是正的。

毕达哥拉斯定理指出，对于任何直角三角形，斜边长度的平方等于另外两边长度的

平方和。将这个定理应用于图 2.14，有

$$\|\mathbf{v}\|^2 = |v_x|^2 + |v_y|^2$$

由于 $|x|^2 = x^2$，因此可以省略绝对值符号，即

$$\|\mathbf{v}\|^2 = v_x{}^2 + v_y{}^2$$

然后，通过取两边的平方根并简化，可以得到

$$\sqrt{\|\mathbf{v}\|^2} = \sqrt{v_x{}^2 + v_y{}^2},$$

$$\|\mathbf{v}\| = \sqrt{v_x{}^2 + v_y{}^2}$$

这与方程（2.3）是一样的。二维中矢量大小方程的证明仅稍微复杂一些。

对于任何正大小 m，存在无数个大小为 m 的矢量。由于这些矢量都具有相同的长度只是方向不同，因此，将它们的尾部放置在原点时，它们就会形成一个圆，如图 2.15 所示。

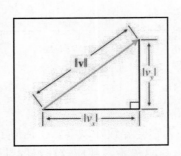

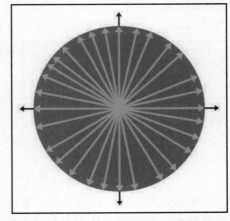

图 2.14　对于矢量大小方程的几何解释　　图 2.15　对于任何正大小，都有无数个具有该大小的矢量

2.9 单位矢量

对于许多矢量，我们只关注其方向而不是大小，例如，"我面对的是哪个方向？""平面朝向的是哪个方向？"在这些情况下，使用单位矢量通常会很方便。单位矢量（Unit Vector）是大小为 1 的矢量。单位矢量也称为归一化矢量（Normalized Vector）。

单位矢量有时也简称为法线（Normal）。但是，在使用该术语时要注意，"法线"这个词带有"垂直"的内涵。当大多数人谈到"法线"矢量时，他们通常指的是垂直于

某物的矢量。例如，在对象上给定点处的表面法线（Surface Normal）是垂直于该位置处的表面的矢量。但是，由于垂直的概念仅与矢量的方向有关，而与其大小无关，因此在大多数情况下，你会发现单位矢量用于法线而不是任意长度的矢量。当本书将矢量称为"法线"时，它表示"垂直于其他东西的单位矢量"。这是常见用法，但要注意"法线"一词主要表示"垂直"而不是"单位长度"。由于法线往往是单位矢量，因此我们需要注意"法线"矢量没有单位长度的任何情况。

总之，"归一化"矢量总是具有单位长度，但"法线"矢量则是与某些东西垂直的矢量，并且按照惯例通常具有单位长度。

2.9.1　正式线性代数规则

对于任何非零矢量 **v**，可以计算指向与 **v** 相同方向的单位矢量，此过程称为矢量的归一化（Normalizing）。本书使用了一个在单位矢量上放置帽子符号的通用符号，例如，$\hat{\mathbf{v}}$（发音为"v hat"）。为了归一化矢量，可以将矢量除以其大小，具体如下：

矢量的归一化
$\hat{\mathbf{v}} = \dfrac{\mathbf{v}}{\lVert \mathbf{v} \rVert}$ 其中，**v** 是任意非零矢量

例如，要归一化二维矢量[12, -5]，则有

$$\frac{\begin{bmatrix} 12 & -5 \end{bmatrix}}{\lVert \begin{bmatrix} 12 & -5 \end{bmatrix} \rVert} = \frac{\begin{bmatrix} 12 & -5 \end{bmatrix}}{\sqrt{12^2 + 5^2}} = \frac{\begin{bmatrix} 12 & -5 \end{bmatrix}}{\sqrt{169}} = \frac{\begin{bmatrix} 12 & -5 \end{bmatrix}}{13} = \begin{bmatrix} \dfrac{12}{13} & \dfrac{-5}{13} \end{bmatrix}$$

$$\approx \begin{bmatrix} 0.923 & -0.385 \end{bmatrix}$$

零矢量无法被归一化。在数学上，这是不允许的，因为它会导致除以零。在几何上，这也是有道理的，因为零矢量没有定义方向——如果归一化零矢量，那应该获得的是什么方向上的向量点呢？

2.9.2　几何解释

在二维中，如果将单位矢量的尾部绘制在原点处，则矢量的头部将接触到以原点为中心的单位圆（单位圆的半径为 1）。在三维中，单位矢量接触到的是单位球面。图 2.16 以灰色显示了若干个任意长度的二维矢量，与它们相对应的归一化矢量则显示为黑色。

请注意，对矢量进行归一化会使某些矢量更短（如果它们的长度大于 1），而某些矢量则更长（如果它们的长度小于 1）。

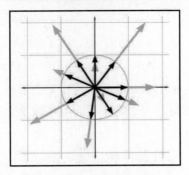

图 2.16 在二维中归一化矢量

2.10 距 离 公 式

接下来准备推导计算几何中最古老和最基本的公式之一：距离公式。该公式用于计算两点之间的距离。

首先，将距离定义为两点之间的线段长度。由于矢量是有向线段，因此几何上有意义的是，两点之间的距离将等于从一点到另一点的矢量的长度。

在三维中的距离公式可以按以下方式推导。首先，将计算从 **a** 到 **b** 的矢量 **d**。在第 2.7.3 节中学习了如何在二维中完成此操作。在三维中，使用的是

$$\mathbf{d} = \mathbf{b} - \mathbf{a} = \begin{bmatrix} b_x - a_x \\ b_y - a_y \\ b_z - a_z \end{bmatrix}$$

a 和 **b** 之间的距离等于矢量 **d** 的长度，这是在第 2.8 节中计算的结果，具体如下：

$$\text{distance}(\mathbf{a}, \mathbf{b}) = \|\mathbf{d}\| = \sqrt{d_x{}^2 + d_y{}^2 + d_z{}^2}$$

代入 **d**，得到

三维距离公式
$\text{distance}(\mathbf{a}, \mathbf{b}) = \|\mathbf{b} - \mathbf{a}\| = \sqrt{(b_x - a_x)^2 + (b_y - a_y)^2 + (b_z - a_z)^2}$

由此，已经推导出了在三维中的距离公式。其二维公式甚至更简单，可由下式给出：

二维距离公式
$\text{distance}(\mathbf{a}, \mathbf{b}) = \|\mathbf{b} - \mathbf{a}\| = \sqrt{(b_x - a_x)^2 + (b_y - a_y)^2}$

看一下二维中的一个例子：

$$\text{distance}\left(\begin{bmatrix} 5 & 0 \end{bmatrix}, \begin{bmatrix} -1 & 8 \end{bmatrix}\right) = \sqrt{(-1-5)^2 + (8-0)^2}$$
$$= \sqrt{(-6)^2 + 8^2} = \sqrt{100} = 10$$

请注意，将哪一个点称为 **a** 和哪一个点称为 **b** 无关紧要。如果将 **d** 定义为从 **b** 到 **a** 而不是从 **a** 到 **b** 的向量，那么将得出一个略有不同但在数学上完全等价的公式。

2.11　矢量点积

第 2.6 节演示了如何将矢量乘以标量。我们还可以将两个矢量相乘。有两种类型的矢量乘积：第一种矢量乘积是点积（Dot Product），也称为内积（Inner Product），这是本节要讨论的主题；第 2.12 节将讨论另一种矢量乘积，即叉积。

点积在视频游戏编程中无处不在，在从图形、模拟到 AI 的各个方面都很有用。按照在运算方面的讨论模式，首先在第 2.11.1 节中将介绍计算点积的代数规则，然后在第 2.11.2 节中将做出几何解释。

点积公式是本书中为数不多的值得记忆的公式之一。首先，要记住它真的很容易。其次，如果你了解点积的作用，那么就会知道该公式是很有意义的。此外，点积与许多其他运算具有重要关系，例如矩阵乘法、信号卷积、统计相关和傅立叶变换等。理解该公式将使这些关系更加明显。

比记忆公式更重要的是直观地了解点积的作用。如果你的大脑中只有足够的空间用于公式或几何定义，那么建议将几何体内化，并在手上写出公式。你需要理解几何定义才能使用点积。使用 C++、HLSL，甚至 MATLAB 和 Maple 等计算机语言编程时，你可能不需要知道公式，因为通常不会通过输入公式告诉计算机进行点积计算，而是通过调用高级函数或重载运算符。此外，点积的几何定义不假设任何特定坐标系或甚至不假定使用笛卡儿坐标。

2.11.1　正式线性代数规则

"点积"的名称来自矢量乘积表示法中使用的点符号：**a·b**。就像标量和矢量的乘法一样，矢量点积在加法和减法之前执行，除非使用括号来覆盖此默认运算顺序。请注意，虽然我们通常在使用两个标量相乘或标量和矢量相乘时省略乘法符号，但在执行矢量点积运算时，不能省略点符号。如果看到两个矢量并排放置，中间没有符号，则需要根据矩阵乘法的规则进行解释,将在第 4.7 节中详细讨论该主题。[①]

两个矢量的点积是相应分量的乘积之和,得到的是一个标量。其具体形式表述如下:

矢量点积
$$\begin{bmatrix} a_1 \\ a_2 \\ \vdots \\ a_{n-1} \\ a_n \end{bmatrix} \cdot \begin{bmatrix} b_1 \\ b_2 \\ \vdots \\ b_{n-1} \\ b_n \end{bmatrix} = a_1 b_1 + a_2 b_2 + \cdots + a_{n-1} b_{n-1} + a_n b_n$$

这可以通过使用求和符号简洁地改写为如下形式:

使用求和符号表示的矢量点积
$$\mathbf{a} \cdot \mathbf{b} = \sum_{i=1}^{n} a_i b_i$$

将这些规则分别应用于二维和三维中将产生以下结果:

二维和三维矢量点积
$\mathbf{a} \cdot \mathbf{b} = a_x b_x + a_y b_y$ （$\mathbf{a}$ 和 $\mathbf{b}$ 为二维矢量）,
$\mathbf{a} \cdot \mathbf{b} = a_x b_x + a_y b_y + a_z b_z$ （$\mathbf{a}$ 和 $\mathbf{b}$ 为三维矢量）

以下分别是二维和三维中点积的示例:

$$\begin{bmatrix} 4 & 6 \end{bmatrix} \cdot \begin{bmatrix} -3 & 7 \end{bmatrix} = (4)(-3) + (6)(7) = 30,$$

$$\begin{bmatrix} 3 \\ -2 \\ 7 \end{bmatrix} \cdot \begin{bmatrix} 0 \\ 4 \\ -1 \end{bmatrix} = (3)(0) + (-2)(4) + (7)(-1) = -15$$

从方程的检验可以明显看出,矢量点积是可交换的:$\mathbf{a} \cdot \mathbf{b} = \mathbf{b} \cdot \mathbf{a}$。关于点积的更多矢量代数定律将在第 2.13 节中给出。

2.11.2 几何解释

现在来讨论点积的更重要的方面:几何意义。无论如何强调点积的重要性都不为过,

[①] 你可能会碰到的一种表示法是将点积视为普通矩阵乘法,如果 $\mathbf{a}$ 和 $\mathbf{b}$ 被解释为列矢量,则表示为 $\mathbf{a}^{\mathrm{T}}\mathbf{b}$;或者,如果 $\mathbf{a}$ 和 $\mathbf{b}$ 被解释为行矢量,则表示为 $\mathbf{a}\mathbf{b}^{\mathrm{T}}$。如果对这些都没有概念,请不要担心,因为将在本书第 4 章中详细介绍矩阵乘法以及行和列矢量之后再来解释它。

因为它几乎是 3D 数学的每个方面的基础。由于它至关重要，所以将多花一点篇幅来详细阐释它。我们将从几何的角度，思考该运算的不同方式。因为它们实际上是等价的，所以你可能会认为一种解释已经足够了，不同角度的阐述完全是多余的，并且是在浪费时间。如果你已经对点积有所了解，那么请原谅我们的坚持，因为在我们看来这个知识点确实很重要。

　　我们要提出的第一个几何定义可能不太常见，但是与 Dray 和 Manogue 的建议一致（详见本书参考文献[15]），我们认为它实际上更有用。首先考虑的解释是执行投影（Projection）的点积。

　　假设 **â** 是一个单位矢量，**b** 是一个任意长度的矢量。现在取 **b** 并将其投影到与 **â** 平行的线上，如图 2.17 所示。

　　请记住，矢量是位移，没有固定的位置，因此可以随意在示意图上移动它们。可以将点积 **â·b** 定义为 **b** 投影在该线上的有符号长度。术语"投影"有一些不同的技术含义（参见第 5.3 节），我们不会在这里尝试给它一个正式的定义。[①] 你可以把 **b** 在 **â** 上的投影视为当光线垂直于 **â** 时 **b** 投射的"阴影"。

　　我们已经将投影绘制为箭头，但请记住，点积的结果是标量，而不是矢量。尽管如此，当你第一次了解负数时，你的老师可能会将数字描述为数字线上的箭头，以强调它们的符号（本书第 1 章也是这样做的）。毕竟，标量是一个完全有效的一维矢量。

　　点积测量有符号长度意味着什么？这意味着当 **b** 的投影指向 **â** 的相反方向时，该值将为负，并且当 **â** 和 **b** 垂直时，投影具有零长度（它是单个点）。图 2.18 说明了这些情况。

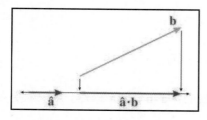

图 2.17　点积作为投影

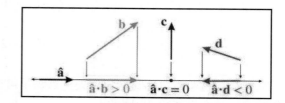

图 2.18　点积的标志

　　换句话说，点积的符号可以给予我们对两个矢量的相对方向的粗略分类。想象一下垂直于矢量 **â** 的线（在二维中）或平面（在三维中）。点积 **â·b** 的符号将告诉我们半空间 **b** 在哪里。图 2.19 对此进行了图解说明。

　　接下来，考虑当将 **b** 缩放某个因子 k 时会发生什么。图 2.20 则展示了其投影的长度

───────────────

① 因此，这里我们推卸了自己作为数学作者的传统职责，使直觉概念听起来比它们原本的定义要复杂得多。

（以及点积的值）增加了相同的因子。两个三角形具有相等的内角，因此是相似的。由于右边的斜边比左边的斜边长 k 倍，因此，根据相似三角形的特性，右边的底边也长了 k 倍。

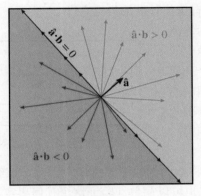

图 2.19　点积的符号给出了两个矢量的
相对方向的粗略分类

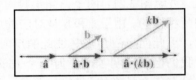

图 2.20　缩放一个点积的运算项

用代数方式来说明这个事实并使用以下公式来证明它：

$$\hat{\mathbf{a}} \cdot (k\mathbf{b}) = a_x(kb_x) + a_y(kb_y) + a_z(kb_z)$$
$$= k(a_xb_x + a_yb_y + a_zb_z)$$
$$= k(\hat{\mathbf{a}} \cdot \mathbf{b})$$

在上面的 3 行公式中，中间一行扩展的标量数学使用了三维作为例子，但是等式两端的矢量符号则适用于任何维度的矢量。

至此，我们已经看到了当缩放 $\mathbf{b}$ 时会发生什么：它在 $\hat{\mathbf{a}}$ 上的投影长度随着点积值的增加而增加。如果缩放 $\mathbf{a}$ 会怎么样呢？刚刚做出的代数论证可以用来证明，点积的值与 $\mathbf{a}$ 的长度成比例，就像缩放 $\mathbf{b}$ 时一样。换句话说，

点积与任意矢量和标量的乘法的结合律
$(k\mathbf{a}) \cdot \mathbf{b} = k(\mathbf{a} \cdot \mathbf{b}) = \mathbf{a} \cdot (k\mathbf{b})$

因此缩放 $\mathbf{a}$ 也将缩放点积的值。然而，该缩放对于 $\mathbf{b}$ 在 $\mathbf{a}$ 上的投影的长度从几何上来说没有影响。在了解了如果缩放 $\mathbf{a}$ 或 $\mathbf{b}$ 会发生什么之后，可以编写几何定义而不用作任何关于矢量长度的假设。

🧑 提示：点积作为投影

点积 $\mathbf{a} \cdot \mathbf{b}$ 等于 $\mathbf{b}$ 投影到平行于 $\mathbf{a}$ 的任何线上的有符号长度，乘以 $\mathbf{a}$ 的长度。

当继续检查点积的属性时，如果 **a** 或 **a** 和 **b** 都是单位矢量，那么从几何上来演示它是非常容易的。因为已经证明，缩放 **a** 或 **b** 都会直接缩放点积的值，所以，在获得结果之后就很容易推而广之。此外，在伴随每个几何参数的代数论证中，单位矢量假设并不是必需的。请记住，我们需要将帽子置于假定具有单位长度的矢量之上。

你可能想知道，为什么点积测量的是第二个运算项投射到第一个运算项上的投影，而不是相反。当两个矢量 **â** 和 **b̂** 都是单位矢量时，可以很容易地得出一个几何论证，即 **â** 在 **b̂** 上的投影与 **b̂** 在 **â** 上的投影具有相同的长度。考虑图 2.21，两个三角形具有相等的内角，因此它们是相似的。由于 **â** 和 **b̂** 是对应的边并且具有相同的长度，因此两个三角形是彼此的反射。

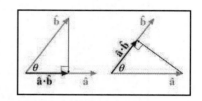

图 2.21　点积是可交换的

我们已经证明了，任何一个矢量的缩放如何将按比例地缩放点积，因此，该结果适用于具有任意长度的 **a** 和 **b**。此外，通过使用公式也可以简单地验证这个几何事实，该公式并不依赖于矢量具有相等长度的假设。这次以二维为例，

点积是可交换的
$\mathbf{a} \cdot \mathbf{b} = a_x b_x + a_y b_y = b_x a_x + b_y a_y = \mathbf{b} \cdot \mathbf{a}$

点积的下一个重要特性是它通过加法和减法进行分布，就像标量乘法一样。这一次在几何之前做代数。当说点积分布（Distribute）时，这意味着，如果点积的运算项之一是一个总和值，那么就可以单独取得各个部分的点积，然后取它们的总和。现在切换回三维示例，

点积通过加法和减法进行分布
$\mathbf{a} \cdot (\mathbf{b} + \mathbf{c}) = \begin{bmatrix} a_x \\ a_y \\ a_z \end{bmatrix} \cdot \begin{bmatrix} b_x + c_x \\ b_y + c_y \\ b_z + c_z \end{bmatrix}$ $= a_x(b_x + c_x) + a_y(b_y + c_y) + a_z(b_z + c_z)$ $= a_x b_x + a_x c_x + a_y b_y + a_y c_y + a_z b_z + a_z c_z$ $= (a_x b_x + a_y b_y + a_z b_z) + (a_x c_x + a_y c_y + a_z c_z)$ $= \mathbf{a} \cdot \mathbf{b} + \mathbf{a} \cdot \mathbf{c}$

通过用 −**c** 替换 **c**，很明显，点积也可以通过矢量减法进行分布，就像矢量加法一样。图 2.22 显示了点积如何通过加法分布的情形。

现在看一个特殊情况，其中一个矢量是指向 +x 方向的单位矢量，将其表示为 **x̂**。图 2.23

显示了投影的有符号长度就是原始矢量的 x 坐标。换句话说，可以通过取得具有基本轴的矢量的点积"筛选"出该轴的坐标。

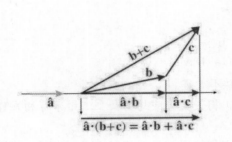

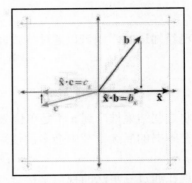

图 2.22 点积通过加法分布

图 2.23 通过取得具有基本轴的点积
筛选出相应的坐标

　　如果将点积的这种"筛选"特性与它分布在加法上的事实相结合，那么已经能够以纯几何术语证明，为什么公式必须是现在这个样子的。

　　因为点积测量投影的长度，所以它与矢量大小的计算有一个有趣的关系。请记住，矢量大小是一个标量，用于测量矢量的位移量（长度）。点积也测量位移量，但只计算特定方向的位移，在投影的过程中会丢弃垂直位移。但是，如果测量与矢量指向的方向相同的位移呢？在这种情况下，矢量的所有位移都在被测量的方向上，因此，如果将矢量投影到自身上，则该投影的长度就是矢量的大小。但要记住，$\mathbf{a} \cdot \mathbf{b}$ 等于 $\mathbf{b}$ 投影到 $\mathbf{a}$ 上的长度，并且按 $\|\mathbf{a}\|$ 缩放。如果用矢量自身计算矢量点积，例如 $\mathbf{v} \cdot \mathbf{v}$，则得到的是投影的长度（即 $\|\mathbf{v}\|$）乘以投射到的矢量的长度（也是 $\|\mathbf{v}\|$）。换言之，就是

矢量大小与点积之间的关系
$\mathbf{v} \cdot \mathbf{v} = \|\mathbf{v}\|^2, \qquad \|\mathbf{v}\| = \sqrt{\mathbf{v} \cdot \mathbf{v}}$

　　在切换到点积的第二种解释之前，不妨来看一下点积作为投影的一个非常常见的用法。再次假设 $\hat{\mathbf{a}}$ 是一个单位向量，而 $\mathbf{b}$ 则具有任意长度。使用点积，可以将 $\mathbf{b}$ 分成两个值：$\mathbf{b}_{\parallel}$ 和 $\mathbf{b}_{\perp}$（读作"$\mathbf{b}$ 平行"和"$\mathbf{b}$ 垂直"）。它们分别平行和垂直于 $\hat{\mathbf{a}}$，使得 $\mathbf{b} = \mathbf{b}_{\parallel} + \mathbf{b}_{\perp}$。图 2.24 说明了所涉及的几何结构。

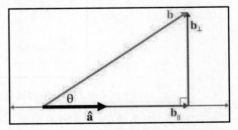

图 2.24 将一个矢量投影到另一个矢量上

我们已经确定 $\mathbf{b}_\parallel$ 的长度等于 $\hat{\mathbf{a}} \cdot \mathbf{b}$。但是点积产生的是一个标量，而 $\mathbf{b}_\parallel$ 是一个矢量，所以将采用单位矢量 $\hat{\mathbf{a}}$ 指定的方向并将其放大。其表述如下：

$$\mathbf{b}_\parallel = (\hat{\mathbf{a}} \cdot \mathbf{b})\hat{\mathbf{a}}$$

一旦已经知道 $\mathbf{b}_\parallel$，则可以通过下式轻松求解 $\mathbf{b}_\perp$：

$$\mathbf{b}_\perp + \mathbf{b}_\parallel = \mathbf{b},$$
$$\mathbf{b}_\perp = \mathbf{b} - \mathbf{b}_\parallel,$$
$$\mathbf{b}_\perp = \mathbf{b} - (\hat{\mathbf{a}} \cdot \mathbf{b})\hat{\mathbf{a}}$$

将这些结果推广到 $\mathbf{a}$ 不是单位矢量的情况并不太难。

在本书的后续章节中会多次使用这些方程，将矢量分成与另一个矢量平行和垂直的分量。

现在通过三角法的视角来检查点积。这是点积的更常见的几何解释，它更加强调矢量之间的角度。之前一直在考虑投影，所以不太需要这个角度。某些缺乏经验和责任感的作者（译者注：这是作者的自谦之词，因为它指的是本书参考文献[16]，实际上该文献正是本书的第 1 版）可能只给你两个重要视角中的一个，虽然这可能足以解释包含点积的方程。但是，更有价值的技能是识别在哪些情况下，点积是完成某些任务的正确工具。如果你能掌握更多关于点积的解释，那么，即使有时候它们"显然"相互等同，这也有助于你采用最恰当的解释。

现在来看图 2.25 右侧的直角三角形。

图 2.25 显示了斜边的长度为 1（因为 $\hat{\mathbf{b}}$ 是单位矢量），并且基部的长度等于点积 $\hat{\mathbf{a}} \cdot \hat{\mathbf{b}}$。根据基本的三角函数（详见本书第 1.4.4 节），角度的余弦是邻边（Adjacent）长度除以斜边（Hypotenuse）长度的比率。将它应用于图 2.25 中的值，可以得到

$$\cos\theta = \frac{\text{adjacent}}{\text{hypotenuse}} = \frac{\hat{\mathbf{a}} \cdot \hat{\mathbf{b}}}{1} = \hat{\mathbf{a}} \cdot \hat{\mathbf{b}}$$

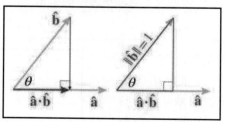

图 2.25　使用直角三角形的三角函数解释点积

换句话说，两个单位矢量的点积等于它们之间的角度的余弦。当 $\hat{\mathbf{a}} \cdot \hat{\mathbf{b}} \leqslant 0$ 且 $\theta > 90°$ 时，即使无法形成图 2.25 中的直角三角形，这种说法也是正确的。请记住，任何矢量与矢

量 $\hat{\mathbf{x}} = [1,0,0]$ 的点积将简单地提取矢量的 x 坐标。事实上，从标准位置旋转了 θ 角度的单位矢量的 x 坐标是定义 $\cos\theta$ 值的方法之一。如果你记得不太清晰了，不妨复习一下本书第 1.4.4 节。

　　通过将这些思路与之前的观察（即，缩放矢量会按比例因子缩放点积）相结合，我们可以得到点积与余弦之间的一般关系。

提示：点积与截取角度的关系

　　两个矢量 $\mathbf{a}$ 和 $\mathbf{b}$ 的点积等于矢量之间角度 θ 的余弦，乘以矢量的长度（见图 2.26）。其正式表述如下：

$$\mathbf{a} \cdot \mathbf{b} = \|\mathbf{a}\|\|\mathbf{b}\| \cos\theta \qquad\qquad (2.4)$$

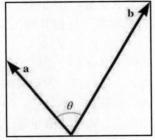

图 2.26　点积与两个矢量的角度相关

　　测量三维中两个矢量之间的角度意味着什么呢？任何两个矢量将始终位于一个公共平面（将它们的尾部放在一起便可以发现这一点），因此可以测量包含两个矢量的平面中的角度。如果矢量是平行的，则平面不是唯一的，但是角度则是 0° 或 ±180°，并且选择哪个平面并不重要。

　　点积为提供了计算两个矢量之间角度的方法。求解式（2.4），可得 θ 的值如下：

使用点积计算两个矢量之间的角度
$\theta = \arccos\left(\dfrac{\mathbf{a} \cdot \mathbf{b}}{\|\mathbf{a}\|\|\mathbf{b}\|}\right) \qquad\qquad (2.5)$

　　如果已知 $\mathbf{a}$ 和 $\mathbf{b}$ 都是单位矢量，那么可以避免式（2.5）中的除法。在这个非常常见的情况下，式（2.5）的分母通常为 1，于是可以得到

计算两个单位矢量之间的角度
$\theta = \arccos\left(\hat{\mathbf{a}} \cdot \hat{\mathbf{b}}\right)$ 　（假设 $\hat{\mathbf{a}}$ 和 $\hat{\mathbf{b}}$ 都是单位矢量）

如果不需要 θ 的精确值，并且只需要 **a** 和 **b** 的相对方向的分类，那么只需要知道点积的符号即可。这与图 2.18 中所演示的相同，只是现在可以将它与角度 θ 联系起来，如表 2.1 所示。

表 2.1　点积的符号可以用作两个矢量之间角度的粗略分类

a · b	θ	角　度　为	**a 和 b 是**
> 0	$0° \leqslant \theta < 90°$	锐角	主要指向同一方向
0	$\theta = 90°$	直角	垂直
< 0	$90° < \theta \leqslant 180°$	钝角	主要指向相反方向

由于矢量的大小不影响点积的符号，因此无论 **a** 和 **b** 的长度如何，表 2.1 都适用。但是请注意，如果 **a** 或 **b** 是零矢量，那么 **a · b** = 0，因此，当使用点积来对两个矢量之间的关系进行分类时，点积就好像零矢量垂直于任何其他矢量。事实证明，叉积的表现则与此不同。

现在来总结一下点积的几何属性，具体如下：

❑　点积 **a · b** 将测量 **b** 投影到 **a** 上的长度，乘以 **a** 的长度。

❑　点积可用于测量特定方向的位移。

❑　投影运算与余弦函数密切相关。点积 **a · b** 也等于 $\| a \| \| b \| \cos\theta$，其中，$\theta$ 是矢量之间的角度。

我们将在本章末尾复习点积的交换和分布特性，以及矢量运算的其他代数特性。

2.12　矢　量　叉　积

另一种矢量乘积，即叉积（Cross Product），只能在三维中应用。与产生标量且可交换的点积不同，矢量叉积将产生三维矢量并且不是可交换的。

2.12.1　正式线性代数规则

与点积类似，术语"叉积"来自表达式 **a × b** 中使用的符号。这里必须要写"×"符号，而不能像标量乘法那样省略它。叉积的公式如下：

叉积
$$\begin{bmatrix} x_1 \\ y_1 \\ z_1 \end{bmatrix} \times \begin{bmatrix} x_2 \\ y_2 \\ z_2 \end{bmatrix} = \begin{bmatrix} y_1 z_2 - z_1 y_2 \\ z_1 x_2 - x_1 z_2 \\ x_1 y_2 - y_1 x_2 \end{bmatrix}$$

例如，

$$\begin{bmatrix} 1 \\ 3 \\ 4 \end{bmatrix} \times \begin{bmatrix} 2 \\ -5 \\ 8 \end{bmatrix} = \begin{bmatrix} (3)(8) - (4)(-5) \\ (4)(2) - (1)(8) \\ (1)(-5) - (3)(2) \end{bmatrix} = \begin{bmatrix} 24 - (-20) \\ 8 - 8 \\ -5 - 6 \end{bmatrix} = \begin{bmatrix} 44 \\ 0 \\ -11 \end{bmatrix}$$

叉积与点积具有相同的运算符优先级：乘法发生在加法和减法之前。当点积和叉积一起使用时，叉积优先：$\mathbf{a} \cdot \mathbf{b} \times \mathbf{c} = \mathbf{a} \cdot (\mathbf{b} \times \mathbf{c})$。幸运的是，有一种简单的方法可以记住这一点：它是唯一可行的方式。点积返回标量，因此 $(\mathbf{a} \cdot \mathbf{b}) \times \mathbf{c}$ 未定义，因为不能采用标量和矢量的叉积。运算 $\mathbf{a} \cdot (\mathbf{b} \times \mathbf{c})$ 被称为三重积（Triple Product）。第 6.1 节将介绍这种计算的一些特殊属性。

如前所述，矢量叉积不是可交换的，事实上，它是反交换（Anticommutative）的：$\mathbf{a} \times \mathbf{b} = -(\mathbf{b} \times \mathbf{a})$。叉积也不是可结合的，一般来说，$(\mathbf{a} \times \mathbf{b}) \times \mathbf{c} \neq \mathbf{a} \times (\mathbf{b} \times \mathbf{c})$。与叉积有关的更多矢量代数定律详见第 2.13 节。

2.12.2 几何解释

叉积将产生一个矢量，垂直于原始的两个矢量，如图 2.27 所示。

$\mathbf{a} \times \mathbf{b}$ 的长度等于 $\mathbf{a}$ 和 $\mathbf{b}$ 的大小的乘积再乘以 $\mathbf{a}$ 和 $\mathbf{b}$ 之间角度的正弦值。其表述如下：

叉积的大小与矢量之间的角度的正弦值有关
$\|\mathbf{a} \times \mathbf{b}\| = \|\mathbf{a}\| \|\mathbf{b}\| \sin \theta$

事实证明，这也等于由两个边 $\mathbf{a}$ 和 $\mathbf{b}$ 形成的平行四边形的面积。让我们看一看是否可以通过使用图 2.28 来验证这是真的。

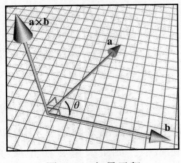

图 2.27 矢量叉积

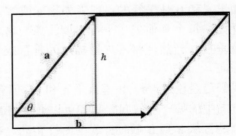

图 2.28 包含边 $\mathbf{a}$ 和 $\mathbf{b}$ 的平行四边形

首先，从平面几何图形开始。我们知道平行四边形的面积是 bh，即底边和高度的乘积（在图 2.28 中，底边是 $b = \|\mathbf{b}\|$）。我们可以通过从一端"剪切"掉一个三角形并将

其移动到另一端来形成一个矩形，以此来验证这个规则，如图 2.29 所示。

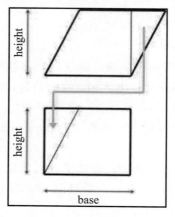

图 2.29　平行四边形的面积

原　　文	译　　文
height	高
base	底

矩形面积由长度和宽度给出。在这种情况下，这个面积是就是 bh 的积。由于矩形的面积等于平行四边形的面积，因此平行四边形的面积也必须是 bh。

返回图 2.28 中，让 a 和 b 分别是 **a** 和 **b** 的长度，并注意 $\sin\theta = h/a$。然后

$$
\begin{aligned}
A &= bh \\
&= b(a\sin\theta) \\
&= \|\mathbf{a}\|\|\mathbf{b}\|\sin\theta \\
&= \|\mathbf{a}\times\mathbf{b}\|
\end{aligned}
$$

如果 **a** 和 **b** 是平行的，或者如果 **a** 或 **b** 是零矢量，则 $\mathbf{a}\times\mathbf{b}=\mathbf{0}$。因此，叉积将零矢量解释为与每个其他矢量平行。请注意，这与点积不同，点积将零矢量解释为与每个其他矢量垂直（当然，将零矢量描述为垂直或平行于任何矢量是不明确的，因为零矢量并没有方向）。

我们已经说过，$\mathbf{a}\times\mathbf{b}$ 垂直于 **a** 和 **b**。但有两个垂直于 **a** 和 **b** 的方向——$\mathbf{a}\times\mathbf{b}$ 指向这两个方向中的哪一个方向？我们可以通过将 **b** 的尾部放在 **a** 的头部来确定 $\mathbf{a}\times\mathbf{b}$ 的方向，并检查是否从 **a** 到 **b** 顺时针或逆时针转动。在左手坐标系中：如果矢量 **a** 和 **b** 从你的视点顺时针转动，则 $\mathbf{a}\times\mathbf{b}$ 指向你；如果 **a** 和 **b** 逆时针转动，则指向远离你的方向。在右手坐标系中，恰好相反：如果 **a** 和 **b** 进行逆时针转动，则 $\mathbf{a}\times\mathbf{b}$ 指向你；如果 **a** 和 **b** 指向顺时针转动，则 $\mathbf{a}\times\mathbf{b}$ 指向远离你的方向。

　　图 2.30 显示了顺时针和逆时针转动。请注意，要进行顺时针或逆时针测定，必须将
a 的头部与 **b** 的尾部对齐。将其与图 2.26 进行比较（该图 **a** 和 **b** 的尾部是接触在一起的），
图 2.26 中显示的尾部对齐是定位矢量以测量它们之间角度的正确方法，但要判断旋转是
顺时针还是逆时针，则矢量应该采用头尾对齐的方式，如图 2.30 所示。

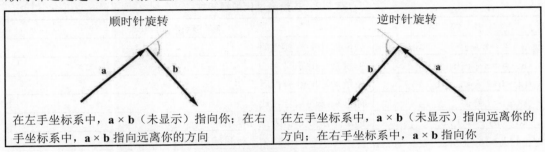

图 2.30　判断旋转是顺时针还是逆时针

　　让我们将这个一般性规则应用于基本轴的特定情况。令 $\hat{x}$、$\hat{y}$ 和 $\hat{z}$ 分别是指向+*x*、+*y*
和+*z* 方向的单位矢量。取每对轴的叉积的结果是

基本轴的叉积	
$\hat{x} \times \hat{y} = \hat{z},$	$\hat{y} \times \hat{x} = -\hat{z},$
$\hat{y} \times \hat{z} = \hat{x},$	$\hat{z} \times \hat{y} = -\hat{x},$
$\hat{z} \times \hat{x} = \hat{y},$	$\hat{x} \times \hat{z} = -\hat{y},$

　　你还可以用手记住叉积的指向，这和在第 1.3.3 节中区分左手和右手坐标空间的方式
是类似的。由于本书中使用了左手坐标空间，因此将告诉你如何使用左手做到这一点。
假设有两个矢量 **a** 和 **b**，并且想要找出 **a** × **b** 指向的方向。将拇指指向 **a**，食指指向（大
约）**b** 方向。如果 **a** 和 **b** 指向几乎相反的方向，那么这很难做到。请确保你的拇指指向 **a**
的方向，然后你的食指和矢量 **b** 一样，在 **a** 的同一侧。现在保持拇指和食指的位置，伸
出第三根手指使其垂直于拇指和食指，类似于第 1.3.3 节中所做的那样。你的第三根手指
现在指向的就是 **a** × **b** 的方向。

　　当然，右手坐标空间的右手也可以使用类似的技巧。

　　叉积的最重要用途之一是创建一个垂直于平面（参见第 9.5 节）、三角形（详见第
9.6 节）或多边形（详见第 9.7 节）的矢量。

2.13　线性代数恒等式

　　据说希腊哲学家 Arcesilaus（阿尔克西拉乌斯）曾经说过：“法律最多的地方，你会

发现最大的不公正。"好吧，没有人说矢量代数是公平的。表 2.2 列出了一些偶尔有用但记不住也没关系的矢量代数定律。有几个恒等式显然不必记（因为其意自明），但为了完整起见而将其列出。所有这些都可以从前面各小节给出的定义中得出。

表 2.2　矢量线性代数恒等式

恒　等　式	简　要　说　明
$\mathbf{a} + \mathbf{b} = \mathbf{b} + \mathbf{a}$	矢量加法的交换性质
$\mathbf{a} - \mathbf{b} = \mathbf{a} + (-\mathbf{b})$	矢量减法的定义
$(\mathbf{a} + \mathbf{b}) + \mathbf{c} = \mathbf{a} + (\mathbf{b} + \mathbf{c})$	矢量加法的结合性质
$s\,(t\mathbf{a}) = (st)\,\mathbf{a}$	标量乘法的结合性质
$k(\mathbf{a} + \mathbf{b}) = k\mathbf{a} + k\mathbf{b}$	标量乘法分布在矢量加法上
$\lVert k\mathbf{a} \rVert = \lvert k \rvert\,\lVert \mathbf{a} \rVert$	将矢量乘以标量将会按标量绝对值的因子缩放其大小
$\lVert \mathbf{a} \rVert \geqslant 0$	矢量的大小是非负的
$\lVert \mathbf{a} \rVert^2 + \lVert \mathbf{b} \rVert^2 = \lVert \mathbf{a} + \mathbf{b} \rVert^2$	毕达哥拉斯定理适用于矢量加法
$\lVert \mathbf{a} \rVert + \lVert \mathbf{b} \rVert \geqslant \lVert \mathbf{a} + \mathbf{b} \rVert$	矢量加法的三角法则（任何一边都不得超过另外两边的总和）
$\mathbf{a} \cdot \mathbf{b} = \mathbf{b} \cdot \mathbf{a}$	点积的交换性质
$\lVert \mathbf{a} \rVert = \sqrt{\mathbf{a} \cdot \mathbf{a}}$	使用点积定义的矢量大小
$k\,(\mathbf{a} \cdot \mathbf{b}) = (k\mathbf{a}) \cdot \mathbf{b} = \mathbf{a} \cdot (k\mathbf{b})$	标量乘法与点积的结合性质
$\mathbf{a} \cdot (\mathbf{b} + \mathbf{c}) = \mathbf{a} \cdot \mathbf{b} + \mathbf{a} \cdot \mathbf{c}$	点积分布在矢量加法和减法上
$\mathbf{a} \times \mathbf{a} = \mathbf{0}$	任何矢量与其自身的叉积是零矢量（因为任何矢量都与其自身平行）
$\mathbf{a} \times \mathbf{b} = -(\mathbf{b} \times \mathbf{a})$	叉积是反交换的
$\mathbf{a} \times \mathbf{b} = (-\mathbf{a}) \times (-\mathbf{b})$	让叉积的两个运算项都变负会产生相同的矢量
$k\,(\mathbf{a} \times \mathbf{b}) = (k\mathbf{a}) \times \mathbf{b} = \mathbf{a} \times (k\mathbf{b})$	标量乘法与叉积的结合性质
$\mathbf{a} \times (\mathbf{b} + \mathbf{c}) = \mathbf{a} \times \mathbf{b} + \mathbf{a} \times \mathbf{c}$	叉积分布在矢量加法和减法上

2.14　练　　习

（答案见本书附录 B）

1. 令

$$\mathbf{a} = \begin{bmatrix} -3 & 8 \end{bmatrix}, \quad \mathbf{b} = \begin{bmatrix} 4 \\ 0 \\ 5 \end{bmatrix}, \quad \mathbf{c} = \begin{bmatrix} 16 \\ -1 \\ 4 \\ 6 \end{bmatrix}$$

（a）将 **a**、**b** 和 **c** 识别为行或列矢量，并给出每个矢量的维数。

（b）计算 $b_y + c_w + a_x + b_z$。

2．请将以下每个句子中的数量标识为标量或矢量。对于矢量，请给出大小和方向。
注意：某些方向可能是隐含的。

（a）你体重多少？

（b）你知道你的速度有多快吗？

（c）从这里往北过两条街就能看到它了。

（d）我们正以每小时 900 千米的速度从上海飞行到北京，海拔 1 万米。

3．请给出以下矢量的值。较暗的网格线代表一个单位。

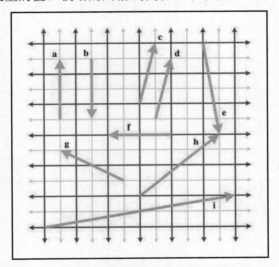

4．判断以下描述的正误。如果该描述是错误的，请解释原因。

（a）示意图中矢量的大小无关紧要，我们只需要在正确的地方画出来即可。

（b）矢量表示的位移可以看作是轴向对齐位移的序列。

（c）上一个问题的轴向对齐位移必须按顺序进行。

（d）矢量[x, y]可给出从点(x, y)到原点的位移。

5．评估以下矢量表达式。

（a）–[3 7]

（b）‖[–12 5]‖

（c）‖[8 –3 1/2]‖

（d）3[4 –7 0]

（e）[4 5]/2

6．归一化以下矢量。

（a）[12 5]

（b）[0　743.632]

（c）[8　−3　1/2]

（d）[−12　3　−4]

（e）[1　1　1　1]

7. 评估以下矢量表达式。

（a）[7　−2　−3]+[6　6　−4]

（b）[2　9　−1]+[−2　−9　1]

（c）$\begin{bmatrix} 3 \\ 10 \\ 7 \end{bmatrix} - \begin{bmatrix} 8 \\ -7 \\ 4 \end{bmatrix}$

（d）$\begin{bmatrix} 4 \\ 5 \\ -11 \end{bmatrix} - \begin{bmatrix} -4 \\ -5 \\ 11 \end{bmatrix}$

（e）$3\begin{bmatrix} a \\ b \\ c \end{bmatrix} - 4\begin{bmatrix} 2 \\ 10 \\ -6 \end{bmatrix}$

8. 计算以下点对之间的距离。

（a）$\begin{bmatrix} 10 \\ 6 \end{bmatrix}, \begin{bmatrix} -14 \\ 30 \end{bmatrix}$

（b）$\begin{bmatrix} 0 \\ 0 \end{bmatrix}, \begin{bmatrix} -12 \\ 5 \end{bmatrix}$

（c）$\begin{bmatrix} 3 \\ 10 \\ 7 \end{bmatrix}, \begin{bmatrix} 8 \\ -7 \\ 4 \end{bmatrix}$

（d）$\begin{bmatrix} -2 \\ -4 \\ 9 \end{bmatrix}, \begin{bmatrix} 6 \\ -7 \\ 9.5 \end{bmatrix}$

（e）$\begin{bmatrix} 4 \\ -4 \\ -4 \\ 4 \end{bmatrix}, \begin{bmatrix} -6 \\ 6 \\ 6 \\ -6 \end{bmatrix}$

9. 评估以下矢量表达式。

(a) $\begin{bmatrix} 2 \\ 6 \end{bmatrix} \cdot \begin{bmatrix} -3 \\ 8 \end{bmatrix}$

(b) $-7 \begin{bmatrix} 1 & 2 \end{bmatrix} \cdot \begin{bmatrix} 11 & -4 \end{bmatrix}$

(c) $10 + \begin{bmatrix} -5 \\ 1 \\ 3 \end{bmatrix} \cdot \begin{bmatrix} 4 \\ -13 \\ 9 \end{bmatrix}$

(d) $3 \begin{bmatrix} -2 \\ 0 \\ 4 \end{bmatrix} \cdot \left(\begin{bmatrix} 8 \\ -2 \\ 3/2 \end{bmatrix} + \begin{bmatrix} 0 \\ 9 \\ 7 \end{bmatrix} \right)$

10. 给定以下两个矢量:

$$\mathbf{v} = \begin{bmatrix} 4 \\ 3 \\ -1 \end{bmatrix}, \quad \hat{\mathbf{n}} = \begin{bmatrix} \sqrt{2}/2 \\ \sqrt{2}/2 \\ 0 \end{bmatrix}$$

将 $\mathbf{v}$ 分成与 $\hat{\mathbf{n}}$ 垂直且平行的分量(如该符号所示,$\hat{\mathbf{n}}$ 是一个单位矢量)。

11. 使用点积的几何定义

$$\mathbf{a} \cdot \mathbf{b} = \|\mathbf{a}\| \|\mathbf{b}\| \cos \theta$$

证明余弦定律。

12. 使用三角恒等式和二维中点积的代数定义

$$\mathbf{a} \cdot \mathbf{b} = a_x b_x + a_y b_y$$

证明二维中点积的几何解释(提示:绘制矢量示意图和涉及的所有角度)。

13. 计算以下矢量的 $\mathbf{a} \times \mathbf{b}$ 和 $\mathbf{b} \times \mathbf{a}$。

(a) $\mathbf{a} = \begin{bmatrix} 0 & -1 & 0 \end{bmatrix}$, $\mathbf{b} = \begin{bmatrix} 0 & 0 & 1 \end{bmatrix}$

(b) $\mathbf{a} = \begin{bmatrix} -2 & 4 & 1 \end{bmatrix}$, $\mathbf{b} = \begin{bmatrix} 1 & -2 & -1 \end{bmatrix}$

(c) $\mathbf{a} = \begin{bmatrix} 3 & 10 & 7 \end{bmatrix}$, $\mathbf{b} = \begin{bmatrix} 8 & -7 & 4 \end{bmatrix}$

14. 请证明以下叉积大小的公式

$$\|\mathbf{a} \times \mathbf{b}\| = \|\mathbf{a}\| \|\mathbf{b}\| \sin \theta$$

(提示:利用点积的几何解释,并尝试说明等式的左右两边是如何相等的,而不是试图从一边推导出另一边)

15. 第2.8节介绍了矢量的范数,即与给定矢量相关的标量值。但是,在该小节中给出的范数的定义并不是矢量范数的唯一定义。通常,n 维矢量的 p-范数定义为

$$\|\mathbf{x}\|_p \equiv \left(\sum_{i=1}^{n} |x_i|^p \right)^{1/p}$$

更常见的一些 p-范数还包括：

❑ L^1 范数，又名 Taxicab 范数（$p = 1$）：

$$\|\mathbf{x}\|_1 \equiv \sum_{i=1}^{n} |x_i|$$

❑ L^2 范数，又名欧几里得范数（$p = 2$）。这是最常见也是开发人员最熟悉的范数，因为它度量的是几何长度：

$$\|\mathbf{x}\|_2 \equiv \sqrt{\sum_{i=1}^{n} x_i^2}$$

❑   无限范数，又名切比雪夫范数（$p = \infty$）：

$$\|\mathbf{x}\|_\infty \equiv \max(|x_1|, \cdots, |x_n|)$$

这些范数中的每一个都可以被认为是为矢量分配长度或大小的方式。第 2.8 节讨论了欧几里得范数。Taxicab 范数的名称来自于出租车如何测量在一个网格（例如，在第 1.2.1 节中的 Cartesia 城市）中布置的城市街道的距离。例如，一辆出租车向东行驶一个街区，再向北行驶一个街区，那么该出租车行驶的总距离为两个街区（Taxicab 范数），而鸟类从头到尾都可以直线飞行，仅行驶 $\sqrt{2}$ 个街区（欧几里得范数）。切比雪夫范数只是具有最大绝对值的矢量分量的绝对值。如何使用这种范数的一个例子是考虑将国际象棋中的国王从一个方格移动到另一个方格所需的移动次数。紧邻的方格需要一次移动，而围绕这些方格的方格则需要两次移动，以此类推。

（a）对于以下每个项目，找到 $\|\mathbf{x}\|_1$、$\|\mathbf{x}\|_2$、$\|\mathbf{x}\|_3$ 和 $\|\mathbf{x}\|_\infty$：

（1）[3   4]

（2）[5   −12]

（3）[−2   10   −7]

（4）[6   1   −9]

（5）[−2   −2   −2   −2]

（b）绘制以 L^1 范数、L^2 范数和无穷大范数为中心的单位圆（即，$\|\mathbf{x}\|_p = 1$ 的所有矢量的集合）。

16. 一名男子正在登机。航空公司规定任何手提物品不得超过两英尺（1 英尺=0.3048 米，则两英尺=0.6096 米）长、两英尺宽或两英尺高。他有一把三英尺长的价值连城的宝剑，但他却能够随身携带该剑。① 他如何才能做到这一点？他可以携带的最长物品是什么？

17．以数字方式验证图 2.11。

18．图 2.27 中使用的坐标系是左手坐标系还是右手坐标系？

19．为二维对象定义边界框的一种常用方法是指定中心点 **c** 和半径矢量 **r**，其中，**r** 的每个分量是沿着对应轴的边界框边长的一半。

（a）描述 4 个顶点 $\mathbf{p}_{UpperLeft}$、$\mathbf{p}_{UpperRight}$、$\mathbf{p}_{LowerLeft}$ 和 $\mathbf{p}_{LowerRight}$。

（b）描述边界正方体的 8 个顶点，将这个思路扩展到三维中。

20．游戏中的非玩家角色（Non-Player Character，NPC）站在位置 **p**，前进方向为 **v**。

（a）如何使用点积来确定点 **x** 是在 NPC 的前面还是后面？

（b）设 **p** = [−3 4]且 **v** = [5 −2]。对于以下每个点 **x**，请确定 **x** 是在 NPC 的前面还是后面。

（1）**x** = [0 0]

（2）**x** = [1 6]

（3）**x** = [−6 0]

（4）**x** = [−4 7]

（5）**x** = [5 5]

（6）**x** = [−3 0]

（7）**x** = [−6 −3.5]

21．扩展习题 20 的概念，考虑 NPC 的视场（Field of View，FOV）受限的情况。如果总 FOV 角是 ϕ，则 NPC 可以在其向前方向的左侧或右侧能看到的最大角度是 $\phi/2$。

（a）如何使用点积来确定点 **x** 是否对 NPC 可见？

（b）对于习题 20 中的每个点 **x**，如果它的 FOV 为 90°，则确定 **x** 是否对该 NPC 可见？

（c）假设 NPC 的观察距离也受到限制（最大观察距离为 7 个单位）。那么该 NPC 可以看到哪些点？

22．考虑在我们的左手坐标系的 xz 平面中标记为 **a**、**b** 和 **c** 的 3 个点，它们代表 NPC 路径上的航点（Waypoint）。

（a）当从上方观察路径时，如何使用叉积来确定，NPC 从 **a** 移动到 **b** 再移动到 **c** 时，应该顺时针还是逆时针转向 **b**？

---

① 请忽略这样一个事实，即出于安全原因，现在这种情况不可能发生。你可以把这个练习想象成一部奇幻动作电影里面的情节。

（b）对于以下 3 组中的每一组，确定当 NPC 从 **a** 移动到 **b** 再移动到 **c** 时，它应该顺时针还是逆时针转向。

（1）$\mathbf{a} = [2 \quad 0 \quad 3]$，$\mathbf{b} = [-1 \quad 0 \quad 5]$，$\mathbf{c} = [-4 \quad 0 \quad 1]$

（2）$\mathbf{a} = [-3 \quad 0 \quad -5]$，$\mathbf{b} = [4 \quad 0 \quad 0]$，$\mathbf{c} = [3 \quad 0 \quad 3]$

（3）$\mathbf{a} = [1 \quad 0 \quad 4]$，$\mathbf{b} = [7 \quad 0 \quad -1]$，$\mathbf{c} = [-5 \quad 0 \quad -6]$

（4）$\mathbf{a} = [-2 \quad 0 \quad 1]$，$\mathbf{b} = [1 \quad 0 \quad 2]$，$\mathbf{c} = [4 \quad 0 \quad 4]$

23．在推导沿任意轴缩放的矩阵时，在其中一个步骤得到了以下矢量表达式：

$$\mathbf{p}' = \mathbf{p} + (k-1)(\mathbf{p} \cdot \mathbf{n})\,\mathbf{n}$$

其中，**n** 是任意矢量$[n_x, n_y, n_z]$；k 是任意标量；但 **p** 是基本轴之一。请插入值 $\mathbf{p} = [1,0,0]$ 并简化 **p**′ 的结果表达式。答案不是矢量表达式，而是单个矢量，其中，每个坐标的标量表达式已经简化。

24．在推导围绕任意轴旋转的矩阵时产生了类似的问题。给定任意标量 θ 和矢量 **n**，替换 $\mathbf{p} = [1,0,0]$并简化以下表达式中 **p**′ 的值：

$$\mathbf{p}' = \cos\theta\,(\mathbf{p} - (\mathbf{p} \cdot \mathbf{n})\,\mathbf{n}) + \sin\theta\,(\mathbf{n} \times \mathbf{p}) + (\mathbf{p} \cdot \mathbf{n})\,\mathbf{n}$$

What's Our Vector, Victor?

　　　　　　　　　　　　　　　　——电影 Captain Oveur in *Airplane*! 台词（1980）

第 3 章　多个坐标空间

用绳量给我的地界，坐落在佳美之处。

我的产业实在美好。

——《诗篇》第 16 章第 6 段（新国际版）

第 1 章讨论了如何在我们想要的任何地方建立坐标空间，我们只需选择一个点作为原点，然后决定轴如何定向即可。一般来说，这些决定不是任意做出的，开发人员会为特定的理由构建坐标空间（有经验的老手可能会告诉你说"在不同的情况下需要不同的空间"）。本章提供一些用于图形和游戏的常用坐标空间示例。然后我们将讨论坐标空间如何嵌套在其他坐标空间中。

本章主要介绍多个坐标系的概念。它分为以下 5 个主要小节：

❑ 第 3.1 节将证明需要多个坐标系。
❑ 第 3.2 节将介绍一些常见的坐标系。介绍的主要概念包括：
 ➢ 世界空间。
 ➢ 对象空间。
 ➢ 相机空间。
 ➢ 垂直空间。
❑ 第 3.3 节将描述坐标-空间转换。
 ➢ 第 3.3.1 节将揭示两种坐标空间转换的思考方式之间的二元性。
 ➢ 第 3.3.2 节将描述如何根据一个坐标系来指定另一个坐标系。
 ➢ 第 3.3.3 节将讨论基矢量的非常重要的概念。
❑ 第 3.4 节将讨论嵌套坐标空间，它常用于在三维空间中为分层分割对象设置动画。
❑ 第 3.5 节将是针对直立空间的强调说明。

3.1　为什么需要多个坐标空间

为什么需要很烦琐地使用多个坐标空间？毕竟，任何一个三维坐标系都可以无限延伸，因此包含了空间中的所有点，这样就可以选择一个坐标空间，将其声明为"世界"

坐标空间，然后使用此坐标空间定位所有点。这样不是很简单吗？但在实践中，对于这种做法的答案是"不"。大多数开发人员发现，在不同情况下使用不同的坐标空间会更方便。

使用多个坐标空间的原因是，某些信息仅在特定参考帧的环境中是已知的。

从理论上讲，所有点都可以使用单个"世界"坐标系来表达。但是，对于某个特定的点 **a**，我们可能并不知道它在"世界"坐标系中的位置，然而我们却可以表达 **a** 相对于其他坐标系的位置。

例如，Cartesia 的居民（参见本书第 1.2.1 节）使用他们城市的地图，其原点位置非常明显，就在镇中心，并且其轴沿着指南针的基点指向。马虎镇的居民使用的是马虎镇的地图，其地图坐标以任意点为中心，并且轴在任意方向上运行（在绘制地图时这些方向和中心点可能被认为是适合该镇地形的）。这两个地方的市民对他们各自的地图都非常满意，但某一天，交通部的工程师被分配了一项任务，为在 Cartesia 和马虎镇之间建立的第一条高速公路规划预算，这个任务需要一幅显示两座城市细节的地图，因此他需要引入第三个坐标系（当然，其他人不一定需要这样做）。两幅地图上的每个主要点都需要从相应城市的本地坐标转换为新坐标系以制作新地图。

多坐标系的概念具有历史先例。虽然亚里士多德（Aristotle，公元前 384—前 322 年）在他的著作《论天》和《物理学》中提出了一个以地球为原点的地心宇宙，但是阿里斯塔克斯（Aristarchus，约公元前 310—前 230 年）也提出了一个以太阳为原点的日心宇宙。所以我们可以看到，两千多年前坐标系的选择就已经成为讨论的热门话题。直到尼古拉·哥白尼（Nicolaus Copernicus，1473—1543 年）在他的著作《天体运行论》中提出，行星的轨道可以在日心说中得到更简单的解释，这个绵延几千年的问题才得以解决。

阿基米德（Archimedes，公元前 212 年）在《数沙者》这本专门介绍计算方法和计算理论的著作中，也许是出于第 1.1 节中介绍的一些概念的动机，开发了一种用于写下非常大数字的符号——比当时任何人都计算过的数字大得多。他没有像第 1.1 节那样选择计算死羊，而是选择计算填充宇宙所需的沙粒数量（他估计需要 8×10^{63} 粒沙子，但他没有解决在哪里获得沙子的问题）。为了使数字更大，他选择的不是当时普遍被接受的地球中心说，而是阿里斯塔克斯革命性的新日心说宇宙。在日心说宇宙中，地球围绕太阳运行，在这种情况下，恒星没有显示视差（Parallex）的事实意味着它们必须比亚里士多德想象的要远得多。为了挑战自己的研究生涯，阿基米德故意选择了可以产生更大数字的坐标系统。我们将使用的方法刚好与他的想法相反，在计算机内部创建虚拟世界时，我们将选择使我们的生活更轻松而不是更困难的坐标系统。

在今天开明的时代，我们习惯于在媒体上听到有关文化相对主义的观点，这种观点认为，将一种文化或信仰体系或国家制度凌驾于另一种文化或信仰体系或国家制度是不正确的。由这个思路扩展开去，我们也可以认为，没有一个坐标系可以被认为优于其他的坐标系。在某种意义上说，这是对的，但在《动物庄园》中，乔治·奥威尔也曾经做出过这样的解释（讽刺）：“所有动物一律平等，但有的动物较之其他动物更平等。”换成坐标系的话就是“所有坐标系一律平等，但有的坐标系较之其他坐标系更平等”。接下来就让我们看一看将在三维图形中遇到的常见坐标系的一些例子。

3.2　一些有用的坐标空间

开发人员需要不同的坐标空间，因为某些信息是有意义的或仅在特定上下文环境中可用。本节提供了一些常见坐标空间的示例。

3.2.1　世界空间

在撰写本书时，两位作者分别位于美国伊利诺伊州芝加哥市和德克萨斯州丹顿市。更准确地说，他们的位置如表 3.1 所示。

表 3.1　作者们的位置，包括随机偏移，以防止我们受到许多狂热粉丝的追踪

作　者	城　市	纬　度	经　度
Fletcher	芝加哥市	北纬 41° 57'	西经 37° 39'
Ian	丹顿市	北纬 33° 11'	西经 97°

这些纬度和经度值表示了我们在世界上的“绝对”位置。你不需要知道德克萨斯州丹顿市、伊利诺伊州芝加哥市，甚至连美国在哪里也不需要知道，就可以使用这些信息，因为这个位置是绝对的。由于历史原因，世界上的起点或(0,0)点被确定为位于赤道上，与英格兰格林威治镇的皇家天文台位于同一经度。

有一些细心的读者会注意到这些坐标不是笛卡儿坐标，而是球面坐标（参见本书第7.3.2 节）。这个细节对于目前的讨论并不重要。我们生活在一个围绕球体的平面二维世界中，但是在克里斯托弗·哥伦布通过自己的实际行动（发现新大陆）验证它之前，大多数人都没有这个概念。

世界坐标系（World Coordinate System）是一个特殊的坐标系，它为所有其他要指定的坐标系建立了一个“全局”参考系。换句话说，我们可以用世界坐标空间来表达其他坐标空间的位置，但是我们不能用任何更大的外部坐标空间来表示世界坐标空间。

在非技术意义上，世界坐标系建立了我们关心的“最大”坐标系，在大多数情况下，它实际上并不是整个世界。例如，如果想要渲染 Cartesia 城市的视图，那么出于所有实际

目的，Cartesia 城市就将是一个"世界"，因为我们并不关心 Cartesia 的位置（或者即使它是真实存在也不在我们的考量范围之内）。为了找到将汽车零件装入一个盒子的最佳方法，我们可能会编写一个物理模拟，"摇晃"一个装满零件的盒子，直到它们确定下来。在这种情况下，我们将"世界"限制在盒子的内部。因此，在不同的情况下，世界坐标空间将定义一个不同的"世界"。

我们已经说过，世界坐标空间用于描述绝对位置。当你听到这个时，我们希望你能集中精力注意听，你知道我们说的并不是完全对的。我们已经在第 2.4.1 节中讨论过，实际上没有"绝对位置"这样的东西。在本书中，我们使用术语"绝对"来表示"相对于我们关心的最大坐标空间的绝对值"。换言之，对于我们来说，"绝对"实际上意味着"在世界坐标空间中表达"。

世界坐标空间也称为全局（Global）坐标空间或通用（Universal）坐标空间。

3.2.2　对象空间

对象空间（Object Space）是与特定对象关联的坐标空间。每个对象都有自己独立的对象空间。当一个对象移动或改变方向时，与该对象关联的对象坐标空间被随之携带，因此它也会移动或改变方向。例如，我们每个人都携带自己的个人坐标系统。如果我们要求你"向前迈出一步"，我们会在你的对象空间中给你一个指令。我们不知道你将以哪种的绝对方式移动。有些人会向北移动，有些人则会向南移动，而在建筑物侧面穿着磁性靴子的作业人员甚至可能会向上移动！诸如"前进""后退""左""右"等概念在对象坐标空间中是有意义的。当有人给你行车路线时，有时你会被告知"向左转"，有时你会被告知要"往东走"。"向左转"是一个用对象空间表达的概念，而"向东走"则是在世界空间中表达的概念。

可以在对象空间中指定位置和方向。例如，如果我问你车上的消声器在哪里，你就不应该告诉我在"马萨诸塞州剑桥"，[①] 即使你是 Tom 或 Ray Magliozzi，而且此时你确实驾车行驶在剑桥，但在这种情况下，用这样的世界视角表达的答案是完全无用的，[②] 因为我希望的是你在汽车的对象空间中表达消声器的位置。

在图形的上下文中，对象空间也称为模型（Model）空间，因为模型顶点的坐标以模型空间表示。对象空间也称为体（Body）空间，特别是在物理环境中。使用像"相对于体轴"这样的短语也是很常见的，这意味着"使用体空间坐标表示"。

[①] 这是《汽车总动员》动画片故事的背景地。

[②] 令人哭笑不得的是，在该片中，Tom 或 Ray Magliozzi 确实应该这么说才是有用的。

3.2.3　相机空间

对象空间的一个特别重要的示例是相机空间（Camera Space），其是与用于渲染的视点相关联的对象空间。在相机空间中，相机位于原点，+x 指向右侧，+z 指向前方（进入屏幕，相机朝向的方向），+y 指向"向上"（注意，这里不是相对于世界的"向上"，而是相对于相机顶部的"向上"）。图 3.1 显示了相机空间的示意图。

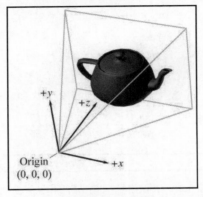

图 3.1　使用左手惯例的相机空间

原　　文	译　　文
Origin	原点

这些是传统的左手坐标系统约定，其他的都很常见。特别要指出的是，OpenGL 传统上是右手坐标系统，−z 指向屏幕，+z 从屏幕出来朝向观众。

请仔细注意相机空间（三维空间）与屏幕空间（二维空间）之间的差异。从相机空间坐标到屏幕空间坐标的映射涉及的操作称为投影（Projection）。我们将更详细地讨论相机空间以及这个转换过程，详见第 10.3 节中用于渲染的坐标空间的讨论。

3.2.4　直立空间

有时候，正确的术语是解开对主题的更好理解的钥匙。算法和程序设计技术的先驱高德纳（Don Knuth）教授创造了"命名与征服"这一短语，指的是在数学和计算机科学中常用的重要实践，即，为经常使用的概念命名。其目标是避免在每次调用时重复这个想法的细节，从而减少混乱，并且更容易集中于更大的问题，因为被命名的东西只是一部分。根据我们的经验，当要理解坐标空间转换这个主题时，可以通过文字或通过代码与计算机进行通信，将每个对象与一个新的坐标空间关联在一起，这个新坐标空间我们将其称为对象的直立（Upright）坐标空间。在某种意义上，对象的直立空间是世界空间与其对象空间之间的"中间过渡"，因为直立空间的轴线与世界空间的轴线平行，而直立空间的原点则与对象空间的原点重合。图 3.2 在二维中说明了这个原理（请注意，我们已经做出了任意选择，将原点放在机器人的脚之间，而不是放在她的质心中）。

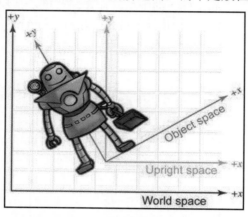

图 3.2 对象空间、直立空间和世界空间

原　　　文	译　　　文
Object space	对象空间
Upright space	直立空间
World space	世界空间

　　为什么直立空间很有趣？因为要在对象空间和直立空间之间转换点只需要旋转；而在直立空间和世界空间之间转换点则只需要更改位置，这通常称为平移（Translation）。独立思考这两件事比试图同时处理它们更容易。图 3.3 演示了坐标空间之间的转换。世界空间（在图 3.3 左侧的示意图）可通过平移原点的方式转换为直立空间（在该图中间的示意图）；而为了将直立空间转换为对象空间，可以旋转直立空间的轴直到它们与对象空间的轴对齐。在本示例中，机器人认为她的 y 轴是从她的脚指向她的头部，并且她的 x 轴指向她的左边。[1] 我们将在第 3.3 节中再次讨论这个概念。

---

[1] 请原谅我们让机器人转过来面对你，因为这打破了以往的惯例。在我们过去的一般惯例中，+x 在对象空间中是向右的。我们要解释的是，这是一个二维图，我们不确定生活在一个平面世界的人是否会有"前"和"后"的概念（尽管她们可能能够说出"正常"和"反射"状态，就像在三维中我们有左手和右手坐标系统一样）。那么，如果某个二维机器人真的背对着你或朝向你，谁说她一定会认为哪个方向是她的左边，哪个方向是她的右边呢？

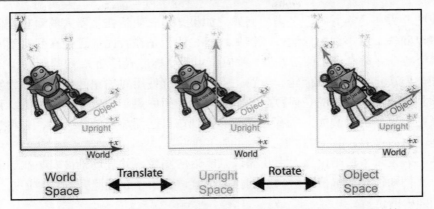

图 3.3 通过平移可实现在世界空间和直立空间之间的转换；通过旋转
可实现在直立空间和对象空间之间的转换

原　　文	译　　文	原　　文	译　　文
World	世界	Translate	平移
Upright	直立	Upright space	直立空间
Object	对象	Rotate	旋转
World space	世界空间	Object space	对象空间

　　"直立"一词属于我们自己的发明，它目前还不是一个标准名称，至少你在其他地方都找不到。但这确实是一个好名字，具有很强大的概念。在物理学中，术语质心坐标（Center of Mass Coordinates）有时用于描述这里称之为"直立空间"的空间中所表示的坐标。在本书的第 1 版中，使用了术语"惯性空间"来指代这个空间，但是现在已经改变它以避免与物理中的惯性参考框架混淆，这些参考框架具有一些相似的含义但是并不一样。本章的最后将对"直立空间"有更多的哲学上的阐述。

3.3　基矢量和坐标空间转换

　　如前文所述，存在一个以上坐标空间的主要理由是因为某些位置或方向仅在特定坐标空间中是已知的。同样，有时某些问题只能在特定的坐标空间中得到解答。当在某个空间中能够最好地询问该问题时，而为了回答该问题所需要的信息又在不同的空间中是已知的，那么就有必要来解决这个问题。

　　例如，假设在虚拟世界中的某个机器人正在试图品尝一块鲱鱼三明治。我们最初知道的是在世界坐标中三明治的位置和机器人的位置。世界坐标可以用来回答诸如"三明治是在我的北方还是南方？"之类的问题。如果知道三明治在机器人的对象空间中的位置，就可以回答一组不同的问题——例如，"三明治是在我面前还是在我身后？""我应该朝哪个方向才能看到三明治？""我应该用哪一种方式移动叉子才能叉起三明治？"同样，如果要决定如何操纵齿轮和电路，那么也应该使用对象空间坐标，因为它们是相关的。此外，传感器提供的任何数据都将在对象空间中表示。当然，人类的身体也是在类似的原则下工作的。例如，所有人都能够看到在自己面前的美味食物，并将它放入嘴里而不是考虑应该放入鼻子的"南方"还是"北方"。

此外，假设希望渲染机器人大啖鲱鱼三明治的图像，并且场景被安装在她肩膀上的灯照亮。我们知道光在机器人对象空间内的位置，但为了正确照亮场景，还必须知道光在世界空间中的位置。

这些问题是同一个硬币的两面：我们知道如何在一个坐标空间中表达一个点，我们需要在一些其他坐标空间中表达这个点。该计算的技术术语是坐标空间转换（Coordinate Space Transformation）。我们需要将位置从世界空间转换为对象空间（在三明治的示例中）或从对象空间转换为世界空间（在光的示例中）。请注意，在上述示例中，三明治和光都没有真正移动，我们只是在不同的坐标空间中表示它们的位置而已。

本节的其余部分描述如何执行坐标空间转换。因为这个主题具有非常重要的意义，并且它可能会比较难，让人感到困惑，所以在这里会提供一个非常平缓的过渡，使读者从一般性的描述逐渐过渡到冷酷的数学。第 3.3.1 节将讨论初级视频游戏程序员经常会遇到的转换：图形。使用我们可以想到的最荒谬的例子，展示转换的基本需求，并展示两种有用的可视化转换方式之间的二元性。第 3.3.2 节将确保我们清楚根据一个坐标空间指定另一个坐标空间意味着什么。最后，第 3.3.3 节将介绍基矢量（Basis Vector）的主要思想。

3.3.1　双重视角

在前面的机器人示例中，讨论的表达方式使得转换点的过程并没有真正"移动"这个点，我们只是改变了参考框架并且能够使用不同的坐标空间来描述该点。事实上，你可能会说我们真的没有改变这一点，但我们改变了坐标空间！当然，还有另一种观察坐标空间变换的方法。有些人发现，在某些情况下，当某个点从一个地方移动到另一个地方时，将该坐标空间想象成保持静止状态会更加容易。当我们开发实际计算这些变换的数学时，这就是更自然的范式。坐标空间转换是一个非常重要的工具，由于对两个视角的不完全认知而产生的混乱非常常见，所以我们将需要一些额外的空间来完成相关示例的讲解。

现在就来讲一讲前面提到的那个荒谬的例子。假设我们正在为一家广告公司工作，该公司刚刚与一家食品生产企业签订了一份业务大合同。我们被分配到这个项目中，任务是制作一个精美的由计算机生成的广告，宣传他们最受欢迎的项目之一：鲱鱼卷，这是机器人最爱的微波炉鲱鱼食品。图 3.4 显示了这个项目。

当然，客户们都有一个倾向，那就是希望在最后一分钟进行大删大改，因此我们可能需要在所有可能的位置和方向上使用产品和机器人的模型。为了完成该任务，我们的第一个要求是，艺术部门需要提供在每种可能的

图 3.4　鲱鱼卷，机器人的最爱

位置和方向配置中使用的机器人模型和产品模型。糟糕的是，他们估计，由于这个要求的数量近乎无限，即使在考虑到计算机设备的摩尔定律以及产品模型只是一个盒子的事实之后，也需要花费很长的时间才能产生这么多的作品。艺术总监建议增加人员以实现她的想法，但不幸的是，在完成数字处理之后，制作人员发现，这并没有减少完成项目所需的时间。[①] 事实上，公司只能负担得起仅制作一种机器人模型和一盒微波炉鲱鱼食品模型所需的资源。

虽然你可能会后悔在过去的 60 秒时间内阅读了上面的这一段文字（关键是鲱鱼确实太臭了），但这个例子确实说明了坐标空间变换的基本必要性。这也是对创作过程的相对准确的描述。估计的时间总是像一个大坑需要填补，项目经理会让更多参与项目的人绝望（因为他总是挤压项目时间的季度目标）。而且，与这里所讨论的主题密切相关的是，艺术部门将只提供一个模型，剩下的就交给我们，而我们则需要满世界移动这个模型。

我们从艺术部门那里得到的三维模型是机器人的数学表示。该描述可能包括称为顶点（Vertices）的控制点和某种表面描述，它描述了如何将顶点连接在一起以形成对象的表面。根据美术设计师用于创建模型的工具，表面描述可能是多边形网格或细分曲面。我们不太关心这里的表面描述，重要的是可以通过移动顶点来移动模型。让我们暂时忽略机器人是一个关节生物的事实，并假设只能在世界上像棋子一样移动它，但不能让它产生动画。

建造机器人模型的美术设计师（非常合理地）决定在世界空间的原点创造她，如图 3.5 所示。

为了简化本示例的其余部分，我们将从上面来看一些东西。虽然这基本上是一个二

---

① 虽然这是一个很极端的例子，但它说明了一个众所周知的原则，即，在大多数创造性项目中，项目总时间并不仅仅是工作量除以人员数量那么简单。

维示例，但我们将使用三维约定（暂时忽略 y 轴）。在本书中，惯例是 +z 指向对象空间中的"向前"，而在直立空间中则指向"北"；+x 在对象空间中指向"右"，而在直立空间中则指向"东"。

目前，由于模型处于其原始位置，因此对象空间和世界空间（以及直立空间）根据定义都是相同的。出于所有实际目的，在美术设计师建造的仅包含机器人模型的场景中，世界空间和对象空间是一致的。

回到广告任务。我们的目标是根据在某一时刻可以执行其想法的机器人所期望的位置和方向，将模型的顶点从其原始位置转换到某个新位置（在我们的示例中，就是要进入一间虚构的厨房），如图 3.6 所示。

图 3.5　机器人模型创建于世界空间的原点

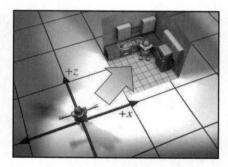

图 3.6　将模型移动到位

让我们谈一谈如何实现这一目标。我们不会太过于深入数学细节——这是本章其余部分的内容。从概念上讲，为了将机器人移动到目标位置，首先需要将其顺时针旋转120°（或者，如我们将在第 8.3 节中介绍的那样，"向左前进120°"）；然后向东平移 18 英尺，再向北平移 10 英尺，根据我们的约定，它是[18, 0, 10]的三维位移。图 3.7 是对机器人坐标空间转换过程的展示。

原始位置　　　　　　　第一步：旋转　　　　　　　第二步：平移

图 3.7　通过旋转和平移将机器人从对象空间变换到世界空间

在这个时候，请允许我们进行一个简短的题外话来回答一些读者可能会问的问题：

"我们必须首先旋转，然后再平移吗？"这个问题的答案基本上是"是的"。虽然在旋转之前平移似乎更自然，但先旋转一般来说会更容易，这就是原因。当我们首先旋转对象时，旋转的中心就是原点。围绕原点旋转和平移是我们可以使用的两种原始工具，每种工具都很简单（回想一下在第 3.2.4 节引入直立空间的动机）。如果在平移之后旋转，那么旋转将发生在一个不是原点的点上。围绕原点的旋转是线性变换，而围绕任何其他点的旋转则是仿射（Affine）变换。正如将在第 6.4.3 节中所显示的那样，为了执行仿射变换，需要构建一系列原始运算。对于围绕任意点的旋转，需要先将旋转中心变换为原点，围绕原点旋转，然后再平移回来。换句话说，如果想要通过先平移再旋转将机器人移动到位，那么可能会经历以下过程：

先平移再旋转
（1）平移。将世界空间平移为直立空间。 （2）旋转。因为我们正在围绕一个不是原点的点旋转，所以需要以下 3 个子过程： ① 将旋转中心平移到原点。这个步骤刚好和步骤（1）相反。 ② 执行围绕原点的旋转。 ③ 平移，将旋转中心放在适当的位置。

请注意，由于步骤（1）和步骤（2）中的①可以相互抵消，所以只剩下两个步骤：先旋转，然后平移。

现在我们已经设法让机器人模型进入了世界的正确位置，但要渲染它，我们还需要将模型的顶点变换为相机空间（Camera Space）。换句话说，我们需要表达相对于相机的顶点坐标。例如，如果顶点在相机前方 9 英尺处和右侧 3 英尺处，则相机空间中该顶点的 z 坐标和 x 坐标将分别为 9 和 3。图 3.8 显示了我们可能想捕获的特定镜头。左侧是从外部视角看到的镜头的布局，右侧则是相机看到的内容。

从外部视角看到的顶视图　　　　　　　　　　　相机的视图

图 3.8　相机的布局和场景中的机器人

以可视化方式将模型转换为世界空间很容易，我们只要按"移动"的字面意思将它移动到位即可。① 但是，如何从世界空间转变为相机空间？对象已经"到位"了，那么在哪里"移动"它们呢？对于这样的情况，考虑转换坐标空间而不是转换对象是有帮助的，将在第 3.3.2 节中讨论这种技术。当然，现在可以来看一看，是否可以保持坐标空间静止，并且仍然只通过"移动对象"来实现所需的结果。

当将模型从对象空间转换到世界空间时，我们能够这样做，因为我们想象机器人从世界空间的原点开始。当然，机器人从来没有真正出现在世界空间的位置上，这只是我们想象的情景。由于通过移动对象从对象空间转换到世界空间，也许我们可以通过移动世界从世界空间转换到相机空间！想象一下，整个世界，包括机器人、相机和厨房，以及周围的一切都发生了移动。显然，这样的操作不会影响相机"看到"的内容，因为它们不会改变相机与世界的对象之间的相对关系。如果将世界和相机一起移动，使得相机移动到原点，则世界空间坐标和相机空间坐标将是相同的。图 3.9 显示了将用于实现此目的的两步过程。

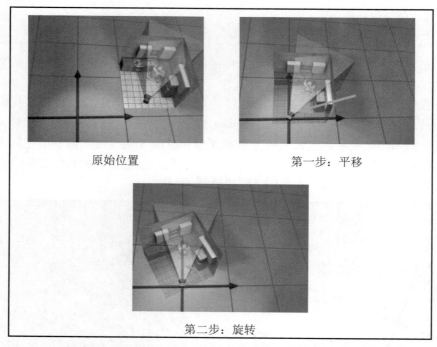

原始位置　　　　　　　　　　　　　第一步：平移

第二步：旋转

图 3.9　通过平移和旋转的方式，将所有东西都从世界空间变换到相机空间

---

① 因为这一切都只是发生在我们的想象中，所以在这里说"移动"是"字面意思"可能有点不太合适。

请注意，在这种情况下，在旋转之前平移会更容易，那是因为我们想要围绕原点进行旋转。此外，与相机的位置和方向相比，可以使用相反的平移和旋转量。例如，在图 3.9 中，相机的坐标大约为(13.5, 4, 2)，该图中网格线代表 10 个单位。因此，为了将相机移动到原点，可以将所有的东西平移[-13.5, -4, -2]。相机大致面向东北方向，因此与北方相比具有顺时针方向，需要逆时针旋转才能将相机空间轴与世界空间轴对齐。

第一步将捕捉到机器人的位置，并平移到整个机器人附近，然后是在第二步中旋转整个世界，[①] 通过这两个步骤，我们最终获得了相机空间中顶点的坐标，并且可以继续渲染。如果所有这些东西的想象让你觉得本节内容确实有点困难，不要担心，马上我们将讨论另一种思考这个过程的方法。

在继续之前，还有一些关于这个例子的重要说明。首先，从世界空间到相机空间的变换通常在顶点着色器（Vertex Shader）中完成。如果你在更高的层次上工作而不是编写自己的着色器，则可以将其保留给图形 API。其次，就图形管道而言，相机空间并不是"终点线"。从相机空间开始，顶点将被转换到裁剪空间（Clip Space），最后投影到屏幕空间（Screen Space）。这些细节将在第 10.2.3 节中详细讨论。

到目前为止，我们已经看到了如何计算来自对象空间坐标的世界空间坐标，方法是想象将模型从原点移动到它在世界中的位置。然后，我们可以通过移动整个世界来将相机放在原点，从而计算来自世界空间坐标的相机空间坐标。需要强调的是，用于描述点的坐标空间保持不变（即使我们在不同的时间会给它们不同的名称），而我们对在空间中移动的点进行成像。这样解释的变换有时被称为主动变换（Active Transformation）。

或者，也可以将同一过程视为被动变换（Passive Transformation）。在被动范式中，我们想象当我们移动用于描述这些点的坐标空间时，这些点是静止的。在任何一种情况下，每个步骤的点的坐标都是相同的，只是选择查看的方式出现了变化。在前文中，我们的视角是用坐标空间来确定的，因为我们考虑的是主动变换的情形。现在我们将演示双视角的情形，它相对于对象是固定的。

图 3.10 从两个视角回顾了从机器人的对象空间到摄像机的对象空间的四步序列。在左边，重复了刚刚给出的演示，其中的坐标空间是静止的，而机器人则四处移动。在右边，演示了同样的过程，只不过这一次是被动变换，即，从相对于机器人保持固定的角度来查看。请注意坐标空间的移动方式。另外还需要注意的是，当对顶点执行某个变换时，它相当于对坐标空间执行相反的变换。主动变换和被动变换之间的二元性经常是让开发人员昏天黑地的源头。当将某些变换转化为数学（或代码）时，请务必清楚地了解对象或坐标空间是否正在变换。在本书第 8.7.1 节中，当讨论如何将欧拉角变换为相应的旋转矩阵时，即考虑了图形混淆的典型示例。

_____

[①] 是的，包括厨房水槽都一起旋转。

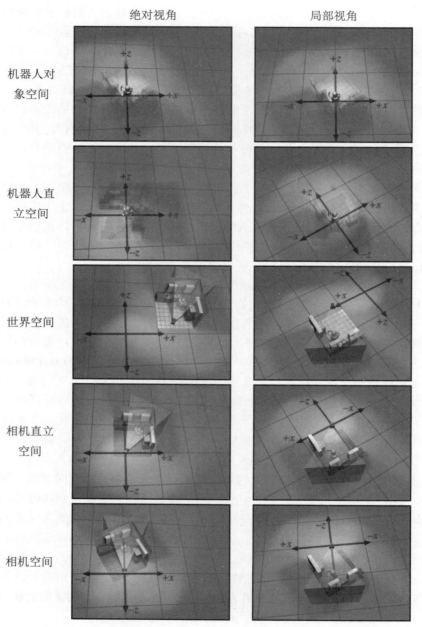

图 3.10　从两个视角观察相同的坐标空间变换序列在"绝对视角"列，看起来好像是对象在移动，
　　　　　坐标轴是静止的；在"局部视角"列，对象看起来是静止的，而坐标空间轴在转换

　　请注意，为清晰起见，图 3.10 中的前两行主要是透明的厨房和相机。实际上，每个单独的对象——锅碗瓢盆和冰箱等——都可以由美术设计师制作并放在某个场景的中心，而且在概念上每个对象都经历了从对象空间到世界空间的独特变换。

🐵 提示：

　　我们讨论了两种有用的方法来设想坐标空间变换。一种方法是用坐标空间固定我们的视角，这是主动变换范式，矢量和对象随着它们的坐标的变化而移动；另一种方法是在被动变换范式中，我们将视角相对于被变换的对象保持固定，使其看起来好像是我们正在变换用于测量坐标的坐标空间。变换对象对坐标的影响与对坐标空间执行相反的变换具有相同的效果。主动范式和被动范式都非常有用，但是，如果开发人员不能充分理解它们之间的差异，则很容易产生错误。

3.3.2　指定坐标空间

　　我们几乎已经完成了讨论坐标空间转换的准备。但实际上开发人员应该首先回答一个基本问题：究竟如何指定相对于另一个坐标空间的坐标空间呢？[①] 回想一下第 1.2.2 节，坐标系由其原点和轴定义。原点定义坐标空间的位置（Position），轴描述其方向（Orientation）。实际上，轴也可以描述其他信息，例如比例和倾斜。目前，假设轴是垂直的，轴使用的单位与父坐标空间使用的单位相同。因此，如果能找到描述原点和轴的方法，那么就完全记录了该坐标空间。

　　指定坐标空间的位置很简单。我们所要做的就是描述原点的位置。这样做就像我们对其他任何点所做的一样。当然，我们必须相对于父坐标空间（Parent Coordinate Space）而不是局部子空间表示该点。根据定义，子空间的原点在子坐标空间中表示时始终为(0, 0, 0)。例如，考虑图 3.2 中二维机器人的位置。为了建立该示意图的比例，假设机器人大约 5 1/2 英尺高，那么她的原点的世界空间坐标接近(4.5, 1.5)。

　　在三维中指定坐标空间的方向仅稍微复杂一些。轴是矢量（方向），可以像任何其他方向矢量一样指定。回到机器人示例，我们可以通过告诉标记为 +x 和 +y 的绿色矢量指向哪些方向来描述她的方向——这些是机器人的对象空间的轴。实际上，我们会使用具有单位长度的矢量。示意图中的轴可以画得尽可能大，但正如即将看到的那样，单位矢量常用于描述轴。就像位置一样，我们不要使用对象空间本身来描述对象空间的轴的

[①] 想象一下，如果这一章是《艾摩的世界》（*Elmo's World*）中的一集，那么艾摩的金鱼多萝西，应该会立即提出这样一个很明显且非常重要的问题（因为艾摩总是给多萝西提出鱼缸外的世界的问题）。

方向，因为根据定义，这些坐标是[1, 0]和[0, 1]。相反，应该在直立空间中指定坐标。在该示例中，对象空间+x 和+y 方向上的单位矢量分别具有[0.87, 0.50]和[-0.50, 0.87]的直立空间坐标。

刚刚描述的是一种指定坐标空间方向的方法，但还有其他方法。例如，在二维中，可以给出单个角度，而不是列出两个二维矢量（机器人对象的轴相对于直立空间的轴顺时针旋转30°）。在三维中，描述方向要复杂得多，事实上，本书专门规划了第 8 章这一整章来讨论该主题。

提示：

我们通过描述其原点和轴来指定坐标空间。原点是定义空间位置的点，可以像任何其他点一样进行描述。轴是矢量并描述空间的方向（以及可能的其他信息，例如比例），并且可以使用描述矢量的常用工具。用来测量原点和轴的坐标必须相对于其他一些坐标空间。

3.3.3　基矢量

现在我们已经准备好实际计算一些坐标空间转换了。这里不妨从具体的二维示例开始。假设需要知道附着在机器人右肩上的灯光的世界空间坐标。我们从对象空间坐标开始，该坐标是(-1, 5)。

如何获得世界空间坐标呢？要做到这一点，必须回到起点，深入研究一些基本上被认为是理所当然的想法。如何定位由给定的笛卡儿坐标集指示的点呢？假设需要给予那些不知道笛卡儿坐标工作原理的人一些逐步指示，告诉他们如何找到灯光，那么我们会说：

（1）从原点开始。

（2）向右移动 1 英尺。

（3）向上移动 5 英尺。

假设这个人有一个卷尺，并且理解当我们说"向右"和"向上"时，指的是机器人的"向右"和"向上"，接受指示的人们知道这些方向与对象空间轴平行。

现在这个地方是关键点：我们已经知道在世界坐标中如何描述原点、被称为"机器人的右边"的方向，以及被称为"机器人的上边"的方向！它们是坐标空间规范的一部分，在第 3.3.2 节中已经给出了它。因此，所要做的就是遵循我们自己的指示，并在每一步，跟踪世界空间坐标。再次检查图 3.2。

（1）从原点开始。没问题，我们之前确定她的原点是

$$(4.5, 1.5)$$

（2）向右移动 1 英尺。我们知道矢量"机器人的左边"是[0.87, 0.50]，因此将这个方向按-1 单位的距离进行缩放，并将该位移加到我们的位置上，得到

$$(4.5, 1.5) + (-1) \times [0.87, 0.50] = (3.63, 1)$$

（3）向上移动 5 英尺。再一次，我们知道"机器人的上边"的方向是[-0.50, 0.87]，因此只需将这个方向缩放 5 个单位并将其添加到结果中，产生以下结果：

$$(4.5, 1.5) + (-1) \times [0.87, 0.50] + 5 \times [-0.50, 0.87] = (1.13, 5.35)$$

如果再看一下图 3.2，就会发现，实际上，该灯光的世界空间坐标大约为(1.13, 5.35)。

现在删除特定于此示例的数字，并制作一些更抽象的语句。设 $\mathbf{b}$ 是一些任意点，其体空间坐标 $\mathbf{b} = (b_x, b_y)$ 是已知的。设 $\mathbf{w} = (w_x, w_y)$ 表示同一点的世界空间坐标。我们知道原点 $\mathbf{o}$ 和左、上方向的世界空间坐标，分别将它表示为 $\mathbf{p}$ 和 $\mathbf{q}$。现在 $\mathbf{w}$ 可以通过下式计算：

$$\mathbf{w} = \mathbf{o} + b_x\mathbf{p} + b_y\mathbf{q} \tag{3.1}$$

现在将它推广到更多的地方。如果能从考虑事项中删除平移，那对于推广计算将有极大的帮助。为做到这一点，一种方法是丢弃"点"并专门考虑矢量，也就是说，矢量作为几何实体，没有位置（只有大小和方向），这样的话，平移对它们来说就没有什么意义；另一种方法是，可以简单地将对象空间原点限制为与世界空间原点相同。

你应该还记得，在第 2.3.1 节中讨论了如何以几何的方式将几何矢量分解为一系列轴向对齐的位移。因此，任意矢量 $\mathbf{v}$ 可以"扩展"为以下形式：

将三维矢量表示为基矢量的线性组合
$$\mathbf{v} = x\mathbf{p} + y\mathbf{q} + z\mathbf{r} \tag{3.2}$$

在这里，$\mathbf{p}$、$\mathbf{q}$ 和 $\mathbf{r}$ 是三维空间的基矢量（Basis Vector）。矢量 $\mathbf{v}$ 可以具有任何可能的大小和方向，并且可以唯一地确定坐标 x、y、z（除非选择的 $\mathbf{p}$、$\mathbf{q}$ 和 $\mathbf{r}$ 很糟糕，稍后将讨论这个关键点）。式（3.2）将 $\mathbf{v}$ 表示为基矢量的线性组合（Linear Combination）。

以下是考虑基矢量的常见但有点不完整的方法：大多数时候，$\mathbf{p} = [1, 0, 0]$、$\mathbf{q} = [0, 1, 0]$ 和 $\mathbf{r} = [0, 0, 1]$；在其他特殊情况下，$\mathbf{p}$、$\mathbf{q}$ 和 $\mathbf{r}$ 具有不同的坐标。这并不是完全正确的。在考虑 $\mathbf{p}$、$\mathbf{q}$ 和 $\mathbf{r}$ 时，必须将矢量区分为几何实体（前文已经将 $\mathbf{p}$ 和 $\mathbf{q}$ 分别作为"左"和"上"的物理方向）以及用于描述这些矢量的特定坐标。前者本质上是不可改变的，而后者则取决于基础的选择。有很多书籍通过用世界基矢量（World Basis Vector）定义所有矢量来强调这一点，"世界基矢量"通常表示为 $\mathbf{i}$、$\mathbf{j}$ 和 $\mathbf{k}$，并且被解释为不能进一步

分解的元素几何实体。它们没有"坐标"，尽管某些公理被认为是真的，例如 $\mathbf{i} \times \mathbf{j} = \mathbf{k}$。在这个框架中，坐标三元组$[x, y, z]$是一个数学实体，在采用线性组合 $x\mathbf{i} + y\mathbf{j} + z\mathbf{k}$ 之前，它没有几何意义。现在，为了回应断言 $\mathbf{i} = [1, 0, 0]$，可能会辩解说，因为 $\mathbf{i}$ 是一个几何实体，所以它不能与数学对象进行比较，就像公式"公里= 3.2"是无意义的一样。因为字母 $\mathbf{i}$、$\mathbf{j}$ 和 $\mathbf{k}$ 带有这个重要的元素内涵，我们改为使用不那么具有假定意味的符号 $\mathbf{p}$、$\mathbf{q}$ 和 $\mathbf{r}$，每当使用这些符号来命名基矢量时，传递的信息是："我们将使用这些符号作为我们的基矢量，但我们可能知道如何相对于其他基表示 $\mathbf{p}$、$\mathbf{q}$、$\mathbf{r}$，因此它们不一定是'根'基。"

当使用它们所在基的坐标空间表示时，$\mathbf{p}$、$\mathbf{q}$ 和 $\mathbf{r}$ 的坐标总是分别等于$[1, 0, 0]$、$[0, 1, 0]$ 和$[0, 0, 1]$。但相对于其他一些基，它们将具有任意坐标。当我们说正在使用标准基时，这相当于说，我们只涉及一个单一的坐标空间。这与我们所称的坐标空间没有区别，因为我们无法在不引入基矢量的情况下引用任何其他坐标空间。当我们考虑任何替代基时，则隐式地引入了另一个坐标空间：用于测量基矢量的坐标空间！

提示：
基矢量的坐标是根据参考帧测量的，该参考帧与基所在的坐标空间不同。因此，基矢量与坐标空间变换密切相关。

我们之前说过，$\mathbf{p}$、$\mathbf{q}$ 和 $\mathbf{r}$ 可以被选择得"很糟糕"。这引出了一个问题：什么是一个良好的基？我们习惯于选择相互垂直的基矢量，也习惯于它们具有相同的长度：我们期望位移 $5\mathbf{p}$ 和 $5\mathbf{q}$ 的方向不同，但通常会假设它们具有相同的长度。最后，当涉及多个坐标空间时，我们也习惯了它们都具有相同的比例。也就是说，无论用什么坐标系来测量它，矢量 $\mathbf{v}$ 都具有相同的数值。但正如即将看到的那样，情况并非必然如此。这些属性当然是我们所希望的，事实上，我们可以说这是许多情况下的"最佳基"。但它们可能并不总是立即可用，它们通常不是必需的，并且在某些情况下我们还会有目的地选择没有这些属性的基矢量。

在这里，可以简要地提一下两个来自图形世界的例子。想象一下，假设想要让机器人模型实现收缩或伸展运动的动画。为此，我们将修改用于解释顶点坐标的坐标空间。我们将会使用机器人对象空间的基矢量制作动画，这可能是导致它们彼此具有不同长度或不再垂直的方式。当挤压或拉伸对象空间矢量时，顶点的对象空间坐标保持不变，但生成的相机空间坐标则会发生变化，从而产生所需的动画。

另一个例子是用于纹理映射的基矢量（这个部分的内容有点超前了，因为本书需要到第 10.5 节才会讨论纹理映射。当然，我们知道，读者朋友们对计算机图形学方面的知识并不是很陌生，至少应该听说过这些概念。可能许多读者就是在学习凹凸贴图的情形下第一次听说术语"基矢量"的。希望这个例子有助于将该术语的特定用法放在适当的上下文中）。建立对象的表面的局部坐标空间通常很有帮助。其中一个轴（我们将使用+z）平行于曲面法线，而其他轴则指向增加纹理中 u 和 v 的方向。后两个基矢量有时称为正切（Tangent）和副法线（Binormal）。在切线基矢量方向上的三维空间中的运动对应于纹理的二维图像空间中的水平运动，而在副法线方向上的三维空间中的位移将对应于垂直图像空间位移。关键的事实是，平面二维纹理通常必须扭曲以将其包裹在不规则表面周围，并且基矢量不能保证垂直。[①]

　　图 3.11 显示了基矢量 **p** 和 **q** 具有相同长度但并不是垂直的情况。虽然我们只显示了两个示例矢量 **a** 和 **b**，但可以描述为线性组合 $x\mathbf{p} + y\mathbf{q}$ 的矢量集填充了无限平面，对于此平面中的任何矢量，坐标$[x, y]$的决定具有唯一性。

　　可以表示为基矢量的线性组合的矢量集称为基矢量的跨度（Span）。在图 3.11 的示例中，跨度是无限的二维平面。这可能看起来像是唯一可能的情况，但让我们来看一些更有趣的情况。首先，请注意我们说矢量填充的是"某个"无限平面，而不是"那个"平面。仅仅因为我们有两个坐标和基矢量并不意味着 **p** 和 **q** 必须是二维矢量！它们也可以是三维矢量，在这种情况下，它们的跨度将是三维空间内的某个任意平面，图 3.12 描述了这种情况。

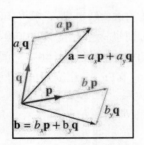

图 3.11　基矢量不必是垂直的

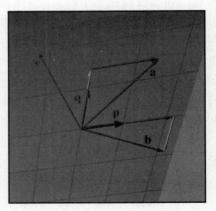

图 3.12　两个基矢量 **p** 和 **q** 跨越三维空间内的二维子集

　　图 3.12 以图示方式说明了几个关键点。注意，我们选择了 **a** 和 **b** 来获得与图 3.11 中

[①] 请注意，有一种常见的优化是忽略这种可能性，并假设它们是垂直的（即使它们不是）。这种假设在某些情况下会引入一些错误，但它允许减少存储和带宽，并且在实践中其错误通常不明显。我们将在第 10.9 节中更详细地讨论这个问题。

相同的坐标，至少相对于基矢量 **p** 和 **q** 是这样。其次，当在 **p** 和 **q** 的空间内使用时，我们的示例矢量 **a** 和 **b** 是二维矢量，它们只有两个坐标：x 和 y。我们也可能对它们的三维"世界"坐标感兴趣。这些可简单地通过扩展线性组合 $x\mathbf{p} + y\mathbf{q}$ 来获得。该表达式的结果是三维矢量。

考虑矢量 **c**，它位于图 3.12 中的平面后面。这个矢量不在 **p** 和 **q** 的跨度内，这意味着我们不能将它表示为基矢量的线性组合。换句话说，没有坐标$[c_x, c_y]$使得 $\mathbf{c} = c_x\mathbf{p} + c_y\mathbf{q}$。

用于描述基所跨越的空间中的维数的术语是基的秩（Rank）。到目前为止，在这两个例子中，有两个跨越二维空间的基矢量。显然，如果有 n 个基矢量，我们希望的最好结果是满秩（Full Rank），这意味着跨度是一个 n 维空间。但是，秩是否可能小于 n？例如，如果有 3 个基矢量，那些基矢量的跨度是否只有二维或一维？答案是"是的"，这种情况与前面所说的基矢量的"很糟糕的选择"相对应。

例如，假设在集合 **p** 和 **q** 中添加第三个基矢量 **r**。如果 **r** 位于 **p** 和 **q** 的跨度中（例如，假设选择 $\mathbf{r} = \mathbf{a}$ 或 $\mathbf{r} = \mathbf{b}$ 作为第三个基矢量），那么基矢量是线性相关的，并且没有满秩。添加最后一个矢量不允许描述任何仅用 **p** 和 **q** 描述的矢量。此外，目前在基的跨度内一个给定矢量的坐标$[x, y, z]$并不是唯一确定的。基矢量跨越只有两个自由度的空间，但我们有 3 个坐标。特别是，这个责任并不落在 **r** 身上，它只是一个新来者。我们可以从 **p**、**q**、**a** 和 **b** 中选择任意一对矢量作为同一空间的有效基。线性相关的问题是整个集合的问题，而不仅仅是一个特定的矢量的问题。相反，如果第三个基矢量被选择为不位于由 **p** 和 **q** 跨越的平面中的任何其他矢量（例如，矢量 **c**），那么，该基将是线性无关的，并且具有满秩。如果一组基矢量是线性无关的，则不可能将任何一个基矢量表示为其他基矢量的线性组合。

因此，一组线性相关的矢量肯定对于基来说是一个糟糕的选择。但是，我们可能希望基有一些其他更严格的属性。为了理解这一点，让我们回到坐标空间变换的问题上。假设和以前一样，有一个基矢量为 **p**、**q** 和 **r** 的对象，我们知道这些矢量在世界空间中的坐标。设 $\mathbf{b} = [b_x, b_y, b_z]$ 是体空间中某个任意矢量的坐标，$\mathbf{u} = [u_x, u_y, u_z]$ 是直立空间中同一矢量的坐标。从机器人示例中，我们已经知道了 **u** 和 **b** 之间的关系，具体如下：

$$\mathbf{u} = b_x\mathbf{p} + b_y\mathbf{q} + b_z\mathbf{r}, \quad \text{或者等效地,} \quad \begin{aligned} u_x &= b_x p_x + b_y q_x + b_z r_x, \\ u_y &= b_x p_y + b_y q_y + b_z r_y, \\ u_z &= b_x p_z + b_y q_z + b_z r_z \end{aligned}$$

在继续之前，请确保理解这些公式与式（3.1）之间的关系。

现在的关键问题是：如果 **u** 已知，并且 **b** 是我们试图确定的矢量该怎么办？为了说明这两个问题之间的深刻区别，让我们并排编写两个系统，用"？"替换未知的矢量，具体如下：

$$?_x = b_x p_x + b_y q_x + b_z r_x, \qquad u_x = ?_x p_x + ?_y q_x + ?_z r_x,$$
$$?_y = b_x p_y + b_y q_y + b_z r_y, \qquad u_y = ?_x p_y + ?_y q_y + ?_z r_y,$$
$$?_z = b_x p_z + b_y q_z + b_z r_z, \qquad u_z = ?_x p_z + ?_y q_z + ?_z r_z$$

左边的方程系统根本不是一个"系统"，它只是一个列表。每个方程都是独立的，每个未知的量都可以从一个方程中立即计算出来。然而，在右边，我们有 3 个相互关联的方程式，这 3 个方程式缺了任何一个都不能确定任何未知量。实际上，如果基矢量是线性相关的，那么右边的系统可能没有解（**u** 不在跨度中），或者它可能有无穷多个解（**u** 在跨度中，并且坐标不是唯一确定的）。我们必须补充一点，关键的区别不在于直立空间或体空间，我们只是使用这些空间来举一个具体的例子。重要的事实是，被转换的矢量的已知坐标是相对于基表示的（左边是容易的情况），还是矢量坐标和基矢量都是在同一坐标空间中表示的（右边是比较困难的情况）。

　　线性代数提供了许多用于求解这类线性方程组的通用工具，但我们不需要深入研究这些主题，因为该系统的求解不是我们的主要目标。目前，我们有兴趣了解一种求解非常容易的特殊情况。在本书第 6.2 节中，将演示如何使用矩阵求逆（Matrix Inverse）的方法来求解一般情况。

　　点积是这个问题的关键。如本书第 2.11.2 节中所述，点积可用于测量特定方向的距离。正如在本节中所看到的那样，当使用标准基 **p** = [1, 0, 0]、**q** = [0, 1, 0]和 **r** = [0, 0, 1]时，对应于在机器人示例中对象轴与世界轴平行，可以使用该矢量与基矢量的点积来"筛选"相应的坐标，具体如下：

$$b_x = \mathbf{u} \cdot \mathbf{p} = \mathbf{u} \cdot \begin{bmatrix} 1 & 0 & 0 \end{bmatrix} = u_x,$$
$$b_y = \mathbf{u} \cdot \mathbf{q} = \mathbf{u} \cdot \begin{bmatrix} 0 & 1 & 0 \end{bmatrix} = u_y,$$
$$b_z = \mathbf{u} \cdot \mathbf{r} = \mathbf{u} \cdot \begin{bmatrix} 0 & 0 & 1 \end{bmatrix} = u_z$$

在代数上，这是相当明显的。但这种"筛选"行动是否适用于任意基？有时是这样，但并非始终如此。实际上，我们可以看到，它对我们一直使用的示例不起作用。图 3.13 将正确的坐标 a_x 和 a_y 与点积 $\mathbf{a} \cdot \mathbf{p}$ 和 $\mathbf{a} \cdot \mathbf{q}$ 进行了比较（仅当 **p** 和 **q** 是单位矢量时，该图中的演示才是完全正确的）。

　　请注意，在每种情况下，点积产生的结果都大于正确的坐标值。为了理解问题在哪里，我们需要回过头来纠正在第 1 章中说过的一点谎言。我们说坐标可以测量给定方向距离原点的位移，这个位移正是点积测量的位移。虽然这是解释坐标的最简单方法，但它仅在特殊情况下有效（我们的谎言基本无害，因为这些情况非常普遍）。在理解了基矢量之后，我们就可以进行更完整的描述了。

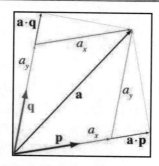

图 3.13　在这种情况下，点积不会"筛选"坐标

提示：

矢量相对于给定基的数值坐标是该矢量作为基矢量的线性组合的扩展中的系数，例如，$\mathbf{a} = a_x\mathbf{p} + a_y\mathbf{q}$。

点积不"筛选"图 3.13 中坐标的原因是因为忽略了 $y\mathbf{q}$ 会导致某些与 $\mathbf{p}$ 平行的位移的事实。为了可视化这种情况，不妨想象一下在保持 a_y 不变的同时增加了 a_x。随着 $\mathbf{a}$ 向右移动并略微向上，其在 $\mathbf{q}$ 上的投影（由点积测量）也将增加。

这里的问题是基矢量不是垂直的。一组相互垂直的基矢量称为正交基（Orthogonal Basis）。

提示：

当基矢量正交时，坐标是解耦的。矢量 $\mathbf{v}$ 的任何给定坐标可以仅由 $\mathbf{v}$ 和相应的基矢量确定。例如，如果其他基矢量垂直于 $\mathbf{p}$，那么，可以计算仅知道 $\mathbf{p}$ 的 v_x。

虽然我们不会在本书中进一步研究它，但是正交基的概念是一个非常强大的概念，其应用超出了直接关注点。例如，这正是傅立叶分析背后的思路。

如果基矢量是正交的可以说很好，那么当它们都具有单位长度时则可谓最佳。这样的一组矢量被称为标准正交基（Orthonormal Basis）。为什么单位长度很有用？这里不妨回忆一下点积的几何定义：$\mathbf{a} \cdot \mathbf{p}$ 等于投影到 $\mathbf{p}$ 的 $\mathbf{a}$ 的有符号长度乘以 $\mathbf{p}$ 的长度。如果基矢量没有单位长度，但它与所有其他基矢量都垂直，那么，我们仍然可以用点积确定相应的坐标，只需要除以基矢量长度的平方即可。

提示：

在标准正交基中，矢量 $\mathbf{v}$ 的每个坐标是在对应的基矢量的方向上测量的有符号的位移 $\mathbf{v}$。这可以通过直接计算 $\mathbf{v}$ 与该基矢量的点积来获得。

　　因此，在标准正交基的特殊情况下，有一种简单的方法来确定体空间坐标，只知道体轴的世界坐标。因此，假设 **p**、**q** 和 **r** 构成标准正交基，

$$b_x = \mathbf{u} \cdot \mathbf{p}, \qquad\qquad b_y = \mathbf{u} \cdot \mathbf{q}, \qquad\qquad b_z = \mathbf{u} \cdot \mathbf{r}$$

虽然我们的例子使用了体空间和直立空间来实现具体性，但这些是适用于任何坐标空间转换的一般性思路。

　　标准正交基是前文提到的（第 1 章中）无害谎言的特殊情况，幸运的是，它们非常普遍。在本节的开头就提到过，我们"习惯"的大多数坐标空间都具有某些属性。所有这些"惯用"坐标空间都具有标准正交基，实际上它们满足更进一步的限制：坐标空间不是镜像的。也就是说，**p** × **q** = **r**，并且轴遵循流行的手势惯例（在本书中使用左手惯例）。镜像基（其中，**p** × **q** = -**r**）仍然可以是标准正交基。

3.4　嵌套坐标空间

　　三维虚拟世界中的每个对象都有自己的坐标空间——它自己的原点和轴。例如，它的原点可以位于其质心处。它的轴将指定它认为相对于其原点的"向上""向右""向前"的方向。由美术设计师为虚拟世界创建的三维模型将由该设计师决定其原点和轴，并且构成多边形网格的点将相对于由该原点和轴定义的对象空间。例如，绵羊的中心可以放置在(0, 0, 0)，其鼻尖位于(0, 0, 1.5)，尾部尖端位于(0, 0, -1.2)，右耳尖位于(0.5, 0.2, 1.2)。这些坐标是绵羊的对象空间中这些部分的位置。

　　需要在世界坐标中指定任何时间点的对象的位置和方向，以便我们可以计算附近对象之间的交互。确切地说，我们必须在世界坐标中指定对象轴的位置和方向。例如，为了在世界空间中指定 Cartesia 的位置（参见第 1.2.1 节），可以说原点位于经度 $p°$ 和纬度 $q°$，正 x 轴指向东方，正 y 轴指向北方。要在虚拟世界中定位绵羊，只需指定其原点的位置及其在世界空间中的轴方向即可。例如，它的鼻尖的世界位置可以从其鼻子与其原点的世界坐标的相对位置计算出来。但是，如果尚未真正绘制绵羊，那么可以通过仅跟踪其在世界空间中的对象空间的位置和方向来节省工作量。有必要仅在特定时间计算其鼻子、尾巴和右耳的世界坐标——例如，当它移动到摄像机的视野中时。

　　由于对象空间在世界空间中移动，因此，可以很方便地将世界空间视为"父"空间，将对象空间视为"子"空间。还可很方便地将对象分解为子对象并单独为其设置动画。分解为这样的层次结构的模型有时被称为关节模型（Articulated Model）。例如，当绵羊走路时，它的头部来回摆动，它的耳朵上下翻动。在绵羊头部的坐标空间中，耳朵似乎上下拍打——运动仅在 y 轴上，因此相对容易理解和制作动画。在绵羊的坐标空间中，

它的头部沿着绵羊的 x 轴从一侧到另一侧摆动，这也是相对容易理解的。现在，假设绵羊沿着世界的 z 轴移动。3 个动作中的每一个——耳朵拍打、头部摆动和绵羊向前移动——都涉及单个轴并且易于理解而与其他动作隔离。然而，绵羊右耳尖的运动如果要通过世界坐标空间计算，则会产生一个复杂的路径，这对于从头开始计算的程序员来说确实是一场噩梦。但是，通过将绵羊分成具有嵌套坐标空间的分层组织的对象序列，程序员可以在单独的分量中计算运动，并相对容易地与线性代数工具（如矩阵和矢量）结合。后文将详细介绍这种思路和方法。

例如，假设需要知道绵羊耳尖的世界坐标。为了计算这些坐标，可能首先使用已知的绵羊耳朵相对于其头部的关系来计算"头部空间"中该点的坐标。接下来，使用头部相对于绵羊身体的位置和方向，计算它在绵羊"体空间"中的坐标。最后，由于已知羊的身体相对于世界原点和轴的位置和方向，所以可以计算出绵羊的身体在世界空间中的坐标。接下来的几章将深入探讨如何做到这一点的细节。

想象绵羊的坐标空间相对于世界空间移动，绵羊的头部坐标空间相对于绵羊的空间移动，绵羊的耳朵空间相对于绵羊的头部空间移动，这些都是很方便的。因此，我们将头部空间视为绵羊空间的子空间，将耳朵空间视为头部空间的子空间。根据被设置动画对象的复杂性，对象空间可以在许多不同的级别划分为许多不同的子空间。我们可以说子坐标空间嵌套（Nested）在父坐标空间中。坐标空间之间的父子关系定义坐标空间的层次结构或树。世界坐标空间是这棵树的根。嵌套的坐标空间树可以在虚拟世界的生命周期中动态改变。例如，绵羊的羊毛可以被剪并从绵羊身上带走，因此绵羊的羊毛坐标空间从绵羊身体坐标空间的子空间变成了世界空间的子空间。嵌套坐标空间的层次结构是动态的，并且可以按信息的重要程度进行排列。

3.5　针对直立空间的再解释

最后，请允许我们再花一点篇幅来强调说明："直立空间"的概念确实非常有用，即使该术语可能不是标准的。很多人 [①] 不打算区分世界空间和直立空间，他们只会讨论将矢量从对象空间旋转到"世界空间"。但是，当相同的数据类型（如 float3）既用于存储"点"又用于存储"矢量"时，请考虑代码中的常见情况（如果你不记得为什么这些术语只是放在引号中，可以参见第 2.4 节）。假设有一个 float3 表示对象空间中顶点的位置，我们希望知道该顶点在世界空间中的位置。从对象空间到世界空间的转换必定涉及

[①] 这里的"很多人"可能意味着"所有人"。

对象位置的平移。现在将其与描述方向（如表面法线）的不同 float3 进行比较。将方向矢量的坐标从对象空间转换为"世界空间"（称之为"直立空间"）不应包含此平移。

当你将自己的意图传达给某个人时，有时候另一个人能够理解你的意思，并在你说"世界空间"时根据是否需要平移进行正确填空。这是因为他们可以想象出你要说的是什么，并隐式地知道被转换的量是"点"还是"矢量"。但是计算机没有这种直觉，所以必须找到一种明确的方法。将此信息明确地传达给计算机的一种策略是使用两种不同的数据类型，例如，一个名为 Point3 的类，另一个名为 Vector3 类。计算机会知道矢量永远不应该被平移，但点应该平移，这是因为你会编写两个不同的转换例程。这是在一些学术文献中采用的策略，但在游戏行业的生产代码中，这并不常见（它在 HLSL/Cg 中也不能很好地工作，因为 HLSL/Cg 更鼓励使用泛型 float3 类型）。因此，我们必须找到一些其他方式与计算机进行通信，当从对象空间转换某些给定的 float3 到"世界空间"时，应该发生平移。

在许多游戏代码中，经常可以看到开发人员简单地将矢量数学细节散布在任何与旋转矩阵（或其逆矩阵）相乘并且明确具有（或确实没有）矢量加法或减法的地方，而且这样做被认为是适当的。我们提倡给这个中间空间命名，将它与"世界空间"区分开来，以便于使用人类可读单词的代码（如 object、upright 和 world 等），而不是明确的数学标记（如 add、subtract 和 inverse 等）。我们的经验是，这种代码更易于阅读和编写。我们也希望这个术语能让这本书更容易阅读！如果我们的术语对你有用，请自行决定是否采用，但在此之前，请务必阅读本书第 8.2.1 节中的小型讨论，以获得更易读的人工代码。

3.6　练　　习

（答案见本书附录 B）

1．什么坐标空间（对象、直立、相机或世界）最适合询问以下问题？

（a）我的电脑在我面前还是在我身后？

（b）这本书是在我的东边还是西边？

（c）我如何从一个房间进入另一个房间？

（d）我能看到我的电脑吗？

2．假设世界轴通过绕 y 轴逆时针旋转 $42°$，然后沿 z 轴平移 6 个单位，再沿 x 轴平移 12 个单位，将世界轴转换为我们的对象轴。从对象上的一个点的角度来描述这种转换。

3．对于以下基矢量集，确定它们是否是线性无关的。如果不是，请说明原因。

（a）$\begin{bmatrix} 1 \\ 0 \\ 0 \end{bmatrix}, \begin{bmatrix} 0 \\ 0 \\ 0 \end{bmatrix}, \begin{bmatrix} 0 \\ 2 \\ 0 \end{bmatrix}$

（b）$\begin{bmatrix} 1 \\ 0 \\ 2 \end{bmatrix}, \begin{bmatrix} -1 \\ 1 \\ 2 \end{bmatrix}, \begin{bmatrix} 0 \\ 1 \\ 2 \end{bmatrix}$

（c）$\begin{bmatrix} 1 \\ 2 \\ 3 \end{bmatrix}, \begin{bmatrix} -1 \\ 2 \\ 3 \end{bmatrix}, \begin{bmatrix} 1 \\ -2 \\ 3 \end{bmatrix}, \begin{bmatrix} 1 \\ 2 \\ -3 \end{bmatrix}$

（d）$\begin{bmatrix} 1 \\ 2 \\ 3 \end{bmatrix}, \begin{bmatrix} 0 \\ 1 \\ 5 \end{bmatrix}, \begin{bmatrix} -2 \\ -4 \\ -6 \end{bmatrix}$

（e）$\begin{bmatrix} 1 \\ 1 \\ 5 \end{bmatrix}, \begin{bmatrix} 0 \\ -5 \\ 4 \end{bmatrix}, \begin{bmatrix} 1 \\ -4 \\ 9 \end{bmatrix}$

（f）$\begin{bmatrix} 1 \\ 2 \\ 3 \end{bmatrix}, \begin{bmatrix} -1 \\ 2 \\ 3 \end{bmatrix}, \begin{bmatrix} 1 \\ -2 \\ 3 \end{bmatrix}$

4. 对于以下基矢量集，确定它们是否是正交基。如果不是，请说明原因。

（a）$\begin{bmatrix} 1 \\ 0 \\ 0 \end{bmatrix}, \begin{bmatrix} 0 \\ 0 \\ 4 \end{bmatrix}, \begin{bmatrix} 0 \\ 2 \\ 0 \end{bmatrix}$

（b）$\begin{bmatrix} 1 \\ 2 \\ 3 \end{bmatrix}, \begin{bmatrix} -1 \\ 2 \\ 3 \end{bmatrix}, \begin{bmatrix} 1 \\ -2 \\ 3 \end{bmatrix}$

（c）$\begin{bmatrix} 0 \\ 4 \\ 1 \end{bmatrix}, \begin{bmatrix} 0 \\ -1 \\ 4 \end{bmatrix}, \begin{bmatrix} 8 \\ 0 \\ 0 \end{bmatrix}$

（d）$\begin{bmatrix} 4 \\ -6 \\ 2 \end{bmatrix}, \begin{bmatrix} -4 \\ -2 \\ 2 \end{bmatrix}, \begin{bmatrix} -3 \\ -6 \\ -12 \end{bmatrix}$

（e）$\begin{bmatrix} 7 \\ -1 \\ 5 \end{bmatrix}$，$\begin{bmatrix} 5 \\ 5 \\ -6 \end{bmatrix}$，$\begin{bmatrix} -2 \\ 0 \\ 1 \end{bmatrix}$

5．对于以下基矢量集，确定它们是否是标准正交基。如果不是，请说明原因。

（a）$\begin{bmatrix} 1 \\ 0 \\ 0 \end{bmatrix}$，$\begin{bmatrix} 0 \\ 0 \\ 4 \end{bmatrix}$，$\begin{bmatrix} 0 \\ 2 \\ 0 \end{bmatrix}$

（b）$\begin{bmatrix} 1 \\ 2 \\ 3 \end{bmatrix}$，$\begin{bmatrix} -1 \\ 2 \\ 3 \end{bmatrix}$，$\begin{bmatrix} 1 \\ -2 \\ 3 \end{bmatrix}$

（c）$\begin{bmatrix} 1 \\ 0 \\ 0 \end{bmatrix}$，$\begin{bmatrix} 0 \\ 0 \\ -1 \end{bmatrix}$，$\begin{bmatrix} 0 \\ 1 \\ 0 \end{bmatrix}$

（d）$\begin{bmatrix} 0 \\ 1 \\ 0 \end{bmatrix}$，$\begin{bmatrix} 0 \\ .707 \\ .707 \end{bmatrix}$，$\begin{bmatrix} 1 \\ 0 \\ 0 \end{bmatrix}$

（e）$\begin{bmatrix} 0 \\ .707 \\ -.707 \end{bmatrix}$，$\begin{bmatrix} 0 \\ .707 \\ .707 \end{bmatrix}$，$\begin{bmatrix} 1 \\ 0 \\ 0 \end{bmatrix}$

（f）$\begin{bmatrix} .921 \\ .294 \\ -.254 \end{bmatrix}$，$\begin{bmatrix} -.254 \\ .951 \\ .178 \end{bmatrix}$，$\begin{bmatrix} .294 \\ -.100 \\ .951 \end{bmatrix}$

（g）$\begin{bmatrix} .995 \\ 0 \\ -.100 \end{bmatrix}$，$\begin{bmatrix} .840 \\ .810 \\ .837 \end{bmatrix}$，$\begin{bmatrix} .054 \\ -1.262 \\ .537 \end{bmatrix}$

6．假设机器人位于(1, 10, 3)位置，并且在直立空间中表示的向右、向上和向前矢量分别为[0.866, 0, -0.500]、[0, 1, 0]和[0.500, 0, 0.866]（注意，这些矢量构成标准正交基）。以下几点是在对象空间中表示的。请计算直立空间和世界空间中这些点的坐标。

（a）(-1, 2, 0)

（b）(1, 2, 0)

（c）(0, 0, 0)

（d）(1, 5, 0.5)

（e）(0, 5, 10)

下面的坐标位于世界空间中。请将这些坐标从世界空间转换为直立空间和对象空间。

（f）(1, 10, 3)

（g）(0, 0, 0)

（h）(2.732, 10, 2.000)

（i）(2, 11, 4)

（j）(1, 20, 3)

7．列举嵌套坐标空间层次结构的 5 个示例。

很多鸡毛蒜皮的小事都可以通过恰当的广告放大。

——马克·吐温（1835—1910）

A Connecticut Yankee In King Arthur'S Court

（中译本书名为《在亚瑟王朝廷里的康涅狄格州美国人》）

第4章 矩阵简介

不幸的是，没有人能够告诉我们矩阵是什么。

你必须亲自去看看。

——墨菲斯，电影《黑客帝国》（1999）

矩阵在 3D 数学中具有根本意义上的重要性，它们主要用于描述两个坐标空间之间的关系。它们通过定义将矢量从一个坐标空间转换为另一个坐标空间来实现此目的。

本章主要介绍矩阵的理论和应用。当引入矢量时，我们的讨论将遵循第 2 章中设置的模式：先介绍数学定义，然后提供几何解释。本章主要分为以下 3 节：

- ❑ 第 4.1 节将严格从数学角度讨论矩阵的一些基本属性和操作（更多矩阵运算将在本书第 6 章中讨论）。
- ❑ 第 4.2 节将解释如何以几何方式解读这些属性和操作。
- ❑ 第 4.3 节将本书中矩阵的使用放在更大的线性代数领域中来考查。

4.1 矩阵的数学定义

在线性代数中，矩阵是排列成行和列的矩形数字网格。前文将矢量定义为数字的一维数组，矩阵同样可以定义为数字的二维数组（Two-Dimension Array）。请注意，"二维数组"中的"二"来自于行和列，不应与二维矢量或矩阵混淆）。因此，矢量是标量的数组，而矩阵则是矢量的数组。

本节将从纯粹的数学角度介绍矩阵。它分为以下 8 个小节：

- ❑ 第 4.1.1 节将介绍矩阵维度的概念，并描述一些矩阵表示法。
- ❑ 第 4.1.2 节将描述方形矩阵。
- ❑ 第 4.1.3 节将矢量解释为矩阵。
- ❑ 第 4.1.4 节将描述矩阵转置。
- ❑ 第 4.1.5 节将解释如何将矩阵乘以标量。
- ❑ 第 4.1.6 节将解释如何将矩阵乘以另一个矩阵。
- ❑ 第 4.1.7 节将解释如何将矢量乘以矩阵。
- ❑ 第 4.1.8 节将比较行和列矢量的矩阵。

4.1.1　矩阵维度和表示法

就像通过计算矩阵包含的数量来定义矢量的维度一样，我们将通过计算矩阵包含的行数和列数来定义矩阵的大小。对于具有 r 行和 c 列的矩阵，称为是 $r \times c$（读作"r 乘 c"）矩阵。例如，以下一个 4×3 矩阵有 4 行 3 列：

4×3 矩阵
$\begin{bmatrix} 4 & 0 & 12 \\ -5 & \sqrt{4} & 3 \\ 12 & -4/3 & -1 \\ 1/2 & 18 & 0 \end{bmatrix}$

这个 4×3 矩阵说明了编写矩阵的标准表示法：数字排列在用方括号括起来的网格中。请注意，有些作者可能会用圆括号而不是用方括号括起数字网格，还有一些作者则喜欢使用垂直线。我们为与矩阵相关的完全独立的概念矩阵行列式（Determinant of a Matrix）保留了最后一种表示法（将在第 6.1 节讨论矩阵行列式）。

正如在第 2.1 节中提到的，本书用粗体大写字母表示矩形变量，如 **M**、**A**、**R**。当希望引用矩阵中的各个元素时，将使用下标表示法，通常用相应的小写斜体字母。例如，以下就是一个 3×3 矩阵：

矩阵元素的下标表示法
$\begin{bmatrix} m_{11} & m_{12} & m_{13} \\ m_{21} & m_{22} & m_{23} \\ m_{31} & m_{32} & m_{33} \end{bmatrix}$

符号 m_{ij} 表示矩阵 **M** 的行 i 和列 j 中的元素。矩阵使用基于 1 的索引，因此第一行和第一列编号为 1。例如，m_{12}（读作"m 一二"，而不是"m 十二"）是第一行第二列中的元素。请注意，这与使用基于 0 的数组索引的编程语言（如 C++和 Java）不同。矩阵没有列 0 或行 0。如果使用实际的数组数据类型存储矩阵，则索引的这种差异可能会引起一些混淆。出于这个原因，对于存储用于几何目的的小型固定大小矩阵的类来说，通常为每个元素赋予它自己的命名成员变量，如 float m11，而不是使用像 float elem[3][3]那样的语言的原生数组支持。

4.1.2　方形矩阵

具有相同行数和列数的矩阵称为方形矩阵（Square Matrice），并且它是特别重要的内容。在本书中对 2×2、3×3 和 4×4 矩阵感兴趣。

　　方阵的对角元素（Diagonal Elements）是行和列索引相同的元素。例如，3×3 矩阵 **M** 的对角元素是 m_{11}、m_{22} 和 m_{33}，其他元素是非对角元素（Non-Diagonal Elements）。以下对角元素构成了矩阵的对角线：

3×3 矩阵的对角元素
$\begin{bmatrix} m_{11} & m_{12} & m_{13} \\ m_{21} & m_{22} & m_{23} \\ m_{31} & m_{32} & m_{33} \end{bmatrix}$

　　如果矩阵中的所有非对角元素都为零，则该矩阵为对角矩阵（Diagonal Matrix）。以下 4×4 矩阵就是一个对角矩阵：

4×4 对角矩阵
$\begin{bmatrix} 3 & 0 & 0 & 0 \\ 0 & 1 & 0 & 0 \\ 0 & 0 & -5 & 0 \\ 0 & 0 & 0 & 2 \end{bmatrix}$

　　有一类特殊的对角矩阵是单位矩阵（Identity Matrix）。维度为 n 的单位矩阵，表示为 $\mathbf{I}_n$，是 $n \times n$ 矩阵，其对角线上的值为 1，其他元素均为 0。例如，以下是一个 3×3 单位矩阵：

三维单位矩阵
$\mathbf{I}_3 = \begin{bmatrix} 1 & 0 & 0 \\ 0 & 1 & 0 \\ 0 & 0 & 1 \end{bmatrix}$

　　一般来说，上下文将清楚地表明在特定情况下使用的单位矩阵的维度。在这些情况下，将省略下标并简单地将单位矩阵称为 **I**。

　　单位矩阵是一个特例，因为它是矩阵的乘法单位元素（将在第 4.1.6 节讨论矩阵乘法）。其基本思路是，如果将矩阵乘以单位矩阵，则得到原始矩阵。从这个方面来说，单位矩阵对于矩阵的意义，就相当于标量中的数字 1。

4.1.3　作为矩阵的矢量

　　矩阵可以包含任何正数的行和列，包括一个。我们已经遇到过一行或一列的矩阵：

矢量！维数 n 的矢量可以被视为 $1 \times n$ 矩阵，或者被视为 $n \times 1$ 矩阵。$1 \times n$ 矩阵称为行矢量（Row Vector），$n \times 1$ 矩阵称为列矢量（Column Vector）。行矢量以横向方式书写，列矢量则以纵向方式书写，具体如下：

行矢量和列矢量
$\begin{bmatrix} 1 & 2 & 3 \end{bmatrix}, \qquad \begin{bmatrix} 4 \\ 5 \\ 6 \end{bmatrix}$

到目前为止，我们已经以互换的方式使用了行和列表示法。实际上，从几何上来说，它们是相同的，并且在许多情况下，这种区别并不重要。当然，这种区别在某些情况下会变得很明显（详见第 4.1.7 节），所以，当使用带有矩阵的矢量时，必须非常清楚该矢量是行矢量还是列矢量。

4.1.4　矩阵转置

给定 $r \times c$ 矩阵 $\mathbf{M}$，$\mathbf{M}$ 的转置（Transpose）表示为 $\mathbf{M}^{\mathrm{T}}$，是 $c \times r$ 矩阵，其中，列由 $\mathbf{M}$ 的行构成。换句话说，$\mathbf{M}_{ij}^{\mathrm{T}} = \mathbf{M}_{ji}$。这实际上是以对角方式"翻转"矩阵。以下式（4.1）和式（4.2）显示了两个转置矩阵的例子：

转置矩阵	
$\begin{bmatrix} 1 & 2 & 3 \\ 4 & 5 & 6 \\ 7 & 8 & 9 \\ 10 & 11 & 12 \end{bmatrix}^{\mathrm{T}} = \begin{bmatrix} 1 & 4 & 7 & 10 \\ 2 & 5 & 8 & 11 \\ 3 & 6 & 9 & 12 \end{bmatrix}$	（4.1）
$\begin{bmatrix} a & b & c \\ d & e & f \\ g & h & i \end{bmatrix}^{\mathrm{T}} = \begin{bmatrix} a & d & g \\ b & e & h \\ c & f & i \end{bmatrix}$	（4.2）

对于矢量，转置会将行矢量转换为列矢量，反之亦然，表述如下：

转置将转换行矢量和列矢量
$\begin{bmatrix} x & y & z \end{bmatrix}^{\mathrm{T}} = \begin{bmatrix} x \\ y \\ z \end{bmatrix}; \qquad \begin{bmatrix} x \\ y \\ z \end{bmatrix}^{\mathrm{T}} = \begin{bmatrix} x & y & z \end{bmatrix}$

转置表示法通常用于在段落中内嵌书写列矢量，如 $[1, 2, 3]^{\mathrm{T}}$。

让我们做两个关于矩阵转置的相当明显但重要的观察。

- 对于任何维度的矩阵 $\mathbf{M}$,则 $(\mathbf{M}^T)^T = \mathbf{M}$。换句话说,如果先转置矩阵,然后再转置一次,即可得到原始矩阵。此规则也适用于矢量。
- 任何对角矩阵 $\mathbf{D}$ 等于其转置:$\mathbf{D}^T = \mathbf{D}$。包括单位矩阵 $\mathbf{I}$ 也是如此。

4.1.5 矩阵与标量相乘

矩阵 $\mathbf{M}$ 可以与标量 k 相乘,得到与 $\mathbf{M}$ 相同维度的矩阵。我们通过将标量和矩阵并排放置(通常标量在左边)来表示标量与矩阵的乘法。中间不需要乘法符号。乘法以直接的方式进行:结果矩阵 $k\mathbf{M}$ 中的每个元素是 k 与 $\mathbf{M}$ 中相应元素的乘积。例如,

标量和 4 × 3 矩阵的乘法
$$k\mathbf{M} = k\begin{bmatrix} m_{11} & m_{12} & m_{13} \\ m_{21} & m_{22} & m_{23} \\ m_{31} & m_{32} & m_{33} \\ m_{41} & m_{42} & m_{43} \end{bmatrix} = \begin{bmatrix} km_{11} & km_{12} & km_{13} \\ km_{21} & km_{22} & km_{23} \\ km_{31} & km_{32} & km_{33} \\ km_{41} & km_{42} & km_{43} \end{bmatrix}$$

4.1.6 两个矩阵相乘

在某些情况下,可以采用两个矩阵的乘积。当允许矩阵乘法时,其结果的计算规则乍看之下可能有点奇怪。

一个 $r \times n$ 矩阵 $\mathbf{A}$ 可以乘以一个 $n \times c$ 矩阵 B。其结果(以 $\mathbf{AB}$ 表示)是一个 $r \times c$ 矩阵。例如,假设 $\mathbf{A}$ 是一个 4 × 2 矩阵,$\mathbf{B}$ 是一个 2 × 5 矩阵,那么 $\mathbf{AB}$ 将是一个 4 × 5 矩阵,具体表述如下:

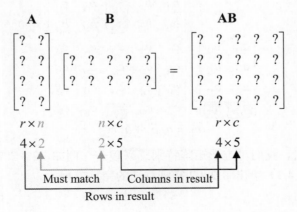

原　文	译　文
Must match	必须匹配
Columns in result	结果中的列
Rows in result	结果中的行

如果 $\mathbf{A}$ 中的列数与 $\mathbf{B}$ 中的行数不匹配，则乘法结果 $\mathbf{AB}$ 未定义（尽管 $\mathbf{BA}$ 是有可能的）。

矩阵乘法计算如下：设矩阵 $\mathbf{C}$ 为 $r \times n$ 矩阵 $\mathbf{A}$ 与 $n \times c$ 矩阵 $\mathbf{B}$ 的 $r \times c$ 乘积 $\mathbf{AB}$。然后每个元素 c_{ij} 等于 $\mathbf{A}$ 的行 i 与 $\mathbf{B}$ 的列 j 的矢量点积，其用计算公式表述如下：

$$c_{ij} = \sum_{k=1}^{n} a_{ik}b_{kj}$$

这看起来很复杂，但有一个简单的模式：对于结果中的每个元素 c_{ij}，找到 $\mathbf{A}$ 中的第 i 行和 $\mathbf{B}$ 中的第 j 列；将行和列的相应元素相乘，并对积求和；c_{ij} 等于此总和，它相当于 $\mathbf{A}$ 中第 i 行和 $\mathbf{B}$ 中的第 j 列的点积。

我们来看一个如何计算 c_{24} 的例子。$\mathbf{C}$ 的第 2 行和第 4 列中的元素等于 $\mathbf{A}$ 的第 2 行和 $\mathbf{B}$ 的第 4 列中的元素的点积，具体表述如下：

$$\begin{bmatrix} c_{11} & c_{12} & c_{13} & c_{14} & c_{15} \\ c_{21} & c_{22} & c_{23} & c_{24} & c_{25} \\ c_{31} & c_{32} & c_{33} & c_{34} & c_{35} \\ c_{41} & c_{42} & c_{43} & c_{44} & c_{45} \end{bmatrix} = \begin{bmatrix} a_{11} & a_{12} \\ a_{21} & a_{22} \\ a_{31} & a_{32} \\ a_{41} & a_{42} \end{bmatrix} \begin{bmatrix} b_{11} & b_{12} & b_{13} & b_{14} & b_{15} \\ b_{21} & b_{22} & b_{23} & b_{24} & b_{25} \end{bmatrix},$$

$$c_{24} = a_{21}b_{14} + a_{22}b_{24}$$

另一种帮助记住矩阵乘法模式的方法是将 $\mathbf{B}$ 写在 $\mathbf{C}$ 之上，这样就可以将 $\mathbf{A}$ 中的正确行与 $\mathbf{B}$ 中的正确列对齐，从而产生 $\mathbf{C}$ 中每个元素的结果，具体表述如下：

$$\begin{bmatrix} b_{11} & b_{12} & b_{13} & b_{14} & b_{15} \\ b_{21} & b_{22} & b_{23} & b_{24} & b_{25} \end{bmatrix}$$

$$\begin{bmatrix} a_{11} & a_{12} \\ a_{21} & a_{22} \\ a_{31} & a_{32} \\ a_{41} & a_{42} \end{bmatrix} \begin{bmatrix} c_{11} & c_{12} & c_{13} & c_{14} & c_{15} \\ c_{21} & c_{22} & c_{23} & c_{24} & c_{25} \\ c_{31} & c_{32} & c_{33} & c_{34} & c_{35} \\ c_{41} & c_{42} & c_{43} & c_{44} & c_{45} \end{bmatrix}$$

$$c_{43} = a_{41}b_{13} + a_{42}b_{23}$$

就几何应用而言，我们对方形矩阵特别感兴趣——例如，2×2 矩阵和 3×3 矩阵就特别重要。以下式（4.3）给出了 2×2 矩阵乘法的完整方程：

2 × 2 矩阵乘法

$$\mathbf{AB} = \begin{bmatrix} a_{11} & a_{12} \\ a_{21} & a_{22} \end{bmatrix} \begin{bmatrix} b_{11} & b_{12} \\ b_{21} & b_{22} \end{bmatrix}$$

$$= \begin{bmatrix} a_{11}b_{11} + a_{12}b_{21} & a_{11}b_{12} + a_{12}b_{22} \\ a_{21}b_{11} + a_{22}b_{21} & a_{21}b_{12} + a_{22}b_{22} \end{bmatrix}$$

(4.3)

以下是一个使用一些实际数字的 2 × 2 矩阵的乘法示例:

$$\mathbf{A} = \begin{bmatrix} -3 & 0 \\ 5 & 1/2 \end{bmatrix}, \quad \mathbf{B} = \begin{bmatrix} -7 & 2 \\ 4 & 6 \end{bmatrix},$$

$$\mathbf{AB} = \begin{bmatrix} -3 & 0 \\ 5 & 1/2 \end{bmatrix} \begin{bmatrix} -7 & 2 \\ 4 & 6 \end{bmatrix}$$

$$= \begin{bmatrix} (-3)(-7) + (0)(4) & (-3)(2) + (0)(6) \\ (5)(-7) + (1/2)(4) & (5)(2) + (1/2)(6) \end{bmatrix} = \begin{bmatrix} 21 & -6 \\ -33 & 13 \end{bmatrix}$$

将一般矩阵乘法公式应用于 3 × 3 矩阵情形将产生以下结果:

3 × 3 矩阵的乘法

$$\mathbf{AB} = \begin{bmatrix} a_{11} & a_{12} & a_{13} \\ a_{21} & a_{22} & a_{23} \\ a_{31} & a_{32} & a_{33} \end{bmatrix} \begin{bmatrix} b_{11} & b_{12} & b_{13} \\ b_{21} & b_{22} & b_{23} \\ b_{31} & b_{32} & b_{33} \end{bmatrix}$$

$$= \begin{bmatrix} a_{11}b_{11} + a_{12}b_{21} + a_{13}b_{31} & a_{11}b_{12} + a_{12}b_{22} + a_{13}b_{32} & a_{11}b_{13} + a_{12}b_{23} + a_{13}b_{33} \\ a_{21}b_{11} + a_{22}b_{21} + a_{23}b_{31} & a_{21}b_{12} + a_{22}b_{22} + a_{23}b_{32} & a_{21}b_{13} + a_{22}b_{23} + a_{23}b_{33} \\ a_{31}b_{11} + a_{32}b_{21} + a_{33}b_{31} & a_{31}b_{12} + a_{32}b_{22} + a_{33}b_{32} & a_{31}b_{13} + a_{32}b_{23} + a_{33}b_{33} \end{bmatrix}$$

以下是一个使用一些实际数字的 3 × 3 矩阵的乘法示例:

$$\mathbf{A} = \begin{bmatrix} 1 & -5 & 3 \\ 0 & -2 & 6 \\ 7 & 2 & -4 \end{bmatrix}, \quad \mathbf{B} = \begin{bmatrix} -8 & 6 & 1 \\ 7 & 0 & -3 \\ 2 & 4 & 5 \end{bmatrix};$$

$$\mathbf{AB} = \begin{bmatrix} 1 & -5 & 3 \\ 0 & -2 & 6 \\ 7 & 2 & -4 \end{bmatrix} \begin{bmatrix} -8 & 6 & 1 \\ 7 & 0 & -3 \\ 2 & 4 & 5 \end{bmatrix}$$

$$= \begin{bmatrix} 1 \cdot (-8) + (-5) \cdot 7 + 3 \cdot 2 & 1 \cdot 6 + (-5) \cdot 0 + 3 \cdot 4 & 1 \cdot 1 + (-5) \cdot (-3) + 3 \cdot 5 \\ 0 \cdot (-8) + (-2) \cdot 7 + 6 \cdot 2 & 0 \cdot 6 + (-2) \cdot 0 + 6 \cdot 4 & 0 \cdot 1 + (-2) \cdot (-3) + 6 \cdot 5 \\ 7 \cdot (-8) + 2 \cdot 7 + (-4) \cdot 2 & 7 \cdot 6 + 2 \cdot 0 + (-4) \cdot 4 & 7 \cdot 1 + 2 \cdot (-3) + (-4) \cdot 5 \end{bmatrix}$$

$$= \begin{bmatrix} -37 & 18 & 31 \\ -2 & 24 & 36 \\ -50 & 26 & -19 \end{bmatrix}$$

本书将从第 6.4 节开始，还使用 4 × 4 矩阵。

以下是有关矩阵乘法的一些很有意义的注意事项：

❑　将任何矩阵 **M** 乘以一个方形矩阵 **S**（**S** 放在哪一边都可以，即 **MS** 或 **SM** 都行）将得到与 **M** 大小相同的矩阵，条件是矩阵的大小允许乘法。如果 **S** 是单位矩阵 **I**，则结果是原始矩阵 **M**：

$$MI = IM = M$$

这就是它被称为单位矩阵的原因！

❑　矩阵乘法不是可交换的。一般来说，

$$AB \neq BA$$

❑　矩阵乘法是可结合的：

$$(AB)C = A(BC)$$

（当然，这里假设 **A**、**B** 和 **C** 的大小允许乘法。请注意，如果 **(AB)C** 已经定义，那么 **A(BC)** 同样可以定义）。矩阵乘法的结合律可扩展到多个矩阵。例如，

$$\begin{aligned} ABCDEF &= ((((AB)C)D)E)F \\ &= A((((BC)D)E)F) \\ &= (AB)(CD)(EF) \end{aligned}$$

值得注意的是，尽管所有的括号结合都能计算出正确的结果，但有些分组比其他分组需要更少的标量乘法。[①]

❑　矩阵乘法还可以与标量或矢量乘法结合：

$$(kA)B = k(AB) = A(kB),$$
$$(vA)B = v(AB)$$

❑　转置两个矩阵的乘积与以相反顺序取得其转置的乘积相同：

$$(AB)^T = B^T A^T$$

这可以扩展到两个以上的矩阵：

$$(M_1 M_2 \cdots M_{n-1} M_n)^T = M_n{}^T M_{n-1}{}^T \cdots M_2{}^T M_1{}^T$$

4.1.7　矢量和矩阵相乘

由于矢量可以被认为是具有一行或一列的矩阵，因此可以通过应用第 4.1.6 节中讨论的规则将矢量和矩阵相乘。现在，我们是使用行矢量还是列矢量就变得非常重要。以

[①] 找到最小化标量乘法数的括号问题被称为矩阵链（Matrix Chain）乘法问题。

下式（4.4）～式（4.7）显示了三维行矢量和列矢量分别与 3 × 3 矩阵进行先乘或后乘的计算：

三维行矢量和列矢量与 3 × 3 矩阵的乘法

$$\begin{bmatrix} x & y & z \end{bmatrix} \begin{bmatrix} m_{11} & m_{12} & m_{13} \\ m_{21} & m_{22} & m_{23} \\ m_{31} & m_{32} & m_{33} \end{bmatrix} = \tag{4.4}$$

$$\begin{bmatrix} xm_{11} + ym_{21} + zm_{31} & xm_{12} + ym_{22} + zm_{32} & xm_{13} + ym_{23} + zm_{33} \end{bmatrix}$$

$$\begin{bmatrix} m_{11} & m_{12} & m_{13} \\ m_{21} & m_{22} & m_{23} \\ m_{31} & m_{32} & m_{33} \end{bmatrix} \begin{bmatrix} x \\ y \\ z \end{bmatrix} = \begin{bmatrix} xm_{11} + ym_{12} + zm_{13} \\ xm_{21} + ym_{22} + zm_{23} \\ xm_{31} + ym_{32} + zm_{33} \end{bmatrix} \tag{4.5}$$

$$\begin{bmatrix} m_{11} & m_{12} & m_{13} \\ m_{21} & m_{22} & m_{23} \\ m_{31} & m_{32} & m_{33} \end{bmatrix} \begin{bmatrix} x & y & z \end{bmatrix} = (\text{undefined}) \tag{4.6}$$

$$\begin{bmatrix} x \\ y \\ z \end{bmatrix} \begin{bmatrix} m_{11} & m_{12} & m_{13} \\ m_{21} & m_{22} & m_{23} \\ m_{31} & m_{32} & m_{33} \end{bmatrix} = (\text{undefined}) \tag{4.7}$$

不难发现，当将左侧的行矢量乘以右侧的矩阵时，如式（4.4）所示，其结果是行矢量；当将左边的矩阵乘以右边的列矢量时，如式（4.5）所示，其结果是列矢量（请注意，此结果是列矢量，即使它看起来像矩阵）；式（4.6）和式（4.7）这两个组合是不允许的——不能将左侧的矩阵乘以右侧的行矢量，也不能将左侧的列矢量乘以右侧的矩阵。

让我们对矢量与矩阵乘法做以下一些有趣的观察：

❑ 结果矢量中的每个元素是原始矢量与矩阵中的单个行或列的点积。

❑ 矩阵中的每个元素确定输入矢量中的特定元素对输出矢量中的元素有多大的"权重"。例如，在式（4.4）中，当使用行矢量时，m_{12} 控制输入的 x 值有多少输出到了 y 值。

❑ 矢量与矩阵乘法分布在矢量加法上，即对于矢量 **v**、**w** 和矩阵 **M**，有

$$(\mathbf{v} + \mathbf{w})\mathbf{M} = \mathbf{v}\mathbf{M} + \mathbf{w}\mathbf{M}$$

❑ 也许最重要的是，乘法的结果是矩阵的行或列的线性组合。例如，在式（4.5）中，当使用列矢量时，得到的列矢量可以被解释为矩阵的列的线性组合，其中的系数来自矢量操作数。这是一个关键事实，不仅对于学习 3D 数学有用，而且对于一般的线性代数来说也很重要，所以请记住它。我们很快就会回来讨论这个主题。

4.1.8　行与列矢量

本节将解释为什么行和列矢量之间的区别很重要，并给出选择行矢量的基本原理。在式（4.4）中，当将左侧的行矢量与右侧的矩阵相乘时，得到的是以下行矢量：

$$\begin{bmatrix} xm_{11} + ym_{21} + zm_{31} & xm_{12} + ym_{22} + zm_{32} & xm_{13} + ym_{23} + zm_{33} \end{bmatrix}$$

将其与式（4.5）的结果进行比较，当右侧的列矢量乘以左侧的矩阵时，得到的是以下列矢量结果：

$$\begin{bmatrix} xm_{11} + ym_{12} + zm_{13} \\ xm_{21} + ym_{22} + zm_{23} \\ xm_{31} + ym_{32} + zm_{33} \end{bmatrix}$$

如果忽略它们一个是行矢量而另一个是列矢量的事实会发现，矢量分量的值是不一样的！这就是行和列矢量之间的区别如此重要的原因。

尽管视频游戏编程中的某些矩阵确实表示任意方程组，但是更多的情形则是我们所描述的类型的变换矩阵，它表示坐标空间之间的关系。出于这个目的，我们找到了行矢量更适合此用法的理由（详见本书参考文献[1]），即转换的顺序从左到右读起来就像一个句子。当发生多个转换时，这一点尤为重要。例如，如果希望按顺序通过矩阵 **A**、**B** 和 **C** 转换矢量 **v**，则可以写为 **vABC**，矩阵按照从左到右的变换顺序列出；如果使用列矢量，则矢量位于右侧，因此转换将按从右到左的顺序进行。在这种情况下，会写为 **CBAv**。本书将在第 5.6 节详细讨论多个转换矩阵的连接。

比较遗憾的是，行矢量会导致非常"宽"的公式。将列矢量放在右侧肯定会使公式看起来更精简，特别是随着维度的增加，这种差别更加明显。比较一下式（4.4）和式（4.5），你应该会认同这种说法。这也许就是为什么列矢量几乎是所有其他学科中的通用标准的原因。然而，对于大多数视频游戏编程来说，可读的计算机代码比可读的方程更重要。出于这个原因，本书在几乎所有行矢量和列矢量有区别的情况下都选择使用行矢量。我们对列矢量的有限使用是出于美学目的，当没有涉及矩阵或者那些矩阵不是变换矩阵时，从左到右的阅读顺序没有什么帮助。

可以想到的是，不同的作者会使用不同的约定。许多图形书籍和应用程序编程接口（Application Programming Interface，API）（如 DirectX）都使用行矢量。但是其他 API，例如 OpenGL 和各种控制台上的 OpenGL 自定义端口，都使用列矢量。而且，正如我们说过的，几乎所有使用线性代数的其他学科都喜欢列矢量。所以，在使用别人的公式或源代码时要非常小心，你必须确定知道它采用的是行矢量还是列矢量。

如果某本书使用的是列矢量，那么与本书提出的方程式相比，它的矩阵方程式将被转换。此外，当使用列矢量时，矩阵应在左侧，列矢量在右侧，与本书中选择的约定（行矢量在左侧，矩在右侧）相反。当有多个矩阵和矢量相乘时，这会导致两种风格之间的乘法顺序相反。

例如，乘法 **vABC** 仅对行矢量有效。如果使用列矢量，则相应的乘法将被写为 **CBAv**（再次强调，在这种情况下，与行矢量情形中的这些矩阵相比，**A**、**B** 和 **C** 将被转置）。

这种涉及矩阵转置的错误可能是 3D 数学编程时挫败感的常见来源。幸运的是，通过适当设计的 C++类，开发人员已经很少需要直接访问各个矩阵元素，并且可以尽量使这些类型的错误减少到最小。

4.2　矩阵的几何解释

一般来说，方形矩阵可以描述任何线性变换（Linear Transformation）。在本书第 5.7.1 节将提供线性变换的完整定义，但是现在，我们只要知道线性变换将保留直线和平行线，并且没有平移（即，原点不移动）就已经足够了。但是，几何的其他属性（如长度、角度、面积和体积）可能会因为变换而发生改变。在非技术意义上，线性变换可以"拉伸"坐标空间，但它不会"弯曲"或"扭曲"它。这是一组非常有用的变换，包括：

❑　旋转（Rotation）。
❑　比例缩放（Scale）。
❑　正交投影（Orthographic Projection）。
❑　反射（Reflection）。
❑　错切（Shearing）。

第 5 章将推导出所有执行这些操作的矩阵。但是现在，让我们试着大致理解矩阵与它所代表的变换之间的关系。

本章开头的引文不仅仅是电影《黑客帝国》中的一句台词，也适用于线性代数矩阵。在你发展出自己的一种可视化矩阵的能力之前，它只是一个框中的 9 个数字。我们已经说过，矩阵表示坐标空间变换。因此，当对矩阵进行可视化时，实际上就是在可视化空间变换，即进入新的坐标系。但是，这种变换是什么样的呢？特定三维变换（即旋转、错切等）与 3×3 矩阵内的 9 个数字之间的关系是什么呢？如何构造一个矩阵来执行一个给定的变换（除了盲目地从某本书中复制方程）？

为了开始回答这个问题，让我们看一看，以下当标准基矢量 **i** = [1, 0, 0]，**j** = [0, 1, 0] 和 **k** = [0, 0, 1]乘以任意矩阵 **M** 时会发生什么：

$$\mathbf{iM} = \begin{bmatrix} 1 & 0 & 0 \end{bmatrix} \begin{bmatrix} m_{11} & m_{12} & m_{13} \\ m_{21} & m_{22} & m_{23} \\ m_{31} & m_{32} & m_{33} \end{bmatrix} = \begin{bmatrix} m_{11} & m_{12} & m_{13} \end{bmatrix};$$

$$\mathbf{jM} = \begin{bmatrix} 0 & 1 & 0 \end{bmatrix} \begin{bmatrix} m_{11} & m_{12} & m_{13} \\ m_{21} & m_{22} & m_{23} \\ m_{31} & m_{32} & m_{33} \end{bmatrix} = \begin{bmatrix} m_{21} & m_{22} & m_{23} \end{bmatrix};$$

$$\mathbf{kM} = \begin{bmatrix} 0 & 0 & 1 \end{bmatrix} \begin{bmatrix} m_{11} & m_{12} & m_{13} \\ m_{21} & m_{22} & m_{23} \\ m_{31} & m_{32} & m_{33} \end{bmatrix} = \begin{bmatrix} m_{31} & m_{32} & m_{33} \end{bmatrix}$$

换句话说，$\mathbf{M}$ 的第一行包含对 $\mathbf{i}$ 执行变换的结果；第二行是变换 $\mathbf{j}$ 的结果；最后一行则是变换 $\mathbf{k}$ 的结果。

一旦知道这些基础矢量发生了什么，就知道变换的一切！这是因为任何矢量都可以写成标准基矢量的线性组合，如

$$\mathbf{v} = v_x \mathbf{i} + v_y \mathbf{j} + v_z \mathbf{k}$$

使用该表达式乘以右侧的矩阵，则可以获得

$$\begin{aligned} \mathbf{vM} &= (v_x \mathbf{i} + v_y \mathbf{j} + v_z \mathbf{k})\mathbf{M} \\ &= (v_x \mathbf{i})\mathbf{M} + (v_y \mathbf{j})\mathbf{M} + (v_z \mathbf{k})\mathbf{M} \\ &= v_x(\mathbf{iM}) + v_y(\mathbf{jM}) + v_z(\mathbf{kM}) \\ &= v_x \begin{bmatrix} m_{11} & m_{12} & m_{13} \end{bmatrix} + v_y \begin{bmatrix} m_{21} & m_{22} & m_{23} \end{bmatrix} + v_z \begin{bmatrix} m_{31} & m_{32} & m_{33} \end{bmatrix} \end{aligned} \tag{4.8}$$

这里已经确认了第 4.1.7 节中的观察结果：矢量 × 矩阵乘法的结果是矩阵行的线性组合。关键是将那些行矢量解释为基矢量。在这种解释中，矩阵乘法只是一种对第 3.3.3 节中开发的坐标空间变换操作进行编码的简洁方法。表示法的一个小变化将使这种联系更加明确。请记住，我们引入了约定，使用符号 $\mathbf{p}$、$\mathbf{q}$ 和 $\mathbf{r}$ 来引用一组基矢量。将这些矢量作为行放入矩阵 $\mathbf{M}$ 中，这样就可以将式（4.8）的最后一行重写为

$$\mathbf{vM} = \begin{bmatrix} v_x & v_y & v_z \end{bmatrix} \begin{bmatrix} -\mathbf{p}- \\ -\mathbf{q}- \\ -\mathbf{r}- \end{bmatrix} = v_x \mathbf{p} + v_y \mathbf{q} + v_z \mathbf{r}$$

现在来总结一下所讲的内容。

提示：

通过理解矩阵如何变换标准基矢量，我们知道了有关变换的所有信息。由于变换标准基矢量的结果只是矩阵的行，[①] 因此可以将这些行解释为坐标空间的基矢量。

---

① 在本书中是行。如果你使用的是列矢量，那么它就是矩阵的列。

现在有一种简单的方法来获取任意矩阵并可视化矩阵所代表的变换类型。让看几个例子——首先是一个让我们热身的二维示例，然后是一个完整的三维示例。先来看以下 2×2 矩阵：

$$\mathbf{M} = \begin{bmatrix} 2 & 1 \\ -1 & 2 \end{bmatrix}$$

这个矩阵代表什么样的变换呢？首先，以下让我们从矩阵的行中提取基矢量 **p** 和 **q**：

$$\mathbf{p} = \begin{bmatrix} 2 & 1 \end{bmatrix};$$
$$\mathbf{q} = \begin{bmatrix} -1 & 2 \end{bmatrix}$$

图 4.1 显示了笛卡儿平面中的这些矢量，以及供参考的"原始"基矢量（也就是 x 轴和 y 轴）。

在图 4.1 中，将+x 基矢量变换为上面标记为 **p** 的矢量，并将+y 基矢量变换为标记为 **q** 的矢量。因此，在二维中可视化矩阵的一种方法是可视化由行矢量形成的 L 形状。在本示例中可以很容易地看到，由矩阵 **M** 表示的变换的一部分是大约 26.5°的逆时针旋转的。

当然，所有矢量都受到线性变换的影响，而不仅仅是基矢量。我们可以从 L 形中很好地了解这种变换的样子，通过完成由基矢量形成的二维平行四边形，可以进一步了解变换对其余矢量的影响，如图 4.2 所示。

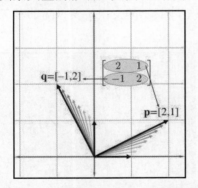 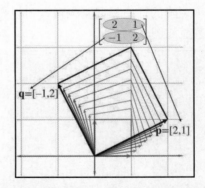

图 4.1　可视化二维变换矩阵的行矢量　　　图 4.2　由矩阵的行形成的二维平行四边形

在图 4.2 中形成的这个二维平行四边形也称为倾斜框（Skew Box）。在框内绘制一个对象也有助于可视化变换，如图 4.3 所示。

现在很明显，我们的示例矩阵 **M** 不仅可以旋转坐标空间，还可以对其进行缩放。

我们可以将用于可视化二维变换的技术扩展到三维中。在二维中，有两个形成 L 形状的基矢量，而在三维中，有 3 个基矢量，它们形成一个"三脚架"。首先，让我们在变换前显示一个物体。图 4.4 显示了一个茶壶、单位立方体和"单位"位置的基矢量。

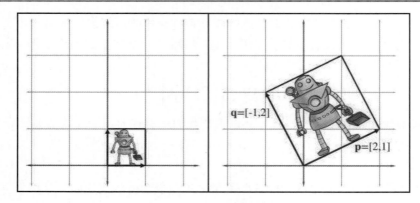

图 4.3　在框内绘制一个对象有助于可视化变换

在图 4.4 中，为了避免使示意图混乱，没有标记 +z 基矢量 [0, 0, 1]，它被茶壶和立方体部分遮挡住了。

现在考虑三维变换矩阵

$$\begin{bmatrix} 0.707 & -0.707 & 0 \\ 1.250 & 1.250 & 0 \\ 0 & 0 & 1 \end{bmatrix}$$

从该矩阵的行中提取基矢量，可以看到由该矩阵表示的变换。变换后的基矢量、立方体和茶壶如图 4.5 所示。

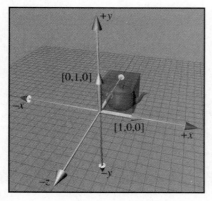

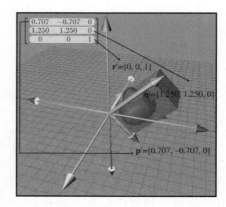

图 4.4　转换前的茶壶、单位立方体和基矢量　　图 4.5　变换后的茶壶、单位立方体和基矢量

从图 4.5 中可以看到，变换包括围绕 z 轴顺时针旋转 45° 以及使茶壶比原来 "更高" 的非均匀刻度。请注意，+z 基矢量不会因变换而改变，因为矩阵的第三行是[0, 0, 1]。

通过将矩阵的行解释为基矢量，我们有一个解构矩阵的工具。但我们也有一个构建矩阵的工具！给定期望的变换（即旋转、缩放等），我们可以导出表示该变换的矩阵。我们要做的就是弄清楚变换对基矢量的作用，然后将那些变换后的基矢量放入矩阵的行中。我们将在本书第 5 章中重复使用这个工具来导出矩阵，以执行基本的线性变换，如旋转、比例缩放、错切和反射等。

关于变换矩阵，你至少应该知道：矩阵并没有什么特别神奇的地方。一旦我们明白了，坐标最好被理解为基矢量的线性组合中的系数（参见第 3.3.3 节），我们就知道了进行变换时需要知道的所有数学。所以，从某个角度来看，矩阵只是一种简单的将某些事情写下来的方式。为什么要通过矩阵表示法来表示坐标空间的变换？有一个稍微不那么明显但更令人信服的理由是：利用线性代数中的大型通用工具集。例如，我们可以通过矩阵级联进行简单的变换，并推导出更复杂的变换。有关这方面的详细信息，请参考本书第 5.6 节。

在继续学习之前，不妨来回顾一下第 4.2 节中的关键概念。

提示：

- 方形矩阵的行可以解释为坐标空间的基矢量。
- 要将矢量从原始坐标空间变换到新坐标空间，可以将矢量乘以矩阵。
- 从原始坐标空间到由这些基矢量定义的坐标空间的变换是线性变换。线性变换将保留直线，平行线也将保持平行。但是，角度、长度、面积和体积等可能在变换后发生改变。
- 将零矢量乘以任何方形矩阵，得到的是零矢量。因此，由方形矩阵表示的线性变换将具有与原始坐标空间相同的原点，这意味着变换不包含平移。
- 我们可以通过可视化变换后坐标空间的基矢量来可视化矩阵。这些基矢量在二维中会形成 L 形，而在三维中形成的则是三脚架。使用倾斜框或辅助对象也有助于可视化。

4.3 线性代数的宏大图景

在第 2 章的开头，我们就已经开宗明义地说过，本书将只关注线性代数领域的一个小角落——矢量和矩阵的几何应用。现在已经介绍了一些基础的核心部分，那么接下来想谈一谈线性代数更大的图景以及我们的部分如何与之相关。

线性代数被发明用于操纵和求解线性方程组。例如，传统线性代数课程中的典型入门问题是求解以下形式的方程组：

$$-5x_1 + x_2 + x_3 = -10,$$
$$2x_1 + 2x_2 + 4x_3 = 12,$$
$$x_1 - 3x_3 = 9,$$

它的解是

$$x_1 = 3,$$
$$x_2 = 7,$$
$$x_3 = -2$$

发明矩阵表示法是为了避免枯燥地重复每个 x 和"="。例如，上面的方程组和求解结果可以更快地编写为以下形式：

$$\begin{bmatrix} -5 & 1 & 1 \\ 2 & 2 & 4 \\ 1 & 0 & -3 \end{bmatrix} \begin{bmatrix} x_1 \\ x_2 \\ x_3 \end{bmatrix} = \begin{bmatrix} -10 \\ 12 \\ 9 \end{bmatrix}$$

　　在视频游戏中，也许必须求解大型方程组的最直接和最明显的地方是物理引擎。强制非穿透（Nonpenetration）并满足用户请求的约束成为一个与动态物体的速度相关的方程组。然后，在每个模拟帧中解析该大型系统。[①] 传统线性代数方法出现的另一个常见地方是最小二乘近似（Least Squares Approximation）和其他数据拟合应用。

　　方程组可以出现在你不期望它们出现的地方。实际上，随着近半个世纪计算能力的大幅增加，线性代数的重要性日益凸显，因为先前既不是离散也不是线性的许多困难问题都是通过两种方法来近似的，例如有限元（Finite Element）方法。这种挑战发轫于知道如何将原始问题转化为矩阵问题，但最终的系统通常非常大，很难快速准确地解决。数值稳定性成为算法选择的一个因素。在实践中出现的矩阵不是充满了随机数字的盒子，相反，它们表达有组织的关系并有很多结构。巧妙地利用这种结构是实现速度和准确性的关键。应用中出现的结构类型的多样性解释了为什么关于线性代数，特别是数值线性代数的知识非常多。

　　本书将填补一项空白，那就是给读者提供几何直觉，这也是从事视频游戏编程的开发人员的看家本领。绝大多数线性代数教科书都没有谈到过这一点。但是，我们当然知道那里有一个更宏大的世界。虽然传统的线性代数和方程组在基本视频游戏编程中不起作用，但它们对许多高级领域而言都是必不可少的。考虑一些今天引发广泛议论的技术：流体、布料和头发模拟（以及渲染）；更强大的人物过程动画；实时全局照明；机器视觉；手势识别等。这些看似五花八门的技术都有一个共同点，那就是它们都涉及困难的

---

① 这个系统并不是等价的，但类似的原则是适用的。

线性代数问题。

要学习和理解线性代数和科学计算的宏大图景，推荐一个很好的资源，那就是 Gilbert Strang 教授的系列讲座，你可以从 ocw.mit.edu 的 MIT OpenCourseWare（麻省理工学院公开课）免费下载。他提供本科阶段基础线性代数课程以及计算科学和工程专业的研究生课程。他为他的班级编写的教科书（详见本书参考文献[67，68]）是针对工程师（而不是数学家）的并且让人心情愉快的读物，并且获得了推荐，但要注意他的写作风格是一种速记式的，所以，如果你没有听课，可能会遇到一些理解上的困难。

4.4　练　习

（答案见本书附录 B）

问题 1～3 使用以下矩阵：

$$\mathbf{A} = \begin{bmatrix} 13 & 4 & -8 \\ 12 & 0 & 6 \\ -3 & -1 & 5 \\ 10 & -2 & 5 \end{bmatrix} \quad \mathbf{B} = \begin{bmatrix} k_x & 0 & 0 \\ 0 & k_y & 0 \\ 0 & 0 & k_z \end{bmatrix} \quad \mathbf{C} = \begin{bmatrix} 15 & 8 \\ -7 & 3 \end{bmatrix}$$

$$\mathbf{D} = \begin{bmatrix} a & g \\ b & h \\ c & i \\ d & j \\ f & k \end{bmatrix} \quad \mathbf{E} = \begin{bmatrix} 0 & 1 & 3 \end{bmatrix} \quad \mathbf{F} = \begin{bmatrix} x \\ y \\ z \\ w \end{bmatrix}$$

$$\mathbf{G} = \begin{bmatrix} 10 & 20 & 30 & 1 \end{bmatrix} \quad \mathbf{H} = \begin{bmatrix} \alpha \\ \beta \\ \gamma \end{bmatrix}$$

1．对于每个矩阵，给出矩阵的维度并确定它是方形还是对角线矩阵。

2．转置每个矩阵。

3．找到可以合法相乘的所有可能的矩阵对，并给出最终乘积的维度。包括矩阵乘以其自身的"对"（提示：共有 14 对）。

4．计算以下矩阵乘积。如果不可能相乘，则结果为未定义。

(a) $\begin{bmatrix} 1 & -2 \\ 5 & 0 \end{bmatrix}\begin{bmatrix} -3 & 7 \\ 4 & 1/3 \end{bmatrix}$

(b) $\begin{bmatrix} 6 & -7 \\ -4 & 5 \end{bmatrix}\begin{bmatrix} 3 & 3 \end{bmatrix}$

（c）$[3 \ -1 \ 4]\begin{bmatrix} -2 & 0 & 3 \\ 5 & 7 & -6 \\ 1 & -4 & 2 \end{bmatrix}$

（d）$[x \ \ y \ \ z \ \ w]\begin{bmatrix} 1 & 0 & 0 & 0 \\ 0 & 1 & 0 & 0 \\ 0 & 0 & 1 & 0 \\ 0 & 0 & 0 & 1 \end{bmatrix}$

（e）$[7 \ -2 \ 7 \ 3]\begin{bmatrix} -5 \\ 1 \end{bmatrix}$

（f）$\begin{bmatrix} 1 & 0 \\ 0 & 1 \end{bmatrix}\begin{bmatrix} m_{11} & m_{12} \\ m_{21} & m_{22} \end{bmatrix}$

（g）$[3 \ \ 3]\begin{bmatrix} 6 & -7 \\ -4 & 5 \end{bmatrix}$

（h）$\begin{bmatrix} a_{11} & a_{12} & a_{13} \\ a_{21} & a_{22} & a_{23} \\ a_{31} & a_{32} & a_{33} \end{bmatrix}\begin{bmatrix} b_{11} & b_{12} & b_{13} \\ b_{21} & b_{22} & b_{23} \end{bmatrix}$

5．对于以下每个矩阵，在左侧乘以行矢量[5, −1, 2]，然后考虑在右侧乘以列矢量 [5, −1, 2]^{T} 将给出相同还是不同的结果。最后，执行此乘法以确认或修正你的预计。

（a）$\begin{bmatrix} 1 & 0 & 0 \\ 0 & 1 & 0 \\ 0 & 0 & 1 \end{bmatrix}$

（b）$\begin{bmatrix} 2 & 5 & -3 \\ 1 & 7 & 1 \\ -2 & -1 & 4 \end{bmatrix}$

（c）$\begin{bmatrix} 1 & 7 & 2 \\ 7 & 0 & -3 \\ 2 & -3 & -1 \end{bmatrix}$

以下是一个对称矩阵（Symmetric Matrix）的示例。如果 $\mathbf{A}^{\mathrm{T}} = \mathbf{A}$，则称该方形矩阵是对称的。

（d）$\begin{bmatrix} 0 & -4 & 3 \\ 4 & 0 & -1 \\ -3 & 1 & 0 \end{bmatrix}$

这是一个斜对称矩阵（Skew Symmetric Matrix）或反对称矩阵（Antisymmetric Matrix）的示例。如果 $\mathbf{A}^T = -\mathbf{A}$，则方形矩阵是对称的。这意味着斜对称矩阵的对角元素必须为 0。

6. 操作以下矩阵表达式以删除括号。

(a) $\left(\left(\mathbf{A}^T\right)^T\right)^T$

(b) $\left(\mathbf{B}\mathbf{A}^T\right)^T\left(\mathbf{C}\mathbf{D}^T\right)$

(c) $\left(\left(\mathbf{D}^T\mathbf{C}^T\right)\left(\mathbf{A}\mathbf{B}^T\right)\right)^T$

(d) $\left(\left(\mathbf{A}\mathbf{B}\right)^T\left(\mathbf{C}\mathbf{D}\mathbf{E}\right)^T\right)^T$

7. 描述由以下每个矩阵表示的变换 $\mathbf{aM} = \mathbf{b}$。

(a) $\mathbf{M} = \begin{bmatrix} 0 & -1 \\ 1 & 0 \end{bmatrix}$

(b) $\mathbf{M} = \begin{bmatrix} \dfrac{\sqrt{2}}{2} & \dfrac{\sqrt{2}}{2} \\ -\dfrac{\sqrt{2}}{2} & \dfrac{\sqrt{2}}{2} \end{bmatrix}$

(c) $\mathbf{M} = \begin{bmatrix} 2 & 0 \\ 0 & 2 \end{bmatrix}$

(d) $\mathbf{M} = \begin{bmatrix} 4 & 0 \\ 0 & 7 \end{bmatrix}$

(e) $\mathbf{M} = \begin{bmatrix} -1 & 0 \\ 0 & 1 \end{bmatrix}$

(f) $\mathbf{M} = \begin{bmatrix} 0 & -2 \\ 2 & 0 \end{bmatrix}$

8. 对于三维行矢量 $\mathbf{a}$ 和 $\mathbf{b}$，构造一个 3×3 矩阵 $\mathbf{M}$，使得 $\mathbf{a} \times \mathbf{b} = \mathbf{aM}$。也就是说，对于某些矩阵 $\mathbf{M}$ 而言，$\mathbf{a}$ 和 $\mathbf{b}$ 的叉积可以表示为矩阵乘积 $\mathbf{aM}$。

（提示：该矩阵将是斜对称的）

9. 将以下每个示意图（1～4）与其相应的变换（a～d）相匹配。

(a) $\begin{bmatrix} 1 & 0 \\ 0 & -1 \end{bmatrix}$

（b）$\begin{bmatrix} 2.5 & 0 \\ 0 & 2.5 \end{bmatrix}$

（c）$\begin{bmatrix} -\dfrac{\sqrt{2}}{2} & -\dfrac{\sqrt{2}}{2} \\ -\dfrac{\sqrt{2}}{2} & \dfrac{\sqrt{2}}{2} \end{bmatrix}$

（d）$\begin{bmatrix} 1.5 & 0 \\ 0 & 2.0 \end{bmatrix}$

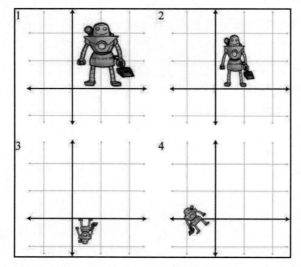

10．给定一个 10×1 列矢量 **v**，创建一个矩阵 **M**，当它乘以 **v** 时，产生一个 10×1 列矢量 **w**，使得

$$w_i = \begin{cases} v_1 & \text{if } i = 1, \\ v_i - v_{i-1} & \text{if } i > 1 \end{cases}$$

当某些连续函数被离散化时，会出现上面这种形式的矩阵。该一阶差分矩阵（First Difference Matrix）的乘法是连续微分的离散等价物（如果还没有学习过微积分，则可以参考本书第 11 章讨论的差分主题）。

11．给定一个 10×1 列矢量 **v**，创建一个矩阵 **N**，当它乘以 **v** 时，产生一个 10×1 列矢量 **w**，使得

$$w_i = \sum_{j=1}^{i} v_j$$

　　换句话说，每个元素成为该元素和所有先前元素的总和。

　　上面这个矩阵将执行与离散等价的积分（Integration），正如你可能已经知道的那样（在阅读完第 11 章之后肯定会知道），它是微分的逆运算。

　　12．考虑 **M** 和 **N**，即习题 10 和习题 11 的矩阵。

　　（a）讨论你对积分 **MN** 的预计结果。

　　（b）讨论你对积分 **NM** 的预计结果。

　　（c）计算 **MN** 和 **NM**。看一看你所预计的结果是否正确。

　　教养是要掌握所有可能的想法，这意味着他已经处变不惊，当然他仍然会有自己的道德审美偏好。

——Oliver Wendell Holmes（1809—1894）

第 5 章　矩阵和线性变换

变形的时候到了！

——少儿动漫 *Super WHY*

第 4 章研究了矩阵的一些基本数学特性。它还可以培养读者对矩阵及其与坐标空间变换的一般性关系的几何理解。本章将继续对变换的研究。

更具体地说，本章将讨论使用 3×3 矩阵在三维中表达线性变换（Linear Transformation）。本章的末尾给出了一个更正式的线性变换定义，但是目前，我们可以回忆一下第 4.2 节中关于线性变换的非正式介绍，线性变换的一个重要特性是它们不包含平移。包含平移的变换称为仿射变换（Affine Transformation）。三维中的仿射变换不能使用 3×3 矩阵来实现。本书将在第 5.7.2 节给出仿射变换的正式定义，而将在第 6.4 节给出使用 4×4 矩阵来表示仿射变换的具体方法。

本章将讨论通过矩阵实现线性变换。它大致分为两部分。第一部分包括第 5.1 节～第 5.5 节，将采用前面章节中介绍的基本工具来推导旋转、比例缩放、正交投影、反射和错切的原始线性变换的矩阵。对于每种变换类型，均给出了二维和三维的例子和公式。我们将重复使用相同的策略：确定作为变换结果的标准基矢量会发生什么，然后将这些变换的基矢量放入矩阵的行中。请注意，这些讨论假定了一个主动变换模式：在坐标空间保持静止时变换对象。你应该还记得，在本书第 3.3.1 节中已经介绍过，可以通过相反的量变换对象来有效地执行被动变换（对象保持静止，变换的是坐标空间）。

本章的很多内容都充满了看似凌乱的方程式和细节，所以你可能想跳过它——但是，请不要这样做！因为这里面有许多重要的、容易消化理解的原则与一些忘记也没关系的细节交织在一起。我们认为，能够理解如何推导出各种变换矩阵非常重要，因此原则上你可以从头开始自己推导出它们。笔者建议读者牢记本章中的高级原则，不要过于陷入细节。阅读完本书后，本书不会自毁，所以当你需要特定的公式时，还可以把这本书拿出来参考一下。

本章的第二部分回到了变换的一般性原则。第 5.6 节将展示如何通过使用矩阵乘法来组合原始变换序列以形成更复杂的变换；第 5.7 节则讨论各种有趣的变换类别，包括线性、仿射、可逆、角度保持、正交和刚体变换。

5.1　旋　转

前文已经看到了旋转矩阵的一般性示例。现在开发一个更严格的定义。首先，第 5.1.1 节将介绍在二维中旋转的情况；其次，第 5.1.2 节将显示如何绕主轴旋转；最后，第 5.1.3 节将解决三维中绕任意轴旋转的最一般情况。

5.1.1　在二维中的旋转

在二维中，我们实际上只能进行一种旋转：围绕一个点旋转。本章讨论的是线性变换，它不包含平移，因此将讨论范围进一步限制为关于原点的旋转。围绕原点的二维旋转仅具有一个参数，即角度 θ，它将定义旋转量。大多数数学书籍中的标准惯例是考虑逆时针旋转正向和顺时针旋转负向（当然，在不同的情况下可以有不同的惯例，以适合为标准）。图 5.1 显示了基矢量 **p** 和 **q** 如何围绕原点旋转，从而产生新的基矢量 **p′** 和 **q′**。

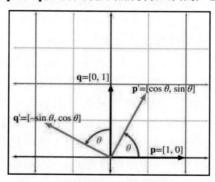

图 5.1　在二维中围绕原点旋转

现在我们知道旋转后基矢量的值，即可构建以下矩阵：

二维旋转矩阵
$$\mathbf{R}(\theta) = \begin{bmatrix} -\mathbf{p}'- \\ -\mathbf{q}'- \end{bmatrix} = \begin{bmatrix} \cos\theta & \sin\theta \\ -\sin\theta & \cos\theta \end{bmatrix}$$

5.1.2　围绕主轴的三维旋转

在三维中，旋转发生在一个轴而不是一个点上，术语轴（Axis）呈现出它更常见的含义：它是一条线，有些东西绕着它转动。旋转轴不一定必须是基本的 x、y 或 z 轴之一，但这些特殊情况正是本节要考虑的情况。同样，我们不会在本章中考虑平移，因此将讨论限制为围绕穿过原点的轴的旋转。在任何情况下，我们都需要确定哪个旋转方向被认为是"正"向的，哪个旋转方向被认为是"负"向的。我们将遵守左手规则。如果忘记了此规则，请返回阅读本书第 1.3.3 节。

让我们从围绕 x 轴的旋转开始，如图 5.2 所示。从旋转的基矢量构造矩阵，可得

围绕 x 轴旋转的三维矩阵
$$\mathbf{R}_x(\theta) = \begin{bmatrix} -\mathbf{p}'- \\ -\mathbf{q}'- \\ -\mathbf{r}'- \end{bmatrix} = \begin{bmatrix} 1 & 0 & 0 \\ 0 & \cos\theta & \sin\theta \\ 0 & -\sin\theta & \cos\theta \end{bmatrix}$$

围绕 y 轴的旋转是类似的（见图 5.3）。围绕 y 轴旋转的矩阵如下：

围绕 y 轴旋转的三维矩阵
$$\mathbf{R}_y(\theta) = \begin{bmatrix} -\mathbf{p}'- \\ -\mathbf{q}'- \\ -\mathbf{r}'- \end{bmatrix} = \begin{bmatrix} \cos\theta & 0 & -\sin\theta \\ 0 & 1 & 0 \\ \sin\theta & 0 & \cos\theta \end{bmatrix}$$

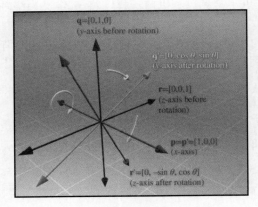

图 5.2　在三维中围绕 x 轴旋转

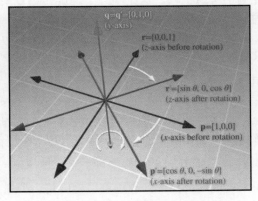

图 5.3　在三维中围绕 y 轴旋转

最后，使用以下矩阵即可完成围绕 z 轴的旋转（见图 5.4）。

围绕 z 轴旋转的三维矩阵
$$\mathbf{R}_z(\theta) = \begin{bmatrix} -\mathbf{p}'- \\ -\mathbf{q}'- \\ -\mathbf{r}'- \end{bmatrix} = \begin{bmatrix} \cos\theta & \sin\theta & 0 \\ -\sin\theta & \cos\theta & 0 \\ 0 & 0 & 1 \end{bmatrix}$$

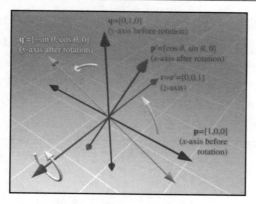

图 5.4　在三维中围绕 z 轴旋转

请注意，虽然本节中的数字使用左手惯例，但由于用于定义正旋转方向的惯例，矩阵在左手或右手坐标系中均可正常工作。你可以通过查看镜子中的图形来直观地验证这一点。

5.1.3　围绕任意轴的三维旋转

毫无疑问，也可以在三维中围绕任意轴旋转，当然，前提是该轴要穿过原点，因为此刻不考虑平移。这比围绕主轴旋转更复杂且更不常见。和以前一样，将 θ 定义为绕轴的旋转量。轴将由单位矢量 $\hat{\mathbf{n}}$ 定义。

让我们推导出一个围绕 $\hat{\mathbf{n}}$ 旋转角度 θ 的矩阵。换句话说，我们希望推导出矩阵 $\mathbf{R}(\hat{\mathbf{n}}, \theta)$，使得当将矢量 $\mathbf{v}$ 乘以 $\mathbf{R}(\hat{\mathbf{n}}, \theta)$ 时，得到的矢量 $\mathbf{v}'$ 是将 $\mathbf{v}$ 围绕 $\hat{\mathbf{n}}$ 旋转角度 θ 的以下结果：

$$\mathbf{v}' = \mathbf{v}\,\mathbf{R}(\hat{\mathbf{n}}, \theta)$$

为了得到矩阵 $\mathbf{R}(\hat{\mathbf{n}}, \theta)$，首先看一看是否可以用 $\mathbf{v}$、$\hat{\mathbf{n}}$ 和 θ 来表达 $\mathbf{v}'$。其基本思路是解决垂直于 $\hat{\mathbf{n}}$ 的平面中的问题，这是一个更简单的二维问题。为此，将 $\mathbf{v}$ 分成两个矢量 $\mathbf{v}_{\parallel}$ 和 $\mathbf{v}_{\perp}$，它们分别平行和垂直于 $\hat{\mathbf{n}}$，使得 $\mathbf{v} = \mathbf{v}_{\parallel} + \mathbf{v}_{\perp}$（在第 2.11.2 节中学习了如何使用点积来实现这一点）。通过单独旋转每个分量，可以将矢量作为一个整体旋转。换句话说，$\mathbf{v}' = \mathbf{v}'_{\parallel} + \mathbf{v}'_{\perp}$。

由于 $\mathbf{v}_{\parallel}$ 与 $\hat{\mathbf{n}}$ 平行，因此它不会受到围绕 $\hat{\mathbf{n}}$ 旋转的影响。换句话说，$\mathbf{v}'_{\parallel} = \mathbf{v}_{\parallel}$。所以需要做的就是计算 $\mathbf{v}'_{\perp}$，然后得到 $\mathbf{v}' = \mathbf{v}_{\parallel} + \mathbf{v}'_{\perp}$。为了计算 $\mathbf{v}'_{\perp}$，可以构造矢量 $\mathbf{v}_{\parallel}$、$\mathbf{v}_{\perp}$ 和中间矢量 $\mathbf{w}$，具体如下所述：

❑　矢量 $\mathbf{v}_{\parallel}$ 是 $\mathbf{v}$ 的与 $\hat{\mathbf{n}}$ 平行的部分。另一种说法是，$\mathbf{v}_{\parallel}$ 是投影到 $\hat{\mathbf{n}}$ 上的 $\mathbf{v}$ 的值。从第 2.11.2 节可知，$\mathbf{v}_{\parallel} = (\mathbf{v} \cdot \hat{\mathbf{n}})\hat{\mathbf{n}}$。

- ❑ 矢量 $\mathbf{v}_\perp$ 是 $\mathbf{v}$ 的与 $\hat{\mathbf{n}}$ 垂直的部分。由于 $\mathbf{v} = \mathbf{v}_\parallel + \mathbf{v}_\perp$，$\mathbf{v}_\perp$ 可以通过 $\mathbf{v} - \mathbf{v}_\parallel$ 计算。$\mathbf{v}_\perp$ 是将 $\mathbf{v}$ 投影到垂直于 $\hat{\mathbf{n}}$ 的平面上的结果。

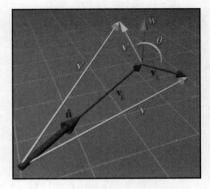

- ❑ 矢量 $\mathbf{w}$ 与 $\mathbf{v}_\parallel$ 和 $\mathbf{v}_\perp$ 相互垂直，并且长度与 $\mathbf{v}_\perp$ 相同。它可以通过围绕 $\hat{\mathbf{n}}$ 旋转 $\mathbf{v}_\perp$ 为 $90°$ 左右来构造，因此看到它的值很容易通过 $\mathbf{w} = \hat{\mathbf{n}} \times \mathbf{v}_\perp$ 来计算。

这些矢量如图 5.5 所示。

图 5.5　围绕任意轴旋转矢量

这些矢量如何帮助我们计算 $\mathbf{v}'_\perp$ 呢？请注意，$\mathbf{w}$ 和 $\mathbf{v}_\perp$ 形成了一个二维坐标空间，其中，$\mathbf{v}_\perp$ 作为 "x 轴"，而 $\mathbf{w}$ 作为 "y 轴"（注意，$\mathbf{v}_\perp$ 和 $\mathbf{w}$ 这两个矢量并不一定需要具有单位长度）。

$\mathbf{v}'_\perp$ 是在这个平面上按角度 θ 旋转 $\mathbf{v}_\perp$ 的结果。请注意，这几乎与将角度旋转到标准位置相同。第 1.4.4 节已经证明，旋转了角度 θ 的单位线条的端点是 $\cos\theta$ 和 $\sin\theta$。这里唯一的区别是，线条不是单位线条，并且使用了 $\mathbf{v}_\perp$ 和 $\mathbf{w}$ 作为基矢量。因此，$\mathbf{v}'_\perp$ 可以计算为

$$\mathbf{v}'_\perp = \cos\theta\,\mathbf{v}_\perp + \sin\theta\,\mathbf{w}$$

现在来总结一下计算出的以下矢量：

$$\begin{aligned}
\mathbf{v}_\parallel &= (\mathbf{v} \cdot \hat{\mathbf{n}})\,\hat{\mathbf{n}}, \\
\mathbf{v}_\perp &= \mathbf{v} - \mathbf{v}_\parallel \\
&= \mathbf{v} - (\mathbf{v} \cdot \hat{\mathbf{n}})\,\hat{\mathbf{n}}, \\
\mathbf{w} &= \hat{\mathbf{n}} \times \mathbf{v}_\perp \\
&= \hat{\mathbf{n}} \times (\mathbf{v} - \mathbf{v}_\parallel) \\
&= \hat{\mathbf{n}} \times \mathbf{v} - \hat{\mathbf{n}} \times \mathbf{v}_\parallel \\
&= \hat{\mathbf{n}} \times \mathbf{v} - \mathbf{0} \\
&= \hat{\mathbf{n}} \times \mathbf{v}, \\
\mathbf{v}'_\perp &= \cos\theta\,\mathbf{v}_\perp + \sin\theta\,\mathbf{w} \\
&= \cos\theta\,(\mathbf{v} - (\mathbf{v} \cdot \hat{\mathbf{n}})\,,\hat{\mathbf{n}}) + \sin\theta\,(\hat{\mathbf{n}} \times \mathbf{v})
\end{aligned}$$

代入 $\mathbf{v}'$，可得

$$\begin{aligned}
\mathbf{v}' &= \mathbf{v}'_\perp + \mathbf{v}_\parallel \\
&= \cos\theta\,(\mathbf{v} - (\mathbf{v} \cdot \hat{\mathbf{n}})\,\hat{\mathbf{n}}) + \sin\theta\,(\hat{\mathbf{n}} \times \mathbf{v}) + (\mathbf{v} \cdot \hat{\mathbf{n}})\,\hat{\mathbf{n}}
\end{aligned} \qquad (5.1)$$

式（5.1）允许围绕任意轴旋转任意矢量。可以使用这个公式执行任意旋转变换，所以，从某种意义上说已经完成了——剩下的算术基本上是将式（5.1）表示为矩阵乘积的符号

变化。

现在已经用 **v**、**n̂** 和 θ 来表示 **v'**，接下来可以计算转换后的基矢量并构造矩阵（在这里只是提供结果，有兴趣了解步骤的读者可以查看习题 2.24）：

$$\mathbf{p} = \begin{bmatrix} 1 & 0 & 0 \end{bmatrix}, \qquad \mathbf{p'} = \begin{bmatrix} n_x{}^2\left(1-\cos\theta\right) + \cos\theta \\ n_x n_y\left(1-\cos\theta\right) + n_z\sin\theta \\ n_x n_z\left(1-\cos\theta\right) - n_y\sin\theta \end{bmatrix}^{\mathrm{T}},$$

$$\mathbf{q} = \begin{bmatrix} 0 & 1 & 0 \end{bmatrix}, \qquad \mathbf{q'} = \begin{bmatrix} n_x n_y\left(1-\cos\theta\right) - n_z\sin\theta \\ n_y{}^2\left(1-\cos\theta\right) + \cos\theta \\ n_y n_z\left(1-\cos\theta\right) + n_x\sin\theta \end{bmatrix}^{\mathrm{T}},$$

$$\mathbf{r} = \begin{bmatrix} 0 & 0 & 1 \end{bmatrix}, \qquad \mathbf{r'} = \begin{bmatrix} n_x n_z\left(1-\cos\theta\right) + n_y\sin\theta \\ n_y n_z\left(1-\cos\theta\right) - n_x\sin\theta \\ n_z{}^2\left(1-\cos\theta\right) + \cos\theta \end{bmatrix}^{\mathrm{T}}$$

请注意，**p'**、**q'** 和 **r'** 实际上是行矢量，我们只是将它们写为转置列矢量的形式以适合页面排版。

从这些基矢量构造矩阵，可得

围绕任意轴旋转的三维矩阵

$$\mathbf{R}(\hat{\mathbf{n}}, \theta) = \begin{bmatrix} -\mathbf{p'}- \\ -\mathbf{q'}- \\ -\mathbf{r'}- \end{bmatrix}$$

$$= \begin{bmatrix} n_x{}^2\left(1-\cos\theta\right) + \cos\theta & n_x n_y\left(1-\cos\theta\right) + n_z\sin\theta & n_x n_z\left(1-\cos\theta\right) - n_y\sin\theta \\ n_x n_y\left(1-\cos\theta\right) - n_z\sin\theta & n_y{}^2\left(1-\cos\theta\right) + \cos\theta & n_y n_z\left(1-\cos\theta\right) + n_x\sin\theta \\ n_x n_z\left(1-\cos\theta\right) + n_y\sin\theta & n_y n_z\left(1-\cos\theta\right) - n_x\sin\theta & n_z{}^2\left(1-\cos\theta\right) + \cos\theta \end{bmatrix}$$

5.2　缩　　放

我们可以缩放一个对象，使其按比例增大或减小一个 k 的因子。如果将这个比例应用于整个对象，则可以基于原点"扩展"对象。我们要执行的是均匀缩放（Uniform Scale）。均匀缩放的意思是保留角度和比例：长度统一增加或减少一个 k 的因子；面积增加或减小一个 k^2 的因子；体积（在三维中）增加或减少一个 k^3 的因子。

如果希望"拉伸"或"挤压"对象，则可以在不同的方向上应用不同的比例因子，这样会导致不均匀缩放（Nonuniform Scale）。不均匀缩放将不会保留角度；而长度、面积和体积等则会根据相对于比例方向而发生变化的因子来进行调整。具体如下：

❑　　如果 $|k| < 1$，则对象在那个方向会变得"更短"。

- ❑　如果 $|k| > 1$，则对象在那个方向会变得"更长"。
- ❑　如果 $k = 0$，那么将获得一个正交投影（Orthographic Projection），这在第 5.3 节中将会讨论。
- ❑　如果 $k < 0$，那么将获得一个反射的结果，这在第 5.4 节中将会涉及。
- ❑　在本节的其余部分中，假设 $k > 0$。

第 5.2.1 节将从简单的沿主轴缩放的情况开始；第 5.2.2 节将扩展到一般性情况，即沿着任意轴缩放。

5.2.1　沿主轴缩放

最简单的缩放操作是沿每个轴线应用单独的比例因子。沿着轴的缩放将围绕垂直轴（在二维中）或平面（在三维中）应用。如果所有轴的比例因子相等，则执行的是均匀缩放；否则它就是不均匀缩放。

在二维中，有两个比例因子：k_x 和 k_y。图 5.6 显示了使用 k_x 和 k_y 的各种不同比例因子缩放的一个二维对象。

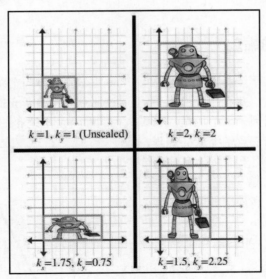

图 5.6　使用 k_x 和 k_y 的各种不同比例因子缩放的一个二维对象

从直观上看，基矢量 $\mathbf{p}$ 和 $\mathbf{q}$ 独立地受相应比例因子的影响，具体如下：

$$
\begin{aligned}
\mathbf{p}' &= k_x \mathbf{p} = k_x \begin{bmatrix} 1 & 0 \end{bmatrix} = \begin{bmatrix} k_x & 0 \end{bmatrix}, \\
\mathbf{q}' &= k_y \mathbf{q} = k_y \begin{bmatrix} 0 & 1 \end{bmatrix} = \begin{bmatrix} 0 & k_y \end{bmatrix}
\end{aligned}
$$

从这些基矢量构造二维缩放矩阵 $\mathbf{S}(k_x, k_y)$，可得

围绕主轴缩放的二维矩阵
$\mathbf{S}(k_x, k_y) = \begin{bmatrix} -\mathbf{p}'- \\ -\mathbf{q}'- \end{bmatrix} = \begin{bmatrix} k_x & 0 \\ 0 & k_y \end{bmatrix}$

对于三维来说，可以添加第三个比例因子 k_z，然后按下式给出三维缩放矩阵：

围绕主轴缩放的三维矩阵
$\mathbf{S}(k_x, k_y, k_z) = \begin{bmatrix} k_x & 0 & 0 \\ 0 & k_y & 0 \\ 0 & 0 & k_z \end{bmatrix}$

如果将任意矢量乘以上述三维矩阵，那么，正如预期的那样，每个分量都将按适当的比例因子进行缩放，具体如下：

$$\begin{bmatrix} x & y & z \end{bmatrix} \begin{bmatrix} k_x & 0 & 0 \\ 0 & k_y & 0 \\ 0 & 0 & k_z \end{bmatrix} = \begin{bmatrix} k_x x & k_y y & k_z z \end{bmatrix}$$

5.2.2　任意方向的缩放

我们可以应用独立于坐标系统的缩放，方法是在任意方向上缩放。将 $\hat{\mathbf{n}}$ 定义为平行于缩放方向的单位矢量，并且 k 是要应用于通过原点并垂直于 $\hat{\mathbf{n}}$ 的线（在二维中）或平面（在三维中）的比例因子。缩放是沿着 $\hat{\mathbf{n}}$ 执行，而不是围绕 $\hat{\mathbf{n}}$。

为了推导出一个沿任意轴缩放的矩阵，将使用类似于第 5.1.3 节中用于围绕任意轴旋转的方法。先推导出一个表达式，给定一个任意矢量 $\mathbf{v}$，用 $\mathbf{v}$、$\hat{\mathbf{n}}$ 和 k 计算 $\mathbf{v}'$。和前面的方法一样，将 $\mathbf{v}$ 分成两个值，即 $\mathbf{v}_{\parallel}$ 和 $\mathbf{v}_{\perp}$，它们分别平行和垂直于 $\hat{\mathbf{n}}$，使得 $\mathbf{v} = \mathbf{v}_{\parallel} + \mathbf{v}_{\perp}$。平行部分 $\mathbf{v}_{\parallel}$ 是 $\mathbf{v}$ 在 $\hat{\mathbf{n}}$ 上的投影。由第 2.11.2 节可知，$\mathbf{v}_{\parallel} = (\mathbf{v} \cdot \hat{\mathbf{n}})\hat{\mathbf{n}}$。由于 $\mathbf{v}_{\perp}$ 垂直于 $\hat{\mathbf{n}}$，它不受缩放操作的影响，因此 $\mathbf{v}' = \mathbf{v}'_{\parallel} + \mathbf{v}'_{\perp}$，剩下要做的就是计算 $\mathbf{v}'_{\parallel}$ 的值。由于 $\mathbf{v}_{\parallel}$ 平行于缩放的方向，因此 $\mathbf{v}'_{\parallel}$ 可以很简单地由 $k\mathbf{v}_{\parallel}$ 给出，如图 5.7 所示。

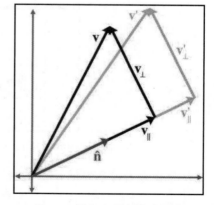

图 5.7　沿任意方向缩放矢量

至此，总结已知的矢量并代入可得

$$\mathbf{v} = \mathbf{v}_{\parallel} + \mathbf{v}_{\perp},$$

$$\mathbf{v}_{\parallel} = (\mathbf{v} \cdot \hat{\mathbf{n}})\,\hat{\mathbf{n}},$$

$$\begin{aligned}
\mathbf{v}'_{\perp} &= \mathbf{v}_{\perp}\\
&= \mathbf{v} - \mathbf{v}_{\parallel}\\
&= \mathbf{v} - (\mathbf{v} \cdot \hat{\mathbf{n}})\,\hat{\mathbf{n}},
\end{aligned}$$

$$\begin{aligned}
\mathbf{v}'_{\parallel} &= k\mathbf{v}_{\parallel}\\
&= k\,(\mathbf{v} \cdot \hat{\mathbf{n}})\,\hat{\mathbf{n}},
\end{aligned}$$

$$\begin{aligned}
\mathbf{v}' &= \mathbf{v}'_{\perp} + \mathbf{v}'_{\parallel}\\
&= \mathbf{v} - (\mathbf{v} \cdot \hat{\mathbf{n}})\,\hat{\mathbf{n}} + k\,(\mathbf{v} \cdot \hat{\mathbf{n}})\,\hat{\mathbf{n}}\\
&= \mathbf{v} + (k-1)\,(\mathbf{v} \cdot \hat{\mathbf{n}})\,\hat{\mathbf{n}}
\end{aligned}$$

现在已经知道如何缩放任意矢量，则可以计算出缩放后的基矢量的值。在推导出第一个二维基矢量之后，另一个基矢量也是相似的，所以这里只给出结果（请注意，在下面的公式中使用了严格的列矢量样式，以使公式格式在页面上获得良好的排版效果），具体如下：

$$\mathbf{p} = \begin{bmatrix} 1 & 0 \end{bmatrix},$$

$$\mathbf{p}' = \mathbf{p} + (k-1)\,(\mathbf{p} \cdot \hat{\mathbf{n}})\,\hat{\mathbf{n}} = \begin{bmatrix} 1 \\ 0 \end{bmatrix} + (k-1)\left(\begin{bmatrix} 1 \\ 0 \end{bmatrix} \cdot \begin{bmatrix} n_x \\ n_y \end{bmatrix} \right) \begin{bmatrix} n_x \\ n_y \end{bmatrix}$$

$$= \begin{bmatrix} 1 \\ 0 \end{bmatrix} + (k-1)\,n_x \begin{bmatrix} n_x \\ n_y \end{bmatrix} = \begin{bmatrix} 1 \\ 0 \end{bmatrix} + \begin{bmatrix} (k-1)\,{n_x}^2 \\ (k-1)\,n_x n_y \end{bmatrix}$$

$$= \begin{bmatrix} 1 + (k-1)\,{n_x}^2 \\ (k-1)\,n_x n_y \end{bmatrix},$$

$$\mathbf{q} = \begin{bmatrix} 0 & 1 \end{bmatrix},$$

$$\mathbf{q}' = \begin{bmatrix} (k-1)\,n_x n_y \\ 1 + (k-1)\,{n_y}^2 \end{bmatrix}$$

从基矢量形成矩阵，即可得到一个二维矩阵，该矩阵将在由单位矢量 $\hat{\mathbf{n}}$ 指定的任意方向上按 k 的因子缩放：

在任意方向上缩放的二维矩阵
$$\mathbf{S}(\hat{\mathbf{n}}, k) = \begin{bmatrix} -\mathbf{p}'- \\ -\mathbf{q}'- \end{bmatrix} = \begin{bmatrix} 1 + (k-1)\,{n_x}^2 & (k-1)\,n_x n_y \\ (k-1)\,n_x n_y & 1 + (k-1)\,{n_y}^2 \end{bmatrix}$$

在三维中，基矢量的值可以按以下方式计算：

$$\mathbf{p} = \begin{bmatrix} 1 & 0 & 0 \end{bmatrix}, \qquad \mathbf{p}' = \begin{bmatrix} 1 + (k-1)\,n_x{}^2 \\ (k-1)\,n_x n_y \\ (k-1)\,n_x n_z \end{bmatrix}^{\mathrm{T}},$$

$$\mathbf{q} = \begin{bmatrix} 0 & 1 & 0 \end{bmatrix}, \qquad \mathbf{q}' = \begin{bmatrix} (k-1)\,n_x n_y \\ 1 + (k-1)\,n_y{}^2 \\ (k-1)\,n_y n_z \end{bmatrix}^{\mathrm{T}},$$

$$\mathbf{r} = \begin{bmatrix} 0 & 0 & 1 \end{bmatrix}, \qquad \mathbf{r}' = \begin{bmatrix} (k-1)\,n_x n_z \\ (k-1)\,n_y n_z \\ 1 + (k-1)\,n_z{}^2 \end{bmatrix}^{\mathrm{T}}.$$

只要做到这一步，就可以逐步完成习题 2.23 中的推导。如果你对此有所怀疑的话，不妨自己试一试。

最后，可以按以下方式产生一个三维矩阵，该矩阵将在由单位矢量 $\hat{\mathbf{n}}$ 指定的任意方向上按 k 的因子缩放：

在任意方向上缩放的三维矩阵
$$\mathbf{S}(\hat{\mathbf{n}}, k) = \begin{bmatrix} -\mathbf{p}'- \\ -\mathbf{q}'- \\ -\mathbf{r}'- \end{bmatrix}$$ $$= \begin{bmatrix} 1 + (k-1)\,n_x{}^2 & (k-1)\,n_x n_y & (k-1)\,n_x n_z \\ (k-1)\,n_x n_y & 1 + (k-1)\,n_y{}^2 & (k-1)\,n_y n_z \\ (k-1)\,n_x n_z & (k-1)\,n_y n_z & 1 + (k-1)\,n_z{}^2 \end{bmatrix}$$

5.3　正　交　投　影

一般来说，术语投影（Projection）指的是任何降维操作。正如在第 5.2 节中讨论的那样，我们可以实现投影的一种方法是在一个方向上使用零比例因子。在这种情况下，所有点都被扁平化或投影到垂直轴（在二维中）或平面（在三维中）上。这种类型的投影是正交投影（Orthographic Projection），也称为平行投影（Parallel Projection），因为从原始点到其投影对应物的线是平行的。在第 6.5 节中还将介绍另一种投影，即透视投影（Perspective Projection）。

在第 5.3.1 节中将讨论在主轴或平面上的正交投影，然后在第 5.3.2 节中将讨论一般性的情况。

5.3.1　投影到主轴或主平面上

当将三维对象投影到主轴（在二维中）或主平面（在三维中）上时，会发生最简单的投影。图 5.8 显示了关于将三维对象投影到主平面上的结果。

图 5.8　将三维对象投影到主平面上

在主轴或平面上的投影往往不是通过实际变换发生的，而是通过简单地丢弃其中一个坐标，同时将数据指定给较小维度的变量而进行的。例如，我们可以通过丢弃点的 z 分量并仅复制 x 和 y 来将三维对象转换为二维对象。

但是，我们也可以通过在垂直轴上使用零刻度值投影到主轴或主平面上。为完整起见，下面提出了这些变换的矩阵。

投影到主轴（在二维中）上的矩阵如下：

投影到主轴上
$$\mathbf{P}_x = \mathbf{S}\left([0 \quad 1], 0\right) = \begin{bmatrix} 1 & 0 \\ 0 & 0 \end{bmatrix},$$
$$\mathbf{P}_y = \mathbf{S}\left([1 \quad 0], 0\right) = \begin{bmatrix} 0 & 0 \\ 0 & 1 \end{bmatrix}$$

投影到主平面（在三维中）上的矩阵如下：

投影到主平面上
$$\mathbf{P}_{xy} = \mathbf{S}\left(\begin{bmatrix} 0 & 0 & 1 \end{bmatrix}, 0\right) = \begin{bmatrix} 1 & 0 & 0 \\ 0 & 1 & 0 \\ 0 & 0 & 0 \end{bmatrix},$$
$$\mathbf{P}_{xz} = \mathbf{S}\left(\begin{bmatrix} 0 & 1 & 0 \end{bmatrix}, 0\right) = \begin{bmatrix} 1 & 0 & 0 \\ 0 & 0 & 0 \\ 0 & 0 & 1 \end{bmatrix},$$
$$\mathbf{P}_{yz} = \mathbf{S}\left(\begin{bmatrix} 1 & 0 & 0 \end{bmatrix}, 0\right) = \begin{bmatrix} 0 & 0 & 0 \\ 0 & 1 & 0 \\ 0 & 0 & 1 \end{bmatrix}$$

5.3.2　投影到任意线或平面上

我们还可以投影到任意线（在二维中）或平面（在三维中）上。和以前一样，由于不考虑平移，因此线或平面必须通过原点。投影将由垂直于线或平面的单位矢量 $\hat{\mathbf{n}}$ 定义。

我们可以使用在第 5.2.2 节中开发的公式，通过沿此方向应用零比例因子，推导出以任意方向投影的矩阵。在二维中，我们有

投影到任意线上的二维矩阵
$$\mathbf{P}(\hat{\mathbf{n}}) = \mathbf{S}(\hat{\mathbf{n}}, 0) = \begin{bmatrix} 1 + (0-1)\,n_x{}^2 & (0-1)\,n_x n_y \\ (0-1)\,n_x n_y & 1 + (0-1)\,n_y{}^2 \end{bmatrix}$$
$$= \begin{bmatrix} 1 - n_x{}^2 & -n_x n_y \\ -n_x n_y & 1 - n_y{}^2 \end{bmatrix}$$

请记住，$\hat{\mathbf{n}}$ 垂直于正在投影的线，而不是与之平行的。在三维中，投影到垂直于 $\hat{\mathbf{n}}$ 的平面上，具体如下：

投影到任意平面上的三维矩阵
$$\mathbf{P}(\hat{\mathbf{n}}) = \mathbf{S}(\hat{\mathbf{n}}, 0) = \begin{bmatrix} 1 + (0-1)\,n_x{}^2 & (0-1)\,n_x n_y & (0-1)\,n_x n_z \\ (0-1)\,n_x n_y & 1 + (0-1)\,n_y{}^2 & (0-1)\,n_y n_z \\ (0-1)\,n_x n_z & (0-1)\,n_y n_z & 1 + (0-1)\,n_z{}^2 \end{bmatrix}$$
$$= \begin{bmatrix} 1 - n_x{}^2 & -n_x n_y & -n_x n_z \\ -n_x n_y & 1 - n_y{}^2 & -n_y n_z \\ -n_x n_z & -n_y n_z & 1 - n_z{}^2 \end{bmatrix}$$

5.4　反　　射

反射（Reflection）也称为镜像（Mirroring），是一种围绕直线（在二维中）或平面（在三维中）"翻转"对象的变换。图 5.9 显示了分别围绕二维中的 x 轴和 y 轴反射对象的结果。

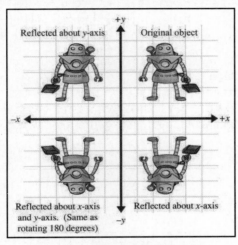

图 5.9　围绕二维中的轴反射对象

原　　文	译　　文
Reflected about y-axis	围绕 y 轴反射
Original object	原始对象
Reflected about x-axis and y-axis.(Same as rotating 180 degrees)	围绕 x 轴和 y 轴反射（和旋转180°的结果是一样的）
Reflected about x-axis	围绕 x 轴反射

可以通过应用-1 的比例因子来完成反射。设 $\hat{\mathbf{n}}$ 是二维单位矢量。然后，由下式给出围绕穿过原点并垂直于 $\hat{\mathbf{n}}$ 的反射轴来执行反射的矩阵：

围绕任意轴反射的二维矩阵

$$\mathbf{R}(\hat{\mathbf{n}}) = \mathbf{S}(\hat{\mathbf{n}}, -1) = \begin{bmatrix} 1 + (-1-1)\,n_x{}^2 & (-1-1)\,n_x n_y \\ (-1-1)\,n_x n_y & 1 + (-1-1)\,n_y{}^2 \end{bmatrix}$$

$$= \begin{bmatrix} 1 - 2n_x{}^2 & -2n_x n_y \\ -2n_x n_y & 1 - 2n_y{}^2 \end{bmatrix}$$

　　在三维中，我们有一个反射平面而不是轴。为了使变换成为线性，平面必须包含原点，在这种情况下，执行反射的矩阵是

围绕任意平面反射的三维矩阵
$$\begin{aligned}\mathbf{R}(\hat{n}) &= \mathbf{S}(\hat{n}, -1)\\[2mm] &= \begin{bmatrix} 1+(-1-1)\,n_x{}^2 & (-1-1)\,n_x n_y & (-1-1)\,n_x n_z \\ (-1-1)\,n_x n_y & 1+(-1-1)\,n_y{}^2 & (-1-1)\,n_y n_z \\ (-1-1)\,n_x n_z & (-1-1)\,n_y n_z & 1+(-1-1)\,n_z{}^2 \end{bmatrix}\\[2mm] &= \begin{bmatrix} 1-2n_x{}^2 & -2n_x n_y & -2n_x n_z \\ -2n_x n_y & 1-2n_y{}^2 & -2n_y n_z \\ -2n_x n_z & -2n_y n_z & 1-2n_z{}^2 \end{bmatrix}\end{aligned}$$

　　请注意，对象只能"反射"一次。如果再次反射它（甚至是围绕不同的轴或平面），那么对象将被翻转回"右侧朝外"，这与将对象从其初始位置旋转是一样的。图 5.9 的左下角显示了这样一个例子。

5.5　错　　切

　　错切（Shearing）是一种"倾斜"坐标空间的变形，它将不均匀地拉伸坐标空间，不保留角度。然而，令人惊讶的是，面积和体积却保留了。其基本思路是将一个坐标的倍数添加到另一个坐标上。例如，在二维中，可以取 y 的倍数并将其添加到 x 上，以便 $x' = x + sy$。图 5.10 显示了这个例子。

图 5.10　在二维中的错切

　　在图 5.10 中，执行二维中的错切的矩阵是

$$\mathbf{H}_x(s) = \begin{bmatrix} 1 & 0 \\ s & 1 \end{bmatrix}$$

其中，符号 $\mathbf{H}_x$ 表示 x 坐标被另一个坐标 y 错切；参数 s 控制错切的量和方向。另一个二维错切矩阵 $\mathbf{H}_y$ 是

$$\mathbf{H}_y(s) = \begin{bmatrix} 1 & s \\ 0 & 1 \end{bmatrix}$$

在三维中，我们可以采用一个坐标并将该坐标的不同倍数添加到另外两个坐标上。符号 $\mathbf{H}_{xy}$ 表示 x 坐标和 y 坐标按照另一个坐标 z 移动。完整的矩阵如下：

三维错切矩阵

$$\mathbf{H}_{xy}(s,t) = \begin{bmatrix} 1 & 0 & 0 \\ 0 & 1 & 0 \\ s & t & 1 \end{bmatrix},$$

$$\mathbf{H}_{xz}(s,t) = \begin{bmatrix} 1 & 0 & 0 \\ s & 1 & t \\ 0 & 0 & 1 \end{bmatrix},$$

$$\mathbf{H}_{yz}(s,t) = \begin{bmatrix} 1 & s & t \\ 0 & 1 & 0 \\ 0 & 0 & 1 \end{bmatrix}$$

错切是一种很少使用的变换，它也被称为倾斜变形（Skew Transform）。结合错切和缩放（均匀或不均匀）会产生一种变形效果，使人分不清它是否包含了旋转和非均匀缩放的变换。

5.6　组　合　变　换

本节将介绍如何获取一系列变换矩阵并将它们组合（Combine）或连接（Concatenate）到一个单一的变换矩阵中。此新矩阵表示按顺序应用所有原始变换的累积结果。这实际上非常简单。从应用矩阵 $\mathbf{A}$ 变换，接着通过应用矩阵 $\mathbf{B}$ 变换，从而累积得到的变换具有矩阵 $\mathbf{AB}$。也就是说，矩阵乘法即可将组合变换表示为矩阵。

一个非常常见的例子是渲染（Rendering）。想象一下，世界上任意位置和方向都有一个对象。我们希望为给定的任何位置和方向上的相机渲染此对象。要做到这一点，我们必须取对象的顶点（假设渲染某种三角形网格）并将它们从对象空间变换到世界空间中。这种变换称为模型变换（Model Transform），将其表示为 $\mathbf{M}_{\mathrm{obj \to wld}}$。从那里，使用视图变换（View Transform，表示为 $\mathbf{M}_{\mathrm{wld \to cam}}$）将世界空间顶点变换到相机空间中。所涉及的数学可以概括为

$$\mathbf{p}_{wld} = \mathbf{p}_{obj}\,\mathbf{M}_{obj \to wld},$$
$$\mathbf{p}_{cam} = \mathbf{p}_{wld}\,\mathbf{M}_{wld \to cam}$$
$$= (\mathbf{p}_{obj}\,\mathbf{M}_{obj \to wld})\,\mathbf{M}_{wld \to cam}$$

在本书第 4.1.6 节介绍了，矩阵乘法是可结合的，即 $(\mathbf{AB})\mathbf{C} = \mathbf{A}(\mathbf{BC})$。因此，可以通过下式计算一个矩阵直接从对象空间变换到相机空间中：

$$\mathbf{p}_{cam} = (\mathbf{p}_{obj}\,\mathbf{M}_{obj \to wld})\,\mathbf{M}_{wld \to cam}$$
$$= \mathbf{p}_{obj}(\mathbf{M}_{obj \to wld}\,\mathbf{M}_{wld \to cam})$$

因此，可以连接顶点循环外的矩阵，并且在循环内只有一个矩阵乘法（请记住，有很多顶点），具体如下：

$$\mathbf{M}_{obj \to cam} = \mathbf{M}_{obj \to wld}\,\mathbf{M}_{wld \to cam},$$
$$\mathbf{p}_{cam} = \mathbf{p}_{obj}\,\mathbf{M}_{obj \to cam}$$

由此可以看到，通过使用矩阵乘法的可结合属性，从代数角度进行的矩阵连接是有效的。让我们看一看是否可以对正在发生的事情进行更多的几何解释。回顾一下，在本书第 4.2 节中有一个突破性的发现，那就是矩阵的行包含变换标准基矢量的结果，即使在多次变换的情况下也是如此。请注意，在矩阵乘积 $\mathbf{AB}$ 中，每个结果行是矩阵 $\mathbf{A}$ 的相应行与矩阵 $\mathbf{B}$ 的乘积。换句话说，设行矢量 $\mathbf{a}_1$、$\mathbf{a}_2$ 和 $\mathbf{a}_3$ 代表 $\mathbf{A}$ 的行，则矩阵乘法可以写成

$$\mathbf{A} = \begin{bmatrix} -\mathbf{a}_1- \\ -\mathbf{a}_2- \\ -\mathbf{a}_3- \end{bmatrix}, \qquad \mathbf{AB} = \left(\begin{bmatrix} -\mathbf{a}_1- \\ -\mathbf{a}_2- \\ -\mathbf{a}_3- \end{bmatrix} \mathbf{B} \right) = \begin{bmatrix} -\mathbf{a}_1\mathbf{B}- \\ -\mathbf{a}_2\mathbf{B}- \\ -\mathbf{a}_3\mathbf{B}- \end{bmatrix}$$

这明确地表明，$\mathbf{AB}$ 的乘积的行实际上是将 $\mathbf{A}$ 中的基矢量乘以 $\mathbf{B}$ 之后的变换结果。

5.7　变换的分类

我们可以根据若干个标准对变换进行分类。本节将讨论变换的分类。对于每个类，我们描述属于该类的变换的属性，并指出第 5.1 节～第 5.5 节中的哪些基本变换属于该类。变换的类不是相互排斥的，它们也不一定遵循"顺序"或"层次结构"，每一个类都可能比其他的类具有更多或更少的限制。

当讨论一般的变换时，可以使用同义词映射（Mapping）或函数（Function）。在最一般意义上，映射只是一个接受输入并产生输出的规则。例如，要表示映射 F 将 $\mathbf{a}$ 映射到 $\mathbf{b}$，则可以记作 $F(\mathbf{a}) = \mathbf{b}$（读作 a 等于 b 的 F）。当然，我们主要对使用矩阵乘法可以表达的变换感兴趣，但重要的是，要注意其他映射也是可能的。

本节还提到了矩阵的行列式（Determinant）。在这里只是提前说一下，因为在第 6.1 节将给出有关行列式的完整解释。现在，只要知道矩阵的行列式是一个标量并且非常有用就足够了。

5.7.1　线性变换

在第 4.2 节中非正式地介绍了线性函数。在数学上，当以下公式成立时，映射 $F(\mathbf{a})$ 就是线性的：

当 F 为线性映射时满足的条件
$F(\mathbf{a} + \mathbf{b}) = F(\mathbf{a}) + F(\mathbf{b})$　　　　　(5.2)
且
$F(k\mathbf{a}) = kF(\mathbf{a})$　　　　　(5.3)

如果映射 F 保留了标量加法和乘法的基本运算，则表明映射 F 是线性的；如果将两个矢量相加，然后执行变换，则得到的结果就和单独对两个矢量执行变换然后将变换后的矢量加在一起是一样的；同样，如果缩放一个矢量然后对其进行变换，则得到的结果应该与先变换矢量然后再缩放它的结果相同。

这种线性变换的定义有两个重要的含义。首先，映射 $F(\mathbf{a}) = \mathbf{a}\mathbf{M}$（其中，$\mathbf{M}$ 是任意方形矩阵）是一个线性变换，因为

满足式（5.2）的矩阵乘法
$F(\mathbf{a} + \mathbf{b}) = (\mathbf{a} + \mathbf{b})\mathbf{M} = \mathbf{a}\mathbf{M} + \mathbf{b}\mathbf{M} = F(\mathbf{a}) + F(\mathbf{b})$

且

满足式（5.3）的矩阵乘法
$F(k\mathbf{a}) = (k\mathbf{a})\mathbf{M} = k(\mathbf{a}\mathbf{M}) = kF(\mathbf{a})$

换句话说：

 提示：

可以通过矩阵乘法实现的任何变换都是线性变换。

其次，任何线性变换都会将零矢量变换为零矢量。如果 $F(\mathbf{0}) = \mathbf{a}$，$\mathbf{a} \neq \mathbf{0}$，则 F 不能是线性映射，因为 $F(k\mathbf{0}) = \mathbf{a}$，所以 $F(k\mathbf{0}) \neq kF(\mathbf{0})$。因此，

提示：

线性变换不包含平移。

由于在第 5.1 节～第 5.5 节中讨论的所有变换都可以使用矩阵乘法表示，因此它们都是线性变换。

在某些文献中，线性变换定义为变换后平行线保持平行的变换。这几乎是完全准确的，但是有两个例外。首先，平行线在平移后保持平行，但平移不是线性变换。其次，投影怎么样？当一条线被投射并成为一个点时，可以将这个点与任何东西"平行"吗？排除这些技术，直觉是正确的：线性变换可以"拉伸"事物，但直线不会"扭曲"，平行线保持平行。

5.7.2　仿射变换

仿射（Affine）变换是线性变换，然后是平移。因此，仿射变换集是该组线性变换的超集：任何线性变换都是仿射变换，但并非所有仿射变换都是线性变换。

由于本章所讨论的所有变换都是线性变换，因此它们都是仿射变换（尽管它们都没有平移的部分）。形式 $\mathbf{v}' = \mathbf{v}\mathbf{M} + \mathbf{b}$ 的任何变换都是仿射变换。

5.7.3　可逆变换

如果存在称为 F 的逆（Inverse）的相反变换（即"撤销"原始变换），则该变换是可逆（Invertible）的。换句话说，如果存在逆映射（Inverse Mapping）F^{-1}，则映射 $F(\mathbf{a})$ 是可逆的，使得

$$F^{-1}(F(\mathbf{a})) = F(F^{-1}(\mathbf{a})) = \mathbf{a}$$

对于所有 $\mathbf{a}$ 来说。请注意，这意味着 F^{-1} 也是可逆的。

存在非仿射的可逆变换，但我们暂时不会考虑它们。现在，让我们集中精力确定仿射变换是否可逆。如上所述，仿射变换是线性变换，然后是平移。显然，我们总是可以通过简单地平移相反的数量来"撤销"平移部分。因此，问题在于线性变换是否可逆。

直觉上我们知道，除了投影之外的所有变换都可以"撤销"。如果我们旋转、缩放、反射或倾斜，我们总是可以取消旋转（Unrotate）、取消缩放（Unscale）、取消反射（Unreflect）或取消倾斜（Unskew）。但是，当对象被投影时，我们会有效地丢弃一个或多个维度的

信息，而这些信息无法恢复。因此，除了投影之外的所有原始变换都是可逆的。

由于任何线性变换都可以表示为乘以矩阵，因此，找到线性变换的逆相当于找到矩阵的逆。我们将在第 6.2 节讨论如何执行此操作。如果矩阵没有逆，那么我们说它是奇异矩阵（Singular Matrix），并且变换是不可逆的。可逆矩阵的行列式是非零的。

在非奇异矩阵中，零矢量是唯一的输入矢量，它被映射到输出空间中的零矢量，所有其他矢量都映射到其他一些非零矢量。然而，在单个矩阵中，存在输入矢量的整个子空间，称为矩阵的零空间（Null Space），其被映射到零矢量。例如，考虑一个矩阵，该矩阵以正交方式投影到包含原点的平面上。该矩阵的零空间由垂直于平面的矢量线组成，因为它们都映射到原点。

当方形矩阵是奇异矩阵时，其基矢量不是线性无关的（参见第 3.3.3 节）。如果基矢量是线性无关的，则它们具有满秩，并且唯一地确定跨度中的任何给定矢量的坐标；如果矢量是线性有关的，那么整个 n 维空间的一部分不在基矢量的范围内。考虑两个矢量 **a** 和 **b**，它们通过位于矩阵 **M** 的零空间中的矢量 **n** 差分，使得 **b** = **a** + **n**。由于矩阵乘法的线性特性，**M** 会将 **a** 和 **b** 映射到相同的输出：

$$
\begin{aligned}
\mathbf{bM} &= \mathbf{(a+n)M} \\
&= \mathbf{aM + nM} \qquad \text{（矩阵乘法是线性的并且是分布式的）} \\
&= \mathbf{aM + 0} \qquad \text{（} \mathbf{n} \text{ 是 } \mathbf{M} \text{ 的零空间）} \\
&= \mathbf{aM}
\end{aligned}
$$

5.7.4　保持角度的变换

如果两个矢量之间的角度在变换后的大小或方向上没有改变，则该变换就是保持角度（Angle-Preserving）的。只有平移、旋转和均匀缩放才是保持角度的变换。保持角度的矩阵也将保留比例。我们不考虑反射保持角度的变换，因为即使变换后两个矢量之间的角度大小相同，角度的方向也可能是相反的。所有保持角度的变换都是仿射和可逆的。

5.7.5　正交变换

正交（Orthogonal）是用于描述矩阵的术语，该矩阵的行将形成标准正交基。在第 3.3.3 节介绍了其基本思想是轴彼此垂直并具有单位长度。正交变换很有意思，因为很容易计算出它们的逆，并且它们在实践中经常出现。我们将在第 6.3 节讨论更多关于正交矩阵的内容。

　　平移、旋转和反射都只有正交变换，所有正交变换都是仿射和可逆的。其长度、角度、面积和体积均保留。话虽如此，我们仍然必须小心谨慎地确定其角度、面积和体积，因为反射就是一个正交变换，但在第 5.7.4 节中刚刚说过，我们不认为反射是一个保持角度的变换。所以，也许应该更精确地说：正交矩阵将保留角度、面积和体积的大小，但其符号却可能不一样。

　　在第 6 章介绍正交矩阵的行列式为±1。

5.7.6　刚体变换

　　刚体变换（Rigid Body Transformation）是指改变对象的位置和方向但不改变其形状的变换。保留所有角度、长度、面积和体积。平移和旋转都是刚体转换，但是反射则不被认为是严格的刚体变换。

　　刚体变换也称为合适变换（Proper Transformation）。所有刚体变换都是正交的、保持角度的、可逆的和仿射的。刚体变换是本节中讨论的最严格的变换类，但它们在实践中也非常常见。

　　任何刚体变换矩阵的行列式均为 1。

5.7.7　变换类型总结

　　表 5.1 总结了各种类型的变换。在此表中，Y 表示该行中的变换始终具有与该列关联的属性。没有 Y 并不意味着"永远不"关联；相反，它意味着"并不总是"关联。

表 5.1　变换的类型

变　换	线性变换	仿射变换	可逆变换	保留角度的变换	正交变换	刚体变换	保留长度	面积/体积	行列式
线性变换	Y	Y							
仿射变换		Y							≠0
可逆变换			Y						
保留角度的变换		Y	Y	Y					
正交变换		Y	Y		Y				±1
刚体变换		Y	Y	Y	Y	Y	Y	Y	1
平移		Y	Y	Y	Y	Y	Y	Y	1

续表

变　换	线性 变换	仿射 变换	可逆 变换	保留角度 的变换	正交 变换	刚体 变换	保留 长度	面积/ 体积	行列式
旋转 [1]	Y	Y	Y	Y	Y	Y	Y	Y	1
均匀缩放 [2]	Y	Y	Y	Y					k^{n} [3]
非均匀缩放	Y	Y	Y						
正交投影 [4]	Y	Y							0
反射 [5]	Y	Y	Y		Y		Y [6]	Y	−1
错切	Y	Y	Y					Y [7]	1

[1] 围绕二维中的原点或穿过三维中原点的轴。

[2] 围绕二维中的原点或穿过三维中原点的轴。

[3] 行列式是二维中比例因子的平方，以及三维中比例因子的立方。

[4] 穿过原点的直线（二维）或平面（三维）。

[5] 围绕穿过原点的线（二维）或平面（三维）。

[6] 不考虑"负面"面积或体积。

[7] 令人惊讶！

5.8　练　习

（答案见本书附录 B）

1．下面的矩阵是否表示线性变换？是否为仿射变换？

$$\begin{bmatrix} 34 & 1.7 & \pi \\ \sqrt{2} & 0 & 18 \\ 4 & -9 & -1.3 \end{bmatrix}$$

2．构造一个围绕 x 轴旋转 −22° 的矩阵。

3．构造一个围绕 y 轴旋转 30° 的矩阵。

4．构造一个矩阵，绕轴[0.267, −0.535, 0.802]旋转 −15°。

5．构造一个矩阵，使三维中对象的高度、宽度和长度加倍。

6．构造一个矩阵，围绕通过垂直于矢量[0.267, −0.535, 0.802]的原点的平面缩放 5 倍。

7．构造一个矩阵，正交投影到通过垂直于矢量[0.267, −0.535, 0.802]的原点的平面上。

8．构造一个矩阵，围绕通过垂直于矢量[0.267, −0.535, 0.802]的原点的平面正交反射。

9．对象最初的轴和原点与世界空间的轴和原点重合。然后围绕 y 轴旋转 30°，再围

绕世界 x 轴旋转 $-22°$。

　　（a）可用于将行矢量从对象空间转换为世界空间的矩阵是什么样的？

　　（b）将矢量从世界空间转换为对象空间的矩阵是什么样的？

　　（c）使用直立空间坐标表示对象的 z 轴。

神魂颠倒

哥哥，你让我

神魂颠倒

一遍又一遍

神魂颠倒

　　　　　　　　　　　　——Diana Ross（戴安娜·罗斯）演唱的 *Upside Down*（1980）

第6章 矩阵详解

思维一旦绽放，就再也不会回到原来的维度。

——Oliver Wendell Holmes Jr.（1841—1935）

本书第 4 章介绍了矩阵的大部分重要属性和操作，并讨论了如何使用矩阵来表示一般的几何变换。第 5 章详细讨论了矩阵和几何变换。本章将通过讨论一些更有趣和有用的矩阵运算来结束矩阵主题。

- ❑ 第 6.1 节将介绍矩阵的行列式。
- ❑ 第 6.2 节将解释矩阵的逆矩阵。
- ❑ 第 6.3 节将讨论正交矩阵。
- ❑ 第 6.4 节将介绍齐次矢量和 4×4 矩阵，并演示如何将它们应用于三维中执行仿射变换。
- ❑ 第 6.5 节将讨论透视投影，并展示如何使用 4×4 矩阵进行透视投影。

6.1 矩阵的行列式

对于方形矩阵，有一个特殊的标量称为矩阵的行列式（Determinant）。行列式在线性代数中有许多有用的属性，在几何中也有一些有趣的解释。

按照习惯，我们将首先讨论一些数学，然后做一些几何解释；第 6.1.1 节将介绍行列式的符号，并给出用于计算 2×2 或 3×3 矩阵的行列式的线性代数规则；第 6.1.2 节将讨论子矩阵行列式（Minor）和余子式（Cofactor）；第 6.1.3 节将展示如何使用子矩阵和余子式计算任意 $n \times n$ 矩阵的行列式；第 6.1.4 节将从几何角度解释行列式。

6.1.1 关于 2×2 和 3×3 矩阵的行列式

方形矩阵 **M** 的行列式表示为 | **M** |，有些图书也将它表示为"det **M**"。非方形矩阵的行列式是未定义的。本节将介绍如何计算 2×2 和 3×3 矩阵的行列式。第 6.1.3 节将讨论相当复杂的一般性 $n \times n$ 矩阵的行列式。

2 × 2 矩阵的行列式由下式给出：

2 × 2 矩阵的行列式
$\vert \mathbf{M} \vert = \begin{vmatrix} m_{11} & m_{12} \\ m_{21} & m_{22} \end{vmatrix} = m_{11}m_{22} - m_{12}m_{21}$　　　　(6.1)

请注意，当编写矩阵的行列式时，将使用垂直线代替括号。

使用下面的示意图可以更容易地记住式（6.1）。只需沿对角线和反对角线分别让元素相乘，然后使用对角线元素相乘的结果减去反对角线元素相乘的结果即可。

$$\vert \mathbf{M} \vert = \begin{vmatrix} m_{11} & m_{12} \\ m_{21} & m_{22} \end{vmatrix} = m_{11}m_{22} - m_{12}m_{21}$$

以下示例更清晰地演示了这些简单的计算：

$$\begin{vmatrix} 2 & 1 \\ -1 & 2 \end{vmatrix} = (2)(2) - (1)(-1) = 4 + 1 = 5;$$

$$\begin{vmatrix} -3 & 4 \\ 2 & 5 \end{vmatrix} = (-3)(5) - (4)(2) = -15 - 8 = -23;$$

$$\begin{vmatrix} a & b \\ c & d \end{vmatrix} = ad - bc$$

3 × 3 矩阵的行列式由下式给出：

3 × 3 矩阵的行列式
$\begin{vmatrix} m_{11} & m_{12} & m_{13} \\ m_{21} & m_{22} & m_{23} \\ m_{31} & m_{32} & m_{33} \end{vmatrix}$
$\begin{aligned} &= m_{11}m_{22}m_{33} + m_{12}m_{23}m_{31} + m_{13}m_{21}m_{32} \\ &\quad - m_{13}m_{22}m_{31} - m_{12}m_{21}m_{33} - m_{11}m_{23}m_{32} \\ &= m_{11}(m_{22}m_{33} - m_{23}m_{32}) \\ &\quad + m_{12}(m_{23}m_{31} - m_{21}m_{33}) \\ &\quad + m_{13}(m_{21}m_{32} - m_{22}m_{31}) \end{aligned}$　　　(6.2)

我们可以通过一个类似的示意图来帮助记忆式（6.2）。先并排编写矩阵 **M** 的两个副本，然后沿对角线和反对角线分别让元素相乘，最后使用对角线元素相乘的结果的和减去反对角线元素相乘的结果即可。

$$m_{11}m_{22}m_{33} + m_{12}m_{23}m_{31} + m_{13}m_{21}m_{32}$$
$$- m_{13}m_{22}m_{31} - m_{12}m_{21}m_{33} - m_{11}m_{23}m_{32}$$

其计算示例如下：

$$
\begin{vmatrix} -4 & -3 & 3 \\ 0 & 2 & -2 \\ 1 & 4 & -1 \end{vmatrix} =
\begin{array}{l}
(-4)((\;2)(-1) - (-2)(\;4)) \\
+(-3)((-2)(\;1) - (\;0)(-1)) \\
+(\;3)((\;0)(\;4) - (\;2)(\;1))
\end{array}
$$

$$
= \begin{array}{lll}
(-4)((-2) - (-8)) & (-4)(\;6) & (-24) \\
+(-3)((-2) - (\;0)) = +(-3)(-2) = +(\;6) \\
+(\;3)((\;0) - (\;2)) & +(\;3)(-2) & +(-6)
\end{array} \tag{6.3}
$$

$$ = -24 $$

如果将 3×3 矩阵的行解释为 3 个矢量，那么该矩阵的行列式就等价于 3 个矢量的所谓三重积（Triple Product），具体如下：

3×3 矩阵行列式与三维矢量三重积

$$
\begin{vmatrix} a_x & a_y & a_z \\ b_x & b_y & b_z \\ c_x & c_y & c_z \end{vmatrix} =
\begin{array}{l}
(a_y b_z - a_z b_y)\, c_x \\
+ (a_z b_x - a_x b_z)\, c_y \\
+ (a_x b_y - a_y b_x)\, c_z
\end{array} = (\mathbf{a} \times \mathbf{b}) \cdot \mathbf{c}
$$

6.1.2　子矩阵行列式和余子式

在介绍一般情况下的行列式之前，还需要介绍一些其他结构：子矩阵行列式（Minor）和余子式（Cofactor）

假设 $\mathbf{M}$ 是具有 r 行和 c 列的矩阵。考虑通过从 $\mathbf{M}$ 中删除行 i 和列 j 而获得的矩阵。该矩阵显然具有 $r-1$ 行和 $c-1$ 列。这个子矩阵（Submatrix）的行列式表示为 $M^{\{ij\}}$，被称为 $\mathbf{M}$ 的子矩阵行列式。例如，子矩阵行列式 $M^{\{12\}}$ 是 2×2 矩阵的行列式，它是从 3×3 矩阵 $\mathbf{M}$ 中删除了行 1 和列 2 的结果，具体如下：

3×3 矩阵的子矩阵行列式

$$
\mathbf{M} = \begin{bmatrix} -4 & -3 & 3 \\ 0 & 2 & -2 \\ 1 & 4 & -1 \end{bmatrix} \implies M^{\{12\}} = \begin{vmatrix} 0 & -2 \\ 1 & -1 \end{vmatrix} = 2
$$

给定行和列的方形矩阵 $\mathbf{M}$ 的余子式（Cofactor）与相应的子矩阵行列式相同，但子矩阵行列式会交替变负，具体如下：

矩阵的余子式
$$C^{\{ij\}} = (-1)^{i+j} M^{\{ij\}} \tag{6.4}$$

在式（6.4）中，我们使用符号 $C^{\{ij\}}$ 来表示行 i、列 j 中的 $\mathbf{M}$ 的余子式。而$(-1)^{(i+j)}$项则具有在棋盘图案中使所有其他余子式变负的效果：

$$
\begin{bmatrix}
+ & - & + & - & \cdots \\
- & + & - & + & \cdots \\
+ & - & + & - & \cdots \\
- & + & - & + & \cdots \\
\vdots & \vdots & \vdots & \vdots & \ddots
\end{bmatrix}
$$

在第 6.1.3 节中将使用子矩阵行列式和余子式计算任意维数 $n \times n$ 的行列式，并在第 6.2 节中再次使用它们计算矩阵的逆矩阵。

6.1.3　任意 $n \times n$ 矩阵的行列式

对于任意维数 $n \times n$ 矩阵的行列式存在若干等价定义。我们在这里考虑的定义将基于它的余子式表示行列式。这个定义是递归的，因为余子式本身就是有符号的行列式。首先，从矩阵中任意选择一行或一列。现在，对于行或列中的每个元素，将此元素乘以相应的余子式。对这些乘积求和可得出矩阵的行列式。例如，任意选择行 i，行列式可以通过下式计算：

通过使用行 i 的余子式计算 $n \times n$ 行列式
$$\lvert \mathbf{M} \rvert = \sum_{j=1}^{n} m_{ij} C^{\{ij\}} = \sum_{j=1}^{n} m_{ij}(-1)^{i+j} M^{\{ij\}} \tag{6.5}$$

事实证明，选择哪一行或哪一列并不重要，它们都会产生相同的结果。

我们来看一个例子。我们将使用式（6.5）重写 3×3 行列式的公式如下：

应用于 3×3 的行列式的递归定义
$$\begin{vmatrix} m_{11} & m_{12} & m_{13} \\ m_{21} & m_{22} & m_{23} \\ m_{31} & m_{32} & m_{33} \end{vmatrix} = m_{11}\begin{vmatrix} m_{22} & m_{23} \\ m_{32} & m_{33} \end{vmatrix} - m_{12}\begin{vmatrix} m_{21} & m_{23} \\ m_{31} & m_{33} \end{vmatrix}$$ $$+ m_{13}\begin{vmatrix} m_{21} & m_{22} \\ m_{31} & m_{32} \end{vmatrix}$$

现在可以推导出 4×4 矩阵行列式的公式如下：

应用于 4×4 的行列式的递归定义

$$\begin{vmatrix} m_{11} & m_{12} & m_{13} & m_{14} \\ m_{21} & m_{22} & m_{23} & m_{24} \\ m_{31} & m_{32} & m_{33} & m_{34} \\ m_{41} & m_{42} & m_{43} & m_{44} \end{vmatrix} = m_{11} \begin{vmatrix} m_{22} & m_{23} & m_{24} \\ m_{32} & m_{33} & m_{34} \\ m_{42} & m_{43} & m_{44} \end{vmatrix}$$

$$- m_{12} \begin{vmatrix} m_{21} & m_{23} & m_{24} \\ m_{31} & m_{33} & m_{34} \\ m_{41} & m_{43} & m_{44} \end{vmatrix} + m_{13} \begin{vmatrix} m_{21} & m_{22} & m_{24} \\ m_{31} & m_{32} & m_{34} \\ m_{41} & m_{42} & m_{44} \end{vmatrix}$$

$$- m_{14} \begin{vmatrix} m_{21} & m_{22} & m_{23} \\ m_{31} & m_{32} & m_{33} \\ m_{41} & m_{42} & m_{43} \end{vmatrix}$$

扩展余子式，可得

扩展形式的 4×4 矩阵的行列式

$$m_{11}\left[m_{22}(m_{33}m_{44}-m_{34}m_{43}) + m_{23}(m_{34}m_{42}-m_{32}m_{44}) + m_{24}(m_{32}m_{43}-m_{33}m_{42})\right]$$
$$- m_{12}\left[m_{21}(m_{33}m_{44}-m_{34}m_{43}) + m_{23}(m_{34}m_{41}-m_{31}m_{44}) + m_{24}(m_{31}m_{43}-m_{33}m_{41})\right]$$
$$+ m_{13}\left[m_{21}(m_{32}m_{44}-m_{34}m_{42}) + m_{22}(m_{34}m_{41}-m_{31}m_{44}) + m_{24}(m_{31}m_{42}-m_{32}m_{41})\right]$$
$$- m_{14}\left[m_{21}(m_{32}m_{43}-m_{33}m_{42}) + m_{22}(m_{33}m_{41}-m_{31}m_{43}) + m_{23}(m_{31}m_{42}-m_{32}m_{41})\right]$$

可以想象，更高维度的行列式的显式公式的复杂性将迅速增长。幸运的是，我们可以执行一个称为旋转（Pivot）的操作，它不会影响行列式的值，但会导致特定的行或列用零填充，单个元素（Pivot 元素）除外。然后只需要评估一个余子式。由于不需要高于 4×4 矩阵的行列式，因此，关于旋转的全面讨论已经超出了本书的范围。

现在来简要说明一些与行列式有关的重要特征。

❑　任何维度的单位矩阵的行列式为 1：

单位矩阵的行列式
$\lvert \mathbf{I} \rvert = 1$

❑　矩阵乘积的行列式等于行列式的乘积：

矩阵乘积的行列式
$\lvert \mathbf{AB} \rvert = \lvert \mathbf{A} \rvert \lvert \mathbf{B} \rvert$

这可以扩展到两个以上的矩阵：

$$\lvert \mathbf{M}_1 \mathbf{M}_2 \cdots \mathbf{M}_{n-1} \mathbf{M}_n \rvert = \lvert \mathbf{M}_1 \rvert \lvert \mathbf{M}_2 \rvert \cdots \lvert \mathbf{M}_{n-1} \rvert \lvert \mathbf{M}_n \rvert$$

❑　矩阵转置的行列式等于原始行列式：

矩阵转置的行列式
$\left| \mathbf{M}^{\mathrm{T}} \right| = \left| \mathbf{M} \right|$

❑　如果矩阵中的任何行或列包含全 0，则该矩阵的行列式为 0：

行或列包含全 0 的矩阵的行列式
$$\begin{vmatrix} ? & ? & \cdots & ? \\ ? & ? & \cdots & ? \\ \vdots & \vdots & & \vdots \\ 0 & 0 & \cdots & 0 \\ \vdots & \vdots & & \vdots \\ ? & ? & \cdots & ? \end{vmatrix} = \begin{vmatrix} ? & ? & \cdots & 0 & \cdots & ? \\ ? & ? & \cdots & 0 & \cdots & ? \\ \vdots & \vdots & & \vdots & & \vdots \\ ? & ? & \cdots & 0 & \cdots & ? \end{vmatrix} = 0$$

❑　交换任意行对（Pair of Rows）都会让行列式变负：

交换行会让行列式变负
$$\begin{vmatrix} m_{11} & m_{12} & \cdots & m_{1n} \\ m_{21} & m_{22} & \cdots & m_{2n} \\ \vdots & \vdots & & \vdots \\ m_{i1} & m_{i2} & \cdots & m_{in} \\ \vdots & \vdots & & \vdots \\ m_{j1} & m_{j2} & \cdots & m_{jn} \\ \vdots & \vdots & & \vdots \\ m_{n1} & m_{n2} & \cdots & m_{nn} \end{vmatrix} = - \begin{vmatrix} m_{11} & m_{12} & \cdots & m_{1n} \\ m_{21} & m_{22} & \cdots & m_{2n} \\ \vdots & \vdots & & \vdots \\ m_{j1} & m_{j2} & \cdots & m_{jn} \\ \vdots & \vdots & & \vdots \\ m_{i1} & m_{i2} & \cdots & m_{in} \\ \vdots & \vdots & & \vdots \\ m_{n1} & m_{n2} & \cdots & m_{nn} \end{vmatrix}$$

相同的规则也可以应用于交换列。

❑　将行（列）的任意倍数添加到另一行（列）并不会更改行列式的值！

将一行添加到另一行不会改变行列式的值
$$\begin{vmatrix} m_{11} & m_{12} & \cdots & m_{1n} \\ m_{21} & m_{22} & \cdots & m_{2n} \\ \vdots & \vdots & & \vdots \\ m_{i1} & m_{i2} & \cdots & m_{in} \\ \vdots & \vdots & & \vdots \\ m_{j1} & m_{j2} & \cdots & m_{jn} \\ \vdots & \vdots & & \vdots \\ m_{n1} & m_{n2} & \cdots & m_{nn} \end{vmatrix} = \begin{vmatrix} m_{11} & m_{12} & \cdots & m_{1n} \\ m_{21} & m_{22} & \cdots & m_{2n} \\ \vdots & \vdots & & \vdots \\ m_{i1}+km_{j1} & m_{i2}+km_{j2} & \cdots & m_{in}+km_{jn} \\ \vdots & \vdots & & \vdots \\ m_{j1} & m_{j2} & \cdots & m_{jn} \\ \vdots & \vdots & & \vdots \\ m_{n1} & m_{n2} & \cdots & m_{nn} \end{vmatrix}$$

这解释了为什么第 5.5 节中的错切矩阵的行列式为 1。

6.1.4 行列式的几何解释

矩阵的行列式具有一些有趣的几何解释。在二维中，行列式等于具有基矢量作为两条边的平行四边形或倾斜框（Skew Box）的有符号面积，如图 6.1 所示。

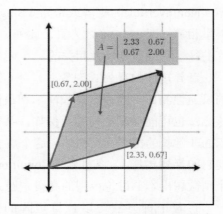

在第 4.2 节中已经讨论了如何使用倾斜框来可视化坐标空间变换。为什么要提出有符号面积（Signed Area）的概念呢？这是因为，如果倾斜框相对于其原始方向是"翻转"的，则该区域的面积为负。

在三维中，行列式是平行六面体（Parallelepiped）的体积，它具有 3 个变换的基矢量作为边。如果该对象由于变换而被反射（"里朝外翻转"），则行列式为负。

图 6.1 二维中的行列式是由变换的
基矢量形成的倾斜框的有符号区域

行列式与矩阵变换导致的大小变化有关。行列式的绝对值与通过矩阵变换对象而发生的面积（在二维中）或体积（在三维中）的变化有关，行列式的符号则表示在矩阵中是否包含有任何反射或投影。

矩阵的行列式也可用于帮助对由矩阵表示的变换类型进行分类。如果矩阵的行列式为零，则该矩阵包含投影；如果矩阵的行列式是负的，那么在矩阵中包含了反射。有关不同类型的变换的更多信息，请参见第 5.7 节。

6.2 逆 矩 阵

仅适用于平方矩阵的另一个重要运算是矩阵的逆（Inverse）矩阵，简称"逆"。本节将从数学和几何角度讨论逆矩阵。

方形矩阵 $\mathbf{M}$ 的逆矩阵，表示为 $\mathbf{M}^{-1}$，当在任意一侧将 $\mathbf{M}$ 乘以 $\mathbf{M}^{-1}$ 时，其结果都是单位矩阵。换句话说，就是

矩阵的逆矩阵
$\mathbf{M}(\mathbf{M}^{-1}) = \mathbf{M}^{-1}\mathbf{M} = \mathbf{I}$

并非所有矩阵都有逆矩阵。一个明显的例子就是一个行或列填充 0 的矩阵——无论你将这个矩阵乘以什么，结果中相应的行或列也将满 0。如果某个矩阵具有逆矩阵，则称其为可逆（Invertible）矩阵或非奇异（Nonsingular）矩阵。不具有逆的矩阵被认为是不可逆（Noninvertible）矩阵或奇异（Singular）矩阵。对于任何可逆矩阵 $\mathbf{M}$，仅当 $\mathbf{v}=\mathbf{0}$ 时，矢量相等，即 $\mathbf{v}\mathbf{M}=\mathbf{0}$ 才为真。此外，可逆矩阵的行是线性独立的，列也是如此。奇异矩阵的行（和列）是线性相关的。

奇异矩阵的行列式为零，非奇异矩阵的行列式为非零。检查行列式的大小是最常用的可逆性测试，因为它是最简单和最快的。在一般情况下，这是可行的，但是请注意，该方法也可能会发生问题。例如，某个具有基矢量的极端错切矩阵，它构成具有单位体积的非常长的薄平行六面体。这个病态条件（Ill Conditioned）的矩阵几乎是奇异的，即使它的行列式是 1。条件数（Condition Number）是检测此类情况的适当工具，但这是一个稍微超出本书讨论范围的高级主题。

有若干种方法可以计算矩阵的逆矩阵。我们使用的是基于经典伴随（Classical Adjoint）矩阵的方法，第 6.2.1 节将详细讨论该主题。

6.2.1　经典伴随矩阵

我们用于计算矩阵的逆矩阵的方法基于经典伴随方法。矩阵 $\mathbf{M}$ 的经典伴随矩阵，表示为"adj $\mathbf{M}$"，被定义为 $\mathbf{M}$ 的余子式的矩阵的转置。

我们来看一个例子。取前面给出的以下 3×3 矩阵 $\mathbf{M}$：

$$\mathbf{M}=\begin{bmatrix} -4 & -3 & 3 \\ 0 & 2 & -2 \\ 1 & 4 & -1 \end{bmatrix}$$

首先，计算 $\mathbf{M}$ 的余子式，这在第 6.1.2 节中已经讨论过，具体如下：

$$C^{\{11\}}=+\begin{vmatrix} 2 & -2 \\ 4 & -1 \end{vmatrix}=6,\quad C^{\{12\}}=-\begin{vmatrix} 0 & -2 \\ 1 & -1 \end{vmatrix}=-2,\quad C^{\{13\}}=+\begin{vmatrix} 0 & 2 \\ 1 & 4 \end{vmatrix}=-2,$$

$$C^{\{21\}}=-\begin{vmatrix} -3 & 3 \\ 4 & -1 \end{vmatrix}=9,\quad C^{\{22\}}=+\begin{vmatrix} -4 & 3 \\ 1 & -1 \end{vmatrix}=1,\quad C^{\{23\}}=-\begin{vmatrix} -4 & -3 \\ 1 & 4 \end{vmatrix}=13,$$

$$C^{\{31\}}=+\begin{vmatrix} -3 & 3 \\ 2 & -2 \end{vmatrix}=0,\quad C^{\{32\}}=-\begin{vmatrix} -4 & 3 \\ 0 & -2 \end{vmatrix}=-8,\quad C^{\{33\}}=+\begin{vmatrix} -4 & -3 \\ 0 & 2 \end{vmatrix}=-8$$

$\mathbf{M}$ 的经典伴随是以下余子式的矩阵的转置：

经典伴随矩阵

$$\text{adj } \mathbf{M} = \begin{bmatrix} C^{\{11\}} & C^{\{12\}} & C^{\{13\}} \\ C^{\{21\}} & C^{\{22\}} & C^{\{23\}} \\ C^{\{31\}} & C^{\{32\}} & C^{\{33\}} \end{bmatrix}^{\text{T}} \quad (6.6)$$

$$= \begin{bmatrix} 6 & -2 & -2 \\ 9 & 1 & 13 \\ 0 & -8 & -8 \end{bmatrix}^{\text{T}} = \begin{bmatrix} 6 & 9 & 0 \\ -2 & 1 & -8 \\ -2 & 13 & -8 \end{bmatrix}$$

6.2.2 逆矩阵——正式线性代数规则

为了计算矩阵的逆矩阵，可以将以下经典伴随矩阵除以行列式：

通过经典伴随矩阵和行列式计算逆矩阵

$$\mathbf{M}^{-1} = \frac{\text{adj } \mathbf{M}}{|\mathbf{M}|}$$

如果行列式为零，则除法是未定义的，这与之前的说法一致，即具有零行列式的矩阵是不可逆的。

我们来看一个例子。在第 6.2.1 节中，计算了矩阵 $\mathbf{M}$ 的经典伴随，现在来计算以下它的逆矩阵：

$$\mathbf{M} = \begin{bmatrix} -4 & -3 & 3 \\ 0 & 2 & -2 \\ 1 & 4 & -1 \end{bmatrix};$$

$$\mathbf{M}^{-1} = \frac{\text{adj } \mathbf{M}}{|\mathbf{M}|} = \frac{1}{-24} \begin{bmatrix} 6 & 9 & 0 \\ -2 & 1 & -8 \\ -2 & 13 & -8 \end{bmatrix} = \begin{bmatrix} -1/4 & -3/8 & 0 \\ 1/12 & -1/24 & 1/3 \\ 1/12 & -13/24 & 1/3 \end{bmatrix}$$

这里 adj $\mathbf{M}$ 的值来自式（6.6），而 $|\mathbf{M}|$ 则来自式（6.3）。

还有其他技术可用于计算矩阵的逆，如高斯消元（Gaussian Elimination）。许多线性代数教科书都明确肯定这些技术更适合在计算机上实现，因为它们需要较少的算术运算，并且这种说法适用于具有较大矩阵和可被利用结构的矩阵。

然而，对于较小阶的任意矩阵，例如，在几何应用中最常遇到的 2×2、3×3 和 4×4 矩阵，经典伴随方法通常是更好的选择，原因是经典伴随方法提供了无分支实现，这意味着没有 if 语句或静态无法展开的循环。在今天的超标量体系结构和专用矢量处理器上，这是一个巨大的胜利。

矩阵求逆有以下几个重要的特性。

❑　矩阵的逆矩阵的逆是原始矩阵：

$$(\mathbf{M}^{-1})^{-1} = \mathbf{M}$$

当然，这假设 $\mathbf{M}$ 是非奇异的。

❑　单位矩阵是它自己的逆：

$$\mathbf{I}^{-1} = \mathbf{I}$$

请注意，还有其他矩阵是它们自己的逆矩阵。例如，任何反射矩阵，或围绕任何轴旋转180°的矩阵。

❑　矩阵转置的逆矩阵是矩阵逆的转置：

$$(\mathbf{M}^{\mathrm{T}})^{-1} = (\mathbf{M}^{-1})^{\mathrm{T}}$$

❑　矩阵乘积的逆等于矩阵的逆的乘积，注意，逆矩阵的乘法要采用相反的顺序：

$$(\mathbf{AB})^{-1} = \mathbf{B}^{-1}\mathbf{A}^{-1}$$

这可以扩展到两个以上的矩阵：

$$(\mathbf{M}_1\mathbf{M}_2\cdots\mathbf{M}_{n-1}\mathbf{M}_n)^{-1} = \mathbf{M}_n{}^{-1}\mathbf{M}_{n-1}{}^{-1}\cdots\mathbf{M}_2{}^{-1}\mathbf{M}_1{}^{-1}$$

❑　逆矩阵的行列式是原始矩阵的行列式的倒数：

$$|\mathbf{M}^{-1}| = 1/|\mathbf{M}|$$

6.2.3　逆矩阵——几何解释

矩阵的逆矩阵在几何上是有用的，因为它允许计算变换的"反向"或"相反"——如果它们按顺序执行，则意味着一个变换"撤销"另一个变换。因此，如果采用一个矢量，用矩阵 $\mathbf{M}$ 对其进行变换，然后用逆矩阵 $\mathbf{M}^{-1}$ 对其进行变换，那么将得到原始矢量。这可以轻松地以代数方式验证，具体如下：

$$(\mathbf{vM})\mathbf{M}^{-1} = \mathbf{v}(\mathbf{MM}^{-1}) = \mathbf{vI} = \mathbf{v}$$

6.3　正　交　矩　阵

前文提到了一类称为正交矩阵（Orthogonal Matrix）的特殊方形矩阵。本节将更详细地研究正交矩阵。像往常一样，首先介绍一些纯数学（参见第 6.3.1 节），然后给出一些几何解释（参见第 6.3.2 节），最后将讨论如何调整任意矩阵使其正交（参见第 6.3.3 节）。

6.3.1　正交矩阵——正式线性代数规则

当且仅当[①]矩阵及其转置的乘积是单位矩阵时，方形矩阵 **M** 是正交的，定义如下：

正交矩阵的定义
M 是正交矩阵　　　$\Longleftrightarrow$　　　$\mathbf{M}\mathbf{M}^{\mathrm{T}} = \mathbf{I}$　　　　　　（6.7）

在第 6.2.2 节介绍了根据定义，矩阵乘以其逆矩阵的乘积是单位矩阵（ $\mathbf{M}\mathbf{M}^{-1} = \mathbf{I}$ ）。因此，如果矩阵是正交的，则其转置矩阵和逆矩阵是相等的，定义如下：

正交矩阵的等价定义
M 是正交矩阵　　　$\Longleftrightarrow$　　　$\mathbf{M}^{\mathrm{T}} = \mathbf{M}^{-1}$

这是非常有用的信息，因为很多时候我们都需要计算矩阵的逆，并且在三维图形的实践中经常出现正交矩阵。例如，如本书第 5.7.5 节所述，旋转矩阵和反射矩阵都是正交的。如果我们已经知道矩阵是正交的，则基本上可以避免计算其逆矩阵（直接使用转置矩阵即可），这是一个相对昂贵的计算。

6.3.2　正交矩阵——几何解释

正交矩阵对我们来说很有意思，主要是因为它们的逆是很容易计算的。但是，如何知道矩阵是否正交以利用其结构呢？

在许多情况下，我们可能获得有关于矩阵构造方式的信息，因此可以先验地知道矩阵仅包含旋转和/或反射。这是一种非常常见的情况，在使用矩阵描述旋转时利用这一点非常重要。将在第 8.2.1 节中详细讨论这个主题。

但是，如果我们事先对矩阵一无所知呢？换句话说，如何判断任意矩阵 **M** 是否正交？考查 3×3 的情况，这是我们目的中最有趣的情况。

在本节中得出的结论可以扩展到任何维度的矩阵。

设 **M** 是正交 3×3 矩阵。扩展式（6.7）给出的正交定义，可得

[①]　符号" $P \Leftrightarrow Q$ "应读作" P 当且仅当 Q "，表示当且仅当 Q 为真时，语句 P 为真。"当且仅当"有点像布尔值的等号。换句话说，如果 P 或 Q 为真，则二者都必须为真；如果 P 或 Q 为假，则两者都必须为假。 $\Leftrightarrow$ 符号也类似于标准的"="符号，因为它是自反的。这是一种奇特的说法，哪个在左边哪个在右边并不重要，因为 $P \Leftrightarrow Q$ 意味着 $Q \Leftrightarrow P$ 。

$$\mathbf{M} \qquad\qquad \mathbf{M}^{\mathrm{T}} \qquad = \qquad \mathbf{I},$$

$$\begin{bmatrix} m_{11} & m_{12} & m_{13} \\ m_{21} & m_{22} & m_{23} \\ m_{31} & m_{32} & m_{33} \end{bmatrix} \begin{bmatrix} m_{11} & m_{21} & m_{31} \\ m_{12} & m_{22} & m_{32} \\ m_{13} & m_{23} & m_{33} \end{bmatrix} = \begin{bmatrix} 1 & 0 & 0 \\ 0 & 1 & 0 \\ 0 & 0 & 1 \end{bmatrix}$$

这给了我们 9 个方程，所有这些方程都必须为真，$\mathbf{M}$ 才是正交的，具体如下：

正交矩阵满足的条件
$m_{11}m_{11} + m_{12}m_{12} + m_{13}m_{13} = 1,$
$m_{11}m_{21} + m_{12}m_{22} + m_{13}m_{23} = 0,$
$m_{11}m_{31} + m_{12}m_{32} + m_{13}m_{33} = 0,$
$m_{21}m_{11} + m_{22}m_{12} + m_{23}m_{13} = 0,$
$m_{21}m_{21} + m_{22}m_{22} + m_{23}m_{23} = 1,$
$m_{21}m_{31} + m_{22}m_{32} + m_{23}m_{33} = 0,$
$m_{31}m_{11} + m_{32}m_{12} + m_{33}m_{13} = 0,$
$m_{31}m_{21} + m_{32}m_{22} + m_{33}m_{23} = 0,$
$m_{31}m_{31} + m_{32}m_{32} + m_{33}m_{33} = 1$

（6.8）

（6.9）

（6.10）

设以下矢量 $\mathbf{r}_1$、$\mathbf{r}_2$ 和 $\mathbf{r}_3$ 均代表 $\mathbf{M}$ 的行：

$$\mathbf{r}_1 = \begin{bmatrix} m_{11} & m_{12} & m_{13} \end{bmatrix},$$
$$\mathbf{r}_2 = \begin{bmatrix} m_{21} & m_{22} & m_{23} \end{bmatrix},$$
$$\mathbf{r}_3 = \begin{bmatrix} m_{31} & m_{32} & m_{33} \end{bmatrix},$$
$$\mathbf{M} = \begin{bmatrix} -\mathbf{r}_1- \\ -\mathbf{r}_2- \\ -\mathbf{r}_3- \end{bmatrix}$$

现在可以按更简明的方式重写以下 9 个公式：

正交矩阵满足的条件		
$\mathbf{r}_1 \cdot \mathbf{r}_1 = 1,$	$\mathbf{r}_1 \cdot \mathbf{r}_2 = 0,$	$\mathbf{r}_1 \cdot \mathbf{r}_3 = 0,$
$\mathbf{r}_2 \cdot \mathbf{r}_1 = 0,$	$\mathbf{r}_2 \cdot \mathbf{r}_2 = 1,$	$\mathbf{r}_2 \cdot \mathbf{r}_3 = 0,$
$\mathbf{r}_3 \cdot \mathbf{r}_1 = 0,$	$\mathbf{r}_3 \cdot \mathbf{r}_2 = 0,$	$\mathbf{r}_3 \cdot \mathbf{r}_3 = 1$

这种符号变化使我们更容易做出以下一些解释：

❑ 当且仅当矢量是单位矢量时，矢量与自身的点积才为 1。因此，只有当 $\mathbf{r}_1$、$\mathbf{r}_2$ 和 $\mathbf{r}_3$ 是单位矢量时，等号右边等于 1 的公式——即上面列出的式（6.8）～式（6.10）——才为真。

❑ 如本书第 2.11.2 节所述，当且仅当两个矢量垂直时，它们的点积才为 0。因此，

当 r_1、r_2 和 r_3 相互垂直时，其他 6 个等式（等号右边的值为 0）为真。

因此，要使矩阵正交，必须满足以下条件：

❑ 矩阵的每一行必须是单位矢量。

❑ 矩阵的行必须相互垂直。

可以对矩阵的列进行类似的描述，因为如果 M 是正交的，则 M^T 也必须是正交的。

请注意，这些标准正是在第 3.3.3 节中所说的那些基矢量的标准正交满足的标准。在该小节中，我们还注意到标准正交基特别有用，因为我们可以通过使用点积来执行刚好"相反"的坐标变换。当我们说正交矩阵的转置等于它的逆矩阵时，我们只是在线性代数的形式语言中重述这个事实。

还要注意的是，有 3 个正交方程是重复的，因为点积是可交换的。因此，这 9 个公式实际上只表示了 6 个约束。在任意 3×3 矩阵中，存在 9 个元素并因此具有 9 个自由度，但是在正交矩阵中，可通过约束去除 6 个自由度，留下 3 个自由度。重要的是，这 3 个也是三维旋转中固有的自由度数（但是，旋转矩阵不能包含反射，因此，正交矩阵集中的"自由度"略高于三维中的方向集）。

当计算矩阵的逆时，如果我们先验地知道矩阵是正交的，通常只会利用正交性。如果事先不知道，那可能是浪费时间检查。在最好的情况下，检查正交性并发现矩阵确实是正交的，然后我们转置矩阵。但这可能需要几乎与计算逆相同的时间。在最坏的情况下，矩阵不是正交的，这时花在检查上的时间肯定是浪费了。最后，即使在抽象中正交的矩阵在浮点表示时也可能不完全正交，因此我们必须使用容差，并且根据需要调整该容差。

⚠️ 注意：

这里需要进行一项很重要的专业说明，因为它可能会让人有点困惑。在线性代数中，如果一组基矢量相互垂直，则将它们描述为正交（Orthogonal）。它们不需要具有单位长度。如果它们确实具有单位长度，则它们是标准正交基（Orthonormal Basis）。因此，正交矩阵（Orthogonal Matrix）的行和列是标准正交基矢量（Orthonormal Basis Vector）。然而，从一组正交基矢量构造矩阵不一定导致正交矩阵（除非基矢量也是标准正交基）。

6.3.3 矩阵的正交化

有时我们遇到的矩阵会略微偏离正交性。这可能是因为从外部源获取了不良数据，或者可能累积了浮点误差，后者又称为矩阵蠕变（Matrix Creep）。对于用于凹凸映射（Bump Mapping）的基矢量（参见第 10.9 节），通常会将基矢量调整为正交，即使纹理映射渐变不是很垂直。在这些情况下，我们都希望对矩阵进行正交化（Orthogonalize），从而得到一个矩阵，该矩阵具有相互垂直的单位矢量轴，并且（希望）尽可能接近原始矩阵。

用于构造一组正交基矢量（它是正交矩阵的行）的标准算法是 Gram-Schmidt 正交化。其基本思想是按顺序遍历基矢量。对于每个基矢量，我们将减去与基向量平行的矢量，这必然会产生垂直矢量。

以 3×3 的情况为例。和以前一样，让 $\mathbf{r}_1$、$\mathbf{r}_2$ 和 $\mathbf{r}_3$ 代表 3×3 矩阵 $\mathbf{M}$ 的行（记住，你也可以将它们视为坐标空间的 x 轴、y 轴和 z 轴），然后可以根据以下算法计算一组正交的行矢量 $\mathbf{r}_1'$、$\mathbf{r}_2'$ 和 $\mathbf{r}_3'$：

三维基矢量的 Gram-Schmidt 正交化
$$\mathbf{r}_1' \Leftarrow \mathbf{r}_1,$$ $$\mathbf{r}_2' \Leftarrow \mathbf{r}_2 - \frac{\mathbf{r}_2 \cdot \mathbf{r}_1'}{\mathbf{r}_1' \cdot \mathbf{r}_1'}\mathbf{r}_1',$$ $$\mathbf{r}_3' \Leftarrow \mathbf{r}_3 - \frac{\mathbf{r}_3 \cdot \mathbf{r}_1'}{\mathbf{r}_1' \cdot \mathbf{r}_1'}\mathbf{r}_1' - \frac{\mathbf{r}_3 \cdot \mathbf{r}_2'}{\mathbf{r}_2' \cdot \mathbf{r}_2'}\mathbf{r}_2'$$

在应用这些步骤之后，矢量 $\mathbf{r}_1$、$\mathbf{r}_2$ 和 $\mathbf{r}_3$ 将保证相互垂直，因此将形成正交基。但是，它们可能不一定是单位矢量。我们需要一个标准正交基来形成一个正交矩阵，因此还必须对矢量进行归一化（同样，该术语也可能令人困惑，请参阅第 6.3.2 节末尾的注释）。请注意，如果按照我们的方式归一化矢量，而不是在第二次遍历中，那么就可以避免所有的除法。此外，还有一个在三维中有效（但不适用于更高维度）的技巧是使用叉积计算第三个基矢量，具体如下：

$$\mathbf{r}_3' \Leftarrow \mathbf{r}_1' \times \mathbf{r}_2'$$

Gram-Schmidt 算法是有偏差的，这取决于列出的基矢量的顺序。例如，$\mathbf{r}_1$ 永远不会改变，而 $\mathbf{r}_3$ 可能会改变最多。该算法有一种不偏向任何特定轴的变体，那就是放弃在一次遍历中完全正交化整个矩阵的尝试。我们可以选择一个因子 k，而不是减去所有的投影，我们只减去它的 k。我们还将投影减去原始轴，而不是被调整的那个。通过这种方式，执行操作的顺序就变得无关紧要了，这样就可以产生没有维度偏差的结果。该算法可总结如下：

无偏差的递增正交化算法
$$\mathbf{r}_1' \Leftarrow \mathbf{r}_1 - k\frac{\mathbf{r}_1 \cdot \mathbf{r}_2}{\mathbf{r}_2 \cdot \mathbf{r}_2}\mathbf{r}_2 - k\frac{\mathbf{r}_1 \cdot \mathbf{r}_3}{\mathbf{r}_3 \cdot \mathbf{r}_3}\mathbf{r}_3,$$ $$\mathbf{r}_2' \Leftarrow \mathbf{r}_2 - k\frac{\mathbf{r}_2 \cdot \mathbf{r}_1}{\mathbf{r}_1 \cdot \mathbf{r}_1}\mathbf{r}_1 - k\frac{\mathbf{r}_2 \cdot \mathbf{r}_3}{\mathbf{r}_3 \cdot \mathbf{r}_3}\mathbf{r}_3,$$ $$\mathbf{r}_3' \Leftarrow \mathbf{r}_3 - k\frac{\mathbf{r}_3 \cdot \mathbf{r}_1}{\mathbf{r}_1 \cdot \mathbf{r}_1}\mathbf{r}_1 - k\frac{\mathbf{r}_3 \cdot \mathbf{r}_2}{\mathbf{r}_2 \cdot \mathbf{r}_2}\mathbf{r}_2$$

　　该算法的一次迭代将产生一组比原始矢量稍微"更正交"一些的基矢量，但可能不会完全正交。通过多次重复该过程，我们最终可以在正交基矢量上收敛。为 k 选择一个适当小的值（如 1/4）并迭代足够多次（如 10 次）会让我们相当接近正交，然后可以使用标准的 Gram-Schmidt 算法来保证获得完全正交基。

6.4　关于 4×4 齐次矩阵

　　到目前为止，我们只使用了二维和三维矢量。本节将介绍四维矢量和所谓的齐次（Homogeneous）坐标。关于四维矢量和矩阵并没有什么神奇的（请注意，这里的第 4 个坐标并不解读为"时间"）。正如我们将要看到的，这里的四维矢量和 4×4 矩阵只不过是为了简化三维运算而设计的方便表示法。

　　本节将介绍四维齐次空间和 4×4 变换矩阵及其在仿射三维几何中的应用。第 6.4.1 节将讨论四维齐次空间的性质以及它与物理三维空间的关系；第 6.4.2 节将解释如何使用 4×4 变换矩阵来表示平移；第 6.4.3 节将解释 4×4 变换矩阵如何用于表示仿射变换。

6.4.1　关于四维齐次空间

　　在第 2.1 节介绍了四维矢量有 4 个分量，前 3 个分量是标准的 x、y 和 z 分量。四维矢量中的第四个分量是 w，有时称为齐次坐标（Homogeneous Coordinate）。

　　为了理解标准物理三维空间是如何扩展到四维的，让我们先来看一下二维中的齐次坐标，其形式为 (x, y, w)。想象一下，在三维中 $w = 1$ 处的标准二维平面，实际的二维点 (x, y) 用齐次坐标表示为 $(x, y, 1)$，对于那些不在 $w = 1$ 平面上的点，则可以通过除以 w，将它们投影到 $w = 1$ 平面上，从而计算相应的二维点。这样，齐次坐标 (x, y, w) 就可以映射到实际的二维点 $(x/w, y/w)$，如图 6.2 所示。

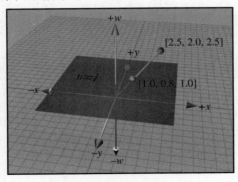

图 6.2　将齐次坐标投影到二维中的 $w = 1$ 平面

对于任何给定的物理二维点(x, y)，在齐次空间中存在无限数量的对应点，所有点的形式都是(kx, ky, k)，条件是$k \neq 0$。这些点形成一条穿过（齐次）原点的直线。

当$w = 0$时，该除法是未定义的，并且在二维空间中没有对应的物理点。但是，我们可以将形式为$(x, y, 0)$的二维齐次点解释为"无限远的点"，它定义的是方向而不是位置。当我们对"点"和"矢量"进行概念上的区分时（参见第 2.4 节），那么当$w \neq 0$时，它的"位置"就是"点"；而当$w = 0$时，它的"方向"就是"矢量"。在第 6.4.2 节中将对此进行更多介绍。

将物理三维空间扩展到四维齐次空间时，同样的基本思想也适用（尽管可视化会更难）。物理三维点可以被认为是存在于四维的$w = 1$的超平面（Hyperplane）中。四维点的形式是(x, y, z, w)，并且可以将四维点投射到该超平面上以产生相应的物理三维点$(x/w, y/w, z/w)$。当$w = 0$时，四维点代表"无限远的点"，它将定义方向而不是位置。

通过除以 w 的方法产生的齐次坐标和投影是有意义的，但为什么我们想要使用四维空间呢？有两个主要原因促使我们使用四维矢量和 4×4 矩阵。第一个原因（将在第 6.4.2 节详细讨论）实际上只不过是为了表示上的方便；第二个原因是，如果将适当的值放入 w 中，则齐次除法将导致透视投影，如将在第 6.5 节中讨论的那样。

6.4.2　关于 4 × 4 平移矩阵

如第 4.2 节所述，3×3 变换矩阵表示线性变换，不包含平移。由于矩阵乘法的特性，零矢量总是被变换为零矢量，因此，任何可以由矩阵乘法表示的变换都不能包含平移。这是很糟糕的，因为矩阵乘法和求逆都是非常方便的工具，它们不但可以通过简单的方法组合出复杂的变换，而且还可以操纵嵌套的坐标空间关系。因此，如果能够找到一种方法以某种方式扩展标准 3×3 变换矩阵以便能够处理包括平移的变换，那将是一件"善莫大焉"的好事。4×4 矩阵就提供了这样一个数学上的"方便之门"，允许我们这样做。

假设 w 始终为 1。因此，标准三维矢量$[x, y, z]$将始终在四维中表示为$[x, y, z, 1]$。任何 3×3 变换矩阵都可以通过以下转换公式实现在四维中的表示：

将 3 × 3 变换矩阵扩展到四维中
$$\begin{bmatrix} m_{11} & m_{12} & m_{13} \\ m_{21} & m_{22} & m_{23} \\ m_{31} & m_{32} & m_{33} \end{bmatrix} \implies \begin{bmatrix} m_{11} & m_{12} & m_{13} & 0 \\ m_{21} & m_{22} & m_{23} & 0 \\ m_{31} & m_{32} & m_{33} & 0 \\ 0 & 0 & 0 & 1 \end{bmatrix}$$

当将$[x, y, z, 1]$形式的四维矢量乘以这种形式的 4×4 矩阵时，得到与标准 3×3 情况相同的结果，唯一的区别是附加坐标 $w = 1$，具体如下：

$$\begin{bmatrix} x & y & z \end{bmatrix} \begin{bmatrix} m_{11} & m_{12} & m_{13} \\ m_{21} & m_{22} & m_{23} \\ m_{31} & m_{32} & m_{33} \end{bmatrix}$$

$$= \begin{bmatrix} xm_{11}+ym_{21}+zm_{31} & xm_{12}+ym_{22}+zm_{32} & xm_{13}+ym_{23}+zm_{33} \end{bmatrix};$$

$$\begin{bmatrix} x & y & z & 1 \end{bmatrix} \begin{bmatrix} m_{11} & m_{12} & m_{13} & 0 \\ m_{21} & m_{22} & m_{23} & 0 \\ m_{31} & m_{32} & m_{33} & 0 \\ 0 & 0 & 0 & 1 \end{bmatrix}$$

$$= \begin{bmatrix} xm_{11}+ym_{21}+zm_{31} & xm_{12}+ym_{22}+zm_{32} & xm_{13}+ym_{23}+zm_{33} & 1 \end{bmatrix}$$

现在来到了非常有趣的部分。在四维中，可以用矩阵乘法来表示平移，而在三维中，这是不可能的事情，具体如下：

使用 4 × 4 矩阵执行三维中的平移
$\begin{bmatrix} x & y & z & 1 \end{bmatrix} \begin{bmatrix} 1 & 0 & 0 & 0 \\ 0 & 1 & 0 & 0 \\ 0 & 0 & 1 & 0 \\ \Delta x & \Delta y & \Delta z & 1 \end{bmatrix} = \begin{bmatrix} x+\Delta x & y+\Delta y & z+\Delta z & 1 \end{bmatrix}$ (6.11)

重要的是需要理解：这种矩阵乘法仍然是线性变换。矩阵乘法不能表示四维中的"平移"，四维零矢量将始终变换回四维零矢量。这个技巧能够有效在三维中变换点的原因是我们实际上是在错切四维空间。将式（6.11）与第 5.5 节中的错切矩阵进行比较即可发现这一点。对应于物理三维空间的四维超平面不会通过四维中的原点。因此，当错切四维空间时，能够在三维中进行平移。

让我们来看一看，当执行一次没有平移的变换，然后再执行一次仅有平移的变换之后会发生什么。设 **R** 是一个旋转矩阵（实际上，**R** 还可以包含其他三维线性变换，但是现在，假设 **R** 只包含旋转），设 **T** 是式（6.11）形式的平移矩阵，这两个矩阵分别如下：

$$\mathbf{R} = \begin{bmatrix} r_{11} & r_{12} & r_{13} & 0 \\ r_{21} & r_{22} & r_{23} & 0 \\ r_{31} & r_{32} & r_{33} & 0 \\ 0 & 0 & 0 & 1 \end{bmatrix}, \qquad \mathbf{T} = \begin{bmatrix} 1 & 0 & 0 & 0 \\ 0 & 1 & 0 & 0 \\ 0 & 0 & 1 & 0 \\ \Delta x & \Delta y & \Delta z & 1 \end{bmatrix}$$

然后可以先旋转再平移点 **v** 来计算新点 **v**′，其公式如下：

$$\mathbf{v}' = \mathbf{vRT}$$

请记住，这里变换的顺序很重要，因为选择使用的是行矢量，所以变换的顺序与矩阵从左到右相乘的顺序一致。我们先旋转然后再平移。

就像 3 × 3 矩阵一样，可以将两个矩阵连接成单个的变换矩阵，然后将它指定给矩阵 **M**，具体如下：

$$\mathbf{M} = \mathbf{RT},$$
$$\mathbf{v}' = \mathbf{vRT} = \mathbf{v(RT)} = \mathbf{vM}$$

现在来看一看以下 $\mathbf{M}$ 的内容：

$$\mathbf{M} = \mathbf{RT} = \begin{bmatrix} r_{11} & r_{12} & r_{13} & 0 \\ r_{21} & r_{22} & r_{23} & 0 \\ r_{31} & r_{32} & r_{33} & 0 \\ 0 & 0 & 0 & 1 \end{bmatrix} \begin{bmatrix} 1 & 0 & 0 & 0 \\ 0 & 1 & 0 & 0 \\ 0 & 0 & 1 & 0 \\ \Delta x & \Delta y & \Delta z & 1 \end{bmatrix}$$

$$= \begin{bmatrix} r_{11} & r_{12} & r_{13} & 0 \\ r_{21} & r_{22} & r_{23} & 0 \\ r_{31} & r_{32} & r_{33} & 0 \\ \Delta x & \Delta y & \Delta z & 1 \end{bmatrix}$$

可以看到，$\mathbf{M}$ 的上面的 3×3 部分包含旋转的部分，底下的行包含的是平移部分，最右边的列（现在）是$[0, 0, 0, 1]^{\mathrm{T}}$。

反过来应用该信息，可以采用任何 4×4 矩阵并将其分成线性变换部分和平移部分。通过将平移矢量$[\Delta x, \Delta y, \Delta z]$指定给矢量 $\mathbf{t}$，可以用块矩阵表示法（Block Matrix Notation）很简洁地将该公式转换为以下形式：

$$\mathbf{M} = \begin{bmatrix} \mathbf{R} & \mathbf{0} \\ \mathbf{t} & 1 \end{bmatrix}$$

 注意：

目前，假设 4×4 变换矩阵的最右列总是$[0, 0, 0, 1]^{\mathrm{T}}$。在第 6.5 节中，将会遇到不是这种情况时的问题。

现在来看看所谓的"无限远的点"（$w = 0$ 时的那些矢量）会发生什么。将它们乘以扩展为四维的"标准"3×3 线性变换矩阵（不包含平移的变换），可得

"无限远的点"乘以不包含平移的 4×4 矩阵
$\begin{bmatrix} x & y & z & 0 \end{bmatrix} \begin{bmatrix} r_{11} & r_{12} & r_{13} & 0 \\ r_{21} & r_{22} & r_{23} & 0 \\ r_{31} & r_{32} & r_{33} & 0 \\ 0 & 0 & 0 & 1 \end{bmatrix}$
$= \begin{bmatrix} xr_{11}+yr_{21}+zr_{31} & xr_{12}+yr_{22}+zr_{32} & xr_{13}+yr_{23}+zr_{33} & 0 \end{bmatrix}$

换句话说，当将形式为$[x, y, z, 0]$的无穷远的点的矢量乘以包含旋转、缩放等的变换矩阵时，会发生预期的变换，结果是另一个形式为$[x', y', z', 0]$的无穷远的点的矢量。

当将形式为$[x, y, z, 0]$的无穷远的点的矢量乘以包含平移的变换矩阵时，会得到以下结果：

"无限远的点"乘以包含平移的 4 × 4 矩阵

$$
\begin{bmatrix} x & y & z & 0 \end{bmatrix}
\begin{bmatrix}
r_{11} & r_{12} & r_{13} & 0 \\
r_{21} & r_{22} & r_{23} & 0 \\
r_{31} & r_{32} & r_{33} & 0 \\
\Delta x & \Delta y & \Delta z & 1
\end{bmatrix}
$$

$$
= \begin{bmatrix} xr_{11}+yr_{21}+zr_{31} & xr_{12}+yr_{22}+zr_{32} & xr_{13}+yr_{23}+zr_{33} & 0 \end{bmatrix}
$$

可以看到，其结果是一样的——也就是说，不会发生平移。

换句话说，四维矢量的 w 分量可用于选择性地"开关" 4 × 4 矩阵的平移部分。这个发现是很有用的，因为一些矢量代表"位置"，所以它应该被平移，而其他矢量则代表"方向"（例如表面法线），所以它不应该被平移。在几何意义上，可以将第一类数据（$w = 1$）视为"点"，将第二类数据，即"无限远的点"（$w = 0$）视为"矢量"。

因此，4 × 4 矩阵非常有用的原因之一就是 4 × 4 变换矩阵可以包含平移。当仅为此目的而使用 4 × 4 矩阵时，矩阵的最右列将始终为$[0, 0, 0, 1]^T$。既然如此，为什么我们不放弃列而使用 4 × 3 矩阵呢？根据线性代数规则，4 × 3 矩阵是不可取的，原因如下：

- 不能将 4 × 3 矩阵乘以另一个 4 × 3 矩阵。
- 不能获得 4 × 3 矩阵的逆，因为该矩阵不是正方形。
- 当将四维矢量乘以 4 × 3 矩阵时，结果是三维矢量。

严格遵守线性代数规则迫使我们添加第四列。当然，在我们的代码中，可以不受线性代数规则的约束。编写 4 × 3 矩阵类是一种常用技术，可用于表示包含平移的变换。基本上，这样的矩阵是 4 × 4 矩阵，其中假设最右边的列是$[0, 0, 0, 1]^T$，因此没有显式地存储。

6.4.3　一般仿射变换

第 5 章给出了许多原始变换的 3 × 3 矩阵。因为 3 × 3 矩阵只能表示三维中的线性变换，所以不考虑平移。但是，使用 4 × 4 变换矩阵，现在可以创建包含平移的更一般性的仿射变换，例如：

- 围绕不穿过原点的轴旋转。
- 围绕不穿过原点的平面进行缩放。
- 围绕不穿过原点的平面反射。
- 在不穿过原点的平面上进行正交投影。

这里的基本思想是将变换的"中心"平移到原点，然后使用第 5 章中介绍的技术执行线性变换，最后将中心平移回原始位置。

我们从将点 **p** 平移到原点的平移矩阵 **T** 开始，然后是第 5 章中执行线性变换的线性

变换矩阵 **R**。最终，仿射变换矩阵 **A** 将等于矩阵乘积 **TR(T⁻¹)**，其中，**T⁻¹** 是具有与 **T** 相反的平移量的平移矩阵。

观察这种矩阵的一般形式是很有趣的。现在先使用之前介绍过的形式分别写出以下 **T**、**R** 和 **T⁻¹**：

$$\mathbf{T} = \begin{bmatrix} 1 & 0 & 0 & 0 \\ 0 & 1 & 0 & 0 \\ 0 & 0 & 1 & 0 \\ -p_x & -p_y & -p_z & 1 \end{bmatrix} = \begin{bmatrix} \mathbf{I} & \mathbf{0} \\ -\mathbf{p} & 1 \end{bmatrix};$$

$$\mathbf{R}_{4 \times 4} = \begin{bmatrix} r_{11} & r_{12} & r_{13} & 0 \\ r_{21} & r_{22} & r_{23} & 0 \\ r_{31} & r_{32} & r_{33} & 0 \\ 0 & 0 & 0 & 1 \end{bmatrix} = \begin{bmatrix} \mathbf{R}_{3 \times 3} & \mathbf{0} \\ \mathbf{0} & 1 \end{bmatrix};$$

$$\mathbf{T}^{-1} = \begin{bmatrix} 1 & 0 & 0 & 0 \\ 0 & 1 & 0 & 0 \\ 0 & 0 & 1 & 0 \\ p_x & p_y & p_z & 1 \end{bmatrix} = \begin{bmatrix} \mathbf{I} & \mathbf{0} \\ \mathbf{p} & 1 \end{bmatrix}$$

评估该矩阵的乘法，可得

$$\mathbf{TR}_{4 \times 4}\mathbf{T}^{-1} = \begin{bmatrix} \mathbf{I} & \mathbf{0} \\ -\mathbf{p} & 1 \end{bmatrix} \begin{bmatrix} \mathbf{R}_{3 \times 3} & \mathbf{0} \\ \mathbf{0} & 1 \end{bmatrix} \begin{bmatrix} \mathbf{I} & \mathbf{0} \\ \mathbf{p} & 1 \end{bmatrix} = \begin{bmatrix} \mathbf{R}_{3 \times 3} & \mathbf{0} \\ -\mathbf{p}(\mathbf{R}_{3 \times 3}) + \mathbf{p} & 1 \end{bmatrix}$$

因此，仿射变换中的额外平移仅改变 4×4 矩阵的最后一行，上面的 3×3 部分（包含线性变换）则不受影响。

到目前为止，我们对"齐次"坐标的使用实际上只不过是数学上的一道"方便之门"，它允许我们在变换中包含平移。我们给"齐次"加上双引号，是因为 w 值始终为 1（或者在无穷远处的点的情况下为 0）。在第 6.5 节中将删除这个双引号，并讨论使用具有其他 w 值的四维坐标的实用方法。

6.5　关于 4×4 矩阵和透视投影

第 6.4.1 节表明了当在三维中解释四维齐次矢量时，用的是除以 w 的方法。这种除法是在第 6.4 节中没有真正利用的数学工具，因为 w 总是 1 或 0。但是，如果正确地使用该技巧，则可以使用 w 的除法来非常简洁地封装透视投影（Perspective Projection）的重要几何运算。

通过将它与已经讨论过的其他类型的投影（如正交投影）进行比较，我们可以学到很多关于透视投影的知识。第 5.3 节展示了如何通过使用正交投影将三维空间投影到二维平面上，该平面称为投影平面（Projection Plane）。正交投影（Orthographic Projection）也称为正投影或平行投影（Parallel Projection），因为投影线是平行的。投影线（Projector）是从初始点到平面上的最终投影点的线。正交投影中使用的平行投影线如图 6.3 所示。

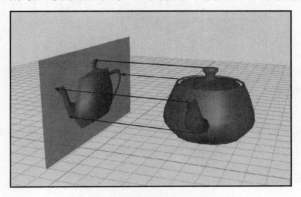

图 6.3 正交投影使用平行投影线

三维中的透视投影也投影到二维平面上。但是，投影线并不平行。实际上，它们在一个点上相交，这个点称为投影中心（Center of Projection），如图 6.4 所示。

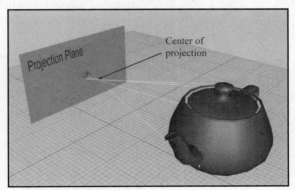

图 6.4 通过透视投影，投影线在投影中心相交

原　　文	译　　文
Projection Plane	投影平面
Center of projection	投影中心

由于投影中心位于投影平面的前方，投影线在撞击平面之前交叉，因此图像被反转。当将物体移动到远离投影中心时，其正交投影保持不变，但透视投影变小。图 6.5 显示了右侧的茶壶离投影平面更远，并且投影（稍微）小于更近的茶壶。这是一个非常重要的视觉提示，称为透视缩短（Perspective Foreshortening）。

图 6.5 　由于透视缩短现象的存在，左边的茶壶投影比右边的茶壶投影大。
左边的茶壶更接近投影平面

6.5.1　针孔相机

透视投影在图形中很重要，因为它模拟了人类视觉系统的工作方式。实际上，人类视觉系统更复杂，因为我们有两只眼睛，并且每只眼睛的投影表面（我们的视网膜）都不是平的。让我们来看一个更简单一些的针孔相机（Pinhole Camera）的例子。针孔相机是一个盒子，一端有一个小孔。光线进入针孔（因此会聚在一点），然后撞击盒子的另一端，即投影平面。图 6.6 显示了针孔相机的例子。

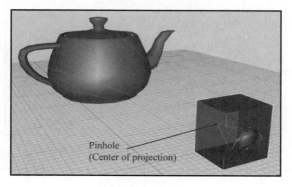

Pinhole
(Center of projection)

图 6.6　针孔相机

原　　文	译　　文
Pinhole	针孔相机
（Center of projection）	（投影中心）

在此视图中，盒子的左侧和后侧已被移除，因此你可以看到内部。请注意，投影到盒子背面的图像是反转的。这是因为光线（投影仪）在针孔（投影中心）相遇时交叉。

让我们来看一下针孔相机透视投影背后的几何形状。考虑一个三维坐标空间,其原点位于针孔,z 轴垂直于投影平面,x 轴和 y 轴平行于投影平面,如图 6.7 所示。

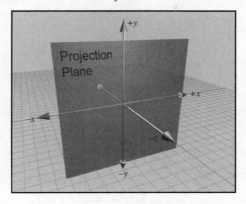

图 6.7 平行于 xy 平面的投影平面

原　　文	译　　文
Projection Plane	投影平面

现在来看一看,对于任意点 **p**,是否能计算 **p′** 的三维坐标。**p′** 是 **p** 通过针孔投影到投影平面上的。首先,需要知道从针孔到投影平面的距离。我们将这个距离分配给变量 d。因此,平面由方程 $z = -d$ 定义。接下来可以从侧面查看投影平面并求解 y,如图 6.8 所示。

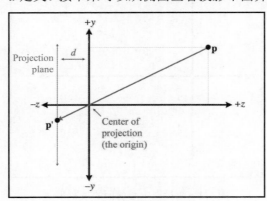

图 6.8 从侧面查看投影平面

原　　文	译　　文
Projection plane	投影平面
Center of projection（the origin）	投影中心（原点）

通过类似的三角形，可以看到

$$\frac{-p'_y}{d} = \frac{p_y}{z} \quad \Longrightarrow \quad p'_y = \frac{-dp_y}{z}$$

请注意，由于针孔相机将图像上下翻转，因此 p_y 和 p'_y 的符号相反。 p'_x 的值可以按以下类似的方式计算：

$$p'_x = \frac{-dp_x}{z}$$

所有投影点的 z 值都相同：$-d$。因此，将点 $\mathbf{p}$ 通过原点投影到 $z = -d$ 的平面上的结果是

投影到 $z = -d$ 平面上
$\mathbf{p} = \begin{bmatrix} x & y & z \end{bmatrix} \quad \Longrightarrow \quad \mathbf{p}' = \begin{bmatrix} x' & y' & z' \end{bmatrix} = \begin{bmatrix} -dx/z & -dy/z & -d \end{bmatrix}$

在实践中，额外的减号会产生不必要的复杂性，因此将投影平面移动到 $z = d$，它位于投影中心的前面，如图 6.9 所示。当然，这对于真正的针孔相机来说永远是不可能的，因为首先针孔的目的是仅允许穿过单个点的光。然而，在计算机内部的数学世界中，它是完全有效的。

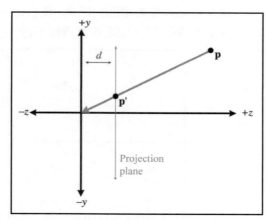

图 6.9   在投影中心前面的投影平面

原　　文	译　　文
Projection plane	投影平面

正如预期的那样，将投影平面移动到投影中心前面可以消除恼人的减号，结果如下：

将点投影到 $z = d$ 平面上
$\mathbf{p}' = \begin{bmatrix} x' & y' & z' \end{bmatrix} = \begin{bmatrix} dx/z & dy/z & d \end{bmatrix}$　　　　　　　　（6.12）

6.5.2　透视投影矩阵

因为从四维到三维空间的转换意味着除法，所以可以在 4×4 矩阵中编码透视投影。其基本思想是为 $\mathbf{p}'$ 和 x、y 和 z 的公分母提出一个等式，然后设置一个 4×4 矩阵，将 w 设置为等于这个分母。

假设原始点有 $w = 1$。

首先，操纵式（6.12）以得到以下一个公分母：

$$\mathbf{p}' = \begin{bmatrix} dx/z & dy/z & d \end{bmatrix} = \begin{bmatrix} dx/z & dy/z & dz/z \end{bmatrix} = \frac{\begin{bmatrix} x & y & z \end{bmatrix}}{z/d}$$

要除以这个分母，可以将该分母放入 w 中，所以四维点将是以下形式的：

$$\begin{bmatrix} x & y & z & z/d \end{bmatrix}$$

所以需要一个 4×4 矩阵，它将乘以一个齐次矢量$[x, y, z, 1]$以产生$[x, y, z, z/d]$。执行此操作的矩阵是

使用 4×4 矩阵投影到 $z = -d$ 平面上
$\begin{bmatrix} x & y & z & 1 \end{bmatrix} \begin{bmatrix} 1 & 0 & 0 & 0 \\ 0 & 1 & 0 & 0 \\ 0 & 0 & 1 & 1/d \\ 0 & 0 & 0 & 0 \end{bmatrix} = \begin{bmatrix} x & y & z & z/d \end{bmatrix}$

因此，我们推导出了一个 4×4 投影矩阵。

这里有以下几个要点需要说明一下：

❑　此矩阵的乘法并不真正执行透视变换，它只是计算恰当的分母给 w。记住，当通过除以 w 将四维转换为三维时，就会真正执行透视除法。

❑　它可以有许多变体。例如，可以将投影平面置于 $z = 0$，投影中心置于$[0, 0, -d]$。这会产生一些略有不同的公式。

❑　这似乎过于复杂。看起来像是除以 z 更简单，而不必劳师动众地使用矩阵。那么，为什么齐次空间更有意思呢？首先，4×4 矩阵提供了一种将投影表示为变换的方法，并且该变换可以与其他变换连接。其次，投影到非轴对齐平面也是

有可能的。一般来说，我们不需要齐次坐标，但 4×4 矩阵提供了一种表示和操纵投影变换的简明方式。

❑　真实图形几何管道中的投影矩阵（Projection Matrix）——可能更准确地被称为剪辑矩阵（Clip Matrix）——不仅仅是将 z 复制到 w 中。它与推导出的结果在以下两个重要方面均有不同：

　➢　大多数图形系统应用归一化的比例因子，使得在远端剪辑平面处 $w = 1$。这确保了用于深度缓冲的值适合于正被渲染的场景，以最大化深度缓冲的精度。

　➢　大多数图形系统中的投影矩阵还会根据相机的视野缩放 x 和 y 值。

第 10.3.2 节还将详细阐述这些技术细节，并且同时使用 DirectX 和 OpenGL 作为示例，展示投影矩阵在实际应用中的外观。

6.6　练　　习

（答案见本书附录 B）

1．计算以下矩阵的行列式：

$$\begin{bmatrix} 3 & -2 \\ 1 & 4 \end{bmatrix}$$

2．计算以下矩阵的行列式、伴随矩阵和逆矩阵：

$$\begin{bmatrix} 3 & -2 & 0 \\ 1 & 4 & 0 \\ 0 & 0 & 2 \end{bmatrix}$$

3．以下矩阵是否为正交矩阵？

$$\begin{bmatrix} -0.1495 & -0.1986 & -0.9685 \\ -0.8256 & 0.5640 & 0.0117 \\ -0.5439 & -0.8015 & 0.2484 \end{bmatrix}$$

4．求习题 3 矩阵的逆矩阵。

5．求以下矩阵的逆矩阵：

$$\begin{bmatrix} -0.1495 & -0.1986 & -0.9685 & 0 \\ -0.8256 & 0.5640 & 0.0117 & 0 \\ -0.5439 & -0.8015 & 0.2484 & 0 \\ 1.7928 & -5.3116 & 8.0151 & 1 \end{bmatrix}$$

6．构造一个 4×4 矩阵，通过[4, 2, 3]进行平移。

7. 构造一个 4×4 矩阵围绕 x 轴旋转 $20°$，然后平移 $[4, 2, 3]$。

8. 构造一个 4×4 矩阵，通过 $[4, 2, 3]$ 平移，然后围绕 x 轴旋转 $20°$。

9. 构造一个 4×4 矩阵，在 $x = 5$ 平面上执行透视投影（假设原点是投影的中心）。

10. 使用习题 9 中的矩阵计算点 $(105, -243, 89)$ 投影到 $x = 5$ 平面上的三维坐标。

尝试可视化第四维度：
取一个点，
将它拉成一条线，
然后将它卷成一个圆，
再将它扭转成一个球，
最后洞穿球体。

——阿尔伯特·爱因斯坦（1879—1955）

第 7 章 极 坐 标 系

首先，我们必须注意，宇宙是球形的。

——尼古拉·哥白尼（1473—1543）

笛卡儿坐标系不是精确绘制空间和定义位置的唯一系统。笛卡儿系统的替代方案是极坐标系（Polar Coordinate System），这正是本章要讨论的主题。如果对极坐标不是很熟悉，它可能看起来像一个深奥或颇为高级的话题（特别是因为三角函数的关系），你可能会想要把它忽略过去，但是我们建议你不要这样做，因为在 AI 和相机控制等领域存在许多非常实际问题，放在极坐标的框架中则可以迎刃而解。

本章分为以下几个部分：
- ❑　第 7.1 节将描述二维极坐标。
- ❑　第 7.2 节将给出一些极坐标优于笛卡儿坐标的例子。
- ❑　第 7.3 节将显示极坐标空间如何在三维中工作，并介绍了圆柱和球面坐标。
- ❑　第 7.4 节将明确指出极坐标空间可用于描述矢量和位置。

7.1　关于二维极坐标空间

本节将介绍极坐标背后的基本思想，并使用二维极坐标空间来让我们热身。第 7.1.1 节将介绍如何使用极坐标来描述位置；第 7.1.2 节将讨论极坐标的别名现象；第 7.1.3 节将介绍如何在二维中转换极坐标和笛卡儿坐标。

7.1.1　使用二维极坐标定位点

如前文所述，二维笛卡儿坐标空间有一个原点，它确立了坐标空间的位置，还有两个穿过原点的轴，它们确定了空间的方向。二维极坐标空间也有一个原点，称为极点（Pole），它具有相同的基本目的——它定义了坐标空间的“中心”。不同的是，极坐标空间只有一个轴，有时也称为极轴（Polar Axis），它通常被描述为来自原点的射线。数学文献中习惯上极轴指向示意图的右侧，因此它对应于笛卡儿系统中的 $+x$ 轴，如图 7.1 所示。

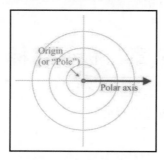

图 7.1　二维极坐标空间

原　　文	译　　文
Origin(or "Pole")	原点（或"极点"）
Polar axis	极轴

⚠ **注意：**

　　使用与此不同的惯例通常很方便，如将在第 7.3.3 节所述。在此之前，我们的讨论采用传统的数学文献惯例。

　　在笛卡儿坐标系中，我们使用两个有符号距离 x 和 y 来描述一个二维点。极坐标系则使用一个距离和一个角度。按照惯例，距离通常分配给变量 r，它是半径（Radius）的缩写，角度通常称为 θ。极坐标对 (r, θ) 将指定二维空间中的点，具体如下：

定位二维极坐标 (r, θ) 描述的点
步骤 1：从原点开始，朝向极轴方向，并旋转角度 θ。θ 的正值通常被解释为逆时针旋转；而它的负值通常被解释为顺时针旋转。 步骤 2：现在从原点向前移动 r 个单位的距离，这样就可以到达极坐标 (r, θ) 描述的点。

　　图 7.2 显示了上述两个步骤。

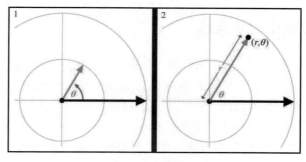

图 7.2　使用二维极坐标定位点

　　总之，r 定义了从该点到原点的距离，θ 定义了从原点开始的点的方向。图 7.3 显示了几个点及其极坐标的示例。你应该认真研究一下这个示意图，直到你确信自己已经理解了使用二维极坐标定位点的原理。

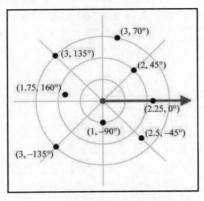

图 7.3　用二维极坐标标记的示例点

　　你可能已经注意到极坐标空间的示意图包含网格线，但这些网格线与笛卡儿坐标系图表中使用的网格线略有不同。笛卡儿坐标系中的每个网格线由与其中一个坐标具有相同值的点组成。也就是说，垂直线由全部具有相同 x 坐标的点组成，水平线由全部具有相同 y 坐标的点组成。极坐标系中的网格线与此类似，但表现形式则有所不同，具体如下：

　　❑　网格圆（Grid Circle）表示常数 r 的线。这样的显示方式自有其道理的。毕竟，圆的定义是与其中心等距的所有点的集合。这就是为什么字母 r 是保持这个距离的惯用变量，因为它是一个径向（Radial）距离。

　　❑　穿过原点的直线网格线显示常数 θ 的线，包括所有距离原点方向相同的点。

　　关于角度测量有一个需要注意的地方。对于笛卡儿坐标来说，测量单位并不重要。我们可以使用英尺、米、英里、码、光年、胡须秒或派卡等单位来解释示意图，这并不重要。[①] 如果你采用一些笛卡儿坐标数据，然后使用不同的物理单位解释数据，那么这只是让你看到的东西变大或变小，但它的形状是相同的。但是，使用不同的角度单位解释极坐标的角度分量，则会产生严重失真的结果。

[①] 美国宇航局（NASA）可能会有一些雇员对此观点不敢苟同，因为耗资 1.25 亿美元的火星气候轨道探测器就曾经由于出现了公制和英制单位混淆的错误而误入歧途。也许我们应该说，了解具体的测量单位对于理解笛卡儿坐标的概念是不必要的。在物理学和工程学中，通常非正式地使用了许多荒谬或不必要的复杂测量。例如，在量子物理学和其他使用极小距离和空间测量的学科中，胡须秒就是这样一种测量单位。胡须秒（Beard-seconds）是基于胡须在一秒钟内生长的距离来测量长度的单位。其确切长度有一些争论，有些人认为它约为 10 纳米，而还有一些人则使用它表示 5 纳米。派卡（Picas）是印刷字母所使用的单位，1 Picas = 12 点，1 点=1/72 英寸。

只要保持直线，那么你是使用度数（Degree）还是弧度（Radian）并不重要。在本书的文字叙述部分，我们几乎总是以度数为单位给出特定的角度测量值，并在数字后面使用"°"符号。这样做是因为我们是人类，并且大多数人都不是数学教授，他们会发现自己处理整数而不是 π 的分数更容易。实际上，360 这个数字的选择也是专门为在许多常见情况下可以避免分数而设计的。但是，计算机[①] 更喜欢处理使用弧度表示的角度，因此本书中的代码片段将使用弧度而不是度数。

7.1.2　别名

但愿你开始对极坐标的工作原理以及极坐标空间的外观有一个良好的感觉。在你的脑海中可能还会有一些琐碎的想法。有意识或无意识地，你可能已经注意到笛卡儿和极坐标空间之间的根本区别。也许你会将二维笛卡儿空间想象为一个完美均匀的空间连续体，就像一块完美无缺的果冻，在所有方向上无限地跨越，每次挖下的一小口都与所有其他部分相同。当然，也有一些"特殊"的地方，如原点和轴，但那些就像是锅底的标记——果冻本身在所有地方都是一样的。但是，当你想象极坐标空间的结构时，有些东西是不同的。极坐标空间中有一些"接缝"，一些不连续的东西有点像是"拼凑在一起"。在果冻的无限大的圆形平底锅中，有多张果冻叠在一起。当你把汤匙放在一个特定的地方挖一口时，你经常会挖到好多层！极坐标的果冻区域有一根头发，这是一个需要特殊预防措施的奇点（Singularity）。

无论你的极坐标空间的心理形象是果冻，还是其他一些美味的甜点，你都可能会思考以下一些问题：

（1）径向距离 r 可以为负值吗？

（2）θ 可以超出闭区间 $[-180°, +180°]$ 吗？

（3）原点的刚好朝"西"方向的角度 θ 的值（对于使用笛卡儿坐标来说，就是 $x < 0$ 和 $y = 0$ 的点）是不明确的。你可能已经注意到，图 7.3 中并没有标出这些点。这些点的 θ 是等于 $+180°$ 还是 $-180°$ 呢？

（4）原点本身的极坐标也是不明确的。显然，$r = 0$，但 θ 应该使用什么值？难道任何值都可以吗？

对所有这些问题的答案都是"是的。"[②] 事实上，我们必须面对极坐标空间的相当让人无奈的现实。

[①] 例如数学教授。

[②] 即使是问题（3）也是如此。

提示:

对于任何给定点, 可以使用无限多个极坐标对来描述该点。

这种现象称为别名 (Aliasing)。如果两个坐标对具有不同的数值但是在空间中指向相同的点, 则称它们是彼此的别名。请注意, 在笛卡儿空间中不会发生别名现象——空间中的每个点都只分配一个(x, y)坐标对, 点和坐标对之间的映射是一对一的。

在讨论别名现象所产生的一些困扰之前, 让我们厘清一个事实, 那就是别名现象并不会造成任何问题: 我们可以解释一个特定的极坐标对(r, θ)并找到该坐标引用的空间中的点。无论r和θ的值如何, 我们都可以得出合理的解释。

当$r < 0$时, 它将被解释为“向后”运动, 这与r为正时的移动方向刚好相反。如果θ超出闭区间$[-180°, +180°]$, 这也没问题, 因为我们仍然可以确定最终的方向。[①] 换句话说, 尽管可能存在一些“不寻常的”极坐标, 但是没有“无效的”极坐标。空间中的给定点对应于许多坐标对, 但是坐标对能明确地指定空间中的一个点。

为点(r, θ)创建别名的一种方法是将360°的倍数加到θ上。这会增加一个或多个整体“旋转”, 但不会改变由θ定义的结果方向。因此(r, θ)和$(r, \theta + k360°)$描述的实际上是相同的点, 其中, k是整数。我们也可以通过向θ加上180°并且使r变负来生成别名, 这意味着我们朝向的是另一个方向, 但位移的量却是相反的。

一般来说, 对于除原点以外的任何点(r, θ), 其别名的所有极坐标都可以表示为

$$((-1)^k r, \theta + k180°)$$

其中, k可以是任意整数。

因此, 尽管存在着别名, 我们都可以接受由极坐标(r, θ)所描述的点, 无论使用何种r和θ值。但是反过来又会如何呢? 给定空间中的任意点 **p**, 我们是否都接受应使用极坐标(r, θ)来描述 **p** 呢? 我们刚才说过, 有无数个极坐标对都可以用来描述位置 **p**。那么究竟应该使用哪一个呢? 简短的回答是: “任何一个都可以, 但只有一个是首选的。”

这就像约分。例如, 我们都同意 13/26 是一个完全有效的分数, 以及对于该分数的值是什么并没有争议。即便如此, 13/26 仍然是一个“不寻常的”分数, 我们大多数人都希望这个值表示为 1/2, 因为这更简单、更容易理解。当分数以最低的项表示时, 分数即处于“首选”格式。我们不必将 13/26 约分到 1/2, 但按照惯例通常会这样做。一个人的约分水平通常取决于当年他完成数学老师布置的家庭作业的情况。[②]

[①] 警告: 如果遵循图 7.2 中的步骤 1, 极大的 θ 值可能会让人晕头转向。

[②] 讲到数学老师和约分, 一位作者还清晰地记得他的中学数学老师就 2 3/5 这样的混合分数是否比相应的不正确分数 13/5 “更简单”进行了激烈的辩论。幸运的是, 在极坐标具有别名的背景下, 没有必要回答这个深刻的谜团。

对于极坐标来说，描述任何给定点的"首选"方式称为该点的规范（Canonical）坐标。如果 r 是非负的并且 θ 在 $[-180°,+180°]$ 区间内，则二维极坐标对 (r, θ) 在规范集中。请注意，该区间是半开的：对于原点直接朝"西"的点（$x < 0, y = 0$），将使用 $\theta = +180°$。另外，如果 $r = 0$（仅在原点处时为真），那么通常指定 $\theta = 0$；如果应用所有这些规则，则对于二维空间中的任何给定点来说，只有一种方法可以使用规范的极坐标来表示该点。我们可以用一些数学符号来简化这一点。如果满足以下所有条件，则极坐标对 (r, θ) 就在规范集中：

规范坐标需要满足的条件
$r \geqslant 0$　　　　　　　我们不会测量"向后"的距离
$-180° < \theta \leqslant 180°$　　角度限制为 1/2 圈。使用 +180° 代表朝"西"
$r = 0 \implies \theta = 0$　　在原点处，将角度设置为零

以下算法可以将极坐标对转换为其规范形式：

将极坐标对 (r, θ) 转换为其规范形式
1. 如果 $r = 0$，则指定 $\theta = 0$。
2. 如果 $r < 0$，则取反 r，并向 θ 加上 $180°$。
3. 如果 $\theta \leqslant -180°$，则将 $360°$ 加到 θ 上，直到 $\theta > -180°$。
4. 如果 $\theta > 180°$，则从 θ 减去 $360°$，直到 $\theta \leqslant 180°$。

代码清单 7.1 显示了如何在 C 语言中完成该转换操作。如第 7.1.1 节所述，计算机代码通常使用弧度存储角度。

代码清单 7.1　将极坐标对转换为其规范形式

```c
// 径向距离
float r;

// 以弧度为单位的角度
float theta ;

// 声明一个 2*PI（360°）的常量
const float TWOPI = 2.0f * PI;

// 检查是否恰好位于原点
if (r == 0.0f) {

    // 如果恰好在原点，则强制 theta 为 0
```

```
    theta = 0.0f;
} else {

    // 处理负距离
    if (r < 0.0f) {
        r = -r;
        theta += PI;
    }

    // Theta 的值是否超出范围?
    // 请注意，该 if() 检测并非绝对必要
    // 但是，如果没有该步骤，需要避免执行浮点运算
    // 为什么在不执行该步骤的情况下
    // 就可能会出现浮点数精度损失?
    if (fabs(theta) > PI) {

        // 按 PI 值弥补
        theta += PI;

        // 包含在范围 0～TWOPI
        theta -= floor(theta / TWOPI) * TWOPI;

        // 撤销弥补，将角度转换回在范围-PI～PI
        theta -= PI;
    }
}
```

挑剔的读者可能会注意到，虽然上述代码确保 θ 处于$[-\pi, +\pi]$闭区间内，但它没有明确地避免 $\theta = -\pi$ 的情况。π 的值在浮点数中不能完全表示。事实上，因为 π 是一个无理数，所以它永远不能用浮点数精确表示，或者在任何进制（基数）中对于 π 的精度表示都是有限的!

在我们的代码中，常量 PI 的值不完全等于 π，它是浮点数可以表示的最接近 π 的数字。使用双精度算法可以使我们更接近精确值，但仍然不准确。因此，你可以将此函数视为从$(-\pi, +\pi)$开区间内返回值。

7.1.3　关于二维中笛卡儿坐标和极坐标之间的变换

本节将介绍如何在二维中转换笛卡儿坐标系和极坐标系。顺便说一下，如果想知道何时会使用在第 1.4.5 节中讨论过的三角函数法则，那就是现在。

图 7.4 显示了二维中极坐标和笛卡儿坐标之间变换所涉及的几何。

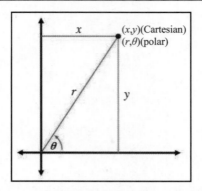

图 7.4　极坐标和笛卡儿坐标之间的变换

原　　文	译　　文
Cartesian	笛卡儿坐标
polar	极坐标

将极坐标(r, θ)变换为相应的笛卡儿坐标，几乎可以立即得出正弦和余弦的以下定义：

将二维极坐标变换为笛卡儿坐标
$x = r\cos\theta;$　　　　　　$y = r\sin\theta$　　　　　　　（7.1）

请注意，别名并不是一个问题，式（7.1）甚至适用于 r 和 θ 的"奇怪"值。

从笛卡儿坐标(x, y)计算极坐标(r, θ)是一个颇有技巧的部分。由于别名现象的存在，不仅有一个正确的答案，还可以有无穷多(r, θ)对来描述点(x, y)。一般来说，我们需要的是规范坐标。

我们可以通过使用毕达哥拉斯定理来轻松计算r，即

$$r = \sqrt{x^2 + y^2}$$

由于平方根函数总是返回正值的根，因此这里不必担心 r 会导致计算出的极坐标超出规范集的范围。

计算 r 非常简单，所以现在通过下式来求解 θ：

$$\frac{y}{x} = \frac{r\sin\theta}{r\cos\theta},$$

$$\frac{y}{x} = \frac{\sin\theta}{\cos\theta},$$

$$y/x = \tan\theta,$$

$$\theta = \arctan(y/x)$$

糟糕的是，这种方法存在两个问题：第一个问题是，如果 $x = 0$，则除法是未定义的；第二个问题是，arctan 函数的范围仅为 $[-90°, +90°]$。基本问题是除法 y/x 有效地丢弃了一些有用的信息。x 和 y 都可以是正的或负的，从而产生 4 种不同的可能性，对应于可能包含该点的 4 个不同象限。但是除法 y/x 会导致单个值。如果让 x 和 y 均变负，则会移动到平面中的不同象限，但 y/x 的比率不会改变。

由于这些问题的存在，从笛卡儿坐标转换到极坐标的完整公式需要一些 "if 语句" 来处理每个象限，对于 "数学人" 来说，这可能有点让人感觉混乱。幸运的是，"计算机人" 具有 atan2 函数，它可以正确地计算所有 x 和 y 的角度 θ，除了原点这一令人讨厌的情况。借用这种表示法，让我们来定义一个 atan2 函数，以便在本书的数学符号中使用，atan2 函数定义如下：

本书中使用的 atan2 函数
$$\text{atan2}(y, x) = \begin{cases} 0, & x = 0, y = 0, \\ +90°, & x = 0, y > 0, \\ -90°, & x = 0, y < 0, \\ \arctan(y/x), & x > 0, \\ \arctan(y/x) + 180°, & x < 0, y \geqslant 0, \\ \arctan(y/x) - 180°, & x < 0, y < 0 \end{cases} \qquad (7.2)$$

让我们对式（7.2）做两个关键性的观察。首先，遵循大多数计算机语言的标准库中的 atan2 函数的约定，参数采用 "反向" 顺序：y, x。你可以只记得它是相反的，或者你可能会发现记住 atan2(y, x) 和 arctan(y/x) 之间的词汇相似性则很方便。或者记住 $\tan\theta = \sin\theta/\cos\theta$，并且 $\theta = \text{atan2}(\sin\theta, \cos\theta)$。

其次，在许多软件库中，当 $x = y = 0$ 时，atan2 函数在原点是未定义的。在本书的文字叙述中，定义的 atan2 函数则设置了 atan2$(0, 0) = 0$。在代码片段中，使用库函数 atan2 并明确地将原点作为一种特殊情况处理，但在公式中，使用抽象函数 atan2，它是在原点定义的（请注意它们在字体方面的区别）。

回到前面提到的任务：从一组二维笛卡儿坐标计算极角 θ。使用 atan2 函数，可以轻松地将以下二维笛卡儿坐标变换为极坐标形式：

将二维笛卡儿坐标变换为极坐标
$r = \sqrt{x^2 + y^2}$; $\qquad\qquad\qquad \theta = \text{atan2}(y, x)$

代码清单 7.2 中的 C 代码显示了如何将二维笛卡儿 (x, y) 坐标对变换为相应的规范极坐标 (r, θ)。

代码清单 7.2　将二维笛卡儿坐标变换为相应的极坐标

```
// 输入：笛卡儿坐标
float x,y;

// 输出：极坐标径向距离，以弧度为单位的角度
float r, theta;

// 检查是否恰好在原点
if (x == 0.0f && y == 0.0f){

    // 如果恰好在原点，则强制极坐标的两个值均为 0
    r = 0.0f;
    theta = 0.0f;
} else {

    // 计算值。atan2 函数是不是很棒啊？
    r = sqrt(x*x + y*y);
    theta = atan2(y,x);
}
```

7.2　为什么有人会使用极坐标？

　　由于别名、度数和弧度以及三角函数所带来的复杂性，当笛卡儿坐标工作得很好，果冻中没有任何毛发时，为什么还会有人要使用极坐标？实际上，你可能比使用笛卡儿坐标更频繁地使用极坐标。它们经常在非正式谈话中出现。

　　例如，本书的一位作者来自德克萨斯州的阿尔瓦拉多。当人们询问德克萨斯州阿尔瓦拉多这个地方时，他告诉他们，"在伯利森东南约 15 英里处。"在这句话中，他用极坐标描述了阿尔瓦拉多的位置，因为它指定了原点（伯利森），距离（15 英里）和角度（东南）。当然，大多数非德克萨斯州本地人都不知道伯利森在哪里（即使是德克萨斯州本地人，也不一定知道伯利森这个地方），所以更自然地，还需要变换到不同的极坐标系并说"在达拉斯西南约 50 英里"。由于达拉斯声名在外，所以即使是来自美国以外的人也常常知道达拉斯在哪里。[①] 顺便说一下，德克萨斯州的每个人都不戴牛仔帽和穿

[①] 这是由于达拉斯的两个相当不幸的声名：暗杀肯尼迪总统和一部以该城市命名的肥皂剧（中文译名《豪门恩怨》），这使得达拉斯莫名其妙地具有了国际吸引力。

靴子。[1]

简而言之，极坐标经常出现，因为人们自然会根据距离和方向来思考位置（当然，我们在使用极坐标时通常不是很精确，但精确度实际上并不是大脑的强项之一）。笛卡儿坐标并不是人类的自然语言。计算机的情况恰恰相反——通常来说，当使用计算机求解几何问题时，使用笛卡儿坐标比使用极坐标更容易。当比较描述三维中方向的不同方法时，将在第 8 章再次讨论人与计算机之间的这种差异。

我们对极坐标的亲和力的原因是每个极坐标本身都有具体意义。一个战斗机飞行员可能会对另一个飞行员说："Bogey，六点钟！"。[2] 在空战中，这些勇敢的战斗机飞行员实际上正在使用极坐标。"六点钟"意味着"在你身后"，基本上是我们一直在研究的角度 θ。请注意，飞行员不需要指定距离，大概是因为另一名飞行员可以自己转头看，这比其他飞行员告诉他的更快。因此，一个极坐标（在这种情况下，就是一个方向）本身就是有用的信息。我们可以针对另一个极坐标距离（r）进行相同类型的示例，与单独的笛卡儿坐标的用途形成对比。想象一下，一名战斗机飞行员说："Bogey，$x = 1000$ 英尺！"这样的信息更难处理，并且也没什么用。

在视频游戏中，极坐标出现的最常见时期之一是，当想要将摄像机、武器或其他东西瞄准某个目标时，使用笛卡儿坐标到极坐标的转换可以很容易地解决这个问题，因为它通常正是我们需要的角度。即使如果你想要避免使用角度数据（我们可能完全使用矢量运算，例如，如果使用矩阵指定对象的方向），极坐标仍然有用。一般来说，摄像机、炮塔以及刺客的武器都不能瞬间移动（无论这个刺客有多厉害），但目标确实会移动。在这种情况下，我们通常需要以某种方式"追逐"目标。这种追逐（无论使用何种类型的控制系统，无论是简单的速度限制器、滞后系统还是二阶系统）通常最好在极坐标空间中完成，而不是在三维空间中插入目标位置。

物理数据采集系统经常会遇到极坐标，这些系统可提供距离和方向的基本原始测量。

值得一提的是，还有一个场合使用极坐标比使用笛卡儿坐标更为自然，那就是在球体的表面上移动。什么时候会这样做？你现在可能正在这样做。用于精确描述地理位置的纬度/经度坐标实际上不是笛卡儿坐标，它们是极坐标。更准确地说，它们是一种称为球面坐标（Spherical Coordinate）的三维极坐标，将在第 7.3.2 节中详细讨论它。当然，如果观察的是一个与行星的大小相比相对较小的区域，而且离赤道不太远，则可以使用纬度和经度作为笛卡儿坐标，这样也没有太大的问题。我们在达拉斯就是这样做的。

---

[1] 这两个事实与数学无关，但与纠正错误观念有关。作者在这里吐槽的是外界对"西部牛仔"或"德州牛仔"的刻板印象。
[2] 作者从来没有真正听过这样的第一手资料，倒是在电影中多次看到过它。

7.3　关于三维极坐标空间

　　极坐标既可用于二维，也可用于三维。你可能已经猜到，三维极坐标有 3 个值。但是这第三个坐标值是另一个线性距离（如 r）还是另一个角度（如 θ）呢？实际上，选择这两个中的任何一个都是可以的，允许有两种不同类型的三维极坐标。如果添加的是一个线性距离，那么得到的就是一个圆柱坐标（Cylindrical Coordinate），这是将在第 7.3.1 节中讨论的主题；如果添加的是另一个角度，那么得到的就是一个球面坐标（Spherical Coordinate），这将在后面的章节中介绍。尽管圆柱坐标的使用不如球面坐标常见，但我们将首先介绍它们，因为它们更容易理解。

　　第 7.3.1 节将讨论一种三维极坐标——圆柱坐标；第 7.3.2 节将讨论另一种三维极坐标——球面坐标；第 7.3.3 节将介绍一些替代的极坐标约定，这些约定通常更加简化，可用于视频游戏代码；第 7.3.4 节将描述球面坐标空间中可能出现的特殊类型的别名；第 7.3.5 节将显示如何在球面坐标和三维笛卡儿坐标之间进行转换。

7.3.1　圆柱坐标

　　为了将笛卡儿坐标扩展为三维，我们将从应用于平面工作中的二维系统开始，然后添加垂直于该平面的第三轴。这基本上就是圆柱坐标将极坐标扩展为三维的方式。让我们将第三轴称为 z 轴，就像使用笛卡儿坐标一样。为了找到由圆柱坐标(r, θ, z)所描述的点，可以首先处理 r 和 θ，就像对二维极坐标一样，然后根据 z 坐标"向上"或"向下"移动。图 7.5 显示了如何通过使用圆柱坐标(r, θ, z)定位点。

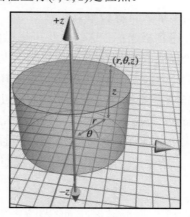

图 7.5　圆柱坐标

　　三维笛卡儿坐标和圆柱坐标之间的转换非常简单。这两种表示方法中的 z 坐标是相同的，只要通过第 7.1.3 节中的二维技术在(x, y)和(r, θ)之间进行转换即可。

　　虽然本书并未使用圆柱坐标，但在圆柱形环境中工作或描述圆柱形物体时，它们在某些情况下很有用。就像人们经常使用极坐标而没有意识到它一样（参见第 7.2 节），不知道术语"圆柱坐标"的人仍然可以使用它们。请注意，即使人们确实认识到他们使用的是圆柱坐标，其表示法和惯例也会有很大差异。例如，有些人使用表示法(ρ, ϕ, z)。此外，轴的方向和正向旋转的定义也可以根据对于给定情况最方便的任何设置来设定。

7.3.2　球面坐标

　　更常见的三维极坐标系是球面坐标系（Spherical Coordinate System，也称为球坐标系）。一组圆柱坐标具有两个距离和一个角度；而另一组球面坐标则具有两个角度和一个距离。

　　让我们回顾一下极坐标在二维中的工作方式的本质。点可以通过给出方向（θ）和距离（r）来指定。球面坐标也可以通过定义方向和距离来起作用，唯一的区别是，在三维中，定义方向需要两个角度。三维球形空间中还有两个极轴：第一个轴是"水平的"，对应于二维极坐标中的极轴或三维笛卡儿约定中的+x；另一个轴是"垂直的"，对应于三维笛卡儿约定中的+y。

　　不同的人对球面坐标使用不同的约定和符号，但是大多数数学专业人士都同意将这两个角度分别命名为 θ 和ϕ。[①] 数学专业人士也普遍认为这两个角度可以被解释为定义方向，并且对其解释的方式达成了一致。整个过程如下：

使用极坐标定位三维中的点
步骤 1.　首先站在原点，面向水平极轴的方向。垂直轴的指向是从脚指向头部。右臂向上，指向垂直极轴方向。[②] 　　步骤 2.　逆时针旋转角度 θ（这与在二维极坐标中定位所执行的方式相同）。 　　步骤 3.　将手臂向下旋转角度 ϕ。你的手臂现在指向极角 θ 和 ϕ 指定的方向。 　　步骤 4.　沿着该方向从原点移位距离 r。你已到达球面坐标(r, θ, ϕ)所描述的点。

　　图 7.6 显示了球面坐标的工作原理。

[①] 大多数人会将希腊字母 ϕ 读作 fee；有些人喜欢让它与 "fly" 押韵。

[②] 我们对习惯使用左手的读者没有偏见。如果你愿意，也可以想象使用你的左臂。但是，这是一个右手坐标系，因此你可能会觉得使用想象中的右臂更正式。左手更适合当我们讨论一些左手约定时使用。

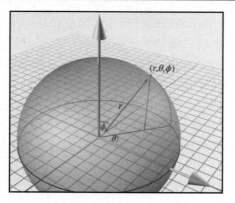

图 7.6　数学专业人士使用的球面坐标

 注意：

　　也有人使用不同的表示法。在有些约定中，经常反过来使用符号 θ 和 ϕ，特别是在物理学中。其他一些作者可能会使用希腊字母替换掉所有罗马字母，使用 ρ 而不是 r 作为径向距离的名称。我们将在第 7.3.3 节中提出一些对于视频游戏更实用的约定。

　　水平角 θ 称为方位角（Azimuth），ϕ 是天顶（Zenith）。你可能还听过其他术语，如经度（Longitude）和纬度（Latitude）。经度与 θ 基本相同，纬度是倾角 $90° - \phi$。所以，用于描述地球上的位置的纬度/经度系统实际上是一种球面坐标系。我们通常只对描述行星表面上的点感兴趣，因此径向距离 r（测量到地球中心的距离）并不是必需的。我们可以认为 r 大致等于高度，尽管该值被地球的半径抵消，[①] 以使地平面或海平面等于零，这取决于"高度"的确切含义。

7.3.3　在三维虚拟世界中有用的一些极坐标约定

　　在第 7.3.2 节中描述的球面坐标系是数学专业人士使用的传统右手系统，在这些假设下，笛卡儿坐标和球面坐标之间的转换公式相当优雅。然而，对于视频游戏行业的大多数人来说，这种优雅只有一个小小的好处，可以与传统惯例的以下缺点进行权衡：

❑　　$\theta = 0$ 时的默认水平方向为+x。这是不幸的，因为对我们来说，+x 的指向是"向右"或"向东"的，这些都不是大多数人心中的"默认"方向。类似于时钟上的数字是从顶部开始的方式，如果水平极轴指向+z，即"向前"或"向北"，则对我们来说会更好。

[①] 地球的半径平均约为 6371 千米（3959 英里）。

❑ 角度 ϕ 的约定在几个方面是不幸的。如果将二维极坐标 (r, θ) 简单地通过添加零的第三个坐标扩展到三维将更好，类似于将笛卡儿系统从二维扩展到三维的方式。但球面坐标 $(r, \theta, 0)$ 与所希望的二维极坐标 (r, θ) 不对应。实际上，指定 $\phi = 0$ 会使我们处于万向节死锁（Gimbal Lock）的尴尬境地，这是将在第 7.3.4 节中描述的奇点。相反，二维平面中的点表示为 $(r, \theta, 90°)$。测量纬度可能会比天顶更直观。大多数人都会将默认值视为"水平"，而将"向上"视为极端情况。

❑ 我们没有冒犯希腊文明的意思，但是 θ 和 ϕ 确实需要一段时间才能适应。符号 r 并不是那么糟糕，因为它至少是以下一些主要术语的缩写：径向（Radial）距离或半径（Radius）。如果用来表示角度的符号对于英语单词来说同样很短，而不是完全随意的希腊符号，那不是很好吗？

❑ 如果球面坐标的两个角度与用于欧拉角（Euler Angle）[1] 的前两个角度相同（它们用于描述三维中的方向），那将是很好的。我们不会在第 8.3 节之前讨论欧拉角，所以这一次我们不能同意笛卡儿，因为我们想要说的是："这很好，因为我们告诉过你。"[2]

❑ 这是一个右手系统，但我们使用的是左手系统（至少在本书中是这样的）。

让我们描述一些更适合我们的目标的球面坐标约定。我们对径向距离 r 的标准约定没有任何意见，因此保留了该坐标的名称和语义。我们的不满主要涉及两个角度，这两个角度都需要重新命名和重新利用。

水平角度 θ 重命名为 h，这是航向（Heading）的缩写，类似于罗盘航向。航向为零表示"向前"或"向北"的方向，具体取决于上下文。这符合标准的航空惯例。如果假设在第 1.3.4 节中描述的三维笛卡儿坐标，那么零航向（因此可作为我们的主极轴）对应于 $+z$。此外，由于我们更喜欢左手坐标系，正向旋转从上方观察时将是顺时针旋转的。

垂直角度 ϕ 重命名为 p，这是俯仰（Pitch）的缩写，用于测量向上或向下看的俯仰值。默认的俯仰值为零表示水平方向，这是大多数人的直觉所期待的。该值也许不是那么直观，因为正俯仰值的旋转是向下的，这意味着该俯仰值实际上测量了偏斜角（Angle of Declination）。这似乎是一个糟糕的选择，但它与左手规则一致（见图 1.14）。后文将看到与左手规则保持一致性所获得的好处，与这种好处相比，一点很小的违反直觉的程度

---

[1] 据说欧拉（Euler）这个名字本身就是一个单词的数学测试：如果你知道如何发音，那么你已经学会了一些数学（有这种说法是因为欧拉是这个星球上最伟大的数学家之一，他命名了大量的数学符号和公式）；如果读者能通过这个测试，则本书的作者将深感自豪。请注意，Euler 的发音是"oiler"，而不是"yooler"。

[2] 你肯定已经阅读过本书第 1 章，对吧？这里作者风趣地援引了古希腊人对于"我怎么知道某事是真的？"这个问题的答案——"因为我告诉过你"。

是可以接受的。

图 7.7 显示了航向 h 和俯仰 p 如何联合定义方向。

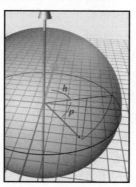

图 7.7　本书中使用的航向角和俯仰角

7.3.4　球面坐标的别名

第 7.1.2 节详细阐述了二维极坐标别名的麻烦现象：当不同的数字坐标对指向的是空间中相同的点时，它们就是彼此的别名。我们提出了别名的 3 种基本类型，在这里不妨来复习一下，因为它们也存在于三维球面坐标系中。

生成别名的第一个确定方法是向任一角度增加360° 的倍数。这实际上是最微不足道的别名形式，并且是由角度测量的循环性质引起的。

另外两种形式的别名更有趣，因为它们是由坐标的相互依赖性引起的。换句话说，一个坐标 r 的含义取决于其他坐标（即另外两个角度）的值。这种依赖创建了以下一种别名形式和一个奇点：

❏　可以通过将径向距离 r 的值变负并调整角度使它指向相反的方向来触发二维极坐标空间中的别名。对于球面坐标来说，也可以做同样的事情。使用第 7.3.3 节中描述的航向和俯仰约定，我们需要做的就是通过增加180° 的奇数倍数来翻转航向，然后将俯仰值变负。

❏　二维极坐标空间中的奇点出现在原点，因为当 $r = 0$ 时，角坐标是无关紧要的。而对于球面坐标空间来说，在原点位置的两个角度都是无关紧要的。

因此，球面坐标表现出类似的别名现象，因为 r 的含义会根据角度的值而发生变化。然而，球面坐标还会有额外形式的别名，因为俯仰角是围绕轴而旋转的，而该轴又会根据航向角来发生变化。这会产生一种额外的别名形式和额外的奇点，其类似于那些由 r 对方向的依赖性所造成的结果。

□　不同的航向和俯仰值可以产生相同的方向，甚至可以排除每个角度的琐碎别名。别名 (h, p) 可以通过 $(h \pm 180°, 180° - p)$ 生成。例如，我们可以向左转 90°（朝向"西"），然后向下倾斜 135°，而不是向右转 90°（朝向"东"）并向下倾斜 45°。虽然我们会颠倒过来，但仍然会朝着同一个方向前进。

□　当俯仰角设置为 ±90°（或这些值的任何别名）时，会出现奇点。这种情况称为万向节死锁（Gimbal Lock），指示的方向是纯垂直（直线向上或直线向下），并且航向角度已经无关紧要了。当在第 8.3 节讨论欧拉角时，还将会有很多关于万向节死锁的详细讨论。

　　正如在二维中做的那样，我们也可以定义一组规范的球形坐标，这样，三维空间中的任何给定点都可以明确地映射到规范集合中的一个坐标三元组（Triple）。我们可以对 r 和 h 进行类似的限制，就像对极坐标做的那样。这里增加了与俯仰角相关的两个附加约束。首先，俯仰角被限制在区间 $[-90°, +90°]$。其次，由于在万向节死锁的情况下（即俯仰角达到极值时）航向值是无关紧要的，因此在这种情况下将强制 $h = 0$。按照以下标准，我们总结了规范集中的点的满足所条件（请注意，这些标准假定的是航向和俯仰角约定，而不是传统的 θ 和 ϕ 的数学约定）。

假定本书中的球面坐标约定，规范球面坐标满足的条件	
$r \geqslant 0$	我们不会测量"向后"的距离
$-180° < h \leqslant 180°$	航向限制为 1/2 圈。使用 +180° 代表朝"南"
$-90° \leqslant p \leqslant 90°$	俯仰限制为直上直下，不能"向后"俯仰
$r = 0 \Rightarrow h = p = 0$	在原点处，将角度设置为零
$|p| = 90° \Rightarrow h = 0$	在直接向上或向下看时，设置航向为 0

以下算法可以将球面坐标三元组转换为其规范形式：

将球面坐标三元组 (r, h, p) 转换为其规范形式
1．如果 $r = 0$，则指定 $h = p = 0$。
2．如果 $r < 0$，则将 r 变负，给 h 加 180°，并使 p 变负。
3．如果 $p < -90°$，则给 p 加 360°，直到 $p \geqslant -90°$。
4．如果 $p > 270°$，则从 p 减去 360°，直到 $p \leqslant 270°$。
5．如果 $p > 90°$，则给 h 加 180°，并设置 $p = 180° - p$。
6．如果 $h \leqslant -180°$，则给 h 加 360°，直到 $h > -180°$。
7．如果 $h > 180°$，则从 h 减去 360°，直到 $h \leqslant 180°$。

代码清单 7.3 演示了如何在 C 语言中完成上述转换。请记住，计算机更喜欢使用弧度作为计算单位。

代码清单 7.3　将球面坐标转换为规范格式

```
// 径向距离
float r;

// 以弧度为单位的角度
float heading, pitch;

// 声明一些常量
const float TWOPI = 2.0f * PI;      // 360°
const float PIOVERTWO = PI/2.0f;    // 90°

// 检查是否恰好在原点
if (r == 0.0f) {

    // 如果恰好在原点，则强制角度为 0
    heading = pitch = 0.0f;
} else {

    // 处理负距离
    if (r < 0.0f) {
        r = -r;
        heading += PI;
        pitch = -pitch;
    }

    // 俯仰角是否超出范围？
    if (fabs(pitch) > PIOVERTWO) {

        // 按 90° 弥补
        pitch += PIOVERTWO;

        // 包含在范围 0～TWOPI
        pitch -= floor(pitch / TWOPI) * TWOPI;

        // 是否超出范围？
        if (pitch > PI) {

            // 翻转航向
            heading += PI;
```

```
            // 撤销弥补并设置 pitch = 180 - pitch
            pitch = 3.0f * PI / 2.0f - pitch;  // p = 270° - p

        } else {

            // 撤销弥补，将俯仰角切换在-90°～+90° 范围
            pitch -= PIOVERTWO;
        }
    }

    // 是否万向节死锁？在这里使用相对小的容差值
    // 以接近单精度极限
    if (fabs(pitch) >= PIOVERTWO * 0.9999) {
        heading = 0.0f;
    } else {

        // 包含航向
        // 在可能保留精度时避免数学计算
        if (fabs(heading) > PI) {

            // 按 PI 值弥补
            heading += PI;

            // 包含在范围 0～TWOPI
            heading -= floor(heading / TWOPI) * TWOPI;

            // 撤销弥补，将角度切换回在 -PI～PI 范围
            heading -= PI;
        }
    }
}
```

7.3.5　球面坐标和笛卡儿坐标之间的转换

让我们来看一看是否可以将球面坐标转换为三维笛卡儿坐标。考查图 7.8，该图同时显示了球面坐标和笛卡儿坐标。首先为笛卡儿空间和球面空间的变换使用传统的右手惯例，然后再演示适用于左手惯例的变换。

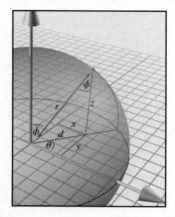

图 7.8　数学专业人士使用的球面坐标和笛卡儿坐标

请注意，在图 7.8 中引入了一个新的变量 d，它是点与垂直轴之间的水平距离。从包含斜边 r、直角边 d 和 z 的直角三角形，可以得到

$$z/r = \cos\phi,$$
$$z = r\cos\phi$$

所以现在只要计算 x 和 y 即可。

考虑一下，如果 $\phi = 90°$，则获得的基本上就是一个二维极坐标。让我们指定 x' 和 y' 分别代表如果 $\phi = 90°$ 时会产生的 x 和 y 坐标。在第 7.1.3 节中，有

$$x' = r\cos\theta, \qquad\qquad y' = r\sin\theta$$

注意，当 $\phi = 90°$ 时，$d = r$。随着 ϕ 减小，d 将减小，并且按照类似三角形的特性，$x/x' = y/y' = d/r$。来看一下 $\triangle drz$，可以观察到 $d/r = \sin\phi$。将所有这些放在一起，可以得到

将数学专业人士使用的球面坐标转换为三维笛卡儿坐标
$x = r\sin\phi\,\cos\theta, \qquad y = r\sin\phi\,\sin\theta, \qquad z = r\cos\phi$

这些公式适用于使用右手规则的数学专业人士。如果采用笛卡儿坐标（参见第 1.3.4 节）和球面（参见第 7.3.3 节）空间的惯例，则应使用以下公式：

适用于本书惯例的球面坐标-笛卡儿坐标之间的变换	
$x = r\cos p\,\sin h, \qquad y = -r\sin p, \qquad z = r\cos p\,\cos h$	（7.3）

由于别名现象的存在，从笛卡儿坐标变换为球坐标更复杂。我们知道，有多组球形坐标可以映射到任何给定的三维位置。我们想要的是规范坐标。下面的推导使用在式（7.3）

中选择的航空领域的约定，因为这些约定是视频游戏中最常用的惯例。

与二维极坐标一样，计算 r 实际上是距离公式的简单应用，具体如下：

$$r = \sqrt{x^2 + y^2 + z^2}$$

和以前一样，原点位置是一个奇点（$r=0$），它将作为特例处理。

使用 atan2 函数可以轻松计算出下航向角：

$$h = \mathrm{atan2}(x, z)$$

这个技巧能够有效，是因为 atan2 仅使用其参数与其符号的比率。通过检查式（7.3），注意到 $r \cos p$ 的比例因子对 x 和 z 都是共同的。此外，通过使用规范坐标，假设 $r > 0$ 且 $-90° \leqslant p \leqslant 90°$，因此，$\cos p \geqslant 0$ 且公共比例因子始终是非负的。万向节死锁的情况将按 atan2 函数的定义处理。

最后，一旦我们知道 r，就可以从 y 求解 p，求解过程如下：

$$y = -r \sin p,$$

$$-y/r = \sin p,$$

$$p = \arcsin(-y/r)$$

arcsin 函数的范围为 $[-90°, +90°]$，幸运的是，它与规范集合中 p 的范围一致。

代码清单 7.4 说明了整个过程。

代码清单 7.4 笛卡儿坐标和球面坐标之间的变换

```cpp
// 输入笛卡儿坐标
float x, y, z;

// 输出径向距离
float r ;

// 输出以弧度为单位的角度
float heading, pitch;

// 声明一些变量
const float TWOPI = 2.0f * PI;        // 360°
const float PIOVERTWO = PI / 2.0f;    // 90°

// 计算径向距离
r = sqrt(x*x + y*y + z*z);
```

```
// 检查是否恰好在原点
if (r > 0.0f) {

    // 计算俯仰角
    pitch = asin(-y / r);

    // 检查是否万向节死锁
    // 因为 atan2 函数在（二维）原点未定义
    if (fabs(pitch) >= PIOVERTWO * 0.9999) {
        heading = 0.0f;
    } else {
        heading = atan2(x,z);
    }
} else {

    // 如果恰好在原点，则强制两个角度均为 0
    heading = pitch = 0.0f;
}
```

7.4　使用极坐标指定矢量

　　我们已经明白了如何使用极坐标来描述点，以及如何使用笛卡儿坐标来描述矢量。也可以使用极坐标形式来描述矢量。等一等，为什么要说"也"呢？实际上，这里说"也"可以使用极坐标形式，有点像说可以用键盘控制计算机但是也可以用鼠标控制一样，所以这个"也"其实有点多余。极坐标直接描述矢量的两个关键属性——方向和长度。在笛卡儿坐标形式中，这些值是间接存储的，并且需要通过一些计算得到，而这些计算基本上可以归结为变换到极坐标形式。这就是为什么，正如在第 7.2 节中讨论的那样，极坐标才是日常会话中普遍使用的坐标形式。

　　但是，不仅仅是外行人更喜欢极坐标形式。值得注意的是，大多数物理教科书都包含对矢量的简要介绍，这个介绍是使用极坐标框架进行的。尽管事实上这使得数学变得更加复杂，但它们仍然是这样做的。

　　至于极坐标矢量如何工作的细节，实际上我们已经讨论过了。考虑第 7.1.1 节中用于定位二维极坐标描述的点的"算法"，如果把"从原点开始"这段话取出来，并保持其余部分的完整，即已经说明了如何可视化由任何给定极坐标描述的位移（矢量）。这与第 2.4 节中的思路相同：矢量与具有相同坐标的点相关，因为它给出了从原点到该点的位移。

我们也已经学会了在笛卡儿和极坐标形式之间转换矢量的数学。第 7.1.3 节中讨论的方法虽然是以点的形式给出的，但它们对于矢量同样有效。

7.5 练 习

（答案详见本书附录 B）

1．使用以下极坐标绘制并标记点：

$$\mathbf{a} = (2, 60^\circ) \qquad \mathbf{b} = (5, 195^\circ)$$

$$\mathbf{c} = (3, -45^\circ) \qquad \mathbf{d} = (-2.75, 300^\circ)$$

$$\mathbf{e} = (4, \pi/6 \text{ rad}) \qquad \mathbf{f} = (1, 4\pi/3 \text{ rad})$$

$$\mathbf{g} = (-5/2, -\pi/2 \text{ rad})$$

2．将以下二维极坐标变换为规范形式。

（a）$(4, 207^\circ)$

（b）$(-5, -720^\circ)$

（c）$(0, 45.2^\circ)$

（d）$(12.6, 11\pi/4 \text{ rad})$

3．将以下二维极坐标变换为笛卡儿坐标形式。

（a）$(1, 45^\circ)$

（b）$(3, 0^\circ)$

（c）$(4, 90^\circ)$

（d）$(10, -30^\circ)$

（e）$(5.5, \pi \text{ rad})$

4．将习题 2 中的极坐标变换为笛卡儿坐标形式。

5．将以下二维笛卡儿坐标变换为（规范）极坐标形式。

（a）$(10, 20)$

（b）$(-12, -5)$

（c）$(0, 4.5)$

（d）$(-3, 4)$

（e）$(0, 0)$

（f）$(-5280, 0)$

6．将以下圆柱坐标变换为笛卡儿坐标形式。

（a）$(4, 120°, 5)$

（b）$(2, 45°, -1)$

（c）$(6, -\pi/6, -3)$

（d）$(3, 3\pi, 1)$

7．将以下三维笛卡儿坐标变换为（规范）圆柱坐标形式。

（a）$(1, 1, 1)$

（b）$(0, -5, 2)$

（c）$(-3, 4, -7)$

（d）$(0, 0, -3)$

8．根据标准数学惯例，将以下球面坐标 (r, θ, ϕ) 变换为笛卡儿坐标形式。

（a）$(4, \pi/3, 3\pi/4)$

（b）$(5, -5\pi/6, \pi/3)$

（c）$(2, -\pi/6, \pi)$

（d）$(8, 9\pi/4, \pi/6)$

9．将习题 8 中的球面坐标（a）～（d）均解释为 (r, h, p) 三元组，切换到我们的视频游戏惯例。

（1）变换为规范 (r, h, p) 坐标。

（2）使用规范坐标转换为笛卡儿形式（使用视频游戏惯例）。

10．使用我们修改的惯例将以下三维笛卡儿坐标变换为（规范）球面坐标形式。

（a）$(\sqrt{2}, 2\sqrt{3}, -\sqrt{2})$

（b）$(2\sqrt{3}, 6, -4)$

（c）$(-1, -1, -1)$

（d）$(2, -2\sqrt{3}, 4)$

（e）$(-\sqrt{3}, -\sqrt{3}, 2\sqrt{2})$

（f）$(3, 4, 12)$

11．球面坐标空间中的"网格线"是什么样的？假设使用本书中的球面坐标空间惯例，描述由满足以下标准的所有点集定义的形状。不要将坐标限制为规范集，如下所示。

（a）固定半径 $r = r_0$，但是 h 和 p 则均为任意值。

（b）固定航向 $h = h_0$，但是 r 和 p 则均为任意值。

（c）固定俯仰 $p = p_0$，但是 r 和 h 则均为任意值。

　　12．在某个晚上需要做出重要决策的关键时刻，游戏开发人员决定呼吸一下新鲜空气，于是他出去散步。开发商离开工作室向南走，走了 5 千米。然后他向东转，又走了 5 千米。新鲜的空气让他逐渐恢复了清晰的思路，于是他决定回到工作室。这时他向北转，走了 5 千米。最后回到了工作室，准备解决掉列表上剩下的几个编程错误。不幸的是，在门口等待他的是一只饥饿的熊，他被活活吃掉了。[①]　那么现在问题来了，熊是什么颜色的？

　　　　在前往印度的航行过程中，我没有使用情报、数学或地图。

　　　　　　　　　　　　　　　　　　——克里斯托弗·哥伦布（1451—1506）

[①] 我们当然知道这个场景完全不可能发生。我的意思是，游戏开发人员在做出重要的决策之前需要先出去散步休息一下，知道吗？！

第 8 章 三 维 旋 转

道生一，一生二，二生三，三生万物。

万物负阴而抱阳，冲气以为和。

——老子（前 600—前 531）

本章将解决描述三维中对象的方向的难题，还将讨论与旋转和角位移密切相关的概念。我们可以通过若干种不同的方式来表示三维中的方向和角位移。在这里，我们将讨论 3 个最重要的方法——矩阵、欧拉角和四元数，以及两个鲜为人知的形式——轴角和指数映射。对于每种方法，我们将精确定义表示方法的工作原理，并讨论该方法的特性和优缺点。

在不同的情况下需要不同的技术，并且每种技术都有其优缺点。重要的是，开发人员不仅要知道每种方法的工作原理，还需要知道哪一种技术最适合特定情况以及如何在表示方式之间进行转换。

三维中的方向讨论分为以下几个小节：

❑ 第 8.1 节将讨论诸如"定向""方向""角位移"等术语之间的细微差别。

❑ 第 8.2 节将描述如何使用矩阵表示方向。

❑ 第 8.3 节将描述如何使用欧拉角表示角位移。

❑ 第 8.4 节将描述轴角和指数映射形式。

❑ 第 8.5 节将描述如何使用四元数表示角位移。

❑ 第 8.6 节将比较和对比不同的方法。

❑ 第 8.7 节将介绍如何将方向从一种形式转换为另一种形式。

⚠ 注意：

本章将广泛使用术语对象空间（Object Space）和直立空间（Upright Space）。如果你不熟悉这些术语，则可以复习一下本书第 3.2 节中的内容。

8.1　"定向"含义探微

在开始讨论如何描述三维方向之前，首先准确定义一下要描述的内容。术语定向

（Orientation）与其他类似术语有关，例如：

- ❑ 方向（Direction）。
- ❑ 角位移（Angular Displacement）。
- ❑ 旋转（Rotation）。

直觉上，我们知道对象的"定向"基本上是告诉我们对象所面向的方向。但是，"定向"与"方向"并不完全相同。

例如，矢量具有方向，但这个方向不是定向。不同之处在于，当矢量指向某个方向时，你可以沿其长度扭转矢量（见图 8.1），矢量没有真正的变化，因为矢量除了长度之外，没有厚度或尺寸。

与简单的矢量相反，可以考虑一个面向某个方向的对象，如喷气式飞机。如果以与扭转矢量相同的方式扭转喷气式飞机（见图 8.2），那么将改变该喷气式飞机的定向。在第 8.3 节中将对象定向的这种扭转分量（Twist Component）称为滚转（Bank）。

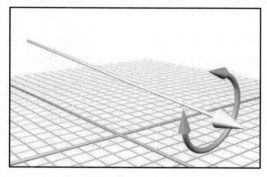
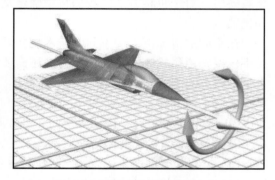

图 8.1　扭转矢量并不会导致矢量的明显变化　　　图 8.2　扭转对象会改变其方向

具体而言，方向和定向之间的根本区别在于：可以用两个数字（也就是球面坐标的角度——参见第 7.3.2 节）设置三维中的方向的参数；而定向则至少需要 3 个数字（即欧拉角——详见第 8.3 节）。

在第 2.4.1 节中已经说过，用绝对术语描述对象的位置是不可能的——必须始终在特定参考框架的上下文中描述对象的位置。当研究"点"和"矢量"之间的关系时，注意到指定一个位置实际上与通过其他一些给定的参考点（通常是某个坐标系的原点）指定一个平移量相同。

同样，定向也不能用绝对术语来描述。就像通过某个已知点的平移给出位置一样，也可以通过从一些已知的参考方向（通常称为 Identity 单位或 Home 归位方向）的旋转给出定向。旋转量称为角位移（Angular Displacement）。换句话说，描述定向在数学上等同于描述角位移。

之所以说"在数学上等同于"是因为在本书中，对"定向"和诸如"角位移"以及"旋转"之类的术语进行了细微的区分。将"角位移"视为一个运算符是很有用的，它将接受输入并产生输出结果。它暗示了一个特定的方向转变，例如，从旧定向到新定向的角位移，或从直立空间到对象空间的角位移。角位移的一个例子是"围绕 z 轴旋转 $90°$"，这是可以对矢量执行的动作。

然而，我们经常会遇到状态变量和其他情况，在这些情况下，输入/输出的运算符框架就没什么用了，而父/子关系更自然。于是，我们倾向于使用"定向"一词（而不是"角位移"）。定向的一个例子是"直立，面向东方"，它描述了一种事态。

当然，也可以通过说"直立，朝东，然后围绕 z 轴旋转 $90°$"来描述"直立和朝东"的定向，并将它作为角位移。定向和角位移之间的这种区别类似于点和矢量之间的区别，这两个术语在数学上是等价的，但在概念上是不相同的。在这两种情况下，第一个术语主要用于描述单个状态；第二个术语主要用于描述两个状态之间的差异。当然，这些约定纯粹是一个偏好问题，但它们可能会对准确了解其含义和用法有所帮助。

你可能还会听到用于指代对象定向的飞行姿态（**Attitude**）一词，特别是如果该对象是飞机的话更是常见。

8.2　矩　阵　形　式

描述三维中坐标空间的定向的一种方法是告诉该坐标空间（$+x$ 轴、$+y$ 轴和 $+z$ 轴）的基矢量指向哪个方向。当然，我们不会在试图描述的坐标空间中测量这些矢量——根据定义，无论坐标空间的定向是什么，它们都是[1, 0, 0]、[0, 1, 0]和[0, 0, 1]。我须使用其他一些坐标空间来描述基础矢量。只有通过这样做，才可以建立两个坐标空间的相对定向。

当这些基矢量用于形成 3×3 矩阵的行时，就是用矩阵形式（**Matrix Form**）表示了定向。[①] 另一种说法是可以通过给出一个旋转矩阵来表示两个坐标空间的相对定向，旋转矩阵可用于将矢量从一个坐标空间变换到另一个坐标空间。

8.2.1　矩阵的选择

本书前面已经介绍了如何使用矩阵将点从一个坐标空间变换为另一个坐标空间。在

[①] 实际上，也可以将矢量放入矩阵的列中。当然，如果使用列矢量，这就是正确的——但即使偏好使用行矢量，它也会起作用。这是因为旋转矩阵是正交的，这意味着可以通过它们的转置来反转它们。第 8.2.1 节将讨论这个问题。

图 8.3 中，右上角的矩阵可用于旋转来自喷气式飞机的对象空间的点进入直立空间。我们已经划出了这个矩阵的行，以强调它们与喷气式飞机的体轴（Body Axes）坐标的直接关系。旋转矩阵包含以直立空间表示的对象轴。同时，它是一个旋转矩阵：可以将行矢量乘以该矩阵，将这些矢量从对象空间坐标变换为直立空间坐标。

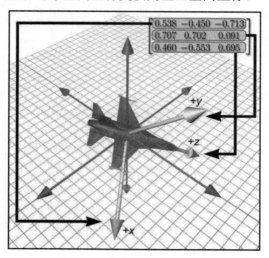

图 8.3　使用矩阵定义定向

这里要问的一个合法性问题是，为什么该矩阵包含使用直立空间坐标表示的体轴？为什么直立轴不用对象空间坐标表示？换一个提问的方式就是，为什么要选择提供一个旋转矩阵来将矢量从对象空间变换为直立空间？为什么不是从直立空间到对象空间呢？

从数学的角度来看，这个问题有点无聊。因为旋转矩阵是正交的，它们的逆矩阵与它们的转置相同（参见第 6.3.2 节）。因此，这个决定完全是一个浮于表面的选择。

但实际上，我们认为这非常重要。问题在于你是否可以编写直观易读的代码，并且是否需要大量的工作来解读，或者是否需要大量的约定知识，因为它们对你们每个人来说都是"显而易见的"。因此，当引入第 3.2.4 节中介绍过的术语——直立空间（Upright Space）时，请允许我们进行简短的讨论，以继续我们开始的思路，该术语涉及将坐标空间变换的数学转换为代码时所发生的事情的实际方面。另外，根据对旋转矩阵进行对比的观察结果，程序开发人员也可以自由表达自己的观点。我们不奢望每个人都同意我们的主张，但希望每位读者至少都会意识到考虑这些问题的价值。

当然，每一个优秀的数学库都会有一个 3 × 3 的矩阵类，它可以代表任意的变换，也就是说，它不会对矩阵元素的值做出任何假设（或者它可能是一个可以进行投影的 4 × 4

矩阵，或者可以进行平移而不是投影的 4×3 矩阵——这些区别在这里并不重要）。对于这样的矩阵来说，操作本身就是某些输入坐标空间和输出坐标空间。这只是矩阵乘法的概念。如果需要从输出转到输入，则必须获得矩阵的逆矩阵。

常见的做法是使用通用变换矩阵类（Generic Transform Matrix Class）来描述对象的方向。在这种情况下，旋转被视为与任何其他变换一样。接口保留在源和目标空间中。不幸的是，根据经验，以下两种矩阵运算是目前常用的：[①]

❑ 获取对象空间矢量并以直立坐标表示。

❑ 获取直立空间矢量并以对象坐标表示。

请注意，我们需要能够在两个方向前进。没有任何经验或证据表明任何一个方向都比另一个更为常见。但更重要的是，运算的本质和程序开发人员对运算的思考方式是"对象空间"和"直立空间"（或其他一些等效的术语，如"父空间"和"子空间"）。我们不会从源空间和目标空间的角度考虑它们。正是在这种背景下，我们希望考虑本节开头提出的问题：究竟应该使用哪一个矩阵？

首先，应该稍微提示一下并提醒自己：在定位和角位移之间存在数学上没有实际意义的区别，但在概念上这种区别却很重要（参见第 8.1 节末尾的术语说明）。如果目的是创建一个执行特定角位移的矩阵（例如，"围绕 x 轴旋转 30°"），那么上面的这两个运算实际上并不是可能想到的那些，并且使用通用变换矩阵及其隐含的变换方向是没有问题的，所以这个讨论不适用。

现在，关注的是某个对象的定向存储为状态变量（State Variable）的情况。

假设采用常见策略，并且使用通用变换矩阵存储定向，那么将被迫随意选择一个约定，所以，在这里决定使用矩阵乘法，从对象空间转换为直立空间。如果在直立空间中有一个矢量，并且需要在对象空间坐标中表示它，那么必须将该矢量乘以矩阵的逆矩阵。[②]

现在来看一看，我们的策略如何影响普通游戏程序员编写和读取无数次的代码。两种策略如下：

❑ 将一些矢量从对象空间旋转到直立空间，将其转换为代码作为矩阵的乘法。

❑ 将矢量从直立空间旋转到对象空间，将其转换为代码作为矩阵的逆（或转置）矩阵的乘法。

请注意，该代码与程序员的高层次意图并不是一对一匹配的。它强制每个用户记住

[①] 将根据运算编码的次数（而不是在运行时执行的频率）来测量使用频率。例如，通过图形管道变换顶点当然是一种非常常用的矩阵运算，但是执行此运算的代码行相对较少。事实证明，在各种游戏类型（如赛车类、即时战斗、3D 棋盘游戏和射击游戏）中都是如此，当然，我们不能说自己代表每个人的工作环境。

[②] 实际上，也可以乘以转置矩阵，因为旋转矩阵是正交的——但这不是要讨论的重点。

每次使用矩阵时的约定。根据我们的经验，这种编码风格是让初级程序员在学习如何使用矩阵时感觉颇为困难的一个因素。当事情看起来不正确时，他们往往最终会转置和随机变负矩阵。

我们发现有一个特殊的 3 × 3 矩阵类很有用，它专门用于存储对象的定向，而不是用于任意变换。该类假设矩阵是正交的，这意味着它作为一个不变量，只包含旋转（也可能假设矩阵不包含反射，即使在正交矩阵中也是如此）。有了这些假设，现在可以在更高的抽象层次上使用矩阵自由地执行旋转。我们的接口函数完全符合程序员的高层次意图。此外，我们已经删除了与行矢量和列矢量有关的混淆线性代数细节，包括这些空间位于左侧还是右侧，哪种方式是常规方式，哪种方式是逆矩阵等。或者更确切地说，我们将这些细节限制在类内部——实现类的人当然需要选择一个约定（并希望记录它）。实际上，在这个专门的矩阵类中，"乘以一个矢量"和"求矩阵的逆"的运算实际上并没有那么有用。我们主张将这个专用矩阵类限制在直立空间和对象空间的运算中，而不是乘以矢量。

那么，回到本节开头提出的问题：应该使用哪一个矩阵？答案是，"它应该无关紧要"。意思是，有一种方法可以设计矩阵代码，使其可以在不知道做出何种选择的情况下使用。就 C++代码而言，这可能纯粹是一种表面上的变化。例如，也许我们只是用函数名 objectToUpright()替换原来的 multiply()，类似地，还可以用 uprightToObject()替换 multiplyByTranspose()。具有描述性命名坐标空间的代码版本显然更易于读取和写入。

8.2.2　方向余弦矩阵

在使用矩阵来描述定向的上下文中，可能会遇到（非常老的学校教过的）术语——方向余弦（Direction Cosine）。方向余弦矩阵与旋转矩阵相同，这个术语只是指一种解释（或构造）矩阵的特殊方式，这种解释很有趣且有教育意义，所以让我们暂停一下，仔细看一看。旋转矩阵中的每个元素等于一个空间中的基本轴与另一个空间中的基本轴的点积。例如，3 × 3 矩阵中的中心元素 m_{22} 给出了一个空间中的 y 轴与另一个空间中的 y 轴形成的点积。

推而广之，假设坐标空间的基矢量是相互正交的单位矢量 **p**、**q** 和 **r**，而具有相同原点的第二个坐标空间的基矢量是不同的（但也是正交的）基矢量 **p′**、**q′** 和 **r′**（这里打破了本书中的约定，删除了单位矢量符号上面的帽子符号，这样做是为了避免公式中的混乱）。将行矢量从第一个空间旋转到第二个空间的旋转矩阵可以用每对基矢量之间的角度的余弦构造。当然，两个单位矢量的点积正好等于它们之间角度的余弦，所以矩阵乘积是

$$\mathbf{v} \begin{bmatrix} \mathbf{p} \cdot \mathbf{p}' & \mathbf{q} \cdot \mathbf{p}' & \mathbf{r} \cdot \mathbf{p}' \\ \mathbf{p} \cdot \mathbf{q}' & \mathbf{q} \cdot \mathbf{q}' & \mathbf{r} \cdot \mathbf{q}' \\ \mathbf{p} \cdot \mathbf{r}' & \mathbf{q} \cdot \mathbf{r}' & \mathbf{r} \cdot \mathbf{r}' \end{bmatrix} = \mathbf{v}' \tag{8.1}$$

这些轴可以被解释为几何而不是数字实体,因此,用什么坐标来描述轴都无关紧要(假设使用相同的坐标空间来描述它们),旋转矩阵将是一样的。

例如,假设我们的轴是使用相对于第一个基矢量来描述的,然后 $\mathbf{p}$、$\mathbf{q}$ 和 $\mathbf{r}$ 分别具有普通形式$[1, 0, 0]$、$[0, 1, 0]$和$[0, 0, 1]$。第二个空间的基矢量 $\mathbf{p}'$、$\mathbf{q}'$ 和 $\mathbf{r}'$具有任意坐标。当将普通矢量 $\mathbf{p}$、$\mathbf{q}$ 和 $\mathbf{r}$ 代入式(8.1)中的矩阵并展开点积时,即可得到

$$\begin{bmatrix} [1,0,0] \cdot \mathbf{p}' & [0,1,0] \cdot \mathbf{p}' & [0,0,1] \cdot \mathbf{p}' \\ [1,0,0] \cdot \mathbf{q}' & [0,1,0] \cdot \mathbf{q}' & [0,0,1] \cdot \mathbf{q}' \\ [1,0,0] \cdot \mathbf{r}' & [0,1,0] \cdot \mathbf{r}' & [0,0,1] \cdot \mathbf{r}' \end{bmatrix} = \begin{bmatrix} p'_x & p'_y & p'_z \\ q'_x & q'_y & q'_z \\ r'_x & r'_y & r'_z \end{bmatrix} = \begin{bmatrix} -\mathbf{p}'- \\ -\mathbf{q}'- \\ -\mathbf{r}'- \end{bmatrix}$$

换句话说,旋转矩阵的行是输出坐标空间的基矢量,通过使用输入坐标空间的坐标表示。当然,这个事实不仅适用于旋转矩阵,对于所有变换矩阵都是如此。这是转换矩阵工作原理的核心思想,它是在第 4.2 节中提出的。

现在来看一看另一种情况。我们将使用第二个坐标空间(输出空间)测量所有内容,而不是使用相对于第一个基矢量的坐标。这一次,$\mathbf{p}'$、$\mathbf{q}'$ 和 $\mathbf{r}'$具有普通形式,并且 $\mathbf{p}$、$\mathbf{q}$ 和 $\mathbf{r}$ 是任意的。将这些矢量放入方向余弦矩阵即可得到

$$\begin{bmatrix} \mathbf{p} \cdot [1,0,0] & \mathbf{q} \cdot [1,0,0] & \mathbf{r} \cdot [1,0,0] \\ \mathbf{p} \cdot [0,1,0] & \mathbf{q} \cdot [0,1,0] & \mathbf{r} \cdot [0,1,0] \\ \mathbf{p} \cdot [0,0,1] & \mathbf{q} \cdot [0,0,1] & \mathbf{r} \cdot [0,0,1] \end{bmatrix} = \begin{bmatrix} p_x & q_x & r_x \\ p_y & q_y & r_y \\ p_z & q_z & r_z \end{bmatrix} = \begin{bmatrix} | & | & | \\ \mathbf{p}^{\mathrm{T}} & \mathbf{q}^{\mathrm{T}} & \mathbf{r}^{\mathrm{T}} \\ | & | & | \end{bmatrix}$$

这表示旋转矩阵的列由输入空间的基矢量形成,使用输出空间的坐标表示。一般而言,转换矩阵不是这样的,它仅适用于正交矩阵,如旋转矩阵。

另外还需要注意的是,我们的约定是在左侧使用行矢量。如果在右侧使用列矢量,则矩阵将会被转置。

8.2.3 矩阵形式的优点

矩阵形式是一种非常明确的表示方向的形式。这种明确的性质提供了以下优点:

❑ 旋转矢量立即可用。矩阵形式最重要的特性是可以使用矩阵在对象空间和直立空间之间旋转矢量。没有其他的定向表示方法允许这种方式,[①] 要旋转矢量,通常必须将定向转换为矩阵形式。

[①] 四元数经常被人吹捧的优点是它们可用于通过四元数乘法进行旋转(参见第 8.5.7 节)。但是,如果仔细看一看数学,就会发现这个"捷径"相当于乘以相应的旋转矩阵。

❑ 图形 API 使用的格式。部分由于前一项中的原因，图形 API 使用矩阵来表示定向。API 指的是应用程序编程接口（Application Programming Interface）。基本上，这是用来与图形硬件通信的代码。当与 API 通信时，将不得不把转换表示为矩阵。如何在程序内部存储转换取决于开发人员，但如果开发人员选择的是另一种表示方式，则将不得不在图形管道中的某个点将它们变换为矩阵。

❑ 多个角位移的连接。矩阵的第三个优点是可以"折叠"嵌套的坐标空间关系。例如，如果知道对象 A 相对于对象 B 的方向，并且知道对象 B 相对于对象 C 的方向，那么通过使用矩阵，可以确定对象 A 相对于对象 C 的方向。第 3 章已经讨论了嵌套坐标空间的概念，在第 5.6 节中则详细介绍了矩阵的连接方法。

❑ 矩阵求逆。当以矩阵形式表示角位移时，可以通过使用矩阵求逆来计算"反向"的角位移。更美妙的是，由于旋转矩阵是正交的，因此这种计算只需要转置一下矩阵即可。

8.2.4　矩阵形式的缺点

正如刚才讨论的，矩阵的明确性质提供了一些优势。但是，矩阵使用了 9 个数字来存储定向，并且可以仅使用 3 个数字来设置定向的参数。因此，矩阵中的这些"额外"的数字可能会导致一些问题。

总而言之，矩阵形式具有以下缺点：

❑ 矩阵占用更多内存。如果需要存储许多定向（例如，动画序列中的关键帧），那么 9 个数字而不是 3 个数字的额外空间可以真正加起来。举一个简单的例子。假设正在为一个人类模型制作动画，该模型分为 15 个不同的身体部位。通过控制每个部分相对于其父部分的定向来严格地完成动画。假设为每个部分的每帧存储一个定向，动画数据以适中的速率存储，如 15Hz。这意味着每秒将有 225 个定向。使用矩阵和 32 位浮点数，每帧将占用 8100 个字节。而如果使用欧拉角的话（将在 8.3 节中讨论），相同的数据只需要 2700 个字节。因此，对于仅仅 30 秒的动画数据来说，使用矩阵将比使用欧拉角存储的相同数据多 162KB！

❑ 人类难以使用。矩阵对于人类的直接使用方式而言并不直观。有太多的数字，它们都介于 -1～+1。更重要的是，人类自然会想到关于角度方向，但矩阵则用矢量表示。通过练习，我们可以学习如何从给定矩阵中解读出方向（第 4.2 节中用于可视化矩阵的技术对此有很大帮助）。但是，这仍然比欧拉角更难。而走另一条路则要困难得多——手工构建非普通定向的矩阵需要的时间太长。一般来说，矩阵并不是人们自然而然地考虑定向的方式。

❑ 矩阵可能格式不正确。如前所述，矩阵使用 9 个数字，但只有 3 个数字是必需的。换句话说，矩阵包含六度冗余。必须满足 6 个约束条件才能使矩阵"有效"以表示定向。行必须是单位矢量，且它们必须相互垂直（参见第 6.3.2 节）。

让我们更详细地考虑上述最后一个缺点。如果随机取任意 9 个数并创建一个 3×3 矩阵，则不太可能满足这 6 个约束，因此 9 个数字不会形成有效的旋转矩阵。换句话说，矩阵的格式可能是错误的，至少为了表示定向是如此。格式错误的矩阵可能是一个问题，因为它们可能导致数字异常、奇怪的拉伸图形和其他意外行为。

如何才会得到一个糟糕的矩阵呢？有以下几种方法：

❑ 我们可能有一个包含缩放比例、倾斜、反射或投影的矩阵。受此类运算影响的对象的"定向"是什么？对此确实没有明确的定义。任何非正交矩阵都不是明确定义的旋转矩阵（有关正交矩阵的完整讨论，请参见第 6.3 节）。此外，反射矩阵（正交）也不是有效的旋转矩阵。

❑ 我们可能从外部来源获取了错误的数据。例如，如果使用物理数据采集系统，例如运动捕捉系统，则可能由于捕获过程而出现错误。许多建模软件包因生成不良格式而臭名昭著。

❑ 由于浮点舍入错误，可能会真正创建错误的数据。例如，假设对定向应用了大量的增量更改，这可能通常发生在游戏或模拟中，允许人们以交互方式控制对象的方向。大量的矩阵乘法受到有限的浮点精度的影响，可能导致格式错误的矩阵。这种现象称为矩阵蠕变（Matrix Creep）。可以通过对矩阵进行正交化来对抗矩阵蠕变，这在第 6.3.3 节中已经讨论过。

8.2.5 矩阵形式小结

现在来总结一下第 8.2 节关于矩阵的内容。

🌑 提示：

❑ 矩阵是一种表示定向的"强力"方法：可以明确地列出在一些不同空间的坐标中的一个空间的基矢量。

❑ 术语方向余弦矩阵（Direction Cosine Matrix）暗示旋转矩阵中的每个元素等于一个输入基矢量与一个输出基矢量的点积。与所有变换矩阵一样，矩阵的行是输入空间基矢量的输出空间坐标。此外，旋转矩阵的列是输出空间基矢量的输入空间坐标，这一事实只有在旋转矩阵具有正交性的基础上才是真实的。

❑ 表示定向的矩阵形式是很有用的，这主要是因为它允许我们在坐标空间之间旋转矢量。

❑ 现代图形 API 可通过使用矩阵表示方向。

❑ 开发人员可以使用矩阵乘法将嵌套坐标空间的矩阵折叠成单个矩阵。

❑ 矩阵求逆提供了一种确定"反向"角位移的机制。

❑ 矩阵的内存消耗可能是其他技术的 2～3 倍。当需要存储大量定向（例如动画数据）时，这可能变成很明显的缺点。

❑ 矩阵中的数字对于人类来说并不直观。

❑ 并非所有矩阵都可有效地用于描述定向。对于包含镜像或倾斜的矩阵来说，它们就可能出错。我们也可能会从外部源获得不良数据，或者因为矩阵蠕变而得到格式错误的矩阵。

8.3　欧　拉　角

另一种表示定向的常用方法称为欧拉角（Euler Angles）。请记住，Euler 发音为"oiler"，而非"yoolur"。该技术以著名的数学家 Leonhard Euler（莱昂哈德·欧拉，1707—1783）命名。第 8.3.1 节将描述欧拉角的工作原理，并讨论用于欧拉角的最常见约定；第 8.3.2 节将讨论欧拉角的其他约定，包括重要的固定轴系统；在第 8.3.3 节和第 8.3.4 节中将阐述欧拉角的优缺点；第 8.3.5 节将总结有关欧拉角的最重要概念。

 注意：
本节使用了第 7.3.2 节中关于球面坐标的许多思路、术语和约定。

8.3.1　欧拉角约定

欧拉角背后的基本思想是将角位移定义为围绕 3 个相互垂直的轴的 3 个旋转的序列。这听起来很复杂，但实际上它非常直观（事实上，人类易于使用是它的主要优势之一）。

因此，欧拉角将定向描述为围绕 3 个垂直轴的 3 个旋转。但是，究竟是哪些轴？按什么顺序旋转？事实证明，任何顺序的任何 3 个轴都可以工作，但大多数人发现按特定顺序使用基本轴是切实可行的。最常见的约定，也就是本书中使用的约定，是欧拉角的所谓"航向-俯仰-滚转"约定。在该系统中，定向由航向角（Heading Angle）、俯仰角（Pitch Angle）和滚转角（Bank Angle）定义。

在精确定义术语"航向""俯仰""滚转"之前，简要回顾一下本书中使用的坐标空间约定。我们使用左手系，其中+x 向右，+y 向上，+z 向前（有关具体说明，详见第 1.3.4 节中的图 1.15）。另外，如果已经忘记了根据左手规则如何定义正向旋转，那么可能需要复习一下第 1.3.3 节中的图 1.14 来刷新记忆。

给定航向角、俯仰角和滚转角，可以使用简单的四步过程来确定这些欧拉角所描述的方向，具体内容如下：

步骤 1：从单位定向开始——也就是说，对象空间轴与直立轴对齐，如图 8.4 所示。

步骤 2：执行航向（Heading）旋转，围绕 y 轴旋转，如图 8.5 所示。正向旋转为向右旋转（从上方观察时为顺时针方向）。

图 8.4 步骤 1：单位定向中的对象

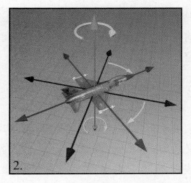

图 8.5 步骤 2：航向是第一次旋转并围绕垂直轴（y 轴）旋转

步骤 3：在应用航向旋转后，俯仰（Pitch）将测量围绕 x 轴的旋转量。这是对象空间的 x 轴，而不是直立空间的 x 轴。这里可以保持与左手规则一致，正向旋转向下旋转。换句话说，俯仰实际上测量偏斜角（Angle of Declination），如图 8.6 所示。

步骤 4：在应用航向角和俯仰角之后，滚转（Bank）测量围绕 z 轴的旋转量。同样，这是对象空间的 z 轴，而不是原始的直立空间的 z 轴。左手规则规定，当从原点看向 $+z$ 时，正向滚转为逆时针旋转，如图 8.7 所示。

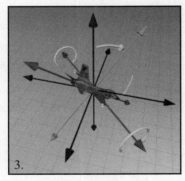

图 8.6 步骤 3：俯仰是第二次旋转并围绕对象的横轴（x 轴）旋转

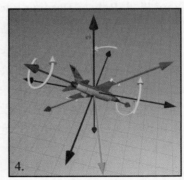

图 8.7 步骤 4：滚转是第三次也是最后一次旋转，绕对象的纵轴（z 轴）旋转

由于航向的正向为顺时针方向，因此滚转的正向为逆时针看起来可能有点矛盾。但请注意，从轴的正端看向原点时，正向航向是顺时针方向，与滚转判断顺时针/逆时针方向所使用的视角刚好是相反的。如果从原点看向 y 轴的正端，那么航向的正方向就会逆时针旋转；或者，如果从 z 轴的正端看向原点（也就是从对象前方向后看），那么滚转的正向看起来就是顺时针旋转对象。在任何一种情况下，左手规则都是讲得通的。

现在你已经熟悉了欧拉角所描述的定向。请注意前面步骤 1～步骤 3 与第 7.3.2 节中使用的（确定球面坐标角描述的方向）步骤的相似性。换句话说，我们可以认为航向和俯仰定义了对象所面对的基本方向，而滚转则定义了扭转量。

8.3.2　其他欧拉角约定

第 8.3.1 节中描述的"航向-俯仰-滚转"系统并不是使用关于相互垂直轴的 3 个角度来定义旋转的唯一方法。这个主题有很多变体。其中一些差异纯粹是命名法的不同，还有一些则附加了更多意义。即使你喜欢我们的约定，我们也鼓励你不要跳过本节，因为本节讨论了一些非常重要的概念，这些主题是我们希望消除混乱的根源。

首先，有一个简单的命名问题。你会发现最常见的变体是航空航天领域，它们使用的是偏航角（Yaw）-俯仰角（Pitch）-翻滚角（Roll）术语。[①] 在这里，术语 Roll 与 Bank 完全同义（中文有"翻滚"、"滚转"或"横滚"等不同叫法），并且在所有用途方面，它们都是相同的。类似地，在 Yaw-Pitch-Roll 的限定上下文中，术语偏航（Yaw）实际上与术语航向（Heading）相同。但是，从更广泛的意义上说，"偏航"这个词实际上有一个微妙的不同意义，正是这种微妙的差异促使我们选择了对术语"航向"的偏好。我们很快就会讨论这种看似挑剔的差异，目前只要把它们看成是一样的即可。因此，基本上来说，Yaw-Pitch-Roll 与 Heading-Pitch-Bank 是相同的系统。

还有其他一些不太常见的术语也在使用。例如，"航向"也被称为方位角（Azimuth），而称之为"俯仰"的垂直角度有时也被称为飞行的姿态（Attitude）角或爬升（Elevation）角。最后一个旋转角度，称之为"滚转"角，但有时它也被称为倾斜（Tilt）角或扭转（Twist）角。

当然，还有一些比较固执的数学家坚持用一大堆希腊字母袭击你的眼球（难道是因为这样在黑板上书写时能够节省空间？），你可能会看到以下任何内容：

[①] 将 Yaw-Pitch-Roll 称为变体，我们可能有点冒昧。毕竟，维基百科上有一篇关于 Yaw-Pitch-Roll 的文章，却没有一篇关于 Heading-Pitch-Bank 的文章，所以谁说我们偏好的系统就不是变体呢？我们承认这一推定，并很快就会在下文中捍卫我们偏好的系统。

全是希腊字母
(ϕ, θ, ψ) (ψ, θ, ϕ) (Ω, i, ω) $(\alpha, \beta\gamma)$

当然，这些都只是表面上的差异。也许更有趣的是，你会经常看到以相反顺序列出的 3 个单词：roll-pitch-yaw（谷歌快速搜索"roll pitch yaw"或"yaw pitch roll"会为这两种形式产生大量结果，而且看起来它们不相上下）。考虑到旋转顺序非常重要，人们真的认为他们只是选择以相反的顺序列出它们吗？在这里并不只是探讨术语，当考虑如何将欧拉角转换为旋转矩阵时，术语差异所暗示的思维差异实际上会变得很有用。事实证明，这种"向后"的约定有一个非常合理的解释：它是我们实际在计算机内执行旋转的顺序！

固定轴（Fixed-Axis）系统与欧拉角系统密切相关。在欧拉角系统中，旋转围绕体轴（Body Axis）发生，体轴在每次旋转后发生变化。例如，滚转角的物理轴总是纵向的体空间轴，但是通常它是在直立空间中任意取向的。相反，在固定轴系统中，旋转轴始终是固定的直立轴（Upright Axis）。但事实证明，固定轴系统和欧拉角系统实际上是等效的，只要以相反的顺序进行旋转。

你应该可视化以下示例以说服自己这是真的。假设航向（偏航）角为 h，俯仰角为 p（这里暂时忽略滚转角）。根据欧拉角的约定，首先进行航向轴的旋转并绕垂直轴（y 轴）旋转 h，然后围绕对象空间的横向轴（x 轴）旋转角度 p。使用固定轴方案，可以通过按相反的顺序进行旋转来获得相同的结束方向。首先，执行俯仰角的旋转，围绕直立的 x 轴旋转 p。然后，执行航向旋转，围绕直立的 y 轴旋转 h。虽然在计算里，当我们正在将矢量从直立空间旋转到对象空间时，可以可视化欧拉角，但实际上使用的是固定轴系统。在第 8.7.1 节中将更详细地讨论这个问题（并且会演示如何将欧拉角变换为旋转矩阵）。

固定轴约定也称为外旋（Extrinsic Rotation），而典型的欧拉角约定则被称为内旋（Intrinsic Rotation）。

🧑 提示：

欧拉角围绕体轴旋转，因此给定步骤的旋转轴取决于先前旋转中使用的角度。在固定轴系统中，旋转轴始终相同，使用的都是直立轴。只要旋转以相反的顺序执行，这两个系统就是等效的。

现在我们想做一个简短而低调的知识营销，目的是能够更准确地理解和使用偏航

（Yaw）这个术语。事实上，许多航空术语都是继承自航海术语。① 在航海学的上下文环境中，"Yaw"这个词的原始含义与航向（Heading）基本相同，它们都是指绝对角度和角度方面的变化。然而，在飞机和其他自由旋转的物体的上下文环境中，我们并不认为偏航和航向是相同的。偏航运动产生围绕对象空间 y 轴的旋转，而航向的变化则产生围绕直立空间 y 轴的旋转。例如，当飞机的飞行员使用踏板来控制方向舵（Rudder）时，他正在执行偏航旋转，因为由方向舵引起的旋转总是围绕飞机的对象空间 y 轴。想象一架飞机直接俯冲向下，如果飞行员执行 90° 的偏航，那么飞机将"耳朵着地"，此时飞行员直视的前方就不再是地面，而是地平线，等于滚转了 90°，如图 8.8 所示。

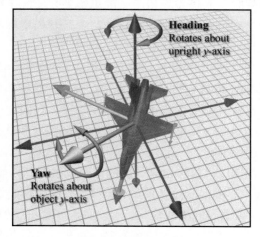

图 8.8　航向与偏航

原　　　　文	译　　　　文
Heading	航向（Heading）
Rotates about upright y-axis	围绕直立空间 y 轴旋转
Yaw	偏航（Yaw）
Rotates about object y-axis	围绕对象空间 y 轴旋转

　　相反，当玩家从左向右移动鼠标操控第一人称射击游戏中的角色时，他们正在执行航向旋转。旋转始终围绕垂直轴（直立空间的 y 轴）。如果玩家向下看并且水平移动鼠标以执行航向旋转，那么他们的角色将继续向下看并旋转到位。这里要表达的重点肯定

---

① Aeronautical（航空的，航空学的）这个词就是一个很好的例子。Aeronautical 可以拆分成 Aero 和 nautical 两部分。Aero 这个单词的词根是 Air（空气），Aero 作为形容词的意思是"飞行的""航空的""飞机的"，作为名词则是"飞机""飞行"等。nautical 的词根是 naut（航海的），有"航海的"、"海员的"或"海上的"等意思。

不是航向比偏航更好，因为这是在第一人称射击游戏中做的。关键是通过调整单个欧拉角并不能实现偏航移动，但是航向移动则可以。这就是为什么认为"航向"是一个更好的术语：它是当你对第一个欧拉角进行增量变化时产生的动作。

相同的论点也可以应用于术语俯仰（Pitch）。如果滚转非零，则中间欧拉角的增量变化不会产生围绕对象横轴的旋转。但是，没有一个真正足够简单而又很好的词来描述对象的纵轴与水平面形成的角度，这就是中间欧拉角真正指定的角度。倾角（Inclination）并不好，因为它是右手约定所特有的。

希望你已经仔细阅读了我们的意见并且感受到了我们谦逊的态度，你也可以从上面的论述中接收到更重要的信息：理解（似乎是表面性的）约定差异有时可以使我们深入了解更细致的观点。当然，有时它只是一个简单的选择问题。几代航空航天工程师一直致力于将人类送到月球上，将机器人送到火星上，并建造了飞机，使人们得以享受到安全快捷的航空出行服务，同时使用"偏航"和"滚转"等术语。相信这些人对于这些术语的理解要比我们深刻得多。所以，如果能够自己选择术语，那么建议你尽可能使用"航向"这个词，但是如果听到"偏航"这个词，也不必像我们在前面做的知识营销那样"卖弄"自己。特别是如果对方比你更聪明的话，那么你更应该保持低调。

虽然在本书中没有遵循右手航空航天坐标约定，但就物理意义上的欧拉角的基本策略而言，我们认为完全符合航空航天先辈的智慧是唯一的出路，至少你的宇宙应该有一些"地面"的概念。请记住，理论上，任何 3 个轴都可以用作任何顺序的旋转轴。但实际上，如果你希望个别角度有用且有意义，那么就应该选择唯一具有实际意义的约定。无论你如何标记轴，第一个角度需要围绕竖直轴旋转；第二个角度围绕体横向轴旋转；第三个角度围绕体纵向轴旋转。

可能这些论述还是不够全面，所以不妨把话题再拓宽一些。在描述的系统中，每次旋转都发生在不同的体轴上。然而，欧拉自己的原始系统其实是一个"对称"系统，其中的第一次和最后一次旋转是围绕同一轴进行的。这些方法在某些情况下更方便，例如描述顶部的运动，其中 3 个角度对应于进动角（Precession）、章动角（Nutation）和自转角（Spin）。你可能会遇到一些反对将"欧拉角"这个名称附加到一个非对称系统的纯粹主义者，但这种用法在很多领域都很普遍，所以请放心，你是站在多数人一边的。为了区分这两个系统，对称的欧拉角有时被称为经典欧拉角（Proper Euler Angle），更常见的约定则被称为泰特布莱恩角（Tait-Bryan Angles），这首先是由我们的航空航天先辈提出的（详见本书末尾的参考文献[10]）。O'Reilly（详见参考文献[51]）讨论了经典欧拉角，以及更多描述旋转的方法，例如罗德里格斯矢量（Rodrigues Vector）、凯莱-克莱因参数（Cayley-Klein Parameter）和一些有趣的历史评论。James Diebel（詹姆斯·迪贝尔）的总结（详见参考文献[13]）比较了不同的欧拉角约定和描述旋转的其他主要方法（和本章所做的一样），但他提供了更高水平的数学复杂性假设。

如果必须使用与你所喜欢的约定不同的欧拉角约定，那么我们提供以下两条建议：

❑ 请确保完全了解其他欧拉角系统的工作原理。诸如正旋转的定义和旋转顺序等细微差别会产生很大的不同。

❑ 要将欧拉角转换为你的格式，最简单的方法是将它们转换为矩阵形式，然后再将矩阵转换回你需要的欧拉角。将在第 8.7 节中学习如何执行这些转换。直接摆弄角度要比看起来困难得多。有关更多信息，请参见参考文献[63]。

8.3.3　欧拉角的优点

欧拉角仅使用 3 个数字来设置定向的参数，并且这 3 个数字都是角度。欧拉角的这两个特征与其他形式的表示定向的方法相比具有一定的优势。

❑ 欧拉角易于人类使用——它比矩阵或四元数更容易匹配人类的思考或想象（可视化）。也许是因为欧拉角三元组中的数字都是角度，而这正是人们思考定向的自然方式。如果选择了最适合情况的约定，则可以直接表示最实用的角度。例如，倾斜角度就可以直接由航向-俯仰-滚转系统表示。这种易用性是一个重要的优势。当一个定向需要以数字方式显示或通过键盘输入时，欧拉角确实是唯一的选择。

❑ 欧拉角使用尽可能最小的表示。欧拉角仅使用 3 个数字来描述定向。没有任何其他系统可以使用少于 3 个数字来设置三维定向的参数。如果内存是需要优先考虑的事项，那么欧拉角是表示定向的最经济的方式。

当你需要节省空间时，选择欧拉角的另一个原因是，存储的数字更容易压缩。使用普通的固定精度系统将欧拉角度打包成较小的位数相对容易。由于欧拉角是角度，因量化引起的数据丢失会均匀分布。矩阵和四元数要求使用非常小的数字，因为它们存储的值是角度的正弦和余弦。但是，这两个值之间的绝对数值差异即使很小，其感知差异也很大，而使用欧拉角度则不会出现这种情况。一般来说，矩阵和四元数不容易打包到定点系统中。

底线：如果你需要在尽可能少的内存中存储大量的三维旋转数据（这在处理动画数据时非常常见），那么欧拉角（或指数映射格式——将在第 8.4 节中讨论）将是最佳选择。

❑ 任何一组 3 个数字都有效。如果随机取 3 个数字，它们就形成了一组有效的欧拉角参数，我们可以将它解释为某个定向的表达式。换句话说，没有一组无效的欧拉角。当然，这些数字可能不正确，但至少它们是有效的。而矩阵和四元数则不是这种情况。

8.3.4 欧拉角的缺点

本节将讨论欧拉角表示定向的一些缺点。主要包括：

☐ 给定定向的表示不是唯一的。

☐ 两个定向之间的插值是有问题的。

让我们详细说明这些要点。首先，我们遇到的问题是，对于给定的定向，有许多不同的欧拉角三元组可用于描述该定向。这被称为别名（Aliasing）现象，它可能会带来一些不便。这些令人讨厌的问题与在第 7.3.4 节中遇到的球面坐标的问题非常相似。诸如"两个欧拉角三元组是否表示相同的角位移？"之类的基本问题由于别名现象的存在而难以回答。

在使用极坐标之前，我们已经看到了一种很普通的别名类型：添加 $360°$ 的倍数并不会改变它所表示的定向，即使数字不同。

由于 3 个角度彼此不完全独立，因此出现了第二种更麻烦的别名形式。例如，俯仰角向下旋转 $135°$ 与先通过航向角旋转 $180°$，再旋转俯仰 $45°$，最后滚转角旋转 $180°$ 的结果是一样的。

为了处理球面坐标的别名，我们发现建立规范集（Canonical Set）很有用。任何给定点在规范集中都具有唯一的表示，这是使用极坐标描述该点的"正式"方式。我们对欧拉角使用类似的技术。为了保证任何给定方向的唯一欧拉角表示，我们限制了角度的范围。一种常见的技术是将航向角和滚转角限制为 $(-180°,+180°]$ 并将俯仰角限制为 $[-90°,+90°]$。

对于任何定向，规范集中只有一个欧拉角三元组代表该定向（实际上，还有一个必须处理的令人讨厌的奇点，稍后会对此进行描述）。使用规范的欧拉角简化了许多基本测试，例如"我大概在朝东方向吗？"。

欧拉角所苦恼的最著名的别名问题可由以下示例进行说明：如果航向角向右旋转 $45°$，然后俯仰角向下旋转 $90°$，这与俯仰角向下旋转 $90°$，然后滚转角旋转 $45°$ 的结果相同。实际上，一旦选择了 $±90°$ 作为俯仰角的范围，我们就被限制为围绕垂直轴旋转。这种现象称为万向节死锁（Gimbal Lock），即第二次旋转的 $±90°$ 角限制可以使第一次和第三次旋转绕同一个轴旋转。为了从欧拉角三元组的规范集中消除这种别名现象，我们将围绕垂直轴的所有旋转分配给万向节死锁情形下的航向。换句话说，在规范集中，如果俯仰角为 $±90°$，则滚转角为零。

针对万向节死锁情况的最后一条规则完善了规范欧拉角集的规则，具体如下：

规范集中欧拉角满足的条件
$-180° < h \leqslant 180°$
$-90° \leqslant p \leqslant 90°$
$-180° < b \leqslant 180°$
$p = \pm 90° \implies b = 0$

在编写接受欧拉角参数的 C++代码时，最好能确保它们可以处理给定的任何范围内的欧拉角。幸运的是，这通常来说都很容易，因为开发人员往往不需要采取任何额外的预防措施，欧拉角的三元组数字就是有效的（这在前面已经说明过），特别是如果角度被送入三角函数进行处理的话则更是如此。但是，在编写计算或返回欧拉角的代码时，最好返回规范的欧拉角三元组。将在第 8.7 节中所显示的转换方法以说明这些原则。

 注意：

一个常见的误解是，由于万向节死锁的关系，使用欧拉角无法描述某些定向。实际上，对于描述定向这个目标来说，别名不会造成任何问题。要清楚，可以使用欧拉角来描述三维中的任何方向，并且该表示在规范集中是唯一的。而且，正如在第 8.3.3 节中提到的那样，没有诸如欧拉角的"无效"集合之类的东西。即使角度超出通常范围，我们也总能确认欧拉角所描述的定向。

因此，为了简单描述定向，别名并不是一个大问题，尤其是在使用规范的欧拉角时。那么别名和万向节死锁究竟是怎么回事？假设希望在两个定向 $\mathbf{R}_0$ 和 $\mathbf{R}_1$ 之间进行插值。换句话说，对于给定的参数 t，有 $0 \leqslant t \leqslant 1$，我们希望计算出中间定向 $\mathbf{R}(t)$，当 t 从 0 变为 1 时，从 $\mathbf{R}_0$ 到 $\mathbf{R}_1$ 平滑地插值。这对于诸如角色动画和摄像机控制之类的应用来说是非常有用的操作。

解决这个问题的原生方法是将标准线性插值公式（"lerp"）独立应用于 3 个角度中的每一个，如下所示。

两个角度之间的简单线性插值
$\Delta\theta = \theta_1 - \theta_0,$
$\theta_t = \theta_0 + t\,\Delta\theta$

这会导致很大的问题。

首先，如果不使用规范的欧拉角，那么可能会有很大的角度值。例如，假设 $\mathbf{R}_0$ 的航向（表示为 h_0）是 720°且 $h_1 = 45°$。现在，$720° = 2 \times 360°$，这与 0°相同，所以基本上 h_1

和 h_2 相距仅 45°。然而，原生插值将在错误的方向上旋转近两倍，如图 8.9 所示。当然，这个问题的解决方案是使用规范的欧拉角。

我们可以假设始终在两组规范的欧拉角之间进行插值。或者也可以尝试通过在插值程序中转换为规范值来强制执行此操作。当然，简单地将角度限制在 (−180°, +180°] 区间内很容易，但处理 [−90°, +90°] 区间之外的俯仰值则更具挑战性。

但是，即使都使用规范角度也不能完全解决问题。由于旋转角度的循环特性，可能发生第二类插值问题。假设 $h_0 = -170°$ 且 $h_1 = 170°$。请注意，它们都是航向的规范值，二者都在 (−180°, +180°] 区间内。

这两个航向值实际上仅相距 20°，但同样地，原生插值将无法正常工作，因为它将顺时针旋转 340° 而不是采用较短的逆时针方向旋转 20°，如图 8.10 所示。

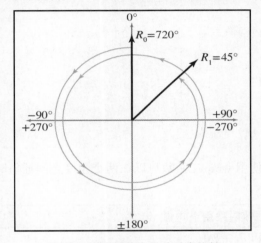

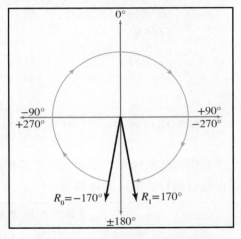

图 8.9　原生插值会导致过度旋转　　　　图 8.10　原生插值在旋转时可能绕远路

第二类问题的解决方案是将插值方程中使用的角度之间的差异限制在 (−180°, +180°] 区间内以找到最短的弧。为此，可以引入以下表示法：

将角度限制在 ±180° 之间
$\mathrm{wrapPi}(x) = x - 360° \lfloor (x+180°)/360° \rfloor$

其中，$\lfloor \cdot \rfloor$ 表示 floor 函数（向下取整函数）。

wrapPi 函数是一个小巧而锐利的工具，每个游戏程序员都应该在他们的工具箱中拥有这样一个工具。它可以优雅地处理我们必须考虑的角度的循环性质的常见情况。它通过添加或减去 360° 的适当倍数来工作。代码清单 8.1 显示了如何在 C 语言中实现它。

代码清单 8.1　将角度限制在 ±180° 之间

```
float wrapPi(float theta) {

    // 检查是否已经在范围中
    // 这并不是必须要严格执行的步骤，但它将是最常见的情况
    // 如果未执行该步骤则可能出现速度差异
    // 并且可能会导致浮点精度损失
    if (fabs(theta) <= PI) {

        // 一圈就是 2 PI
        const float TWOPPI = 2.0f * PI;

        // 超出范围。确定有多少"圈"
        // 需要先加
        float revolutions = floor((theta + PI) * (1.0f / TWOPPI));

        // 再减
        theta -= revolutions * TWOPPI;
    }

    return theta;
}
```

让我们回到欧拉角。正如预期的那样，使用 wrapPi 函数可以在两个角度之间插值时以轻松获取最短弧度，具体如下：

在两个角度之间插值时采用最短弧
$\Delta\theta = \text{wrapPi}(\theta_1 - \theta_0),$
$\theta_t = \theta_0 + t\,\Delta\theta$

但是，即使有了这两个实用小工具，欧拉角的插值仍然受到万向节死锁的影响，这在很多情况下会导致不稳定、不自然的情况。例如，物体突然晃动，似乎挂在某处。基本问题就是在插值期间角速度不恒定。如果你从未体验过万向节死锁的样子，那么你可能想象不到那是怎样一种状况。糟糕的是，很难完全通过书中的插图去了解这个问题——你需要实时体验它。幸运的是，很容易找到一个演示问题的动画：只需在 youtube.com 上搜索"Gimbal lock"。无法访问 youtube.com 的读者也可以通过百度搜索"万向节死锁"视频，或者直接访问以下视频文件地址（附中文字幕）：https://video.tudou.com/v/XMjIwNzUxNTU0MA==.html?__fr=oldtd。

欧拉角插值的前两个问题令人恼火，但肯定不是不可克服的。规范欧拉角和 wrapPi

函数提供了相对简单的解决方法。糟糕的是，万向节死锁并不是一个小麻烦，这是一个根本性的问题。我们是否可以重新制订旋转方案并设计一个不受这些问题影响的系统？不幸的是，这是不可能的。使用 3 个数字来描述三维定向是一个固有的问题。我们可以改变我们的问题，但是无法消除它们。任何使用 3 个数字对三维空间定向进行参数化的系统都保证在参数化空间中具有奇点，因此都会遇到诸如万向节锁定之类的问题。指数映射形式（参见第 8.4 节）是一种使用 3 个数字参数化三维旋转的不同方案，用于将奇点合并为一个点：对映体。对于某些实际情况，这种行为更为良性，但它并不能完全消除奇点。为此，我们必须使用四元数，这将在第 8.5 节中讨论。

8.3.5　欧拉角小结

现在总结一下第 8.3 节关于欧拉角的发现。

提示：

- 欧拉角使用了 3 个角度值存储定向。这些角度值是围绕 3 个对象空间轴的有序旋转。
- 最常见的欧拉角系统是航向-俯仰-滚转（Heading-Pitch-Bank）系统。航向角和俯仰角表示物体朝向哪个方向——航向给出"罗盘读数"，俯仰角测量偏斜角，而滚转角则测量"扭转"的量。
- 在固定轴系统中，这些旋转将围绕直立轴而不是移动的体轴。该系统和欧拉角是一样的，前提是我们以相反的顺序执行旋转。
- 许多聪明的人使用了许多不同的术语来表示欧拉角，他们可以有充分的理由使用不同的约定。[①] 所以，在使用欧拉角时最好不要依赖术语。应始终确保你获得精确的工作定义；否则，你可能会感到非常困惑。
- 在大多数情况下，与其他表示定向的方法相比，欧拉角对于人类来说更直观。
- 当内存有限时，欧拉角使用可接受的最小数据量来存储三维定向，而且欧拉角比四元数更容易压缩。
- 没有一组无效的欧拉角。任何 3 个数字都有一个有意义的解释。
- 由于旋转角度的循环性质，并且旋转不是完全独立的，因此欧拉角会出现别名的问题。
- 使用规范的欧拉角可以简化欧拉角上的许多基本查询。如果航向角和滚转角在 $(-180°, +180°]$ 区间内并且俯仰角在 $[-90°, +90°]$ 区间内，则该欧拉角三元组在规

[①] 也有很多人没有充分的理由就做出了选择——但无论选择哪一种约定，其最终结果其实是一样的。

范集合中。此外，如果俯仰角是 ±90°，则滚转角是零。

- ❑ 当俯仰角为 ±90° 时，会发生万向节死锁。在这种情况下，由于航向和滚转角都围绕垂直轴旋转，因此对象会失去一个自由度。

- ❑ 三维中的任何定向都可以通过使用欧拉角来表示，我们可以在规范集中对该定向的唯一表示达成一致。

- ❑ wrapPi 函数是一个非常方便的工具，它简化了我们必须处理角度循环特性的情况。这种情况在实践中经常出现，特别是在欧拉角的背景下，但在其他时候也是如此。

- ❑ 别名的简单形式固然令人恼火，但是有一些解决方法。万向节死锁是一个更基本性的问题，没有简单的解决方案。万向节死锁之所以是一个问题，因为定向的参数空间具有不连续性。这意味着定向的微小变化可能导致各个角度的很大变化。使用欧拉角的定向之间的插值可能会变得很怪异或采取摇摆不定的路径。

8.4　轴-角和指数映射表示方式

欧拉的名字被附加在各种与旋转相关的东西上（例如，第 8.3 节中讨论了欧拉角）。他的名字也被附加到欧拉旋转定理（Euler's Rotation Theorem），其基本意思是说，任何三维角位移都可以通过围绕一个精心选择的轴进行一次旋转来完成。更确切地说，给定任意两个定向 $\mathbf{R}_1$ 和 $\mathbf{R}_2$，存在一个轴 $\hat{\mathbf{n}}$，使得我们只要通过围绕 $\hat{\mathbf{n}}$ 进行一次旋转就可以从 $\mathbf{R}_1$ 到 $\mathbf{R}_2$。使用欧拉角，我们需要 3 次旋转来描述任何定向，因为我们被限制为围绕基本轴旋转。但是，当我们可以自由选择旋转轴时，可以找到一个只需要一次旋转的旋转轴。此外，我们将在本节中证明，除了一些细节之外，这个旋转轴是唯一确定的。

欧拉旋转定理导致了两种密切相关的描述定向的方法。让我们从一些符号开始。假设选择了旋转角 θ 和穿过原点的旋转轴并且平行于单位矢量 $\hat{\mathbf{n}}$。在本书中，正旋转是根据左手规则定义的，参见第 1.3.3 节。

以两个值 $\hat{\mathbf{n}}$ 和 θ 为原理，我们描述了轴-角（Axis-Angle）形式的角位移。或者，由于 $\hat{\mathbf{n}}$ 具有单位长度，我们可以将其乘以 θ 而不会丢失信息，从而产生单个矢量 $\mathbf{e} = \theta\hat{\mathbf{n}}$。这种描述旋转的方案是由指数映射（Exponential Map）的相当令人生畏和模糊的名称进行的。[1] 旋转角度可以从 $\mathbf{e}$ 的长度推导出来。换句话说，$\theta = \|\mathbf{e}\|$，并且可以通过归一化 $\mathbf{e}$

---

[1] 其原因在于它来自同样令人生畏和模糊的数学分支，即所谓的李代数（Lie Algebra）。李代数是挪威数学家索菲斯·李在 19 世纪后期研究连续变换群时引进的一个数学概念，它与李群（Lie Group）的研究密切相关。指数映射在这个背景下有更广泛的定义，三维旋转的空间（有时表示为 $SO(3)$）只是一种类型的李群。

来获得轴。指数映射不仅比轴-角更紧凑（3 个数字而不是 4 个），它优雅地避免了某些奇点并具有更好的插值和微分特性。

我们不会像其他表示定向的方法那样详细讨论轴-角和指数映射形式，因为在实践中它们的使用有点专业化。轴-角格式主要是一种概念性的工具。理解这一点很重要，但与其他格式相比，该方法的直接使用相对较少。它的一个值得注意的能力是，我们可以直接获得位移的任意倍数。例如，给定轴角形式的旋转，我们可以通过将 θ 乘以适当的量来获得表示旋转的三分之一或旋转的 2.65 倍的旋转。当然，我们可以轻松地使用指数映射执行相同的运算。四元数可以通过取幂来实现，但是对数学的检查表明，它实际上是在底层使用轴-角格式（尽管四元数声称其底层使用的是指数映射！）。四元数也可以使用球形插值 Slerp 进行类似的运算，但是采用更迂回的方式，并且没有通过中间结果存储 $180°$ 以上的旋转的能力。第 8.5 节将详细讨论四元数。

指数映射比轴-角更常用。首先，它的插值特性比欧拉角更好。虽然它确实有奇点（下文将会讨论），但它们并不像欧拉角那么烦琐。一般来说，当人们想到内插旋转时，会立即想到四元数。但是，对于某些应用（例如动画数据的存储）来说，未被充分认识的指数映射可能是一种可行的替代方案（详见参考文献[27]）。指数映射的最重要和最频繁的用途是存储角位移，而不是角速度（Angular Velocity）。这是因为指数映射能很好地区分（这与其更好的插值属性有些相关）并且可以轻松表示多个旋转。

与欧拉角一样，轴-角和指数映射形式均表现出别名现象和奇点，尽管略有限制，并且方式是良性的。在单位的定向上存在明显的奇点，或者"没有角位移"的量。在这种情况下，$\theta = 0$，并且我们对轴的选择是无关的——可以使用任何轴。但是请注意，指数映射能很好地处理奇点，因为乘以 θ 会导致 e 消失，无论选择的是哪一个旋转轴 $\hat{\mathbf{n}}$。通过将 θ 和 $\hat{\mathbf{n}}$ 变负，可以产生轴-角空间中另一种普通的别名形式。但是，指数映射也避开了这个问题，因为将 θ 和 $\hat{\mathbf{n}}$ 变负会使得 $\mathbf{e} = \theta\hat{\mathbf{n}}$ 无变化！

其他别名则没有这么容易被打发。与欧拉角一样，向 θ 添加 $360°$ 的倍数会产生角位移，从而产生相同的结果定向，这种形式的别名会影响轴-角和指数映射。然而，这并不总是一个缺点——为了描述角速度，这种表示诸如此类"额外"旋转的能力是一个重要且有用的特性。例如，能够以每秒 $720°$ 的速率区分围绕 x 轴的旋转与以每秒 $1080°$ 的速率围绕同一轴的旋转是非常重要的（即使如果应用于整数秒，这些位移会导致相同的结果定向）。四元数格式则无法捕获此区别。

事实证明，给定任何可以通过旋转矩阵描述的角位移，指数映射表示是唯一确定的。虽然不止一个指数映射可以产生相同的旋转矩阵，但是可以获取指数映射的子集（即，

$\|\mathbf{e}\| < 2\pi$ 的指数映射）并且与旋转矩阵形成一对一的对应关系。这是欧拉旋转定理的本质。

现在考虑连接多个旋转。假设 $\mathbf{e}_1$ 和 $\mathbf{e}_2$ 是指数映射格式的两个旋转。依次执行旋转（例如先执行 $\mathbf{e}_1$ 然后执行 $\mathbf{e}_2$）的结果与执行单个旋转 $\mathbf{e}_1 + \mathbf{e}_2$ 不同。我们知道这不可能是真的，因为普通的矢量加法是可交换的，但是三维空间中的旋转却不是。假设 $\mathbf{e}_1 = [90°, 0, 0]$，并且 $\mathbf{e}_2 = [0, 90°, 0]$。根据我们的约定，这是 90° 向下的俯仰旋转和 90° 向东的航向旋转。先执行 $\mathbf{e}_1$ 再执行 $\mathbf{e}_2$，我们最终会向下看，头指向东方。而如果以相反的顺序执行它们，我们最终会"耳朵着地"，面向东方。但是，如果角度要小得多，比如说是 2° 而不是 90° 呢？现在的旋转结果将更加相似。当我们将旋转角度的大小降低时，顺序的重要性也会降低，并且在极端情况下，对于"无穷小"的旋转，顺序则完全无关紧要。换句话说，对于无穷小旋转，可以按矢量方式添加指数映射。无穷小是微积分的重要主题，它们是定义变化率的核心。我们将在第 11 章中讨论这些主题，但是现在，我们只需要知道，当指数映射用于定义旋转量（角位移或定向）时不会按矢量方式添加，但是当它们描述旋转率时，它们可以正确地按矢量方式添加。这就是指数映射非常适合描述角速度的原因。

在离开这个主题之前，我们想要提出一个令人遗憾的关于术语的警告。轴-角和指数映射这两个简单概念的替代名称比比皆是。我们试图选择最标准的名称，但很难找到强有力的共识。一些作者使用术语"轴-角"来描述这两种（密切相关的）方法，并没有真正区分它们。更令人困惑的是，还有人使用术语"欧拉轴"来指代任何一种形式（但不是指欧拉角！）。还有一个术语——"旋转矢量"，你可能会看到它依附于我们所说的"指数映射"。最后，在更广泛的李代数的背景下，术语"指数映射"实际上是指运算（"映射"）而不是数量。我们为读者可能产生的这种困惑道歉，但这不是我们的错。

8.5　四　元　数

术语四元数（Quaternion）在 3D 数学中有点像流行语。四元数具有一定的神秘性——这是一种委婉的说法，实际上是许多人认为四元数复杂而混乱。我们认为，在大多数文章中，四元数所呈现出来的方式反而导致了它们的混乱，在这里，我们希望以略有不同的方式来消除四元数的"神秘感"。

为什么仅使用 3 个数字来表示一个三维空间定向呢？这里也有一个数学上的原因，它导致了我们讨论过的欧拉角的问题，例如万向节死锁。它与一些相当高级 [①] 的数学术

---

① 在这种情况下，"高级"一词意味着"在作者的专业知识之外"。

语有关，例如流形（Mainfold）。四元数通过使用 4 个数字来表示定向以避免这些问题，这也是"四元数"名称的由来。

本节将介绍如何使用四元数定义角度位移。我们将在一定程度上偏离传统的表述方式，因为传统表述方式强调有趣（但在我们看来，这是不必要的），将四元数解释为复数。相反，我们将重点从几何角度介绍四元数。首先，第 8.5.1 节将介绍一些基本的表示法；第 8.5.2 节可能是最重要的小节——它解释如何在几何上解读四元数；第 8.5.3 节～第 8.5.11 节将介绍基本的四元数属性和运算，并从几何角度解读了每个属性和运算；第 8.5.12 节将讨论重要的 Slerp 操作，它可用于在两个四元数之间进行插值，这也是四元数的主要优点之一；第 8.5.13 节将讨论四元数的优缺点；第 8.5.14 节将是对四元数如何解读为四维复数的可选描述；第 8.5.15 节将总结四元数的属性。

 注意：

不要被本节看似很多且相当"恐怖"的数学吓到。关于四元数的最重要的事情是将在第 8.5.15 节中总结的高级概念。这里给出四元数的细节以表明四元数的所有内容都可以推导出来。要使用四元数，虽然不需要了解太多的四元数的细节，[①] 但是你仍然需要了解四元数可以做什么。

8.5.1 四元数表示法

四元数包含标量分量和三维矢量分量。通常将标量分量称为 w。我们可以将矢量分量称为单一的实体 $\mathbf{v}$ 或单个分量 x、y 和 z。以下是两种表示法的示例：

两种类型的四元数表示法
$[w \quad \mathbf{v}]$, $\qquad$ $[w \quad (x \quad y \quad z)]$

在某些情况下，使用较短的符号很方便，因此可以使用 $\mathbf{v}$，而在另一些情况下，"扩展"版本更清晰。本章以两种形式提供了大多数的公式。

我们也可以垂直编写扩展的以下四元数：

$$\begin{bmatrix} w \\ x \\ y \\ z \end{bmatrix}$$

---

① 当然，你的类库要设计得很好。

与常规矢量不同，"行"和"列"形式的四元数之间没有显著区别。我们可以出于美观的目的自由选择。

我们将使用与矢量相同的字体约定来表示四元数变量：粗体的小写字母（例如 $\mathbf{q}$）。当矢量和四元数一起出现时，上下文（以及为变量选择的字母！）通常会明确哪些是矢量，哪些是四元数。

8.5.2　这 4 个数字的意思

四元数形式与第 8.4 节中的轴-角和指数映射形式密切相关。让我们简要回顾一下该节的表示法，因为这里将使用相同的表示法。单位矢量 $\hat{\mathbf{n}}$ 定义旋转轴，标量 θ 是围绕该轴的旋转量。因此，$(\theta, \hat{\mathbf{n}})$ 对使用了轴-角系统定义角位移。你需要通过左手或右手规则[①] 来确定哪个方向是正向旋转。

四元数也包含轴和角度，但是 $\hat{\mathbf{n}}$ 和 θ 并不是简单地直接存储在四元数的 4 个数中，因为它们是轴角。相反，它们的编码方式起初可能看起来很奇怪，但事实证明它非常实用。式（8.2）显示了四元数的值如何与 θ 和 $\hat{\mathbf{n}}$ 相关，并且使用了两种形式的四元数表示法：

四元数的 4 个值的几何意义
$\begin{bmatrix} w & \mathbf{v} \end{bmatrix} = \begin{bmatrix} \cos(\theta/2) & \sin(\theta/2)\hat{\mathbf{n}} \end{bmatrix},$ $\begin{bmatrix} w & (x & y & z) \end{bmatrix} = \begin{bmatrix} \cos(\theta/2) & (\sin(\theta/2)n_x & \sin(\theta/2)n_y & \sin(\theta/2)n_z) \end{bmatrix}$

$$\text{(8.2)}$$

请记住，w 与 θ 有关，但它们不是一回事。同样，$\mathbf{v}$ 和 $\hat{\mathbf{n}}$ 是相关的，但不相同。

接下来的几节将从数学和几何角度讨论一些四元数运算。

8.5.3　四元数变负

四元数可以变负，其完成的方式很简单，就是让每个分量变负，其公式如下：

四元数变负
$-\mathbf{q} = -\begin{bmatrix} w & (x & y & z) \end{bmatrix} = \begin{bmatrix} -w & (-x & -y & -z) \end{bmatrix}$ $= -\begin{bmatrix} w & \mathbf{v} \end{bmatrix} = \begin{bmatrix} -w & -\mathbf{v} \end{bmatrix}$

$$\text{(8.3)}$$

关于四元数变负的一个令人惊讶的事实是，它确实没有做任何事情，至少在角度位

[①] 在此要对我们的印度读者说声抱歉，因为我们更喜欢左手规则。

移的情况下是这样的。

 提示：

四元数 **q** 和-**q** 描述相同的角位移。三维中的任何角度位移在四元数格式中具有恰好不同的两个表示，并且它们是彼此的负数。

要想清楚为什么会这样并不难。如果将 360 添加到 θ，那么它将不会改变 **q** 表示的角位移，但它会使 **q** 的所有 4 个分量均变负。

8.5.4 单位四元数

在几何学上，有两个单位（Identity）四元数代表"没有角度位移"。它们是

单位四元数
[1 **0**]　和　[−1 **0**]

请注意，这里的 0 是粗体的，表示零矢量。当 θ 是 360° 的偶数倍时，则 $\cos(\theta/2) = 1$，我们有第一种形式；当 θ 是 360° 的奇数倍，则 $\cos(\theta/2) = -1$，我们有第二种形式。在这两种情况下，$\sin(\theta/2) = 0$，因此 $\hat{\mathbf{n}}$ 的值是无关紧要的。这在直观上也不难理解：如果旋转角度 θ 是围绕任何轴旋转完整的圈数，则在方向上不会有任何实际的改变。

在代数上，实际上只有一个单位四元数：[1, **0**]。当将任何四元数乘以身份四元数时，结果为 **q**。所以，[1, **0**]是真正的单位四元数。

当将四元数 **q** 乘以另一个"几何身份"四元数[−1, **0**]时，得到的是-**q**。虽然在几何上，这将导致相同的四元数，因为 **q** 和-**q** 表示的是相同的角位移；但是，在数学上，**q** 和-**q** 并不相等，因此[−1, **0**]不是一个真实（True）的单位四元数。第 8.5.7 节将详细介绍四元数乘法。

8.5.5 四元数的大小

我们可以计算四元数的大小，就像可以计算矢量和复数一样。式（8.4）中显示的符号和公式类似于用于矢量的符号和公式：

四元数的大小
$$\|\mathbf{q}\| = \left\|\left[w \quad (x \quad y \quad z)\right]\right\| = \sqrt{w^2 + x^2 + y^2 + z^2}$$ $$= \left\|\left[w \quad \mathbf{v}\right]\right\| = \sqrt{w^2 + \|\mathbf{v}\|^2}$$ (8.4)

让我们来看一看对于旋转四元数来说，这在几何上意味着什么，具体如下：

旋转四元数具有单位大小
$$\|\mathbf{q}\| = \left\| \begin{bmatrix} w & \mathbf{v} \end{bmatrix} \right\| = \sqrt{w^2 + \|\mathbf{v}\|^2}$$ $$= \sqrt{\cos^2(\theta/2) + (\sin(\theta/2)\|\hat{\mathbf{n}}\|)^2} \qquad （使用 \theta 和 \hat{\mathbf{n}} 代入）$$ $$= \sqrt{\cos^2(\theta/2) + \sin^2(\theta/2)\|\hat{\mathbf{n}}\|^2}$$ $$= \sqrt{\cos^2(\theta/2) + \sin^2(\theta/2)(1)} \qquad （\hat{\mathbf{n}} 是一个单位矢量）$$ $$= \sqrt{1} \qquad （\sin^2 x + \cos^2 x = 1）$$ $$= 1$$

这是一个重要的观察结果。

 提示：

　　我们的目的是使用四元数来表示定向，基于此目的，这里介绍的所有四元数都是所谓的单位四元数（Unit Quaternion），其大小等于单位（Unity）。

　　有关非归一化四元数的信息，请参阅 Dam 等人的技术报告（详见参考文献[11]）。

8.5.6　四元数的共轭和逆

　　四元数的共轭（Conjugate），表示为 $\mathbf{q}^*$，是通过将四元数的矢量部分变负得到的，其公式如下：

四元数的共轭	
$$\mathbf{q}^* = \begin{bmatrix} w & \mathbf{v} \end{bmatrix}^* = \begin{bmatrix} w & -\mathbf{v} \end{bmatrix}$$ $$= \begin{bmatrix} w & (x \ \ y \ \ z) \end{bmatrix}^* = \begin{bmatrix} w & (-x \ \ -y \ \ -z) \end{bmatrix}$$	（8.5）

术语"共轭"是从四元数作为一个复数的解释继承而来的。第 8.5.14 节将详细介绍这种解释。

　　四元数的逆（Inverse）表示为 $\mathbf{q}^{-1}$，定义为四元数除以其大小的共轭，其公式如下：

四元数的逆	
$$\mathbf{q}^{-1} = \frac{\mathbf{q}^*}{\|\mathbf{q}\|}$$	（8.6）

四元数的逆与实数（标量）的倒数（Reciprocal/Multiplicative Inverse）有一个有趣的对应关系。对于实数来说，倒数 a^{-1} 是 $1/a$。换句话说，$a(a^{-1}) = a^{-1}a = 1$。这同样适用于四元数。当将四元数 $\mathbf{q}$ 乘以它的 $\mathbf{q}^{-1}$ 时，可以得到单位四元数 $[1,\mathbf{0}]$。第 8.5.7 节将讨论四元数乘法。

式（8.6）是四元数的逆的正式定义。但是，如果纯粹只对表示旋转的四元数感兴趣（本书就是这样），那么所有四元数都是单位四元数，因此，在本书的上下文语境中，共轭和逆实际上是等价的。

共轭（逆）是有趣的，因为 $\mathbf{q}$ 和 $\mathbf{q}^*$ 表示相反的角位移。这也很容易理解。通过将 $\mathbf{v}$ 变负，可以让旋转轴 $\hat{\mathbf{n}}$ 变负，但是这不会改变物理意义上的轴，因为 $\hat{\mathbf{n}}$ 和 $-\hat{\mathbf{n}}$ 是平行的。然而，它确实颠倒了我们认为是正向旋转的方向。因此，$\mathbf{q}$ 绕着某个轴旋转量 θ，而 $\mathbf{q}^*$ 则可以沿相反的方向旋转相同的量。

就我们的目的而言，四元数共轭的另一种定义可能是使 w 变负，使得 $\mathbf{v}$（以及相应的 $\hat{\mathbf{n}}$）保持不变。这将会使旋转量 θ 变负，而不是通过翻转旋转轴来反转被认为是正旋转的旋转量。这等同于式（8.5）中给出的定义（至少在我们的几何目标意义上是这样），并且提供了更直观一些的几何解释。当然，术语共轭（Conjugate）在复数的背景下具有特殊的意义，所以还是应该坚持原始的定义。

8.5.7 四元数乘法

四元数可以相乘，其结果类似于矢量的叉积，因为它产生的是另一个四元数（而不是标量），并且它不是可交换的。当然，四元数乘法的符号是不同的：我们仅仅通过并排放置两个操作数来表示四元乘法。四元数乘法的公式可以很容易地根据四元数作为复数的定义推导出来（参见本章的习题 6），这里就不再展开叙述，而是直接使用两个四元数表示法来说明它，具体如下：

四元数乘法
$$\begin{aligned} \mathbf{q}_1\mathbf{q}_2 &= \begin{bmatrix} w_1 & (x_1 & y_1 & z_1) \end{bmatrix}\begin{bmatrix} w_2 & (x_2 & y_2 & z_2) \end{bmatrix} \\ &= \begin{bmatrix} w_1w_2 - x_1x_2 - y_1y_2 - z_1z_2 \\ \begin{pmatrix} w_1x_2 + x_1w_2 + y_1z_2 - z_1y_2 \\ w_1y_2 + y_1w_2 + z_1x_2 - x_1z_2 \\ w_1z_2 + z_1w_2 + x_1y_2 - y_1x_2 \end{pmatrix} \end{bmatrix} \\ &= \begin{bmatrix} w_1 & \mathbf{v}_1 \end{bmatrix}\begin{bmatrix} w_2 & \mathbf{v}_2 \end{bmatrix} \\ &= \begin{bmatrix} w_1w_2 - \mathbf{v}_1 \cdot \mathbf{v}_2 & w_1\mathbf{v}_2 + w_2\mathbf{v}_1 + \mathbf{v}_1 \times \mathbf{v}_2 \end{bmatrix} \end{aligned}$$

四元数的积也称为哈密尔顿积（Hamilton Product）。在阅读了第 8.5.14 节中关于四元数的历史后，你将理解为什么会有此命名。

让我们快速介绍一下四元数乘法的 3 个属性，所有这些属性都可以通过使用上面给出的定义来轻松证明。首先，四元数乘法是可结合的，但不是可交换的，具体如下：

四元数乘法可结合但不可交换
$(\mathbf{ab})\mathbf{c} = \mathbf{a}(\mathbf{bc})$,
$\mathbf{ab} \neq \mathbf{ba}$

其次，四元数乘积的大小等于它们的大小的乘积（参见本章习题 9），具体如下：

四元数乘积的大小
$\|\mathbf{q}_1\mathbf{q}_2\| = \|\mathbf{q}_1\|\|\mathbf{q}_2\|$

上面这一点非常重要，因为它保证了当将两个单位四元数相乘时，获得的结果是一个单位四元数。

最后，四元数乘积的倒数等于以相反顺序取的倒数的乘积，具体如下：

四元数乘积的倒数
$(\mathbf{ab})^{-1} = \mathbf{b}^{-1}\mathbf{a}^{-1}$,
$(\mathbf{q}_1\mathbf{q}_2\cdots\mathbf{q}_{n-1}\mathbf{q}_n)^{-1} = \mathbf{q}_n^{-1}\mathbf{q}_{n-1}^{-1}\cdots\mathbf{q}_2^{-1}\mathbf{q}_1^{-1}$

在了解了四元数乘法的一些基本属性之后，现在来谈一谈该运算在实际应用中非常有用的原因。我们可以定义一个四元数 $\mathbf{p} = [0, (x, y, z)]$，将标准三维点 (x, y, z) "扩展" 到四元数空间。一般来说，$\mathbf{p}$ 并不是一个有效的旋转四元数，因为它可以具有任何大小。现在设 $\mathbf{q}$ 是讨论过的 $[\cos\theta/2, \hat{\mathbf{n}}\sin\theta/2]$ 形式的旋转四元数，其中，$\hat{\mathbf{n}}$ 是单位矢量旋转轴，θ 是旋转角。令人惊讶的是，现在可以通过执行相当奇怪的四元数乘法来将三维点 $\mathbf{p}$ 围绕 $\hat{\mathbf{n}}$ 旋转如下：

使用四元数乘法来旋转三维矢量	
$\mathbf{p}' = \mathbf{qpq}^{-1}$	(8.7)

可以通过扩展乘法来证明这一点，代入 $\hat{\mathbf{n}}$ 和 θ，并将结果与第 5.1.3 节中推导出的围绕任意轴旋转的矩阵进行比较，实际上这是绝大多数讨论四元数的文章所采用的方法。虽然这肯定是一种验证这个技巧是否有效的好方法，但我们想知道的是，最初是怎么偶然发现它的。第 8.7.3 节将以直接的方式推导出从四元数到矩阵形式的转换，仅仅是从旋

转的几何形状而不是参考 $\mathbf{qpq}^{-1}$。至于如何发现这种关联，我们不能肯定，但将提供一系列的思路，以引导你发现这种奇怪的乘积与旋转之间的联系（详见第 8.5.14 节）。这个讨论还解释了使用分量的一半旋转角度为何会很有成效。

事实证明，四元数乘法和三维矢量旋转之间的对应关系比实际问题更具理论意义。有些人（比如说，特别喜欢使用四元数者？）喜欢用四元数来定义矢量旋转的有用属性，并且这些属性可以使用式（8.7）立即访问。对于四元数的爱好者来说，我们承认这种紧凑的表示法具有各种各样的优点，但它在计算中的实际好处是可疑的。如果你实际完成了这个数学计算，就会发现它与将四元数转换为等效旋转矩阵，然后将矢量乘以矩阵所涉及的运算数量大致相同。四元数转换为等效旋转矩阵可使用式（8.20），详见第 8.7.3 节。因此，我们不认为四元数具有任何旋转矢量的直接能力，至少对于计算机中的实际用途来说是如此。

尽管 $\mathbf{qpq}^{-1}$ 与旋转之间的对应关系并不具有直接的实际意义，但它具有很超然的理论意义。它导致我们对四元数乘法的使用略有不同，这种用法在编程中非常实用。可以来看一看将多个旋转应用于矢量时会发生什么。我们将通过四元数 $\mathbf{a}$ 旋转矢量 $\mathbf{p}$，然后通过另一个四元数 $\mathbf{b}$ 旋转该结果，公式如下：

使用四元数代数连接多个旋转
$$\begin{aligned} \mathbf{p}' &= \mathbf{b}(\mathbf{apa}^{-1})\mathbf{b}^{-1} \\ &= (\mathbf{ba})\mathbf{p}(\mathbf{a}^{-1}\mathbf{b}^{-1}) \\ &= (\mathbf{ba})\mathbf{p}(\mathbf{ba})^{-1} \end{aligned}$$

请注意，通过 $\mathbf{a}$ 然后通过 $\mathbf{b}$ 旋转相当于通过四元数乘积 $\mathbf{ba}$ 执行单次旋转。这是一个重要的观察结果。

🖼 提示：

四元数乘法可用于连接多个旋转，就像矩阵乘法一样。

虽然我们说"就像矩阵乘法一样"，但实际上还是有一些差异。在使用矩阵乘法的情况下，我们更喜欢使用行矢量，并且将该矢量放在左侧，从而产生以变换顺序从左到右读取的连接旋转的良好属性。对于四元数来说，我们就没有这种灵活性：多个旋转的连接总是从右到左"从里到外"读取。[①]

---

① 实际上，如果你不在乎系统的失败，你确实会有一些灵活性。一些作者（详见参考文献[16]）甚至提出了一个替代的四元数乘积定义，其中的运算项被颠倒过来。这可以使代码更易于理解，并且在你自己的代码中可能值得考虑此选项。但是，我们将坚持本书的标准。

8.5.8　四元数的"差"

使用四元数乘法和倒数，我们可以计算两个四元数之间的差值，"差"意味着从一个方向到另一个方向的角位移。换句话说，给定方向 $\mathbf{a}$ 和 $\mathbf{b}$，可以计算从 $\mathbf{a}$ 到 $\mathbf{b}$ 旋转的角位移 $\mathbf{d}$。这可以简洁地表示为

$$\mathbf{da} = \mathbf{b}$$

请记住，四元数乘法将从右到左执行旋转。

让我们来求解 $\mathbf{d}$。如果公式中的变量表示标量，可以简单地除以 $\mathbf{a}$。但是，我们不能除以四元数，只能乘以它。也许乘以倒数可以达到预期的效果？将两边乘以右边的 $\mathbf{a}^{-1}$（必须小心，因为四元数乘法不是可交换的）可得

四元数的"差"
$(\mathbf{da})\mathbf{a}^{-1} = \mathbf{ba}^{-1},$
$\mathbf{d}(\mathbf{aa}^{-1}) = \mathbf{ba}^{-1},$
$\mathbf{d}\begin{bmatrix} 1 & \mathbf{0} \end{bmatrix} = \mathbf{ba}^{-1},$
$\mathbf{d} = \mathbf{ba}^{-1}$

现在有办法生成一个四元数，表示从一个方向到另一个方向的角位移。当讨论 Slerp 时，将在第 8.5.12 节中使用它。

在数学上，两个四元数之间的角度差实际上更接近于除法而不是真正的减法。

8.5.9　四元数点积

点积运算是为四元数定义的。四元数点积的表示法和定义与矢量点积非常相似，四元数点积表示及定义如下：

四元数点积
$\mathbf{q}_1 \cdot \mathbf{q}_2 = \begin{bmatrix} w_1 & \mathbf{v}_1 \end{bmatrix} \cdot \begin{bmatrix} w_2 & \mathbf{v}_2 \end{bmatrix}$
$= w_1 w_2 + \mathbf{v}_1 \cdot \mathbf{v}_2$
$= \begin{bmatrix} w_1 & (x_1 & y_1 & z_1) \end{bmatrix} \cdot \begin{bmatrix} w_2 & (x_2 & y_2 & z_2) \end{bmatrix}$
$= w_1 w_2 + x_1 x_2 + y_1 y_2 + z_1 z_2$

像矢量点积一样，其结果是标量。对于单位四元数 $\mathbf{a}$ 和 $\mathbf{b}$，$-1 \leqslant \mathbf{a} \cdot \mathbf{b} \leqslant 1$。

点积可能不是最常用的四元运算符之一，至少在视频游戏编程中是这样，但它确实

有一个有趣的几何解释。第 8.5.8 节讨论了四元数 $\mathbf{d} = \mathbf{ba}^*$，它描述了从方向 $\mathbf{a}$ 到方向 $\mathbf{b}$ 的角位移（我们假设的是单位四元数并用共轭代替四元数倒数）。如果扩展点积并检查 $\mathbf{d}$ 的内容，会发现 w 分量等于点积 $\mathbf{a} \cdot \mathbf{b}$！

这在几何上意味着什么？回忆一下欧拉旋转定理：我们可以通过围绕精心选择的轴进行一次旋转就可以从方向 $\mathbf{a}$ 旋转到方向 $\mathbf{b}$。这个唯一确定的（取决于符号的正反）轴和角度恰好是用 $\mathbf{d}$ 编码的那些。你应该还记得 w 分量和旋转角度 θ 之间的关系，即 $\mathbf{a} \cdot \mathbf{b} = \cos(\theta/2)$，其中，$\theta$ 是从方向 $\mathbf{a}$ 到方向 $\mathbf{b}$ 所需的旋转量。

总之，四元数点积具有类似于矢量点积的解释。四元数点积 $\mathbf{a} \cdot \mathbf{b}$ 的绝对值越大，由 $\mathbf{a}$ 和 $\mathbf{b}$ 表示的角位移就越"相似"。虽然矢量点积给出了矢量之间角度的余弦，但四元数点积给出了将一个四元数旋转到另一个四元数所需角度的一半的余弦。出于测量相似性的目的，通常仅对 $\mathbf{a} \cdot \mathbf{b}$ 的绝对值感兴趣，由于 $\mathbf{a} \cdot \mathbf{b} = -(\mathbf{a} \cdot -\mathbf{b})$，因此 $\mathbf{b}$ 和 $-\mathbf{b}$ 表示的是相同的角位移。

虽然在大多数视频游戏代码中，直接使用四元数点积的很少，但该点积是计算 Slerp 函数的第一步，将在第 8.5.12 节中讨论。

8.5.10　四元数的对数、指数和标量乘法

本节讨论有关四元数的 3 个运算，尽管它们很少直接使用，但它们是几个重要的四元数运算的基础。这些运算是四元数对数、指数和标量乘法。

首先，通过引入一个等于半角（$\theta/2$）的变量 α 来重新定义四元数，具体定义如下：

使用半角 α 定义四元数
$\alpha = \theta/2,$ $\qquad\qquad$ $\mathbf{q} = \begin{bmatrix} \cos\alpha & \hat{\mathbf{n}}\sin\alpha \end{bmatrix}$

$\mathbf{q}$ 的对数可定义为

四元数的对数
$\log\mathbf{q} = \log\left(\begin{bmatrix} \cos\alpha & \hat{\mathbf{n}}\sin\alpha \end{bmatrix}\right) \equiv \begin{bmatrix} 0 & \alpha\hat{\mathbf{n}} \end{bmatrix}$

我们使用符号"$\equiv$"来表示相等的定义。一般来说，$\log\mathbf{q}$ 不是单位四元数。请注意四元数的对数与指数映射格式（参见第 8.4 节）之间的相似性。

指数函数以完全相反的方式定义。首先，将以下四元数 $\mathbf{p}$ 定义为 $[0, \alpha\hat{\mathbf{n}}]$ 形式，其中，$\hat{\mathbf{n}}$ 为单位矢量：

$$\mathbf{p} = \begin{bmatrix} 0 & \alpha\hat{\mathbf{n}} \end{bmatrix}, \qquad\qquad (\|\hat{\mathbf{n}}\| = 1)$$

然后将指数函数定义为

四元数的指数函数
$\exp \mathbf{p} = \exp\left(\begin{bmatrix} 0 & \alpha\hat{\mathbf{n}} \end{bmatrix}\right) \equiv \begin{bmatrix} \cos\alpha & \hat{\mathbf{n}}\sin\alpha \end{bmatrix}$

请注意，根据定义，$\exp \mathbf{p}$ 始终返回单位四元数。

四元数对数和指数与它们的标量类似物有关。对于任何标量 a，有

$$e^{\ln a} = a$$

同样，四元数 $\exp$ 函数定义为四元数对数函数的逆，即

$$\exp(\log \mathbf{q}) = \mathbf{q}$$

最后，四元数可以乘以标量，结果以明显的方式计算每个分量乘以标量。给定标量 k 和四元数 $\mathbf{q}$，有

四元数乘以标量
$k\mathbf{q} = k\begin{bmatrix} w & \mathbf{v} \end{bmatrix} = \begin{bmatrix} kw & k\mathbf{v} \end{bmatrix}$

这通常不会产生单位四元数，这就是为什么乘以标量在表示角位移的情况下不是一个非常有用的运算（但在第 8.5.11 节中将发现它的用途）。

8.5.11　四元数指数

四元数可以被取幂（Exponentiation），这意味着可以计算四元数的标量幂。四元数指数表示为 $\mathbf{q}^t$，不应与指数函数 $\exp \mathbf{q}$ 混淆。指数函数只接受一个参数：四元数。四元数取幂则有两个参数：四元数 $\mathbf{q}$ 和标量指数 t。

四元数指数的含义与实数相似。如前文所述，对于任何标量 a，除了零之外，$a^0 = 1$ 且 $a^1 = a$。当指数 t 从 0 变化到 1 时，a^t 的值从 1 变化到 a。类似的说法也适用于四元数取幂：当 t 从 0 变化到 1 时，四元数取幂 $\mathbf{q}^t$ 从[1, 0]变化到 $\mathbf{q}$。

四元数取幂很有用，因为它允许提取角位移的"分数"。例如，要计算表示四元数 $\mathbf{q}$ 表示的角位移的三分之一的四元数，可以计算 $\mathbf{q}^{1/3}$。

[0, 1]范围之外的指数大部分都符合预期，但是有一点需要注意，$\mathbf{q}^2$ 表示 $\mathbf{q}$ 的角位移的两倍。例如，如果 $\mathbf{q}$ 表示围绕 x 轴顺时针旋转30°，则 $\mathbf{q}^2$ 表示围绕 x 轴顺时针旋转60°，并且 $\mathbf{q}^{-1/3}$ 表示围绕 x 轴逆时针旋转10°。特别要注意的是，逆表示法 $\mathbf{q}^{-1}$ 也可以在此上下文语境中解释，并且结果是一致的：执行反向旋转的四元数。

我们要提出的警告是，四元数使用最短弧表示角度位移，其无法表示多圈旋转。继

续上面的例子，$\mathbf{q}^8$ 不是像预期的那样围绕 x 轴顺时针旋转 $240°$，它将逆时针旋转 $120°$。当然，在一个方向上旋转 $240°$ 会产生与在相反方向旋转 $120°$ 相同的最终结果，这就是要点：四元数实际上只捕获最终结果。一般来说，许多关于标量取幂的代数恒等式，如 $(a^s)^t = a^{st}$，不适用于四元数。

在某些情况下，我们确实关心旋转的总量，而不仅仅是最终结果（最重要的例子是角速度）。在这些情况下，四元数不是正确的工具，你可以使用指数映射（或者它的类似工具，轴-角格式）代替。

在了解了四元数取幂的用法之后，现在来看一看它在数学上是如何定义的。四元数取幂是根据第 8.5.10 节中学到的"工具"运算来定义的。其定义由下式给出：

四元数取幂公式
$$\mathbf{q}^t = \exp\left(t \log \mathbf{q}\right) \qquad (8.8)$$

请注意，关于标量的取幂，以下类似的陈述是正确的：

$$a^t = e^{(t \ln a)}$$

理解 $\mathbf{q}^t$ 插值（Interpolate）为什么会从单位四元数到 $\mathbf{q}$（这和 t 从 0 变化到 1 是一样的）并不太难。请注意，对数运算实际上是将四元数转换为指数映射格式（除了因子 2）。然后，当用指数 t 执行标量乘法时，效果是将角度乘以 t。最后，exp 将"撤销"对数运算所做的事情，从指数矢量重新计算新的 w 和 $\mathbf{v}$。至少在学术上这就是它在公式中起作用的方式。虽然式（8.8）是正式的数学定义，并且在理论上可以优雅地工作，但直接转换为代码要复杂得多。代码清单 8.2 显示了如何在 C 语言中计算 $\mathbf{q}^t$ 的值。从根本上说，我们并没有像公式告诉我们的那样使用单个指数映射的数量，而是分别计算了轴和半角。

代码清单 8.2　四元数指数计算

```c
// 四元数（输入和输出）
float w, x, y, z;

// 输入指数
float exponent;

// 检查单位四元数的情况
// 此步骤可以防止除以零
if (fabs(w) < .9999f){

    // 提取半角 alpha(alpha = theta / 2)
    float alpha = acos (w);
```

```
    // 计算新的 alpha 值
    float newAlpha = alpha * exponent;

    // 计算新的 w 值
    w = cos(newAlpha);

    // 计算新的 xyz 值
    float mult = sin(newAlpha) / sin(alpha);
    x *= mult;
    y *= mult;
    z *= mult;
}
```

关于此代码，有几点需要注意。首先，检查单位四元数是必要的，因为 $w = \pm 1$ 的值将导致 mult 的计算除以零。计算单位四元数的任何次幂都将产生单位四元数，因此，如果在输入上检测到单位四元数，则忽略指数并返回原始四元数即可。

其次，在计算 alpha 时，使用的是 arccos 函数，它总是返回一个正角度。这不会造成普遍适用性方面的损失。任何四元数都可以被解释为具有正的旋转角度，因为围绕某个轴的负旋转与围绕指向相反方向的轴的正旋转是相同的。

8.5.12　四元数插值

在当今游戏和图形中，四元数的存在还有一个理由，那就是一种称为 Slerp 的运算，它代表的是球面线性插值（Spherical Linear Interpolation）。Slerp 运算很有用，因为它允许在两个定向之间平滑插值。Slerp 避免了困扰欧拉角插值的所有问题（参见第 8.3.4 节）。

Slerp 是一个三元运算符，意味着它接受 3 个操作数。Slerp 的前两个操作数是希望插值的两个四元数。我们将这两个起始定向和结束定向分别分配给变量 q_0 和 q_1。插值参数将分配给变量 t，并且当 t 从 0 变为 1 时，Slerp 函数 slerp(q_0, q_1, t)将返回从 q_0 到 q_1 插值的定向。

到目前为止，是否能够使用现有的工具推导出 Slerp 公式。如果要在两个标量值 a_0 和 a_1 之间进行插值，则可以使用以下标准线性插值（Linear Interpolation，Lerp）公式：

标准线性插值公式
$\Delta a = a_1 - a_0,$ $\mathrm{lerp}(a_0, a_1, t) = a_0 + t \, \Delta a$

标准线性插值公式的工作原理是，从 a_0 开始并加上 a_1 和 a_0 之差的因子 t。这需要以

下 3 个基本步骤：

（1）计算两个值之间的差值。

（2）取该差值的一部分。

（3）取原始值并按差值的这一部分进行调整。

我们可以使用相同的基本思想在定向之间进行插值（再次提示一下，四元数乘法从右向左读取）。

（1）计算两个值之间的差值。第 8.5.8 节中演示了如何做到这一点。从 $\mathbf{q}_0$ 到 $\mathbf{q}_1$ 的角位移由下式给出：

$$\Delta \mathbf{q} = \mathbf{q}_1 \mathbf{q}_0{}^{-1}$$

（2）取这个差值的一小部分。为此，可以使用四元数指数，这在第 8.5.11 节中已经讨论过。差值的一小部分由下式给出：

$$(\Delta \mathbf{q})^t$$

（3）取原始值并按差值的这一部分进行调整。通过四元数乘法组合角位移来"调整"初始值，其实现方式由下式给出：

$$(\Delta \mathbf{q})^t \mathbf{q}_0$$

因此，Slerp 的公式可由下式给出：

理论上的四元数 Slerp 公式
$\mathrm{slerp}(\mathbf{q}_0, \mathbf{q}_1, t) = (\mathbf{q}_1 \mathbf{q}_0{}^{-1})^t \mathbf{q}_0$

这种代数形式是在理论上如何计算 Slerp 的。在实践中，使用在数学上等效，但在计算上更有效的公式。为了推导出这个替代公式，首先将四元数解释为存在于四维欧几里得空间中。由于我们感兴趣的所有四元数都是单位四元数，因此它们"活跃"在四维超球面（Hypersphere）上。其基本思想是围绕连接两个四元数的弧进行插值。这两个弧是沿着四维超球面的，因此称为球面线性插值（Spherical Linear Interpolation）。

我们可以在平面上对它进行可视化（见图 8.11）。想象两个二维矢量 $\mathbf{v}_0$ 和 $\mathbf{v}_1$，二者都是单位长度。我们希望计算 $\mathbf{v}_t$ 的值，这是围绕弧进行平滑插值的结果，插值的计算是将从 $\mathbf{v}_0$ 到 $\mathbf{v}_1$ 的距离乘以因子 t。如果设 ω [①] 是弧从 $\mathbf{v}_0$ 到 $\mathbf{v}_1$ 截取的角度，则 $\mathbf{v}_t$ 是围绕该弧旋转 $\mathbf{v}_0$（旋转角度为 $t\omega$）的结果。

我们可以将 $\mathbf{v}_t$ 表示为 $\mathbf{v}_0$ 和 $\mathbf{v}_1$ 的线性组合。换句话说，存在非负常数 k_0 和 k_1，使得

---

① 这是希腊字母 Omega，发音为 "oh-MAY-guh"。

$\mathbf{v}_t = k_0\mathbf{v}_0 + k_1\mathbf{v}_1$。我们可以使用基本几何来确定 k_0 和 k_1 的值。图 8.12 显示了其实现方式。

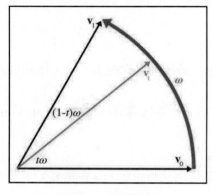

图 8.11　插值旋转

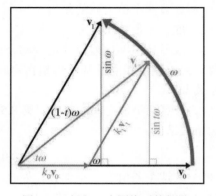

图 8.12　插入一个围绕弧的矢量

将一些三角函数应用于将 $k_1\mathbf{v}_1$ 作为斜边的直角三角形中（请注意，$\mathbf{v}_1$ 是一个单位矢量），可得

$$\sin\omega = \frac{\sin t\omega}{k_1},$$

$$k_1 = \frac{\sin t\omega}{\sin\omega}$$

将相应的技巧用于求解 k_0，可得以下结果：

$$k_0 = \frac{\sin(1-t)\omega}{\sin\omega}$$

由此，$\mathbf{v}_t$ 可以表示为

$$\mathbf{v}_t = k_0\mathbf{v}_0 + k_1\mathbf{v}_1 = \frac{\sin(1-t)\omega}{\sin\omega}\mathbf{v}_0 + \frac{\sin t\omega}{\sin\omega}\mathbf{v}_1$$

相同的基本思路可以扩展到四元数空间中，并且可以将 Slerp 公式重新编写为

实际的四元数 Slerp 公式
$\text{slerp}(\mathbf{q}_0, \mathbf{q}_1, t) = \dfrac{\sin(1-t)\omega}{\sin\omega}\mathbf{q}_0 + \dfrac{\sin t\omega}{\sin\omega}\mathbf{q}_1$

我们只需要一种计算 ω 的方法（ω 即两个四元数之间的"角度"）。事实证明，二维矢量数学的类比可以扩展到四元数空间中，可以将四元数点积视为返回的 $\cos\omega$。

这里有两个略显复杂的因素。第一个复杂因素是，两个四元数 $\mathbf{q}$ 和 $-\mathbf{q}$ 表示相同的方向，但在用作 Slerp 的参数时可能会产生不同的结果。这个问题不会发生在二维或三维中，但四维超球面的表面与欧几里得空间的拓扑结构不同。解决方案是选择 $\mathbf{q}_0$ 和 $\mathbf{q}_1$ 的符号，

使得点积 $\mathbf{q}_0 \cdot \mathbf{q}_1$ 是非负的。这样做的结果就是始终选择从 $\mathbf{q}_0$ 到 $\mathbf{q}_1$ 的最短旋转弧。第二个复杂因素是，如果 $\mathbf{q}_0$ 和 $\mathbf{q}_1$ 非常接近，则 ω 非常小，因此 $\sin\omega$ 就非常小，这将导致除法问题。为避免这种情况，如果 $\sin\omega$ 非常小，将使用简单的线性插值。代码清单 8.3 中的代码片段应用所有这些建议来计算四元数 Slerp。

代码清单 8.3　计算四元数 Slerp

```
// 两个输入的四元数
float w0, x0, y0, z0;
float w1, x1, y1, z1;

// 插值参数
float t;

// 输出四元数在此处将被计算
float w, x, y, z;

// 使用点积计算
// 四元数之间的“角度的余弦”
float cosOmega = w0*w1 + x0*x1 + y0*y1 + z0*z1;

// 如果点积为负，则将其中一个输入的四元数变负
// 以取得最短四维“弧”
if (cosOmega < 0.0f ) {
    w1 = -w1;
    x1 = -x1;
    y1 = -y1;
    z1 = -z1;
    cosOmega = -cosOmega;
}

// 检查它们是否靠得非常近
// 以避免出现除以零的问题
float k0, k1;
if (cosOmega > 0.9999f) {

    // 如果靠得非常近，则仅使用线性插值
    k0 = 1.0f - t;
    k1 = t;

} else {
```

```
    // 使用三角函数恒等式 sin^2(omega)+cos^2(omega) = 1
    // 计算角度的正弦
    float sinOmega = sqrt(1.0f - cosOmega*cosOmega);

    // 通过 sine 和 cosine 值计算角度
    float omega = atan2(sinOmega, cosOmega);

    // 计算分母的倒数
    // 因此只需要除一次即可
    float oneOverSinOmega = 1.0f / sinOmega;

    // 计算插值参数
    k0 = sin((1.0f - t) * omega) * oneOverSinOmega;
    k1 = sin(t * omega) * oneOverSinOmega;
}

// 插值
w = w0*k0 + w1*k1;
x = x0*k0 + x1*k1;
y = y0*k0 + y1*k1;
z = z0*k0 + z1*k1;
```

8.5.13　四元数的优缺点

与其他表示角位移的方法相比，四元数具有以下优点：

❑ 平滑插值（Smooth Interpolation）。Slerp 插值方法提供了定向之间的平滑插值。
没有其他表示方法能提供这样的平滑插值。

❑ 角位移的快速连接和逆。我们可以通过使用四元数叉积将一系列角位移连接成单
个角位移。使用矩阵的相同运算涉及更多的标量运算，当然，在给定的体系结构
中，矩阵和四元数哪一个更快实际上并不是很明确，因为单指令多数据（Single
Instruction Multiple Data，SIMD）矢量运算可以非常快速地执行矩阵乘法。
四元数共轭提供了一种非常有效地计算相反角位移的方法。这可以通过转置旋
转矩阵来完成，但是对于欧拉角来说并不容易。

❑ 矩阵形式的快速转换。在第 8.7 节中将可以看到，四元数可以快速地与矩阵形式
相互转换，并且其转换速度比欧拉角更快一些。

❑ 只有 4 个数字。由于四元数包含 4 个标量值，因此它比使用 9 个数字的矩阵更

经济（但是它仍然比欧拉角大 33%）。

当然，上面这些优点也确实需要付出一些代价。例如，四元数就同样受到一些困扰矩阵的问题的影响，只是程度较小，如下所示。

❏ 略大于欧拉角。四元数使用的是 4 个数字，而欧拉角则仅使用 3 个数字，虽然这多出的一个数字看起来不多，但是当需要大量的角位移（如存储动画数据）时，就会产生额外的 33%的差异。

此外，四元数内的值并不是沿[-1,+1]区间"均匀间隔"的，这意味着即使方向是均匀间隔的，分量也不会平滑插值，这使得四元数比欧拉角或指数映射更难以打包成定点数（Fixed-Point Number）。

❏ 可能无效。这可能因为错误的输入数据或累积的浮点舍入错误而发生。可以通过规范化四元数来确保它具有单位大小来解决这个问题。

❏ 人类很难使用。在矩阵、欧拉角和四元数这 3 种表示方法中，四元数是人类最难以直接使用的方法。

8.5.14 作为复数的四元数

大多数文章在讨论四元数时，都是从将四元数解读为复数的主题开始讨论的，而我们则以该主题来结束对四元数的讨论。如果只对四元数在旋转方面的应用感兴趣，则可以安全地跳过本节；如果想要更深入地理解四元数，或者对四元数的数学遗产以及围绕它们的发明的环境感兴趣，那么本节将会很有趣。我们将沿用 DePaul University（德保罗大学）的 John McDonald 提供的方法（详见参考文献[45]）讨论该主题。这种方法能够解释四元数的两个特点：$\theta/2$（而不是 θ）的表现和一种不寻常的数学形式—— $\mathbf{qvq}^{-1}$。

首先，考虑如何在 2×2 矩阵集合中嵌入实数集。对于任何给定的标量 a，将它与一个 2×2 矩阵建立关联，即在矩阵的两个对角元素上都有一个 a。具体定义如下：

映射到一个 2×2 矩阵的每个实数标量
$$a \equiv \begin{bmatrix} a & 0 \\ 0 & a \end{bmatrix}$$

我们选择了一个 2×2 矩阵的子集，并在这个较小的矩阵集和所有实数的集合之间建立了一对一的对应关系。我们可以通过其他方式建立这种一对一的关系，但这种特殊的做法很重要，因为它保留了加法、减法和乘法（如果将除法视为倒数乘法，则甚至可以包括

除法）的所有普通代数定律：结合律、分配率、零的不可约性等。例如，

加法、减法和乘法的普通代数定律

$$\begin{bmatrix} a & 0 \\ 0 & a \end{bmatrix} + \begin{bmatrix} b & 0 \\ 0 & b \end{bmatrix} = \begin{bmatrix} a+b & 0 \\ 0 & a+b \end{bmatrix},$$

$$\begin{bmatrix} a & 0 \\ 0 & a \end{bmatrix} - \begin{bmatrix} b & 0 \\ 0 & b \end{bmatrix} = \begin{bmatrix} a-b & 0 \\ 0 & a-b \end{bmatrix},$$

$$\begin{bmatrix} a & 0 \\ 0 & a \end{bmatrix} \begin{bmatrix} b & 0 \\ 0 & b \end{bmatrix} = \begin{bmatrix} ab & 0 \\ 0 & ab \end{bmatrix}$$

现在来看一看是否可以为复数的集合创建类似的映射。你可能已经学习过复数，如果是这样的话，你应该记得复数对(a, b)定义了数字 $a + bi$。其中，$b \neq 0$ 且 $i^2 = -1$。i 是一个特殊的数字，它通常被称为虚数（Imaginary Number），因为没有普通标量（"真实"数字）可以具有此属性。"Imaginary"这个词给人的印象是，这个数字并非真实存在，只是虚构出来的。我们要避开这个术语，而坚持使用更具描述性的术语：复数（Complex Number）。

复数可以加、减和乘。我们需要做的就是遵循普通的算术规则，并在出现时将 i^2 替换为-1。这将产生以下恒等式：

复数的加、减和乘

$$(a + bi) + (c + di) = (a + c) + (b + d)i,$$
$$(a + bi) - (c + di) = (a - c) + (b - d)i,$$
$$\begin{aligned} (a + bi)(c + di) &= ac + adi + bci + bdi^2 \\ &= ac + (ad + bc)i + bd(-1) \\ &= (ac - bd) + (ad + bc)i \end{aligned}$$

现在，如何才能扩展在 2×2 矩阵空间中嵌入数字的系统以包含复数呢？以前只有一个自由度 a，现在有两个：a 和 b。我们使用的映射是

将每个复数映射到一个 2×2 矩阵

$$a + bi \equiv \begin{bmatrix} a & -b \\ b & a \end{bmatrix} \tag{8.9}$$

从式（8.9）中可以很容易地验证左侧的复数与右侧的矩阵完全相同。从某种意义上说，它们只是书写了相同数量的两个符号，具体如下：

标准表示法和矩阵形式的加、减和乘

$$(a + bi) + (c + di) \equiv \begin{bmatrix} a & -b \\ b & a \end{bmatrix} + \begin{bmatrix} c & -d \\ d & c \end{bmatrix} = \begin{bmatrix} a + c & -(b + d) \\ b + d & a + c \end{bmatrix}$$

$$\equiv (a + c) + (b + d)i,$$

$$(a + bi) - (c + di) \equiv \begin{bmatrix} a & -b \\ b & a \end{bmatrix} - \begin{bmatrix} c & -d \\ d & c \end{bmatrix} = \begin{bmatrix} a - c & -(b - d) \\ b - d & a - c \end{bmatrix}$$

$$\equiv (a - c) + (b - d)i,$$

$$(a + bi)(c + di) \equiv \begin{bmatrix} a & -b \\ b & a \end{bmatrix} \begin{bmatrix} c & -d \\ d & c \end{bmatrix} = \begin{bmatrix} ac - bd & -(ad + bc) \\ ad + bc & ac - bd \end{bmatrix}$$

$$\equiv (ac - bd) + (ad + bc)i$$

我们还可以验证公式 $i^2 = -1$ 仍然成立，验证过程如下：

在 2 × 2 矩阵形式中的 i 并不"虚"

$$i^2 \equiv \begin{bmatrix} 0 & -1 \\ 1 & 0 \end{bmatrix}^2 = \begin{bmatrix} 0 & -1 \\ 1 & 0 \end{bmatrix} \begin{bmatrix} 0 & -1 \\ 1 & 0 \end{bmatrix} = \begin{bmatrix} -1 & 0 \\ 0 & -1 \end{bmatrix} \equiv -1$$

让我们应用第 5 章中介绍过的几何视角，将列[0, 1]和[-1, 0]解读为坐标空间的基矢量，[①] 这样我们就会明白，这个矩阵执行了 90° 旋转。

提示：

可以将乘以 i 解释为 90° 旋转。[②]

这里没有什么"虚构"的东西。我们不是要将 i 视为-1 的平方根，不是将复数 $a + bi$ 视为具有两个自由度的数学实体，在执行乘法时以特定方式表现。我们通常称之为"实数"的部分 a 是主要的自由度，而 b 则衡量一些次要的自由度。两个自由度在某种意义上是彼此"正交"的。

继续深入这一点就会明白，可以使用该方案表示以任意角度 θ 进行的旋转。第 5.1.1 节中推导出的基本 2 × 2 旋转矩阵恰好出现在映射到复数的这组特殊矩阵中。它映射到以下复数 $\cos \theta + i \sin \theta$：

[①] 通常的约定是使用行矢量，但在这里将使用列矢量，因为从右到左的旋转顺序能更紧密地匹配四元数。

[②] 旋转是顺时针还是逆时针？这是一个有关约定的问题，而不是复数所带来的。实际上，你可能已经注意到，我们可以让式（8.9）中的其他的 b 变负，并且仍然有一个有效的方法将复数集映射到 2 × 2 矩阵。我们的任意选择马上就会在下文中变得很有用。

解读为旋转的单位复数

$$\cos\theta + i\sin\theta \equiv \begin{bmatrix} \cos\theta & -\sin\theta \\ \sin\theta & \cos\theta \end{bmatrix}$$

注意复数的共轭（使复数部分变负）与矩阵转置的对应关系。这特别令人愉快。请记住，四元数的共轭表示的是角位移的逆。对于转置旋转矩阵来说，相应的事实是成立的：因为它们是正交的，所以它们的转置等于它们的逆。

普通的二维矢量如何纳入这种方案呢？可以将矢量$[x, y]$解释为复数$x + iy$，然后就可以将以下两个复数的乘法解释为执行旋转：

$$(\cos\theta + i\sin\theta)(x + iy) = x\cos\theta + iy\cos\theta + ix\sin\theta + i^2 y\sin\theta$$
$$= (x\cos\theta - y\sin\theta) + i(x\sin\theta + y\cos\theta)$$

这相当于以下矩阵乘法：

$$\begin{bmatrix} \cos\theta & -\sin\theta \\ \sin\theta & \cos\theta \end{bmatrix} \begin{bmatrix} x \\ y \end{bmatrix} = \begin{bmatrix} x\cos\theta - y\sin\theta \\ x\sin\theta + y\cos\theta \end{bmatrix}$$

到目前为止，这个数学还不算太复杂，事实上它只能算是一些"前菜"，我们的目标是先打好基础，然后才能继续推进到四元数，所以这里重复一下重要的成果。

提示：

在二维中，可以将矢量$[x, y]$解释为复数$x + iy$，并通过使用复数乘法$(\cos\theta + i\sin\theta)$$(x + iy)$来旋转它。

为了乘以四元数和三维矢量，需要完成从普通矢量到复数的类似转换。

在离开二维之前，总结一下到目前为止我们学到的东西。复数是具有两个自由度的数学对象，当乘以它们时需要遵守某些规则。这些对象通常写为$a + bi$，也可以等效地写为一个 2 × 2 矩阵。当将复数写作一个矩阵时，可以将乘以 i 解释为一个90°旋转。规则 $i^2 = -1$ 具有这样的解释：组合两个90°旋转产生一个180°旋转，这给我们留下了一个颇具开发想象力的感觉。因为如果将它推广开来，任何具有单位长度的复数都可以写为 $\cos\theta + i\sin\theta$ 并且被解释为按角度 θ 旋转。如果将二维矢量转换为复数形式并将其乘以 $\cos\theta + i\sin\theta$，那么它将具有执行旋转的效果。

将这个技巧从二维扩展到三维会如何呢？这样的想法非常诱人。但可惜的是，采用直截了当的方式是不可能的。爱尔兰数学家 William Hamilton（威廉·哈密尔顿，1805—1865）显然就曾经是这种诱惑的受害者，他一直在寻找一种方法将复数从二维扩展到三维，并且为此努力多年。他认为这种新型的复数将有一个实数部分和两个虚数部分。但是，哈密尔顿无法用两个虚数部分创建一个有用的复数类型。然后，正如故事所述，1843

年，在去皇家爱尔兰学院演讲的路上，他突然意识到需要 3 个虚数部分而不是两个。他在布鲁姆桥上刻下了定义这种新型复数的属性的公式。岁月抹去了他在桥上刻下的原始标记，但人们却在那里留下了一块匾额，以纪念哈密尔顿发明四元数的贡献。

由于我们无法穿越到 1843 年并漫步在布鲁姆桥上，所以无从得知是什么使哈密尔顿认识到复数的三维系统并不好，但可以证明，这样的一个集合不能轻易映射到 3×3 矩阵和旋转。一个三维复数具有两个复数部分：i 和 j，其属性为 $i^2 = j^2 = -1$。我们还需要定义 ij 和 ji 的积的值。这些规则确切地讲应该是什么样的，我们也不确定，也许哈密尔顿意识到这是一个死胡同。无论如何，它对目前的讨论无关紧要。

现在，从二维直接扩展的想法意味着可以按某种方式将数字 1、i 和 j 与 3×3 矩阵的集合相关联，这样所有的普通代数定律都成立。很明显，数字 1 必须映射到三维单位矩阵 $\mathbf{I}_3$。数字 -1 应映射到其负值 $-\mathbf{I}_3$（它在对角线上具有 -1）。但是在尝试寻找 i 和 j 的矩阵（其平方是 $-\mathbf{I}_3$）时，我们遇到了一个问题，我们很快就会发现这是不可能的，因为 $-\mathbf{I}_3$ 的行列式是 -1。而要成为该矩阵的根，i 或 j 必须具有 -1 的平方根的行列式，因为矩阵乘积的行列式是行列式的乘积。可以做到这一点的唯一方法就是 i 和 j 包含的元素是复数。简而言之，似乎没有一个合乎逻辑的三维复数系统，这也意味着不会有一个三维复数能够（像标准复数映射到二维旋转那样）优雅地映射到旋转。正因为如此，我们需要四元数。

四元数通过 3 个虚数 i、j 和 k 来扩展复数系统，它们与以下哈密尔顿的著名方程有关：

哈密尔顿在布鲁姆桥上刻写的四维复数的规则
$\begin{aligned} i^2 = j^2 &= k^2 = -1 \\ ij &= k, \quad ji = -k, \\ jk &= i, \quad kj = -i, \\ ki &= j, \quad ik = -j \end{aligned}$ （8.10）

表示 $[w, (x, y, z)]$ 的四元数对应于复数 $w + xi + yj + zk$。第 8.5.7 节中给出的四元数乘积的定义遵循这些规则（另请参见本章的习题 6）。但是，点积基本上忽略了所有复数的 i、j 和 k 部分，并将运算项视为简单的四维矢量。

现在回到矩阵。是否可以将四元数集嵌入矩阵集中，以使式（8.10）中的哈密尔顿规则仍然成立呢？是的，完全可以，正如你所料，我们可以将它们映射到 4×4 矩阵。如前所述，以下实数被映射到一个矩阵，其中对角线的每个元素上都有数字：

$$a \equiv \begin{bmatrix} a & 0 & 0 & 0 \\ 0 & a & 0 & 0 \\ 0 & 0 & a & 0 \\ 0 & 0 & 0 & a \end{bmatrix}$$

并且以下复数的量也可以映射到矩阵：

将 3 个复数的量映射到 4 × 4 矩阵

$$i \equiv \begin{bmatrix} 0 & 0 & 0 & 1 \\ 0 & 0 & -1 & 0 \\ 0 & 1 & 0 & 0 \\ -1 & 0 & 0 & 0 \end{bmatrix}, \quad j \equiv \begin{bmatrix} 0 & 0 & 1 & 0 \\ 0 & 0 & 0 & 1 \\ -1 & 0 & 0 & 0 \\ 0 & -1 & 0 & 0 \end{bmatrix}, \quad k \equiv \begin{bmatrix} 0 & -1 & 0 & 0 \\ 1 & 0 & 0 & 0 \\ 0 & 0 & 0 & 1 \\ 0 & 0 & -1 & 0 \end{bmatrix} \tag{8.11}$$

在继续下文的学习之前，我们鼓励你自己来证明，这些映射确实保留了哈密尔顿的所有规则。

结合上述公式，可以将以下任意四元数映射到 4 × 4 矩阵：

将四元数映射为 4 × 4 矩阵

$$w + xi + yj + zk \equiv \begin{bmatrix} w & -z & y & x \\ z & w & -x & y \\ -y & x & w & z \\ -x & -y & -z & w \end{bmatrix} \tag{8.12}$$

在式（8.12）中，需要注意观察复数的共轭（让 x、y 和 z 变负）是如何对应于矩阵转置的。

到目前为止，所说的一切都适用于任何长度的四元数。现在回到旋转。可以看到，式（8.11）中的 i、j、k 矩阵交换和使轴变负，因此它们与 90° 旋转或反射具有一些相似性。让我们看一看是否可以使用这些矩阵从二维向前传递简单的想法。注意 k 矩阵的左上 2 × 2 部分与 i 的 2 × 2 矩阵是以何种方式保持一致的，换句话说，k 的一部分其实是围绕 z 的 90° 旋转。通过类比二维情况，可以合理地期望四元数 $\cos\theta + k\sin\theta$ 表示围绕 z 轴旋转任意角度 θ。让它乘以矢量 [1, 0, 0]，看一看会发生什么。与二维情况一样，需要将矢量"推广"到复数域中，这里的不同之处在于，四元数有一个额外的数字。我们将 $[x, y, z]$ 映射到复数 $0 + xi + yj + zk$，因此，矢量 [1, 0, 0] 只是一个 i。展开该乘法，可得

$$(\cos\theta + k\sin\theta)i = i\cos\theta + ki\sin\theta,$$
$$= i\cos\theta + j\sin\theta$$

这对应于 $[\cos\theta, \sin\theta, 0]$，正是在围绕 z 轴旋转 x 轴时所期望的。到目前为止，一切都很好。让我们尝试一个稍微更通用的矢量 [1, 0, 1]，它在复数域中表示为 $i + k$，如下所示。

$$(\cos\theta + k\sin\theta)(i + k) = i\cos\theta + k\cos\theta + ki\sin\theta + k^2\sin\theta$$
$$= i\cos\theta + j\sin\theta + k\cos\theta - \sin\theta \tag{8.13}$$

式（8.13）的运算结果根本不对应于矢量，因为它对于 w 具有非零值。xy 平面中的旋转按预期工作，但不幸的是，z 分量没有得出正确结果。zw 超平面中存在不需要的旋转。

通过查看以下将$(\cos\theta + k\sin\theta)$如何被表示为一个 4×4 矩阵，就可以清楚地看出这一点：

$$\cos\theta + k\sin\theta \equiv \begin{bmatrix} \cos\theta & -\sin\theta & 0 & 0 \\ \sin\theta & \cos\theta & 0 & 0 \\ 0 & 0 & \cos\theta & \sin\theta \\ 0 & 0 & -\sin\theta & \cos\theta \end{bmatrix}$$

从上面矩阵可以看到，左上角的 2×2 旋转矩阵是我们想要的，而右下角的 2×2 旋转矩阵则是不需要的。

现在剩下的就是想要知道，这其中是否会有错误。也许还有其他的-1 的 4×4 根可用于 i、j 和 k，可以使用它作为替代结果，将四元数集嵌入 4×4 矩阵的集合中。

事实上，还有一些其他的替代结果，这暗示某些东西与二维的情况略有不同。糟糕的是，所有这些替代结果都表现出一些变化（虽然它们的表现基本上是一样的）。反过来说，也许我们的问题是我们以错误的顺序进行了乘法运算（毕竟，i、j 和 k 的乘法不是可交换的）。以下尝试将矢量放在左边，将旋转四元数放在右边：

$$(i+k)(\cos\theta + k\sin\theta) = i\cos\theta + ik\sin\theta + k\cos\theta + k^2\sin\theta$$
$$= i\cos\theta - j\sin\theta + k\cos\theta - \sin\theta$$

将上面式子与式（8.13）进行比较，当操作数的顺序相反时，看到唯一的区别是 y 坐标的符号。乍看起来这好像是更糟糕了：我们想要的 xz 平面中的旋转被反转，现在将按 $-\theta$ 进行旋转；同时，我们不想要的额外旋转却与之前完全相同。但也许你已经可以从中看到解决方案。如果使用以下相反的旋转（这对应于使用四元数的共轭），那么就可以解决两个问题：

$$(i+k)(\cos\theta - k\sin\theta) = i\cos\theta + j\sin\theta - k\cos\theta + \sin\theta$$

因此，在左边乘以$(\cos\theta + k\sin\theta)$会产生我们想要的旋转，加上一些不想要的额外旋转；而右边的共轭乘法则可以产生所需的相同旋转，以及一些相反的不需要的旋转。如果将这两个步骤结合起来，那么不需要的旋转就会被抵消，而只剩下想要的旋转。不过，也不完全是，因为获得的是想要的旋转的两倍，但这可以通过使用 $\theta/2$ 而不是 θ 来轻松修复。当然，我们已经知道 $\theta/2$ 会出现在某些地方，但现在我们看到了原因。最后，让我们总结一下前面段落的发现。

🛈 提示：

为了将关于复数和旋转的想法从二维扩展到四元数，首先将矢量$[x, y, z]$转换为四元数形式，即 $\mathbf{v} = [0, (x, y, z)]$。将矢量围绕轴 $\hat{\mathbf{n}}$ 旋转角度 θ 的简单方法是创建四元数 $\mathbf{q} = [\cos\theta, \sin\theta\hat{\mathbf{n}}]$，然后执行乘法 $\mathbf{qv}$。然而，这不起作用，虽然结果包含我们想要的旋转，但它还包含对 w 的不需要的旋转。乘法 $\mathbf{vq*}$也会产生我们想要的旋转加上一些不需要的旋转，但在这种情况下，不需要的旋转与 **qv** 产生的旋转完全相反。解决方案是使用半角并设置 $\mathbf{q} = [\cos(\theta/2), \sin(\theta/2)\hat{\mathbf{n}}]$，并通过执行以下两次乘法来完成旋转：**qvq***。第一次旋转向目标旋转一半，加上涉及 w 的一些不需要的旋转；第二次旋转完成所需的旋转，同时还消除不需要的旋转。

在我们离开本节之前，不妨回过头来清理最后一个细节。我们提到过，还有其他方法可以将四元数集嵌入 4×4 矩阵集中，式（8.11）和式（8.12）并不是唯一的方法。McDonald 更详细地探讨了这个想法（详见参考文献[45]），这里我们只想指出，这是需要 **qvq**$^{-1}$ 的另一个根本原因。仅使用单个乘法，嵌入的变化将在旋转结果中产生多余的变化。当两个乘法都存在时，从一种风格到另一种风格的变化会在左侧产生一个变化，而该变化会被右侧的匹配变化完全抵消掉。

8.5.15　四元数概要

第 8.5 节讨论了很多数学，但其中的大部分都不重要。以下总结了四元数需要记住的一些重要事实。

提示：

❑　从概念上讲，四元数可以通过使用旋转轴和绕该轴旋转的量来表示角位移。

❑　四元数包含标量分量 w 和矢量分量 **v**。它们与旋转角 θ 和旋转轴 $\hat{\mathbf{n}}$ 相关，并存在以下关系：

$$w = \cos(\theta/2), \qquad \mathbf{v} = \hat{\mathbf{n}}\sin(\theta/2)$$

❑　三维中的每个角位移在四元数空间中都有两个不同的表示，它们是相互的负数。

❑　表示"无角度位移"的单位四元数为 $[1, \mathbf{0}]$。

❑　所有表示角位移的四元数都是"单位四元数"，其大小等于 1。

❑　四元数的共轭表示相反的角度位移，并通过否定矢量部分 **v** 来计算。四元数的倒数是共轭除以大小。如果仅使用四元数来描述角位移（正如本书中所做的那样），则共轭和倒数是等价的。

❑　四元数乘法可用于将多个旋转连接成单个角位移。理论上，四元数乘法也可用于执行三维矢量旋转，但这没有什么实际价值。

❑　四元数取幂可用于计算角位移的倍数。这将始终捕获正确的最终结果。但是，由于四元数总是采用最短的弧，因此无法表示多圈。

❑　四元数可以被解释为四维复数，这可以在数学和几何之间创建有趣而优雅的平行线。

关于四元数的文章比这里所讨论的空间要多得多。Dam 等的技术报告是一个很好的数学总结（详见参考文献[11]）。Kuiper 的书是从航空航天的角度编写的，并且在连接四元数和欧拉角方面做得很好（详见参考文献[41]）。Hanson 在《可视化四元数》（*Visualizing Quaternions*）中使用了来自几个不同学科（黎曼几何、复数、代数、移动框架）的工具分析四元数，并且充满了有趣的工程和数学知识，它还讨论了如何可视化四元数（详见参考文献[30]）。Hart 等人给出了关于可视化四元数的简短表述（详见参考文献[31]）。

8.6 方 法 比 较

让我们回顾一下前几节中最重要的发现。表 8.1 总结了 3 种表示方法之间的差异。

表 8.1 矩阵、欧拉角、指数映射和四元数的比较

❑ 在坐标空间（对象空间和直立空间）之间旋转点
  ➤ 矩阵：可能，通常可以通过 SIMD 指令进行高度优化。
  ➤ 欧拉角：不可能（必须转换为旋转矩阵）。
  ➤ 指数映射：不可能（必须转换为旋转矩阵）。
  ➤ 四元数：在理论上是可能的。但在计算机中，实际上并非如此。也可以转换为旋转矩阵。
❑ 多次旋转的连接
  ➤ 矩阵：可能，通常可以通过 SIMD 指令进行高度优化。注意矩阵蠕变。
  ➤ 欧拉角：不可能。
  ➤ 指数映射：不可能。
  ➤ 四元数：可能。标量运算少于矩阵乘法，但可能不容易利用 SIMD 指令。注意错误蔓延。
❑ 旋转反转
  ➤ 矩阵：使用矩阵转置，简单快捷。
  ➤ 欧拉角：不容易。
  ➤ 指数映射：使用矢量变负，简单快速。
  ➤ 四元数：使用四元数共轭，简单快速。
❑ 插值
  ➤ 矩阵：非常有问题。
  ➤ 欧拉角：可能，但是万向节死锁会导致一些奇怪的问题。
  ➤ 指数映射：可能，有一些奇点，但不像欧拉角那么麻烦。
  ➤ 四元数：Slerp 可提供平滑插值。
❑ 直接的人工解释
  ➤ 矩阵：困难。
  ➤ 欧拉角：最简单。

续表

> ➤ 指数映射：非常困难。
> ➤ 四元数：非常困难。
- ❑ **内存或文件中的存储效率**
  > ➤ 矩阵：9 个数字。
  > ➤ 欧拉角：可以轻松地量化的 3 个数字。
  > ➤ 指数映射：可以轻松地量化的 3 个数字。
  > ➤ 四元数：4 个数字不能很好地量化，通过假设第四个分量总是非负的并且四元数具有单位长度，可以减少到 3 个数字。
- ❑ **给定旋转的唯一表示**
  > ➤ Matrix：是的。
  > ➤ 欧拉角：否，由于别名现象。
  > ➤ 指数映射：否，由于别名现象，但不像欧拉角那样复杂。
  > ➤ 四元数：对于任何角位移都有两个不同的表示，它们是彼此的负数。
- ❑ **可能无效**
  > ➤ 矩阵：正交矩阵中固有的六度冗余。可能发生矩阵蠕变。
  > ➤ 欧拉角：可以毫不含糊地解释任何 3 个数字。
  > ➤ 指数映射：可以明确解释为任何 3 个数字。
  > ➤ 四元数：可能发生错误蠕变。

某些情况更适合一种定向格式或另一种方式。以下建议可帮助读者选择最佳格式：

- ❑ 欧拉角最容易让人类使用。在指定世界中对象的定向时，使用欧拉角极大地简化了人类的交互。这包括直接键盘输入定向，直接在代码中指定方向（即，定位相机以进行渲染），以及在调试器中进行检查。不应低估这一优势。当然，在确定它会产生影响之前，不要以"优化"的名义牺牲易用性。
- ❑ 如果需要矢量坐标空间变换，最终必须使用矩阵形式。但是，这并不意味着你无法以其他格式存储方向，然后在需要时生成旋转矩阵。一种常见的策略是以欧拉角或四元数形式存储方向的"主要副本"，但也保持旋转矩阵，在欧拉角或四元数变化时重新计算该矩阵。
- ❑ 对于存储大量方向（如动画数据）来说，欧拉角、指数映射和四元数可以提供各种权衡选项。一般来说，欧拉角和指数映射的分量可以比四元数更好地量化。只能用 3 个数字存储旋转四元数。在丢弃第四个分量之前，可以检查它的符号，如果它是负的，则可以让四元数变负。然后，通过假设四元数具有单位长度，则可以恢复已丢弃的分量。
- ❑ 只有使用四元数才能实现可靠的质量插值。即使你使用的是其他形式，也可以始终转换为四元数，执行插值，然后转换回原始形式。在某些情况下，使用指数映射的直接插值可能是一种可行的替代方法，因为奇点的位置处于非常极端的方向，并且在实践中通常很容易避免。

❑ 对于角速度或需要表示"额外旋转"的任何其他情况，请使用指数映射或轴角度。

8.7 表示方式之间的转换

我们已经确定，不同的表示定向的方法适用于各种不同的情况，并且还为选择最合适的表示方式提供了一些指导。本节主要讨论如何将角位移从一种格式转换为另一种格式。它分为以下 6 个小节：

❑ 第 8.7.1 节将介绍如何将欧拉角转换为矩阵。
❑ 第 8.7.2 节将介绍如何将矩阵转换为欧拉角。
❑ 第 8.7.3 节将介绍如何将四元数转换为矩阵。
❑ 第 8.7.4 节将介绍如何将矩阵转换为四元数。
❑ 第 8.7.5 节将介绍如何将欧拉角转换为四元数。
❑ 第 8.7.6 节将介绍如何将四元数转换为欧拉角。

有关定向的表示方式之间转换的更多信息，请参阅 James Diebel 撰写的论文（详见参考文献[13]）。

8.7.1 将欧拉角转换为矩阵

欧拉角定义了 3 个旋转的序列。这 3 个旋转中的每一个都是围绕基本轴的简单旋转，因此每个旋转都很容易单独转换为矩阵形式。我们可以通过连接每个单独旋转的矩阵来计算定义总体角位移的矩阵。这样的练习在许多书籍和网站上都有介绍。如果你曾尝试过使用其中一个参考资料，你可能会想知道，"如果用这个矩阵乘以一个矢量，究竟会发生什么？"这个问题之所以可能让人困惑，是因为人们忘记了提到矩阵旋转是从对象空间到直立空间，还是从直立空间到对象空间。换句话说，实际上有两个不同的矩阵，而不仅仅是一个矩阵。当然，它们是彼此转置的结果，因此，在某种意义上，也可以理解为实际上只有一个矩阵。本节将说明如何计算这二者。

有些读者可能认为我们是小题大做。① 也许你已经明白了如何使用某本书或网站上

---

① 可能是那些对这些东西已经有所了解的人。嘿，你在儿童游泳池做什么——请不要在潜水板上做后空翻，你不觉得应该去做一些对的事情吗？

的旋转矩阵，现在它对你来说是非常浅显的。但是，据我们所知，这对于太多的程序员来说都是一个绊脚石，所以我们选择了详细讨论这一知识点。我们将通过一个常见的例子来说明我们所感到的困惑。

考虑一下对象四处移动的典型实时情况。假设每个对象的定向以欧拉角格式作为一个状态变量保存。其中一个对象是相机，当然使用相同的欧拉角系统来描述相机的定向，就像对任何其他对象所做的那样。现在，在某些点上，需要将这些参考帧传递给图形 API。这就是混乱发生的地方：用来描述对象定向的矩阵与用来描述相机定向的矩阵不同！图形 API 需要两种类型的矩阵（第 10.3.1 节将更详细地讨论它们）。模型变换（Model Transform）是一种矩阵，可以将矢量从对象空间转换为世界空间；视图变换（View Transform）则可以将矢量从世界空间转换为相机的对象空间。模型变换矩阵的旋转部分是从对象空间到直立空间（Object-to-Upright）矩阵；但是视图变换矩阵的旋转部分则是从直立空间到对象空间（Upright-to-Object）矩阵。所以说，欧拉旋转矩阵遗漏了一些重要的实际细节。

现在推导出矩阵。从推导 Object-to-Upright 矩阵开始，该矩阵在旋转点时，将从对象空间转换为直立空间。我们将使用第 5.1.2 节中开发的简单旋转矩阵，并使用主动变换的角度开发（如果你不记得主动变换和被动变换之间的区别，请参见第 3.3.1 节）。因此，为了可视化手头的任务，请想象一下对象上的任意点。对象从单位（Identity）或归位（Home）定向开始，点的体坐标（这是已知的坐标）也恰好是此时的直立坐标，因为这两个空间是对齐的。我们在对象上执行欧拉旋转序列，并且该点在空间中移动，直到在第三次旋转之后，对象已经到达由欧拉角所描述的定向。在此期间，我们用于测量坐标的直立坐标空间仍然是固定的。因此，这些计算的最终结果是该点在其任意定向上的直立坐标。

还有最后一个问题。我们希望用作构建块的基本旋转矩阵每个都围绕基本轴旋转。对于欧拉角来说，旋转轴是体轴（Body Axes），而体轴（在第一次旋转之后）将被任意定向。因此，我们不是围绕体轴进行欧拉旋转，而是要进行固定轴旋转，其中的旋转将围绕直立轴进行。这意味着实际上是以相反的顺序进行旋转：第一个是滚转（Bank），然后是俯仰（Pitch），最后是航向（Heading）。如果你不记得固定轴旋转是什么意思，请参见第 8.3.2 节。

总之，Object-to-Upright 旋转矩阵的生成是 3 个简单旋转矩阵的简单连接，即

$$\mathbf{M}_{object \rightarrow upright} = \mathbf{BPH}$$

其中，**B**、**P** 和 **H** 分别对应的是滚转、俯仰和航向的旋转矩阵，它们分别围绕 z 轴、x 轴和 y 轴旋转。第 5.1.2 节已经介绍了如何计算这些基本旋转矩阵。滚转、俯仰和航向的基本旋转矩阵如下：

滚转、俯仰和航向的基本旋转矩阵

$$\mathbf{B} = \mathbf{R}_z(b) = \begin{bmatrix} \cos b & \sin b & 0 \\ -\sin b & \cos b & 0 \\ 0 & 0 & 1 \end{bmatrix},$$

$$\mathbf{P} = \mathbf{R}_x(p) = \begin{bmatrix} 1 & 0 & 0 \\ 0 & \cos p & \sin p \\ 0 & -\sin p & \cos p \end{bmatrix},$$

$$\mathbf{H} = \mathbf{R}_y(h) = \begin{bmatrix} \cos h & 0 & -\sin h \\ 0 & 1 & 0 \\ \sin h & 0 & \cos h \end{bmatrix}$$

把它们放在一起（并且省去了让人困惑的数学以实际执行矩阵乘法），我们有

使用欧拉角生成的 Object-to-Upright 旋转矩阵

$$\begin{aligned}
\mathbf{M}_{object \to upright} &= \mathbf{BPH} \\
&= \begin{bmatrix} ch\,cb + sh\,sp\,sb & sb\,cp & -sh\,cb + ch\,sp\,sb \\ -ch\,sb + sh\,sp\,cb & cb\,cp & sb\,sh + ch\,sp\,cb \\ sh\,cp & -sp & ch\,cp \end{bmatrix}
\end{aligned} \qquad (8.14)$$

在式（8.14）中，包含了以下简记符号：

$$ch = \cos h, \qquad cp = \cos p, \qquad cb = \cos b,$$
$$sh = \sin h, \qquad sp = \sin p, \qquad sb = \sin b$$

要将矢量从直立空间旋转到对象空间，将使用此 Object-to-Upright 矩阵的逆。如前文所述，由于旋转矩阵是正交的，因此求逆只需要简单地转置一下矩阵即可。当然，我们也可以来验证一下。

为了可视化 Upright-to-Object 的变换，可以想象撤销固定轴旋转。首先撤销的是航向旋转，其次是俯仰旋转，最后是滚转。和以前一样，对象（及其点）在空间中移动，我们使用直立坐标来测量一切。唯一的区别是这次是以直立坐标开始。在这些旋转结束时，对象的体轴与直立轴对齐，结果坐标是对象空间坐标，具体如下：

使用欧拉角生成的 Upright-to-Object 旋转矩阵

$$\begin{aligned}
\mathbf{M}_{upright \to object} &= \mathbf{H}^{-1}\mathbf{P}^{-1}\mathbf{B}^{-1} = \mathbf{R}_y(-h)\,\mathbf{R}_x(-p)\,\mathbf{R}_z(-b) \\
&= \begin{bmatrix} ch\,cb + sh\,sp\,sb & -ch\,sb + sh\,sp\,cb & sh\,cp \\ sb\,cp & cb\,cp & -sp \\ -sh\,cb + ch\,sp\,sb & sb\,sh + ch\,sp\,cb & ch\,cp \end{bmatrix}
\end{aligned} \qquad (8.15)$$

当比较式（8.14）和式（8.15）时，可以看到 Object-to-Upright 矩阵确实是 Upright-to-Object 矩阵的转置，这和预期的结果是一样的。

　　还要注意，可以将旋转矩阵 $\mathbf{H}^{-1}$、$\mathbf{P}^{-1}$ 和 $\mathbf{B}^{-1}$ 视为其对应矩阵的逆矩阵或使用相反旋转角度的常规旋转矩阵。

8.7.2　将矩阵转换为欧拉角

将角位移从矩阵形式转换为欧拉角表示方式需要考虑以下几点：

❑　必须知道矩阵执行的是哪一种类型的旋转：是 Object-to-Upright 还是 Upright-to-Object。本节开发一种使用 Object-to-Upright 矩阵的技术。而 Upright-to-Object 矩阵转换为欧拉角的过程也非常相似，因为这两个矩阵是彼此的转置结果。

❑　对于任何给定的角位移，由于欧拉角别名的关系（参见第 8.3.4 节），存在无数个欧拉角表示方式。在这里提出的技术总是返回规范的欧拉角，航向和滚转角在 ±180° 范围内，而俯仰角则在 ±90° 范围内。

❑　某些矩阵可能格式不正确，因此必须容忍浮点精度误差。某些矩阵包含除旋转之外的变换，例如缩放、镜像或倾斜。这里描述的技术仅适用于正确的旋转矩阵，可能具有一些常见的浮点不精确性，但并没有任何严重的超出正交性的情况。如果在非正交矩阵上使用该技术，则结果是不可预测的。

考虑到这些因素，可以直接从旋转矩阵（式（8.14））求解欧拉角。为了方便，矩阵可以按以下方式扩展：

$$\begin{bmatrix} \cos h \cos b + \sin h \sin p \sin b & \sin b \cos p & -\sin h \cos b + \cos h \sin p \sin b \\ -\cos h \sin b + \sin h \sin p \cos b & \cos b \cos p & \sin b \sin h + \cos h \sin p \cos b \\ \sin h \cos p & -\sin p & \cos h \cos p \end{bmatrix}$$

我们可以通过下式从 m_{32} 直接求解俯仰值（p）：

$$m_{32} = -\sin p,$$
$$-m_{32} = \sin p,$$
$$\arcsin(-m_{32}) = p$$

C 标准库函数 asin() 返回介于 $[-\pi/2, +\pi/2]$ 弧度范围内的值，该值为 $[-90°, +90°]$，正好是规范集中允许的俯仰值范围。

　　既然已经知道 p，也就可以知道 $\cos p$。首先假设 $\cos p \neq 0$，由于 $-90° \leqslant p \leqslant +90°$，这意味着 $\cos p > 0$。可以通过将 m_{31} 和 m_{33} 分别除以 $\cos p$ 来确定 $\sin h$ 和 $\cos h$：

$$m_{31} = \sin h \cos p, \qquad\qquad m_{33} = \cos h \cos p,$$
$$m_{31} / \cos p = \sin h, \qquad\qquad m_{33} / \cos p = \cos h \qquad\qquad (8.16)$$

一旦知道角度的正弦和余弦，就可以用 C 标准库函数 atan2() 计算角度的值。此函数返回介于 $[-\pi, +\pi]$ 弧度（$[-180°, +180°]$）范围的角度，这也是所需的输出范围。只知道角度的正弦或余弦不足以唯一地识别允许在该范围内采用任何值的角度，这就是为什么不能只使用 asin()或 acos()。

代入式（8.16）的结果得到

$$h = \text{atan2}(\sin h, \cos h) = \text{atan2}(m_{31}/\cos p, m_{33}/\cos p)$$

但是，实际上可以简化这一点，因为 atan2(y,x)通过取 y/x 商的反正切来工作，使用两个参数的符号将角度放在正确的象限中。由于 $\cos p > 0$，该除法不影响 x 或 y 的符号，也不改变 y/x 的商。通过忽略不必要的 $\cos p$ 的除法，可以采用下式更简单地计算航向值（h）：

$$h = \text{atan2}(m_{31}, m_{33})$$

按类似的方式，可以通过下式从 m_{12} 和 m_{22} 计算滚转值（b）：

$$m_{12} = \sin b \cos p,$$
$$m_{12}/\cos p = \sin b;$$
$$m_{22} = \cos b \cos p,$$
$$m_{22}/\cos p = \cos b;$$
$$b = \text{atan2}(\sin b, \cos b) = \text{atan2}(m_{12}/\cos p, m_{22}/\cos p)$$
$$= \text{atan2}(m_{12}, m_{22})$$

现在已经获得了全部的 3 个角度。但是，如果 $\cos p = 0$，那么就不能使用上述技巧，因为它会导致除以零。但请注意，当 $\cos p = 0$ 时，则 $p = \pm 90°$，这意味着要么朝上直视，要么朝下直视，这就是万向节死锁的情况，在这种情况下，航向和滚转将只能围绕相同的物理轴（垂直轴）旋转。换句话说，数学奇点和几何奇点同时出现。在此情况下，我们将任意围绕垂直轴的所有旋转分配给航向，并将滚转设置为等于零。这意味着我们知道俯仰和滚转的值，而剩下的就是求解航向的值的问题。

如果采取简化的假设

$$\cos p = 0, \qquad b = 0, \qquad \sin b = 0, \qquad \cos b = 1$$

并将这些假设代入式（8.14），则可以得到

$$\begin{bmatrix} \cos h \cos b + \sin h \sin p \sin b & \sin b \cos p & -\sin h \cos b + \cos h \sin p \sin b \\ -\cos h \sin b + \sin h \sin p \cos b & \cos b \cos p & \sin b \sin h + \cos h \sin p \cos b \\ \sin h \cos p & -\sin p & \cos h \cos p \end{bmatrix}$$

$$= \begin{bmatrix} \cos h (1) + \sin h \sin p (0) & (0)(0) & -\sin h (1) + \cos h \sin p (0) \\ -\cos h (0) + \sin h \sin p (1) & (1)(0) & (0)\sin h + \cos h \sin p (1) \\ \sin h (0) & -\sin p & \cos h (0) \end{bmatrix}$$

$$= \begin{bmatrix} \cos h & 0 & -\sin h \\ \sin h \sin p & 0 & \cos h \sin p \\ 0 & -\sin p & 0 \end{bmatrix}$$

现在可以从 $-m_{13}$ 和 m_{11} 计算 h（$-m_{13}$ 和 m_{11} 分别包含航向的正弦和余弦）。

代码清单 8.4 即使用了上面开发的技术，它可以从 Object-to-Upright 旋转矩阵中提取欧拉角。该代码使用 C 语言编写。

代码清单 8.4　从 Object-to-Upright 旋转矩阵中提取欧拉角

```c
// 假设矩阵存储在以下变量中：
float m11, m12, m13;
float m21, m22, m23;
float m31, m32, m33;

// 我们将计算欧拉角（以弧度为单位）
// 并存储在以下变量中：
float h, p, b;

// 从 m32 提前俯仰值（p）
// 注意，使用 asin()时不要产生域错误
// 因为浮点值的关系，值允许略超出范围
float sp = -m32;
if (sp <= -1.0f) {
    p = -1.570796f;   // -pi/2
} else if (sp >= 1.0f) {
    p = 1.570796f;    // pi/2
} else {
    p = asin(sp);
}

// 检查是否出现了万向节死锁的情况
// 对于数值不精确的情况有一定的容错能力
if (fabs(sp) > 0.9999f) {

    // 当出现朝上直视或朝下直视的情况时
    // 设置滚转值（b）为 0 并仅计算航向值（h）
    b = 0.0f;
    h = atan2(-m13, m11);

} else {

    // 通过 m31 和 m33 计算航向值
    h = atan2(m31, m33);
```

```
    // 通过 m12 和 m22 计算滚转值
    b = atan2(m12, m22);
}
```

8.7.3 将四元数转换为矩阵

将四元数转换为旋转矩阵可以有多种方法。比较常见的方法是扩展四元数乘法 $\mathbf{qvq}^{-1}$，这会产生正确的矩阵，但对矩阵正确的原因仍然没有确切的解释（当然，我们也留下了一些操纵四元数的经验，参见本章习题 10）。所以，这里将采用不同的方法，并且坚持四元数分量的几何解释。由于四元数本质上是轴角度旋转的编码版本，因此将尝试构造在第 5.1.3 节介绍过的矩阵，该矩阵围绕任意轴旋转，具体如下：

$$\begin{bmatrix} n_x{}^2\left(1-\cos\theta\right)+\cos\theta & n_xn_y\left(1-\cos\theta\right)+n_z\sin\theta & n_xn_z\left(1-\cos\theta\right)-n_y\sin\theta \\ n_xn_y\left(1-\cos\theta\right)-n_z\sin\theta & n_y{}^2\left(1-\cos\theta\right)+\cos\theta & n_yn_z\left(1-\cos\theta\right)+n_x\sin\theta \\ n_xn_z\left(1-\cos\theta\right)+n_y\sin\theta & n_yn_z\left(1-\cos\theta\right)-n_x\sin\theta & n_z{}^2\left(1-\cos\theta\right)+\cos\theta \end{bmatrix}$$

糟糕的是，该矩阵考虑的是 $\hat{\mathbf{n}}$ 和 θ，而四元数的分量是

$$w = \cos(\theta/2),$$
$$x = n_x \sin(\theta/2),$$
$$y = n_y \sin(\theta/2),$$
$$z = n_z \sin(\theta/2)$$

现在来看一看，是否能操纵矩阵，替换成使用 w、x、y 和 z 分量的形式。我们需要对矩阵的所有 9 个元素执行此操作。幸运的是，矩阵具有很多结构，并且实际上只有两种主要情况需要处理：对角元素和非对角元素。

⚠️ **注意：**

这是一个比较有难度的推导过程，开发人员可以直接使用矩阵，而没有必要理解该矩阵是如何推导出来的。如果对接下来的数学推导不感兴趣，则可以直接跳至式（8.20）。

让我们从矩阵的对角元素开始。需要说明的是，在这里仅以 m_{11} 为例，至于 m_{22} 和 m_{33} 可以用类似的方法来求解。通过下式求解 m_{11}：

$$m_{11} = n_x{}^2\left(1-\cos\theta\right)+\cos\theta$$

首先，可以进行一些似乎是绕道而行的操作。这些步骤的目的很快就会揭晓，m_{11} 求解的步骤如下：

$$m_{11} = n_x{}^2 (1 - \cos\theta) + \cos\theta$$
$$= n_x{}^2 - n_x{}^2 \cos\theta + \cos\theta$$
$$= 1 - 1 + n_x{}^2 - n_x{}^2 \cos\theta + \cos\theta$$
$$= 1 - (1 - n_x{}^2 + n_x{}^2 \cos\theta - \cos\theta)$$
$$= 1 - (1 - \cos\theta - n_x{}^2 + n_x{}^2 \cos\theta)$$
$$= 1 - (1 - n_x{}^2)(1 - \cos\theta)$$

现在需要除去 $\cos\theta$ 项。我们更愿意使用含有 $\cos\theta/2$ 或 $\sin\theta/2$ 的东西来替换它，因为四元数的分量就包含这些项。如前所述，设 $\alpha = \theta/2$，现在可以使用第 1.4.5 节介绍过的等腰三角形恒等式之一（使用余弦和 α），然后代入 θ，即

$$\cos 2\alpha = 1 - 2\sin^2\alpha,$$
$$\cos\theta = 1 - 2\sin^2(\theta/2) \tag{8.17}$$

将式（8.17）中的 $\cos\theta$ 项代入上面式子中，可得

$$m_{11} = 1 - (1 - n_x{}^2)(1 - \cos\theta)$$
$$= 1 - (1 - n_x{}^2)\left(1 - (1 - 2\sin^2(\theta/2))\right)$$
$$= 1 - (1 - n_x{}^2)\left(2\sin^2(\theta/2)\right)$$

由于 $\hat{\mathbf{n}}$ 是一个单位矢量，所以 $n_x^2 + n_y^2 + n_z^2 = 1$，也就是说，$1 - n_x^2 = n_y^2 + n_z^2$，将其代入上式并简化，即可得到

$$m_{11} = 1 - (1 - n_x{}^2)\left(2\sin^2(\theta/2)\right)$$
$$= 1 - (n_y{}^2 + n_z{}^2)\left(2\sin^2(\theta/2)\right)$$
$$= 1 - 2n_y{}^2 \sin^2(\theta/2) - 2n_z{}^2 \sin^2(\theta/2)$$
$$= 1 - 2y^2 - 2z^2$$

元素 m_{22} 和 m_{33} 的推导方式与此类似。在本节末尾的式（8.20）中将给出完整矩阵和推导结果。

现在来看一下矩阵的非对角元素，它们比对角元素更容易。在此以 m_{12} 为例，通过下式求解 m_{12}：

$$m_{12} = n_x n_y (1 - \cos\theta) + n_z \sin\theta \tag{8.18}$$

使用正弦的等腰三角形恒等式（参见第 1.4.5 节）：

$$\sin 2\alpha = 2\sin\alpha\cos\alpha,$$
$$\sin\theta = 2\sin(\theta/2)\cos(\theta/2) \tag{8.19}$$

现在将式（8.17）和式（8.19）代入式（8.18）中并简化，即可得到

$$
\begin{aligned}
m_{12} &= n_x n_y \left(1 - \cos\theta\right) + n_z \sin\theta \\
&= n_x n_y \left(1 - \left(1 - 2\sin^2(\theta/2)\right)\right) + n_z \left(2\sin(\theta/2)\cos(\theta/2)\right) \\
&= n_x n_y \left(2\sin^2(\theta/2)\right) + 2n_z \sin(\theta/2)\cos(\theta/2) \\
&= 2\left(n_x \sin(\theta/2)\right)\left(n_y \sin(\theta/2)\right) + 2\cos(\theta/2)\left(n_z \sin(\theta/2)\right) \\
&= 2xy + 2wz
\end{aligned}
$$

其他非对角元素的推导过程与此类似。

最后，可推导出以下通过四元数构造的完整旋转矩阵：

将四元数转换为 3 × 3 旋转矩阵

$$
\begin{bmatrix}
1 - 2y^2 - 2z^2 & 2xy + 2wz & 2xz - 2wy \\
2xy - 2wz & 1 - 2x^2 - 2z^2 & 2yz + 2wx \\
2xz + 2wy & 2yz - 2wx & 1 - 2x^2 - 2y^2
\end{bmatrix}
\tag{8.20}
$$

在其他资料来源中还可以找到一些不同的变化形式。[①] 例如，$m_{11} = -1 + 2w^2 + 2z^2$ 也是有效的，因为 $w^2 + x^2 + y^2 + z^2 = 1$。Ken Shoemake 是将四元数引入计算机图形社区并引起注意的人（详见参考文献[62]），为了表示对他的尊重，我们对他提供的权威资料进行了取舍加工，生成了该版本。

8.7.4 将矩阵转换为四元数

为了从相应的旋转矩阵中提取四元数，可以对式（8.20）进行逆向工程。检查对角线元素的总和，即矩阵的迹（Trace），可得

$$
\begin{aligned}
\mathrm{tr}(\mathbf{M}) &= m_{11} + m_{22} + m_{33} \\
&= (1 - 2y^2 - 2z^2) + (1 - 2x^2 - 2z^2) + (1 - 2x^2 - 2y^2) \\
&= 3 - 4(x^2 + y^2 + z^2) \\
&= 3 - 4(1 - w^2) \\
&= 4w^2 - 1
\end{aligned}
$$

因此，可以通过下式计算 w：

$$
w = \frac{\sqrt{m_{11} + m_{22} + m_{33} + 1}}{2}
$$

通过让迹中 3 个元素中的两个变负，可以按类似的方式计算其他 3 个元素，其计算方式如下：

---

① 包括本书第 1 版（详见参考文献[16]）。

$$m_{11} - m_{22} - m_{33} = (1 - 2y^2 - 2z^2) - (1 - 2x^2 - 2z^2) - (1 - 2x^2 - 2y^2)$$
$$= 4x^2 - 1 \tag{8.21}$$

$$-m_{11} + m_{22} - m_{33} = -(1 - 2y^2 - 2z^2) + (1 - 2x^2 - 2z^2) - (1 - 2x^2 - 2y^2)$$
$$= 4y^2 - 1 \tag{8.22}$$

$$-m_{11} - m_{22} + m_{33} = -(1 - 2y^2 - 2z^2) - (1 - 2x^2 - 2z^2) + (1 - 2x^2 - 2y^2)$$
$$= 4z^2 - 1 \tag{8.23}$$

$$x = \frac{\sqrt{m_{11} - m_{22} - m_{33} + 1}}{2} \tag{8.24}$$

$$y = \frac{\sqrt{-m_{11} + m_{22} - m_{33} + 1}}{2} \tag{8.25}$$

$$z = \frac{\sqrt{-m_{11} - m_{22} + m_{33} + 1}}{2} \tag{8.26}$$

糟糕的是，不能将这个技巧用于所有 4 个分量，因为平方根将始终产生正的结果值（更确切地说，我们没有选择正根或负根的基础）。但是，由于 **q** 和 -**q** 代表相同的定向，我们可以任意选择使用非负根作为 4 个分量之一，并且仍然总是返回正确的四元数。我们只是不能将上述技术用于四元数的所有 4 个值。

另一种求解方式是检查对角矩阵元素的总和与差值：

$$m_{12} + m_{21} = (2xy + 2wz) + (2xy - 2wz) = 4xy \tag{8.27}$$

$$m_{12} - m_{21} = (2xy + 2wz) - (2xy - 2wz) = 4wz \tag{8.28}$$

$$m_{31} + m_{13} = (2xz + 2wy) + (2xz - 2wy) = 4xz \tag{8.29}$$

$$m_{31} - m_{13} = (2xz + 2wy) - (2xz - 2wy) = 4wy \tag{8.30}$$

$$m_{23} + m_{32} = (2yz + 2wx) + (2yz - 2wx) = 4yz \tag{8.31}$$

$$m_{23} - m_{32} = (2yz + 2wx) - (2yz - 2wx) = 4wx \tag{8.32}$$

有了这些公式，就可以制定出两步策略。首先，可以使用式（8.21）～式（8.26）中的一个来求解迹中的一个分量，然后将已知的值代入式（8.27）～式（8.32）中以求解其他 3 个分量。从本质上讲，这种策略可以归结为从表 8.2 中选择一行，然后从左到右求解该行中的公式。

表 8.2　从旋转矩阵中提取四元数

$w = \dfrac{\sqrt{m_{11} + m_{22} + m_{33} + 1}}{2}$ $\implies$	$x = \dfrac{m_{23} - m_{32}}{4w}$	$y = \dfrac{m_{31} - m_{13}}{4w}$	$z = \dfrac{m_{12} - m_{21}}{4w}$
$x = \dfrac{\sqrt{m_{11} - m_{22} - m_{33} + 1}}{2}$ $\implies$	$w = \dfrac{m_{23} - m_{32}}{4x}$	$y = \dfrac{m_{12} + m_{21}}{4x}$	$z = \dfrac{m_{31} + m_{13}}{4x}$

续表

$$y=\frac{\sqrt{-m_{11}+m_{22}-m_{33}+1}}{2} \implies w=\frac{m_{31}-m_{13}}{4y} \quad x=\frac{m_{12}+m_{21}}{4y} \quad z=\frac{m_{23}+m_{32}}{4y}$$

$$z=\frac{\sqrt{-m_{11}-m_{22}+m_{33}+1}}{2} \implies w=\frac{m_{12}-m_{21}}{4z} \quad x=\frac{m_{31}+m_{13}}{4z} \quad y=\frac{m_{23}+m_{32}}{4z}$$

现在唯一的问题是，"我们应该使用哪一行？"换句话说，我们应该首先求解哪个分量？最简单的策略是随意选择一个并始终使用相同的程序，但这样做的结果并不好。假设选择始终使用最上面一行，这意味着从矩阵的迹中求解 w，然后使用箭头右侧的公式求解 x、y 和 z。但是，如果 $w=0$，那么后面的除法将变成未定义的（因为除数为 0）；即使 $w>0$，如果 w 很小的话，也会产生数值不稳定性。Ken Shoemake 建议的策略（详见参考文献[62]）是，首先确定 w、x、y 和 z 中哪一个具有最大绝对值（这可以在不执行任何平方根的情况下进行），使用矩阵的对角线计算该分量，然后通过它根据表 8.2 来计算其他 3 个分量。

代码清单 8.5 以直接的方式实现了这个策略。

代码清单 8.5 将旋转矩阵转换为四元数

```
// 输入矩阵:
float m11, m12, m13;
float m21, m22, m23;
float m31, m32, m33;

// 输出四元数
float w, x, y, z;

// 确定 w, x, y 或 z 哪一个具有最大绝对值
float fourWSquaredMinus1 = m11 + m22 + m33;
float fourXSquaredMinus1 = m11 - m22 - m33;
float fourYSquaredMinus1 = m22 - m11 - m33;
float fourZSquaredMinus1 = m33 - m11 - m22;

int biggest Index = 0;
float fourBiggestSquaredMinus1 = fourWSquaredMinus1;
if (fourXSquaredMinus1 > fourBiggestSquaredMinus1){
    fourBiggestSquaredMinus1 = fourXSquaredMinus1;
    biggestIndex = 1;
}
if (fourYSquaredMinus1 > fourBiggestSquaredMinus1){
```

```
        fourBiggestSquaredMinus1 = fourYSquaredMinus1;
        biggestIndex = 2 ;
}
if (fourZSquaredMinus1 > fourBiggestSquaredMinus1){
        fourBiggestSquaredMinus1 = fourZSquaredMinus1;
        biggestIndex = 3 ;
}

// 执行平方根和除法
float biggestVal = sqrt(fourBiggestSquaredMinus1 + 1.0f) * 0.5f;
float mult = 0.25f / biggestVal;

// 应用表格 8.2 计算四元数值
switch (biggestIndex) {
    case 0:
        w = biggestVal;
        x = (m23 - m32) * mult;
        y = (m31 - m13) * mult;
        z = (m12 - m21) * mult;
        break;

    case 1:
        x = biggestVal;
        w = (m23 - m32) * mult;
        y = (m12 + m21) * mult;
        z = (m31 + m13) * mult;
        break;

    case 2:
        y = biggestVal;
        w = (m31 - m13) * mult;
        x = (m12 + m21) * mult;
        z = (m23 + m32) * mult;
        break;

    case 3:
        z = biggestVal;
        w = (m12 - m21) * mult;
        x = (m31 + m13) * mult;
        y = (m23 + m32) * mult;
        break ;
}
```

8.7.5 将欧拉角转换为四元数

为了将角位移从欧拉角形式转换为四元数，可以使用类似于第 8.7.1 节中使用的技术，从欧拉角生成旋转矩阵。首先将 3 个旋转分别转换为四元数格式，这是一个简单的操作。然后以正确的顺序连接这 3 个四元数。与矩阵一样，有两种情况需要考虑：一种是当我们希望生成一个从对象空间到直立空间（Object-to-Upright）的四元数时；另一种是当我们想要从直立空间到对象空间（Upright-to-Object）的四元数时。由于这二者是彼此的共轭，因此将仅针对生成 Object-to-Upright 的四元数进行推导。

正如第 8.7.1 节中所做的那样，可以将欧拉角分配给变量 h、p 和 b。下列设 $\mathbf{h}$、$\mathbf{p}$ 和 $\mathbf{b}$ 分别是围绕 y 轴、x 轴和 z 轴旋转的四元数：

$$\mathbf{h} = \begin{bmatrix} \cos(h/2) \\ \begin{pmatrix} 0 \\ \sin(h/2) \\ 0 \end{pmatrix} \end{bmatrix}, \quad \mathbf{p} = \begin{bmatrix} \cos(p/2) \\ \begin{pmatrix} \sin(p/2) \\ 0 \\ 0 \end{pmatrix} \end{bmatrix}, \quad \mathbf{b} = \begin{bmatrix} \cos(b/2) \\ \begin{pmatrix} 0 \\ 0 \\ \sin(b/2) \end{pmatrix} \end{bmatrix}$$

现在需要以正确的顺序连接它们。这里由于使用的是固定轴旋转，因此旋转顺序实际上就是滚转、俯仰，最后是航向。

但是，由于四元数乘法是从右到左执行旋转的（有关详细说明，可参见第 8.5.7 节），所以其计算方式如下：

通过一组欧拉角计算 Object-to-Upright 四元数
$\mathbf{q}_{object \rightarrow upright}(h,p,b) = \mathbf{hpb}$ $$= \begin{bmatrix} \cos(h/2) \\ \begin{pmatrix} 0 \\ \sin(h/2) \\ 0 \end{pmatrix} \end{bmatrix} \begin{bmatrix} \cos(p/2) \\ \begin{pmatrix} \sin(p/2) \\ 0 \\ 0 \end{pmatrix} \end{bmatrix} \begin{bmatrix} \cos(b/2) \\ \begin{pmatrix} 0 \\ 0 \\ \sin(b/2) \end{pmatrix} \end{bmatrix}$$ $$= \begin{bmatrix} \cos(h/2)\cos(p/2) \\ \begin{pmatrix} \cos(h/2)\sin(p/2) \\ \sin(h/2)\cos(p/2) \\ -\sin(h/2)\sin(p/2) \end{pmatrix} \end{bmatrix} \begin{bmatrix} \cos(b/2) \\ \begin{pmatrix} 0 \\ 0 \\ \sin(b/2) \end{pmatrix} \end{bmatrix}$$ $$= \begin{bmatrix} \cos(h/2)\cos(p/2)\cos(b/2) + \sin(h/2)\sin(p/2)\sin(b/2) \\ \begin{pmatrix} \cos(h/2)\sin(p/2)\cos(b/2) + \sin(h/2)\cos(p/2)\sin(b/2) \\ \sin(h/2)\cos(p/2)\cos(b/2) - \cos(h/2)\sin(p/2)\sin(b/2) \\ \cos(h/2)\cos(p/2)\sin(b/2) - \sin(h/2)\sin(p/2)\cos(b/2) \end{pmatrix} \end{bmatrix}$$

要计算 Upright-to-Object 四元数，只需要简单地求其共轭即可，其计算方式如下：

通过一组欧拉角计算 Upright-to-Object 四元数

$$\mathbf{q}_{upright \to object}(h, p, b) = \mathbf{q}_{object \to upright}(h, p, b)^*$$

$$= \begin{bmatrix} \cos(h/2)\cos(p/2)\cos(b/2) + \sin(h/2)\sin(p/2)\sin(b/2) \\ \begin{pmatrix} -\cos(h/2)\sin(p/2)\cos(b/2) - \sin(h/2)\cos(p/2)\sin(b/2) \\ \cos(h/2)\sin(p/2)\sin(b/2) - \sin(h/2)\cos(p/2)\cos(b/2) \\ \sin(h/2)\sin(p/2)\cos(b/2) - \cos(h/2)\cos(p/2)\sin(b/2) \end{pmatrix} \end{bmatrix} \tag{8.33}$$

8.7.6　将四元数转换为欧拉角

为了从四元数中提取欧拉角，可以直接通过式（8.33）求解欧拉角。但是，这里不妨来看一看，是否可以充分利用前面的小节中所介绍的知识，轻松得到需要的答案。第 8.7.2 节已经提出了一种从矩阵中提取欧拉角的技术，并且也已经知道了如何将四元数转换为矩阵。因此，可以先使用式（8.20）将四元数转换为矩阵，然后采用第 8.7.2 节中的技术，将矩阵转换为欧拉角。

在第 8.7.2 节中介绍的从 Object-to-Upright 矩阵提取欧拉角的方法总结如下：

$$p = \arcsin(-m_{32}) \tag{8.34}$$

$$h = \begin{cases} \operatorname{atan2}(m_{31}, m_{33}) & \text{if } \cos p \neq 0, \\ \operatorname{atan2}(-m_{13}, m_{11}) & \text{otherwise} \end{cases} \tag{8.35}$$

$$b = \begin{cases} \operatorname{atan2}(m_{12}, m_{22}) & \text{if } \cos p \neq 0, \\ 0 & \text{otherwise} \end{cases} \tag{8.36}$$

为方便起见，这里重复一下式（8.20）中的矩阵元素：

$$m_{11} = 1 - 2y^2 - 2z^2, \quad m_{12} = 2xy + 2wz, \quad m_{13} = 2xz - 2wy \tag{8.37}$$

$$m_{22} = 1 - 2x^2 - 2z^2 \tag{8.38}$$

$$m_{31} = 2xz + 2wy, \quad m_{32} = 2yz - 2wx, \quad m_{33} = 1 - 2x^2 - 2y^2 \tag{8.39}$$

将式（8.37）～式（8.39）代入式（8.34）～式（8.36）中并简化，即可得到

$$p = \arcsin(-m_{32})$$
$$= \arcsin(-2(yz - wx))$$

$$h = \begin{cases} \begin{aligned} &\operatorname{atan2}(m_{31}, m_{33}) \\ &= \operatorname{atan2}(2xz + 2wy, 1 - 2x^2 - 2y^2) \\ &= \operatorname{atan2}(xz + wy, 1/2 - x^2 - y^2) \end{aligned} & \text{if } \cos p \neq 0, \\ \begin{aligned} &\operatorname{atan2}(-m_{13}, m_{11}) \\ &= \operatorname{atan2}(-2xz + 2wy, 1 - 2y^2 - 2z^2) \\ &= \operatorname{atan2}(-xz + wy, 1/2 - y^2 - z^2) \end{aligned} & \text{otherwise} \end{cases}$$

$$
b = \begin{cases}
\begin{aligned}
& \operatorname{atan2}(m_{12}, m_{22}) \\
& = \operatorname{atan2}(2xy + 2wz, 1 - 2x^2 - 2z^2) \\
& = \operatorname{atan2}(xy + wz, 1/2 - x^2 - z^2)
\end{aligned} & \text{if } \cos p \neq 0, \\[2em]
0 & \text{otherwise}
\end{cases}
$$

我们可以将它直接转换为代码，如代码清单 8.6 所示，该代码可以将 Object-to-Upright 四元数转换为欧拉角。

代码清单 8.6　将 Object-to-Upright 四元数转换为欧拉角

```
// 输入四元数
float w, x, y, z;

// 输出欧拉角（以弧度为单位）
float h, p, b;

// 提取 sin(pitch)
float sp = -2.0f * (y*z - w*x);

// 检查是否出现了万向节死锁的情况
// 对于数值不精确的情况有一定的容错能力
if (fabs(sp) > 0.9999f) {

    // 朝上直视或朝下直视
    p = 1.570796f * sp;     // pi/2

    // 计算航向，设置滚转为 0
    h = atan2(-x*z + w*y, 0.5f - y*y - z*z);
    b = 0.0f;

} else {

    // 计算欧拉角
    p = asin(sp);
    h = atan2(x*z + w*y, 0.5f - x*x - y*y);
    b = atan2(x*y + w*z, 0.5f - x*x - z*z);
}
```

要将 Upright-to-Object 四元数转换为欧拉角格式，可以使用几乎相同的代码，只是 x、y 和 z 值被变负而已，因为可以假设 Upright-to-Object 四元数是 Object-to-Upright 四元数的共轭。其差异部分详见代码清单 8.7。

代码清单 8.7　将 Upright-to-Object 四元数转换为欧拉角

```
// 提取 sin(pitch)
float sp = -2.0f * (y*z + w*x);

// 检查是否出现了万向节死锁的情况
// 对于数值不精确的情况有一定的容错能力
if (fabs(sp) > 0.9999f) {

    // 朝上直视或朝下直视
    p = 1.570796f * sp;    // pi/2

    // 计算航向，设置滚转为 0
    h = atan2(-x*z - w*y, 0.5f - y*y - z*z);
    b = 0.0f;

} else {

    // 计算欧拉角
    p = asin(sp);
    h = atan2(x*z - w*y, 0.5f - x*x - y*y);
    b = atan2(x*y - w*z, 0.5f - x*x - z*z);
}
```

8.8　练　　习

（答案详见本书附录 B）

1. 将下面的每个旋转矩阵与图 8.13 中的相应定向进行匹配。这些矩阵将左侧的行矢量从对象空间变换为直立空间。

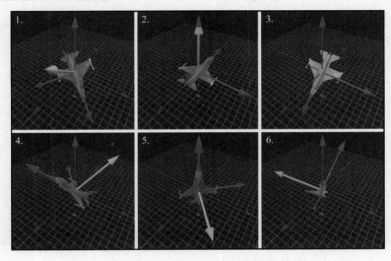

图 8.13　练习 1、2、4 和 5 使用的示例定向

$$(a)\begin{bmatrix} 0.707 & 0.000 & 0.707 \\ 0.707 & 0.000 & -0.707 \\ 0.000 & 1.000 & 0.000 \end{bmatrix}$$

$$(b)\begin{bmatrix} 1.000 & 0.000 & 0.000 \\ 0.000 & -0.707 & 0.707 \\ 0.000 & -0.707 & -0.707 \end{bmatrix}$$

$$(c)\begin{bmatrix} 0.061 & 0.814 & 0.578 \\ -0.900 & 0.296 & -0.322 \\ -0.433 & -0.500 & 0.750 \end{bmatrix}$$

$$(d)\begin{bmatrix} -0.713 & -0.450 & -0.538 \\ 0.091 & 0.702 & -0.706 \\ 0.696 & -0.552 & -0.460 \end{bmatrix}$$

$$(e)\begin{bmatrix} 1.000 & 0.000 & 0.000 \\ 0.000 & 1.000 & 0.000 \\ 0.000 & 0.000 & 1.000 \end{bmatrix}$$

$$(f)\begin{bmatrix} -0.707 & 0.000 & 0.707 \\ 0.500 & 0.707 & 0.500 \\ -0.500 & 0.707 & -0.500 \end{bmatrix}$$

2. 将以下每个欧拉角三元组与图 8.13 中的相应定向进行匹配，并确定该定向是否在规范的欧拉角集中。如果没有，请说明原因。

（a）$h = 180°$，$p = 45°$，$b = 180°$

（b）$h = -135°$，$p = -45°$，$b = 0°$

（c）$h = 0°$，$p = -90°$，$b = -45°$

（d）$h = 123°$，$p = 33.5°$，$b = -32.7°$

（e）$h = 0°$，$p = 0°$，$b = 0°$

（f）$h = 0°$，$p = 135°$，$b = 0°$

（g）$h = -45°$，$p = -90°$，$b = 0°$

（h）$h = 180°$，$p = -180°$，$b = 180°$

（i）$h = -30°$，$p = 30°$，$b = 70°$

3. （a）构造一个四元数，以围绕 x 轴旋转 $30°$。

（b）这个四元数的大小是多少？

（c）它的共轭是什么？

（d）假设该四元数用于将点从对象空间旋转到某个对象的直立空间，那么这个对象的欧拉角形式的定向是什么？

4. 将以下每个四元数与图 8.13 中的相应定向进行匹配。这些四元数将矢量从对象空间转换为直立空间（如前文所述，四元数对人类来说更难使用，所以，你可以尝试将它们转换成矩阵或欧拉角形式，并利用前面的工作成果）。

（a）$[-1.000 \quad (0.000 \quad 0.000 \quad 0.000)]$

（b）$[0.653 \quad (-0.653 \quad -0.271 \quad -0.271)]$

（c）$[0.364 \quad (-0.106 \quad 0.848 \quad -0.372)]$

（d）$[0.383 \quad (0.924 \quad 0.000 \quad 0.000)]$

（e）$[1.000 \quad (0.000 \quad 0.000 \quad 0.000)]$

（f）$[-0.364 \quad (0.106 \quad -0.848 \quad 0.372)]$

（g）$[0.354 \quad (-0.146 \quad -0.853 \quad -0.354)]$

（h）$[0.726 \quad (0.061 \quad -0.348 \quad 0.590)]$

（i）$[-0.383 \quad (-0.924 \quad 0.000 \quad 0.000)]$

5. 将以下每个轴-角度定向与图 8.13 中的相应定向进行匹配（提示：直接进行可视化可能会比较困难。你可以尝试将轴和角度转换为四元数，然后使用先前工作的结果，再看一看是否可以将其可视化）。

（a）$98.4°,[-0.863,-0.357,-0.357]$

（b） $0°,[0.707,-0.707,0.000]$

（c） $87.0°,[0.089,-0.506,0.857]$

（d） $137°,[-0.114,0.910,0.399]$

（e） $135°,[1.000,0.000,0.000]$

（f） $261.6°,[0.863,0.357,0.357]$

（g） $139°,[-0.156,-0.912,-0.378]$

（h） $7200°,[0.000,-1.000,0.000]$

（i） $-135°,[-1.000,0.000,0.000]$

6. 通过将四元数解释为四维复数并应用式（8.10）中的规则，推导出四元数乘法公式。

7. 计算一个四元数，它可以执行两次四元数[0.965　（0.149　−0.149　0.149)]的旋转。

8. 考虑以下四元数：

$$\mathbf{a} = [0.233 \quad (0.060 \quad -0.257 \quad -0.935)]$$
$$\mathbf{b} = [-0.752 \quad (0.286 \quad 0.374 \quad 0.459)]$$

（a）计算点积 $\mathbf{a} \cdot \mathbf{b}$。

（b）计算四元数积 $\mathbf{ab}$。

（c）计算从 $\mathbf{a}$ 到 $\mathbf{b}$ 的"差"。

9. 请证明第 8.5.7 节中的结论：两个四元数乘积的大小等于它们的大小的乘积。

10. 展开乘法 $\mathbf{qvq}^{-1}$，并验证矩阵式（8.20）是否正确。

11. 对一些游戏引擎和开源代码进行调查，并找出它们有关行/列矢量、旋转矩阵和欧拉角方面的约定。

我戴上了项链，因为我想知道自己什么时候魂不守舍。

——MITCH HEDBERG（1968—2005）

第 9 章 几 何 图 元

三角形人，三角形人，

三角形人痛恨粒子人，

它们干了一架，

三角形人赢。

三角形人！

——摘自 THEY MIGHT BE GIANTS 乐队演唱的 PARTICLE MAN（1990）

本章将讨论一般和具体的几何图元（Geometric Primitive）。

❑ 第 9.1 节将讨论与表示几何图元有关的一些一般性原则。

❑ 第 9.2 节～第 9.7 节将讨论许多特定的重要几何图元，包括表示这些图元的方法以及一些典型的属性和操作。在此过程中，还提供了一些 C++代码片段。

9.1 表 示 技 术

首先来简要介绍一下描述几何形状的主要策略。对于任何给定的图元，这些技术中的一种或多种都可能是适用的，并且不同的技术适用于不同的情况。

我们可以通过定义一个布尔函数 $f(x, y, z)$ 来以隐含形式（Implicit Form）描述一个对象，该函数对于图元的所有点都是真的，对于所有其他点都是假的。例如，对于以原点为中心的单位球形表面的所有点，以下等式为真：

隐含形式的单位球形
$x^2 + y^2 + z^2 = 1$

圆锥截面（Conic Section）是你可能已经知道的几何形状的隐式表示的经典示例。圆锥截面是由圆锥与平面的交点形成的二维形状。圆锥截面可以是圆形、椭圆形、抛物线和双曲线，所有这些都可以用标准隐含形式 $Ax^2 + Bxy + Cy^2 + D = 0$ 来描述。

变形球（Metaballs）是一种表示流体和有机形状的隐式方法（详见参考文献[7]）。其体积由一组模糊的"球"定义。每个球基于距球中心的距离定义三维标量密度函数，零距离是最大值，更大的距离则具有更低的值。我们可以通过获取某个点处所有球的密度之和来为空间中的任意点定义聚合密度函数。变形球的扭曲是流体或有机物体的体积被定义为密度超过某个非零阈值的区域。换句话说，球在其周围具有"模糊"区域，当球处于隔离状态时，该区域延伸到体积之外。当两个或更多的球聚集在一起时，模糊区域将会相长干涉（Interfere Constructively），导致固体体积的优美"结合"在球之间的区域中实现，如果任一球处于隔离状态，则不存在这样的固体。移动立方体（Marching Cube）算法（详见参考文献[43]）是用于将任意隐含形式转换为表面描述（例如多边形网格）的经典技术。

　　描述形状的另一个一般性策略是参数形式（Parametric Form）。同样地，图元仍由函数定义，但这一次不是采用作为函数输入的空间坐标，而是作为输出。让我们从一个简单的二维示例开始。以下定义了 t 的两个函数：

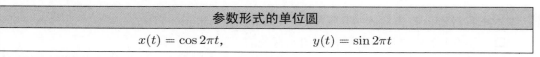

参数形式的单位圆
$x(t) = \cos 2\pi t, \qquad\qquad y(t) = \sin 2\pi t$

这里的参数 t 被称为形参（Parameter），并且与所使用的坐标系无关。当 t 从 0 变为 1 时，点$(x(t), y(t))$将显示出要描述的形状的轮廓——在本例中，就是以原点为中心的单位圆（见图 9.1）。

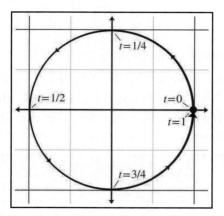

图 9.1　以参数形式表示的圆形

　　尽管 t 可以被假设为所希望的范围内的任何值，但是将 t 参数归一化（Normalize）为 $[0, 1]$范围通常会很方便，另一个常见的选择则是$[0, l]$，其中，l 是有关图元的长度的一些度量。

　　当函数仅与一个参数有关时，就可以说这些函数是单变量（Univariate）的。单变量函数可描绘出一维形状：曲线（第 13 章将介绍有关参数形式的曲线的更多信息）。也可以使用多个参数。双变量函数（Bivariate Function）将接受两个参数，通常分配给变量 s 和 t。双变量函数可以描绘出一个表面而不是一条线。

　　因为缺乏更好的术语，所以，表示图元的最后一种方法被称为直接形式（Straightforward Form）。这里指的是所有直接捕获最重要和最明显信息的特定方法。例如，要描述线段，可以命名两个端点；要描述球体，可以给出其中心点和半径。直接形式是人类直接使用的最简单的形式。

　　无论表示方法如何，每个几何图元都具有固有的自由度数（Number of Degree of Freedom），这是清楚明白地描述实体所需的"信息片段"的最小数量。有趣的是，对于相同的几何图元，一些表示形式所使用的数字可能会多于其他表示形式。但是，我们发现任何"额外"数字总是由于图元的参数化中的冗余而产生的，这可以通过假设适当的约束（例如具有单位长度的矢量）来消除。例如，平面中的圆具有 3 个自由度：两个用于中心的位置(x_c, y_c)；一个用于半径 r。在以下参数化形式中，这些变量直接出现：

具有任意中心和半径的参数形式的圆
$x(t) = x_c + r \cos 2\pi t, \qquad y(t) = y_c + r \sin 2\pi t$

但是，一般圆锥截面方程（隐含形式）是 $Ax^2 + Bxy + Cy^2 + D = 0$，它具有 4 个系数。如果可以将一般圆锥截面操作成以下形式，则可以将其视为圆形：

具有任意中心和半径的隐含形式的圆
$(x - x_c)^2 + (y - y_c)^2 = r^2$

9.2　直线和光线

　　现在来讨论一些特定类型的图元。从最基本和最重要的一项开始：线性段（Linear Segment）。让我们来看一看 3 种基本的线性段类型，并澄清一些术语。在经典几何中，使用以下定义：

❑　直线（Line）可以在两个方向上无限延伸。
❑　线段（Line Segment）是具有两个端点的直线的有限部分。
❑　光线（Ray）是具有原点并在一个方向上可以无限延伸的线的"一半"。

　　在计算机科学和计算几何中，这些定义存在差异。本书对于直线和线段均采用经典定义。但是，对于"光线"的定义则略有改变——光线（Ray）是有向线段。

　　所以，对本书而言，光线将有一个起点和一个终点。因此，光线定义了位置、有限长度和方向（当然，如果光线具有零长度则例外）。由于光线只是我两端之间进行区分的线段，并且光线也可用于定义无限线，因此，光线在计算几何和图形中具有根本重要性，并且将成为本节的知识重点。可以想象一条光线是随着时间的推移扫过空间点的结果，光线在视频游戏中无处不在。一个明显的例子是称为光线追踪（Ray Tracing）的渲染策略，它使用代表光子（Photon）路径的同名光线。对于 AI，通过环境追踪"视线"光线，以检测敌人是否能够看到玩家。许多用户界面工具使用光线追踪来确定鼠标光标下的对象。在视频游戏中，子弹和激光总是在空中飞舞，我们需要通过光线来确定它们击中的是什么。图 9.2 比较了直线、线段和光线。

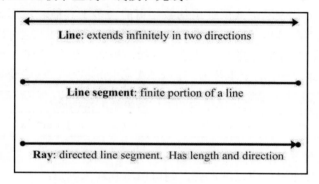

图 9.2　直线、线段和光线

原　　文	译　　文
Line: extends ... directions	直线（Line）可以在两个方向上无限延伸
Line segment:...line	线段（Line Segment）是具有两个端点的直线的有限部分
Ray: directed... direction	光线（Ray）是有向线段，具有长度和方向

　　本节的其余部分将介绍在二维和三维中表示直线和光线的不同方法。第 9.2.1 节将讨论一些表示光线的简单方法，包括最重要的参数形式；第 9.2.2 节将讨论在二维中定义无限直线的一些特殊方法；第 9.2.3 节将给出从一种表示方式转换为另一种表示方式的一些示例。

9.2.1　光线

　　定义光线最明显的方法（也就是"直接形式"）是使用两个点，即光线原点（Ray Origin）和光线终点（Ray Endpoint），将其分别称为 p_{org} 和 p_{end}（见图 9.3）。

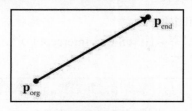

图 9.3　使用原点和终点定义光线

以下光线的参数形式只是略有不同，同样也很重要：

使用矢量符号的光线的参数定义
$$\mathbf{p}(t) = \mathbf{p}_0 + t\mathbf{d} \qquad\qquad (9.1)$$

光线从点 $\mathbf{p}(0) = \mathbf{p}_0$ 开始。因此，$\mathbf{p}_0$ 包含关于光线位置的信息，而"delta 矢量" $\mathbf{d}$ 包含其长度和方向。我们将参数 t 限制在归一化范围[0, 1]，因此光线在点 $\mathbf{p}(1) = \mathbf{p}_0 + \mathbf{d}$ 处结束，如图 9.4 所示。

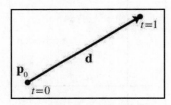

图 9.4　以参数形式定义的光线

尽管矢量格式更紧凑，并且具有很好的属性，使得公式在任何维度上都相同，但是还可以为每个坐标写出一个单独的标量函数。例如，可以使用以下两个标量函数以参数形式定义二维光线：

参数形式的二维光线定义	
$x(t) = x_0 + t\,\Delta x,$	$y(t) = y_0 + t\,\Delta y$

我们在一些相交测试（Intersection Test）中使用的式（9.1）的微小变化是使用单位矢量 $\hat{\mathbf{d}}$ 并将参数 t 的域更改为[0, l]，其中 l 是光线的长度。

9.2.2　直线的特殊二维表示

现在来看一下描述（无限）线的一些特殊方法。这些方法仅适用于二维。在三维中，类似的技术可用于定义平面，详见第 9.5 节。二维光线固有 4 个自由度（x_0、y_0、Δx 和 Δy），但是无限直线则仅具有两个自由度。

大多数读者可能都熟悉斜率截距（Slope-Intercept）形式，这是一种在二维中表示无限直线的隐式方法，其形式如下：

斜率截距形式
$y = mx + y_0$　　　　　　　　　　　　　　　　　　　　　（9.2）

符号 m 是用于表示直线的斜率的传统符号，它表示为竖直高度（Rise）与水平宽度（Run）的比率：对于向上移动的每个 Rise 单位，将向右移动 Run 单位（见图 9.5）。y 轴截距（y-Intercept）是直线与 y 轴交叉的位置，是在式（9.2）中用 y_0 表示的值（在此将弃用传统变量 b，以避免以后出现一些混淆）。代入 $x = 0$ 将清楚地表明该直线在 $y = y_0$ 处穿过 y 轴。

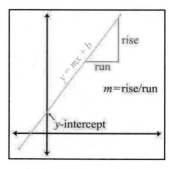

图 9.5　斜率和 y 轴截距

原　　文	译　　文
rise	竖直高度
run	水平宽度
m=rise/run	m = 竖直高度/水平宽度
y-intercept	y 轴截距

斜率截距使得我们很容易验证无限直线实际上具有两个自由度：一个是旋转度；另一个则用于平移。糟糕的是，垂直线具有无限斜率并且不能以斜率截距的形式表示，因为垂直线的隐含形式是 $x = k$（水平线则没有问题，它们的斜率为零）。

我们可以通过使用以下略有不同的隐含形式来解决这个奇点的问题：

二维中无限直线的隐式定义
$ax + by = d$　　　　　　　　　　　　　　　　　　　　　（9.3）

注意：

大多数文献都使用 $ax + by + d = 0$ 这种形式。与我们的公式相比，它翻转了 d 的符号。本书将使用式（9.3）中的形式，因为它具有较少的项，并且我们还认为，在这种形式中，d 具有更直观的几何意义。

如果分配矢量 $\mathbf{n} = [a, b]$，则可以使用矢量符号将式（9.3）重新编写为以下形式：

使用矢量符号的二维无限直线的隐式定义
$\mathbf{p} \cdot \mathbf{n} = d$ （9.4）

由于这种形式有 3 个自由度，而前面已经说过，二维中的无限直线只有两个自由度，所以可知这种形式有一些冗余。注意，我们可以将等式的两边乘以任何常数，通过这样做，可以自由选择 $\mathbf{n}$ 的长度而不失一般性。为方便起见，$\mathbf{n}$ 通常会设置为单位矢量。这给出了 $\mathbf{n}$ 和 d 有趣的几何解释，如图 9.6 所示。

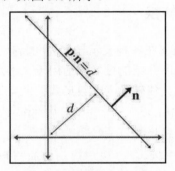

图 9.6 使用垂直矢量和到原点的距离定义直线

矢量 $\mathbf{n}$ 是与直线正交的单位矢量，d 给出了从原点到直线的有符号距离。该距离在测量时垂直于直线（与 $\mathbf{n}$ 平行）。这里之所以采用有符号距离（Signed Distance），意思是如果直线位于和法线点（Normal Point）相同的原点的一侧，则 d 为正。随着 d 的增加，直线将沿着 $\mathbf{n}$ 的方向移动。至少如式（9.4）所示，当将 d 放在等号的右侧时就是这种情况。如果像在传统形式中那样，将 d 移动到等号的左侧，并在右侧放置零，那么 d 的符号就会被翻转，并且上述说法也刚好相反。

请注意，$\mathbf{n}$ 描述了直线的"定向"，而 d 则描述了它的位置。描述直线位置的另一种方式是给出直线上的点 $\mathbf{q}$。当然，直线上有无数的点，所以任何一点都可以这样做（见图 9.7）。

定义直线的最后一种方法是作为两点的垂直平分线（Perpendicular Bisector），我们为其分配变量 **q** 和 **r**（见图 9.8）。这实际上是直线的最早定义之一：与两个给定点的所有等距离点的集合。

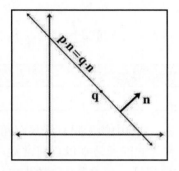
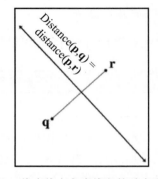

图 9.7　使用垂直矢量和直线上的点定义直线　　　图 9.8　将直线定义为线段的垂直平分线

9.2.3　表示方式之间的转换

现在举几个例子来说明如何在各种表示技术之间转换光线或直线。我们不会讨论所有组合。请记住，为无限直线所介绍的技术仅适用于二维。

以下将使用两个点定义的光线转换为参数形式：

$$\mathbf{p}_0 = \mathbf{p}_{\mathrm{org}}, \qquad\qquad \mathbf{d} = \mathbf{p}_{\mathrm{end}} - \mathbf{p}_{\mathrm{org}}$$

从参数形式到两点形式的相反转换是

$$\mathbf{p}_{\mathrm{org}} = \mathbf{p}_0, \qquad\qquad \mathbf{p}_{\mathrm{end}} = \mathbf{p}_0 + \mathbf{d}$$

给定参数形式的光线，可以使用以下公式计算包含此光线的隐式直线：

$$a = d_y, \qquad b = -d_x, \qquad d = x_{\mathrm{org}} d_y - y_{\mathrm{org}} d_x \qquad (9.5)$$

以下将隐式表示的直线转换为斜率截距形式：

$$m = -a/b, \qquad\qquad y_0 = d/b \qquad\qquad (9.6)$$

以下将隐式表示的直线转换为"法线和距离"形式：

$$\hat{\mathbf{n}} = \begin{bmatrix} a & b \end{bmatrix}/\sqrt{a^2 + b^2}, \qquad\qquad \mathrm{distance} = d/\sqrt{a^2 + b^2}$$

以下将直线上的法线和点转换为法线和距离形式：

$$\mathrm{distance} = \hat{\mathbf{n}} \cdot \mathbf{q}$$

请注意，这里假定 $\hat{\mathbf{n}}$ 是单位矢量。

最后，还可以使用以下公式将垂直平分线形式转换为隐含形式：

$$a = q_y - r_y,$$
$$b = r_x - q_x,$$
$$d = \frac{\mathbf{q} + \mathbf{r}}{2} \cdot \begin{bmatrix} a & b \end{bmatrix} = \frac{\mathbf{q} + \mathbf{r}}{2} \cdot \begin{bmatrix} q_y - r_y & r_x - q_x \end{bmatrix}$$
$$= \frac{(q_x + r_x)(q_y - r_y) + (q_y + r_y)(r_x - q_x)}{2}$$
$$= \frac{(q_x q_y - q_x r_y + r_x q_y - r_x r_y) + (q_y r_x - q_y q_x + r_y r_x - r_y q_x)}{2}$$
$$= r_x q_y - q_x r_y$$

9.3　球体和圆形

　　球体（Sphere）是一个三维对象，定义为与给定点具有固定距离的所有点的集合。从球体中心到点的距离称为球体半径（Radius）。球体的直接表示方式是描述其中心 **c** 和半径 r。

　　由于其简单性，球体通常出现在计算几何和图形中。包围球（Bounding Sphere）通常用于简单排斥（Trivial Rejection），因为与球体相交的方程很简单。同样重要的是，旋转一个球体并不会改变其范围。因此，当包围球用于简单排斥时，如果球体的中心是对象的原点，则可以忽略对象的方向。包围框（Bounding Box）则没有此属性（参见第9.4 节）。

　　球体的隐含形式直接来自其定义：与中心具有给定距离的所有点的集合。具有中心 **c** 和半径 r 的球体的隐含形式是

使用矢量符号的球体的隐式定义	
$\|\mathbf{p} - \mathbf{c}\| = r$	(9.7)

其中，**p** 是球体表面上的任意点。对于球体内的点 **p**，要让它满足等式，则必须将"="改为"≤"。由于式（9.7）使用了矢量符号，因此它在二维中也是有效的，可以作为圆的隐式定义。另一种更常见的形式是扩展矢量符号并将两边平方，公式如下：

圆形和球体的隐式定义		
$(x - c_x)^2 + (y - c_y)^2 = r^2$	（二维圆形）	(9.8)
$(x - c_x)^2 + (y - c_y)^2 + (z - c_z)^2 = r^2$	（三维球体）	(9.9)

　　我们可能对圆形或球体的直径（Diameter）和圆周（Circumference）感兴趣。直径是指从一个点到完全相对侧的另一个点的距离，而圆周则是指绕圆一周的距离。初等几

何提供了以下公式，可以计算直径、圆周的周长、圆面积、球体的表面积和球体的体积等：

$$D = 2r \qquad \text{（直径）}$$
$$C = 2\pi r = \pi D \qquad \text{（周长）}$$
$$A = \pi r^2 \qquad \text{（圆面积）}$$
$$S = 4\pi r^2 \qquad \text{（球体的表面积）}$$
$$V = \frac{4}{3}\pi r^3 \qquad \text{（球体的体积）}$$

从计算上来看，比较有趣的是，圆的面积相对于 r 的导数（Derivative）是圆周的周长，并且球体的体积的导数是其表面积。

9.4　包　围　盒

另一个通常用作包围体（Bounding Volume）的简单几何图元是包围盒（Bounding Box）。包围盒可以是轴向对齐的，也可以是任意定向的。轴向对齐的包围盒具有其边与主轴垂直的限制。首字母缩略词 AABB 通常用于轴向对齐的包围盒（Axially Aligned Bounding Box）。

三维 AABB 是一个简单的 6 面盒子，每一面都与一个主要平面平行。这个盒子不一定是立方体，也就是说，盒子的长度、宽度和高度可以各自不同。图 9.9 显示了一些简单的三维对象及其轴向对齐的包围盒。

图 9.9　三维对象和它们的 AABB

另一个常用的首字母缩写词是 OBB，它代表定向包围盒（Oriented Bounding Box）。基于以下两个原因，将不会在本节中再去专门讨论 OBB。

首先，轴向对齐的包围盒更易于创建和使用。但更重要的是，可以将 OBB 视为具有定向的 AABB；每个包围盒都是某些坐标空间中的 AABB；实际上，任何一个轴垂直于盒子的边的包围盒都是 AABB。换句话说，AABB 和 OBB 之间的差异不在于盒子本身中，而在于你是否在与包围盒对齐的坐标空间中执行计算。

举个例子，假设对于我们世界中的对象，我们将对象的 AABB 存储在对象的对象空间中。在对象空间中执行操作时，此包围盒就是 AABB。但是当在世界（或直立）空间中执行计算时，则这个相同的包围盒就是 OBB，因为它相对于世界轴可能处于"某个角度"。

虽然本节重点介绍的是三维 AABB，但通过简单地删除第三维，就可以在二维中以直接的方式应用大多数信息。

接下来的 4 个小节将介绍 AABB 的基本属性。第 9.4.1 节介绍所使用的表示法，并描述了用于表示 AABB 的选项；第 9.4.2 节显示如何计算一组点的 AABB；第 9.4.3 节将 AABB 与包围球（Bounding Sphere）进行比较；第 9.4.4 节将显示如何为变换后的 AABB 构建 AABB。

9.4.1　关于 AABB 的表示方式

现在来介绍一下 AABB 的几个重要属性，以及在引用这些值时使用的表示法。AABB 内的点满足以下不等式：

$$x_{min} \leqslant x \leqslant x_{max}, \quad y_{min} \leqslant y \leqslant y_{max}, \quad z_{min} \leqslant z \leqslant z_{max}$$

两个具有特殊意义的顶点是

$$\mathbf{p}_{min} = \begin{bmatrix} x_{min} & y_{min} & z_{min} \end{bmatrix}, \qquad \mathbf{p}_{max} = \begin{bmatrix} x_{max} & y_{max} & z_{max} \end{bmatrix}$$

中心点 $\mathbf{c}$ 由下式给出：

$$\mathbf{c} = (\mathbf{p}_{min} + \mathbf{p}_{max})/2$$

大小矢量（Size Vector）$\mathbf{s}$ 是从 $\mathbf{p}_{min}$ 到 $\mathbf{p}_{max}$ 的矢量，并且包含盒子的宽度、高度和长度，其公式如下：

$$\mathbf{s} = \mathbf{p}_{max} - \mathbf{p}_{min}$$

我们也可以引用盒子的半径矢量（Radius Vector）$\mathbf{r}$，它是大小矢量 $\mathbf{s}$ 的一半，可以解释为从 $\mathbf{c}$ 到 $\mathbf{p}_{max}$ 的矢量，其公式如下：

$$\mathbf{r} = \mathbf{p}_{max} - \mathbf{c} = \mathbf{s}/2$$

为了明确地定义 AABB，仅需要 5 个矢量 $\mathbf{p}_{min}$、$\mathbf{p}_{max}$、$\mathbf{c}$、$\mathbf{s}$ 和 $\mathbf{r}$ 中的两个。除了 $\mathbf{s}$ 和 $\mathbf{r}$ 这一对之外，任何其他的对都可以使用。某些表示形式在特定情况下比其他形式更有用。

我们建议使用 p_{min} 和 p_{max} 来表示包围盒，因为实际上这两个值比 **s**、**c** 和 **r** 应用得更频繁。当然，通过 p_{min} 和 p_{max} 计算这 3 个矢量中的任何一个都非常快。在 C 语言中，可以使用类似于代码清单 9.1 的结构来表示 AABB。

代码清单 9.1　最直接的表示 AABB 的方式

```
struct AABB3 {
    Vector3 min;
    Vector3 max;
};
```

9.4.2　计算 AABB

针对一组点计算 AABB 是一个很简单的过程。首先将最小值和最大值重置为"无穷大"，或者是比在实践中遇到的任何数字都更大的值。然后遍历点的列表，根据需要扩展盒子以包含每个点。

AABB 类通常会定义两个函数来帮助解决这个问题。第一个函数将"清空"AABB；另一个函数则通过扩展 AABB 来向 AABB 添加单个点（如果需要包含该点的话）。代码清单 9.2 即显示了这样的代码。

代码清单 9.2　两个实用的 AABB 函数

```
void AABB3 :: empty() {
    min.x = min.y = min.z = FLT_MAX;
    max.x = max.y = max.z = -FLT_MAX;
}

void AABB3 :: add(const Vector3 &p) {
    if (p.x < min.x) min.x = p.x;
    if (p.x > max.x) max.x = p.x;
    if (p.y < min.x) min.y = p.y;
    if (p.y > max.x) max.y = p.y;
    if (p.z < min.x) min.z = p.z;
    if (p.z > max.x) max.z = p.z;
}
```

现在，要从一组点创建一个包围盒，可以使用代码清单 9.3 中的代码。

代码清单 9.3　计算一组点的 AABB

```
// 点的列表
const int N;
```

```
Vector3 list[N];

// 首先清空包围盒
AABB3 box;
box.empty();

// 将每个点添加到盒子中
for (int i = 0; i < N; ++i) {
    box.add(list[i]);
}
```

9.4.3　关于 AABB 与包围球

在许多情况下，我们可以选择使用 AABB 或者使用包围球。与包围球相比，AABB 具有两个主要优点。

AABB 优于包围球的第一个优点是，为一组点计算最佳 AABB 易于编程，并且可以在线性时间内运行，而计算最佳包围球则是一个非常困难的问题。O'Rourke（详见参考文献[52]）和 Lengyel（详见参考文献[42]）描述了计算包围球的算法。

其次，对于在实践中出现的许多对象，AABB 可提供更紧密的包围体（Bounding Volume），因此可获得更好的简单排斥（Trivial Rejection）。当然，对于某些对象来说，包围球可能会更好（例如，某个对象本身就是一个球体！）。在最坏的情况下，AABB 的体积仍将小于球体体积的两倍，但是当球体表现不佳时，它可能真的非常糟糕。例如，你可以想象一下电线杆的包围球和 AABB。

球体的最根本的问题是它的形状只有一个自由度——球体的半径。AABB 具有 3 个自由度——长度、宽度和高度。因此，它通常可以更好地适应不同形状的物体。例如，对于图 9.10 中的大多数对象来说，AABB 都小于包围球。唯一的例外是右上角的星形，其中的包围球略小于 AABB。请注意，AABB 对物体的方向非常敏感，例如，在图 9.10 中的下面的两支步枪的大小是相同的，只有方向不同，但是它们的 AABB 却有很大的区别。而对于包围球来说则不存在这方面的问题，因为包围球对物体的方向不敏感。当对象可以自由旋转时，AABB 的一些优点可能会被削弱。究竟是要采用具有更紧凑的体积的表示方式（OBB），还是要采用简洁而快速的表示方式（包围球），这取决于开发人员对于它们之间固有优劣的权衡。至于说哪一种包围图元最好，实际上，这在很大程度上取决于具体的应用程序。

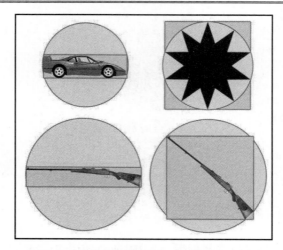

图 9.10　各种对象的 AABB 和包围球示意图

9.4.4　变换 AABB

有时我们需要将 AABB 从一个坐标空间转换为另一个坐标空间。例如，假设在对象空间中有 AABB（从世界空间的角度来看，它与 OBB 基本相同，参见第 9.4 节），现在希望在世界空间中获得 AABB。当然，理论上，我们可以计算对象本身的世界空间 AABB。但是，这里可以假设对象形状的描述（可能是具有 1000 个顶点的三角形网格）比已经在对象空间中计算的 AABB 更复杂。因此，要在世界空间中获得 AABB，就需要考虑变换对象空间 AABB。

我们得到的结果不一定是轴向对齐的（如果对象已经被旋转的话），并且不一定是一个盒子（如果对象已经被倾斜的话）。但是，为"已变换的 AABB"计算 AABB——或许应该将其称为 NNAABNNB（Not-Necessarily Axially Aligned Bounding Not-Necessarily Box，即不一定是轴向对齐的，也不一定是盒子）——比为最简单的变换对象计算一个新的 AABB 要快得多，因为 AABB 只有 8 个顶点。

要为变换后的 AABB 计算 AABB，仅仅变换原始 p_{min} 和 p_{max} 是不够的。这可能导致假的包围盒，例如，如果 $x_{min} > x_{max}$ 就可能出现这种情况。要计算新的 AABB，必须变换 8 个顶点，然后从这 8 个变换点形成 AABB。

在经过变换之后，通常会导致包围盒大于原始包围盒。例如，在二维中，45°的旋转将显著增加包围盒的大小（见图 9.11）。

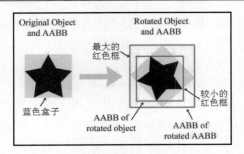

图 9.11　包围盒变换之后的 AABB

原　　文	译　　文
Original Object and AABB	原始对象和 AABB
Rotated Object and AABB	旋转后的对象和 AABB
AABB of rotated object	旋转后的对象的 AABB
AABB of rotated AABB	旋转后的 AABB 的 AABB

　　将图 9.11 中原始 AABB（蓝色盒子）的大小与新 AABB（右侧最大的红色框）进行比较可见，新的 AABB 几乎是原来的两倍。在这里，新的 AABB 仅仅是简单地由旋转后的 AABB 计算得出。但需要注意的是，如果能够通过旋转后的对象而不是旋转后的 AABB 来计算 AABB，那么它生成的 AABB 将与原始 AABB 的大小大致相同，从图 9.11 右侧较小的红色框中就可以看到这一点。

　　事实证明，AABB 的结构可以被用来加速新 AABB 的生成，因此没有必要真的变换所有 8 个顶点然后从这 8 个点构建新的 AABB。

　　现在来快速复习一下，当用以下一个 3×3 矩阵变换一个三维点时会发生什么（如果已经忘记了矢量和矩阵的乘法，可翻阅第 4.1.7 节）：

$$\begin{bmatrix} x' & y' & z' \end{bmatrix} = \begin{bmatrix} x & y & z \end{bmatrix} \begin{bmatrix} m_{11} & m_{12} & m_{13} \\ m_{21} & m_{22} & m_{23} \\ m_{31} & m_{32} & m_{33} \end{bmatrix};$$

$$x' = m_{11}x + m_{21}y + m_{31}z,$$
$$y' = m_{12}x + m_{22}y + m_{32}z,$$
$$z' = m_{13}x + m_{23}y + m_{33}z$$

　　假设原始包围盒在 x_{min}、x_{max}、y_{min} 等之内，并且新的包围盒将被计算为在 x'_{min}、x'_{max}、y'_{min} 等之内。现在以 x'_{min} 为例，来看一看如何更快地计算它。换句话说，我们希望找到下式的最小值：

$$m_{11}x + m_{21}y + m_{31}z$$

其中，[x, y, z] 是原始 8 个顶点中的任何一个。我们的工作是找出变换后哪些顶点具有最

小的 x 值。最小化整个总和的技巧是单独最小化 3 个乘积中的每一个。我们来看看第一个乘积 $m_{11}x$。我们必须决定用 x_{min} 或 x_{max} 中的哪一个来代替 x 以便最小化乘积。显然，如果 $m_{11} > 0$，则二者中较小的 x_{min} 将导致较小的乘积；相反，如果 $m_{11} < 0$，则 x_{max} 将给出较小的乘积。这里比较方便的是，无论取 x_{min} 或 x_{max} 中的哪一个来计算 x'_{min}，都可以使用另一个值来计算 x'_{max}，然后可以将此过程应用于矩阵中的 9 个元素中的每一个。

代码清单 9.4 演示了这种技术。Matrix4x3 类是一个 4×3 变换矩阵，可以表示任何仿射变换（它是一个 4×4 矩阵，作用于行矢量，最右列假设是 $[0, 0, 0, 1]^T$）。

代码清单 9.4　计算变换的 AABB

```cpp
void AABB3::setToTransformedBox(const AABB3 &box, const Matrix4x3 &m) {

    // 从矩阵的最后一行开始，它是平移部分
    // 即，在变换之后原点的位置
    min = max = getTranslation(m);

    //
    // 检查 9 个矩阵元素中的每一个
    // 并计算新的 AABB
    //

    if (m.m11 > 0.0f) {
        min.x += m.m11 * box.min.x ; max.x += m.m11 * box.max.x ;
    } else {
        min.x += m.m11 * box.max.x ; max.x += m.m11 * box.min.x ;
    }

    if (m.m12 > 0.0f) {
        min.y += m.m12 * box.min.x ; max.y += m.m12 * box.max.x ;
    } else {
        min.y += m.m12 * box.max.x ; max.y += m.m12 * box.min.x ;
    }

    if (m.m13 > 0.0f) {
        min.z += m.m13 * box.min.x ; max.z += m.m13 * box.max.x ;
    } else {
        min.z += m.m13 * box.max.x ; max.z += m.m13 * box.min.x ;
    }

    if (m.m21 > 0.0f) {
        min.x += m.m21 * box.min.y ; max.x += m.m21 * box.max.y ;
```

```
    } else {
        min.x += m.m21 * box.max.y ; max.x += m.m21 * box.min.y ;
    }

    if (m.m22 > 0.0f) {
        min.y += m.m22 * box.min.y ; max.y += m.m22 * box.max.y ;
    } else {
        min.y += m.m22 * box.max.y ; max.y += m.m22 * box.min.y ;
    }

    if (m.m23 > 0.0f) {
        min.z += m.m23 * box.min.y ; max.z += m.m23 * box.max.y ;
    } else {
        min.z += m.m23 * box.max.y ; max.z += m.m23 * box.min.y ;
    }

    if (m.m31 > 0.0f) {
        min.x += m.m31 * box.min.z ; max.x += m.m31 * box.max.z ;
    } else {
        min.x += m.m31 * box.max.z ;
        max.x += m.m31 * box.min.z ;
    }

    if (m.m32 > 0.0f) {
        min.y += m.m32 * box.min.z ; max.y += m.m32 * box.max.z ;
    } else {
        min.y += m.m32 * box.max.z ; max.y += m.m32 * box.min.z ;
    }

    if (m.m33 > 0.0f) {
        min.z += m.m33 * box.min.z ; max.z += m.m33 * box.max.z ;
    } else {
        min.z += m.m33 * box.max.z ; max.z += m.m33 * box.min.z ;
    }
}
```

9.5 平　　面

平面（Plane）是三维的扁平的二维子空间。平面是视频游戏中非常常见的工具，本节中的概念特别有用。欧几里得认识到的平面的定义类似于二维中无限直线的垂直平分线定义：与两个给定点等距的所有点的集合。定义中的这种相似性暗示了三维中的平面与二维中的无限直线有许多共同属性的事实。例如，它们都可以将空间划分为两个半空间（Half-Space）。

本节将讨论平面的基本属性。第 9.5.1 节将介绍如何使用平面方程隐式定义平面；第 9.5.2 节将演示如何使用 3 个点来定义平面；第 9.5.3 节将描述如何为一组可能不完全处于一个平面上的点找到最佳拟合（Best-Fit）平面；第 9.5.4 节将描述如何计算从点到平面的距离。

9.5.1　平面方程：平面的隐式定义

我们可以使用类似于第 9.2.2 节中描述的无限二维直线的技术来表示平面。平面的隐含形式由满足以下平面方程（Plane Equation）的所有点 $\mathbf{p} = (x, y, z)$ 给出：

平面方程
$ax + by + cz = d$　　（标量表示法），
$\mathbf{p} \cdot \mathbf{n} = d$　　（矢量表示法）　　　　　　(9.10)

请注意，在矢量形式中，$\mathbf{n} = [a, b, c]$。一旦知道 $\mathbf{n}$，就可以从已知在平面上的任何点来计算 d。

 注意：

大多数文献给出的平面方程都使用了 $ax + by + cz + d = 0$ 这种形式。这具有翻转 d 的符号的效果。第 9.2.2 节中解释了倾向于将 d 放在等号左侧的偏好，并且同样适用于此：我们的经验是这种形式导致较少的项和减号，以及对 d 的更直观的几何解释。

矢量 $\mathbf{n}$ 称为平面法线（Normal），因为它与平面垂直。虽然 $\mathbf{n}$ 通常归一化为单位长度，但这并不是必须的。当假设矢量具有单位长度时，便会给它戴上帽子（$\hat{\mathbf{n}}$）。法线决定了平面的定向，d 则定义它的位置。更具体地说，它将确定从原点到平面的有符号距离，并且是在法线方向上测量的。增加 d 将使平面朝法线的方向滑动。如果 $d > 0$，则原点位于平面的背面；如果 $d < 0$，则原点位于正面。请注意，这里的说法是假设像式（9.10）那样把 d 放在等号的右边。如果将 d 放在等号的左边，则具有相反的符号约定，那么上述说法也刚好要反过来。

现在来验证一下 $\mathbf{n}$ 是否垂直于平面。假设 $\mathbf{p}$ 和 $\mathbf{q}$ 是平面中的任意点，因此满足平面方程。将 $\mathbf{p}$ 和 $\mathbf{q}$ 代入式（9.10）中，可得

$$\mathbf{n} \cdot \mathbf{p} = d,$$
$$\mathbf{n} \cdot \mathbf{q} = d,$$
$$\mathbf{n} \cdot \mathbf{p} = \mathbf{n} \cdot \mathbf{q},$$
$$\mathbf{n} \cdot \mathbf{p} - \mathbf{n} \cdot \mathbf{q} = 0,$$
$$\mathbf{n} \cdot (\mathbf{p} - \mathbf{q}) = 0 \tag{9.11}$$

式（9.11）的几何含义是 $\mathbf{n}$ 垂直于从 $\mathbf{q}$ 到 $\mathbf{p}$ 的矢量（见第 2.11 节）。对于平面中的任何点 $\mathbf{p}$ 和 $\mathbf{q}$ 都是如此，因此，$\mathbf{n}$ 垂直于平面中的每个矢量。

我们通常会认为平面具有"正"面和"背"面。一般来说，平面的正面就是 $\mathbf{n}$ 所指的方向，也就是说，当从 $\mathbf{n}$ 的头部向尾部看时，我们正在观察平面的正面（见图 9.12）。

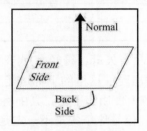

图 9.12　平面的正面和背面

原　　文	译　　文
Normal	法线
Front Side	正面
Back Side	背面

如前文所述，限制 $\mathbf{n}$ 具有单位长度通常很有用。我们可以做到这一点而又不失一般性，因为可以将整个平面方程乘以任何常数。

9.5.2　使用 3 个点定义一个平面

定义平面的另一种方法是给出位于平面内的 3 个非共线点（Noncollinear Point）。共线点（Collinear Point）是指位于同一条直线上的点，3 个共线点无法用来定义平面，因为会有无数个包含该直线的平面，并且无法确定我们指的是哪一个平面。

让我们从已知在平面中的 3 个点 $\mathbf{p}_1$、$\mathbf{p}_2$ 和 $\mathbf{p}_3$ 来计算 $\mathbf{n}$ 和 d。首先，必须计算 $\mathbf{n}$。$\mathbf{n}$ 会指向哪一个方向呢？在左手坐标系中执行此操作的标准方法是假设从平面的正面观察时，$\mathbf{p}_1$、$\mathbf{p}_2$ 和 $\mathbf{p}_3$ 按顺时针顺序列出，如图 9.13 所示（在右手坐标系中，通常假设这些点按逆时针顺序列出。根据这些约定，无论使用何种坐标系，其公式实际上都是一样的）。

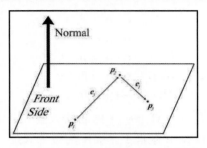

图 9.13　通过平面中的 3 个点计算平面法线

原　　文	译　　文
Normal	法线
Front Side	正面

我们将根据顺时针排序构造两个矢量。符号 **e** 代表边（Edge）矢量，因为这些方程通常在计算三角形的平面方程时出现（这里的下标可能看起来有点奇怪，但是请暂时忍耐一下，因为很快将在第 9.6.1 节中使用该下标，其中将讨论三角形的更多细节）。这两个矢量的叉积将产生垂直矢量 **n**，但是这个矢量不一定是单位长度。如前所述，我们通常会将 **n** 归一化。所有这些都可以简洁地概括为

包含 3 个点的平面的法线
$\mathbf{e}_3 = \mathbf{p}_2 - \mathbf{p}_1, \qquad \mathbf{e}_1 = \mathbf{p}_3 - \mathbf{p}_2, \qquad \hat{\mathbf{n}} = \dfrac{\mathbf{e}_3 \times \mathbf{e}_1}{\|\mathbf{e}_3 \times \mathbf{e}_1\|}$　　　　（9.12）

请注意，如果式（9.12）中的这些点是共线的，那么 $\mathbf{e}_3$ 和 $\mathbf{e}_1$ 将是平行的，因此叉积将为 **0**，这不能被归一化。这种数学意义上的奇异性与"共线点无法明确定义平面"的物理意义上的奇异性是互相吻合的。

现在已经知道 $\hat{\mathbf{n}}$，剩下要做的就是计算 d。这可以通过取其中一个点和 $\hat{\mathbf{n}}$ 的点积来轻松完成。

9.5.3　超过 3 个点的"最佳拟合"平面

偶尔，我们可能会希望计算一组超过 3 个点的平面方程。这类点的最常见示例是多边形的顶点。在这种情况下，假设顶点围绕多边形以顺时针方式枚举（顺序很重要，因为我们将通过它决定哪一面是正面，哪一面是背面，而这又决定了法线指向哪个方向）。

一个简单的解决方案是任意选择 3 个连续点并从这 3 个点计算平面方程。但是，我们选择的 3 个点可能是共线的，或者几乎是共线的，这几乎同样糟糕，因为它在数值上

是不准确的；或者也许这个多边形是凹陷的，我们选择的 3 个点是凹点，因此形成逆时针拐弯（这将导致法线指向错误的方向）；或者多边形的顶点可能不是共面的，这可能由于数值不精确或用于生成多边形的方法不当而发生。所以，我们真正想要的是一种计算一组点的"最佳拟合"平面的方法，它考虑了上述所有的点的情况。给定以下 n 个点：

$$\mathbf{p}_1 = \begin{bmatrix} x_1 & y_1 & z_1 \end{bmatrix},$$
$$\mathbf{p}_2 = \begin{bmatrix} x_2 & y_2 & z_2 \end{bmatrix},$$
$$\vdots$$
$$\mathbf{p}_{n-1} = \begin{bmatrix} x_{n-1} & y_{n-1} & z_{n-1} \end{bmatrix},$$
$$\mathbf{p}_n = \begin{bmatrix} x_n & y_n & z_n \end{bmatrix}$$

最佳拟合垂直矢量 $\mathbf{n}$ 可由下式给出：

通过 n 个点计算最佳拟合平面法线
$\begin{aligned} n_x =\ & (z_1 + z_2)(y_1 - y_2) + (z_2 + z_3)(y_2 - y_3) + \cdots \\ & \cdots + (z_{n-1} + z_n)(y_{n-1} - y_n) + (z_n + z_1)(y_n - y_1), \\ n_y =\ & (x_1 + x_2)(z_1 - z_2) + (x_2 + x_3)(z_2 - z_3) + \cdots \\ & \cdots + (x_{n-1} + x_n)(z_{n-1} - z_n) + (x_n + x_1)(z_n - z_1), \\ n_z =\ & (y_1 + y_2)(x_1 - x_2) + (y_2 + y_3)(x_2 - x_3) + \cdots \\ & \cdots + (y_{n-1} + y_n)(x_{n-1} - x_n) + (y_n + y_1)(x_n - x_1) \end{aligned}$　(9.13)

如果希望强制执行 $\mathbf{n}$ 为单位长度的限制，则必须对该矢量进行归一化。

我们可以使用求和表示法简洁地表示式（9.13）。采用循环下标方案使得 $\mathbf{p}_{n+1} \equiv \mathbf{p}_1$，则可以改写为

$$n_x = \sum_{i=1}^{n} (z_i + z_{i+1})(y_i - y_{i+1}),$$
$$n_y = \sum_{i=1}^{n} (x_i + x_{i+1})(z_i - z_{i+1}),$$
$$n_z = \sum_{i=1}^{n} (y_i + y_{i+1})(x_i - x_{i+1})$$

代码清单 9.5 说明了如何计算一组点的最佳拟合平面法线。

代码清单 9.5　计算一组点的最佳拟合平面法线

```
Vector3 computeBestFitNormal(const Vector3 v[], int n) {
```

```
// 将输出的和清零
Vector3 result = kZeroVector;

// 从"上一个"顶点开始，将它作为最近的一个顶点
// 这可以避免在循环中使用 if 语句
const Vector3 *p = &v[n-1];

// 迭代遍历顶点
for (int i = 0; i < n; ++i) {

    // 快速获取当前顶点
    const Vector3 *c = &v[i];

    // 正确添加到边矢量的积
    result.x += (p->z + c->z) * (p->y - c->y);
    result.y += (p->x + c->x) * (p->z - c->z);
    result.z += (p->y + c->y) * (p->x - c->x);

    // 继续下一个顶点
    p = c;
}

// 归一化结果并返回它
result.normalize();
return result;
}
```

最佳拟合 d 值可以通过下式计算为每个点的 d 值的平均值：

计算最佳拟合平面 d 值
$$d = \frac{1}{n}\sum_{i=1}^{n}(\mathbf{p}_i \cdot \mathbf{n}) = \frac{1}{n}\left(\sum_{i=1}^{n}\mathbf{p}_i\right)\cdot\mathbf{n}$$

9.5.4 点到平面的距离

很多时候，我们可能会有一个平面和一个不在平面内的点 $\mathbf{q}$，然后想要计算从该平面到 $\mathbf{q}$ 的距离，或者至少将 $\mathbf{q}$ 分类为在平面的正面还是背面。为此，我们可以想象位于平

面中的一个点 **p**,它是该平面中与 **q** 最近的点。显然,从 **p** 到 **q** 的矢量垂直于平面,因此它是 *a***n** 的一种形式,如图 9.14 所示。

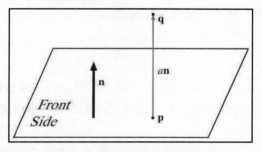

图 9.14 计算点和平面之间的距离

原　文	译　文
Front Side	正面

如果假设平面法线 $\hat{\mathbf{n}}$ 是单位矢量,则从 **p** 到 **q** 的距离(以及从平面到 **q** 的距离)仅为 *a*。这是一个有符号的距离,这意味着,当 **q** 在平面的背面时它将是负的。令人惊讶的是,我们可以在不知道 **p** 的位置的情况下计算出 *a*。我们可以回到 **q** 的原始定义,然后执行一些矢量代数来消除 **p**,其计算公式如下:

计算从平面到任意三维点的有符号的距离
$$\begin{aligned} \mathbf{p} + a\hat{\mathbf{n}} &= \mathbf{q}, \\ (\mathbf{p} + a\hat{\mathbf{n}}) \cdot \hat{\mathbf{n}} &= \mathbf{q} \cdot \hat{\mathbf{n}}, \\ \mathbf{p} \cdot \hat{\mathbf{n}} + (a\hat{\mathbf{n}}) \cdot \hat{\mathbf{n}} &= \mathbf{q} \cdot \hat{\mathbf{n}}, \\ d + a &= \mathbf{q} \cdot \hat{\mathbf{n}}, \\ a &= \mathbf{q} \cdot \hat{\mathbf{n}} - d \end{aligned} \qquad (9.14)$$

9.6　三　角　形

三角形在建模和图形中具有基础意义上的重要性。复杂三维对象(例如汽车或人体)的表面与许多三角形近似。这样一组连接的三角形可形成一个三角形网格(Triangle Mesh),第 10.4 节将详细讨论该主题。但在学习如何操纵许多三角形之前,必须首先学习如何操纵一个三角形。

本节将介绍三角形的基本属性。第 9.6.1 节将介绍三角形的一些表示法和基本属性；第 9.6.2 节将列出几种计算二维或三维三角形面积的方法；第 9.6.3 节将讨论重心空间；第 9.6.5 节将讨论三角形上具有特殊几何意义的几个点。

9.6.1　表示法

要定义一个三角形，只需要列出其 3 个顶点即可。列出这些点的顺序非常重要。在左手坐标系中，当从三角形的正面看时，通常按顺时针顺序枚举点。我们将 3 个顶点分别称为 $\mathbf{v}_1$、$\mathbf{v}_2$ 和 $\mathbf{v}_3$。

三角形位于一个平面中，该平面的方程（法线 $\mathbf{n}$ 和到原点的距离 d）在许多应用中都很重要。我们刚刚讨论了平面，包括如何计算给出 3 个点的平面方程，参见第 9.5.2 节。

让我们先来标记三角形的内角、顺时针边矢量和边长，如图 9.15 所示。

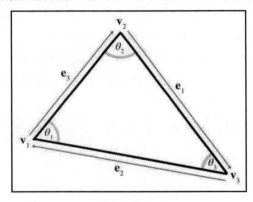

图 9.15　标记三角形

设 l_i 表示 $\mathbf{e}_i$ 的长度。请注意，$\mathbf{e}_i$ 和 l_i 与 $\mathbf{v}_i$ 相反，顶点具有相应的下标，并由下式给出：

边矢量和长度表示法		
$\mathbf{e}_1 = \mathbf{v}_3 - \mathbf{v}_2,$	$\mathbf{e}_2 = \mathbf{v}_1 - \mathbf{v}_3,$	$\mathbf{e}_3 = \mathbf{v}_2 - \mathbf{v}_1,$
$l_1 = \|\mathbf{e}_1\|,$	$l_2 = \|\mathbf{e}_2\|,$	$l_3 = \|\mathbf{e}_3\|$

例如，可以用上述表示法分别写出下式正弦定律和余弦定律：

正弦定律
$\dfrac{\sin\theta_1}{l_1} = \dfrac{\sin\theta_2}{l_2} = \dfrac{\sin\theta_3}{l_3}$

余弦定律
$l_1{}^2 = l_2{}^2 + l_3{}^2 - 2l_2l_3 \cos\theta_1,$
$l_2{}^2 = l_1{}^2 + l_3{}^2 - 2l_1l_3 \cos\theta_2,$
$l_3{}^2 = l_1{}^2 + l_2{}^2 - 2l_1l_2 \cos\theta_3$

三角形的周长通常是一个重要的值，并且可以通过下式对 3 个边求和来进行简单的计算：

三角形的周长
$p = l_1 + l_2 + l_3$

9.6.2 三角形的面积

本节将研究计算三角形面积的几种技术。最著名的方法是通过底（Base）和高（Height）来计算面积。请看图 9.16 中的平行四边形和封闭三角形。

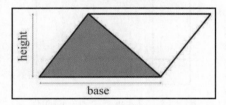

图 9.16   在平行四边形中的封闭三角形

原　　文	译　　文
height	高
base	底

由经典几何学可知，平行四边形的面积等于其底和高的乘积（参见第 2.12.2 节，了解其具体原理）。由于三角形占据了这个平行四边形面积的一半，因此三角形的面积是

三角形的面积
$A = bh/2$

如果高度未知，则可以使用 Heron（海伦，古希腊数学家）的公式，该公式只需要三边的边长即可求三角形的面积。设 s 等于周长的一半（也称为半周长），然后可通过下式计算其面积：

海伦的三角形面积公式
$$s = \frac{l_1 + l_2 + l_3}{2} = \frac{p}{2},$$
$$A = \sqrt{s(s - l_1)(s - l_2)(s - l_3)}$$

海伦的公式特别有趣，因为它可以很容易地应用于三维。

　　一般来说，边的高度或长度不容易获得，因为所有的已知条件都是顶点的笛卡儿坐标（当然，我们总是可以通过坐标计算边长，但在有些情况下我们希望避免这种相对昂贵的计算）。让我们看一看是否可以单独通过顶点坐标来计算三角形的面积。

　　让我们首先在二维中解决这个问题。基本思想是，为三角形的三条边中的每一条边计算梯形的有符号的面积，该面积由边和下方的 x 轴所界定，如图 9.17 所示。

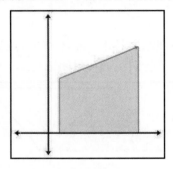

图 9.17　边矢量"下方"的面积

　　"有符号的面积"是指如果边的指向是从左到右，则该面积为正；如果边的指向是从右向左，则面积值为负。请注意，无论三角形如何定向，总会有至少一条边的面积为正值和至少一条边的面积为负值。垂直边的面积为零。每条边下的面积的公式是

$$A(\mathbf{e}_1) = \frac{(y_3 + y_2)(x_3 - x_2)}{2},$$

$$A(\mathbf{e}_2) = \frac{(y_1 + y_3)(x_1 - x_3)}{2},$$

$$A(\mathbf{e}_3) = \frac{(y_2 + y_1)(x_2 - x_1)}{2}$$

通过对 3 个梯形的有符号的面积求和，可以获得三角形本身的面积。实际上，可以使用相同的思路来计算具有任意数量边的多边形的面积。

　　假设三角形周围的顶点顺时针排序。以相反的顺序枚举顶点会翻转面积的符号。考虑到这些因素，可以通过下式对梯形的面积求和即可计算三角形的有符号面积：

$$A = A(\mathbf{e}_1) + A(\mathbf{e}_2) + A(\mathbf{e}_3)$$

$$= \frac{(y_3 + y_2)(x_3 - x_2) + (y_1 + y_3)(x_1 - x_3) + (y_2 + y_1)(x_2 - x_1)}{2}$$

$$= \frac{\begin{pmatrix} (y_3 x_3 - y_3 x_2 + y_2 x_3 - y_2 x_2) \\ + (y_1 x_1 - y_1 x_3 + y_3 x_1 - y_3 x_3) \\ + (y_2 x_2 - y_2 x_1 + y_1 x_2 - y_1 x_1) \end{pmatrix}}{2}$$

$$= \frac{-y_3 x_2 + y_2 x_3 - y_1 x_3 + y_3 x_1 - y_2 x_1 + y_1 x_2}{2}$$

$$= \frac{y_1(x_2 - x_3) + y_2(x_3 - x_1) + y_3(x_1 - x_2)}{2}$$

实际上，我们还可以进一步简化它。基本思路是要意识到，可以在不影响面积的情况下平移三角形。我们可以通过下式任意选择垂直移动三角形，从每个 y 坐标中减去 y_3（如果你想知道，当一些三角形延伸到 x 轴的下方时，梯形面积的求和技巧是否仍然有效，那么这种正确的移动表明它依然有效）：

通过顶点的坐标计算二维三角形的面积
$$A = \frac{y_1(x_2 - x_3) + y_2(x_3 - x_1) + y_3(x_1 - x_2)}{2}$$
$$= \frac{(y_1 - y_3)(x_2 - x_3) + (y_2 - y_3)(x_3 - x_1) + (y_3 - y_3)(x_1 - x_2)}{2}$$ (9.15)
$$= \frac{(y_1 - y_3)(x_2 - x_3) + (y_2 - y_3)(x_3 - x_1)}{2}$$

在三维中，可以使用叉积来计算三角形的面积。回想一下第 2.12.2 节，两个矢量 $\mathbf{a}$ 和 $\mathbf{b}$ 的叉积的大小等于通过 $\mathbf{a}$ 和 $\mathbf{b}$ 两条边形成的平行四边形的面积。由于三角形的面积是封闭的平行四边形面积的一半，有一种简单的方法来计算三角形的面积。给定来自三角形的两个边矢量 $\mathbf{e}_1$ 和 $\mathbf{e}_2$，该三角形的面积由下式给出：

$$A = \frac{\|\mathbf{e}_1 \times \mathbf{e}_2\|}{2} \tag{9.16}$$

请注意，如果通过假设 $z = 0$ 将二维三角形扩展为三维，则式（9.15）和式（9.16）将是等效的。

9.6.3 重心空间

尽管我们会在三维中使用三角形，但三角形的表面位于一个平面中，并且本质上是一个二维对象。在三维中，围绕任意定向的三角形表面移动有点尴尬。如果有一个与三角形表面相关的坐标空间并且独立于三角形"生存"的三维空间，那将是好事一桩。重心空间（Barycentric Space）就是这样一个坐标空间。制作视频游戏时出现的许多实际问题，例如插值和交叉，都可以通过使用重心坐标来解决。虽然我们是在讨论三角形的上下文中引入了重心坐标，但它们其实具有更广泛的适用性。例如，在第 13 章讨论三维曲线的上下文中将会再次遇到它们。

　　三角形平面中的任何点都可以表示为顶点的加权平均值（A Weighted Average）。这些加权称为重心坐标（Barycentric Coordinates）。从重心坐标(b_1, b_2, b_3)到标准三维空间的转换可由下式定义：

通过重心坐标计算三维点
$$(b_1, b_2, b_3) \equiv b_1\mathbf{v}_1 + b_2\mathbf{v}_2 + b_3\mathbf{v}_3 \qquad (9.17)$$

当然，这只是一些矢量的线性组合。第 3.3.3 节证明了普通笛卡儿坐标如何也可以解释为基矢量的线性组合，但重心坐标和普通笛卡儿坐标之间有一个细微的区别，那就是重心坐标的坐标之和被限制为 1，其定义如下：

$$b_1 + b_2 + b_3 = 1$$

这种归一化约束消除了一个自由度，这就是为什么即使有 3 个坐标，但它仍然是一个二维空间。

　　值 b_1、b_2、b_3 分别是每个顶点对该点的"贡献"或"权重"。图 9.18 显示了点及其重心坐标的一些示例。

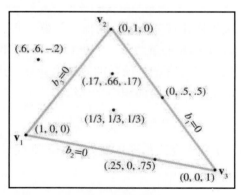

图 9.18　重心坐标的一些示例

　　这里不妨来做一些观察。首先，请注意，图 9.18 中的三角形的 3 个顶点在重心空间

中具有以下很简单的形式:

$$(1, 0, 0) \equiv \mathbf{v}_1, \qquad (0, 1, 0) \equiv \mathbf{v}_2, \qquad (0, 0, 1) \equiv \mathbf{v}_3$$

其次,与顶点相对的一条边上的所有点对应于该顶点的重心坐标将具有零值。例如,对于包含 $\mathbf{e}_1$(与 $\mathbf{v}_1$ 相对)的直线上的所有点,即 $b_1 = 0$。

最后,平面中的任何点都可以用重心坐标来描述,而不仅仅是三角形内的点。三角形内部的点的重心坐标都在[0, 1]范围内。三角形外的任何点都将至少有一个负坐标。重心空间可以将平面网格化(Tessellate)为与原始三角形大小相同的三角形,如图 9.19 所示。

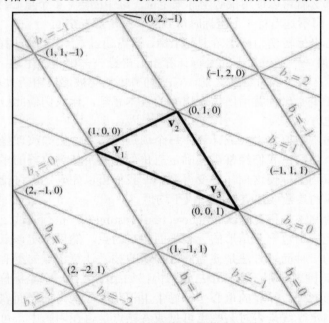

图 9.19 重心坐标可以网格化平面

还有另一种思考重心坐标的方法。丢弃 b_3,我们可以将 (b_1, b_2) 解释为常规的 (x, y) 二维坐标,其中,原点位于 $\mathbf{v}_3$,x 轴是 $\mathbf{v}_1 - \mathbf{v}_3$,$y$ 轴是 $\mathbf{v}_1 - \mathbf{v}_2$。通过下式重新排列式(9.17)可以更明确地做到这一点:

将(b_1, b_2)解释为常规的二维坐标
$(b_1, b_2, b_3) \equiv b_1\mathbf{v}_1 + b_2\mathbf{v}_2 + b_3\mathbf{v}_3$
$\equiv b_1\mathbf{v}_1 + b_2\mathbf{v}_2 + (1 - b_1 - b_2)\mathbf{v}_3$
$\equiv b_1\mathbf{v}_1 + b_2\mathbf{v}_2 + \mathbf{v}_3 - b_1\mathbf{v}_3 - b_2\mathbf{v}_3$
$\equiv \mathbf{v}_3 + b_1(\mathbf{v}_1 - \mathbf{v}_3) + b_2(\mathbf{v}_2 - \mathbf{v}_3)$

很清楚，由于归一化的约束，尽管有 3 个坐标，但却只有两个自由度。我们可以仅使用两个坐标完全描述重心空间中的一个点。事实上，由该坐标描述的空间维数不依赖于"样本点"的维度，而是取决于样本点的数量。自由度的数量比重心坐标的数量少一个，因为我们有坐标总和为 1 的约束。例如，如果有两个样本点，则重心坐标的维数为 2，并且可以使用这些坐标描述的空间是一条直线，即一维空间。注意，该线可以是一维线（即标量的插值）、二维线、三维线或某些更高维空间中的线。在本节中，有 3 个采样点（三角形的顶点）和三个重心坐标，产生一个二维空间，也就是一个平面。如果在三维中有 4 个采样点，那么就可以使用重心坐标来定位三维中的点。4 个重心坐标可以产生一个"四面体"空间，而不是当有 4 个坐标时得到的"三角形"空间。

要将点从重心坐标转换为标准笛卡儿坐标，只需通过式（9.17）计算顶点的加权平均值即可。相反的转换——通过笛卡儿坐标计算重心坐标——则稍微困难一些，将在第 9.6.4 节中讨论。但是，在深入探讨细节之前（有些细节可能会被比较粗疏大意的读者忽略），请确认已经理解了重心坐标背后所体现出来的基本思想，让我们借此机会来介绍一些重心坐标很有用的地方。

在图形中，通常需要编辑（或计算）每个顶点的参数，例如纹理坐标、颜色、表面法线、光照值等。然后，我们经常需要确定三角形内某个任意位置的多个参数的其中一个参数的插值。重心坐标使这项任务变得简单。我们可以先确定所讨论的内部点的重心坐标，然后对寻找的参数取顶点值的加权平均值。

另一个重要的例子是相交测试（Intersection Testing）。执行光线三角测试的一种简单方法是，确定光线与包含三角形的无限平面相交的点，然后确定该点是否位于三角形内。做出此判断的一种简单方法是使用此处描述的技术计算该点的重心坐标。如果所有坐标都位于[0, 1]范围内，则该点位于三角形内；如果至少有一个坐标位于此范围之外，则该点位于三角形之外。计算的重心坐标通常用于获取一些内插表面属性。例如，假设正在投射光线以确定光线是否对某些点可见或者该点是否在阴影中，可以在一个任意位置的某些模型上打上一个三角形。如果模型不透明，则光是不可见的。但是，如果模型使用了透明度，那么可能需要确定该位置的不透明度，以确定阻挡了光的哪一部分。一般来说，此透明度位于纹理贴图中，使用 UV 坐标对其进行索引（有关纹理映射的更多信息，请参见第 10.5 节）。要获取光线交叉点位置的透明度，可以使用该点处的重心坐标来插入顶点的 UV，然后使用这些 UV 从纹理贴图中获取纹理元素，并确定表面上特定位置的透明度。

9.6.4　计算重心坐标

现在来看一看如何确定笛卡儿坐标的重心坐标。先从图 9.20 中的二维开始，它显示

了 $\mathbf{v}_1$、$\mathbf{v}_2$ 和 $\mathbf{v}_3$ 这 3 个顶点以及点 $\mathbf{p}$。我们还标记了 3 个分割出来的子三角形（Subtriangle）T_1、T_2、T_3，它们与同一索引的顶点相对。这些信息马上就会变得很有用。

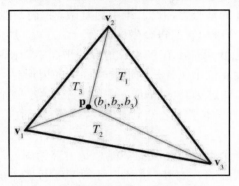

图 9.20　计算任意点 $\mathbf{p}$ 的重心坐标

已知 3 个顶点和点 $\mathbf{p}$ 的笛卡儿坐标。我们的任务是计算重心坐标 b_1、b_2 和 b_3。以下给了 3 个方程和 3 个未知数：

$$b_1 x_1 + b_2 x_2 + b_3 x_3 = p_x,$$
$$b_1 y_1 + b_2 y_2 + b_3 y_3 = p_y,$$
$$b_1 + b_2 + b_3 = 1$$

求解该方程组将产生以下结果：

计算二维点的重心坐标
$$b_1 = \frac{(p_y - y_3)(x_2 - x_3) + (y_2 - y_3)(x_3 - p_x)}{(y_1 - y_3)(x_2 - x_3) + (y_2 - y_3)(x_3 - x_1)},$$ $$b_2 = \frac{(p_y - y_1)(x_3 - x_1) + (y_3 - y_1)(x_1 - p_x)}{(y_1 - y_3)(x_2 - x_3) + (y_2 - y_3)(x_3 - x_1)},\qquad (9.18)$$ $$b_3 = \frac{(p_y - y_2)(x_1 - x_2) + (y_1 - y_2)(x_2 - p_x)}{(y_1 - y_3)(x_2 - x_3) + (y_2 - y_3)(x_3 - x_1)}$$

仔细检查方程（9.18），可以看到每个表达式中的分母是相同的——根据式（9.15），它等于三角形面积的两倍。而且，对于每个重心坐标 b_i 来说，其分子等于"子三角形" T_i 的面积的两倍。换言之，

将重心坐标解释为面积的比率
$b_1 = A(T_1)/A(T),\qquad b_2 = A(T_2)/A(T),\qquad b_3 = A(T_3)/A(T)$

请注意，即使 $\mathbf{p}$ 在三角形之外，此解释也是适用的，因为如果顶点以逆时针顺序枚

举，则计算面积的公式会产生负值结果。如果三角形的 3 个顶点是共线的，则该三角形是退化的，并且分母中的面积将为零，因此不能计算重心坐标。

计算三维中任意点 **p** 的重心坐标比二维中更复杂。我们不能像以前那样求解方程组，因为有 3 个未知数和 4 个方程（**p** 的每个坐标都有一个方程，加上重心坐标上的归一化约束）。另一个复杂因素是 **p** 可能不在包含三角形的平面中，在这种情况下，重心坐标是不确定的。现在，先假设 **p** 位于包含三角形的平面中的情形。

一个有效的技巧是，通过丢弃 x、y 或 z 中的一个来将三维问题转变为二维问题。这具有将三角形投影到 3 个基本平面之一上的效果。以直觉而言，这是有效的，因为投影面积与原始面积成正比。

但是，应该丢弃哪一个坐标呢？我们不能总是丢弃相同的，因为如果三角形垂直于投影平面，投影点将是共线的。如果三角形几乎垂直于投影平面，那么将遇到浮点精度问题。解决这个难题的方法是选择投影平面，以便最大化投影三角形的面积。这可以通过检查平面法线来完成，具有最大绝对值的坐标是我们将要丢弃的坐标。例如，如果法线是[0.267, −0.802, 0.535]，那么将丢弃顶点和 **p** 的 y 值，投影到 xz 平面上。代码清单 9.6 中的代码片段显示了如何计算任意三维点的重心坐标。

代码清单 9.6　计算任意三维点的重心坐标

```
bool computeBarycentricCoords3d (
    const Vector3 v[3],        // 三角形的顶点
    const Vector3 &p,          // 要计算重心坐标的点
    float b[3]                 // 返回的重心坐标
) {

    // 首先，计算两条顺时针边矢量
    Vector3 d1 = v[1] - v[0];
    Vector3 d2 = v[2] - v[1];

    // 使用叉积计算表面法线
    // 很多情况下，该步骤可以跳过
    // 因为我们应该会有已预先计算的表面法线
    // 我们无须归一化它，因为预先计算的法线已经是归一化的
    Vector3 n = crossProduct(d1, d2);

    // 找到法线的主轴，并选择投影平面
    float u1, u2, u3, u4;
    float v1, v2, v3, v4;
    if ((fabs(n.x) >= fabs(n.y)) && (fabs(n.x) >= fabs(n.z))) {
```

```
        // 丢弃 x，投影到 yz 平面
        u1 = v[0].y - v[2].y;
        u2 = v[1].y - v[2].y;
        u3 = p.y - v[0].y;
        u4 = p.y - v[2].y;

        v1 = v[0].z - v[2].z;
        v2 = v[1].z - v[2].z;
        v3 = p.z - v[0].z;
        v4 = p.z - v[2].z;

    } else if (fabs(n.y) >= fabs(n.z)) {

        // 丢弃 y，投影到 xz 平面
        u1 = v[0].z - v[2].z;
        u2 = v[1].z - v[2].z;
        u3 = p.z - v[0].z;
        u4 = p.z - v[2].z;

        v1 = v[0].x - v[2].x;
        v2 = v[1].x - v[2].x;
        v3 = p.x - v[0].x;
        v4 = p.x - v[2].x;

    } else {

        // 丢弃 z，投影到 xy 平面
        u1 = v[0].x - v[2].x;
        u2 = v[1].x - v[2].x;
        u3 = p.x - v[0].x;
        u4 = p.x - v[2].x;

        v1 = v[0].y - v[2].y;
        v2 = v[1].y - v[2].y;
        v3 = p.y - v[0].y;
        v4 = p.y - v[2].y ;
    }

    // 计算分母，检查是否无效（分母为 0 则无效）
    float denom = v1*u2 - v2*u1;
    if (denom == 0.0f) {
```

```
        // 假三角形——三角形的面积为 0 值
        return false;
    }

    // 计算重心坐标
    float oneOverDenom = 1.0f / denom;
    b[0] = (v4*u2 - v2*u4) * oneOverDenom;
    b[1] = (v1*u3 - v3*u1) * oneOverDenom;
    b[2] = 1.0f - b[0] - b[1];

    // 完成
    return true;
}
```

还有一种技术可用于计算三维中的重心坐标，那就是基于使用叉积来计算三维三角形的面积的方法，这将在第 9.6.2 节中讨论。回想一下，给定三角形的两个边矢量 e_1 和 e_2，可以将三角形的面积计算为 $\|e_1 \times e_2\| / 2$。一旦得到整个三角形的面积和 3 个子三角形的面积，就可以计算出其重心坐标。

当然，这里面有一个小问题：叉积的大小对顶点的排序不敏感——按照定义，其大小总是正的。这对三角形之外的点来说是不适用的，因为三角形之外的点必须始终至少有一个负重心坐标。

让我们来看一看是否能找到解决这个问题的方法。看起来我们真正需要的是一种计算叉积矢量长度的方法，如果顶点以"不正确"的顺序枚举，则会产生负值。事实证明，使用点积有一种非常简单的方法。

假设将 c 指定为三角形的两个边矢量的叉积。请记住，c 的大小将等于三角形面积的两倍。假设有一个单位长度的法线 $\hat{n}$。现在，$\hat{n}$ 和 c 是平行的，因为它们都垂直于包含三角形的平面。但是，它们可能指向相反的方向。回想一下第 2.11.2 节，两个矢量的点积等于它们的大小乘以它们之间角度的余弦的乘积。因为知道 $\hat{n}$ 是单位矢量，并且该矢量指向完全相同或完全相反的方向，所以有

$$\begin{aligned} c \cdot \hat{n} &= \|c\|\|\hat{n}\| \cos\theta \\ &= \|c\|(1)(\pm 1) \\ &= \pm\|c\| \end{aligned}$$

将此结果除以 2，就可以计算三维中三角形的"有符号面积"。有了这个技巧，现在可以应用 9.6.4 节中的观察结果，即每个重心坐标 b_i 与子三角形 T_i 的面积成正比。让我们首先标记所涉及的所有矢量，如图 9.21 所示。

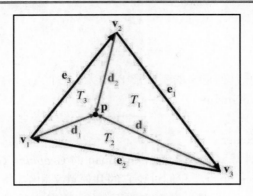

图 9.21 计算三维中的重心坐标

在图 9.21 中，每个顶点都有一个从 $\mathbf{v}_i$ 到 $\mathbf{p}$ 的矢量，名为 $\mathbf{d}_i$。汇总这些矢量的方程，有

$$\mathbf{e}_1 = \mathbf{v}_3 - \mathbf{v}_2, \qquad \mathbf{e}_2 = \mathbf{v}_1 - \mathbf{v}_3, \qquad \mathbf{e}_3 = \mathbf{v}_2 - \mathbf{v}_1,$$
$$\mathbf{d}_1 = \mathbf{p} - \mathbf{v}_1, \qquad \mathbf{d}_2 = \mathbf{p} - \mathbf{v}_2, \qquad \mathbf{d}_3 = \mathbf{p} - \mathbf{v}_3$$

我们还需要一个表面法线，可以通过下式计算：

$$\hat{\mathbf{n}} = \frac{\mathbf{e}_1 \times \mathbf{e}_2}{\|\mathbf{e}_1 \times \mathbf{e}_2\|}$$

现在整个三角形（简称为 T）的面积和 3 个子三角形的面积可由下式给出：

$$A(T) = ((\mathbf{e}_1 \times \mathbf{e}_2) \cdot \hat{\mathbf{n}})/2,$$
$$A(T_1) = ((\mathbf{e}_1 \times \mathbf{d}_3) \cdot \hat{\mathbf{n}})/2,$$
$$A(T_2) = ((\mathbf{e}_2 \times \mathbf{d}_1) \cdot \hat{\mathbf{n}})/2,$$
$$A(T_3) = ((\mathbf{e}_3 \times \mathbf{d}_2) \cdot \hat{\mathbf{n}})/2$$

每个重心坐标 b_i 可由 $A(T_i)/A(T)$ 给出：

计算三维中的重心坐标
$b_1 = A(T_1)/A(T) = \dfrac{(\mathbf{e}_1 \times \mathbf{d}_3) \cdot \hat{\mathbf{n}}}{(\mathbf{e}_1 \times \mathbf{e}_2) \cdot \hat{\mathbf{n}}},$
$b_2 = A(T_2)/A(T) = \dfrac{(\mathbf{e}_2 \times \mathbf{d}_1) \cdot \hat{\mathbf{n}}}{(\mathbf{e}_1 \times \mathbf{e}_2) \cdot \hat{\mathbf{n}}},$
$b_3 = A(T_3)/A(T) = \dfrac{(\mathbf{e}_3 \times \mathbf{d}_2) \cdot \hat{\mathbf{n}}}{(\mathbf{e}_1 \times \mathbf{e}_2) \cdot \hat{\mathbf{n}}}$

请注意，$\hat{\mathbf{n}}$ 分别被用于所有的分子和分母，因此它不一定必须是单位矢量。

这种用于计算重心坐标的技术比投影到二维的方法涉及更多的标量数学运算。但是，它是无分支的，并且能提供更好的 SIMD 优化。

9.6.5　特殊点

本节将讨论具有特殊几何意义的三角形上的以下 3 个点：

- ❑　重心（Center of Gravity）
- ❑　内心（Incenter）
- ❑　外心（Circumcenter）

为了呈现这些经典计算，我们将遵循 Goldman 的 *Graphics Gems* 文章（详见参考文献[25]）中的介绍。对于每个点，我们讨论它的几何意义和结构，并给出它的重心坐标。

重心（Center of Gravity）是三角形完美平衡的点。它是中线的交点（中线是从一个顶点到对边中点的直线）。图 9.22 显示了三角形的重心。

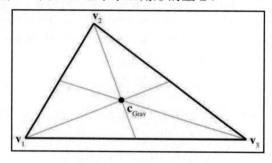

图 9.22　三角形的重心

重心是 3 个顶点的几何平均值：

$$\mathbf{c}_{\text{Grav}} = \frac{\mathbf{v}_1 + \mathbf{v}_2 + \mathbf{v}_3}{3}$$

重心坐标是

$$\left(\frac{1}{3}, \frac{1}{3}, \frac{1}{3} \right)$$

重心也称为质心（Centroid）。

三角形的内心（Incenter）是三角形 3 条角平分线的交点。它之所以被称为内心，是因为它也是三角形内切圆的圆心。由该特性可知，内心与三角形各条边的距离是相等的，如图 9.23 所示。

内心可以通过下式计算：

$$\mathbf{c}_{\text{In}} = \frac{l_1 \mathbf{v}_1 + l_2 \mathbf{v}_2 + l_3 \mathbf{v}_3}{p}$$

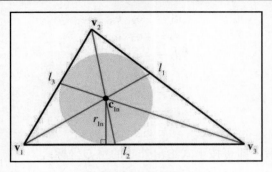

图 9.23 三角形的内心

其中，$p = l_1 + l_2 + l_3$ 是三角形的周长。因此，内心的重心坐标是

$$\left(\frac{l_1}{p}, \frac{l_2}{p}, \frac{l_3}{p} \right)$$

可以通过下式将三角形的面积除以其周长来计算内切圆的半径：

$$r_{\text{In}} = \frac{A}{p}$$

内切圆解决了找到与 3 条线相切的圆的问题。

外心（Circumcenter）是三角形中与顶点等距的点。它是围绕三角形的外接圆的圆心。外心构造为各条边的垂直平分线的交点。图 9.24 显示了三角形的外心。

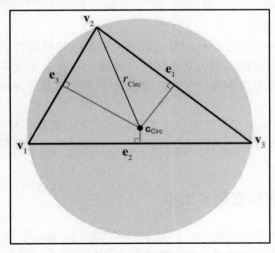

图 9.24 三角形的外心

要计算外心，需要先定义以下中间值：

$$d_1 = -\mathbf{e}_2 \cdot \mathbf{e}_3,$$
$$d_2 = -\mathbf{e}_3 \cdot \mathbf{e}_1,$$
$$d_3 = -\mathbf{e}_1 \cdot \mathbf{e}_2,$$
$$c_1 = d_2 d_3,$$
$$c_2 = d_3 d_1,$$
$$c_3 = d_1 d_2,$$
$$c = c_1 + c_2 + c_3$$

在取得这些中间值之后，即可按下式给出外心的重心坐标：

$$\left(\frac{c_2 + c_3}{2c}, \frac{c_3 + c_1}{2c}, \frac{c_1 + c_2}{2c} \right)$$

由此，外心可通过下式计算：

$$\mathbf{c}_{\text{Circ}} = \frac{(c_2 + c_3)\mathbf{v}_1 + (c_3 + c_1)\mathbf{v}_2 + (c_1 + c_2)\mathbf{v}_3}{2c}$$

外接圆半径的计算公式为

$$r_{\text{Circ}} = \frac{\sqrt{(d_1 + d_2)(d_2 + d_3)(d_3 + d_1)/c}}{2}$$

外接圆半径和外心解决了找到通过 3 个点的圆的问题。

9.7　多　边　形

　　本节将介绍多边形，并讨论处理多边形时出现的一些最重要的问题。想要提出多边形的简单定义是比较困难的，因为其准确定义通常会根据上下文环境而发生变化。一般来说，多边形是由顶点和边组成的平面对象。接下来的几节将讨论多边形可以分类的几种方式。

　　第 9.7.1 节将介绍简单和复杂多边形之间的区别，并提到自相交多边形；第 9.7.2 节将讨论凸多边形和凹多边形之间的区别；第 9.7.3 节将描述如何将任何多边形转换为连接的三角形。

9.7.1　简单多边形和复杂多边形

　　简单的多边形没有任何"孔"，而复杂的多边形则可能有孔（见图 9.25）。可以通过在多边形周围按顺序枚举顶点来描述简单的多边形（回想一下，在左手坐标系世界中，当从多边形的"前"面观察时，我们通常按顺时针顺序枚举它们）。简单多边形的使用频率比复杂多边形要频繁得多。

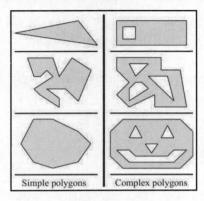

图 9.25 简单多边形与复杂多边形

原 文	译 文
Simple polygons	简单多边形
Complex polygons	复杂多边形

我们可以通过添加成对的接缝（Seam）边来将任何复杂的多边形转换为简单的多边形，如图 9.26 所示。在该图右侧的特写画面中可以看到，我们为每个接缝添加了两条边。这些边实际上是重合的，虽然在特写镜头中它们已经分开，但这只是为了让你能够清楚地看到它们。当考虑围绕多边形排序的边时，两个接缝边将指向相反的方向。

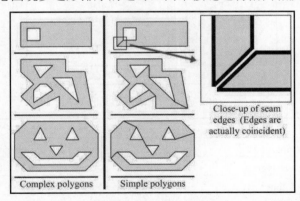

图 9.26 通过添加成对的接缝边可以将复杂多边形转换为简单多边形

原 文	译 文
Simple polygons	简单多边形
Complex polygons	复杂多边形
Close-up of seam...	接缝边的特写（这些边实际上是重合的）

大多数简单多边形的边缘彼此不相交。如果边相交，则该多边形被视为自相交多边形（Self-Intersecting Polygon）。图 9.27 就是自相交多边形的一个例子。

一般来说，大多数人都可以轻松安排图形事物，以避免出现自相交的多边形，或者也可以简单拒绝自相交多边形。在大多数情况下，这对用户来说都不是什么难事。

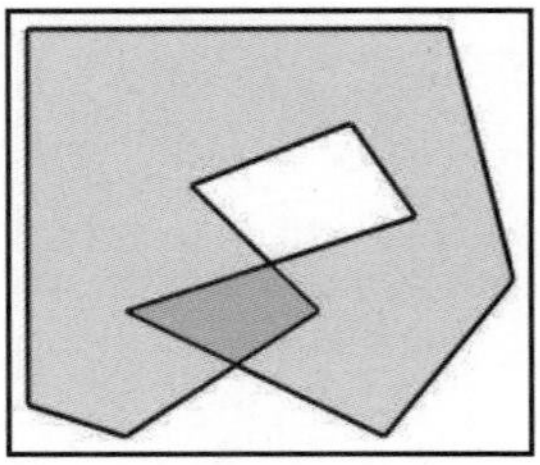

9.7.2　凸多边形和凹多边形

图 9.27　自相交多边形

非自相交的简单多边形可以进一步分类为凸面（Convex）或凹面（Concave）。给出"凸"的精确定义实际上有点困难，因为存在许多黏性退化（Sticky Degenerate）的情况。对于大多数多边形来说，以下常用定义是等效的，尽管有些退化多边形可以根据一个定义分类为凸多边形而根据另一个定义又可以分类为凹多边形。

- □ 从直观上来说，凸多边形没有任何"凹陷"。凹多边形至少有一个顶点是"凹陷"的，该顶点称为凹陷点（Point of Concavity）。具体示例如图 9.28 所示。

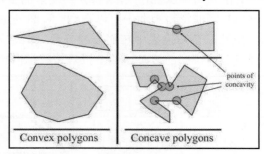

图 9.28　凸多边形和凹多边形对比

原　　文	译　　文
Convex polygons	凸多边形
Concave polygons	凹多边形
points of concavity	凹陷点

- □ 在凸多边形中，多边形中任意两点之间的直线完全包含在多边形内。而在凹多边形中，至少存在一对点，其点之间的直线部分地在多边形之外。
- □ 当围绕凸多边形的周边移动时，在每个顶点处都将朝同一方向转动。而在凹多边形中，将进行一些左转弯和一些右转弯。我们将在凹陷点转向相反的方向（请注意，这仅适用于非自相交多边形）。

如前文所述，退化的情形甚至可以使这些相对明确的定义模糊不清。例如，具有两个连续重合顶点的多边形，或者重复一条边的多边形该如何分类呢？这些多边形是否被认为是凸的呢？在实践中，对于凸多边形的判断经常使用以下"定义"：

☐　如果我的代码（它应该只适用于凸多边形）可以处理它，那么它就是凸的（这是"如果没有造成破坏，请不要修复它"的定义）。

☐　如果我测试凸度的算法认为它是凸的，那么它就是凸的（这是"算法定义"的解释）。

现在，让我们忽略一些不正常的情况，并给出一些我们都认为绝对是凸多边形或绝对是凹多边形的例子。在图 9.28 中，上面的凹多边形仅有一个凹陷点，而下面的凹多边形则有 5 个凹陷点。

任何凹多边形可以划分成凸块。基本思路是找到凹陷点——称为反射顶点（Reflex Vertice）——并通过添加对角线系统地移除它们。O'Rourke 提供了一种适用于简单多边形的算法（详见参考文献[52]），而 de Berg 等人则证明了一种更复杂的方法，适用于复杂多边形（详见参考文献[12]）。

如何知道多边形是凸面还是凹面呢？一种方法是检查顶点处的角度之和。对于具有 n 个顶点的凸多边形来说，凸多边形的内角之和为 $(n-2)180°$。我们有两种不同的方式来证明这一结论。

首先，设 θ_i 测量顶点 i 处的内角。显然，如果多边形是凸的，则 $\theta_i \leqslant 180°$。在每个顶点处发生的"转弯"量将是 $180° - \theta_i$。闭合的多边形当然会转完整的一圈，即 $360°$。因此，

$$\sum_{i=1}^{n}(180° - \theta_i) = 360°,$$

$$n180° - \sum_{i=1}^{n}\theta_i = 360°,$$

$$-\sum_{i=1}^{n}\theta_i = 360° - n180°,$$

$$\sum_{i=1}^{n}\theta_i = n180° - 360°,$$

$$\sum_{i=1}^{n}\theta_i = (n-2)180°$$

其次，正如将在第 9.7.3 节中所述，任何具有 n 个顶点的凸多边形都可以被三角化为 $n-2$ 个三角形。从经典几何学来看，一个三角形的内角之和为 $180°$。所有三角形的内角之和则为 $(n-2)180°$，我们可以看到该和也必须等于多边形本身的内角之和。

糟糕的是，对于凹多边形和凸多边形来说，内角的总和都是 $(n-2)180°$。那么这又该如何让我们更接近于确定多边形是凸多边形还是凹多边形呢？图 9.29 说明了点积可用于

测量外角和内角中较小的一个。多边形顶点的外角（Exterior Angle）是内角（Interior Angle）的补数（Complement），意味着它们总和为 360°。它与转角（Turn Angle）是不一样的，你可能会注意到，多边形顶点的外角定义与用于三角形顶点的经典定义不同。因此，如果在每个顶点处采用较小的角（内角或外角），那么对于凸多边形来说，总和将是 $(n-2)180°$，而对于凹多边形来说，总和将小于 $(n-2)180°$。

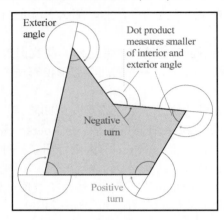

图 9.29　使用点积确定多边形是凸多边形还是凹多边形

原　　文	译　　文
Exterior angle	外角
Dot product measures smaller...	点积可以测量较小的内角和外角
Negative turn	负转角
Positive turn	正转角

代码清单 9.7 显示了如何通过对角度求和来确定多边形是凸多边形还是凹多边形。

代码清单 9.7　使用角度求和方法来确定三维多边形的凹凸

```cpp
bool isPolygonConvex(
    int n,                      // 顶点的数量
    const Vector3 vl[],         // 顶点数组的指针
) {

    // 将角度和初始化为 0 弧度
    float angleSum = 0.0f;

    // 绕多边形一圈，计算每个顶点的角度之和
    for (int i = 0 ; i < n ; ++i) {
```

```
    // 获取边矢量
    // 注意第一个和最后一个顶点
    // 还要注意,这是可以大幅优化的
    Vector3 e1;
    if (i == 0) {
        e1 = vl[n-1] - vl[i];
    } else {
        e1 = vl[i-1] - vl[i];
    }

    Vector3 e2;
    if (i == n-1) {
        e2 = vl[0] - vl[i];
    } else {
        e2 = vl[i+1] - vl[i];
    }

    // 归一化并计算点积
    e1.normalize();
    e2.normalize();
    float dot = e1 * e2;

    // 由于数字不精确可能导致范围错误
    // 因此,为防止出现范围错误
    // 需要使用"安全"函数计算更小的角
    float theta = safeAcos(dot);

    // 计算角度的和
    angleSum += theta;
}

// 指出角度之和应该是凸多边形还是凹多边形
// 假设是凸多边形。请记住 pi 的弧度 = 180°
float convexAngleSum = (float)(n - 2) * kPi;

// 现在检查角度之和是否小于凸多边形应具有的值
// 如果小于,则为凹多边形
// 我们应该对数字不精确给予一定的容错能力
if (angleSum < convexAngleSum - (float)n * 0.0001f) {

    // 可知是凹多边形
    return false;
}
```

```
    // 可知是凸多边形，并且在容错范围内
    return true;
}
```

确定凹凸多边形的另一种方法是搜索作为凹陷点的顶点。如果没有找到，则该多边形是凸多边形。其基本思路是，每个顶点应该朝同一个方向转动。任何沿相反方向转动的顶点都是凹陷点。我们可以通过边矢量上的叉积来确定顶点转向的方向。回想一下第2.12.2 节，在左手坐标系中，如果矢量形成顺时针转动，则叉积所指将朝向你。通过"朝向你"这一特征，我们假设你正在从正面查看多边形，这可以由多边形法线确定。如果最初无法获得此法线，则必须谨慎进行计算，因为不知道多边形是凸多边形还是凹多边形，所以也不能简单地选择任意 3 个顶点来计算法线。在这种情况下，可以使用第 9.5.3节中介绍的从一组点计算最佳拟合法线的技术。

一旦得到法线，即可检查多边形的每个顶点，使用相邻的顺时针边矢量来计算该顶点处的法线。我们将取得多边形法线与在该顶点处计算的法线的点积，以确定它们是否指向相反的方向。如果点积值为负，则说明它们确实指向了相反的方向，那么就找到了一个凹陷点，从而说明该多边形为凹多边形。

在二维中可以简化操作，就好像多边形在一个平面 $z = 0$ 的三维中，并假设法线为[0, 0, −1]。任何确定多边形凹凸的方法都存在一些细微的困难。Schorn 和 Fisher 更详细地讨论了这个主题（详见参考文献[60]）。

9.7.3　三角剖分和扇形分割

任何多边形都可以分割为三角形。因此，三角形的所有操作和计算都可以分段应用于多边形。三角坐标系、自相交（Self-Intersecting），甚至是简单的凹多边形等都不是一项容易处理的任务（详见参考文献[12,52]），略微超出了本书的范围。

幸运的是，对简单的凸多边形进行三角剖分（Triangulating）则是小事一桩。一种明显的三角剖分技术是选择一个顶点（如第一个顶点）并围绕该顶点扇形分割多边形。给定具有 n 个顶点的多边形，在多边形周围枚举 $\mathbf{v}_1, \cdots, \mathbf{v}_n$，可以很容易地形成 n-2 个三角形，每个三角形的形式为 $\{\mathbf{v}_1, \mathbf{v}_{i-1}, \mathbf{v}_i\}$，下标 i 为 3～n，如图 9.30 所示。

扇形分割倾向于产生许多长而细的条状三角形，这在某些情况下可能会很麻烦，如计算表面法线。当将非常长的边裁剪为视锥体（View Frustum）时，某些消费级硬件可能会遇到精度问题。有一些更智能的技术试图最小化该问题。其中一个思路是按如下方式进行三角剖分：使用两个顶点之间的对角线将多边形分成两部分。当发生这种情况时，对角线顶点处的两个内角分别被分成两个新的内角。因此，总共创建了 4 个新的内角。

要细分多边形，可选择最大化这 4 个新内角中最小内角的对角线。使用此对角线将多边形分成两部分。以递归方式将该程序应用于每个一半部分，直到只剩下三角形。该算法将产生具有较少长条的三角剖分。

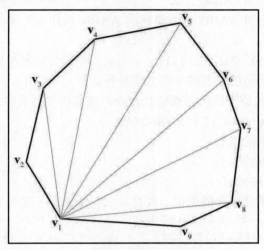

图 9.30　通过扇形分割对凸多边形进行三角剖分

9.8　练　　习

（答案见本书附录 B）

1．给定以下参数形式的二维光线：

$$\mathbf{p}(t) = \begin{bmatrix} 5 \\ 3 \end{bmatrix} + t \begin{bmatrix} -7 \\ 5 \end{bmatrix}$$

以斜率截距形式确定包含此光线的直线。

2．给出由 $4x + 7y = 42$ 隐式定义的二维直线的斜率和 y 轴截距。

3．考虑以下 5 个点的集合：

$$\mathbf{v}_1 = (7, 11, -5), \qquad \mathbf{v}_2 = (2, 3, 8), \qquad \mathbf{v}_3 = (-3, 3, 1),$$
$$\mathbf{v}_4 = (-5, -7, 0), \qquad \mathbf{v}_5 = (6, 3, 4)$$

（a）确定此盒子的 AABB。$\mathbf{p}_{min}$ 和 $\mathbf{p}_{max}$ 是什么？

（b）列出所有 8 个顶点。

（c）确定中心点 $\mathbf{c}$ 和大小矢量 $\mathbf{s}$。

（d）用以下矩阵乘以 5 个点，希望读者意识到它是围绕 z 轴的 45° 旋转：

$$\mathbf{M} = \begin{bmatrix} 0.707 & 0.707 & 0 \\ -0.707 & 0.707 & 0 \\ 0 & 0 & 1 \end{bmatrix}$$

（e）这些变换点的 AABB 是什么？

（f）通过变换原始的 AABB 进而得到的 AABB 是什么？（注意比较变换顶点的包围盒）。

4. 考虑由顶点(6, 10, -2)、(3, -1, 17)、(-9, 8, 0)的顺时针枚举定义的三角形。

（a）包含这个三角形的平面的平面方程是什么？

（b）点(3, 4, 5)是在该平面的正面还是背面？该点离平面有多远？

（c）计算点(13.60, -0.46, 17.11)的重心坐标。

（d）计算该三角形的重心。

（e）计算该三角形的内心。

（f）计算该三角形的外心。

5. 以下几个点的最佳拟合的平面方程是什么？哪些点不是共面的？

$$\mathbf{p}_1 = (-29.74, 13.90, 12.70) \qquad \mathbf{p}_4 = (14.62, 10.64, -7.09)$$
$$\mathbf{p}_2 = (11.53, 12.77, -9.22) \qquad \mathbf{p}_5 = (-3.31, 3.16, 18.68)$$
$$\mathbf{p}_3 = (9.16, 2.34, 12.67)$$

6. 考虑具有 7 个顶点，编号为 $\mathbf{v}_1, \cdots, \mathbf{v}_7$ 的凸多边形 P。请证明如何扇形分割这个多边形。

一个正方形，

静静地坐在，

他的长方形小屋外。

当一个三角形路过时，

噗通！

"我必须去医院，"

受伤的正方形叫道，

一个圆环滚过来，

把他带到了医院。

——摘自 Shel Silverstein 的 *Shapes*（1981）

第 10 章 三维图形的数学主题

我不认为漂亮的图形有什么问题。

——宫本茂（"超级马里奥之父"，1952—）

本章将讨论在计算机上创建三维图形时出现的许多数学问题。当然，我们不能指望在一章中详细介绍计算机图形学的大量主题。事实上，本书所有内容都是围绕三维图形的数学主题而编写的，本章将介绍交互式三维应用：它提供了对主题的极为简短和高级的概述，重点关注数学在其中发挥关键作用的主题。就像本书的其余部分一样，我们会特别关注那些比较有经验而在其他资料中被忽视的主题，或者是初学者容易混淆的主题。

更直接一点说，仅凭这一章还不足以教会读者如何在屏幕上获得漂亮的图片。但是，它应该与计算机图形学的其他课程、书籍或自学课程并行使用（或者提前学习），我们希望它能帮助读者轻松跨越一些传统的学习难点。虽然本章末尾提供了以高级着色语言（High Level Shading Language，HLSL）编写的一些示例代码片段，但找不到任何其他可帮助读者确定要实现某些所需效果的 DirectX 或 OpenGL 函数调用。这些问题当然具有至关重要的实际意义，但是，它们也属于 Robert Maynard Hutchins（罗伯特·梅纳德·哈钦斯，美国教育家）说的"快速老化的事实"的知识范畴，我们试图避免写一本每隔一年就需要更新一次的书（特别是当 ATI 或 NVIDIA 发布一款新显卡产品或 Microsoft 推出新版 DirectX 时）。幸运的是，最新的 API 参考资料和例子在互联网上比比皆是，Internet 才是一个更适合获得这些资料的地方。API 指的是应用程序编程接口（Application Programming Interface）。在本章中，API 指的是用于与渲染子系统通信的软件。

最后一点需要注意的是，由于这是一本关于视频游戏数学的书，所以会偏向于实时方面。这并不是说如果对学习编写光线跟踪器感兴趣就不能使用这本书，只是我们的专业知识和重点是实时图形。

本章的编写大致上是先介绍形而上的理论，最后提供了一些具体的代码片段。

❑ 第 10.1 节将给出一个非常高级（并且也是形而上）的图形理论方法，最终以渲染方程（Rendering Equation）做结。

❑ 然后，我们的目光下移，将注意力集中在更直接的实际应用问题上，同时仍保持平台独立性，并试图让讲述的内容在 10 年之内都不落伍。

➤ 第 10.2 节将讨论与三维视图相关的一些基本数学。

> ➤ 第 10.3 节将介绍一些重要的坐标空间和变换。
> ➤ 第 10.4 节将介绍如何使用多边形网格在场景中表示几何体的表面。
> ➤ 第 10.5 节将显示如何使用纹理贴图控制材质属性（例如对象的"颜色"）。
- ❑ 接下来的部分是关于照明。
> ➤ 第 10.6 节将定义无处不在的 Blinn-Phong 照明模型。
> ➤ 第 10.7 节将讨论一些表示光源的常用方法。
- ❑ 稍微远离永恒的理论，接下来的小节将讨论两个特别具有当代意义的问题。
> ➤ 第 10.8 节将介绍与骨骼动画相关的讨论。
> ➤ 第 10.9 节将介绍凹凸贴图的工作原理。
- ❑ 本章的最后三分之一在未来几年可能有落伍的危险，因为它是当下直接实用的技术和代码。
> ➤ 第 10.10 节将简要介绍一个简单的实时图形管道，然后实现该管道，并在此过程中讨论一些数学问题。
> ➤ 第 10.11 节将直接在"快速老化的事实"领域中总结这一章，其中有几个 HLSL 示例将展示前面介绍的一些技术。

10.1　图形工作原理

　　让我们从讨论图形开始。本节将告诉读者图形的工作原理，或者更确切地说，如果我们有足够的知识和处理能力让事情以正确的方式运行的话，那么应该如何处理图形才是最合适的。初学者要注意的是，很多入门资料（特别是互联网上的教程）和 API 文档都缺乏穿透性。也就是说，它们可能会着眼于局部的技术细节，而无法从宏观上统揽图形技术的全貌。例如，你可能会从阅读一些有关漫反射贴图、Blinn-Phong 着色和环境遮挡的资料中获得模糊印象，感觉它们就是"真实世界中的图像的工作方式"，但实际上，你正在阅读的可能只不过是有关如何通过一个特定的 API 在一个特定的硬件上使用一种特定的语言实现某个特定照明模型的描述。最终，任何详细的教程都必须选择照明模型、语言、平台、颜色表示和性能目标等——就像将在本章后面部分所做的那样（所以，这种穿透性的缺乏通常是有意为之，并且也有一定的正当性）。然而，我们认为更重要的是要知道：哪些是基本的和永恒的原则；哪些是基于近似和权衡的随意性选择，并且受技术限制的引导，可能仅适用实时渲染，或者在不久的将来可能会发生变化。因此，在深入了解对入门实时图形最有用的特定渲染类型的细节之前，我们想要先阐述渲染实际上是如何工作的。

我们还要赶紧补充一点，这个讨论假定我们的目标是照片现实主义（Photorealism），即模拟事物在自然界的运作方式。事实上，这往往不是目标，就算是目标也肯定不是唯一的目标。了解大自然如何运作是一个非常重要的起点，但艺术和实践因素往往决定了要采取的策略绝不仅仅是模拟自然那样简单。

10.1.1 两种主要的渲染方法

我们每个人在努力工作时，需要将终极目标始终放在心上（也就是所谓的"不忘初心"），然后坚持不懈去实现。渲染的最终目标是位图（Bitmap），或者如果我们正在制作动画（Animation），则可能是一系列位图。你几乎可以肯定的是，位图是一个矩形的颜色数组，每个网格条目都称为像素（Pixel），它就是"图像元素"的简称。在生成图像时，这个位图也称为帧缓冲区（Frame Buffer），当将帧缓冲区复制到最终位图输出时，通常会有额外的后处理或转换。

如何确定每个像素的颜色呢？这是渲染的基本问题。像计算机科学中的许多挑战一样，一个很好的起点是通过调查来了解大自然是如何运作的。

每个视力正常的人都可以看到光。我们感知的图像是光线在环境中反弹并最终进入眼睛的结果。至少可以说，这个过程很复杂。不仅是光的物理[①] 非常复杂，而且我们眼中的传感设备 [②] 的生理学和我们脑海中的解释机制同样是非常复杂的。因此，在忽略大量的细节和变化（正如任何入门书籍所必须做的那样）之后，任何渲染系统必须为每个像素回答的基本问题是："从对应于该像素的方向接近相机的光的颜色是什么？"

基本上有两种情况需要考虑。一种情况是，直接看光源，这样的话，光就会直接从光源传到我们的眼睛；另一种（更常见的）情况是，光从某个其他方向的光源射出，反弹一次或多次，然后进入我们的眼睛。我们可以将刚才提出的基本问题分解为两个任务。本书将这两个任务称为渲染算法（Rendering Algorithm），尽管这两个高度抽象的过程显然隐藏了实际使用的真实算法的大量复杂度。

渲染算法
❑ 可见表面确定（Visible Surface Determination）。在与当前像素对应的方向上找到最靠近眼睛的表面。
❑ 照明（Lighting）。确定在眼睛方向上从该表面发射和/或反射的光。

[①] 实际上，几乎每个人都使用更简单的几何光学（Geometric Optics）来近似光的真实物理。

[②] 说到设备，在相机中也会出现许多现象，例如，由于可以在胶片上存储图像，因此它常被用来存储连续图片以模拟动画过程。

到目前为止，我们似乎已经对上面的基本问题做了一些大致的简化，但许多人可能正跃跃欲试举手发问："半透明的情况怎么处理？""反射怎么办？""折射问题怎么解决？""烟雾等环境效应如何体现？"请稍安勿躁，暂且先保留所有问题。

渲染算法的第一步称为可见表面确定（Visible Surface Determination）。对这个问题有两种常见的解决方案。第一种称为光线追踪（Ray Tracing）。我们不是从发射表面沿着光线行进的方向跟踪（Follow）光线，而是向后追踪（Trace）光线，这样就可以只处理重要的光线，即从给定方向进入眼睛的光线。从眼睛的穿过每个像素中心 [1] 的方向发出一条光线，以查看该光线照射的场景中的第一个对象。然后计算从光线方向返回的那个表面发射或反射的颜色。代码清单 10.1 说明了该算法的高度简化的摘要。

代码清单 10.1　光线追踪算法的伪代码

```
for (each x, y screen pixel) {

    // 为该像素选择光线
    Ray ray = getRayForPixel(x, y);

    // 光线与几何体相交
    // 这不仅会返回相交的点
    // 而且还有着色该点所需的表面法线和其他一些信息
    // 例如对象引用、材质、局部 S,T 坐标等
    // 不要太局限于从字面意思解读此伪代码
    Vector3 pos, normal;
    Object *obj; Material *mtl;
    if (rayIntersectScene(ray, pos, normal, obj, mtl)) {

        // 对相交的点着色
        // 从该点朝向相机发射/反射的是什么光线？
        Color c = shadePoint(ray, pos, normal, obj, mtl);

        // 将它放入帧缓冲区
        writeFrameBuffer(x, y, c);
```

[1] 实际上，将像素视为具有"中心"可能不是一个好主意，因为它们并不是真正的矩形颜色块，而是最好被解释为连续信号中的无限小的点样本。哪一个思路模型最好的问题非常重要（详见参考文献[33, 66]），并且与将像素组合起来重建图像的过程密切相关。在 CRT 显示器上，像素肯定不是小矩形，但在一些更现代的显示设备（如 LCD 显示器）上，"矩形颜色块"这样的说法对于图像重建过程来说也算是马马虎虎。尽管如此，无论像素是矩形还是点样本，我们都可能不会通过每个像素的中心发送单条光线，而是可能会以智能模式发送若干光线（"样本"），然后以智能方式将它们结合在一起，进行平均化处理。

```
    } else {

        // 光线未命中场景
        // 在该点只要使用普通的背景颜色即可
        writeFrameBuffer(x, y, backgroundColor);
    }
}
```

确定可见表面还有另外一个主要策略，即在本书撰写时所使用的实时渲染的策略，也就是所谓的深度缓冲（Depth Buffering）。其基本思路是，在每个像素处不仅存储颜色值，还存储深度值。该深度缓冲值记录从眼睛到表面的距离（该表面会反射或发射光线，用于确定像素的颜色）。如在清单 10.1 中显示了光线追踪算法的"外部循环"是屏幕空间像素，但在实时图形中，"外部循环"是构成场景表面的几何元素。

描述表面也有不同的方法，但在这里并不重要。重要的是可以将表面投影到屏幕空间，并通过所谓的光栅化（Rasterization）的过程将它们映射到屏幕空间像素。对于表面的每个像素，称为源片段（Source Fragment），我们将计算该像素的表面深度，并把它与深度缓冲区中的现有值进行比较——该值有时也称为目标片段（Destination Fragment）。如果当前渲染的源片段距离相机比缓冲区中的现有值（目标片段）更远，那么在此之前渲染的任何内容都会模糊现在渲染的表面（至少在这一个像素处是如此），然后继续下一个像素。但是，如果源片段深度值比深度缓冲区中的现有值更接近，那么便知道这是距离眼睛最近的表面（至少对于到目前为止所渲染的表面来说是如此），因此将使用这个新的、更接近的深度值来更新深度缓冲区。此时，还可以进行渲染算法的第 2 步（至少对于此像素来说是如此），使用从该点的表面发射或反射的光的颜色更新帧缓冲区，这称为前向渲染（Forward Rendering）。代码清单 10.2 说明了此基本思路。

代码清单 10.2　使用深度缓冲区进行前向渲染的伪代码

```
// 清除帧缓冲区和深度缓冲区
fillFrameBuffer(backgroundColor);
fillDepthBuffer(infinity);

// 外部循环对于所有图元（一般来说是三角形）进行迭代
for (each geometric primitive) {

    // 对图元进行光栅化
    for (each pixel x, y in the projection of the primitive) {

        // 测试深度缓冲区
```

```
        // 查看是否有更接近的像素已经被写入
        float primDepth = getDepthOfPrimitiveAtPixel(x, y);
        if (primDepth > readDepthBuffer(x, y)) {

            // 该图元的像素被模糊，抛弃它
            continue;
        }

        // 确定在此像素处图元的颜色
        Color c = getColorOfPrimitiveAtPixel(x, y);

        // 更新颜色和深度缓冲区
        writeFrameBuffer(x, y, c);
        writeDepthBuffer(x, y, primDepth);
    }
}
```

　　和前向渲染相反的是延迟渲染（Deferred Rendering），这是一种旧技术，但是由于要生成的图像类型和用于生成它们的硬件当前正处于一个瓶颈状态，因此它再次变得流行起来。除帧缓冲区和深度缓冲区外，延迟渲染器还使用其他缓冲区，统称为 G 缓冲区（G-Buffer），其实就是几何缓冲区（Geometry Buffer）的缩写，它保存有关该位置最靠近眼睛的表面的额外信息，例如表面的三维位置、表面法线和照明计算所需的材质属性，包括对象的"颜色"以及它在特定位置的"闪亮"程度等（稍后会看到引号中的直观术语对于渲染目的来说有点过于模糊）。与前向渲染器相比，延迟渲染器从字面意义上能更好地遵循两步渲染算法。首先，将场景"渲染"到 G 缓冲区中，基本上仅执行可见性确定——获取每个像素"看到"但尚未执行照明计算的点的材质属性。第 2 遍真正执行照明计算。代码清单 10.3 就是使用深度缓冲区进行延迟渲染的伪代码。

代码清单 10.3　使用深度缓冲区进行延迟渲染的伪代码

```
// 清除几何缓冲区和深度缓冲区
clearGeometryBuffer();
fillDepthBuffer(infinity);

// 光栅化所有图元到 G 缓冲区中
for (each geometric primitive) {
    for (each pixel x, y in the projection of the primitive) {

        // 测试深度缓冲区
        // 查看是否有更接近的像素已经被写入
        float primDepth = getDepthOfPrimitiveAtPixel(x, y);
```

```
        if (primDepth > readDepthBuffer(x, y)) {

            // 该图元的像素被模糊，抛弃它
            continue;
        }

        // 提取在第 2 遍中着色所需的信息
        MaterialInfo mtlInfo;
        Vector3 pos, normal;
        getPrimitiveShadingInfo(mtlInfo, pos, normal);

        // 将它保存到 G 缓冲区和深度缓冲区中
        writeGeometryBuffer(x, y, mtlInfo, pos, normal);
        writeDepthBuffer(x, y, primDepth);
    }
}

// 现在是第 2 遍，开始在屏幕空间中着色
for (each x, y screen pixel) {
    if (readDepthBuffer(x, y) == infinity) {

        // 这里没有几何体，只需写入背景颜色即可
        writeFrameBuffer(x, y, backgroundColor);

    } else {

        // 从几何缓冲区取回着色信息
        MaterialInfo mtlInfo;
        Vector3 pos, normal;
        readGeometryBuffer(x, y, mtlInfo, pos, normal);

        // 着色该点
        Color c = shadePoint(pos, normal, mtlInfo);

        // 将它放入帧缓冲区
        writeFrameBuffer(x, y, c);
    }
}
```

在继续之前，我们必须提到一个关于为什么延迟渲染很受欢迎的重要观点。当多个光源照射相同的表面点时，硬件限制或性能因素可能会阻止我们在单次计算中计算像素的最终颜色（这在前向渲染和延迟渲染的伪代码清单中已经得到体现）；相反，我们必

须计算多遍，每个光源计算一遍，并将来自每个光源的反射光累积（Accumulate）到帧缓冲区中。在前向渲染中，这些额外的遍数涉及重新渲染图元。但是，在使用延迟渲染的情况下，额外的遍数位于图像空间中，因此它的性能取决于屏幕空间中光线的二维大小，而不是场景的复杂性！正是在这种情况下，延迟渲染确实开始比前向渲染具有更大的性能优势。

10.1.2　描述表面特性：BRDF

现在来谈一谈渲染算法的第二步：照明。一旦找到最接近眼睛的表面，必须确定直接从该表面发射的光量，或者从其他光源发出并沿着眼睛方向从表面反射的光量。直接从表面传递到眼睛的光——例如，当直视灯泡或太阳时——是最简单的情况。但在大多数场景中，这些发射面是少数；大多数表面不发射自己的光，而是仅反射从其他地方发出的光。我们需要将大部分注意力集中在非发光表面上。

虽然我们经常非正式地谈论对象的“颜色”，但是我们知道，对象的感知颜色实际上是进入眼睛的光，因此可能取决于许多不同的因素。我们需要了解的重要问题是：什么颜色的光入射（Incident）到表面，从哪个方向入射？从哪个方向观察表面？对象的“闪亮”程度如何？[1] 因此，适用于渲染的表面描述不能回答“这个表面是什么颜色的？”，这个问题有时毫无意义——例如，镜子是什么颜色的？相反，上面提到的问题则有点复杂，它有点像是问：“当给定颜色的光从给定的入射方向照射到表面上时，有多少光会被反射到其他特定方向上？对于这个问题的答案可以由双向反射分布函数（Bidirectional Reflectance Distribution Function，BRDF）给出。因此，我们不应该问，“该对象是什么颜色的？”而是要问：“反射光的分布是什么样的？”

我们可以象征性地将 BRDF 写为函数 $f(\mathbf{x}, \hat{\boldsymbol{\omega}}_{in}, \hat{\boldsymbol{\omega}}_{out}, \lambda)$。[2] 该函数的值是一个标量，描述了在 $\mathbf{x}$ 点上从 $\hat{\boldsymbol{\omega}}_{in}$ 方向入射的光反射到 $\hat{\boldsymbol{\omega}}_{out}$ 而不是到其他一些出射方向的相对可能性。如其粗体字和帽子所示，$\hat{\boldsymbol{\omega}}$ 可能是一个单位矢量，但更一般的情况是，它可以是指定方向的任何方式。极角（Polar Angle）是另一个明显的选择并且是常用的选择。不同颜色的光通常以不同的方式反射，因此，存在对 λ，即光的颜色（实际上是波长）的依赖性。

虽然我们对来自发射表面的入射方向以及指向我们眼睛的出射方向特别感兴趣，但总的来说，整体分布是相关的。首先，灯光、眼睛和表面可以四处移动，因此在创建表

---

[1] 可能会影响写入帧缓冲区的有关颜色的更多问题应该是和一般性的观察条件相关的，但这些问题与进入眼睛的光线无关，它们只是会影响对该光线的视觉。

[2] 请记住，$\boldsymbol{\omega}$ 和 λ 分别是小写的希腊字母 omega 和 lambda。

面描述（例如"红色皮革"）的上下文背景下，我们不知道哪个方向很重要。但即使在所有表面、灯光和眼睛都固定的特定场景中，光线也会反复多次反射，因此，我们需要测量任意方向对（Pair of Direction）的光反射。这里的方向对即指入射方向和出射方向。

在继续之前，不妨来看一看很早就被贬低的两种直观材质属性：颜色和光泽。如果它们能够在 BRDF 框架中精确表达，那将是非常有帮助的。

以一个绿球为例。绿色物体之所以是绿色而不是蓝色，是因为它能比任何其他颜色的入射光更强烈地反射绿色的入射光。[①] 例如，可能绿光几乎全部被反射，只有一小部分被吸收，而 95% 的蓝光和红光都被吸收，并且在这些波长处仅有 5% 的光在各个方向上被反射。白光实际上由所有不同颜色的光组成，因此绿色物体基本上会过滤掉绿色以外的颜色。如果不同的物体以与绿球相同的方式响应绿光和红光，但吸收 50% 的蓝光并反射另外 50%，我们可能会将物体视为蓝绿色。或者，如果除了少量的绿光之外，所有波长的大部分光都被吸收，那么我们会将其视为深绿色。总而言之，BRDF 通过对 λ 的依赖来解释两个物体之间的颜色差异：任何给定波长的光具有其自身的反射分布。

接下来，考虑闪亮的红色塑料和漫反射的红色建筑用纸之间的区别。与其他方向相比，光亮表面在一个特定方向上更强烈地反射入射光，而漫反射表面在所有向外方向上更均匀地散射光。一个完美的反射器（如一面镜子），可以在一个出射方向上反射来自一个入射方向的所有光线，而一个完美漫反射的表面可以在所有出射方向上均匀地反射光线，无论入射方向如何。总之，BRDF 通过依赖 $\hat{\omega}_{in}$ 和 $\hat{\omega}_{out}$ 来解释两个物体的"闪亮"差异。

通过推广 BRDF 可以表达更复杂的现象。通过允许方向矢量指向回表面，可以很容易地结合半透明和光折射。我们可以将这种数学推广称为双向表面散射分布函数（Bidirectional Surface Scattering Distribution Function，BSSDF）。有时候，光线照射到物体，在物体内部反弹，然后在不同的点出射。这种现象被称为次表面散射（Subsurface Scattering），并且是许多常见物质（如皮肤和牛奶）外观的重要方面。这需要将单个反射点 $\mathbf{x}$ 分成 $\mathbf{x}_{in}$ 和 $\mathbf{x}_{out}$，其由双向表面散射分布函数（BSSDF）使用。甚至体积效应，例如雾和次表面散射，也可以通过删除"表面"一词并在空间中的任何点定义双向散射分布函数（Bidirectional Scattering Distribution Function，BSDF）来表达，而不仅仅是在"表面"上。这些似乎是不切实际的抽象，但它们可以用于理解如何设计实用工具。

顺便说一下，BRDF 必须满足某些标准才能在物理上变得合理。首先，在任何方向上反射负的光量是没有意义的。其次，尽管表面可能吸收一些能量，全反射光也不可能

[①] 在这里和其他地方使用"颜色"这个词在技术上有点危险，但是在大多数图形系统对光和颜色的假设下都是可以的。

比入射的光更多，因此反射光可以小于入射光。此规则通常称为规范化约束（Normalization Constraint）。最后还有一个不太明显的物理表面应该遵循的原则，即赫尔姆霍兹互反律（Helmholtz Reciprocity）：如果选择两个任意方向，则应该反射相同比例的光，无论哪个是入射方向，哪个是出射方向。换句话说，就是

赫尔姆霍兹互反律
$f(\mathbf{x}, \hat{\boldsymbol{\omega}}_1, \hat{\boldsymbol{\omega}}_2, \lambda) = f(\mathbf{x}, \hat{\boldsymbol{\omega}}_2, \hat{\boldsymbol{\omega}}_1, \lambda)$

由于赫尔姆霍兹互反律的存在，一些作者没有将 BRDF 中的两个方向标记为"in"（入射）和"out"（出射），因为要在物理上显得合理，计算就必须是对称的。

BRDF 包含了对象在给定点处出现的完整描述，因为它描述了表面在该点处如何反射光。显然，必须在这个函数的设计中加入大量的思考。在过去的几十年中，人们已经提出了许多照明模型，令人惊讶的是，最早的模型之一 Blinn-Phong 在今天的实时图形中仍然被广泛使用。虽然它在物理意义上是不准确的（并且也不合理：它违反了规范化约束），但我们仍然需要学习它，是因为它是一个很好的教育敲门砖，也是图形历史的重要部分。实际上，将 Blinn-Phong 描述为"历史"是一厢情愿的想法——也许学习这个模型的最重要原因是它仍然被广泛使用！事实上，这是本章开头提到的现象的最好例子：如果某些特定方法能够让事情以正确的方式运行的话，那么它自然会拥有悠长的寿命。

不同的照明模型有不同的目标。有些模型擅长模拟粗糙的表面，有些模型则更擅长模拟多层地表。有些模型专注于为艺术家提供直观的"调节控制器"来控制最终的效果，而不用艺术家关心这些调节器背后的物理意义。其他还有一些模型则倾向于采用真实世界的表面并使用称为测角光度计（Goniophotometer）的特殊相机进行测量，对 BRDF 进行采样，然后使用插值从表格数据中重建函数。第 10.6 节将讨论的无表格 Blinn-Phong 模型很有用，因为它简单、便宜并且可以被艺术家很好地理解。有关照明模型的调查，请参阅建议读物中的资料。

10.1.3　颜色和辐射度测量简介

计算机图形的生成离不开对光线的测量，你应该知道一些重要的技术细节，虽然我们没有太多的时间在这里做长篇大论，但有两个要点是必须掌握的：第一个是如何测量光的颜色；第二个是如何测量其亮度。

在中学科学课上，可能已经知道每种颜色的光都是红色、绿色和蓝色（RGB）光的混合物。这是流行的光线概念，但它并不完全正确。光可以呈现可见波段中的任何单个

频率，或者它可以是任何数量的频率的组合。颜色是人类感知（Human Perception）的现象，与频率不完全相同。实际上，光的频率的不同组合可以被感知为相同的颜色——这些被称为条件等色（Metamer）。光的频率的无限组合有点像可以在钢琴上演奏的所有不同的和弦（以及键之间的音调）。在这个比喻中，我们的色彩感知无法挑选出所有不同的个别音符，相反，任何给定的和弦都会像中央 C、F 和 G 的某些组合一样向我们发出声音。就物理而言，三色通道并不是一个神奇的数字，但它是人类视觉所特有的。大多数其他哺乳动物只有两种不同类型的受体（我们称它们为"色盲"），鱼类、爬行动物和鸟类有 4 种颜色受体（于是轮到它们称我们为"色盲"了）。

然而，即使是非常先进的渲染系统也会将连续可见光谱投射到某些离散的基色上，最常见的是 RGB 基色。这是一种无处不在的简化，但我们仍然想让读者知道这是一种简化，因为它没有考虑某些现象。RGB 基色不是唯一的颜色空间，也不一定是用于许多用途的最佳颜色空间，但它是一个非常方便的基色系统，因为它是大多数显示设备使用的颜色空间。反过来讲，这个基色系统被如此多的显示设备使用的原因是，由于它与我们自己的视觉系统具有相似性。Hall 很好地描述了 RGB 系统的缺点（详见参考文献[29]）。

由于电磁波谱的可见部分是连续的，因此诸如 $f(\mathbf{x}, \hat{\boldsymbol{\omega}}_{in}, \hat{\boldsymbol{\omega}}_{out}, \lambda)$ 之类的表达式在 λ 方面是连续的，至少在理论上应该是的。在实践中，因为我们正在生成供人类消费的图像，所以将无限数量的不同 λ 减少到 3 个特定波长。一般来说，我们选择的 3 种波长为红色、绿色和蓝色。在实践中，可以将方程中 λ 的存在视为一个整数，该整数可以选择 3 个离散"颜色通道"中的哪一个将被操作。

提示：关于颜色的知识要点
- ❏ 要描述光的光谱分布需要连续的函数，而不仅仅是 3 个数字。当然，为了描述人类对该光的感知，3 个数字基本上就足够了。
- ❏ RGB 系统是一个方便的色彩空间，但它不是唯一的，甚至也不是许多实际用途的最佳色彩空间。在实践中，我们通常将光视为红色、绿色和蓝色的组合，因为我们正在为人类消费制作图像。

你还应该对测量光强度的不同方法有所了解。如果从物理学的角度来看，可以将光作为电磁辐射形式的能量，我们使用辐射测量（Radiometry）领域的测量单位。最基本的数量是辐射能量（Radiant Energy），在 SI 系统中，它是以标准能量单位焦耳（Joule，J）进行测量的。就像任何其他类型的能量一样，通常对每单位时间的能量流速感兴趣，这被称为功率（Power）。在 SI 系统中，使用瓦特（Watt，W）测量功率，1 瓦特（W）就是每秒一焦耳（1W = 1J/s）。电磁辐射形式的功率称为辐射功率（Radiant Power）或辐射通量（Radiant Flux）。术语通量（Flux）来自 flow（流动）一词的拉丁语原形 fluxus，指的是流过某个横截面积的一些量。因此，辐射通量将测量每单位时间到达、离开或流过某个区域的能量总量。

想象一下，从 1 平方米的表面发出一定量的辐射通量，然后从 100 平方米的不同表面发出相同的功率，显然，较小的表面将比较大的表面"更亮"。更确切地说，它具有更大的单位面积通量，也称为通量密度（Flux Density）。通量密度的辐射测量项，即每单位面积的辐射通量，称为辐射度（Radiosity），在 SI 系统中，以瓦/米为单位进行测量。通量和辐射度之间的关系类似于力和压力之间的关系，混淆二者会导致类似的概念错误。

辐射度存在几个等价术语。首先，请注意我们可以测量任何横截面积上的通量密度（或总通量）。我们可能正在测量从具有有限面积的某些表面或者光流过的表面发射的辐射功率，这里说的光流过的表面可能是仅在数学上存在的假想边界（例如，围绕光源的一些假想球体的表面）。虽然在上述所有情况下我们都在测量通量密度，因此术语"辐射度"是完全有效的，但我们也可能使用更具体的术语，这取决于被测的光是进来（入射）还是离开（出射）。如果该区域是表面并且光到达表面，则使用术语辐照度（Irradiance）；如果是从表面发射光，则使用术语辐射出射度（Radiant Exitance）或辐射发射度（Radiant Emittance）。在数字图像合成语境中，"辐射度"一词最常用于指离开表面的光，其已被反射或发射。

当谈论特定点的亮度时，不能使用普通的旧的辐射功率，因为该点的面积是无限小的（基本上为零）。我们可以说单个点的通量密度，但是为了测量通量，还需要一个有限的区域来测量。对于有限区域的表面，如果需要一个数字来表征整个表面区域的辐射总数，那么它将按通量进行测量，但为了捕获该区域内不同位置可能比其他位置更亮的事实，则可以使用一个函数，根据表面上的变化测量通量密度。

现在我们已经完成了足够的前期知识铺垫，是时候来考虑光线强度的问题了，这也可能是在图形中需要测量的最核心的量。通过扩展上一段的叙述，我们就可以理解，为什么辐射度不应该成为作业的单位。想象一下，一个表面点被一个发射圆顶包围，并接收来自半球中所有方向的一定量的辐照度，这些辐射是以局部表面法线为中心的。现在想象一下第二个表面点，它经历了相同的辐照度，区别在于所有的照明仅来自单一方向，光源是一个非常细的光束。直观地，我们可以看到沿着这个光束的光线在某种程度上比任何照射到第一个表面点的光线"更亮"。辐照度在某种程度上可谓更加"密集"。也就是说，每单位立体角（Per Unit Solid Angle）的辐照度更密集。

对于一些初学者而言，可能从来没有接触过"立体角"的概念，但我们可以通过将其与平面中的角度进行比较来轻松理解该概念。一般来说，"常规"角度基于其投射到单位圆上的长度来测量（以弧度表示）。以相同的方式，立体角测量投影到围绕该点的单位球面上的面积。立体角的 SI 单位是球面度（Steradian），缩写为 sr。完整的球体有 4π sr，半球包含的自然是 2π sr。

通过测量每单位立体角的辐射亮度（Radiance），我们可以将某一点的光强度表示为根据入射方向而变化的函数。现在我们非常接近于具有描述射线强度的测量单位。图 10.1 是一个非常细的光线照射到表面的特写镜头。在图 10.1 的上图中，射线垂直地撞击表面，而在该图的下图中，相同强度的光线以一定角度撞击不同的表面。关键是上图中表面的面积小于下图中表面的面积，因此，尽管两个表面被"相同数量"的相同光线照射，但上图中表面的辐射亮度大于下图中表面的辐射亮度。这种基本现象，即表面的角度导致入射光线散射，从而贡献较小的辐射亮度，被称为兰伯特定律（Lambert's Law）。在第 10.6.3 节中将有更多关于兰伯特定律的说法，但是现在要理解的关键知识是，一束光对表面辐射亮度的贡献取决于该表面的角度。

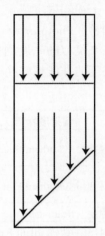

图 10.1　两个表面接收相同的光束，但是由于下图中的表面具有更大的面积，因此其辐射亮度相对更低

由于兰伯特定律的存在，在图形中用来测量光线强度的单位辐射亮度（Radiance），定义为每单位立体角的每单位投影面积（Projected Area）的辐射通量。为了测量投影面积，我们采用实际表面积并将其投影到垂直于光线的平面上（在图 10.1 中，可以想象采用下图中的表面并将其向上投影到上图中的表面），这基本上抵消了兰伯特定律。

表 10.1 总结了最重要的辐射度测量术语。

表 10.1　常见辐射度测量术语

数　　量	单　　位	SI 单位	粗　略　解　释
辐射能量（Radiant Energy）	能量	J	在一段时间内的总照度
辐射通量（Radiant Flux）	功率	W	来自所有方向的有限区域的亮度
辐射通量密度（Radiant Flux Density）	每单位面积的功率	W/m²	来自所有方向的单点的亮度
辐照度（Irradiance）	每单位面积的功率	W/m2	入射光线辐射通量密度
辐射出射度（Radiant Exitance）	每单位面积的功率	W/m2	发射光线辐射通量密度

数　　　量	单　　　位	SI 单位	粗　略　解　释
辐射度（Radiosity）	每单位面积的功率	W/m^2	发射或反射光线的辐射通量密度
辐射亮度（Radiance）	每单位立体角的每单位投影面积的辐射功率	W/（m^2·sr）	射线的亮度

上述辐射度测量（Radiometry）采用了物理学的视角，测量的是光的原始能量；而光度测量（Photometry）领域则使用人眼来测量相同的光。对于每个相应的辐射度测量项，有一个类似的光度测量术语（见表 10.2）。它们之间唯一真正的区别是从原始能量到感知亮度的非线性转换。

表 10.2　辐射度测量和光度测量的测量单位

辐射度术语	光度测量术语	SI 光度测量单位
辐射能量（Radiant Energy）	发光能量（Luminous Energy）	塔尔波特（talbot）或流明秒（lm·s）
辐射通量（Radiant Flux）	光通量（Luminous Flux），发光功率（Luminous Power）	流明 lumen（lm）
辐照度（Irradiance）	照度（Illuminance）	勒克斯 lux（lx = lm/m^2）
辐射出射度（Radiant Exitance）	发光强度（Luminous Emittance）	勒克斯 lux（lx = lm/m^2）
辐射亮度（Radiance）	亮度（Luminance）	lm/（m^2·sr）

在本章的其余部分中，我们尽可能使用适当的测量单位。当然，由于两个特殊的原因，使得开发人员在渲染图形的实际操作中对于如何使用适当的单位感到有些无所适从。第一个原因是，图形计算中常见的是需要对"信号"（例如，某些表面的颜色）采取一些积分。而在实践中，我们不能按分析方式进行积分，因此就必须在数值上进行求积分，这可以简化为对许多样本进行加权平均。虽然在数学上采用的是加权平均值（通常不会导致单位改变），但事实上我们正在做的是求积分（Integrating），这意味着每个样本实际上都将乘以一些微分量，例如微分面积或微分立体角，导致物理单位改变。第二个原因是，虽然许多信号在现实世界中具有有限的非零域，但它们在计算机中是通过在单个点处的非零的信号来表示的（从数学上来说，可以说信号是 Direc delta 的倍数，参见第 12.4.3 节）。例如，真实世界的光源有一个有限的面积，我们会对光在给定方向上发射表面上的给定点的辐射亮度感兴趣。在实践中，我们想象在保持辐射通量恒定的同时将该光的面积缩小到零。理论上，通量密度将变得无限。因此，对于实际面积的光，我们需要信号来描述通量密度，而对于点光源来说，通量密度变为无穷大，所以只能通过其总

通量来描述光的亮度。当谈论到点光源时，我们会重复这些信息。

📷 提示：关于辐射度测量的知识要点

❑ 当可以使用更具体的辐射度术语时，最好避免使用诸如 Intensity（强度）和 Brightness（亮度）之类的模糊词。数字的刻度并不重要，我们也许不需要使用真实世界的 SI 单位，但它有助于理解不同的辐射量测量，以避免错误地把数量给搞混了。

❑ 使用辐射通量测量所有方向上有限面积的总亮度。

❑ 使用辐射通量密度测量所有方向上单个点的亮度。辐照度和辐射出射度分别指入射和发射的光的辐射通量密度。辐射度是指离开表面的光的辐射通量密度，无论该光是反射的还是发射的。

❑ 由于兰伯特定律的存在，与掠射角（Glancing Angle）相比，给定射线在以垂直角度撞击表面时会产生更大的微分辐照度。

❑ 使用辐射亮度来测量光线的亮度。更具体地说，辐射亮度是每立体角的每单位投影面积的通量。由于使用的是投影面积，所以给定光线的值仅是光线的属性，并不依赖用于测量通量密度的表面的方向。

❑ 在选择使用适当的测量单位时，有些实际情况会阻碍我们以"正确的方式"执行的最佳意图。数值积分很像采用加权平均值，它隐藏了真正发生的单位变化。点光和其他 Direc delta 则进一步增加了混乱。

10.1.4 渲染方程

现在可以考虑将双向反射分布函数（BRDF）放入渲染算法中。在渲染算法（详见第 10.1 节）的第 2 步中，我们试图确定在眼睛方向留在特定表面上的辐射亮度。这种情况发生的唯一方式是光线从某个方向到达表面并反射到我们的方向。有了 BRDF，现在就有办法来测量它。考虑光可能入射到表面的所有潜在方向，这些方向形成以 $\mathbf{x}$ 为中心的半球，并且可以根据局部表面法线 $\hat{\mathbf{n}}$ 定向。对于每个潜在入射方向 $\hat{\boldsymbol{\omega}}_{in}$，我们将测量从该方向入射的光的颜色。BRDF 告诉我们，$\hat{\boldsymbol{\omega}}_{in}$ 有多少辐射亮度从 $\hat{\boldsymbol{\omega}}_{out}$ 方向上反射到我们的眼睛（而不是散射到其他方向上或被吸收）。通过累加在所有可能的入射方向上反射到 $\hat{\boldsymbol{\omega}}_{out}$ 方向的辐射，我们可以获得沿着 $\hat{\boldsymbol{\omega}}_{out}$ 方向反射到眼睛中的总辐射亮度。将反射光添加到在我们的方向上从表面发射的任何光（对于大多数表面来说都是零），即可获得总辐射亮度。用数学符号把它写下来，就形成了一个渲染方程（Rendering Equation）。

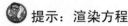 提示：渲染方程

$$L_{\text{out}}(\mathbf{x},\hat{\boldsymbol{\omega}}_{\text{out}},\lambda) = L_{\text{emis}}(\mathbf{x},\hat{\boldsymbol{\omega}}_{\text{out}},\lambda)$$
$$+ \int_{\boldsymbol{\Omega}} L_{\text{in}}(\mathbf{x},\hat{\boldsymbol{\omega}}_{\text{in}},\lambda)f(\mathbf{x},\hat{\boldsymbol{\omega}}_{\text{in}},\hat{\boldsymbol{\omega}}_{\text{out}},\lambda)(-\hat{\boldsymbol{\omega}}_{\text{in}} \cdot \hat{\mathbf{n}})\,d\hat{\boldsymbol{\omega}}_{\text{in}} \qquad (10.1)$$

式（10.1）只是渲染方程的基本形式，1986 年由 Kajiya 在 SIGGRAPH（Special Interest Group for Computer GRAPHICS，计算机图形图像特别兴趣小组）上发表（详见参考文献[37]）。该方程是渲染领域的核心理论（也可以称之为基石），因此不断有新的发展。有趣的是，它是生成逼真图像的众多策略的结果，而不是原因。为什么这么说呢？原来，很多图形研究人员都曾经孜孜以求通过不同的技术来创建图像，在找到一个框架来描述他们试图求解的问题之前，这些技术似乎是有意义的，但是，很多年以后，从事视频游戏行业的大多数开发人员才后知后觉地发现，我们试图求解的问题其实早就有了明确的定义（对，就是这个渲染方程）。当然，今天仍然有很多人没有意识到。

现在将式（10.1）转换成日常语言，看看它说的是什么。首先，请注意每个函数中都出现了 $\mathbf{x}$ 和 λ。对于单个波长（"颜色通道"）λ，整个等式控制在单个表面点 $\mathbf{x}$ 处的辐射亮度的平衡。因此，该平衡方程同时适用于所有表面点处的每一个颜色通道。

式（10.1）中，等号左侧的项 $L_{\text{out}}(\mathbf{x},\hat{\boldsymbol{\omega}}_{\text{out}},\lambda)$ 只是"离开 $\hat{\boldsymbol{\omega}}_{\text{out}}$ 方向上的点的辐射亮度"。当然，如果 $\mathbf{x}$ 是给定像素的可见表面，则 $\hat{\boldsymbol{\omega}}_{\text{out}}$ 是从 $\mathbf{x}$ 到眼睛的方向，那么这个数量正是我们确定像素颜色所需要的。但是请注意，该等式更为通用，允许计算任意方向 $\hat{\boldsymbol{\omega}}_{\text{out}}$ 和任何给定点 $\mathbf{x}$ 的出射辐射亮度，无论 $\hat{\boldsymbol{\omega}}_{\text{out}}$ 是否指向我们的眼睛。

在式（10.1）等式的右边，有一个求和计算。求和的第一项 $L_{\text{emis}}(\mathbf{x},\hat{\boldsymbol{\omega}}_{\text{out}},\lambda)$ 是"在 $\hat{\boldsymbol{\omega}}_{\text{out}}$ 方向上从 $\mathbf{x}$ 发射的辐射亮度"，并且仅对于特殊的发射表面是非零的；第二项是一个积分，是"在 $\hat{\boldsymbol{\omega}}_{\text{out}}$ 方向上从 $\mathbf{x}$ 反射的光"。因此，从更高层次上来看，渲染方程似乎表述了一种相当明显的关系：

$$\begin{pmatrix}\text{朝向}\,\hat{\boldsymbol{\omega}}_{\text{out}}\,\text{方向上}\\\text{的总辐射亮度}\end{pmatrix} = \begin{pmatrix}\text{朝向}\,\hat{\boldsymbol{\omega}}_{\text{out}}\,\text{方向上}\\\text{的发射辐射亮度}\end{pmatrix} + \begin{pmatrix}\text{朝向}\,\hat{\boldsymbol{\omega}}_{\text{out}}\,\text{方向上}\\\text{的反射辐射亮度}\end{pmatrix}$$

现在来深入探讨一下那个令人生畏的积分（顺便说一句，如果你还没有学习过微积分并且也没有读过本书第 11 章，只需用"求和"替换掉"积分"这个词，你就不会误解本节的任何要点）。前文在解释 BRDF 时，实际上已经介绍过它是如何工作的，但现在换个方式来理解它。该积分可以重写为

$$\begin{pmatrix}\text{朝向}\,\hat{\boldsymbol{\omega}}_{\text{out}}\,\text{方向上}\\\text{的反射辐射亮度}\end{pmatrix} = \int_{\Omega}\begin{pmatrix}\text{来自}\,\hat{\boldsymbol{\omega}}_{\text{in}}\,\text{方向的入射辐射亮度和}\\\text{朝向}\,\hat{\boldsymbol{\omega}}_{\text{out}}\,\text{方向上的反射辐射亮度}\end{pmatrix}\,d\hat{\boldsymbol{\omega}}_{\text{in}}$$

请注意，符号 **Ω**（大写希腊字母 omega）出现在通常写入积分限制的位置。这意味着"对可能的入射方向的半球进行求和"。对于每个入射方向 $\hat{\boldsymbol{\omega}}_{\text{in}}$，将确定在该进入方向上入射了多少辐射亮度，并散射了多少到出射方向 $\hat{\boldsymbol{\omega}}_{\text{out}}$ 上。来自所有不同入射方向的所有这些贡献的总和给出了在 $\hat{\boldsymbol{\omega}}_{\text{out}}$ 方向上反射的总辐射亮度。当然，存在着无数的入射方向，这就是为什么它是一个积分的原因。在实践中，我们不能以分析的方式评估积分，必须采样离散数量的方向，将"∫"变成"∑"。

现在剩下的就是仔细研究被积函数。它是以下 3 个因子的乘积：

$$\left(\begin{array}{l}\text{来自}\,\hat{\boldsymbol{\omega}}_{\text{in}}\,\text{方向的入射辐射亮度和}\\\text{朝向}\,\hat{\boldsymbol{\omega}}_{\text{out}}\,\text{方向上的反射辐射亮度}\end{array}\right) = L_{\text{in}}(\mathbf{x}, \hat{\boldsymbol{\omega}}_{\text{in}}, \lambda)\, f(\mathbf{x}, \hat{\boldsymbol{\omega}}_{\text{in}}, \hat{\boldsymbol{\omega}}_{\text{out}}, \lambda)(-\hat{\boldsymbol{\omega}}_{\text{in}} \cdot \hat{\mathbf{n}})$$

第一个因子表示从 $\hat{\boldsymbol{\omega}}_{\text{in}}$ 方向入射的辐射；第二个因子就是 BRDF，它告诉我们从这个特定方向入射的辐射亮度有多少会反射在我们关心的出射方向上；第三个因子就是兰伯特因子（Lambert Factor）。如第 10.1.2 节所述，当入射方向 $\hat{\boldsymbol{\omega}}_{\text{in}}$ 垂直于表面时，每个单位表面积可以反射的入射光比入射方向 $\hat{\boldsymbol{\omega}}_{\text{in}}$ 与表面呈掠射角时更多。矢量 $\hat{\mathbf{n}}$ 是向外的表面法线，点积 $-\hat{\boldsymbol{\omega}}_{\text{in}} \cdot \hat{\mathbf{n}}$ 在垂直方向上达到峰值 1，随着入射角变得更加掠过而逐渐趋零。第 10.6.3 节将再次讨论 Lambert 因子。

在纯粹的数学术语中，渲染方程是一个积分方程（Integral Equation）。就其自身的积分而言，它表示一些未知函数 $L_{\text{out}}(\mathbf{x}, \hat{\boldsymbol{\omega}}_{\text{out}}, \lambda)$ 与场景中表面上的光的分布之间的关系。渲染方程是递归的，这一点可能并不明显，但 L_{out} 实际上出现在等号的两侧。它出现在对 $L_{\text{in}}(\mathbf{x}, \hat{\boldsymbol{\omega}}_{\text{in}}, \lambda)$ 的评估中，而这正是我们为每个像素求解的表达式：从给定方向入射到点上的辐射亮度是多少呢？因此，为了找到离开点 $\mathbf{x}$ 的辐射亮度，我们需要知道从所有方向入射到点 $\mathbf{x}$ 的所有辐射亮度。但是，入射在 $\mathbf{x}$ 上的辐射亮度与从另一个表面指向 $\mathbf{x}$ 的方向上对 $\mathbf{x}$ 可见的所有其他表面上离开的辐射亮度是一样的。

为了逼真地渲染场景，我们必须求解渲染方程，这要求我们不仅（理论上）知道到达相机的辐射亮度，而且还知道场景中每个点的每个方向上的辐射亮度的整体分布。显然，这个要求对于算力有限的数字计算机来说太困难了，因为表面位置集合和潜在的入射/出射方向集合都是无限的。创建用于数字图像合成的软件的真正技术是最有效地分配有限的处理器时间和内存，以实现最佳的可能近似。

第 10.10 节将介绍简单渲染管道仅考虑直接光。它没有说明从一个表面反弹并到达另一个表面的间接光。换句话说，它只在渲染方程中执行"一个递归级别"。生成逼真图像的一个重要组成部分是计算间接光——更彻底地求解渲染方程。用于实现此目标的各种方法被称为全局照明（Global Illumination）技术。

以上就是对图形工作原理的详细说明。虽然到目前为止，我们还没有提出一个实用的思路，但我们认为，在开始实际工作之前先了解你要尝试的内容是非常重要的。尽管为了满足实时应用的要求，开发人员不得不做出妥协，但是可用的计算能力正在增长。对于视频游戏程序开发人员来说，仅了解由显卡制造商制作的 OpenGL 教程或演示是不够的，即便是去阅读一些专注于实时渲染的书籍也仍然不够，因为仅有这些很难理解今天的全局照明技术，更不用说技术的发展日新月异。

10.2　关于三维视图

在渲染场景之前，我们必须选择一个相机和一个窗口。也就是说，我们必须决定从哪里渲染它（视图位置、方向和缩放）以及将它渲染到哪里（屏幕上的矩形）。输出窗口比较简单，因此我们将首先讨论它。

第 10.2.1 节将描述如何指定输出窗口；第 10.2.2 节将讨论像素长宽比；第 10.2.3 节将介绍视锥体；第 10.2.4 节将描述视野和缩放。

10.2.1　指定输出窗口

我们不必将图像渲染到整个屏幕。例如，在分屏多人游戏中，每个玩家都获得一部分屏幕。输出窗口指的是输出设备中将呈现图像的部分，如图 10.2 所示。

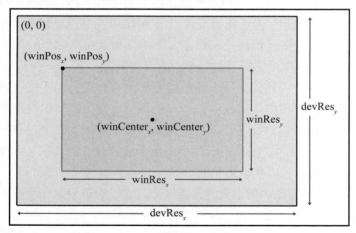

图 10.2　指定输出窗口

　　窗口的位置由左上角像素(winPos$_x$, winPos$_y$)的坐标指定。整数 winRes$_x$ 和 winRes$_y$ 是窗口的尺寸，以像素为单位。以这种方式定义，使用窗口的大小而不是右下角的坐标，避免了由整数像素坐标引起的一些棘手问题。我们还要小心区分窗口的大小（以像素为单位）和窗口的物理大小。这种区别在第 10.2.2 节中将变得很重要。

　　话虽如此，重要的是要意识到，我们不一定要渲染到屏幕上，也可以渲染到缓冲区中以保存为.TGA 文件或作为.AVI 中的帧，或者可能渲染为纹理（作为"主"渲染的子进程），以生成阴影贴图，或虚拟世界中的监视器上的图像。由于这些原因，术语渲染目标（Render Target）通常用于指代渲染输出的当前目标。

10.2.2　像素宽高比

　　无论是渲染到屏幕还是屏幕外的缓冲区，我们都必须知道像素的宽高比，即像素高度与宽度的比率。这个比例通常是 1∶1——也就是说，我们拥有的是"正方形"像素——但情况并非总是如此，我们会在下面提供一些示例。当然做出 1∶1 这样的假设一般是无可置疑的，即使部分设备出现这种问题，程序也可以修复被拉伸或压扁的图像。

　　计算宽高比的公式如下：

计算像素宽高比	
$$\frac{\text{pixPhys}_x}{\text{pixPhys}_y} = \frac{\text{devPhys}_x}{\text{devPhys}_y} \cdot \frac{\text{devRes}_y}{\text{devRes}_x}$$	（10.2）

符号 pixPhys 指的是像素的物理大小；devPhys 是显示图像的设备的物理高度和宽度。对于这两个数量，单独的测量数字可能是未知的，但这没关系，因为我们需要的是其比率，而这通常是已知的。例如，标准桌面显示器有各种不同的尺寸，但许多旧显示器上的可视区域的比例为 4∶3，这意味着宽度比高度要多出 33%。高清电视的另一个常见比例是 16∶9，有的甚至更宽。[①] 整数 devRes$_x$ 和 devRes$_y$ 是 x 和 y 尺寸中的像素数。例如，分辨率为 1280 × 720，则意味着 devRes$_x$ = 1280 且 devRes$_y$ = 720。

　　但是，如前文所述，我们经常处理宽高比为 1∶1 的方形像素。例如，在宽度∶高度比为 4∶3 的桌面显示器上，一些产生正方形像素的常见分辨率为 640 × 480、800 × 600、

[①] 高清电视或显示器制造商一定非常高兴地发现人们认为这些"宽屏"显示设备具有更优秀的品质。显示器的尺寸通常是通过对角线测量的，但是其成本则更直接地与像素数量相关联，这与面积成比例，而不是和对角线长度成比例。因此，具有与 4∶3 相同像素数的 16∶9 显示器将具有更长的对角线测量值，它会被视为"更大"的显示器。我们不确定市场力量或营销力量是否会推动具有更宽的宽高比的显示器的激增。

1024×768 和 1600×1200。而在 16：9 显示器上，产生正方形像素的常用分辨率为 1280×720、1600×900 和 1920×1080。

对于桌面显示器和电视尺寸来说，宽高比 8：5（更普遍的说法是 16：10）的情况也很常见。对于 16：10 产品来说，其常见的显示分辨率包括 1153×720、1280×800、1440×900、1680×1050 和 1920×1200。事实上，在 PC 上通常假设像素的宽高比为 1：1，因为 PC 游戏想要获得显示设备的尺寸通常是不可能的，而控制台游戏在这方面就要容易得多。

请注意，在这些计算中没有使用到窗口的大小或位置信息。渲染窗口的位置和大小与像素的物理比例无关。但是，在第 10.2.4 节将讨论视野的时候窗口的大小变得很重要，在第 10.3.5 节将讨论从相机空间映射到屏幕空间的时候位置变得很重要。

在目前这个阶段，一些读者可能想知道这种讨论对于渲染到位图的情况有什么意义。对于位图来说，变量名 pixPhys 和 devPhys 所暗示的 Physical（物理）一词是不适用的。在大多数情况下，只需将像素宽高比设置为 1：1 即可。但是，在某些特殊情况下，你可能希望进行变形渲染，在位图中生成压扁图像，以后在使用位图时再将其拉伸。

10.2.3　视锥体

视锥体（View Frustum）是相机可能看到的空间体积。它的形状像金字塔，只是尖端被剪掉了。图 10.3 就是视锥体的一个例子。

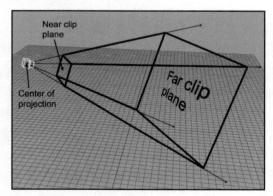

图 10.3　三维视锥体

原　　文	译　　文
Center of projection	投影中心
Near clip plane	近裁剪面
Far clip plane	远裁剪面

视锥体由 6 个平面包围,这 6 个平面称为裁剪面(Clip Plane)。显然,前 4 个平面形成了金字塔的侧面并分别被称为顶裁剪面(Top Clip Plane)、左裁剪面(Left Clip Plane)、底裁剪面(Bottom Clip Plane)和右裁剪面(Right Clip Plane)。它们对应于输出窗口的 4 条边。还有两个平面分别称为近裁剪面(Near Clip Plane)和远裁剪面(Far Clip Plane),它们对应于某些相机空间的 z 值,故需要略做一些解释。

设置远裁剪面的原因可能更容易理解。它可以防止对象超出一定的距离。为什么需要远裁剪平面?有两个实际原因。第一个原因相对简单,远裁剪面可以限制需要在室外环境中渲染的对象的数量;第二个原因则稍微复杂一些,但实际上它与深度缓冲区值的分配方式有关。例如,如果深度缓冲区条目是 16 位固定点,则可以存储的最大深度值是 65535。远裁剪面确定相机空间中的(浮点)z 值,它将对应可以存储在深度缓冲区中的最大值。

至于近裁剪面的设置动机,则必须等到第 10.3.2 节讨论裁剪空间(Clip Space)时再说。

请注意,每个裁剪面都是平面,强调它们无限延伸的事实。视图体积是由裁剪平面定义的 6 个半空间(Half-Space)的交集。

10.2.4 视野和缩放

和世界上任何其他物体一样,相机具有自己的位置和定向。但是,它还具有被称为视野(Field Of View,FOV)的附加属性。你可能知道的另一个术语是缩放(Zoom)。顾名思义,"缩放"有缩小和放大两种操作。执行放大操作时,你正在查看的对象在屏幕上显得更大;执行缩小操作时,对象的外观尺寸更小。让我们看一看是否可以将这种语义上的直觉发展成更精确的定义。

视野(FOV)是视锥体截取的角度。我们实际上需要两个角度:水平视野和垂直视野。让我们回到二维,只考虑其中一个角度。图 10.4 显示了从上方看到的视锥体,精确地说明了水平视野测量的角度。轴的标记是对相机空间的说明,在第 10.3 节中将对相机空间有更详细的讨论。

缩放(Zoom)测量的是对象的表观(Apparent)大小相对于 90° 视野的比率。例如,缩放值为 2.0,则意味着对象在屏幕上显示的大小将是使用 90° 视野时的两倍。因此,较大的缩放值会导致屏幕上的图像变大("放大"),而较小的缩放值则会导致屏幕上的图像变小("缩小")。

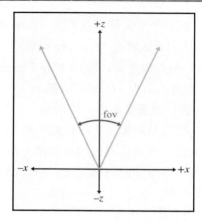

图 10.4　水平视野

原　　文	译　　文
fov	FOV

缩放可以进行几何解释，如图 10.5 所示。

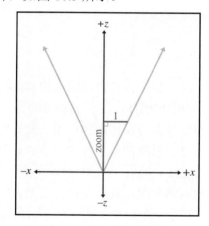

图 10.5　缩放的几何解释

使用一些基本的三角函数，可以推导出以下缩放和视野之间的转换公式：

缩放和视野之间的转换

$$\text{zoom} = \frac{1}{\tan\left(\text{fov}/2\right)}, \qquad \text{fov} = 2\ \arctan\left(1/\text{zoom}\right) \qquad （10.3）$$

请注意缩放和视野之间的反比关系。即随着缩放值变大，视野会变小，导致视锥体变窄。一开始可能看起来不太直观，但是当视锥体变得更窄时，可见对象的感知大小会增加。

视野是人类使用的便捷测量方法，但正如将在第 10.3.4 节中发现的那样，缩放是我们需要输入图形管道的测量值。

我们需要两个不同的视角（或缩放值），一个水平，一个垂直。开发人员当然可以自由选择自己想要的任意两个值，但如果不保持这些值之间的正确关系，那么渲染图像将显示为拉伸效果。如果你有过在普通电视上观看宽银幕电影的经历，或者在 16∶9 的宽屏电视上以全屏模式观看过 4∶3 比例的视频，[①] 那么相信你对拉伸效果并不陌生。

为了保持适当的比例，缩放值必须与输出窗口的物理尺寸成反比。其公式如下：

水平和垂直缩放之间的一般关系
$$\dfrac{\text{zoom}_y}{\text{zoom}_x} = \dfrac{\text{winPhys}_x}{\text{winPhys}_y} = \text{窗口宽高比} \qquad (10.4)$$

变量 winPhys 指的是输出窗口的物理大小。从式（10.4）可知，即使我们通常不知道渲染窗口的实际大小，也可以确定其宽高比。但是该怎么做呢？一般来说，我们所知道的是输出窗口的分辨率（Resolution）。这个分辨率也称为"解析度"，可以通过它计算像素的数量。以下公式采用了第 10.2.2 节中的像素宽高比计算公式：

$$
\begin{aligned}
\frac{\text{zoom}_y}{\text{zoom}_x} = \frac{\text{winPhys}_x}{\text{winPhys}_y} &= \frac{\text{winRes}_x}{\text{winRes}_y} \cdot \frac{\text{pixPhys}_x}{\text{pixPhys}_y} \\
&= \frac{\text{winRes}_x}{\text{winRes}_y} \cdot \frac{\text{devPhys}_x}{\text{devPhys}_y} \cdot \frac{\text{devRes}_y}{\text{devRes}_x}
\end{aligned}
\qquad (10.5)
$$

在式（10.5）中，

- ❑　zoom 是指相机的缩放值。
- ❑　winPhys 是指窗口的物理大小。
- ❑　winRes 是指窗口的分辨率，以像素为单位。
- ❑　pixPhys 是指像素的物理尺寸。
- ❑　devPhys 是指输出设备的物理尺寸（如前文所述，我们通常不知道个别尺寸，但是却知道这个比例）。
- ❑　devRes 是指输出设备的分辨率。

许多渲染包允许开发人员仅指定一个视角（或缩放值）。当执行此操作时，它们会

[①] 由于这样观看视频会让"电视土豆"们感到极度别扭，所以现在的高清电视产品都会很"贴心"地进行不同比例的适配处理，例如，在电视上下两侧各留下一条黑边。但是，有些电视所有者更喜欢拉伸图像至完全覆盖黑边，好让自己觉得电视的显示空间没有被浪费，买电视的钱也没有白花。

假设开发人员需要统一的显示比例，然后自动计算其他值。例如，只要指定了水平视野，程序就会自动计算垂直视野。

现在我们已经知道如何以适合计算机使用的方式描述缩放，那么，使用这些缩放值能做什么呢？它们将进入裁剪矩阵（Clip Matrix），这在第 10.3.4 节中将会有更详细的说明。

10.2.5　正交投影

到目前为止的讨论集中在透视投影（Perspective Projection），这是最常用的投影类型，因为这就是我们的眼睛感知世界的方式。然而，在许多情况下，正交投影（Orthographic Projection）也是很有用的。第 5.3 节已介绍了正交投影，这里简要回顾一下。在正交投影中，投影线（连接投影到同一屏幕坐标上的空间中所有点的线）是平行的，而不是在一个点上相交。这意味着正交投影中没有透视缩影，无论距离多远，物体在屏幕上看起来都是相同的大小，只要物体保持在近裁剪面的前面，沿着观察方向向前或向后移动相机都不会有明显的效果。

图 10.6 显示了从相同位置和方向渲染的场景，并通过这种方式比较了透视投影和正交投影。从该图中可以看到，左图中使用的是透视投影方式，平行线不会保持平行，并且较近的网格方块大于远处的方块；而在右图的正交投影方式下可以看到，网格方块的大小都相同，网格线也保持平行。

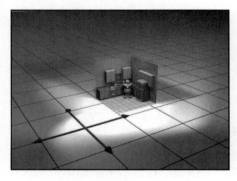
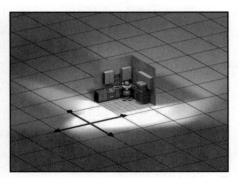

透视投影　　　　　　　　　　　　　　　　正交投影

图 10.6　透视投影和正交投影对比

正交视图对于"示意图"视图以及需要精确测量距离和角度的其他情况非常有用。每个建模工具都将支持这样的视图。在视频游戏中，开发人员可以使用正交视图来渲染地图或其他一些平视显示器（Head Up Display，HUD）元素。

对于正交投影来说，将"视野"称为角度是没有意义的，因为其视锥体的形状像盒子而不是像金字塔。它不是根据两个角度定义视锥体的 x 和 y 尺寸，而是给出了两种大小：盒子的物理宽度和高度。

与透视相比，缩放值在正交投影中具有不同的含义。它与视锥体盒子的物理大小有关，缩放与视锥体大小之间的关系如下：

正交投影中缩放和视锥体大小之间的转换	
zoom = 2/size,	size = 2/zoom

与透视投影一样，正交投影也有两个不同的缩放值，一个用于 x，一个用于 y，并且它们的比率必须与渲染窗口的宽高比协调，以避免产生"压扁"图像。我们开发了用于透视投影的式（10.5），但是这个公式也可以决定正交投影的正确关系。

10.3　坐　标　空　间

本节回顾了与三维视图相关的几个重要坐标空间。糟糕的是，关于该主题的不同文献中的术语不一致（虽然概念上是一致的）。在这里，我们将按照从几何体到图形管道时会遇到的顺序讨论坐标空间。

10.3.1　模型、世界和相机空间

几何对象最初是在对象空间中描述的，对象空间（Object Space）是所描述对象的局部坐标空间（参见第 3.2.2 节）。

对象空间所描述的信息通常由顶点位置和表面法线组成。对象空间也称为局部空间（Local Space），尤其是在图形、模型空间（Model Space）的上下文中。

通过模型空间，顶点将被转换为世界空间（参见第 3.2.1 节）。从建模空间到世界空间的转换通常被称为模型变换（Model Transform）。通常情况下，场景的照明是在世界空间中指定的，但是，正如将在第 10.11 节中看到的那样，如果几何体和光源可以在相同的空间中表示，那么使用什么坐标空间来执行照明计算并不重要。

在世界空间中，顶点可以通过视图变换（View Transform）转换为相机空间（Camera Space），相机空间（参见第 3.2.3 节）也称为眼睛空间（Eye Space）或视图空间（View Space），请注意，不要将它与稍后会讨论的规则观察体空间（Canonical View Volume Space）相混淆。相机空间是一个三维坐标空间，在相机空间中，原点位于投影的中心，它有 3 个轴，一个轴与相机正对的方向平行（垂直于投影平面）；一个轴是顶裁剪面和底裁剪面的交

点；另一个轴是左裁剪面和右裁剪面的交点。如果假设相机的视角，那么一个轴将是"水平的"，而另一个轴将是"垂直的"。

在左手世界中，最常见的约定是在相机正对的方向上指向+z，而+x 和+y 则分别指向"右"和"上"（再次强调，这是从相机的角度看的）。这是相当直观的，如图 10.7 所示。典型的右手约定则是在相机正对的方向上具有-z 点。本章后面的部分均假设采用左手约定。

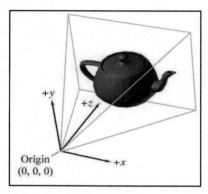

图 10.7　左手坐标系的典型相机空间约定

原　　文	译　　文
Origin	原点

10.3.2　裁剪空间和裁剪矩阵

通过相机空间，顶点可再次转换为裁剪空间（Clip Space）。裁剪空间也称为规则观察体空间。将顶点从相机空间变换到裁剪空间的矩阵称为裁剪矩阵，也称为投影矩阵（Projection Matrix）。

到目前为止，我们的顶点位置一直是"纯"三维矢量——也就是说，它们只有 3 个坐标，或者说，如果它们有第四个坐标的话，那么 w 对于位置矢量总是等于 1，而对于方向矢量（如表面法线）则为 0。在某些特殊情况下，我们可能会使用更多的异种变换，但大多数基本变换都是三维仿射变换。但是，裁剪矩阵会将有意义的信息放入 w 中。裁剪矩阵有以下两个主要功能：

❑　准备投影。将正确的值放入 w 中，以便齐次除法产生所需的投影。对于典型的透视投影来说，这意味着将 z 复制到 w 中。第 10.3.3 节将讨论该问题。

❑　应用缩放并准备裁剪。缩放 x、y 和 z，以便可以将它们与 w 进行比较以进行裁

剪。此缩放会考虑相机的缩放值，因为这些缩放值会影响视锥体的形状，而视
锥体会发生裁剪。第 10.3.4 节将讨论该问题。

10.3.3　裁剪矩阵：准备投影

回忆第 6.4.1 节可知，通过除以 w，可以将四维齐次矢量映射到相应的物理三维矢量，
其公式如下：

将四维齐次坐标转换为三维坐标
$$\begin{bmatrix} x \\ y \\ z \\ w \end{bmatrix} \implies \begin{bmatrix} x/w \\ y/w \\ z/w \end{bmatrix}$$

裁剪矩阵的第一个目标是将正确的值放入 w 中，使得该除法产生所需的投影（透视投
影或正交投影）。这就是这个矩阵有时被称为投影矩阵的原因，虽然这个术语有点误
导——在这个矩阵的乘法过程中不会发生投影，但是当将 x、y 和 z 除以 w 时就会发生这
种情况。

如果将正确的值放入 w 中是裁剪矩阵的唯一目的，那么透视投影的裁剪矩阵非常简
单，像下列这样即可：

透视投影的简单矩阵设置 $w = z$
$$\begin{bmatrix} 1 & 0 & 0 & 0 \\ 0 & 1 & 0 & 0 \\ 0 & 0 & 1 & 1 \\ 0 & 0 & 0 & 0 \end{bmatrix}$$

将 $[x, y, z, 1]$ 形式的矢量乘以该矩阵，然后用执行齐次除法除以 w，得到

$$\begin{bmatrix} x & y & z & 1 \end{bmatrix} \begin{bmatrix} 1 & 0 & 0 & 0 \\ 0 & 1 & 0 & 0 \\ 0 & 0 & 1 & 1 \\ 0 & 0 & 0 & 0 \end{bmatrix} = \begin{bmatrix} x & y & z & z \end{bmatrix} \implies \begin{bmatrix} x/z & y/z & 1 \end{bmatrix}$$

阅读到这里，许多读者可能会非常合理地提出两个问题。第一个问题可能是，"为
什么要搞得这么复杂？看起来要做很多事，但实际上只需要除以 z 就可以"。说得没错。
在许多老式软件光栅化器中，投影数学是手工编码的，w 不会出现在任何地方，并且只
有 z 的显式除法。那么为什么我们容忍所有这些复杂操作呢？齐次坐标是一个原因，它
们可以自然地代表更广泛的相机规格。在本节的最后，我们将看到如何在没有旧手动编

码系统所必需的"if 语句"的情况下轻松处理正交投影。但是，对于其他类型的投影来说，它也很有用，并且可以在这个框架中很自然地处理。例如，视锥体平面不需要围绕观察方向对称，这对应于观察方向不透过窗口中心的情况。例如，当在较小的块中渲染非常高分辨率的图像时，或者用于分割屏幕视图的无缝动态分割和合并时，这都是很有用的。使用齐次坐标的另一个优点是，它们使 z 裁剪（针对近裁剪面和远裁剪面）与 x 和 y 裁剪相同。这种相似性使事情变得美观和整洁。但更重要的是，在某些硬件上，矢量单元可以被用来并行执行裁剪比较测试。一般来说，使用齐次坐标和 4×4 矩阵可以使事物更加紧凑和通用，并且（在某些人看起来）更加优雅。但无论使用 4×4 矩阵是否改进了这个过程，它都是大多数 API 想要的传递东西的方式，所以，无论好坏，这就是它的工作方式。

　　读者可能会提出的第二个问题是："d 发生了什么？"请记住，d 是焦距（Focal Distance），即从投影平面到投影中心（"焦点"）的距离。在第 6.5 节中通过齐次除法对透视投影的讨论描述了如何投影到垂直于 z 轴并距离原点 d 个单位的平面（该平面的形式为 $z = d$）。但是在上面的讨论中没有使用过 d。事实证明，用于 d 的值并不重要，因此为 d 选择了最方便的值，即 1。

　　要理解为什么 d 无关紧要，可以将计算机中出现的投影与物理相机中出现的投影进行比较。在真实相机内部，增加此距离会导致相机放大（物体看起来更大），减小它则会缩小（物体看起来更小），如图 10.8 所示。

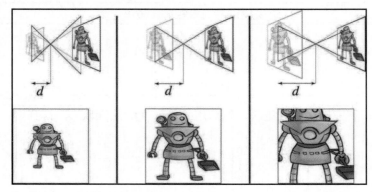

图 10.8　在物理相机中，在保持"胶片"尺寸相同的同时增加焦距 d 具有放大的效果

　　每个示意图左侧的垂直线代表胶片（对于现在的数码相机来说，就是指感应元件），它位于无限的投影平面中。重要的是，请注意每个示意图中的胶片高度相同。当增加 d 时，胶片会朝远离焦平面的方向移动，并且视锥体截取的视野角减小。随着视锥体变小，

该视锥体内的物体占据可见体积的比例也增大，因此在投影图像中看起来更大。感知结果是我们正在放大。这里的关键要点是，增加焦距 d 会导致物体看起来更大，因为投影图像相对于胶片的尺寸会变大。

现在来看一看计算机内部发生了什么。计算机内部的"胶片"是与视锥体相交的投影平面的矩形部分。[①] 请注意，如果我们增加焦距，则投影图像的大小会增加，这和在真实相机中是一样的。然而，在计算机内部，"胶片"实际上以相同的比例增加，而不是视锥体的大小发生变化。由于投影图像和"胶片"以相同的比例增加，因此，渲染图像或该图像内物体的表观尺寸没有变化。

总而言之，缩放总是通过改变视锥体的形状来实现的，无论我们谈论的是真实相机还是在计算机内部。在真实的相机中，改变焦距会改变视锥体的形状，因为"胶片"总是保持相同的尺寸。然而，在计算机中，调整焦距 d 不会影响渲染图像，因为"胶片"的尺寸会增加并且视锥体的形状不会改变。

某些软件允许用户通过给出以毫米为单位测量的焦距来指定视野。这些数字参考了一些标准胶片的尺寸（一般来说是 35mm 胶片）。

如果是正交投影的话，又会怎样呢？在这种情况下，我们不想除以 z，因此裁剪矩阵将具有 $[0, 0, 0, 1]^T$ 的右侧列，与单位矩阵相同。当乘以形式为 $[x, y, z, 1]$ 的矢量时，这将导致 $w = 1$ 的矢量，而不是 $w = z$。齐次除法仍然会执行，但这次将除以 1，得到

$$
\begin{bmatrix} x & y & z & 1 \end{bmatrix}
\begin{bmatrix} 1 & 0 & 0 & 0 \\ 0 & 1 & 0 & 0 \\ 0 & 0 & 1 & 0 \\ 0 & 0 & 0 & 1 \end{bmatrix}
= \begin{bmatrix} x & y & z & 1 \end{bmatrix}
\implies \begin{bmatrix} x & y & z \end{bmatrix}
$$

第 10.3.4 节将介绍裁剪矩阵的其余部分。但就目前而言，关键要点在于，透视投影矩阵将始终具有 $[0, 0, 1, 0]$ 的右侧列，而正交投影矩阵将始终具有 $[0, 0, 0, 1]$ 的右侧列。在这里，"始终"这个词的意思是"我们从未见过任何其他东西"。你可能会在某些需要其他值的特定硬件上遇到一些模糊的情况，重要的是要理解，1 在这里并不是一个幻数（Magic Number），它只是最简单的数字。由于齐次转换是一个除法，因此，重要的是坐标的比率（Ratio），而不是它们的大小。

请注意，将整个矩阵乘以常量因子对投影值 x/w、y/w 和 z/w 没有任何影响，但它会调整 w 的值，而 w 是用于透视校正光栅化。因此，出于某种原因可能需要不同的值。然后，某些硬件（例如 Wii）假设只有这两种情况，并且不允许其他右侧列。

[①] 计算机内部的"胶片"位于焦点前方，而不是像真实相机那样位于焦点后面，但这个事实对于这一讨论而言并不重要。

10.3.4　裁剪矩阵：应用缩放并准备裁剪

裁剪矩阵的第二个目标是缩放 x、y 和 z 分量，使得 6 个裁剪平面具有简单形式。如果点满足以下至少一个不等式，则点在视锥体之外：

裁剪空间中视锥体的 6 个面
底裁剪面　　$y < -w$,
顶裁剪面　　$y > w$,
左裁剪面　　$x < -w$,
右裁剪面　　$x > w$,
近裁剪面　　$z < -w$,
远裁剪面　　$z > w$

所以，视锥体内的点满足

$$
\begin{aligned}
-w &\leq x \leq w, \\
-w &\leq y \leq w, \\
-w &\leq z \leq w
\end{aligned}
$$

任何不满足这些等式的几何体都必须裁剪到视锥体。第 10.10.4 节将详细讨论裁剪。

要拉伸图形至顶部、左侧、右侧和底部裁剪面，可以根据相机的缩放值缩放 x 和 y 值。第 10.2.4 节讨论了如何计算这些值。对于近裁剪面和远裁剪面，z 坐标被偏置和缩放，使得在近裁剪面处，$z/w = -1$，而在远裁剪面处，$z/w = 1$。

设 zoom_x 和 zoom_y 分别是水平和垂直缩放值，n 和 f 分别是到近裁剪面和远裁剪面的距离。然后矩阵适当地缩放 x、y 和 z，同时将 z 坐标输出到 w 中，该矩阵如下：

透视投影的裁剪矩阵在近裁剪面处 $z = -w$	
$\begin{bmatrix} \text{zoom}_x & 0 & 0 & 0 \\ 0 & \text{zoom}_y & 0 & 0 \\ 0 & 0 & \frac{f+n}{f-n} & 1 \\ 0 & 0 & \frac{-2nf}{f-n} & 0 \end{bmatrix}$	（10.6）

上述裁剪矩阵假定了一个坐标系统，其中，z 指向屏幕（这是常见的左手约定），行矢量在左侧，z 值的范围为 $[-w, w]$（从近裁剪面到远裁剪面）。如果约定改变，则最后一个细节也会不一样。其他 API（特别是 DirectX）需要投影矩阵的 z 值在 $[0, w]$ 范围内。换句话说，如果裁剪空间中的一个点满足下式，则它位于裁剪面之外：

DirectX 裁剪空间中的近裁剪面和远裁剪面
近裁剪面　　$z < 0,$
远裁剪面　　$z > w$

在这些 DirectX 风格约定下，视锥体内的点满足不等式 $0 \leqslant z \leqslant w$。在这种情况下，可使用以下略有不同的裁剪矩阵：

透视投影的裁剪矩阵在近裁剪面处 $z = 0$
$$\begin{bmatrix} \text{zoom}_x & 0 & 0 & 0 \\ 0 & \text{zoom}_y & 0 & 0 \\ 0 & 0 & \frac{f}{f-n} & 1 \\ 0 & 0 & \frac{-nf}{f-n} & 0 \end{bmatrix} \qquad (10.7)$$

现在可以很容易地知道，式（10.6）和式（10.7）中的两个矩阵是透视投影矩阵，因为右边的列是 $[0, 0, 1, 0]^{\text{T}}$。

对于正交投影来说，又会是怎样的呢？投影矩阵的第一列和第二列不会改变，而第四列将变为 $[0, 0, 0, 1]^{\text{T}}$。控制输出 z 值的第三列必须更改。首先假设 z 的第一组约定，即输出 z 值将被缩放，使得 z/w 在近裁剪面和远裁剪面上分别取值为 -1 和 $+1$。执行此操作的矩阵如下：

正交投影的裁剪矩阵在近裁剪面处 $z = -w$
$$\begin{bmatrix} \text{zoom}_x & 0 & 0 & 0 \\ 0 & \text{zoom}_y & 0 & 0 \\ 0 & 0 & \frac{2}{f-n} & 0 \\ 0 & 0 & -\frac{f+n}{f-n} & 1 \end{bmatrix}$$

又或者，如果对裁剪空间 z 值使用 DirectX 风格的取值范围，则使用的矩阵如下：

正交投影的裁剪矩阵在近裁剪面处 $z = 0$
$$\begin{bmatrix} \text{zoom}_x & 0 & 0 & 0 \\ 0 & \text{zoom}_y & 0 & 0 \\ 0 & 0 & \frac{1}{f-n} & 0 \\ 0 & 0 & \frac{n}{n-f} & 1 \end{bmatrix}$$

本书选择使用的是左手系和行矢量在左侧的约定，到目前为止，所有的投影矩阵都采用这些约定。但是，这两种选择都不同于 OpenGL 的约定，许多读者可能在类似于 OpenGL 的环境中工作，所以，这里提供的公式可能会让这一部分读者感到非常困惑，为

此，我们将使用右手坐标和 OpenGL 的列矢量约定重复这些矩阵。但是这里将只讨论裁剪空间 z 值取值范围为[-1, +1]的情况，因为这正是 OpenGL 所使用的。

考虑如何将这些矩阵从一组约定转换为另一种约定也是有益的（它可以增进理解）。因为 OpenGL 使用的是列矢量，所以需要做的第一件事是转置矩阵。其次，右手约定-z 指向相机空间中的屏幕（OpenGL 词汇表中称之为"眼睛空间"），而裁剪空间+z 轴则指向屏幕，就像之前假设的左手约定一样（在 OpenGL 中，裁剪空间实际上就是一个左手坐标空间）。这意味着需要对传入的 z 值变负，或者（在转置矩阵之后）给矩阵的第三列（也就是将乘以 z 的列）变负。

上述过程将产生以下透视投影矩阵：

采用 OpenGL 约定的透视投影的裁剪矩阵

$$\begin{bmatrix} \text{zoom}_x & 0 & 0 & 0 \\ 0 & \text{zoom}_y & 0 & 0 \\ 0 & 0 & -\frac{f+n}{f-n} & \frac{-2nf}{f-n} \\ 0 & 0 & -1 & 0 \end{bmatrix}$$

并且产生的正交投影矩阵如下：

采用 OpenGL 约定的正交投影的裁剪矩阵

$$\begin{bmatrix} \text{zoom}_x & 0 & 0 & 0 \\ 0 & \text{zoom}_y & 0 & 0 \\ 0 & 0 & \frac{-2}{f-n} & -\frac{f+n}{f-n} \\ 0 & 0 & 0 & 1 \end{bmatrix}$$

因此，对于 OpenGL 约定，可以根据最底下一行判断投影矩阵是透视矩阵还是正交矩阵。透视矩阵为[0, 0, -1, 0]，正交矩阵为[0, 0, 0, 1]。

在对裁剪空间有了一些了解之后，就可以理解对近裁剪面的需求。显然，在原点处刚好存在一个奇点，没有定义透视投影（因为这相当于透视除以零）。在实践中，这种奇点应该非常罕见，但是我们想要处理它——比如说，任意投射一个点到屏幕的中心——就可以了，因为在实践中通常不需要直接将相机放在多边形中。

但是，将多边形投影到像素上并不是唯一的问题。允许任意小（但是为正）的 z 值将产生任意大的 w 值。根据硬件的不同，这可能会导致透视校正的光栅化问题。另一个潜在的问题领域是深度缓冲。可以说，出于现实原因，通常需要限制 z 值的范围以使得存在已知的最小值，并且开发人员还必须很不开心地接受近裁剪面的必要存在。之所以说"不开心"，是因为近裁剪面只是一个实现的工件，而不是三维世界的固有部分（光线追踪算法不一定有这个问题）。太靠近近裁剪面时会导致对象被切开，而在现实中我们可以任意地接近物体。很多读者可能都熟悉这样一种现象，即相机放置在一个非常大的地面多边形的中间，离地只有一小段距离，这时屏幕底部会出现一个间隙，使得相机可以看穿地面。这样"灵异"的情况就是由于过于靠近近裁剪面而产生的。如果非常靠近除墙壁以外的任何对象，也会出现类似的情况，对象中间会出现一个洞，靠得越近，这个洞会越大。

10.3.5　屏幕空间

一旦将几何体裁剪到视锥体，就会将其投影到屏幕空间中，这对应于帧缓冲区中的实际像素。请记住，我们正在渲染到一个不一定占据整个显示设备的输出窗口。但是，我们通常希望使用对于渲染设备的绝对坐标来指定屏幕空间坐标（见图 10.9）。

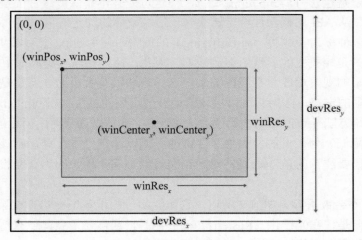

图 10.9　屏幕空间中的输出窗口

屏幕空间当然是二维空间。因此，必须将点从裁剪空间投影到屏幕空间以生成正确的二维坐标。首先要执行的是标准齐次除法（除以 w）。OpenGL 将该除法的结果称为归一化设备坐标（Normalized Device Coordinates）。然后，必须缩放 x 坐标和 y 坐标以映射到输出窗口。上述操作可总结为以下公式：

投影并映射到屏幕空间	
$\mathrm{screen}_x = \dfrac{\mathrm{clip}_x \cdot \mathrm{winRes}_x}{2 \cdot \mathrm{clip}_w} + \mathrm{winCenter}_x$	（10.8）
$\mathrm{screen}_y = -\dfrac{\mathrm{clip}_y \cdot \mathrm{winRes}_y}{2 \cdot \mathrm{clip}_w} + \mathrm{winCenter}_y$	（10.9）

这里有必要对式（10.9）中 y 分量的变负解释一下。这反映了 DirectX 风格的坐标约定，在该风格中，原点 $(0, 0)$ 位于左上角。根据这些约定，$+y$ 指向裁剪空间，但在屏幕空间中则是向下。事实上，如果再考虑到 $+z$ 是指向屏幕内的，那么屏幕空间实际上已经变成了右手坐标空间，即使在 DirectX 中的其他地方都是左手空间。在 OpenGL 中，原点位于左下角，并且不会出现 y 坐标变负的情况（如前文所述，在 OpenGL 中同样存在这种混乱，只不过换了个地方。眼睛空间翻转了 z 轴，其 $-z$ 指向屏幕内，而在裁剪空间中，其 $+z$ 指向屏幕内）。

说到 z，clip_z 会发生什么？一般来说，它会以某种方式用于深度缓冲。传统方法是采用归一化深度值 $\mathrm{clip}_z/\mathrm{clip}_w$ 并将此值存储在深度缓冲区中。精确的细节取决于用于裁剪的确切的裁剪值类型，以及进入深度缓冲区中的深度值类型。例如，在 OpenGL 中，视锥体概念性的约定是包含 $-1 \leqslant \mathrm{clip}_z/\mathrm{clip}_w \leqslant +1$，但这可能并不是深度缓冲的最佳选择。驱动程序供应商必须从 API 的概念性约定转换为最适合硬件的约定。

另外还有一种称为 w 缓冲（w-Buffering）的策略，使用 clip_w 作为深度值。在大多数情况下，clip_w 只是相机空间 z 值的缩放版本，因此，通过在深度缓冲区中使用 clip_w，每个值与相应像素的观察深度具有线性关系。这种方法很有吸引力，特别是如果深度缓冲区是精确度有限的定点，因为它可以更均匀地分散可用的精度。将 $\mathrm{clip}_z/\mathrm{clip}_w$ 存储在深度缓冲区中的传统方法导致近距离的精度大大提高，但这是以远裁剪面附近的精度降低（有时甚至是急剧降低）为代价的。如果深度缓冲区值以浮点形式存储，则该问题就不那么重要了。另外还要注意的是，w 缓冲对于正交投影不起作用，因为正交投影矩阵总是输出 $w = 1$。

clip_w 值也不会被丢弃。如前文所述，它作为归一化设备坐标的齐次除法的分母起着重要的作用。但是，在光栅化（Rasterization）期间，通常还需要此值来透视校正纹理坐标、颜色和其他顶点级值的插值。

在本书撰写时，在现代图形 API 上，可以将顶点坐标从裁剪空间转换为屏幕空间。顶点着色器（Vertex Shader）可以输出裁剪空间中的坐标。API 可以将三角形裁剪到视锥体，然后将坐标投影到屏幕空间。但这并不意味着开发人员永远都不需要在代码中使用本节介绍的公式。很多情况下，开发人员都需要在软件中执行这些计算，以进行可见性测试、细节程度选择等。

10.3.6　坐标空间概述

图 10.10 总结了本节中讨论的坐标空间和矩阵，显示了从对象空间到屏幕空间的数据流。

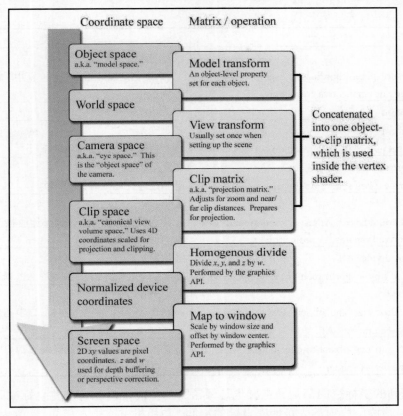

图 10.10　通过图形管道转换顶点坐标

原　　文	译　　文
Coordinate space	坐标空间
Object space a.k.a. "model space."	对象空间 也称为"模型空间"
World space	世界空间
Camera space a.k.a. "eye space." This is the "object space" of the camera	相机空间 也称为"眼睛空间",这是相机的"对象空间"
Clip space a.k.a. "canonical view volume space." Uses 4D coordinates scaled for projection and clipping	裁剪空间 也称为"规则观察体空间",使用四维坐标缩放进行投影和裁剪
Normalized device coordinates	归一化设备坐标

原　　文	译　　文
Screen space	屏幕空间
2D *xy* value are pixel coordinates. *z* and *w* used for depth buffering or perspective correction	二维 *xy* 值是像素坐标。*z* 和 *w* 用于深度缓冲或透视校正
Matrix/operation	矩阵/操作
Model transform	模型变换
An object-level property set for each object	每个对象的对象级属性集合
View transform	视图变换
Usually set once when setting up the scene	通常在建立场景时设置一次
Clip matrix	裁剪矩阵
a.k.a. "projection matrix." Adjusts for zoom and near/far clip distances. Prepares for projection	也称为"投影矩阵"。调整缩放和近裁剪面/远裁剪面，准备投影
Homogeneous divide	齐次除法
Divide *x*, *y* and *z* by *w*. Performed by the graphics API	将 *x*、*y* 和 *z* 除以 *w*，由图形 API 执行
Map to window	映射到窗口
Scale by window size and offset by window center. Performed by the graphics API	按窗口大小缩放，并且按窗口中心偏移。由图形 API 执行
Concatenated into one object-to-clip matrix, which is used inside the vertex shader	连接到一个从对象空间变换到裁剪空间的矩阵中，在顶点着色器内使用

　　这里提到的坐标空间都是最重要也是最常见的空间，但还有一些坐标空间也可用于计算机图形。例如，投射的光可能有自己的空间，与相机空间基本相同，只是从光线"看"到场景的角度来观察。当光投射图像（有时称为图案）并且还用于阴影贴图以确定光是否可以"看到"给定点时，该空间是很重要的。

　　另一个变得非常重要的空间是切线空间（Tangent Space），它是对象表面上的局部空间。一个基矢量是表面法线，另外两个基矢量与表面局部相切，基本上建立了一个在该点表面上"扁平"的二维坐标空间。可以通过许多不同的方式来确定这些基矢量，但到目前为止，建立这样的坐标空间的最常见原因是用于凹凸贴图及其相关技术。关于切线空间的更完整的讨论需要等到在第 10.5 节讨论纹理映射之后，所以第 10.9.1 节将回到这个主题。切线空间有时也称为表面局部空间（Surface-Local Space）。

10.4　多边形网格

　　要渲染场景，需要对该场景中的几何体进行数学描述。有若干种不同的方法可供选择。本节将重点介绍对于实时渲染来说最重要的一个：三角形网格（Triangle Mesh）。但首先，不妨来介绍一些替代性方法以获得一些背景知识。构造实体几何（Constructive Solid Geometry，CSG）是一种对图元使用布尔运算符（并集、交集、差集）来描述对象形状的系统。在视频游戏中，CSG 对于快速原型制作工具特别有用，虚幻引擎（Unreal Engine）就是一个值得注意的例子。另一种通过建模体积而不是表面来工作的技术是变形球（Metaballs），在 9.1 节描述了它是一种表示流体和有机形状的隐式方法。CSG、变形球和其他体积描述方法在特定领域非常有用，但是对于渲染（尤其是实时渲染）来说，我们感兴趣的是对象表面的描述，并且很少需要确定给定点是否在内部或在这个表面之外。实际上，表面不需要封闭，甚至也不需要定义相干体积。

最常见的表面描述是多边形网格（Polygon Mesh），你可能已经意识到它。在某些情况下，允许形成对象表面的多边形具有任意数量的顶点是有用的。这通常是导入和编辑工具的任务。然而，对于实时渲染而言，现代硬件已经针对三角形网格进行了优化，三角形网格同样是多边形网格，其中的每个多边形都是三角形。通过将每个多边形分别分解为三角形，可以将任何给定的多边形网格转换为等效的三角形网格，在第 9.7.3 节对此已有简要介绍。另外，在第 9.6 节和第 9.7 节中还分别介绍了三角形和多边形背景知识中的许多重要概念。下面关注的是如何在网格中连接多个三角形。

存储三角形网格的一种非常直接的方法是使用三角形数组，如代码清单 10.4 所示。

代码清单 10.4　三角形网格的简单表示方式

```
struct Triangle {
    Vector3 vertPos[3];          // 顶点位置
};

struct TriangleMesh {
    int triCount;                // 三角形的数量
    Triangle * triList;          // 三角形数组
};
```

对于某些应用程序，这种简单的表示方式可能就足够了。但是，术语"网格"意味着相邻三角形之间的连通程度，并且这种连通性在上面的简单表示方式中并未体现出来。三角形网格中有以下 3 种基本类型的信息：

❑　顶点（Vertex）。每个三角形都有 3 个顶点。每个顶点可以由多个三角形共享。顶点的效价（Valence）指的是连接到顶点的面数。

❑　边（Edge）。边连接两个顶点。每个三角形有 3 条边。在许多情况下，每条边都由两个面共享，但肯定有例外。如果对象未封闭，则可以存在仅具有一个相邻面的开放边（Open Edge）。

❑　　面（Face）。这些是三角形的表面（Surface）。可以将面存储为 3 个顶点的列表或三条边的列表。

存在多种方法来有效地表示该信息，这取决于最常在网格上执行的操作。下面将重点介绍一种称为索引三角形网格（Indexed Triangle Mesh）的标准存储格式。

10.4.1　索引三角网格

索引三角形网格由两个列表组成：顶点列表和三角形列表。具体介绍如下：

❑　　每个顶点包含一个三维中的位置。还可以在顶点级别存储其他信息，例如纹理映射坐标、表面法线或照明值。

❑　　三角形由 3 个整数表示，这 3 个整数索引到顶点列表中。一般来说，列出这些顶点的顺序很重要，因为可以认为面分正（Front）面和背（Back）面。在采用左手约定的情况下，从正面看时，顶点按顺时针顺序列出。其他信息也可以存储在三角形级别，例如包含三角形的平面的预计算法线、表面属性（如纹理图）等。

代码清单 10.5 显示了一个高度简化的示例，它演示了在 C 语言中如何存储索引三角形网格信息。

代码清单 10.5　索引三角形网格

```
// 结构体 Vertex 是存储在顶点级别的信息
struct Vertex {

    // 顶点的三维位置
    Vector3 pos;

    // 其他信息可能包括：
    // 纹理映射坐标、
    // 表面法线、照明值等
};

// 结构体 Triangle 是存储在三角形级别的信息
struct Triangle {

    // 索引到顶点列表中。
    // 实际上，几乎都是使用 16 位索引而不是 32 位，
    // 以节约内存和带宽
    int vertexIndex[3];
```

```
    // 其他信息还可以包括：
    // 法线、材质信息等
};

// 结构体 TriangleMesh 存储索引的三角形网格
struct TriangleMesh {

    // 顶点
    int    vertex Count;
    Vertex * vertexList;

    // 三角形
    int    triangleCount;
    Triangle * triangleList;
};
```

图 10.11 显示了如何将立方体和金字塔表示为多边形网格或三角形网格。请注意，这两个对象都是具有 13 个顶点的单个网格的一部分。较浅、较粗的线显示的是多边形的轮廓，较细的深绿色线显示的是添加边以三角剖分多边形网格的一种方法。

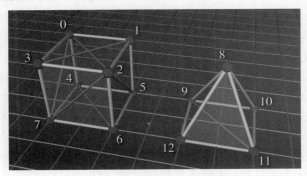

图 10.11　包含立方体和金字塔的简单网格

假设原点直接位于两个对象之间的"地面"上，则顶点坐标可能如表 10.3 所示。

表 10.3　在示例网格中的顶点位置

0	(−3, 2, 1)	4	(−3, 0, 1)	8	(2, 2, 0)	12	(1, 0, −1)
1	(−1, 2, 1)	5	(−1, 0, 1)	9	(1, 0, 1)		
2	(−1, 2, −1)	6	(−1, 0, −1)	10	(3, 0, 1)		
3	(−3, 2, −1)	7	(−3, 0, −1)	11	(3, 0, −1)		

表 10.4 显示了将形成此网格的面的顶点索引，它既可以形成多边形网格，也可以形

成三角形网格。请记住，顶点的顺序很重要。从外面观察时，它们按顺时针顺序列出。开发人员应该研究这些数字，直到确定完全理解它们为止。

表 10.4　形成样本网格的面的顶点索引既可以形成多边形网格，也可以形成三角形网格

描　　述	顶点索引（多边形网格）	顶点索引（三角形网格）
立方体顶面	{0, 1, 2, 3}	{1, 2, 3}, {1, 3, 0}
立方体正面	{2, 6, 7, 3}	{2, 6, 7}, {2, 7, 3}
立方体右面	{2, 1, 5, 6}	{2, 1, 5}, {2, 5, 6}
立方体左面	{0, 3, 7, 4}	{0, 3, 7}, {0, 7, 4}
立方体背面	{0, 4, 5, 1}	{0, 4, 5}, {0, 5, 1}
立方体底面	{4, 7, 6, 5}	{4, 7, 6}, {4, 6, 5}
金字塔正面	{12, 8, 11}	{12, 8, 11}
金字塔左面	{9, 8, 12}	{9, 8, 12}
金字塔右面	{8, 10, 11}	{8, 10, 11}
金字塔背面	{8, 9, 10}	{8, 9, 10}
金字塔底面	{9, 12, 11, 10}	{9, 12, 11}, {9, 11, 10}

顶点必须按顺时针顺序列在一个面上，但哪一个被认为是"第一个"顶点并不重要，它们可以在不改变网格的逻辑结构的情况下循环。例如，形成立方体顶部的四边形可以等效地给出为{1,2,3,0}、{2,3,0,1}或{3,0,1,2}。

如代码清单 10.5 中的注释所示，每个顶点几乎总是存储附加数据，如纹理坐标、表面法线、基矢量、颜色、蒙皮数据等。在后文介绍使用这些数据的技术时，将会详细讨论它们。附加数据也可以存储在三角形级别，例如指示用于该面的材质的索引，或该面的平面方程（其中一部分是表面法线——参见第 9.5 节）。这对于编辑或在软件中执行网格操作的其他工具都非常有用。当然，对于实时渲染来说，我们很少将数据存储在 3 个顶点索引之外的三角形级别上。实际上，最常见的方法并不是使用 struct Triangle，而是将整个三角形列表简单地表示为一个数组（如 unsigned short triList[]），其中，数组的长度是三角形的数量乘以 3。具有相同属性的三角形被分组为批次，以便可以按这种最佳格式将整批的批次送入 GPU。在回顾了为每个顶点存储额外数据所需要的许多概念之后，第 10.10.2 节介绍了如何将这些数据提供给图形 API 的若干个更具体的示例。顺便说一句，作为一般规则，如果开发人员不需要使用相同的网格类进行渲染和编辑，则事情会容易得多。开发需求各有不同，那些具有更大灵活性的、更庞大的数据结构最适合在工具软件、导入程序或其他类似软件中使用。

请注意，在索引三角形网格中，边不是显式存储的，而是隐式存储索引三角形列表中包含的邻接信息：要定位三角形之间的共享边，必须搜索三角形列表。在代码清单 10.4

中，我们的原始而简单的"三角形数组"格式没有任何逻辑连接信息（尽管我们可以尝试通过比较顶点位置或其他属性来检测边上的顶点是否相同）。令人惊讶的是，与扁平方法相比，索引表示中包含的"额外"连接信息实际上导致在大多数情况下内存使用减少。其原因在于，与单个整数索引相比，以简单的扁平格式复制的存储在顶点级别的信息相对较大（至少必须存储一个三维矢量位置）。在实际出现的网格中，典型的顶点的效价大约为 3~6，这意味着扁平格式会复制相当多的数据。

简单的索引三角形网格方案适用于许多应用程序，包括非常重要的渲染。但是，对三角形网格的某些操作需要更高级的数据结构才能更有效地实现。基本问题是三角形之间的接近度（Adjacency）没有明确表达，必须通过搜索三角形列表来提取。存在使得该信息在恒定时间内可用的其他表示技术。其中一个思路是明确地维护边列表，可以通过列出末端的两个顶点来定义每条边。还可以维护一个共享边的三角形列表，然后将三角形视为 3 个边的列表而不是 3 个顶点的列表，因此，它们将作为 3 个索引存储到边列表而不是顶点列表中。这种思路的扩展被称为翼边模型（Winged-Edge Model）（详见参考文献[22]），该模型还将为每个顶点存储对使用顶点的一条边的引用。开发人员可以智能地遍历边和三角形，以快速定位使用顶点的所有边和三角形。

10.4.2 表面法线

表面法线在图形中可用于多种不同的目的。例如，计算适当的照明（参见第 10.6 节），以及执行背面剔除（Backface Culling）操作（参见第 10.10.5 节）。一般来说，表面法线是垂直于表面的单位矢量。[①] 我们可能对给定面的法线感兴趣，在这种情况下，我们感兴趣的表面是包含面的平面。通过使用第 9.5 节中的技术，可以轻松计算多边形的表面法线。

顶点法线则有一点麻烦。首先，应该注意的是，严格地说，在顶点（或相关的边）处没有真实的表面法线，因为这些位置标记了多边形网格的表面中的不连续性。相反，出于渲染目的，我们通常会将多边形网格解释为对某些光滑表面的近似。所以，我们不想要多边形网格定义的分段线性表面（Piecewise Linear Surface）的法线，相反，我们要的是（近似）光滑表面的表面法线。

顶点法线的主要目的是照明。实际上，每个照明模型都会在被照明的地点采用表面法线作为输入。实际上，表面法线是渲染方程本身的一部分（在 Lambert 因子中），因此，即使 BRDF 不依赖于它，它也始终是一项输入。虽然只在顶点处有可用的法线，但我们仍需要在整个表面上计算照明值。那该怎么办呢？如果硬件资源允许（硬件制造商

[①] 在某些情况下，这不是绝对必要的，但在实践中我们几乎总是使用单位矢量。

们经常是这样宣传的），则可以通过内插顶点法线并重新归一化结果，来近似对应于给定面上任何点的连续表面的法线。该技术如图 10.12 所示，它显示了一个圆柱体（黑色圆圈）的横截面，该圆柱体由六角形棱镜（蓝色轮廓）近似。顶点处的黑色法线是真实的表面法线，而内部法线则通过插值近似（使用的实际法线是将这些法线拉伸到单位长度的结果）。

一旦在给定点处得到法线，就可以按每个像素执行完整的照明方程。这也称为每个像素着色（Per-Pixel Shading）。[①] 对于每个像素着色，还有另一种策略，称为 Gouraud[②] 着色（Gouraud Shading）（详见参考文献[26]），它是仅在顶点级别执行照明计算，然后跨面插入结果本身，而不是法线。这需要的计算较少，并且仍然可以在某些系统（例如任天堂 Wii）上完成。

图 10.13 显示了使用不同边数的圆柱体的每个像素照明的效果。最右侧的圆柱体使用了 32 个边的棱镜逼近圆柱体，虽然其中的轮廓边仍显示出几何体的低多边形性质，但这种近似光滑表面的方法确实可以使非常低分辨率的网格看起来很"平滑"。从视觉效果上看，即便是使用 5 个边的棱镜都非常有说服力。

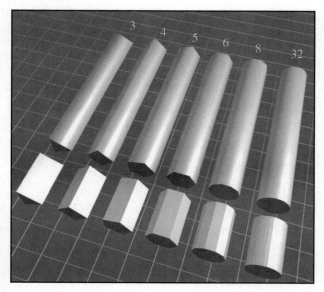

图 10.13　使用不同边数的棱镜逼近圆柱体

图 10.12　由六角棱镜近似的圆柱体

[①] 这种内插顶点法线的技术有时也被称为 Phong 着色（Phong Shading），但是请不要把它与用于镜面反射的 Phong 模型混淆在一起，它们不是一回事。

[②] 发音为"葛罗"。

　　在理解了法线是如何插值，以便近似地重建一个曲面（Curved Surface）之后，现在来看一看如何获得顶点法线。根据三角形网格的生成方式，可能无法获得此类现成信息。但如果网格是以程序方式生成的（例如，从参数化曲面生成），则此时可以提供顶点法线。或者，开发人员也可以简单地将建模包中的顶点法线作为网格的一部分。但是，有时候并没有现成的表面法线可用，所以开发人员必须通过解释可用的唯一信息（顶点位置和三角形）来近似它们。一个有效的技巧是平均相邻三角形的法线，然后重新归一化该结果。代码清单 10.6 即演示了这种经典技术。

代码清单 10.6　将顶点法线计算为相邻面法线平均值的简单方法

```
struct Vertex {
    Vector3 pos;
    Vector3 normal;
};
struct Triangle {
    int     vertexIndex[3];
    Vector3 normal;
};
struct TriangleMesh {
    int       vertexCount;
    Vertex    * vertexList;
    int       triangleCount;
    Triangle  * triangleList;

    void computeVertexNormals() {

        // 先清除顶点法线
        for (int i = 0 ; i < vertexCount ; ++i) {
            vertexList[i].normal.zero();
        }

        // 现在添加面法线
        // 到相邻顶点的法线中
        for (int i = 0 ; i < triangleCount ; ++i) {

            // 简洁获取方式
            Triangle &tri = triangleList[i];

            // 计算三角形法线
            Vector3 v0 = vertexList[tri.vertexIndex[0]].pos;
            Vector3 v1 = vertexList[tri.vertexIndex[1]].pos;
            Vector3 v2 = vertexList[tri.vertexIndex[2]].pos;
```

```
        tri.normal = cross(v1-v0, v2-v1);
        tri.normal.normalize();

        // 对相邻顶点求和
        for (int j = 0 ; j < 3 ; ++j) {
            vertexList[tri.vertexIndex[j]].normal += tri.normal;
        }
    }

    // 最后，平均并归一化该结果
    // 请注意，在其他一些情况下，
    // 如果顶点是独立的（非用于三角形），则该计算会失败
    for (int i = 0 ; i <vertexCount ; ++i) {
        vertexList[i].normal.normalize();
    }
    }
};
```

　　通过对面法线（Face Normal）求平均值来计算顶点法线，这是一种经过验证的技术，在大多数情况下效果很好。但是，有一些事情需要注意。首先，有时网格被认为应该具有不连续性（Discontinuity），如果不小心的话，这种不连续性将被"平滑"抹去。以一个非常简单的盒子为例，其边缘应该有明显的照明不连续性。但是，如果使用根据表面法线的平均值计算的顶点法线，则没有照明不连续性，如图 10.14 所示。

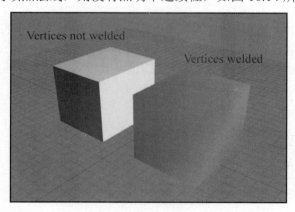

图 10.14　右侧图形的框边缘不可见，因为每个角只有一个法线

原　　文	译　　文
Vertices not welded	顶点未连接在一起
Vertices welded	顶点已连接

这里的基本问题是无法正确表示盒子边缘的表面不连续性，因为每个顶点只存储一个法线。这个问题的解决方案是"分离"面。换句话说，可以沿着存在真正几何不连续性的边复制顶点，创建拓扑不连续性以防止顶点法线被平均。执行此操作后，面不再从逻辑上进行连接，但网格拓扑中的此接缝并不会导致许多重要任务（例如渲染和光线追踪）出现问题。表 10.5 显示了具有 8 个顶点的已平滑的盒子网格。将该网格与表 10.6 中的网格进行比较，可以看到表 10.6 中的面已经分离，从而产生了 24 个顶点。

表 10.5　带有已连接顶点和平滑边缘的盒子的多边形网格

顶　点			面	
#	位　置	法　线	描　述	索　引
0	(−1, +1, +1)	[−0.577, +0.577, +0.577]	顶面	{0, 1, 2, 3}
1	(+1, +1, +1)	[+0.577, +0.577, +0.577]	正面	{2, 6, 7, 3}
2	(+1, +1, −1)	[+0.577, +0.577, −0.577]	右面	{2, 1, 5, 6}
3	(−1, +1, −1)	[−0.577, +0.577, −0.577]	左面	{0, 3, 7, 4}
4	(−1, −1, +1)	[−0.577, −0.577, +0.577]	背面	{0, 4, 5, 1}
5	(+1, −1, +1)	[+0.577, −0.577, +0.577]	底面	{4, 7, 6, 5}
6	(+1, −1, −1)	[+0.577, −0.577, −0.577]		
7	(−1, −1, −1)	[−0.577, −0.577, −0.577]		

表 10.6　盒子的多边形网格，该盒子具有分离的面和边缘处的照明不连续性

顶　点			面	
#	位　置	法　线	描　述	索　引
0	(−1, +1, +1)	[0, +1, 0]	顶面	{0, 1, 2, 3}
1	(+1, +1, +1)	[0, +1, 0]	正面	{4, 5, 6, 7}
2	(+1, +1, −1)	[0, +1, 0]	右面	{8, 9, 10, 11}
3	(−1, +1, −1)	[0, +1, 0]	左面	{12, 13, 14, 15}
4	(−1, +1, −1)	[0, 0, −1]	背面	{16, 17, 18, 19}
5	(+1, +1, −1)	[0, 0, −1]	底面	{20, 21, 22, 23}
6	(+1, −1, −1)	[0, 0, −1]		
7	(−1, −1, −1)	[0, 0, −1]		
8	(+1, +1, −1)	[+1, 0, 0]		
9	(+1, +1, +1)	[+1, 0, 0]		
10	(+1, −1, +1)	[+1, 0, 0]		
11	(+1, −1, −1)	[+1, 0, 0]		
12	(−1, +1, +1)	[−1, 0, 0]		

	顶　　　点		面	
#	位　　　置	法　　　线	描　　　述	索　　　引
13	(−1, +1, −1)	[−1, 0, 0]		
14	(−1, −1, −1)	[−1, 0, 0]		
15	(−1, −1, +1)	[−1, 0, 0]		
16	(+1, +1, +1)	[0, 0, +1]		
17	(−1, +1, +1)	[0, 0, +1]		
18	(−1, −1, +1)	[0, 0, +1]		
19	(+1, −1, +1)	[0, 0, +1]		
20	(+1, −1, −1)	[0, −1, 0]		
21	(−1, −1, −1)	[0, −1, 0]		
22	(−1, −1, +1)	[0, −1, 0]		
23	(+1, −1, +1)	[0, −1, 0]		

当两个面背靠背放置时，会出现这种情况的极端版本。这种无限薄的双面几何形状可以出现在树叶、布料和广告牌等对象上。在这种情况下，由于法线正好相反，因此对它们求平均值会产生零矢量，这不能被归一化。最简单的解决方案是分离面，使顶点法线不会平均在一起。或者如果正面和背面是镜像，则两个"单面"多边形可以用一个"双面"多边形替换。这需要在渲染过程中进行特殊处理以禁用背面剔除（详见第 10.10.5 节）并智能地处理照明方程中的法线。

一个更微妙的问题是，求平均值将偏向于产生具有相同法线的大量三角形。例如，考虑图 10.11 中索引 1 处的顶点。该顶点与立方体顶部的两个三角形相邻，但右侧只有一个三角形，背面只有一个三角形。通过对三角形法线求平均值而计算的顶点法线是有偏差的，因为顶面法线基本上会获得两倍于每个侧面法线的"投票"。但是这个拓扑结构是任意决定在哪里绘制边以对立方体的面进行三角剖分的结果。例如，如果通过在顶点 0 和 2 之间绘制边来对顶面进行三角剖分（这称为"转动"边），则顶面上的所有法线都会发生变化。

为处理该问题，出现了一些技术，例如基于与顶点相邻的内角对每个相邻面的贡献进行加权，但在实践中，它经常被忽略。大多数真正可怕的例子就是像这样的人为设计，即无论如何都要分离面。此外，法线是从近似值开始的，而那些具有轻微扰动的法线通常也难以在视觉上予以识别。

虽然一些建模软件包可以为开发人员提供顶点法线，但较少提供凹凸映射（Bump Mapping）所需的基矢量。正如将在第 10.9 节中看到的，用于合成顶点基矢量的技术与此处描述的技术类似。

在继续新内容之前，这里必须介绍一个关于表面法线的非常重要的事实。在某些情况下，它们不能通过用于变换位置的相同矩阵进行转换（这是一个完全独立的问题，因为法线不应该像位置那样被平移），原因是法线是协变矢量（Covariant Vector）。"常规"矢量（例如位置和速度）被认为是逆变（Contravariant）的：如果缩放用于描述矢量的坐标空间，则坐标将按相反的方向响应；如果使用具有更大缩放的坐标空间（例如，使用米而不是英尺），则逆变矢量的坐标将通过变小来响应相反的情况。请注意，这完全与缩放有关，该讨论并不涉及平移和旋转。法线和其他类型的渐变（称为双矢量）不会像这样。

想象一下，假设水平拉伸一个二维对象（如圆形），如图 10.15 所示。请注意，法线（右图中以浅蓝色显示）开始更垂直地转向点——法线的水平坐标在绝对值上减小，而位置的水平坐标在增加。对象的拉伸（当坐标空间保持不变时，对象变大）与在缩放坐标空间的同时保持对象的大小相同具有相同的效果。法线的坐标在与坐标空间的缩放相同的方向上变化，这就是它们被称为协变矢量的原因。

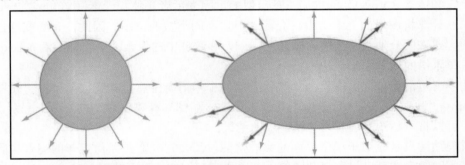

图 10.15　使用非均匀缩放变换法线。浅红色矢量显示法线乘以用于变换对象的相同变换矩阵的结果；暗红色矢量是它们的归一化版本；浅蓝色矢量显示的是正确的法线

为了正确地变换曲面法线，必须使用用于变换位置的矩阵的逆转置（Inverse Transpose），也就是说，转换和求逆矩阵的结果。由于它有时表示为 $\mathbf{M}^{-T}$，因此由 $(\mathbf{M}^{-1})^{T} = (\mathbf{M}^{T})^{-1}$ 可知，无论是先转置，还是先求逆，都无关紧要。如果变换矩阵不包含任何缩放（或倾斜），则矩阵是正交的，因此逆转置与原始矩阵完全相同，并且可以使用此变换安全地变换法线；如果矩阵包含均匀缩放，那么仍然可以忽略它，但必须在转换它们之后重新归一化法线；如果矩阵包含非均匀缩放（或偏斜，这与非均匀缩放和旋转结合在一起的情况无法区分），那么为了正确地变换法线，必须使用逆转置变换矩阵，然后重新归一化所得到的变换法线。

提示：

　　一般来说，必须使用用于变换位置的矩阵的逆转置来变换法线。如果变换矩阵没有缩放，则可以安全地忽略这一点；如果矩阵包含均匀缩放，那么所需要的只是在变换后重新归一化法线；如果矩阵包含非均匀缩放，则必须使用逆转置变换并在变换后重新归一化。

10.5　纹理映射

　　对象的外观变化比它的形状要多得多。不同的对象具有不同的颜色，表面上有不同的图案。捕获这些特性的一种简单而有效的方法是通过纹理映射（Texture Mapping）。纹理贴图（Texture Map）是"粘贴"到对象表面的位图图像。开发人员不是要通过纹理映射来控制每个三角形或每个顶点的对象的颜色，而是要在更精细的层次——每个纹理元素（Texel）上控制颜色。所谓纹理元素是指纹理贴图中的单个像素。Texel 是一个方便用词，你可以将它理解为 Texture Pixel 的简称，出于这个原因，也有人称之为"纹素"。显然，它和体素（Voxel）的构词法是类似的，因为后者是体积元素（Volume Pixel）的简称。在计算机图形的上下文中，会谈到很多不同类型的位图，因此，有必要通过一个简洁的方式来区分帧缓冲区中的像素（Pixel）和纹理中的像素——纹理元素（Texel），这就是该术语的简单由来。

　　初学者可能会被"贴图"和"映射"这两个术语所困惑，其实很简单，"贴图"对应 Map，"映射"对应 Mapping。还有很多的"贴图"和"映射"也是这个关系。总而言之，可以将"贴图"理解为"映射"的结果。

　　纹理贴图只是应用于模型表面的常规位图。那么它究竟是如何工作的呢？实际上，有许多不同的方法可以将纹理贴图应用到网格上。例如，平面映射（Planar Mapping）可以将纹理按正交方式投影到网格上。此外还有球体映射（Spherical Mapping）、圆柱形映射（Cylindrical Mapping）和立方体映射（Cubic Mapping）等类型，它们都是围绕对象"包裹"纹理的各种不同方法。目前，这些技术的细节对我们来说并不重要，因为 3ds Max 等建模软件包会处理这些用户界面问题。纹理映射的关键要点是，在网格表面上的每个点处，可以获得纹理映射坐标（Texture-Mapping Coordinate），它将定义纹理贴图中与该三维位置对应的二维位置。传统上，这些坐标分配了变量(u, v)，其中，u 是水平坐标，v 是垂直坐标。因此，纹理映射坐标通常称为 UV 坐标（UV Coordinate）或简称为 UV。

　　虽然位图具有不同的大小，但是 UV 坐标将被归一化，使得映射空间在图像的整个宽度（u）或高度（v）上的取值范围为 0～1，而不是取决于图像尺寸。这个空间的原点位于图像的左上角（这是 DirectX 风格的约定），或者在左下角（这是 OpenGL 的约定）。

本书将使用 DirectX 约定。图 10.16 显示了我们在若干个
示例中使用的纹理贴图以及 DirectX 风格的坐标约定。

　　原则上，如何确定表面上给定点的 UV 坐标并不重
要。然而，即使 UV 坐标是动态计算的，而不是由艺术
家编辑的，我们通常也只是在顶点级别计算或指定 UV
坐标，并且通过插值获得某个面的任意内部位置的 UV
坐标。可以将纹理贴图想象成一块弹力布，当将纹理贴
图坐标指定给一个顶点时，就好像使用一根大头针将该
弹力布固定在那些 UV 坐标上，以便通过这种方式将布
钉在该顶点的表面上。由于每个顶点都有一根大头针，
因此整个表面都会被覆盖贴图。

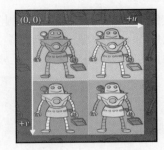

图 10.16　纹理贴图示例，根据
DirectX 约定标记 UV 坐标，
将原点放置在左上角

　　现在不妨来看一些例子。图 10.17 显示了单个纹理映射的四边形。可以看到，分配给
顶点的 UV 值是不一样的。第二排的图片显示了纹理的 UV 空间。开发人员应该仔细研
究这些示例，直到确定理解它们为止。

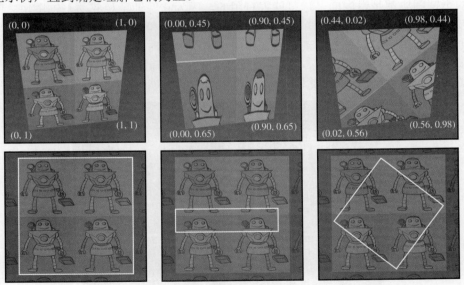

图 10.17　纹理映射四边形，对顶点分配了不同的 UV 坐标

　　允许在[0, 1]范围之外的 UV 坐标，实际上非常有用。这种坐标可以按各种方式解释。
最常见的处理模式是重复（Repeat）——也称为平铺（Tile），另外还有一种模式是锁住
（Clamp）。使用重复模式时，丢弃整数部分，仅使用小数部分，使纹理重复，如图 10.18
的左侧所示。如果使用的是锁住模式，则当使用范围[0, 1]之外的坐标访问位图时，它会

被锁住在范围内，这具有对超出范围的区域复制位图的边缘像素的效果，如图 10.18 的右侧所示。这两种情况下的网格都是相同的：具有 4 个顶点的单个多边形，并且网格具有相同的 UV 坐标。唯一的区别是如何解释[0, 1]范围之外的坐标。

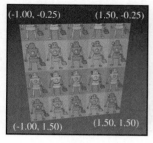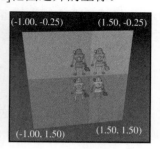

重复　　　　　　　　　　　　锁住

图 10.18　两种纹理处理模式（重复和锁住）比较

某些硬件可能还支持其他选项，如镜像（Mirror），这类似于重复，区别在于每一个其他的平铺图块都是镜像的（这可能很有用的，因为它保证了相邻的平铺图块之间不存在"接缝"）。在大多数硬件上，可以独立地为 u 坐标和 v 坐标设置处理模式。重要的是要理解这些规则是在最后时刻（当坐标用于索引纹理时）应用的。顶点处的坐标不受任何限制，也不需要任何处理；否则，它们无法跨面正确插值。

图 10.19 显示了最后一个比较示例：相同的网格以两种不同的方式进行了纹理映射。

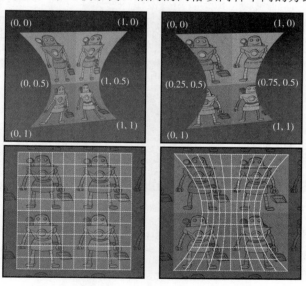

图 10.19　纹理映射并不是只能处理成单个四边形的东西

10.6　标准局部照明模型

在渲染方程中，BRDF 描述了给定频率和入射方向的光的散射分布。不同表面之间的分布差异恰恰是导致这些表面（甚至同一物体上的不同表面点）看起来彼此不同的原因。大多数 BRDF 通过某种公式在计算机中表达，公式中的某些数字被调整以匹配所需的材质属性。公式本身通常被称为照明模型（Lighting Model），进入公式的特定值来自分配给表面的材质（Material）。游戏引擎通常只使用少数几种照明模型，即使场景中的材质可能非常多样化，并且可能存在数千种不同的 BRDF。实际上，就在几年前，几乎所有实时渲染都是通过单一照明模型完成的。即便在今天，这种做法也不稀奇。

这种照明模型无处不在，它被硬连线到 OpenGL 和 DirectX 的渲染 API 中。尽管 API 的这些较旧部分已经在具有可编程着色器的硬件上有效地成为传统功能，但标准模型仍然常用于通用着色器框架、通用常量和插值中。可用的多样性和灵活性通常用于确定将参数输入模型的最佳方式（例如，通过一次执行多次照明，或者使用延迟着色完成所有照明），而不是使用不同的模型。但是，在撰写本书时，即使忽略可编程着色器，最流行的视频游戏机任天堂 Wii[1] 已经硬连线支持该标准模型。

本节的主题是早期的标准照明模型。由于它的发展先于 BRDF 和渲染方程的框架至少十年，所以我们将首先简述其创建过程，然后在这个背景下介绍该模型。这种符号和视角在今天的文献中仍然占主导地位，这就是为什么我们认为应该用自己的方式提出这个想法。在此过程中，我们将展示模型的一个分量（漫反射分量）如何建模为 BRDF。标准模型在当前很重要，但如果开发人员想为将来做好准备，则必须了解渲染方程。

10.6.1　标准照明公式：概述

Bui Tuong Phong 在 1975 年介绍了标准照明模型背后的基本概念（详见参考文献[54]）。在那个年代的思考重点是快速模拟直接反射的方法。虽然研究人员当然理解间接光的重要性，但这在当时可谓一种负担不起的奢侈品。因此，虽然渲染方程（如前文所述，在标准模型提出之后大约十年左右，它才成为关注焦点）是从任何特定方向的一个点传出的辐射亮度方程，但是在那个年代，唯一一个重要的传出方向就是指向眼睛的方向。类似地，虽然渲染方程考虑了来自围绕表面法线的整个半球的入射光，但如果忽略了间接

---

[1]　这是一个非常重要的教训。逼真的图形对于骨灰级玩家来说可能很重要，但是对于更普通的观众而言，它们并不像我们曾经认为的那么重要。最近 Facebook 游戏（都是一些小游戏）受欢迎程度的激增进一步凸显了这一点。

光，那么就不需要在所有入射方向上投射光，只需要考虑那些针对光源的方向。在第 10.7 节中将更详细地研究光源在实时图形中建模的一些不同方式，但是对于本节来说重要的一点是，光源在那个年代并没有被理解为场景中的发光表面，因为被这样理解的光源仅存在于渲染方程和现实世界中。相反，对于那个年代来说，光是没有任何相应几何体的特殊实体，并且被模拟为从单个点发射。因此，计算并没有包含方向的立体角，该方向对应于光源发射表面在半球（围绕 **x**上）的投影，而只是关心光的单个入射方向。总而言之，标准模型的最初目标是确定在相机方向上反射回来的光，仅考虑从有限数量的方向入射的直接反射，每个光源一个方向。

现在再来聊一聊这个模型。其基本思路是将进入眼睛的光分为 4 个不同的类别，每个类别都有一种独特的方法来计算其贡献。

❑ 发光（Emissive）贡献，表示为 c_{emis}，与渲染方程相同。它告诉我们在给定方向上直接从表面发射的辐射亮度。请注意，如果没有全局照明技术，这些表面实际上不会点亮任何东西（除了它们自己）。

❑ 镜面（Specular）贡献，表示为 c_{spec}，解释为直接从光源入射的光，该光源优先散射在完美的"镜面反弹"方向。

❑ 漫反射（Diffuse）贡献，表示为 c_{diff}，解释为直接从光源入射的光，该光源均匀地散射在每个方向上。

❑ 环境光（Ambient）贡献，表示为 c_{amb}，解释为所有间接光的因子。

字母 **c** 是 contribution（贡献）一词的缩写。注意它是粗体字，表示这些贡献不是代表特定波长光量的标量，而是以某种基色代表的颜色的矢量，具有离散数量的分量（"通道"）。如前文所述，由于人类的视觉系统有 3 种颜色受体，因此通道的数量几乎总是选择为 3 个。在实时图形中，到目前为止，常见的选择是将一个通道设置为红色，另一个通道设置为蓝色，最后一个通道设置为绿色。从高级别的讨论中可以看出，这些细节其实无关紧要（它们不会出现在方程的任何地方），当然，它们是重要的实际考虑因素。

发光一项与渲染方程中的相同，因此没有更多细节可以说。在实践中，发光贡献在任何给定的表面点 **x** 处仅仅是恒定的颜色。镜面反射、漫反射和环境贡献项则相对来说更加复杂，因此接下来的 3 个小节将更详细地讨论每个术语。

10.6.2　镜面反射分量

标准照明模型的镜面反射分量（Specular Component）可以解释为（大部分）按"完美镜面反射"方式反射出表面的光线。镜面反射分量意味着表面具有"闪亮"外观。

较粗糙的表面倾向于以更广泛的方向散射光，这将由第 10.6.3 节中描述的漫反射分量建模。

现在来看一看标准模型如何计算镜面反射的贡献。重要的矢量已标记在图 10.20 中。以下是对该图中的各矢量的具体介绍：

- ❑ **n** 是局部向外指的表面法线（Normal）。
- ❑ **v** 指向观察者（Viewer）。对于这里的"观察者"，有些文献也称为眼睛（Eye），所以它们可能会以符号 **e** 来命名此矢量。
- ❑ **l** 指向光（Light）源。
- ❑ **r** 是反射（Reflection）矢量，它是"完美镜像反射"的方向。它是围绕 **n** 反射 **l** 的结果。
- ❑ θ 是 **r** 和 **v** 之间的角度。

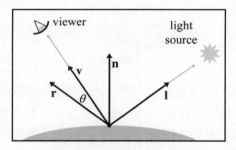

图 10.20　用于镜面反射的 Phong 模型

原　　文	译　　文
viewer	观察者
light source	光源

为方便起见，我们假设所有这些矢量都是单位矢量。本书中的惯例是给矢量加上一顶帽子以表示单位矢量（如 $\hat{\mathbf{n}}$），但这里我们会放弃帽子以避免过度修饰方程式。关于该主题的许多参考资料都使用这些标准变量名称，特别是在视频游戏社区中，它们实际上是行业内约定形式的一部分。在很多求职面试测试中，以这种形式提出问题并不罕见，因为招聘单位会假设求职者已经熟悉这个约定框架。

关于 **l** 矢量，还有一个值得一提的地方。由于光是抽象的实体，因此它们不一定具有"位置"。定向光和 Doom 风格体积光（参见第 10.7 节）就是光的位置可能不明显的示例。这里的关键要点在于，光的位置并不重要，但是用于光的抽象必须有助于在任何给定的着色点处计算入射方向（Direction of Incidence）。它还必须提供入射光的颜色和强度。

在这 4 个矢量中，前 3 个是问题的固有自由度，反射矢量 **r** 是推导出来的量，必须进行计算。其几何结构如图 10.21 所示。

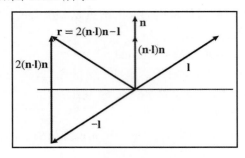

图 10.21　构建反射矢量 **r**

从图 10.21 中可知，反射矢量可以按下式计算：

计算反射矢量在面试中很常见
$\mathbf{r} = 2(\mathbf{n} \cdot \mathbf{l})\mathbf{n} - \mathbf{l}$　　　　　　　　　　　　（10.10）

很多面试主考官都喜欢把这个公式当作一个话题，这就是为什么要把它单独提出来的原因。如果读者要找视频游戏行业相关工作，那么建议读者完全消化图 10.21，以便能够在面试时更好地解释或应用式（10.10）。请注意，如果说假设 **n** 和 **l** 是单位矢量，那么 **r** 也是如此。

现在已经知道 **r**，就可以通过使用镜面反射的 Phong 模型来计算镜面反射的贡献。详见使用式（10.11）。

💡 提示：镜面反射的 Phong 模型

$$\mathbf{c}_{\text{spec}} = (\mathbf{s}_{\text{spec}} \otimes \mathbf{m}_{\text{spec}})(\cos\theta)^{m_{\text{gls}}} = (\mathbf{s}_{\text{spec}} \otimes \mathbf{m}_{\text{spec}})(\mathbf{v} \cdot \mathbf{r})^{m_{\text{gls}}} \qquad (10.11)$$

在这个公式和本书的其他地方，符号 ⊗ 表示颜色的按分量计算的乘法。让我们更详细地看一下这个公式的输入。

首先，考虑 m_{gls}，即材质（Material）的光泽度（Glossiness），也称为 Phong 指数（Phong Exponent）、镜面指数（Specular Exponent），或者仅作为材质的闪亮度（Shininess）。这可以控制热点（Hotspot）的宽度——较小的 m_{gls} 会从热点产生更大、更渐进的衰减，而更大的 m_{gls} 将产生一个非常紧密的热点，并具有急剧的衰减。这里谈论的是反射的热点，请注意不要与聚光灯的热点相混淆。完美的反射表面，如铬，对于 m_{gls} 来说具有极高的值。当光线从入射方向 **l** 撞击表面时，反射方向的变化非常小。它们以围绕 **r** 所描述的方向的非常窄的立体角（"锥形"）反射，具有非常小的散射。不完美反射体的闪亮表面——例如苹果的表面——具有较低的镜面指数，可导致较大的热点。较低的镜面反射指数将模拟不太完美的光线反射。当光线以 **l** 给出的相同入射方向撞击表面时，反射方向的变化更大。分布聚集在反弹方向 **r** 附近，但随着离开 **r**，强度的下降更为渐进。我们将在视觉上直观地展示这种差异。

　　与输入照明方程的所有材质属性一样，m_{gls} 的值可以在表面上变化，并且可以按任何方式确定该表面上任何给定位置的特定值，例如使用纹理贴图（见第 10.5 节）。然而，与其他材质特性相比，这是相对罕见的。实际上，在实时图形中，光泽度值对于整个材质来说是一个常量，并且在表面上基本无变化，这是很常见的设置。

　　式（10.11）中与"光泽度"相关的另一个值是材质的镜面反射颜色（Specular Color），表示为 m_{spec}。如果说 m_{gls} 控制的是热点的大小，那么 m_{spec} 控制的就是其强度和颜色。高反射表面具有更高的 m_{spec} 值，而更多无光泽的表面将具有更低的 m_{spec} 值。如果需要，开发人员可以使用镜面贴图（Specular Map），[①] 通过它来使用位图控制热点的颜色，就像通过纹理贴图控制对象的颜色一样。

　　光镜面颜色（Light Specular Color）表示为 s_{spec}，基本上是光的"颜色"，它包含其颜色和强度。虽然许多光具有单一的恒定颜色，但这种颜色的强度会随距离而减弱（见第 10.7.2 节），这种衰减包含在公式的 s_{spec} 中。此外，即使忽略衰减，相同的光源也可以在不同方向上照射不同颜色的光。对于矩形聚光灯来说，可以从图案片（Gobo）中确定颜色，图案片是投影的位图图像。彩色图案片可用于模拟通过彩色玻璃窗照射的光线，或者可以使用动画图案片来伪造旋转吊扇或风中的大树。我们使用字母 **s** 代表 source（光源）。下标"spec"表示此颜色用于镜面反射计算。不同的光的颜色可用于漫反射计算——这是用于在某些情况下实现特殊效果的照明模型的一个特征，但它没有任何现实意义。在实践中，s_{spec} 几乎总是等于用于漫反射照明的光源的颜色，不出意外，本书将其表示为 s_{diff}。

　　图 10.22 显示了 m_{gls} 和 m_{spec} 的不同值如何影响具有镜面反射的对象的外观。材质的镜面反射颜色 m_{spec} 从最左侧列的黑色变为最右侧列的白色。镜面指数 m_{gls} 在顶行上较大，随后每行逐渐减小。可以看到，最左侧列中的头部看起来都是一样的，这是由于镜面强度为零，镜面指数无关紧要，在任何情况下都没有镜面反射（照明来自漫反射和环境分量，它们将分别在第 10.6.3 节和第 10.6.4 节中详细讨论）。

---

① 糟糕的是，有些人将此图称为光泽贴图（Gloss Map），这在一定程度上混淆了基于每个纹理元素指定的材质属性。

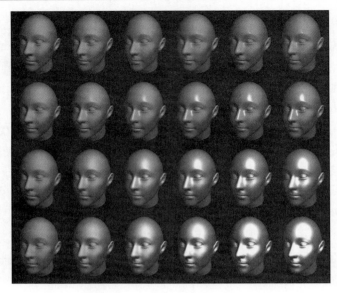

图 10.22　m_{gls} 和 $\mathbf{m}_{\text{spec}}$ 的不同值

　　Blinn 对 Phong 模型进行了略微的修改（详见参考文献[6]），产生了非常相似的视觉效果，但当时是一个重要的优化。在许多情况下，今天的计算速度仍然更快，但要意识到，矢量运算（该模型已经经过了简化）并不总是性能瓶颈。其基本思路是，如果到观察者的距离相对于对象的大小是大的，则 $\mathbf{v}$ 可能被计算一次，然后对整个对象来说就视为是常量。对于光源和矢量 $\mathbf{l}$ 来说也是类似的（事实上，对于定向光，$\mathbf{l}$ 总是常量）。当然，由于表面法线 $\mathbf{n}$ 不是常量，仍然必须计算反射矢量 $\mathbf{r}$，如果可能的话，该计算是我们想要避免的。Blinn 模型引入了一个新的矢量 $\mathbf{h}$，它代表"半途"矢量，是平均 $\mathbf{v}$ 和 $\mathbf{l}$ 的结果，然后对结果进行归一化，公式如下：

半途矢量 h 用于 Blinn 镜面模型
$$\mathbf{h} = \frac{\mathbf{v} + \mathbf{l}}{\|\mathbf{v} + \mathbf{l}\|}$$

　　然后，不使用 $\mathbf{v}$ 和 $\mathbf{r}$ 之间的角度，而是像 Phong 模型那样，使用 $\mathbf{n}$ 和 $\mathbf{h}$ 之间的角度的余弦。情况如图 10.23 所示。

　　Blinn 模型的公式与原始的 Phong 模型非常相似。仅点积部分有变化。

提示：镜面反射的 Blinn 模型

$$\mathbf{c}_{\text{spec}} = (\mathbf{s}_{\text{spec}} \otimes \mathbf{m}_{\text{spec}}) (\cos\theta)^{m_{\text{gls}}} = (\mathbf{s}_{\text{spec}} \otimes \mathbf{m}_{\text{spec}}) (\mathbf{n} \cdot \mathbf{h})^{m_{\text{gls}}}$$

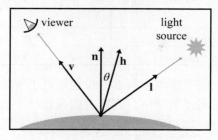

图 10.23　镜面反射的 Blinn 模型

原　　文	译　　文
viewer	观察者
light source	光源

如果观察者和光源距离对象足够远被认为是常量，那么 Blinn 模型在硬件中可以比 Phong 模型更快地实现，因为那时 **h** 是常量并且仅需要计算一次。但是当 **v** 或 **l** 可能不被认为是常量时，Phong 计算可能会更快。正如我们所说，这两个模型产生相似但不完全相同的结果（参见 Fisher 和 Woo 进行的比较，详见参考文献[21]）。二者都是经验模型，并且 Blinn 模型不应被视为"正确"Phong 模型的"近似"。事实上，Ngan 等人已经证明 Blinn 模型具有一些客观优势（详见参考文献[48]），并且更密切匹配某些表面的实验数据。

这里省略的一个细节是，在任一模型中，$\cos\theta$ 可能小于零。在这种情况下，通常可以将镜面反射贡献归零。

10.6.3　漫反射分量

标准照明模型的下一个分量是漫反射分量（Diffuse Component）。与镜面反射分量一样，漫反射分量也模拟直接从光源传播到着色点的光。然而，虽然镜面光解释了优先在特定方向上反射的光，但是漫反射光模拟了由于表面材质的粗糙性质而在所有方向上随机反射的光。图 10.24 比较了光线在完美反射表面和粗糙表面上的反射方式。

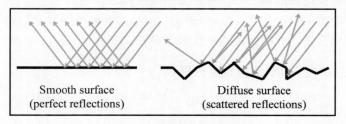

图 10.24　漫反射照明模拟了散射反射

原　　　文	译　　　文
Smooth surface (perfect reflections)	平滑表面（完美反射）
Diffuse surface (scattered reflections)	漫反射表面（散射反射）

　　要计算镜面反射照明，需要知道观察者的位置，以了解眼睛与完美镜面反弹方向的接近程度。相比之下，对于漫反射照明，观察者的位置并不重要，因为反射是随机散射的，无论将相机定位在何处，都很可能会有光线反射到相机所在的方向。然而，由光源相对于表面的位置决定的入射方向 l 是很重要的。前文已经提到过兰伯特定律，但在这里还是要回顾一下，因为 Blinn-Phong 的漫反射部分是它在实时图形中发挥作用的最重要的部分。想象一下，如果计算撞击物体表面并有机会反射到眼睛中的光子，那么垂直于光线的表面每单位面积接收的光子数将多于以掠射角度定向的表面，如图 10.25 所示。

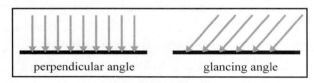

原　　　文	译　　　文
perpendicular angle	垂直角度
glancing angle	掠射角度

图 10.25　垂直于光线的表面每单位面积将接收更多的光

　　请注意，在上述两种情况下，光线之间的垂直距离是相同的（由于示意图中的光学错觉，图 10.25 中右侧的光线可能看起来更远，但实际上并非如此）。因此，光线之间的垂直距离是相同的，但请注意图 10.25 的右侧，它们在相距较远的点上撞击物体。左边的表面接收了 9 条光线，右边的表面只接收 6 条，即使两个表面的"面积"相同。因此，每单位面积的光子数量 [①] 在左侧较高，并且它将显得更亮（所有其他因素相等）。同样的现象也是赤道附近的气候比两极附近气候更加温暖（酷热）的原因。由于地球是圆的，因此来自太阳的光在撞击地球时将以更垂直的角度到达赤道。

　　漫反射照明遵循兰伯特定律（Lambert's Law）：反射光的强度与表面法线和光线之间的角度的余弦成比例。我们将用点积计算该余弦。

　　提示：根据兰伯特定律计算漫反射分量

$$\mathbf{c}_{\text{diff}} = (\mathbf{s}_{\text{diff}} \otimes \mathbf{m}_{\text{diff}})(\mathbf{n} \cdot \mathbf{l}) \tag{10.12}$$

[①] 更准确的辐射度测量术语是辐照度（Irradiance），它测量每单位面积到达的辐射功率。

如前文所述，**n** 是表面法线，**l** 是指向光源的单位矢量。因子 $\mathbf{m}_{\text{diff}}$ 是材质的漫反射颜色，这是大多数人在想到对象的"颜色"时所想到的值。漫反射材质的颜色通常来自纹理贴图。光源的漫反射颜色是 $\mathbf{s}_{\text{diff}}$，这通常等于光的镜面反射颜色 $\mathbf{s}_{\text{spec}}$。

就像镜面反射照明一样，开发人员必须通过将点积锁住为零来防止点积变为负值。这可以防止物体被从后面的光源照亮。

了解在渲染方程的框架中实现漫反射表面的方式非常有启发性。

🖼 **提示：**

漫反射模拟完全随机散射的光，无论入射光的方向如何，任何给定的出射方向都是相同的。因此，完美漫反射表面的双向反射分布函数（BRDF）是一个常量。

请注意，式（10.12）与渲染方程中积分的内容具有相似性，具体如下：

$$L_{\text{in}}(\mathbf{x}, \hat{\omega}_{\text{in}}, \lambda) f(\mathbf{x}, \hat{\omega}_{\text{in}}, \hat{\omega}_{\text{out}}, \lambda)(-\hat{\omega}_{\text{in}} \cdot \hat{\mathbf{n}})$$

第一个因子是入射光的颜色。材质颜色 $\mathbf{m}_{\text{diff}}$ 是 BRDF 的常量值，下文将会介绍它。最后获得了 Lambert 因子。

10.6.4 环境光和发光分量

镜面反射和漫反射照明都考虑了直接从光源传播到物体表面的光线，经过一次"反弹"，然后到达眼睛。然而，在现实世界中，光线在撞击物体并反射到眼睛之前，通常会从一个或多个中间物体反弹。例如，当你在半夜打开冰箱门时，即使冰箱门阻挡了大部分的直射光，整个厨房也会变得更亮一些。

为了对在进入眼睛之前反射一次以上的光进行建模，可以使用称为"环境光"的非常粗略的近似。照明方程的环境部分仅取决于材质的属性和环境照明值，这通常是用于整个场景的全局值。没有任何光源参与计算（实际上，甚至不需要光源）。式（10.13）可用于计算环境分量：

照明方程中的环境光贡献
$\mathbf{c}_{\text{amb}} = \mathbf{g}_{\text{amb}} \otimes \mathbf{m}_{\text{amb}}$ （10.13）

因子 $\mathbf{m}_{\text{amb}}$ 是材质的"环境颜色"。这几乎总是与漫反射颜色相同（通常使用纹理贴图定义）。另一个因素 $\mathbf{g}_{\text{amb}}$ 是环境光值。我们将符号 **g** 用于 Global（全局），因为通常一个全局环境值用于整个场景。当然，也有一些技术（如照明探针），试图提供更局部化和依赖于方向的间接照明。

有时，一束光直接从光源传播到眼睛，而不会撞击其间的任何表面。标准照明方程通过为材质指定发光（Emissive）颜色来解释这种光线。例如，当渲染灯泡的表面时，即使场景中没有其他光源，该表面也可能看起来非常明亮，因为灯泡正在发光。

在许多情况下，发光贡献不依赖于环境因素，它只是材质的发光颜色，定义如下：

发光的贡献仅取决于材质
$\mathbf{c}_{emis} = \mathbf{m}_{emis}$

大多数表面不发光，因此它们的发光分量为 $\mathbf{0}$。具有非零发光分量的表面称为自发光（Self-Illuminated）表面。

重要的是要了解，在实时图形中，自发光表面不会照亮其他表面——你需要一个光源。换句话说，我们实际上并不渲染光源，只渲染那些光源对场景中的表面的影响。我们会渲染自发光表面，但这些表面不会与场景中的其他表面相互作用。但是，当正确使用渲染方程时，发射表面会照亮它们的周围环境。

我们可以选择衰减由于大气条件（例如雾）引起的发射贡献，当然，由于性能的原因，物体本身在远处也将逐渐淡出并消失。但是，如将在第 10.7.2 节所述，一般而言，发光贡献因距离而产生的衰减不应该与光源的衰减方式相同。

10.6.5　照明方程：综合考虑各分量

前面的小节已经详细讨论了照明方程的各个分量。现在是时候给出标准照明模型的完整公式了。具体如下：

一个光源的标准照明方程

$$
\mathbf{c}_{lit} = \begin{matrix} \mathbf{c}_{spec} \\ + \mathbf{c}_{diff} \\ + \mathbf{c}_{amb} \\ + \mathbf{c}_{emis} \end{matrix} = \begin{matrix} (\mathbf{s}_{spec} \otimes \mathbf{m}_{spec}) \max{(\mathbf{n} \cdot \mathbf{h}, 0)}^{m_{gls}} \\ + (\mathbf{s}_{diff} \otimes \mathbf{m}_{diff}) \max{(\mathbf{n} \cdot \mathbf{l}, 0)} \\ + \mathbf{g}_{amb} \otimes \mathbf{m}_{amb} \\ + \mathbf{m}_{emis} \end{matrix}
$$

图 10.26 显示了环境光、漫反射和镜面反射照明分量与其他分量隔离的实际外观（我们忽略了发光分量，假设这个特殊的头像自身并不发光）。

以下是需要注意观察的若干有趣要点：

❑ 耳朵的亮度与鼻子一样明亮，即使它实际上位于头部的阴影中。对于阴影，必须使用阴影贴图等技术来确定光线是否能够实际"看到"阴影点。

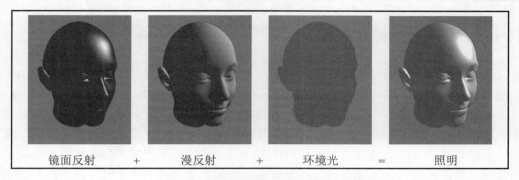

图 10.26　照明方程的每个分量的视觉贡献

- 在前两张图像中，没有环境光，头部背向光线的一侧完全是黑色的。为了照亮物体的"背面"，必须使用环境光。在场景中放置足够的灯光以使每个表面都直接被照明是最好的情况，但现实并非总是如此。米切尔等人提出了一种被称为 Half Lambert（半兰伯特）照明的通用技术（详见参考文献[47]），顾名思义，该算法和兰伯特定律有关，它允许漫反射照明"环绕"到模型的背面，以防止模型被扁平化，并且仅通过环境光照亮。这可以通过用 $\alpha + (1-\alpha)(\mathbf{n} \cdot \mathbf{l})$ 替换标准的 $\mathbf{n} \cdot \mathbf{l}$ 项来轻松完成，其中，α 是可调节的参数，指定额外的环绕效果（Mitchell 等人建议使用 $\alpha = 1/2$，并且他们也将结果进行了平方）。尽管这种调整几乎没有物理基础，但它具有很高的感知效益，特别是它还具有计算成本很小的优点。
- 在仅提供环境照明的情况下，只有轮廓可见。环境照明是一种非常强大的视觉提示，能使对象显示为"三维"效果。这种"卡通"效果的解决方案是在场景中放置足够数量的光源，以使每个表面都直接点亮。

说到多个光源，初学者可能会有一个疑问：多个光源如何与照明方程一起使用？我们必须对所有光源的照明值求和。为了简化符号，将继续进行 $\mathbf{s}_{\text{spec}} = \mathbf{s}_{\text{diff}}$ 这样的几乎通用的假设，然后可以让 $\mathbf{s}_j$ 表示第 j 个光源的颜色，包括衰减因子。索引 j 从 1 变为 n，其中，n 是光源的数量。现在照明方程就变成了如下形式：

多个光源的标准照明方程
$$\mathbf{c}_{\text{lit}} = \sum_{j=1}^{n} \left[(\mathbf{s}_j \otimes \mathbf{m}_{\text{spec}}) \max(\mathbf{n} \cdot \mathbf{h}_j, 0)^{m_{\text{gls}}} + (\mathbf{s}_j \otimes \mathbf{m}_{\text{diff}}) \max(\mathbf{n} \cdot \mathbf{l}_j, 0) \right] \qquad (10.14)$$ $$+ \, \mathbf{g}_{\text{amb}} \otimes \mathbf{m}_{\text{amb}} + \mathbf{m}_{\text{emis}}$$

由于对于任何给定表面仅存在一个环境光值和一个发光分量，因此这些分量不必按每个光源求和。

10.6.6　标准模型的局限性

如今我们拥有可编程着色器的自由度，可以选择我们想要的任何照明模型。由于标准模型有一些相当严重的缺点，你可能会问，"为什么要了解这个古老的历史？"首先，它并不能被称为古老的"历史"，它一直活着，而且活得很好。它是追求图像的逼真效果、可用性和计算速度之间的良好折中，并且时至今日仍然需要这种折中。是的，现在的计算机有更强大的处理能力，但同时开发人员也希望渲染更多的像素和更多的光源。当开发人员决定是要更多像素（更高分辨率）还是要更准确的像素时，采用标准照明模型的情况仍非常普遍（因为它可以获得更准确的照明模型）。其次，当前的局部照明模型是内容创建者可以理解和使用的模型。这个优势不容小觑。艺术家们可能拥有数十年的漫反射和镜面反射贴图经验。要让艺术家们切换到一个新的照明模型，使用不同的输入取代那些熟悉的输入（例如 Strauss 模型的 metalness 参数）（详见参考文献[69]），如果艺术家们对新参数没有准确的理解的话，那么这会是一个很大的代价。建议学习标准照明模型的最后一个原因是，许多较新的模型与标准模型具有相似性或继承性，开发人员在对旧标准一无所知的情况下，很难知道何时该使用更高级的照明模型。

如果你已经阅读过 OpenGL 或 DirectX 的说明文档，知道各种材质参数的设置方式，那么你可能会认为环境光、漫反射和镜面反射就是"光的工作方式"（请回忆一下本章开头的警告），而不是特定照明模型的实用构造。但实际上，漫反射和镜面反射之间的二分法并不是固有的物理现实，只是出于实用的考虑，它出现了（并继续为人们所使用）。它们是两种极端散射模式的描述性术语，并且通过采用这两种模式的任意组合，许多现象能够近似到相当好的地步。

该模型虽然获得了广泛的应用，但却没有一个正式的名称（"标准模型"并不是它的正式名称），所以，关于它到底叫什么，实际上仍然存在一些争议。你可以将其称为 Phong 照明模型，因为 Phong 引入了将反射建模为漫反射和镜面反射总和的基本思想，并且还为镜面反射提供了有用的基于经验的计算（用于漫反射的 Lambert 模型已经为人所知）。我们还看到，Blinn 对于镜面反射的计算是相似的，但有时更快。因为这是最常用的具体计算，或许应该把它称为 Blinn 模型？但 Blinn 的名字还关联到一个不同的微平面模型，在该模型中，漫反射和镜面反射在连续光谱的不同端，而不是混合在一起的独立的"正交"分量。由于大多数实现都将 Blinn 的优化用于 Phong 的基本思想，因此 Blinn-Phong 这个名称最常用于此模型，这也是本书所使用的名称。

当然，产生逼真照明效果的很大一部分是逼真的阴影。虽然产生阴影的技术很有意思也很重要，但是在这里我们没有时间去讨论它们。在渲染方程的理论中，当确定在给定方向上入射的辐射亮度时，会考虑阴影。如果在特定方向上存在光（更准确地说是发射表面），并且该点可以"看到"该表面，则其光将入射到该点上。但是，如果在朝那个方向看时，有一些其他表面遮挡光源，则该点相对于该光源处于阴影中。推而广之，阴影可以投射不仅仅是由于来自发射表面的光线，从反射表面反射的光也可能会产生阴影。在所有这些情况下，阴影都是光的可见性的问题，而非关反射模型。

最后，我们还想介绍一下 Blinn-Phong 模型未正确捕获的几个重要物理现象。第一个是菲涅耳反射（Fresnel Reflectance），[①] 它预测非金属在光以掠射角入射时的反射率最强，而在从法线角度入射时最少。一些表面（如天鹅绒）表现出逆反射（Retroreflection），你可能猜得到，这意味着该表面看起来像麦当娜亮闪闪的耳环，但它实际上意味着反射的主要方向不是 Blinn-Phong 所预测的"镜子反弹"，而是回到光源。最后，Blinn-Phong是各向同性（Isotropic）的，这意味着如果在旋转表面的同时保持观察者和光源静止，则反射率将不会改变。但是，由于表面中的凹槽或其他图案的关系，一些表面实际上具有各向异性（Anisotropic）反射，这意味着其反射强度会基于相对于凹槽方向的入射方向而发生变化，凹槽方向有时也称为划痕方向（Scratch Direction）。各向异性材质的典型例子是拉丝金属、头发和那些由闪亮纤维制成的圣诞小饰品。

10.6.7　平面着色和 Gouraud 着色

在现代基于着色器的硬件上，照明计算通常基于每个像素进行。我们的意思是，对于每个像素，先确定一个表面法线（无论是通过在面上插入顶点法线还是从凹凸贴图中提取它），然后使用此表面法线执行完整的照明方程。这是每个像素（Per-Pixel）照明，而跨越面内插顶点法线的技术有时称为 Phong 着色（Phong Shading），不要将它与用于特定反射的 Phong 计算搞混了。Phong 着色的替代方法是不太频繁地执行照明方程（每个面或每个顶点）。这两种技术分别称为平面着色（Flat Shading）和 Gouraud 着色（Gouraud Shading）。除了在软件渲染中，平面着色几乎从未在实践中使用过，这是因为大多数将几何体有效地发送到硬件的现代方法都不提供任何面级数据。相比之下，Gouraud 着色仍然在某些平台上有部分应用。可以从研究这些方法中收集一些重要的一般原则，让我们先来看一看它们的结果。

使用平面着色时，我们会为整个三角形计算单个照明值。一般来说，照明计算中使

[①] 菲涅耳公式是由法国物理学家菲涅耳推导出来的，用于描述光在不同折射率的介质之间的行为。由公式推导出的光的反射称之为"菲涅尔反射"。菲涅尔公式是光学中的重要公式，用它能解释反射光的强度、折射光的强度、相位与入射光的强度的关系等。

用的"位置"是三角形的质心，而表面法线则是三角形的法线。图 10.27 显示了当一个物体使用平面着色照明时，物体的表观特性变得十分生硬（好像打上了马赛克），无法给人任何平滑的错觉。

　　Gouraud 着色也称为顶点着色（Vertex Shading）、顶点照明（Vertex Lighting）或内插着色（Interpolated Shading），它是一种技巧，可以在顶点级别计算照明、雾等值。然后，这些值跨越多边形的面进行线性插值。图 10.28 显示了使用 Gouraud 着色渲染的相同茶壶。

图 10.27　使用平面着色方法渲染的茶壶　　　图 10.28　使用 Gouraud 着色技术渲染的茶壶

　　从图 10.28 中可以看到，Gouraud 着色在还原物体的平滑性方面做得相对较好。当逼近的值在三角形上基本上是线性时，Gouraud 着色使用的线性插值效果当然也会很好；当值不是线性时，Gouraud 着色会失败（如图 10.28 中镜面高光的情况）。

　　图 10.29 是使用 Phong（每个像素）着色技术渲染的茶壶。比较 Gouraud 着色茶壶中的镜面高光与 Phong（每个像素）着色茶壶中的高光，可以看到它们之间高光的平滑程度的差异（后者更平滑）。除了极端几何不连续性（如茶壶柄和壶嘴）的轮廓和区域，平滑度的表现非常令人信服。在使用 Gouraud 着色的情况下，由于镜面高光的关系，可以检测到各个面。

图 10.29　使用 Phong 着色技术渲染的茶壶

　　插值着色的基本问题是三角形中间的值不能大于顶点的最大值，高光只能出现在顶点。足够的细分可以克服这个问题。尽管存在局限性，Gouraud 着色在部分硬件上仍然有应用，例如手持游戏机平台和任天堂 Wii 等。

初学者可能会有疑问，如果使用任何贴图控制照明方程的输入，则如何计算在顶点级别的照明。我们不能直接使用式（10.14）中给出的照明方程。最值得注意的是，漫反射颜色 $\mathbf{m}_{\text{diff}}$ 通常不是顶点级别的材质属性，此值通常由纹理贴图定义。为了使式（10.14）更适用于插值照明方案，必须对其进行操作以隔离 $\mathbf{m}_{\text{diff}}$。我们可以通过下式先划分总和并将常量的材质颜色移到外面：

$$
\begin{aligned}
\mathbf{c}_{\text{lit}} &= \sum_{j=1}^{n} \left[(\mathbf{s}_j \otimes \mathbf{m}_{\text{spec}}) \max\left(\mathbf{n} \cdot \mathbf{h}_j, 0\right)^{m_{\text{gls}}} + (\mathbf{s}_j \otimes \mathbf{m}_{\text{diff}}) \max\left(\mathbf{n} \cdot \mathbf{l}_j, 0\right) \right] \\
&\quad + \mathbf{g}_{\text{amb}} \otimes \mathbf{m}_{\text{amb}} + \mathbf{m}_{\text{emis}} \\
&= \sum_{j=1}^{n} (\mathbf{s}_j \otimes \mathbf{m}_{\text{spec}}) \max\left(\mathbf{n} \cdot \mathbf{h}_j, 0\right)^{m_{\text{gls}}} + \sum_{j=1}^{n} (\mathbf{s}_j \otimes \mathbf{m}_{\text{diff}}) \max\left(\mathbf{n} \cdot \mathbf{l}_j, 0\right) \\
&\quad + \mathbf{g}_{\text{amb}} \otimes \mathbf{m}_{\text{amb}} + \mathbf{m}_{\text{emis}} \\
&= \left[\sum_{j=1}^{n} \mathbf{s}_j \max\left(\mathbf{n} \cdot \mathbf{h}_j, 0\right)^{m_{\text{gls}}} \right] \otimes \mathbf{m}_{\text{spec}} + \left[\sum_{j=1}^{n} \mathbf{s}_j \max\left(\mathbf{n} \cdot \mathbf{l}_j, 0\right) \right] \otimes \mathbf{m}_{\text{diff}} \\
&\quad + \mathbf{g}_{\text{amb}} \otimes \mathbf{m}_{\text{amb}} + \mathbf{m}_{\text{emis}}
\end{aligned}
$$

最后，我们做出了合理的假设，即 $\mathbf{m}_{\text{amb}} = \mathbf{m}_{\text{diff}}$。具体公式如下：

更适合顶点级别照明计算的标准照明方程版本

$$
\begin{aligned}
\mathbf{c}_{\text{lit}} &= \left[\sum_{j=1}^{n} \mathbf{s}_j \max\left(\mathbf{n} \cdot \mathbf{h}_j, 0\right)^{m_{\text{gls}}} \right] \otimes \mathbf{m}_{\text{spec}} \\
&\quad + \left[\mathbf{g}_{\text{amb}} + \sum_{j=1}^{n} \mathbf{s}_j \max\left(\mathbf{n} \cdot \mathbf{l}_j, 0\right) \right] \otimes \mathbf{m}_{\text{diff}} \\
&\quad + \mathbf{m}_{\text{emis}}
\end{aligned} \tag{10.15}
$$

利用式（10.15）格式中的照明方程，可以明白如何使用在顶点级别计算的插值照明值。在每个顶点上，将计算以下两个值：$\mathbf{v}_{\text{spec}}$ 和 $\mathbf{v}_{\text{diff}}$。其中，$\mathbf{v}_{\text{spec}}$ 包含式（10.15）的镜面部分；而 $\mathbf{v}_{\text{diff}}$ 则包含环境光和漫反射项。下式分别给出了这两个值所包含的项：

顶点级别的漫反射和镜面照明值

$$
\mathbf{v}_{\text{spec}} = \sum_{j=1}^{n} \mathbf{s}_j \max\left(\mathbf{n} \cdot \mathbf{h}_j, 0\right)^{m_{\text{gls}}}, \quad \mathbf{v}_{\text{diff}} = \mathbf{g}_{\text{amb}} + \sum_{j=1}^{n} \mathbf{s}_j \max\left(\mathbf{n} \cdot \mathbf{l}_j, 0\right)
$$

这些值中的每一个都需要按每个顶点计算，并跨三角形的面插值。然后，对于每个像素，使用照明贡献乘以相应的材质颜色并求和。具体公式如下：

使用插入的照明值给像素着色
$\mathbf{c}_{\text{lit}} = \mathbf{v}_{\text{spec}} \otimes \mathbf{m}_{\text{spec}} + \mathbf{v}_{\text{diff}} \otimes \mathbf{m}_{\text{diff}} + \mathbf{m}_{\text{emis}}$

如前文所述，$\mathbf{m}_{\text{spec}}$ 有时是一种常量颜色，在这种情况下，我们可以将此乘法移动到顶点着色器中，但它也可以来自镜面贴图。

应该使用什么坐标空间进行照明计算？我们可以在世界空间中执行照明计算。顶点位置和法线应该被转换为世界空间，执行照明，然后顶点位置将被转换为裁剪空间；或者也可以将光源转换为建模空间，并在建模空间中执行照明计算。由于通常存在比顶点更少的光，因此这会导致更少的整体矢量和矩阵的乘法。除上述两种方法之外，还有第三种可能性，就是在相机空间中执行照明计算。

10.7　光　　源

在渲染方程中，当考虑表面的发光分量时，光源即产生它们的效果。如前文所述，在实时图形中，使用发光表面"正确"执行此操作通常是我们无法承受的奢侈品。即使在可以承受其计算量的离线情况下，我们也可能有理由不透光地发光，以便更轻松地控制场景的外观以获得引人注目的照明效果，或者模拟将从表面反射的光线。对于离开相机的几何体，则不必浪费时间去模拟。因此，我们通常在渲染框架中具有抽象实体的光源，没有表面几何体来调用它们自己。本节将讨论一些最常见的光源类型。

第 10.7.1 节将讨论经典的点光源、定向光源和聚光灯；第 10.7.2 节将考虑现实世界中光线的衰减方式，以及出于实用的原因，如何处理与现实的偏差；第 10.7.2 节和第 10.7.3 节将分别从纯粹的理论领域转移到今天在实时图形中使用的特定照明技术的领域；第 10.7.3 节将介绍 Doom 风格体积光（Doom-Style Volumetric Light）的主题；第 10.7.4 节将讨论如何离线完成照明计算，然后在运行时使用，特别是为了结合间接照明效果。

10.7.1　标准抽象光类型

本节列出了大多数渲染系统支持的一些最基本的灯光类型，甚至是较旧或有限的平台，例如 OpenGL 和 DirectX 固定功能照明管道或任天堂 Wii。当然，具有可编程着色器的系统通常也使用这些光类型。即使在运行时使用完全不同的方法——如球面谐波（Spherical Harmonics），标准灯类型通常也用作离线编辑接口。

点光源（Point Light Source）表示从单个点向外面所有方向发出的光。点光源也称为全向（Omni）光或球形（Spherical）光。Omni 这是 Omnidirectional（全向）一词的缩写。点光源具有位置和颜色，不仅控制光的色调（Hue），还控制其强度。图 10.30 显示了 3ds

Max 直观表示点光源的方式。

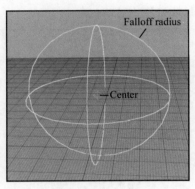

图 10.30 点光源

原　　文	译　　文
Falloff radius	衰减半径
Center	中心

图 10.30 中显示了点光源可以具有衰减半径（Falloff Radius），其控制由光照射的球体的大小。光的强度通常会随着远离光的中心而下降。尽管与现实不尽相符，但出于许多原因，我们都希望光的强度在衰减距离处下降到零，从而可以限制光的效果的体积。第 10.7.2 节将现实世界中的衰减与常用的简化模型进行了比较。点光源可用于表示许多常见的光源，如灯泡、台灯、火焰等。

聚光灯（Spot Light）光源用于表示来自特定方向上的特定位置的光。这类光源有手电筒、车头灯等，当然也包括聚光灯。聚光灯光源具有位置和方向，并且也具有衰减距离（可选择）。被照亮区域的形状是锥形或金字塔形。

锥形聚光灯（Conical Spot Light）光源具有圆形"底部"。锥体的宽度由衰减角（Falloff Angle）限定（不要与衰减距离混淆）。此外，还有一个内角可以测量热点（Hotspot）的大小。锥形聚光灯如图 10.31 所示。

矩形聚光灯（Rectangular Spot Light）光源形成的是金字塔形而不是锥形。矩形聚光灯特别有趣，因为它们可用于投影图像。例如，想象在放映电影时人走在电影屏幕前所形成的图像。这个投影图像有许多名称，包括投影灯贴图（Projected Light Map）、图案片（Gobo）、Logo 片，甚至是 cookie 等。[①] 术语图案片（Gobo）起源于剧院世界，它指的是放置在用于创建彩色光点或特效的光源上的掩模或滤镜，这也是本书中使用的术

[①] Gobo 是 go between 的缩写，而 cookie 是 cucoloris 的缩写。这些来自剧院世界的术语之间的细微技术差异与计算机生成的图像无关。

语。图案片对伪造阴影和其他灯光效果非常有用。如果不直接支持锥形聚光灯，则可以考虑使用适当设计的圆形图案片来实现。

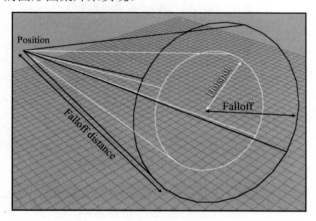

图 10.31　锥形聚光灯

原　　文	译　　文
Position	位置
Falloff distance	衰减距离
Hotspot	热点
Falloff	衰减

定向光（Directional Light）表示从足够远的空间中的点发出的光，使得照亮场景（或者至少是当前正在考虑的物体）所涉及的所有光线可以被认为是平行的。太阳和月亮是定向光最明显的例子，当然我们不会为了正确照亮场景而试图指定太阳在世界空间中的实际位置。因此，定向光通常没有位置（至少就照明计算而言是如此），并且它们通常不会衰减。但是，出于编辑的目的，创建一个可以四处移动并有策略地放置的定向光的"盒子"通常是很有用的，并且也可能包括额外的衰减因子以使光在盒子的边缘处衰减。定向光有时被称为平行光（Parallel Light）。我们也可能在定向光上使用图案片，在这种情况下，图像的投影是正交的而不是透视的，就像矩形聚光灯一样。

正如前文所述，在渲染方程和现实世界中，光是具有有限表面积的发光表面。抽象光类型没有任何表面区域，因此在积分期间需要特殊处理。在蒙特卡罗积分器中，特别在光源的方向上选择样本，并且忽略乘以 $d\hat{\omega}_{\text{in}}$。想象一下，如果光线不是来自单个点，而是来自一个非零表面积的圆盘，面向被照亮的光点。现在再想象一下，将圆盘面积缩小到零，同时增加圆盘的辐射度（每单位面积的能量流），使辐射通量（总能量流）保持不变。抽象光可以被认为是这种限制过程的结果，其方式与 Dirac delta 非常相似（见第 12.4.3 节）。辐射度是无限的，但是辐射通量则是有限的。

虽然到目前为止讨论的光类型是固定功能实时管道支持的经典类型，但我们当然可以自由地以任何我们认为有用的方式定义光量。第 10.7.3 节将要讨论的体积光是一种灵活且易于实时渲染的替代系统。Warn（详见参考文献[71]）和 Barzel（详见参考文献[5]）更详细地讨论了更灵活的光源塑形系统。

10.7.2　光衰减

光会随着距离衰减。也就是说，随着物体与光之间的距离增加，物体从光接收的照明也会相应较少。在现实世界中，光的强度与光和物体之间的距离的平方成反比，如

现实世界的光衰减
$$\frac{i_1}{i_2} = \left(\frac{d_2}{d_1}\right)^2 \qquad\qquad (10.16)$$

其中，i 是辐射通量（每单位面积的辐射功率），d 是距离。要理解真实世界衰减的平方，可以考虑在同一时刻点光源发出的所有光子形成的球体。当这些光子向外移动时，由相同数量的光子形成越来越大的球体。每单位面积的光子流密度（辐射通量）与球体的表面积成反比，与半径的平方成正比（见第 9.3 节）。

这里先暂停一下，来讨论一个更好的观点：物体（或光源）的感知亮度不会随着与观察者距离的增加而减小（忽略大气效应）。当光或物体逐渐远离观察者时，由于刚才描述的原因，观察者眼睛上的辐照度降低。然而，感知亮度与辐射亮度而非辐照度有关。如前文所述，辐射亮度测量的是每单位立体角的每单位投影面积的功率，并且当物体从视野中退去时，辐照度的减少通过物体所对应的立体角的减小来补偿。理解渲染方程如何自然地解释光衰减是特别有教育意义的。在积分内部，对于围绕着色点 **x** 的半球上的每个方向，我们测量来自该方向上的发射表面的入射辐射亮度。我们刚刚说过，这种辐射亮度不随距离而减弱。然而，当光源远离 **x** 时，它在该半球上占据较小的立体角。因此，如果光源具有有限的面积，则衰减在渲染方程中自动发生。但是，对于从单个点（Dirac delta）发出的抽象光源，必须手动考虑衰减。因为这有点令人困惑，所以让我们总结一下实时渲染的一般规则。被渲染并具有有限面积的发光表面通常不会因距离而衰减，但它们可能受到诸如烟雾等大气效应的影响。为了在给特定点着色时计算有效的光的颜色，标准抽象光类型被衰减。

实际上，由于两个原因，式（10.16）可能比较不灵活。首先，光强度理论上在 $d = 0$

时增加到无穷大（如前文所述，这是光成为 Dirac delta 的结果）。Barzel（详见参考文献[5]）描述了一种简单的调整，可以平滑地从靠近光的原点的逆平方曲线（Inverse Square Curve）过渡，以限制中心附近的最大强度。其次，光强度永远不会完全衰减至零。

有鉴于此，通常不使用现实世界模型，而使用基于衰减距离（Falloff Distance）的更简单模型。第 10.7 节提到衰减距离控制光线无效的距离。一般来说，可以使用简单的线性插值公式，使得光随着距离 d 的增长而逐渐消失：

典型的线性衰减模型
$$i(d) = \begin{cases} 1 & \text{如果 } d \leqslant d_{\min}, \\ \dfrac{d_{\max} - d}{d_{\max} - d_{\min}} & \text{如果 } d_{\min} < d < d_{\max}, \\ 0 & \text{如果 } d \geqslant d_{\max} \end{cases} \qquad (10.17)$$

从式（10.17）中可以看到，实际上有两个距离用于控制衰减。在 $d_{\min}$ 内，光线处于全强度（100%）；当距离从 $d_{\min}$ 到 $d_{\max}$ 时，强度从 100%线性变化到 0%；在 $d_{\max}$ 及以上，光强度为 0%。所以，基本上，$d_{\min}$ 控制光线开始衰减的距离，它经常为零，这意味着光源立即开始衰减；而数量 $d_{\max}$ 则是实际的衰减距离——在该距离上，光线完全衰减并且不再有任何影响。图 10.32 将现实世界的光衰减与简单的线性衰减模型进行了比较。

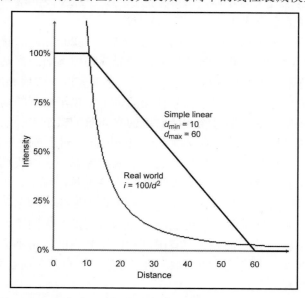

图 10.32　真实世界的光衰减与简单的线性衰减比较

原　　文	译　　文
Intensity	光强度（i）
Simple linear	简单线性
Real world	现实世界
Distance	距离（d）

距离衰减可应用于点光源和聚光灯光源，定向光通常不会衰减。当应用于聚光灯光源时，可使用一个额外的衰减因子。当靠近锥体的边缘时，热点衰减（Hotspot Falloff）会使光线衰减。

10.7.3　关于 Doom 风格体积光

在渲染方程的理论框架以及使用标准 Blinn-Phong 模型执行照明方程的 HLSL 着色器中，对光源的要求是在特定点 **x** 处的着色计算中使用光的颜色（强度）和入射方向。本节将讨论一种体积光，由 2003 年左右的 Doom 3 引擎（也称为 id Tech 4）推广，它以新颖的方式指定了上述值。这些类型的光源不仅可以从实用角度来理解它们（它们今天仍然有用），而且从理论角度来看它们也很有趣，因为它们表现出优雅、快速的近似。这种近似是实时渲染技术的本质。

Doom 风格的体积光最具创造性的方面是它们如何确定给定点的光强度。它通过以下两个纹理贴图进行控制：一个贴图基本上是一个图案片，可以通过正交投影或透视投影进行投影，类似于点光或定向光；另一个贴图是一维贴图，称为衰减贴图（Falloff Map），用于控制衰减。确定点 **x** 处的光强度的过程如下：**x** 乘以一个 4×4 矩阵，并且所得到的坐标用于索引到两个贴图。使用 $(x/w, y/w)$ 索引二维图案片，并用 z 索引一维衰减贴图。这两个纹理元素的乘积定义了 **x** 处的光强度。

图 10.33 中的示例将清楚地说明这一点。

让我们更详细地看一下每个例子。全向光将圆形图案片以正交方式投影在盒子上，并将光的"位置"（用于计算 **l** 矢量）放置在盒子的中心。在这种情况下用于生成纹理坐标的 4×4 矩阵是

Doom 风格全向光生成纹理坐标的矩阵
$$\begin{bmatrix} 1/s_x & 0 & 0 & 0 \\ 0 & -1/s_y & 0 & 0 \\ 0 & 0 & 1/s_z & 0 \\ 1/2 & 1/2 & 1/2 & 1 \end{bmatrix}$$

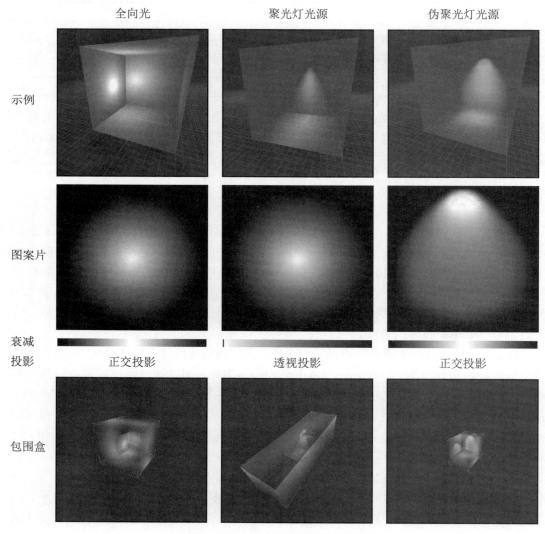

图 10.33　Doom 风格体积光的示例

其中 s_x、s_y 和 s_z 是每个轴上盒子的尺寸。该矩阵对光的对象空间中的点进行操作，其中，光的位置在盒子的中心，因此对于在世界空间坐标上操作的矩阵来说，需要将该矩阵乘以一个 4 × 4 从世界空间变换到对象空间（World-to-Object）的矩阵（在左边）。请注意，最右边的列是 $[0, 0, 0, 1]^T$，因为在图案片上使用了正交投影。在这里，1/2 的平移是将坐标从[-1/2, +1/2]范围调整到纹理的[0, 1]范围。另外，请注意 y 轴的翻转，因为

+y 指向我们的三维约定中的上方,而纹理中的+v 则是指向下方。

接下来看一看聚光灯的示例。它使用的是透视投影,投影中心位于盒子的一端。用于计算 l 矢量的光的位置在同一位置,但情况并非总是如此。可以看到,它使用与全向光相同的圆形图案片,但是由于透视投影的关系,它形成的是圆锥形状。衰减贴图在最靠近投影中心的盒子的末端最亮,并沿+z 轴线性衰减,这是所有情况下图案片的投影方向。可以看到,聚光灯光源衰减贴图的第一个像素是黑色的,以防止光源背后的对象被照明。事实上,所有的图案片和衰减贴图在其边缘都有黑色像素,因为这些像素将用于盒子外的任何几何体(必须将处理模式设置为锁住以避免在三维空间中平铺图案和衰减贴图)。透视聚光灯光源生成纹理坐标的矩阵如下:

Doom 风格聚光灯光源生成纹理坐标的矩阵
$\begin{bmatrix} s_z/s_x & 0 & 0 & 0 \\ 0 & -s_z/s_y & 0 & 0 \\ 1/2 & 1/2 & 1/s_z & 1 \\ 0 & 0 & 0 & 0 \end{bmatrix}$

右边的"伪聚光灯光源"也许是最有趣的。在这里,投影是正交的,而且它是侧面的。光的锥形性质及其衰减(通常将它视为衰减)都在图案片中编码。用于此光的衰减贴图与全向光相同:它在盒子的中心最亮,当接近盒子的-z 和+z 面时,光会淡出。在这种情况下,纹理坐标矩阵实际上与全向光的纹理坐标矩阵相同。整个变化来自于使用不同的图案片,并正确定位光线。

开发人员应该仔细研究这些例子,直到确定已经理解了它们的工作原理为止。

由于以下若干原因,Doom 风格体积灯对于实时图形来说非常有吸引力:

❑ 它们简单而有效,只需要生成纹理坐标的基本功能和两个纹理查找功能。这些是灵活的操作,很容易硬连线到固定功能硬件,如任天堂 Wii。

❑ 许多不同的光源类型和效果可以在同一框架中表示。这有助于限制所需的不同着色器的数量。照明模型、灯光类型、材质特性和照明通道等都可以是着色器矩阵中的维度,并且该矩阵的大小可以非常快速地增长。此外,减少渲染状态的切换量也是很有用的。

❑ 任意衰减曲线都可以在图案片和衰减贴图中进行编码。我们不限于线性或真实世界的逆平方衰减。

❑ 由于能够控制衰减,因此,与传统的聚光灯光源和全向光相比,包含照明体积的包围盒通常相对较紧。换句话说,盒子中的大部分体积都将接收显著的照明,并且光线比传统模型更快地衰减,因此体积尽可能小且紧凑。看一看图 10.33

中的最下面的一行就知道，包含真实聚光灯光源所需的盒子显然大于伪聚光灯光源的盒子。

这可能是在 Doom 3 中引入这些光源背后最重要的特征，它使用了累积的渲染技术，没有照明贴图或预先计算的照明，每个对象都是实时照亮的。通过重新渲染光的体积内的几何体并将光的贡献添加到帧缓冲区中，可以将每个光都添加到场景中。限制必须重绘的几何体的数量（以及为了已使用的模板阴影而必须处理的几何体）对于性能提升有很大的好处。

10.7.4　预先计算的照明

实时生成的图像中最大的错误来源之一是间接照明（Indirect Lighting），即在照亮正在渲染的像素之前已经"反弹"至少一次的光。这是一个非常困难的问题，当然，心态积极的思考者可能会说这也是改进的最大机会。使其易于处理的第一个重要步骤是，将场景中的表面分解为离散的图块（Patch）或采样点（Sample Point）。但即使有相对适度数量的图块，仍然必须确定哪些图块可以"看到"彼此并具有辐射亮度的沟通管道，而哪些图块又不能看到彼此并且不交换辐射亮度。然后必须求解渲染方程中的光平衡。此外，当任何对象移动时，它可能会改变哪些图块可以看到的情况。换句话说，实际上任何改变都将改变整个场景中的光分布。

但是，通常情况是，场景中的某些灯光和几何图形都不会移动。在这种情况下，可以执行更详细的照明计算（更全面地求解渲染方程），然后使用这些结果，忽略由于当前照明配置和在离线计算期间使用的结果不同而导致的任何错误。现在来考虑一下这个基本原理的几个例子。

一种技术是照明贴图（Lightmapping）。在这种情况下，可以使用额外的 UV 通道将场景的多边形排列成包含预先计算的照明信息的特殊纹理贴图。在纹理贴图中找到排列多边形的好方法的过程通常称为贴图（Atlasing）。在这种情况下，我们前面提到的离散"图块"是照明贴图纹理元素。照明贴图适用于大型平面，如地板和天花板，它们相对容易在照明贴图中有效排列。但是更加密集的网格，如楼梯、雕像、机械和树木等，其拓扑结构则要复杂得多，并不容易进行。幸运的是，我们可以轻松地将预先计算的照明值存储在顶点中，这对于相对密集的网格来说一般会更好。

存储在照明贴图（或顶点）中的预先计算的信息究竟是什么？基本上，存储的是入射照明，但是有很多选项。其中一个选项是每个图块的样本数量。如果只有一个照明贴图或顶点颜色，那么无法解释这种入射光照的方向分布，必须简单地使用整个半球的总和。正如第 10.1.3 节中所述，这个"无方向"的量，即每单位面积的入射辐射功率，通常称为辐射度（Radiosity），由于历史原因，计算照明贴图的算法有时也被混淆地称为辐射度技术，而实际上，照明贴图也包含方向分量。如果能够提供多个照明贴图或顶点颜色，那么就可以更准确地捕获分布，然后将该方向信息投射到特定的基础上。每个基础都可能对应一个方向。有一种称为球面谐波（Spherical Harmonics）的技术（详见参考文献[44，64]）使用了类似于二维傅立叶技术的正弦基函数。在上述任何情况下，重点是入射光的方向分布确实很重要，但在保存预先计算的入射光信息时，通常被迫丢弃或压缩此信息。

　　另一个选项是，预先计算的照明是否包括直接照明、间接照明或二者都包括。这个决定通常可以基于每个灯光进行。最早的照明贴图示例仅为每个图块计算场景中每个灯光的直射光。这样做的主要优点是它允许阴影，而当时实时生成阴影的成本过高（同样的基本思路今天仍然有用，现在的目标通常是减少必须生成的实时阴影的总数）。接下来，视图应该可以实时移动，但显然，任何灯光都因为已经融入照明贴图中而无法移动，如果有任何几何体移动，那么阴影就会"附着"在它们身上，从而导致错觉被打破。虽然离线计算需要更多的技巧，但可以使用相同的运行时系统来渲染也包括间接照明的照明贴图。某些灯光可以将其直接和间接照明均融入照明贴图中，而其他还有一些灯光则在预先计算的照明中仅包含间接照明部分，直接照明部分将在运行时完成。这可能会提供一些优势，例如比照明贴图纹理密度具有更高精度的阴影，由于入射方向的正确建模（当光被融入照明贴图时，会丢失入射方向）而改善的镜面高光，或一些有限的能力（例如动态调整光线强度、关闭光线，或改变其位置等）。当然，对于某些灯光来说，预先计算的照明的存在也并不排除对其他灯光使用完全动态的技术。

　　上面讨论的照明贴图技术可以很好地用于静态几何图形，但是对于动态对象（如游戏角色、车辆、平台和物品等）又会怎么样呢？这些对象都必须动态照明，意味着如果包含间接照明的话将具有一定的挑战性。Valve Software（维尔福软件公司）的 *Half Life 2*（中文版名称《半条命 2》）推广的一项技术是将照明探针（Light Probe）策略性地放置在场景的不同位置（详见参考文献[28，47]）。在每次探测时，都会离线渲染立方体环境贴图。当需要渲染动态对象时，即可找到最近的探针，并使用此探针获得局部间接照明。这种技术有很多变化——例如，我们可能会使用一个环境贴图进行间接光的漫反射，其中每个样本都经过预先的过滤，以包含围绕此方向的整个余弦加权半球，另外还可以使用一个不同的立方体贴图，用于间接光的镜面反射，间接光没有这种过滤。

10.8　骨　骼　动　画

　　人类肢体的动画在视频游戏和计算机图形学中无疑是非常重要的。用于动画角色的最重要技术之一是骨骼动画（Skeletal Animation），尽管它当然不限于此目的。欣赏骨骼动画的最简单方法是将其与其他替代方案进行比较，所以先来复习一下其他方案。

假设已经创建了一个人形生物的模型，如机器人。如何制作它的动画呢？当然，我们可以像对待棋盘上的棋子一样对待它，就像一盒使用微波炉制作的鲱鱼三明治或任何其他固体物体一样——但是这样显然不是很有说服力。生物是有关节的系统，这意味着它们由连接的可移动部分组成。要对关节生物制作动画，最简单的方法是将模型分解为连接部分的层次结构，包括左前臂、左上臂、左大腿、左胫、左脚、躯干、头部等，并为此层次结构设置动画。早期的一个例子是 Dire Straits 的 *Money for Nothing* 音乐视频。较新的例子包括几乎所有 PlayStation 1 游戏，例如第一代的 *Tomb Raider*（中文版名称《古墓丽影》）。它们的共同特征是每个部分仍然是刚性的，不弯曲也缺乏弹性。因此，无论角色的动画多么流畅，它看起来仍然像是一个机器人。

骨骼动画背后的想法是用假想的骨骼（Bone）的层次结构替换部分的层次结构。然后，模型的每个顶点与一个或多个骨骼相关联，每个骨骼对顶点施加影响但不完全确定其位置。如果顶点与单个骨骼相关联，则它将保持相对于该骨骼的固定偏移量。这样的顶点被称为刚性顶点（Rigid Vertex），并且该顶点的行为与第一版《古墓丽影》中女主角 Laura Croft（劳拉·克劳馥）模型中的任何顶点完全相同。但是，更一般地说，顶点会受到来自多个骨骼的影响。艺术家需要指定哪些骨骼影响哪些顶点，该过程称为蒙皮（Skinning），[1] 这样注解的模型称为蒙皮（Skinned）模型。当多个骨骼影响一个顶点时，动画师可以按顶点分配对每个骨骼的不同影响量。可以想象，这可能是非常耗费人力的。目前有一些自动化工具，可以提供对皮肤权重的快速首次遍历，但是对角色进行良好的蒙皮仍然需要专业知识和时间。

提示：

为了确定顶点的动画位置，开发人员需要迭代对顶点施加一些影响的所有骨骼，并计算顶点相对于该骨骼应该是刚性的位置，然后将最终顶点位置作为那些位置的加权平均值。

我们来看一个例子。图 10.34 显示了机器人肘部附近的两个示例蒙皮顶点。蓝色和绿色圆点表示如果顶点对于相应的骨骼是刚性的，那么该顶点会是什么样子的，青色圆点是蒙皮顶点。注意它保持附着在网格表面上。

---

[1] 你可能也会听到绑定（Rigging）这个术语，但这个术语可能意味着更广泛的任务。例如，绑定设计师（Rigger）通常会创建一个辅助动画的额外结构，但是不会直接用于渲染。

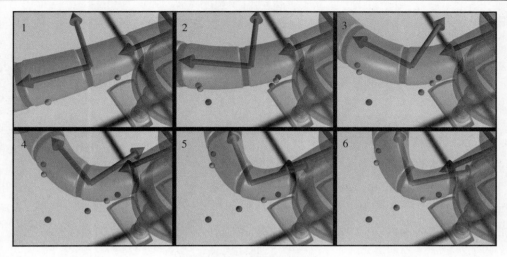

图 10.34　两个蒙皮顶点

　　靠近肩部的右侧顶点受上臂骨约 60% 的影响，受前臂骨约 40% 的影响。可以看到，当手臂弯曲时，此顶点会更靠近蓝色刚性顶点。相比之下，靠近手的顶点似乎受到前臂骨约 80% 的影响，而受到上臂骨的影响仅 20%，因此它更接近其绿色刚性顶点。

　　因此，实现骨骼动画的简单策略可能如下：对于每个顶点，我们保留一个影响顶点的骨骼列表。一般来说，我们对可能影响任何一个顶点的骨骼数量设置限制（常见数字是 4）。对于每个骨骼，我们知道顶点相对于骨骼局部轴的位置，并且有该骨骼的权重。要计算任意姿势中模型的蒙皮顶点位置，需要为每个骨骼提供一个变换矩阵，以告知如何从骨骼坐标空间转换为建模坐标空间。随着时间的推移改变这些变换矩阵是使角色看起来具有动画效果的原因。

　　代码清单 10.7 说明了这种基本技术。请注意，我们还提前计划了包含顶点法线。它们的处理方式与顶点位置相同，只是我们丢弃了矩阵的平移部分。理论上，不应使用相同的矩阵来变换位置和法线。请记住，如果矩阵中包含非均匀缩放或偏斜，则应该使用逆转置矩阵，如第 10.4.2 节中所述。然而，在实践中，计算并向 GPU 发送两组矩阵太昂贵，因此为了效率，忽略该误差，或者简单地避免不均匀的缩放（均匀缩放通常是没问题的，因为法线无论如何都必须重新归一化）。凹凸映射的基矢量通常也是该处理的一部分，但是它们的处理方式与法线非常相似，所以暂时将它们排除在外。

代码清单 10.7　蒙皮顶点的简单策略

```
// 设置可以影响一个顶点的最大骨骼数
const int kMaxBonesPerVertex = 4;
```

```cpp
// 描述骨骼模型中的顶点
struct SkinnedVertex {

    // 影响该顶点的骨骼数
    int boneCount;

    // 哪些骨骼影响该顶点?
    // 设置这些骨骼的索引列表
    int boneIndex[kMaxBonesPerVertex];

    // 骨骼的权重。总和必须为 1
    float boneWeight[kMaxBonesPerVertex];

    // 骨骼空间中，顶点的位置和法线
    Vector3 posInBoneSpace[kMaxBonesPerVertex];
    Vector3 normalInBoneSpace[kMaxBonesPerVertex];
};

// 描述顶点以便使用它进行渲染
struct Vertex {
    Vector3 pos;
    Vector3 normal;
};

// 计算蒙皮顶点的位置和法线
void computeSkinnedVertices(
    int vertexCount,                             // 要蒙皮的顶点数
    const SkinnedVertex * inSkinVertList,        // 输入顶点列表
    const Matrix4x3 *boneToModelList,            // 每个骨骼的位置和方向
    Vertex * outVertList                         // 输出
){

    // 迭代所有顶点
    for (int i = 0 ; i < vertexCount ; ++i) {
        const SkinnedVertex &s = inSkinVertList[i];
        Vertex &d = outVertList[i];

        // 对所有影响该顶点的骨骼进行循环
        // 并计算加权平均值
        d.pos.zero();
        d.normal.zero();
```

```
for(int j = 0 ; j < s.boneCount ; ++j) {

        // 定位变换矩阵
        const Matrix4x3 &boneToModel
            = boneToModelList[s.boneIndex[j]];

        // 从骨骼空间变换到模型空间
        // 使用重载的矢量 * 矩阵操作符
        // 该操作符将执行矩阵乘法
        // 对骨骼的贡献求和
        d.pos += s.posInBoneSpace[j] * boneToModel
            * s.boneWeight[j];

        // 旋转顶点到体空间中
        // 忽略仿射变换的平移部分
        // 法线是"矢量"而不是"点"
        // 所以它不会平移
        d.normal += boneToModel.rotate(s.normalInBoneSpace[j])
            * s.boneWeight[j];
    }

    // 确保法线归一化
    d.normal.normalize();
    }
}
```

与本书中的所有代码片段一样，此代码的目的是解释原则，而不是说明在实践中如何优化事物。实际上，这里显示的蒙皮计算通常在顶点着色器中以硬件形式完成。第10.11.5 节将说明如何完成。但是还有更多的理论需要解释，所以让我们保持这种高水平的讨论。事实证明，刚刚介绍的技术很容易理解，但它有一个重要的高级优化。在实践中，常使用略微不同的技术。

我们很快就会讨论对它的优化，但是现在，回过头来问一问自己是否知道骨骼空间坐标（代码清单 10.7 中名为 posInBoneSpace 和 normalInBoneSpace 的成员变量）的位置。"这很容易，"你可能会说，"只要直接从 Maya 中导出它们就可以了！"但是，Maya是如何确定它们的？答案是它们来自绑定姿势（Binding Pose）。绑定姿势有时也称为主姿势（Home Pose），它描述了骨骼在某个默认位置的方向。当艺术家创建角色网格时，他首先构建一个没有任何骨骼或蒙皮数据的网格，就像任何其他模型一样。在此过程中，他构建了绑定姿势中的角色。图 10.35 显示了在机器人的绑定姿势中的蒙皮模型，以及用于为其设置动画的骨骼。请记住，骨骼实际上只是坐标空间，并且没有任何实际的几何体。你所看到的几何图形仅作为可视化的辅助。

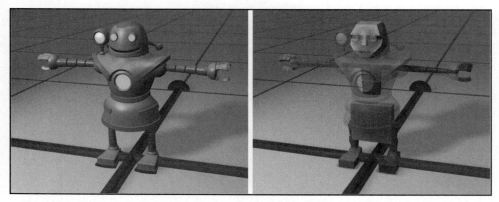

图 10.35　绑定姿势中的机器人模型（左）和用于为模型设置动画的骨骼（右）

　　当网格完成时，[①] 它将被绑定，这意味着创建了骨骼（骨架）的层次结构，并且编辑了蒙皮数据以将顶点与适当的骨骼相关联。在此过程中，绑定设计师（Rigger）会将骨骼弯曲到各种极端角度，以预测模型对这些扭曲的反应程度。加权是否正确？关节会不会因此而折断？这就是角色建模师和绑定设计师的技能和经验发挥作用的地方。我们的观点是，虽然 Maya 会不断计算新的顶点位置以响应骨骼的操纵，但它已经将每个顶点的原始建模空间坐标保存在绑定姿势的位置中，然后才附加到骨架。所以，一切都始于原始顶点位置。

　　因此，为了计算顶点的骨骼空间坐标，可以从绑定姿势中该顶点的建模空间坐标开始。我们还知道每个骨骼在绑定姿势中的位置和方向，所以可以根据这些位置和方向将顶点位置从建模空间转换为骨骼空间。

　　以上就是对网格蒙皮技术的大致描述。现在接续上面的话题，对代码清单 10.7 中的算法进行优化。其基本思想是将每个版本的位置仅存储在绑定姿势中，而不是相对于施加影响的每个骨骼存储它。然后，在渲染网格时，我们有一个矩阵可以将坐标从原始绑定空间变换为当前姿势中的建模空间，而不是对每个骨骼进行从骨骼空间到模型空间的变换。换句话说，此矩阵描述了绑定姿势中骨骼方向与当前姿势中骨骼当前方向之间的差异，如代码清单 10.8 所示。

---

① 当然，这是一个理想化的过程。实际上，在绑定（Rig）网格之后，通常需要对网格进行更改。网格可能需要进行调整才能使其更好地弯曲，尽管经验丰富的角色建模师可以预见到绑定的需要。当然，也可能出于审美目的，通常需要进行更改，而与绑定无关——尤其是涉及高管或重点小组的意见分歧时。

代码清单 10.8　蒙皮顶点的优化策略

```cpp
// 设置可以影响一个顶点的最大骨骼数
const int kMaxBonesPerVertex = 4;

// 描述骨骼模型中的顶点
struct SkinnedVertex {

    // 影响该顶点的骨骼数
    int boneCount;

    // 哪些骨骼影响该顶点？
    // 设置这些骨骼的索引列表
    int boneIndex[kMaxBonesPerVertex];
    // 骨骼的权重。总和必须为 1
    float boneWeight[kMaxBonesPerVertex];

    // 模型空间中
    // 绑定姿势的顶点的位置和法线
    Vector3 pos;
    Vector3 normal;
};

// 描述顶点以便使用它进行渲染
struct Vertex {
    Vector3 pos;
    Vector3 normal;
};

// 计算蒙皮顶点的位置和法线
void computeSkinnedVertices(
    int vertexCount,                        // 要蒙皮的顶点数
    const SkinnedVertex * inSkinVertList,   // 输入顶点列表
    const Matrix4x3 *boneTransformList,     // 从绑定姿势变换到当前姿势
    Vertex * outVertList                    // 输出
){

    // 迭代所有顶点
    for (int i = 0 ; i < vertexCount ; ++i) {
        const SkinnedVertex &s = inSkinVertList[i];
        Vertex &d = outVertList[i];
```

```
      // 对所有影响该顶点的骨骼进行循环
      // 并计算该顶点的弯曲矩阵
      Matrix4x3 blendedMat;
      blendedMat.zero();
      for(int j = 0 ; j < s.boneCount ; ++j) {
          blendedMat += boneTransformList[s.boneIndex[j]]
              * s.boneWeight[j];
      }

      // 使用弯曲矩阵变换位置和法线
      d.pos = s.pos * blendedMat;
      d.normal = blendedMat.rotate(s.normal);
      // 确保法线归一化
      d.normal.normalize();
  }
}
```

这种优化将导致 GPU 的带宽占用显著减少（由于 sizeof(SkinnedVertex)降低的缘故），并且每个顶点的计算量也将减少，尤其是当存在基矢量时。在将矩阵交给 GPU 之前，只需要对矩阵进行一点点的操作。

以上就是介绍的简单蒙皮技术背后的基本思想。当然，在计算资源（和人力资源）可用且值得花费以产生可能的最高保真度角色的情况下，例如在格斗游戏或体育游戏中，可以采用更先进的技术。例如，我们可能想要在手臂弯曲时使肱二头肌凸起，或者当恐龙的爪子重重踏入地面时因为力量转移而导致腿肉乱颤。

10.9　凹　凸　映　射

在计算机图形中首次使用纹理映射是为了定义对象的颜色。但是，当想要指定任何具有比顶点级别更多粒度的表面属性时，可以使用纹理映射。在大多数非专业人士理解的意义上，可能最接近控制其"纹理"的特定表面属性实际上是表面法线。

凹凸映射（Bump Mapping）是一个通用术语，可以指至少两种控制每个纹理元素的表面法线的不同方法。高度贴图（Height Map）是灰度贴图，其中的强度表示表面的局部"高程"。较浅的颜色表示表面凸出（Bumped Out）的部分，较暗的颜色是表面凹陷（Bumped In）的区域。高度贴图很有吸引力，因为它们非常容易制作，但它们不适合实时用途，因为法线不是直接可用的，相反，它必须从强度梯度计算。我们将重点放在法线映射（Normal Mapping）技术上，这种技术现在非常普遍，大多数人在说凹凸贴图（Bump

Map）时，通常指的都是法线贴图。

在法线贴图中，表面法线的坐标直接在贴图中编码。最基本的方法是分别在红色、绿色和蓝色通道中编码 x、y 和 z，尽管某些硬件支持更优化的格式。这些值通常会进行缩放、偏置和量化，使得坐标值-1 被编码为 0，并且使用最大颜色值（通常为 255）对+1 进行编码。现在，原则上，使用法线贴图很简单。在照明计算中，不是使用内插顶点法线的结果，而是从法线贴图中取出法线并改为使用它。看，是不是很简单？当然，这么简单的事情必然也有蹊跷……

该技术的问题主要有两点。首先，法线贴图不易直观编辑。虽然可以在 Photoshop 中轻松绘制高度贴图（或真实置换贴图），但法线贴图不易于可视化和编辑。针对法线贴图的剪切和粘贴操作通常是安全的，但是为了使法线贴图有效，每个像素应编码一个归一化的矢量。制作法线贴图的常用技术是让艺术家实际模拟网格的低分辨率和高分辨率版本。低分辨率网格是在运行时实际使用的网格；高分辨率网格仅用于创建凹凸贴图，[①] 使用自动化工具对较高分辨率网格进行光线追踪，以确定法线贴图中每个纹理元素的表面法线。

另外还有一个更棘手的问题是，纹理内存是一种宝贵的资源。[②] 在一些比较简单的情况下，法线贴图中的每个纹理元素都在网格表面上最多使用一次。在这种情况下，我们可以简单地在对象空间中编码法线，并且之前的描述应该可以正常工作。但是，现实世界的物体往往表现出大量的对称性和自相似性，并且经常重复图案。例如，盒子通常在不止一侧具有类似的凸起和凹陷。因此，目前更有效地利用相同数量的内存（和艺术家的时间）的方法是提高贴图的分辨率，并在多个模型上（或者只是在同一模型中的多个地方）重复使用相同的法线贴图（或者可能只是其中的一部分）。当然，相同的原理也适用于任何其他类型的纹理贴图，而不仅仅是法线贴图。但是法线贴图的不同之处在于，它们不能被任意旋转或镜像，因为它们编码矢量。想象一下，在立方体的所有 6 个边上使用相同的法线贴图。在对立方体表面上的点进行着色时，将从贴图中获取纹理元素并将其解码为三维矢量。顶部的特定法线贴图纹理元素将产生一个表面法线，该表面法线指向与立方体底部相同纹理元素相同的方向，而这时它们的指向应该是相反的。所以，需要一些其他类型的信息来告诉我们如何解释从纹理中得到的法线，并且将这些额外的信息存储在基矢量中。

[①] 还有对于产品外包装图像的高分辨率渲染。有些人还使用高分辨率模型制作"游戏中"镜头的伪屏幕截图，就好像你自己煮的方便面怎么也不像包装盒上的图片。

[②] 并不是所有人都拥有 id Tech 5 的 MegaTexturing（该技术支持超大分辨率贴图）。

10.9.1　切线空间

对于在贴图中编码的法线来说，目前最常见的技术是使用切线空间（Tangent Space）中的坐标。在切线空间中，$+z$ 从表面指向外面，$+z$ 基矢量实际上只是表面法线 $\hat{\mathbf{n}}$。x 基矢量被称为切线（Tangent）矢量，将其表示为 $\hat{\mathbf{u}}$，它指向纹理空间中增加 u 的方向。换句话说，当在三维中切线矢量的方向上移动时，这对应于在二维法线贴图中向右移动（一般来说，凹凸贴图与其他贴图共享相同的 UV 坐标，但如果它们不同，则它是用于凹凸映射计算的坐标）。类似地，y 基矢量称为副法线（Binormal），[①] 在此表示为 $\hat{\mathbf{v}}$，对应增加 v 的方向，尽管这个运动在纹理空间中是否是"向上"还是"向下"取决于(u, v)空间中原点的约定，但如前文所述，该约定可能不一样。当然，切线和副法线的坐标是在模型空间中给出的，就像表面法线一样。正如给变量戴上帽子所暗示的那样，基矢量通常存储为单位矢量。

例如，假设法线贴图中的某个纹理元素具有 RGB 三元组[37, 128, 218]，它被解码为单位矢量[-0.707, 0, 0.707]。我们将其解释为局部表面法线指向距内插顶点法线定义的"平坦"表面法线约 45° 角。它指向"左侧"，其中，"左"在法线贴图的图像空间中有意义，实际上意味着"在减小 u 的方向"。

总之，切线、副法线和法线是称为切线空间的坐标空间的轴，并且使用此坐标空间来解释每个纹理元素法线的坐标。为了从切线空间法线获得模型空间法线，可以首先从贴图解码法线，然后将其转换为模型空间，就像任何其他矢量一样。设 $\mathbf{s}^t = \left[s_x^t, s_y^t, s_z^t \right]$ 表示切线空间表面法线，$\mathbf{s}^m = \left[s_x^m, s_y^m, s_z^m \right]$ 表示模型空间表面法线。我们可以简单地通过采用基矢量的线性组合来确定 $\mathbf{s}^m$，具体如下：

$$\mathbf{s}^m = s_x^t \hat{\mathbf{u}} + s_y^t \hat{\mathbf{v}} + s_z^t \hat{\mathbf{n}}$$

到目前为止，我们知道这与将 $\mathbf{s}^t$ 乘以一个行是基矢量的矩阵相同，用等式表示如下：

$$\mathbf{s}^m = \mathbf{s}^t \begin{bmatrix} -\hat{\mathbf{u}}- \\ -\hat{\mathbf{v}}- \\ -\hat{\mathbf{n}}- \end{bmatrix} \tag{10.18}$$

请记住，多边形网格只是一个可弯曲的曲面的近似值，因此，用于照明的表面法线在每个面上连续变化，以逼近真实的表面法线。按同样的方式，切线和副法线基矢量也在网格上连续变化，因为它们应垂直于表面法线并与近似表面相切。但即使在平坦的表面上，如果纹理被挤压、压扁或扭曲，基矢量也可以在表面上发生变化。可以在第 10.5

[①] 术语双切线（Bitangent）也许更准确，但是它比较不常用。

节的图 10.19 中找到两个指导性示例。左侧显示的是"压扁"的示例。在这种情况下，切线矢量 $\hat{\mathbf{u}}$ 将指向右侧，平行于水平多边形的边，而副法线 $\hat{\mathbf{v}}$ 将与每个顶点处的垂直（弯曲）多边形的边局部平行。为了确定面的内部任何给定点的基矢量，可以从顶点插入基矢量，就像对表面法线所做的一样。将其与右侧的纹理贴图进行比较，可以发现右侧的纹理贴图是平面的。在此示例中，每个顶点（以及每个内部点）的副法线直接指向下方。

请注意，在该图左侧使用的纹理映射中，切线和副法线矢量不垂直。尽管有这种可能性，但通常假设基矢量形成一个标准正交基（或调整它们以使它们能够正交），即使这样可能导致纹理被粗暴处理。做出这个假设是为了促进两个优化。第一个优化是，可以在切线空间而不是模型空间中执行照明计算。如果在模型空间中执行照明计算，则必须在面上插入 3 个基矢量，然后在像素着色器中必须将切线空间法线转换为模型空间。但是，当在切线空间中执行照明计算时，就只需要在顶点着色器中将照明（$\mathbf{l}$ 和 $\mathbf{h}$）所需的矢量转换为切线空间一次，然后在光栅化期间，插值可以在切线空间中完成。在许多情况下，这样处理的速度更快。如果有一个标准正交基，那么变换矩阵的逆就是它的转置结果，只需使用点积就可以从模型空间变换到切线空间（如果这没有意义，请参见第 3.3.3 节和第 6.3 节）。当然，即使基矢量不是正交的，也可以通过使用点积将矢量旋转到切线空间。实际上，在对基矢量进行插值并对其重新归一化之后，它很可能会略微偏离正交性。在这种情况下，变换并不完全正确，但一般来说这不会导致任何问题。重要的是要记住，插值平面法线和基矢量的整个想法是近似的开始。

通过假设垂直基矢量可以执行的第二个优化是，完全避免存储两个基矢量中的一个（通常会丢弃副法线），然后在运行过程中计算它。当性能瓶颈是内存而不是每个顶点的计算时，这可能会更快。这样做只有一个问题：镜像凹凸贴图（Mirrored Bump Map）。在纹理贴图的对称物体上这非常常见，包括凹凸贴图，它将被两次使用，在一面上是"常规"方式，在另一方面上是镜像方式。基本上，我们需要知道纹理是按其常规方向还是按镜像方向进行应用的。这可以通过存储一个指示纹理是否是镜像的标志来完成的。值 +1 表示常规方向，–1 表示镜像状态。在保留的一个基矢量的 w 分量中，可以很方便地获取这个标记，这是很常见的做法。现在需要计算丢弃的基矢量，可以采用适当的叉积（如 $\hat{\mathbf{v}} = \hat{\mathbf{n}} \times \hat{\mathbf{u}}$），然后乘以标志，以便在必要时翻转基矢量。该标志可以由三重积 $\hat{\mathbf{n}} \times \hat{\mathbf{u}} \cdot \hat{\mathbf{v}}$ 计算，其与式（10.18）中的变换矩阵的行列式相同。

10.9.2　计算切线空间基矢量

最后来谈一谈如何计算基矢量。以下论述遵循了 Lengyel 的资料（详见参考文献[42]）。

给定一个三角形，其顶点位置为 $\mathbf{p}_0 = (x_0, y_0, z_0)$、$\mathbf{p}_1 = (x_1, y_1, z_1)$ 和 $\mathbf{p}_2 = (x_2, y_2, z_2)$。在这些顶点有 UV 坐标 (u_0, v_0)、(u_1, v_1) 和 (u_2, v_2)。在这些情况下，总是可以找到平面映射，这意味着映射梯度在整个三角形上是常量。

如果通过引入下式将原点移至 $\mathbf{p}_0$，则计算将被简化：

$$\mathbf{q}_1 = \mathbf{p}_1 - \mathbf{p}_0, \qquad s_1 = u_1 - u_0, \qquad t_1 = v_1 - v_0,$$
$$\mathbf{q}_2 = \mathbf{p}_2 - \mathbf{p}_0, \qquad s_2 = u_2 - u_0, \qquad t_2 = v_2 - v_0$$

我们寻找位于三角形平面内的基矢量，因此可以将三角形边矢量 $\mathbf{q}_1$ 和 $\mathbf{q}_2$ 表示为基矢量的线性组合，其中，这些边上的已知 u 和 v 位移是坐标。具体如下：

$$\mathbf{u}s_1 + \mathbf{v}t_1 = \mathbf{q}_1$$
$$\mathbf{u}s_2 + \mathbf{v}t_2 = \mathbf{q}_2$$

归一化 $\mathbf{u}$ 和 $\mathbf{v}$ 会产生我们寻找的单位矢量。可以使用矩阵表示法更简洁地写出这些方程式，具体如下：

$$\begin{bmatrix} s_1 & t_1 \\ s_2 & t_2 \end{bmatrix} \begin{bmatrix} -\mathbf{u}- \\ -\mathbf{v}- \end{bmatrix} = \begin{bmatrix} -\mathbf{q}_1- \\ -\mathbf{q}_2- \end{bmatrix}$$

一个优雅的求解结果就此浮现。通过将两边乘以左边的 s、t 矩阵的逆，可得

$$\begin{bmatrix} -\mathbf{u}- \\ -\mathbf{v}- \end{bmatrix} = \begin{bmatrix} s_1 & t_1 \\ s_2 & t_2 \end{bmatrix}^{-1} \begin{bmatrix} -\mathbf{q}_1- \\ -\mathbf{q}_2- \end{bmatrix}$$
$$= \frac{1}{s_1 t_2 - s_2 t_1} \begin{bmatrix} t_2 & -t_1 \\ -s_2 & s_1 \end{bmatrix} \begin{bmatrix} -\mathbf{q}_1- \\ -\mathbf{q}_2- \end{bmatrix}$$

由于我们正在计划对基矢量进行归一化，因此可以删除前导常数因子，这样就可得到

$$\mathbf{u} = t_2 \mathbf{q}_1 - t_1 \mathbf{q}_2,$$
$$\mathbf{v} = -s_2 \mathbf{q}_1 + s_1 \mathbf{q}_2$$

这为我们提供了每个三角形的基矢量。它们不保证是垂直的，但它们可用于以下的主要目的：确定顶点级别的基矢量。这些可以通过使用类似于以下计算顶点法线的技巧来进行计算：对于每个顶点，可以取相邻三角形的基矢量的平均值。通常也可以强制执行标准正交，最简单的方式是使用 Gram-Schmidt 正交（见第 6.3.3 节）。此外，如果丢弃其中一个基矢量，那么就需要保存基础的行列式。代码清单 10.9 显示了可用来计算顶点基矢量的方法。

代码清单 10.9　将基矢量计算为相邻三角法线平均值的简单方法

```
struct Vertex {
    Vector3 pos;
    float    u, v;
    Vector3 normal;
```

```
    Vector3 tangent;
    float    det;              // 切线变换的行列式（如果为镜像的，则为-1）
};
struct Triangle {
    int vertexIndex[3];
};
struct TriangleMesh {
    int       vertexCount;
    Vertex    *vertexList;
    int       triangleCount;
    Triangle * triangleList;

    void computeBasisVectors(){

        // 请注意：假设顶点法线是有效的
        Vector3 *tempTangent = new Vector3[vertexCount];
        Vector3 *tempBinormal = new Vector3[vertexCount];

        // 首先清空累加器
        for (int i = 0 ; i < vertexCount ; ++i) {
            tempTangent[i].zero();
            tempBinormal[i].zero();
        }

        // 为每个面计算基矢量
        // 平均其相邻顶点
        for (int i = 0 ; i < triangleCount ; ++i) {

            // 获取快捷计算方式
            const Triangle &tri = triangleList[i];
            const Vertex &v0 = vertexList[tri.vertexIndex[0]];
            const Vertex &v1 = vertexList[tri.vertexIndex[1]];
            const Vertex &v2 = vertexList[tri.vertexIndex[2]];

            // 计算中间值
            Vector3 q1 = v1.pos - v0.pos;
            Vector3 q2 = v2.pos - v0.pos;
            float s1 = v1.u - v0.u;
            float s2 = v2.u - v0.u;
            float t1 = v1.v - v0.v;
            float t2 = v2.v - v0.v;
```

```
            // 计算该三角形的基矢量
            Vector3 tangent = t2 * q1 - t1 * q2; tangent.normalize();
            Vector3 binormal = -s2 * q1 + s1 * q2; binormal.normalize();

            // 将它们添加到相邻顶点的累积总计
            for (int j = 0 ; j < 3 ; ++j) {
                tempTangent[tri.vertexIndex[j]] += tangent;
                tempBinormal[tri.vertexIndex[j]] += binormal;
            }
        }

        // 现在将值填充到顶点中
        for (int i = 0 ; i < vertexCount ; ++i) {
            Vertex &v = vertexList[i];
            Vector3 t = tempTangent[i];

            // 确保切线垂直于法线(Gram-S chmit)
            // 然后保持归一化版本
            t -= v.normal * dot(t, v.normal);
            t.normalize();
            v.tangent = t;

            // 指出是否为镜像
            if (dot(cross(v.normal, t), tempBinormal[i]) < 0.0f) {
                v.det = -1.0f;        // 为镜像
            } else {
                v.det = +1.0f;        // 非镜像
            }
        }

        // 清除
        delete[] tempTangent;
        delete[] tempBinormal;
    }
};
```

　　代码清单 10.9 没有解决的一个令人恼火的问题是，映射中可能存在不连续性，在这种情况下基矢量不应该被平均在一起，并且基矢量在共享边上必须是不同的。大多数情况下，由于 UV 坐标或法线不匹配，因此，这些面将已经沿着这样的边彼此分离（顶点将被复制）。糟糕的是，有以下一个特别常见的情况并非如此：对称对象上的镜像纹理。例如，角色模型和其他对称网格在其中心有一条线是很常见的，而跨越这样的网格的纹理将被镜像。沿着该接缝的顶点通常需要相同的 UV 但却是相反的 $\hat{u}$ 或 $\hat{v}$。必须分离这些顶点以避免沿着该接缝产生无效的基矢量。

第 10.11.4 节显示了一些实际使用基矢量执行凹凸映射的着色器示例代码。一旦所有数据都被编入正确的格式，运行时代码就会非常简单。这说明了以下当代实时图形的一个共同主题：至少 75% 的代码在工具中操纵数据——优化、打包和以其他方式将其操作为正确的格式——以便运行时代码（其他 25%）可以尽快运行。

10.10　实时图形管道

假设你具有无限的计算能力，渲染方程是生成图像的正确方法。但是如果想在真实的计算机上制作现实世界中的图像，则需要了解当前在计算性能和实时效果之间所做出的权衡。本章的其余部分将侧重于这些技术，试图描述一个典型的简单实时图形管道（Real-Time Graphics Pipeline），技术背景大约在 2010 年。在简要介绍图形管道后，我们将实现该管道并更详细地讨论每个部分，中间会停下来专注于一些关键的数学思想。在本节中，读者应该了解本次讨论中的以下若干个严重缺陷：

- 没有"典型"的现代图形管道。不同渲染策略的数量等于图形开发人员的数量。每个人都有他或她自己的偏好、技巧和优化。与此同时，图形硬件仍在快速发展。作为证据，着色器程序的使用现在已经广泛扩展到诸如游戏控制台之类的消费者硬件中，而在本书第 1 版写作时该技术还处于初期阶段。尽管如此，虽然图形系统和图形开发人员之间存在很大的差异，但大多数系统都有很多共同之处。[①] 我们想重申一下，本章的目标（实际上，整本书都抱持同样的目标）是给予读者一个可靠的技术简述，特别是涉及数学的领域，读者可以从中扩展知识，但它不是对最新尖端技术的调查。在本书撰写期间，*Real-Time Rendering*（《实时渲染》）一书是最好的此类调查（详见参考文献[1]）。

- 我们要介绍的是生成具有非常基本的照明的单个渲染图像的基本过程。本节将不考虑动画，并且仅简要提及全球照明技术。

- 我们描述的是通过图形管道的概念性数据流。在实践中，出于性能原因，通常

[①] 大多数程序开发人员也有很多共同点，即使我们可能不愿意承认它。

并行或不按顺序执行任务。

❑　我们对实时渲染系统感兴趣，在撰写本书时，它们主要用于渲染三角形网格。其他产生图像的方法，如光线追踪算法，具有与此处讨论的非常不同的高级结构。如果平行的光线追踪能够成为跟上摩尔定律的更加经济的方式，那么将来，实时和离线渲染的技术可能会合而为一。

考虑到上述简化，以下是通过图形管道的数据流的简要介绍：

❑　设置场景。在开始渲染之前，必须设置若干个适用于整个场景的选项。例如，需要设置相机，或者更具体地说，在场景中选择要渲染它的视点，并选择在屏幕上显示它的位置。第 10.2 节讨论了这个过程中涉及的数学。我们还需要选择照明和烟雾选项，并准备深度缓冲区。

❑　可见性确定。一旦有了相机，就必须确定场景中的哪些物体是可见的。这对于实时渲染非常重要，因为我们不想浪费时间渲染任何实际上不可见的东西。这种高级剔除对于真实游戏非常重要，但是当开发人员开始工作时，一些简单的应用程序通常会忽略此过程，兹不赘述。

❑　设置对象级渲染状态。一旦知道对象可能是可见的，就可以实际绘制对象了。每个对象都可以有自己的渲染选项。在渲染与对象关联的任何图元之前，必须将这些选项安装到渲染上下文环境中。也许与对象关联的最基本属性是描述对象的表面属性的材质。最常见的材质属性之一是对象的漫反射颜色，通常使用纹理贴图进行控制，如第 10.5 节所述。

❑　几何体生成/传递。接下来，几何体实际上被传递给渲染 API。一般来说，数据以三角形的形式传递。要么作为单独的三角形，要么是索引三角形网格、三角形条带或其他形式。在此阶段，我们还可以执行细节级别（Level of Detail，LOD）选择或逐步生成几何体。我们将在第 10.10.2 节中讨论与向渲染 API 提供几何体相关的许多问题。

❑　顶点级别的操作。一旦渲染 API 具有某种三角形格式的几何图形，就会在顶点级别执行许多不同的操作。也许最重要的这种操作是将顶点位置从建模空间变换为相机空间。其他顶点级操作可能包括：用于骨骼模型动画的蒙皮技术、顶点照明和纹理坐标生成等。在撰写本书期间，在消费者图形系统中，这些操作由用户提供的称为顶点着色器（Vertex Shader）的微程序执行。在本章末尾的第 10.11 节也将给出若干个顶点和像素着色器的例子。

❑　剔除、裁剪和投影。接下来必须执行 3 次操作，以三维形式将三维三角形渲染到屏幕上。采取这些步骤的确切顺序可以变化。首先，通过称为裁剪（Clipping）的过程去除视锥体外的三角形的任何部分，这将在第 10.10.4 节中讨论。一旦在三维裁剪空间中有一个已裁剪的多边形，就会投影该多边形的顶点，将它们映射到输出窗口的二维屏幕空间坐标，如第 10.3.5 节中所述。最后，基于顶点的顺时针或逆时针顺序，将远离相机的单个三角形移除——称为剔除（Cull），如将在第 10.10.5 节中所讨论的那样。

❑ 光栅化。一旦在屏幕空间中有一个已裁剪的多边形，它就会被光栅化。光栅化（Rasterization）是指选择为特定三角形绘制屏幕上的哪些像素的过程；内插纹理坐标、颜色和照明值，这些值是在每个像素的面上的顶点级别计算的；将这些传递到下一个像素着色阶段。由于此操作通常在硬件级别执行，因此将仅在第 10.10.6 节中简要提及光栅化。

❑ 像素着色。接下来需要计算像素的颜色，这个过程称为着色（Shading）。值得一提的是，"计算颜色"其实是计算机图形学的核心。一旦选择了一种颜色，就可以将它写入帧缓冲区中，可能需要进行 Alpha 混合和 z 缓冲。第 10.10.6 节将讨论这个过程。在今天的消费类硬件中，像素着色由像素着色器（Pixel Shader）完成，这是一个初学者也可以编写的小段代码，它采用顶点着色器的值（在面上插值并按每个像素提供），然后输出颜色值到最后一步：混合。

❑ 混合和输出。最后，在渲染管道的最底部，我们已经生成了颜色、不透明度和深度值。按照每个像素的可见度确定结果针对深度缓冲区测试深度值，以确保远离相机的物体不会使靠近相机的物体模糊。不透明度太低的像素将被拒绝，然后在称为 Alpha 混合（Alpha Blending）的过程中，输出颜色将与帧缓冲区中的前一种颜色进行组合。

代码清单 10.10 中的伪代码总结了上面概述的简化渲染管道。

代码清单 10.10　图形管道的伪代码

```
// 首先，指出如何查看场景
setupTheCamera();

// 清除 z 缓冲区
clearZBuffer();

// 设置环境照明和烟雾
setGlobalLightingAndFog();
```

```
// 获取可以看见的对象的列表
potentiallyVisibleObjectList = highLevelVisibilityDetermination(scene);

// 渲染找到的可以看见的一切对象
for (all objects inpotentiallyVisibleObjectList) {

    // 使用包围体测试执行低级 VSD
    if (!object.isBoundingVolumeVisible()) continue;

    // 提取或逐步生成几何体
    triMesh = object.getGeometry()

    // 裁剪并渲染面
    for (each triangle in the geometry) {

        // 变换顶点到裁剪空间
        // 执行顶点级别计算（运行顶点着色器）
        clipSpaceTriangle = transformAndLighting(triangle);

        // 裁剪三角形到视锥体中
        clippedTriangle = clipToViewVolume(clipSpaceTriangle);
        if (clippedTriangle.isEmpty()) continue;

        // 将三角形投影到屏幕上
        screenSpaceTriangle = clippedTriangle.projectToScreenSpace();

        // 三角形是否背对着相机？
        if (screenSpaceTriangle.isBackFacing()) continue;

        // 光栅化三角形
        for (each pixel in the triangle) {

            // 在此裁剪像素
            // 防止三角形未完全裁剪到视锥体中
            if (pixel is off-screen) continue;

            // 内插颜色、z 缓冲区值
            // 和纹理映射坐标

            // 像素着色器采用内插值
            // 并计算颜色和 Alpha 值
```

```
        color = shadePixel();

        // 执行 z 缓冲区测试
        if (!zbufferTest()) continue;

        // 执行 Alpha 测试
        // 以忽略"太透明"的像素
        if (!alphaTest()) continue;

        // 写入帧缓冲区和 z 缓冲区中
        writePixel(color, interpolatedZ);

        // 移动到该三角形中的下一个像素
    }

    // 移动到该对象的下一个三角形
}

// 移动到下一个可以看见的对象
}
```

就在不久之前，图形程序开发人员仍需要负责编写代码来在软件中执行如代码清单 10.10 所示的所有步骤。如今，开发人员可以将许多任务都委托给图形 API，如 DirectX 或 OpenGL。API 可以在主 CPU 上的软件中执行上述任务中的一部分，并且其他任务（理想情况下是尽可能多地）也可以分派到专用图形硬件。现代图形硬件允许图形程序开发人员（即我们大家）通过顶点着色器和像素着色器进行非常低级别的控制（这些基本上是我们编写的微程序），在硬件上处理每个顶点和像素。虽然旧的单处理器软件渲染时间的性能问题可以通过手动调整配件来解决，但现在更多关注的是尽可能有效地使用 GPU，并确保它永远不会空闲，做任何事情都不必等待 CPU。当然，最简单的加速渲染的方法仍然是避免渲染它（如果它不可见的话），或者渲染它的更便宜的近似（如果它在屏幕上不大的话）。

总之，现代图形管道涉及代码和渲染 API 的紧密合作。当说"渲染 API"时，指的是 API 软件和图形硬件。在 PC 平台上，API 软件层必然非常"厚"，因为必须支持各种基础硬件。在硬件标准化的控制台平台上，该层则可能更加精简。一个值得注意的例子是 PlayStation 2，它允许程序开发人员直接访问硬件寄存器，并对直接内存访问（Direct Memory Access，DMA）进行非常低级别的控制。图 10.36 说明了这种合作所涉及的分工。

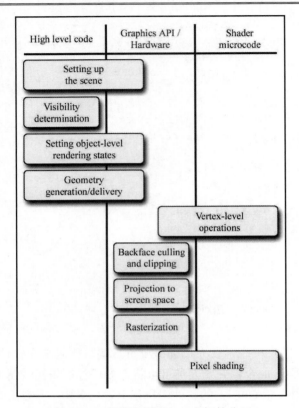

图 10.36　代码和图形 API 之间的分工

原　　文	译　　文
High level code	高级代码
Graphics API/Hardware	图形 API/硬件
Shader microcode	着色器微程序
Setting up the scene	设置场景
Visibility determination	可见性确定
Setting object-level rendering states	设置对象级渲染状态
Geometry generation/delivery	几何体生成/传递
Vertex-Level operations	顶点级别的操作
Backface culling and clipping	背面剔除和裁剪
Projection to screen space	投影到屏幕空间
Rasterization	光栅化
Pixel shading	像素着色

图 10.37 是对实时图形管道的略有不同的总结，这次更多地关注管道的低端和概念性的数据流。蓝色框表示提供的数据；蓝色椭圆表示编写的着色器；黄色椭圆则是由 API 执行的操作。

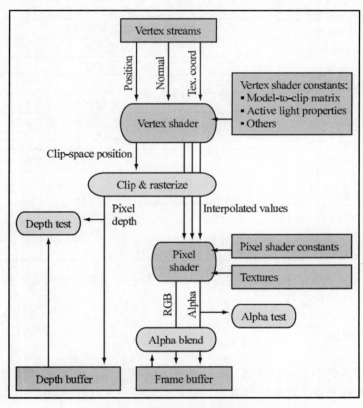

图 10.37　通过图形管道的数据流

原　　文	译　　文
Vertex streams	顶点流数据
Position	位置
Normal	法线
Tex.coord	纹理坐标
Vertex shader constants:	像素着色器常量：
❑　Model-to-clip matrix	❑　从模型空间到裁剪空间矩阵
❑　Active light Properties	❑　有效照明属性
❑　Others	❑　其他

原　　文	译　　文
Vertex shader	顶点着色器
Clip-space position	裁剪空间位置
Clip & rasterize	裁剪和光栅化
Depth test	深度测试
Pixel depth	像素深度
Interpolated values	内插值
Pixel shader	像素着色器
Pixel shader constants	像素着色器常量
Textures	纹理
RGB	RGB
Alpha	Alpha
Alpha test	Alpha 测试
Alpha blend	Alpha 混合
Depth buffer	深度缓冲区
Frame buffer	帧缓冲区

　　本章的其余部分将讨论计算机图形学中的许多不同主题。我们大致按照在图形管道中遇到这些主题的顺序进行。

10.10.1　缓冲区

　　图形渲染涉及许多缓冲区的使用。在本节论述背景中，缓冲区只是一个矩形的内存区域，它可以为每个像素存储一些数据。最重要的缓冲区是帧缓冲区（Frame Buffer）和深度缓冲区（Depth Buffer）。

　　帧缓冲区可以为每个像素存储一种颜色——它保存渲染的图像。单个像素的颜色可以按各种格式存储，这些变化对于当前的讨论并不重要。如果渲染单个图像，帧缓冲区可能在常规内存（RAM）中，以保存到磁盘。

　　实时动画中出现了一个更有趣的情况。在这种情况下，帧缓冲区通常位于显示内存（Video RAM，简称"显存"）中。显示卡（Video Card，简称"显卡"）一直在读取显存的这个区域，将二进制数据转换成适当的信号发送到显示设备。但是，当尝试渲染时，显示器如何读取这个内存？有一种称为双缓冲（Double Buffering）的技术，可用于防止图像在完全呈现之前显示。在双缓冲的设计下，实际上有两个帧缓冲区：其中一个帧缓冲区是前缓冲区（Front Buffer），它保存当前显示在监视器上的图像；还有一个是后缓冲区（Back Buffer），它是屏幕外缓冲区，用于保存当前正在渲染的图像。

当完成渲染图像并准备好显示它时，将"翻转"缓冲区。可以通过以下两种方式之一来做到这一点：如果使用页面翻转，则指示显卡硬件开始从作为屏幕外缓冲区的缓冲区（即后缓冲区）读取，然后交换两个缓冲区的角色，现在显示的缓冲区成为屏幕外缓冲区；或者，可以在显示缓冲区上显示（复制）屏幕外缓冲区。图 10.38 显示了双缓冲的示意图。

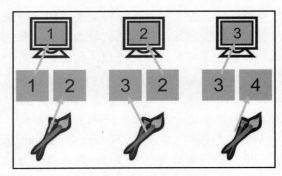

图 10.38　双缓冲

用于使已经渲染的图像可视化到后缓冲区中的更现代的术语是呈现（Presenting）图像。

用于渲染的第二个重要缓冲区是深度缓冲区（Depth Buffer），也称为 z 缓冲区（z-Buffer）。深度缓冲区不是在每个像素处存储颜色，而是存储每个像素的深度值。对于深度缓冲区中究竟应该包含哪些值有很多变化，但基本思想是它与相机的距离有关。裁剪空间 z 坐标通常用作深度值，这就是深度缓冲区也称为 z 缓冲区的原因。

深度缓冲区用于确定哪些对象遮挡哪个对象。当光栅化三角形时，将计算每个像素的插值深度值。在渲染像素之前，将此深度值与此像素的深度缓冲区中已有的值进行比较。如果新深度远离相机而不是深度缓冲区中当前的值，则丢弃该像素；否则，将像素颜色写入帧缓冲区中，并使用新的更接近的深度值更新深度缓冲区。

在开始渲染图像之前，必须将深度缓冲区清除为"远离相机"的值（在裁剪空间中，此值为 1.0）。然后，要渲染的第一个像素将保证通过深度缓冲测试。一般来说，不需要像帧缓冲一样对于深度缓冲区也使用双缓冲。

10.10.2　传递几何体

在决定要渲染哪些对象之后，需要实际渲染它们。这实际上是一个两步过程。首先，必须设置渲染上下文（Render Context）。这涉及告诉渲染器要使用的顶点和像素着色器、要使用的纹理以及着色器所需的任何其他常量的设置，如变换矩阵、照明位置、颜色、雾的设置等。这个过程的细节在很大程度上取决于你的高级渲染策略和目标平台，所以在这里没有更具体的说明，当然，第 10.11 节也将给出几个例子。除此之外，我们希望关注第二步，它基本上是图 10.37 中的上层框，其中，顶点数据被传递到 API 进行渲染。目前来说，程序开发人员在发送什么数据、如何打包和格式化每个数据元素以及如何在内存中排列位以获得最大效率方面具有相当大的灵活性。

我们需要为每个顶点提供什么值？基本上，答案是"想要用来渲染三角形的任何属性"。从根本上说，顶点和像素着色器只有两个必需的输出。首先，顶点着色器必须为每个顶点输出一个位置，以便硬件可以执行光栅化。此位置通常在裁剪空间中指定，这意味着硬件将执行透视除法和转换为屏幕空间坐标（请参阅第 10.3.5 节）。像素着色器实际上只有以下一个必需的输出：颜色值（通常包括 Alpha 通道）。这两个输出是唯一需要的东西。当然，为了正确地确定合适的裁剪空间坐标，可能还需要从模型空间转换到裁剪空间的矩阵。可以通过设置着色器常量（Shader Constant）来传递这样的参数，这些参数适用于给定批量三角形中的所有顶点或像素。这在概念上只是一个矢量值的较大的表，它是渲染上下文的一部分，供我们根据需要使用（实际上，通常有一组寄存器指定用于顶点着色器，还有一组寄存器可以在像素着色器中访问）。

存储在顶点级别的一些典型信息包括以下内容：

❑ 位置。它描述了顶点的位置。这可以是三维矢量或二维屏幕空间位置，也可以是已经转换为裁剪空间的位置，直接通过顶点着色器传递。如果使用三维矢量，则必须通过当前模型、视图和投影变换将位置变换为裁剪空间；如果使用的是二维窗口坐标——根据屏幕的分辨率取值（未归一化），则必须将它们转换回顶点着色器中的裁剪空间（某些硬件允许着色器输出已投影到屏幕空间的坐标）。

如果模型是蒙皮模型（参见第 10.8 节），那么位置数据还必须包括影响顶点的骨骼的索引和权重。动画矩阵可以按各种方式传递。标准技术是将它们作为顶点着色器常量传递。在某些硬件上运行的较新技术是将它们传递到单独的顶点数据流中，必须通过特殊指令访问它们，因为访问模式是随机的而不是流式传输。

❑ 纹理映射坐标。如果使用的是纹理映射的三角形，则必须为每个顶点分配一组映射坐标。在这种最简单的情况下，它是纹理贴图中的二维位置。通常表示为坐标(u, v)。如果使用的是多重纹理，那么每个纹理贴图都可能需要一组映射坐标。开发人员可以考虑在程序上生成一组或多组纹理映射坐标（例如，如果要将图案片投影到某个表面上，则可以这样做）。

❑ 表面法线。大多数照明计算都需要表面法线。即使照明方程通常按每个像素进行计算，表面法线由法线贴图确定，我们仍然经常在顶点级别存储法线，以便建立切线空间的基础。

❑ 颜色。为每个顶点指定颜色输入有时很有用。例如，如果要渲染粒子，粒子的颜色可能会随着时间而改变；或者可以使用一个通道（如 Alpha）来控制两个纹理图层之间的混合。艺术家可以编辑顶点 Alpha 以控制此混合。我们也可能离线完成每个顶点的照明计算。

❑ 基矢量。如第 10.9 节所述，对于切线空间法线贴图（以及一些其他类似技术），需要基矢量来定义局部切线空间。基矢量和表面法线可以在每个顶点处建立该坐标空间。然后，在光栅化期间，这些矢量将跨三角形内插，以便为每个像素提供近似的切线空间。

在理解上述信息之后，来举几个 C 语言 struct 结构体的例子，这些结构体可用于在实际可能出现的某些情况下提供顶点数据。

最基本的顶点格式之一包含三维位置、表面法线和映射坐标。使用此顶点类型可存储具有简单漫反射贴图的基本三角形网格。我们不能使用具有此顶点格式的切线空间法线贴图，因为没有基矢量。代码清单 10.11 显示了此基本顶点格式。

代码清单 10.11　基本顶点格式（1）

```
// 无变换、无照明顶点
struct RenderVertex {
    Vector3     p;              // 位置
    float       u, v;           // 纹理映射坐标
    Vector3     n;              // 法线
};
```

如果要使用切线空间法线贴图，则需要包含基矢量，如代码清单 10.12 所示。

代码清单 10.12　基本顶点格式（2）

```
// 无变换、无照明但是包含基矢量的顶点
struct RenderVertexBasis {
    Vector3     p;              // 位置
    Vector3     n;              // 法线
    Vector3     tangent;        // 第一个基矢量
    float       det;            // 切线空间的行列式
                                // 变换（镜像标志）
    float       u, v;           // 纹理映射坐标
};
```

还有一种常见格式可用于平视（Heads-up）显示、文本渲染和其他二维项目等，其顶点具有屏幕空间坐标和预先照明的顶点（由于不进行照明计算，因此不需要提供正常的格式），如代码清单 10.13 所示。

代码清单 10.13　用于平视和文本渲染等的顶点格式

```
// 二维屏幕空间，预先照明
struct RenderVertex2D {
    float       x, y;          // 二维屏幕空间位置
    unsigned    argb;          // 预先照明的颜色（0xAARRGGBB）
    float       u, v;          // 纹理映射坐标
};
```

以下顶点是以三维格式表示的，但不需要由图形 API 的照明引擎点亮。此格式常用于粒子效果，如爆炸、火焰和自发光对象，以及渲染调试对象，如包围盒、航点、标记等，如代码清单 10.14 所示。

代码清单 10.14　基本三维顶点格式

```
// 无变换、已照明顶点
struct RenderVertexL {
    Vector3     p;             // 三维位置
    unsigned    argb;          // 预先照明的颜色（0xAARRGGBB）
    float       u, v;          // 纹理映射坐标
};
```

下一个示例是用于照明贴图、凹凸贴图几何体的顶点。它具有用于照明贴图的基矢量和两组 UV，一组用于常规漫反射纹理；另一组用于照明贴图，该组将存储离线计算的融入照明数据，如代码清单 10.15 所示。

代码清单 10.15　用于照明贴图、凹凸贴图几何体的顶点

```
// 照明贴图、凹凸贴图的顶点
struct RenderVertexLtMapBump {
    Vector3     p;             // 位置
    Vector3     n;             // 法线
    Vector3     tangent;       // 第一个基矢量
    float       det;           // 切线空间的行列式
                               // 变换（镜像标志）
    float       u, v;          // 漫反射和凹凸贴图的常规坐标
    float       lmu, lmv;      // 用于照明贴图的纹理坐标
};
```

最后，这是一个可用于骨骼渲染的顶点。索引存储在 4 个 8 位值中，权重则存储为 4

个浮点数，如代码清单 10.16 所示。

代码清单 10.16　可用于骨骼渲染的顶点

```
// 可用于骨骼渲染的顶点
struct RenderVertexSkinned {
    Vector3     p;                  // 位置
    Vector3     n;                  // 法线
    Vector3     tangent;            // 第一个基矢量
    float       det;                // 切线空间的行列式
                                    // 变换（镜像标志）
    float       u, v;               // 漫反射和凹凸贴图的常规坐标
    unsigned    boneIndices;        // 骨骼索引，最多 4 骨骼
                                    // （8 位值）
    Vector4     boneWeights;        // 最多 4 骨骼的权重
};
```

上述示例都被声明为 struct 结构体。事实上，这样的组合还可以有很多。简单而有效地处理这一问题是一项挑战。一个思路是将字段分配为数组结构（Structure of Array，SOA）而不是结构数组（Array of Structure，AOS），如代码清单 10.17 所示。

代码清单 10.17　使用数组结构

```
struct VertexListSOA {
    Vector3     *p;                 // 位置
    Vector3     *n;                 // 法线
    Vector4     *tangentDet;        // xyz 切线 + w 中的 det
    Vector2     *uv0;               // 第一个通道的映射坐标
    Vector2     *uv1;               // 第二个通道的映射
    Vector2     *ltMap;             // 照明贴图坐标
    unsigned    *boneIndices;       // 骨骼索引，最多 4 骨骼
                                    // （8 位值）
    Vector4     *boneWeights;       // 最多 4 骨骼的权重
    unsigned    *argb;              // 顶点颜色
};
```

在这种情况下，如果值不存在，则数组指针将仅为 NULL。

另一个思路是使用原始内存块，但声明一个带有访问器函数的顶点格式类，它使用地址算法基于变量跨度（Stride）通过索引定位顶点，并根据结构中的变量偏移量访问成员。

10.10.3　顶点级别的操作

在将网格数据传递给 API 之后，即可执行各种顶点级别的计算。在基于着色器的渲

染器（与固定功能的管道相反）中，这是在顶点着色器中发生的。顶点着色器的输入本质上是在第 10.10.2 节中描述的 struct 结构体之一。如前文所述，顶点着色器可以生成许多不同类型的输出，但它必须履行两个基本职责。首先，它必须至少输出一个裁剪空间（在某些情况下也可能是屏幕空间）的位置；第二个职责是向像素着色器提供它执行着色计算所需的任何输入。在许多情况下，我们可以简单地传递从输入流接收的顶点值，但有时候则必须执行计算，例如，将原始顶点值从建模空间转换到正在执行照明或生成纹理坐标的其他坐标空间。

在顶点着色器中完成的一些最常见的操作如下：

❑　将模型空间顶点位置变换为裁剪空间。

❑　为骨骼模型执行蒙皮。

❑　将法线和基矢量转换为适当的照明空间。

❑　计算照明（$\mathbf{l}$ 和 $\mathbf{h}$）所需的矢量并将它们变换为适当的坐标空间。

❑　从顶点位置计算雾的密度值。

❑　以程序方式生成纹理贴图坐标。示例包括投射聚光灯、Doom 风格体积光、围绕环境映射法线反射的视图矢量、各种伪反射技术、滚动或其他动画纹理等。

❑　如果原始顶点输入已经处于正确的格式和坐标空间，则无须修改即可通过原始顶点输入。

如果使用的是 Gouraud 着色，则实际上可能会在此处执行照明计算，并插入照明结果。本章将在后面展示一些这方面的例子。

从建模空间到裁剪空间的变换是最常见的操作，所以让我们回顾一下这个过程。可以用矩阵乘法来执行它。从概念上讲，顶点将经历一系列变换，具体如下：

❑　模型变换。从建模空间变换为世界空间。

❑　视图变换。从世界空间变换为相机空间。

❑　裁剪矩阵可用于从相机空间变换为裁剪空间。

从概念上讲，矩阵数学如下式：

$$\mathbf{v}_{\text{clip}} = (\mathbf{v}_{\text{model}})(\mathbf{M}_{\text{model}\rightarrow\text{world}})(\mathbf{M}_{\text{world}\rightarrow\text{camera}})(\mathbf{M}_{\text{camera}\rightarrow\text{clip}})$$

实际上，这里并没有真正执行 3 个单独的矩阵乘法。有一个矩阵可以从对象空间变换到裁剪空间，在顶点着色器中，可以使用这个矩阵执行一次矩阵乘法。

10.10.4　裁剪

将顶点转换为裁剪空间后，将对三角形执行两项重要的测试：裁剪和剔除。这两个操作通常都由渲染 API 执行，因此开发人员通常不必自己执行这些操作，但即使是这样，了解它们的工作方式仍非常重要。我们讨论这些测试的顺序不一定是它们在特定硬件上发生的顺序。大多数硬件在屏幕空间中剔除，而较旧的软件渲染器则在三维中更早地进行了剔除，以减少必须裁剪的三角形的数量。

在将顶点投影到屏幕空间之前，必须确保它们完全位于视锥体内。此过程称为裁剪（Clipping）。由于裁剪通常由硬件执行，因此将仅通过粗略的细节来描述该过程。

裁剪多边形的标准算法是 Sutherland-Hodgman 算法。该算法采用了分割处理、逐边裁剪的方法，通过将多边形裁剪分解为一系列简单问题来解决多边形裁剪的难题。输入的多边形将一次被裁剪出一个平面。

要将多边形裁剪出一个平面，可以围绕多边形进行迭代，按顺序裁剪边产生平面。边的两个顶点中的每一个可以在平面的内部或外部。因此，有 4 种情况。每种情况都可以生成零个、一个或两个输出顶点，如图 10.39 所示。

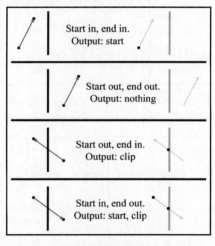

图 10.39　裁剪单个边的 4 种情况

原　　文	译　　文
Start in,end in Output:start	从内部开始，在内部结束 输出：起点
Start out,end out Output:nothing	从外部开始，在外部结束 输出：无
Start out,end in Output:clip	从外部开始，在内部结束 输出：裁剪点
Start in,end out Output:start,clip	从内部开始，在外部结束 输出：起点，裁剪点

图 10.40 显示了如何应用这些规则将多边形裁剪到右侧的裁剪平面的示例。请记住，裁剪程序输出的是顶点，而不是边。在图 10.40 中，绘制的边仅用于演示说明。特别是，当实际上只输出一个顶点时，最后的裁剪步骤似乎输出了两条边——最后一条边是隐式的，以完成多边形。

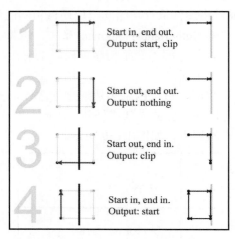

图 10.40　裁剪多边形到右侧的裁剪平面

原　　文	译　　文
Start in,end out	从内部开始，在外部结束
Output:start,clip	输出：起点，裁剪点
Start out,end out	从外部开始，在外部结束
Output:nothing	输出：无
Start out,end in	从外部开始，在内部结束
Output:clip	输出：裁剪点
Start in,end in	从内部开始，在内部结束
Output:start	输出：起点

在每个阶段结束时，如果剩余的顶点少于 3 个，则多边形将被拒绝，成为不可见的（实际上，这种裁剪算法不可能只输出一个或两个顶点。裁剪一遍之后输出的顶点数要么为零，要么至少有 3 个）。

某些图形硬件不会将多边形裁剪到三维（或四维）中的所有 6 个平面。相反，仅执行近裁剪，然后在二维中完成剪切（Scissoring）以裁剪到窗口。这对于提升性能可能非常有帮助，因为在某些硬件上裁剪很慢。该技术还有一种变体是采用保护带（Guard Band）。完全在屏幕外的多边形将被拒绝，而完全在保护带内的多边形将被剪切而不是在三维中被裁剪。部分在屏幕上但在保护带外的多边形将在三维中被裁剪。

10.10.5　背面剔除

用于拒绝隐藏表面的第二个测试称为背面剔除（Backface Culling），此测试的目的是拒绝不面向相机的三角形。在标准的闭合网格中，永远不应该看到三角形的背面，除非被允许进入网格内部。在不透明的网格中不需要移除背面三角形——我们可以绘制它们并仍然生成正确的图像，因为它们将被更接近的正面三角形覆盖。但是，我们不想浪费时间绘制任何不可见的东西，所以通常会想要剔除背面。从理论上讲，大约一半的三角形将是背面对着相机的。在实践中，可以剔除不到一半的三角形，特别是在静态场景中。在许多情况下，静态场景首先是在没有背面的情况下创建的。一个明显的例子是地形系统（Terrain System）。当然，我们也许能够消除一些背面三角形，例如，在山的背面，但一般来说，大多数三角形都将是正面的，因为我们通常在地面之上。但是，对于在世界范围内自由移动的动态物体，大约有一半的面将会背对相机。

可以在三维（投影之前）或二维（投影之后）中检测背面三角形。在现代图形硬件上，背面剔除是基于屏幕空间中顶点的顺时针或逆时针枚举在二维中执行的。在本书使用的左手坐标系中，约定是当从正面观察时，以围绕三角形的顺时针方式对顶点进行排序的。因此，在图 10.41 中，我们通常会移除任何其顶点在屏幕上以逆时针方式排列的三角形（右手坐标通常采用相反的约定）。

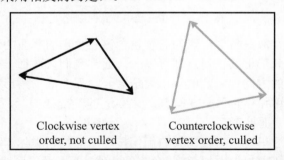

图 10.41　顶点在屏幕空间中逆时针枚举的三角形将被背面剔除

原　　文	译　　文
Clockwise vertex order, not culled	顺时针枚举顶点的三角形，不会被剔除
Counterclockwise vertex order, culled	逆时针枚举顶点的三角形，将会被剔除

API 将允许开发人员控制背面剔除。你可能希望在渲染某些几何体时关闭背面剔除，或者，如果几何体已经被反射，则可能需要反转剔除，因为反射会翻转面周围的顶点顺

序。使用模板阴影进行渲染需要在第一遍中渲染正面，在另一遍中渲染背面。

与硬件渲染（特别是将原始数据传送到硬件所需的带宽）相比，软件渲染的瓶颈是不同的。在软件中，背面剔除通常是在三维中完成的。三维背面测试的基本思想是确定相机位置是否位于三角形平面的正面。为了快速确定这一点，我们存储了一个预先计算的三角形法线。在图 10.42 中，可以剔除的背面三角形以灰色绘制。请注意，背面剔除不取决于三角形是在视锥体的内部还是外部。实际上，它完全不依赖于相机的方向——仅和相机相对于三角形的位置有关。

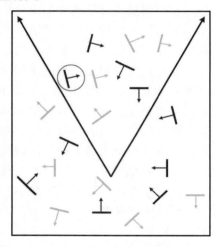

图 10.42　在三维中的背面剔除

要检测三维中的背面三角形，我们需要包含该三角形的平面的法线，以及从眼睛到该三角形的矢量（三角形上的任何点都可以——通常我们只选择一个顶点）。如果这两个矢量指向基本相同的方向（它们的点积大于零），那么该三角形就是背对相机的。该算法的变体是预先计算并存储平面方程的 d 值（参见第 9.5.1 节），然后可以使用一个点积和标量比较来完成背面检查。

值得一提的是，这里有一个很诱人的优化技巧，但是它实际上不起作用。你可能会尝试仅在相机（或裁剪）空间中使用该三角形的法线的 z 分量。虽然看起来如果 z 值是正的，则该三角形背对相机并且可以被剔除，但这实际上是不正确的，图 10.42 中特意圈出了这样一个错误示例。

10.10.6　光栅化、着色和输出

在裁剪之后，根据式（10.8）和式（10.9），可以将顶点投影并映射到输出窗口的屏

幕坐标中。当然，这些坐标是浮点坐标，它们是"连续的"（见第 1.1 节）。但通常渲染的是像素，而这些像素是离散的。那么如何知道实际绘制了哪些像素？设计一个算法来回答这个问题是非常复杂的。如果回答错误，那么三角形之间就会出现间隙；如果使用 Alpha 混合，渲染像素不止一次可能也会很糟糕。换句话说，必须确保当渲染表示为三角形的表面时，每个像素只渲染一次。幸运的是，图形硬件解决了这个问题，使得图形开发人员不必为了实现细节而烦恼。

在光栅化期间，渲染系统可以执行剪切（Scissoring），拒绝渲染窗口之外的像素。如果多边形被裁剪到屏幕边缘，那么这样的剪切就是不可能的，但出于性能原因跳过该步骤可能是有利的。保护带技术可用于调节裁剪和剪切之间的性能权衡（参见第 10.10.4 节）。

尽管我们不一定要确切了解图形硬件如何决定为给定三角形渲染哪些像素，但需要了解它如何确定处理单个像素的方式。从概念上讲，该过程执行以下 5 个基本步骤：

（1）插值。在顶点级别计算的任何数量（如纹理坐标、颜色和法线）都将跨面插值。必须先为像素计算每个数量的插值，然后才能对其进行着色。

（2）深度测试。如果要着色的像素会被更近的像素遮挡，则可以通过使用深度缓冲区来拒绝像素（参见第 10.10.1 节）。请注意，在某些情况下，允许像素着色器修改深度值，在这种情况下，必须将此测试推迟到着色之后。

（3）着色。像素着色指的是计算像素的颜色的过程。在基于着色器的硬件上，这是需要像素着色器执行的步骤。在基本的前向渲染器过程中，实际上是将对象渲染到帧缓冲区中（与写入阴影贴图或执行其他照明的过程相反），像素通常首先点亮，然后如果使用了雾化则进行模糊处理。像素着色器的输出不仅包括 RGB 颜色，还包含 Alpha 值，通常将其解释为用于混合的像素的"不透明度"。第 10.11 节将介绍像素着色器的若干个示例。

（4）Alpha 测试。这会根据像素的 Alpha 值拒绝像素。可以使用各种不同的 Alpha 测试，但最常见的是拒绝"过于透明"的像素。虽然这些不可见的像素可能不会对已经写入的帧缓冲区进行任何更改，但我们仍需要拒绝它们，这样它们就不会导致我们写入深度缓冲区中。

（5）写入。如果像素通过了深度和 Alpha 测试，则更新帧缓冲区和深度缓冲区，具体如下：

❑ 只需将旧深度值替换为新深度值，即可更新深度缓冲区。

❑ 帧缓冲区的更新则更复杂一些。如果不使用混合，则新的像素颜色将替换旧的像素颜色；否则，新的像素颜色将与旧的像素颜色混合，旧颜色和新颜色的相对贡献由 Alpha 值控制。其他数学运算，如加法、减法和乘法，也常常可用，具体取决于图形硬件。

10.11　一些 HLSL 示例

本节将介绍高阶着色器语言（High Level Shader Language，HLSL）的顶点和像素着色器的一些示例，它们演示了前面几节中讨论的许多技术。由于这些代码片段得到了好评，所以打算解读一下这些代码。我们提供 HLSL 示例的原因与以 C 语言显示代码片段的原因相同：就是希望它适用于更广大的读者，虽然可能不是每位读者都会使用这种特定语言，但我们认为该语言是足够高等级的语言，所以，几乎每个人都可以理解和体会其中的许多基本原则。

> ⚠ 注意：
> HLSL 本质上是与 NVIDIA 开发的着色器语言（称为 Cg）相同的语言，HLSL 与 OpenGL 中使用的着色语言 GLSL 也非常相似，尽管不完全相同。

我们意识到 HLSL 不好的一面是，给那些对实时渲染不感兴趣的人带来了不必要的障碍，即顶点和像素着色器之间的分工。[①] 糟糕的是，这是完全无法避开的事情。本书不是关于 HLSL 的书，因此我们没有完全解释这些细节，并且这对于开发人员接触 HLSL 也是有帮助的。当然，由于该语言使用的是 C 语言的语法，因此它相对平易近人，我们的示例应该是可读的。对于那些不熟悉 HLSL 的人，示例中的注释介绍了 HLSL 的具体内容。

因为这些示例都非常基础，所以它们是针对着色器模型 2.0 编写的。

10.11.1　贴花着色和 HLSL 基础知识

我们将从一个非常简单的示例开始热身，并且演示 HLSL 用于声明常量和传递插值参数的基本机制。也许最简单的着色类型是直接从纹理贴图输出颜色，这样就根本不需要任何照明。这有时也称为贴花着色（Decal Shading）。代码清单 10.18 中的顶点着色器说明了 HLSL 的几个基本机制，并且提供了方便理解的源代码注释。

代码清单 10.18　贴花渲染的顶点着色器

```
// 该结构体声明了从网格接收到的输入
// 请注意，这里的顺序并不重要
// 这里的输入就是按它们的冒号之后的 "语义" 来识别的
```

[①] 例如，RenderMan 着色语言就没有这种问题。

```
// 在将顶点列表发送到渲染器时
// 必须指定每个顶点元素的"语义"
struct Input {
  float4 pos    : POSITION;      // 模型空间中的位置
  float2 uv     : TEXCOORD0;     // 纹理坐标
};

// 这是将从顶点着色器输出的数据
// 这些将基于语义匹配像素着色器的输入
struct Output {
  float4 pos    : POSITION;      // 裁剪空间中的位置
  float2 uv     : TEXCOORD0;     // 纹理坐标
};

// 在此声明一个全局变量，它是一个着色器常量
// 保存从模型空间到裁剪空间的变换矩阵
uniform float4x4 modelToClip;

// 顶点着色器的主体
Output main(Input input) {
  Output output;

  // 将顶点位置变换到裁剪空间
  // mul()函数将执行矩阵乘法
  // 注意，mul()函数会将任意传递为第一个操作数的矢量视为行矢量
  output.pos = mul(input.pos, modelToClip);

  // 传递提供的 UV 坐标，无须修改
  output.uv = input.uv;

  return output;
}
```

　　像这样的顶点着色器可以与代码清单 10.19 中的像素着色器一起使用，它实际上执行的正是贴花着色。当然，为了使事情变得有趣并证明像素着色器常量与顶点着色器常量的作用相同，我们还添加了一个全局常量颜色，我们认为它是全局渲染上下文的一部分。有一个像这样的常量非常有用，它可以调整每个渲染图元的颜色和不透明度。

代码清单 10.19　贴花渲染的顶点着色器

```
// 该结构体声明从光栅化器接收到的输入
// 它们通常刚好匹配顶点的输出
// 通常不再使用的裁剪空间位置除外
```

```
struct Input {
  float2 uv:     TEXCOORD0;        // 纹理坐标
};

// 在此仅显示了像素着色器常量的工作方式
// 我们声明了一个全局变量颜色
// 着色器的输出是乘以此 RGBA 值
// 使用该常量的其中一个最常见的理由是
// 将它添加到渲染上下文的不透明度设置中
// 非常方便取得完整的 RGBA 常量颜色
uniform float4 constantColor;

// 我们将执行纹理查找
// 声明一个“变量”以引用该纹理
// 并且使用足够的信息注解它
// 这样渲染代码就可以选择正确的纹理
// 在绘制图元之前放入渲染上下文
sampler2D diffuseMap;

// 像素着色器的主体
// 它只有一个输出，列入语义“COLOR”下
float4 main(Input input): COLOR {

  // 提取纹理元素
  float4 texel = tex2D(diffuseMap, input.uv);

  // 通过常量颜色和输出进行调整
  // 请注意，运算符“*”执行的是按分量相乘的乘法
  return texel * constantColor;
}
```

　　显然，更高级别的代码必须正确提供着色器常量和原始数据。将着色器常量与高级代码匹配的最简单方法是，使用特殊的 HLSL 变量声明语法将寄存器编号专门分配给常量，但是还有一些更精细的技术，例如按名称定位常量。这些实用细节当然很重要，但它们不属于本书的讨论范围，故从略。

10.11.2　基础的每个像素 Blinn-Phong 照明

　　现在来看一个实际进行一些照明计算的简单示例。从基本的每个像素的照明开始，尽管这里还没有使用凹凸贴图。下面这个例子简单地说明了 Phong 着色技术，该技术将

跨面内插法线并评估每个像素的完整照明方程。我们将第 10.11.3 节中对 Phong 着色与 Gouraud 着色进行比较，并将在第 10.11.4 节中显示法线映射的示例。

所有的照明示例都使用了标准的 Blinn-Phong 照明方程。在此示例和大多数示例中，照明环境由单个线性衰减全向光和常量环境光组成。

对于第一个示例（代码清单 10.20 和代码清单 10.21）来说，将在像素着色器中完成所有工作。在这种情况下，顶点着色器相当简单，它只需要将输入传递到像素着色器。

代码清单 10.20　单个全向光加环境光的每个像素照明的顶点着色器

```
// 网格输入
struct Input {
    float4 pos      : POSITION;      // 模型空间中的位置
    float3 normal   : NORMAL;        // 模型空间中的顶点法线
    float2 uv       : TEXCOORD0;     // 漫反射和镜面反射贴图的纹理坐标
};
// 顶点着色器输出
// 输出的位置除外，它输出在 POSITION 语义下
// 所有其他的都是在 TEXCOORDx 语义下
// 除了名称之外，此语义实际上被用于太多要传递到像素着色器的内插矢量值
// 而不仅仅是纹理坐标
struct Output {
    float4 clipPos   : POSITION;     // 裁剪空间位置
    float2 uv        : TEXCOORD0;    // 漫反射和镜面反射贴图的纹理坐标
    float3 normal    : TEXCOORD1;    // 模型空间中的顶点法线
    float3 modelPos  : TEXCOORD2;    // 模型空间中的位置
};

// 从模型空间到裁剪空间的变换矩阵
uniform float4x4 modelToClip;

// 顶点着色器的主体
Output main(Input input) {
    Output output;

    // 将顶点位置变换到裁剪空间
    output.clipPos = mul(input.pos, modelToClip);

    // 传递顶点输入，无须修改
    output.normal = input.normal;
    output.uv = input.uv;
    output.modelPos = input.pos;
```

```
    return output;
}
```

代码清单 10.21 是相应的像素着色器，其中发生了所有操作。请注意，在该代码清单中使用两种不同的纹理贴图，一种用于漫反射颜色；另一种用于镜面反射颜色。假设这两个贴图使用的是相同的纹理映射坐标。

代码清单 10.21　单个全向光加环境光的每个像素照明的像素着色器

```
// 来自顶点着色器的内插输入
struct Input {
    float2 uv          : TEXCOORD0;    // 漫反射和镜面反射贴图的纹理坐标
    float3 normal      : TEXCOORD1;    // 模型空间中的顶点法线
    float3 modelPos    : TEXCOORD2;    // 模型空间中的位置（用于照明）
};

// 全局常量 RGB 和不透明度
uniform float4 constantColor;

// 模型空间中全向光的位置
uniform float3 omniPos;

// 全向光半径的倒数
// 该光将在此半径为 0 时线性衰减
// 注意，该值常被塞入位置的 w 分量以精简常量的数量
// 因为每个常量通常都会占用一个完整的四维矢量槽位
uniform float invOmniRad;

// 未衰减的全向光颜色
uniform float3 omniColor;

// 模型空间中的视图位置
uniform float3 viewPos;

// 常量环境光颜色
uniform float3 ambientLightColor;

// 材质光泽度（Phong 指数）
uniform float specExponent;

// 漫反射和镜面反射贴图采样
// 注意，假定漫反射和镜面反射贴图使用相同的 UV 坐标
sampler2D diffuseMap;
```

```
sampler2D specularMap;

// 像素着色器主体
float4 main(Input input): COLOR {

    // 提取纹理元素以获得材质颜色
    float4 matDiff = tex2D(diffuseMap, input.uv);
    float4 matSpec = tex2D(specularMap,input.uv);

    // 归一化内插的顶点法线
    float3 N = normalize(input.normal);

    // 计算矢量以进行照明
    float3 L = omniPos - input.modelPos;

    // 归一化它
    // 并保存距离值方便以后使用
    float dist = length(L);
    L /= dist;

    // 计算视图矢量和半途矢量
    float3 V = normalize(viewPos - input.modelPos);
    float3 H = normalize(V + L);

    // 计算已衰减灯光的颜色
    float3 lightColor = omniColor * max(1 - dist*invOmniRad,0);

    // 计算漫反射和镜面反射因子
    float diffFactor = max(dot(N,L),0);
    float specFactor = pow(max(dot(N,H),0), specExponent);

    // 计算有效的灯光颜色
    float3 diffColor = lightColor*diffFactor + ambientLightColor;
    float3 specColor = lightColor*specFactor;

    // 对颜色值求和
    // 注意，HLSL 有一个非常灵活的系统
    // 允许我们访问矢量的一部分，就好像是矢量的 "成员" 一样
    float4 result = matDiff;                      // 来自漫反射贴图的 RGB 和不透明度
    result.rgb *= diffColor;                      // 通过漫反射+环境光照明调制
    result.rgb += matSpec.rgb * specColor;       //添加镜面反射，忽略贴图的 Alpha 值
```

```
// 通过常量和输出进行结果调制
return result * constantColor;
}
```

当然，此计算中所需的几个值可以在顶点着色器中进行计算，然后在像素着色器中使用插值结果。这对于性能提升来说通常很有帮助，因为我们假设大多数三角形填充的像素数要超过一个或两个，因此要填充的像素数远远多于要着色的顶点数。但是，进行这样的精确分析可能会很复杂，因为顶点和像素的数量并不是唯一因素，可用于顶点和像素着色的执行单元的数量也很重要。此外，在某些硬件上，顶点和像素着色之间共享一组通用执行单元。增加插值的数量也会对性能产生影响。尽管如此，在大多数平台和大多数情况下，将这些工作分成每个顶点进行更多计算将获得一种加速效果。代码清单 10.22 和代码清单 10.23 显示了可以将工作转移到顶点着色器的一种方法。

代码清单 10.22　单个全向光加环境光的每个像素照明的顶点着色器的可选版本

```
// 网格输入
struct Input {
  float4 pos    : POSITION;              // 模型空间中的位置
  float3 normal: NORMAL;                 // 模型空间中的顶点法线
  float2 uv     : TEXCOORD0;             // 漫反射和镜面反射贴图的纹理坐标
};

// 顶点着色器输出
struct Output {
  float4 clipPos    : POSITION;          // 裁剪空间位置
  float2 uv         : TEXCOORD0;         // 漫反射和镜面反射贴图的纹理坐标
  float3 normal     : TEXCOORD1;         // 模型空间中的顶点法线
  float3 L          : TEXCOORD2;         // 照明矢量
  float3 H          : TEXCOORD3;         // 半途矢量
  float3 lightColor: TEXCOORD4;          // 灯光颜色+衰减因子
};

// 从模型空间到裁剪空间的变换矩阵
uniform float4x4 modelToClip;

// 模型空间中全向光的位置
uniform float3 omniPos;

// 全向光半径的倒数
// 该光将在此半径为 0 时线性衰减
// 注意，该值常被塞入位置的 w 分量以精简常量的数量
// 因为每个常量通常都会占用一个完整的四维矢量槽位
```

```
uniform float invOmniRad;

// 未衰减的全向光颜色
uniform float3 omniColor;

// 模型空间中的视图位置
uniform float3 viewPos;

// 顶点着色器的主体
Output main(Input input) {
  Output output;

    // 将顶点位置变换到裁剪空间
    output.clipPos = mul(input.pos, modelToClip);
    // 计算矢量以进行照明
    float3 L = omniPos - input.pos;

    // 归一化它
    // 并保存距离值方便以后使用
    float dist = length(L);
    output.L = L / dist;

    // 计算视图矢量和半途矢量
    float3 V = normalize(viewPos - input.pos);
    output.H = normalize(V + output.L);

    // 计算衰减因子
    // 注意，这里没有锁住（Clamp）到 0，我们将在像素着色器中这样做
    // 当在一个很大的多边形的中间衰减达到 0 时
    // 这是非常重要的
    float attenFactor = 1 - dist * invOmniRad;
    output.lightColor = omniColor * attenFactor;

    // 传递其他顶点输入，无须修改
    output.normal = input.normal;
    output.uv = input.uv;

    return output;
}
```

现在，像素着色器需要执行的工作量变少了。根据 DirectX 10 FXC 编译器，代码清单 10.23 中的像素着色器编译为大约 25 个指令槽，而代码清单 10.21 中则有 33 个指令槽。

代码清单 10.23　单个全向光加环境光的每个像素照明的像素着色器的可选版本

```
// 来自顶点着色器的内插输入
struct Input {
    float2 uv        : TEXCOORD0;    // 漫反射和镜面反射贴图的纹理坐标
    float3 normal     : TEXCOORD1;    // 模型空间中的顶点法线
    float3 L         : TEXCOORD2;    // 照明矢量
    float3 H         : TEXCOORD3;    // 半途矢量
    float3 lightColor: TEXCOORD4;    // 灯光颜色+衰减因子
};

// 全局常量 RGB 和不透明度
uniform float4 constantColor;

// 常量环境光颜色
uniform float3 ambientLightColor;

// 材质光泽度（Phong 指数）
uniform float specExponent;

// 漫反射和镜面反射贴图采样
// 注意，假定漫反射和镜面反射贴图使用相同的 UV 坐标
sampler2D diffuseMap;
sampler2D specularMap;

// 像素着色器主体
float4 main(Input input): COLOR {

    // 提取纹理元素以获得材质颜色
    float4 matDiff = tex2D(diffuseMap, input.uv);
    float4 matSpec = tex2D(specularMap,input.uv);

    // 归一化内插的矢量
    float3 N = normalize(input.normal);
    float3 L = normalize(input.L);
    float3 H = normalize(input.H);

    // 计算漫反射和镜面反射因子
    float diffFactor = max(dot(N,L),0);
    float specFactor = pow(max(dot(N,H),0), specExponent);

    // 锁住灯光颜色
    // 注意，该矩阵按每个分量应用
```

```
float3 lightColor = max(input.lightColor,0);

// 计算有效的灯光颜色
float3 diffColor = lightColor*diffFactor + ambientLightColor;
float3 specColor = lightColor*specFactor;

// 对颜色值求和
// 注意，HLSL 有一个非常灵活的系统
// 允许我们访问矢量的一部分，就好像是矢量的"成员"一样
float4 result = matDiff;                  // 来自漫反射贴图的 RGB 和不透明度
result.rgb *= diffColor;                  // 通过漫反射+环境光照明调制
result.rgb += matSpec.rgb * specColor;    // 添加镜面反射，忽略贴图的 Alpha 值

// 通过常量和输出进行结果调制
return result * constantColor;
}
```

接下来将提供这个示例的最后一个变体。请注意，在代码清单 10.23 的像素着色器中，代码并不假设照明发生在任何特定的坐标空间中。我们一直在模型空间中执行照明计算，但其实在相机空间中计算的情况也很常见。在相机空间中执行照明计算的优点是不需要为每个渲染对象的照明数据重新发送着色器常量，就像在建模空间中指定这些值时一样（对于每个对象而言，这些值会有所不同）。代码清单 10.24 是一个顶点着色器，它说明了这种技术。

代码清单 10.24   单个全向光加环境光的每个像素照明的顶点着色器，在相机空间中计算

```
// 网格输入
struct Input {
  float4 pos    : POSITION;         // 模型空间中的位置
  float3 normal : NORMAL;           // 模型空间中的顶点法线
  float2 uv     : TEXCOORD0;        // 漫反射和镜面反射贴图的纹理坐标
};

// 顶点着色器输出
struct Output {
  float4 clipPos    : POSITION;     // 裁剪空间位置
  float2 uv         : TEXCOORD0;    // 漫反射和镜面反射贴图的纹理坐标
  float3 normal     : TEXCOORD1;    // 相机空间中的顶点法线
  float3 L          : TEXCOORD2;    // 相机空间中的照明矢量
  float3 H          : TEXCOORD3;    // 相机空间中的半途矢量
  float3 lightColor : TEXCOORD4;    // 灯光颜色+衰减因子
};
```

```
// 从模型空间到视图空间的变换矩阵（"模型视图"矩阵）
uniform float4x4 modelToView;

// 裁剪矩阵（"投影"矩阵）
uniform float4x4 viewToClip;

// 视图空间中全向光的位置
// w 分量中衰减的倒数
uniform float4 omniPosAndInvRad;

// 未衰减的全向光颜色
uniform float3 omniColor;

// 顶点着色器的主体
Output main(Input input) {
  Output output;

    // 将顶点位置变换到视图空间
    float4 vPos = mul(input.pos, modelToView);

    // 转换到裁剪空间中
    // 注意，裁剪矩阵通常有一个简单的结构可用
    // 矢量操作数的数量可以精简
    output.clipPos = mul(vPos, viewToClip);

    // 转换法线到相机空间
    // 建议通过设置 w 为 0 将法线转换为 float4
    // 这样就可以接受任何平移
    output.normal = mul(float4(input.normal,0, modelToView);

    // 计算矢量以进行照明
    float3 L = omniPosAndInvRad.xyz - vPos;

    // 归一化它
    // 并保存距离值方便以后使用
    float dist = length(L);
    output.L = L / dist;

    // 计算视图矢量和半途矢量
    // 注意，按照定义，在视图空间中，视图位置是原点
    float3 V = normalize(-vPos);
```

```
output.H = normalize(V + output.L);

// 计算衰减因子
// 注意，这里没有锁住到 0，我们将在像素着色器中这样做
// 当在一个很大的多边形的中间衰减达到 0 时
// 这是非常重要的
float attenFactor = 1 - dist * omniPosAndInvRad.w;
output.lightColor = omniColor * attenFactor;

// 传递 UV 坐标，无须修改
output.uv = input.uv;

return output;
}
```

在许多情况下，世界空间（“直立空间”）对于照明计算来说是一个有吸引力的选择，因为阴影立方体贴图或照明探针通常是以这种方向渲染的。它还具有以下优点：由于每个对象的模型参考框架的更改，不需要重新发送与照明相关的着色器常量。

10.11.3　使用 Gouraud 着色算法

即使是性能平平的现代硬件也有足够的资源用于 Phong 着色。实际上，前面介绍的例子都是相对便宜的着色器。但是，考虑如何实现 Gouraud 着色非常有启发性。即使结果不如 Phong 着色，并且 Gouraud 着色排除了凹凸贴图，但 Gouraud 着色在 PC 上仍然可用于模拟其他硬件的结果。

代码清单 10.25 是一个顶点着色器，它执行与第 10.11.2 节中所展示的相同的照明计算，只是它们是在顶点级别完成的。可将此着色器代码与式（10.15）进行比较。

代码清单 10.25　单个全向光加环境光的 Gouraud 着色的顶点着色器

```
// 网格输入
struct Input {
  float4 pos    : POSITION;        // 模型空间中的位置
  float3 normal : NORMAL;          // 模型空间中的顶点法线
  float2 uv     : TEXCOORD0;       // 漫反射和镜面反射贴图的纹理坐标
};

// 顶点着色器输出
struct Output {
  float4 clipPos : POSITION;       // 裁剪空间位置
  float2 uv      : TEXCOORD0;      // 漫反射和镜面反射贴图的纹理坐标
```

```
    float3 diffColor : TEXCOORD1;        // 漫反射照明 RGB
    float3 specColor : TEXCOORD2;        // 镜面反射照明 RGB
};

// 从模型空间到裁剪空间的变换矩阵
uniform float4x4 modelToClip;

// 模型空间中全向光的位置
// w 分量中衰减的倒数
uniform float4 omniPosAndInvRad;

// 未衰减的全向光颜色
uniform float3 omniColor;

// 常量环境光颜色
uniform float3 ambientLightColor;

// 模型空间中的视图位置
uniform float3 viewPos;

// 材质光泽度（Phong 指数）
uniform float specExponent;

// 顶点着色器的主体
Output main(Input input) {
  Output output ;

    // 将顶点位置变换为裁剪空间
    output.clipPos = mul(input.pos, modelToClip);

    // 计算矢量以进行照明
    float L = omniPosAndInvRad.xyz - input.pos;

    // 归一化它
    // 并保存距离值方便以后使用
    float dist = length(L);
    L /= dist;

    // 计算视图矢量和半途矢量
    float3 V = normalize(viewPos - input.pos);
    float3 H = normalize(V + L);
```

```
    // 计算已衰减灯光的颜色
    float3 lightColor = omniColor * max(1 - dist*omniPosAndInvRad.w,0);

    // 计算漫反射和镜面反射因子
    float diffFactor = max(dot(input.normal, L),0);
    float specFactor = pow(max(dot(input.normal,H),0), specExponent);

    // 计算有效的灯光颜色
    output.diffColor = lightColor*diffFactor + ambientLightColor;
    output.specColor = lightColor*specFactor;

    // 传递已提供的 UV 坐标，无须修改
    output.uv = input.uv;

    return output;
}
```

现在，像素着色器（见代码清单 10.26）将从纹理贴图中获取光照结果并通过材质漫反射和镜面反射颜色进行调制。

代码清单 10.26　任意照明环境的 Gouraud 着色的像素着色器

```
// 来自顶点着色器的内插输入
struct Input {
    float2 uv         : TEXCOORD0;    // 漫反射和镜面反射贴图的纹理坐标
    float3 diffColor  : TEXCOORD1;    // 漫反射照明 RGB
    float3 specColor  : TEXCOORD2;    // 镜面反射照明 RGB
};

// 全局常量 RGB 和不透明度
uniform float4 constantColor;

// 漫反射和镜面反射贴图采样
// 注意，假定漫反射和镜面反射贴图使用相同的 UV 坐标
sampler2D diffuseMap;
sampler2D specularMap;

// 像素着色器主体
float4 main(Input input) : COLOR {

    // 提取纹理元素以获得材质颜色
    float4 materialDiff = tex2D(diffuseMap, input.uv);
    float4 materialSpec = tex2D(specularMap,input.uv);
```

```
// 对颜色值求和
// 注意，HLSL 有一个非常灵活的系统
// 允许我们访问矢量的一部分，就好像是矢量的"成员"一样
float4 result = materialDiff;            // 来自漫反射贴图的 RGB 和不透明度
result.rgb *= input.diffColor;           // 通过漫反射+环境光照明调制
result.rgb +=
  materialSpec.rgb * input.specColor;    // 添加镜面反射，忽略贴图的 Alpha 值

// 通过常量和输出进行结果调制
return result * constantColor;
}
```

如代码清单 10.26 的标题所提示的那样，此像素着色器不依赖于灯光的数量，甚至也不依赖照明模型，因为所有光照计算都是在顶点着色器中完成的。代码清单 10.27 显示了一个可以与类似像素着色器一起使用的顶点着色器，但它实现了一个不同的光照环境：环境光加上 3 个方向光。这是在编辑器和工具中非常有用的照明环境，因为通过它可以轻松创建一个几乎适用于任何对象的照明结构，虽然我们通常会和每个像素着色（Per-Pixel Shading）一起使用它。

代码清单 10.27　使用常量环境光加上 3 个方向光的 Gouraud 着色的顶点着色器

```
// 网格输入
struct Input {
  float4 pos    : POSITION;              // 模型空间中的位置
  float3 normal: NORMAL;                 // 模型空间中的顶点法线
  float2 uv     : TEXCOORD0;             // 漫反射和镜面反射贴图的纹理坐标
};

// 顶点着色器输出
struct Output {
  float4 clipPos   : POSITION;           // 裁剪空间位置
  float2 uv        : TEXCOORD0;          // 漫反射和镜面反射贴图的纹理坐标
  float3 diffColor : TEXCOORD1;          // 漫反射照明 RGB
  float3 specColor : TEXCOORD2;          // 镜面反射照明 RGB
};

// 从模型空间到裁剪空间的变换矩阵
uniform float4x4 modelToClip;

// 模型空间中的 3 个灯光方向
// 这些指向相反的方向（灯已点亮）
```

```
uniform float3 lightDir[3];

// 3 个照明的 RGB 颜色
uniform float3 lightColor[3];

// 常量环境光颜色
uniform float3 ambientLightColor;

// 模型空间中的视图位置
uniform float3 viewPos;

// 材质光泽度（Phong 指数）
uniform float specExponent;

// 顶点着色器的主体
Output main(Input input) {
  Output output;

    // 将顶点位置变换为裁剪空间
    output.clipPos = mul(input.pos, modelToClip);
    // 计算 V 矢量
    float3 V = normalize(viewPos - input.pos);

    // 清空累加器
    output.diffColor = ambientLightColor;
    output.specColor = 0;

    // 对灯光求和
    // 注意，编译器通常在运行像这样的小循环时表现很好
    // 但要注意确保代码能以最快速运行
    // 最好不要依赖编译器，而是自己展开循环
    for (int i = 0 ; i < 3 ; ++i) {

        // 计算兰伯特项目并对漫反射的贡献求和
        float nDotL = dot(input.normal, lightDir[i]);
        output.diffColor += max(nDotL,0) * lightColor[i];

        // 计算半途矢量
        float3 H = normalize(V + lightDir[i]);

        // 对镜面反射的贡献求和
        float nDotH = dot(input.normal,H);
```

```
    float s = pow(max(nDotH,0), specExponent);
    output.specColor += s*lightColor[i];
  }

  // 传递已提供的 UV 坐标，无须修改
  output.uv = input.uv;

  return output;
}
```

10.11.4　凹凸映射

接下来，不妨看一看法线映射的示例。我们将在切线空间中执行照明，并且将继续使用单个全向光和常量环境光的照明环境，以使示例更易于比较。在代码清单 10.28 的顶点着色器中，从法线和切线合成了副法线。然后，使用了 3 个基矢量将 L 和 H 旋转到切线空间（需要先在模型空间对它们执行正常计算）。请注意，这里使用了 3 个点积，这相当于乘以矩阵的转置结果。就像前面的例子一样，我们还将在顶点着色器中执行衰减计算，传递未锁住（Unclamped）的已衰减的光的颜色。

代码清单 10.28　法线映射对象的全向光照明的顶点着色器，在切线空间中执行照明

```
// 网格输入
struct Input {
  float4 pos        : POSITION;      // 模型空间中的位置
  float3 normal     : NORMAL;        // 模型空间中的顶点法线
  float4 tangentDet : TANGENT;       // 模型空间中的切线，w 中的 det
  float2 uv         : TEXCOORD0;     // 漫反射和镜面反射贴图的纹理坐标
};
// 顶点着色器输出
struct Output {
  float4 clipPos    : POSITION;      // 裁剪空间位置
  float2 uv         : TEXCOORD0;     // 所有贴图的纹理坐标
  float3 L          : TEXCOORD1;     // 切线空间中的照明矢量
  float3 H          : TEXCOORD2;     // 切线空间中的半途矢量
  float3 lightColor : TEXCOORD3;     // 灯光颜色+衰减因子
};

// 从模型空间到裁剪空间的变换矩阵
uniform float4x4 modelToClip;

// 模型空间中全向光的位置
```

```
// w 分量中衰减的倒数
uniform float4 omniPosAndInvRad;

// 未衰减的全向光颜色
uniform float3 omniColor;

// 模型空间中的视图位置
uniform float3 viewPos;

// 顶点着色器的主体
Output main(Input input) {
  Output output;

  // 将顶点位置变换为裁剪空间
  output.clipPos = mul(input.pos, modelToClip);

  // 计算照明矢量（在模型空间中）
  float3 L_model = omniPosAndInvRad.xyz - input.pos.xyz;

  // 归一化它
  // 并保存距离值方便以后计算衰减时使用
  float dist = length(L_model);
  float3 L_model_norm = L_model / dist;

  // 计算视图矢量和半途矢量
  float3 V_model = normalize(viewPos - input.pos);
  float3 H_model = normalize(V_model + L_model_norm);

  // 重建第 3 个基矢量
  float3 binormal =
    cross(input.normal,input.tangentDet.xyz) *input.tangentDet.w;

  // 将与照明相关的矢量旋转到切线空间中
  output.L.x = dot(L_model, input.tangentDet.xyz);
  output.L.y = dot(L_model, binormal);
  output.L.z = dot(L_model, input.normal);

  output.H.x = dot(H_model, input.tangentDet.xyz);
  output.H.y = dot(H_model, binormal);
  output.H.z = dot(H_model, input.normal);

  // 计算 UNCLAMPED 颜色 + 衰减因子
```

```
    float attenFactor = 1 - dist*omniPosAndInvRad.w;
    output.lightColor = omniColor * attenFactor;

    // 传递映射坐标，无须修改
    output.uv = input.uv;

    return output;
}
```

　　像素着色器（见代码清单 10.29）非常简明，因为大多数准备工作都是在顶点着色器中完成的。它将取出法线并对插值的 L 和 H 矢量进行归一化，然后就像在其他示例中一样执行 Blinn-Phong 照明方程式。

代码清单 10.29　法线映射对象的全向光照明的像素着色器，在切线空间中执行照明

```
// 来自顶点着色器的内插输入
struct Input {
    float2 uv       : TEXCOORD0;     // 所有贴图的纹理坐标
    float3 L        : TEXCOORD1;     // 切线空间中的照明矢量
    float3 H        : TEXCOORD2;     // 切线空间中的半途矢量
    float3 lightColor: TEXCOORD3;    // 灯光颜色+衰减因子
};

// 全局常量 RGB 和不透明度
uniform float4 constantColor;

// 常量环境光颜色
uniform float3 ambientLightColor;

// 材质光泽度（Phong 指数）
uniform float specExponent;

// 漫反射、镜面反射和法线贴图采样
sampler2D diffuseMap;
sampler2D specularMap;
sampler2D normalMap;

// 像素着色器主体
float4 main(Input input): COLOR {

    // 提取纹理元素以获得材质颜色
    float4 matDiff = tex2D(diffuseMap, input.uv);
    float4 matSpec = tex2D(specularMap,input.uv);
```

```
// 解码切线空间法线
float3 N = tex2D(normalMap, input.uv).rgb * 2 - 1;

// 归一化内插的矢量
float3 L = normalize(input.L);
float3 H = normalize(input.H);

// 计算漫反射和镜面反射因子
float diffFactor = max(dot(N,L),0);
float specFactor = pow(max(dot(N,H),0), specExponent);

// 锁住灯光颜色和衰减
float3 lightColor = max(input.lightColor,0);

// 计算有效的灯光颜色
float3 diffColor = lightColor*diffFactor + ambientLightColor;
float3 specColor = lightColor*specFactor;

// 对颜色值求和
float4 result = matDiff;                    // 来自漫反射贴图的 RGB 和不透明度
result.rgb *= diffColor;                    // 通过漫反射+环境光照明调制
result.rgb += matSpec.rgb * specColor;      // 添加镜面反射,忽略贴图的 Alpha 值

// 通过常量和输出进行结果调制
return result * constantColor;
}
```

10.11.5 蒙皮网格

现在来看一些骨骼渲染的例子。所有蒙皮都发生在顶点着色器中，因此不需要在这里显示任何像素着色器。这里的顶点着色器可以与之前给出的像素着色器一起使用。这并不稀奇，因为蒙皮和未蒙皮几何体通常可以共享相同的像素着色器。本节将举两个例子。第一个示例（详见代码清单 10.30）说明了全向光+环境光照明结构的每个像素照明。我们将在像素着色器（代码清单 10.21）中执行所有照明，以便代码清单 10.30 中的顶点着色器可以专注于蒙皮，这也是它和前面的着色器不同的地方。

代码清单 10.30 蒙皮几何体的顶点着色器

```
// 网格输入
struct Input {
```

```
    float4    pos     : POSITION;        // 模型空间位置（绑定姿势）
    float3    normal  : NORMAL;          // 模型空间顶点法线（绑定姿势）
    byte4     bones   : BLENDINDICES;    // 骨骼索引。未使用的元素为 0
    float4    weight  : BLENDWEIGHT;     // 混合权重。未使用的元素为 0
    float2    uv      : TEXCOORD0;       // 漫反射和镜面反射贴图的纹理坐标
};

// 顶点着色器输出
struct Output {
    float4 clipPos   : POSITION;         // 裁剪空间位置（用于光栅化）
    float2 uv        : TEXCOORD0;        // 漫反射、镜面反射贴图的纹理坐标
    float3 normal    : TEXCOORD1;        // 模型空间中的顶点法线
    float3 modelPos  : TEXCOORD2;        // 模型空间中的位置（用于照明）
};

// 从模型空间到裁剪空间的变换矩阵
uniform float4x4 modelToClip;

// 声明一个任意大小的最大骨骼数
#define  MAX_BONES  40

// 每个骨骼的"绑定姿势"到"当前姿势"矩阵的数组
// 这些是 4 ×3 矩阵，但是可以解释为 4 ×4 矩阵
// 最右侧列可以假设为[0, 0, 0, 1]
// 现在假设 column_major 是默认存储
// 这意味着每一列都存储在一个 4D 寄存器中
// 因此每个矩阵都采用了 3 个寄存器
uniform float4x3 boneMatrix[MAX_BONES];

// 顶点着色器的主体
Output main(Input input) {
    Output output;

    // 生成一个混合矩阵
    // 注意，我们始终混合 4 个骨骼，即使大多数顶点使用的骨骼少于 4 个
    // 使用条件逻辑绕开此设置可能会更快
    // 但是执行全部计算可能更佳（通过汇编程序隐藏任意指令延迟可以轻松调度）
    // 具体取决于硬件性能
    float4x3 blendedMat =
    boneMatrix[input.bones.x]*input.weight.x
      + boneMatrix[input.bones.y]*input.weight.y
      + boneMatrix[input.bones.z]*input.weight.z
```

```
          + boneMatrix[input.bones.w]*input.weight.w;

     // 执行蒙皮以变换位置和法线
     // 从其绑定姿势位置到当前姿势的位置
     // 注意矩阵乘法
     // [1x3] = [1x4] x [4x3]
     output.modelPos = mul(input.pos,blendedMat);
     output.normal = mul(float4(input.normal,0), blendedMat);
     output.normal = normalize(output.normal);

     // 将顶点位置变换为裁剪空间
     output.clipPos = mul(float4(output.modelPos,1), modelToClip);

     // 传递 UV 坐标
     output.uv = input.uv;

     return output;
}
```

在上面的示例中，已经将顶点声明为顶点着色器常量数组，而将所有这些矩阵发送到硬件可能会成为一个重要的性能瓶颈。在某些平台上有更有效的处理方法，例如，通过索引建立辅助的"顶点"数据流。

接下来，展示如何在蒙皮网格上使用法线贴图。代码清单 10.31 中的顶点着色器可以与代码清单 10.29 中的像素着色器一起使用。

代码清单 10.31　蒙皮和法线映射几何体的顶点着色器

```
// 网格输入
struct Input {
    float4      pos        : POSITION;        // 模型空间位置（绑定姿势）
    float3      normal     : NORMAL;          // 模型空间顶点法线
    float4      tangentDet : TANGENT;         // 模型空间中的切线，w 中的 det
    byte4       bones      : BLENDINDICES;    // 骨骼索引。未使用的元素为 0
    float4      weight     : BLENDWEIGHT;     // 混合权重。未使用的元素为 0
    float2      uv         : TEXCOORD0;       // 漫反射和镜面反射贴图的纹理坐标
};

// 顶点着色器输出
struct Output {
    float4 pos       : POSITION;      // 裁剪空间位置
    float2 uv        : TEXCOORD0;     // 所有贴图的纹理坐标
    float3 L         : TEXCOORD1;     // 切线空间中的照明矢量
    float3 H         : TEXCOORD2;     // 切线空间中的半途矢量
```

```
    float3 lightColor: TEXCOORD3;              // 灯光颜色+衰减因子
};

// 从模型空间到裁剪空间的变换矩阵
uniform float4x4 modelToClip;

// 每个骨骼的"绑定姿势"到"当前姿势"矩阵的数组
#define  MAX_BONES  40
uniform float4x3 boneMatrix[MAX_BONES];

// 模型空间中全向光的位置
// w 分量中衰减的倒数
uniform float4 omniPosAndInvRad;

// 未衰减的全向光颜色
uniform float3 omniColor;

// 模型空间中的视图位置
uniform float3 viewPos;

// 顶点着色器的主体
Output main(Input input) {
  Output output;

  // 生成一个混合矩阵
  float4x3 blendedMat =
    boneMatrix[input.bones.x]*input.weight.x
    + boneMatrix[input.bones.y]*input.weight.y
    + boneMatrix[input.bones.z]*input.weight.z
    + boneMatrix[input.bones.w]*input.weight.w;

  // 执行蒙皮
  // 以获得模型空间中当前姿势的值
  float3 pos = mul(input.pos, blendedMat);
  float3 normal = normalize(mul(float4(input.normal,0), blendedMat));
  float3 tangent =
    normalize(mul(float4(input.tangentDet.xyz,0), blendedMat));

  // 将顶点位置变换为裁剪空间
  output.pos = mul(float4(pos,1), modelToClip);

  // 计算照明矢量（在模型空间中）
```

```
float3 L_model = omniPosAndInvRad.xyz - pos;

// 归一化它
// 并保存距离值方便以后计算衰减时使用
float dist = length(L_model);
float3 L_model_norm = L_model / dist;

// 计算视图矢量和半途矢量
float3 V_model = normalize(viewPos - pos);
float3 H_model = normalize(V_model + L_model_norm);

// 重建第 3 个基矢量
float3 binormal = cross(normal,tangent) * input.tangentDet.w;

// 将与照明相关的矢量旋转到切线空间中
output.L.x = dot(L_model, tangent);
output.L.y = dot(L_model, binormal);
output.L.z = dot(L_model, normal);

output.H.x = dot(H_model, tangent);
output.H.y = dot(H_model, binormal);
output.H.z = dot(H_model, normal);

// 计算 UNCLAMPED 颜色 + 衰减因子
float attenFactor = 1 - dist*omniPosAndInvRad.w;
output.lightColor = omniColor * attenFactor;

// 传递映射坐标，无须修改
output.uv = input.uv;

return output;
}
```

10.12　深入阅读建议

　　对于那些有志于深入研究计算机图形并且寻求构筑坚实的专业基础知识的学生来说，我们建议你尽量拓宽自己的阅读范围。从"象牙塔"理论图书到"一些在特定平台上运行的源代码，并且可能已经过时了 5 年"之类的资料，都开卷有益。在这里，将尝试从大量的图形文献中选择一些特别推荐的来源。

Shirley 的 *Fundamentals of Computer Graphics*（中文译名《计算机图形基础》）对基础知识进行了扎实的介绍性调查（详见参考文献[61]）。它由该领域的创始人之一撰写，被用作许多大学图形课程的一年级教科书，也是我们对初学者的建议读物。

自从 1995 年首次出版以来，Glassner 的巨著 *Principles of Digital Image Synthesis*（中文译名《数字图像合成原理》）在众多综合性的理论著作中脱颖而出（详见参考文献[23]）。对于希望学习"图形工作原理"的读者，这部作品是必读的，即使它在视频游戏行业中莫名其妙地被低估了。最重要的是，这两卷最近都以电子形式免费提供（合法）。感兴趣的读者可以在 books.google.com 上找到它们。

Phar 和 Humphreys 的 *Physically Based Rendering*（中文译名《渲染物理学》）是学习正确的图形理论框架的绝佳方法（详见参考文献[53]）。这本书比 Glassner 的巨著更薄，内容更新，但仍然为渲染提供了广泛的物理理论基础。虽然这是一本出于理论目的的优秀书籍，但本书的一个独特之处在于，它通篇编写了有效的光线追踪程序的源代码，并演示了如何实现这些思想。

Akenine-Möller 等人的 *Real-Time Rendering*（中文译名《实时渲染》）对实时渲染特有的问题进行了广泛的调查，例如渲染硬件、着色器程序和性能等（详见参考文献[1]）。在写作本书期间，这本经典作品已经是第 3 版，对于对实时图形感兴趣的任何中级或高级学生来说都是必不可少的阅读材质。

OpenGL（详见参考文献[49]）和 DirectX（详见参考文献[14]）API 的说明文档肯定是重要的参考资料。从实用角度来看，这样的资料不仅是必需的，而且只需通过浏览就可以获得惊人的知识量。将近有一代的 OpenGL 用户都是在学习"红皮书"（指《OpenGL 编程指南》）的过程中长大的（详见参考文献[50]）。

Glassner（详见参考文献[23]）以及 Phar 和 Humphreys（详见参考文献[53]）更详细地解释了讨论的辐射度测量和色彩空间的更多细节问题。Ashdown（详见参考文献[3]）和 Poynton（详见参考文献[55]）撰写的文章则既通俗易懂又是免费提供的。

10.13　练　　习

（答案见本书附录 B）

1. 在任天堂 Wii 上，常见的帧缓冲分辨率为 640 × 480。同样的帧缓冲分辨率也常见于 4∶3 和 16∶9 电视。

（a）4∶3 电视的像素宽高比是多少？

（b）16∶9 电视的像素宽高比是多少？

2．继续前面的练习，假设正在制作一款分屏合作游戏，将一个玩家分配在左边的 320 × 480，另一个玩家分配在右边的 320 × 480。我们总是希望水平视野是 60°。假设系统设置告诉我们控制台已连接到 4∶3 电视。

（a）窗口的宽高比是多少？

（b）水平缩放值应该是多少？

（c）垂直缩放值应该是多少？

（d）由此产生的垂直视野是多少度？

（e）假设近裁剪面和远裁剪面分别为 1.0 和 256.0。假设采用 OpenGL 约定，那么其裁剪矩阵是什么样的？

（f）如果改为采用 DirectX 约定，那么其裁剪矩阵是什么样的？

3．重复习题 2 中的（a）～（d）部分，但假设是 16∶9 的电视。

4．对于以下每组 UV 坐标（a）～（f），将其与图 10.43 中的纹理映射四边形进行匹配。左上角的顶点编号为 0，顶点沿四边形顺时针枚举。

（a）0∶(0.20,−0.30)　1∶(1.30,−0.30)　2∶(1.30,1.20)　3∶(0.20,1.20)

（b）0∶(5.00,−1.00)　1∶(6.00,−1.00)　2∶(6.00,0.00)　3∶(5.00,0.00)

（c）0∶(1.00,0.00)　　1∶(−0.23,−0.77)　2∶(0.00,1.00)　3∶(1.24,1.77)

（d）0∶(2.00,0.00)　　1∶(1.00,1.00)　　2∶(0.00,1.00)　3∶(1.00,0.00)

（e）0∶(−0.10,1.10)　1∶(−0.10,0.10)　2∶(0.90,0.10)　3∶(0.90,1.10)

（f）0∶(0.00,−1.00)　1∶(3.35,0.06)　　2∶(1.00,2.00)　3∶(−2.36,0.94)

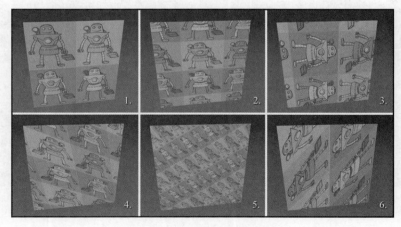

图 10.43　习题 4 的纹理映射四边形

5．对于表 10.7 中的每个条目（a）～（j），将 Blinn-Phong 材质漫反射颜色、镜面反射颜色和镜面反射指数与图 10.44 中相应的浮动头像进行匹配。场景中有一个白色的全景灯。漫反射和镜面反射颜色以（红色、绿色、蓝色）三角形给出。

表 10.7　Blinn-Phong 材质反射参数

	漫反射颜色	镜面反射颜色	镜面反射指数
（a）	(210,40,50)	(0,0,0)	1
（b）	(65,55,200)	(150,0,0)	16
（c）	(65,55,200)	(230,230,230)	2
（d）	(50,50,100)	(210,40,50)	4
（e）	(65,55,200)	(210,40,50)	2
（f）	(65,55,200)	(0,0,0)	64
（g）	(0,0,0)	(210,40,50)	1
（h）	(210,40,50)	(100,100,100)	64
（i）	(210,40,50)	(230,230,230)	2
（j）	(210,40,50)	(65,55,200)	2

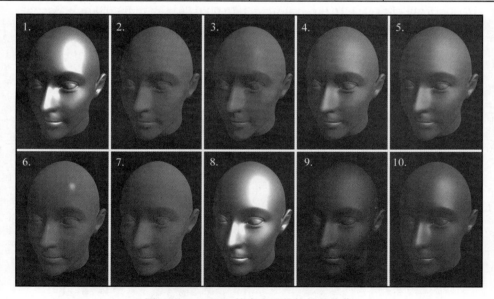

图 10.44　习题 5 的令人毛骨悚然的头像

6. 如何使用常见约定在 24 位法线贴图中编码以下法线？
　（a）[−1.00, 0.00, 0.00]　　　　　（b）[0.267, −0.535, 0.805]
　（c）[0.00, 0.00, 1.00]　　　　　　（d）[0.00, 0.857, 0.514]

7. 对于表 10.8 中的每一行（a）～（d），从法线贴图解码纹理元素，以获得切线空间表面法线。从顶点法线、顶点切线和行列式确定副法线，然后计算每个纹理元素的表面法线的模型空间坐标。

表 10.8 法线贴图参数

	法线贴图 纹理元素 RGB	顶 点 法 线	顶 点 切 线	行列式 （镜像标志）
（a）	(128,255,128)	[0.408, −0.408, −0.816]	[0.707,0.707,0.000]	1
（b）	(106,155,250)	[0.000, 1.000, 0.000]	[1.000,0.000,0.000]	−1
（c）	(128,218,218)	[1.000, 0.000, 0.000]	[0.000,0.447,−0.894]	1
（d）	(233,58,145)	[0.154, −0.617, 0.772]	[0.986,0.046,−0.161]	−1

今天几乎所有的电影都充斥着太多的特效。

——史蒂文·斯皮尔伯格（1946—）

第 11 章　力学 1：线性运动学和微积分

运动，是不变的未来。

——尤达大师，《星球大战 5：帝国反击战》（1980）

"女士们，先生们，现在请将你们的注意力转移到这个中心圈上，这里有两本普通的教科书，一本是《大学物理》，另一本是《微积分》。它们合计有 2500 多页，重量超过 11 千克。见证奇迹的时刻到了，在本章和第 12 章中，勇敢到爆的作者将尝试一种新的方式：将这两本厚书缩减到 150 页！"

就像任何一个好的马戏表演一样，这个表演的前言（鼓噪）是为了设定你的期望。这里的不同之处在于，我们的前言的目的是降低你的期望值。

11.1　概　　述

好吧，我们无法在两个章节中真正讨论所有的物理和微积分问题。正如任何所熟知的那样，在短时间内有效地传达复杂主题的秘诀在于善用谎言，包括刻意忽略某些事实从而夸大自己和有意识地操纵对自己有利的结果这两种类型。让我们依次讨论这些谎言中的每一种类型，这样你才能知道谎言后面的真相。

11.1.1　忽略的东西

在我们的谎言里面刻意忽略了哪些东西？答案是，几乎所有事情。首先谈一谈从物理学中遗漏的东西。如果将"物理学"这个词套在本章的标题上，那么对于那些真正研究物理学的人来说，可能只是一个"笑话"。我们只关注力学（Mechanics），而且非常简单的刚体力学（Mechanics of Rigid Bodies）。传统上，在本书中未讨论的大学一年级物理教科书中发现的其他内容还包括：

- ❑　能量和工作原理。
- ❑　温度、热传导、热力学、熵。
- ❑　电、磁、光。
- ❑　气体、流体、压力。
- ❑　振荡和波。

关于能量和工作原理的介绍必须首先进行，因为即使在有限的力学环境中，能量的基本概念在传统的表达中也起着核心作用。通过使用能量守恒定律比通过考虑力和应用牛顿定律更容易解决许多问题。事实上，本书讨论的牛顿动力学也存在一个替代方案，它被称为拉格朗日动力学（Lagrangian Dynamics），并且关注的是能量而不是力。如果使用得当，这两个系统会产生相同的结果，但是，与牛顿动力学相比，拉格朗日动力学在求解某些问题时更优雅，尤其擅长处理摩擦力。但是，在撰写本文时，基本的通用数字模拟是基于牛顿动力学的，能量不起直接作用。这并不是说对能量的理解是无用的。事实上，不遵守能源守恒定律正是许多模拟问题的核心！因此，能量通常更多地作为理解数字模拟（错误）行为的一种方式，即使它没有直接出现在模拟代码中。

我们认为，对微积分的基本理解对于完全掌握物理学中的许多概念非常重要。反过来，物理学也提供了一些解释微积分的最佳例子。微积分和物理学通常是分开讲授的，通常首先是微积分。我们认为，这种安排使得微积分的学习难度陡然提高，因为它剥夺了学生直观理解问题的机会——微积分被发明出来就是为了求解某些物理问题的！所以，本书安排了将微积分与物理交错学习的方式，希望这种方式会降低你学习微积分的难度。

本书介绍的微积分知识是非常适度的，我们遗漏的微积分知识甚至比遗漏的物理学知识还要多。阅读本章后，你应该知道：

- ❑　求导的基本概念及其用途。
- ❑　积分的基本概念及其用途。
- ❑　包含多项式和三角函数的简单表达式的求导和积分。

当然，我们知道很多读者可能已经掌握了这些知识。请扫一眼看一下自己可以归于以下哪一个类别：

（1）我对求导或积分一无所知。

（2）我知道求导和积分的基本概念，但可能无法真正使用纸笔求解大学一年级新生水平的任何微积分问题。

（3）我研究了一些微积分。

对于本书来说，你只要拥有上述第（2）类的微积分知识就足够了，我们的目标是将目前属于第（1）类的所有人都进步到第（2）类。如果属于第（3）类，那么微积分讨论对于你来说就是一件非常简单（希望还算有趣）的事情。基于本书的学习重点，我们并不奢望能让第（1）类或第（2）类的人达到第（3）类的水平。

11.1.2　关于宇宙的一些有用的谎言

通常认为宇宙在空间和时间上都是离散的。不仅物质被分解成称为原子（Atom）的离散块，而且有证据表明空间和时间的结构也可以被分解为离散的碎片。现在，对于它是真的是那样还是只是以这种方式出现，则存在着不同意见，因为我们与空间互动的唯一方法就是向它投掷粒子，但我们认为，如果有一只动物看起来像鸭子，走起路来也像鸭子，甚至叫起来也像鸭子一样嘎嘎嘎，有蹼又有喙，那么把它当作鸭子就是一个很好的有效假设，不妨挂上炉子烤一烤，也许配上甜面酱和大葱卷饼味道会更好。

长久以来，很少有人认为宇宙可能不是连续的，甚至没有人会思考这方面的可能性，直到古希腊人得到了一个完全不合理的想法，即万物可能由原子构成。这个后来被证明为真的事实被许多人视为是好运的结果而不是真正有理有据的判断。老实说，谁会想到呢？毕竟，日常生活物品，例如我在输入这句话时用来放置手腕的桌子，其外观给人的印象就是一个光滑、连续的表面。至于这张桌子是不是由原子构成的离散块，谁会在乎？认为桌子具有光滑、连续的表面是一种无害但有用的妄想，它让我可以舒适地休息手腕而不必担心原子键能量和量子不确定性理论的问题。

对于宇宙是连续的这样一种认知不仅是很方便的心理上的合理化，而且也是很好的数学思维模式。事实证明，连续事物的数学比离散事物的数学要容易得多。这就是为什么在 15 世纪时那些思考世界运行原理的人能很开心地为一个连续的宇宙发明数学的原因。在实证方法上，这也是对现实的一个很好的近似，在理论思维上，数学也运算得很好。正因为如此，艾萨克•牛顿爵士才能够发现许多关于连续数学的基本结果，我们将其称为"微积分"，将其应用于探索连续宇宙，于是便有了所谓的"物理学"。

现在应该明白，为什么要学习微积分和物理学，因为只有这样才能在计算机内建立一个游戏世界。游戏世界本身也是离散的。对于这样一个离散的宇宙，我们却要编写一个连续模型来对离散进行模拟，这自然涉及一定程度的认知失调，但我们会尽量不让它困扰我们。我只想说，我们完全控制了游戏中的离散宇宙，这意味着我们可以选择适用于宇宙内部的物理类型。我们真正需要的是，我们所使用的物理定律足以让玩家们面对游戏世界如身临其境，心甘情愿地停止怀疑，并且忍不住想要花钱成为 VIP。几乎所有游戏都意味着一个舒适的牛顿宇宙，没有量子力学或相对论之类的烦琐细节。糟糕的是，这也意味着在桥下潜伏着一对不友好的巨魔，它们一个叫"混乱"，一个叫"不稳定"，但我们会尽力安抚它们。

目前，我们关注的是一个被称为粒子（Particle）的小物体的运动。在任何给定的时刻，我们都知道它的位置和速度。[①] 粒子具有质量——我们不关心粒子的定向（目前），因此不认为粒子是旋转的。粒子也没有任何大小——后面谈到刚体时，才会介绍大小等属性。

---

① 由于海森堡（德国著名物理学家，量子力学的主要创始人）的贡献，我们都知道在原子级别是不可能的，但是当我们说"小"的时候也并不意味着真的是那么小。

我们即将讨论的是经典力学，也称为牛顿力学（Newtonian Mechanics），它有一些简化的假设，这些假设在一般情况下是不正确的，但在日常生活中对我们来说真正有关的大多数方面却都是正确的。所以，只要我们愿意，就可以很好地确保它们在计算机世界中是真实的。这些假设包括：

- ❑ 时间是绝对的。
- ❑ 空间是欧几里得空间。
- ❑ 可以进行精确测量。
- ❑ 宇宙表现出因果关系和完全可预测性。

上述中的前两个假设被相对论打破，后两个假设则被量子力学打破。值得庆幸的是，这两个学科对于视频游戏来说并不是必需的，因为控制游戏世界的开发人员对于它们的理解可能并不会比路人甲多。

我们将通过学习运动学（Kinematics）开始了解力学领域的旅程，运动学是在各种简单但常见的情况下描述粒子运动的方程式的研究。在学习运动学时，我们并不关心运动的原因——这是动力学（Dynamics）的主题，将在第 12 章中讨论它。

现在，我们的目标不是询问"十万个为什么"，而是为了学习数学，以得到预测在任何给定时间 t 粒子的位置、速度和加速度的计算公式。

因为我们将物体视为粒子并且仅跟踪它们的位置，所以在第 12 章之前我们都不会考虑它们的方向或旋转效应。当忽略旋转时，线性运动学的所有想法都以直接的方式延伸到三维，所以，目前我们可以将自己限制在二维（和一维）。这样很方便，因为作者不知道如何设计那些平坦的千纸鹤般的东西然后在你打开书本时弹出来，即使我们有足够的自我强迫的动力来学习如何制作，估计出版商们也不允许让我们这么做。稍后我们将明白为什么将物体视为粒子是完全合理的。

11.2　基本数量和单位

力学关注自然界中 3 个基本量之间的关系：长度（Length）、时间（Time）和质量（Mass）。长度无疑是每个人都熟悉的数量。我们使用厘米、英寸、米、英尺、公里、英里和天文单位（Astronomical Unit）等单位来测量长度。[①] 时间是人们非常熟悉的另一个可测量数量，实际上，我们大多数人可能在学会测量距离之前就已经学会了如何看懂

---

① 天文单位等于地球与太阳之间的平均距离，约为 1.5 亿公里或 9300 万英里。2012 年 8 月 30 日第 28 届国际天文学联合会大会发表了 B2 决议，全票通过更改天文单位的定义。规定将天文单位的长度确定为 149597870700 米，这是一个很大的数字，但我不会说这是天文数字。

时钟。[①] 用于测量时间的单位是所熟悉的秒、分、日、周、两周等。[②] 月份和年份通常不是好用的时间单位，因为不同的月份和年份具有不同的持续时间。

质量这个量不如长度和时间那么直观。物体质量的测量通常被认为是测量物体中的"物质的量"。这不是一个坏的（或者至少不是非常糟糕的）定义，但它也不是很正确（详见参考文献[57]）。更精确的定义可能是，质量是对惯性（Inertia）的度量，即物体必须加速的阻力。物体的质量越大，则开始运动、停止运动或改变其运动所需的力就越大。

质量（Mass）通常与重量（Weight）混淆，特别是因为用于测量质量的单位也用于测量重量：克、磅、千克、吨等。物体的质量是物体的固有属性，而物体的重量则是局部现象，取决于附近大质量物体施加的引力（Gravity）的强度。无论你是在珠穆朗玛峰顶、在月球上、在木星附近，还是距离最近的天体都有无数光年，你的质量都是一样的，但在上述各种情况下你的重量则会大不相同。在本书和大多数视频游戏中，我们关注的仅限于平坦地球上的一个相对较小的图块，我们通过不断向下的拉力来近似地球引力（也称为"重力"）。所以，混淆质量和重量不会太有害，因为重力将是一个常数（但我们无法抗拒关于国际空间站的一些很酷的练习）。

在许多情况下，我们可以讨论基本数量之间的关系，而无须考虑所使用的测量单位。在这种情况下，我们发现分别用 L、T 和 M 表示长度、时间和质量是很有用的。一个重要的情况是定义派生量（Derived Quantity）。我们已经说过，长度、时间和质量是基本量——但是其他的量该如何度量呢？例如面积（Area）、体积（Volume）、密度（Density）、速度（Speed）、频率（Frequency）、力（Force）、压力（Pressure）、能量（Energy）、功率（Power）或任何其他物理量。我们不会用这些单词的大写字母来给它们额外命名，因为这些量都可以用 3 个基本的量来定义。

例如，可以将面积的测量值表示为"平方英尺"的数量。这意味着基于一个单位创建了另一个单位。在物理学中，面积的测量具有的单位是"长度的平方"或 L^2。那么速度呢？我们使用诸如每小时千米数（km/h）或每秒米数（m/s）之类的单位来测量速度。因此，速度是每单位时间的距离或 L/T 的比率。

最后值得一提的例子是频率。频率测量在给定的时间间隔内发生了多少次事情（它经常发生的频率）。例如，健康成人的平均心率约为每分钟 70 次（BPM）。汽车中的电动机可能以 5000 转/分钟（RPM）的速度旋转。NTSC 电视标准定义为每秒 29.97 帧（FPS）。请注意，在这些频率示例中，计算的都是在给定的持续时间内发生了多少次事件。因此，可以将频率的通用单位写为 $1/T$ 或 T^{-1}，可以将它读作"每单位时间"。最重要的频率度

[①] 事实上，现在更容易了。因为以前都是要能看懂指针的石英钟，而现在很多都是直接显示数字的电子表。

[②] 也许"两周"这个单位你用得比较少。但是本书的作者之一很熟悉，因为他是英国人。

量单位之一是赫兹，缩写为 Hz，表示"每秒"。当用 Hz 表示频率时，描述的是每秒发生的事件、振荡、心跳、视频帧等的数量。根据定义，$1\ \text{Hz} = 1\ s^{-1}$。

表 11.1 总结了在物理学中测量的几个量，它们与基本量的关系，以及用于测量它们的一些常用单位。

表 11.1　常见的物理量和度量单位

数　量	符　号	SI 单位	其 他 单 位
长度	L	m	cm、km、in、ft、mi、光年
时间	T	s	min、hr、ms
质量	M	kg	g、slug、lb（磅质量）
速度	L/T	m/s	ft/s、m/hr、km/hr
加速度	L/T^2	m/s^2	ft/s^2、(m/hr)/s、(km/hr)/s
力	ML/T^2	N（牛顿） $= \text{kg} \cdot \text{m/s}^2$	lb（磅力）、poundal
面积	L^2	m^2	mm^2、cm^2、km^2、in^2、ft^2、mi^2、英亩
体积	L^3	m^3	mm^3、cm^3、L（升）、in^3、ft^3、fl oz（液体盎司）、杯、品脱、夸脱、加仑
压力	力/面积 $= (ML/T^2)/L^2$ $= M/(LT^2)$	帕（帕斯卡） $= \text{N}/\text{m}^2$ $= \text{kg}/(\text{m} \cdot \text{s}^2)$	psi（lbs/in^2）、毫巴、英寸汞柱、大气压
能量	力 × 长度 $= (ML/T^2) \cdot L$ $= ML^2/T^2$	J（焦耳） $= \text{N} \cdot \text{m}^2$ $= \dfrac{\text{kg} \cdot \text{m}}{\text{s}^2} \cdot \text{m}$ $= \dfrac{\text{kg} \cdot \text{m}^2}{\text{s}^2}$	kW · hr（千瓦时）、英尺-磅、erg、卡路里、BTU（英国热量单位）、TNT 当量
功率	能量/时间 $= (ML^2/T^2)/T$ $= ML^2/T^3$	W（瓦特） $= \text{J/s}$ $= \dfrac{\text{kg} \cdot \text{m}^2}{\text{s}^2} \cdot s^{-1}$ $= \dfrac{\text{kg} \cdot \text{m}^2}{\text{s}^3}$	hp（马力）
频率	$1/T = T^{-1}$	Hz $= 1/s = s^{-1}$ $=$ "每秒"	kHz = 1000 Hz、MHz = 1000000 Hz、"每分钟""每年"

当然，如果没有附加特定单位，那么任何测量都没有意义。确保计算始终有意义的一种方法是随时携带单位并将其视为代数变量。例如，一方面，如果正在求解计算压力

的题目，并且答案是以 m/s 为单位的，那么应该知道自己做错了什么。因为压力具有的单位是每单位面积的力，或 $ML/(T^2L^2)$；另一方面，如果正在求解一个问题，并且得到的答案是磅/平方英寸（psi），而题目告诉你要寻找的是帕斯卡值，那么答案可能是正确的，但是需要转换为所需的单位。这种推理被称为量纲分析（Dimensional Analysis）。携带单位并将它们视为代数变量通常会突出显示由不同测量单位引起的错误，并且还有助于简化单位转换。

因为单位转换是一项重要技能，所以要在此简要复习一下。基本概念是将测量值从一组单位转换为另一组单位，我们将该测量值乘以一个值为 1 的精心选择的分数。让我们举一个简单的例子：14.57 米（m）等于多少英尺（ft）？

通过查看转换因子表，[①] 可以看到 1m ≈ 3.28083ft。这意味着 1 m/3.28083ft ≈ 1。所以让我们进行测量并将其乘以特殊值 "1"，具体如下：

$$14.57 \text{ m} = 14.57 \text{ m} \times 1 \approx 14.57 \text{ m} \times \frac{3.28083 \text{ ft}}{1 \text{ m}} \approx 47.80 \text{ ft} \tag{11.1}$$

转换因子告诉我们，式（11.1）中分数的分子和分母是相等的：3.28083 英尺等于 1 米。因为分子和分母是相等的，所以这个分数的 "值" 是 1（仅指在物理意义上，数字上该分数当然不等于 1），并且我们知道将任何值乘以 1 都不会改变它的值。因为我们将单位视为代数变量，所以左边的 m 约消了分母的 m。

当然，应用一个简单的转换因子并不太难，这里不妨来考虑一个更复杂的例子。让我们将 188 千米/小时（km/hr）转换为英尺/秒（ft/s）。这次需要多次乘以 "1"，具体如下：

$$188\frac{\text{km}}{\text{hr}} \times \frac{1 \text{ hr}}{3600 \text{ s}} \times \frac{1000 \text{ m}}{1 \text{ km}} \times \frac{3.28083 \text{ ft}}{1 \text{ m}} \approx 171\frac{\text{ft}}{\text{s}}$$

11.3　平均速度

接下来将通过仔细研究速度的简单概念来开始对运动学的学习。如何衡量速度？最常见的方法是测量行进固定距离所需的时间。例如，在比赛中，跑得最快的人就是在最短的时间内跑完指定距离的人。

想一想 "龟兔赛跑" 的寓言。在故事中，它们决定通过一场比赛来确定谁的速度更快。野兔一路蹦蹦跳跳，在早期领先后变得过于自信和分心。它在比赛期间跑去和朋友聊天，还停下来睡了一觉，而与此同时，乌龟一直在默默地继续前行，最终超过了野兔

[①] 这里说的 "查表"，意思是使用互联网。本书没有可以在网上轻松找到的信息表。毕竟，我们还需要空间来抒发观点、讲点笑话或提供一些无聊的注解。

并首先越过终点线。请注意这是一本数学书，而不是一本儿童益智读物，所以请忽略故事中所包含的关于"专心致志"和"坚持不懈"之类的道德教训，而是考虑它有关平均速度的教导。来看图 11.1，它显示了每只动物随时间变化的位置图。

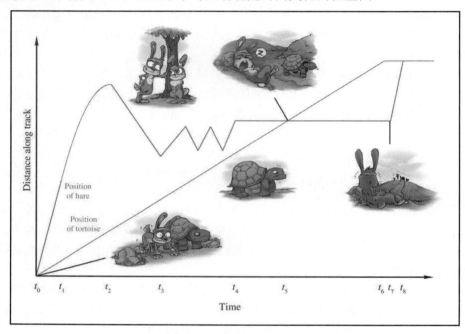

图 11.1　在乌龟和野兔比赛期间的位置与时间的关系图

原　　文	译　　文
Distance along track	沿赛道的距离
Position of hare	野兔的位置
Position of tortoise	乌龟的位置
Time	时间

　　比赛的逐个过程如下。发令枪在时间 t_0 响起，野兔立即向前冲刺到时间 t_1。这时它回头看了看慢腾腾的乌龟，狂妄导致它放慢脚步，直到时间 t_2，一只可爱的雌兔在相反的方向经过（它的位置在图中没有描述）。此时，野兔转身并与雌兔一起闲逛，然后它们一直在聊天。在 t_3，它觉得自己拥有巨大的优势，于是它开始在赛道上来回踱步，直到时间 t_4。这时它决定小睡一会儿。与此同时，乌龟一直在缓慢而稳定地前进，在时间 t_5，它赶上了睡觉的野兔。乌龟在 t_6 处到达并穿过终点。此后很快，野兔或许被庆祝乌龟胜利的声音吵醒，在时间 t_7 醒来，匆匆赶到终点。在 t_8，野兔越过终点线，在那里它被

所有同伴和可爱的雌兔羞辱。

为了在任何时间间隔内测量任一动物的平均速度，我们将动物的位移除以区间的持续时间。我们将专注于讨论野兔，将它的位置表示为 x，或更明确地表示为 x(t)，以强调野兔的位置随时间变化的事实。使用大写希腊字母 delta（Δ）作为前缀来表示"变化量"是一种常见的惯例。例如，Δx 将意味着"野兔位置的变化"，这是野兔的位移。同样地，Δt 表示"当前时间的变化"，或简称为"两点之间经过的时间"。使用这种表示法，野兔从 t_a 到 t_b 的平均速度可由下式给出：

平均速度的定义
$$平均速度 = \frac{位移}{经过的时间} = \frac{\Delta x}{\Delta t} = \frac{x(t_b) - x(t_a)}{t_b - t_a}$$

这是平均速度的定义。无论使用什么特定单位，速度总是描述长度除以时间的比率，或者使用第 11.2 节中讨论的符号，速度是单位为 L/T 的数量。

如果在野兔位置图上的任意两点绘制一条直线，则该线的斜率测量野兔在两点之间的平均速度。例如，考虑野兔从时间 t_1 减速到 t_2 时的平均速度，如图 11.2 所示。线的斜率是比率 Δx/Δt。该斜率也等于标记为 α 的角度的正切，当然现在值 Δx 和 Δt 是现成的，因此不需要计算任何三角函数。

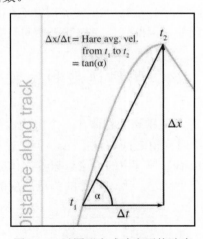

图 11.2　以图形方式确定平均速度

原　　文	译　　文
Distance along track	沿赛道的距离
Hare avg. vel. from t_1 to t_2	野兔从 t_1 到 t_2 的平均速度

返回图 11.1 中可以看到，野兔从 t_2 到 t_3 的平均速度是负的。这是因为速度（Velocity）定义为净位移（Net Displacement）随时间的比率。将此与速率（Speed）进行比较，速率是总距离（Total Distance）除以时间，因此不可能是负数。位移和速度的符号对行进方向敏感，而距离和速率本质上是非负的。第 2.2 节中已谈到了这些区别。显然，平均速度在 t_2 和 t_3 之间是负的，因为野兔在整个间隔期间是倒退的。但是，即使在对于区间的一部分是在向前进的情况下（例如 t_2 和 t_4 之间的较大区间），平均速度在整个区间上也可以是负的。这是"进一步，退两步"的典型示例。

平均速度也可以为零，如从 t_4 到 t_7 的野兔睡觉期间所示。事实上，只要物体在同一个位置开始和结束，平均速度就会为零，即使它在整个时间间隔内都处于运动状态（即"进两步，退两步"）。图 11.3 显示了两个这样的区间。

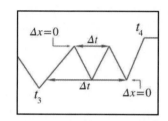

当然，寓言的最后一课是乌龟的平均速度大于野兔的平均速度，至少从 t_0 到 t_7，当乌龟越过终点线时是如此。野兔的平均速率更高，因为他确实走了更多的距离，包括分心陪伴雌兔和来回踱步都是如此。

图 11.3　两个间隔期间野兔没有净位移，因此它的平均速度为零

最后要指出的是，如果假设野兔吸取了教训并祝贺乌龟（毕竟，野兔是无辜的，不要让它背负所有负面的人格特质！），然后在 $t = t_8$ 时，它们站在同一个地方。这意味着它们从 t_0 到 t_8 的净位移是相同的，因此它们在该间隔期间具有相同的平均速度。

11.4　瞬时速度和导数

我们已经看到物理学如何定义和测量物体在一个区间内的平均速度，这个区间就是指在两个时间值之间，这两个时间值之间的量是 Δt。但是，一般来说，能够说出物体的瞬时速度（Instantaneous Velocity）是有用的，这意味着物体在某一时刻（t 的一个值）的速度。你可以看到这不是一个小问题，因为熟悉的测量速度的方法现在无作用了。例如

$$平均速度 = \frac{位移}{经过的时间} = \frac{\Delta x}{\Delta t} = \frac{x(t_b) - x(t_a)}{t_b - t_a}$$

没有作用的原因是，Δt 时间只是一个瞬间。当 t 只有一个值时，t_a 和 t_b 各应该是什么？在考虑瞬时的情况下，位移和经过的时间都为零，那么比率 $\Delta x/\Delta t$ 是什么意思呢？本节将介绍微积分的基本工具，也就是所谓的导数（Derivative）。导数是牛顿发明的，用于精确研究本章中提出的运动学问题。但是，它的适用性几乎可以扩展到所有的一个量随着某

些其他量的变化而发生变化的问题。例如，在上面的速度示例中，我们感兴趣的就是位置如何随着时间的变化而变化。

由于导数可以应用于大量的问题，所以牛顿并不是唯一一个研究它的人。计算体积的积分的原始应用可以追溯到古埃及。早在公元 5 世纪，希腊人就在探索微积分的构建模块，如无穷小（Infinitesimals）和穷竭法（Method of Exhaustion）。一般认为，牛顿与德国数学家戈特弗里德·莱布尼茨 [①]（1646—1716）在 17 世纪共同发明了微积分，尽管波斯和印度的著作中也包含了使用微积分概念的例子。许多其他思想家都做出了重大贡献，包括费马、帕斯卡和笛卡儿等。[②] 尽管大多数计算课程会在"更难"的积分之前讨论"更容易"的导数，但很有趣的是，许多早期的微积分应用都是积分。

让我们遵循牛顿的步骤，从速度的物理实例开始，我们认为这是获得关于导数如何起作用的直觉的最好例子。之后，我们将考虑其他几个可以使用导数的例子，以便从具体的物理问题转向更抽象的概念。

11.4.1 极限参数和导数的定义

回到刚才的问题：如何测量瞬时速度？首先，观察一个比较容易的特殊情况：如果物体在一个区间内以恒定速度移动，那么在该区间中的每个瞬间速度都是相同的。这就是恒定速度（Constant Velocity）的定义。在这种情况下，区间内的平均速度必须与该区间内任何点的瞬时速度相同。在如图 11.1 所示的图形中，很容易判断物体何时以恒定速度运动，因为其图形是一条直线。实际上，图 11.1 中几乎所有的运动都由直线段组成，[③] 因此确定瞬时速度非常简单，只要在直线区间上挑选任意两点（区间的端点看起来是个不错的选择，但其实任何两个点都可以），然后确定这些端点之间的平均速度即可。

但是考虑从 t_1 到 t_2 的区间，在此期间野兔的过度自信导致它逐渐减速。在此区间中，野兔位置的图形是曲线，这意味着线的斜率，因此野兔的速度在不断变化。在这种情况下，测量瞬时速度就需要更多的技巧。

[①] 历史上，关于微积分的成果归属和优先权问题，曾在数学界引起了一场长时间的大争论。在这两个人死了很久以后，调查证明：虽然牛顿工作的大部分是在莱布尼茨之前做的，但是，莱布尼茨是微积分主要思想的独立发明人。这场争吵使数学家分成两派：一派是英国数学家，捍卫牛顿；另一派是欧洲大陆数学家，尤其是伯努利兄弟，支持莱布尼茨，两派相互对立甚至敌对。本书的作者之一 Ian Parberry 对于这个问题也感到很纠结。虽然他是英国人并且觉得他应该因此而支持牛顿，但他的博士导师的导师的……导师 14 代以前是莱布尼茨，因此他觉得自己欠缺一些对"家族"的忠诚。

[②] 帕斯卡和笛卡儿是 Ian Parberry 往回推第 16 代的博士导师的"师兄弟"，但是当他想到笛卡儿时，他不禁想起英国 BBC 喜剧团队 Monty Python 演唱的 Philosopher's Song（中文译名《哲学家之歌》）。这首歌把很多哲学家都调侃了一遍，关于笛卡儿是这么唱的："笛卡儿是一个贪杯的大师，我醉，故我在。"

[③] 之所以都是直线，很大程度上是因为懒惰的作者图省事，直接在 Photoshop 中画的。

　　为了让这个例子更具体，现在不妨来分配一些特定的数字。为了保持这些数字取整（并且还继续使用赛跑这个主题），请允许我们选择以分钟为单位测量时间，以弗隆（furlong，长度单位，简写为 fur，1 fur = 20116.8cm）为单位测量距离。[①]　我们将分配 $t_1 = 1$ 分钟，$t_2 = 3$ 分钟，因此总持续时间为 2 分钟。假设在该间隔期间，野兔从 $x(1) = 4$ fur 移动到 $x(3) = 8$ fur。[②]　出于演示的目的，我们将把目光放在问题的答案上：当 $t = 2.5$ 分钟时，野兔的瞬时速度是多少？图 11.4 画出了其示意图。

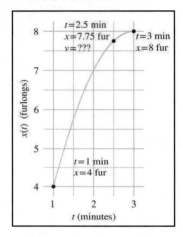

图 11.4　当 $t = 2.5$ 分钟时野兔的瞬时速度是多少

原　　文	译　　文
furlongs	fur
minutes	min

　　如何在 $t = 2.5$ 分钟的精确时刻测量或计算速度并不是很明显，但我们发现可以通过计算 $t = 2.5$ 分钟附近非常小的区间的平均速度来获得良好的近似。对于足够小的区间，图形与直线段几乎相同，并且速度几乎恒定，因此在该区间内的任何给定时刻的瞬时速度与整体区间上的平均速度不会相差太远。

　　在图 11.5 中，在 $t = 2.5$ 分钟处固定线段的左端点，并移动右端点使它越来越近。从图 11.5 中可以看出，区间越短，图形看起来就越像一条直线，近似的效果就越好。以图形方式思考，随着第二个端点越来越接近 $t = 2.5$ 分钟，端点之间的线的斜率将收敛到此时与

[①] 为野兔选择的速度与现实中野兔的速度基本上接近，但出于教学的原因，并且为了使图 11.1 能更好地插入页面，乌龟的速度是完全捏造的。再次强调，这是一个野兔和乌龟都会说话的故事。另外，1 弗隆是 1/8 英里。

[②] 缩写 "fur" 意为 "furlongs"，与野兔的毛皮（fur）无关。

曲线相切的线的斜率。切线是瞬时速度的图形等效值，因为它仅在该点处测量曲线的斜率。

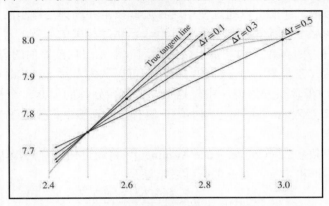

图 11.5　将瞬时速度近似为越来越小的区间的平均速度

原　　文	译　　文
True tangent line	真正的切线

　　让我们使用一些实际的数字来进行这个实验，看一看是否能逼近野兔的瞬时速度。为了做到这一点，需要能够在任何给定的时间知道野兔的位置，所以现在是告诉你野兔的位置可由以下函数[①] 给出的好时机：

$$x(t) = -t^2 + 6t - 1$$

　　表 11.2 显示了平均速度的表格计算，其中的右侧端点 $t + \Delta t$ 越来越接近 $t = 2.5$。

表 11.2　计算不同持续时间间隔的平均速度

t	Δt	$t + \Delta t$	$x(t)$	$x(t + \Delta t)$	$x(t + \Delta t) - x(t)$	$\dfrac{x(t + \Delta t) - x(t)}{\Delta t}$
2.500	0.500	3.000	7.750	8.0000	0.2500	0.5000
2.500	0.100	2.600	7.750	7.8400	0.0900	0.9000
2.500	0.050	2.550	7.750	7.7975	0.0475	0.9500
2.500	0.010	2.510	7.750	7.7599	0.0099	0.9900
2.500	0.005	2.505	7.750	7.7549	0.0049	0.9950
2.500	0.001	2.501	7.750	7.7509	0.0009	0.9990

　　表 11.2 中，最右边的列，即平均速度，似乎会收敛到 1 弗隆/分钟的速度。但我们有

[①] 虽然这看似是很精心的设计，野兔的移动是由具有整数系数的二次方程描述的，但稍后你将会看到，它并不像你想象的那样故意如此。大自然显然喜欢二次方程。但是你确实可以看到我们使用了整数系数，这些系数都是精心挑选的。

多确定这是正确的值？虽然我们没有任何计算可以产生恰好 1 弗隆/分钟的结果速度，但是出于所有实用目的，我们可以通过使用这种近似技术并选择足够小的 Δt 来达到所需的任何精度（这里忽略了与计算机中数字的浮点表示精度相关的问题）。

这是一个强有力的参数。它基本上做到了为一个无法直接评估的表达式赋值。尽管将 $\Delta t = 0$ 代入表达式在数学上是非法的，但我们可以认为，对于越来越小的 Δt 值，我们将收敛到特定值。在微积分的说法中，这个 1 弗隆/分钟的值是一个极限值（Limiting Value），这意味着当对 Δt 采用越来越小的正值时，计算结果将接近 1，但却不会越过它（或者完全达到它）。

诸如此类的收敛参数（Convergence Argument）将通过使用称为极限（Limit）的形式化工具在微积分中严格定义。对此的数学表示法是

$$v(t) = \lim_{\Delta t \to 0} \frac{x(t + \Delta t) - x(t)}{\Delta t} \tag{11.2}$$

符号"→"通常被读作"接近"或"达到"。所以式（11.2）的右侧可能被读作

"当 Δt 接近 0 时，$\dfrac{x(t + \Delta t) - x(t)}{\Delta t}$ 达到极限值，"

或者

"随着 Δt 越来越接近 0，$\dfrac{x(t + \Delta t) - x(t)}{\Delta t}$ 也将越来越达到其极限值。"

一般来说，$\lim_{a \to k} [blah]$ 形式的表达式可被解释为"随着 a 越来越接近 k，[blah]的值将收敛到极限值"。

这是一个重要的想法，因为它定义了所说的瞬时速度。

 提示：

在给定时间 t 的瞬时速度可以被解释为包含 t 的区间的平均速度，在该区间的持续时间接近零时将达到其极限值。

我们不必过于深入对极限值的探索，或者陷入更精细的知识点，因为那是分析（Analysis）的数学领域。深入细节会让我们抛开目前相当有限[①] 的目标而误入歧途。我们已经忽略了一些重要的细节，[②] 以便可以专注于一个特定的情况，那就是使用极限来定义导数。

导数测量函数的变化率（Rate of Change）。请记住，对于任何采用输入并产生输出的公式、计算或程序来说，"函数"只是一个比较奇特的词。导数量化了函数输出响应

[①] 这里仅仅指的是"有限"而不是"极限"（它们的英文原文都是 limit，译者注），很遗憾没有做到一语双关。

[②] 包括连续性、左侧极限取值、右侧极限取值等。

输入的变化而变化的速率。如果 x 表示在特定时间 t 的函数值，则该函数在 t 处的导数就是比率 dx/dt。其中，符号 dx 表示由输入的非常小的变化而产生的输出变化，dt 则表示输入的非常小的变化。很快我们将更详细地谈论这些"非常小的变化"。

就目前而言，我们处在一个想象中的赛道上，至于野兔和乌龟的种族区别、意志表现之类的东西先放一边不提。我们有一个输入为 t 的函数（t 是从比赛开始以来经过的分钟数），其输出为 x，即野兔沿赛道移动的距离。用来评估函数的规则是表达式 $x(t) = -t^2 + 6t - 1$。该函数的导数告诉我们野兔位置相对于时间的变化率，并且是瞬时速度的定义。刚才，我们将瞬时速度定义为采用越来越小的时间间隔的平均速度，这与导数的定义基本相同。我们第一次使用特定于位置和速度的术语来表达它。

当计算导数时，最终得到的不会只是一个数字。仅当野兔的速度在各个地方都相同，在这种情况下期待"野兔的速度是多少？"的答案变成单个数字才有意义。在这种简单情况下，我们不需要导数，只要使用平均速度即可。当速度随时间变化时，会出现有趣的情况。当在这种情况下计算位置函数的导数时，将得到一个速度函数，它允许我们计算任何时间点的瞬时速度。

上述 3 段表达了本节中最重要的概念，请允许我们重复这些概念。

提示：

导数衡量的是变化率。由于速度是位置相对于时间的变化率，因此，位置函数的导数是速度函数。

接下来的几个小节将更详细地讨论导数的数学，并将在第 11.5 节中回到运动学。这篇资料针对的是那些没有参加过大学一年级微积分课程[1] 的人。如果你已经有微积分背景，那么可以安全地跳转到第 11.5 节，除非你觉得需要复习。

第 11.4.2 节将列出几个导数的例子，以便更好地理解衡量变化率的含义，并支持我们关于导数具有非常广泛的适用性的主张；第 11.4.3 节将给出导数的正式数学定义，[2] 并展示了如何使用这个定义来求解问题，我们终于知道了野兔在 $t = 2.5$ 分钟时移动的速度有多快；第 11.4.4 节将列出导数的各种常用替代符号；第 11.4.5 节将列出关于导数的足够法则，以满足本书非常适度的微积分需求。

11.4.2 导数示例

速度可能是引入导数的最简单的例子，但它绝不是唯一的例子。接下来将提供更多

---

[1] 这里说的"参加"是指已经通过了该门课程，以及理解和记得在该课程中所学的知识。

[2] 剧透一下，其实在本节已经给出了！

的示例，以帮助读者了解导数可以应用的各种问题。

最简单的示例类型是考虑随时间变化的其他数量。例如，如果 $R(t)$ 是在给定时间 t 的雨量计的读数，那么表示为 $R'(t)$ 的导数则描述了在时间 t 下雨的难度。也许 $P(t)$ 是在含有某种气体的储罐上的压力阀的读数。假设压力读数与储罐腔室内的气体质量成比例，[①] 变化率 $P'(t)$ 表示在时间 t 气体流入或流出储罐腔室的速度。

还有一些物理实例，其中的自变量并不是时间。原型情况是函数 $y(x)$，它给出在水平位置 x 处的参考点上方的一些表面的高度。例如，x 可能是沿着龟兔赛道移动的距离，而 y 则测量高于或低于起点高度的高度。该函数的导数 $y'(x)$ 是 x 处表面的斜率，其中，正斜率表示跑步者正在上坡，而负值则表示赛道的下坡部分。这个例子并不是一个新示例，因为我们已经看过了函数的示意图，并考虑了导数测量二维中图的斜率的方式。

现在让我们变得更抽象，但仍然保持一个物理维度作为自变量。假设有一个很受欢迎的攀岩墙，我们知道一个函数 $S(y)$，它描述了对于给定的高度 y，攀岩者能够达到该高度或更高高度的百分比。假设登山者从 $y = 0$ 开始，那么 $S(0) = 100\%$。显然，$S(y)$ 是一个非增量函数，它将一直下降，最终在任何人都达不到的最大高度 $y_{\max}$ 处下降到 0%。

现在来考虑导数 $S'(y)$ 的解释。当然，$S'(y) \leqslant 0$，因为 $S(y)$ 是一个非增量函数。$S'(y)$ 的较大负值表示高度 y 是登山者可能掉落的区域。[②] 也许在那个高度的墙是一个具有挑战性的区域。$S'(y)$ 接近零表示很少有登山者在高度 y 处掉落。也许登山者在那里可以找到一个高原，他们在那里休息。我们可能期望 $S'(y)$ 在这个高原之后减少，因为登山者获得了更多的休息。事实上，$S'(y)$ 也可能在高原之前变得接近于零，因为当登山者开始接近高原这个里程碑时，他们会更加努力，更不愿意放弃。[③]

来看最后一个例子。图 11.6 显示了作为薪水的函数的幸福值。在这种情况下，该导数与经济学家所谓的边际效用（Marginal Utility）基本相同。它是每增加一个单位的收入获得额外的幸福单位的比率。根据图 11.6 的图形可以看到，收入的边际效用会降低，这当然就是著名的边际收益递减规律（The Law of Diminishing Marginal Returns）。根据研究，[④] 在经过某个点之后，它甚至会变成负值，与高收入相关的麻烦开始超过因为高收入而带来的心理上的喜悦。经济学家所说的"负边际效用"一词翻译成大白话就是"别

[①] 如果在理想气体定律是有效近似的范围内操作并且温度保持恒定，则这将为 true。

[②] 可以这样说。

[③] 比较敏锐的读者可能已经注意到，因为只有有限数量的登山者要采样，$S(y)$ 来自样本数据，因此其中具有不连续的"步骤"，而不是一根平滑线。在这些步骤中，导数并未真正定义。出于演示的目的，这里假设通过实验数据拟合了一根平滑曲线以产生一个连续函数。

[④] 当我们输入"研究"这个词时，用手指在空中给它添加了双引号。

再这么干了"。

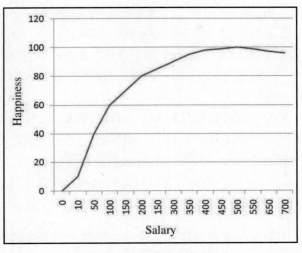

图 11.6　幸福与薪水的关系

原　文	译　文
Happiness	幸福
Salary	薪水

11.4.3　通过定义计算导数

现在我们已准备好在大多数数学教科书中找到导数的正式定义，[①] 并了解如何使用定义来计算导数。导数可以理解为 $\Delta x/\Delta t$ 的极限值，即，当 Δt 无穷小时，输出的变化除以输入的变化的比率。让我们用数学符号来重复这个描述。这是本章前面给出的一个公式，只是这次要使用一个大框来框柱它，因为数学教科书上在定义公式时一般都是这么做的。

🪙 提示：导数的定义

$$\frac{dx}{dt} = \lim_{\Delta t \to 0} \frac{\Delta x}{\Delta t} = \lim_{\Delta t \to 0} \frac{x(t + \Delta t) - x(t)}{\Delta t} \tag{11.3}$$

[①] 在这里之所以使用了"正式"一词，是因为还有其他方法可以定义导数，从而导致使用计算机以数字方式逼近导数的改进方法。当分析解决方案太难或计算太慢时，此类方法很有用。

在这里，导数的 dx/dt 的表示法称为莱布尼茨表示法（Leibniz's Notation）。符号 dx 和 dt 也称为无穷小量（Infinitesimals）。注意，它们与 Δx 和 Δt 不同，Δx 和 Δt 是表示值的有限变化的变量，而 dx 和 dt 则是代表"无穷小变化"的符号。为什么使用非常小的变化这么重要？为什么不能直接采用比率 $\Delta x/\Delta t$？因为变化率是在不断变化的。即使在 $\Delta t = 0.0001$ 这样非常小的区间内，它也不是恒定的。这就是要使用极限参数的原因，目的是使区间尽可能小——无限小。

在某些情况下，无穷小量可能像代数变量一样被操纵（也可以将测量单位附加到它们上并进行量纲分析以检查结果是否正确）。事实上，这种操纵通常是正确的，这使得莱布尼茨符号具有直观的吸引力。但是，因为它们是无限小的值，所以通常需要特殊的处理，类似于符号"∞"，不应该随随便便就将它们舍弃。在大多数情况下，我们对符号 $\dfrac{dx}{dt}$ 的解释不是两个变量的比率，而是作为单个符号来表示"x 相对于 t 的导数"。这是最安全的理解方式，因为这样就不存在你犹豫是否要将它们舍弃的问题。后面还有更多关于莱布尼茨和其他符号的说法，但目前先计算一个导数并回答一个亟待解决的问题：野兔在 $t = 2.5$ 分钟时行进的瞬时速度究竟有多快？

使用定义式（11.3）来对一个简单函数求导数是一个重要的学习门槛，我们很自豪能够帮助读者跨越这个门槛。典型的程序是这样的：

（1）将 $x(t)$ 和 $x(t+\Delta t)$ 代入定义。在我们的例子中，$x(t) = -t^2 + 6t -1$。

（2）执行代数操作，直到代入 $\Delta t = 0$ 是合法的（通常归结为将 Δt 从分母中移出）。

（3）将评估表达式"在极限处"用 $\Delta t = 0$ 替换掉，以去除极限表示法。

（4）简化结果。

将此过程应用于我们的示例，可得

$$
\begin{aligned}
v(t) = \frac{dx}{dt} &= \lim_{\Delta t \to 0} \frac{x(t + \Delta t) - x(t)}{\Delta t} \\
&= \lim_{\Delta t \to 0} \frac{[-(t + \Delta t)^2 + 6(t + \Delta t) - 1] - (-t^2 + 6t - 1)}{\Delta t} \\
&= \lim_{\Delta t \to 0} \frac{(-t^2 - 2t(\Delta t) - (\Delta t)^2 + 6t + 6(\Delta t) - 1) + (t^2 - 6t + 1)}{\Delta t} \\
&= \lim_{\Delta t \to 0} \frac{-2t(\Delta t) - (\Delta t)^2 + 6(\Delta t)}{\Delta t} \\
&= \lim_{\Delta t \to 0} \frac{\Delta t \, (-2t - \Delta t + 6)}{\Delta t} \\
&= \lim_{\Delta t \to 0} -2t - \Delta t + 6.
\end{aligned}
\tag{11.4}
$$

现在处于第（3）步。通过式（11.4）可以很容易地将极限去掉，简单地代入 $\Delta t = 0$ 即可。这种替换在早期是不合法的，因为分母中有一个 Δt：

$$v(t) = \frac{dx}{dt} = \lim_{\Delta t \to 0} -2t - \Delta t + 6$$
$$= -2t - (0) + 6$$
$$= -2t + 6 \tag{11.5}$$

终于到了最后！式（11.5）就是我们一直在寻找的速度函数。它允许我们插入任何 t 值并计算当时野兔的瞬时速度。在 $t = 2.5$ 分钟时，得出了问题的答案，具体如下：

$$v(t) = -2t + 6,$$
$$v(2.5) = -2(2.5) + 6 = 1$$

因此，野兔在 $t = 2.5$ 时的瞬时速度恰好是每分钟 1 弗隆，正如之前的论证所预测的那样。但现在我们可以自信地说出来。

图 11.7 显示了这一点以及一直在研究的时间间隔内的其他几点。对于每个点，都根据式（11.5）计算了该点的瞬时速度，并绘制了具有相同斜率的切线。

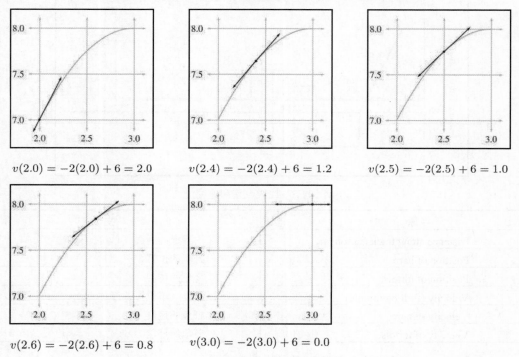

$v(2.0) = -2(2.0) + 6 = 2.0$　　　$v(2.4) = -2(2.4) + 6 = 1.2$　　　$v(2.5) = -2(2.5) + 6 = 1.0$

$v(2.6) = -2(2.6) + 6 = 0.8$　　　$v(3.0) = -2(3.0) + 6 = 0.0$

图 11.7　野兔的速度和选定时间的相应切线

将位置和速度示意图并排比较是非常有益的。图 11.8 比较了寓言中的赛跑选手的位置和速度。

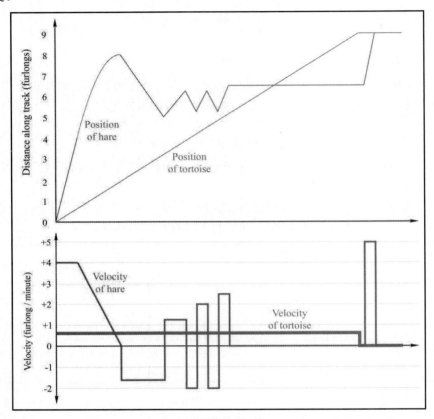

图 11.8 比较位置和速度

原　　文	译　　文
Distance along track (furlongs)	沿赛道的距离（单位：弗隆）
Position of hare	野兔的位置
Position of tortoise	乌龟的位置
Velocity (furlong/minute)	速度（单位：弗隆/分钟）
Velocity of hare	野兔的速度
Velocity of tortoise	乌龟的速度

关于图 11.8，有以下几个有趣的观察结果。

❑ 当位置示意图是水平线时，速度为零，并且速度示意图还显示了 $v = 0$ 水平轴的情况（例如，在野兔睡觉的期间）。

❑　当位置值增加时，速度为正；当位置值减小（野兔移动方向错误）时，速度为负。

❑　当位置示意图是直线时，此恒定速度由速度示意图中的水平线指示。

❑　当位置示意图弯曲时，速度连续变化，速度示意图不是水平线。在这种情况下，
速度示意图恰好是一条直线，但稍后将检查速度示意图弯曲的情况。

❑　当位置函数在"拐角"处改变斜率时，速度示意图显示出不连续性。事实上，
这些点的导数不存在，并且无法定义这些不连续点的瞬时速度。幸运的是，这
种情况是不符合物理原理的——在现实世界中，物体不可能瞬间改变其速度。
速度的变化总是通过（可能是短暂但有限的）时间量内的加速度发生。[①] 下文
将证明短时间内的这种快速加速通常可以通过使用脉冲（Impulse）来近似。

❑　即使位置示意图上的相应区间彼此不同，速度示意图上的部分看起来也彼此相
同。这是因为导数仅测量变量的变化率。函数的绝对值无关紧要。如果向函数
添加一个常量，在该函数的图形中产生垂直移位，则导数不会受到影响。下文
当讨论导数和积分之间的关系时，还会继续这个话题。

在目前这个阶段应该承认，对导数的解释方式与大多数微积分教科书有所不同。我
们的方法是关注一个特定的例子，即瞬时速度。这导致了一些外在差异，例如符号。但
是，我们还忽略了许多细节要点。例如，我们没有试图去定义连续函数，对于何时导数
已定义和何时导数未定义也没有给出严格的定义。我们已经讨论了极限背后的思想，但
是对于从左侧接近极限和从右侧接近极限也未提供正式定义，也没有考虑存在明确定义
的极限的标准。

但是，由于这并不是一本微积分教科书，所以我们只会警告你，上面所介绍的只是
一些大概样貌，它还不足以处理许多边缘情况。幸运的是，对于模拟物理现象的函数来
说，这种边缘情况并不经常发生，因此这些细节在物理环境中不会成为我们的问题。

当然，这里确实有必要介绍一下可能遇到的导数的替代符号。

11.4.4　导数的表示法

导数有若干种常用的不同表示法。其他的文献资料可能与这里所使用的表示法在多
个方面存在差异。首先，在命名方面就存在一个比较小的问题。大多数微积分教科书以
非常一般性的术语定义导数，其中，输出变量命名为 y，符号 x 指的是输入变量而不是输

[①] 有些读者可能会反驳，不连续处的垂直线其导数在数学上是未定义的，工程师在这种情况和其他类似情况下的理由是，数
学公式只是实际物理情况的模型。

出变量，函数简称为 f。换句话说，要求导的函数是 $y = f(x)$。此外，许多人会将收缩的
"步数"分配给变量 h 而不是使用 Δ 符号，这在求解通过定义产生的导数方程时具有优
势。[①] 使用这些变量，他们可以将导数定义为以下形式：

大多数微积分教科书中提供的使用变量的导数定义
$$\frac{dy}{dx} = \lim_{h \to 0} \frac{y(x+h) - y(x)}{h} \qquad (11.6)$$

式（11.3）和式（11.6）之间的差异显然是外观方面的。

本书更喜欢使用莱布尼茨表示法的一个变体，即在表达式前加上 d/dt 来表示"右边
这个表达式相对于 t 的导数"。例如

$$\frac{d}{dt}(t^2 + 5t)$$

在第 11.4.3 节已经说过，对符号 $\frac{dx}{dt}$ 的解释不是两个变量的比率，而是作为单个符号
来表示"x 相对于 t 的导数"。因此，上面的表达式可以理解为"$t^2 + 5t$ 相对于 t 的导数"。
这是一个非常具有描述性和直观的表示法。如果在右边的 x 上调用表达式，并将符号的并
置解释为乘法，则可以将 x 拉回到分数的顶部以获得原始的表示法，如

$$\frac{d}{dt}(t^2 + 5t) = \frac{d}{dt}x = \frac{dx}{dt}$$

将这些操作解释为表示法操作而不是具有任何真正的数学意义是很重要的。这种表
示法很有吸引力，因为这种带有无穷小量的代数操作常常会成功。但我们重申我们的警
告，以避免在此类操作中附加许多数学意义。

另一种常见的表示法是将函数 $f(x)$ 的导数加上一个上撇号：$f'(x)$。这被称为上撇号表
示法（Prime Notation）或拉格朗日表示法（Lagrange's Notation）。当要求导的自变量被
隐含或需要通过上下文理解时，即可使用该表示法。使用该表示法应将速度定义为位置
函数的导数，即 $v(t) = x'(t)$。

最后一种表示法由牛顿发明，并且主要用于自变量是时间的情况（例如在牛顿发明
的物理方程中），它被称为点表示法（Dot Notation），通过在变量上加点来表示导数。
例如，$v(t) = \dot{x}(t)$。

以下是使用速度和位置作为示例的导数的不同表示法的汇总：

$$v(t) = \frac{dx}{dt} = \frac{d}{dt}x(t) = x'(t) = \dot{x}(t)$$

[①] 注意，需要括号来表示$(\Delta t)^2$，以避免和符号 Δt^2 混淆。

11.4.5　一些求导法则和快捷方式

现在回到计算导数本身。在实践中，为了对表达式求导，很少需要回溯到导数的定义。相反，有一些简化法则允许你将复杂的函数分解为更小的部分，然后再进行求导。还有一些特殊的函数，如 $\ln x$ 和 $\tan x$，应用定义的艰苦工作已经完成并写在那些排版在微积分教科书前后封面内部的表格中。为了求导包含这些函数的表达式，可以简单地引用该表（虽然需要为正弦和余弦执行一些"硬性工作"）。

本书的关注点仅限于非常少量的一组函数的导数，幸运的是，这些函数可以通过一些简单的法则来求导。糟糕的是，我们没有足够的空间来开发这些法则背后的数学推导过程，所以只是简单地附上每个法则，并简要说明它是如何使用的，以及（从数学上来讲非严格的）直观论证，以帮助你说服自己它是有效的。

我们的第一条法则称为常量法则（Constant Rule），它指出常量函数的导数为零。常量函数是始终产生相同值的函数。例如，$x(t) = 3$ 就是一个常数函数。你可以插入任何 t 值，并且此函数的输出值为 3。因为导数测量的是函数输出响应输入 t 的变化而变化的速度，而在常量函数的情况下，输出从不变化，因此导数是 $x'(t) = 0$。

🧑 提示：常量法则

$$\frac{d}{dt}k = 0, \ k \text{ 是任意常量}$$

下一个法则，有时称为求和法则（Sum Rule），表示求导是一个线性算子（Linear Operator）。"线性"的含义与第 5 章中给出的定义基本相同，但这里不妨在导数的背景下再复习一遍。说导数是线性算子意味着两件事。首先，为了得到一个和的导数，可以单独得到每个部分的导数，并将结果加在一起。这是很直观也很容易理解的——总和的变化率是所有部分的变化率加在一起的总变化率。例如，考虑一个在列车上行走的人，他在世界空间中的位置可以被描述为列车位置加上列车车厢空间中人的位置的总和。[①] 同样，他相对于地面的速度是列车相对于地面的速度加上他相对于列车的速度的总和。

🧑 提示：和的导数

$$\frac{d}{dt}[f(t) + g(t)] = \frac{d}{dt}f(t) + \frac{d}{dt}g(t) \tag{11.7}$$

---

① 假设列车轨道是直的，因此列车的车身轴线与世界轴线对齐，不需要旋转。

　　线性的第二个特性是，如果将函数乘以某个常量，那么该函数的导数就会被同一个常量缩放。一个简单的方法就是考虑单位转换。回到我们最喜欢的函数，它会产生一个随时间变化的野兔的位移，用弗隆来衡量。取这个函数的导数将相对于时间产生一个速度，单位是弗隆每分钟（fur/min）。如果有人不喜欢弗隆，则可以通过将原始位置函数缩放 201.168 倍，从弗隆切换到米。这必须通过相同的因子来缩放导数；否则，野兔会突然改变速度，因为我们切换到了另一个单位。

　　提示：函数的导数乘以一个常量

$$\frac{d}{dt}[k\,f(t)] = k\left[\frac{d}{dt}f(t)\right], \quad k\text{ 是任意常量} \tag{11.8}$$

组合式（11.7）和式（11.8），即可产生更一般性的线性法则。

　　提示：求和法则

$$\frac{d}{dt}[af(t) + bg(t)] = a\left[\frac{d}{dt}f(t)\right] + b\left[\frac{d}{dt}g(t)\right]$$

导数的线性特性非常重要，因为它允许将许多常见函数分解为更小、更简单的部分。

　　需要求导的最重要和最常见的函数之一也恰好是最简单的，即多项式（Polynomial）。例如，使用导数的线性属性，可以轻松地分解以下四次多项式：

$$x(t) = c_4t^4 + c_3t^3 + c_2t^2 + c_1t + c_0,$$

$$\frac{dx}{dt} = \frac{d}{dt}[c_4t^4 + c_3t^3 + c_2t^2 + c_1t + c_0]$$

$$= c_4\left[\frac{d}{dt}t^4\right] + c_3\left[\frac{d}{dt}t^3\right] + c_2\left[\frac{d}{dt}t^2\right] + c_1\left[\frac{d}{dt}t\right] + \left[\frac{d}{dt}c_0\right] \tag{11.9}$$

　　按照常数法则，最后的导数 $\frac{d}{dt}c_0$ 为零，因为 c_0 不变。这样就留下了 4 个简单的导数，每个导数都可以很方便地插入导数的定义公式（11.3）中。单独求解这 4 个中的每一个比将原始多项式插入式（11.3）要容易得多。如果你做过这个练习（就像每个一年级的微积分学生那样），那么你会注意到两件事：首先，代数会随着 t 的幂的提高而单调增加；其次，它揭示了一个非常明显的模式，也就是所谓的幂法则（Power Rule）。

　　提示：幂法则

$$\frac{d}{dt}t^n = nt^{n-1}, \quad n\text{ 是一个整数}$$

该法则可以轻松给出上述 4 个导数的答案，具体如下：

$$\frac{d}{dt}\, t^4 = 4t^3, \qquad\qquad \frac{d}{dt}\, t^3 = 3t^2,$$

$$\frac{d}{dt}\, t^2 = 2t^1 = 2t, \qquad\qquad \frac{d}{dt}\, t = 1t^0 = 1$$

注意，在最后一个等式中使用了恒等式 $t^0 = 1$。但是，即使没有这个恒等式，[①] 也应该非常清楚 $\frac{d}{dt}\, t$ 必须一致。请记住，导数回答了问题，"输出的变化率相对于输入的变化率是多少？"所以对于 $\frac{d}{dt}\, t$ 来说，"输出"和"输入"都是变量 t，所以它们的变化率相等。因此，定义导数的比率等于 1。

在将这些结果插入式（11.9）中以求导多项式之前，还有最后一个注释。使用恒等式 $t^0 = 1$，幂法则与常量法则达成了一致，具体如下：

使用幂法则的常量的导数
$\dfrac{d}{dt}\, k = \dfrac{d}{dt}\,(kt^0)$ 　　使用 $t^0 = 1$,
$\quad = k\left[\dfrac{d}{dt}\, t^0\right]$ 　　求导的线性属性,
$\quad = k[0(t^{-1})]$ 　　$n=0$ 时的幂法则
$\quad = 0$

回到式（11.9）中的四次多项式。有了求和法则和幂规则，现在可以快速完成该多项式，具体如下：

$$x(t) = c_4 t^4 + c_3 t^3 + c_2 t^2 + c_1 t + c_0,$$

$$\frac{dx}{dt} = 4c_4 t^3 + 3c_3 t^2 + 2c_2 t + c_1$$

下面是几个如何使用幂法则的示例。

请注意，幂法则也适用于负指数：

$$\frac{d}{dt}\,(3t^5 - 4t) = 15t^4 - 4,$$

$$\frac{d}{dt}\left(\frac{t^{100}}{100} + \sqrt{\pi}\right) = t^{99},$$

$$\frac{d}{dt}\left(\frac{1}{t} + \frac{4}{t^3}\right) = \frac{d}{dt}\,(t^{-1} + 4t^{-3}) = -t^{-2} - 12t^{-4} = \frac{-1}{t^2} - \frac{12}{t^4}$$

[①] 注意，当 $t = 0$ 时，t^0 是未定义的。

11.4.6　泰勒级数的一些特殊函数的导数

本节介绍求导多项式的一些非常特殊的例子。给定任意函数 $f(x)$，f 的泰勒级数（Taylor Series）是将 f 表示为多项式的一种方式。多项式中的每个连续项都是通过取一个函数的高阶导数来确定的，这可能是泰勒级数的一个主要观点，当学习一个真正的微积分课时应该学习它，但是现在我们对泰勒级数的来源不感兴趣，只是考虑它们的存在。泰勒级数在视频游戏中是一个非常有用的工具，因为它提供了在计算机中"易于"评估的多项式近似，用于"难以"评估的函数。我们没有足够的篇幅来讨论关于泰勒级数的任何内容，但我们想看一下泰勒级数的几个重要例子。正弦函数和余弦函数的泰勒级数分别是

正弦函数和余弦函数的泰勒级数
$$\sin x = x - \frac{x^3}{3!} + \frac{x^5}{5!} - \frac{x^7}{7!} + \frac{x^9}{9!} + \cdots,$$
$$\cos x = 1 - \frac{x^2}{2!} + \frac{x^4}{4!} - \frac{x^6}{6!} + \frac{x^8}{8!} + \cdots \qquad (11.10)$$

这种模式永远存在。换句话说，要计算 $\sin x$ 的精确值，我们需要评估无数个项。但是，请注意这些项目的分母正在快速增长，这意味着我们可以通过在一定数量的项目之后停止来近似 $\sin x$，而忽略其余的项目。

这正是计算机内部计算三角函数的过程。首先，使用三角形恒等式将参数置于受限范围内（因为函数是周期性的）。这是因为当泰勒级数被截断时，其精度在 x 的特定值附近最高，而在使用三角函数的情况下，这个点通常被选择为 $x = 0$。[①] 然后，泰勒级数多项式，例如，4 个项目即可进行评估。这种近似非常准确。在 x^7 项处停止足以将 $\sin x$ 计算为约-1 < x <+1 的大约 5.5 位的十进制数字。

关于近似的所有这些细枝末节都很有趣，但我们提出泰勒级数的真正原因是将它们用作和幂法则一起求导多项式的例子，并且还要了解关于正弦、余弦和指数函数的一些有趣的事实。让我们用幂法则来求导 $\sin(x)$ 的泰勒级数展开式。它并不复杂——我们只需要求导每个项目即可。我们甚至没有被无数项目这一事实所吓倒。具体求导过程如下式：

[①] 在这个特例中，泰勒级数给出了更具体的名称，即麦克劳林级数（Maclaurin Series）。

sin(x)的泰勒级数求导

$$\frac{d}{dx}\sin x = \frac{d}{dx}\left(x - \frac{x^3}{3!} + \frac{x^5}{5!} - \frac{x^7}{7!} + \frac{x^9}{9!} + \cdots\right)$$

$$= \frac{d}{dx}x - \frac{d}{dx}\frac{x^3}{3!} + \frac{d}{dx}\frac{x^5}{5!} - \frac{d}{dx}\frac{x^7}{7!} + \frac{d}{dx}\frac{x^9}{9!} + \cdots \qquad \text{（求和法则）}$$

$$= 1 - \frac{3x^2}{3!} + \frac{5x^4}{4!} - \frac{7x^6}{7!} + \frac{9x^8}{9!} + \cdots \qquad \text{（幂法则）}$$

$$= 1 - \frac{x^2}{2!} + \frac{x^4}{4!} - \frac{x^6}{6!} + \frac{x^8}{8!} + \cdots \qquad\qquad\qquad (11.11)$$

在式（11.11）的求导过程中，首先使用了求和法则，即为了求导整个泰勒多项式，可以单独求导每个项。然后将幂法则应用于每个项，在每种情况下乘以指数并将其递减 1。此外还要记住第一项 $\frac{d}{dx}x = 1$。要理解最后一步，你需要了解阶乘算子的定义，即 $n! = 1 \times 2 \times 3 \times L \times n$。因此，每个项的分子中的常数抵消了分母的阶乘中的最高因子。

式（11.11）最后的形式看起来很熟悉吗？因为它与式（11.10）相同，所以应该是 $\cos x$ 的泰勒级数。换句话说，我们现在知道 $\sin x$ 的导数，并且通过类似的过程也可以得到 $\cos x$ 的导数。下面来正式陈述这些事实。[①]

🪙 **提示**：**正弦和余弦的导数**

$$\frac{d}{dx}\sin x = \cos x, \qquad\qquad \frac{d}{dx}\cos x = -\sin x$$

正弦和余弦函数的导数将在后面的章节中变得很有用。

现在来看一个更重要的特殊函数，它将在本书后面发挥重要作用，它的求导很方便，并且恰好有一个漂亮、整洁的泰勒级数。这里所指的函数是指数函数（Exponential Function），表示为 e^x。数学常量 $e \approx 2.718282$ 具有许多众所周知且有趣的特性，并且广泛应用于从金融计算到信号处理的各种问题。e 的特殊状态大部分与函数 e^x 的独特性有关。这种独特性质的一个表现就是 e^x 拥有如此美丽的泰勒级数，其由下式给出：

e^x 的泰勒级数

$$e^x = 1 + x + \frac{x^2}{2!} + \frac{x^3}{3!} + \frac{x^4}{4!} + \frac{x^5}{5!} + \cdots \qquad\qquad (11.12)$$

对函数 e^x 求导可得

[①] 要强调的是，还没有证明这些是正确的导数，因为我们是从泰勒级数展开式开始的，这实际上是根据导数来定义的。

$$\frac{d}{dx}e^x = \frac{d}{dx}\left(1 + x + \frac{x^2}{2!} + \frac{x^3}{3!} + \frac{x^4}{4!} + \frac{x^5}{5!} + \cdots\right)$$

$$= 0 + 1 + \frac{x}{1!} + \frac{x^2}{2!} + \frac{x^3}{3!} + \frac{x^4}{4!} + \cdots$$

$$= 1 + x + \frac{x^2}{2!} + \frac{x^3}{3!} + \frac{x^4}{4!} + \cdots$$

但是这个结果相当于式（11.12）中 e^x 的定义，它们之间的唯一区别是何时明确停止列出项目并以"…"结束的外观问题。换句话说，指数函数是它自己的导数，即 $d/dx\, e^x = e^x$。指数函数是唯一可以拥有此唯一属性的函数（更准确地说，指数函数的任何倍数，包括零，都具有这种属性）。

💡 **提示：指数函数是它自己的导数**

$$\frac{d}{dx}e^x = e^x$$

关于指数函数的这一特殊属性使其变得很独特，并且这也是它在各种应用中频繁出现的原因。只要某个值的变化率与值本身成比例，那么指数函数几乎肯定会出现在描述系统动力学的数学中。

我们大多数人都熟悉的例子是复利。设 $P(t)$ 为时间 t 时银行账户中的总金额。假设该金额是累计利息。每个时间间隔的变化率——也就是所赚取的利息金额——与账户中的金额成比例。你拥有的本金越多，获得的利息就越多，总额的增长就越快。因此，指数函数通过方程 $P(t) = P_0 e^{rt}$ 进入金融方程，该方程描述了在任何给定时间 t 的总金额，假设初始金额 P_0 以 r 的利率增长，其中利息是不断复合计算的。

你可能已经注意到，e^x 的泰勒级数与 $\sin x$ 和 $\cos x$ 的泰勒级数表示非常相似。这种相似性暗示了指数函数和三角函数之间的深刻而又令人惊讶的关系，将在第 11.9 节习题 11 中探讨了这种关系。

对于泰勒级数的这次短暂接触虽然有点超出本书的主题，但我们希望它能引发你对一种非常实用的数学工具的兴趣，特别是因为它对计算机中的各种近似和数值计算具有根本重要性。我们也希望这是一个有趣的多项式求导的例子。它还让我们有机会讨论正弦、余弦和指数函数的导数，这些导数在后面的章节中会再次出现。

11.4.7　链式法则

链式法则是在此讨论的最后一个求导法则。链式法则告诉我们当函数的参数本身是我们知道如何求导的其他函数时，如何确定函数的变化率。

在乌龟和野兔之间的赛跑中，我们从未真正想过函数 $x(t)$ 测量的确切内容，我们只是说它是野兔的"位置"。假设这个路线实际上是一条带有山丘和桥梁，甚至是垂直环路的蜿蜒赛道，我们绘制的函数和之前命名的 $x(t)$ 实际上测量的是沿着这条蜿蜒路径的线性距离，而不是一个水平位置。为了避免与符号 x 相关联的水平内涵，让我们引入变量 s，它给出了沿赛道的距离（单位当然是弗隆）。

假设有一个函数 $y(s)$ 来描述给定距离的赛道的高度。导数 dy/ds 告诉我们关于该位置赛道的基本信息。值为零表示该位置的路线是平坦的；正值表示跑步者正在上坡；而大的正值或负值则表示赛道非常陡峭的位置。

现在考虑复合函数 $y(s(t))$。你应该能够说服自己，这告诉我们任何给定时间 t 的野兔的高度。导数 dy/dt 告诉我们兔子在给定时间 t 垂直移动的速度有多快。这与 dy/ds 有很大的不同。那么如何计算 dy/dt 呢？这个很简单，你可能也已经猜到了，我们只需要找出野兔在时间 t 时在赛道上的位置，然后答案就是这个位置的赛道斜率。在数学表示法中，你可能会说垂直速度是 $y'(s(t))$，但那是不对的。例如，当野兔在睡觉（$ds/dt = 0$）时，赛道的斜率是多少并不重要，因为它没有沿着赛道移动，它的垂直速度为零！事实上，在比赛的某个时刻，它转过身并在错误的跑道方向上（$ds/dt < 0$），因此它的垂直速度 dy/dt 将与赛道斜率 dy/ds 相反。很明显，如果它在赛道上的一个地方迅速冲刺，它的垂直速度将高于它在同一地点漫步的速度；但同样地，如果赛道是平坦的，那么它跑过赛道的速度并不重要，它的垂直速度将为零。因此，我们要明白，野兔的垂直速度是它的速度（沿着赛道参数化测量）和该点的赛道斜率的乘积。

上述这种法则称为链式法则（**Chain Rule**）。当用莱布尼茨表示法书写时，它特别直观，因为 ds 无穷小量似乎可以"约消"掉。

🏛 提示：求导的链式法则

$$\frac{dy}{dt} = \frac{dy}{ds}\frac{ds}{dt}$$

以下是一些示例，使用了我们已经知道如何求导的函数：

链式法则的示例
$\dfrac{d}{dt}\sin 3x = 3\cos 3x,$
$\dfrac{d}{dt}\sin(x^2) = 2x\cos(x^2),$
$\dfrac{d}{dt}e^{\cos x + 3x} = (-\sin x + 3)e^{\cos x + 3x},$
$\dfrac{d}{dt}e^{\sin 3x + \sin(x^2)} = (3\cos 3x + 2x\cos(x^2))e^{\sin 3x + \sin(x^2)}$

接下来将把微积分放回数学书架一段时间，然后将重点放在运动学上（毕竟，我们讨论微积分的目的和牛顿是一样的，都是为了提高对力学的理解）。当然，不久之后将通过讨论微积分的积分和基本定理来回到微积分。

11.5　加　速　度

前面已经对瞬时速度和平均速度之间的区别做了郑重其事的介绍，当速度连续变化时，这种区别很重要（而且有必要认真看待）。在这种情况下，我们可能有兴趣知道速度的变化率。幸运的是，我们刚刚了解了导数，其存在的理由就是了解变化率（Rate of Change）。当得到速度函数 $v(t)$ 的导数时，即得到一个新函数，描述当时速度增加或减少的速度。这种瞬时变化率在物理学中是一个重要的量，它有一个熟悉的名称，即加速度（Acceleration）。

在普通会话中，动词"加速"通常意味着"速度提高"。然而，在物理学中，"加速"一词带有更一般性的含义，可能指的是速度的任何变化，而不仅仅是速度的增加。事实上，即使速度恒定，身体也会受到加速！为什么会这样？速度（Velocity）是一个矢量值，这意味着它具有大小和方向。如果速度的方向改变，但大小（其速度）保持不变，那么就可以说身体正在经历加速。这样的术语不仅仅是言语上的严谨表述，在这种情况下加速是一种非常真实的感觉，例如，如果有两个人坐在一辆汽车的后座上，当汽车急速转弯时，他们会发现自己被压在一起。第 11.8 节中将有更多关于这种特殊情况的说法。

应该用什么样的单位来衡量这种加速度呢？只要了解清楚这一点即可学习到很多关于加速的知识。对于速度，使用 L/T 的通用单位，即每单位时间的单位长度。速度是每单位时间（T）的位置（L）的变化率，因此这是有意义的。加速度则是每单位时间的速度变化率，因此必须用"单位时间的单位速度"来表示。事实上，用于测量加速度的单位是 L/T^2。如果你对"时间平方"的概念感到不解，则可以将其理解为 $(L/T)/T$，这更明确地表明它是每单位时间（T）的速度（L/T）。

例如，地球表面附近的自由落体的物体会以大约 32 ft/s^2 或 9.8m/s^2 的速度加速。假设你正在芝加哥威利斯大厦一侧安装金属轴承，[①] 你失手掉落了一个轴承的滚珠，它开始

---

① 该大厦如今仍然有很多人称之为"西尔斯大厦"。

加速，每秒向下加速 9.8m/s（我们忽略了风阻）。例如 2.4 秒后，它的速度将是

$$2.4 \text{ s} \times 32 \frac{\text{ft}}{\text{s}^2} = 76.8 \frac{\text{ft}}{\text{s}}$$

更一般地说，在恒定加速度下，物体在任意时间 t 的速度由以下简单线性公式给出：

$$v(t) = v_0 + at \tag{11.13}$$

其中，v_0 是时间 $t = 0$ 时的初始速度；a 是恒定的加速度。第 11.6 节将更详细地研究自由落体中物体的运动，但首先来看一下加速度的图形表示方式。图 11.9 显示了位置函数和相应的速度以及加速度函数的示意图。

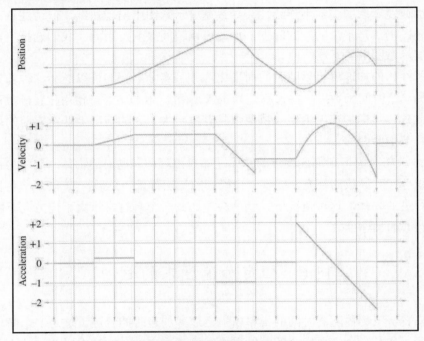

图 11.9 随时间变化的位置、速度和加速度图

原 文	译 文
Position	位置
Velocity	速度
Acceleration	加速度

读者应该研究图 11.9，直到完全理解它。特别是，这里有以下一些值得注意的观察结果：

❑ 在加速度为零的地方，速度是恒定的，位置是直线（但可能是斜线）。

❑ 在加速度为正的地方，位置示意图会像 U 一样弯曲，而在加速度为负值的情况下，位置示意图会像 I 一样弯曲。最有趣的例子出现在示意图的右侧。请注意，当加速度曲线超过 $a = 0$ 时，速度曲线到达其顶点，并且位置曲线会从 U 切换到 I 。

❑ 速度函数的不连续性会在位置示意图中产生"扭结"。此外，它会导致加速变为无限（实际上是未定义），这就是为什么，正如之前所说，这种不连续性在现实世界中不会发生，也是为什么速度示意图中的线在这些不连续处连接的原因，因为该示意图是由数学模型近似的物理情况。

❑ 加速度示意图中的不连续性会导致速度示意图中出现扭结，但请注意，位置示意图仍然是平滑的。实际上，加速可以瞬间改变，因此，我们选择不桥接加速度示意图中的不连续性。

物体所经历的加速度可以随时间而变化，并且实际上我们可以继续这种求导过程，从而产生另一个时间函数，一些人称之为 jerk 函数。本书将坚持使用位置函数及其前两个导数。此外，考虑加速度恒定（或至少具有恒定大小）的情况是非常有益的。这正是接下来的几节中要做的。

第 11.6 节将考虑恒定加速度下的物体，如自由落体和抛射的物体。这将为在第 11.7 节中引入积分（对导数的补充）提供一个很好的知识背景。然后，第 11.8 节将检查在圆周路径中行进的物体，这种情况下，物体会遭遇到一个具有常量大小但方向不断变化且总是指向圆心的加速度。

11.6　恒定加速度下的运动

现在来看一下物体随着时间的推移以恒定速率加速时的轨迹。这是一个简单但又很常见的案例，也是一个需要完全理解的重要案例。事实上，本节提出的运动方程是一些最重要的力学方程式，对于视频游戏编程来说尤其如此。

在开始之前，考虑一种更简单的运动类型——恒定速度的运动。恒定速度的运动是具有恒定加速度的运动的特殊情况——即加速度始终为零的情况。具有恒定速度的粒子的运动是直观的线性方程，基本上与式（9.1）（光线方程）相同。在一个维度上，粒子的位置是时间的函数，其公式如下：

$$x(t) = x_0 + vt$$

（11.14）

其中，x_0 是粒子在时间 $t = 0$ 时的位置；v 是恒定速度。

现在来考虑以恒定加速度移动的物体。我们已经提到过至少一个重要的例子：当它们处于自由落体状态时，将由于重力而加速（在此将忽略风阻和所有其他力）。自由落体运动通常被称为抛射体运动（Projectile Motion，也称为抛射物运动）。在这里将从一个维度开始，以保持事物的简单性。我们的目标是在给定时间内粒子位置的公式 $x(t)$。

仍以在威利斯大厦无意中掉落的滚珠"炸弹"为例（高空坠物是极其危险的，所以称之为"炸弹"）。让我们设置一个参考系，其中，x 在向下方向上正增长，并且 $x_0 = 0$。换句话说，$x(t)$ 测量物体在时间 t 从其下落高度下降的距离。此外，我们还将假设初始速度是 $v_0 = 0$ ft/s，这意味着，你只需要"无意中"松开滚珠而不必用力投掷它。

在目前这个阶段，我们甚至不知道 $x(t)$ 应采取什么形式，所以看起来有点卡住了。此解决方案的"前门"对我们来说似乎已经关闭，因此，我们将尝试使用类似于之前用来定义瞬时速度的方法从而溜进后面，并由此切入。我们将考虑可能近似（Approximate）答案的方式，然后观察随着近似的结果变得越来越好时会发生什么。

现在来让我们的例子变得更具体一点。如前文所述，在自由下降 2.4 秒后，计算出的滚珠的速度为 $v(2.4) = 76.8$ ft/s。但是，我们没有计算它在那段时间里下降了多少。现在可以来尝试计算这个距离，即 $x(2.4)$。为此，我们将总的 2.4 秒区间分割成若干较小的"切片"时间，并估算每个时间切片中滚珠下降的距离。我们可以将下降的总距离近似为每个时间切片期间下降的距离的总和。为了估计滚珠在一个时间切片中下降的距离，可以首先使用式（11.13）计算切片开始时滚珠的速度。然后通过将该速度作为时间切片的恒定速度插入式（11.14）中来近似切片期间下降的距离。

表 11.3 分别显示了在分割为 6 个、12 个和 24 个时间切片之后的列表值。对于每个时间切片，t_0 指的是切片的开始时间；v_0 是切片开始处的速度，根据式（11.13），该速度可计算为 $v_0 = t_0 \times 32$ ft/s^2；Δt 是时间切片的持续时间；Δx 是切片期间位移的近似值，根据式（11.14），该值将计算为 $\Delta x = v_0 \Delta t$。

由于每个切片具有不同的初始速度，因此需要考虑速度在整个区间内变化的事实（事实上，切片的起始速度的计算并不是近似的——它是精确的）。但是，由于我们忽略了切片内的速度变化，因此答案只是一个近似值。随着时间切片分割得越来越多，我们也将得到越来越好的近似值，尽管很难说这些近似值会收敛到什么值。现在以图形的方式查看问题，看一看是否能获得一些更有益的见解。

表 11.3　不同时间切片数的列表值

6 个时间切片，$\Delta t = 0.40$			24 个时间切片，$\Delta t = 0.10$		
t_0	v_0	Δx	t_0	v_0	Δx
0.00	0.00	0.00	0.00	0.00	0.00
0.40	12.80	5.12	0.10	3.20	0.32
0.80	25.60	10.24	0.20	6.40	0.64
1.20	38.40	15.36	0.30	9.60	0.96
1.60	51.20	20.48	0.40	12.80	1.28
2.00	64.00	25.60	0.50	16.00	1.60
	合计	76.80	0.60	19.20	1.92
			0.70	22.40	2.24
			0.80	25.60	2.56
12 个时间切片，$\Delta t = 0.20$			0.90	28.80	2.88
			1.00	32.00	3.20
			1.10	35.20	3.52
t_0	v_0	Δx	1.20	38.40	3.84
0.00	0.00	0.00	1.30	41.60	4.16
0.20	6.40	1.28	1.40	44.80	4.48
0.40	12.80	2.56	1.50	48.00	4.80
0.60	19.20	3.84	1.60	51.20	5.12
0.80	25.60	5.12	1.70	54.40	5.44
1.00	32.00	6.40	1.80	57.60	5.76
1.20	38.40	7.68	1.90	60.80	6.08
1.40	44.80	8.96	2.00	64.00	6.40
1.60	51.20	10.24	2.10	67.20	6.72
1.80	57.60	11.52	2.20	70.40	7.04
2.00	64.00	12.80	2.30	73.60	7.36
2.20	70.40	14.08			
	合计	84.48		合计	88.32

　　在图 11.10 中，每个矩形表示近似中的一个时间间隔。请注意，间隔期间行进的距离与相应矩形的面积相同，其具体推导过程如下式：

　　　　（矩形面积）=（矩形宽度）×（矩形高度）

　　　　　　　　　=（切片的持续时间）×（用于切片的速度）

　　　　　　　　　=（切片期间的位移）

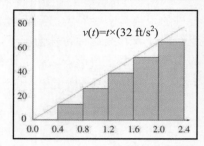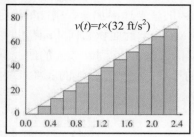

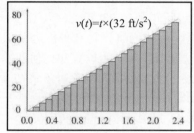

图 11.10　表 11.3 的图形化表示方式

现在来看重点观察结果。随着切片数量的增加，矩形的总面积越来越接近速度曲线下三角形的面积。在极限情况下，如果采用无限数量的矩形，这两个区域将是相等的。现在，由于自由落体的滚珠的总位移等于矩形的总面积，而它又等于曲线下的面积，因此得到了一个重要的发现。

🏛 提示：

物体行进的距离等于速度曲线下的面积。

可以通过使用与我们定义瞬时速度时非常类似的极限参数得出这个结论——我们考虑当近似误差变为零时，一系列近似如何收敛于极限。

请注意，在这个关于 $v(t)$ 的参数中没有做出任何假设。在该示例中，它是一个简单的线性函数，图是一条直线，但是，你应该能够说服自己这个程序适用于任意速度函数。[①]这个极限参数是一个称为黎曼积分（Riemann Integral）的微积分形式化工具，第 11.7 节将介绍它。这也是考虑任何 $v(t)$ 的一般情况的适当时机。但是，由于可以从这个具体的例子中学到很多东西，所以这里不妨尽可能地保持简单。

你应该还记得我们试图回答的问题：一个物体在以初始零速度行进，然后由于重力

[①] 更严格地说，是绝大多数速度函数。我们必须对 $v(t)$ 做出一些限制。例如，如果它爆炸并且变为无穷大，则位移可能（尽管不确定）是无限的或未定义的。在本书中关注的是物理现象，因此将通过假设函数表现良好来回避这些问题。

因素以 32 ft/s² 的恒定速率加速，则 2.4 秒后行进的距离有多少？考虑到距离的等效性，图 11.10 中的 $v(t)$ 图下的面积如何才能帮助到我们的计算？在这种特殊情况下，$v(t)$ 是一个简单的线性函数，从 $t = 0$ 到 $t = 2.4$ 的曲线下的面积是一个三角形。这对于计算面积来说是一个简单的形状。这个三角形的底部长度为 2.4 s，高度为 $v(2.4) = 76.8$ ft/s，因此，其面积可计算为

$$\frac{\text{底} \times \text{高}}{2} = \frac{2.4 \text{ s} \times 76.8 \text{ ft/s}}{2} = 92.16 \text{ ft}$$

因此，仅仅 2.4 秒后，滚珠已经行进超过 92 英尺！

　　这求解了手头的具体问题，但我们可以将它推广为一般化应用。请记住，这里更大的目标是运动方程 $x(t)$，它可以根据任何初始位置和任何初始速度预测物体的位置。首先，用任意时间 t 替换常量 2.4。接下来，让我们删除对象最初具有零速度的假设，而是允许任意初始速度 v_0。这意味着曲线下面的区域 $v(t)$ 不再是一个三角形——它是一个矩形加三角形（三角形在上面），如图 11.11 所示。

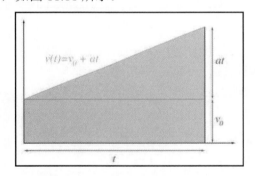

图 11.11　给定初始速度 v_0 和恒定加速度 a，计算时间 t 的位移

　　在图 11.11 中，矩形的底为 t，高为 v_0，并且其面积表示如果没有加速度将行进的距离。矩形上面的三角形的底也是 t，高为 at，与初始速度相比，$v(t)$ 的差异是由于在 t 秒的持续时间内以速率 a 加速的结果。将这两个部分加在一起即可得到总位移，将其表示为 Δx。它的具体计算过程如下式：

$$\Delta x = (\text{矩形面积}) + (\text{三角形面积})$$
$$= (\text{矩形的底})(\text{矩形的高}) + \frac{1}{2}(\text{三角形的底})(\text{三角形的高})$$
$$= (t)(v_0) + (1/2)(t)(at)$$
$$= v_0 t + (1/2)at^2$$

　　我们刚刚推导出了一个非常有用的等式，所以有必要再次突出一下它，以便那些随

便翻一翻的人能注意到它。

 提示：给定初始速度和恒定加速度的位移公式

$$\Delta x = v_0 t + (1/2)at^2 \tag{11.15}$$

式（11.15）是本书中少数几个值得记忆的方程式之一。它对于解决物理模拟中出现的实际问题非常有用。[①]

一般来说，我们只需要位移 Δx，而绝对位置 $x(t)$ 无关紧要。然而，由于函数 $x(t)$ 是我们要求解的答案，因此，可以通过将位移和初始位置相加求和来使用式（11.15）可以很容易地表示 $x(t)$，其中初始位置则可以表示为 x_0：

$$x(t) = x_0 + \Delta x = x_0 + v_0 t + (1/2)at^2$$

让我们通过一些例子来说明使用式（11.15）及其变体可以解决的问题类型。想象一个画面，我们的滚珠从高空坠落之后撞击地面。威利斯大厦 103 层的观景台位于人行道上方 1353 英尺处。如果它从那个高度掉落，那么落到底部（撞击地面）需要多长时间？针对 t 求解式（11.15），可得

求解时间
$\Delta x = v_0 t + (1/2)at^2$
$0 = (a/2)t^2 + v_0 t - \Delta x$
$t = \dfrac{-v_0 \pm \sqrt{v_0^2 - 4(a/2)(-\Delta x)}}{2(a/2)}$ （二次函数）
$t = \dfrac{-v_0 \pm \sqrt{v_0^2 + 2a\Delta x}}{a} \hfill (11.16)$

式（11.16）是一个非常有用的通用方程。插入特定于此问题的数字，可得

$$t = \frac{-v_0 \pm \sqrt{v_0^2 + 2a\Delta x}}{a}$$

$$= \frac{-(0) \pm \sqrt{(0)^2 + 2(32 \text{ ft/s}^2)(1\,353 \text{ ft})}}{32 \text{ ft/s}^2}$$

$$= \pm \frac{\sqrt{86\,592 \text{ (ft/s)}^2}}{32 \text{ ft/s}^2}$$

$$\approx \pm \frac{294.3 \text{ ft/s}}{32 \text{ ft/s}^2}$$

$$\approx \pm 9.197 \text{ s}$$

[①] 在面试时也经常会出现该公式。

式（11.16）中的平方根引入了两种求解结果的可能性。我们总是使用导致 t 为正值的根。[①]

　　自然地，一个从高处失手掉落了滚珠的人是对它能造成多大的伤害而感兴趣，所以下一个合乎逻辑的问题是，"当滚珠撞到人行道时，滚珠的行进速度有多快？"要回答这个问题，可以将总行进时间插入式（11.13）中，其计算过程如下：

$$v(t) = v_0 + at = 0 \text{ ft/s} + (32 \text{ ft/s}^2)(9.197 \text{ s}) = 294.3 \text{ ft/s}$$

如果忽略了风阻，那么在撞击地面时，滚珠的行进速度会在一秒钟内穿过大约一个足球场的距离（正规足球场长 105 米、宽 68 米，294.3 英尺约 89.7 米），现在应该明白为什么说它是"炸弹"了吧，请记住，本示例只是想象，在现实生活中这样做是违法的。

　　现在假设不仅仅丢下滚珠，而且给它一个初始速度（向上或向下抛掷）。在这些例子中，我们可以自由选择滚珠上升或下降是否为正，例如，选择 $+x$ 作为向下方向，这意味着向上抛掷滚珠时，其初始速度将为负。初始速度必须达到多少才能使滚珠在空气中停留仅几秒钟，比如说总共 12 秒呢？同样地，我们将首先使用式（11.15）以获得一般解决方案。这次根据式（11.15）来将求解 v_0，具体推导过程如下：

求解初始速度
$\Delta x = v_0 t + (1/2)at^2,$ $-v_0 t = -\Delta x + (1/2)at^2,$ $v_0 = \Delta x/t - (1/2)at$

现在插入上述具体问题的数字，可得

$$
\begin{aligned}
v_0 &= \Delta x/t - (1/2)at \\
&= (1\,353 \text{ ft})/(12.0 \text{ s}) - (1/2)(32 \text{ ft/s}^2)(12.0 \text{ s}) \\
&= 112.8 \text{ ft/s} - 192 \text{ ft/s} \\
&= -79.2 \text{ ft/s}
\end{aligned}
$$

　　请注意，该结果为负，表示向上抛掷滚珠的速度。如果给滚珠这个初始速度，那么滚珠返回其初始位置需要多长时间呢？要求解该时间，可以使用式（11.16）并令 $\Delta x = 0$，则可得

[①] 负根告诉我们包含滚珠轨迹的无限抛物线穿过人行道的另一点。

$$t = \frac{-v_0 \pm \sqrt{v_0^2 + 2a\Delta x}}{a}$$

$$= \frac{-(-79.2 \text{ ft/s}) \pm \sqrt{(-79.2 \text{ ft/s})^2 + 2(32 \text{ ft/s}^2)(0 \text{ ft})}}{32 \text{ ft/s}^2}$$

$$= \frac{79.2 \text{ ft/s} \pm \sqrt{(-79.2 \text{ ft/s})^2}}{32 \text{ ft/s}^2}$$

$$= \frac{79.2 \text{ ft/s} \pm 79.2 \text{ ft/s}}{32 \text{ ft/s}^2}$$

$$= 0 \text{ 或 } 4.95 \text{ s}$$

我们求解的是滚珠处于初始位置的时间，毫无疑问，$t = 0$ 是求解结果之一。

下面考查图 11.12 中的图形，该图形绘制了在恒定速度 a 下以初始速度 v_0 运动的物体的位置和速度，其中，v_0 和 a 具有相反的符号。让我们做 3 个关键的观察。虽然我们使用了诸如"高度"之类的术语（这些术语特定于抛射体运动），但是当 v_0 和 a 的符号相反时，类似的说法也是正确的。

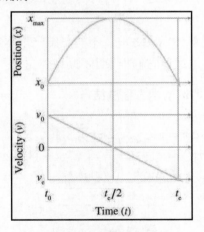

图 11.12　抛射体运动

原　　文	译　　文
Position	位置
Velocity	速度
Time	时间

第一个观察结果是，当加速度消耗了所有速度并且 $v(t) = 0$ 时，抛射体达到其最大高

度，表示为 x_{max}。通过使用式（11.13），该抛射体达到最大高度的时间很容易求解。具体求解如下：

达到最大高度的时间
$v(t) = 0,$
$v_0 + at = 0,$
$t = -v_0/a$

现在我们处于一个维度，只考虑高度。但是如果我们在一个以上的维度上，则只有与加速度平行的速度必须消失。例如，可能存在水平速度。稍后将讨论不止一个维度的抛射体运动（Projectile Motion）。

第二个观察结果是，抛射体从其最大高度行进到其初始高度所需的时间（图 11.12 中以 t_e 表示），与抛射体达到该最大高度所需的时间相同。换句话说，抛射体在 $t_e / 2$ 处达到其顶点。

第三个也是最后一个观察结果是，$t = t_e$ 时的速度，用 v_e 表示，与初始速度 v_0 具有相同的幅度，但符号则相反。

在讨论多个维度上的抛射体运动之前，不妨总结一下本节得出的公式。前两个是唯一值得记忆的，其他公式可以通过它们推导出来。

提示：处理恒定加速度的运动学方程总结

$$
\begin{aligned}
v(t) &= v_0 + at, \\
\Delta x &= v_0 t + (1/2)at^2, \\
x(t) &= x_0 + \Delta x = x_0 + v_0 t + (1/2)at^2, \\
v_0 &= \Delta x/t - (1/2)at, \\
t &= \frac{-v_0 \pm \sqrt{v_0^2 + 2a\Delta x}}{a}, \\
a &= 2\frac{\Delta x - v_0 t}{t^2}
\end{aligned}
\tag{11.17}
$$

将第 11.5 节的想法扩展到二维或三维中，主要是转换为矢量表示法的问题。x、v 和 a 分别变成 **p**、**v** 和 **a**。[①] 当然，时间 t 仍然是标量。表示恒定加速度下矢量形式的公式如下：

[①] 这里的 **p** 是位置（Position）的简写，之所以没有对应使用 **x**，是为了避免假设 x 坐标比 y 或 z 坐标特殊。

恒定加速度下矢量形式的移动公式

$$\mathbf{v}(t) = \mathbf{v}_0 + t\mathbf{a},$$

$$\Delta\mathbf{p} = \mathbf{v}_0 t + (t^2/2)\mathbf{a}, \tag{11.18}$$

$$\mathbf{p}(t) = \mathbf{p}_0 + \Delta\mathbf{p} = \mathbf{p}_0 + t\mathbf{v}_0 + (t^2/2)\mathbf{a}, \tag{11.19}$$

$$\mathbf{v}_0 = \Delta\mathbf{p}/t - (1/2)at,$$

$$\mathbf{a} = 2\frac{\Delta\mathbf{p} - t\mathbf{v}_0}{t^2}$$

请注意，我们没有制作式（11.17）的矢量版本，下文很快就会谈到这一点。

这种看似微不足道的表示法变化实际上隐藏了两个相当深刻的事实。首先，在代数意义上，矢量符号实际上只是 x、y 和 z 的并行标量方程组的简写。重要的是 3 个（笛卡儿坐标）坐标完全相互独立。例如，可以对 y 进行计算并完全忽略其他维度，前提是物体的运动满足恒定加速度的假设。如果它不是为了坐标的独立性，就不能在表示法中进行这种改变。隐藏在这种表示法中的第二个事实是，当将上述方程中的矢量视为几何而不是代数实体时，用于描述这些矢量的特定坐标系是无关紧要的。我们甚至不需要指定一个。当然，这也是物理学的基本原理：大自然母亲并不知道你正在使用什么坐标系。

由于坐标的独立性，我们只要加粗几个字母，就可以从一维跳到三维。但是，关于多维度的抛射体运动还有更多说法，因为在某些情况下我们需要同时考虑所有坐标的影响。前文已经提到了一种情况，那就是缺少对应于式（11.17）的矢量方程。换句话说，在给定位移 $\Delta\mathbf{p}$、加速度 $\mathbf{a}$ 和初始速度 $\mathbf{v}_0$ 的情况下，如何求解时间 t 呢？在一个维度上，抛射体是"受限制的"并且基本上不能帮助击中由 Δx 暗示的目标，[①] 但是在两个或更多个维度中，情况更复杂。参与维度的增加也提高了复杂性，类似于计算两条光线的交点（见第 A.8 节）。在二维中，任何两条光线必须相交，除非它们是平行的；而在三维中，存在不平行但不相交的偏移光线的可能性。

例如，早些时候我们计算了滚珠从高处坠落到下面人行道所需的时间，这是一个一维问题。相应的三维问题是试图将滚珠放入可在人行道上自由移动的水桶中。假设水桶在我们的左边，那么我们的初始速度最好有一些向左的分量；否则滚珠不会落在水桶中。多维情况比一维更复杂的另一个标志是将式（11.17）直接转换成矢量形式，导致获取矢量的平方根并将一个矢量除以另一个矢量的无意义运算。

解决这个问题的关键是要意识到，任何水平变化（无论是水桶的位置还是滚珠的初始速度）都不会影响滚珠到达人行道所需的时间。这是因为坐标彼此独立。水平速度和加速度不会与垂直速度和加速度相互作用。具体来说，假设切换到标准三维坐标系统，

[①] 有一个例外——参见第 11.9 节习题 8。

其中 +y 指向上方，x 和 z 指向水平平面。滚珠达到水桶高度所需的时间仅取决于与 y 有关的方程式，为此，可以忽略 x 坐标和 z 坐标。[①] 换句话说，计算抛射体到达目标的时间仍然是一维计算——我们只需要选择使用哪个方向。可以应用式（11.17）来求解着地时间 t。但这个求解结果只是一个计划，我们知道，如果抛射体能够击中目标，那么此时就会这样做。为了确保达到目标，我们必须将这个被提出而尚未证实的着地时间插入式（11.19）中，以查看抛射体会在哪个位置，并确认抛射体的位置是否在适当的容差范围内。

　　现在来更详细地谈一谈上一段所讲的"选择使用哪个方向"的含义。在简单的抛射体运动的情况下，例如滚珠示例，其中，重力是恒定的加速度，选择的方向是显而易见的：使用重力方向。此外，因为选择坐标系使得"向上"是基本轴之一，所以在该方向上求解一维问题的过程是一个微不足道的问题，即采用适当的笛卡儿坐标并丢弃其他坐标。滚珠示例只是比较简单的个例，就一般情况来说，可能要复杂一些。但在讨论一般情况的细节之前，还可以就这个非常重要和常见的特殊个例再多聊几句。

　　为了研究加速度仅由重力引起的抛射体运动，可以建立一个二维坐标空间，其中 +y 向上，x 是水平轴。重力是一个常量并沿着主轴起作用。在不失一般性的情况下，我们可以旋转平面，使其包含初始速度，从而包含粒子的整个轨迹。我们在初始速度的水平方向上选择 +x。还可以通过将对象的初始位置设置为原点来简化操作。这个表示法（以及马上需要用到的其他一些项目）如图 11.13 所示。

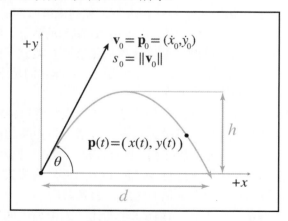

图 11.13　抛射体运动

　　仔细查看图 11.13 中的表示法，我们发现可以将粒子的位置表示为时间的函数，既可

以是 $\mathbf{p}(t)$，也可以是用 $x(t)$ 和 $y(t)$ 来表示的单个坐标。瞬时速度（图 11.13 中未显示）可以用矢量形式表示为 $\mathbf{v}(t)$ 或使用导数符号表示为 $\dot{\mathbf{p}}(t)$；标量速度分量将使用导数符号表示为 $\dot{x}(t)$ 和 $\dot{y}(t)$。初始位置和速度可以通过添加下标 0 来表示（$\dot{y}_0$ 是初始垂直速度）。此外，重力加速度可以表示为 g 或 $\mathbf{g}$。

使用上述表示法可以编写速度和位置的方程如下：

$$\dot{\mathbf{p}}(t) = \mathbf{v}_0 + t\mathbf{g}, \qquad \dot{x}(t) = \dot{x}_0, \qquad \dot{y}(t) = \dot{y}_0 + gt, \tag{11.20}$$

$$\mathbf{p}(t) = t\mathbf{v}_0 + (t^2/2)\mathbf{g}, \quad x(t) = t\dot{x}_0, \quad y(t) = t\dot{y}_0 + (1/2)gt^2 \tag{11.21}$$

图 11.13 中标记为 h 和 d 的距离通常很有意义，它们分别是顶点高度和水平行进距离。如前面在一维环境中所讨论的那样，当向上方向上的所有初始速度都被重力消耗时，换句话说，当 $\dot{y}(t) = 0$ 时达到顶点高度。这个发生时间可计算如下：

达到顶点高度的时间
$t_a = -\dot{y}_0/g$

此时的高度可计算为

顶点高度
$\begin{aligned} h = y(t_a) &= t_a\dot{y}_0 + (1/2)gt_a^2 \\ &= (-\dot{y}_0/g)\dot{y}_0 + (1/2)g(-\dot{y}_0/g)^2 \\ &= (-\dot{y}_0^2/g) + (1/2)(\dot{y}_0^2/g) \\ &= -\dot{y}_0^2/2g \end{aligned}$

我们之前说过，物体回到其初始高度的时间（图 11.12 中以 t_e 表示）是达到其顶点所需时间的两倍。但是，当时我们只是看图说话，现在可以用代数来验证它，具体如下：

物体回到初始高度的时间
$\begin{aligned} y(t) &= t\dot{y}_0 + (1/2)gt^2, \\ 0 &= t_e\dot{y}_0 + (1/2)gt_e^2, \quad \text{（初始位置在原点）} \\ -(1/2)gt_e^2 &= t_e\dot{y}_0, \\ t_e &= -2\dot{y}_0/g \quad \text{（除以-(1/2)}gt_e\text{）} \end{aligned}$

正如预期的那样，抛射体的飞行时间 t_e 是到达顶点所需时间的两倍。接下来可以计算抛射体行进的水平距离 d，该距离可计算如下：

水平行进距离
$d = x(t_e) = t_e\dot{x}_0 = -2\dot{y}_0\dot{x}_0/g$

当然，t_e 和 d 是基于我们想知道抛射体何时返回其初始高度的假设。当从平坦的地平面发射一枚抛射体时，这很重要。如果抛射体没有从地面发射，或者地面不平坦，那么我们需要考虑抛物线与地平面相交的位置。

我们经常希望根据角度和速率来指定初始速度，而不是沿每个轴指定速度。换句话说，我们希望使用极坐标而不是笛卡儿坐标。在图 11.13 中，我们将初始发射速率表示为 s_0（等于 $\mathbf{v}_0$ 的大小），将发射角度表示为 θ。这样就可以将初始速度从笛卡儿坐标转换为极坐标（如果你不记得如何转换，可参见第 7.1.3 节），则可得到下列公式：

$$\dot{x}_0 = s_0 \cos\theta, \qquad\qquad \dot{y}_0 = s_0 \sin\theta$$

将其插入运动学公式（11.20）和式（11.21）中，即可得到抛射体在其发射角度和速率方面的运动方程。具体如下式：

$$\dot{x}(t) = s_0 \cos\theta, \qquad\qquad \dot{y}(t) = s_0 \sin\theta + gt,$$
$$x(t) = ts_0 \cos\theta, \qquad\qquad y(t) = ts_0 \sin\theta + (1/2)gt^2$$

还可以用 s_0 和 θ 表示 t_e、h 和 d，具体如下式：

以发射角度和速度表示的抛射体运动中的重要的量	
$t_a = -\dot{y}_0/g = -(s_0 \sin\theta)/g$	$= -s_0(\sin\theta)/g,$
$t_e = -2\dot{y}_0/g = -2(s_0 \sin\theta)/g$	$= -2s_0(\sin\theta)/g,$
$d = -2\dot{y}_0\dot{x}_0/g = -2(s_0 \sin\theta)(s_0 \cos\theta)/g$	$= -2s_0^2(\sin\theta)(\cos\theta)/g,$
$h = -(1/2)\dot{y}_0^2/g = -(1/2)(s_0 \sin\theta)^2/g$	$= -s_0^2(\sin^2\theta)/2g$

这些方程非常实用，因为它们直接捕获了"用户友好"的发射速率、发射角度、飞行时间和飞行距离之间的关系。

现在让我们暂停一下，先对有关初始速度 s_0 和水平行进距离 d 之间的关系进行一番有趣的观察。它是二次关系，这意味着当将 s_0 增加 k 倍时，d 将增加 k^2 倍。这种关系似乎更自然是线性的，这意味着 d 会按相同的因子 k 增加。我们可以通过将初始速度分解为其水平和垂直分量来理解二次关系，前面已经分别将水平和垂直分量表示为 $\dot{x}_0$ 和 $\dot{y}_0$。不难看出，增加 $\dot{x}_0$ 会按相同的因子增加 d。不太明显的是，这对于 $\dot{y}_0$ 来说也是正确的，因为物体在空中的持续时间与 $\dot{y}_0$ 成正比。因此，如果增加垂直速度，则会给予物体更多的行进时间。因此，我们应用于 s 的任何比例因子都会影响距离两次：一次是由于 $\dot{x}_0$ 引起的地面速度增加；第二次是由于 $\dot{y}_0$ 导致的行程时间增加。这导致了在 s 和 d 之间的二次关系。

现在再回到之前提出的问题：如何确定任意矢量 $\Delta\mathbf{p}$、$\mathbf{a}$ 和 $\mathbf{v}_0$ 的弹着点呢？我们之前说过，关键是"选择一个方向"并求解该方向的一维问题。如果选择了一个基本方向，则可以扔掉其他坐标。对于任意方向，我们可以将问题投影到该方向的一条线上。在投影期间，丢弃位移、速度或垂直于该线的加速度的任何分量。我们已经学习了如何使用第 2.11 节中的点积来投影到一条直线上并测量特定方向的位移，因此剩下的就是选择一个方向。

假设抛射体击中目标，无论选择哪个方向，都会获得相同的 t 值。但这并不意味着选择无关紧要。例如，在滚珠示例中，选择 $+x$ 或 $+z$ 方向将是一场灾难，因为在这些方向中的任何一个方向上都没有加速度，并且式（11.17）的应用将导致除以零。这表明了简单地使用 $\mathbf{a}$ 自身作为投射方向的策略。为此，使用 $\mathbf{a}$ 对每个矢量进行点积运算，代入 $\Delta x = \Delta \mathbf{p} \cdot \mathbf{a}$、$v = \mathbf{v} \cdot \mathbf{a}$，以及 $a = \mathbf{a} \cdot \mathbf{a}$。然后，可以将这些标量插入式（11.17）中。第 11.9 节习题 10 更详细地探讨了这一点。

11.7 积 分

在第 11.6 节已经证明，在某个时间间隔内物体的总位移等于物体速度图下的面积。我们使用了恒定加速的例子，它具有简单的图形，并且该面积易于几何求解。前文没有对此极限参数做进一步的一般化推论，因为这种特殊情况已经具有相当引人注目的应用。现在我们准备讨论更多的一般情况。

在工程和科学概念中，经常会出现需要计算"连续求和"的情况，其中的增长率是一个已知函数，用于计算这些总和的微积分工具便是积分（Integral）。

如果你已经研究过积分并且对积分的用途有很好的直觉，那么可以安全地跳到第 11.8 节，该节我们的讨论重点将回到力学的主题。但是，如果你从来没有学习过积分，或者你对积分的直觉有点不稳定，那就继续阅读本节。

接近积分有两种重要的方法：第一种方法基本上是使"累加许多微小元素"的概念更加精确，并引入一些数学上的形式；另一种方法是比较积分与导数。理解这两种解释都很重要。积分比导数更难掌握，但由于一些明显的原因，它在物理模拟和视频游戏编程的许多其他领域中起着更大的作用。即使分析计算积分的各种各样的纸笔技术在我们的情况下不是很有用，而是用数值积分技术代替，但理解积分的作用确实是非常重要的。

让我们将非正式求和转换为数学表示法，例如，要计算曲线 $f(x)$ 下的面积（其中的区间为 x，且满足 $a \leqslant x \leqslant b$），可以将该区间划分为 n 个切片，每个切片具有宽度 $\Delta x = (b - a) / n$。第 i 个矩形将具有左手坐标 x_i，高度等于 $f(x_i)$，面积为 $f(x_i) \Delta x$。使用以下求和表示法，可以将所有这些矩形相加：

$$\text{Area} \approx \sum_{i=1}^{n} f(x_i)\Delta x$$

随着增加切片数量 n，这个近似值的误差会减少，到现在为止，除非你是森林里迷途的小羊羔；否则应该知道我们需要再次将它带到极限。[①] 通过限制为 n 无限制地增加并且切片变得无限小，我们得到了定积分（Definite Integral）的定义。

🪙 提示：定积分

$$\int_{a}^{b} f(x) \ dx = \lim_{n \to \infty} \sum_{i=1}^{n} f(x_i)\Delta x \qquad (11.22)$$

在该公式中，

$$\Delta x = (b-a)/n,$$
$$x_i = a + i\Delta x$$

式（11.22）被读作"$f(x)dx$ 从 a 到 b 的积分"。有些人将 dx 读作"相对于 x"。式（11.22）的左右两边之间的表示法有很大的相似性是故意设计的结果。与导数一样，有限步骤 Δx 变为无穷小量 dx。用于离散求和的 Σ 符号用符号 $\int$ 代替，符号 $\int$ 是莱布尼茨打算代表"求和"的细长 S。[②] a 和 b 被称为"积分极限"并定义起始和结束点。被积分的函数称为被积函数（Integrand）。

被定义为这样的"垂直切片"之和的积分被称为黎曼积分（Riemann Integral）。这是最常见的定义，但并不是最通用的。实际上，我们的定义并不像黎曼积分的典型定义那样通用。细心的读者可能会注意到，这里的 Δx 是一个常量，并且可以在求和前单独拿出来，使其成为 $\Delta x \sum_{i=1}^{n} f(x_i)$。在这种情况下，它之所以有效，是因为使用的是常规分割（Regular Partition），所有的切片都是相同的宽度。但是，一般而言，这种限制并不是必需的。黎曼积分的传统定义在最大切片的宽度趋向为零时采用极限。我们的定义对于需要处理的表现良好的函数来说肯定足够强大，但是需要更强大的定义来积分更多深奥的函数。此外，你可能想知道为什么我们通过使用矩形左侧的函数值而不是中心点来计算矩形的面积。当然这应该会更准确。对于定义黎曼积分的理论目的，这些选择在极限上变得相同，因此我们可以自由地做出我们想要的任何选择。但是，当以数字方式近似积分时，考虑这些选项是有用的。

[①] 从长远来看，你们在座的各位都会发现，有张有弛是最佳的学习方式。放轻松，克服它，你会感到平和，安宁。

[②] 实际上，他打算用符号 $\int$ 代替的是德语"summierung"，巧合的是，它也适用于英语（英文的"求和"一词是"summation"）。

11.7.1　积分的例子

到目前为止，我们已经介绍了足够的符号和术语，现在可以来看一些积分的例子。在深入研究数学细节之前，我们希望这样做以加深理解。在视频游戏编程（以及许多其他工程学科）中，很多积分的应用不被认为是曲线下的面积，而是更直接地被认为是累积总计（Running Total）。以电表为例，在任何给定时间，电表以由该瞬间使用的电量确定的速率增加。电表是连续的累积总计，我们可以说它对使用率进行了积分。当空调启动时，使用率增加，仪表计数加快；在晚上，当所有的灯都熄灭时，因为外面天气很好，窗户也被打开，此时耗电最低，仪表转速缓慢。使用率是随时间变化的函数，是被积分的函数。两个时间值 a 和 b 之间的此函数的定积分将给出在该时间间隔内使用的总能量。其计算公式如下：

计算用电量
$$(\text{总用电量}) = \int_{\text{开始时间}}^{\text{结束时间}} (\text{瞬时使用率})dt \qquad (11.23)$$

虽然这对这里的讨论并不重要，但不妨提一下适当的物理术语和单位是什么。回到第 11.2 节中的量纲分析，能量是一个衍生出的量，它是力和长度的积。第 12 章将显示，力本身就是一个衍生出的量，其单位为 ML/T^2，并在 SI 系统中使用牛顿（N）进行测量。因此，能量具有抽象单位 ML^2/T^2，这是真正不可思议的基本单位的组合。在 SI 系统中，能量以焦耳（J）测量，并且 $1\ \text{J} = 1\ \text{N·m} = 1\ \text{kg m}^2/\text{s}^2$。"每单位时间的能量传递速率"的适当物理术语是功率（Power），功率的 SI 单位是瓦特（W），它等于每秒一焦耳。

将总能耗表示为 E，将瞬时使用率表示为 $P(t)$，可以使用更专业的表示法将式（11.23）重写为如下形式：

计算用电量
$$E = \int_{\text{开始时间}}^{\text{结束时间}} P(t)dt \qquad (11.24)$$

虽然如何量化能量的细节不是讨论的核心，但有一个非常重要的观察要做：式（11.24）在量纲上是一致的。在左边，测量的量是能量，在 SI 系统中以焦耳为单位进行测量；但在右边，使用率以瓦特为单位。怎么会这样？请记住，积分表示求和，并且被求和的无穷小项是被积函数（在本示例中，就是指 $P(t)$）和积分域的无穷小位（在本示例中，就是指 dt）的乘积。就黎曼积分而言，前者确定每个切片的高度，后者确定其宽度。在这里，dt 代表一个无限小的时间步长，以秒为单位测量，因此右边的单位是 $\text{W} \times \text{s} = (\text{J/s}) \times \text{s} = \text{J}$。

因此，式（11.24）的左右两边实际上都是以焦耳为单位。

　　我们可以通过计算电费来扩展这个例子，而不仅仅是总使用量。当然，如果能源价格是固定的，那么只需将使用量乘以价格即可。但如果价格每时每刻都在变化呢（现在这样的定价机制也不应该太难想象）？在这种情况下，将对成本而不是能量进行积分。我们将确定如何计算单个持续时间间隔 dt（"求导"时间切片）的成本，然后对所有区间求和，具体计算公式如下：

计算用电成本
$$(总成本) = \int_{开始时间}^{结束时间} RateOfExpendature(t)dt$$ $$= \int_{开始时间}^{结束时间} ConsumptionRate(t)Price(t)dt$$

　　继续讨论积分的另一个例子，想象一个人使用带有可变速响应的脚踏板的缝纫机。如果他稍微踩下踏板，则缝纫机会慢慢推进布料；但如果他"将踏板踩到最大"，则缝纫机会以最快的速度移动。现在，想象一下他的女儿坐在桌子下面，观察着她父亲缝纫。她只能看到踏板，但不能看到缝纫机或布料。女孩唯一可用的信息是踏板的踩踏量，假设根据她对缝纫机和脚踏板的了解，她可以推断出一个函数 $f(t)$ 来描述布料在时间 t 移动的速度。女孩观察了一分钟左右，然后她的父亲停下来问她："我让布料推进了多远？"，假设这个女孩特别聪明，知道一些积分知识，那么她就可以对函数 $f(t)$ 积分，从而获得布料在缝纫机针下推进的总量。正如将在后面章节所看到的，这类问题实际上非常接近于在视频游戏中通过积分解决的力学问题的类型！

　　在这里，我们还愿意提出一个实用的类比来帮助你理解：你可以将导数视为车速表，它将告诉你瞬时变化率，将积分视为里程表，它将描述这种变化率的连续总和。请注意，车速表上的读数并不取决于去年夏天的公路旅行，甚至也不是两秒前发生的事情。一方面，车速表读数仅受在那一瞬间发生的情况的影响；而另一方面，里程表则是一个累积总计的计数器，自从汽车首次被驾驶出厂以后的整个历史记录都包含在它的读数中（除非里程表被重置）。至于那个坐在缝纫台下的女孩，如果她要准确估计在任何给定时间消耗的布料总量，那么她必须始终注意踏板。

　　用积分求解的许多类型的工程问题都是用连续求和来表达的：当知道速度函数 $v(t)$ 时，总位移是多少？给定水龙头偏转角的记录，浴缸里的水总量是多少？给定随时间变化的燃烧速率，剩余多少燃料？为了设置这些问题的积分，可以首先考虑通过使用有限求和（Σ）和有限步骤（Δx）来近似希望计算的值。然后使用极限参数，用 $\int$ 来替换 Σ，用 dx 替换 Δx——见式（11.22）。这就是"连续求和"的本质含义。

当然，我们也可以使用积分来计算曲线下的面积，微积分教科书就非常喜欢做这样的介绍。当从左向右扫描一条线时，被积分的函数决定了积累面积的速率。在函数具有较大值的情况下，我们的总面积累加起来更快，因为该区域中的"切片"很高。但是，从视频游戏程序开发人员的角度来看，微积分教科书似乎专注于积分的这种特定应用，与其在现实世界问题中的应用非常不成比例。

11.7.2　导数与积分之间的关系

在将积分的目的牢记在心（但愿如此）之后，现在来看一看如何计算积分。从定义式（11.22）的角度来看，你应该想知道如何在世界范围内评估这个极值。对于导数，我们能够操纵表达式采用极值，这样就可以简单地替代 $\Delta t = 0$，但这在式（11.22）中似乎是不可能的。事实证明，式（11.22）最有用的是，作为一种方法，它可以识别你所遇到的问题是否可以积分求解，并有助于将该问题正确地转换为积分表示法。当在数值上近似积分时，也可以使用它，而不是将切片宽度降低到零，我们只是停在一些小而有限的 Δx 上。但是，这个定义并非用于以笔和纸来求解积分。

以式（11.15）为例，可以通过一个简单的几何论证来求解这个问题。由于这是一个描述位置的函数（它将位置描述为一个时间函数），我们应该能够得到它的导数，并得到一个描述速度函数 $v(t)$ 的函数，然后再次采用导数，得到加速函数 $a(t)$。我们可以确保下式为 true：

$$x(t) = x_0 + v_0 t + (1/2)at^2,　　　　　　　　　　　　　　　　（11.25）$$
$$\dot{x}(t) = v(t) = v_0 + at,　　　　　　　（采用导数）$$
$$\ddot{x}(t) = \dot{v}(t) = a(t) = a　　　　　（再次采用导数）$$

好了，结果如预期的那样。这里没什么惊喜，但确认数学和物理确实有效则是很令人欣慰的。我们已经知道，位置函数的导数是速度函数。问题是：为什么不早点使用这些知识呢？请记住，已知 $v(t)$ 并试图找出 $x(t)$ 是什么。我们能够通过图形论证得到答案，但似乎还有另一种方式。我们可以不去寻找一个函数来计算曲线下的面积的函数，而是考虑寻找一个位置函数，该函数的导数就是我们已经知道的速度函数。像这样的函数被称为反导数（Antiderivative）。

让我们进一步研究"作为反导数的积分"这一概念。要让积分称为反导数，基本上需要做的就是反向应用求导法则，包括第 11.4.5 节中学习到的小子集。[①] 假设从速度函

[①] 这种说法的适用范围比一般人所认知的更为普遍。例如，如果你有一些微积分，请注意所谓"按部分积分"的积分技术实际上只是反向求导法则。

数 $v(t) = v_0 + at$ 开始，那么可以寻找导数为 $v(t)$ 的函数 $x(t)$。假设你现在还不知道答案。为了找到 $x(t)$，将 $v(t)$ 分解为其项（反向使用求和法则），然后取每个项的反导数（反向使用幂法则）。请记住，求导的幂法则基本上是说，"乘以指数，然后将指数减 1"。因此，反求导的幂法则是"将指数加 1，然后除以新指数"。将这两个法则应用于 $v_0 + at$ 会导致我们编写下式：

$$v(t) = \dot{x}(t) = v_0 + at,$$
$$x(t) = v_0 t + (1/2)at^2$$

但是，将这个结果与式（11.25）进行比较，你会注意到它缺少了一个 x_0 项目。怎么回事？当采用导数时会发生一定数量的"信息损失"。如果我们知道自己走得有多快，那么就总能计算出我们走了多远。但是，除非知道自己的起点位置；否则，我们无法知道终点的位置。这个额外项 x_0 是导数抛出的"起始点"，因为任何常数值的导数都为零。由于这个原因，引用 $v(t)$ 的反导数并不完全准确，因为并不是仅有一个独特的函数，其导数是 $v(t)$，而是有无数个函数的导数是 $v(t)$。所有不同的反导数实际上只是彼此的副本，根据它们的特定 x_0 值在示意图上垂直移动。

　　我们已经以一般方式说明了，在（定）积分与反导数之间存在某种关系。所以我们知道，在某种意义上，积分是求导的逆运算。总结这些关系的微积分定理精确地归结为一个听起来就很重要的名称：微积分的基本定理（Fundamental Theorem of Calculus）。该定理实际上由两部分组成（不同的资料可能对这两部分有不同的排序）。

　　第一部分显示了如何使用反导数来计算定积分。

提示：微积分的基本定理，第一部分

　　设 $f(t) = F'(t)$，换句话说，$F(t)$ 是 $f(t)$ 的任意反导数。则定积分 $\int_a^b f(x)\,dx$ 可以被计算为

$$\int_a^b f(t)\,dx = F(b) - F(a) \tag{11.26}$$

　　式（11.26）在抽象术语中看起来有点神秘，但是当我们用位移和速度特有的符号代替通用的 $F(t)$ 和 $f(t)$ 时，微积分基本定理的第一部分要表示的内容似乎很明显，具体如下：

$$\int_a^b v(t)\,dt = x(b) - x(a)$$

这表示从时间 a 到时间 b 的速度累积效应（在该间隔期间的净位移）等于时间 b 处的位置和时间 a 处的位置的差异。

　　请注意，任何反导数都是有效的——使用哪一个无关紧要。这是因为当执行减法 $x(b)$ -

$x(a)$时，$x(t)$内的常数偏移量 x_0 会自行消除。要理解这一点，请考虑电表的比喻。可以将电表上的原始数字读数视为使用率的反导数。表盘上月初和月末的读数分别对应于 $F(a)$ 和 $F(b)$。请注意，读数的原始数值基本上是无关紧要的。它可能包含受到房子原住户影响的数据。但是，两个读数之间的差则是非常相关的，它对应于定积分，并且将决定你当月要交的电费。

也可以使用前面介绍过的汽车里程表的例子。自 1980 年左右以来，每辆车都有专用的行程里程表，假设你想测量特定旅程的长度，则在行程开始时，可以按下重置按钮，重置行程里程表的读数。这样，在旅程结束时，你只要读取该里程表的读数就可以知道该趟旅程的长度，不需要为这点小事运用你的大脑或使用微积分中的单一原则。但是，如果行程里程表损坏并且你所拥有的只是主里程表呢？这可不容易重置。[1] 在这种情况下，如果你掌握了从本书中学习到的微积分知识（或者是你可以在任何地方找到的常识），就自然知道从旅程结束时的主里程表读数中减去旅程开始时的主里程表读数，以获得旅程的距离。里程表的实际读数是 $F(a)$ 和 $F(b)$，即反导数的值。就像电表一样，原始值也没有用[2] ——只有它们的差很重要。

微积分基本定理的第一部分非常重要，因为它是实际计算积分的方式，至少用笔和纸时是这样。请记住，我们将定积分定义为极限中大量切片的总和，因为切片的数量接近无穷大并且切片变得极薄。这个定义不适用于代数操作，就像导数的定义一样。微积分基本定理的第一部分说，尽管我们可以使用积分的定义来表示问题，但我们将通过找到积分函数的反导数来计算定积分（至少使用笔和纸时是这样）。

微积分基本定理的第二部分是第一部分的另一面。第一部分说明了定积分可以用反导数计算；而第二部分则展示了如何用定积分来定义反导数。

🌑 提示：微积分的基本定理，第二部分

设 $F(t)$ 可以被定义为

$$F(t) = \int_{t_0}^{t} f(u)\ du \tag{11.27}$$

则 $F(t)$ 的导数可由下式给出：

$$F'(t) = f(t)$$

体会公式中的这种简洁和优雅可能需要一定的努力，所以用普通语言来重新阐释一下它。先从给定的函数 f 开始，然后形成一个新的函数 F，其值是通过从任意起点 t_0 和终

---

[1] 通过 *Ferris Bueller's Day Off*（中文译名为《春天不是读书天》）这部电影我们知道，主里程表的数字不容易重置。

[2] 至少不是为了这个目的。当正时链断裂时，如果你的保修里程数还有 5 英里，那么这些原始值就显得非常重要。

点 t 取 f 的定积分来确定的。请注意，F 的参数用于定义何时停止 f 的积分。变量 u 是积分的符号化虚拟变量，在积分之外看不到它。微积分基本定理的第二部分是说，如果采用这个新函数 F 的导数，结果就是我们的原函数 f。从这个意义上讲，积分和求导是逆运算。

　　这里可能比较难以理解的是，为什么 t 最终会出现在一个奇怪的位置，定义积分的上限，但这是必不可少的。微积分基本定理的第二部分是说，定义为积分的函数，例如式（11.27），将以被积函数确定的速率增长。如果稍微调整积分的上限，则总和的结果的变化将与被积函数的值成比例。以计算面积的积分为例，积分的上限 t 将确定右边界。如果将此边界向右推动一点，则面积量的增加将取决于函数在 t 处的高度。

　　可以使用特定的位移和速度的符号来重写微积分基本定理的第二部分：

$$x(t) = \int_{t_0}^{t} v(u)\ du,$$

$$x'(t) = v(t)$$

现在可以看到，要根据 $v(t)$ 定义位移 $x(t)$，实际上只有一个合理的可以放 t 的位置。t 之前的速度与时间 t 发生的位移有关，与 t 之后的历史不相关。可以使用 t 来定义要积分的速度的时间范围的停止点。

　　t_0 来自哪里？它是一个任意的起点，反映了与未知（或不相关）的起始位置 x_0 非常相似的不确定度（或自由度）。我们可以选择 t_0 作为想要测量的相对值。t_0 的值定义了 $x(t) = 0$ 的点。可能更精确的说法是，$x(t)$ 描述了我们的相对位置。相对于哪里的位置？相对于在 t_0 时所处的任何地方。

　　现在我们理解定积分（Definite Integral）和不定积分（Indefinite Integral）之间有时令人困惑的关系。"定积分"中的形容词"定"的意思是我们已经指定了积分的极限。因此，定积分的"答案"可以是单个数字。当评估一个定积分时，例如

$$\int_{t_{\text{start}}}^{t_{\text{end}}} v(t)\ dt$$

t 将被积分确定并且不会出现在结果中。上述式子的含义是"在时间间隔 t_{start} 到 t_{end} 期间的速度的连续总和"。结果中包含 t 是没有意义的。因此，如果 $v(t)$ 中的所有其他变量都是已知的，并且已知 t_{start} 和 t_{end} 的极限，则可以将答案归结为一个简单的数字。然而，如果 $v(t)$ 包含一些其他未知量（可能是一些变量密度 ρ），或者积分本身的极限是参数，则结果将根据这些变量产生。在上述任何情况下，定积分中的 t 都将不是结果的一部分。如果你是程序员，则可以将 t 理解为定积分的"局部变量"。

　　另一方面，由于不定积分是一个反导数，因此它也会有一个"答案"，但这个答案

是一个函数，而不是单个的数字。该函数可以简单地通过丢弃积分的限制来表示，例如

$$\int v(t)\, dt$$

同样，我们要强调的是，虽然这看起来非常类似于用于表示定积分的符号，但它的含义实际上是完全不同的。评估这个积分的结果不应该是一个数字，而是 $v(t)$ 的反导数，也就是说，我们应该得到 t 的函数。此外，一个适当的结果将添加一些任意常量，也就是所谓的积分常量（Constant of Integration），这提醒我们有一整个函数族，其导数为 $v(t)$。因此，上面的不定积分的含义是"表示速度的连续求和的函数，而速度本身则是时间的函数，从某个未知的起点开始"。我们已经将这个常数偏移量表示为 x_0，但是也有很多文献常用大写字母 C 来表示它。例如，

积分的常量

$$\int v(t)\, dt = x(t) + x_0 \qquad \text{（位移和速度表示法）}$$

$$\int f(t)\, dt = F(t) + C \qquad \text{（常见抽象表示法）}$$

我们不需要在不定积分中写入积分限制，因为它们是隐含的。正如在微积分基本定理的第二部分中所看到的，用一个定积分来解释一个反导数就是用反导数的参数作为积分范围的上限。换句话说，不定积分只是式（11.27）中形式的隐含极限的定积分。连接可能的反导数集合的式（11.27）中的自由度由未知的积分下限（t_0）捕获。在不定积分中，没有写出积分的极限，而是在积分常量（x_0 或 C）中包含不确定性。可以总结如下（使用两种命名方案编写）：

不定积分

$$\int v(t)\, dt = \int_{t_0}^{t} v(u)\, du = x(t) + x_0, \qquad x_0 = -x(t_0),$$

$$\int f(t)\, dt = \int_{t_0}^{t} v(u)\, du = F(t) + C, \qquad C = -F(t_0)$$

11.7.3　微积分小结

除了后面几节中提到的一些小部分之外，我们已经完成了本书中对于微积分的主要演示。我们的目标是让完全不了解微积分的读者理解导数和积分的用途。我们已经超越了实际情况中出现的许多细节和技术——这些细节在微积分教科书中填满了数千页。

让我们总结一下读者需要了解的关于微积分的重要观点，以充分利用本书的其余部分。

提示：

- 导数的基本目的是衡量变化率。
- 导数可以使用极限（limit）参数定义。它可以产生一个结果的近似值，然后观察当我们采用越来越好的近似值（误差接近零）时在极限中会发生什么。
- 我们只提供了一些用于求导的纸和笔的规则。求导是一个线性算子，它允许我们求和的导数。幂法则告诉我们如何评估形式 $\dfrac{d}{dt}t^n$ 的表达式。总之，这些法则允许我们采用多项式的导数。我们还提供了正弦、余弦和指数函数的导数。链式法则告诉我们如何对形式 $f(g(t))$ 的函数求导。
- 积分是"连续求和"或"累积总计"。这些总和也等于求和函数图形下的面积。
- 黎曼积分使用极限参数定义积分。我们将采用大量的很小元素的总和，当元素数量有限时，它们通常是真实的和的近似值。要获得真正的和，可以将元素的数量增加到无穷大，观察产生的结果，从而使得近似值中的误差消失。
- 黎曼积分通常不能以与导数相同的方式直接求解。它们可用于识别我们正在求解的问题何时是一个积分，并帮助正确设置积分。这也是以数字方式求解它们的方法（我们没有讨论如何做到这一点的细节）。
- 微积分的基本定理表明积分和求导是逆运算。在纸面上，可通过寻找反导数而不是通过在极限处评估黎曼积分来计算定积分。其参数定义积分上限的函数将是被积函数的反导数。
- 不定积分的结果是一个函数，它是被积函数的反导数。定积分的结果是一个数字，表示在由积分极限确定的区间内被积函数的连续求和。可以通过评估起点和终点处的任何反导数并计算这两个值之间的差值（通过从区间结束处的值减去区间开始处的值）来计算定积分。不定积分实际上是一个暗示了积分的极限的定积分。

11.8　匀速圆周运动

有了足够的微积分基础之后，现在让我们回到物理学。本节研究粒子以恒定速度在圆中移动的运动，称为匀速圆周运动（Uniform Circular Motion）。我们研究粒子的运动，是因为许多物理计算可以通过在刚体（Rigid Body）所谓的质心（Center of Mass）处将刚体表示为点质量（Point Mass）来简化。由于圆形路径天然地限于平面，因此第 11.8.1 节将从二维研究开始。在建立了基本关系之后，第 11.8.2 节将展示如何在三维世界中应用这些关系（轨道平面在三维中任意定向）。

11.8.1　平面内的匀速圆周运动

以恒定速率（Speed）在圆中行进的粒子不具有恒定的速度（Velocity），如果它有恒定的速度，那么它将沿直线行进。由于物体的速度随时间而变化，因此它必须处于某种加速状态。

让我们来看一看能否确定它是什么。考虑在半径为 r 的圆形路径中以恒定速率 s 移动的物体。为了使计算更容易，并且不失一般性，可以建立一个二维参考框架，它位于运动平面中，其原点位于圆的中心。请记住，粒子的瞬时速度 $\mathbf{v}(t)$ 始终与其轨迹相切，因此，任何给定点处的速度矢量将始终与该点处的圆相切。另外，根据速度的定义，可以知道 $\|\mathbf{v}(t)\| = s$。

在图 11.14 中的左侧，可以看到粒子在有限时间步长 Δt 期间以匀速圆周运动移动。该图考查了时间 t 以及稍后的时间 $t + \Delta t$ 处的粒子状态。

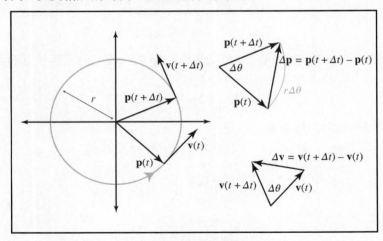

图 11.14　匀速圆周运动

让我们从这个几何示意图开始考虑瞬时速度和加速度。检查图 11.14 中右侧的三角形，上面的三角形表示随着某个时间间隔 Δt 的位置变化，这也是角度变化 $\Delta \theta$ 的结果。它是一个等腰三角形，其中相等的两条边称为三角形的腰，其长度为 r，也就是圆的半径。另一边为底边，底边的长度为 $\Delta \mathbf{p}$，它是时间间隔期间的净位置变化。下面的三角形描绘了在相同的时间间隔内的速度变化，它也是等腰三角形。下面的三角形的腰具有长度 s

（因为我们假设速度具有恒定的大小），其底边长度为 $\Delta \mathbf{v}$。这两个三角形是相似的，因为它们两个三角形都是具有夹角 $\Delta \theta$ 的等腰三角形，所以下式成立：

$$\frac{\|\Delta \mathbf{v}\|}{s} = \frac{\|\Delta \mathbf{p}\|}{r}$$

一般来说，$\Delta \mathbf{p}$ 的长度测量的是通过圆的直线距离，而不是围绕圆周行进的实际距离，即 $r\Delta\theta = s\Delta t$。我们可以来看一看 Δt 和 $\Delta\theta$ 变得非常小时会发生什么，如图 11.15 所示。

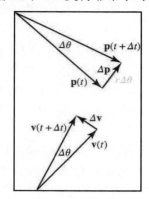

图 11.15　非常小角度的旋转

从图 11.15 中可以看到，随着 $\Delta\theta$ 越来越小，$\Delta \mathbf{p}$ 的长度也越来越接近其真实距离，在极限情况下，两个距离是相等的，具体如下式：

$$\lim_{\Delta t \to 0} \|\Delta \mathbf{p}\| = s\Delta t$$

将此式插入类似三角形的结果中，可得

$$\frac{\|\Delta \mathbf{v}\|}{s} = \frac{\|\Delta \mathbf{p}\|}{r},$$

$$\lim_{\Delta t \to 0} \frac{\|\Delta \mathbf{v}\|}{s} = \frac{s\Delta t}{r},$$

$$\lim_{\Delta t \to 0} \frac{\|\Delta \mathbf{v}\|}{\Delta t} = \frac{s^2}{r} \tag{11.28}$$

式（11.28）的左侧是时间间隔的长度接近零时的速度随时间间隔的变化。这实际上就是瞬时加速的定义！因此，加速度的大小是 s^2/r。

当然，加速度是一个矢量，到目前为止所确定的都是它的（恒定）大小。那么它的方向是什么？要明白这一点，可以比较图 11.15 中的矢量 $\mathbf{p}(t)$ 和 $\Delta \mathbf{v}$。请注意，它们指向相反的方向。实际上，在 $\Delta\theta$ 变为零的极限中，它们指向的就是相反的方向。也就是说，加速度总是朝向圆心，这就是为什么它被称为向心（Centripetal）加速度。

提示：匀速圆周运动的速度与加速度

当物体在半径为 r 的圆形路径中以恒定速率 s 移动时，速度 **v** 与圆相切。任何时刻的加速度都指向圆的中心并具有以下大小：

$$a = s^2/r \qquad\qquad (11.29)$$

通过将一些初等几何与微积分的一些思想相结合，我们得到了关于匀速圆周运动的最重要的事实。几何和微积分的略微不同的组合将产生实际的运动学方程。要实现此目的，使用传统的数学约定来引用矢量 **p** 与 +x 轴的夹角 $\theta(t)$ 将是有帮助的，如图 11.16 所示。

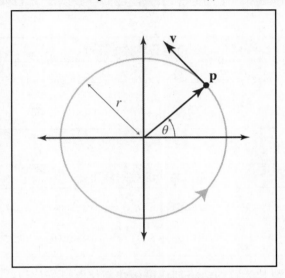

图 11.16　粒子的位置可以通过角度 θ 来识别

之前我们关注的是 $\Delta\theta$ 这个角度的变化，但现在将其值视为时间的函数。我们将初始角度表示为 $\theta(0) = \theta_0$。还可以将角频率（Angular Frequency）定义为 $\omega = s/r$，以弧度/秒（rad/s）为单位测量。[①]　因此，可以将任何给定时间的角度表示为

作为时间函数的角度
$\theta(t) = \theta_0 + \omega t$

---

① 欧米伽（ω）是希腊字母中的第 24 个，也是最后一个。在这里，它是表示角频率的传统字母。要理解计算 s/r 的来源，请考虑圆的周长为 $2\pi r$，并以 s 的速率遍历该距离。因此角频率为每秒 $2\pi r/s$ 转速。但是，由于旋转一周等于 2π 弧度，因此 2π 的因子被抵消了。这是为什么使用弧度通常如此方便的一个例子（假设我们只是象征性地工作并且不关心任何角度的数值）。

我们已经在第 9.1 节中介绍了圆的参数方程，因此现在应该知道如何用半径 r 和角度 $\theta(t)$ 表示粒子位置的运动学方程，具体如下：

作为时间函数的位置
$$x(t) = r\cos(\theta(t)) = r\cos(\theta_0 + \omega t),$$ $$y(t) = r\sin(\theta(t)) = r\sin(\theta_0 + \omega t)$$

由于速度函数是位置函数的导数，因此可以求导这些方程以获得速度方程。幸运的是，我们学习了第 11.4.6 节中的正弦和余弦函数的导数以及第 11.4.7 节中的链式法则。所以求导结果可得

作为时间函数的速度
$$\dot{x}(t) = \frac{d}{dt}\left(r\cos(\theta_0 + \omega t)\right) = -r\omega\sin(\theta_0 + \omega t),$$ $$\dot{y}(t) = \frac{d}{dt}\left(r\sin(\theta_0 + \omega t)\right) = r\omega\cos(\theta_0 + \omega t)$$

再次求导以获得加速度，可得

作为时间函数的加速度
$$\ddot{x}(t) = \frac{d}{dt}\left(-r\omega\sin(\theta_0 + \omega t)\right) = -r\omega^2\cos(\theta_0 + \omega t),$$ $$\ddot{y}(t) = \frac{d}{dt}\left(r\omega\cos(\theta_0 + \omega t)\right) = -r\omega^2\sin(\theta_0 + \omega t)$$

这些结果与早先的发现是一致的。将加速度函数与位置进行比较，可以确认它们确实指向了相反的方向。此外，回想一下 $\omega = s/r$，我们注意到，正如预测的那样，加速度的长度为 s^2/r。

有时 ω 比 s 更容易获得。在这些情况下，能够仅以 ω 和 r 表示向心加速度的大小是有用的。求解 $\omega = s/r$ 中的 s，可得 $s = r\omega$。将其插入式（11.29）中，可得

通过角速度 ω 和半径 r 计算的加速度	
$$a = s^2/r = (r\omega)^2/r = r\omega^2$$	（11.30）

让我们来看一个有趣的例子，其结果将在后面的章节中有用。我们所有人现在都在一个旋转离心机上：地球！地球的自转会产生明显的离心力，这会使我们远离地球的中心。幸运的是，地球的引力非常强大，足以让我们留在这里。已知地球的平均半径为 6371 千米，赤道的向心加速度是多少？

要回答这个问题，可以使用式（11.30）。已知半径为 $r = 6371\text{km}$，旋转速率为 $\omega = 2\pi/$天。可得

由于地球的自转而产生的赤道的向心加速度
$a = r\omega^2 = (6\,371\text{ km})(2\pi/\text{day})^2 = (6.371 \times 10^6\text{ m})(2\pi/(86\,400\text{ s}))^2$
$\approx (6.371 \times 10^6\text{ m})(5.2885 \times 10^{-9}\text{ s}^{-2}) \approx 0.03369\text{ m/s}^2$

地球南北两极的向心加速度的大小如何？它是一样的吗？记住这个问题，在第 12.2.1 节中将详细讨论它。

11.8.2　三维中的匀速圆周运动

到目前为止，我们基本上是在两个维度上工作，"在平面上"操作，而不关心这个平面如何在三维空间中定向。现在考虑更一般的情况。我们希望将粒子的位置、速度和加速度描述为三维矢量，其中，旋转轴（垂直于包含圆形路径的平面）是任意取向的。

假设位置 **p** 处的粒子在点 **o** 周围的圆形路径中移动。由于有许多不同的圆形路径同时包含 **o** 和 **p**，我们还必须指定垂直于平面的旋转轴。

正如在前面的章节中所做的那样（参见第 5.1.3 节和第 8.4 节），可以通过使用单位矢量 $\hat{\mathbf{n}}$ 来描述轴的方向，并且如前所述，$\hat{\mathbf{n}}$ 的符号告诉我们哪个方向被认为是正向旋转（使用左手规则）。标量 ω 定义旋转速率，单位是弧度/单位时间。我们想要回答的问题是，粒子的瞬时速度 **v** 是多少？

让我们回顾一下已知的东西。首先，从前面观察到的速度和角频率之间的关系，可以知道速度 $s = \|\mathbf{v}\|$ 必须是 ωr，其中，r 是圆的半径，或 **o** 和 **p** 之间的距离。其次，**v** 必须垂直于 $\hat{\mathbf{n}}$；否则，粒子将偏离包含圆形路径的平面，**v** 也必须与该路径相切。因此，我们知道速度 **v** 的大小和方向，现在只需要一种方法来以代数形式表示它。为此，我们将引入矢量 $\mathbf{r} = \mathbf{p} - \mathbf{o}$，即从 **o** 到 **p** 的径向矢量。注意，**r** 位于旋转平面中，并且具有恒定长度，即圆形路径的半径，如图 11.17 所示。

现在，**v** 垂直于 **r**（因为它与路径相切）和 $\hat{\mathbf{n}}$（因为它位于轨道平面内）。你可能还记得我们有一个工具可以计算与其他两个给定矢量垂直的矢量：叉积。也许 $\hat{\mathbf{n}} \times \mathbf{r} = \mathbf{v}$？这个思考方向是正确的，[①] 首先来考虑长度。回忆第 2.12.2 节的内容可知，叉积的长度等

[①] 不要只相信图 11.17，你可以用自己的左手来验证这一点。你的拇指是第一个参数 $\hat{\mathbf{n}}$，食指是第二个参数 **r**，中指是结果 **v**。看着你的手，用拇指指向你（记住，它是旋转轴），然后朝 **v** 方向（你的中指）转动你的手，围绕你的拇指旋转（粒子位于食指的末端）。你的手将从你的视角顺时针旋转，这是根据左手规则的正旋转定义。

于输入大小乘以两个矢量之间角度的正弦值的积。$\hat{\mathbf{n}}$ 是假设的单位矢量，并且 $\hat{\mathbf{n}}$ 和 $\mathbf{r}$ 是垂直的，所以它们之间的角度的正弦是 1。因此，叉积 $\hat{\mathbf{n}} \times \mathbf{r}$ 的长度就是 $\|\mathbf{r}\|$。正确的速度是 $\omega r = \omega\|\mathbf{r}\|$，所以我们只是错过了 ω 的因子。

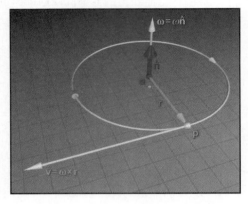

图 11.17　三维中的匀速圆周运动

综上所述，即可得到粒子速度的公式，其中，径向矢量 $\mathbf{r} = \mathbf{p} - \mathbf{o}$ 绕轴 $\hat{\mathbf{n}}$ 旋转，角速率为每单位时间 ω 弧度。粒子速度的具体计算公式如下：

从角速度计算线性点速度
$\mathbf{v} = \omega\hat{\mathbf{n}} \times \mathbf{r}$

正如在第 8.4 节中所介绍的那样，角速度通常用指数映射形式通过单个矢量 $\boldsymbol{\omega} = \omega\hat{\mathbf{n}}$ 来描述（注意，粗体 $\boldsymbol{\omega}$ 表示矢量）。在这种情况下，该公式甚至更简单。

　提示：从角速度计算线性点速度

$$\mathbf{v} = \boldsymbol{\omega} \times \mathbf{r} \tag{11.31}$$

现在让我们考虑相反的问题。假设已知 $\mathbf{p}$ 和 $\mathbf{v}$，我们希望测量相对于 $\mathbf{o}$ 的角速度。同样，我们可以使用叉积，但这次，我们需要一个除法来获得正确的角速度，具体公式如下：

相对于任意点的粒子的角速度
$\boldsymbol{\omega} = \dfrac{\mathbf{r} \times \mathbf{v}}{\|\mathbf{r}\|^2}$　　　　　　　　　(11.32)

要理解除以 $\|\mathbf{r}\|^2$ 的意义，请考虑围绕其中心旋转的刚性圆盘上的两个点。假设相对于该中心测量角速度。一个点具有径向矢量 $\mathbf{r}$，另一个点具有径向矢量 $k\mathbf{r}$，其与中心在相

同方向上，但是在由因子 k 缩放的距离处。这两个点（实际上是圆盘上的所有点）应该具有相同的角速度。因此，当调整半径时，需要用$\|\mathbf{r}\|$进行一次除法以补偿 $\mathbf{r}$ 的变化。额外的除法也是必要的，因为外部点具有更高的速度。如果通过将 $\mathbf{r}$ 缩放 k 来移动圆盘，则新点的速度也会按照 k 因子缩放。

虽然到目前为止，我们已经假设 $\mathbf{p}$ 实际上是围绕 $\mathbf{o}$ 旋转，但它也可能不是。它可能围绕其他点旋转，或者沿直线移动。但是，我们仍然可以计算 $\mathbf{p}$ 相对于 $\mathbf{o}$ 的角速度。基本上，式（11.32）告诉我们的是，在包含 $\mathbf{r}$ 和 $\mathbf{v}$ 的平面中，如果 $\mathbf{p}$ 确实绕 $\mathbf{o}$ 运行，则角速度是多少。与 ω 平行的旋转轴垂直于该平面。实际上，这里有一个小小的变化——$\mathbf{r}$ 和 $\mathbf{v}$ 可能不是垂直的，当然，如果粒子一直围绕 $\mathbf{o}$ 旋转，那么它们就会垂直。式（11.32）中的叉积基本上丢弃了与 $\mathbf{r}$ 平行的任何速度，只有与 $\mathbf{r}$ 垂直的速度才能对结果产生影响。

如果粒子 $\mathbf{p}$ 确实以恒定速度围绕 $\mathbf{o}$ 做轨道运行，那么通过式（11.32）计算的角速度将是恒定的。但是，一般来说，相对于任意点测量的角速度不是恒定的。例如，考虑以恒定线性速度移动的粒子。相对于静止点 $\mathbf{o}$ 测量的角速度将随着粒子接近 $\mathbf{o}$ 而增大，在最接近点处达到最大值，然后递减。此外，即使粒子在轨道路径中移动，只有当相对于轨道中心测量时，角速度才是恒定的。

3D 中轨道运动的一个非常重要的例子是粒子附着在刚体上围绕某个轴旋转。让我们选择 $\mathbf{o}$ 在旋转轴与包含 $\mathbf{p}$ 的圆周轨道的平面的交点处，这导致 $\mathbf{r}$ 垂直于旋转轴。在这些假设下，由式（11.32）计算出的轨道角速度对于每个粒子都是相同的，并且它也与刚体的自旋角速度（Spin Angular Velocity）相同。第 12 章将对此展开更详细的讨论。

我们通常不需要计算点相对于不是轨道中心的某个点的角速度——但是，式（11.31）经常用于根据轨道速度计算线性点速度——那么为什么要讨论这个呢？因为该计算类似于测量扭矩（Torque）的方式（参见第 12.5 节），它有助于了解在任意位置任意方向施加的力。

11.9　练　习

（答案见本书附录 B）

1. 帕斯卡（Pascal）是压强测量单位，定义为牛顿每平方米。一帕斯卡等于多少 psi（psi 是每平方英寸一磅的力）？

2. 粒子的一维位置分段描述如下：

$$x(t) = \begin{cases} 2t - t^2 & 0 \leqslant t < 2, \\ 0 & 2 \leqslant t < 4, \\ \sin(\pi t) & 4 \leqslant t < 7, \\ 7 - t & 7 \leqslant t \end{cases}$$

请绘制粒子运动的图形。

3．在以下时间间隔内，习题 2 中粒子的平均速度是多少？

（a）$t = 0 \cdots 1$？

（b）$t = 1 \cdots 2$？

（c）$t = 0 \cdots 2$？

（d）$t = 5.5 \cdots 6.5$？

（e）$t = 0 \cdots 9$？

4．写出一个类似的分段函数 $v(t)$，它描述了在时间 t 习题 2 中的粒子的速度。在这种情况下，速度不是在分段之间的"连接点"处定义的，因此只需要关心每个分段中间发生的情况（遗憾的是，这是我们不得不跳过的知识细节）。

5．在以下时间，习题 2 中的粒子的瞬时速度是多少？

（a）$t = 0.1$

（b）$t = 1.0$

（c）$t = 1.9$

（d）$t = 4.1$

（e）$t = 5$

（f）$t = 6.5$

（g）$t = 8$

（h）$t = 9$

6．写一个类似的分段函数 $a(t)$，描述在时间 t 习题 2 中的粒子的加速度。同样，不必担心连接点会发生什么。

7．粒子在以下时间的加速度是多少？

（a）$t = 0.1$

（b）$t = 1.0$

（c）$t = 1.9$

（d）$t = 4.1$

（e）$t = 5$

（f）$t = 6.5$

（g）$t = 8$

（h）$t = 9$

8．如果式（11.16）中采用负值判别，则表明了什么样的物理情况，导致了什么样的复杂求解结果？如果判别式为零并且只有一个求解结果该怎么办？

9．假设抛射体发射的初始速度为 150 英尺/秒（ft/s），与初始位置 $\mathbf{p}_0$ = (0 ft, 10 ft) 的倾角为 40°，则

（a）矢量形式的初始速度是多少？

（b）抛射体到达顶点的时间是什么时候？

（c）在顶点的抛射体的坐标是什么？

（d）抛射体回到高度 y = 10 需要多长时间？

（e）此时的水平位移是多少？

10．在第 11.6 节中的抛射体运动讨论结束时，我们提出了当加速度是任意矢量 $\mathbf{a}$ 时求解交叉时间的问题。采用式（11.18）并且两边都乘以 $\mathbf{a}$（计算点积），然后求解 t（就像以前一样使用二次公式）。

11．诸如 e^{ix}（其中，i 是一个虚数，使得 $i^2 = -1$）之类的复数指数（Complex Exponential）在微分方程、控制系统和信号处理中都非常重要。虽然将复数加入指数似乎很奇怪，但欧拉公式（Euler's Formula）给出了有意义的解释。要找到这种解释，可以通过搜索引擎搜索"欧拉公式"或去维基百科（wikipedia.com）查找（本书后面也提供了答案）。但在此之前，不妨扩展一下 e^{ix} 的泰勒级数，看一看是否可以自己解决这个问题（然后上网了解这个表达式令人惊讶的重要性）。

12．国际空间站在距离地球表面约 340 千米的地球轨道运行（该轨道实际上是椭圆形，但忽略它并假设它以匀速圆周运动移动）。已知其平均速度约为 27740 千米/小时，轨道周期是多少？其向心加速度是多少（以 m/s^2 为单位）？请仔细想一想！

　　当然，数学家们知道如何写下所有这些数字。有一天你也可以在一本数学书中读到如何以高级而优雅的形式写下它们，但是，首先粗略地了解你要写的内容不失为一个好主意。

　　　　　　　　　　　　　　——理查德·费曼（Richard Feynman，1918—1988）

　　　　　　　　　　　　　　摘自《费曼物理学讲座》

第 12 章　力学 2：线性和旋转动力学

原力赋予绝地武士以力量，
它是所有生物创造的能量场。
它围绕着我们并渗透我们，
它将银河系结合在一起。

——欧比旺·克诺比，《星球大战 4：新希望》（1977）

第 11 章讨论的线性运动学重点在于如何描述物体的运动，而不关心运动的"原因"，它的方向，或者我们如何在计算机上模拟该物体。本章的主要目标是解决这 3 个主题。

- ❑ 第 12.1 节将确定并量化运动的"原因"——力，还将介绍 400 多年前艾萨克·牛顿在其著作 *Principia*（中译本名称为《自然哲学的数学原理》）中提出的 3 个基本定律。
- ❑ 第 12.2 节将讨论一些特别重要和简单的力的类型。
- ❑ 第 12.3 节将介绍动量，并将介绍力与动量之间的重要关系。
- ❑ 第 12.4 节将阐释碰撞和冲击力，它们是短时间内作用的较大的力。
- ❑ 第 12.5 节将考虑物体的旋转和线性概念的角度模拟。
- ❑ 第 12.6 节将讨论实现问题，研究数字仿真需要解决的一些基本问题，还将概述当代实时刚体模拟解决这些问题的方式。

12.1　牛顿的 3 个基本定律

艾萨克·牛顿爵士总结出了物体运动的 3 个基本定律，提供了一个框架，通常称为牛顿力学（Newtonian Mechanics），可用于理解诸如从树上落下的苹果、行星的运动以及视频游戏中发生的物理交互等各种物理系统。牛顿力学也被称为经典力学（Classical Mechanics），这个名称应该提醒你，我们即将研究的定律是错误的，因为它们与以非常高的速度进行的实验结果不符（这需要相对论），也不适用于微观原子实验（这需要量子力学）。[①] 但是，对于日常现象（以及我们需要在视频游戏中模拟的现象），牛顿力

[①] 这些实验中的一部分发生在物理学家的想象中。

学预测的结果与正确结果（通过量子相对论力学进行正确预测）之间的差异通常比用最精确的仪器检测到的少。只有在非常接近光速的速度和接近原子大小的尺度上，预测的差异才变得显著，除此之外，所有的理论都是非常一致的，并且与实验结果完全相符。正是因为牛顿力学有着如此悠久而且精确的预测历史，当人们发现这些定律需要纠正时才更加震惊。当然，应该明确的是，这些定律足以在很大程度上准确地描述天体运动，所以对于我们的目的（在视频游戏中模拟物理现象）来说已经是绰绰有余。

12.1.1　牛顿的前两个定律：力与质量

本书第 11 章已经指出，质量（Mass）测量一个物体必须加速的阻力。这种阻力称为惯性（Inertia），克服它并产生加速所需的物理量称为力（Force）。换句话说，我们在第 11 章中严格避免提及的所有"运动原因"实际上都统称为"力"。

牛顿第一定律总结了物体抵抗加速的概念。

🪙 **提示：牛顿第一定律**

任何一个物体在不受任何外力或受到的力平衡时，将始终保持匀速直线运动或静止状态，直到有作用在它上面的外力迫使它改变这种状态为止。

这似乎是一个非常简单的陈述，但是身处牛顿那个时代，做出这样的断言无疑是非常大胆的，特别当它与我们日常生活中常见的观察结果明显不一致时！考虑力的一种更具"常识"的方式是假设不仅需要力来启动物体的运动，而且还需要力维持其运动。这是所谓的亚里士多德动力学（Aristotelian Dynamics）的法则。毕竟，一旦我们停止施加力，最终物体将停止移动。根据牛顿的说法，一旦物体开始运动，它就不需要任何力来继续这个运动。事实上，牛顿声称需要力来阻止物体，并且在没有这种阻挡力的情况下，物体将无限期地持续运动下去。

当然，牛顿第一定律似乎违反直觉的原因在于，在日常经验中，当将物体设置在运动状态中时，它们总是被无处不在的摩擦力所阻止。但是，即使物体总是通过摩擦停止，我们也可以说牛顿定律是正确的，这只需要一个简单的思想实验就可以验证。想象一下，我们施加一定量的力使一个物体运动通过某个表面，物体将行进一定距离并最终停止。究竟是由于缺乏持续的推力而停止，还是由于某种力量使其减速？如果在不同的表面上进行相同的实验，在每种情况下均以相同的方式执行初始推动，那么就会发现物体在更光滑的表面上行进得更远，而在更粗糙的表面上行进的距离更小。你可能对这些"常识"结果并不感到惊讶，但是请注意，它们实际上与需要使用力来保持物体运动的结论是相矛盾的，并且验证了牛顿定律的正确性。

　　牛顿在他的第二定律中澄清了质量、加速度和净力（Net Force）之间的确切关系。

　提示：牛顿第二定律

　　物体的加速度与作用在物体上的净外力成正比（并且在同一方向上），与物体的质量成反比：

$$\mathbf{f} = m\mathbf{a} \tag{12.1}$$

　　这个简单的公式是本章中最重要的公式之一，你当然应该记住它。它基本上是说，只要看到质量为 m 的粒子以 $\mathbf{a}$ 的速率加速，就可以确定有一个作用在粒子上的净力 $\mathbf{f}$。同样，只要有净力，物体就会加速，因为净力和加速度总是在一起。这个定律没有例外。物体的加速度总是与当时作用在其上的净力成比例。

　　这并不意味着当物体上有任何力时，它必然会加速。它也不意味着如果一个物体没有加速，那么就没有力量作用于它。$\mathbf{f} = m\mathbf{a}$ 中的 $\mathbf{f}$ 是净力（Net Force）。考虑一下摩天大楼底部横梁上施加的巨大力量。显然，存在一种想要将横梁向下加速的力。但是，由于横梁实际上并没有向下加速，通过牛顿第二定律知道，这种向下的力必然与另一个相反方向的力完全相反。

　　力有哪些类型的量？首先，力具有大小和方向，因此它是矢量，就像加速度一样（尽管有时在一维设置中研究力更容易，就像我们对加速度所做的那样）。并且力必须具有相同的维度（一维、二维或三维，这取决于我们工作的"世界"），作为式（12.1）的加速度 $\mathbf{a}$ 才有意义，因为 m 是一个标量。

　　让我们使用量纲分析来确定应该用来测量力的物理单位。质量是基本量之一，用 M 表示，在第 11 章中已经介绍过，加速度的单位是 L / T^2，因此（去掉表示矢量的粗体），力必须具有单位，则

力的量纲分析
$f = ma = (M)(L/T^2)$

当以 SI 为单位测量时，质量以千克（kg）为单位，长度以米（m）为单位，时间以秒（s）为单位。因此，力的单位为"千克米每平方秒"。这念起来相当拗口，所以它有一个特殊的名字——牛顿，以符号 N 表示。其定义如下：

牛顿是力的 SI 单位
$1\ \text{N} = 1\ \text{kg}\dfrac{\text{m}}{\text{s}^2}$

如果无法理解"千克米每平方秒"的数字，请记住，1 牛顿是以 1m/s^2 的加速度给 1 kg 的

物体加速所需的力。

有一个常见的误解，我们希望能尽早澄清。力会在身体上产生加速度，并随着时间的推移而起作用。有些人可能会问诸如此类的问题："让 45.4 千克（100 磅）物体达到 160.9 千米/小时（100 英里/小时）需要多大的力？"这是没有意义的。力不会直接产生速度，它会导致速度随时间变化。当你考虑碰撞时，例如球在地板上弹跳或被球棒击中时，这可能尤其令人困惑。尽管速度似乎瞬间发生了变化，但真正发生的是一个非常大的力作用于非常短暂（但有限）的持续时间。第 12.3 节将更详细地研究碰撞。一般来说，在数字模拟中，冲击力的处理方式不同于在多个模拟步骤中作用的更持久的力，所以现在不要将力视为冲击力，相反，可以更多地将其视为逐渐推动或拉动的力，如弹簧、风或重力。

可以说，式（12.1）是表示力、质量和加速度之间关系的传统方式。但是，以这种方式写，也就是将力（$\mathbf{f}$）放在左侧，你可能会认为常见的情况是让我们知道质量和加速度，并使用牛顿定律来计算力。事实上，尤其是在数字模拟中，更常见的情况是我们计算出作用在身体上的力，然后希望预测身体对这些力的反应。换句话说，我们通常会在以下形式中使用牛顿第二定律：

我们通常使用这种形式的牛顿第二定律	
$\mathbf{a} = \mathbf{f}/m$	（12.2）

大多数物理教科书都教授称为自由体受力图（Free-Body Diagram）的重要概念工具。牛顿的第二定律，特别是以式（12.2）的形式表示的内容，是这项练习的核心。从对象的表示开始，其基本过程如下。

（1）绘制并标记作用于其上的所有力。

（2）总结这些力（使用矢量加法）来计算净力。

（3）使用式（12.2）形式的牛顿第二定律来计算物体的加速度。

（4）对加速度进行积分计算以确定物体的运动。当以分析的方式求解问题时，这意味着求解微分方程。本书中没有使用任何微分方程，因为只有一些简单的案例需要分析，必须使用数值积分方法。后文将研究欧拉积分，它是可以想象的最简单的方法，也是大多数实时刚体模拟器所使用的方法。

上述程序是在第 12.2 节中多次使用的非常重要的工具，它本质上也是大多数的数字物理模拟在计算机内部工作的方式。当然，我们描述上述 4 个步骤过程的简单性隐藏了许多棘手的困难。式（12.2）中的力可能随时间不断变化；依赖于时间、位移和速度；表现出非线性或不连续性；一般来说，难以精确计算或以封闭形式表示和整合。第 12.6 节将讨论物理模拟，但是目前要强调的重点是，牛顿第二定律是基本的驱动方程。

12.1.2　惯性参考系

如果采用 **f** = **0** 的特殊情况，那么根据牛顿第二定律，**a** = **0**。这是对他的第一定律的重述。所以看到，如果牛顿稍微再聪明一点点，那么他就可以只用两个定律而不是 3 个定律总结出同样的话。当然，牛顿不仅打破了"常识"的障碍，创造了优雅的公式，解释了整个宇宙中每个物理系统的运作，他同时还发明了一个完整探索这些思想所需的完整数学分支——微积分。所以，他确实是一个睿智的人，我们认为他有充分的理由保留他的第一定律，这个理由将其解释为和参考系（Reference Frame）的陈述有关。

矢量 **a** 和 **f** 是在某个参考系中指定的，如果选择的参考系不佳，则该等式不成立。基本力学定律（特别是 **f** = m**a**）适用的参考系被称为惯性参考系（Inertial Reference Frame）。除非我们发明虚构的力；否则，该定律不适用的坐标空间称为非惯性参考系（Noninertial Reference Frame）。

例如，想象一个机器人正在电梯里吃鲱鱼三明治。这时有人切断电梯电缆，于是电梯、机器人和三明治都开始下降。现在，这个机器人已被编程，但没有任何一般的自我保护意识，所以它不会恐慌。它看着漂浮在半空中的鲱鱼三明治，而不是像合理预期的那样落到电梯地板上。为这个机器人编写的程序中也没有添加对牛顿定律的完全理解，他自己也认为，"此事必有蹊跷！我知道重力必然会将这个三明治向下拉，我知道 **f** = m**a**，并且因为三明治没有向下加速，所以作用在它上面的净力必然为零。因此，必须有一些向上的力作用于这个三明治。这个力的来源到底在哪里呢？现在，让我来计算一下……"。

图 12.1　下降电梯中的机器人处于非惯性参考系中。它必须发明一种虚构的
向上的力来抵消引力，以解释为什么它的鲱鱼三明治不会掉下来

在电梯之外，地面上的观察者不会发现需要发明虚构的力来解释三明治的表现。使

用固定在建筑物底部的原点的参考系，观察者看到的是三明治向下加速，并且没有理由认为有任何不对的地方。[1] 驾驶汽车的人也没有看到任何问题。在汽车的参考系中，三明治似乎以抛物线运动行进。但是关系 $\mathbf{f} = m\mathbf{a}$ 似乎成立，因此司机观察到牛顿定律在她的参考系中是有效的。同样地，对于先进的外星文明使者来说，如果从他[2] 的隐形宇宙飞船中观察地球嗖嗖嗖地过去（见图 12.2），从他的角度来看，一切似乎都遵循牛顿定律。对于外星人来说，地球以恒定的线性速度移动，电梯的轨迹是抛物线的，正如我们使用第 11.6 节中提出的抛射体公式所预测的那样（实际上，我们忽略了一些更精细的点，例如地球的自转，它绕太阳运行所采用的弯曲路径，以及月亮所做的同样的运动。这些与恒定线性速度的偏差证明了牛顿定律的例外情况，它们是固定在地球表面的参考系并不全然是惯性参考系的原因。像福柯的摆锤这样的实验可以检测出差异，即使它很小）。

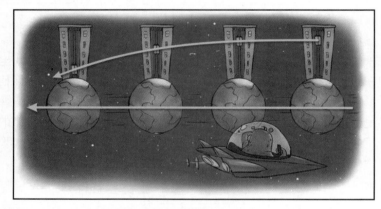

图 12.2　当地球经过时，看着电梯坠落的外星人看不到任何与牛顿的 3 个定律相矛盾的东西，
　　　　　这里假设时间周期足够短，以致于地球的自转和弯曲路径都不构成重要因素

总之，如果参考系正在加速或旋转，则使用该参考系描述的物体的运动将不符合力学定律。惯性参考系必须是静止的或以恒定的线性速度移动的。

12.1.3　牛顿第三定律

牛顿第三定律经常被误解，尽管它是最经常被引用的定律，因为它具有一定的禅意

---

[1] 当然，坠落的电梯即将坠毁到地面这件事情本身除外。

[2] 由于外星人可能有 3 种性别（他/她/它），也可能只有两种，因此这里的语言表述的限制可能不符合正确的要求。

真解的意味在其中。[①]

提示：牛顿第三定律

对于每一个行动，总会有一个平等而相反的反应。或者，相互作用的两个质点之间的作用力和反作用力总是大小相等，方向相反，作用在同一条直线上。

牛顿第三定律基本上是说没有单一的单方面力量。如果物体 A 推动或拉动物体 B，则物体 B 总是以相同幅度但方向相反的力推动或拉回物体 A。如果地球引力将我拉向地球，那么，该作用力也会把地球拉向我！力总是两个物体之间相互作用（Interaction）的一部分。

在受力图中，我们经常以带箭头的线段的形式绘制一个力，因为它是一个矢量。但实际上，如果线段的两端都有箭头，那么这些图形会更准确。当我们忽略线段的另一侧箭头而不画时，这是因为力正在对我们不感兴趣的物体起作用。当你看到受力图中一个单侧箭头的线段表示一个力时，可以随时在脑海中补齐线段的另一侧箭头。

误解牛顿第三定律的一个原因是"反作用"这个词。这个词的目的是将力描述为相互对立。它并不意味着它们之间存在因果关系，这两种力都不是"原因"或"结果"。两种对立的力同时起作用，就物理定律而言，它们具有同等的地位。

但除了这种错误的因果推论之外，第三定律只是违反直觉。假设有一个叫 Moe 的人在地上向前推动一个箱子。箱子的重量是 Moe 的两倍，而且他把箱子放在推车上，滚动的摩擦很小。根据牛顿第三定律，该箱子也会反向推 Moe。但是为什么箱子会加速而 Moe 不会？看起来这里并没有发生"平等和相反的行动"。

诸如此类的难题总是可以通过考虑作用于两个物体的所有力来解决。在刚才讨论过的例子中，Moe 并没有漂浮在半空中，否则就会像牛顿第三定律所预测的那样，他会被加速倒退（想象一下，如果 Moe 和箱子都在浮冰上会发生什么）。现在的情况是，Moe 站在地上。通过摩擦力，Moe 推动地球，而地球又推回 Moe。事实上，如果假设 Moe 取得了一些向前的进步，而不是被困在那里寸步难行，那么地球推动他的力量必须超过箱子推回他的力量，这样他才能向前加速。图 12.3 说明了这种情况。

好奇的读者可能会对前面的情景感到好奇，"为什么地球不会加速？"一个简短的回答是："它加速了！"一个中等长度的答案是："它确实在很短的时间内完成了加速。"至于详细的答案，需要等到第 12.3 节，它将告诉我们有关动量（Momentum）的一些知识。

[①] 《星球大战》中的尤达大师说了一句颇有禅意的话"To every action, always an equal and opposite reaction, there is."，其实这句话就来自于牛顿第三定律。

图 12.3　Moe 推动箱子所涉及的 4 个力量

　　当然，这些理论性的问题对于思考很有意义，但牛顿第三定律的实际应用是什么？对于我们的目的来说，最重要的应用是简化刚体并将其视为单个粒子的理由。例如，早些时候我们考虑过作用在摩天大楼中的横梁上的力。如果该横梁不是单个的实心块，而是实际上是两个用螺栓固定在一起的横梁会怎么样？在这种情况下，真正发生的事情就是力向下推动横梁的顶部，横梁向下推动梁的底部，而底部又向下推动地球。同样，地球正在向上推回横梁的底部，而横梁底部又会向上推动横梁的顶部。

　　但是，为什么会停在那里？是不是任何物体实际上不仅仅由两三个片段组成，而是由数万亿个分子组成？怎样才能计算出所有这些复杂的量子-电磁力？这就是牛顿第三定律的用武之地。我们有理由把这个拼接的横梁当作一个单一的刚体处理，这样就可以忽略所有的内部的力，而使物体保持刚性（这就意味着物体内部所有的点都彼此保持固定的距离）。在这种情况下，组成部分（零件）不会相对于彼此加速，这意味着内部的力必须精确平衡。换句话说，所有内部的力相互抵消，从而对净力没有贡献，这就是为什么我们可以忽略它们的原因。当然，如果物体的组成部分可以相对于彼此加速，那么忽略内部的力的任何计算都将是不准确的。如果物体的弯曲或压缩非常小，那么我们的计算就不会很完美，但它们会非常接近；如果物体破裂或分解，那么计算将毫无意义。

　　我们可以以将这样的论证进一步推广到组成部分（零件）相对于彼此移动的情况。当然，具有移动内部部件的物体与刚体相反，但是，我们会发现，在许多方面，我们仍然能够将这些复杂的系统视为"粒子"。第 12.3 节将讨论这个思路以及它如何解决 Moe 及其箱子的难题。

12.2　一些简单的力定律

在我们的宇宙中，许多不同类型的力都在起作用。[①] 在实时模拟中，我们经常忽略某些力，对它们进行近似，甚至发明虚构（Fictional）[②] 的力以达到预期的效果（例如强迫轨迹服从动画师的约束，或帮助 AI 或玩家击中目标）。虽然指导原则始终是 $f = ma$，但用于定义 $\mathbf{f}$ 的方法可能差别很大。

本节讨论现实世界中存在的 3 种重要的力，这些力经常用于物理模拟。重力、摩擦力和弹簧分别是第 12.2.1 节、第 12.2.2 节和第 12.2.3 节的主题。当然，计算机模拟可能需要考虑更多的现实中的力，如浮力、阻力或升力。本书的目标是概述最重要的主题，而不是详尽无遗，当然，将在第 12.7 节的阅读建议中，提供讨论这些类型的力的参考资料。

在物理模拟中出现的另一个非常重要的力是接触力（Contact Force），也称为法向力（Normal Force）。这是阻止物体相互穿透的力。当盒子放在桌子上时，桌子施加在盒子上的力，将抵消重力并防止盒子向下加速，该力就称为接触力。物理引擎中的接触力本质上与引擎解决碰撞问题的方法联系在一起，并且通常以在模拟的稳定性和物理现实之间形成折衷的方式处理。因此，计算接触力的细节可能因物理引擎而异，实际上，解决碰撞问题是一个非常活跃的研究领域。

12.2.1　重力

在 *Principia*（中文译名为《自然哲学的数学原理》）一书中，牛顿除了他最著名的 3 个定律之外，还提出了各种各样的定律。他通过分析行星的运动而发现的一个此类定律是万有引力定律（Law of Universal Gravitation），该定律指出，宇宙中的所有物体都存在相互之间的吸引力。该力与其质量的乘积成比例，并且与物体之间的距离的平方成反比，这可以通过式（12.3）进行计算。

🪙 提示：万有引力定律

$$f = G\frac{m_1 m_2}{d^2} \tag{12.3}$$

[①] 但实际上，这不是真的。在撰写本文时，物理学家认为有 4 种基本的力，包括在原子尺度出现的强力（也称为"强相互作用"）和弱力（也称为"弱相互作用"），以及常见的电磁力和引力。几乎所有由物质撞击其他物质引起的力基本上都是电（Electrical）的，因为它是保持原子彼此分离的电力。但是，物质推离其他物质的情况是如此的多样化，以至于在宏观层面上，有许多不同的力的定律来描述其行为。

[②] 与摩擦（Frictional）相反。

在式（12.3）中，f 是力的大小；m_1 和 m_2 是两个物体的质量；d 是它们的质心之间的距离（在第 12.3.2 节中将详细介绍质心是什么）。G 是宇宙的物理常数，大约等于 $6.673 \times 10^{-11} \, \text{N m}^2 \, \text{kg}^{-2}$。

如果想了解行星运动或潮汐，或者纯粹想要装一下[①] 显得自己比较有学问，那么万有引力定律是非常有用的。但是，大多数模拟仅限于靠近地球表面的一个相当小的区域。当我们做出一个典型假设，即一个笛卡儿轴指向"向下"时，我们忽略了地球的曲率，并且还将重力方向锁定到一个常数。忽略在较高海拔处发生的重力强度的轻微下降，并假设 d 的常数值也是常见的。因此，如果让 m_1 代表地球的质量，则式（12.3）中唯一的变量是 m_2，即被模拟物体的质量。在大多数视频游戏中，使用式（12.4）计算重力。

> 提示：视频游戏的重力

$$\mathbf{f} = m\mathbf{g} \tag{12.4}$$

在式（12.4）中，m 是物体的质量；$\mathbf{g}$ 是指向向下方向的常数矢量。请注意，重力与质量成正比，但牛顿第二定律表明，由于任何力而产生的加速度与质量成反比。因此，$\mathbf{g}$ 指定的是自由落体中所有物体的重力加速度。请注意式（12.4）和牛顿第二定律 $\mathbf{f} = m\mathbf{a}$ 之间的相似性。

第 11 章已经介绍了现实世界中 $\mathbf{g}$ 的大小是多少，但现在不妨来看一看是否可以从万有引力定律中推导出它。已知地球的质量大约为 $m_1 = 5.98 \times 10^{24} \, \text{kg}$，其平均半径大约为 6371 km，则

通过万有引力定律计算近地表面的重力
$$f = G\frac{m_1 m_2}{d^2} = \left(6.673 \times 10^{-11} \frac{\text{N m}^2}{\text{kg}^2}\right) \frac{(5.98 \times 10^{24} \, \text{kg})m_2}{(6.371 \times 10^6 \, \text{m})^2}$$ $$\approx (9.83 \, \text{N})\frac{m_2}{\text{kg}} \approx \left(9.83 \, \frac{\text{m}}{\text{s}^2}\right) m_2$$

但是，等一下，这个值大于之前引用的 9.81 的值！造成这种差异的原因在于，虽然地球的引力提供了向心力，但它的旋转也产生了明显的离心力，这部分力抵消了重力。在第 11.8 节中，我们计算了防止物体因地球旋转而被甩到空间中所需的加速度的大小。在赤道，地球的自转要求重力提供 $0.03369 \, \text{ms}^{-2}$ 的向心加速度。因此，使物体感到沉重的一小部分重力会被地球的自转所抵消，这使得它们感觉更轻一点。

从重力中减去这个明显的离心力给出了 $9.83 - 0.03369 \approx 9.796$，但现在这个值又太小

[①] 提示：当你在装的时候，确保使用"天体"这个词，英文叫 Heavenly Body。

了，不是我们想要的 9.81。原因是重力表现出地球表面的大小变化。这种变化的最大来源是刚刚计算出的向心加速度，它随纬度而变化。假设 r 是地球的半径，我们计算了它的大小，重力值为 9.796 实际上是赤道上正确的重力强度。随着纬度增加并且朝向两极移动，圆形路径的半径 r（具有恒定的纬度）减小。在极点处，半径收缩到零，并且对象旋转但不在圆形路径中移动。因此，在极点处没有明显的离心力，并且重力等于我们在上面计算的 9.83 值。值 9.81 被称为"标准值"，是纬度约为 45° 的海平面的重力平均力。

现在我们已经在一定程度上讨论了现实世界中引力的强度，让我们来谈一谈这个数字在视频游戏中通常是多么无关紧要。在某些类型的游戏中，例如赛车或飞行模拟器，逼真模拟现实很重要。但是，在大多数其他视频游戏中，适用视频游戏物理的第一定律（First Law of Video Game Physics）。

> **提示：视频游戏物理的第一定律**
> 现实被高估了。

例如，第一人称射击游戏常因跳跃机制不佳而饱受诟病。最重要的原因可能是你无法看到自己的脚这一基本事实，也有一些第一人称游戏由于某种原因而增加了跳跃的难题。但是，即使是许多采用过肩式摄像机的第三人称射击游戏也有不舒服的跳跃机制。为什么？在大多数第一人称射击游戏中，当你跳跃时，你会得到一个向上的最初爆发速度，然后你的位置就像世界上所有其他空中物体一样，使用重力进行模拟，这会使你的运动成为抛物线。将此与大多数第三人称动作游戏中的跳跃机制相比较，大多数这些游戏都没有使用恒定的加速来模拟跳跃。相反，按下按钮后，你的角色几乎会瞬间跳起，并迅速达到最大高度。在许多游戏中，角色将在最大高度盘旋一段时间，然后迅速向下降落在地面上（下坠和蹿升的速度一样，都非常快），显然，这在物理上是不准确的，但是，还有比这更"过分"的，例如，角色能跳跃比自己的身高超出两三倍的高度，还能在空中转向，甚至再次跳跃（左脚踩右脚？）。当谈到视频游戏中的跳跃时，现实就不仅是被高估的问题了，而且完全被忽略，它让人感觉不对劲。

如果说使用重力模拟跳跃会导致糟糕的跳跃机制，那么使用 9.8 m/s^2 的值模拟跳跃机制会更糟。基本问题是大多数玩家都希望跳跃能够花费一定的时间，但也期望能够跳到不切实际的高度。当真实世界的重力用于达到这些高度时，玩家在空中的时间会太长，感觉像自己在"浮动"。许多街机赛车游戏也会增加重力以使汽车更快地回到地面。无论是赛车游戏还是角色游戏，玩家都希望尽快完全控制，等待现实世界的重力让他们降落到地面通常需要太长的时间。此外，还有其他一些赛车游戏会使用小于现实世界的重力值，以便在实际车速下实现不切实际的跳跃。

对于非玩家角色（Non-Player Character，NPC）对象也有理由摆弄引力。有时，真实世界的引力可以为模拟物体创造一个"泡沫制成的物体"感觉，[1] 因此，重力会增加，以使物体翻倒并更快地停下来。在其他情况下，人为的低重力值可以使大物体看起来更大（特别是伴随着正确的声音效果），因为地球上的加速度是恒定的，并且是人类本能地用来建立远距离物体的绝对比例的线索之一。[2]

希望在阅读前面的设计讨论时，你吸收了一般性的信息而不是关注我们的具体意见。实际上，"感觉正确"是一个主观问题，此外，它更多的是基于玩家的期望而不是物理现实（这才是重点）。最后，视频游戏中最重要的不是 CPU 或屏幕上发生的事情，而是玩家心目中的情况，而人类的思想极易受到暗示。在创建视频游戏时，要牢记的是，对逼真现实的追求永远不应该是游戏自身的目的，一个成功的视频游戏永远只会服务于它的最终目标：娱乐。如果娱乐效果需要逼真现实，才有必要考虑去实现它。事实上，片面强调逼真现实经常与娱乐目标背道而驰。例如，武侠游戏中的角色不但能跳跃比自己的身高超出两三倍的高度，轻松在空中转向，甚至直接腾云驾雾也不算什么稀奇事。缺乏这样的"特殊能力"在游戏的奇幻世界中是不可想象的。视频游戏制作者（特别是程序开发人员！）经常将最应该优先考虑的事项搞混了，最终可能创建出一个令人印象深刻的技术演示，但这却可能与娱乐无关。

12.2.2　摩擦力

如果我们取一个像牵牛花的花盆这样的物体并沿着某个表面滑动，可以知道它最终会停下来。我们也知道，如果将这个花盆放在不太平坦的表面上，除非倾斜角度超过某个阈值；否则，它不一定会向下滑动。这两种现象在摩擦力（Friction Force）方面略有不同。我们习惯于将摩擦视为生产力的可恶敌人，因为它是机器磨损的恶劣原因，也使得人们不得不更频繁地前往加油站。但是请记住，没有摩擦力，我们就无法穿过房间或抱起一个孩子（或端起一个花盆）；没有摩擦力，汽车可能具有更好的燃油效率，但变速箱将无法正常工作，轮胎将原地打转，而不是推动汽车前进。

在这里考虑标准干摩擦模型的两种模式，标准干摩擦模型有时也称为库仑摩擦（Coulomb Friction）。虽然有多位思想家为人们对摩擦的理解做出了贡献，但 Charles-Augustin de Coulomb（1736—1806）却是那个得以使用他的名字命名摩擦的人。当一个物体静止处于另一个物体的顶部时，需要一定的力才能使其脱落并使其运动。如果对物体施

---

[1] 这通常是由于用于帮助掩盖不稳定性的物理系统中的过度阻尼引起的。

[2] 这种技术可以称为"指环王的引力"，因为它让我想起了在逃离莫里亚矿山时被摧毁的巨型楼梯。

加的力较小，则摩擦力将以反作用力推回到某个最大量。这种类型的摩擦被称为静摩擦（Static Friction），它可以防止位于略微倾斜的桌子上的花盆滑落。一旦克服静摩擦并且物体移动，那么摩擦就会继续推动两个表面的相对运动，这种力称为动摩擦（Kinetic Friction），其幅度小于静摩擦力。动摩擦是导致花盆在开始运动后最终停止的原因。

　　摩擦是微观层面复杂相互作用的结果，因此有点令人惊讶的是，它的宏观行为可以通过相对简单的方程来描述。我们先考虑静摩擦。像任何力一样，静摩擦是矢量。静摩擦的方向总是在与任何会导致物体相对于彼此移动的力相反的方向上。这可能看起来有点像作弊（"摩擦如何总是知道推动的正确方向？"），但请记住，力实际上是许多电力（Electrical Force）作用于微观水平的总体结果。力是物体在接触时在物体之间形成的分子键的结果，这些键需要用力将它们拉开。

　　使用式（12.5）可以计算出最大静摩擦力的良好近似值。

 提示：静摩擦力

$$f_s = \mu_s n \qquad\qquad (12.5)$$

无量纲常数 μ_s 被称为静摩擦系数（Coefficient of Static Friction）；n 是法向力的大小。让我们更详细地讨论其中的每一个。

　　从我们的角度来看，μ_s 当然是两个里面更容易处理的：只需在表格中查找即可！表 12.1 显示了这样一个表。请注意，这里略微有一点超前，该表中显示了静摩擦和动摩擦的系数。你也可以暂时忽略该表中的动摩擦列。

表 12.1　静摩擦和动摩擦系数

材质 1	材质 2	μ_s（静摩擦）	μ_k（动摩擦）
铝	钢	0.61	0.47
铜	钢	0.53	0.36
皮革	金属	0.4	0.2
橡胶	沥青（干）	0.9	0.5～0.8
橡胶	沥青（湿）	—	0.25～0.75
橡胶	混凝土（干）	1.0	0.6～0.85
橡胶	混凝土（湿）	0.30	0.45～0.75
钢	钢	0.80	—
钢	特富龙	0.04	—
特富龙	特富龙	0.04	—
木材	混凝土	0.62	—

材质 1	材质 2	μ_s（静摩擦）	μ_k（动摩擦）
木材	清洁金属	0.2～0.6	—
木材	冰	0.05	—
木材	木材	0.25～0.5	—
木材（打蜡）	干雪	—	0.04

当然，有人实际上必须填写这些表格！获取这些数据的方法很有趣而且相当优雅，但它们不是我们主要关注的问题。对我们来说非常重要的是，静摩擦和动摩擦系数取决于两个相互作用的表面的性质。换句话说，表 12.1 不是由单个表面类型索引，而是由一对交互表面索引。因此，举例来说，虽然使用这个表可以找到橡胶对沥青的静摩擦系数，但是不能用这些信息说出任何关于橡胶对冰或木材对沥青的说法。由于微观相互作用的复杂性，每对表面的静摩擦系数必须通过实验测量。

另外需要注意的是，式（12.5）可以告诉我们静摩擦力的最大强度。在任何瞬间施加的实际力将满足作用在倾向于引起横向（Lateral，也称为"侧向"）相对运动的物体上的任何力的大小，直到达到最大值。一旦超过该最大值，则静摩擦就停止运转，而动摩擦则开始接管。

式（12.5）中的另一个因素是法向力（Normal Force）的大小，法向力是垂直于表面的力，阻止它们相互穿透。当一个物体（如花盆）放在另一个物体（如桌子）上时，会出现一种常见情况。在这种情况下，法向力仅仅是抵消重力所需的力。更确切地说，它是抵消垂直于表面并且想要将它们撞击在一起的重力分量所需的力。如果桌面处于倾斜状态，那么可以将重力分为法向分量和横向分量，如图 12.4 所示（在计算机内部，可能用法线矢量描述桌子的方向，并使用点积将重力分离成相对分量和法向分量，如第 2.11.2 节中所述）。由于花盆和桌子不会相对加速，则知道桌子推动花盆的法向力必须完全等于将花盆拉向桌子的重力的法向分量。

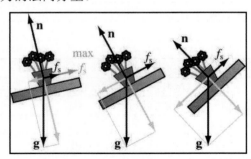

图 12.4 在桌子上以各种不同角度倾斜的花盆的自由体受力图

图 12.4 显示了相同花盆的几个自由体受力图，它们以不同的倾斜角度放在桌子上。请注意，在该图的每个受力图中，作用在花盆上的重力（标记为 g）都是相同的。已经分开的法向分量和横向分量则用灰色表示；静摩擦的实际力是标记为 f_s 的黑色矢量。在图 12.4 的左侧图中，可用的最大摩擦力标记为"max f_s"；在中间和右侧图中，最大摩擦量已经被应用。

图 12.4 中，在左侧图的第一种情况下，可用的摩擦力超过了停止滑动所需的摩擦力。但是，随着倾斜角度的增加，重力的法向分量会减小，从而减少可用的摩擦力。同时，随着重力的垂直分量减小，横向分量增加，这使得花盆想要滑动。如果花盆要保持平衡，则静摩擦力必须抵消该横向分量。中间的受力图显示了横向重力与最大摩擦力完全相等的临界角度。而在图 12.4 的右侧图中，我们可以想象一下，在将花盆放在适当的位置时倾斜桌子，然后松开花盆。此时，最大可用摩擦力已经应用，但由于法向力的减小，它小于中间的受力图中可用的摩擦力，并且不足以克服增加的重力横向分量。拍完这张照片之后，摩擦就从静模式切换到动模式，花盆从桌子上滑落并摔得七零八碎，一个卡通清洁机器人从一扇小门匆匆走进来，开始清理被制造得乱七八糟的地面。

计算动摩擦力与静摩擦力的公式基本相同。唯一的区别是用 k 替换下标 s。

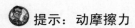 **提示：动摩擦力**

$$f_k = \mu_k n \qquad\qquad (12.6)$$

动摩擦力的方向总是与表面的相对运动相反（请记住，根据牛顿第三定律，实际上有两个力，一个推着花盆，另一个靠在桌子上，它们是相反的方向）。如前所述，动摩擦系数通常小于静摩擦系数。因此，如果我们非常缓慢地增加桌子的倾斜角度以便刚刚克服静摩擦，则基于动摩擦和静摩擦之间的差异，花盆将开始加速。库仑对该理论的主要贡献是，动摩擦力不依赖于表面的相对速度，这有时也称为库仑摩擦定律（Coulomb's Law of Friction），因此，与静摩擦不同，动摩擦的有效力和最大力之间没有区别。

请注意，两个对象接触的区域数量不会出现在式（12.5）或式（12.6）中。例如，假设将牵牛花放在较高的花盆中，占地面积较小但体重相同。这意味着我们减少了花盆和桌子接触的表面积，但图 12.4 中自由体受力图中描绘的所有力都将保持不变。这样做不会改变花盆开始滑动的角度！虽然看起来更大的表面区域会使花盆更多地"抓住"桌面，但这会被压力的减小所抵消，因为相同的总法向力现在分布在较小的接触面积上。现在，一个非常高的花盆可能会在它开始滑动之前就要倾倒。但这是旋转的问题，旋转趋势的增加是由杠杆臂的增加从而导致更大的扭矩引起的，第 12.5 节将介绍这些问题。

12.2.3　弹簧力

　　还有一类力非常重要，足以开辟单独的小节进行讨论：弹簧（Spring）从其平衡位置受到干扰（如压缩或拉伸）时所施加的力。为什么要讨论这种特殊的力？弹簧突然成为视频游戏中的突出特征，它们的精确模拟是一个重要的游戏功能吗？答案是，确实如此。虽然在视频游戏中看不到很多字面上的弹簧，但实际上却有很多"虚拟弹簧"在工作。弹簧表现出的一般性行为，对于强制执行约束，防止物体穿透等非常有用。

　　本节介绍阻尼和无阻尼振动（Undamped Oscillation）的经典运动方程。我们将首先讨论无阻尼振动，然后是阻尼振动。在视频游戏中经常出现的情况是程序开发人员使用虚拟弹簧——通常采用弹簧阻尼系统（Spring-Damper System）的形式，而他们使用的实际上是控制系统（Control System）。当问题的物理性质被抛弃时，我们有一些优势，因为可以纯粹用数学术语来思考它（实际上，很多时候这个问题从来没有真正开始，只是在物理方面做改动，以便可以应用弹簧阻尼装置）。

　　与摩擦定律一样，弹簧的力定律是针对宏观表现的惊人精确近似，是宏观微观相互作用的结果。考虑一个弹簧，其一端固定，另一端可自由移动。当弹簧处于平衡状态且没有外力时，它具有自然长度，称为静止长度（Rest Length）。如果拉伸弹簧，那么它将拉回以试图恢复其静止长度。同样，如果压缩弹簧，那么它会回推。但是，如何知道每种情况下力的强弱？这就是弹簧的力定律需要告诉我们的。

　　弹簧的力定律被称为胡克定律（Hooke's Law），它基本上是说，弹簧恢复力（Restorative Force）的大小与当前长度和剩余长度的差成比例。这里需假设力不超过称为弹性极限（Elastic Limit）的值，弹性极限值会随着用于构造弹簧的材料而变化。如果使用 l 表示弹簧的当前长度，使用 l_{rest} 表示剩余长度，则恢复力 f_r 的大小可通过式（12.7）计算。

　　🪙 提示：胡克的弹簧力定律

$$f_r = k(l_{rest} - l) \tag{12.7}$$

　　常数 k 被称为弹簧常数（Spring Constant），并且基本上描述了弹簧的"刚性"。该常数不是无量纲的。为了使式（12.7）有意义，必须有

$$[ML/T^2] = k[L],$$

$$[ML/T^2]/[L] = k,$$

$$[M/T^2] = k$$

或者也可以认为 k 具有"每单位长度的单位力"的单位。

关于弹簧的真正有趣的事情是它们随着时间的推移而表现出来的行为。为了理解这一点，让我们以一种专注于恢复力所作用的粒子的运动学的方式重申胡克定律。具体来说，我们对粒子的位移、速度和加速度的函数感兴趣。

如果采用一个参考系，其中，位置 $x = 0$ 指定的是"休息"位置，表示没有恢复力，则事情会变得比较容易。此外，由于我们对粒子的加速而不是作用于粒子的力感兴趣，将引入常数 $K = k/m$，并且由于 K 包含弹簧常数 k 和粒子的质量 m，它测量弹簧加速我们感兴趣的特定粒子的能力。通过这些符号变化，可以将式（12.7）重写为

由胡克定律推导出的加速度
$$a(t) = -Kx(t) \qquad\qquad (12.8)$$

在继续之前，你应该说服自己式（12.8）等效于式（12.7）。

式（12.8）说明了位置函数和加速函数之间的关系，但我们真正想要的是函数 $x(t)$ 本身。像这样的公式称为微分方程（Differential Equation），它们描述了一些未知函数（在本示例中，指的是函数 $x(t)$）与其一个或多个导数之间的关系（请记住，加速度是位移的二阶导数）。"求解"微分方程是找到满足等式的未知函数 $x(t)$。限于篇幅的关系，本书只能勉强介绍微积分学的一些基础知识，因此无法再去讨论求解微分方程的技术。幸运的是，你不需要知道微分方程，就可以验证所提出的函数 $x(t)$ 是一个求解结果——只需要能够求导函数 $x(t)$。事实证明，在本书中遇到微分方程的少数情况下，这就足够了。

通过查看示意图，我们可以很好地猜测 $x(t)$ 的形式。在这里没有涉及循环逻辑，我们不需要为了获得图形而知道 $x(t)$，我们需要的是一个带有某种标记设备的弹簧。[①] 这样的图形如图 12.5 所示。

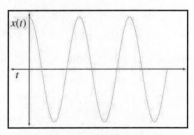

图 12.5　似曾相识的弹簧运动示意图

这个函数应该看起来很熟悉：它是余弦函数的图形。现在可以来看一看，如果只尝

[①] Walter Lewin 教授在麻省理工学院的物理课上做了这个课堂演示。所有讲座资料都可以通过麻省理工学院公开课（OpenCourseWare）网站（http://ocw.mit.edu）免费下载。

试将 $x(t) = \cos(t)$ 作为位置函数会发生什么。求导两次以获得速度和加速度函数（请记住，第 11.4.6 节中已经介绍了正弦和余弦函数的导数），可得

非常接近，但是并非十分正确
$x(t) = \cos(t),$
$\dot{x}(t) = -\sin(t),$
$\ddot{x}(t) = -\cos(t)$

这是非常接近的，但我们丢失了 K 因子。

为了理解 K 应该出现在 $x(t)$ 中的哪个位置，可以考虑当改变 K 值时 $x(t)$ 的图形会发生什么。换句话说，我们可以先改变弹簧的刚度或附着在弹簧末端的标记装置的质量，然后再重复我们的物理实验。结果是较大的 K 值（较硬的弹簧或质量较小的标记装置）导致图形被水平"压缩"，这意味着振动的频率增加。同样，较小的 K 值会使弹簧更缓慢地振动，并且图形被扩展。此外，还可以观察到频率与 K 的平方根成正比——也就是说，当将 K 增加 4 倍时，频率加倍。这给了我们一个关于 K 应该出现在哪里的提示，因为我们所做的就是缩放时间轴，具体如下：

求解结果，但它是唯一的吗？
$x(t) = \cos(\sqrt{K}\,t),$
$\dot{x}(t) = -\sqrt{K}\sin(\sqrt{K}\,t),$
$\ddot{x}(t) = -K\cos(\sqrt{K}\,t)$

通过将其插入式（12.8）中，可以验证这是该微分方程的解。记住 $a(t) = \ddot{x}(t)$，可以有

$$a(t) = -Kx(t),$$
$$-K\cos(\sqrt{K}\,t) = -K(\cos(\sqrt{K}\,t))$$

数量 $\sqrt{K}$ 是角频率（Angular Frequency），它经常出现，这足以使我们发现引入以下表示法是有帮助的：

角频率
$\omega = \sqrt{K} = \sqrt{k/m}$

因此，可以将求解结果编写为以下形式：

$$x(t) = \cos(\omega t) \tag{12.9}$$

由此可见，它被称为"角频率"不是没有原因的。

到目前为止，我们已经找到了弹簧的运动学方程。或者，也许应该说我们已经找到

了微分方程的 a 的解。在弹簧的运动中存在一些固有的自由度，这些自由度在式（12.9）中没有考虑。首先，我们没有考虑最大位移——称为振动的振幅（Amplitude），表示为 A。我们的方程总是具有振幅为 1。其次，假设 $x(0) = A$，这意味着弹簧最初被拉伸达到最大位移 A 并以零初始速度释放。然而，一般来说，我们可以把它拉到一些位移 $x_0 \neq A$ 然后给它一个推力，使得它的初始速度为 v_0。

看起来，如果要让公式变得完全通用的话，还有 3 个变量需要以某种方式在公式中进行计算。事实证明，刚刚讨论的 3 个变量——振幅、初始位置和初始速度——是相互关联的。任意选择其中两个，即锁定了第三个的值。我们将保持 A 的原样，然后用相位偏移（Phase Offset）θ_0 替换 x_0 和 v_0，它描述了弹簧在 $t = 0$ 时的周期中的位置。调整相位偏移具有在时间轴上水平移动图形的简单效果。加上这两个变量，我们得出了一般解，即简谐振动方程（Equation of Simple Harmonic Oscillation）。简谐振动也称为简谐运动（Simple Harmonic Motion）。

 提示：简谐运动

$$x(t) = A \cos(\omega t + \theta_0),$$
$$\dot{x}(t) = -A\omega \sin(\omega t + \theta_0), \qquad (12.10)$$
$$\ddot{x}(t) = -A\omega^2 \cos(\omega t + \theta_0)$$

现在让我们做一些观察。首先，请记住正弦和余弦函数只是彼此的转换版本，其转换关系是 $\sin(t + \pi/2) = \cos(t)$。因此，也可以使用正弦而不是余弦来写 $x(t)$，具体选择哪一个主要是偏好问题，其相位调整是 $\pi/2$。术语正弦曲线（Sinusoidal）可以用来指正弦和余弦函数的形状，在任何一个函数中都可以使用它。

其次，考虑振动的频率。正弦和余弦函数的周期为 2π，因此，振动器将在 ωt 增加 2π 所需的时间内完成一个周期。角频率 ω 是以每单位时间的弧度为单位测量的，但我们也可以测量频率 F，它是每单位时间的周期中的频率，具体如下：

简谐运动的频率
$$F = \frac{\omega}{2\pi} = \frac{\sqrt{K}}{2\pi} = \frac{1}{2\pi}\sqrt{\frac{k}{m}}$$

请注意，振动频率仅取决于弹簧刚度与质量的比率。特别是，它不依赖于初始位移 x_0——如果在释放弹簧之前将它拉伸到更远，则振幅会增加，但频率不会改变。

在许多情况下，频率是我们希望控制的重要数字。对于"虚拟弹簧"来说尤其如此，它们实际上是伪装的控制系统。在这些情况下，我们不需要纠结于弹簧常数或质量，可以直接根据频率编写运动方程，具体如下：

基于频率的简谐运动方程
$x(t) = A\cos(2\pi Ft + \theta_0)$

到目前为止，我们一直在研究一种物理上不存在的情况（即恢复力是唯一存在的力，弹簧将永远振动）。实际上，一般来说至少还有两种有趣的力量。其中一种是外力，有时也称为驱动力（Driving Force），它作为系统的"输入"并使运动首先开始；另一种力是任何真正的弹簧都会遇到的摩擦力，它最终导致运动停止。用于描述任何倾向于减小振动系统振幅的效应的一般术语是阻尼（Damping），我们将振幅随时间衰减的振动称为阻尼振动（Damped Oscillation）。阻尼力对于我们的目的特别重要，所以在此将更详细地讨论它们。

最常见的阻尼力模型是一个简单的模型，它与速度成比例但在相反的方向上，类似于摩擦定律（与第 12.2.2 节中的摩擦定律不同的是，这里没有任何关于法向力的东西）。简单阻尼力的计算公式如下：

简单阻尼力
$f_d = -c\dot{x}$

其中，f_d 表示阻尼力的瞬时幅度和方向；$\dot{x}$ 是瞬时速度；而 c 则是描述粘度、粗糙度等的常数。

阻尼力具有非常简单的形式，但就像恢复力一样，当我们研究随着时间推移的运动时，事情变得有趣。按照定性的方式，我们可以对弹簧的阻尼振动和同一弹簧的无阻尼振动之间的区别进行一些基本的预测。更明显的预测是，我们预计振动幅度会随着时间的推移而衰减，这意味着每个周期的波峰处的最大位移会比前一个周期略小。与摩擦力一样，阻尼倾向于从系统中去除能量。第二个观察结果与第一个观察结果相比稍嫌不明显：由于阻尼通常会减慢弹簧末端质量的速度，因此，与无阻尼振动相比，我们可以预期振动频率会降低。这两个直观的预测结果都是正确的，当然，如果要获得更具体的数字，则需要通过分析数学进行计算。

结合恢复力和阻尼力，净力可以写成以下形式：

$$f_{net} = f_r + f_d = -kx - c\dot{x}$$

为了推导出运动方程，需要的是加速度，而不是力。现在应用牛顿第二定律并且在该式的两边除以质量，则可得

$$\ddot{x} = \frac{f_{net}}{m} = -\frac{k}{m}x - \frac{c}{m}\dot{x} \tag{12.11}$$

接下来，用两个新的量重写式（12.11）。第一个量 ω_0 是无阻尼角频率（Undamped

Angular Frequency），并不是新的。它与前面介绍的 $\omega = \sqrt{k/m}$ 相同，这里添加 0 下标只是为了强调它是在没有阻尼而不是实际频率的情况下发生的频率（请记住，我们的预测是实际频率会以某种方式变慢）。

第二个量称为阻尼比（Damping Ratio），不要将它与阻尼系数 c 混淆。传统上，阻尼比用 ζ 表示，这是希腊字母 zeta，看起来很奇怪并且需要一些练习来手写。阻尼比可通过以下公式与阻尼系数、质量和无阻尼角频率相关：

阻尼比
$$\zeta = \frac{c}{2\sqrt{mk}} = \frac{c}{2m\omega_0}$$

我们很快就会解释 ζ 的定性含义，那时使用这个任意公式的效用将变得很明显。

将无阻尼频率 ω_0 和阻尼比 ζ 代入式（12.11），可得

阻尼振动的微分方程	
$$\ddot{x} = -\omega_0^2 x - 2\zeta\omega_0\dot{x}$$	（12.12）

具有微分方程训练的读者应该将公式（12.12）识别为具有常数系数的二阶线性齐次微分方程，这是我们希望得到的最好的微分方程之一，这意味着使用铅笔和纸就可以求解。没有接受过这种训练的读者也不必担心，因为要快速跳过求导，并不一定要求解答案。这里可以分为以下 3 种不同的情况：欠阻尼（Underdamping）、临界阻尼（Critical Damping）和过阻尼（Overdamping）。

当 $0 \leqslant \zeta < 1$ 时，我们说系统欠阻尼。在这种情况下，正如我们一直在预测的那样，运动将继续无限振动，振幅随着时间呈指数衰减。描述该运动的等式是

欠阻尼系统的运动方程	
$$x(t) = (k_1 \cos(\omega_d t) + k_2 \sin(\omega_d t))\, e^{-\zeta\omega_0 t}$$	（12.13）

其中，ω_d 是阻尼振动的实际频率，并且通过下式与无阻尼频率 ω_0 相关：

阻尼角频率	
$$\omega_d = \omega_0\sqrt{1-\zeta^2}$$	（12.14）

常量 k_1 和 k_2 由初始位置和速度决定，具体如下：

$$k_1 = x(0), \qquad\qquad k_2 = \frac{\zeta\omega_0 x(0) + \dot{x}(0)}{\omega_d}$$

使用 $\zeta = 0$ 产生无阻尼振动，式（12.13）等效于式（12.10）。

常识告诉我们，随着阻尼比的增加，振动频率会降低，参考式（12.14），可以看到在 $\zeta = 1$ 时频率完全消失。在此阈值（称为临界阻尼）下，系统的行为会定性地发生变化。系统不再振动，而是以指数方式衰减。这种情况下的运动方程是

临界阻尼的运动方程
$x(t) = (k_1 + k_2 t)\, e^{-\omega_0 t}$ （12.15）

其中，k_1 和 k_2 仍然是由初始条件决定的，具体如下：

$$k_1 = x(0), \qquad\qquad k_2 = \omega_0 x(0) + \dot{x}(0)$$

临界阻尼恰好是合适的量，这样系统可以在没有振动的情况下尽快衰减。如果阻尼减小，则系统欠阻尼，如前所述，并且将振动；如果阻尼增加，则系统过阻尼，它不会振动，衰减速率将比临界阻尼速率慢。图 12.6 显示了阻尼值对系统表现的影响方式。

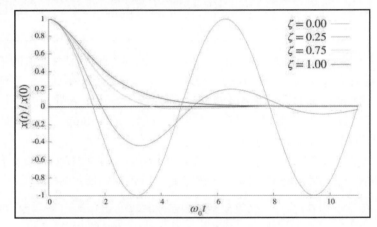

图 12.6　无阻尼、欠阻尼、过阻尼和临界阻尼系统

现在我们已经回顾了可以在任何物理教科书或 wikipedia.org 上找到的经典方程式，让我们来谈一谈弹簧阻尼系统如何在视频游戏中用作控制系统（Control System）。一般来说，控制系统[①] 将采用表示某个目标值的时间函数作为输入。例如，我们的相机代码可能会根据玩家每一帧的位置计算出所需的相机位置；一些 AI 代码可能会确定敌人的确切目标角度；我们可以根据控制杆偏转的瞬时量获得所需的玩家角色速度；或者我们可能根据菜单中当前选择的选项，为某些高光效果设置所需的屏幕空间位置。在任何情况

[①] 这不是"控制系统"最广泛的定义，但它是最常见的定义。

下，输入信号的当前值都被称为控制系统术语中的设定点（Set Point）。设定点基本上是弹簧的静止位置，输入信号就像有人拿着弹簧的另一端并猛地一拽。所以说它类似于驱动力，通常我们所拥有的是描述位置而不是力或加速度的函数。

任何控制系统的工作是获取该输入信号并产生输出信号。回到之前的例子，输出信号可能是，每帧使用的实际相机位置；或者敌人用来瞄准武器的实际动画目标角度；或者实际玩家角色速度；或者实际高光的屏幕空间位置。对于许多控制系统来说，并不使用实际位置和设定点，相反，它只需要误差。当然，一个显而易见的问题是，如果我们知道"期望"值，为什么不直接使用它呢？答案是因为它太生硬了。与汽车上的弹簧和减震系统（弹簧-阻尼系统的典型例子）类似，我们不能将沿着道路的高度直接传递到汽车，视频游戏中的控制系统通常被设计成对于突然的状态变化进行"平滑凹凸"处理，防止相机突然移动到一个新位置或者玩家猛然生硬地移动（这感觉可能还真的和你坐在一辆完全没有减震系统的汽车上差不多）。相机或屏幕空间的高光显示是一些非物理示例，其中的"质量"的数量不是真正合适并且被丢弃，但微分方程仍然相同，并且它们具有相同的求解结果。抛开关于弹簧的比喻，剩下的就是所谓的 PD 控制器（PD Controller）。P 代表比例（Proportional），这是控制器的弹簧部分，因为它与当前的误差成比例。阻尼器（Damper）是 D 部分，它代表导数，因为阻尼器在任何给定时刻的作用与导数（速度）成比例。PD 控制器还有一个更强大的师兄，即所谓的 PID 控制器（PID Controller），其中，I 代表积分并可用于消除稳态误差（Steady-State Error），它们师兄弟都是广泛适用的工具。几十年（甚至是几个世纪？）以来，它们一直是标准的工程工具，并且很好理解。尽管如此，它们仍然是视频游戏编程中最常被重新发明的"轮子"之一。

在实践中，模拟代码是式（12.11）的非常简单的欧拉积分——第 12.6.3 节将讨论。这是一种描述代码的奇特方式，如代码清单 12.1 所示。

代码清单 12.1　简单的弹簧-阻尼器控制系统

```
struct SprintDamper {
    float value;            // 当前值
    float setPoint;         // "期望"值
    float velocity;         // 当前"速度"（值的导数）
    float c;                // 阻尼系数
    float k;                // 弹簧常数

    // 更新当前值和速度
    // 通过给定时间步长按时逐步前进
    void update(float dt) {
```

```
        // 计算加速度
        float error = value - setPoint;
        float accel = -error*k - c*velocity;

        // 欧拉积分
        velocity += accel * dt;
        value += velocity * dt;
    }
};
```

　　不同的汽车具有不同调整的悬架，例如，跑车"更加紧凑"，而年龄较大的退休人员则喜欢自己驾驶的汽车更加平顺。同样，我们也可以调整控制系统以获得所期望的响应。从代码清单 12.1 中可以看到，模拟使用了式（12.11）中的 k 和 c。但是，大多数人并不认为这些是最直观的调节量。相反，阻尼比和振动频率被用于设计者界面，而 k 和 c 则被计算为推导出来的量。要调整频率，我们可以调整阻尼或无阻尼版本，使用角频率或简单的赫兹，单位和绝对值通常并不重要，因为感觉良好的值无论如何都将需要通过多次尝试确定。对于视频游戏中的许多系统，振动是不可取的，因此通常假设一个临界阻尼系统并固定 $\zeta = 1$，只留下"频率"（我们把它放在引号中，因为系统没有振动）作为唯一的可调谐值。对于汽车来说，"频率"越高，则反应越快（推背感越强），但越生硬；频率越低，则行驶越平顺，但感觉"滞后"，加速无力。

　　请注意，模拟并不直接需要运动学方程（12.13）和方程（12.15），也不需要明确区分欠阻尼、临界阻尼或过阻尼。

　　在离开这个讨论之前必须要提到的是，我们在这里描述的二阶系统肯定不是唯一的控制系统类型，甚至也不是最简单的系统，但它们在很多环境下表现得很好并且很容易实现和调整；另一种常用的控制系统是简单的一阶滞后 $\dot{x} = kx$，在该系统下，误差呈指数衰减。这类似于临界阻尼的二阶系统，但对设定点的突然变化会有一些更生硬的反应。另一个重要且常见的技术是以固定速度"追逐"设定点。过滤器（Filter）是另一类广泛应用的控制系统，在该系统中，将通过对先前帧上的设定点或值进行线性组合来计算输出。

12.3　动　　量

　　假设第 12.1.3 节中的 Moe 的箱子具有质量 m，并且在某个瞬间我们观察到它以速度 $\mathbf{v}$ 移动。在故事的后期，我们无法分辨出用于实现该运动的力的大小，或者施加了多长时间，或者箱子速度的历史是什么。例如，由于在持续时间 Δt 内施加恒定的净力 $\mathbf{f}$，可能导致箱子被加速，但我们无法知道 $\mathbf{f}$ 和 Δt 的值，究竟是一个较大的力作用较短的持续时间，还是一个较小的力作用较长的持续时间？事实上，我们根本没有理由认为力是恒定的！Moe 可以给这个箱子一个很强的推力并让它运动起来，然后又给它另一个推力来加速它。

虽然不知道 Moe 推动箱子的确切历史，但我们确实知道"总量"是多少。假设 Moe 在施加恒定力 $\mathbf{f}$ 的情况下进行一次推动，持续时间 Δt。然后根据牛顿第二定律，加速度为 $\mathbf{a} = \mathbf{f}/m$。假设初始速度为零，则可知

$$\mathbf{v} = \mathbf{a}\,\Delta t$$

代入 $\mathbf{a} = \mathbf{f}/m$ 并重新排列，可得

两种思考动量的方式
$\mathbf{v} = (\mathbf{f}/m)\,\Delta t,$ $m\mathbf{v} = \mathbf{f}\,\Delta t$　　　　　　　　　　　　　　（12.16）

式（12.16）的左侧和右侧说明了关于动量（Momentum）重要概念的两种不同思考方式。动量是要跟踪的正确数量，以量化"总推动量"。

让我们对式（12.16）进行量纲分析，首先只是为了验证它是否具有物理意义——这两个积具有相同的物理意义但并不直观——然后还要看一看动量的单位应该是什么：

$$m\mathbf{v} = \mathbf{f}\,\Delta t,$$
$$M(L/T) = (ML/T^2)\,T,$$
$$ML/T = ML/T$$

注意，动量是矢量，具有大小和方向。

要了解什么是动量，来看一下式（12.16）的两边。首先考虑左侧，它将动量解释为质量和速度的乘积。事实上，在几乎所有物理教科书的某个地方你都可以找到以下形式的式（12.17）。

🏛 提示：动量作为质量和速度的结果

$$\mathbf{P} = m\mathbf{v} \qquad\qquad\qquad (12.17)$$

变量 $\mathbf{P}$ 是用于表示动量的传统变量（尽管是大写字母，$\mathbf{P}$ 仍然是矢量。这里使用大写 $\mathbf{P}$ 来为了避免与符号 $\mathbf{p}$ 混淆，有时会用 $\mathbf{p}$ 来指代粒子的位置）。

式（12.17）清楚地表明，物体的动量是物体的瞬时（Instantaneous）特性。这样的表述意味着，我们可以通过只知道它的瞬时状态来定义它的值，而不用关心它是如何进入那个状态的。此外，如果你认为动量是阻止移动物体所需的"推动总量"，那么它便自

然而然地具有了直觉上的吸引力，因为这应该是质量和速度的乘积。如果物体很小并且移动缓慢（例如铅笔在桌面上滚动），那么只需要很小的力即可；如果速度飞快（例如子弹）或质量很大（例如某人在没有紧急制动装置的情况下停在斜坡上的汽车），则需要更大的量；如果它速度快而且质量很大（例如飞机降落），那么你最好赶快让道（不然会很惨）。等式 $\mathbf{P} = m\mathbf{v}$ 量化了"停不下来"的概念。

虽然从式（12.16）左侧得到的令人难忘的等式 $\mathbf{P} = m\mathbf{v}$ 可能是解释动量的更常见方式，但右侧实际上提供了更有趣的观察结果。关系 $\mathbf{P} = \mathbf{f}\,\Delta t$ 表明，动量作为力和时间的乘积，是当力随时间作用时产生的结果。这就是前面那个语焉不详的短语"推动总量"的意思。我们并不是说推动本身的力量正在改变或积累，而是持续应用净力总是会导致动量增长（当力和动量的方向相反时，动量会减少）。

事实上，如果推广方程 $\mathbf{P} = \mathbf{f}\,\Delta t$，就可以发现力与动量之间更深的关系；如果 Moe 不是用恒定的力推动箱子，而是用随时间变化的力推动它，结果会怎么样呢？我们可以将任何给定时间 t 的加速度表示为

$$\mathbf{a}(t) = \mathbf{f}(t)/m \tag{12.18}$$

这其实就是牛顿的第二定律，我们在其中添加了符号"(t)"以更明确地表示 $\mathbf{a}$ 和 $\mathbf{f}$ 将随时间发生变化。在第 11 章中已经介绍过了，如果对随时间发生变化的加速度积分，则可以获得作为时间函数的速度，具体如下：

速度是加速度的时间积分，犹记否？
$$\mathbf{v}(t) = \int \mathbf{a}(t)\,dt \tag{12.19}$$

将式（12.18）代入式（12.19）中，假设质量不会随时间发生变化，则可得

$$\mathbf{v}(t) = \int \mathbf{f}(t)/m\,dt,$$
$$m\mathbf{v}(t) = \int \mathbf{f}(t)\,dt$$

最后，如果设 $\mathbf{P}(t)$ 作为时间的函数的物体的动量，那么通过代入 $\mathbf{P}(t) = m\mathbf{v}(t)$，即可推导出以下重要关系：

动量可作为随时间累积的力
$$\mathbf{P}(t) = \int \mathbf{f}(t)\,dt \tag{12.20}$$

由于积分是一个"累加求和"过程，因此，式（12.20）证实了对动量的解释，即它是随

着时间的推移持续施加力的结果（注意：在上面的积分中，省略了积分常数，基本上假设初始速度为零）。

读者应该还记得，积分和求导是逆运算。通过将两边的导数相对于 t，即可了解动量和力之间关系的另一面。

💡 **提示：力可以作为动量的导数**

$$\frac{d}{dt}\mathbf{P}(t) = \mathbf{f}(t) \tag{12.21}$$

系统上的净外力等于系统的动量变化率。

式（12.21）不仅仅是关于力和动量的有趣观察，它也是定义力的一种完全有效的方法。事实上，虽然牛顿定律的现代表现是在力和质量方面，但是当牛顿自己首先表示其定律时，他是用动量来写的。他使用了"运动"这个词，但是从他的著作中可知，他使用这个词具有非常特殊的意义，他真的是在谈论动量（其时"动量"这个词还没有附在那个概念上）。别忘了，他就是那个制定所有基本定律的人）。牛顿第二定律最初是用一种比常见的 $\mathbf{f} = m\mathbf{a}$ 更接近式（12.21）的形式表达出来。

12.3.1　动量守恒

让我们回到以前的话题，考查当 Moe 踩在地上推动箱子移动时会发生什么。牛顿定律告诉我们，地球没有任何其他东西可以推回，它接收的是净力，从而获得加速度（和稍后将讨论的扭矩）。当你推动箱子并且迈出每一步时，都会让地球加速！当然，与 Moe 的力量相比，地球的质量是如此之大，以至于这种加速度很微小。不仅如此，当 Moe 推动箱子向东前进时，在北达科他州的 Joe 可能在同一时间推动箱子向西前进，因此，这两个推进的力量可能会被抵消。比这两个事实更重要的一个问题涉及物理学的"会计法则"："没有自由动力这样的东西"。Moe 不需要 Joe 来平衡他的力量，事实证明，他自己就可以不由自主地做到这一切！

一旦 Moe 将箱子置于运动状态，他将需要最终阻止它。根据牛顿第一定律，阻止移动箱子的唯一方法是通过一种力，根据第三定律，只有在涉及其他物体接受相反力量时才会发生这种情况。也许箱子碰到一棵树然后停下来（我们认为树是地球的一部分。请记住，牛顿的第三定律证明我们可以将连通物体作为单个物体来处理，只要它们保持刚性连接）。为了阻止箱子，地球必须用力推动它，这与 Moe 推动箱子开始移动的方向相反。但是，我们知道推动的"总量"必须是相同的，这意味着地球必须用足够强大的力量推回，或者持续足够长的时间（也许是 Moe 的箱子陷入了一片杂草丛生的草地），使得箱子的动量下降到零。因此，你可以看到，在让 Moe 的箱子处于运动状态时，无论地球接收到哪些加速度，要让箱子停止时，它都将被停止所需的力精确抵消掉。

但也许 Moe 的箱子不会因为直接推向地球而停止。让我们假设它碰到了 Joe 的箱子。瞧！我们已经停止了 Moe 的箱子，并且没有对地球施加任何力量。但现在，根据牛顿的第三定律，Joe 的箱子必须开始加速，于是我们又回到了讨论的起点，一个移动的箱子将继续移动，除非它接收到一个力使它停止。最终，我们能够阻止这种连锁反应的唯一方法就是 Moe 推动他的箱子，而这最终会推动地球。

我们可以进一步概括这个想法。我们有理由将整个地球及其所有运动部分视为一个单一的粒子，其全部质量集中在一个称为质心（Center of Mass）的位置（第 12.3.2 节将更详细地讨论这个特殊点）。像 Moe 这样推动地球的人会导致系统中物体之间的动量转移。在这个非常复杂的系统中，每一个部件都将相对于其他部件并相对于系统的质心移动。但是，除非有外力作用于系统，否则整个系统的总动量始终是恒定的，这被称为动量守恒定律（Law of Conservation of Momentum）。

提示：动量守恒定律

除非有外部力作用于系统，否则系统的总动量始终是恒定的。

动量守恒正是式（12.21）所要表达的意思。这肯定是一个经过实验验证的事实，但它也自然地归结为牛顿定律的结果。第 12.4 节将讨论如何使用这个重要的定律来模拟物体的碰撞。当然，在这之前，我们需要仔细研究质心。

12.3.2　质心

对动量的讨论使我们考虑了物体的质心。对于这个重要的概念，有必要再多聊几句。对于日常用途来说，质心等于重心，这基本上就是物体保持完美平衡的点。因此，如果某人即将摔倒，就是因为重心不稳；如果重心保持得好，那么像杂技演员那样走钢丝也不是问题；如果我们能让一根非常细的杆顶端的物体保持平衡或将其悬挂在一根金属丝上，那么杆或金属丝将成为一条包含质心的线。

在讨论如何以数学方式计算质心之前，不妨来看一看如何通过实验来衡量它。想象一下，我们有一些具有奇怪形状或不规则密度的物体。可以通过将对象悬挂在对象表面上的任意点来确定其重心。这其实是定义了一条垂直线，重心必须位于该垂直线上。通过在物体上用不同的点重复实验并找到这两条线的交点，就可以找到重心。

我们在一块刨花板上进行了这项实验，如图 12.7 所示。首先，将板切割成有目的的不对称形状。接下来，我们选择了 3 个任意位置来悬挂刨花板，当板子完成悬挂时，我们在板上画了一条粗线，与悬挂板子的线保持一致。果然，物理学还是管用的，第三条线正好穿过前两条线的交叉点，这个点就是板子的质心位置。

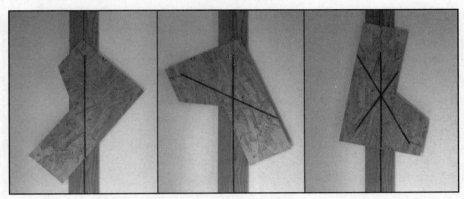

图 12.7　通过实验测量一块奇形怪状的刨花板的质心

为了以数学方式计算质心，我们可以想象物体被分成很多小的"质量元素"。如果有 n 个这样的元素，将第 i 个元素的质量和位置分别表示为 m_i 和 $\mathbf{r}_i$，然后质心 $\mathbf{r}_c$ 简化了所有质量元素的位置的加权平均值。

提示：计算质心

$$\mathbf{r}_c = \frac{1}{M}\sum_i^n m_i\mathbf{r_i} \tag{12.22}$$

在式（12.22）中，M 是物体的总质量，即

$$M = \sum_i^n m_i$$

就我们的目的而言，质心最重要的特性是，如果物体旋转，那么它将围绕其质心旋转。当然，这假定物体是自由旋转的，并且没有约束迫使它围绕其他点旋转。

举个例子，考虑一个大锤。显然，大锤的质心靠近锤子重的那一头，而不是在手柄的中间。假设我们把锤子扔过房间，当它在空中翻滚时，锤子上的任意点都会描绘出复杂的螺旋形状。但是，质心是以抛物线运动的，这与第 11 章中介绍的运动学方程完全一致。

　　作者无法抗拒投掷大物体的机会，所以我们通过实验证实了这个假设，你也可以。[①]
我们从奇形怪状的刨花板开始，它的质心已经通过实验定位并清晰标记。接下来，就是
有趣的部分：我们将它扔在空中，并用安装在三脚架上的相机拍摄了一系列轨迹图片；
最后将这些帧合并为一个图像，并使用最小二乘法通过标记质心的点拟合抛物线。实验
结果如图 12.8 所示。

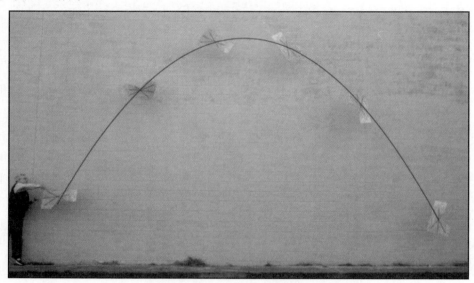

图 12.8　质心是遵循第 11 章中的简单运动方程的特殊点。
任何其他点在物体旋转时均会描绘出螺旋形路径

　　这里有一个很小的注意事项说明：当拟合抛物线时，我们没有在数据集中包含第一
帧。正如读者所看到的，在第一帧上，刨花板仍然在助手的手中，因此尚未开始其（抛
物线）自由落体轨迹。

　　因为当允许自由旋转时，物体将围绕其质心旋转，因此，在物理模拟中选择物体的
原点位于其质心处是非常有利的。当然，你可能有充分的理由将对象的原点放在别处。
例如，你可能拥有一个对象的图形表示，其原点位于某个对制作该模型的艺术家有意义
的地方。一般来说，如果将原点放置在质心以外的其他位置，则可能需要处理对象的两
个"位置"：一个位置是物理系统中的，用于描述质心的世界坐标；另一个位置也许是

[①] 如果你决定这样做，请遵循以下建议：① 请保持安全。虽然抛掷这个东西确实可以看到一个完美的抛物线轨迹，但是它
却无法承受降落着地的冲击力。② 我们拍摄了大约 4 赫兹的静态照片，但是使用一个能够每秒拍摄更多帧的更好的相机，
或者从视频中提取帧可能会更好。③ 请将你的照片发送到我们的 gamemath.com！

在渲染系统中，用于图形模型的原点。在这两个约定之间进行转换的代码可能在物理引擎的接口中找到，例如，在物理模拟运行后更新对象位置的代码，或者为渲染期间的对象设置参考系的代码。

质心固定用于诸如大锤之类的刚体，这个假设在整个讨论中是隐含的；否则，建议将原点设置在质心中是没有意义的。但是，对于具有移动部件的一般系统，例如地球，质心是动态属性，而不是常数。当部件重新配置时，质心在物体内移动。

例如，假设世界上所有人都决定同时跑到北极去，假设我们都体格健壮并且有足够的御寒耳罩可以在北极走动，地球的质心就会向北极移动。然而，这个新的质心将追溯与旧的轨迹完全相同的轨迹。换句话说，虽然地球几何中心的轨迹将略微"向南"，但如果我们都留在家中，那么在任何一种情况下，由质心追踪的轨迹都是相同的。

或者，假设我们去的不是北极，而是都决定去赤道附近的加拉帕戈斯群岛，那么地球的旋转会突然变得像摇摆不定的吊扇一样"颤抖"吗？没有！相反，质心将向加拉帕戈斯群岛移动，地球将围绕这个新的质心旋转。因此，虽然从上方观察时旋转可能看起来不对称，因为旋转不是围绕球形地球的中心（假设地球是完美的球形），旋转将是平滑的。不平衡的吊扇是不稳定的，因为它不能自由选择其旋转轴，因此必须平衡以使质心与固定的旋转轴对齐。然而，地球与任何东西都没有联系，它可以自由地围绕质心旋转，无论质心在哪里。

当然，地球上所有人聚集在一起的质量都比我们的月球还少，所以刚才的讨论其实一直是在误导。在我们绕太阳运行时追踪椭圆的点根本不是地球的质心！它是整个地月系统（Earth-Moon System）的质心。该点并不是非常接近地球的几何中心，尽管它位于地表之下，但仅仅是因为地球比月球还要大得多。当月球围绕地球运行时，地月系统的质心在地球内部移动。正是这个想象点绕太阳运行，而不是地球本身的质心。

12.4　冲击力和碰撞

在视频游戏中，事物往往会互相撞击在一起，所以花一些时间来谈论碰撞（Collision）似乎是合适的。正如我们所提到的，在现实世界中，动量不会瞬间改变；相反，一个很大的力可以在很短的时间内发挥作用。然而，尽管现实如此（请记住视频游戏物理的第一定律），但游戏中经常会出现这些力作用的时间间隔低于物理时间步长的分辨率的情况，并且出于实用的目的，我们也可以考虑动量的变化在瞬间发生。最重要且最常见的情况是当对象涉及碰撞时。由于大多数物体的质量是恒定的，因此，动量的瞬时变化一般来说可以归结为速度的瞬时变化。

考虑在一个维度上朝向彼此的两个物体，质量分别为 m_1 和 m_2，速度分别为 v_1 和 v_2，如图 12.9 所示。

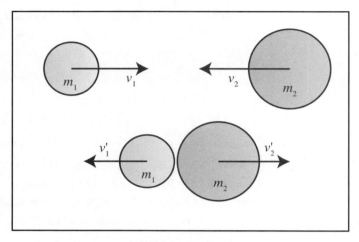

图 12.9　碰撞

使用动量关系 $p = mv$，可以计算碰撞前后两个物体（分别以 p_1 和 p_2 表示）和作为一个整体的系统（简称为 p）的动量。假设质量保持不变，并且在表示碰撞后的值的符号上加上一个上撇号，具体如下：

$$p_1 = m_1 v_1, \qquad p_2 = m_2 v_2, \qquad p = p_1 + p_2 = m_1 v_1 + m_2 v_2,$$
$$p_1' = m_1 v_1', \qquad p_2' = m_2 v_2', \qquad p' = p_1' + p_2' = m_1 v_1' + m_2 v_2'$$

根据动量守恒定律，每个物体的动量变化实际上是力随时间变化的结果。但是，我们认为这里的碰撞会产生两个物体动量的瞬时变化。以这种方式处理的力被称为冲击力（Impulsive Force），或更简单地称为冲力（Impulse）或碰撞力。由于冲击力是动量的瞬时变化，因此它具有与动量相同的单位：ML/T。请注意，冲击力与常规的力具有很大的不同，后者的单位是 ML/T^2。程序开发人员常见的错误之一就是混淆了冲击力和常规的力，所以一定要注意观察它们的单位。

当两个物体发生碰撞时，即使我们认为它们可能保持完整，也会发生很多事情。一种可能的情况是它们互相反弹，改变了 v_1 和 v_2 的（正负）符号；另一种可能的情况是它们会粘在一起。前者称为弹性碰撞（Elastic Collision），后者称为非弹性碰撞（Inelastic Collision）。实际上，只有完美弹跳（Perfect Bounce）才被认为是真正的弹性。术语完全无弹性（Perfectly Inelastic）和完全弹性（Perfectly Elastic）用于指代两个极端，而中间的碰撞则被简单描述为非弹性（Inelastic）。第 12.4.2 节将通过使用恢复系数更准确地定义这些术语，但是要完全理解这种区别则需要理解动能。正如第 11 章开头所提到的，能量当然是物理学中的一个重要概念，但它实际上并没有在大多数实时模拟所使用的牛顿-欧拉动力学中发挥核心作用，所以本书没有对它进行过多讨论。每个物体的速度（和动量）可能会发生变化，但是动量守恒定律表明两个物体系统的总动量必须保持不变，也就是说，$p = p'$。

一般来说，我们不能仅使用动量守恒定律预测单个速度 v_1 和 v_2，因为动量守恒定律仅给出了一个方程（$p = p'$），并且还有两个未知数。在考虑我们需要的其他信息之前，不妨来看一些简单的碰撞和动量守恒的情况。假设碰撞完全非弹性，即物体在撞击时粘在一起。这给了我们求解方程组所需的另一个方程：$v_1' = v_2'$。

12.4.1 完全非弹性碰撞

非弹性碰撞的典型例子是将枪弹射入挡块中。假设在图 12.10 中，一块重达 2.00 千克（kg）的木块处于静止状态，该木块被悬挂在一根质量被忽略的钢丝上。我们向这个木块开枪，已知子弹质量为 10 克（g），以 350 米/秒（m/s）的速度射向木块。子弹最后卡在了木块中。在撞击之后木块在那一刻的水平速度是多少？

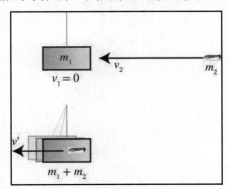

图 12.10 一颗子弹射入一块被钢丝悬挂的木块中
（换句话说，这是一个典型的《流言终结者》科普剧情）

首先，可以计算系统的初始动量，它全部包含在子弹中，具体如下：

$$p = m_1 v_1 + m_2 v_2 = (2.00 \text{ kg})(0) + (10.0 \text{ g})(350 \text{ m/s}) = 3.50 \text{ kg m/s}$$

现在使用动量守恒定律 $p = p'$ 寻找得到的公共速度，将其简称为 v'，并且知道这是非弹性碰撞，即 $v' = v_1' = v_2'$，则 v' 具体计算如下：

$$p' = m_1 v'_1 + m_2 v'_2,$$
$$3.50 \text{ kg m/s} = (2.00 \text{ kg})v' + (10.0 \text{ g})v',$$
$$3.50 \text{ kg m/s} = (2.00 \text{ kg} + 10.0 \text{ g})v',$$
$$(3.50 \text{ kg m/s})/(2.01 \text{ kg}) = v',$$
$$1.74 \text{ m/s} = v'$$

现在来看一下非弹性碰撞的另一个例子，这次是二维。假设有一个司机闯红灯，她驾车撞向了一辆穿过十字路口的汽车。假设格兰特是一个遵守交通安全规则的驾驶员，在碰撞时，格兰特和他的节油混合动力车的总质量为 1500 千克（kg），并以 35 千米/小时（km/hr）的速度向西行驶。凯莉就是那个闯红灯的司机，[①] 由于她没有注意，当她看到格兰特的车时已经太迟了，撞车时略左转。凯莉和她的车的总重量为 2500 千克。在撞击时，她以 65 千米/小时的速度行驶，车头方向为西北方向 25°，如图 12.11 所示。假设我们可以将碰撞视为非弹性，则碰撞后的撞击速度是多少？[②]

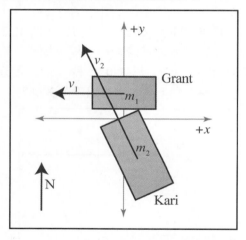

图 12.11　撞车

原　　文	译　　文
Grant	格兰特
Kari	凯莉

为了求解这个问题，让我们设置一个二维坐标空间，其中+x 是朝东，+y 是朝北。计算撞车前的总动量为

[①] 我们选择让凯莉成为一个糟糕的司机，不是因为性别偏见或者因为她是红发女郎，而是因为这样的假设能避免冒犯更多的人。

[②] 又是一个典型的《流言终结者》科普剧情。

$$\mathbf{P} = m_1 \mathbf{v}_1 + m_2 \mathbf{v}_2 = (1,500 \text{ kg})(35 \text{ km/hr}) \begin{bmatrix} -1 \\ 0 \end{bmatrix}$$

$$+ (2,500 \text{ kg})(65 \text{ km/hr}) \begin{bmatrix} \cos 115° \\ \sin 115° \end{bmatrix}$$

$$= (52,500 \text{ kg km/hr}) \begin{bmatrix} -1 \\ 0 \end{bmatrix} + (162,500 \text{ kg km/hr}) \begin{bmatrix} -0.423 \\ 0.906 \end{bmatrix}$$

$$= \left(\begin{bmatrix} -52,500 \\ 0 \end{bmatrix} + \begin{bmatrix} -68,700 \\ 147,000 \end{bmatrix} \right) \text{ kg km/hr} = \begin{bmatrix} -121,200 \\ 147,000 \end{bmatrix} \text{ kg km/hr}$$

由此两辆汽车碰撞后产生的撞击的速度就是刚刚计算出的总动量除以总质量：

$$\mathbf{v}' = \mathbf{P}'/(m_1 + m_2) = \left(\begin{bmatrix} -121,200 \\ 147,000 \end{bmatrix} \text{ kg km/hr} \right) / (1,500 \text{ kg} + 2,500 \text{ kg})$$

$$= \left(\begin{bmatrix} -121,200 \\ 147,000 \end{bmatrix} \text{ kg km/hr} \right) / (4,000 \text{ kg}) = \begin{bmatrix} -30.3 \\ 36.8 \end{bmatrix} \text{ km/hr}$$

12.4.2 一般碰撞响应

简单的非弹性碰撞可以通过使用动量守恒原理来解决，但是，如何计算一般情况下的速度？在全面回答这个问题之前，我们需要考虑问题的背景。处理碰撞通常是两步过程：第一步是必须检测到碰撞已经发生，这意味着物体已经穿透，或者在这个时间步长中即将发生碰撞；第二步是采取措施解决或防止碰撞。前一项任务称为碰撞检测（Collision Detection），后一项称为碰撞响应（Collision Response）。我们此时的目的是讨论理论上的碰撞（在第 12.6 节中将涉及物理模拟如何真正起作用的一些实际问题），所以现在让我们仅仅尝试对刚体因碰撞而发生的动量变化的方式进行一般性解释。假设已知两个物体已经碰撞，我们希望预测它们在碰撞后的行为。

要做到这一点，无论是在物理问题的抽象中，还是在数字模拟的碰撞响应代码中，我们通常不仅要知道两个对象已经碰撞，而且还要知道它们碰撞的位置，以及两个对象在接触点彼此如何相对定向。例如，在格兰特和凯莉之间的车祸中，我们需要知道的信息是：格兰特的车在左门附近被撞击，而凯莉的车的撞击点在右前挡泥板上。当然，碰撞不一定只发生在一个点上。一般来说，一个物体可能是某个边接触另一个物体的表面，也可能是整个表面都接触。在撰写本文时，大多数实时碰撞检测系统不以这种描述性方式返回碰撞，碰撞响应系统也不能真正利用该额外信息。我们得到的最接近的代码是检测系统会定位若干个接触点（或穿透点），然后以某种方式处理该列表（例如，通过找到它们的凸包或寻找平均表面法线）。总而言之，如何快速完成碰撞检测工作，目前仍然是研究的前沿领域，因此不在本书的讨论范围之内。在这里，我们只考虑单点接触中涉及的原则。更先进的技术其实也需要建立在这些原则之上。

图 12.12 显示了可能从碰撞检测系统返回的一些碰撞结果示例。请注意，每个碰撞结果（黑色箭头）都有一个接触点（在箭头的尾部）和一个表面法线，通常假定为单位矢量。至于法线指向哪个方向，这可以通过选择任意一个约定来确定。在图 12.12 中，它从"主动"撞击的"第一个"对象出发，指向被撞击的"第二个"对象。此外，这两个对象也可以任意地分配"第一个"和"第二个"的角色。这些分配甚至可以逐帧变化，因此响应计算必须是对称的。该图中未标记的是，如果物体已经穿透，则经常返回穿透深度。

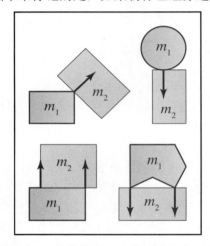

图 12.12　碰撞检测返回的结果类型示例

在这里应该始终牢记视频游戏物理的第一定律。视频游戏中的所有碰撞并非都必须位于"真实"物体（即，在物理系统中表示的那些物体）之间。例如，考虑一个带"踢"这个动作的游戏。将"踢"视为与物体的"碰撞"可能会有所帮助，即使角色的脚不在物理系统中，或者这种碰撞是通过基于游戏玩法目标而非现实设计的简单接近度测试或光线投射来确定的（玩家角色可能距离太远或太近以至于没有真正"踢"中目标，但这是无关紧要的）。以与普通碰撞类似的方式处理对此动作的响应可能非常有用。例如，可以播放声音和粒子效果，被踢中的对象生命值降低，并且其外观出现变化等。在这种情况下，为了对普通碰撞和"虚拟"碰撞使用相同的碰撞响应代码，例如当玩家飞起一脚开踢时，即使只是为了获得美观效果，你也可能需要合成由碰撞检测系统提供的值（该值通常是碰撞检测系统为你的"虚拟"碰撞提供的），例如脚的质量和速度，以及接触的点和表面法线等。

最后一点需要注意的是，我们现在只关注线性动量，没有考虑物体的旋转情况。这意味着本节给出的解释将是不完整的。但是，在没有旋转带来的额外复杂性的上下文中讨论这里的一般性原则将是有帮助的。

现在到了问题的核心。假设我们以某种方式检测到碰撞并获得了位置和法线，那么该如何确定碰撞响应所产生的速度？在这里，我们按照 Chris Hecker 的文章（详见参考文献[34]）演示了常见的方法。这里不妨先来回顾一下我们的指导原则。

我们的第一个指导原则是，虽然我们知道实际上是非常大的力在很短的时间内起作用，但是相对于我们的时间步长，时间段是如此之短，以至于我们可以认为碰撞响应是瞬间发生的。也就是说，我们不会计算一个力，而是要计算一个冲击力（Impulsive Force），冲击力将导致物体动量的瞬时变化。

牛顿第三定律给出了第二个指导原则：对一个物体施加任何（冲击）力，则相反的力必须施加在另一个物体上。动量守恒定律基本上描述了同样的事情：如果要改变一个物体的动量，则必须使另一个物体的动量发生相反的变化，使得碰撞之后系统的总动量与碰撞之前的总动量相同。

因此，为了求解两个物体之间的碰撞，需要计算冲击力，这个冲击力具有正确的大小，并且该冲击力应用于两个物体，但是在相反的方向上。冲击力是一个矢量，因此需要知道它的大小和方向。方向已经给我们了——它是由碰撞检测系统提供的表面法线。选择表面法线的细节是碰撞检测而非响应的问题，这里不再讨论。但请注意，如果物体平行于此法线移动，则它们会使问题变得更糟（进一步穿透）或更好（移开并消除穿透）；相反，如果假设穿透距离相对较小，表面局部平坦而且垂直于接触点附近的法线，则垂直于表面法线的任何运动都不会导致穿透距离改变。因此，表面法线实际上是唯一重要的方向。

总之，我们的任务是确定一个冲击力的正确大小，该冲击力将沿着表面法线指向，并将消除（或阻止）穿透。为了防止尚未发生的穿透，我们只需要去除平行于表面法线的任何相对速度。相对速度的这一部分是，如果用于及时向前移动物体，则该速度将导致穿透。根据对表面的假设，在接触点附近局部是平坦的，则任何垂直于法线的相对速度都可以，并且不需要被抵消。图 12.13 显示了 m_1 相对于 m_2 的速度计算为 $\mathbf{v}_{rel} = \mathbf{v}_1 - \mathbf{v}_2$，并且其投影到法线上的长度由 $\mathbf{n} \cdot \mathbf{v}_{rel}$ 给出。

取消相对速度将阻止穿透，但它并不总是正确的响应。当物体碰撞时，它们并不会仅仅是互相紧挨着停在一起——它们还会互相反弹。所以，丢沙包和丢橡皮球的碰撞响应是不一样的，我们刚才忽略了它们之间差异的成分。牛顿碰撞定律（Newton's Collision

Law）是可以用来区分这些情况的一个简单而流行的碰撞定律（虽然不是唯一的）。该定律引入了恢复系数（Coefficient of Restitution），表示为 e，它是一个分数，它将碰撞后沿表面法线的相对速度的大小与碰撞前测量的相同值联系起来。当 $e = 0$ 时，则沿着法线的碰撞后速度为零，并且我们具有的是完全非弹性碰撞；当 $e = 1$ 时，则会产生完全弹性的碰撞，其中沿法线的相对速度具有与碰撞之前相同的幅度（但是符号刚好相反）。将沙包丢在地毯上，这就是一个很好的非弹性碰撞的示例，而将橡皮球或乒乓球丢在混凝土地板上，则是一种高度弹性的碰撞。使用第 11.6 节中的公式，我们还可以证明，如果一个物体掉落并允许多次反弹，则恢复系数将给出连续反弹时的顶点高度比。

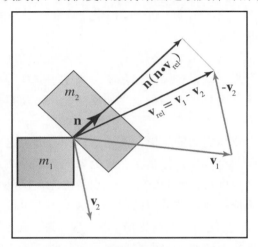

图 12.13　　计算平行于表面法线的相对速度量

我们可以将碰撞响应冲击力的大小表示为 k。第一个质量 m_1 将接收（矢量）冲击力 $-k\mathbf{n}$；而 m_2 则经历的是动量的相反变化，即 $k\mathbf{n}$。这些符号是基于我们对表面法线方向的任意选择结果。现在我们知道了想要的信息，计算适当的 k 来抵消相对速度则是一个简单的代数练习。和以前一样，我们用上撇号表示碰撞后的值。冲击力是动量的瞬时变化，因此第一个物体的碰撞后动量为 $\mathbf{P}_1' = \mathbf{P}_1 - k\mathbf{n}$。将冲击力除以质量并记住等式 $\mathbf{P} = m\mathbf{v}$，则可以将碰撞后的速度表示为

碰撞后的速度	
$\mathbf{v}_1' = \mathbf{v}_1 - k\mathbf{n}/m_1,$	$\mathbf{v}_2' = \mathbf{v}_2 + k\mathbf{n}/m_2$

碰撞后的相对速度只是它们的差值，即 $v_{rel}' = v_1' - v_2'$。可以通过将沿着法线的结果相对速度表示为沿着碰撞前的法线的相对速度的期望倍数来求解 k。则 k 的具体计算公式如下：

求解 k，即冲击力的大小

$$\mathbf{v}'_{\text{rel}} \cdot \mathbf{n} = -e\,\mathbf{v}_{\text{rel}} \cdot \mathbf{n},$$

$$(\mathbf{v}'_1 - \mathbf{v}'_2) \cdot \mathbf{n} = -e\,\mathbf{v}_{\text{rel}} \cdot \mathbf{n},$$

$$[(\mathbf{v}_1 - k\mathbf{n}/m_1) - (\mathbf{v}_2 + k\mathbf{n}/m_2)] \cdot \mathbf{n} = -e\,\mathbf{v}_{\text{rel}} \cdot \mathbf{n},$$

$$[(\mathbf{v}_1 - \mathbf{v}_2) - (k\mathbf{n}/m_1 + k\mathbf{n}/m_2)] \cdot \mathbf{n} = -e\,\mathbf{v}_{\text{rel}} \cdot \mathbf{n},$$

$$[\mathbf{v}_{\text{rel}} - k(1/m_1 + 1/m_2)\mathbf{n}] \cdot \mathbf{n} = -e\,\mathbf{v}_{\text{rel}} \cdot \mathbf{n},$$

$$\mathbf{v}_{\text{rel}} \cdot \mathbf{n} - k(1/m_1 + 1/m_2)\,\mathbf{n} \cdot \mathbf{n} = -e\,\mathbf{v}_{\text{rel}} \cdot \mathbf{n},$$

$$k(1/m_1 + 1/m_2)\,\mathbf{n} \cdot \mathbf{n} = (e+1)\,\mathbf{v}_{\text{rel}} \cdot \mathbf{n},$$

$$k = \frac{(e+1)\mathbf{v}_{\text{rel}} \cdot \mathbf{n}}{(1/m_1 + 1/m_2)\,\mathbf{n} \cdot \mathbf{n}} \qquad (12.23)$$

在已知 $\mathbf{n}$ 具有单位长度的常见情况下，可以略微简化式（12.23）。如果 $\mathbf{n}$ 不是单位矢量，那么 $\mathbf{n}$ 的长度会影响到 k 的变化，因为它们是通过（矢量）冲击力 $k\mathbf{n}$ 的计算来平衡的。因此，只有当 $\mathbf{n}$ 是单位矢量时，k 才是冲击力的真实大小。

　　可以通过几个示例来更好地理解公式（12.23）。首先，不妨看一看如何使用恢复系数描述丢沙包和扔橡皮球之间的区别。我们将把这些物体丢到混凝土地板上，这是一个启发性的例子，因为它显示了大多数物理引擎中的不可移动物体如何通过表现得像无限质量一样容易处理。事实证明，反质量（Inverse Mass）是在涉及这些特殊对象的计算中通常使用的量——在式（12.23）中说明了这些量。此外，反质量（及其模拟——反惯性张量，将在后面讨论）是推导出的量，这些量的需要非常频繁，以至于它们经常被预先计算。这意味着物理代码通常可以使用不可移动物体而不将其视为特殊情况，[①] 只需将反质量设置为零即可。当其中一个反质量为零时，实际上就可以直接处理速度并绕过式（12.23），因为 k 将与质量成比例，但是应用 k 的结果的速度变化与质量成反比。稍后，我们将求解一般情况的示例，在这些示例中不可能进行此类简化。

　　假设我们有一个橡皮球和一个沙包，每个重 50 克。为了避免在没有式（12.23）的情况下一眼看出我们的例子的解，这里将安排撞击点发生在倾斜的表面上，使得 $\mathbf{n}$ 不是一个简单的基本轴。因为我们强调过不一定要使用单位矢量，所以这里假设 $\mathbf{n} = [1, 3]$。在本示例中，我们想象以完全相同的方式抛出两个物体，使得两种情况下的撞击速度都是 $\mathbf{v}_2 = [-4, -4]$。图 12.14 对此进行了说明。

[①]　实际上，一个物体不一定必须是静止的才称得上是所谓的"特殊"情况。考虑一个炮台（该炮台只能沿着由关卡设计者创建的样条曲线路径移动），或者其他某个（不允许偏离其既定运动轨迹的）手动动画物体。这些所谓的以运动学方式控制（Kinematically Controlled）的物体确实可以在世界中移动，并且如果其他（非以运动学方式控制的）对象需要与它们交互，则必须为物理引擎所知，但是这些对象不响应力，并且它们的位置也不会通过物理引擎更新。虽然这些物体的质量被视为无限，但适当的碰撞响应需要知道（以运动学方式确定的）速度。

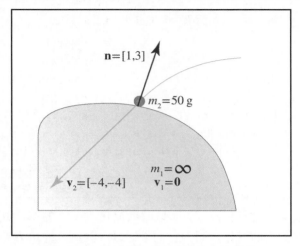

图 12.14　从倾斜表面弹出沙包或橡皮球

　　为了确定所产生的速度，可以首先求解 k，即冲击力的比例因子。要做到这一点，必须选择一个恢复系数。对于橡皮球碰撞，可以使用 $e = 0.9$，这已经非常接近建议值。求解 k（记住，$\mathbf{v}_{\mathrm{rel}} = \mathbf{v}_1 - \mathbf{v}_2$）可得

计算冲击力的比例因子 k
$$k = \frac{(e+1)\mathbf{v}_{\mathrm{rel}} \cdot \mathbf{n}}{(1/m_1 + 1/m_2)\,\mathbf{n} \cdot \mathbf{n}}$$ $$= \frac{(0.9+1)\begin{bmatrix} 4 \text{ m/s} \\ 4 \text{ m/s} \end{bmatrix} \cdot \begin{bmatrix} 1 \\ 3 \end{bmatrix}}{(0 + 1/(50 \text{ g}))\begin{bmatrix} 1 \\ 3 \end{bmatrix} \cdot \begin{bmatrix} 1 \\ 3 \end{bmatrix}} = \frac{1.9\,(16 \text{ m/s})}{10/(50 \text{ g})} = 152 \text{ g m/s}$$

　　为了计算碰撞后橡皮球的速度，我们在橡皮球的动量上增加了一个 $k\mathbf{n}$ 的冲击力。由于动量是质量乘以速度，因此其速度的变化量等于这个冲击力除以 m_2（即橡皮球的质量），则碰撞后橡皮球的速度计算如下：

计算碰撞后橡皮球的速度
$$\mathbf{v}_2' = \mathbf{v}_2 + \frac{k\mathbf{n}}{m_2} = \begin{bmatrix} -4 \text{ m/s} \\ -4 \text{ m/s} \end{bmatrix} + \frac{(152 \text{ g m/s})\begin{bmatrix} 1 \\ 3 \end{bmatrix}}{50 \text{ g}}$$ $$= \begin{bmatrix} -4 \text{ m/s} \\ -4 \text{ m/s} \end{bmatrix} + \begin{bmatrix} 3.04 \text{ m/s} \\ 9.12 \text{ m/s} \end{bmatrix} = \begin{bmatrix} -0.96 \text{ m/s} \\ 5.12 \text{ m/s} \end{bmatrix}$$

在以图形方式显示撞击后橡皮球的速度之前，让我们再来看一下沙包的情况。一般认为，沙包碰撞几乎是完全非弹性的，所以这里使用的恢复系数是 $e = 0.01$。除了 e 的修改之外，其他过程与橡皮球是一样的。由此可见，沙包冲击力的比例因子和碰撞后的速度计算如下：

计算沙包冲击力的比例因子和碰撞后的速度
$$k = \frac{(e+1)\mathbf{v}_{\text{rel}} \cdot \mathbf{n}}{(1/m_1 + 1/m_2)\mathbf{n} \cdot \mathbf{n}} = \frac{1.01\,(16 \text{ m/s})}{10/(50 \text{ g})} = 80.8 \text{ g m/s},$$
$$\mathbf{v}'_2 = \mathbf{v}_2 + \frac{k\mathbf{n}}{m_2} = \begin{bmatrix} -4 \text{ m/s} \\ -4 \text{ m/s} \end{bmatrix} + \frac{(80.8 \text{ g m/s})\begin{bmatrix} 1 \\ 3 \end{bmatrix}}{50 \text{ g}} = \begin{bmatrix} -2.38 \text{ m/s} \\ 0.85 \text{ m/s} \end{bmatrix}$$

请注意，降低的恢复系数导致沙包接收更小的冲击力比例，并且所产生的弹跳速度也更低。在图 12.15 中以图形方式显示出了这种差异。为了便于比较，我们还包括了完全弹性碰撞（$e = 1$）的情况。至于完全非弹性碰撞（$e = 0$），由于非常接近沙包（$e = 0.01$）的结果，所以没有画蛇添足。

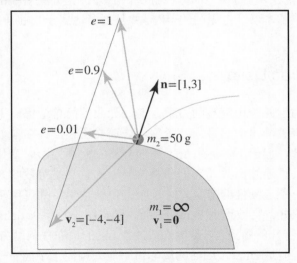

图 12.15　不同 e 值（恢复系数）的撞击后速度

从图 12.15 中的沙包轨迹可以明显看出，该模型没有捕捉到碰撞的重要方面，即摩擦力。在碰撞前后，垂直于法线的速度是相同的。我们希望像沙包这样的物体能够在碰撞时擦掉大量的水平速度——事实上，它可能会完全停止。所以，正确的做法是在冲击力中添加垂直分量。但是，正确的摩擦力处理通常是一项棘手的任务，并且它仍然处于实时仿真研究的前沿。目前许多计算水平冲击力（特别是滑动接触）的方法都属于"完全捏造"的范畴。

　　在上面的例子中，我们只有一个"活的"对象，而另一个对象是惰性的。这是一种特殊情况，可以简化方程式（正如前面提到的，抛射体的质量会自行抵消掉，所以不需要）。将在第 12.8 节习题 9 中，我们会要求你考虑，如果格兰特和凯莉的碰撞不是完全非弹性，那么会发生什么？在这种情况下，就需要这项定律的全部信息。我们将在第 12.5.4 节中展示如何处理对象可自由旋转的碰撞。

　　到目前为止，我们一直在假设物体是接触的，但还没有穿透。根据用于解决碰撞问题的总体策略，情况可能并非如此。一种技术是尝试将模拟及时反转回接触点。这可能难以有效地进行，因为在单个时间步长内经常会发生许多次碰撞。此外，使用浮点数学时难以定义"完全接触"。另一种策略是简单地允许穿透，并将冲击力应用于已经穿透的物体。在这种情况下，冲击力必须不仅仅是去除相对速度以防止（进一步）穿透。产生的相对速度必须足够大，以便在物体相撞之后，在时间步长结束时将物体分开。换句话说，相撞物体的位置将按照计算出的速度以一定的速率前进。在此更新之后，需要解决穿透的问题，或者至少它需要大部分被解决。另外，允许一些小的穿透也有其优点。所有这些问题都超出了本书既定原则的范畴，并且更多地属于当前研究的前沿课题，[①] 故在此不做讨论。

12.4.3　关于 Dirac Delta

　　在离开线性动力学并讨论旋转动力学之前，让我们简单地提一下你可能会看到的数学符号，特别是在有关冲击力的讨论背景中。如前文所述，许多自然现象（如动量）在理论上不会瞬间改变，但出于实际目的，我们会将它们视为即时变化。此外，通常存在一系列数学工具来处理连续函数（它们和"信号"的意义是等效的），并且我们希望将这些工具应用于具有不连续性的信号。有一个方便的数学组件可用于编码函数中的不连续性，以便它可以积分。它被称为 Dirac Delta，通常用小写字母 delta 表示，例如 $\delta(a)$。

　　符号 $\delta(t)$ 是一种特殊的函数，它是尖峰或冲力。它的值在任何地方都是零，$t = 0$ 除外，在这里它是无限的。但是 Dirac Delta 的实际值不能太拘泥于字面——更重要的是它的积分（这个无限尖峰的"面积"）等于 1。思考 Dirac Delta 的最佳方法是一个以 0 为中心、宽度为 w、高度为 $1/w$ 的盒子（也可以选择其他形状，但重要的是该形状必须具有单位面积）。Dirac Delta 被定义为这样一个函数的极限，宽度接近零，高度接近无穷大，一

---

① 正如火箭科学家 Werner von Braun（沃纳·冯·布劳恩）所说，"当我不知道自己在做的是什么时，我在做的就是研究。"

直保持单位面积。我们喜欢 Bracewell 的建议（详见参考文献[9]），这是为了在引用特殊的函数（如 Dirac Delta 等）时，避免使用术语"函数"一词，而是使用"符号"这个词。每当我们看到 Dirac Delta 符号，则整个语境中的表达式应该被解释为一个极限。我们正在考虑的就是极限，因为宽度接近某个形状的零，单位面积以原点为中心。

有了 Dirac Delta，我们就可以求导具有不连续性的函数。例如，假设在时间 $t = 2$ 时被击打的棒球的速度由以下不连续的函数近似：

$$v(t) = \begin{cases} -130 \text{ ft/s} & t < 2, \\ 130 \text{ ft/s} & t \geq 2 \end{cases}$$

可以通过使用 Dirac Delta 求导上述表达式为

$$v'(t) = 260\,\delta(t - 2)$$

这可以读作"在 2 处的冲击力大小 260"。请记住，δ 符号不是普通的函数，因此我们将上式解释为"在时间 $t = 2$ 周围的持续时间间隔 Δt 上，当 Δt 接近零时，发生的速度总变化的极限为 79.248 m/s（260 ft/s）"。

Dirac Delta 出现在各种环境中，在这些环境中，均需要来自连续数学的工具应用于不连续信号。例如，在图形中，屏幕空间图像是具有固有不连续性的信号，我们需要对该信号进行采样并重建它。用户通过控制器的输入是另一个表现出不连续性的信号。Dirac Delta 和其他相关符号（例如斜坡函数和 Heaviside 的阶跃函数）有助于讨论和操纵此类信号。

12.5　旋转动力学

现在我们准备将学习到的关于粒子的想法扩展到刚体。粒子有位置，但直到现在我们还没有关注方向；同样，粒子具有质量，但直到现在我们还没有考虑过粒子的大小或形状以及粒子的分布情况。关键的线性量和定律都有旋转的类比，它们之间有一定的美妙对应关系。这种对应当然在教学上很方便，并将在我们的讨论中加以利用。正如对线性动力学所做的那样，我们将首先定义基本运动学的量并考虑与描述旋转相关的问题，而不考虑旋转的原因。然后我们将检查质量、力和动量的旋转类比，并将以不同的顺序讨论这些主题。

你可能会注意到，与我们对线性问题的讨论以及其他图书资料的类似演示相比，本节非常简短。这有两个原因：首先，在第 11 章中花了相当多的时间来建立关于导数和线性动力学的直觉，这些想法在这里不需要重复——尽管在角位移的积分方面会有一些重要的差异；其次，在传统物理书籍的讨论中，通常捆绑了某些先决条件，而在本书中，将这些先决条件置于其他地方更为合适。在阅读本节的其余部分之前，你应该确保已阅读并理解这些先决条件。特别是，我们将使用第 2.12 节中介绍的叉积，以及描述三维中旋转的基本方法（这是第 8 章的主题）。

12.5.1　旋转运动学

第 11 章介绍的是线性运动学：我们考虑了一个函数 $\mathbf{p}(t)$，它描述了粒子的位置随时间的变化；我们还考虑了它的一阶和二阶导数，即速度和加速度函数，分别用 $\mathbf{v}(t) = \dot{\mathbf{p}}(t)$ 和 $\mathbf{a}(t) = \ddot{\mathbf{p}}(t)$ 表示。当然，位置的旋转模拟是方向。可以使用若干种方法来描述身体的方向。第 8 章中有相当多的篇幅用于解释和比较这些方法，本章假设你已经掌握了这些基础知识。在刚体模拟器中，通常以备用格式保留方向的冗余副本。一般来说，是同时维护四元数和旋转矩阵。我们将采用类似的策略和符号。假设 $\mathbf{R}(t)$ 是在时间 t 从对象空间到直立空间的旋转矩阵，它是以矩阵形式表示的身体方向。我们还使用 $\mathbf{q}(t)$ 来表示与四元数相同的旋转。尽管两个函数表示相同的值，但它们是不同的"数据类型"。

线性速度和加速度的模拟分别称为角速度（Angular Velocity）和角加速度（Angular Acceleration）。我们将它们分别表示为 $\omega(t)$ 和 $\alpha(t)$，并且如果愿意，这两个量都可以是三维矢量，或者是无穷小指数映射（参见第 8.4 节）。可以将线性速度定义为位置的时间导数，但是加上方向则稍微复杂一些。一般来说，$\omega(t)$ 不是任何格式（甚至是指数映射）的方向的导数。将在第 12.6.4 节中介绍角度值的导数时，会就此展开更多的讨论。

因此，我们的第一项任务是了解如何表示和测量角速度。这颇为棘手，不仅因为三维中的旋转比位置更复杂，而且因为角速度有两种略有不同的类型：第一种称为自旋角速度（Spin Angular Velocity）；第二种是轨道角速度（Orbital Angular Velocity）。自旋角速度描述了物体方向的变化率，并且不受物体平移的影响。轨道角速度实际上根本不涉及方向，相反，它测量物体位置围绕某个其他点轨迹的速率。我们已经在第 11.8.2 节中介绍了轨道角速度，所以如果你跳过了该小节，现在是复习它的好时机。

要理解自旋角速度和轨道角速度之间的关系，让我们来看一个例子。考虑一个围绕其质心 $\mathbf{c}$ 旋转的物体，该物体固定在空间中。要描述这种旋转，必须指定两件事。首先，需要描述旋转的方向，我们选择通过命名 $\hat{\mathbf{n}}$ 来实现这一点，$\hat{\mathbf{n}}$ 是一个平行于旋转轴的单位矢量，其符号（与左手规则相结合）建立了正旋转方向。注意，$\hat{\mathbf{n}}$ 只告诉我们轴的方向，该位置来自我们的假设，即轴穿过质心 $\mathbf{c}$。当然，描述旋转所需的另一个元素是旋转速率（The Rate of Rotation），我们用每单位时间的弧度来衡量，并用标量 ω 表示。现在，我们可以通过角速度矢量 $\boldsymbol{\omega}$（注意，它是粗体的）来定义刚体的自旋角速度，它其实就是由下式给出的旋转速率与轴的乘积：

$$\boldsymbol{\omega} = \omega \hat{\mathbf{n}}$$

如果你已经阅读过第 8.4 节（讨论指数映射）和第 11.8.2 节（讨论粒子的匀速圆周速度和定义的轨道速度），那么你应该熟悉这些思路。如果这些内容均已掌握，那么你可能已经看到了自旋角速度和轨道角速度之间的联系。

提示：自旋角和轨道角速度

刚体的自旋角速度等于刚体上每个点的轨道角速度。

在讨论轨道角速度时，必须搞清楚测量的角速度是相对于哪个点 **o** 的。我们不是要测量相对于质心 **c** 的轨道角速度，测量的是相对于实际被作为轨道运行的点的轨道角速度，并且只有物体的"赤道"上的那些点实际上围绕 **c** 做轨道运行。给定任何其他任意点，它将围绕旋转轴上的点 **o** 做轨道运行，如图 12.16 所示。

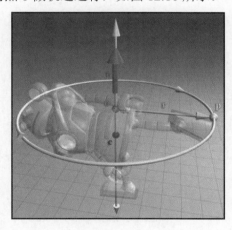

图 12.16 机器人的自旋角速度与机器人上每个点的轨道速度相同，前提是仔细选择点 **o**

现在，聪明的读者可能已经注意到刚刚给出的定义中的一些循环性。我们说过，刚体的自旋角速度等于每个点的轨道角速度，只要相对于旋转轴上的最近点测量轨道速度。但是，起初我们怎么知道旋转轴呢？这个问题通常没有实际意义，因为在分析运动学方程和计算机的数字模拟中，角速度矢量 ω 只是我们跟踪的基本状态变量之一，因此我们不需要从点速度推断它。不过，值得指出的是，这个轴是唯一确定的（直到符号的反转）。请记住，旋转轴垂直于做轨道运动的粒子的速度（如果质心在移动，则必须测量粒子相对于刚体质心的速度）。只有一个方向同时垂直于所有粒子的所有速度，并且这个方向就是旋转轴。

我们从围绕穿过其质心的轴旋转的物体的"简单示例"开始，但事实证明，这是一般情况，至少如果我们考虑瞬时速度的话是如此。我们所做的唯一简化是固定质心，但是，一般来说，物体可以平移和旋转。当你想象一个物体在空间中翻滚时，可能会惊讶地发现，它总是围绕穿过质心的轴旋转（尽管轴可以任意定向）。当物体受到引起旋转的力（这称为扭矩，稍后将详细讨论）时，该力会使得旋转始终围绕质心发生。事实上，围绕不通过质心的轴旋转物体需要不断施加某种约束力。在没有任何外部扭矩（例如，约束力被移除）的情况下，物体将围绕穿过其质心的轴旋转，并且角速度将是恒定的——旋转轴将不会改变方向，并且旋转速率也不会改变。这里虽然略微超前一步提到了扭矩，但我们想明确指出的是，角速度的这种情况实际上是我们需要理解的唯一情况。

当然，如果扭矩作用在物体上，那么轴和旋转速率将随时间而发生变化。这将导致我们考虑角加速度（Angular Acceleration），角加速度是一个矢量，使用 α 表示。正如人们可能通过类比线性对应物所预期的那样，角速度不仅仅是方向的导数。当然，这个类比也同样适用于角加速度，角加速度是角速度的矢量时间导数，其定义如下：

$$\boldsymbol{\alpha}(t) = \dot{\boldsymbol{\omega}}(t)$$

很明显，它类似于线性方程 $\mathbf{a}(t) = \dot{\mathbf{v}}(t)$。

12.5.2　关于二维旋转动力学

现在我们已经定义了所涉及的简单的运动学的量——这主要是一种表示法的练习和重用其他地方已经介绍过的思想。接下来要考虑的是旋转动力学。首先，可以将情况简化为在平面中旋转的情况（或者，可以将其视为固定旋转轴）。在这种情况下，角速度和角加速度是标量而不是矢量，因为只有一个自由度。在本节中讨论过二维方面的一些基本思想之后，在第 12.5.3 节中会将这些思想扩展到三维。

想象一下，一个质量为 m 的点附着在一个质量被忽略的刚性圆盘上。圆盘的中心固定在枢轴（Pivot）上，这可以将质量约束到圆形路径。设 $\mathbf{r}$ 是从枢轴到质量的矢量。因此，该质量的轨道半径是 $r = \| \mathbf{r} \|$。我们在圆盘的中心向外画一条线，假设可以沿着这条线在任何距离 r 处将质量固定到圆盘上。请注意，圆盘本身的半径（无质量）是不相关的，因此请尝试关闭你的直觉，不要去考虑圆盘太大难以旋转的问题。在这里，旋转阻力的唯一来源——即唯一的惯性来源是点质量。我们可以忽略圆盘的惯性。

考虑直接在 m 处施加力 $\mathbf{f}$ 时会发生什么。根据牛顿第二定律，质量想要朝 $\mathbf{f}$ 方向加速。但是，与 $\mathbf{r}$ 平行的 $\mathbf{f}$ 的任何部分都将被来自圆盘的接触力所排斥，并且对质量没有影响。相反，垂直于 $\mathbf{r}$ 的 $\mathbf{f}$ 部分与质量轨道相切，将导致点质量加速。设 F 表示 $\mathbf{f}$ 的大小，

$F_\perp$ 表示垂直于 **r** 的 **f** 的大小。图 12.17 对此进行了说明。

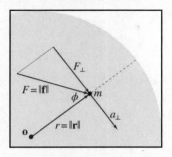

图 12.17　圆盘被约束为绕 **o** 旋转。质量 m 以半径 r 附着在盘上，力 **f** 施加在质量上

使用简单的三角函数，就可以通过 ϕ 计算 $F_\perp$，其中 ϕ 是 **f** 和 **r** 之间的夹角，则 $F_\perp$ 具体计算如下：

$$F_\perp/F = \sin(\pi - \phi), \qquad (\pi - \phi \text{ 是内角})$$
$$F_\perp/F = \sin \pi \cos \phi - \cos \pi \sin \phi, \qquad (\text{使用式（1.1）})$$
$$F_\perp/F = (0)\cos \phi - (-1)\sin \phi,$$
$$F_\perp = F \sin \phi$$

通过应用牛顿第二定律，可以计算切向加速度的大小为

$$a_\perp = F_\perp/m$$

请注意，不要把切向加速度（Tangential Acceleration）和向心加速度（Centripetal Acceleration）混淆了，切向加速度会引起旋转速率的变化，而向心加速度是由与圆盘的接触力产生的，并保持轨道路径。

根据定义，线性切向加速度 $\mathbf{a} = \ddot{\mathbf{p}}$ 同时是围绕枢轴的角加速度 $\mathbf{a} = \ddot{\boldsymbol{\theta}}$，它们可以通过下式建立相关：

$$\alpha = a_\perp/r$$

要了解它的来源，请记住第 11.8.1 节中描述的线性速度（Speed）和角速度（Velocity）之间的关系：$v_\perp = s = r\omega$。

现在想象一下，我们将质量固定在 r 处，但不是直接将力施加到质量上，而是在距离 $l = \|\mathbf{l}\|$ 的其他位置处推出一个从圆盘伸出的钉子。矢量 **l** 从支点 **o** 移动到施加力的点，并且被称为杠杆臂（Lever Arm），如图 12.18 所示。

请允许我们澄清一个可能令人困惑的问题。早些时候，在图 12.17 中，矢量 **r** 和 **l** 是相同的，因为我们将力直接施加到（一个且唯一的一个）点质量上。但一般来说，质量会分布在圆盘周围，所以有很多 m 和 **r**。在旋转圆盘时有效施加力的部分垂直于杠杆臂，

而不是半径矢量 **r**，这可以从图 12.17 中推断出来。

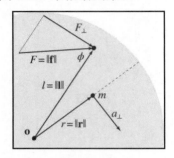

图 12.18　用杠杆臂 l 在圆盘上的任意点施加力

让我们考虑杠杆臂的变化如何影响最终的加速度。首先，我们注意到，如果将力施加在与质量半径相同的圆上的任意位置，意味着 $l = r$，则整个装置将获得角动量，就像我们直接推动质量一样。换句话说，唯一重要的是 **l** 与支点 $l = \|\mathbf{l}\|$ 的距离和杠杆臂与施加的力之间的角度 ϕ。旋转杠杆臂和施加的力不会改变产生的角加速度。

如果钉子比质量更接近支点（$l < r$），那么必须更加努力地推动以产生相同的质量加速度；如果 $l > r$，则使用更小的力就可以完成任务。因此，增加杠杆臂 l 对质量的切向加速度 $a_\perp$ 具有成比例的影响。这是阿基米德发现的杠杆机械优势的基本原理。但改变 l 对装置的角加速度 α 有什么影响？它也是直接成正比的：如果将圆盘推到两倍远的点，则角加速度也是两倍。从 $\alpha = a_\perp / r$ 的关系可以清楚地看出这一点。如果你觉得这看起来太明显而无须特意指出，那就继续阅读下去。

让我们总结一下已经发现的东西。当力施加到物体时，它倾向于旋转该物体。角加速度的这个"原因"被称为扭矩（Torque），我们用希腊字母 tau 表示：τ。[①] 尽管由于施加的力而导致的物体的线性加速度不依赖于施加力的位置，但是由施加的力产生的扭矩量取决于施加力的有效程度。产生旋转加速度的力的有效性——扭矩的大小——取决于以下几个因素：

❑　它与施加的力 **f** 的大小成比例。

❑　它与杠杆臂 **l** 的长度成比例，杠杆臂 **l** 是从支点到力的施加点的矢量。

❑　只有垂直于杠杆臂的力部分才算数。也就是说，扭矩与 $\sin\phi$ 成比例，其中，ϕ 是 **f** 和 **l** 之间的夹角。

在二维中，可以通过下式来简洁地说明这一点：

[①] 它与 cow 押韵，而 cow 是"牛"的意思，这样联系"扭矩"就方便记忆了。巧合的是，扭矩的单位是牛顿·米（N·m）。

二维中的扭矩计算	
$$\tau = Fl\sin\phi$$	（12.24）

扭矩的量纲与力不同。扭矩的单位为"力时间长度"。扭矩的 SI 单位是牛顿·米（Newton meter）。这在量纲上等同于焦耳，但是扭矩和能量是截然不同的概念，而焦耳实际上并不是用于扭矩的合适单位。

显而易见的是，扭矩会随着杠杆臂的长度而增加。但是，这个很明显的结论却可能不那么直观，例如，你的直觉可能会倾向于告诉你，推动增大的半径会更加困难，因为你必须加快速度以便跟上。如果你是这样想的，那么你的直觉是错误的，但是也不必为此而感到沮丧。我们使用力的经验通常都是来源于日常生活中用手去拿什么东西之类的物理推动，但这不一定是一个很好的例子，因为当物体加速时，要保持接触，推力就必须越来越快地移动。但是，某种力来源的速度与力量本身的大小无关。因此，你不妨尝试用一阵风或快速的"砰砰砰"重击（一种冲击力）来取代物理推力。你可以在门上进行这个实验。

如果你在靠近门的铰链的位置（较短的杠杆臂）朝门吹气（也可以鼓风）或重击，那么你应该是无法导致门旋转的；但是，如果你在靠近门把手的位置（较长的杠杆臂）做同样的事情，则可以很轻松地使门旋转。这就是为什么人们要将门把手安装在铰链对面的一侧：为了更容易打开门！

扭矩和力之间的关系是一个很重要的需要理解的知识点。施加到物体的任何力都可以产生线性加速度和扭矩。当然，正是净力和扭矩决定了物体的加速度。图 12.19 中的两个关键示例说明了这一点。在该图的左侧图中，力沿着穿过质心的直线起作用，导致无扭矩。在这种情况下，$\sin\phi = 0$，因为力的作用线平行于杠杆臂。而在该图的右侧图中，则显示了一个不同的极端情况：两个大小相等但方向相反的力作用在相对的杠杆臂上。像这样协调的一对力被称为力偶（Couple），它们产生净扭矩，但净线性力为零。当你用扳手转动螺栓时，你真正在做的是提供两个或更多的接触力。这些接触力的方向和杠杆臂以圆形模式协调以产生扭矩，但是净线性力（几乎）为零。

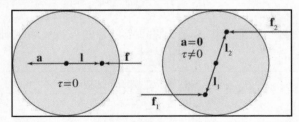

图 12.19 在左侧图中，作用线穿过质心，导致线性加速但没有扭矩；
在右侧图中，力偶将产生扭矩但没有线性加速度

　　在数字模拟中，扭矩可以来自多个来源。其中一个常见的来源是在某个杠杆臂上施加的（线性）力，碰撞是所有扭矩的最常见的来源。施加在物体上的冲击力可能导致角度冲击力（Angular Impulse），也称为冲击力扭矩（Impulsive Torque）。和线性冲击力类似，角度冲击力是角动量的瞬时变化，我们可以将其视为大扭矩作用一小段时间的结果。我们还可以指示物理引擎在对象上自动应用扭矩（可能限于某个最大幅度）以强制执行某些角度约束。角度弹簧和电动机就是这方面的例子。最后，我们可能有理由在没有任何相应线性力的情况下随意向任何物体添加扭矩。

　　回到我们的思维实验，质量附在旋转圆盘上。如果固定杠杆臂 l，反过来改变 r，也就是质量和枢轴之间的径向距离，会怎么样呢？杠杆的相同原理在起作用，反过来也一样。质量所经受的力（以及因此而产生的切向加速度 $a_\perp$）将与 r 成反比。换句话说，质量的有效惯性，也就是它对线性加速度的阻力，将与 r 成比例。但是，装置抵抗角加速度的能力又如何呢？当改变 r 时，它的惯性矩（Moment of Inertia）如何变化？惯性矩与 r 不成正比，它与 r^2 成正比！为了解原因，我们可以考虑，如果将 l 和 r 按相同的因子增加，那么质量所经历的切向加速度 $a_\perp$ 不变，但是，在该增加的半径处，由于存在关系 $\alpha = a_\perp/r$，相同的切向加速度现在对应于减小的角加速度。

　　总之，物体的惯性矩必须相对于某个特定的枢轴进行测量（在这种情况下，这个特定的枢轴是固定的枢轴点，但是对于刚体，我们通常相对于其质心来测量它），量化物体抵抗围绕该枢轴的角度加速度的程度。点质量的惯性矩 J 与其质量成比例，并且与从质量到枢轴的距离的平方成比例。

提示：平面中点质量的惯性矩

$$J = mr^2$$

　　现在想象一下，我们的思维实验中的圆盘上放置了多个质量块。这些质量中的每一个都有助于圆盘对旋转的抵抗力，无论施加何种力，它们的贡献都是相同的。为了计算任意刚体的惯性矩，将物体分解为"质量元素"，使得对于每个元素，我们知道质量 m_i 和到质心 r_i 的径向距离，然后即可累加计算每个单独的质量元素的惯性矩，则刚体的惯性矩的计算公式如下：

刚体的惯性矩
$$J = \sum_i J_i = \sum_i m_i r_i^2 \tag{12.25}$$

让我们通过下面一些有启发性的例子来加强理解惯性矩。

　　考虑图 12.20 中的 4 个圆盘。

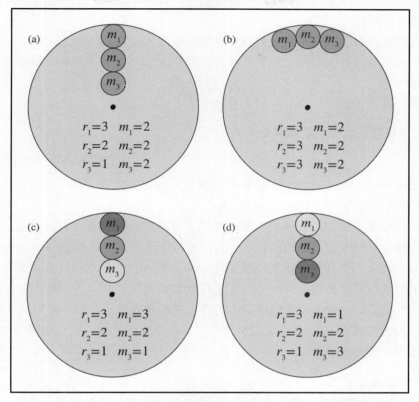

图 12.20　质量分布会影响惯性矩。以上每个例子都具有相同的总质量

从图 12.20 中可以看出，由于每个圆盘都有 3 个质量，可以先将式（12.25）中的求和扩展为 $J = m_1 r_1^2 + m_2 r_2^2 + m_3 r_3^2$，则在该图中的 4 个例子的惯性矩分别计算如下：

（a）$J = 2 \cdot 3^2 + 2 \cdot 2^2 + 2 \cdot 1^2 = 18 + 8 + 2 = 28$；

（b）$J = 2 \cdot 3^2 + 2 \cdot 3^2 + 2 \cdot 3^2 = 18 + 18 + 18 = 54$；

（c）$J = 3 \cdot 3^2 + 2 \cdot 2^2 + 1 \cdot 1^2 = 27 + 8 + 1 = 36$；

（d）$J = 1 \cdot 3^2 + 2 \cdot 2^2 + 3 \cdot 1^2 = 9 + 8 + 3 = 20$。

除了这个例子提供的死记硬背实践，它突出了一个很关键的事实：物体内的质量分布（Distribution）可以对惯性矩产生深远的影响。从上述计算结果可以看到，惯性矩的差异很大，尽管这些圆盘的总质量都是 6。相较而言，在线性惯性中，质量的变化并不会使物体更容易或更难加速。对于线性加速度来说，唯一重要的是总质量。此外，在三维空间中，虽然线性质量仍然可以用标量来量化，但由于其对质量分布的依赖性，惯性矩不能用单个数字来描述。

当采用极限作为质量元素的数量，并且达到无穷大时，式（12.25）变成一个积分。幸运的是，我们可以在互联网上找到许多常见形状（如球体、圆柱体、环状等）的惯性矩公式。

牛顿第二定律 $F = ma$，具有直接的旋转等价公式。

💠 **提示：牛顿第二定律的旋转等价公式**

$$\tau = J\alpha \tag{12.26}$$

对于平面中的旋转，式（12.26）中的所有变量都是标量。然而，在三维中，τ 和 α 变成了矢量，J 变成了矩阵。第 12.5.3 节将讨论这一点。

我们已经考虑了扭矩、旋转模拟到线性力。接下来将把注意力转向动量。请记住，线性动量是物体中包含的"运动的量"。它的模拟——角动量（Angular Momentum）也可以做类似的解读。直观来看，角动量描述了停止物体旋转的难度。如果角动量大，则施加的扭矩的大小或其施加的持续时间或这二者都必须很大。

在对线性动量的讨论中，我们遇到了两种思考动量的方法。第一种是从"瞬时方面"来解释动量，通过使用 $P = mv$ 将动量解释为质量和速度的乘积。其在旋转方面的等效公式如式（12.27）所示。

💠 **提示：自旋角动量**

角动量（L）是惯性矩 J 和角速度（ω）的乘积：

$$L = J\omega \tag{12.27}$$

或者，我们也可以直接从单个点质量的线性动量计算其角动量，其计算公式如下：

线性动量和角动量之间的关系
$L = rP\sin\phi$　　　　　　　　　　　　　　（12.28）

其中，P 是线性动量。$\sin\phi$ 项的目的与扭矩计算中的相同：它隔离切向运动。如果已知轨迹是轨道，则可以省略该项，因为它始终是 1。请注意，由于式（12.28）包含因子 r，它实际上仅适用于轨道角动量。式（12.27）也可以用于轨道角动量，前提是 J 和 ω 都是相对于相同的枢轴测量的，但是式（12.27）可能更适合刚体的自旋角动量，其中 J 测量的是整个物体的惯性矩。在任何情况下，刚体的自旋角动量可以通过将物体分解成质量元素并取这些元素的轨道角动量的总和来计算。以下是可以实现求和的若干种方法：

刚体的自旋角动量

$$L = \omega J = \omega \left(\sum_i J_i \right) = \sum_i J_i \omega = \sum_i (r_i{}^2 m_i) \omega$$

$$= \sum_i r_i m_i (r_i \omega) = \sum_i r_i m_i v_i = \sum_i r_i P_i = \sum_i L_i$$

在这里，下标变量指的是特定粒子的值。可以看到，在假设每个粒子处于轨道轨迹的情况下放弃了 $\sin\phi$ 项。

我们讨论的线性动量的第二种解释是动量可以作为力的时间积分。当随着时间的推移施加力时，线性动量将被累积。角动量和扭矩之间也存在类似的关系。当随着时间的推移施加扭矩时，它会产生角动量；换句话说，扭矩等于角动量的变化率（导数）。与线性动量一样，这可以解释为守恒定律。

🌐 提示：扭矩与角动量守恒

$$L = \int \tau \, dt, \qquad\qquad \tau = \frac{dL}{dt}$$

在没有外部扭矩的情况下，角动量会守恒。

12.5.3　关于三维旋转动力学

现在将第 12.5.2 节中提出的基本原则扩展到 3 个维度中。首先，可以简单复习一下三维旋转运动学的量。单角度 θ 由某种旋转张量代替，旋转矩阵 **R** 或四元数 **q** 是描述一般刚体模拟中的定向的最常用方法；角速度 ω 和加速度 α 变成了矢量，并且分别以加粗的 $\boldsymbol{\omega}$ 和 $\boldsymbol{\alpha}$ 来表示。

要将动力学原理扩展到 3 个维度中，可以从扭矩开始。毫不奇怪，扭矩将变成矢量，表示为 $\boldsymbol{\tau}$，并且该矢量的方向表示扭矩趋于引起旋转的轴（稍后我们会考虑如果物体已经围绕不同的轴旋转会发生什么）。在三维中，计算施加的力 **f** 和杠杆臂 **l** 的扭矩的公式实际上比相应的二维公式更简单！

🌐 提示：三维中的扭矩

$$\boldsymbol{\tau} = \mathbf{l} \times \mathbf{f} \qquad\qquad\qquad (12.29)$$

将式（12.29）与式（12.24）（$\tau = Fl\sin\phi$）进行比较，可以看到叉积具有内置的大小和 $\sin\phi$ 项。

角动量同样变为矢量 **L**，其与线性量的关系具有以下类似的公式：

> **具有径向矢量 r 的三维中粒子的轨道角动量**
>
> $$\mathbf{L} = \mathbf{r} \times \mathbf{P}$$

将这个公式与式（12.28）进行比较，你应该可以看到它们之间的联系。

细心的读者可能会注意到，式（12.28）只是给出的平面中角动量的两个公式之一，我们认为该公式更适合粒子的轨道角速度，而对于另一个公式——式（12.27）则会感到疑惑，式（12.27）更适合于自旋角速度，其形式为 $L = J\omega$，为了得到它的三维等价公式，我们必须理解如何将惯性矩 J 扩展到三维中。幸运的是，两个动量方程之间的联系是获得这种理解的绝佳方式。让我们从扩展 $\mathbf{L} = \mathbf{r} \times \mathbf{P}$ 开始，最终目标是获得看起来像 $L = J\omega$ 这样的结果，具体如下：

$$\mathbf{L} = \mathbf{r} \times \mathbf{P} = \mathbf{r} \times (m\mathbf{v}) = (m\mathbf{r}) \times \mathbf{v} = (m\mathbf{r}) \times (\omega \times \mathbf{r})$$

$$= m \begin{bmatrix} r_x \\ r_y \\ r_z \end{bmatrix} \times \begin{bmatrix} \omega_y r_z - \omega_z r_y \\ \omega_z r_x - \omega_x r_z \\ \omega_x r_y - \omega_y r_x \end{bmatrix} = m \begin{bmatrix} r_y(\omega_x r_y - \omega_y r_x) - r_z(\omega_z r_x - \omega_x r_z) \\ r_z(\omega_y r_z - \omega_z r_y) - r_x(\omega_x r_y - \omega_y r_x) \\ r_x(\omega_z r_x - \omega_x r_z) - r_y(\omega_y r_z - \omega_z r_y) \end{bmatrix}$$

$$= m \begin{bmatrix} r_y \omega_x r_y - r_y \omega_y r_x - r_z \omega_z r_x + r_z \omega_x r_z \\ r_z \omega_y r_z - r_z \omega_z r_y - r_x \omega_x r_y + r_x \omega_y r_x \\ r_x \omega_z r_x - r_x \omega_x r_z - r_y \omega_y r_z + r_y \omega_z r_y \end{bmatrix}$$

$$= m \begin{bmatrix} (r_y^2 + r_z^2)\omega_x - r_y r_x \omega_y - r_z r_x \omega_z \\ -r_x r_y \omega_x + (r_z^2 + r_x^2)\omega_y - r_z r_y \omega_z \\ -r_x r_z \omega_x - r_y r_z \omega_y + (r_x^2 + r_y^2)\omega_z \end{bmatrix}$$

$$= \left(m \begin{bmatrix} r_y^2 + r_z^2 & -r_y r_x & -r_z r_x \\ -r_x r_y & r_z^2 + r_x^2 & -r_z r_y \\ -r_x r_z & -r_y r_z & r_x^2 + r_y^2 \end{bmatrix} \right) \begin{bmatrix} \omega_x \\ \omega_y \\ \omega_z \end{bmatrix}$$

这里的关键点在最后一行，它与 $L = J\omega$ 有着惊人的相似之处。实际上，括号中的量正是三维惯性矩。

提示：惯性张量

具有径向矢量 $\mathbf{r}$ 的质量 m 的惯性张量是

$$\mathbf{J} = m \begin{bmatrix} r_y^2 + r_z^2 & -r_y r_x & -r_z r_x \\ -r_x r_y & r_z^2 + r_x^2 & -r_z r_y \\ -r_x r_z & -r_y r_z & r_x^2 + r_y^2 \end{bmatrix} \tag{12.30}$$

请注意，这个量是矩阵，而不是矢量。认识到这一点之后，在三维中，有时也将惯性矩称为惯性张量（Inertia Tensor）。这种数学假象是一个物理事实的结果，即物体对旋转加速度的阻力是各向异性的，围绕一个轴旋转物体可能比围绕另一个轴旋转物体更容易。

以旋转一根钢筋为例，如果像直升机一样旋转它，那么所需的扭矩显然比围绕其纵向轴线旋转它要小得多。

值得一提的是，**J** 是对称矩阵，这意味着我们可以更随便地使用行和列矢量，而一般情况下我们都必须非常小心，以避免转置结果。[①]

在讨论 **J** 的其他一些属性之前，不妨先完成三维中对基本公式的扩展，它可能是最重要的一个公式。

在平面中，牛顿第二定律 $F = ma$ 的旋转等价公式是 $\tau = J\alpha$。要将它扩展到三维中其实是很简单的。

🎖 **提示：牛顿第二定律的三维旋转模拟**

$$\tau = \alpha \mathbf{J}$$

如前文所述，在计算机模拟中，通常情况下力和质量都是已知的，可以使用 $a = F/m$ 来计算加速度。旋转动力学也存在类似情况，其中，乘以 m 被替换为乘以 $\mathbf{J}^{-1}$，具体如下：

$$\alpha = \tau \mathbf{J}^{-1}$$

事实证明，在数字模拟中比在 **J** 中更频繁地需要反惯性张量（Inverse Inertia Tensor），并且它通常被预先计算和存储。

式（12.30）告诉我们如何计算点质量的惯性张量，但更复杂的形状呢？以类似于计算质心的方式，我们可以想象将一个复合物体分解成大量的质量元素，并将它们各自的惯性矩加在一起。当最大元素的体积接近零时取这个极限，这个和就变成了一个多维积分。除了诸如盒子、圆盘、圆柱体、球体、锥体等的抽象图元之外，这种积分通常难以或不可能在分析上求解。幸运的是，这些图元通常在实践中出现，并且可以产生足够的近似值。对我们来说更幸运的是，已经为各种各样的图元完成了求解积分的艰苦工作。对于这样的图元，获得惯性矩的最佳方法是在表格中查找公式。在撰写本文时，可以在 wikipedia.org 的 List of moment of inertia tensors 下找到这样的表格。

对于更复杂的对象，则一般是通过将对象分解为具有已知公式的图元，单独计算它们的惯性矩，然后将结果加在一起来近似。这样做只有一个副作用，这些图元的公式假设坐标空间的原点位于某个有利于计算的位置，例如在球体的中心。但是想象一下，我们正在计算人体的惯性矩并用球体来近似头部。在这种情况下，我们选择将原点放在头

[①] 请记住，本书中的约定是使用行矢量，因为在三维交互式应用程序中遇到的大多数矩阵都是变换矩阵，而从左到右的阅读顺序是一个有用的优点。在前面的推导中，我们使用列矢量用于教学和美学目的（惯性张量不是变换矩阵），但这样的不一致仍然让我们感到羞愧。从现在开始，我们将坚持本书的约定，将矢量放在左侧。

部中心的几率很低。幸运的是，平行轴定理（Parallel Axis Theorem）可以告诉我们，如果平移质量的话，惯性矩会如何变化。

假设 $\mathbf{J}_{cm}$ 是具有质量 m 的某个物体的惯性张量，相对于其质心测量。该质量另外还有一个惯性张量 $\mathbf{J}'$ 则是相对于某个任意枢轴测量的，而该枢轴距离质心的位移为 $[x, y, z]$，在这种情况下，$\mathbf{J}'$ 可通过式（12.31）计算。

提示：平行轴定理

$$\mathbf{J}' = \mathbf{J}_{cm} + m \begin{bmatrix} y^2 + z^2 & -xy & -xz \\ -xy & x^2 + z^2 & -yz \\ -xz & -yz & x^2 + y^2 \end{bmatrix} \tag{12.31}$$

12.5.4　与旋转的碰撞响应

现在来完善在第 12.4.2 节中开始的碰撞响应计算。那时尚未考虑旋转效应，但现在我们已经知道如何更好地处理。在此可以继续跟随 Hecker 的解决思路（详见参考文献[35]）。

基本策略如下：

（1）计算接触点的相对速度。

（2）将相对速度投影到表面法线上。这是为防止（进一步）穿透必须抵消的速度。

（3）计算 k，即冲击力的大小。这样，当将冲击力施加到平行于表面法线的两个物体（按相反方向）时，即可以根据一些碰撞定律计算沿着表面法线测量的碰撞之后的速度的大小。本讨论将基于牛顿碰撞定律和恢复系数 e。

（4）将冲击力 $k\mathbf{n}$ 施加到一个物体上，然后将 $-k\mathbf{n}$ 施加到另一个物体上。

处理可旋转的物体会增加一些复杂性。首先，我们之前提到了物体的"速度"。但是当物体旋转时，物体上的不同点具有不同的线性速度。我们需要的速度不是物体质心的速度，而是接触点（The Point of Contact）的速度。所以必须扩展速度的计算以考虑角速度。同样，我们对冲击点处的碰撞后速度的预测也必须考虑旋转效应。在接触点处施加冲击力将产生角度冲击力，它将改变旋转速率。一般来说，当物体自由旋转时，较小的冲击力足以消除碰撞，因为冲击力有两种方式来降低点速度。角速度的变化将导致接触点比它们的质心更快地彼此远离。实际上，在碰撞之后，质心可能仍在相互朝对方移动。

在第 12.4.2 节中，我们是从以下公式开始的：

$$\mathbf{v}'_{rel} \cdot \mathbf{n} = -e\,\mathbf{v}_{rel} \cdot \mathbf{n}$$

然后展开该数学公式并求解 k，即冲击力的大小（它隐藏在左侧）。同样的策略在这里也是有效的，仅需要为考虑旋转效应的冲击力之前和之后的点速度推导出新的表达式。首先，来看一下表示法：我们使用 $\mathbf{r}_i$ 来表示物体 i 相对于其质心的撞击点的位置，$\boldsymbol{\omega}_i$ 表示物体的角速度，m_i 表示质量，$\mathbf{J}_i$ 表示惯性张量；对于线性速度来说，需要引入一些新的符号来区分接触点处的线性速度（表示为 $\mathbf{u}_i$）和质心的线性速度（表示为 $\mathbf{v}_i$）。和以前一样，数量上的上撇号是指碰撞之后的值。

使用上述这种表示法之后，即可基于式（11.31）来计算每个物体的点速度，方法是添加由于质心运动而产生的速度，再加上由旋转而导致的速度，则可得以下计算点速度的公式：

计算点速度
$\mathbf{u}_1 = \mathbf{v}_1 + \boldsymbol{\omega}_1 \times \mathbf{r}_1, \qquad\qquad \mathbf{u}_2 = \mathbf{v}_2 + \boldsymbol{\omega}_2 \times \mathbf{r}_2$

碰撞后的速度取决于质心线性速度的变化，也取决于角速度的变化。它们可以通过下式进行计算：

物体撞击之后的线性速度和角速度
$\mathbf{v}_1' = \mathbf{v}_1 - k\mathbf{n}/m_1, \qquad\qquad \mathbf{v}_2' = \mathbf{v}_2 + k\mathbf{n}/m_2,$ $\boldsymbol{\omega}_1' = \boldsymbol{\omega}_1 - (\mathbf{r}_1 \times k\mathbf{n})\mathbf{J}_1^{-1}, \qquad\qquad \boldsymbol{\omega}_2' = \boldsymbol{\omega}_2 + (\mathbf{r}_2 \times k\mathbf{n})\mathbf{J}_2^{-1}$

这里的符号约定是由任意选择确定的，撞击法线 $\mathbf{n}$ 是从"第一个"对象指向"第二个"对象（详见第 12.4.2 节）。组合上面的公式，即可得到撞击之后接触点的速度，具体如下：

物体撞击之后接触点的速度
$\begin{aligned} \mathbf{u}_1' &= \mathbf{v}_1' + \boldsymbol{\omega}_1' \times \mathbf{r}_1 \\ &= \mathbf{v}_1 - k\mathbf{n}/m_1 + (\boldsymbol{\omega}_1 - (\mathbf{r}_1 \times k\mathbf{n})\mathbf{J}_1^{-1}) \times \mathbf{r}_1 \\ &= \mathbf{v}_1 - k\mathbf{n}/m_1 + \boldsymbol{\omega}_1 \times \mathbf{r}_1 - k((\mathbf{r}_1 \times \mathbf{n})\mathbf{J}_1^{-1}) \times \mathbf{r}_1 \\ &= (\mathbf{v}_1 + \boldsymbol{\omega}_1 \times \mathbf{r}_1) - k\mathbf{n}/m_1 - k((\mathbf{r}_1 \times \mathbf{n})\mathbf{J}_1^{-1}) \times \mathbf{r}_1 \\ &= \mathbf{u}_1 - k\mathbf{n}/m_1 - k((\mathbf{r}_1 \times \mathbf{n})\mathbf{J}_1^{-1}) \times \mathbf{r}_1, \end{aligned}$ $\mathbf{u}_2' = \mathbf{u}_2 + k\mathbf{n}/m_2 + k((\mathbf{r}_2 \times \mathbf{n})\mathbf{J}_2^{-1}) \times \mathbf{r}_2$

将 $\mathbf{u}_{\mathrm{rel}} = \mathbf{u}_1 - \mathbf{u}_2$ 定义为相对的点速度，现在即可通过代数求解结果，具体如下：

$$-e\,\mathbf{u}_{\text{rel}} \cdot \mathbf{n} = \mathbf{u}'_{\text{rel}} \cdot \mathbf{n},$$

$$-e\,\mathbf{u}_{\text{rel}} \cdot \mathbf{n} = (\mathbf{u}'_1 - \mathbf{u}'_2) \cdot \mathbf{n},$$

$$-e\,\mathbf{u}_{\text{rel}} \cdot \mathbf{n} = [\,(\mathbf{u}_1 - k\mathbf{n}/m_1 - k((\mathbf{r}_1 \times \mathbf{n})\mathbf{J}_1^{-1}) \times \mathbf{r}_1)$$
$$- (\mathbf{u}_2 + k\mathbf{n}/m_2 + k((\mathbf{r}_2 \times \mathbf{n})\mathbf{J}_2^{-1}) \times \mathbf{r}_2)\,] \cdot \mathbf{n},$$

$$-e\,\mathbf{u}_{\text{rel}} \cdot \mathbf{n} = [\,(\mathbf{u}_1 - \mathbf{u}_2) - k\mathbf{n}/m_1 - k\mathbf{n}/m_2$$
$$- k((\mathbf{r}_1 \times \mathbf{n})\mathbf{J}_1^{-1}) \times \mathbf{r}_1) - k((\mathbf{r}_2 \times \mathbf{n})\mathbf{J}_2^{-1}) \times \mathbf{r}_2)\,] \cdot \mathbf{n},$$

$$-e\,\mathbf{u}_{\text{rel}} \cdot \mathbf{n} = \mathbf{u}_{\text{rel}} \cdot \mathbf{n} - k[\,(1/m_1 + 1/m_2)\mathbf{n} + ((\mathbf{r}_1 \times \mathbf{n})\mathbf{J}_1^{-1}) \times \mathbf{r}_1)$$
$$+ ((\mathbf{r}_2 \times \mathbf{n})\mathbf{J}_2^{-1}) \times \mathbf{r}_2)\,] \cdot \mathbf{n},$$

$$-(e+1)\,\mathbf{u}_{\text{rel}} \cdot \mathbf{n} = -k[\,(1/m_1 + 1/m_2)\mathbf{n} + ((\mathbf{r}_1 \times \mathbf{n})\mathbf{J}_1^{-1}) \times \mathbf{r}_1)$$
$$+ ((\mathbf{r}_2 \times \mathbf{n})\mathbf{J}_2^{-1}) \times \mathbf{r}_2)\,] \cdot \mathbf{n}$$

只差一步，我们就可以获得自己想要的公式。

提示：旋转碰撞响应

碰撞冲击力的大小可以通过相对点速度、质量、惯性矩、表面法线和恢复系数来计算，即

$$k = \frac{(e+1)\,\mathbf{u}_{\text{rel}} \cdot \mathbf{n}}{[(1/m_1 + 1/m_2)\mathbf{n} + ((\mathbf{r}_1 \times \mathbf{n})\mathbf{J}_1^{-1}) \times \mathbf{r}_1) + ((\mathbf{r}_2 \times \mathbf{n})\mathbf{J}_2^{-1}) \times \mathbf{r}_2)] \cdot \mathbf{n}} \qquad (12.32)$$

式（12.32）假设所有矢量都在相同的坐标空间中测量，并且反惯性张量对同一空间中的矢量进行操作。但是，反惯性张量仅在体空间（Body Space）中是常量，并且当物体旋转时，世界空间中的相同矩阵可能不会连续更新。我们的惯例是通过使用 $\mathbf{R}$ 来描述对象的方向，$\mathbf{R}$ 是一个旋转矩阵，它将左侧的行矢量从体空间变换到直立空间。在这些假设下，在式（12.32）中，可以用 $\mathbf{R}^{\mathsf{T}}\mathbf{J}^{-1}\mathbf{R}$ 替换 $\mathbf{J}^{-1}$。

12.6　实时刚体模拟器

本节将简要介绍实时刚体模拟器，如 PhysX、Havok、Bullet Physics 和 Open Dynamics Engine。很少有游戏程序开发人员可以直接在物理引擎上工作，当然，从零开始编写一个程序的人员更少。我们大多数人只需要知道如何使用这些东西。幸运的是，在这方面，之前列出的物理引擎有很多共同之处。然而，物理引擎就像许多其他编程工具一样：即使你不打算编写一个，你也可以更有效地使用它，前提是你对底层的工作方式有基本的

了解。

遗憾的是，由于一些原因，本书无法深入探讨物理引擎的更多细节。首先，任何描述"物理引擎如何工作"的尝试都因目前在该领域仍存在巨大的多样性和快速创新而变得纷繁复杂；其次，物理引擎中的数学可能很快就超出了这本入门图书的讨论范围。坦率地说，本书作者根本没有足够的专业知识来从上到下简洁地总结现有技术。但是，从用户的角度来看，物理引擎之间存在许多相似之处，本书可以通过介绍的方式引领你入门，因此我们将首先概述一下典型的物理引擎接口。在本章末尾还讨论了一些选择数学。

12.6.1　物理引擎状态变量

Fred Brooks（弗雷德·布鲁克斯，*The Mythical Man-Month* 的作者）的旧计算机科学格言说："把你的流程图给我，藏起你的表格，我仍然一头雾水；把你的表格给我，我不需要你的流程图，就能一清二楚。"尽管这句话可以被从事表格打印业务的图文印刷商店当作横幅广告，但是它有关信息本质的描述在今天看来仍然是正确的：编写或理解软件，一个良好的起点是对正在操作的数据的描述。从物理引擎的用户的角度来看，刚体模拟器中有 3 种主要类型的数据对象：动力学体、碰撞几何体数据和约束。接下来将依次展开讨论。

1．动力学体状态

也许实时刚体模拟器中最基本的数据对象类型是动力学体（Dynamics Body）。你可以把动力学体想象成一个刚体（Rigid Body）的"灵魂"：它告诉刚体去哪里，但它本身没有外观，所以你只能通过它所具有的效果来间接地看到它。我们看到的刚体的一部分通常是某种图形模型，它与物理引擎没有任何关系，这里不再讨论。

在目前这个阶段，讨论动力学体与非技术（和非编程）意义上的"对象"之间的关系可能很重要。一个简单的刚性物体可以通过使用单个动力学体来模拟。具有移动部件（例如汽车或人体）的更复杂的物体不是刚体，因此不能用单个动力学体模拟。相反，必须将对象分解为刚性部分，然后动力学体对应于通过关节约束（Joint Constraints）连接的那些部分，稍后将对此进行讨论。当然，像这样的复合物体的图形表示不一定是"刚性的"，但在物理模拟中，每个动力学体都是一个刚体。

动力学体好像灵魂的另一种方式是，它更容易列出其属性而不是尝试精确定义。因此，不妨让我们列举构成动力学体的变量。我们可以按照它们的生命周期（这意味着这些变量被初始化的时间，以及它们的值发生变化的频率）对这些变量进行分类。某些属性（大部分）是常量，有些属性在对象的整个生命周期中不断变化，有些是工作变量，在模拟时间步长开始时存在（或重置），并在时间步长结束时被丢弃。

第一类属性是在应用程序实例化（Instantiate）动力学体时初始化的属性，并且通常（但不一定）在模拟期间保持不变。

- 质量和惯性张量当然是刚体的关键属性，并且通常这些在模拟过程中不会改变，尽管没有固有的原因导致它们不能随着时间的推移而被应用程序改变，例如，模拟汽车燃烧燃料。如前所述，在模拟时也经常需要反（Inverse）质量和张量，因此，它们通常作为额外的派生量保存在手头，这样才不必在每次需要时重新计算它们。此外，作为旋转的惯性张量仅在其相对于刚体的体轴表示的矢量上操作时才是常数。在相对于世界轴时，惯性张量会随着动力学体旋转而不断变化。

- 有时物理引擎可以存储物体质心的偏移量（这个偏移量与惯性张量一样，仅在物体的体空间中保持不变）。如前文所述，出于数值稳定性和简单性的原因，内部物理引擎可能更愿意假设体空间的原点是其质心，并且会在客户端接口例程中考虑到该质心偏移的情况。

- 每个动力学体将与一个或多个碰撞几何体对象相关联，它们的结合将定义刚体的形状，具体如下文所述。

定义动力学体状态的第二类变量是那些随时间演变的变量，并且在其中包含一些"历史"，必须从一个帧向前传送到下一个帧。如果需要保存模拟的完整状态并在以后恢复它（例如，在保存的游戏中），则以下这些变量不能从任何其他源派生，必须序列化：

- 位置。
- 方向。
- 线性速度。
- 角速度。

上述列表反映了将速度作为主要状态变量的选择，在这种情况下，动量是很容易推导出的量；另一种策略是将动量作为主要状态变量，而速度作为可以推导出的量。前一种方法在处理以运动学方式控制的物体方面具有优势，其惯性（以及随之而来的动量）被认为是无限的；后者可以更优雅地处理质量随时间变化的情况，因为动量守恒是自动执行的。

最后，每个动力学体都具有存储在工作变量中的某些属性。这些量随着时间的推移而变化，但并不会天然地将"历史"整合到其中。这些变量通常在模拟步骤中的某个点重置。如果想要保存模拟的状态并在以后恢复它，则通常没有必要在状态描述中包含以下变量：[①]

- 力和扭矩累加器（Accumulator）。

---

① 精确的细节取决于数值积分的方法。一些积分方法可以利用历史值来逼近更高的导数。

❑　线性和角度冲击力累加器。

❑　当前接触约束列表。

在这里我们使用了"累加器"这个词来反映实践中经常发生的事情。这些值通常在帧内的某个点重置为零，然后轮询（Poll）不同的外部力的来源，并将净结果存储在这些变量中。

代码清单 12.2 是一个结构体（Structure），它总结了动力学体状态的基本要素，并提示了如何在 C++语言中实现它。这些变量名称将在本章后面的伪代码中使用。你应该将它与真实物理引擎实现中的相应的类进行比较，以查看引擎选择保留的其他数据，或者做出了哪些不同的选择。

代码清单 12.2　动力学体状态变量

```cpp
struct DynamicsBody {

    //
    // 主要的量
    //

    // 质心的位置
    Vector3 pos;

    // 以四元数格式表示的定向
    Quaternion rotQuat;

    // 质量
    float mass;

    // 惯性矩，在体空间中表示
    Matrix3x3 jBody;

    // 速度
    Vector3 linVel;
    Vector3 angVel;

    //
    // 派生的量
    //

    // 以矩阵形式表示的定向
    Matrix3x3 rotMat;
```

```
        // 反质量和惯性张量
        float oneOverMass;
        Matrix3x3 invJBody;
        //
        // 临时/工作变量
        //

        // 力累加器，每个时间步长会清零
        Vector3 force;
        Vector3 torque;
        Vector3 linImpulse;
        Vector3 angImpulse;

        //
        // 碰撞和约束列表
        //
        vector<UserConstraint*>userConstraints;
        vector<CollisionShape*>collisionShapes;
};
```

2．碰撞几何体

如果说动力学体是刚性物体的灵魂，那么碰撞几何体（Collision Geometry）就是它在地球上的"显灵"（换句话说，就是以地球人所能识别的外形出现）。碰撞几何体可用于定义动力学体的形状，以及其他"无灵魂"或静态物体的形状。一般来说，物理引擎将支持许多不同的图元。按照复杂程度分类，大致包括以下图元：

- ❑　基本的抽象图元，如球体、盒子、平面、圆柱体、圆锥体等。
- ❑　凸多面体。
- ❑　任意碰撞网格。

更简单的形状在速度和稳定性方面都具有优势，这就是为什么通常最好利用多个图元构建凹形或复杂形状。这些图元允许相互穿透。只有它们的结合才是重要的，因为连接到同一动力学体的两个几何体对象不会相互碰撞。实际上，物理引擎在决定哪些几何对象会发生碰撞时提供灵活性是很重要的。例如，对于一个角色来说，大腿部分可能不会与连接的躯干和胫骨部分发生碰撞，但它可能会碰到身体的其他部位；或者，在视频游戏物理第一定律的支持下，我们可能会创造一个敌人可以通过的障碍，但玩家角色却不能。

碰撞几何体对象既可以与单个动力学体（它具有固定的相对位置和方向）相关联，也可以不与任何动力学体相关联，并且是静态"世界"的一部分。

3. 约束

刚体模拟器中的第三个也是最后一个主要对象类型是约束（Constraint）。约束用于强制成对的刚体之间或刚体与世界之间的关系。应用程序可以创建两种类型的用户约束（User Constraint）：关节（Joint）和马达（Motor）。第三种约束是接触约束（Contact Constraint），它涉及碰撞响应。

用户约束是应用程序指定的"常规"约束类型，以便维持某种期望的关系。关节是常见且易于理解的约束类型，它可以维持两个部分之间的空间关系。大多数物理引擎内置的关节类型如下所示。

- ❑ 球窝关节（Ball-and-Socket Joint）：它可以约束两个物体，使得共享点相对于每组体轴保持固定位置。或者，你也可以想象一个物体在其体空间中的固定位置处有一个球，另一个物体在其体空间中有一个凹槽（Socket），而球窝关节约束则试图迫使这些点重合。

- ❑ 铰链接头（Hinge Joint）：这也是一种球窝接头，附加约束条件是两个轴，一个连接到球，另一个连接到凹槽，必须共线。因此，两个物体可以像铰链一样围绕共用轴旋转。另外，可以对铰链旋转角度设置限制。

- ❑ 滑块接头（Slider Joint）或棱柱接头（Prismatic Joint）：在两个轴上操作，这两个轴相对于两个物体的体空间是固定的，将它们约束为共线。物体只能沿着这个轴来回滑动，或者可能沿着它扭转。可以限制其平移范围。

- ❑ 万向节（Universal Joint）：类似于球窝关节，但允许在旋转角度上指定限制。角度限制是欧拉角（可以是航向角和俯仰角），从而产生矩形运动范围。也可以强制执行对于扭转（滚转角）的限制。

- ❑ 锥形关节（Conical Joint）：类似于万向节，但旋转被限制为圆锥形而不是矩形。

例如，在人类骨骼中，每个"骨骼"都可以被模拟为单独的刚体，其中的约束可用于将每个骨骼附接到其父骨骼。可以在膝盖处使用铰链接头，并设置限制以防止膝盖向后弯曲。臀部和肩部可以使用锥形关节或万向节。

关节约束涉及物体的位置和方向，而马达则是另一种类型的约束，它试图在两个物体之间强制要求相对速度。例如，通过使用适当类型的马达，应用程序可以指示物理引擎："动力学体 A 应该相对于轴 $\hat{n}$ 保持角速度 ω，轴 $\hat{n}$ 固定在动力学体 B 的参考系中"。

大多数物理引擎都有各种约束，甚至可以提供添加自己的约束类型的机制。此外，约束不一定是绝对的，但可以给物理引擎提供指令以限制可以用于强制约束的力。大多数物理引擎提供了一种机制，通过该机制可以查询约束以获得在尝试满足约束时应用的力的大小。该查询非常有用，例如，如果马达处于紧张状态，则播放声音；或者如果超过某个阈值，则可能破坏关节。关节及其限制也可以是"软性"的。例如，在 Open Dynamics Engine 中，可以调整称为误差减少参数（Error Reduction Parameter，ERP）和约束力混合（Constraint Force Mixing，CFM）参数的值，以使关节表现得像弹簧-阻尼系统。

尽管应用约束不一定具有任何"记忆"，并且可以由应用程序随意创建和销毁——例如，将车轮从车身上拆下，或者从身体上卸下一只胳膊——它们通常在时间步长中持续存在。相反，接触约束由物理引擎实例化，并且总是在相同的物理时间步长内被销毁。从概念上讲，出于性能或稳定性的原因，它们至少可能在内部存活。它们用于强制两个物体（或物体和某些静态几何体）的碰撞几何体之间的非穿透。这些约束是碰撞检测系统的主要输出和执行碰撞响应的机制。

尽管在碰撞检测期间，物理引擎会创建接触约束，但这并不意味着应用程序无法参与该过程。物理引擎提供了许多钩子（Hook）来定制这些接触点的创建，并在将接触约束应用于动力学体时通知应用程序。这些钩子是细粒度定制特定物体对交互的强大手段，而碰撞通知对于实现声音和粒子效果或生命值点数减少等反馈至关重要。

本节介绍了物理引擎中数据的 3 个主要"表格"，第 12.6.2 节将介绍"流程图"。

12.6.2　高级概述

现代物理引擎提供了 API，通过它可以操纵第 12.6.1 节中所谓的"表格"。这些 API 显示出非常相似的特征，但是，它们的内部运作更加多样化。这是我们必须真正开始讨论其共性和区别的点。本节首先介绍物理引擎如何适应游戏循环的高级伪代码。之后将简要讨论物理引擎核心内部出现的一般策略。

让我们从游戏循环本身开始，代码清单 12.3 总结了这个循环。

代码清单 12.3　非常简单的游戏循环

```
void gameLoop(){
    getReady();
    while (!gameOver){
        simPrePhysics();
        physicsEngine->update();
        simPostPhysics();
        render();
    }
}
```

让我们描述一下代码清单 12.3 的每个"函数"中发生的与物理相关的工作。首先，在 getReady()函数中，将进行常见的纹理和模型加载，还会创建在第 12.6.1 节中讨论的 3

种主要类型的物理系统对象。在游戏世界中可能会有大量的碰撞几何体。每个简单的模拟对象可能有一个动力学体和一个或几个碰撞形状。复杂的铰接模型可能需要多个动力学体，可以通过关节约束将动力学体以及每个动力学体的碰撞几何体连接在一起。对于玩家角色，我们可能会设置一个精心调整的约束，用于将角色拉向每个帧的所需位置。

在游戏循环中，我们将模拟分为 3 个步骤。首先，在调用物理引擎之前，我们将执行很多任务，这些任务集中在 simPrePhysics()函数中。在这里，将准备物理处理的输入。我们可以处理按运动学方式控制的物体，并将它们的新位置和速度通知物理系统。我们会读取玩家的输入，确定那些控件指示玩家应该在哪里，并更新约束、力或扭矩（这些是物理引擎尝试将玩家角色移动到位所需的数据）。在网络游戏中，我们可能会轮询网络物体，更新一个约束来告诉物理引擎，"尝试让物体进入这里"。此外，物理对象并不是全部都需要在 getReady()函数中创建一次，然后永远存在。开发人员当然可以随时在物理世界中添加和删除对象。

接下来，我们将调用物理引擎来做它自己的事情。虽然这些代码大部分都在物理引擎本身之中，但它会与游戏代码进行通信以达到多种目的，它既可以仅用于通知，也可能为应用程序提供自定义机会。在本节后面将讨论一些物理引擎使用的不同方法。

当物理引擎完成作业时，我们需要在函数 simPostPhysics()中将一些其他步骤组合在一起。也许最重要的一步是使用物理引擎确定的新位置和方向更新游戏对象。可以通过循环遍历所有对象并轮询物理引擎以获取更新的位置来实现此目的，或者也可能会以回调的形式收到通知。更新的对象位置不是物理更新的唯一输出。我们可能也对维持约束所需的力或发生的碰撞列表感兴趣。根据游戏设计以及相机的模拟方式，我们经常在物理引擎完成作业后更新相机，以便它随着玩家的移动而移动。

最后，在某些时候我们当然需要绘制场景，函数 render()就是为此目的而存在的。

在我们的伪代码中，physicsEngine->update()代表了物理引擎的核心部分。正如我们提到的，虽然没有任何物理引擎的工作方式是完全相同的，但它们都有一些共同的主题。接下来将简要介绍一些策略，总结 Erleben 等人对此进行的更深入的调查（详见参考文献[19]）。

1. 惩罚方法

惩罚方法（Penalty Method）解决了类似弹簧机制的碰撞问题。碰撞检测提供了穿透碰撞形状的列表。对于每一对，我们将定位具有这些形状的动力学体并对每个形状施加排斥力，并且该力的大小与穿透深度成比例。换句话说，惩罚方法不会尝试在检测到它们的同一时间步长上解决冲突；相反，随着时间的推移，力将导致物体分离。当然，我们必须仔细调整"弹簧"，对于堆叠物体，当物体处于平衡状态时，弹簧力将与重力平衡，因此，一般来说惩罚方法不会试图完全消除穿透，而只是将其限制在可接受的水平。代码清单 12.4 显示了如何完成此操作的简化版本。

代码清单 12.4　基于惩罚方法的物理模拟伪代码

```
void PhysicsEngine::update() {

    // 收集作用在动力学体上的外部力
    // 例如重力、弹簧力等
    computeForces();

    // 定位惩罚碰撞几何体及其动力学体
    struct Collision {
        DynamicsBody *body1, *body2;    // 涉及的动力学体
        Vector3 p;                      // 碰撞的位置
        Vector3 n;                      // 接触法线
        float penetrationDepth ;
    };
    vector<Collision>collisions = collisionDetection();

    // 将每个碰撞视为弹簧
    for (eachcollision) {

        // 基于穿透深度计算力
        Vector3 f = calculateForce(collisions[i]);

        // 添加力到两个动力学体
        collisions[i].body1->addForceAtPoint(collisions[i].p, f);
        collisions[i].body2->addForceAtPoint(collisions[i].p, -f);
    }

    // 将力（加速度）整合到速度中
    // 将速度整合到位置中，以向前移动模拟
    integrateForces();
}
```

2．顺序冲击力模拟

Mirtich 推广了顺序冲击力模拟方法（详见参考文献[46]）。静止和碰撞接触都被建模为（可能是非常高的频率）碰撞。当在两个物体 A 和 B 之间检测到碰撞时，使用碰撞定律（例如第 12.5.4 节中所介绍的简单牛顿碰撞模型）来计算防止穿透的冲击力。但是，

这可能会导致不同的碰撞，它既可以是在 A 和 B 之间的其他位置，也可以是在 B 和 C 之间，因此必须重复该过程，直到触点处的所有相对速度都静止或分离。代码清单 12.5 说明了其基本思想。

代码清单 12.5　顺序冲击力物理模拟伪代码

```
void PhysicsEngine::update() {

    // 收集作用在动力学体上的外部力
    // 例如重力、弹簧力等
    computeForces();

    // 将力（加速度）集成到动力学体中
    // 但是暂且不更新位置
    updateVelocities();

    // 定位碰撞的动力学体
    struct Collision {
        DynamicsBody *body1, *body2;       // 涉及的动力学体
        Vector3 p;                         // 碰撞的位置
        Vector3 n;                         // 接触法线
        float penetrationDepth;
    };
    vector<Collision>collisions = collisionDetection();

    // 保持应用冲击力
    // 直到所有相对接触速度消除
    for (;;) {

        // 找到一个碰撞，其在接触点的相对点速度
        // 使得动力学体沿着法线互相朝对方前移
        // 注意，这里指的是碰撞接触
        // 而不是静止接触或分离接触
        Collision *c = nextUnresolvedCollision(collisions);
        if (c == NULL) break;

        // 使用碰撞定律计算冲击力
        Vector3 impulse = calculateCollisionImpulse(c);

        // 给两个动力学体应用冲击力
        // 这会让线性速度和角速度产生立即变化
        c->body1->addImpulseAtPoint(c->p, impulse);
```

```
        c->body2->addImpulseAtPoint(c->p, -impulse);

        // 保持循环
        // 直到所有碰撞速度静止或分离
    }

    // 现在基于速度逐步向前移动位置
    integrateVelocities();
}
```

在代码清单 12.5 所示的伪代码示例中，第一个难题是触点处理的顺序（一般来说是碰撞检测的任意伪像）可能会导致不同的仿真结果；第二个难题是模拟可能陷入无限循环，因此开发人员必须小心确保循环能够终止。

3．基于速度的模拟

基于速度的模拟技术在当前代表了实时模拟的新技术。防止穿透和解决碰撞问题被视为要满足的约束。如前文所述，这些约束将以标准化的方式处理，具有用户约束，如关节和马达。对于每个约束，模拟将检查约束满意度变化率与线性速度和角速度变化的比率。使用该信息——这里指的是偏导数矩阵，也称为雅可比矩阵（Jacobian Matrix），模拟器将求解满足约束的速度。代码清单 12.6 对此进行了说明。

代码清单 12.6　基于速度的物理模拟伪代码

```
void PhysicsEngine::update() {

    // 收集作用在动力学体上的外部力
    // （排除来自于约束的力）
    computeForces();

    // 暂时应用力
    // 以计算建议的（未约束的）位置和速度
    integrateForcesTentatively();

    // 构建约束列表
    // 该列表有两个来源：
    // 碰撞检测（接触约束）和用户约束
    vector<ConstraintRow> constraintRows;
    collisionDetection(constraintRows);
    processApplicationConstraints(constraintRows);

    // 求解满足约束的速度
```

```
solveConstraints(constraintRows);

// 现在真正更新位置
// 基于已计算的满足约束的速度
integrateVelocities();
}
```

在代码清单 12.6 所示的伪代码示例中，可能产生的矩阵问题是，它不是线性方程的标准系统；相反，它是一个不等的系统。例如，如果碰撞定律预测两个物体应以一定的速度反弹，则该速度被解释为最小速度；如果某个其他约束（如一个物体被弹簧拉开）导致物体比碰撞定律预测的更快地反弹，则不认为这违反了接触约束。这种类型的系统可以被置于标准形式中，称为线性互补问题（Linear Complimentary Problem，LCP）。

基于速度的方法的各种实现借鉴了惩罚方法和顺序冲击力模拟的思想，因此有时难以将模拟严格地划分为某一类或另一类。用于解决线性互补问题的增量矩阵求解器可对物体的速度进行微小调整，这些调整可以在物理上解释为一系列冲击力。因此，基于速度的求解器和顺序冲击力求解器之间存在一些相似之处。区别在于，在顺序冲击力求解器中，碰撞定律被多次应用；而在基于速度的模拟中，仅应用碰撞定律一次以确定理想的相对速度，然后将该速度视为目标或约束。一些基于速度的求解器，特别是 Open Dynamics Engine，允许使用类似于基于惩罚的方法的技术，将约束视为"软性"的。

12.6.3　欧拉积分

每个物理引擎都需要能够及时"前进"。假设已知在某个时间 t 的位置和速度值（包括线性速度和角速度），而我们想要确定它们在未来某个时间（$t + \Delta t$）的值。该结果将取决于物体所接受的净力，当然还取决于在时间 t 的初始速度。力本身也可能根据物体的位置或速度而变化。例如，通过弹簧连接到固定点的物体所接受的力将基于物体位置而变化，一个移动穿过流体（诸如暴风或湍流之类）的物体，它会受到阻力，该阻力与物体和流体的相对速度具有一些（可能是非线性的）关系。此外，力也可以是物体之间相互作用的结果（例如，由形成四面体的弹簧连接的四个物体，其中一个角落浸没在水中）。总而言之，这个问题并非微不足道。

对于此问题的数学术语是数值积分（Numerical Integration）。我们的讨论有两个主要部分。本节忽略旋转，并讨论线性加速度和速度方面的积分基本概念。第 12.6.4 节将考虑如何对角加速度和速度积分。

回想一下，积分是从其导数中确定函数的过程。在我们的例子中，正在使用 3 种不同的时间函数：位置、速度和加速度。其中，速度是位置的导数，而加速度又是速度的导数。我们将要处理的是数值积分，因为我们没有象征性地求解微分方程。相反，我们知道的导数函数（使用牛顿第二定律从力中确定的加速度）仅在离散数量的时间值处被采样。为了理解这些难点，接下来将从一个简单的方法开始，看一看它失败的地方在哪里。

设 h 表示步长，单位为秒（$1/h$ 是模拟频率，举例来说，如果以 60 Hz 运行，h 将是 1/60）。最简单的积分方法是假设导数在该步长中是恒定的。假设当前时间步长是第 k 个时间步长。然后，下一个时间步长 $k + 1$ 的位置由下式确定：

位置中速度的欧拉积分
$\mathbf{p}_{k+1} = \mathbf{p}_k + h\mathbf{v}_k$

这种策略称为欧拉积分（Euler Integration）。尽管数值积分可能是经常在微积分之后教授的"高级"主题，但对于大多数人而言，欧拉积分比真实（分析）积分更容易理解。常见的做法是使用欧拉积分来引入分析积分，这正是在图 11.10 中所做的确定野兔运动的方法，尽管没有按其名称称呼该技术。它带出的关键点是，简单的欧拉积分忽略了时间步长中导数的变化，而这正是误差的来源。正如所看到的，减少答案中误差的最明显方法是减小时间步长 h。在某些情况下，我们可以通过符号操作将其降低到极限并得出一个完美的答案（即使用分析积分），但有时也会得到一个复杂的函数，而我们所能做的就是评估（"样本"）函数。

考虑目前在视频游戏中很有趣的 3 种不同模拟：头发、布料和流体。在这 3 种情况下，都可以将被模拟的东西分解成碎片（"离散化"问题），然后使用简化的力定律模拟每个碎片。布料的基本策略是将布料建模为一组顶点，其中每个顶点通过"弹簧"连接到附近的顶点并受到阻力的影响。在该模拟中给定顶点接受的力取决于顶点及其邻近顶点的位置和速度。虽然在任何给定时刻计算活动的力并不困难，但由于对位置和速度的依赖性，结果不能直接积分。这使得它成为微分方程而不是简单积分的问题。这些微分方程通常不容易通过分析获得求解结果，必须使用数值积分。

假设将单个布料顶点的速度表示为时间的函数，近似为多项式（通过使用其泰勒级数展开，参见第 11.4.6 节）。假设已知时间 t_k 的值，并且只对 t_k 周围的一个小间隔感兴趣，则可以按以下形式写出近似值：

$$\mathbf{v}(t_k + h) = \mathbf{v}(t_k) + h\mathbf{c}_1 + h^2\mathbf{c}_2 + h^3\mathbf{c}_3 + \cdots \qquad (12.33)$$

欧拉积分被称为数值积分的一阶（First Order）方法，因为它只匹配该表达式中的第一度项 $h\mathbf{c}_1$，在这种情况下，简单地说就是加速度 $h\mathbf{a}(t_k)$。确实，h 大约为 1/60，一般来说，高阶项迅速减小，但我们对 $\mathbf{c}$ 的大小一无所知，因此可以匹配的项越多，则可以获得的精度越高。[1] 如果加速度是常量，那么欧拉积分将精确计算速度；但是，如果力取决于位置或速度，那么扩展中的高阶项（被欧拉积分忽略）将是非零的。

为了改善结果，我们需要使用更高阶的数值积分方法，该方法应该能够匹配式（12.33）中的更多项。一种常见而且很重要的技术是龙格库塔法（Runge-Kutta），其思路是采取一个或多个试验步骤并在不同位置对力进行采样，然后以智能方式组合来自试验步骤的样本。数值积分领域是一个成熟的领域，拥有大量的参考文献和许多不同的充分研究的技术，在一本仅关注物理模拟的入门性书中讨论这些方法中的几种本来应该是比较恰当的，但让我们感到遗憾的是，它超出了本书多个章节知识的讨论范围。但是，这里要强调有关数值积分的两条重要消息。

第一条消息事实上已经被提到过：我们只是希望你能了解欧拉积分中的缺点，并意识到存在其他方法，这些方法可以在准确性、稳定性和性能之间提供不同的权衡。一些积分器更是适合不同的目的。对于人们目前有兴趣实时解决的模拟，几乎任何积分器都会比欧拉积分更好地工作：布料、头发、流体和柔软的动力学体的仿真，结合动态物理和预先生成的动画，可用于包含关节的（特别是人形）角色等。任何对这些更高级的模拟感兴趣的开发人员都会发现，对积分方法的理解是创建良好物理模拟的先决条件。将在第 12.7 节为开发人员提供一些优秀的资料列表。

第二条消息是，虽然高阶方法是我们命名的"高级"模拟的更好选择，但是对于刚体的模拟，仍然经常使用简单的欧拉积分。为什么？总结起来就两个字：约束。在一些模拟中，力是时间或位置的连续函数，并且具有很好的泰勒级数展开，高阶积分方法很好地满足了这一要求。基于弹簧式连接的模拟或以类似于惩罚方法的方式处理碰撞的模拟就是像这样的。对于这样的模拟，使用高阶积分器（它将增加"内部循环"的试验步骤和每个时间步长的样本数）可以在给定的 CPU 时间内提供更好的误差减少，当然这是与减少 h（它需要更多的"外部循环"迭代）相比。但是，刚体模拟中的约束通常是不连续的，并且天然需要基于 LCP 的方法。当这些不连续的函数通过胡克定律近似时，弹簧常数必须非常大，这会导致不稳定。实际上，由此产生的微分方程被称为"刚性"方程，因为已知这些方程需要隐式而非显式积分。糟糕的是，基于速度的约束求解器——正如所提到的，这些是当前流行的模拟类型——将通过调整速度来满足约束，并且基本上它们需要能够"看穿未来"才能知道对提议的调整速度的改变将如何影响积分位置，从而影响到约束的满足。更复杂的积分方法使得这种预知未来变得更加复杂（用于求解刚性方程的隐式积分方法基本上是通过"看穿未来"的方式来实现的）。简而言之，由于目前解决接触和关节约束的方法，使得减小步骤 h 比高阶积分器在利用 CPU 时间方面更有

---

[1] 这里是指一般情况。Press 等人强调高阶并不总能保证更高的准确性（详见参考文献[56]）。

吸引力，至少根据目前在视频游戏中使用的更流行的实时刚体模拟器的投票结果是如此。更坦率地说也许是：在实时模拟中，稳定性目前的估值高于准确度。

虽然欧拉积分有一些不足，但它仍然是有效的物理模拟技术，将这些不足放在一边，现在我们已经为提出位置、速度和加速度的欧拉积分基本方程做好了准备。

提示：加速度和速度的欧拉积分

$$\mathbf{a}_k = \mathbf{f}_k/m \qquad \text{（牛顿第二定律）}$$
$$\mathbf{v}_{k+1} = \mathbf{v}_k + h\mathbf{a}_k \qquad \text{（加速度积分）}$$
$$\mathbf{p}_{k+1} = \mathbf{p}_k + h\mathbf{v}_{k+1} \qquad \text{（速度积分）}$$

这些是关键操作，所以来看一看如何在 C++ 中实现它们。代码清单 12.7 中的代码比方程更容易阅读，因为操作的阶数使得下标也变成不必要的。

代码清单 12.7　简单的欧拉积分

```
struct Particle{
    Vector3 pos;          // 质心的世界位置
    Vector3 linVel;       // 速度
    Vector3 force;        // 当前的力
    float   mass;         // 物体的质量

    // 采用简单的欧拉积分按时间步长 dt 及时前进
    void eulerIntegrate(float dt) {
        Vector3 acceleration = force / mass;

        linVel += acceleration * dt;
        pos += linVel * dt;
    }
}
```

12.6.4　旋转的积分

现在来谈一谈三维旋转数据的积分。对于旋转的 $\mathbf{p}_{k+1} = \mathbf{p}_k + h\mathbf{v}_k$ 的等效公式是什么？要回答这个问题，先从力学的有关角速度和方向值导数之间关系中提出一些众所周知的结果。

考虑固定在物体上的任意点 $\mathbf{r}$，该物体以瞬时角速度 ω 围绕其质心旋转。假设用于描述 $\mathbf{r}$ 的坐标空间的原点位于物体的质心，但轴不随物体旋转（在本书中，假设在"直立空间"中表示点的坐标。这些坐标有时也称为"质心坐标"）。

第 11.8.2 节证明了如何计算该矢量的速度：$\mathbf{v} = \boldsymbol{\omega} \times \mathbf{r}$。这可以等效地写成

$$\dot{\mathbf{r}} = \boldsymbol{\omega} \times \mathbf{r} \tag{12.34}$$

在第 11.8 节中已经指出，匀速圆周运动的基本特征是速度由于向心加速度而连续变化。由于速度不是恒定的，正如刚才所见，一个简单的欧拉步长也是不准确的：$\mathbf{r}(t+h) \neq \mathbf{r}(t) + h\dot{\mathbf{r}}$。但是，如果放大得足够近，圆形路径的一小部分开始看起来非常像一条直线，而欧拉步长也不是那么糟糕。换句话说，在足够小的 h 或足够慢的角速度 $\boldsymbol{\omega}$ 的情况下，其近似值可能是可接受的，即 $\mathbf{r}(t+h) \approx \mathbf{r}(t) + h\dot{\mathbf{r}}$。

到目前为止，所说的一切都适用于任何矢量 $\mathbf{r}$，所以将这些想法应用于体轴本身。请记住，旋转矩阵 $\mathbf{R}$ 描述了对象的方向，并将左侧的行矢量从体空间旋转到直立空间。$\mathbf{R}$ 的行由在直立空间中表示的体轴形成。我们要做的是将式（12.34）应用于每个体轴（即取 $\boldsymbol{\omega}$ 每一行的叉积）。幸运的是，我们可以将叉积运算编写为以下形式的矩阵乘法（参见第 4.4 节的习题 8）：

$$\dot{\mathbf{r}} = \boldsymbol{\omega} \times \mathbf{r} = \mathbf{r} \begin{bmatrix} 0 & \omega_z & -\omega_y \\ -\omega_z & 0 & \omega_x \\ \omega_y & -\omega_x & 0 \end{bmatrix}$$

现在，旋转矩阵的导数可以表示为以下形式的矩阵的积：

$$\dot{\mathbf{R}} = \mathbf{R} \begin{bmatrix} 0 & \omega_z & -\omega_y \\ -\omega_z & 0 & \omega_x \\ \omega_y & -\omega_x & 0 \end{bmatrix}$$

这意味着什么呢？正如单个矢量 $\mathbf{r}$ 及其导数 $\dot{\mathbf{r}}$ 一样，$\dot{\mathbf{R}}$ 中的每个元素都给出了 $\mathbf{R}$ 中相应元素的导数。实际上，矩阵函数 $\mathbf{R}(t)$ 的任何特定元素都会在[-1, 1]范围内振荡。但是和以前一样，对于很小的 h 值（和很小的角速度 $\boldsymbol{\omega}$），这个弯曲的振荡模式的一小部分看起来就像一条直线，简单的欧拉步长 $\mathbf{R}_{k+1} \approx \mathbf{R}_k + h\dot{\mathbf{R}}_k$ 可能是可以接受的。但是，对于旋转矩阵来说，还存在新的问题：所得到的矩阵不太可能是正交的。实际上，我们等于是在孤立地对每个分量采取欧拉步长，忽略它们的相互依赖性。解决方案是在每个步长后重新正交化矩阵（参见第 6.3.3 节）。

如果通过使用四元数而不是旋转矩阵来指定物体的方向，则仍然可以使用相同的基本技术：找到方向（按每个分量的）导数，在每个分量上独立地采用简单的欧拉步长，然后纠正其方向。在使用四元数的情况下，导数可由下式给出：

具有角速度 $\boldsymbol{\omega}$ 的物体的方向四元数 $\mathbf{q}$ 的导数
$\dot{\mathbf{q}} = \dfrac{1}{2}\boldsymbol{\omega}\mathbf{q}$

其中，三维角速度矢量 $\boldsymbol{\omega}$ 已经扩展到四元数空间并且 $w = 0$。Eberly 推导出了这个结果（详见参考文献[17，Section 10.6]），这里就不再提供推导过程。注意，我们并不指望 $\dot{\mathbf{q}}$ 是一个旋转（单位）四元数，也不指望欧拉积分的结果 $\mathbf{q}_{k+1} \approx \mathbf{q}_k + h\dot{\mathbf{q}}_k$ 具有单位长度，因此它必须被归一化。

　　刚刚描述的方向积分技术是一种标准技术。使用此技术时，有两个误差来源：第一个是由欧拉积分本身引起的，其中我们忽略了角加速（和更高阶的导数），并且就像角速度是恒定的那样进行，这个错误存在于线性数据和角度，但是当积分线性量时，它是唯一的误差来源；第二个误差来源是由于使用了每个分量的导数，它没有考虑旋转矩阵或四元数分量的相互依赖性，这种类型的误差对于角度数据是唯一的，因为位置数据的分量是独立的（至少在使用笛卡儿坐标时是如此）。幸运的是，这种误差来源可以被消除。

　　假设当前物体由旋转矩阵 $\mathbf{R}$ 或四元数 $\mathbf{q}$ 描述其方向，并且以恒定的角速度 $\boldsymbol{\omega}$ 旋转。在这种常见情况下，忽略角加速度并不会损失精度，但是在 $h\boldsymbol{\omega}$ 变大的情况下，则会出现精度上的损失。

　　解决方案很简单：确定在此时间步长中发生的有限旋转，然后应用适当的角位移。我们已经拥有了可供使用的工具，可以将旋转 $h\boldsymbol{\omega}$ 从指数映射形式转换为轴角形式（参见第 8.4 节），然后将该角位移转换为旋转矩阵（参见第 5.1.3 节）或四元数（参见第 8.5.2 节），并与当前旋转连接。基本上，我们所做的是选择一个更好的坐标系来执行欧拉积分。

　　由于执行第二种方法的计算成本稍微昂贵一点，因此一个有必要思考的问题是，这样做值得吗？在角速度恒定的常见情况下，第二种方法对于任何步长 h 都是精确的，忽略了由于浮点舍入引起的误差。在这种情况下，如果角速度很高，或者所需的精度很高（如时钟指针），那么切换到这种替代方法可能是好事一桩。但是，欧拉积分引入的误差可能会干扰每个分量的导数方法产生的误差，这既可能是建设性的也可能是破坏性的，因此不能保证减少一个误差源在所有情况下都可以真正提高最终结果的准确性。这就是为什么在一些物理引擎中集成角位移的方法也是一个选项。

12.7　深入阅读建议

　　我们对于物理学的讨论仅限于本书主题所涵盖的范围，距离真正的物理专家所熟知的领域还有很长一段距离。显然，对计算机模拟有浓厚兴趣的学生需要比这里提供的更全面的物理背景。力学的基础知识通常在传统物理课程的第一学期学习，其中有许多高质量的教科书。在编写本书的过程中，我们使用了 Resnick 和 Halliday 的经典教科书（详见参考文献[57]），它具有非常便宜的独特优势，另外还使用了 Knight 的教科书（详见参考文献[38]）。如果没有课堂演示，估计没有任何人会去学习这些材料；如果你自学（或者有一个蹩脚的物理老师），则不必灰心，因为在网上可以找到大量的物理课程演示。我们推荐 Walter Lewin 教授的讲座，读者可从麻省理工学院公开课网站 ocw.mit.edu 获得。

　　关于视频游戏需求的物理模拟，有 3 本书可做推荐，它们都提供了针对性的讨论。其中，Bourg 的 *Physics for Game Developers*（中文译名《游戏开发人员物理学》，详见参考文献[8]）是一本入门型教材，对基础知识有很好的阐述，并且针对不同类型的车辆模拟应用了众多的力定律的独特表现。*Physics-Based Animation*（中文译名《基于物理的动画》，详见参考文献[19]）包含了刚体和连续模拟的丰富信息，包括对多体模拟的若干种不同方法的调查，这本书可以作为本章的有益补充读物。Eberly 的 *Game Physics*（中文译名《游戏物理学》，详见参考文献[17]）以更加学术化和数学化的方式详细讨论了游戏的物理引擎。它包含了对数值积分技术的良好讨论，以及关于拉格朗日动力学潜在优势（当前未实现）的独特部分。对于 Bourg 的书来说，本书中介绍的微积分基础知识已经足够了，但是在阅读另外两本更高端的图书之前，建议先学习一下微分方程。

　　另一种了解实时物理仿真的好方法是研究代码。在此推荐两个精心设计的并且已经在商业视频游戏中使用的开源物理引擎，它们本身提供了良好的说明文档，本书的写作也颇受其影响。其中一个是 Russell Smith 的 Open Dynamics Engine（详见参考文献[65]），可以访问 http://ode.org/在线获得，稍微老一点，并且已经不再开发，但在行业中具有一定的影响力，是一种很有用的资源。另外一个引擎被业内专家称为 Bullet Physics（http://bulletphysics.org/），它仍获得积极维护，并已在许多游戏甚至一些 Dreamworks 电影中使用。该引擎和网站都是非常有用的资源。

　　碰撞检测是任何物理引擎的很大一部分，无论是代码行还是消耗的 CPU 时间。遗憾的是，碰撞检测即使是"一点点"的内容也需要占用很大的篇幅，本书没有足够的空间来做这种讨论。Ericson 的 *Real-Time Collision Detection*（中文译名《实时碰撞检测》，详见参考文献[18]）是关于这方面内容的最佳推荐，但 van den Bergen 的著作（详见参考文献[70]）也很有用。关于碰撞检测材质的大量资料可以在 Eberly 的 *Game Physics*（中文译名《游戏物理学》，详见参考文献[17]）和 Geometric Tools for Computer Graphics（中文译名《计算机图形几何工具》，详见参考文献[59]）中找到。

　　计算机模拟中出现的许多数学问题都属于科学计算（Scientific Computing）的广泛范畴（这个相同基础学科领域的旧名称是"应用数学"和"数值分析"）。*Numerical Recipes in C*（中文译名《C 中的数字秘笈》，详见参考文献[56]）是工程师的经典著作，有清晰的解释和大量的源代码工具包。有关该主题还有一些优秀的教科书，如 Heath 的 *Scientific Computing*（中文译名《科学计算》，详见参考文献[32]）。Strang 的教科书（详见参考文献[67]）也非常出色，感兴趣的读者可以从麻省理工学院公开课网站 ocw.mit.edu 中免费获得。

此外，Chris Hecker 也在 http://chrishecker.com/Physics References 上提供了一系列和实时物理模拟相关的资源。

12.8　练　　习

（答案见本书附录 B）

1．在卡通世界中，可以通过在帆船中放置风扇并将其指向帆来推进帆船。通过使用牛顿定律解释为什么这在现实世界中根本行不通。

2．一个男孩和一个女孩正在进行拔河比赛。这个女孩开始要赢了。请列出涉及的所有重要的力，并描述哪个力的不平衡导致女孩开始获胜。

3．判断正误：较轻的物体比较重的物体下落得快，因为重力在地球表面附近是恒定的。

4．国际空间站以大约 27740 千米/小时的速度绕地球轨道运行约 340 千米（轨道实际上是椭圆形的，但在这里可以忽略它）。在这种"零重力"的环境中，地球引力引起的加速度是多少？此外，如果地球的引力仍然具有显著的影响，为什么空间站的宇航员会"失重"？（注：参考第 11.9 节中的习题 12）。

5．将一个混凝土块放在木制的坡道上。根据表 12.1，混凝土块开始滑动的斜坡的临界倾斜角是多少？如果在月球上进行实验，那么临界角会增加、减少还是保持不变？

6．（a）将质量为 m 的重物悬挂在一个刚度为 k 的弹簧上，这导致弹簧的长度增加了距离 x_0。用什么公式能够将 m、x_0 和 k 关联在一起？

（b）将一个 5.00kg 的物体悬挂在弹簧上，使弹簧的长度增加了 10.0 cm，则弹簧常数 k 是多少？请确保包含正确的单位。

（c）使用同一个弹簧悬挂一个不同的物体，这次使弹簧伸长了 17.0 cm。这另一个物体的质量是多少？

（d）后来，在不同的环境中，使用同一个弹簧悬挂 1.00 kg 的重量，但是这次导致长度增加了 8.0 cm。对于与原始环境不同的新环境，你能说些什么？对这些差异有哪些可能的解释？

7．一端固定有刚度为 1.00×10^2 N/m 的水平弹簧，另一端连接有 5.00 kg 的质量，使得质量在无摩擦的表面上来回滑动。弹簧从其静止位置延伸 14.7 cm。

（a）振动的频率是多少？

（b）振动的幅度是多少？

（c）当质量穿过静止位置时的速度是多少？

8. 一名体重为 75.0 kg 的男子站在一辆特种汽车的一端。该汽车的重量为 1.00×10^3 kg，长 20.0 m，是未来的发明，他们发明了一种特殊类型的车轮，在零摩擦下滚过轨道。使用正向为+x 的坐标空间。该男子以 1.25 m/s 的速度从汽车后端走到前端。

（a）在男子的行走过程中，相对于地球，人和车的速度分别是多少？

（b）当男子到达汽车的尽头时，男子和汽车在世界坐标中分别移动了多远？

（c）如果不是以恒定的速度行走，那么该男子的速度会尽可能快地增加，然后在汽车末端突然停下来。关于汽车运动会有什么变化？最后的位置怎么样？

重复实验（该男子以恒定速度行走），只是这一次汽车和人的初始速度为+5.00 m/s。

（d）在男子的行走过程中，相对于地球，人和车的速度分别是多少？

（e）目前该男子到达汽车的尽头，该男子和车相对于地球的位置有多远？

9. 考虑第 12.4.1 节中格兰特和凯莉之间的车祸。计算碰撞冲击力的大小，只是这次不是假设完全非弹性碰撞，而是使用 $e = 0.1$ 的恢复系数（假设接触法线在西南方向20°），这两辆车的速度各是多少？

10. 图 12.21 中的猴子如何在走钢丝秀上保持平衡？它应该如何利用弯曲的杆子？

图 12.21 这只猴子如何保持平衡

11. 两个圆柱体具有相同的形状和质量。一个是空心的，另一个是固体，密度均匀。你认为哪一个更难滚动？

12. 卡车的质量分布可以用车身的 3 个箱子和车轮的 4 个圆柱体近似，如图 12.22 所示。

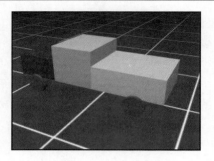

图 12.22　使用图元来估算卡车质量分布

这些图元的位置、质量和尺寸由表 12.2 给出。

表 12.2　用于近似卡车质量分布的图元

说　　明	质量（kg）	质心（cm）	尺寸（cm，x × y × z）
车头	1000	(0, 100, 225)	200 × 80 × 150
车身	600	(0, 125, 75)	200 × 130 × 150
车厢	400	(0, 100, −120)	200 × 80 × 240
左前轮	50	(−100, 35, 230)	20 × 70 × 70
右前轮	50	(100, 35, 230)	20 × 70 × 70
左后轮	50	(−100, 35, −150)	20 × 70 × 70
右后轮	50	(100, 35, −150)	20 × 70 × 70

（a）卡车质心的坐标是什么？

（b）计算每个图元相对于其质心的惯性张量。假设所有图元具有均匀的密度（需要在线找到合适的公式），提示：首先将测量值转换为米。

（c）使用平行轴定理计算卡车相对于其质心的惯性张量。

我们热爱力量，却不在乎它的展现方式。

——拉尔夫·沃尔多·爱默生（Ralph Waldo Emerson，1808—1882）

第 13 章 三 维 曲 线

我没有发现什么曲线，我只是展露了它们。

——梅·韦斯特（1892—1980）

本章讨论如何在三维中以数学方式表示曲线。根据曲线的数学定义重新创建曲线相对容易，比较困难的部分是获得具有所需属性的曲线，或者制作设计师可用于绘制此类曲线的工具。本章的目标是为曲线的数学计算提供简洁明快而又直观易懂的介绍。与大多数关于这一主题的其他书籍相比，我们的目标是直接讨论最重要的点，当然，中途也会间或停下来，讨论一下正确的发音，这可能是合适的，因为本章中使用的大多数数学公式的开发者都是法国人。曲线和样条曲线（Spline）因各种原因非常有用。它们有明显的应用，例如在弯曲的轨迹上移动物体。但是，曲线的坐标不需要空间上的解释，基本上，只要希望将颜色、强度或其他属性的函数拟合到给定的数据点，就可以应用曲线和样条曲线。

本章大致分为两部分。第一部分是关于简单的“短”曲线，可用一个方程来描述。

❑ 第 13.1 节将介绍特定曲线类型：参数多项式曲线（特别注意三次多项式）。

❑ 第 13.2 节将描述多项式插值，其中曲线通过指定的控制点。

❑ 第 13.3 节将讨论埃尔米特形式，它描述其端点和这些端点的导数的曲线。

❑ 第 13.4 节将显示贝塞尔形式如何指定曲线端点，以及影响曲线形状但未插值的内部控制点。

❑ 第 13.5 节将显示如何将曲线细分为更小的部分。

本章的后半部分介绍样条曲线，它是通过连续连接多条曲线而创建的较长曲线。

❑ 第 13.6 节将介绍一些基本表示法、术语和概念。

❑ 第 13.7 节将讨论如何将埃尔米特或贝塞尔曲线连接到样条曲线中。

❑ 第 13.8 节将考虑样条曲线的连续性（平滑度）条件。

❑ 第 13.9 节将通过考虑在控制点自动确定样条曲线的切线的各种方法来结束关于样条曲线的讨论。

13.1 参数多项式曲线

我们关注一种特定类型的曲线，即参数多项式曲线（Parametric Polynomial Curve）。

重要的是要理解 Parametric 和 Polynomial 这两个形容词意味着什么，所以第 13.1.1 节和第 13.1.2 节将详细讨论它们；第 13.1.3 节将回顾一些有用的替代符号；第 13.1.4 节将讨论直线，这是参数多项式曲线的一个特别有指导性的例子；第 13.1.5 节将考虑曲线端点与多项式系数之间的关系；第 13.1.6 节将讨论诸如速度和加速度之类的导数，并展示它们与切线矢量和局部曲率的关系。

13.1.1　参数曲线

短语"参数多项式曲线"中的 Parametric 一词意味着（并非完全令人惊讶）该曲线可以通过独立参数的函数来描述，该独立参数通常被赋予符号 t。该曲线函数具有的形式为 $\mathbf{p}(t)$，采用标量输入（参数 t）并将对应于该参数值的曲线上的点作为矢量输出返回。当 t 变化时，函数 $\mathbf{p}(t)$ 即可描绘出曲线的形状。例如，考虑单位圆的经典参数描述：

圆的参数描述
$x(t) = \cos(2\pi t),$ $y(t) = \sin(2\pi t)$ 　　　　　　　　　（13.1）

本书第 9.1 节简要介绍了几何图元的参数表示。让我们花点时间回顾一下该部分的一些替代形式，这样就可以理解描述非参数曲线的方法。隐含（Implicit）表示方式是一种关系，这种关系对于所描述的形状中的所有点都是真的，例如，单位圆可以隐含地描述为满足 $x^2 + y^2 = 1$ 的点集。参数形式的另一种替代是函数形式，其中一个坐标表示为另一个坐标的函数，例如，单位圆的上半部分可以用函数形式描述为 $y = \sqrt{1 - x^2}$。

曲线 $\mathbf{p}(t)$ 可以是无穷大的，特别是如果对 t 的范围没有限制的话。一般来说，通过将 t 限制为特定的有界域来选择有限段是有用的，最常见的是域[0, 1]。将"向前"方向指定为增加 t 的方向也是很自然的，因此曲线在 $t = 0$ 处"开始"，在 $t = 1$ 处"结束"，并且由它们之间的所有点组成。

有时也可以将位置函数 $\mathbf{p}(t)$ 视为产生矢量结果的单个函数，其他时候，提取特定坐标的函数会很有帮助。例如，标量函数 $x(t)$ 指定 $\mathbf{p}(t)$ 的 x 坐标，因此在二维中 $\mathbf{p}(t) = (x(t), y(t))$。请注意，每个坐标都由一个仅依赖于参数值的函数指定，因此每个坐标都独立于其他坐标。本章的大部分内容都是在平面上工作的，因为参数曲线的每个重要方面几乎都可以在二维中进行演示，一般来说，扩展为三维是很简单的。

13.1.2　多项式曲线

现在我们知道了形容词 Parametric 的含义，接下来把注意力转向第二个重要的词，即

Polynomial。多项式参数曲线是一个参数曲线函数 $\mathbf{p}(t)$，可以编写为 t 的多项式：

任意次数 n 的多项式参数形式
$\mathbf{p}(t) = \mathbf{c}_0 + \mathbf{c}_1 t + \mathbf{c}_2 t^2 + \cdots + \mathbf{c}_{n-1} t^{n-1} + \mathbf{c}_n t^n$

数 n 被称为多项式的次数（Degree）。更高次数的多项式更灵活，因为它们可以描述更
"摇摆"的曲线。但是，有时也会出现我们不想要的额外"摇摆"。[①] 第 13.6 节将会展
开更详细的讨论。

我们已经看到了一个曲线函数的例子，它是参数的但不是多项式的——由式（13.1）
给出的参数圆。$x(t)$ 和 $y(t)$ 的表达式不是多项式，因为它们使用三角函数。尽管可以通过
有理曲线（Rational Curve）描述圆弧，但不能以参数多项式形式描述完整的圆。有理曲
线基本上是将一条曲线除以另一条曲线的结果，有点像齐次坐标的投影几何（参见第 6.4.1
节）。分母中的曲线是一维曲线。有理曲线在视频游戏中并不像简单的多项式曲线那样
常见，所以本书不多做讨论。

我们最感兴趣的是 3 次的参数多项式曲线，称为三次曲线（Cubic Curve）。三次曲
线是那些可以用式（13.2）所展示的形式来进行表示的曲线。

🏅 提示：单项式形式的三次曲线

$$\mathbf{p}(t) = \mathbf{c}_0 + \mathbf{c}_1 t + \mathbf{c}_2 t^2 + \mathbf{c}_3 t^3 \tag{13.2}$$

这种描述曲线的方法通常称为单项式（Monomial）形式或幂（Power）形式，以强调通过
列出 t 的幂的系数来指定曲线的事实。第 13.2 节～第 13.4 节将讨论描述具有更直接几何
数据的曲线的其他方法，例如曲线要通过的控制点或曲线附近的控制点的列表。这些其
他形式在某种意义上仍然是多项式曲线，因为它们可以被转换为单项式形式。

一旦得到系数，就可以通过评估不同 t 值的函数 $\mathbf{p}(t)$ 来重建曲线。例如，假设我们希
望在视频游戏中沿着路径移动炮台。炮台的炮手将有一个状态变量来记住沿路径的参数
位置 t，并且在每个模拟时间步长，将更新 t 并将炮台的位置设置为 $\mathbf{p}(t)$。

假设需要渲染一条曲线。有一种简单的方法是使用 10 个线段（假设）对其进行近似，
在 $t = 0, \dfrac{1}{10}, \dfrac{2}{10}, \cdots, \dfrac{9}{10}, 1$ 处对曲线进行采样，并且在连续采样点之间绘制线段。我们可以简
单地通过使用更多的采样点来减少近似中对于任何期望阈值的误差，或者通过自适应的

[①] 这不是对某个澳大利亚儿童乐队的评论，但可能会被误解为这样——澳大利亚有一个儿童乐队的名字就叫 The Wiggles
（摇摆）。

方式来细分曲线，即在更显得"弯曲"的部分中取更多线段，在"更直"的部分中取更少的线段，这样做的结果比直接增加采样点的方法效果要更好。

　　但系数 c_0、c_1、c_2 和 c_3 从哪里来呢？如何设置它们来设计特定曲线？一般来说，单项式形式特别不适合这项任务，因此可以使用其他形式并在适当时转换为单项式形式（在许多情况下，根本不需要单项式形式）。当然，在讨论这些其他形式之前，我们还需要介绍一些关于曲线的更多表示法（Notation）和概念。

13.1.3　矩阵表示法

　　我们可以用若干种不同的方式重写单项式形式——式（13.2）。能够引用特定坐标的系数是很有用的。例如，在二维中，可以使用表示法 $c_i = [c_{1,i} \quad c_{2,i}]$，所以，每个坐标都可以有一个多项式，具体如下：

在扩展的单项式中的二维三次曲线
$x(t) = c_{1,0} + c_{1,1}t + c_{1,2}t^2 + c_{1,3}t^3,$ $y(t) = c_{2,0} + c_{2,1}t + c_{2,2}t^2 + c_{2,3}t^3$

有些图书喜欢使用矩阵表示法来更紧凑地编写公式。在这里，可以将系数放入矩阵 $\mathbf{C}$ 中并根据 t 的幂创建一个列矢量 $\mathbf{t}$，使得 $t_i = t^{i-1}$，具体如下：

$$\mathbf{C} = \begin{bmatrix} c_{1,0} & c_{1,1} & c_{1,2} & c_{1,3} \\ c_{2,0} & c_{2,1} & c_{2,2} & c_{2,3} \end{bmatrix}, \qquad \mathbf{t} = \begin{bmatrix} t^0 \\ t^1 \\ t^2 \\ t^3 \end{bmatrix} = \begin{bmatrix} 1 \\ t \\ t^2 \\ t^3 \end{bmatrix}$$

现在可以将曲线函数 $\mathbf{p}(t)$ 表示为一个矩阵的积，具体如下：

在单项式中的二维三次曲线，表示为一个矩阵的积
$\mathbf{p}(t) = \mathbf{Ct} = \begin{bmatrix} c_{1,0} & c_{1,1} & c_{1,2} & c_{1,3} \\ c_{2,0} & c_{2,1} & c_{2,2} & c_{2,3} \end{bmatrix} \begin{bmatrix} 1 \\ t \\ t^2 \\ t^3 \end{bmatrix}$

 注意：

　　暂时不要尝试应用任何几何解释。矢量 $\mathbf{t}$ 不应被解释为空间中的点，并且矩阵 $\mathbf{C}$ 也不是变换矩阵。虽然我们即将学习如何从 $\mathbf{C}$ 中提取几何意义，但这些技术与前几章中学到的技术大不相同。现在我们纯粹是为了紧凑而使用矩阵表示法。

矩阵 **C** 必须与数据的维数一样"高"。例如，如果我们有三维数据，则为 3。但是，本章不需要更多地引用特定的 x、y 或 z 坐标，因为大多数思路在三维或二维（甚至是一维！）中都是同样有效的。我们可以将每个系数 c_i 保留为矢量形式，并假设它是适当维度的矢量，因此每个 c_i 对应于 **C** 的单个列，具体如下：

将系数作为列矢量
$$\mathbf{C} = \begin{bmatrix} \vert & \vert & \vert & \vert \\ \mathbf{c}_0 & \mathbf{c}_1 & \mathbf{c}_2 & \mathbf{c}_3 \\ \vert & \vert & \vert & \vert \end{bmatrix}, \quad \mathbf{p}(t) = \mathbf{Ct} = \begin{bmatrix} \vert & \vert & \vert & \vert \\ \mathbf{c}_0 & \mathbf{c}_1 & \mathbf{c}_2 & \mathbf{c}_3 \\ \vert & \vert & \vert & \vert \end{bmatrix} \begin{bmatrix} 1 \\ t \\ t^2 \\ t^3 \end{bmatrix}$$

当处理更高次数的多项式时，矩阵 **C** 更宽并且幂矢量 **t** 更高，因为我们具有更多的系数和更多的 t 的幂。这不仅有意义，而且是定律：根据线性代数定律，积 **Ct** 是合法的，**C** 中的列数必须与 **t** 中的行数匹配。

13.1.4 两种简单的曲线

虽然本节将要介绍的是如何绘制曲线，但是在此之前还有必要了解两个简单的"曲线"类型：直线段和点。

在 9.2 节中讨论光线时，已经演示了如何以参数形式表示线段。考虑从点 $\mathbf{p}_0$ 到点 $\mathbf{p}_1$ 的光线，如果设 **d** 为 delta 矢量 $\mathbf{p}_1 - \mathbf{p}_0$，则光线可以按参数形式表示为

参数形式的线段
$\mathbf{p}(t) = \mathbf{p}_0 + \mathbf{d}t$ 　　　　　　　　　　　　　　　（13.3）

从式（13.3）中可以看到，这是我们一直在考虑的多项式类型，其中，$\mathbf{c}_0 = \mathbf{p}_0$，$\mathbf{c}_1 = \mathbf{d}$，其他系数为零。换句话说，该线性曲线（Linear Curve）是次数为 1 的多项式曲线。

还有一个和线条一样无聊（甚至还要更无趣）的形状，也可以用参数多项式的形式来表示——那就是点。将多项式的次数从 1 降低到 0，即可产生所谓的恒定曲线（Constant Curve）。在这种情况下，函数 $\mathbf{p}(t) = \mathbf{c}_0$ 总是返回相同的值，从而产生作为单个静止点的"曲线"。

13.1.5 单项式端点

显然，我们想要控制的曲线的最基本属性之一是其开始和结束的位置，分别表示为

$\mathbf{p}(0)$ 和 $\mathbf{p}(1)$。现在来看一看端点处的 $\mathbf{p}(t)$ 是什么样的。我们将使用三次曲线的情况作为示例。在 $t = 0$ 时，可得

$\mathbf{c}_0$ 指定起点
$$\mathbf{p}(0) = \mathbf{c}_0 + \mathbf{c}_1(0) + \mathbf{c}_2(0)^2 + \mathbf{c}_3(0)^3 = \mathbf{c}_0$$

换句话说，$\mathbf{c}_0$ 指定曲线的起点。现在通过下式来查看一下在 $t = 1$ 时曲线末端会发生什么：

终点是系数之和
$$\mathbf{p}(1) = \mathbf{c}_0 + \mathbf{c}_1(1) + \mathbf{c}_2(1)^2 + \mathbf{c}_3(1)^3 = \mathbf{c}_0 + \mathbf{c}_1 + \mathbf{c}_2 + \mathbf{c}_3$$

因此，曲线的终点由系数之和给出。

13.1.6　速度和切线

　　曲线可以被视为静态的，也可以被视为动态的。在静态意义上，曲线定义了形状。当使用曲线描述飞机机翼的横截面或 Times Roman 字体中字母 "S" 的一部分时，就是将曲线视为静态的；在动态意义上，曲线可以是物体随时间推移而变化的轨迹或路径，参数 t 为 "时间"，位置函数 $\mathbf{p}(t)$ 即描述粒子在时间 t 沿路径移动时的位置。

　　如果只考虑曲线的静态形状，那么曲线的时间并不重要，我们的任务就更容易了。例如，在定义形状时，哪个端点被认为是 "起点" 而哪个是 "终点" 并不重要；但是，如果使用曲线来定义一段时间内行进的路径，那么路径的开始位置和结束位置就非常重要。

　　如果从动态意义上来看待曲线，将曲线视为路径而不仅仅是形状，则自然而然会想到的一些问题是，"粒子在给定时间点移动的方向是什么？" "移动速度有多快？"，要回答这些问题，则需要创建另一个函数 $\mathbf{v}(t)$，描述粒子在时间 t 的瞬时速度（Instantaneous Velocity）。

　　短语 "瞬时速度" 意味着速度随时间变化。所以，下一个合乎逻辑的步骤是询问 "速度变化有多快？" 因此，定义瞬时加速度（Instantaneous Acceleration）函数 $\mathbf{a}(t)$ 也很有帮助，该函数描述了粒子速度在时间 t 的变化率。

　　如果你至少修习了一个学期的微积分，或者如果你阅读过本书第 11 章，那么应该认识到速度函数 $\mathbf{v}(t)$ 是位置函数 $\mathbf{p}(t)$ 的一阶导数，因为速度测量的是随着时间的推移位置的变化率。同样，加速度函数 $\mathbf{a}(t)$ 是速度函数 $\mathbf{v}(t)$ 的导数，因为加速度测量的是随着时间的推移速度的变化率。

当我们考虑曲线时，$\mathbf{p}(t)$ 是 t 的多项式，因此可以很轻松地得到导数。位置、速度和加速度函数（任意次数 n）的多项式分别是

一阶导数是速度，二阶导数是加速度
$\mathbf{p}(t) = \mathbf{c}_0 + \mathbf{c}_1 t + \mathbf{c}_2 t^2 + \cdots + \mathbf{c}_{n-1} t^{n-1} + \mathbf{c}_n t^n,$
$\mathbf{v}(t) = \dot{\mathbf{p}}(t) = \mathbf{c}_1 + 2\mathbf{c}_2 t + \cdots + (n-1)\mathbf{c}_{n-1} t^{n-2} + n\mathbf{c}_n t^{n-1},$
$\mathbf{a}(t) = \dot{\mathbf{v}}(t) = \ddot{\mathbf{p}}(t) = 2\mathbf{c}_2 + \cdots + (n-1)(n-2)\mathbf{c}_{n-1} t^{n-3} + n(n-1)\mathbf{c}_n t^{n-2}$

三次曲线的导数特别值得注意，在本章中多次出现。

📖 **提示：三次单项式曲线的速度和加速度**

$$\mathbf{p}(t) = \mathbf{c}_0 + \mathbf{c}_1 t + \mathbf{c}_2 t^2 + \mathbf{c}_3 t^3, \tag{13.4}$$

$$\mathbf{v}(t) = \dot{\mathbf{p}}(t) = \mathbf{c}_1 + 2\mathbf{c}_2 t + 3\mathbf{c}_3 t^2, \tag{13.5}$$

$$\mathbf{a}(t) = \dot{\mathbf{v}}(t) = \ddot{\mathbf{p}}(t) = 2\mathbf{c}_2 + 6\mathbf{c}_3 t \tag{13.6}$$

现在在参数光线的特殊情况下检验速度和加速度函数。将式（13.5）和式（13.6）的速度和加速度函数应用于来自式（13.3）的光线的原始参数化形式，可得

光线的速度和加速度
$\mathbf{p}(t) = \mathbf{p}_0 + \mathbf{d}t,$
$\mathbf{v}(t) = \mathbf{c}_1 + 2\mathbf{c}_2 t + 3\mathbf{c}_3 t^2 = \mathbf{d},$
$\mathbf{a}(t) = 2\mathbf{c}_2 + 6\mathbf{c}_3 t = \mathbf{0}$

正如所预计的那样，光线的速度是恒定的，没有加速度。

有时两条曲线会定义相同的形状但是路径不同（见图 13.1）。我们已经提到过这样一个示例：如果沿着路径朝后走，它仍然会描绘出相同的形状。要生成相同形状的备用路径，更常见的方法是重新参数化（Reparameterize）曲线。例如，让我们来重新参数化线段 $\mathbf{p}(t) = \mathbf{p}_0 + \mathbf{d}t$，我们将创建一个新函数 $s(t) = t^2$ 并通过下式查看一下 $\mathbf{p}(s(t))$ 是什么样子的：

$$\mathbf{p}(s(t)) = \mathbf{p}(t^2) = \mathbf{p}_0 + \mathbf{d}t^2$$

请注意，图 13.1 中的两条曲线定义了相同的静态形状，但它们的路径是不同的。在图 13.1 的左侧图中，粒子以恒定的速度移动；而在图 13.1 的右侧图中，粒子开始较慢，然后加速到达终点。

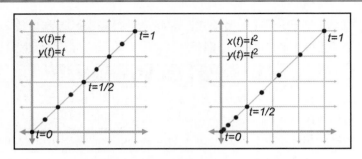

图 13.1　两条曲线定义了相同的"形状"，但"路径"不同

如果使用曲线作为形状而不是路径，则此重新参数化没有明显的效果，但这并不意味着曲线的导数在形状设计的背景下是无关紧要的。想象一下，假设要创建一个字体，使用曲线来定义字母"S"的一段。在这种情况下，我们可能不关心在任何点的速度，但是会非常关心任何给定点的线的切线。在某个点处的切线是曲线在该点移动的方向，即刚刚接触曲线的直线。切线基本上是曲线的归一化速度。我们可以正式地定义曲线的切线作为指向与速度相同方向的单位矢量，具体如下：

切线矢量
$$\mathbf{t}(t) = \hat{\mathbf{v}}(t) = \frac{\mathbf{v}(t)}{\|\mathbf{v}(t)\|}$$

高阶导数也具有几何意义。二阶导数与曲率（Curvature）有关，曲率有时表示为 κ，即小写希腊字母 kappa。可以通过考虑给定半径的圆来定义曲率的度量。半径为 r 的圆在该圆上的任何地方都具有 $\kappa = 1/r$ 的曲率。曲线的直线部分具有零曲率，它可以被解释为具有无限半径的圆的曲率。

曲率可以通过以下公式计算：

曲率
$$\kappa(t) = \frac{\|\mathbf{v}(t) \times \mathbf{a}(t)\|}{\|\mathbf{v}(t)\|^3}$$

13.2　多项式插值

你可能已经熟悉线性插值（Linear Interpolation）。给定两个"端点"值，创建一个以恒定变化率（以间隔的方式，在直线中）从一个端点变换到另一个端点的函数。可以说该函数将对两个控制点进行插值处理，这意味着它将通过控制点并可用于计算中间值。

多项式插值与此相类似。给定一系列控制点，我们的目标是构造一个将对它们进行插值的多项式。多项式的次数取决于控制点的数量。n 次多项式可以内插 $n+1$ 个控制点。例如，可以将线性插值视为只有一次的多项式插值。本章主要对三次曲线感兴趣，因此将创建插入 4 个控制点的多项式。

在曲线设计的背景下，假设曲线插值（Interpolate）控制点是特别强调曲线通过（Pass Through）控制点的事实。这与仅仅近似（Approximate）控制点的曲线形成对比，后者意味着它不会通过这些点而是以某种方式被它们吸引。我们将使用"knot"这个词来指代插值的控制点，该称呼实际上是将控制点比喻为"绳结"。乍看之下，插值方案的可用性会使任何近似方案过时，其实不然，近似技术也有其优点。

对于多项式插值问题有一些经过充分研究的解决方案。由于这是一本关于 3D 数学的书，我们主要以几何术语来讨论，但要注意的是，大多数关于多项式插值的文献都采用了更一般性的观点，因为将函数拟合到一组数据点的任务具有广泛的适用性。

为便于讨论，我们使用了一个特定的示例曲线，如图 13.2 所示。这个曲线有点像翻过来的 S。在该曲线上标记了试图插值的 4 个控制点。这里选择了将 y 坐标放在区间[2, 3]上，原因是在后面有用。

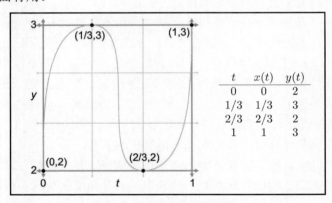

图 13.2　曲线和 4 个控制点的示例

请注意，我们不仅必须指定每个控制点的位置（x 和 y 坐标），还要指定希望曲线到达该控制点的时间（t 值）。对于控制点的独立值（也就是"时间值"），可以命名为 $t_1, t_2, \cdots, t_n$，而对于其因变量（也就是在这些时间的相应的空间坐标值）则可以命名为 $y_1, y_2, \cdots, y_n$，符号 P 代表寻求的多项式函数：$y_i = P(t_i)$。

时间值 $t_1, t_2, \cdots, t_n$ 的数组在其他上下文环境中被称为节点矢量（Knot Vector）或节点序列（Knot Sequence）。单词"矢量"表示 t 值的序列是数字的数组，而不是这些数字在单词的几何意义上形成矢量。如果这些 t 值在示例中是均匀间隔的，则可以说有一个均匀（Uniform）的节点矢量；否则，则可以说节点矢量是不均匀的。因为这可能会令人困惑，所以在此有必要澄清一下，节点矢量是 t 值的序列，而不是控制点的序列。

　　x 坐标又该如何呢？因为 x 和 y 坐标彼此独立，所以一般的二维曲线拟合应用涉及两个单独的一维问题。除了这两个问题使用相同的节点矢量这一事实之外，x 和 y 坐标在其他方面是不相关的。即使图 13.2 看起来像二维曲线，它也可以更恰当地解释为一个坐标（y 坐标）作为时间函数的图形。我们之所以选择一个翻过来的 S 的曲线作为示例，而不是使用正常的 S 方向的曲线，是因为后者不是函数的图形。从技术上来讲，曲线和函数之间的联接应该被称为关系（Relation），因为它可以将 y 的多个值与 x 的每个值相关联。

　　话虽如此，有两种方法可以解释图 13.2。我们既可以将其解释为 y(t) 的一维函数，也可以将其解释为二维曲线（其中一个坐标具有简单形式 x = t）。当查看本书和其他文献的曲线图形时，这往往是让人迷糊的常见原因。所以，在这里需要特别注意水平轴，你应该确认自己知道它是什么，是随着时间变化的一个坐标的图形？还是包含两个空间坐标行为的二维曲线的图形？关于多项式插值的传统文献主要是以 y = f(x) 形式的任何函数的抽象术语。在这种情况下，x 将是独立变量而不是依赖于其他变量的值。我们选择的表示法则避免了使用符号 x 及其相关的麻烦。

　　现在我们已经可以回答一些读者可能会想到的问题："我不关心曲线到达点的时间，我只想要一个通过点的光滑形状"。遗憾的是，这样的说法并没有明确地定义曲线——我们需要提供其他一些标准来确定形状，一种方法是将时间值与每个控制点相关联。在多项式插值的典型应用中，我们希望能够指定因变量的值，因为我们试图将函数拟合到某些已知数据点。如果没有它，则可以通过一些合理的方法来合成这些信息——例如，通过使相邻 t 值之间的差异与相应控制点之间的欧几里得距离成比例。但是，当没有很好的方法来决定它们应该是什么时，多项式插值需要提供 t 值。

　　基本规则已经确立，接下来即可尝试创建这种曲线。首先，第 13.2.1 节中将采用几何方法，然后，第 13.2.2 节中将从略有一些抽象的数学角度来看这个问题。

13.2.1　艾特肯的算法

　　由于 Alexander Aitken（亚历山大·艾特肯，1895—1967）的贡献，我们的第一种多项式插值方法是递归（Recursive）技术。像许多递归算法一样，它的工作原理是分而治之（Divide and Conquer，也称为分治法）。为了解决一个难题，我们首先将其分为两个（或更多）更容易的问题，先独立解决更容易的问题，然后结合结果来解决更难的问题。在我们的示例中，所谓的"更难的"问题是创建一条插入 n 个控制点的曲线。现在将这条曲线分成以下两条"更容易"的曲线：一条仅插入前 $n-1$ 个点的曲线，忽略最后的点；另一条插入最后 $n-1$ 个点的曲线，而不用担心第一个点。然后，将这两条曲线混合在一起即可。

在此以重要的三次曲线为例。三次曲线具有 4 个控制点 $y_1,\cdots,y_4$，我们希望在相应的时间 $t_1,\cdots,t_4$ 进行插值。应用"分而治之"的方法，可以将其分解为以下两个较小的问题：一条曲线插入 $y_1,\cdots,y_3$；而另一条曲线则插入 $y_2,\cdots,y_4$。由于这些曲线中的每一条都有 3 个控制点，因此它们实际上是二次曲线。当然，二次曲线拟合对我们来说仍然是一个"更难"的问题，因此每条曲线都必须做进一步的细分。

考虑第一个二次曲线，在 y_1、y_2 和 y_3 之间，可以进一步将该曲线分为两部分：第一部分在 y_1 和 y_2 之间；另一部分在 y_2 和 y_3 之间。这两条曲线各有两个控制点，它们是直线段。也就是说，我们最终获得了一个真正"容易"的问题！

由于此时有很多曲线，所以应该为它们发明一些表示法。例如，可以让 $y_i^1(t)$ 表示 y_i 和 y_{i+1} 之间的线性曲线，符号 $y_i^2(t)$ 表示 y_i 和 y_{i+2} 之间的二次曲线，以此类推。换句话说，上标表示分而治之算法中的递归级别（以及多项式的次数），下标则可以对沿着曲线的长度建立索引。

来看一下内插 y_1、y_2 和 y_3 的第一个二次曲线 $y_1^2(t)$。它是通过将包含前两条线段的两条线混合在一起而形成的。图 13.3 显示了这种混合的一个例子（这个图没有使用前面的 S 曲线示例中的数据，它是一个不太对称的情况，可以更好地说明混合过程）。请注意，每条曲线段都来自于为 t 的任意值定义的无限曲线的区间。

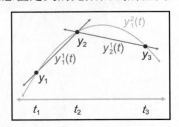

图 13.3　根据艾特肯的算法，可以将二次曲线创建为两条线段的混合

现在来看一看这背后的数学。它们全部都是线性插值。最简单的是线段，它们由相邻控制点之间的线性插值定义，具体如下：

两个控制点之间的线性插值
$$y_1^1(t) = \frac{(t_2-t)y_1 + (t-t_1)y_2}{t_2-t_1}, \qquad y_2^1(t) = \frac{(t_3-t)y_2 + (t-t_2)y_3}{t_3-t_2}$$

二次曲线仅稍微复杂一些。只要在线段之间进行线性插值即可，具体如下：

线段的线性插值产生二次曲线

$$y_1^2(t) = \frac{(t_3 - t)\left[y_1^1(t)\right] + (t - t_1)\left[y_2^1(t)\right]}{t_3 - t_1}$$

希望你可以理解这种模式——每条曲线是对两条次数更低的曲线进行线性插值的结果。艾特肯的算法可以简洁地概括为递归关系。

提示：艾特肯的算法

$$y_i^0(t) = y_i,$$

$$y_i^j(t) = \frac{(t_{i+j} - t)\left[y_i^{j-1}(t)\right] + (t - t_i)\left[y_{i+1}^{j-1}(t)\right]}{t_{i+j} - t_i}$$

艾特肯的算法是有效的，因为在每个级别，两条混合的曲线已经触及中间控制点。两个最外面的控制点仅由一条曲线或另一条曲线接触，但对于那些 t 值，混合权重达到其极值，并且所有权重都给予接触控制点的曲线。

现在我们已经有了基本的思路，可以将它应用到之前的横向 S 曲线。图 13.4 显示了艾特肯的算法与 4 个数据点一起工作的情形。在图 13.4 的左侧图中，3 条线段混合形成两个二次段。在图 13.4 的右侧图中，两条二次曲线是混合的，产生了我们一直在寻找的最终结果：一个插值所有 4 个控制点的 3 次样条。

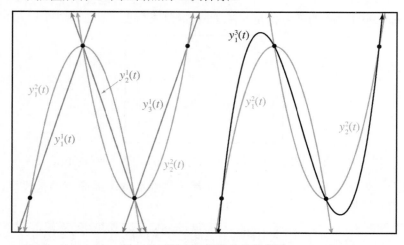

图 13.4　两个级别的艾特肯算法

那么，是否可以说已经成功插入了 4 个控制点，并完成了本节开头的目标呢？可以说是，但又不完全是。

虽然曲线确实通过了控制点,但它并不是我们想要的曲线。如果将图 13.4 右侧的曲线与在图 13.2 中的这段开始时创建的曲线进行比较,不难发现艾特肯的算法产生的曲线超过了两个中间控制点的 y 值。也就是说,我们发现了一个尴尬的事实。[①]

🜁 **提示:**

多项式插值并没有真正为我们提供几何设置中曲线设计所需的控制类型。

但是,别灰心!我们其实已经学习到了若干个很有用的重要思路。当第 13.4 节中讨论贝塞尔曲线和将在第 13.6 节中讨论样条曲线时,你就会明白这一点。事实上,我们应该耐心地进一步展开关于多项式插值的讨论。这有点像看电影《泰坦尼克号》,即使你知道旅程将以悲惨的方式结束,但是你仍然可以找到一些有用的东西。我们保证本章中的其他技术将具有实用价值和教学价值。

顺便说一句,你可能已经注意到,我们实际上并没有计算产生曲线的多项式 P。通过这个数学计算获得结果是直截了当的,但它比较无趣,而且根本没有启发性。重要的一点是,艾特肯的算法是将曲线混合在一起的递归过程,并通过重复的线性插值来工作。此外,当有计算机帮助求解代数问题时,为什么还要为细节烦恼呢?[②] 当然,还有一个原因是懒惰的作者不想做什么改变。如果你真的想要更详细地了解多项式(或者只是想让你自己觉得买书的钱没白花),请继续阅读。第 13.2.2 节将通过使用一种在数学上不那么无趣的方法来展示多项式插值方法。

13.2.2 拉格朗日基多项式

第 13.2.1 节对多项式插值问题应用了几何直觉,并介绍了艾特肯的算法。现在从更抽象的数学观点来看待这个主题。

插值问题的一种数学方法来自线性代数。[③] 每个控制点给出一个方程,每个系数给出一个未知数。该方程组可以放入一个 $n \times n$ 矩阵,[④] 可以通过诸如高斯消元或 LU 分解的标准技术来求解。这些技术超出了本书的讨论范围,但是可以在几乎任何关于线性代数或数值方法的图书中了解它们。

[①] 此处应有艾特肯心碎一地的声音。

[②] 不要尝试对你的教授使用这个蹩脚的借口,但是如果在应聘面试时甩出这句话,多半可能会获得印象分+1。

[③] 这里说的是真正的线性代数,而不是本书中研究的与几何相关的子集。

[④] 这种类型的矩阵,其中每一行或每一列都是某个项的幂的几何级数,被称为范德蒙矩阵(Vandermonde Matrix),它是由法国数学家 Alexandre-Théophile Vandermonde(1735—1796)提出的。

　　求解矩阵是相对耗时的计算过程，在最坏的情况下需要 $O(n^3)$ 时间用于 $n \times n$ 矩阵。幸运的是，还有更有效的方法。正如我们对艾特肯的算法所做的那样，可以通过将其分解成一系列更小、更简单的问题来求解一个大的复杂问题，然后将这些结果组合起来。艾特肯的算法是一个递归的过程，但在这里将为每个控制点制造一个"简单"的问题。

　　我们现在忽略 y，只考虑 t。如果可以为每个节点 t_i 创建一个多项式，使得多项式在该节点处评估为 1，但对于所有其他节点，它的计算结果为零，那该怎么办？如果将第 i 个多项式表示为 ℓ_i，那么这个想法可以用数学语言表示：$\ell_i(t_i) = 1$，并且对于所有 $j \neq i$ 的情况，$\ell_i(t_j) = 0$。例如，假设 $n = 4$，那么多项式将在节点处具有以下值：

$$
\begin{aligned}
&\ell_1(t_1) = 1, &\ell_1(t_1) = 0, &\quad\ell_3(t_1) = 0, &\quad\ell_4(t_1) = 0, \\
&\ell_1(t_2) = 0, &\ell_2(t_2) = 1, &\quad\ell_3(t_2) = 0, &\quad\ell_4(t_2) = 0, \\
&\ell_1(t_3) = 0, &\ell_2(t_3) = 0, &\quad\ell_3(t_3) = 1, &\quad\ell_4(t_3) = 0, \\
&\ell_1(t_4) = 0, &\ell_2(t_4) = 0, &\quad\ell_3(t_4) = 0, &\quad\ell_4(t_4) = 1
\end{aligned}
$$

如果能够使用上述属性创建多项式，那么就应该能够使用它们作为基多项式（Basis Polynomial）。我们将通过相应的坐标值 y_i 来缩放每一个多项式 ℓ_i，然后将所有的缩放之后的多项式添加到一起，得到以下拉格朗日基形式的插值多项式：

拉格朗日基形式的插值多项式
$$P(t) = \sum_{i=1}^{n} y_i \ell_i(t) = y_1 \ell_1(t) + y_2 \ell_2(t) + \cdots + y_{n-1} \ell_{n-1}(t) + y_n \ell_n(t) \qquad (13.7)$$

你可能需要花一点时间来说服自己，这个多项式实际上插入的是控制点，这意味着 $P(t_i) = y_i$。

　　请注意，基多项式仅取决于节点矢量（也就是 t）而不取决于坐标值（y）。因此，可以使用一组基多项式来快速构建具有相同节点矢量的多个曲线。这正是在处理三维曲线时发现的情况，三维曲线实际上是 3 条共享相同结节序列的一维曲线。

　　当然，只有当我们知道基多项式，并且发现 ℓ_i 本身就是多项式插值的问题时，上述说法才有效。但是，我们希望 ℓ_i 插入的"数据点"全部都是要么为 0 要么为 1，因此可以用简单的形式来表示 ℓ_i。像这样的基多项式称为拉格朗日基多项式（Lagrange Basis Polynomial），[①] 用于节点矢量 t_1, L, t_n 的拉格朗日基多项式 ℓ_i 看起来像式（13.8）：[②]

[①] 虽然它们以 Joseph Louis Lagrange（约瑟夫·路易斯·拉格朗日，1736—1813）的名字命名，但拉格朗日基多项式其实是由 Edward Waring（1736—1798）于 1779 年发现的。某些读者可能会感兴趣，拉格朗日是本书作者 Ian Parberry 的博士导师的博士导师的博士导师……，由此回溯 10 代。

[②] 这位法国数学家名字的发音是"luh-GRAWNGE"，念对名字很重要，否则人们可能会认为你在谈论德克萨斯州的小镇拉格兰奇（发音为"luh-GRAYNGE"）。据作者所知，德克萨斯州的拉格兰奇并不是任何基多项式的同名，尽管摇滚乐队 ZZ Top 以该镇的名字创作了一首歌曲。

提示：拉格朗日基多项式

$$\ell_i(t) = \prod_{\substack{1 \le j \le n, \\ j \ne i}} \frac{t - t_j}{t_i - t_j} = \frac{t - t_0}{t_i - t_0} \cdots \frac{t - t_{i-1}}{t_i - t_{i-1}} \frac{t - t_{i+1}}{t_i - i_{i+1}} \cdots \frac{t - t_n}{t_i - t_n} \tag{13.8}$$

这个技巧是有效的，因为在节点 t_i，积中的所有项都等于 1，导致整个表达式评估为 1，而在任何其他节点，积中的某个项是 0，这导致整个表达式被评估为 0。

现在可以将它应用于前面的 S 曲线示例。回想一下，它使用了均匀的节点矢量（$0, \frac{1}{3}, \frac{2}{3}, 1$）。在这里，将通过第一个基多项式进行处理，并为其他多项式提供结果，具体如下：

$$\ell_1(t) = \left(\frac{t - t_2}{t_1 - t_2} \right) \left(\frac{t - t_3}{t_1 - t_3} \right) \left(\frac{t - t_4}{t_1 - t_4} \right) = \left(\frac{t - 1/3}{0 - 1/3} \right) \left(\frac{t - 2/3}{0 - 2/3} \right) \left(\frac{t - 1}{0 - 1} \right)$$

$$= \left(\frac{3t - 1}{-1} \right) \left(\frac{3t - 2}{-2} \right) \left(\frac{t - 1}{-1} \right) = \frac{(3t - 1)(3t - 2)(t - 1)}{-2}$$

$$= -(9/2)t^3 + 9t^2 - (11/2)t + 1,$$

$$\ell_2(t) = (27/2)t^3 - (45/2)t^2 + 9t,$$

$$\ell_3(t) = -(27/2)t^3 + 18t^2 - (9/2)t,$$

$$\ell_4(t) = (9/2)t^3 - (9/2)t^2 + t$$

图 13.5 显示了这些基多项式的外观。

现在我们已经得到了节点矢量的拉格朗日基多项式，接下来可以将示例 S 曲线（见图 13.2）中的 y 值插入式（13.7）中，得到以下完整的插值多项式：

$$P(t) = y_1 \ell_1(t) + y_2 \ell_2(t) + y_3 \ell_3(t) + y_4 \ell_4(t)$$

$$= 2[-(9/2)t^3 + 9t^2 - (11/2)t + 1] + 3[(27/2)t^3 - (45/2)t^2 + 9t]$$

$$+ 2[-(27/2)t^3 + 18t^2 - (9/2)t] + 3[(9/2)t^3 - (9/2)t^2 + t]$$

$$= -9t^3 + 18t^2 - 11t + 2 + (81/2)t^3 - (135/2)t^2 + 27t$$

$$- 27t^3 + 36t^2 - 9t + (27/2)t^3 - (27/2)t^2 + 3t$$

$$= 18t^3 - 27t^2 + 10t + 2$$

现在可以按图形方式显示这些结果。首先，通过相应的坐标值来缩放每个基多项式，如图 13.6 所示。

最后，将缩放的基矢量相加在一起得到插值多项式 P，即图 13.7 顶部的蓝色曲线。

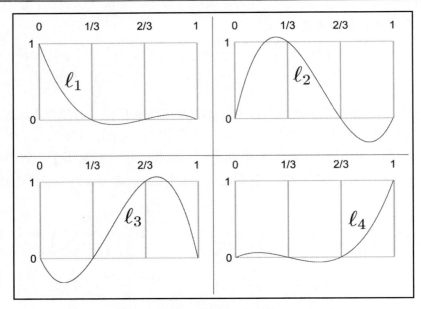

图 13.5　均匀节点矢量的三次拉格朗日基多项式

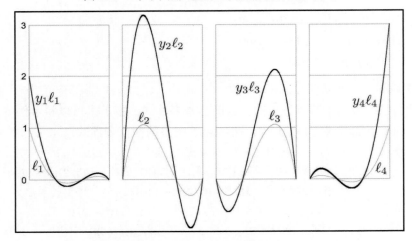

图 13.6　通过相应的坐标值缩放每个拉格朗日基多项式

　　我们在基多项式（Basis Polynomial）中使用单词"基"来强调这样的事实：给定节点处的多项式的值，可以使用这些多项式作为构建块来绝对地重建任何多项式。它与基矢量具有相同的基本概念（参见第 3.3.3 节）：任何矢量都可以描述为基矢量的线性组合。在我们的例子中，由基多项式跨越的空间不是几何三维空间，而是一定次数的所有可能多项式的矢量空间，并且每条曲线的标度值是节点处多项式的已知值。

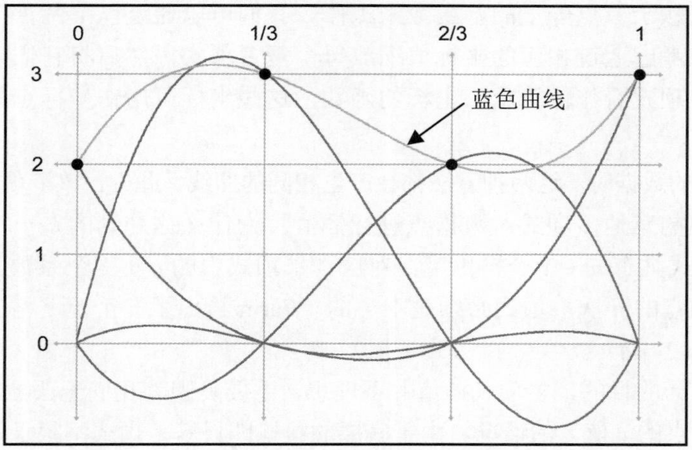

图 13.7　内插曲线是缩放的基多项式的总和

但是，还有另一种方法来理解正在进行的乘法和求和。我们可以通过获取控制点的加权平均值来查看曲线上的每个点（而不是将多项式视为构建块和控制点作为比例因子），其中基多项式提供混合权重。所以控制点是构建块，而基多项式则提供比例因子——尽管我们更喜欢将这些比例因子称为重心坐标（Barycentric Coordinate）。在第 9.6.3 节中，在三角形的上下文中引入了重心坐标，但该术语指的是将某些值描述为数据点的加权平均值的一般技术。

提示：

可以将基多项式看作产生重心坐标（混合权重）的函数。

请注意，某些区间的某些值为负值或大于 1，这就解释了直接多项式插值超过控制点技术的原因。当所有重心坐标都在[0, 1]范围内时，结果点保证位于控制点的凸包（Convex Hull）内。凸包是包含所有控制点的最小多边形。它"收缩"控制点，有点像要在控制点周围拉伸橡皮筋然后释放它。但是，当有任何一个坐标在该区间之外时，得到的点可以延伸到凸包外部。出于几何曲线设计的目的，凸包保证是一个非常好的保证。在第 13.4 节将显示的贝塞尔曲线确实通过伯恩斯坦基（Bernstein Basis）多项式提供了这种保证。

13.2.3　多项式插值汇总

我们从两个角度研究了多项式插值。艾特肯的算法是一种基于重复线性插值的几何方法，通过它可以在不知道曲线的多项式的情况下计算给定 t 的曲线上的点。拉格朗日插值通过创建仅依赖于节点矢量的基函数来工作。我们可以通过以下两种方式查看基多项式的使用：可以考虑通过相应的坐标值缩放每个基多项式，然后将它们全部加在一起；或者也可以将多项式看作计算重心坐标的函数，这些坐标可用作坐标点的简单加权平均值中的混合权重。

当给出相同的数据时，这两种方法都会产生相同的曲线。此外，该多项式是唯一的——不会有相同次数的其他多项式对数据点进行插值。为什么这是真的？一个非正式的论证如下：n 次多项式具有 $n + 1$ 个自由度，对应于单项式中的 $n + 1$ 个系数。因此，可以插值 $n + 1$ 个控制点的 n 次多项式必须是唯一的。Farin 给出了一个更严格的论点（详见参考文献[20]，第 6.2 节]）。

出于曲线设计的目的，多项式插值并不理想，主要是因为我们无法控制越线（指超过了两个中间控制点的 y 值）的情况。由于底层的拉格朗日基多项式不限于单位区间[0, 1]，并且曲线会从控制点的凸包中逃逸，因此导致了越线的情况。

直接多项式插值在视频游戏中的应用有限，但我们的研究引入了重复线性插值和基多项式的主题。我们还看到了这两种技术之间的一些美好的二元性。

13.3　埃尔米特曲线

多项式插值尝试通过将曲线通过指定的节点来控制曲线的内部。这并不像我们想的那样好，因为它有振荡和越线的倾向，所以不妨尝试一种不同的方法。当然，我们仍然想要指定端点的位置。但是，不是指定要插值的内部位置，而是通过端点处的切线控制曲线的形状。按这种方式指定的曲线被称为埃尔米特曲线（Hermite Curve）或埃尔米特形式的曲线，以纪念 Charles Hermite[1]（1822—1901）。

埃尔米特形式通过列出其起始位置和结束位置以及导数来指定曲线。三次曲线只有 4 个系数，这允许仅指定一阶导数，即端点处的速度。因此，描述埃尔米特形式的三次曲线可归结为以下 4 条信息：

❑　$t = 0$ 时的起始位置。

❑　$t = 0$ 时的一阶导数（初始速度）。

---

[1] 他也是法国人，他的母亲可能会把他的名字念作 "air-MEET"。但是许多说英语的人，甚至是我们认识的博士，都念作 "HUR-mite"，所以你也可以这样念。

❑　$t = 1$ 时的结束位置。

❑　$t = 1$ 时的一阶导数（最终速度）。

让我们调用所需的开始和结束位置 $\mathbf{p}_0$ 和 $\mathbf{p}_1$ 以及开始和结束速度 $\mathbf{v}_0$ 和 $\mathbf{v}_1$。图 13.8 显示了三次埃尔米特曲线的一些例子。请注意，速度矢量 $\mathbf{v}_0$ 和 $\mathbf{v}_1$ 的实际长度是它们的三分之一。这样做有两个原因，其中一个原因是为了节省空间；而另一个原因则需要将在第 13.4 节中了解了贝塞尔曲线之后，才明白其意义。

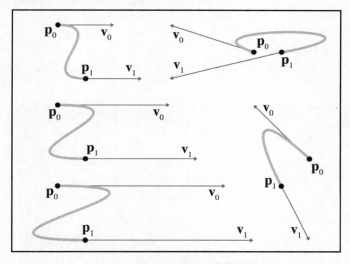

图 13.8　一些三次埃尔米特曲线

通过埃尔米特值确定单项式系数是组合本章前面讨论的方程式的相对简单的代数过程。4 个埃尔米特值可以转换为以下方程组：

埃尔米特条件的方程组		
$\mathbf{p}(0) = \mathbf{p}_0$	$\Longrightarrow$　　　　　　$\mathbf{c}_0 = \mathbf{p}_0,$	（13.9）
$\mathbf{v}(0) = \mathbf{v}_0$	$\Longrightarrow$　　　　　　$\mathbf{c}_1 = \mathbf{v}_0,$	（13.10）
$\mathbf{v}(1) = \mathbf{v}_1$	$\Longrightarrow$　　　$\mathbf{c}_1 + 2\mathbf{c}_2 + 3\mathbf{c}_3 = \mathbf{v}_1,$	（13.11）
$\mathbf{p}(1) = \mathbf{p}_1$	$\Longrightarrow$　　$\mathbf{c}_0 + \mathbf{c}_1 + \mathbf{c}_2 + \mathbf{c}_3 = \mathbf{p}_1$	（13.12）

式（13.9）和式（13.12）可用于指定端点的，它们只是重复了在第 13.1.5 节中所述的内容；式（13.10）和式（13.11）可用于指定速度，它们直接来自三次多项式的速度方程，即第 13.1.6 节中的式（13.5）。这些公式的列出顺序沿用了其他曲线文献中使用的惯例，稍后你将明白该惯例的用途。

求解上述方程组将产生以下一种通过埃尔米特位置和导数来计算单项式系数的方法，具体如下：

将埃尔米特形式转换为单项式形式
$\mathbf{c}_0 = \mathbf{p}_0,$ （13.13）
$\mathbf{c}_1 = \mathbf{v}_0,$ （13.14）
$\mathbf{c}_2 = -3\mathbf{p}_0 - 2\mathbf{v}_0 - \mathbf{v}_1 + 3\mathbf{p}_1,$ （13.15）
$\mathbf{c}_3 = 2\mathbf{p}_0 + \mathbf{v}_0 + \mathbf{v}_1 - 2\mathbf{p}_1$ （13.16）

也可以使用第 13.1.2 节中介绍的紧凑矩阵表示法编写这些方程式。请记住，当将系数作为列放在矩阵 $\mathbf{C}$ 中，并将 t 的幂放入列矢量 $\mathbf{t}$ 中时，即可将多项式曲线表示为矩阵乘积 $\mathbf{Ct}$，具体如下：

使用矩阵表示法编写单项式
$$\mathbf{p}(t) = \mathbf{Ct} = \begin{bmatrix} \vert & \vert & \vert & \vert \\ \mathbf{c}_0 & \mathbf{c}_1 & \mathbf{c}_2 & \mathbf{c}_3 \\ \vert & \vert & \vert & \vert \end{bmatrix} \begin{bmatrix} 1 \\ t \\ t^2 \\ t^3 \end{bmatrix}$$

其中，$\mathbf{p}(t)$ 和系数矢量 $\mathbf{c}_i$ 的每一项都是列矢量，其高度与几何维度（一维、二维或三维）的数量相匹配；$\mathbf{t}$ 的高度与 $\mathbf{c}_i$ 的数量相匹配，这取决于曲线的次数。

系数矩阵 $\mathbf{C}$ 可以通过将埃尔米特位置和速度作为列放在矩阵 $\mathbf{P}$ 中，并乘以转换矩阵 $\mathbf{H}$ 来表示为矩阵的积，具体如下：

使用矩阵表示法的三次埃尔米特曲线
$$\mathbf{p}(t) = \mathbf{Ct} = \mathbf{PHt} = \begin{bmatrix} \vert & \vert & \vert & \vert \\ \mathbf{p}_0 & \mathbf{v}_0 & \mathbf{v}_1 & \mathbf{p}_1 \\ \vert & \vert & \vert & \vert \end{bmatrix} \begin{bmatrix} 1 & 0 & -3 & 2 \\ 0 & 1 & -2 & 1 \\ 0 & 0 & -1 & 1 \\ 0 & 0 & 3 & -2 \end{bmatrix} \begin{bmatrix} 1 \\ t \\ t^2 \\ t^3 \end{bmatrix}$$

我们可以用两种方式解释积 $\mathbf{PHt}$。如果将它分组为 $\mathbf{P(Ht)}$，则矩阵乘积 $\mathbf{Ht}$ 可以解释为埃尔米特基函数（下文很快就会对这个基函数进行详细阐释）；或者，也可以考虑 $\mathbf{C} = \mathbf{PH}$，在这种情况下，乘以 $\mathbf{H}$ 可以被认为是从埃尔米特基到单项式基的转换，基本上是复述了式（13.13）～式（13.16）。

这里需要强调的是，形容词"单项式""埃尔米特""贝塞尔"指的是描述同一组多项式曲线的不同方式，它们不是不同的曲线组。可以使用式（13.13）～式（13.16）将一条曲线从埃尔米特形式转换为单项式形式，也可以使用式（13.9）～式（13.12）从单项式形式转换为埃尔米特形式。

现在来仔细看一看埃尔米特基函数，希望你能获得一些关于它为何起作用的几何直觉。请记住，我们可以将基函数解释为产生重心坐标的函数。对于三次埃尔米特曲线来说，它混合了 4 个值：两个位置和两个速度矢量。[①] 因此，我们有 4 个基函数，它们是矩阵乘积 $\mathbf{Ht}$ 的列结果的元素。展开该乘积，可得

$$\mathbf{p}(t) = \mathbf{P}(\mathbf{Ht})$$

$$= \begin{bmatrix} | & | & | & | \\ \mathbf{p}_0 & \mathbf{v}_0 & \mathbf{v}_1 & \mathbf{p}_1 \\ | & | & | & | \end{bmatrix} \left(\begin{bmatrix} 1 & 0 & -3 & 2 \\ 0 & 1 & -2 & 1 \\ 0 & 0 & -1 & 1 \\ 0 & 0 & 3 & -2 \end{bmatrix} \begin{bmatrix} 1 \\ t \\ t^2 \\ t^3 \end{bmatrix} \right)$$

$$= \begin{bmatrix} | & | & | & | \\ \mathbf{p}_0 & \mathbf{v}_0 & \mathbf{v}_1 & \mathbf{p}_1 \\ | & | & | & | \end{bmatrix} \begin{bmatrix} 1 - 3t^2 + 2t^3 \\ t - 2t^2 + t^3 \\ -t^2 + t^3 \\ 3t^2 - 2t^3 \end{bmatrix}$$

接下来，可以将这些基函数（$\mathbf{Ht}$ 的行）命名为 $H_0(t), \cdots, H_3(t)$（在其他的一些文献资料中，你可能会看到这些相同的函数使用不同的下标进行索引），具体如下：

三次埃尔米特基函数
$H_0(t) = 1 - 3t^2 + 2t^3,$
$H_1(t) = t - 2t^2 + t^3,$
$H_2(t) = -t^2 + t^3,$
$H_3(t) = 3t^2 - 2t^3$

现在，展开矩阵乘法使得上面这些函数很明显可以充当混合权重，具体如下：

将埃尔米特基函数解释为混合权重
$\mathbf{p}(t) = \begin{bmatrix} | & | & | & | \\ \mathbf{p}_0 & \mathbf{v}_0 & \mathbf{v}_1 & \mathbf{p}_1 \\ | & | & | & | \end{bmatrix} \begin{bmatrix} H_0(t) \\ H_1(t) \\ H_2(t) \\ H_3(t) \end{bmatrix}$
$= H_0(t)\,\mathbf{p}_0 + H_1(t)\,\mathbf{v}_0 + H_2(t)\,\mathbf{v}_1 + H_3(t)\,\mathbf{p}_1$

[①] 如果你是对于抽象代数非常精通的严谨人士，反对将点与矢量"混合"的想法（参见第 2.4 节），请不要担心。我们可以解释这些公式，并且不会发生观点大乱斗的情况。

图 13.9 显示了埃尔米特基函数的图形。

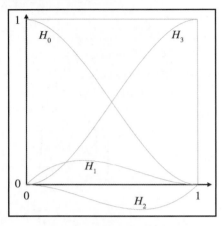

图 13.9　埃尔米特基函数

现在不妨来做一些观察。首先，请注意 $H_0(t) + H_3(t) = 1$，所以那些反对将"点"加在一起的想法的人可以松一口气，因为可以将这种情况解释为一个适当的点的重心组合。

曲线 $H_3(t)$值得特别注意。它也被称为平滑（Smoothstep）函数，并且确实是每个游戏程序开发人员都应该知道的宝石。此函数可在许多地方找到，包括 Renderman 着色语言和 HLSL。要消除任何线性插值（特别是相机转换）的刚性机器人感觉，只需要像平常一样计算归一化插值分数 t（$0 \leq t \leq 1$），然后使用 $3t^2 - 2t^3$ 替换 t。这时，一切突然变得更加优雅平滑，原因是 Smoothstep 函数消除了端点处的速度突然跳跃的情况：$H_3'(0) = H_3'(1) = 0$。

🪙 提示：Smoothstep 是你的良师益友

埃尔米特基函数 $H_3(t)$也称为 Smoothstep 函数。几乎任何基于线性插值的转换，特别是相机转换，在用 Smoothstep 函数替换时效果更好。

关于埃尔米特曲线，最后还要多说几句。与多项式曲线的其他形式一样，虽然三次多项式是计算机图形和动画中最常用的，但它可以为更高次数的埃尔米特曲线设计方案。在使用三次样条的情况下，可以指定终点的位置（"0 阶"导数）和速度（一阶导数）。当同时还指定了加速度（二阶导数）时，会出现 5 次（即次数为 5）埃尔米特曲线。

13.4 贝塞尔曲线

到目前为止，本章已经讨论了许多具有启发性的关于曲线的思路，但尚未描述设计曲线的完全实用的方法。所有这一切都将在本节中发生变化。[1] 贝塞尔曲线是 Pierre Bézier（皮埃尔·贝塞尔，1910—1999）发明的，他是法国工程师，当时他正在为汽车制造商雷诺工作。[2] 贝塞尔曲线具有许多理想的特性，使其非常适合曲线设计。重要的是，贝塞尔曲线采用的是近似方法而不是插值：虽然它们确实通过了第一个和最后一个控制点，但它们只能通过内部点附近。因此，贝塞尔控制点被称为"控制点"而不是"节点"。图 13.10 显示了一些三次贝塞尔曲线的示例。

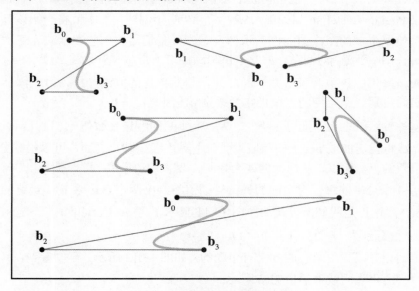

图 13.10 一些三次贝塞尔曲线

回想一下第 13.2 节，多项式插值问题有两个解决方案可产生相同的结果。艾特肯的算法是一种递归构造技术，它吸引了我们的几何敏感性，还有一种更抽象的方法是拉格朗日基多项式。贝塞尔曲线表现出类似的二元性。艾特肯的算法在贝塞尔曲线算法中的

---

[1] 好吧，其实是只有一部分将会发生变化的——我们希望本节仍然能够给你带来启发，你知道我们的意思吧？

[2] 瞧瞧，我们告诉过你本章中使用的大多数数学公式的开发者都是法国人！顺便说一下，他的名字的发音为"BEZ-ee-ay"。

对应物是 de Casteljau 算法，这是一种通过重复线性插值构造贝塞尔曲线的递归几何技术，在第 13.4.1 节中将详细讨论该主题。对于拉格朗日基多项式的类比则是伯恩斯坦基多项式，在第 13.4.2 节中将详细讨论该主题。在考虑了这个硬币的两面之后，第 13.4.3 节将研究贝塞尔曲线的导数，[①] 并揭示它与埃尔米特形式的关系。

我们在本书中看到了数学和几何之间的一些美妙的结合，对于贝塞尔曲线来说，其收敛性也特别优雅。似乎贝塞尔曲线的几乎所有重要特性都是由不同领域的研究人员独立发现的。罗杰斯的书包含了对这个故事的有趣看法（详见参考文献[58]）。

13.4.1　关于 de Casteljau 算法

de Casteljau 算法定义了一种通过重复线性插值构造贝塞尔曲线的方法。它由物理学家和数学家 Paul de Casteljau（1910—1999）于 1959 年创建。[②] 本节将介绍该算法的工作原理，并且使用重要的三次曲线作为示例。首先，我们需要一些表示法。三次曲线由 4 个控制点 $\mathbf{b}_0, \cdots, \mathbf{b}_3$ 定义。请注意，贝塞尔控制点传统上是从零开始建立索引的（这对于 C 程序开发人员来说应该很有吸引力）。此外，与艾特肯的算法一样，可以添加一个上标来表示递归的级别。原始控制点被指定为级别 0，因此 $\mathbf{b}_i^0 = \mathbf{b}_i$。

有了这种表示法之后，即可考虑一个从 0 到 1 的特定参数值 t。在几何意义上，de Casteljau 算法将构造曲线 $\mathbf{p}(t)$ 上的相应点。在每对连续控制点之间，可以根据分数 t 进行插值以获得新的点。所以，从原来的 4 个控制点 $\mathbf{b}_0^0, \cdots, \mathbf{b}_3^0$ 开始，可以推导出 3 个新点 $\mathbf{b}_0^1$、$\mathbf{b}_1^1$ 和 $\mathbf{b}_2^1$。这 3 个点中的每一对之间的另一轮插值将给出两个点 $\mathbf{b}_0^2$ 和 $\mathbf{b}_1^2$，最终的插值将产生点 $\mathbf{b}_0^3 = \mathbf{p}(t)$，这正是我们所寻找的。图 13.11 显示了将 de Casteljau 算法应用于相同曲线的结果（t 值分别为 $t = .25$、$t = .50$ 和 $t = .75$）。

以三角剖分方式写出所有的 $\mathbf{b}$ 是有帮助的，如图 13.12 所示。可以看到，每个中间点是其上面一行两点之间线性插值的结果。

将这些递归关系与基本线性插值公式结合起来，即可得到 de Casteljau 递归关系。

提示：de Casteljau 递归关系

$$\mathbf{b}_i^0(t) = \mathbf{b}_i,$$
$$\mathbf{b}_i^n(t) = (1-t)[\mathbf{b}_i^{n-1}(t)] + t[\mathbf{b}_{i+1}^{n-1}(t)]$$

[①] 贝塞尔曲线的导数表示的是 Rate of Exchange，不过这和"汇率"无关。

[②] 他也是法国人，这意味着你最好正确地念出他的名字："duh CAS-tul-jho"。他曾为雷诺的竞争对手雪铁龙工作过。

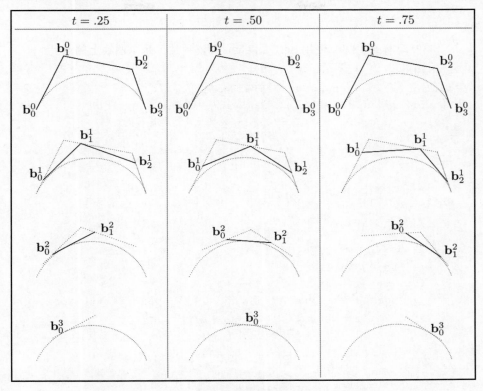

图 13.11　将 de Casteljau 算法应用于三次曲线

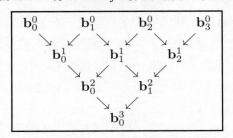

图 13.12　在 de Casteljau 算法中的三次曲线的层次关系

代码清单 13.1 说明了如何在 C++中实现 de Casteljau 算法，以评估特定 t 值的贝塞尔曲线。调用程序可以传入一个数组中的原始控制点，该数组也用作临时工作空间，因为操作是在原地执行的。外部循环的每次迭代都执行一轮插值，将一个级别的点替换为下一个更高编号的上标的点。这个过程一直持续到仅剩下一个点，即所需的结果 $\mathbf{p}(t)$。此示例旨在说明该算法的工作原理，未进行执行速度方面的优化，也没有考虑提供清晰接口的问题。

代码清单 13.1　　使用 de Casteljau 算法评估贝塞尔曲线上的点

```
Vector3 deCasteljau(
    int n,                      // 曲线的阶，点的数量
    Vector3 points[],           // 点的数组，将被覆盖
                                // 因为该算法是在原地执行的
    float t                     // 要评估的参数值
){

    // 原地执行转换
    while (n > 1){
        --n;

        // 执行下一轮的插值
        // 曲线的次数减 1
        for (int i = 0; i < n; ++i){
            points[i] = points[i]*(1.0f-t) + points[i+1] *t;
        }
    }

    // 最后剩下的一个点就是结果
    return points[0];
}
```

这为我们提供了一种通过重复插值在任何给定 t 处定位点的方法，但它并没有直接给出一个封闭形式的表达式来计算控制点的点。虽然通常不需要这种封闭形式的表达式，但无论如何，我们可以按单项式形式推导出它。我们将寻找一个按 t 的幂分组的多项式。可以从线性和二次的情况向 3 次往上逐渐展开。第 13.4.2 节将给出一个通用模式，可以帮助我们获得任意次数曲线的表达式。

线性情况直接来自递归关系，无须任何实际操作，具体如下：

$$\mathbf{b}_i^0(t) = \mathbf{b}_i,$$
$$\mathbf{b}_i^1(t) = (1-t)[\mathbf{b}_i^0(t)] + t[\mathbf{b}_{i+1}^0(t)]$$
$$= (1-t)\mathbf{b}_i + t\mathbf{b}_{i+1}$$
$$= \mathbf{b}_i + t(\mathbf{b}_{i+1} - \mathbf{b}_i)$$

应用级别加 1 可以得到一个二次多项式，具体如下：

$$\begin{aligned}
\mathbf{b}_i^2(t) &= (1-t)[\mathbf{b}_i^1(t)] + t[\mathbf{b}_{i+1}^1(t)] \\
&= (1-t)[\mathbf{b}_i + t(\mathbf{b}_{i+1} - \mathbf{b}_i)] + t[\mathbf{b}_{i+1} + t(\mathbf{b}_{i+2} - \mathbf{b}_{i+1})] \\
&= [\mathbf{b}_i + t(\mathbf{b}_{i+1} - \mathbf{b}_i)] - t[\mathbf{b}_i + t(\mathbf{b}_{i+1} - \mathbf{b}_i)] \\
&\quad + t[\mathbf{b}_{i+1} + t(\mathbf{b}_{i+2} - \mathbf{b}_{i+1})] \\
&= \mathbf{b}_i + t(\mathbf{b}_{i+1} - \mathbf{b}_i) - t\mathbf{b}_i - t^2(\mathbf{b}_{i+1} - \mathbf{b}_i) \\
&\quad + t\mathbf{b}_{i+1} + t^2(\mathbf{b}_{i+2} - \mathbf{b}_{i+1}) \\
&= \mathbf{b}_i + t(2\mathbf{b}_{i+1} - 2\mathbf{b}_i) + t^2(\mathbf{b}_i - 2\mathbf{b}_{i+1} + \mathbf{b}_{i+2})
\end{aligned}$$

换句话说，具有 3 个控制点的二次贝塞尔曲线可以按单项式形式表示为

单项式形式的二次贝塞尔曲线

$$\mathbf{p}(t) = \mathbf{b}_0^2(t) = \mathbf{b}_0 + t(2\mathbf{b}_1 - 2\mathbf{b}_0) + t^2(\mathbf{b}_0 - 2\mathbf{b}_1 + \mathbf{b}_2) \qquad (13.17)$$

在进行最后一轮插值以得到三次曲线之前，不妨仔细看一看式（13.17）中的二次表达式。通过使用本章前面介绍的矩阵形式，可以用较少的字母编写从贝塞尔形式到单项式的转换。在将控制点 $\mathbf{b}_0$、$\mathbf{b}_1$、$\mathbf{b}_2$ 作为列放入矩阵 **B** 中之后，即可得到以下公式：

使用矩阵表示法的二次贝塞尔曲线

$$\mathbf{p}(t) = \mathbf{Ct} = \mathbf{BMt} = \begin{bmatrix} | & | & | \\ \mathbf{b}_0 & \mathbf{b}_1 & \mathbf{b}_2 \\ | & | & | \end{bmatrix} \begin{bmatrix} 1 & -2 & 1 \\ 0 & 2 & -2 \\ 0 & 0 & 1 \end{bmatrix} \begin{bmatrix} 1 \\ t \\ t^2 \end{bmatrix} \qquad (13.18)$$

正如第 13.3 节中对埃尔米特曲线的解释一样，按两种不同的方式组合 **BMt** 积会导致两种不同的解释。如果首先执行乘法 **BM**，则得到单项式系数的矩阵 **C**，这意味着 **M** 是从贝塞尔形式到单项式形式的转换矩阵。单项式形式的直接评估比实现 de Casteljau 算法更快，因此在需要为许多不同的 t 值评估相同曲线的情况下（例如，当随着时间的推移沿着由贝塞尔曲线描述的路径移动对象时，这种形式可能是更适合的。但是，这里必须注意与精度相关的问题。例如，我们可以确保使用 $t = 1.0$ 执行 de Casteljau 算法会产生与最后一个控制点完全匹配的结果。但是，将 $t = 1.0$ 代入单项式形式的多项式中，由于浮点表示的问题，系数可能不会精确地与此值相加）。

对积 **BMt** 进行分组的另一种方法是首先执行右手乘法：**B(Mt)**。当插入特定的 t 值时，乘积 **Mt** 会产生重心坐标的列矢量。如果执行这个乘法，将 t 留作变量，则得到一个可以解释为基多项式的列矢量。贝塞尔曲线的基多项式是伯恩斯坦基多项式，在 13.4.2 节中将对此进行详细讨论。

回到重复插值。最后一轮将给出三次多项式，具体如下：

---

de Casteljau 算法的最后一轮迭代将产生三次多项式

$$\mathbf{b}_i^3(t) = (1-t)[\mathbf{b}_i^2(t)] + t[\mathbf{b}_{i+1}^2(t)]$$

$$= (1-t)[\mathbf{b}_i + t(2\mathbf{b}_{i+1} - 2\mathbf{b}_i) + t^2(\mathbf{b}_i - 2\mathbf{b}_{i+1} + \mathbf{b}_{i+2})]$$
$$\quad + t[\mathbf{b}_{i+1} + t(2\mathbf{b}_{i+2} - 2\mathbf{b}_{i+1}) + t^2(\mathbf{b}_{i+1} - 2\mathbf{b}_{i+2} + \mathbf{b}_{i+3})]$$

$$= [\mathbf{b}_i + t(2\mathbf{b}_{i+1} - 2\mathbf{b}_i) + t^2(\mathbf{b}_i - 2\mathbf{b}_{i+1} + \mathbf{b}_{i+2})]$$
$$\quad - t[\mathbf{b}_i + t(2\mathbf{b}_{i+1} - 2\mathbf{b}_i) + t^2(\mathbf{b}_i - 2\mathbf{b}_{i+1} + \mathbf{b}_{i+2})]$$
$$\quad + t[\mathbf{b}_{i+1} + t(2\mathbf{b}_{i+2} - 2\mathbf{b}_{i+1}) + t^2(\mathbf{b}_{i+1} - 2\mathbf{b}_{i+2} + \mathbf{b}_{i+3})]$$

$$= \mathbf{b}_i + t(2\mathbf{b}_{i+1} - 2\mathbf{b}_i) + t^2(\mathbf{b}_i - 2\mathbf{b}_{i+1} + \mathbf{b}_{i+2})$$
$$\quad - t\mathbf{b}_i - t^2(2\mathbf{b}_{i+1} - 2\mathbf{b}_i) - t^3(\mathbf{b}_i - 2\mathbf{b}_{i+1} + \mathbf{b}_{i+2})$$
$$\quad + t\mathbf{b}_{i+1} + t^2(2\mathbf{b}_{i+2} - 2\mathbf{b}_{i+1}) + t^3(\mathbf{b}_{i+1} - 2\mathbf{b}_{i+2} + \mathbf{b}_{i+3})$$

$$= \mathbf{b}_i + t(3\mathbf{b}_{i+1} - 3\mathbf{b}_i) + t^2(3\mathbf{b}_i - 6\mathbf{b}_{i+1} + 3\mathbf{b}_{i+2})$$
$$\quad + t^3(-\mathbf{b}_i + 3\mathbf{b}_{i+1} - 3\mathbf{b}_{i+2} + \mathbf{b}_{i+3})$$

再次写下最后一行，但这次假设三次级别是递归的最终级别，则可得

单项式形式的三次贝塞尔曲线

$$\mathbf{p}(t) = \mathbf{b}_0^3(t) = \mathbf{b}_0 + t(3\mathbf{b}_1 - 3\mathbf{b}_0) + t^2(3\mathbf{b}_0 - 6\mathbf{b}_1 + 3\mathbf{b}_2)$$
$$+ t^3(-\mathbf{b}_0 + 3\mathbf{b}_1 - 3\mathbf{b}_2 + \mathbf{b}_3)$$

(13.19)

式（13.19）告诉我们如何将三次贝塞尔曲线转换为单项式形式。由于这很重要，让我们写得更细致点为

贝塞尔控制点的三次单项式系数

$$\mathbf{c}_0 = \mathbf{b}_0,$$
$$\mathbf{c}_1 = -3\mathbf{b}_0 + 3\mathbf{b}_1,$$
$$\mathbf{c}_2 = 3\mathbf{b}_0 - 6\mathbf{b}_1 + 3\mathbf{b}_2,$$
$$\mathbf{c}_3 = -\mathbf{b}_0 + 3\mathbf{b}_1 - 3\mathbf{b}_2 + \mathbf{b}_3$$

现在可以将这种转换放入矩阵中，就像在式（13.18）中对二次曲线所做的情形一样。曲线 $\mathbf{p}(t)$ 上特定点的三次方程用矩阵表示法可以编写为如下形式：

使用矩阵表示法的三次贝塞尔曲线

$$\mathbf{p}(t) = \mathbf{Ct} = \mathbf{BMt} = \begin{bmatrix} | & | & | & | \\ \mathbf{b}_0 & \mathbf{b}_1 & \mathbf{b}_2 & \mathbf{b}_3 \\ | & | & | & | \end{bmatrix} \begin{bmatrix} 1 & -3 & 3 & -1 \\ 0 & 3 & -6 & 3 \\ 0 & 0 & 3 & -3 \\ 0 & 0 & 0 & 1 \end{bmatrix} \begin{bmatrix} 1 \\ t \\ t^2 \\ t^3 \end{bmatrix}$$

上述这个过程也可以反转，这意味着可以将任何多项式曲线从单项式形式转换为贝塞尔形式。给定任何多项式曲线，描述曲线的贝塞尔控制点是唯一确定的，具体如下：

通过单项式系数计算贝塞尔控制点	
$\mathbf{b}_0 = \mathbf{c}_0,$	（13.20）
$\mathbf{b}_1 = \mathbf{c}_0 + (1/3)\mathbf{c}_1,$	（13.21）
$\mathbf{b}_2 = \mathbf{c}_0 + (2/3)\mathbf{c}_1 + (1/3)\mathbf{c}_2,$	（13.22）
$\mathbf{b}_3 = \mathbf{c}_0 + \mathbf{c}_1 + \mathbf{c}_2 + \mathbf{c}_3$	（13.23）

当然，也可以用以下矩阵形式写出来：

使用矩阵表示法从单项式转换为贝塞尔形式
$$\begin{bmatrix} | & | & | & | \\ \mathbf{b}_0 & \mathbf{b}_1 & \mathbf{b}_2 & \mathbf{b}_3 \\ | & | & | & | \end{bmatrix} = \begin{bmatrix} | & | & | & | \\ \mathbf{c}_0 & \mathbf{c}_1 & \mathbf{c}_2 & \mathbf{c}_3 \\ | & | & | & | \end{bmatrix} \begin{bmatrix} 1 & 1 & 1 & 1 \\ 0 & 1/3 & 2/3 & 1 \\ 0 & 0 & 1/3 & 1 \\ 0 & 0 & 0 & 1 \end{bmatrix}$$

13.4.2 伯恩斯坦基多项式

第 13.4.1 节以一些代数计算来自贝塞尔控制点的曲线的多项式而结束。该多项式以单项式的形式表示，意味着系数是 t 的幂。我们还可以通过收集控制点上的项而不是 t 的幂来写出贝塞尔形式的多项式。当以这种方式编写时，每个控制点具有表示作为 t 的函数的重心权重的系数，控制点对该曲线有贡献。

现在来重复第 13.4.1 节中的代数练习，只是这次将以稍微不同的方式编写公式，并且将进行一些观察。正如之前所做的那样，可以从线性情况开始（记住，$\mathbf{b}_i^0 = \mathbf{b}_i$）：

$$\mathbf{b}_i^1(t) = (1-t)[\mathbf{b}_i^0(t)] + t[\mathbf{b}_{i+1}^0(t)]$$
$$= (1-t)\mathbf{b}_i + t\mathbf{b}_{i+1}$$

接下来是二次多项式：

$$\mathbf{b}_i^2(t) = (1-t)\mathbf{b}_i^1(t) + t\mathbf{b}_{i+1}^1(t)$$
$$= (1-t)[(1-t)\mathbf{b}_i + t\mathbf{b}_{i+1}] + t[(1-t)\mathbf{b}_{i+1} + t\mathbf{b}_{i+2}]$$
$$= (1-t)^2\mathbf{b}_i + t(1-t)\mathbf{b}_{i+1} + t(1-t)\mathbf{b}_{i+1} + t^2\mathbf{b}_{i+2}$$
$$= (1-t)^2\mathbf{b}_i + 2t(1-t)\mathbf{b}_{i+1} + t^2\mathbf{b}_{i+2}$$

最后，可以获得以下三次多项式：

$$\begin{aligned}
\mathbf{b}_i^3(t) &= (1-t)[\mathbf{b}_i^2(t)] + t[\mathbf{b}_{i+1}^2(t)] \\
&= (1-t)[(1-t)^2\mathbf{b}_i + 2t(1-t)\mathbf{b}_{i+1} + t^2\mathbf{b}_{i+2}] \\
&\quad + t[(1-t)^2\mathbf{b}_{i+1} + 2t(1-t)\mathbf{b}_{i+2} + t^2\mathbf{b}_{i+3}] \\
&= (1-t)^3\mathbf{b}_i + 2t(1-t)^2\mathbf{b}_{i+1} + t^2(1-t)\mathbf{b}_{i+2} \\
&\quad + t(1-t)^2\mathbf{b}_{i+1} + 2t^2(1-t)\mathbf{b}_{i+2} + t^3\mathbf{b}_{i+3} \\
&= (1-t)^3\mathbf{b}_i + 3t(1-t)^2\mathbf{b}_{i+1} + 3t^2(1-t)\mathbf{b}_{i+2} + t^3\mathbf{b}_{i+3}
\end{aligned}$$

敏锐的读者可能会看到一种模式出现，为了使其更加清晰，将以下曲线的次数显示提高到 5 次（我们将跳过代数阐释，它与前面所做的阐述类似）：

次数为 1～5 的贝塞尔曲线

$$\mathbf{b}_0^1(t) = (1-t)\mathbf{b}_0 + t\mathbf{b}_1, \tag{13.24}$$

$$\mathbf{b}_0^2(t) = (1-t)^2\mathbf{b}_0 + 2t(1-t)\mathbf{b}_1 + t^2\mathbf{b}_2, \tag{13.25}$$

$$\mathbf{b}_0^3(t) = (1-t)^3\mathbf{b}_0 + 3t(1-t)^2\mathbf{b}_1 + 3t^2(1-t)\mathbf{b}_2 + t^3\mathbf{b}_3, \tag{13.26}$$

$$\begin{aligned}
\mathbf{b}_0^4(t) = (1-t)^4\mathbf{b}_0 + 4t(1-t)^3\mathbf{b}_1 + 6t^2(1-t)^2\mathbf{b}_2 \\
+ 4t^3(t-1)\mathbf{b}_3 + t^4\mathbf{b}_4,
\end{aligned} \tag{13.27}$$

$$\begin{aligned}
\mathbf{b}_0^5(t) = (1-t)^5\mathbf{b}_0 + 5t(1-t)^4\mathbf{b}_1 + 10t^2(1-t)^3\mathbf{b}_2 \\
+ 10t^3(1-t)^2\mathbf{b}_3 + 5t^4(1-t)\mathbf{b}_4 + t^5\mathbf{b}_5
\end{aligned} \tag{13.28}$$

现在模式更清晰了。每个项都有一个常量系数、一个 $(1-t)$ 的幂和一个 t 的幂。t 的幂以递增的顺序编号，因此 $\mathbf{b}_i$ 具有系数 t^i。$(1-t)$ 的幂遵循相反的模式并按降序编号。

常量系数的模式稍微有点复杂，所以不妨迂回前进，先做一个简短但是比较有趣的列式。让我们以三角形的形式写出前 8 个级别，使这个模式更容易理解，具体如下：

帕斯卡三角形															
0							1								
1						1		1							
2					1		2		1						
3				1		3		3		1					
4			1		4		6		4		1				
5		1		5		10		10		5		1			
6	1		6		15		20		15		6		1		
7	1	7		21		35		35		21		7		1	

除了三角形外边缘上的数字 1 之外，所有其他数字都是它上面两个数字的总和。你看到的是一个已经研究了几个世纪的非常著名的数字模式，称为二项式系数（Binomial Coefficient），因为第 n 行可以给出在扩展二项式 $(a+b)^n$ 时的系数。以这种三角剖分方式

组织这些数字的强迫症已经"绑架"了很多人，其中就包括数学家和物理学家 Blaise Pascal（布莱士·帕斯卡，1623—1662）。[①] 这种二项式系数的三角形排列称为帕斯卡三角形（Pascal's Triangle）。[②]

二项式系数有一个特殊的表示法。可以使用以下二项式系数表示法来引用帕斯卡三角形中第 n 行的第 k 个数字（其中，n 和 k 的索引从 0 开始）：

二项式系数表示法
$$\binom{n}{k}$$

例如，$\binom{6}{2}=15$。可以将 $\binom{n}{k}$ 读作 "n 选择 k"，因为 $\binom{n}{k}$ 的值也恰好是可以从一组 n 个对象中选择的 k 个对象的子集的数量，而忽略了顺序。

现在来看一下计算二项式系数的通用公式（需要强调的是，这个公式主要用于娱乐目的，因为在本章中对曲线使用二项式系数将仅限于帕斯卡三角形的前几行）。你应该还记得第 11.4.6 节中的阶乘算子，表示为 $n!$，这是直到 n（包括 n）的所有整数的乘积，具体如下：

阶乘算子
$$n! = \prod_{i=1}^{n} i = 1 \times 2 \times 3 \times \cdots \times n$$

使用阶乘，并定义 $0! \equiv 1$，可以计算二项式系数为

二项式系数
$$\binom{n}{k} = \frac{n!}{k!(n-k)!}$$

二项式系数经常出现在处理组合和排列的应用程序中，例如算法的概率和分析。由于它们的重要性，以及可以在其中找到的惊人数量的模式，它们已经成为大量研究的主题。Knuth 对二项式系数进行了非常详尽的讨论，特别是关于它们在计算机算法中的应用（详见参考文献[39]）。

[①] 没错，他也是法国人。并且他也出现在 Ian Parberry 的博士导师树上，大概位置约莫需向后数 16 代左右。

[②] 除了帕斯卡三角形之外，还有一个压力的 SI 单位、一个定律、一种编程语言，以及以他的名字命名的赌注，当然后两种已经不再被认真使用。顺便说一句，中国人也称帕斯卡三角形为杨辉三角形。

回到曲线。我们已经分析了重心权重的模式。现在可以重写贝塞尔曲线，用函数 $B_i^n(t)$ 替换每个控制点权重，并使用以下三次曲线公式（见式（13.26））作为示例：

$$\mathbf{b}_0^3(t) = (1-t)^3\mathbf{b}_0 + 3t(1-t)^2\mathbf{b}_1 + 3t^2(1-t)\mathbf{b}_2 + t^3\mathbf{b}_3$$
$$= [B_0^3(t)]\mathbf{b}_0 + [B_1^3(t)]\mathbf{b}_1 + [B_2^3(t)]\mathbf{b}_2 + [B_3^3(t)]\mathbf{b}_3$$

推而广之，可以将次数为 n 的贝塞尔曲线（具有 $n+1$ 个控制点）写为

任意次数的贝塞尔曲线
$$\mathbf{b}_0^n(t) = \sum_{i=0}^{n}[B_i^n(t)]\mathbf{b}_i$$

函数 $B_i^n(t)$ 是伯恩斯坦多项式（Bernstein Polynomial），它是以 Sergei Bernstein（谢尔盖·伯恩斯坦，1880—1968）命名的。[①] 前面已经指出了这些多项式的模式，但以下是其精确的公式：

伯恩斯坦多项式
$$B_i^n(t) = \binom{n}{i}t^i(1-t)^{n-i}, \qquad 0 \leqslant i \leqslant n$$

图 13.13 显示了伯恩斯坦多项式次数为 1～4 次时的图形。

伯恩斯坦多项式的性质告诉我们很多关于贝塞尔曲线的行为。现在来讨论几个属性。

1. 总和为 1

伯恩斯坦多项式对于 t 的所有值总和为 1，这很好，因为如果不是这样的话，那么它们就无法定义适当的重心坐标。这一事实并不是显而易见的，既无法从图 13.13 的目视观察中发现，也无法通过粗略地检查公式发现，但是它却可以证明。如果你喜欢做这种二次多项式情形的证明题，请查看第 13.10 节习题 4。

2. 凸包属性

伯恩斯坦多项式的范围是 0…1，对于曲线的整个长度来说，$0 \leqslant t \leqslant 1$。结合前一个属性，这意味着贝塞尔曲线服从凸包（Convex Hull）属性：曲线有界限以保持在控制点的凸包内。可以将其与拉格朗日基多项式进行比较，后者不会保持在[0, 1]区间内，这也导致了拉格朗日基多项式插值不遵守凸包属性。这种情况的一个表现是图 13.4 中出现的不希望的"越线"。

[①] 俄罗斯人，不是法国人。

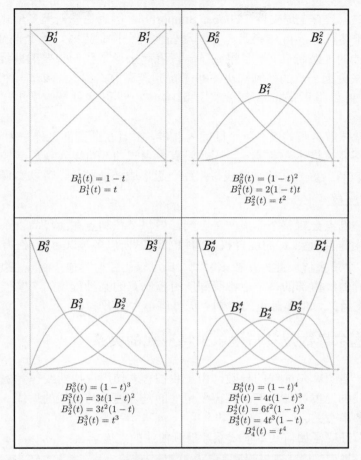

图 13.13 次数为 1～4 次的伯恩斯坦多项式

3．端点插值

根据需要，可以让第一个和最后一个多项式达到 1。因为 $B_0^n(0)=1$ 且 $B_n^n(1)=1$，所以曲线接触端点。请注意，$t=0$ 和 $t=1$ 是任何基多项式达到 1 的唯一位置，这就是为什么其他控制点只是近似而不是内插的原因。

4．全局支持

所有多项式在开区间(0, 1)上都是非零的，也就是说，除了端点之外的整个曲线都是非零的。控制点的混合权重非零的区域称为控制点的支持（Support）。只要控制点有支持，它就会对曲线产生一些影响。

贝塞尔控制点具有全局支持（Global Support），因为伯恩斯坦多项式在端点以外的任何地方都是非零的。实际结果是，当移动任何一个控制点时，整个曲线都受到影响。这不是曲线设计的理想特性。一旦得到了一段看起来像是我们想要的曲线，那么我们宁愿编辑其他一些更远一点的控制点也不想干扰到既有的曲线。当移动一个特定的控制点并且只有该控制点附近的曲线部分受到影响时，即称这种情况为局部支持（Local Support）。

局部支持意味着基函数仅在某个区间内非零，并且在此区间之外它为零。糟糕的是，这样的基函数不能被描述为多项式，因此没有多项式曲线可以实现局部控制。然而，在第 13.6 节中通过将恰好合适的小曲线拼接在一起形成样条曲线，可以实现局部支持。

5．局部最大值

虽然每个控制点会对整个曲线产生影响，但每个控制点在曲线的一个特定点上施加的影响最大。用作控制点 $\mathbf{b}_i$ 的混合权重的每个伯恩斯坦多项式 $B_i^n(t)$ 在有利于它的时间 $t = i/n$ 处具有一个最大值。此外，在该时间，$\mathbf{b}_i$ 可以比任何其他控制点获得更多的权重。

因此，尽管曲线内部的每个点都受到所有控制点的某种程度的影响（因为贝塞尔控制点具有全局支持），但是最近的控制点仍具有最大的影响。

13.4.3　贝塞尔导数及其与埃尔米特形式的关系

现在来看一看贝塞尔曲线的导数。由于我们喜欢使用三次曲线作为例子，所以接下来将讨论该曲线的速度和加速度。你需要记住的是，速度与曲线的切线（方向）有关，而加速度则与曲率有关。

第 13.1.6 节证明了如何从单项式系数得到曲线的速度函数：

三次曲线的位置和速度
$\mathbf{p}(t) = \mathbf{c}_0 + \mathbf{c}_1 t + \mathbf{c}_2 t^2 + \mathbf{c}_3 t^3,$
$\mathbf{v}(t) = \dot{\mathbf{p}}(t) = \mathbf{c}_1 + 2\mathbf{c}_2 t + 3\mathbf{c}_3 t^2$

（13.29）

第 13.4.1 节证明了如何从三次贝塞尔曲线中提取单项式系数：

$$\mathbf{c}_0 = \mathbf{b}_0,$$
$$\mathbf{c}_1 = 3\mathbf{b}_1 - 3\mathbf{b}_0,$$
$$\mathbf{c}_2 = 3\mathbf{b}_0 - 6\mathbf{b}_1 + 3\mathbf{b}_2,$$
$$\mathbf{c}_3 = -\mathbf{b}_0 + 3\mathbf{b}_1 - 3\mathbf{b}_2 + \mathbf{b}_3$$

将这些系数插入速度公式（见式（13.29））中，即可根据贝塞尔控制点得到以下曲线瞬时速度的公式：

三次贝塞尔曲线的一阶导数（速度）
$\mathbf{v}(t) = \mathbf{c}_1 + 2\mathbf{c}_2 t + 3\mathbf{c}_3 t^2$ $= (3\mathbf{b}_1 - 3\mathbf{b}_0) + 2(3\mathbf{b}_0 - 6\mathbf{b}_1 + 3\mathbf{b}_2)t + 3(-\mathbf{b}_0 + 3\mathbf{b}_1 - 3\mathbf{b}_2 + \mathbf{b}_3)t^2$

现在考虑端点 $t = 0$ 和 $t = 1$ 的速度：

三次贝塞尔曲线端点的速度	
$\mathbf{v}(0) = (3\mathbf{b}_1 - 3\mathbf{b}_0) + 2(3\mathbf{b}_0 - 6\mathbf{b}_1 + 3\mathbf{b}_2)(0)$ $\qquad + 3(-\mathbf{b}_0 + 3\mathbf{b}_1 - 3\mathbf{b}_2 + \mathbf{b}_3)(0)^2$ $= 3(\mathbf{b}_1 - \mathbf{b}_0),$	（13.30）
$\mathbf{v}(1) = (3\mathbf{b}_1 - 3\mathbf{b}_0) + 2(3\mathbf{b}_0 - 6\mathbf{b}_1 + 3\mathbf{b}_2)(1)$ $\qquad + 3(-\mathbf{b}_0 + 3\mathbf{b}_1 - 3\mathbf{b}_2 + \mathbf{b}_3)(1)^2$ $= 3\mathbf{b}_1 - 3\mathbf{b}_0 + 6\mathbf{b}_0 - 12\mathbf{b}_1 + 6\mathbf{b}_2 - 3\mathbf{b}_0 + 9\mathbf{b}_1 - 9\mathbf{b}_2 + 3\mathbf{b}_3$ $= 3(\mathbf{b}_3 - \mathbf{b}_2)$	（13.31）

这是比较有趣的。可以看到，$\mathbf{b}_1 - \mathbf{b}_0$ 给出了从第一个控制点到第二个控制点的矢量；而 $\mathbf{b}_3 - \mathbf{b}_2$ 则是从第三个控制点到最后一个控制点的矢量。因此，在 $t = 0$ 时曲线起点处的切线"瞄准"第一个控制点，并且在 $t = 1$ 时曲线末端的切线"瞄准"第三个控制点（实际上，如果考虑在增加 t 的方向沿着曲线移动，则 $t = 1$ 处的切线将直接远离第三个控制点）。这是一个需要理解的关键点。

💡 提示：

    贝塞尔控制多边形的第一条边将完全确定曲线起点处的切线，最后一条边将确定曲线末端的切线。

    另一种说明中间控制点在三次贝塞尔曲线中的作用的方法是检验贝塞尔和埃尔米特形式之间的关系。请记住，三次埃尔米特形式包含初始位置 $\mathbf{p}_0$ 和速度 $\mathbf{p}_1$ 以及最终位置 $\mathbf{p}_1$ 和速度 $\mathbf{v}_1$。现在我们已经知道了贝塞尔控制点和曲线速度之间的关系，很容易从贝塞尔转换为埃尔米特形式，具体如下：

将三次曲线从贝塞尔形式转换为埃尔米特形式	
$\mathbf{p}_0 = \mathbf{b}_0,$	（13.32）
$\mathbf{v}_0 = 3(\mathbf{b}_1 - \mathbf{b}_0),$	（13.33）
$\mathbf{v}_1 = 3(\mathbf{b}_3 - \mathbf{b}_2),$	（13.34）
$\mathbf{p}_1 = \mathbf{b}_3$	（13.35）

或者，也可以从埃尔米特形式转换为贝塞尔形式，具体如下：

将三次曲线从埃尔米特形式转换为贝塞尔形式
$\mathbf{b}_0 = \mathbf{p}_0,$ $\mathbf{b}_1 = \mathbf{p}_0 + (1/3)\mathbf{v}_0,$ $\mathbf{b}_2 = \mathbf{p}_1 - (1/3)\mathbf{v}_1,$ $\mathbf{b}_3 = \mathbf{p}_1$

因此，埃尔米特形式和贝塞尔形式密切相关，并且很容易在它们之间进行转换。图 13.14 以图解方式描述了它们之间的关系。

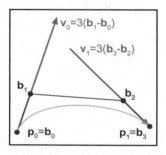

图 13.14　贝塞尔形式和埃尔米特形式之间的关系

　　前文已经讲过，任一端点的一阶导数都是由最近的两个贝塞尔控制点完全确定的。实际上，我们还可以做出更一般性的陈述。任一端点的 n 阶导数完全由最近的 $n+1$ 个控制点确定。"0 阶导数"（曲线的位置）完全由插值控制点决定。前面已经讨论了一阶导数。曲线末端的二阶导数（加速度）由最接近的 3 个控制点确定。实际上，不妨来看一下三次曲线的贝塞尔控制点的加速度究竟是什么。将加速度函数（见式（13.6））从单项式形式转换为贝塞尔形式，可得

三次贝塞尔曲线的加速度
$\begin{aligned} \mathbf{a}(t) &= 2\mathbf{c}_2 + 6\mathbf{c}_3 t \\ &= 2(3\mathbf{b}_0 - 6\mathbf{b}_1 + 3\mathbf{b}_2) + 6(-\mathbf{b}_0 + 3\mathbf{b}_1 - 3\mathbf{b}_2 + \mathbf{b}_3)t \\ &= (6\mathbf{b}_0 - 12\mathbf{b}_1 + 6\mathbf{b}_2) + (-6\mathbf{b}_0 + 18\mathbf{b}_1 - 18\mathbf{b}_2 + 6\mathbf{b}_3)t \end{aligned}$

在端点处，加速度由下式给出：

在端点处三次贝塞尔曲线的加速度
$\begin{aligned} \mathbf{a}(0) &= (6\mathbf{b}_0 - 12\mathbf{b}_1 + 6\mathbf{b}_2) + (-6\mathbf{b}_0 + 18\mathbf{b}_1 - 18\mathbf{b}_2 + 6\mathbf{b}_3)0 \\ &= 6\mathbf{b}_0 - 12\mathbf{b}_1 + 6\mathbf{b}_2, \\ \mathbf{a}(1) &= (6\mathbf{b}_0 - 12\mathbf{b}_1 + 6\mathbf{b}_2) + (-6\mathbf{b}_0 + 18\mathbf{b}_1 - 18\mathbf{b}_2 + 6\mathbf{b}_3)1 \\ &= 6\mathbf{b}_1 - 12\mathbf{b}_2 + 6\mathbf{b}_3 \end{aligned}$

正如预期的那样，起点时的加速度完全由前 3 个控制点决定，终点的加速度由最后 3 个控制点决定。

可以定义 $\mathbf{d}_i = \mathbf{b}_{i+1} - \mathbf{b}_i$ 作为连续控制点之间的 delta 的简写，它是贝塞尔控制多边形的第 i 个边的矢量。使用这种表示法时，加速度公式与速度公式有惊人的相似之处，具体如下：

考虑连续控制点之间的 delta，在端点处三次贝塞尔曲线的加速度
$\begin{aligned} \mathbf{a}(0) &= 6\mathbf{b}_0 - 12\mathbf{b}_1 + 6\mathbf{b}_2 = 6\mathbf{b}_0 - 6\mathbf{b}_1 - 6\mathbf{b}_1 + 6\mathbf{b}_2 \\ &= 6\left((\mathbf{b}_2 - \mathbf{b}_1) - (\mathbf{b}_1 - \mathbf{b}_0)\right) \\ &= 6(\mathbf{d}_1 - \mathbf{d}_0), \end{aligned}$ （13.36）
$\begin{aligned} \mathbf{a}(1) &= 6\mathbf{b}_1 - 12\mathbf{b}_2 + 6\mathbf{b}_3 = 6\mathbf{b}_1 - 6\mathbf{b}_2 - 6\mathbf{b}_2 + 6\mathbf{b}_3 \\ &= 6\left((\mathbf{b}_3 - \mathbf{b}_2) - (\mathbf{b}_2 - \mathbf{b}_1)\right) \\ &= 6(\mathbf{d}_2 - \mathbf{d}_1) \end{aligned}$ （13.37）

以上讨论适用于任何次数的贝塞尔曲线。一般来说，模式是这样的：如果移动控制点 $\mathbf{b}_i$，则会影响 i 阶导数和在曲线的开始处的更高阶的导数，但是不会影响编号较低的导数（类似的说法也适用于曲线的终点，相关的控制点 $\mathbf{b}_i$ 和 $n-i$ 阶导数以及更高阶的导数）。当然，对于三次样条曲线来说大致就是这样，因为三阶导数对于三次曲线来说是一个常数，所有更高阶的导数都是零。在第 13.8.1 节中，当讨论在样条中连接的两个或多个贝塞尔曲线段的连续性条件时，会回到这些想法。

13.5　细　　分

本章将从第 13.6 节开始讨论将曲线连接到样条曲线的主题，通过这种方式可以根据需要制作出漫长而复杂的样条。但是，在这样做之前，本节将首先考虑相反的问题：如何将曲线切成小段。

为什么要这样做？有以下两个原因：

- ❑ 曲线细化（Curve Refinement）。在交互式设计曲线的过程中，我们可能会发现，虽然差不多可以获得想要的形状，但是一条曲线并不能提供我们所需的灵活性。因此，可以将曲线切割成两部分（形成样条），这为我们提供了更大的灵活性。

- ❑ 近似技术（Approximation Technique）。细分曲线的另一个原因是，一小段曲线通常比整条曲线更简单，这里的"更简单"意味着"更像一条直线"。所以，可以考虑将它切成足够多的碎片，然后制作这些碎片（就像它们是直线段一样），例如渲染它们或通过光线追踪它们。按照这种方式，只要能够分析渲染或光线跟踪曲线，即可近似得到结果。

严格地说，我们不需要细分来进行分段线性逼近——我们已经讨论过一种简单的技术，它以固定大小的间隔评估曲线并在这些采样点之间绘制线条。但是，细分允许我们通过在曲线的较直部分上使用较少的线段并且在曲线的弯曲部分上使用更多的线段来自适应地选择线段的数量。

以上就是曲线细分的"原因"。在学习"如何"细分之前，不妨先来准确理解一下细分究竟是"什么"。考虑由函数 $\mathbf{p}(t)$ 定义的参数多项式曲线 P，采用常规约定，即曲线起点处 $t = 0$，终点处 $t = 1$；然后再考虑一个曲线段 Q，其起点在任意时间，即 $t = a$，终点处 $t = b$。图 13.15 对此进行了说明。

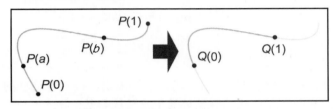

图 13.15　使用细分提取曲线的一段

细分的目标是以某种形式（单项式、埃尔米特或贝塞尔）实现对 Q 的数学描述。但是，我们不是已经拥有了吗？毕竟，我们假设有某种形式的 P 的数学描述，因此按以下方式定义 Q 是完全有效的："取由 P 定义的曲线，但不是从 0 开始到 1 结束，而是从 a 开始到 b 结束。"但这并不是我们真正想要的。我们希望 Q 是一个完全独立且"常规"的曲线，它不会引用 P，不是从属于 P 或以某种方式限定。例如，如果使用的是贝塞尔形式，那么需要新的贝塞尔控制点来定义 Q。

以下小节介绍两种不同的细分曲线方法。第 13.5.1 节将以单项式形式提出一种直接的代数方法；第 13.5.2 节将考虑贝塞尔形式的曲线细分，它是基于几何的，并且适用于相当优雅和有效的实现。

埃尔米特形式不适合细分。如果希望细分一个埃尔米特形式，则首先要将曲线转换为另一种形式（可能是贝塞尔）并以该形式进行细分。

13.5.1　细分单项式曲线

以单项式形式从曲线中提取线段是一项简单的代数任务。请记住，单项式形式只是基于 t 的显式多项式。虽然我们通常只对 $0 \leqslant t \leqslant 1$ 的部分感兴趣，但是多项式其实是为 t 的所有值定义的，因此它实际上定义了无穷长的曲线。我们希望提取的较短的段 Q 只是同一无限曲线的不同子段。

考虑到这一点，我们意识到细分问题很容易被视为一个简单的重新参数化问题。这并不意味着要直接对单项式的系数进行修改或乱搞，而是对参数值执行一些代数计算。我们可以引入一个从 0～1 变化的局部参数（Local Parameter）s，使得 $\mathbf{q}(s)$ 能描绘出曲线 Q。给定这些条件，即可通过 $\mathbf{p}(t)$ 定义曲线 $\mathbf{q}(s)$ 为

$$t = F(s), \qquad \mathbf{q}(s) = \mathbf{p}(t) = \mathbf{p}(F(s))$$

其中，函数 $F(s)$ 是重新参数化函数，它返回对应于局部参数 s 的全局参数 t。由于我们希望满足终点条件 $F(0) = a$ 和 $F(1) = b$，所以不难看出 F 应该是什么形式。采用 t 和 s 之间直接的线性关系，可得

$$t = F(s) = a + s(b - a)$$

你可能希望验证这在端点上是否能够表现正确。

当然，这里真正完成的就是用 P 来定义 Q，而本节开头已经说了，这样还不够。不同之处在于，如果能继续计算数学，取代 $\mathbf{p}(t)$ 并消除 t，即可得到 $\mathbf{q}(s)$ 的直接方程，这是一条"常规"和独立的曲线，满足了在本节开头提出的要求。

但是，这样的代数方法其实只是一个粗活，它产生的是一个混乱而麻烦的结果，并没有体现出任何真知灼见。当然，我们想要在这里传达的主要内容是，以单项式形式细分曲线是一个很简单的重新参数化的问题，完全可以用代数方式完成。此外，因为已经可以在单项式形式和其他形式之间进行转换，所以现在我们有了一种可靠的方法来细分任何格式的任何多项式曲线。

但是我们不必满足于这种"野蛮粗暴"的做法，事实证明，以贝塞尔的形式，确实可以做得更好。

13.5.2 细分贝塞尔曲线

可以通过 de Casteljau 算法的变体在几何上完成贝塞尔曲线的细分。提取任意端点参数 a 和 b 的任何子段的完整算法不太容易掌握，因此接下来将遵循 Farin 的步骤并从一个简单的示例开始（详见参考文献[20，Section 7.2ff]）。

首先，我们将自己限制为仅提取曲线的"左侧"。换句话说，先确定 $a = 0$。显然，较小曲线上的第一个贝塞尔控制点（在 $s = 0$ 处）与较大曲线上的第一个控制点（在 $t = 0$ 处）相同。同样清楚的是，$t = b$ 处的端点可以通过第 13.4.1 节中的基本 de Casteljau 算法获得。$b = 0.75$ 的示例情况如图 13.16 所示。

我们已经有了端点——现在为那些棘手的内部点。令人惊讶的是，如果仔细观察图 13.16，你会注意到我们其实已经构建了它们。事实证明，每一轮 de Casteljau 插值都会产生贝塞

尔控制点之一。图 13.17 使这个过程更清晰，它显示了选定的贝塞尔点和控制多边形。

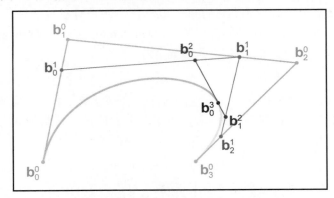

图 13.16　使用 de Casteljau 算法定位内部端点

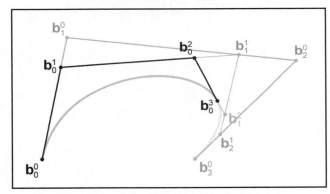

图 13.17　de Casteljau 算法提供了提取曲线段的所有贝塞尔控制点

　　为什么这样也可以？回顾第 13.4.3 节中贝塞尔形式与埃尔米特形式之间的关系。第一个内部控制点 $\mathbf{b}_1$ 完全确定了 $t = 0$ 处的一阶导数（速度）。现在，我们提取的子曲线是同一无限曲线的一部分，因此它的位置和导数在几何意义上可以匹配任意地方。然而，导数是相对于参数变化率的变化率。通过细分，我们使参数 t 移动"更快"，由于它在较小的空间间隔内从 0 变为 1。因此，子曲线的导数在同一方向，但根据我们提取的曲线的分数，它更短，在我们的例子中是值 b。

　　让我们总结一下这里的发现。为了提取曲线的左半部分，$0 \leqslant t \leqslant b$，我们执行 de Casteljau 细分，就好像我们试图定位在 $t = b$ 处的端点一样。每轮插值的第一个控制点为细分曲线提供了另一个控制点。提取曲线的右半部分也是类似的，故不赘述。

　　贝塞尔细分有一个重要的特殊情况是，我们只能用目前所知的手段：在 $t = 1/2$ 处将曲线"分成两半"。该计算使得用于自适应细分的相当优雅的递归算法成为可能。假设使用标准符号 $\mathbf{b}_i$ 表示原始的贝塞尔控制点。对于这两个一半，我们随机选取两个字母，并分别调用曲线 $\mathbf{q}_i$ 和 $\mathbf{r}_i$ 的左半部分和右半部分的控制点。可由下式给出 7 个控制点：

在 $t = 1/2$ 处细分贝塞尔曲线
$\mathbf{q}_0 = \mathbf{b}_0,$
$\mathbf{q}_1 = \mathbf{b}_0/2 + \mathbf{b}_1/2,$
$\mathbf{q}_2 = \mathbf{b}_0/4 + \mathbf{b}_1/2 + \mathbf{b}_2/4,$
$\mathbf{q}_3 = \mathbf{r}_0 = \mathbf{b}_0/8 + 3\mathbf{b}_1/8 + 3\mathbf{b}_2/8 + \mathbf{b}_3/8,$
$\mathbf{r}_1 = \mathbf{b}_1/4 + \mathbf{b}_2/2 + \mathbf{b}_3/4,$
$\mathbf{r}_2 = \mathbf{b}_2/2 + \mathbf{b}_3/2,$
$\mathbf{r}_3 = \mathbf{b}_3$

贝塞尔细分的一般性情况是通过开花（Blossom）获得的，这是一个通用术语，指的是涉及用不同插值分数采用重复 de Casteljau 步骤的许多技术。为了确定每个控制点，我们采取 3 个 de Casteljau 步骤（对于三次曲线来说，至少需要 3 个步骤）。对于每个控制点 $\mathbf{b}_i$，可以使用 $t = b$ 来获取那些步骤的 i，其余的使用 $t = a$。事实证明，哪个插值步骤使用 a 和哪个使用 b 无关紧要，但使用 a 或 b 的步骤数量很重要。可以通过考虑三次曲线上的每个点来清楚地说明这一点。为了计算 $\mathbf{b}_0$，在每一轮使用 $t = a$ 作为插值分数；对于 $\mathbf{b}_1$，在两轮中使用 $t = a$，并且对于一轮使用 $t = b$；为了计算 $\mathbf{b}_2$，仅在一轮中使用 $t = a$ 作为插值分数，而对于其他两轮则使用 $t = b$；当然，对于最后一个控制点 $\mathbf{b}_3$，我们对所有 3 轮使用 $t = b$，正如本节开头所描述的那样。

13.6 样 条 曲 线

到目前为止，我们一直专注于三次曲线，并且有充分的理由：它们是三维中最常用的曲线类型。这种曲线天然地具有 4 个自由度，无论使用具有 4 个控制点的贝塞尔曲线，具有 4 个系数的单项式曲线，还是具有两个终点加上两个导数的埃尔米特曲线。因为只有 4 个自由度，所以可以仅使用三次曲线技术表示的曲线组将受到严格限制。

可以通过在样条曲线中将较小的曲线连接在一起来获得额外的自由度，这是本章其余部分的主题。在讨论样条函数之前，不妨先暂停一下，讨论一种可能的替代方法：使用更高次的多项式。显然，任何 n 次曲线都可以转换为 $n + 1$ 次曲线，这种转换称为次数提升（Degree Elevation）。当然，如果以单项式形式来操作的话，这是非常简单的，只需添加一个新的零前导系数即可。

在贝塞尔形式中，次数提升增加了一个新的控制点，正如你可能已经猜到的那样，新控制点的位置可以通过使用线性插值在几何上构建。给定次数为 n 的曲线，其具有表示为 $\mathbf{b}_i$ 的 $n+1$ 个控制点，次数提升将产生具有 $n+2$ 个控制点的次数为 $n+1$ 的曲线，$n+2$ 个控制点表示为 $\mathbf{b}'_j$。为了确定这些新的控制点，可以使用与控制点的索引成比例的插值分数进行线性插值，具体如下：

在贝塞尔形式中的次数提升
$$\mathbf{b}'_j = \frac{j}{n+1}\mathbf{b}_{j-1} + \left(1 - \frac{j}{n+1}\right)\mathbf{b}_j, \quad 0 \leqslant j \leqslant n+1 \qquad (13.38)$$

注意，$\mathbf{b}'_j$ 的计算将"混合"不存在的权重为零的点 $\mathbf{b}'_{-1}$。

对于埃尔米特曲线来说，我们通常只对 n 的奇数值感兴趣，因此在每个端点处具有相同数量的导数。

虽然更高次多项式确实能够描述具有更多"摇摆"的曲线，但不幸的是，一般来说它有以下几个缺点：

- ❑ 曲线具有全局支持。除了端点之外，每个控制点在曲线上的每个点上都会施加一些非零权重。
- ❑ 曲线具有一些无关的"摇摆"，有时会出现在我们不想要的地方，在控制点之间来回振荡。这被称为龙格现象（Runge Phenomenon）。[1]
- ❑ 与额外摇摆有些相关的事实是，更高次的曲线非常敏感。由于曲线的全局支持，对任何一个控制点的改变将导致整个曲线的变化；而由于灵敏度很高，所以这种反应可能非常大。
- ❑ 排除多项式插值作为可行的曲线设计工具后，除了端点之外，我们不能直接指定我们希望曲线插值的点。

基本问题是我们对单个多项式的要求太多。样条没有这些缺点。

接下来将讨论样条曲线。首先，为了便于讨论，我们必须扩展表示法，并引入局部和全局参数化之间的间接水平，在第 13.6.1 节和第 13.6.2 节中将进行这种划分。然后，在第 13.7 节中将讨论埃尔米特和贝塞尔样条函数，这些样条函数用于许多软件包，如 Adobe Photoshop 和 Autodesk 3ds Max。从那里开始，我们的注意力自然倾向于决定在"接

---

[1] Carl Runge（卡尔·龙格，德国物理学家和数学家，1856—1927）。

缝"处做什么。第一个障碍是确定必须满足的标准，以便曲线在这些连接点处表现平滑。这种连续性条件是第 13.8 节的主题。一旦我们理解了这些问题，则最终将达到本章开头设定的目标，即创建一个样条系统，它提供了一种定义弯曲形状的直观方法。

第 13.9 节将开发一个灵活的设计工具，用户可以在每个控制点指定位置和切线。此外，该节还将研究一种方法，设计师只需要指定控制点的位置，系统就可以基于用户的直观控制自动计算切线。

13.6.1　游戏规则

样条由 n 个段组成，表示为 $\mathbf{q}_0, \mathbf{q}_1, \cdots, \mathbf{q}_{n-1}$。第 i 个段 $\mathbf{q}_i$ 是一个函数，它接受名为 s_i 的局部参数，该局部参数被归一化为随着子曲线段的长度从 0 变化到 1。换句话说，对于每个子曲线段，有一个曲线函数 $\mathbf{q}_i(s_i)$，这与第 13.1 节中讨论的曲线函数完全相同，唯一的区别是，函数名从 $\mathbf{p}$ 变成了 $\mathbf{q}_i$，参数名从 t 变成了 s_i。

我们使用两种不同的表示法来指代整个样条曲线。一种方法是从上面的表示法中删除下标，因此函数 $\mathbf{q}(s)$ 指的就是整个样条，而参数 s（不带下标）则是全局参数。当 s 从 0 变化到 n 时，函数 $\mathbf{q}(s)$ 描绘出整个样条曲线。

复合函数 $\mathbf{q}(s)$ 非常简单。基本上，我们可以采用 s 的整数部分来获得索引 i，描述我们所在的子曲线段，然后将小数部分用作 s_i 并插入段 $\mathbf{q}_i$ 中。因此，第一个子曲线段 $\mathbf{q}_0(s_0)$ 将定义 $\mathbf{q}(0)$ 和 $\mathbf{q}(1)$ 之间的区间上的样条；第二个子曲线段将定义从 $\mathbf{q}(1)$ 到 $\mathbf{q}(2)$ 的样条；以此类推。更正式的描述如下：

包含简单的全局参数的复合曲线
$i = \lfloor s \rfloor,$　　（使用 floor 函数选择段）
$s_i = s - i,$　　（评估局部参数）
$\mathbf{q}(s) = \mathbf{q}_i(s_i)$　　（评估段）

注意，给定 s 的特定值，可以明确地识别沿着样条曲线的点 $\mathbf{q}(s)$。但是，s_i 的特定值仅在段 i 的上下文中有意义，下标强调了这一点。

如果不关心曲线的时间，那么这个表示法可能就是我们需要的。但是，在定义动画路径时，我们通常需要一个间接级别。这里可以引入表示法 $\mathbf{p}(t)$ 来指代最终曲线，这是一个返回在给定"时间" t 的位置的函数。它只是同一曲线的不同参数化。$\mathbf{p}(t)$ 和 $\mathbf{q}(s)$ 描绘出相同的形状，但沿着路径的特定点的 s 和 t 值通常不相同。我们可以对曲线进行参数化，以便快速通过某些部分，而其他部分则更慢。s 的范围由节点的数量确定，但是我们可以

自由地将 t 的范围（曲线的总持续时间）分配给任何所需的段。

一般来说，可以根据 $\mathbf{q}(s)$ 定义 $\mathbf{p}(t)$，方法是创建将时间值 t 映射到参数值 s 的函数。当想要明确 s 是 t 的函数时，可以使用表示法 $s(t)$，这个函数称为从时间到参数（Time-to-Parameter）函数。如果你是计算机程序开发人员，则可以将 $\mathbf{p}(t)$ 视为公共接口，将 $\mathbf{q}(s)$ 视为内部实现细节。我们正在做的事情是计算机科学的一项基本实践：通过引入一个间接级别来打破复杂性。

在上述表示法建立后，评估 $\mathbf{p}(t)$ 的基本游戏规则如下：

（1）通过评估从时间到参数函数 $s(t)$ 将时间值 t 映射到 s 的值。

（2）将 s 的整数部分提取为 i，将小数部分提取为 s_i。

（3）评估曲线段 $\mathbf{q}_i(s_i)$。

当然，如果不关心样条的时间（也许我们只关心它的形状），那么就不需要第（1）步，可以只使用 $s(t) = t$ 的简单映射。遗憾的是，由于篇幅限制，这正是本书所要做的。我们不讨论处理时间的微妙之处。

在假设 $s = t$ 的情况下，第（1）步已经变得非常简单，而第（2）步也同样很容易，将第 13.1 节介绍的技巧重点应用于第（3）步中。因此，我们其实已经知道如何评估样条曲线；现在就来看看如何创建一个。

13.6.2　节点

思考一下两个子曲线段之间的关系。要使曲线连续，一个子曲线段的终点必须与下一个子曲线段的起点重合（第 13.8 节将讨论额外的理想标准）。样条插值的这些共享控制点称为样条曲线的节点（Knot）。如前文所述，Knot 这个词本身已经隐喻控制点就像绳子的绳结。索引 i 处的节点表示为 $\mathbf{k}_i$，并且由于存在比子曲线段的数量多一个的节点，因此节点将被编号为 $\mathbf{k}_0, \cdots, \mathbf{k}_n$。

假设这些子曲线段在节点处连接。换句话说，$\mathbf{q}(s)$ 将通过在 s 的整数值处的节点。有了这个假设，就不需要为每个子曲线段的起点和终点单独设置表示法（或计算机程序中的单独存储空间）。相反，每个内部节点 $\mathbf{k}_i$ 都可以扮演两个角色，它既是子曲线段 $\mathbf{q}_i$ 的起点，又是子曲线段 $\mathbf{q}_{i-1}$ 的终点。因此，可以建立以下关系：

$$\mathbf{q}(i) = \mathbf{k}_i, \qquad \mathbf{q}_i(0) = \mathbf{k}_i, \qquad \mathbf{q}_i(1) = \mathbf{k}_{i+1}$$

注意，$\mathbf{k}_i$ 指定单个点；而符号 $\mathbf{q}_i$ 指的则是整个段，它是局部参数 s_i 的函数。所有这些表示法如图 13.18 所示。

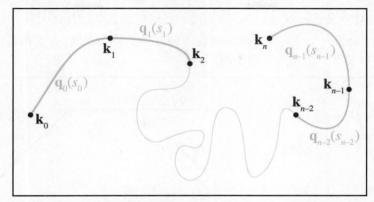

图 13.18 具有 n 个子曲线段的样条具有 $n + 1$ 个节点，分别命名为 $\mathbf{k}_0, L, \mathbf{k}_n$

在动画创作的上下文中，节点有时被称为关键（Key）。这是对老式动画制作方法的引用，在这样的动画创作方法中，主动画师将创建关键帧（Key Frame），或者角色产生重要姿势的帧。中间帧则由经验较少（且较便宜）的学徒来画。在计算机动画中，关键帧可以是任何位置、方向或其他数据，其在特定时间的值由人类动画师（或任何其他来源）指定。"填补中间帧"的不再是学徒，而是由动画程序使用插值方法（如本章中讨论的方法）来进行。正如之前所提到的，大多数关于样条的早期研究都是为了定义静态形状，而不是动画轨迹，因此术语"节点"更为普遍。

13.7 埃尔米特和贝塞尔样条曲线

样条曲线的制作方法是，将曲线段拼接在一起以使它们能平滑地匹配。那么，应该采用什么形式的曲线段呢？很快你就会明白，对于我们来说，最方便的是将埃尔米特形式用于各个部分。这里说的"对于我们来说最方便"，指的是要为动画系统编写代码的开发人员，或者需要在本章后面各个小节中进行数学讨论的读者。当以图形方式描绘或操纵样条时，贝塞尔形式通常是优选的。当然，埃尔米特形式和贝塞尔形式密切相关，很容易在两种形式之间进行转换。如果你不记得这种关系，我们很快就会复习它。

请记住，埃尔米特曲线段由其起始位置、结束位置和速度定义。当关注单个段时，可以用 $\mathbf{p}_0$ 和 $\mathbf{p}_1$ 表示位置，用 $\mathbf{v}_0$ 和 $\mathbf{v}_1$ 表示速度。在样条曲线的上下文中，可以使用围绕节点而不是子曲线段组织的符号。例如，对于位置，不使用 $\mathbf{p}$，因为正如之前所说的，节点 $\mathbf{k}_i$ 既是子曲线段 $\mathbf{q}_i(0)$ 的起点，又是它前面的子曲线段 $\mathbf{q}_{i-1}(1)$ 的终点。对于速度，符号 $\mathbf{v}_i^{out}$ 指的是节点 i 处的输出速度，并定义了段 $\mathbf{q}_i$ 的起始速度。同样地，来自 $\mathbf{k}_i$ 左侧的进入速

度表示为 $\mathbf{v}_i^{in}$ 并且定义前一段 $\mathbf{q}_{i-1}$ 的终点速度。还可以将这些速度矢量称为切线。

图 13.19 显示了一个带有 5 个埃尔米特子曲线段的样条曲线，并且根据刚才描述的表示法标记了所有节点、子曲线段和切线。

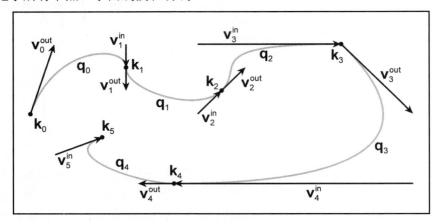

图 13.19　包含埃尔米特形式子曲线段的样条曲线的表示法

请注意，图 13.19 中的切线以及本章中埃尔米特曲线的所有数字均以三分之一的比例绘制。我们想一本正经地告诉读者，这样做是为了使图形更小，从而使这本书消耗更少的地球自然资源。更准确的原因是我们绘制三分之一长度的切线，因此切线将与贝塞尔控制多边形的边相同。匹配贝塞尔控制多边形具有一些教学上的好处，但更重要的是，它有利于作者偷懒：我们用来在示意图中创建曲线的工具是基于贝塞尔样条的。

本书示意图中的样条曲线是在 Photoshop 中创建的，方法是先绘制路径然后给路径描边（Stroke）。要绘制切线矢量的箭头，可以放置一个端点在节点处，另一个端点在用于控制曲线形状的"手柄"处，它基本上与贝塞尔控制点相同。Photoshop 软件将节点称为锚点（Anchor Point），指的是内部贝塞尔控制点。

例如，图 13.20 是作者在努力工作创建图 13.19 时拍摄的屏幕截图。所有锚点都已选中，这样就可以清晰地看到 Photoshop 的贝塞尔曲线锚点控制。

借着讨论贝塞尔曲线的机会，不妨来介绍一下用于贝塞尔曲线的表示法。当仅需要处理一个贝塞尔段时，可以将该段上的第 i 个控制点称为 $\mathbf{b}_i$。这里使用符号 $\mathbf{f}_i$ 来表示第 i 个节点"前面"的控制点，而符号 $\mathbf{a}_i$ 则可用来表示"后面"的控制点。[①] 这个表示法如

[①] 请注意，通过使用以节点为中心的表示法并为控制点分配不同的字母（$\mathbf{a}$ 取自 after，表示后面；$\mathbf{f}$ 取自 before，表示前面。这两个字母的分配完全是基于方便记忆的目的），我们将子曲线段的次数锁定为 3 次。在其他图书资料中会发现，诸如 $\mathbf{b}_i^j$ 之类的符号，表示段 j 上的第 i 个点，或者只是将多边形上的所有点称为 $\mathbf{b}_i$，其中的节点是 $\mathbf{b}_0$、$\mathbf{b}_3$、$\mathbf{b}_7$。这种表示法具有更通用的优点，但是阅读它需要更加聚精会神，而我们希望能让阅读更轻松。

图 13.21 所示。

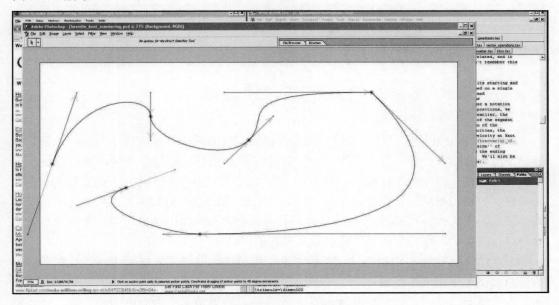

图 13.20 使用 Photoshop 创建图 13.19

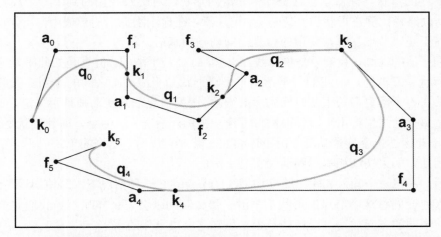

图 13.21 带有贝塞尔控制多边形的样条曲线，以及用于贝塞尔样条曲线的表示法

虽然埃尔米特形式和贝塞尔形式之间的重要关系在第 13.4.3 节中已经介绍过了，但是在新引入样条表示法的过程中最好复习一下它，具体如下：

贝塞尔形式和埃尔米特形式之间的转换	
$\mathbf{v}_i^{\text{in}} = 3(\mathbf{k}_i - \mathbf{f}_i),$	$\mathbf{f}_i = \mathbf{k}_i - \mathbf{v}_i^{\text{in}}/3,$
$\mathbf{v}_i^{\text{out}} = 3(\mathbf{a}_i - \mathbf{k}_i),$	$\mathbf{a}_i = \mathbf{k}_i + \mathbf{v}_i^{\text{out}}/3$

13.8　连　续　性

从第 13.5 节开始就已经承诺过，将告诉你如何将曲线段拼接成样条曲线，以便它们能够平滑地组合在一起。连续几节下来，这些铺垫和引导可能给你一个印象：这是一个了不得的秘密。但是如果仔细看一看图 13.19，就会发现其中的"秘诀"是比较明显的：如果输入和输出速度矢量在节点处是相等的（例如，在 $\mathbf{k}_1$ 和 $\mathbf{k}_2$ 处），那么曲线将是平滑的。注意，在 $\mathbf{k}_3$ 处，切线是不相等的，并且曲线中存在扭结的现象。看上去很明显嘛，对不对？事实上，在这个问题上还有很多要说的。

考虑图 13.19 中 $\mathbf{k}_4$ 附近的曲线。请注意，虽然传入的速度矢量 $\mathbf{v}_4^{\text{in}}$ 比 $\mathbf{v}_4^{\text{out}}$ 长得多，但是该曲线是"平滑的"，现在，你可能会想："那条曲线并不平滑！如果沿着该曲线行进，那么就会在越过关键帧时猛踩刹车。"但是，如果从图形中取出切线矢量，然后再看一看曲线的形状，你得承认这是一个光滑的形状，对吧？我们回到了一个反复出现的主题：动画路径比静态形状更"苛刻"。请注意，在你刚刚提出的异议中，当你说出"关键帧"而不是"节点"时，使用的就是面向动画的术语。

提到平滑的动画，我们只是说曲线在 $\mathbf{k}_1$ 和 $\mathbf{k}_2$ 处是平滑的。但真是如此吗？这里可以看到该形状是平滑的，但我们只是指出了平滑形状和平滑动画之间的区别。一般来说，我们无法在不了解更多关于从时间到参数函数 $s(t)$ 的情况下判断动画是否平滑。如果形状不平滑，那么动画也将不平滑（很快将讨论一个例外情况）。但是，即使形状是平滑的，$s(t)$ 中的不连续性也会导致动画中的不连续性。当 $s(t) = t$ 时，这个简单映射不会引入不连续性，因此，如果切线相等，则动画将是平滑的。

最后，考虑一个输入和输出速度均为零的节点。在这种情况下，即使切线是连续的，大多数人也会同意这个节点的形状不平滑。那么其动画会怎么样呢？当我们完全停止然后在可能不同的方向加速时，运动是否平稳？这取决于你的需求。

看起来，"它是否平滑？"这个问题的答案有点模糊。这是一本数学书，在"平滑"等模糊词语两边加上引号是非常糟糕的形式。我们真的需要一些更精确的术语。在曲线的上下文中，最重要的平滑标准是参数连续性（Parametric Continuity）和与之密切相关的几何连续性（Geometric Continuity）。接下来将依次讨论这些标准，先从参数连续性开始，因为它更容易从数学上进行定义。

13.8.1 参数连续性

如果曲线的前 n 个导数是连续的，则称该曲线具有 C^n 连续性。例如，C^0 曲线就是在位置（"0 阶导数"）连续的曲线。C^0 的连续性意味着我们可以在不抬起铅笔的情况下在一张纸上画一个形状，或者也可以沿着动画路径移动而不需要"传送"。C^1 曲线具有连续的一阶导数，这意味着速度不会瞬间跳跃。这并不意味着速度不会快速变化，但它绝不会从这一瞬间的某个速度直接跳到下一瞬间的另一个不同的速度，中间没有任何过渡。例如，图 13.19 中的曲线形成一条连通线，因此它到处都是 C^0 连续的。除了 $\mathbf{k}_3$ 和 $\mathbf{k}_4$ 之外，它也是 C^1 连续的。$\mathbf{k}_3$ 和 $\mathbf{k}_4$ 的速度出现了突然的跳跃。

n 的数字越大意味着曲线的高阶导数是连续的。如果曲线的二阶导数（加速度）是连续的，则曲线为 C^2。超出 C^1 的连续性条件对于本书中的目的而言并不重要。缺乏 C^1 连续性（速度的突然变化）对应于无限加速度，这可能会产生许多问题。如果路径用于控制物理对象，例如机器人或切割工具，那么就是在要求驱动物体的马达做一些物理上不可能的事情。即使动画完全发生在计算机的虚拟世界中，当人类观察到这样的路径时，它们通常被认为是"生硬的"。因此一般会希望避免（或至少是控制）速度的不连续性。相反，加速度的突然变化则不会产生这种生硬的感觉，并且对于大多数目的来说是完全可以接受的。

任何单个多项式曲线段本身都具有 C^∞ 连续性，因为我们可以根据需要多次取多项式的导数，并且我们总是得到一个实值连续函数（最终，导数成为常数零函数）。这就是为什么连续性问题并没有出现在本章的前面——我们必须担心连续性的唯一地方就是节点。

关于高阶导数还有必要再说几句。当我们说曲线是 C^n 连续的时，这也意味着所有低阶导数的连续性。例如，如果加速度是连续的，那么速度和位置也必须是连续的。函数的不连续性意味着函数的导数在不连续发生的地方是未定义的。

现在我们已经非正式地讨论了参数连续性，接下来可以在数学上为埃尔米特和贝塞尔曲线定义标准。为此，我们利用了第 13.4.3 节中关于贝塞尔曲线导数的一些观察结果。我们从该小节的发现总结如下：

❑ 贝塞尔曲线段端点的 n 阶导数由端点和最近的 n 个控制点完全确定。

❑ 端点处的速度与端点和相邻控制点之间的矢量成比例，参见式（13.30）和式（13.31）。

❑ 端点处的加速度与沿控制多边形的最近两个曲线段的 delta 矢量的差成比例，参见式（13.36）和式（13.37）。

由于所使用的表示法的关系，让我们从 C^0 开始（这实际上是一个很自然的选择）。在我们的方案中，根据定义，一个曲线段的结束点与下一个曲线段的起始点相同。继续 C^1 连续性，如前文所述，当切线在一个键上相等时就会发生。这可以直接转化为埃尔米特形式为

埃尔米特样条的 C^1 连续性条件
$\mathbf{v}_i^{\text{in}} = \mathbf{v}_i^{\text{out}}$

只需稍微动一动脑筋，也可以将其用贝塞尔的形式表达为

三次贝塞尔样条的 C^1 连续性条件
$\mathbf{k}_i - \mathbf{f}_i = \mathbf{a}_i - \mathbf{k}_i$

通过快速应用代数，可以看到在几何上这意味着节点处于 $\mathbf{f}_i$ 和 $\mathbf{a}_i$ 之间的线的中点，具体规则如下：

$$\mathbf{k}_i - \mathbf{f}_i = \mathbf{a}_i - \mathbf{k}_i,$$
$$2\mathbf{k}_i = \mathbf{f}_i + \mathbf{a}_i,$$
$$\mathbf{k}_i = (\mathbf{f}_i + \mathbf{a}_i)/2$$

大多数曲线设计工具会自动执行此规则。例如，当在 Photoshop 中移动控制点时，它会像跷跷板一样自动移动相对的控制点，如果将控制点拉离锚点（节点），则相反的控制点将反映你的移动以维持 C^1 连续性关系（如果要将曲线点强制转换为角点，则可以按住 Alt 键告诉 Photoshop 不要这样做）。

现在来看一看 C^2 连续性。使用贝塞尔形式比埃尔米特形式更容易想象。只需要应用在第 13.4.3 节中学到的东西，来使一个曲线段的终点加速度（在下面的等式的左边）与下一个曲线段的起始加速度（在下面的等式的右边）匹配，具体如下：

三次贝塞尔样条的 C^2 连续性条件
$6\mathbf{a}_{i-1} - 12\mathbf{f}_i + 6\mathbf{k}_i = 6\mathbf{k}_i - 12\mathbf{a}_i + 6\mathbf{f}_{i+1},$
$\mathbf{a}_{i-1} - 2\mathbf{f}_i + \mathbf{k}_i = \mathbf{k}_i - 2\mathbf{a}_i + \mathbf{f}_{i+1},$
$2\mathbf{f}_i - \mathbf{a}_{i-1} = 2\mathbf{a}_i - \mathbf{f}_{i+1},$
$\mathbf{f}_i + (\mathbf{f}_i - \mathbf{a}_{i-1}) = \mathbf{a}_i + (\mathbf{a}_i - \mathbf{f}_{i+1})$

对此公式的几何解释如下：取两个贝塞尔控制多边形段，它们不是节点的直接邻居，而是一个曲线段。将它们"加倍"，如果它们在共同点处相遇，则曲线是 C^2 连续的。为了使其可视化，比较图 13.22 中的两个贝塞尔曲线：二者都具有 C^1 连续性，因为节点 $\mathbf{k}_i$ 位

于两条曲线的 $\mathbf{f}_i$ 和 $\mathbf{a}_i$ 之间的线的中点；但是，在该图中的上面的曲线是 C^2 连续的，因为相邻控制多边形线的延伸在公共点处相交，而在该图中的下面的曲线则不是 C^2 连续的。

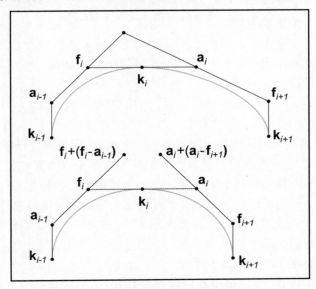

图 13.22　三次贝塞尔样条的连续性条件

13.8.2　几何连续性

几何连续性是更广泛的连续性标准。不同的作者对几何连续性使用不同的定义，但常见的一个定义是，如果存在某种方式来对曲线进行参数化以使曲线具有 C^n 连续性，则曲线具有 G^n 连续性。我们来看一个例子。

在图 13.19 中，曲线在 $\mathbf{k}_4$ 处不是 C^1 连续的，因为切线不相等。但是，该位置的曲线是 G^1 连续的。当然，提示（Hint）是切线在节点处平行。如果节点处的切线不平行，则无法以平滑的方式沿曲线移动；但是，如果切线是平行的，那么不连续性则纯粹是速度的变化，而不是方向的变化。我们可以通过在从时间到参数（Time-to-Parameter）函数 $s(t)$ 中小心地引入偏移不连续性（Offsetting Discontinuity）来消除这种不连续性，该函数可以恰到好处地"撤销"速度的跳跃。

高阶几何连续性扩展了这个思路，尽管可视化有点困难。如果曲线连续变化，则可以说曲线是 G^2 连续的。

13.8.3　曲线平滑度

可以通过提出一个重要问题来结束关于连续性的讨论：从多项式样条函数中能够得到的最高级别的连续性是什么？我们之前说过，任何特定的曲线段都具有 C^∞ 连续性，因为我们可以根据需要多次求导它，结果总是连续的函数。那么，我们可以使用样条曲线实现同样的平滑度吗？

考虑两个相邻的三次贝塞尔曲线段。让我们固定第一段，然后考虑当我们要求在节点的连续性越来越高时第二段会发生什么。当要求 C^0 连续性时，我们锁定第一个贝塞尔控制点。显然，第一个端点必须匹配第一段的最后一个端点，从而使样条曲线的连续性为 C^0。

将要求提高到 C^1 连续性会怎么样呢？请记住，端点处的速度完全由端点和相邻控制点确定，这意味着如果我们想要匹配速度，则也会锁定第二个控制点的位置。

继续这种模式，我们就可以明白，对于匹配 n 个导数的贝塞尔曲线段，需要"锁定" $n+1$ 个控制点。对于三次曲线来说，如果要求 C^4 连续性或更高，固然可以得到它，但只能使每个段成为相同的无限多项式的一部分。我们已经获得了连续性，但却失去了灵活性，这就是我们首先使用样条曲线的原因！

最重要的是，实际上，n 次多项式曲线（具有 $n+1$ 个控制点的贝塞尔曲线）只能实现 C^{n-1} 连续性。例如，分段线性（次数为 1）多项式只能实现 C^0 连续性。我们可以制作一条相连的曲线，但是用直线无法匹配切线。二次多项式可以匹配切线（C^1），但是不能匹配加速度。三次曲线（这是本书一直关注的曲线类型）可以通过将每个段的自由次数减少到一个来实现 C^2 连续性。超过 C^2 的连续性只能通过消除所有自由次数（曲线时序除外），并将每个段设置为相同多项式的一部分来实现。

13.9　自动切线控制

在本章开始时，我们研究了通过列出希望曲线通过的点来定义曲线。我们尝试了第 13.2 节中的基本多项式插值，但发现它没有给出我们想要的东西，然后阐释了贝塞尔形式，它们要求用户指定两个内插点和两个（在三次贝塞尔的情况下）内部控制点，这些内部控制点不是内插的，而是在端点定义导数。到目前为止，在本章中，我们已经学会了如何将这些贝塞尔段拼接在一个平滑的样条曲线中。

本节研究了各种方法，通过这些方法可以仅通过节点来确定样条，而无须用户指定任何其他标准。这对于生成看起来很"自然"并且可以通过某些点的曲线非常有用，对于在任何其他时间平滑地插入某些数据点也很有帮助。

现在我们忽略掉第一个和最后一个节点，将注意力集中到内部节点上。这里的问题是，如何仅使用节点的位置计算适当的 $\mathbf{v}_i^{in}$ 和 $\mathbf{v}_i^{out}$。请注意，我们正在以埃尔米特形式提出问题，结果证明这是用于解决此问题的最简单形式。图 13.23 描述了这种情况，它显示了 3 个控制点和可以用于切线的 3 种不同选择。

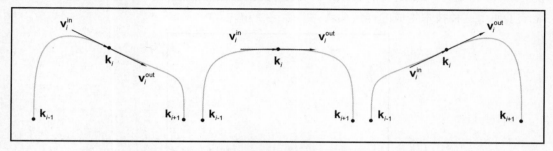

图 13.23　中间节点的 3 种不同的切线选择，导致 3 种不同的插值样条

接下来各小节将讨论一系列技术，可用于选择产生"良好"插值样条的切线。首先，第 13.9.1 节将讨论 Catmull-Rom 样条，这是一种简单而直接的技术；第 13.9.2 节将考虑 TCB 样条，这是 Catmull-Rom 形式的一般化和混合体，它向用户公开额外的调节选项，允许以更直观的方式调整曲线的形状，而无须直接求助切线的几何规格；第 13.9.3 节将列出一些处理端点的选项。

在阅读接下来的各个小节时，请记住所有这些样条仍然是埃尔米特样条曲线。我们主要介绍的是各种自动计算切线的技术。一旦确定了切线，则样条曲线与任何其他埃尔米特样条曲线没有区别。

13.9.1　Catmull-Rom 样条

从图 13.23 中可以明显地看出，这 3 条切线选择中最自然的是中间的那一条。为什么这么说呢？从上一个节点 $\mathbf{k}_{i-1}$ 到下一个节点 $\mathbf{k}_{i+1}$ 的矢量是一条水平线，因此这里的切线也应该是水平的。

也就是说，看起来我们找到了可以用来选择良好切线的一种启发式方法，那就是使一个节点处的切线与上一个节点和下一个节点之间的连接线平行（请注意，图 13.23 中的例子有点刻意为之，因为中间的节点 $\mathbf{k}_i$ 恰好位于它的两个邻近节点正中间，这应该算是一个特例。当然，邻近节点位于水平线上的事实并不是特例，因为我们总是可以旋转视角来查看图形中的各个点）。

但切线需要多长？也许我们应该再次使用上一个节点和下一个节点之间的矢量作为指南。似乎邻近节点离得越远，曲线就越大，所以使切线成为这个矢量的常数倍是个好主意。换句话说，可以设置 $\mathbf{v}_i^{\text{in}} = \mathbf{v}_i^{\text{out}} = a(\mathbf{k}_{i+1} - \mathbf{k}_{i-1})$。但是，$a$ 应该使用什么值呢？

一种方法是试验并找到一个漂亮的取整数字，这样似乎可以给出一个美学上令人愉悦的结果。常数 $a = 1/2$ 是一个很好的取整数字并且工作得很好，所以让我们继续。图 13.24 显示了使用这种技术生成的样条循环。

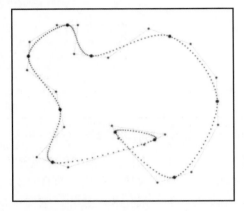

图 13.24　Catmull Rom 样条

虽然 $a = 1/2$ 给出了"中间"的结果，但肯定有人认为这是一个偏好问题。有时候我们想要一条"更收紧"的曲线，那么它对应于 a 的较小值；有时我们还会想要一条"更宽松"的曲线……这是一个好主意，但是让我们暂且放一放，先说一下关于这个偶然发现的方法的两件小事。

首先，让我们给出这种技术的正式定义和名称。根据以下关系推导出切线的样条被称为 Catmull-Rom 样条：

Catmull-Rom 样条及其贝塞尔控制多边形的切线计算
$$\mathbf{v}_i^{\text{in}} = \mathbf{v}_i^{\text{out}} = \frac{\mathbf{k}_{i+1} - \mathbf{k}_{i-1}}{2} \qquad (13.39)$$

Catmull-Rom 这个名字来自发明它的两个人，其中一个是 Edwin Catmull（1945—）。后来他成为沃华特迪士尼动画工作室和皮克斯动画工作室的总裁。

我们要讨论的另一件事是推导式（13.39）的另一种方法。仅需要执行以下一些代数操作即可获得结果：

Catmull-Rom 样条可作为邻近差矢量的平均值
$$\mathbf{v}_i^{in} = \mathbf{v}_i^{out} = \frac{\mathbf{k}_{i+1} - \mathbf{k}_{i-1}}{2}$$ $$= \frac{\mathbf{k}_{i+1} - \mathbf{k}_i + \mathbf{k}_i - \mathbf{k}_{i-1}}{2}$$ $$= \frac{(\mathbf{k}_{i+1} - \mathbf{k}_i) + (\mathbf{k}_i - \mathbf{k}_{i-1})}{2}$$

最后一行的几何解释表明，为了计算节点处的切线，可以采用控制多边形的两个相邻差矢量并对它们求平均值。

13.9.2　TCB 样条

第 13.9.1 节证明了，在节点处的切线可以通过将控制多边形的相邻边的矢量乘以适当的常数（我们称之为 a）并添加结果来计算。通过改变 a，我们获得了一个直观的可以调整曲线形状的"表盘"。这个思路还可以进一步推广，不只有一个缩放因子，还可以有两个。换句话说，我们可以采用相邻边矢量的任意线性组合。采用直接的方法为两个缩放因子中的每一个各分配一个"表盘"并不算是设计出了一个直观的系统。相反，标准技术是提供 3 种直观的表盘，分别称为张力（Tension）、连续性（Continuity）和偏差（Bias），并从这些表盘中推导出两个比例因子。由此得到的切线样条称为 Kochanek-Bartels 样条，通常称为 TCB 样条（TCB Spline），该名称的来源一目了然。[①]

Kochanek 和 Bartels 设计了方程式（详见参考文献[40]），这样如果我们将所有 3 个表盘都调零，即可得到标准的 Catmull-Rom 曲线。所有参数的典型有用范围是[-1, +1]，当然超出此范围也没有问题。因此，可以将每项设置视为从 Catmull-Rom 曲线开始并在特定方向上调整它的方式。首先，让我们演示如何通过它们自身实现这些设置，然后让我们展示将所有 3 项设置组合在一起的完整公式。

张力设置与在第 13.9.1 节中发现的 a 值有关。我们使用符号 t 来表示张力，幸运的是，没有任何情况会将这与 t 的其他含义（时间参数）混淆。与所有的 TCB 设置一样，$t = 0$ 的值对应于常规 Catmull-Rom 曲线。当增加张力时，曲线"收紧"——通过减小前一部分中的 a 值，获得的效果基本相同。图 13.25 显示了张力参数的影响。在每条曲线中，连续性和偏差值均为零。可以将其与图 13.24 中的标准 Catmull-Rom 曲线进行比较（图 13.24 中对应的 t 值等于 0）。

请注意，$t = 1$ 会导致 $\mathbf{v}_i^{in} = \mathbf{v}_i^{out} = \mathbf{0}$，导致速度在节点处停止，从而在形状中产生尖点。

[①] 对我们来说最重要的是 TCB 比 koh-CHAN-ick 更容易发音。

如果进一步增加 t 值，则速度会指向"错误的方向"，这会在节点处产生循环。在另一个极端，值 $t=-1$ 将导致曲线比 Catmull-Rom 曲线"松散两倍"。这个特殊的值没有什么特别之处，通过使 t 值负得更多，可以轻松地使曲线更宽松。

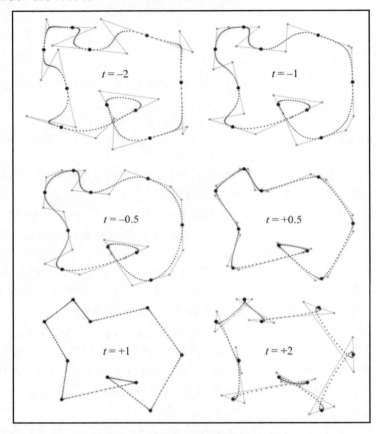

图 13.25　具有不同张力值的 TCB 样条

可以按如下方式将张力纳入 Catmul-Rom 切线公式中：

扩展到允许张力调整的 Catmull-Rom 样条
$$\mathbf{v}_i^{\text{in}} = \mathbf{v}_i^{\text{out}} = \frac{(1-t)(\mathbf{k}_{i+1} - \mathbf{k}_{i-1})}{2}$$ $$= \frac{(1-t)}{2}(\mathbf{k}_i - \mathbf{k}_{i-1}) + \frac{(1-t)}{2}(\mathbf{k}_{i+1} - \mathbf{k}_i)$$

接下来让我们转到连续性（continuity）设置，它可以用来打破曲线的平滑度并强制

转弯。零值将导致相等的切线（无论使用何种张力和偏置值），从而确保 C^2 参数连续性，如第 13.8.1 节中所述。当减小连续性值时，每个切线将开始转向其相邻的节点。在 $c = -1$ 时，每个切线将直接指向相邻的节点，导致"样条"由线性段组成。图 13.26 说明了不同连续性值对样条曲线的影响。

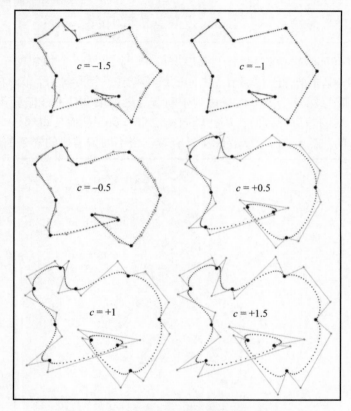

图 13.26　具有不同连续性值的 TCB 样条

　　需要注意的一个重要观察结果是，设置 $c = -1$ 对曲线形状所产生的影响，似乎类似于 $t = 1$；二者都产生形状像直线段的段。但是，从动画角度来看，它们具有很大的不同。具有 100% 张力的样条在到达每个关键帧的位置时停止，并且在段的中间达到最大值（这是埃尔米特 Smoothstep 速度数据示意图，可以观察到每个段中的小点的不均匀间距）。

　　可以看到，图 13.25 中 $t = 1$ 样条的贝塞尔控制点不可见，因为它们已经与节点重合。将其与图 13.26 中的 $c = -1$ 样条进行比较，可以发现后者的贝塞尔控制点沿每个线性段均匀间隔。我们之前观察到，它会产生一个具有恒定速度的曲线，这可以通过用于绘制曲线的较小黑点的相等间距来证明。

在 TCB 连续性之后的数学公式可以编写为

扩展到允许连续性调整的 Catmull-Rom 样条公式
$$\mathbf{v}_i^{\text{in}} = \frac{(1-c)}{2}(\mathbf{k}_i - \mathbf{k}_{i-1}) + \frac{(1+c)}{2}(\mathbf{k}_{i+1} - \mathbf{k}_i),$$ $$\mathbf{v}_i^{\text{out}} = \frac{(1+c)}{2}(\mathbf{k}_i - \mathbf{k}_{i-1}) + \frac{(1-c)}{2}(\mathbf{k}_{i+1} - \mathbf{k}_i)$$

最后，偏差（Bias）参数可用于将切线转向一个或另一个相邻的节点，而不是像 Catmull-Rom 曲线那样平行于相邻节点之间的线。考虑一个具有 3 个节点的序列。负偏差将导致曲线"预期"第三个节点，在达到中间节点之前就会使曲线略朝第三个节点的方向转向；相反，正偏差值导致曲线等待转向第三个节点，从而使得通过中间节点时会出现一些"越线"的现象。图 13.27 显示了具有若干个不同偏差值的样条曲线示例。

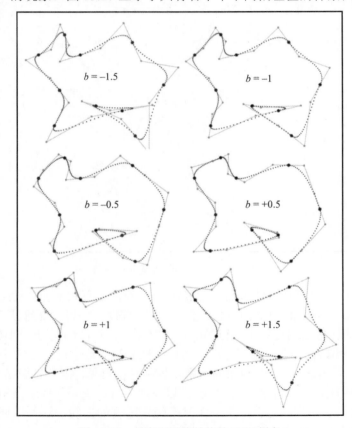

图 13.27   具有不同偏差值的 TCB 样条

偏差值通过缩放两个控制多边形的边对结果切线的相对权重来起作用，具体公式如下：

扩展到允许偏差调整的 Catmull-Rom 样条公式
$$\mathbf{v}_i^{\text{in}} = \mathbf{v}_i^{\text{out}} = \frac{(1+b)}{2}(\mathbf{k}_i - \mathbf{k}_{i-1}) + \frac{(1-b)}{2}(\mathbf{k}_{i+1} - \mathbf{k}_i)$$

前面所提供的公式已经隔离了每个设置，以便更容易理解每个设置背后的数学。以下为将所有 3 个设置都放在一起。

提示：计算 TCB 样条的切线

$$\mathbf{v}_i^{\text{in}} = \frac{(1-t)(1+b)(1-c)}{2}(\mathbf{k}_i - \mathbf{k}_{i-1}) + \frac{(1-t)(1-b)(1+c)}{2}(\mathbf{k}_{i+1} - \mathbf{k}_i),$$

$$\mathbf{v}_i^{\text{out}} = \frac{(1-t)(1+b)(1+c)}{2}(\mathbf{k}_i - \mathbf{k}_{i-1}) + \frac{(1-t)(1-b)(1-c)}{2}(\mathbf{k}_{i+1} - \mathbf{k}_i)$$

最后提示一点，本节中的示例在样条曲线的每个节点处使用了相同的值，但这种情况不是必须的。TCB 值往往会以每个节点为基础进行调整。

13.9.3　端点条件

Catmull-Rom 方法依赖于上一个和下一个节点来计算给定节点处的切线。但是，当没有"上一个"或"下一个"节点时，那么端点应该如何处理呢？针对这个问题，已经有若干种解决方案。

一个明显的答案是放弃，将在端点处的切线设置为零。虽然这看起来像是未发一枪一弹就投降了，但如果将样条用于动画，它实际上是一个很好的选择，因为一般都会希望动画对象在开始和结束时表现"安静"。

另一个思路是创建额外的节点 $\mathbf{k}_{-1}$ 和 $\mathbf{k}_{n+1}$ 用于切线计算但不进行插值。应该把这些所谓的幻像点（Phantom Point）放在哪里？一个想法是复制相邻端点，它将产生零切线，相当于上面所说的"投降"样条；另一个想法是简单地要求用户放置幻像点，使用此方法时，样条曲线称为 Cardinal 样条曲线（Cardinal Spline）。

最后一种方法是将前 3 个（或后 3 个）节点拟合为二次多项式，并使用该曲线的端点切线。曲线拟合是多项式插值的一个例子，因此可以使用本章前面的技术来完成，例如艾特肯的算法。

13.10　练　习

（答案详见本书附录 B）

1. 计算节点序列 $t_1 = 0$，$t_2 = 1$，$t_3 = 2$ 的拉格朗日基多项式。

2. 抛射体的运动（参见第 11.6 节）可以用以下二次函数来描述：

$$\mathbf{p}(t) = \mathbf{p}_0 + t\mathbf{v}_0 + t^2(\mathbf{a}/2)$$

其中，$\mathbf{p}_0$ 是初始位置；$\mathbf{v}_0$ 是初始速度；$\mathbf{a}$ 是恒定加速度（通常由于重力产生）。

想象一下，你要制作一个抛射体（如鲱鱼三明治）的动画路径。假设你正在本书约定的标准三维坐标空间中工作（参见第 1.3.4 节），并且对象从原点发射，当 $t = 1$ 时，其位置为 $\mathbf{p}(1) = (0, h, d/2)$，达到最大值；在 $t = 2$ 时着陆，最后位置 $\mathbf{p}(2) = (0, 0, d)$。请以单项式形式推导出 $\mathbf{p}(t)$ 的表达式，考虑变量 h 和 d。

3. 考虑图 13.28 中的贝塞尔曲线。

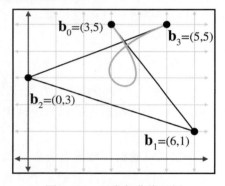

图 13.28　贝塞尔曲线示例

（a）使用 de Casteljau 算法确定 $t = 0.40$ 时曲线上的位置。

（b）将曲线转换为埃尔米特形式。

（c）将曲线转换为单项式形式。

（d）验证（a）题的结果，将 $t = 0.40$ 代入（c）题中计算的多项式。

（e）速度多项式函数 $\mathbf{v}(t)$ 是什么？

（f）当 $t = 0.40$、$t = 0.00$、$t = 1.00$ 时的速度各是多少？

4. 请证明对于任何 t 值，二次伯恩斯坦基多项式总和为 1。

5. 应该在哪里放置贝塞尔控制点以获得"常量曲线"，使得 $\mathbf{p}(t)$ 总是返回相同的点？

6. 应该在哪里放置贝塞尔控制点以获得线性"曲线",即一个具有恒定速度的直线段?

7. 应该在哪里放置贝塞尔控制点以获得直线形状,但这一次曲线的速度遵循平滑步进模式:它从零开始,在中间加速到最大速度,然后减速,直到以零速度结束?

8. 请描述沿着贝塞尔曲线移动的粒子的运动,其中,$\mathbf{b}_0 = \mathbf{b}_2$,$\mathbf{b}_1 = \mathbf{b}_3$。

9. 考虑习题 2 中的抛射体鲱鱼三明治。假设需要为这个三明治制作动画,并且可以使用的唯一工具是三次贝塞尔曲线。那么你应该把 4 个贝塞尔控制点放在哪里以获得从物理上来说很逼真的运动,并且需要是二次多项式?不要担心三明治空降的总持续时间,只考虑轨迹的形状。

10. 为了绘制图 12.8(详见第 12.3.2 节)中抛物线的形状,作者列出了刨花板的质心的 x、y 图像空间坐标列表,然后在抛物线 $y = -0.364x^2 + 1.145x + 2.110$ 的等式中进行了最小二乘拟合。Adobe Illustrator 中用于绘制抛物线的钢笔工具基于三次贝塞尔曲线。我们的曲线的起始和结束的 x 坐标分别为-0.9683 和 4.2253。所有 4 个控制点的(x, y)坐标是什么?

11. 回到习题 3 中的曲线:

(a)计算从 0.2 到 0.5 的曲线段的贝塞尔控制点。

(b)在 $t = 1/2$ 时将该曲线分成两半。每侧曲线的贝塞尔控制点是什么?

(c)对该曲线进行次数提升——提升到 4 次,则 5 个控制点是什么?

我画的曲线才不疯狂。

——亨利·马蒂斯(Henri Matisse,法国画家,野兽派代表人物,1869—1954)

第 14 章 后　　记

如果你对有幸福结局的故事感兴趣，最好还是另觅他书。

——Lemony Snicket，《雷蒙·斯尼奇历险记》

14.1　接下来做什么

你已经到了本书的末尾。然后去哪儿？好吧，如果你一直和我们相伴，那么到目前这个阶段，你已经足够理解一些真正的代码了，你可能很想把所有这些新知识付诸实践，对吧？我们发现最好的学习方法就是去做。所以不要只是坐在那里，而是开始制作一些东西吧！

作为本书的最后一章，我们将为你留下最后几个练习。其中一些可能仅适用于那些有兴趣制作视频游戏的读者，愿这些知识能带给你好运。在写作本书的过程中，我们学到了很多东西，也享受到很多乐趣，希望你的阅读体验也是如此。

14.2　练　　习

（答案详见本书附录 B）

1．下载游戏引擎并为其制作模型。

2．了解视频游戏的趣味性。以 3 款你最喜欢的游戏为例，详细分析它们的机制。是什么让它们很有趣？

3．完成一个大型且具有挑战性的项目，该项目实现了高级技术或实验性游戏功能。

4．选择你感兴趣的视频游戏编程的特定方面并深入研究该领域。

5．去一家游戏公司找一份工作，在该公司制作各种让你感到自豪的游戏（提示：利用习题 1～4 的答案可以为你的面试提供很大的帮助。另外，本书也提供了一些关于"求职面试"的参考信息，包括附录 A 中的几何试题解答，建议认真阅读和做相应的准备）。

6．了解如何与在团队中工作的其他人相处，学会使用版本控制和任务跟踪软件。没有人能独自成功。

7．制作一些很棒的视频游戏。请牢记一点：技术只是达到目的的手段，最终产品的需要永远是第一位的。

8．学无止境，请勿停下你的脚步。

对数学问题我有很多研究：
我了解方程式，
无论是简单方程还是二次方程都不在话下；
我懂得二项式定理，
还知道它的来龙去脉；
掐指一算，
我就明白勾股弦定理；
我擅长积分和微分；
我对动物的生物学名了如指掌；
在植物、动物和矿物方面，
我也有很深的造诣；
总而言之，言而总之，
我就是现代将军的楷模。

——大将军斯坦利，音乐剧《彭赞斯海盗》唱段

附录 A 几 何 测 试

第 9 章讨论了可以在单个图元上执行的许多计算。在此将提供大量对多个图元进行操作的有用计算。本附录是各种几何计算的集合，在很多时候都有用。例如，在游戏公司面试时，可能会出一些与本附录中的测试相关的考题，如果你认真阅读过本附录，那么你的机会就来了。即使你已经在上班，那么浏览这些测试对你的开发任务可能也有启发性，因为许多测试都说明了一般性的原则。

访问以下网址可以找到更全面的快速相交测试列表：http://www.realtimerendering.com/intersections.html。

A.1 在二维隐式直线上的最近点

考虑由所有点 $\mathbf{p}$ 隐式定义的二维中的无限直线 L，使得

$$\mathbf{p} \cdot \hat{\mathbf{n}} = d$$

其中，$\hat{\mathbf{n}}$ 是单位矢量。我们的目标是找到任何点 $\mathbf{q}$ 相应的点 $\mathbf{q}'$，它是 L 到 $\mathbf{q}$ 的最近点。这是将 $\mathbf{q}$ 投影到 L 上的结果。让我们绘制第二条线 M 通过 $\mathbf{q}$，M 平行于 L，如图 A.1 所示。

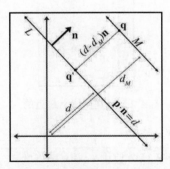

图 A.1 查找二维隐式直线上的最近点

设 $\hat{\mathbf{n}}_M$ 和 d_M 分别为 M 的直线方程的法线和 d 值。由于 L 和 M 是平行的，它们具有相同的法线——$\hat{\mathbf{n}}_M = \hat{\mathbf{n}}$。由于 $\mathbf{q}$ 在 M 上，因此 d_M 可以计算为 $\mathbf{q} \cdot \hat{\mathbf{n}}$。

现在，与 $\hat{\mathbf{n}}$ 平行的从 M 到 L 的有符号距离的测量将很简单，则可通过下式计算：

$$d - d_M = d - \mathbf{q} \cdot \hat{\mathbf{n}}$$

该距离显然与从 $\mathbf{q}$ 到 $\mathbf{q}'$ 的距离相同（如果只需要距离而不是 $\mathbf{q}'$ 的值，那么就可以到此为止了）。要计算 $\mathbf{q}'$ 的值，可以简单地采用 $\mathbf{q}$ 并用 $\hat{\mathbf{n}}$ 的倍数代替它，具体如下：

计算二维隐式直线上最近的点
$$\mathbf{q}' = \mathbf{q} + (d - \mathbf{q} \cdot \hat{\mathbf{n}})\hat{\mathbf{n}} \qquad (\text{A.1})$$

A.2   参数化光线上的最近点

考虑由下式定义的二维或三维中的参数化光线 R：

$$\mathbf{p}(t) = \mathbf{p}_{\text{org}} + t\hat{\mathbf{d}}$$

其中，$\hat{\mathbf{d}}$ 是单位矢量，参数 t 从 0 变换到 l，这个 l 是 R 的长度。对于给定的点 $\mathbf{q}$，我们希望在 R 上找到最接近 $\mathbf{q}$ 的点 $\mathbf{q}'$。

这只是将一个矢量投影到另一个矢量上的简单问题，在第 2.11.2 节中已经提出过该问题。设 $\mathbf{v}$ 是从 $\mathbf{p}_{\text{org}}$ 到 $\mathbf{q}$ 的矢量。我们希望计算将 $\mathbf{v}$ 投影到 $\hat{\mathbf{d}}$ 上的结果，换句话说，$\mathbf{q}$ 的一部分平行于 $\hat{\mathbf{d}}$。图 A.2 对此进行了说明。

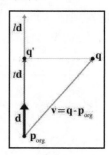

图 A.2   找到光线上最近的点

点积 $\mathbf{v} \cdot \hat{\mathbf{d}}$ 的值是 t，使得 $\mathbf{p}(t) = \mathbf{q}'$：

计算参数化光线上最近的点
$$t = \hat{\mathbf{d}} \cdot \mathbf{v} = \hat{\mathbf{d}} \cdot (\mathbf{q} - \mathbf{p}_{\text{org}}),$$ $$\mathbf{q}' = \mathbf{p}(t) = \mathbf{p}_{\text{org}} + t\hat{\mathbf{d}} = \mathbf{p}_{\text{org}} + (\hat{\mathbf{d}} \cdot (\mathbf{q} - \mathbf{p}_{\text{org}}))\hat{\mathbf{d}} \qquad (\text{A.2})$$

实际上，对于 $\mathbf{p}(t)$ 来说，式（A.2）可以计算在包含 R 的无穷大线上最接近 $\mathbf{q}$ 的点。

如果 $t < 0$ 或 $t > l$，则 $\mathbf{p}(t)$ 不在光线 R 内，在这种情况下，R 上最接近 $\mathbf{q}$ 的点将是光线原点（如果 $t < 0$）或端点（如果 $t > l$）。

如果定义了光线，其中，t 从 0 变为 1 并且 $\mathbf{d}$ 不一定是单位矢量，则必须除以 $\mathbf{d}$ 的大小来计算 t 值，具体计算公式如下：

$$t = \frac{\mathbf{d} \cdot (\mathbf{q} - \mathbf{p}_{\mathrm{org}})}{\|\mathbf{d}\|}$$

A.3　平面上的最近点

考虑以标准隐式方式定义的平面 P 包含满足下式的所有点 $\mathbf{p}$：

$$\mathbf{p} \cdot \hat{\mathbf{n}} = d$$

其中，$\hat{\mathbf{n}}$ 是单位矢量。给定点 $\mathbf{q}$，我们希望找到点 $\mathbf{q}'$，这是将 $\mathbf{q}$ 投影到 P 上的结果。点 $\mathbf{q}'$ 是 P 上与 $\mathbf{q}$ 最接近的点。

在第 9.5.4 节中，已经演示了如何计算从点到平面的距离。为了计算 $\mathbf{q}'$，可以简单地将 $\mathbf{q}$ 移位此距离，使之与 $\hat{\mathbf{n}}$ 平行，则 $\mathbf{q}'$ 的具体计算公式如下：

计算平面上最近的点
$\mathbf{q}' = \mathbf{q} + (d - \mathbf{q} \cdot \hat{\mathbf{n}})\hat{\mathbf{n}}$

请注意，上式与式（A.1）相同，它可以计算二维中隐式直线上的最近点。

A.4　圆或球体上的最近点

想象一个二维点 $\mathbf{q}$ 和一个中心为 $\mathbf{c}$、半径为 r 的圆（以下讨论也适用于三维中的球体），我们希望找到 $\mathbf{q}'$，这是圆上最接近 $\mathbf{q}$ 的点。

设 $\mathbf{d}$ 是从 $\mathbf{q}$ 到 $\mathbf{c}$ 的矢量。该矢量在 $\mathbf{q}'$ 处与圆相交。设 $\mathbf{b}$ 为 $\mathbf{q}$ 到 $\mathbf{q}'$ 的矢量，如图 A.3 所示。

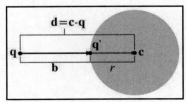

图 A.3　找到圆上最近的点

现在，很明显，$\|\mathbf{b}\| = \|\mathbf{d}\| - r$，因此

$$\mathbf{b} = \frac{\|\mathbf{d}\| - r}{\|\mathbf{d}\|}\mathbf{d}$$

将该位移添加到 $\mathbf{q}$ 以投影到圆上，则可得

计算圆或球体上最近的点
$\mathbf{q}' = \mathbf{q} + \mathbf{b}$
$= \mathbf{q} + \dfrac{\|\mathbf{d}\| - r}{\|\mathbf{d}\|}\mathbf{d}$

如果 $\|\mathbf{d}\| < r$，则 $\mathbf{q}$ 在圆圈内。这种情况应该怎样？应该 $\mathbf{q}' = \mathbf{q}$，还是应该向外投射 $\mathbf{q}$ 到圆的表面？像这种特殊情况可能要求采取任何行为。如果决定将点投影到圆的表面上，那么将被迫在 $\mathbf{q} = \mathbf{c}$ 的退化情况下做出任意决定。

A.5　轴向对齐的包围盒中的最近点

设 B 是由极值点 $\mathbf{p}_{min}$ 和 $\mathbf{p}_{max}$ 定义的轴向对齐的包围盒（Axially Aligned Bounding Box，AABB）。对于任何点 $\mathbf{q}$，可以很容易地计算 $\mathbf{q}'$，即 B 到 $\mathbf{q}$ 的最近点。这是通过依次沿着每个轴将 $\mathbf{q}$ "推"到 B 中来完成的，如代码清单 A.1 所示。请注意，如果该点已经在包围盒内，则此代码将返回原始点。

代码清单 A.1　计算 AABB 中距离某个点最近的点

```
if (x < minX) {
    x = minX;
} else if (x > maxX) {
    x = maxX;
}

if (y < minY) {
    y = minY;
} else if (y > maxY) {
    y = maxY;
}

if (z < minZ) {
    z = minZ;
} else if (z > maxZ) {
```

```
    z = maxZ;
}
```

A.6 相交测试

本附录的其余部分将介绍各种相交测试（Intersection Test）。这些测试旨在确定两个几何图元是否相交，以及（在某些情况下）定位交点。我们将考虑不同的两种类型的相交测试：静态和动态。

❑ 静态（Static）测试将检查两个处于静止状态的图元并检测两个图元是否相交。这是一个布尔测试，也就是说，它通常只返回 true（有一个交集）或 false（没有相交）。如果测试返回有关交点的更多详细信息，则此额外信息通常用于描述交点的发生位置。

❑ 动态（Dynamic）测试将检查两个移动图元，并检测两个图元是否相交以及何时相交。一般来说，运动是以参数表示的，因此这种测试的结果不仅是布尔true/false 结果，还有指示图元何时相交的时间值（参数 t 的值）。对于我们在这里考虑的测试来说，移动值是一个简单的线性位移——也就是当 t 从 0 变为 1时，图元随之移动的矢量偏移量。

尽管每个对象在考虑的时间间隔内可能都有自己的位移，但从其中一个图元的角度来看，通常更容易看到问题，因为当其他图元在移动时，这个图元相对来说是"静止的"。要执行此测试，可以通过组合两个位移矢量来获得单个相对位移矢量，从而描述这两个图元相对于彼此的移动方式。因此，动态测试通常涉及一个固定图元和一个移动图元。

值得一提的是，许多涉及光线的重要测试实际上就是动态测试，因为光线可以被视为移动的点。

A.7 在二维中两条隐式直线的交点

找到在二维中隐式定义的两条直线的交点实际上就是求解线性方程组的问题。我们有两个方程（直线的两个隐式定义方程）和两个未知数（交点的 x 坐标和 y 坐标）。这两个方程具体如下：

$$a_1x + b_1y = d_1,$$
$$a_2x + b_2y = d_2$$

求解该方程组得到

计算二维中两条直线的交点	
$$x = \frac{b_2 d_1 - b_1 d_2}{a_1 b_2 - a_2 b_1},$$ $$y = \frac{a_1 d_2 - a_2 d_1}{a_1 b_2 - a_2 b_1}$$	（A.3）

正如任何线性方程组一样，有以下 3 种求解结果的可能性（见图 A.4）：

❑ 有一个解。在这种情况下，式（A.3）中的分母将是非零的。

❑ 没有解。这表明这些线是平行而不是相交的，分母为零。

❑ 有无数的解。当两条线重合时就是这种情况。在这种情况下，所有分子和分母
  的值都为零。

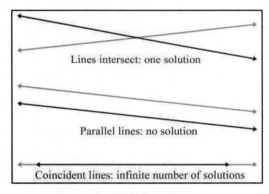

图 A.4 在二维中两条线的交点——3 种情况

原 文	译 文
Lines intersect:one solution	线相交：一个解
Parallel lines:no solution	平行线：没有解
Coincident lines:infinite number of solutions	线重合：无穷解

A.8 在三维中两条光线的交点

给定参数化定义的三维中的两条光线：

$$\mathbf{r}_1(t_1) = \mathbf{p}_1 + t_1 \mathbf{d}_1,$$
$$\mathbf{r}_2(t_2) = \mathbf{p}_2 + t_2 \mathbf{d}_2$$

我们可以求解它们的交点。暂时不要限制 t_1 和 t_2 的范围，因此，我们考虑的是包含光线的无限线。delta 矢量 $\mathbf{d}_1$ 和 $\mathbf{d}_2$ 不一定必须是单位矢量。如果光线位于一个平面上，那么就可以像第 A.7 节那样具有以下 3 种情况：

- □ 　光线恰好在一点相交。
- □ 　光线平行，没有交点。
- □ 　光线重合，并且存在无限多个解。

但是，在三维中还有第 4 种情况，其中光线是偏移的并且不共享同一个平面。图 A.5 说明了偏移光线的一个例子。

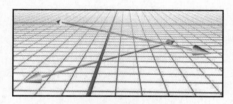

图 A.5　在三维中的偏移光线不共享平面，也不相交

现在可以求解 t_1 和 t_2。在交点，

$$\mathbf{r}_1(t_1) = \mathbf{r}_2(t_2),$$
$$\mathbf{p}_1 + t_1\mathbf{d}_1 = \mathbf{p}_2 + t_2\mathbf{d}_2,$$
$$t_1\mathbf{d}_1 = \mathbf{p}_2 + t_2\mathbf{d}_2 - \mathbf{p}_1,$$
$$(t_1\mathbf{d}_1) \times \mathbf{d}_2 = (\mathbf{p}_2 + t_2\mathbf{d}_2 - \mathbf{p}_1) \times \mathbf{d}_2,$$
$$t_1(\mathbf{d}_1 \times \mathbf{d}_2) = (t_2\mathbf{d}_2) \times \mathbf{d}_2 + (\mathbf{p}_2 - \mathbf{p}_1) \times \mathbf{d}_2,$$
$$t_1(\mathbf{d}_1 \times \mathbf{d}_2) = t_2(\mathbf{d}_2 \times \mathbf{d}_2) + (\mathbf{p}_2 - \mathbf{p}_1) \times \mathbf{d}_2,$$
$$t_1(\mathbf{d}_1 \times \mathbf{d}_2) = t_2\mathbf{0} + (\mathbf{p}_2 - \mathbf{p}_1) \times \mathbf{d}_2,$$
$$t_1(\mathbf{d}_1 \times \mathbf{d}_2) = (\mathbf{p}_2 - \mathbf{p}_1) \times \mathbf{d}_2,$$
$$t_1(\mathbf{d}_1 \times \mathbf{d}_2) \cdot (\mathbf{d}_1 \times \mathbf{d}_2) = ((\mathbf{p}_2 - \mathbf{p}_1) \times \mathbf{d}_2) \cdot (\mathbf{d}_1 \times \mathbf{d}_2),$$
$$t_1 = \frac{((\mathbf{p}_2 - \mathbf{p}_1) \times \mathbf{d}_2) \cdot (\mathbf{d}_1 \times \mathbf{d}_2)}{\|\mathbf{d}_1 \times \mathbf{d}_2\|^2}$$

按同样的方式可以获得 t_2：

$$t_2 = \frac{((\mathbf{p}_2 - \mathbf{p}_1) \times \mathbf{d}_1) \cdot (\mathbf{d}_1 \times \mathbf{d}_2)}{\|\mathbf{d}_1 \times \mathbf{d}_2\|^2}$$

如果线条是平行的（或重合的），则 $\mathbf{d}_1$ 和 $\mathbf{d}_2$ 的叉积是零矢量，因此两个方程的分母都是零；如果线是偏移的，则 $\mathbf{r}_1(t_1)$ 和 $\mathbf{r}_2(t_2)$ 是最接近的点。为了区分偏移和相交线，可以检查 $\mathbf{r}_1(t_1)$ 和 $\mathbf{r}_2(t_2)$ 之间的距离。当然，在实践中，由于浮点不精确，很少发生精确相交，因此有必要使用容差（Tolerance）。

　　该讨论假设参数 t_1 和 t_2 的范围不受限制。如果光线具有有限长度（或仅在一个方向上延伸），那么在计算 t_1 和 t_2 之后将应用适当的边界测试。

A.9　光线和平面的交点

　　光线在某一点与三维平面相交（见图 A.6）。假设光线通过下式进行参数化定义：

$$\mathbf{p}(t) = \mathbf{p}_0 + t\mathbf{d}$$

平面将以标准隐式方式定义，所有点 $\mathbf{p}$ 满足下式：

$$\mathbf{p} \cdot \mathbf{n} = d$$

　　尽管我们经常将平面法线 $\mathbf{n}$ 和光线方向矢量 $\mathbf{d}$ 限制为单位矢量，但在这种情况下，这两种限制都是不必要的。

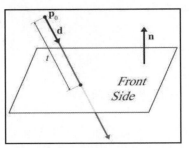

图 A.6　在三维中光线和平面的交点

原　　　文	译　　　文
Front Side	正面

　　现在可以求解在交点处的 t，假设当前为无限光线，则交点处的 t 求解如下：

光线和平面的参数化相交
$$(\mathbf{p}_0 + t\mathbf{d}) \cdot \mathbf{n} = d,$$ $$\mathbf{p}_0 \cdot \mathbf{n} + t\mathbf{d} \cdot \mathbf{n} = d,$$ $$t\mathbf{d} \cdot \mathbf{n} = d - \mathbf{p}_0 \cdot \mathbf{n},$$ $$t = \frac{d - \mathbf{p}_0 \cdot \mathbf{n}}{\mathbf{d} \cdot \mathbf{n}} \qquad\qquad\text{（A.4）}$$

　　如果光线平行于平面，则分母 $\mathbf{d} \cdot \mathbf{n}$ 为零且没有交点；如果 t 的值超出范围，则光线不与平面相交。我们也可能希望仅与平面的正面相交。在这种情况下，可以说只有当光线指

向与平面法线相反的方向时（即 $\mathbf{d} \cdot \mathbf{n} < 0$）才存在交点。

A.10 轴向对齐的包围盒与平面的交点

考虑由极值点 $\mathbf{p}_{min}$ 和 $\mathbf{p}_{max}$ 定义的三维轴向对齐的包围盒，以及由满足下式的所有点 $\mathbf{p}$ 以标准隐式方式定义的平面：

$$\mathbf{p} \cdot \mathbf{n} = d$$

其中，$\mathbf{n}$ 不一定是单位矢量。必须在与轴向对齐的包围盒（AABB）相同的坐标空间中表示平面。

静态测试的一个明显的实现策略是，将每个角点分类为位于平面的正面或背面。要进行这样的分类，可以采用角点与 $\mathbf{n}$ 的点积，并且将这些点积与 d 进行比较。如果所有的点积都大于 d，则该包围盒完全位于平面的正面；如果所有点积都小于 d，则该包围盒完全位于平面的背面。

事实证明，我们不必检查所有 8 个顶点，可以使用类似于第 9.4.4 节中所使用的技巧来转换 AABB。例如，如果 $n_x > 0$，则包含最小点积的角具有 $x = x_{min}$，包含最大点积的角具有 $x = x_{max}$；如果 $n_x < 0$，则相反。类似的说法也适用于 n_y 和 n_z。我们可以计算最小和最大点积值。如果最小点积值大于 d，或者最大点积值小于 d，则没有交点；否则，两个角被发现位于平面的背面，因此检测到交点。该策略在代码清单 A.2 中实现。

代码清单 A.2 检测 AABB 和平面的静态交点

```
// 执行 AABB 和平面的静态相交检测并返回以下值：
//
// <0    包围盒完全位于平面的背面
// >0    包围盒完全位于平面的正面
// 0     包围盒和平面相交
int AABB3::classifyPlane(const Vector3 &n, float d) const {

    // 检查法线并计算
    // 最小和最大 D 值
    float minD, maxD;

    if (n.x > 0.0f){
        minD = n.x*min.x; maxD = n.x*max.x;
    } else {
        minD = n.x*max.x; maxD = n.x*min.x;
    }
```

```
if (n.y > 0.0f){
    minD += n.y*min.y; maxD += n.y*max.y;
} else {
    minD += n.y*max.y; maxD += n.y*min.y;
}


if (n.z > 0.0f){
    minD += n.z*min.z; maxD += n.z*max.z;
} else {
    minD += n.z*max.z; maxD += n.z*min.z;
}

// 检查是否完全位于平面的正面
if (minD >= d){
    return +1;
}

// 检查是否完全位于平面的背面
if (maxD <= d){
    return -1;
}

// AABB 和平面相交
return 0;
}
```

动态测试只需要更进一步即可。考虑平面是静止的（从第 A.6 节中回想一下，从一个移动物体的参照系中观察测试会更简单）。包围盒的位移将由单位矢量 **d** 和长度 l 定义。和以前一样，我们首先找到带有最小和最大点积的顶点，并检查 $t = 0$ 处的交点。如果包围盒最初没有与平面相交，那么它必须首先在最接近平面的顶点处撞击平面，这将是第一步中确定的两个顶点之一；如果只对与平面的"正面"碰撞感兴趣，则可以始终使用具有最小点积值的角。一旦确定哪个角将撞击飞机，那么将使用 A.9 节中的光线和平面相交的测试。

A.11　3 个平面的交点

在三维中，3 个平面在一个点上相交，如图 A.7 所示。

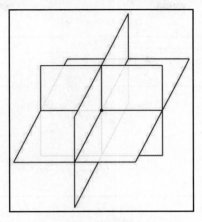

图 A.7 3 个平面相交于一点

将这 3 个平面隐式定义为

$$\mathbf{p} \cdot \mathbf{n}_1 = d_1, \qquad \mathbf{p} \cdot \mathbf{n}_2 = d_2, \qquad \mathbf{p} \cdot \mathbf{n}_3 = d_3$$

虽然我们通常使用单位矢量作为平面法线，但在这种情况下，$\mathbf{n}_i$ 不必是单位长度。这 3 个平面方程为我们提供了一个线性方程组，其中包含 3 个方程和 3 个未知数（交点的 x、y 和 z 坐标）。求解这个方程组将得出以下结果（详见参考文献[24]）：

3 个平面相交于一点
$$\mathbf{p} = \frac{d_1(\mathbf{n}_2 \times \mathbf{n}_3) + d_2(\mathbf{n}_3 \times \mathbf{n}_1) + d_3(\mathbf{n}_1 \times \mathbf{n}_2)}{(\mathbf{n}_1 \times \mathbf{n}_2) \cdot \mathbf{n}_3}$$

如果任何一对平面是平行的，则交点不存在或不是唯一的。在这两种情况下，分母中的三重乘积均为零。

A.12 光线与圆或球体的交点

本节讨论如何计算二维中光线和圆的交点。这也适用于计算三维中光线和球体的交点，因为我们可以在包含光线和圆心的平面中操作，并将三维问题转换为二维问题（如果光线位于穿过球体中心的线上，则该平面不是唯一定义的。但这不是问题，因为任何无限多个平面穿过光线和球体的中心都可以使用）。

本节的结构受到 Hultquist 的启发（详见参考文献[36]）。考查图 A.8，球体由其中心 $\mathbf{c}$ 和半径 r 定义，光线由下式定义：

$$\mathbf{p}(t) = \mathbf{p}_0 + t\hat{\mathbf{d}}$$

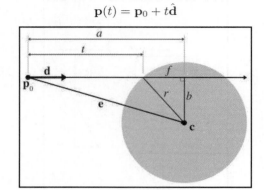

图 A.8　光线和球体的交点

在这种情况下，我们使用单位矢量 $\hat{\mathbf{d}}$ 和 t（t 从 0 变化到 l，而 l 则是光线的长度）。

我们将求解 t 在交点处的值。显然，$t = a - f$。可以按如下方式计算 a，设 $\mathbf{e}$ 是从 $\mathbf{p}_0$ 到 $\mathbf{c}$ 的矢量：

$$\mathbf{e} = \mathbf{c} - \mathbf{p}_0$$

现在可以将 $\mathbf{e}$ 投影到 $\hat{\mathbf{d}}$ 上（参见第 2.11.2 节）。该矢量的长度是 a，并且可以通过下式计算：

$$a = \mathbf{e} \cdot \hat{\mathbf{d}}$$

现在剩下的就是计算 f。首先，通过毕达哥拉斯理论，可以清楚地看到

$$f^2 + b^2 = r^2$$

可以通过毕达哥拉斯定理求解 b^2：

$$a^2 + b^2 = e^2,$$
$$b^2 = e^2 - a^2$$

其中，e 是从光线原点到中心的距离，即矢量 $\mathbf{e}$ 的长度。因此，e^2 可以通过下式计算：

$$e^2 = \mathbf{e} \cdot \mathbf{e}$$

代入和求解 f，即可得到

$$f^2 + b^2 = r^2,$$
$$f^2 + (e^2 - a^2) = r^2,$$
$$f^2 = r^2 - e^2 + a^2,$$
$$f = \sqrt{r^2 - e^2 + a^2}$$

最终，求解 t 可以得到

光线与圆或球体的参数化交点

$$t = a - f$$
$$= a - \sqrt{r^2 - e^2 + a^2}$$

如果平方根$(r^2 - e^2 + a^2)$的参数为负，则光线不与球体相交。

光线的起源可能在球体内部，这由$e^2 < r^2$表示。在这种情况下，需要采取的计算方法会有所不同，具体取决于测试的目的。

A.13 两个圆或球的交点

检测两个球体的静态相交相对容易（本节中的讨论也适用于圆圈——事实上，在示意图中使用的就是圆圈）。考虑由中心c_1和c_2以及半径r_1和r_2定义的两个球体，如图 A.9 所示。设d是它们中心之间的距离。显然，如果$d < r_1 + r_2$，则球体会相交。在实践中，可以通过检查$d^2 < (r_1 + r_2)^2$来避免涉及计算d的平方根。

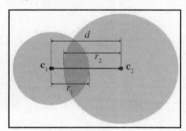

图 A.9 两个球体的交点

检测两个移动球体的交点则稍微困难一些。假设有两个独立的位移矢量$\mathbf{d}_1$和$\mathbf{d}_2$，分别对应一个球体，它们描述球体在所考虑的时间段内如何移动。图 A.10 对此进行了展示。

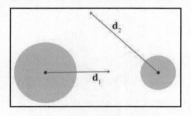

图 A.10 两个移动的球体

可以通过从第一个球体的角度观察它来简化问题，考虑到第一个球体是"静止的"而另一个球体则是"移动的"，这给出了单个位移矢量$\mathbf{d}$，其被计算为两个运动矢量$\mathbf{d}_2 - \mathbf{d}_1$

的差值。图 A.11 对此进行了说明。

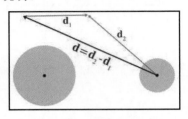

图 A.11　组合位移矢量，使一个球体被认为是静止的

　　假设"静止"球体由其中心 $\mathbf{c}_s$ 和半径 r_s 定义。移动球体的半径是 r_m。移动球体的中心在 $t=0$ 时为 $\mathbf{c}_m$。接下来不是像以前一样将 t 从 0 变为 1，而是将 $\hat{\mathbf{d}}$ 归一化并且将 t 从 0 变为 l，其中，l 是总相对位移的长度。因此，时间 t 处移动球体中心的位置由 $\mathbf{c}_m + t\hat{\mathbf{d}}$ 给出。我们的目标是找到 t，即移动球体接触静止球体的时间。所涉及的几何结构如图 A.12 所示。

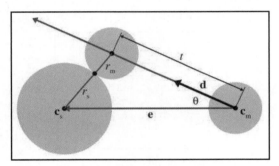

图 A.12　圆或球体的动态相交

　　为了求解 t，首先计算一个中间矢量 $\mathbf{e}$ 作为从 $\mathbf{c}_m$ 到 $\mathbf{c}_s$ 的矢量，并将 r 设置为等于半径之和，具体如下：

$$\mathbf{e} = \mathbf{c}_s - \mathbf{c}_m,$$
$$r = r_m + r_s$$

根据余弦定律（参见第 1.4.5 节），可得

$$r^2 = t^2 + \|\mathbf{e}\|^2 - 2t\|\mathbf{e}\|\cos\theta$$

通过应用点积的几何解释（参见第 2.11.2 节）并简化，我们得到

$$r^2 = t^2 + \|\mathbf{e}\|^2 - 2t\|\mathbf{e}\|\cos\theta,$$
$$r^2 = t^2 + \mathbf{e}\cdot\mathbf{e} - 2t(\mathbf{e}\cdot\hat{\mathbf{d}}),$$
$$0 = t^2 - 2(\mathbf{e}\cdot\hat{\mathbf{d}})t + \mathbf{e}\cdot\mathbf{e} - r^2$$

最后，通过应用二次公式，可得

$$0 = t^2 - 2(\mathbf{e} \cdot \hat{\mathbf{d}})t + \mathbf{e} \cdot \mathbf{e} - r^2,$$

$$t = \frac{2(\mathbf{e} \cdot \hat{\mathbf{d}}) \pm \sqrt{\left(-2(\mathbf{e} \cdot \hat{\mathbf{d}})\right)^2 - 4(\mathbf{e} \cdot \mathbf{e} - r^2)}}{2},$$

$$t = \frac{2(\mathbf{e} \cdot \hat{\mathbf{d}}) \pm \sqrt{4(\mathbf{e} \cdot \hat{\mathbf{d}})^2 - 4(\mathbf{e} \cdot \mathbf{e} - r^2)}}{2},$$

$$t = \mathbf{e} \cdot \hat{\mathbf{d}} \pm \sqrt{(\mathbf{e} \cdot \hat{\mathbf{d}})^2 + r^2 - \mathbf{e} \cdot \mathbf{e}}$$

究竟要选哪一个根呢？当球体开始相交时，较低的数字（负根）产生 t 值；较大的数字（正根）则是球体停止相交的点。我们对第一个相交感兴趣：

$$t = \mathbf{e} \cdot \hat{\mathbf{d}} - \sqrt{(\mathbf{e} \cdot \hat{\mathbf{d}})^2 + r^2 - \mathbf{e} \cdot \mathbf{e}}$$

如果 $\|\mathbf{e}\| < r$，则球体在 $t = 0$ 处相交；如果 $t < 0$ 或 $t > 1$，则在考虑的时间段内不发生交叉；如果平方根内的值为负，则没有交集。

A.14　球体与轴向对齐的包围盒的交点

为了检测球体和轴向对齐的包围盒（AABB）的静态交点，可以首先使用第 A.5 节中的技术找到最接近球体中心的包围盒上的点。计算从该点到球体中心的距离，并将该距离与半径进行比较（实际上，一般会将距离平方与半径平方进行比较，以避免在距离计算中涉及平方根）。如果距离小于半径，则球体与 AABB 相交。

Arvo 讨论了这种技术，他将这种技术用于球体和"实心"包围盒的相交。他还讨论了测试"空心"包围盒与球体相交的一些技巧（详见参考文献[2]）。

糟糕的是，动态测试比静态测试更复杂。有关详细信息，请参阅 Lengyel 的著作（详见参考文献[42]）。

A.15　球体与平面的交点

检测球体和平面的静态交点相对容易——只需使用式（9.14）计算从球体中心到平面的距离即可。如果该距离小于球体的半径，则球体与平面相交。实际上还可以进行更强大的测试，将球体分类为完全位于平面的正面、完全位于平面的背面或相交。代码清单

A.3 给出了相应的代码片段。

代码清单 A.3　检测球体位于平面的哪一面

```
// 给定一个球体和一个平面
// 确定球体位于平面的哪一面
//
// 返回值:
//
// < 0   球体完全位于平面的背面
// > 0   球体完全位于平面的正面
// 0     球体与平面相交

int classifySpherePlane(
    const Vector3    &planeNormal,          // 必须归一化
    float            planeD,                // p * planeNormal = planeD
    const Vector3    &sphereCenter,         // 球体中心
    float            sphereRadius           // 球体半径
) {

    // 计算球体中心到平面的距离
    float d = planeNormal * sphereCenter - planeD;

    // 计算是否位于正面
    if (d >= sphereRadius) {
        return +1;
    }

    // 计算是否位于背面
    if (d <= -sphereRadius) {
        return -1;
    }

    // 球体与平面相交
    return 0;
}
```

　　动态的情况稍微复杂一些。可以将平面视为静止的，将所有相对位移都分配给球体。
　　我们以常见的方式通过归一化表面法线 $\hat{\mathbf{n}}$ 和距离值 d 来定义平面，使得平面中的所有点 $\mathbf{p}$ 满足等式 $\mathbf{p} \cdot \hat{\mathbf{n}} = d$。球体由其半径 r 和中心的初始位置 $\mathbf{c}$ 定义。球体的位移由指定方向的单位矢量 $\hat{\mathbf{d}}$ 和距离 l 给出。当 t 从 0 变化到 l 时，球体中心的运动由直线方程 $\mathbf{c} + t\hat{\mathbf{d}}$ 给出。图 A.13 显示了这种情况的图解。

如果你能认识到，无论交叉点发生在平面的哪个表面上（正面或背面），球体表面上的接触点总是相同的，那么这个问题就可以大大简化了。该接触点 $\mathbf{p}_0$ 可以由 $\mathbf{c} - r\hat{\mathbf{n}}$ 给出，如图 A.14 所示。

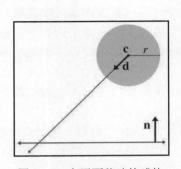

图 A.13　向平面移动的球体

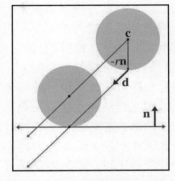

图 A.14　球体和平面之间的接触点

现在我们已经知道球体上的哪个点首先接触平面，即可使用第 A.9 节中简单的光线和平面的相交测试。我们从光线和平面的相交测试开始，然后用 $\mathbf{c} - r\hat{\mathbf{n}}$ 代替 $\mathbf{p}_0$，具体如下：

球体和平面的动态相交
$$t = \frac{d - \mathbf{p}_0 \cdot \hat{\mathbf{n}}}{\hat{\mathbf{d}} \cdot \hat{\mathbf{n}}}$$ $$= \frac{d - (\mathbf{c} - r\hat{\mathbf{n}}) \cdot \hat{\mathbf{n}}}{\hat{\mathbf{d}} \cdot \hat{\mathbf{n}}}$$ $$= \frac{d - \mathbf{c} \cdot \hat{\mathbf{n}} + r}{\hat{\mathbf{d}} \cdot \hat{\mathbf{n}}}$$

A.16　光线与三角形的交点

光线和三角形的相交测试在图形和计算几何中非常重要。在没有针对给定复杂对象的特殊光线追踪测试的情况下，我们总是可以将对象的表面表示（或至少近似）为三角形网格，然后对该三角形网格表示进行光线追踪。

在这里，我们将使用 Badouel 的简单策略（详见参考文献[4]）。第一步是计算光线与包含三角形的平面相交的点（第 A.9 节展示了如何计算平面和光线的交点）；然后可以通过计算该点的重心坐标来测试该点是否在三角形内，如第 9.6.4 节所述。

为了加快这个测试，我们使用了以下一些技巧：

❏ 检测并尽快返回否定结果（无碰撞），这被称为"提前排除"。

❏ 尽可能延迟昂贵的数学运算，如除法。这样做有两个原因：首先，如果不需要昂贵计算的结果（例如，如果可以提前排除），则浪费了执行操作所花费的时间；其次，它为编译器提供了充足的空间来利用现代处理器中的运算符管道。如果诸如除法之类的运算具有很长的等待时间，则编译器可能能够向前看并生成尽早开始除法运算的代码。接着，它生成代码，在除法运算正在进行时执行其他测试（可能提前排除）。然后，在执行时，如果实际需要除法结果，则结果将立即可用或至少已经部分完成。

❏ 仅检测光线从正面接近三角形的碰撞。这使得我们可以"提前排除"大约一半的三角形。与两侧相交的检测则稍微慢一些。

代码清单 A.4 实现了这些技术。尽管在代码中已经进行了注释，但我们仍选择了"向后"执行一些浮点比较，因为当存在无效浮点输入数据和 NaN（非数字）时，这种行为会更好。

代码清单 A.4　光线和三角形的相交测试

```
float rayTriangleIntersect(
    const Vector3 &rayOrg,          // 光线的原点
    const Vector3 &rayDelta,        // 光线的长度和方向
    const Vector3 &p0,              // 三角形顶点
    const Vector3 &p1,              // .
    const Vector3 &p2,              // .
    float minT                      // 到目前为止发现的最接近的交点
                                    // （从 1.0 开始）
) {

    // 如果未检测到相交，则返回这个很大的数字
    const float kNoIntersection = FLT_MAX;

    // 计算顺时针边矢量
    Vector3 e1 = p1 - p0;
    Vector3 e2 = p2 - p1;

    // 计算表面法线（未归一化）
    Vector3 n = crossProduct(e1, e2);

    // 计算梯度（Gradient）
    // 梯度值将提示接触三角形正面的坡度
    float dot = n * rayDelta;
```

```
// 检查光线是否和三角形平行
// 或者未指向三角形的正面
//
// 注意，这也会拒绝三角形和光线的退化
// 在此添加注释就是为了以特殊方式提示
// 非数字（NAN）在这里会得到妥善处理
// 当涉及非数字时，它和"dot >= 0.0f"的表现是不一样的
if (!(dot < 0.0f)){
    return kNoIntersection;
}

// 计算平面公式的 d 值
// 我们将使用 d 在右侧的平面公式，即
// Ax + By + Cz = d
float d = n * p0;

// 计算和平面相交的参数化点
// 包含三角形，提前检查
// 尽早排除
float t = d - n * rayOrg;

// 光线原点是否在多边形的背面？
// 再次执行此检查，使非数字得到妥善处理
if (!(t <= 0.0f)) {
    return kNoIntersection;
}

// 是否找到更接近的交点？
// 或者光线是否未到达平面？
//
// 由于 dot < 0:
//
//      t/dot > minT
//
// 它等同于
//
//      t < dot*minT
//
// 然后反转它进行非数字检查
if (!(t >= dot*minT)) {
    return kNoIntersection;
}
```

```
// 检测到光线与平面相交
// 计算实际的参数化交点
t /= dot;
assert(t >= 0.0f);
assert(t <= minT);

// 计算三维交点
Vector3 p = rayOrg + rayDelta*t;

// 查找主轴以选择要投影到其上的平面
// 计算 u 和 v
float u0, u1, u2;
float v0, v1, v2;
if (fabs(n.x) > fabs(n.y)){
    if (fabs(n.x) > fabs(n.z)){
        u0 = p.y - p0.y;
        u1 = p1.y - p0.y;
        u2 = p2.y - p0.y;

        v0 = p.z - p0.z;
        v1 = p1.z - p0.z;
        v2 = p2.z - p0.z;
    } else {
        u0 = p.x - p0.x;
        u1 = p1.x - p0.x;
        u2 = p2.x - p0.x;

        v0 = p.y - p0.y;
        v1 = p1.y - p0.y;
        v2 = p2.y - p0.y;
    }
} else {
    if (fabs(n.y) > fabs(n.z)){
        u0 = p.x - p0.x;
        u1 = p1.x - p0.x;
        u2 = p2.x - p0.x;

        v0 = p.z - p0.z;
        v1 = p1.z -p0.z;
        v2 = p2.z - p0.z;
    } else {
```

```
            u0 = p.x - p0.x;
            u1 = p1.x - p0.x;
            u2 = p2.x - p0.x;

            v0 = p.y - p0.y;
            v1 = p1.y - p0.y;
            v2 = p2.y - p0.y;
        }
    }

    // 计算分母，检查是否非法
    float temp = u1 * v2 - v1 * u2;
    if (!(temp != 0.0f)){
        return kNoIntersection;
    }
    temp = 1.0f / temp ;

    // 计算重心坐标
    // 在每个步骤检查是否超出范围
    float alpha = (u0 * v2 - v0 * u2) * temp;
    if (!(alpha >= 0.0f)){
        return kNoIntersection;
    }

    float beta = (u1 * v0 - v1 * u0) * temp;
    if (!(beta >= 0.0f)){
        return kNoIntersection;
    }

    float gamma = 1.0f - alpha - beta;
    if (!(gamma >= 0.0f)){
        return kNoIntersection;
    }

    // 返回参数化交点
    return t;
}
```

值得一提的是，还有一个更重要的策略在代码清单 A.4 中并没有演示，那就是用于优化昂贵计算的策略：预先计算它们的结果。如果可以提前计算诸如多边形法线之类的值，则可以使用不同的策略。

由于光线与三角形的相交测试非常重要，因此，程序开发人员总是在寻找使其更快的方法。这里给出的技术是一个易于理解的标准技术，并且可以返回重心坐标（这是一种有用的副产品）。它的缺点当然也有，那就是它不是最快的。感兴趣的读者也可以访问 Tomas Akenine-Möller 有关实时渲染的相交测试集，其网址为 http://www.realtimerendering.com/intersections.html。

A.17　两个 AABB 的交点

检测两个 AABB 的静态交叉是非常重要的操作。幸运的是，它相当简单。[①] 我们只需要单独检查每个维度上的重叠范围即可。如果在特定维度上没有重叠，则两个 AABB 不相交。代码清单 A.5 中使用了这种技术。

代码清单 A.5　两个 AABB 的重叠测试

```
bool aabbsOverlap(const AABB3 &a, const AABB3 &b){

    // 分别检查各个轴
    if (a.min.x >= b.max.x) return false;
    if (a.max.x <= b.min.x) return false;
    if (a.min.y >= b.max.y) return false;
    if (a.max.y <= b.min.y) return false;
    if (a.min.z >= b.max.z) return false;
    if (a.max.z <= b.min.z) return false;

    // 在所有 3 个轴上都重叠
    // 则它们的相交必然非空
    return true;
}
```

该策略实际上是称为分离轴测试（Separating Axis Test）的更一般性策略的实例。如果两个凸多面体不重叠，则存在分离轴；如果投影这两个多面体，则它们的投影将不会重叠（在三维中，更容易看到垂直于分离轴的平面，分离轴可以放置在两个多面体之间）。分离轴方法的关键是只需要测试有限数量的轴：面的法线和某些叉积。有关详细信息，请参阅 Ericson 的著作（详见参考文献[18]）。如果多面体在这些轴上的投影在所有情况下都重叠，则可以安全地假设没有找到分离轴。在两个 AABB 的情况下，只需要测试 3 个基本轴。此外，这些"投影"将简单地提取适当的坐标。

[①] 这是本书作者最喜欢的面试问题之一。令人惊讶的是，有很多程序开发人员都不知道如何执行这个非常简单的操作。不要成为这样的求职者中的一员！

　　AABB的动态相交测试仅稍微复杂一些。考虑由极值点 $\mathbf{s}_{\min}$ 和 $\mathbf{s}_{\max}$ 定义的静止AABB，以及移动的 AABB，其在 $t=0$ 的初始位置具有极值点 $\mathbf{m}_{\min}$ 和 $\mathbf{m}_{\max}$。当 t 从 0 变化到 1 时，AABB 的位移量将由矢量 $\mathbf{d}$ 给出。

　　我们的任务是计算 t，即移动的包围盒首次与固定的包围盒碰撞的参数时间点（假设这些包围盒最初没有相交）。为此，我们将尝试确定包围盒在所有维度上同时重叠的第一个时间点。由于这适用于二维或三维，我们将在二维中演示这个问题（将技术扩展到三维非常简单）。

　　我们可以分别分析每个坐标，求解两个（在三维中则是 3 个）单独的一维问题，然后将这些结果组合起来即可给出答案。

　　现在问题变成了一维的。我们需要知道两个包围盒在特定维度上重叠的时间间隔。想象一下将问题投射到 x 轴上（示例），如图 A.15 所示。

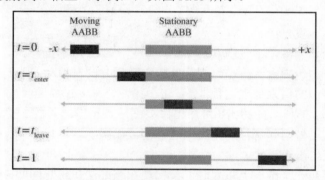

图 A.15　将动态 AABB 相交问题投影到一个轴上

原　　文	译　　文
Moving AABB	移动中的 AABB
Stationary AABB	静态 AABB

　　随着时间的推移，代表移动包围盒的线段将沿着数字线滑动。在图 A.15 中，在 $t=0$ 时，移动的包围盒完全位于静态包围盒的左侧，而在 $t=1$ 时，移动的包围盒完全位于静态包围盒的右侧。包围盒首先开始重叠的点是 t_{enter}，包围盒不再重叠的点是 t_{leave}。对于正在考虑的维度，设 $m_{\min}(t)$ 和 $m_{\max}(t)$ 分别是时间 t 处移动的包围盒的最小值和最大值，则它们将由下式给出：

$$m_{\min}(t) = m_{\min}(0) + td,$$
$$m_{\max}(t) = m_{\max}(0) + td$$

其中，$m_{\min}(0)$ 和 $m_{\max}(0)$ 是移动包围盒的初始范围；d 是该轴的位移矢量 $\mathbf{d}$ 的分量。设静

态包围盒的 $s_{\min}$ 和 $s_{\max}$ 有类似的定义（当然，这些值与 t 无关，因为包围盒是静止的）。t_{enter} 是 $m_{\max}(t) = s_{\min}$ 时的 t 值。求解可得

$$m_{\max}(t_{\text{enter}}) = s_{\min},$$
$$m_{\max}(0) + t_{\text{enter}}d = s_{\min},$$
$$t_{\text{enter}}d = s_{\min} - m_{\max}(0),$$
$$t_{\text{enter}} = \frac{s_{\min} - m_{\max}(0)}{d}$$

同样地，求解 t_{leave} 可得

$$m_{\min}(t_{\text{leave}}) = s_{\max},$$
$$m_{\min}(0) + t_{\text{leave}}d = s_{\max},$$
$$t_{\text{leave}}d = s_{\max} - m_{\min}(0),$$
$$t_{\text{leave}} = \frac{s_{\max} - m_{\min}(0)}{d}$$

这里要注意以下 3 个重点：

❑　如果分母 d 为零，则包围盒要么始终重叠，要么从不重叠。

❑　如果移动的包围盒从静态包围盒的右侧开始并向左移动，则 $t_{\text{enter}} > t_{\text{leave}}$。我们通过交换它们的值来处理这种情况，以确保 $t_{\text{enter}} < t_{\text{leave}}$。

❑　t_{enter} 和 t_{leave} 的值可能超出[0, 1]范围。要适应该范围之外的 t 值，可以将移动的包围盒视为沿着与 d 平行的无限轨迹移动。如果 $t_{\text{enter}} > 1$ 或 $t_{\text{leave}} < 0$，则在所考虑的时间段内没有重叠。

当两个包围盒在一个维度上重叠时，我们现在有办法找到时间间隔，以 t_{enter} 和 t_{leave} 为界。所有维度上的这些间隔的交点即给出了包围盒彼此相交的时间间隔。对于二维中的两个时间间隔，如图 A.16 所示。

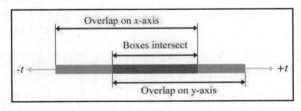

图 A.16　相交的两个时间间隔

原　　文	译　　文
Overlap on x-axis	在 x 轴上重叠
Boxes intersect	包围盒相交
Overlap on y-axis	在 y 轴上重叠

注意：

不要将图 A.16 与图 A.15 混淆。在图 A.16 中，轴是时间轴；而在图 A.15 中，轴是 x 轴。

如果时间间隔为空，则包围盒永远不会发生碰撞；如果时间间隔完全在 $0 \leqslant t \leqslant 1$ 的范围之外，则在我们感兴趣的时间段内没有碰撞。实际上，包围盒重叠的区间能提供更多的信息，因为我们只对包围盒开始交叉的时间点感兴趣，而不是当它们停止相交时。尽管如此，我们仍需要保持这个区间，主要是为了确定它是否为空。

糟糕的是，在实践中，对象的包围盒很少在同一坐标空间中轴向对齐。但是，由于此测试相对较快，因此它可用作初步的简单拒绝测试，然后再进行更具体（一般来说计算成本更高昂）的测试。

A.18 光线与 AABB 的交点

光线与 AABB 的交点是一项重要的计算，因为该测试的结果通常用于对更复杂的物体进行简单拒绝（例如，如果我们希望对多个三角形网格进行光线追踪，则可以首先对网格的 AABB 进行光线追踪，以便简单拒绝整个网格，而不必检查每个三角形）。

Woo 描述了一种方法（详见参考文献[72]），该方法首先确定包围盒的哪一侧将相交，然后对包含该侧面的平面执行光线和平面的相交测试。如果与平面的交点在包围盒内，那么就有一个交点；否则就是没有交点。代码清单 A.6 实现了该方法。

代码清单 A.6　光线与 AABB 相交测试

```
// 返回参数化交点 0…1
// 如果未找到交点，则返回一个很大的数字
float AABB3::rayIntersect(
    const Vector3 &rayOrg,          // 光线的原点
    const Vector3 &rayDelta,        // 光线的长度和方向
    Vector3 *returnNormal           // 可选，返回法线
) const {

    // 如果未找到交点，则返回这个很大的数字
    const float kNoIntersection = FLT_MAX;

    //检查包围盒中的点，简单拒绝
    //确定与每个正面的参数化距离
    bool inside = true;
```

```
float xt, xn;
if (rayOrg.x < min.x){
    xt = min.x - rayOrg.x;
    if (xt > rayDelta.x) return kNoIntersection;
    xt /= rayDelta.x;
    inside = false;
    xn = -1.0f;
} else if (rayOrg.x > max.x){
    xt = max.x - rayOrg.x;
    if (xt < rayDelta.x) return kNoIntersection;
    xt /= rayDelta.x;
    inside = false;
    xn = 1.0f;
} else {
    xt = -1.0f;
}

float yt, yn;
if (rayOrg.y < min.y){
    yt = min.y - rayOrg.y;
    if (yt > rayDelta.y) return kNoIntersection;
    yt /= rayDelta.y;
    inside = false;
    yn = -1.0f;
} else if (rayOrg.y > max.y){
    yt = max.y - rayOrg.y;
    if (yt < rayDelta.y) return kNoIntersection;
    yt /= rayDelta.y;
    inside = false;
    yn = 1.0f;
} else {
    yt = -1.0f;
}

float zt,zn;
if (rayOrg.z < min.z){
    zt = min.z - rayOrg.z;
    if (zt > rayDelta.z) return kNoIntersection;
    zt /= rayDelta.z;
    inside = false;
    zn = -1.0f;
```

```
    } else if (rayOrg.z>max.z){
        zt = max.z - rayOrg.z;
        if (zt<rayDelta.z) return kNoIntersection;
        zt /= rayDelta.z;
        inside = false;
        zn = 1.0f;
    } else {
        zt = -1.0f;
    }

    // 光线原点是否在包围盒中?
    if (inside){
        if (returnNormal != NULL){
            *returnNormal = -rayDelta;
            returnNormal->normalize();
        }
        return 0.0f;
    }

    // 选择距离最远的平面
    // 这是相交的平面
    int which = 0;
    float t = xt;
    if (yt > t){
        which = 1;
        t = yt;
    }
    if (zt > t){
        which = 2;
        t = zt;
    }
    switch (which){

        case 0:        // 与 yz 平面相交
        {
            float y = rayOrg.y + rayDelta.y*t;
            if (y < min.y || y > max.y) return kNoIntersection;
            float z = rayOrg.z + rayDelta.z*t;
            if (z < min.z || z > max.z) return kNoIntersection;

            if (returnNormal != NULL){
                returnNormal->x = xn;
```

```
            returnNormal->y = 0.0f;
            returnNormal->z = 0.0f;
        }

    } break;

    case 1:        // 与 xz 平面相交
    {
        float x = rayOrg.x + rayDelta.x*t;
        if (x < min.x || x > max.x) return kNoIntersection;
        float z = rayOrg.z + rayDelta.z*t;
        if (z < min.z || z > max.z) return kNoIntersection;

        if (returnNormal!=NULL){
            returnNormal->x = 0.0f;
            returnNormal->y = yn;
            returnNormal->z = 0.0f;
        }

    } break;

    case 2:        // 与 xy 平面相交
    {
        float x = rayOrg.x + rayDelta.x*t;
        if (x < min.x || x > max.x) return kNoIntersection;
        float y = rayOrg.y + rayDelta.y*t;
        if (y < min.y || y > max.y) return kNoIntersection;

        if (returnNormal != NULL){
            returnNormal->x = 0.0f;
            returnNormal->y = 0.0f;
            returnNormal->z = zn;
        }

    } break;
    }

    // 返回参数化交点
    return t;

}
```

附录 B 练 习 答 案

我相信每个人的心跳次数都是有限的。我不打算浪费我的心跳次数来做练习。

——Buzz Aldrin（巴兹·奥尔德林），美国宇航员（1930—）

B.1 第 1 章

1. $\mathbf{a} = (-2.5, 3)$ $\mathbf{b} = (1, 2)$ $\mathbf{c} = (2.5, 2)$
   $\mathbf{d} = (-1, 1)$ $\mathbf{e} = (0, 0)$ $\mathbf{f} = (2, -0.5)$
   $\mathbf{g} = (-0.5, -1.5)$ $\mathbf{h} = (0, -2)$ $\mathbf{i} = (-3, -2)$

2. $\mathbf{a} = (1, 2, 4)$ $\mathbf{b} = (-3, -3, -5)$ $\mathbf{c} = (-3, 6, 2.5)$
   $\mathbf{d} = (3, 0, -1)$ $\mathbf{e} = (0, 0, 0)$ $\mathbf{f} = (0, 0, 3)$
   $\mathbf{g} = (-3.5, 4, 0)$ $\mathbf{h} = (5, -5, -1.5)$ $\mathbf{i} = (4, 1, 5)$

3. 见下表。

左手坐标空间						右手坐标空间					
东	上	北	东	上	北	东	上	北	东	上	北
$+x$	$+y$	$+z$	$-x$	$-y$	$+z$	$-x$	$-y$	$-z$	$+x$	$+y$	$-z$
$+x$	$-y$	$-z$	$-x$	$+y$	$-z$	$-x$	$+y$	$+z$	$+x$	$-y$	$+z$
$+x$	$+z$	$-y$	$-x$	$-z$	$-y$	$-x$	$-z$	$+y$	$+x$	$+z$	$+y$
$+x$	$-z$	$+y$	$-x$	$+z$	$+y$	$-x$	$+z$	$-y$	$+x$	$-z$	$-y$
$+y$	$+z$	$+x$	$-y$	$-z$	$+x$	$-y$	$-z$	$-x$	$+y$	$+z$	$-x$
$+y$	$-z$	$-x$	$-y$	$+z$	$-x$	$-y$	$+z$	$+x$	$+y$	$-z$	$+x$
$+y$	$+x$	$-z$	$-y$	$-x$	$-z$	$-y$	$-x$	$+z$	$+y$	$+x$	$+z$
$+y$	$-x$	$+z$	$-y$	$+x$	$+z$	$-y$	$+x$	$-z$	$+y$	$-x$	$-z$
$+z$	$+x$	$+y$	$-z$	$-x$	$+y$	$-z$	$-x$	$-y$	$+z$	$+x$	$-y$
$+z$	$-x$	$-y$	$-z$	$+x$	$-y$	$-z$	$+x$	$+y$	$+z$	$-x$	$+y$
$+z$	$+y$	$-x$	$-z$	$-y$	$-x$	$-z$	$-y$	$+x$	$+z$	$+y$	$+x$
$+z$	$-y$	$+x$	$-z$	$+y$	$+x$	$-z$	$+y$	$-x$	$+z$	$-y$	$-x$

4. （a）右手坐标空间   （b）交换 y 和 z （c）交换 y 和 z

5. （a）右手坐标空间

（b）$x_{us} \leftarrow y_{aero}$，$y_{us} \leftarrow -z_{aero}$，$z_{us} \leftarrow x_{aero}$

（c）$x_{aero} \leftarrow z_{us}$，$y_{aero} \leftarrow x_{us}$，$z_{aero} \leftarrow -y_{us}$

6. （a）CW   （b）CCW   （c）CCW   （d）CW

7. （a）15   （b）30   （c）3840   （d）2016840   （e）5050

8. （a）$\pi/6$ （b）$-\pi/4$ （c）$\pi/3$ （d）$\pi/2$ （e）$-\pi$

    （f）$5\pi/4$ （g）$-3\pi/2$ （h）2.923   （i）9.198   （j）-6π

9. （a）$-30°$ （b）$120°$ （c）$270°$ （d）$-240°$ （e）$360°$

    （f）$1°$ （g）$10°$ （h）$-900°$ （i）$1800°$ （j）$36°$

10. 稻草人应该说："直角三角形的直角边的平方和等于斜边的平方"。因为毕达哥拉斯定理是 $c^2 = a^2 + b^2$，其中，a 和 b 是直角三角形的直角边，c 是斜边。

11. （a）$(\sin(\alpha)/\csc(\alpha)) + (\cos(\alpha)/\sec(\alpha)) = \sin^2(\alpha) + \cos^2(\alpha) = 1$

    （b）$(\sec^2(\theta) - 1)/\sec^2(\theta) = 1 - (1/\sec^2(\theta)) = 1 - \cos^2(\theta) = \sin^2(\theta)$

    （c）$1 + \cot^2(t) = 1 + (\cos^2(t)/\sin^2(t)) = (\sin^2(t)/\sin^2(t)) + (\cos^2(t)/\sin^2(t)) = (\sin^2(t) + \cos^2(t))/\sin^2(t) = 1/\sin^2(t) = \csc^2(t)$

    （d）$\cos(\phi)(\tan(\phi) + \cot(\phi)) = \sin(\phi) + (\cos^2(\phi)/\sin(\phi)) = (\sin^2(\phi) + \cos^2(\phi))/\sin(\phi) = 1/\sin(\phi) = \csc(\phi)$

B.2　第 2 章

1. （a）**a** 是二维行矢量。**b** 是三维列矢量。**c** 是四维列矢量。

    （b）$b_y + c_w + a_x + b_z = 0 + 6 + (-3) + 5 = 8$

2. （a）"你体重多少？"你的体重是一个标量。但是引力将你向下拉，它是一个矢量，所以如果你因为这个原因说重量是一个矢量，你也是正确的（例如，"我的重量是向下方向的 75kg"）。

    （b）"你知道你开得有多快吗？"警官可能指的是你的车辆的速率（Speed），这是一个标量。

    （c）"从这里往北过两条街就能看到它了"，很显然，这是一个矢量。

    （d）"我们正以每小时 900 千米的速度从上海飞行到北京，海拔 1 万米"。速度 "900 千米/小时" 是一个标量。由于北京位于上海的北部，所以可以合理地推断为北方向，所以 "900 千米/小时，向北" 是一个速度，这是一个矢量。同样，"1 万米" 是一个标量，但如果你是一个很较真的人，认为这暗示了 "向上" 的方向，那么在这种情况下，"1 万米以上" 就是一个矢量。

3. $\mathbf{a} = [0, 2]$ $\mathbf{b} = [0, -2]$ $\mathbf{c} = [0.5, 2]$

    $\mathbf{d} = [0.5, 2]$ $\mathbf{e} = [0.5, -3]$ $\mathbf{f} = [-2, 0]$

    $\mathbf{g} = [-2, 1]$ $\mathbf{h} = [2.5, 2]$ $\mathbf{i} = [6, 1]$

4. （a）示意图中矢量的大小无关紧要，我们只需要在正确的地方画出来即可。

      错误。刚好相反，对于矢量来说，大小很重要（它意味着矢量的长度），而位置则是无关紧要的。

   （b）矢量表示的位移可以看作是轴向对齐位移的序列。

      正确。

   （c）上一个问题的轴向对齐位移必须按顺序进行。

      错误。可以按任何顺序应用它们并获得相同的最终结果。

   （d）矢量$[x, y]$可给出从点(x, y)到原点的位移。

      错误。刚好相反，矢量$[x, y]$给出的是从原点到点(x, y)的位移。

5. （a）$-\begin{bmatrix} 3 & 7 \end{bmatrix} = \begin{bmatrix} -3 & -7 \end{bmatrix}$

   （b）$\left\| \begin{bmatrix} -12 & 5 \end{bmatrix} \right\| = \sqrt{(-12)^2 + 5^2} = \sqrt{169} = 13$

   （c）$\left\| \begin{bmatrix} 8 & -3 & 1/2 \end{bmatrix} \right\| = \sqrt{8^2 + (-3)^2 + (1/2)^2} = \sqrt{64 + 9 + (1/4)}$

                              $= \sqrt{293/4} \approx 8.56$

   （d）$3\begin{bmatrix} 4 & -7 & 0 \end{bmatrix} = \begin{bmatrix} (3)(4) & (3)(-7) & (3)(0) \end{bmatrix} = \begin{bmatrix} 12 & -21 & 0 \end{bmatrix}$

   （e）$\begin{bmatrix} 4 & 5 \end{bmatrix}/2 = \begin{bmatrix} 2 & 5/2 \end{bmatrix}$

6. （a）$\begin{bmatrix} 12 & 5 \end{bmatrix}_{\text{norm}} = \dfrac{\begin{bmatrix} 12 & 5 \end{bmatrix}}{\left\| \begin{bmatrix} 12 & 5 \end{bmatrix} \right\|} = \dfrac{\begin{bmatrix} 12 & 5 \end{bmatrix}}{13} = \begin{bmatrix} \dfrac{12}{13} & \dfrac{5}{13} \end{bmatrix}$

                    $\approx \begin{bmatrix} 0.923 & 0.385 \end{bmatrix}$

   （b）$\begin{bmatrix} 0 & 743.632 \end{bmatrix}_{\text{norm}} = \dfrac{\begin{bmatrix} 0 & 743.632 \end{bmatrix}}{\left\| \begin{bmatrix} 0 & 743.632 \end{bmatrix} \right\|} = \dfrac{\begin{bmatrix} 0 & 743.632 \end{bmatrix}}{\sqrt{0^2 + 743.632^2}}$

                    $= \dfrac{\begin{bmatrix} 0 & 743.632 \end{bmatrix}}{743.632} = \begin{bmatrix} 0 & 1 \end{bmatrix}$

   （c）$\begin{bmatrix} 8 & -3 & 1/2 \end{bmatrix}_{\text{norm}} = \dfrac{\begin{bmatrix} 8 & -3 & 1/2 \end{bmatrix}}{\left\| \begin{bmatrix} 8 & -3 & 1/2 \end{bmatrix} \right\|} \approx \dfrac{\begin{bmatrix} 8 & -3 & 1/2 \end{bmatrix}}{8.56}$

                    $\approx \begin{bmatrix} 0.935 & -0.350 & 0.058 \end{bmatrix}$

（d）$\begin{bmatrix} -12 & 3 & -4 \end{bmatrix}_{\text{norm}} = \dfrac{\begin{bmatrix} -12 & 3 & -4 \end{bmatrix}}{\left\| \begin{bmatrix} -12 & 3 & -4 \end{bmatrix} \right\|} = \dfrac{\begin{bmatrix} -12 & 3 & -4 \end{bmatrix}}{\sqrt{(-12)^2 + 3^2 + (-4)^2}}$

$= \dfrac{\begin{bmatrix} -12 & 3 & -4 \end{bmatrix}}{13} = \begin{bmatrix} \dfrac{-12}{13} & \dfrac{3}{13} & \dfrac{-4}{13} \end{bmatrix}$

（e）$\begin{bmatrix} 1 & 1 & 1 & 1 \end{bmatrix}_{\text{norm}} = \dfrac{\begin{bmatrix} 1 & 1 & 1 & 1 \end{bmatrix}}{\left\| \begin{bmatrix} 1 & 1 & 1 & 1 \end{bmatrix} \right\|} = \dfrac{\begin{bmatrix} 1 & 1 & 1 & 1 \end{bmatrix}}{\sqrt{1^2 + 1^2 + 1^2 + 1^2}}$

$= \dfrac{\begin{bmatrix} 1 & 1 & 1 & 1 \end{bmatrix}}{2} = \begin{bmatrix} 0.5 & 0.5 & 0.5 & 0.5 \end{bmatrix}$

7.　（a）$\begin{bmatrix} 7 & -2 & -3 \end{bmatrix} + \begin{bmatrix} 6 & 6 & -4 \end{bmatrix} = \begin{bmatrix} 7+6 & -2+6 & -3+(-4) \end{bmatrix} = \begin{bmatrix} 13 & 4 & -7 \end{bmatrix}$

（b）$\begin{bmatrix} 2 & 9 & -1 \end{bmatrix} + \begin{bmatrix} -2 & -9 & 1 \end{bmatrix} = \begin{bmatrix} 2+(-2) & 9+(-9) & -1+1 \end{bmatrix} = \begin{bmatrix} 0 & 0 & 0 \end{bmatrix}$

（c）$\begin{bmatrix} 3 \\ 10 \\ 7 \end{bmatrix} - \begin{bmatrix} 8 \\ -7 \\ 4 \end{bmatrix} = \begin{bmatrix} 3-8 \\ 10-(-7) \\ 7-4 \end{bmatrix} = \begin{bmatrix} -5 \\ 17 \\ 3 \end{bmatrix}$

（d）$\begin{bmatrix} 4 \\ 5 \\ -11 \end{bmatrix} - \begin{bmatrix} -4 \\ -5 \\ 11 \end{bmatrix} = \begin{bmatrix} 4-(-4) \\ 5-(-5) \\ -11-11 \end{bmatrix} = \begin{bmatrix} 8 \\ 10 \\ -22 \end{bmatrix}$

（e）$3\begin{bmatrix} a \\ b \\ c \end{bmatrix} - 4\begin{bmatrix} 2 \\ 10 \\ -6 \end{bmatrix} = \begin{bmatrix} 3a \\ 3b \\ 3c \end{bmatrix} - \begin{bmatrix} 8 \\ 40 \\ -24 \end{bmatrix} = \begin{bmatrix} 3a-8 \\ 3b-40 \\ 3c+24 \end{bmatrix}$

8.　（a）$\text{distance}\left(\begin{bmatrix} 10 \\ 6 \end{bmatrix}, \begin{bmatrix} -14 \\ 30 \end{bmatrix} \right) = \sqrt{(10-(-14))^2 + (6-30)^2}$

$= \sqrt{24^2 + (-24)^2} = \sqrt{576 + 576}$

$= \sqrt{1152} \approx 33.94$

（b）$\text{distance}\left(\begin{bmatrix} 0 \\ 0 \end{bmatrix}, \begin{bmatrix} -12 \\ 5 \end{bmatrix} \right) = \sqrt{(0-(-12))^2 + (0-5)^2}$

$= \sqrt{12^2 + (-5)^2} = \sqrt{144 + 25}$

$= \sqrt{169} = 13$

（c）$\text{distance}\left(\begin{bmatrix} 3 \\ 10 \\ 7 \end{bmatrix}, \begin{bmatrix} 8 \\ -7 \\ 4 \end{bmatrix} \right) = \sqrt{(3-8)^2 + (10-(-7))^2 + (7-4)^2}$

$= \sqrt{(-5)^2 + 17^2 + 3^2} = \sqrt{25 + 289 + 9}$

$= \sqrt{323} \approx 17.97$

（d） $\text{distance} \left(\begin{bmatrix} -2 \\ -4 \\ 9 \end{bmatrix}, \begin{bmatrix} 6 \\ -7 \\ 9.5 \end{bmatrix} \right) = \sqrt{(6 - (-2))^2 + (-7 - (-4))^2 + (9.5 - 9)^2}$

$$= \sqrt{8^2 + (-3)^2 + (0.5)^2} = \sqrt{64 + 9 + 0.25}$$

$$= \sqrt{73.25} \approx 8.56$$

（e） $\text{distance} \left(\begin{bmatrix} 4 \\ -4 \\ -4 \\ 4 \end{bmatrix}, \begin{bmatrix} -6 \\ 6 \\ 6 \\ -6 \end{bmatrix} \right) = \sqrt{(-6 - 4)^2 + (6 - (-4))^2 + (6 - (-4))^2 + (-6 - 4)^2}$

$$= \sqrt{(-10)^2 + (10)^2 + (10)^2 + (-10)^2}$$

$$= \sqrt{100 + 100 + 100 + 100}$$

$$= \sqrt{400} = 20$$

9. （a） $\begin{bmatrix} 2 \\ 6 \end{bmatrix} \cdot \begin{bmatrix} -3 \\ 8 \end{bmatrix} = (2)(-3) + (6)(8) = -6 + 48 = 42$

（b） $-7 \begin{bmatrix} 1 & 2 \end{bmatrix} \cdot \begin{bmatrix} 11 & -4 \end{bmatrix} = \begin{bmatrix} -7 & -14 \end{bmatrix} \cdot \begin{bmatrix} 11 & -4 \end{bmatrix}$

$$= (-7)(11) + (-14)(-4)$$

$$= -21$$

（c） $10 + \begin{bmatrix} -5 \\ 1 \\ 3 \end{bmatrix} \cdot \begin{bmatrix} 4 \\ -13 \\ 9 \end{bmatrix} = 10 + ((-5)(4) + (1)(-13) + (3)(9))$

$$= 10 + (-20 + (-13) + 27)$$

$$= 10 + (-6) = 4$$

（d） $3 \begin{bmatrix} -2 \\ 0 \\ 4 \end{bmatrix} \cdot \left(\begin{bmatrix} 8 \\ -2 \\ 3/2 \end{bmatrix} + \begin{bmatrix} 0 \\ 9 \\ 7 \end{bmatrix} \right) = \begin{bmatrix} -6 \\ 0 \\ 12 \end{bmatrix} \cdot \begin{bmatrix} 8 \\ 7 \\ 17/2 \end{bmatrix}$

$$= (-6)(8) + (0)(7) + (12)(17/2) = 54$$

10. $\mathbf{v}_{\parallel} = \hat{\mathbf{n}} \frac{\mathbf{v} \cdot \hat{\mathbf{n}}}{\|\hat{\mathbf{n}}\|^2} = \hat{\mathbf{n}} \frac{\mathbf{v} \cdot \hat{\mathbf{n}}}{1} = \hat{\mathbf{n}} (\mathbf{v} \cdot \hat{\mathbf{n}})$

$$= \begin{bmatrix} \sqrt{2}/2 \\ \sqrt{2}/2 \\ 0 \end{bmatrix} \left(\begin{bmatrix} 4 \\ 3 \\ -1 \end{bmatrix} \cdot \begin{bmatrix} \sqrt{2}/2 \\ \sqrt{2}/2 \\ 0 \end{bmatrix} \right) = \begin{bmatrix} \sqrt{2}/2 \\ \sqrt{2}/2 \\ 0 \end{bmatrix} \left(2\sqrt{2} + \frac{3\sqrt{2}}{2} + 0 \right)$$

$$= \begin{bmatrix} \sqrt{2}/2 \\ \sqrt{2}/2 \\ 0 \end{bmatrix} \frac{7\sqrt{2}}{2} = \begin{bmatrix} 7/2 \\ 7/2 \\ 0 \end{bmatrix}$$

$\mathbf{v}_{\perp} = \mathbf{v} - \mathbf{v}_{\parallel}$

$$= \begin{bmatrix} 4 \\ 3 \\ -1 \end{bmatrix} - \begin{bmatrix} 7/2 \\ 7/2 \\ 0 \end{bmatrix} = \begin{bmatrix} 4 - 7/2 \\ 3 - 7/2 \\ -1 - 0 \end{bmatrix} = \begin{bmatrix} 1/2 \\ -1/2 \\ -1 \end{bmatrix}$$

11. 使用矢量 **a**、**b** 和 **a-b** 定义三角形，设 θ 为 **a** 和 **b** 之间的夹角。然后边 **a-b** 的长度的平方为

$$\begin{aligned}
\|\mathbf{a} - \mathbf{b}\|^2 &= (\mathbf{a} - \mathbf{b}) \cdot (\mathbf{a} - \mathbf{b}) \\
&= \mathbf{a} \cdot \mathbf{a} - 2\mathbf{a} \cdot \mathbf{b} + \mathbf{b} \cdot \mathbf{b} \\
&= \mathbf{a} \cdot \mathbf{a} + \mathbf{b} \cdot \mathbf{b} - 2\mathbf{a} \cdot \mathbf{b} \\
&= \|\mathbf{a}\|^2 + \|\mathbf{b}\|^2 - 2\|\mathbf{a}\|\|\mathbf{b}\| \cos \theta
\end{aligned}$$

这就是余弦定律。

12. 首先，绘制图形获取有关矢量分量的一些信息。

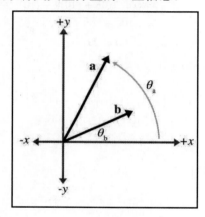

从上图可知

$$a_x = \|\mathbf{a}\| \cos \theta_a, \qquad\qquad a_y = \|\mathbf{a}\| \sin \theta_a,$$
$$b_x = \|\mathbf{b}\| \cos \theta_b, \qquad\qquad b_y = \|\mathbf{b}\| \sin \theta_b$$

现在可以继续进行点积的代数定义：

$$\begin{aligned}
\mathbf{a} \cdot \mathbf{b} &= a_x b_x + a_y b_y \\
&= \|\mathbf{a}\| \cos \theta_a \|\mathbf{b}\| \cos \theta_b + \|\mathbf{a}\| \sin \theta_a \|\mathbf{b}\| \sin \theta_b \\
&= \|\mathbf{a}\|\|\mathbf{b}\| (\cos \theta_a \cos \theta_b + \sin \theta_a \sin \theta_b) \\
&= \|\mathbf{a}\|\|\mathbf{b}\| \cos (\theta_b - \theta_a) \\
&= \|\mathbf{a}\|\|\mathbf{b}\| \cos \theta
\end{aligned}$$

13. （a）
$$\begin{bmatrix} 0 \\ -1 \\ 0 \end{bmatrix} \times \begin{bmatrix} 0 \\ 0 \\ 1 \end{bmatrix} = \begin{bmatrix} (-1)(1) - (0)(0) \\ (0)(0) - (0)(1) \\ (0)(0) - (-1)(0) \end{bmatrix} = \begin{bmatrix} -1 - 0 \\ 0 - 0 \\ 0 - 0 \end{bmatrix} = \begin{bmatrix} -1 \\ 0 \\ 0 \end{bmatrix}$$

$$\begin{bmatrix} 0 \\ 0 \\ 1 \end{bmatrix} \times \begin{bmatrix} 0 \\ -1 \\ 0 \end{bmatrix} = \begin{bmatrix} (0)(0) - (1)(-1) \\ (1)(0) - (0)(0) \\ (0)(-1) - (0)(0) \end{bmatrix} = \begin{bmatrix} 0 - (-1) \\ 0 - 0 \\ 0 - 0 \end{bmatrix} = \begin{bmatrix} 1 \\ 0 \\ 0 \end{bmatrix}$$

（b）
$$\begin{bmatrix} -2 \\ 4 \\ 1 \end{bmatrix} \times \begin{bmatrix} 1 \\ -2 \\ -1 \end{bmatrix} = \begin{bmatrix} (4)(-1) - (1)(-2) \\ (1)(1) - (-2)(-1) \\ (-2)(-2) - (4)(1) \end{bmatrix} = \begin{bmatrix} -4 - (-2) \\ 1 - 2 \\ 4 - 4 \end{bmatrix} = \begin{bmatrix} -2 \\ -1 \\ 0 \end{bmatrix}$$

$$\begin{bmatrix} 1 \\ -2 \\ -1 \end{bmatrix} \times \begin{bmatrix} -2 \\ 4 \\ 1 \end{bmatrix} = \begin{bmatrix} (-2)(1) - (-1)(4) \\ (-1)(-2) - (1)(1) \\ (1)(4) - (-2)(-2) \end{bmatrix} = \begin{bmatrix} -2 - (-4) \\ 2 - 1 \\ 4 - 4 \end{bmatrix} = \begin{bmatrix} 2 \\ 1 \\ 0 \end{bmatrix}$$

（c）
$$\begin{bmatrix} 3 \\ 10 \\ 7 \end{bmatrix} \times \begin{bmatrix} 8 \\ -7 \\ 4 \end{bmatrix} = \begin{bmatrix} (10)(4) - (7)(-7) \\ (7)(8) - (3)(4) \\ (3)(-7) - (10)(8) \end{bmatrix} = \begin{bmatrix} 40 - (-49) \\ 56 - 12 \\ -21 - 80 \end{bmatrix} = \begin{bmatrix} 89 \\ 44 \\ -101 \end{bmatrix}$$

$$\begin{bmatrix} 8 \\ -7 \\ 4 \end{bmatrix} \times \begin{bmatrix} 3 \\ 10 \\ 7 \end{bmatrix} = \begin{bmatrix} (-7)(7) - (4)(10) \\ (4)(3) - (8)(7) \\ (8)(10) - (-7)(3) \end{bmatrix} = \begin{bmatrix} -49 - 40 \\ 12 - 56 \\ 80 - (-21) \end{bmatrix} = \begin{bmatrix} -89 \\ -44 \\ 101 \end{bmatrix}$$

14. 设 $\mathbf{a} = \begin{bmatrix} a_x \\ a_y \\ a_z \end{bmatrix}$ 且 $\mathbf{b} = \begin{bmatrix} b_x \\ b_y \\ b_z \end{bmatrix}$，则 $\mathbf{a} \cdot \mathbf{b} = \|\mathbf{a}\| \|\mathbf{b}\| \cos\theta$ 且 $\mathbf{a} \times \mathbf{b} = \begin{bmatrix} a_y b_z - a_z b_y \\ a_z b_x - a_x b_z \\ a_x b_y - a_y b_x \end{bmatrix}$。

从 $\|\mathbf{a} \times \mathbf{b}\|$，可得

$$\|\mathbf{a} \times \mathbf{b}\| = \sqrt{(a_y b_z - a_z b_y)^2 + (a_z b_x - a_x b_z)^2 + (a_x b_y - a_y b_x)^2}$$

$$= \sqrt{a_y^2 b_z^2 - 2a_y a_z b_y b_z + a_z^2 b_y^2 + a_z^2 b_x^2 - 2a_x a_z b_x b_z + a_x^2 b_z^2 + a_x^2 b_y^2 - 2a_x a_y b_x b_y + a_y^2 b_x^2}$$

如果考虑 $\|\mathbf{a}\| \|\mathbf{b}\| \sin\theta$，则可得

$$\|\mathbf{a}\| \|\mathbf{b}\| \sin\theta = \|\mathbf{a}\| \|\mathbf{b}\| \sqrt{1 - \cos^2\theta}$$

$$= \sqrt{a_x^2 + a_y^2 + a_z^2} \sqrt{b_x^2 + b_y^2 + b_z^2} \sqrt{1 - \left(\frac{a_x b_x + a_y b_y + a_z b_z}{\sqrt{a_x^2 + a_y^2 + a_z^2} \sqrt{b_x^2 + b_y^2 + b_z^2}} \right)^2}$$

$$= \sqrt{(a_x^2 + a_y^2 + a_z^2)(b_x^2 + b_y^2 + b_z^2) \left(1 - \frac{(a_x b_x + a_y b_y + a_z b_z)^2}{(a_x^2 + a_y^2 + a_z^2)(b_x^2 + b_y^2 + b_z^2)} \right)}$$

$$= \sqrt{(a_x^2 + a_y^2 + a_z^2)(b_x^2 + b_y^2 + b_z^2) - (a_x b_x + a_y b_y + a_z b_z)^2}$$

$$= \sqrt{a_y^2 b_z^2 - 2a_y a_z b_y b_z + a_z^2 b_y^2 + a_z^2 b_x^2 - 2a_x a_z b_x b_z + a_x^2 b_z^2 + a_x^2 b_y^2 - 2a_x a_y b_x b_y + a_y^2 b_x^2}$$

从两端开始，在中间相遇，证明 $\|\mathbf{a} \times \mathbf{b}\| = \|\mathbf{a}\| \|\mathbf{b}\| \cos\theta$。

15. （a）（1）$\left\| \begin{bmatrix} 3 & 4 \end{bmatrix} \right\|_1 = |3| + |4| = 7$

$\left\| \begin{bmatrix} 3 & 4 \end{bmatrix} \right\|_2 = \sqrt{|3|^2 + |4|^2} = 5$

$\left\| \begin{bmatrix} 3 & 4 \end{bmatrix} \right\|_3 = \sqrt[3]{|3|^3 + |4|^3} = \sqrt[3]{91} \approx 4.498$

$\left\| \begin{bmatrix} 3 & 4 \end{bmatrix} \right\|_\infty = \max(|3|, |4|) = 4$

（2）$\left\| \begin{bmatrix} 5 & -12 \end{bmatrix} \right\|_1 = |5| + |-12| = 17$

$\left\| \begin{bmatrix} 5 & -12 \end{bmatrix} \right\|_2 = \sqrt{|5|^2 + |-12|^2} = 13$

$\left\| \begin{bmatrix} 5 & -12 \end{bmatrix} \right\|_3 = \sqrt[3]{|5|^3 + |-12|^3} = \sqrt[3]{1853} \approx 12.283$

$\left\| \begin{bmatrix} 5 & -12 \end{bmatrix} \right\|_\infty = \max(|5|, |-12|) = 12$

（3）$\left\| \begin{bmatrix} -2 & 10 & -7 \end{bmatrix} \right\|_1 = |-2| + |10| + |-7| = 19$

$\left\| \begin{bmatrix} -2 & 10 & -7 \end{bmatrix} \right\|_2 = \sqrt{|-2|^2 + |10|^2 + |-7|^2} = \sqrt{153} \approx 12.369$

$\left\| \begin{bmatrix} -2 & 10 & -7 \end{bmatrix} \right\|_3 = \sqrt[3]{|-2|^3 + |10|^3 + |-7|^3} = \sqrt[3]{1351} \approx 11.055$

$\left\| \begin{bmatrix} -2 & 10 & -7 \end{bmatrix} \right\|_\infty = \max(|-2|, |10|, |-7|) = 10$

（4）$\left\| \begin{bmatrix} 6 & 1 & -9 \end{bmatrix} \right\|_1 = |6| + |1| + |-9| = 16$

$\left\| \begin{bmatrix} 6 & 1 & -9 \end{bmatrix} \right\|_2 = \sqrt{|6|^2 + |1|^2 + |-9|^2} = \sqrt{118} \approx 10.863$

$\left\| \begin{bmatrix} 6 & 1 & -9 \end{bmatrix} \right\|_3 = \sqrt[3]{|6|^3 + |1|^3 + |-9|^3} = \sqrt[3]{946} \approx 9.817$

$\left\| \begin{bmatrix} 6 & 1 & -9 \end{bmatrix} \right\|_\infty = \max(|6|, |1|, |-9|) = 9$

（5）$\left\| \begin{bmatrix} -2 & -2 & -2 & -2 \end{bmatrix} \right\|_1 = |-2| + |-2| + |-2| + |-2| = 8$

$\left\| \begin{bmatrix} -2 & -2 & -2 & -2 \end{bmatrix} \right\|_2 = \sqrt{|-2|^2 + |-2|^2 + |-2|^2 + |-2|^2} = 4$

$\left\| \begin{bmatrix} -2 & -2 & -2 & -2 \end{bmatrix} \right\|_3 = \sqrt[3]{|-2|^3 + |-2|^3 + |-2|^3 + |-2|^3} = \sqrt[3]{32} \approx 3.175$

$\left\| \begin{bmatrix} -2 & -2 & -2 & -2 \end{bmatrix} \right\|_\infty = \max(|-2|, |-2|, |-2|, |-2|) = 2$

（b）（1）L^1 范数的单位圆是一个正方形，边长为 $\sqrt{2}$，旋转 $45°$。

（2）L^2 范数的单位圆就是众所周知的单位圆。

（3）无穷大范数的单位圆是一个边长为 2 的正方形。

注意，所有 3 个单位圆包括矢量[1, 0]，[0, 1]，[-1, 0]，[0, -1]。

16. 这个男人买了一个盒子或者有一件 2 英尺长、2 英尺宽、2 英尺高的行李箱。如果物体非常薄，例如剑，那么他可以将物体以对角形式放在箱子或行李箱中。按照这种方法，他可以携带的最长的物体是 $\sqrt{2^2 + 2^2 + 2^2} \approx 3.46$ 英尺。

17. 设 $\mathbf{s} = \mathbf{a} + \mathbf{b} + \mathbf{c} + \mathbf{d} + \mathbf{e} + \mathbf{f}$。观察图 2.11 可知

$$\mathbf{s} = \begin{bmatrix} -5 \\ 3 \end{bmatrix}$$

使用上面的等式和其他矢量的值来进行数值上的验证，以下等式也是通过观察图 2.11 获得的：

$$\begin{aligned} \mathbf{s} &= \mathbf{a} + \mathbf{b} + \mathbf{c} + \mathbf{d} + \mathbf{e} + \mathbf{f} \\ &= \begin{bmatrix} -1 \\ 3 \end{bmatrix} + \begin{bmatrix} 1 \\ 3 \end{bmatrix} + \begin{bmatrix} 3 \\ -2 \end{bmatrix} + \begin{bmatrix} -1 \\ -2 \end{bmatrix} + \begin{bmatrix} -6 \\ 4 \end{bmatrix} + \begin{bmatrix} -1 \\ -3 \end{bmatrix} \\ &= \begin{bmatrix} (-1) + 1 + 3 + (-1) + (-6) + (-1) \\ 3 + 3 + (-2) + (-2) + 4 + (-3) \end{bmatrix} \\ &= \begin{bmatrix} -5 \\ 3 \end{bmatrix} \end{aligned}$$

18. 左手坐标系。

19. （a）设 $\mathbf{c} = \begin{bmatrix} c_x \\ c_y \end{bmatrix}$ 且 $\mathbf{r} = \begin{bmatrix} r_x \\ r_y \end{bmatrix}$，则

$$\mathbf{p}_{\text{UpperLeft}} = \begin{bmatrix} c_x - r_x \\ c_y + r_y \end{bmatrix}, \qquad \mathbf{p}_{\text{UpperRight}} = \begin{bmatrix} c_x + r_x \\ c_y + r_y \end{bmatrix},$$

$$\mathbf{p}_{\text{LowerLeft}} = \begin{bmatrix} c_x - r_x \\ c_y - r_y \end{bmatrix}, \qquad \mathbf{p}_{\text{LowerRight}} = \begin{bmatrix} c_x + r_x \\ c_y - r_y \end{bmatrix}$$

（b）设 $\mathbf{c} = \begin{bmatrix} c_x \\ c_y \\ c_z \end{bmatrix}$ 且 $\mathbf{r} = \begin{bmatrix} r_x \\ r_y \\ r_z \end{bmatrix}$，则

$$\mathbf{p}_{\text{FrontUpperLeft}} = \begin{bmatrix} c_x - r_x \\ c_y + r_y \\ c_z + r_z \end{bmatrix}, \qquad \mathbf{p}_{\text{FrontUpperRight}} = \begin{bmatrix} c_x + r_x \\ c_y + r_y \\ c_z + r_z \end{bmatrix},$$

$$\mathbf{p}_{\text{FrontLowerLeft}} = \begin{bmatrix} c_x - r_x \\ c_y - r_y \\ c_z + r_z \end{bmatrix}, \qquad \mathbf{p}_{\text{FrontLowerRight}} = \begin{bmatrix} c_x + r_x \\ c_y - r_y \\ c_z + r_z \end{bmatrix},$$

$$\mathbf{p}_{\text{BackUpperLeft}} = \begin{bmatrix} c_x - r_x \\ c_y + r_y \\ c_z - r_z \end{bmatrix}, \qquad \mathbf{p}_{\text{BackUpperRight}} = \begin{bmatrix} c_x + r_x \\ c_y + r_y \\ c_z - r_z \end{bmatrix},$$

$$\mathbf{p}_{\text{BackLowerLeft}} = \begin{bmatrix} c_x - r_x \\ c_y - r_y \\ c_z - r_z \end{bmatrix}, \qquad \mathbf{p}_{\text{BackLowerRight}} = \begin{bmatrix} c_x + r_x \\ c_y - r_y \\ c_z - r_z \end{bmatrix}$$

20. （a）可以使用 $\mathbf{v}$ 和 $\mathbf{x} - \mathbf{p}$ 之间的点积的符号来确定点 $\mathbf{x}$ 是在 NPC 的前面还是后面。这是从点积的几何解释得出的，

$$\mathbf{v} \cdot (\mathbf{x} - \mathbf{p}) = \|\mathbf{v}\|\|\mathbf{x} - \mathbf{p}\| \cos \theta$$

其中，θ 是 $\mathbf{v}$ 和 $\mathbf{x} - \mathbf{p}$ 之间的角度。

$\|\mathbf{v}\|$ 和 $\|\mathbf{x} - \mathbf{p}\|$ 都是正的，使得点积的符号完全取决于 $\cos\theta$ 的值。如果 $\cos\theta > 0$，则 θ 小于 $90°$ 且 $\mathbf{x}$ 位于 NPC 前面；同样，如果 $\cos\theta < 0$，则 θ 大于 $90°$ 且 $\mathbf{x}$ 位于 NPC 之后。

$\mathbf{v} \cdot (\mathbf{x} - \mathbf{p}) = 0$ 的特殊情况意味着 $\mathbf{x}$ 直接位于 NPC 的左侧或右侧。如果不需要明确处理这种情况，则可以任意将其指定为在前面或后面。

（b）（1）$\mathbf{x}$ 在 NPC 前面。

$$\begin{bmatrix} 5 \\ -2 \end{bmatrix} \cdot \left(\begin{bmatrix} 0 \\ 0 \end{bmatrix} - \begin{bmatrix} -3 \\ 4 \end{bmatrix} \right) = \begin{bmatrix} 5 \\ -2 \end{bmatrix} \cdot \begin{bmatrix} 3 \\ -4 \end{bmatrix} = (5)(3) + (-2)(-4) = 23$$

（2）$\mathbf{x}$ 在 NPC 前面。

$$\begin{bmatrix} 5 \\ -2 \end{bmatrix} \cdot \left(\begin{bmatrix} 1 \\ 6 \end{bmatrix} - \begin{bmatrix} -3 \\ 4 \end{bmatrix} \right) = \begin{bmatrix} 5 \\ -2 \end{bmatrix} \cdot \begin{bmatrix} 4 \\ 2 \end{bmatrix} = (5)(4) + (-2)(2) = 16$$

（3）$\mathbf{x}$ 在 NPC 后面。

$$\begin{bmatrix} 5 \\ -2 \end{bmatrix} \cdot \left(\begin{bmatrix} -6 \\ 0 \end{bmatrix} - \begin{bmatrix} -3 \\ 4 \end{bmatrix} \right) = \begin{bmatrix} 5 \\ -2 \end{bmatrix} \cdot \begin{bmatrix} -3 \\ -4 \end{bmatrix} = (5)(-3) + (-2)(-4)$$
$$= -7$$

（4）$\mathbf{x}$ 在 NPC 后面。

$$\begin{bmatrix} 5 \\ -2 \end{bmatrix} \cdot \left(\begin{bmatrix} -4 \\ 7 \end{bmatrix} - \begin{bmatrix} -3 \\ 4 \end{bmatrix} \right) = \begin{bmatrix} 5 \\ -2 \end{bmatrix} \cdot \begin{bmatrix} -1 \\ 3 \end{bmatrix} = (5)(-1) + (-2)(3) = -11$$

（5）$\mathbf{x}$ 在 NPC 前面。

$$\begin{bmatrix} 5 \\ -2 \end{bmatrix} \cdot \left(\begin{bmatrix} 5 \\ 5 \end{bmatrix} - \begin{bmatrix} -3 \\ 4 \end{bmatrix} \right) = \begin{bmatrix} 5 \\ -2 \end{bmatrix} \cdot \begin{bmatrix} 8 \\ 1 \end{bmatrix} = (5)(8) + (-2)(1) = 38$$

（6）$\mathbf{x}$ 在 NPC 前面。

$$\begin{bmatrix} 5 \\ -2 \end{bmatrix} \cdot \left(\begin{bmatrix} -3 \\ 0 \end{bmatrix} - \begin{bmatrix} -3 \\ 4 \end{bmatrix} \right) = \begin{bmatrix} 5 \\ -2 \end{bmatrix} \cdot \begin{bmatrix} 0 \\ -4 \end{bmatrix} = (5)(0) + (-2)(-4) = 8$$

（7）$\mathbf{x}$ 既可以在 NPC 前面也可以在后面，取决于我们想要如何处理这种特殊情况。

$$\begin{bmatrix} 5 \\ -2 \end{bmatrix} \cdot \left(\begin{bmatrix} -6 \\ -3.5 \end{bmatrix} - \begin{bmatrix} -3 \\ 4 \end{bmatrix} \right) = \begin{bmatrix} 5 \\ -2 \end{bmatrix} \cdot \begin{bmatrix} -3 \\ -7.5 \end{bmatrix} = (5)(-3) + (-2)(-7.5) = 0$$

21. （a）要确定点 $\mathbf{x}$ 是否对 NPC 可见，可以比较 $\cos\theta$ 与 $\cos(\phi/2)$。如果 $\cos\theta \geqslant \cos(\phi/2)$，则 $\mathbf{x}$ 对 NPC 可见。

$\cos(\phi/2)$ 的值可以从 FOV 角度获得。要获得 $\cos\theta$，可以使用点积，即

$$\cos\theta = \frac{\mathbf{v} \cdot (\mathbf{x} - \mathbf{p})}{\|\mathbf{v}\|\|\mathbf{x} - \mathbf{p}\|}$$

（b）NPC 的 FOV 是 90°，所以我们感兴趣的值是 $\cos(45°) \approx 0.707$。

（1）$\mathbf{x}$ 对 NPC 是可见的。

$$\cos\theta = \frac{\begin{bmatrix} 5 \\ -2 \end{bmatrix} \cdot \left(\begin{bmatrix} 0 \\ 0 \end{bmatrix} - \begin{bmatrix} -3 \\ 4 \end{bmatrix} \right)}{\left\| \begin{bmatrix} 5 \\ -2 \end{bmatrix} \right\| \left\| \begin{bmatrix} 0 \\ 0 \end{bmatrix} - \begin{bmatrix} -3 \\ 4 \end{bmatrix} \right\|} = \frac{23}{(\sqrt{29})(\sqrt{25})} \approx 0.854 \geqslant 0.707$$

（2）$\mathbf{x}$ 对 NPC 是不可见的。

$$\cos\theta = \frac{\begin{bmatrix} 5 \\ -2 \end{bmatrix} \cdot \left(\begin{bmatrix} 1 \\ 6 \end{bmatrix} - \begin{bmatrix} -3 \\ 4 \end{bmatrix} \right)}{\left\| \begin{bmatrix} 5 \\ -2 \end{bmatrix} \right\| \left\| \begin{bmatrix} 1 \\ 6 \end{bmatrix} - \begin{bmatrix} -3 \\ 4 \end{bmatrix} \right\|} = \frac{16}{(\sqrt{29})(\sqrt{20})} \approx 0.664 < 0.707$$

（3）$\mathbf{x}$ 对 NPC 是不可见的。

$$\cos\theta = \frac{\begin{bmatrix} 5 \\ -2 \end{bmatrix} \cdot \left(\begin{bmatrix} -6 \\ 0 \end{bmatrix} - \begin{bmatrix} -3 \\ 4 \end{bmatrix} \right)}{\left\| \begin{bmatrix} 5 \\ -2 \end{bmatrix} \right\| \left\| \begin{bmatrix} -6 \\ 0 \end{bmatrix} - \begin{bmatrix} -3 \\ 4 \end{bmatrix} \right\|} = \frac{-7}{(\sqrt{29})(\sqrt{25})}$$

$$\approx -0.260 < 0.707$$

（4）$\mathbf{x}$ 对 NPC 是不可见的。

$$\cos\theta = \frac{\begin{bmatrix} 5 \\ -2 \end{bmatrix} \cdot \left(\begin{bmatrix} -4 \\ 7 \end{bmatrix} - \begin{bmatrix} -3 \\ 4 \end{bmatrix} \right)}{\left\| \begin{bmatrix} 5 \\ -2 \end{bmatrix} \right\| \left\| \begin{bmatrix} -4 \\ 7 \end{bmatrix} - \begin{bmatrix} -3 \\ 4 \end{bmatrix} \right\|} = \frac{-11}{(\sqrt{29})(\sqrt{10})} \approx -0.646 < 0.707$$

（5）$\mathbf{x}$ 对 NPC 是可见的。

$$\cos\theta = \frac{\begin{bmatrix} 5 \\ -2 \end{bmatrix} \cdot \left(\begin{bmatrix} 5 \\ 5 \end{bmatrix} - \begin{bmatrix} -3 \\ 4 \end{bmatrix} \right)}{\left\| \begin{bmatrix} 5 \\ -2 \end{bmatrix} \right\| \left\| \begin{bmatrix} 5 \\ 5 \end{bmatrix} - \begin{bmatrix} -3 \\ 4 \end{bmatrix} \right\|} = \frac{38}{(\sqrt{29})(\sqrt{65})} \approx 0.875 \geqslant 0.707$$

（6）$\mathbf{x}$ 对 NPC 是不可见的。

$$\cos\theta = \frac{\begin{bmatrix} 5 \\ -2 \end{bmatrix} \cdot \left(\begin{bmatrix} -3 \\ 0 \end{bmatrix} - \begin{bmatrix} -3 \\ 4 \end{bmatrix} \right)}{\left\| \begin{bmatrix} 5 \\ -2 \end{bmatrix} \right\| \left\| \begin{bmatrix} -3 \\ 0 \end{bmatrix} - \begin{bmatrix} -3 \\ 4 \end{bmatrix} \right\|} = \frac{8}{(\sqrt{29})(\sqrt{16})} \approx 0.371 < 0.707$$

（7）$\mathbf{x}$ 对 NPC 是不可见的。

$$\cos\theta = \frac{\begin{bmatrix} 5 \\ -2 \end{bmatrix} \cdot \left(\begin{bmatrix} -6 \\ -3.5 \end{bmatrix} - \begin{bmatrix} -3 \\ 4 \end{bmatrix} \right)}{\left\| \begin{bmatrix} 5 \\ -2 \end{bmatrix} \right\| \left\| \begin{bmatrix} -6 \\ -3.5 \end{bmatrix} - \begin{bmatrix} -3 \\ 4 \end{bmatrix} \right\|} = \frac{0}{(\sqrt{29})(\sqrt{65.25})} = 0 < 0.707$$

（c）NPC 只能看到 7 个单位的距离，因此只有那些在 FOV 内并且在这个距离内的点才会可见。

（1）$\mathbf{x}$ 对 NPC 是可见的。

$$\left\| \begin{bmatrix} 0 \\ 0 \end{bmatrix} - \begin{bmatrix} -3 \\ 4 \end{bmatrix} \right\| = \left\| \begin{bmatrix} 3 \\ -4 \end{bmatrix} \right\| = \sqrt{25} = 5 < 7$$

（2）$\mathbf{x}$ 对 NPC 是不可见的。它在 FOV 之外。

（3）$\mathbf{x}$ 对 NPC 是不可见的。它在 FOV 之外。

（4）$\mathbf{x}$ 对 NPC 是不可见的。它在 FOV 之外。

（5）$\mathbf{x}$ 对 NPC 是不可见的。

$$\left\| \begin{bmatrix} 5 \\ 5 \end{bmatrix} - \begin{bmatrix} -3 \\ 4 \end{bmatrix} \right\| = \left\| \begin{bmatrix} 8 \\ 1 \end{bmatrix} \right\| = \sqrt{65} \approx 8.062 > 7$$

（6）$\mathbf{x}$ 对 NPC 是不可见的。它在 FOV 之外。

（7）$\mathbf{x}$ 对 NPC 是不可见的。它在 FOV 之外。

22.　（a）设 $\mathbf{v}_{ab} = \mathbf{b} - \mathbf{a}$ 和 $\mathbf{v}_{bc} = \mathbf{c} - \mathbf{b}$。由于这 3 个点位于 xz 平面中，因此两个矢量也位于 xz 平面中，并且有

$$\mathbf{v}_{ab} = \begin{bmatrix} x_{ab} \\ 0 \\ z_{ab} \end{bmatrix}, \qquad \mathbf{v}_{bc} = \begin{bmatrix} x_{bc} \\ 0 \\ z_{bc} \end{bmatrix}$$

以点行经的顺序取矢量的叉积给出：

$$\mathbf{v}_{ab} \times \mathbf{v}_{bc} = \begin{bmatrix} 0 \\ x_{bc}z_{ab} - x_{ab}z_{bc} \\ 0 \end{bmatrix}$$

然后可以使用 $x_{bc}z_{ab} - x_{ab}z_{bc}$ 的符号来确定 NPC 的转向。因为我们在左手坐标系中工作，所以，如果值为负，则 NPC 逆时针转向；如果值为正，则 NPC 顺时针转向。0 是特殊情况，表示 NPC 要么直线向前走，要么在向前走之后沿着同一条线回来。

（b）（1）$\mathbf{v}_{ab} = [-3, 0, 2]$，$\mathbf{v}_{bc} = [-3, 0, -4]$。$x_{bc}z_{ab} - x_{ab}z_{bc} = (-3)(2) - (-3)(-4) = -18 < 0$。因此，NPC 逆时针转向。

（2）$\mathbf{v}_{ab} = [7, 0, 5]$，$\mathbf{v}_{bc} = [-1, 0, 3]$。$x_{bc}z_{ab} - x_{ab}z_{bc} = (-1)(5) - (7)(3) = -26 < 0$。

因此，NPC 逆时针转向。

（3）$\mathbf{v}_{ab} = [6, 0, -5]$，$\mathbf{v}_{bc} = [-12, 0, -5]$。$x_{bc}z_{ab} - x_{ab}z_{bc} = (-12)(-5) - (6)(-5) = 90 > 0$。因此，NPC 顺时针转向。

（4）$\mathbf{v}_{ab} = [3, 0, 1]$，$\mathbf{v}_{bc} = [3, 0, 2]$。$x_{bc}z_{ab} - x_{ab}z_{bc} = (3)(1) - (3)(2) = -3 < 0$。因此，NPC 逆时针转向。

23. $\mathbf{p}' = \mathbf{p} + (k-1)(\mathbf{p} \cdot \mathbf{n})\mathbf{n}$

$$= \begin{bmatrix} 1 \\ 0 \\ 0 \end{bmatrix} + (k-1)\left(\begin{bmatrix} 1 \\ 0 \\ 0 \end{bmatrix} \cdot \begin{bmatrix} n_x \\ n_y \\ n_z \end{bmatrix}\right)\begin{bmatrix} n_x \\ n_y \\ n_z \end{bmatrix}$$

$$= \begin{bmatrix} 1 \\ 0 \\ 0 \end{bmatrix} + (k-1)(n_x)\begin{bmatrix} n_x \\ n_y \\ n_z \end{bmatrix}$$

$$= \begin{bmatrix} 1 \\ 0 \\ 0 \end{bmatrix} + \begin{bmatrix} (k-1)n_x{}^2 \\ (k-1)n_xn_y \\ (k-1)n_xn_z \end{bmatrix}$$

$$= \begin{bmatrix} 1 + (k-1)n_x{}^2 \\ (k-1)n_xn_y \\ (k-1)n_xn_z \end{bmatrix}$$

24. $\mathbf{p}' = \cos\theta(\mathbf{p} - (\mathbf{p} \cdot \mathbf{n})\mathbf{n}) + \sin\theta(\mathbf{n} \times \mathbf{p}) + (\mathbf{p} \cdot \mathbf{n})\mathbf{n}$

$$= \cos\theta\left(\begin{bmatrix} 1 \\ 0 \\ 0 \end{bmatrix} - \left(\begin{bmatrix} 1 \\ 0 \\ 0 \end{bmatrix} \cdot \begin{bmatrix} n_x \\ n_y \\ n_z \end{bmatrix}\right)\begin{bmatrix} n_x \\ n_y \\ n_z \end{bmatrix}\right) + \sin\theta\left(\begin{bmatrix} n_x \\ n_y \\ n_z \end{bmatrix} \times \begin{bmatrix} 1 \\ 0 \\ 0 \end{bmatrix}\right) + \left(\begin{bmatrix} 1 \\ 0 \\ 0 \end{bmatrix} \cdot \begin{bmatrix} n_x \\ n_y \\ n_z \end{bmatrix}\right)\begin{bmatrix} n_x \\ n_y \\ n_z \end{bmatrix}$$

$$= \cos\theta\left(\begin{bmatrix} 1 \\ 0 \\ 0 \end{bmatrix} - n_x\begin{bmatrix} n_x \\ n_y \\ n_z \end{bmatrix}\right) + \sin\theta\begin{bmatrix} 0 \\ n_z \\ -n_y \end{bmatrix} + n_x\begin{bmatrix} n_x \\ n_y \\ n_z \end{bmatrix}$$

$$= \cos\theta\begin{bmatrix} 1 - n_x{}^2 \\ -n_xn_y \\ -n_xn_z \end{bmatrix} + \sin\theta\begin{bmatrix} 0 \\ n_z \\ -n_y \end{bmatrix} + \begin{bmatrix} n_x{}^2 \\ n_xn_y \\ n_xn_z \end{bmatrix}$$

$$= \begin{bmatrix} \cos\theta - n_x{}^2\cos\theta \\ -n_xn_y\cos\theta \\ -n_xn_z\cos\theta \end{bmatrix} + \begin{bmatrix} 0 \\ n_z\sin\theta \\ -n_y\sin\theta \end{bmatrix} + \begin{bmatrix} n_x{}^2 \\ n_xn_y \\ n_xn_z \end{bmatrix}$$

$$= \begin{bmatrix} \cos\theta - n_x{}^2\cos\theta + n_x{}^2 \\ -n_xn_y\cos\theta + n_z\sin\theta + n_xn_y \\ -n_xn_z\cos\theta - n_y\sin\theta + n_xn_z \end{bmatrix}$$

$$= \begin{bmatrix} n_x{}^2(1 - \cos\theta) + \cos\theta \\ n_xn_y(1 - \cos\theta) + n_z\sin\theta \\ n_xn_z(1 - \cos\theta) - n_y\sin\theta \end{bmatrix}$$

B.3　第 3 章

1. （a）对象空间。

    （b）可以将我的世界空间的 x 坐标与书的世界空间的 x 坐标进行比较。或者，只检查直立空间 x 坐标的符号。

    （c）世界空间。

    （d）对象空间。或者也可以使用面向方向矢量的点积——这相当于提取对象空间 z 坐标。

2. 首先将点相对于轴平移[-12, 0, 6]，然后围绕 y 轴 42° 顺时针旋转。

3. （a）线性相关。中间基矢量是零矢量，它不能属于线性无关集，因为它可以表示为任何其他基矢量和 0 的乘积。

    （b）线性无关。

    （c）线性相关。对于三维矢量，我们希望的最大线性无关集是 3 个矢量，但这个集合有 4 个。

    （d）线性相关。最后一个矢量是第一个矢量的倍数。

    （e）线性相关。最后一个矢量是前两个的总和。

    （f）线性无关。

4. （a）正交。

    （b）不正交。所有矢量对都具有非零点积。

    （c）正交。

    （d）正交。

    （e）不正交。第一对矢量虽然是垂直的，但是$[7, -1, 5] \cdot [-2, 0, 1] = -9$，而$[5, 5, -6] \cdot [-2, 0, 1] = -16$。

5. （a）否。第二和第三基矢量显然没有单位长度。

    （b）否。基础矢量都没有单位长度。

    （c）是，它们是正交的。

    （d）否。第一和第二基矢量不垂直。

    （e）是，它们是正交的。

    （f）是，它们是正交的。

    （g）否。第二和第三基矢量没有单位长度。

6. （a）直立空间：$(-0.866, 2.000, 0.500)$；世界空间：$(0.134, 12.000, 3.500)$

（b）直立空间：(0.866, 2.000, −0.500)；世界空间：(1.866, 12.000, 2.500)

（c）直立空间：(0, 0, 0)；世界空间：(1, 10, 3)

（d）直立空间：(1.116, 5.000, −0.067)；世界空间：(2.116, 15.000, 2.933)

（e）直立空间：(5.000, 5.000, 8.660)；世界空间：(6.000, 15000, 11.660)

（f）直立空间：(0.000, 0.000, 0.000)；对象空间：(0.000, 0.000, 0.000)

（g）直立空间：(−1.000, −10.000, −3.000)；对象空间：(0.634, −10.000, −3.098)

（h）直立空间：(1.732, 0.000, −1.000)；对象空间：(2.000, 0.000, 0.000)

（i）直立空间：(1.000, 1.000, 1.000)；对象空间：(0.366, 1.000, 1.366)

（j）直立空间：(0.000, 10.000, 0.000)；对象空间：(0.000, 10.000, 0.000)

B.4　第 4 章

1. 见下表。

矩　　　阵	行×列	方 形 矩 阵	对角线矩阵
A	4×3	否	否
B	3×3	是	是
C	2×2	是	否
D	5×2	否	否
E	1×3	否	否
F	4×1	否	否
G	1×4	否	否
H	3×1	否	否

2. $\mathbf{A}^\mathrm{T} = \begin{bmatrix} 13 & 4 & -8 \\ 12 & 0 & 6 \\ -3 & -1 & 5 \\ 10 & -2 & 5 \end{bmatrix}^\mathrm{T} = \begin{bmatrix} 13 & 12 & -3 & 10 \\ 4 & 0 & -1 & -2 \\ -8 & 6 & 5 & 5 \end{bmatrix}$

$\mathbf{B}^\mathrm{T} = \begin{bmatrix} k_x & 0 & 0 \\ 0 & k_y & 0 \\ 0 & 0 & k_z \end{bmatrix}^\mathrm{T} = \begin{bmatrix} k_x & 0 & 0 \\ 0 & k_y & 0 \\ 0 & 0 & k_z \end{bmatrix}$

$\mathbf{C}^\mathrm{T} = \begin{bmatrix} 15 & 8 \\ -7 & 3 \end{bmatrix}^\mathrm{T} = \begin{bmatrix} 15 & -7 \\ 8 & 3 \end{bmatrix}$ 　　　$\mathbf{D}^\mathrm{T} = \begin{bmatrix} a & g \\ b & h \\ c & i \\ d & j \\ f & k \end{bmatrix}^\mathrm{T} = \begin{bmatrix} a & b & c & d & f \\ g & h & i & j & k \end{bmatrix}$

$$\mathbf{E}^{\mathrm{T}} = \begin{bmatrix} 0 & 1 & 3 \end{bmatrix}^{\mathrm{T}} = \begin{bmatrix} 0 \\ 1 \\ 3 \end{bmatrix} \qquad \mathbf{F}^{\mathrm{T}} = \begin{bmatrix} x \\ y \\ z \\ w \end{bmatrix}^{\mathrm{T}} = \begin{bmatrix} x & y & z & w \end{bmatrix}$$

$$\mathbf{G}^{\mathrm{T}} = \begin{bmatrix} 10 & 20 & 30 & 1 \end{bmatrix}^{\mathrm{T}} = \begin{bmatrix} 10 \\ 20 \\ 30 \\ 1 \end{bmatrix} \qquad \mathbf{H}^{\mathrm{T}} = \begin{bmatrix} \alpha \\ \beta \\ \gamma \end{bmatrix}^{\mathrm{T}} = \begin{bmatrix} \alpha & \beta & \gamma \end{bmatrix}$$

3. $\begin{aligned} \mathbf{AB} &= (4\times3)(3\times3) = 4\times3 & \mathbf{AH} &= (4\times3)(3\times1) = 4\times1 \\ \mathbf{BB} &= (3\times3)(3\times3) = 3\times3 & \mathbf{BH} &= (3\times3)(3\times1) = 3\times1 \\ \mathbf{CC} &= (2\times2)(2\times2) = 2\times2 & \mathbf{DC} &= (5\times2)(2\times2) = 5\times2 \\ \mathbf{EB} &= (1\times3)(3\times3) = 1\times3 & \mathbf{EH} &= (1\times3)(3\times1) = 1\times1 \\ \mathbf{FE} &= (4\times1)(1\times3) = 4\times3 & \mathbf{FG} &= (4\times1)(1\times4) = 4\times4 \\ \mathbf{GA} &= (1\times4)(4\times3) = 1\times3 & \mathbf{GF} &= (1\times4)(4\times1) = 1\times1 \\ \mathbf{HE} &= (3\times1)(1\times3) = 3\times3 & \mathbf{HG} &= (3\times1)(1\times4) = 3\times4 \end{aligned}$

4. （a）$\begin{bmatrix} 1 & -2 \\ 5 & 0 \end{bmatrix} \begin{bmatrix} -3 & 7 \\ 4 & 1/3 \end{bmatrix} = \begin{bmatrix} (1)(-3)+(-2)(4) & (1)(7)+(-2)(1/3) \\ (5)(-3)+(0)(4) & (5)(7)+(0)(1/3) \end{bmatrix}$

$$= \begin{bmatrix} -3+(-8) & 7+(-2/3) \\ -15+0 & 35+0 \end{bmatrix} = \begin{bmatrix} -11 & 19/3 \\ -15 & 35 \end{bmatrix}$$

（b）不可能。2×2 矩阵不能乘以右侧的 1×2 矩阵。

（c）$\begin{bmatrix} 3 & -1 & 4 \end{bmatrix} \begin{bmatrix} -2 & 0 & 3 \\ 5 & 7 & -6 \\ 1 & -4 & 2 \end{bmatrix}$

$$= \begin{bmatrix} (3)(-2)+(-1)(5)+(4)(1) & (3)(0)+(-1)(7)+(4)(-4) & (3)(3)+(-1)(-6)+(4)(2) \end{bmatrix}$$

$$= \begin{bmatrix} -6+(-5)+4 & 0+(-7)+(-16) & 9+6+8 \end{bmatrix} = \begin{bmatrix} -7 & -23 & 23 \end{bmatrix}$$

（d）$\begin{bmatrix} x & y & z & w \end{bmatrix} \begin{bmatrix} 1 & 0 & 0 & 0 \\ 0 & 1 & 0 & 0 \\ 0 & 0 & 1 & 0 \\ 0 & 0 & 0 & 1 \end{bmatrix} = \begin{bmatrix} x & y & z & w \end{bmatrix}$

（e）不可能。1×4 矩阵不能乘以右侧的 2×1 矩阵。

（f）$\begin{bmatrix} 1 & 0 \\ 0 & 1 \end{bmatrix} \begin{bmatrix} m_{11} & m_{12} \\ m_{21} & m_{22} \end{bmatrix} = \begin{bmatrix} m_{11} & m_{12} \\ m_{21} & m_{22} \end{bmatrix}$

（g）$\begin{bmatrix} 3 & 3 \end{bmatrix} \begin{bmatrix} 6 & -7 \\ -4 & 5 \end{bmatrix} = \begin{bmatrix} (3)(6)+(3)(-4) & (3)(-7)+(3)(5) \end{bmatrix}$

$$= \begin{bmatrix} 18+(-12) & -21+15 \end{bmatrix} = \begin{bmatrix} 6 & -6 \end{bmatrix}$$

（h）不可能。3×3 矩阵不能乘以右侧的 2×3 矩阵。

5. (a) $\begin{bmatrix} 5 & -1 & 2 \end{bmatrix} \begin{bmatrix} 1 & 0 & 0 \\ 0 & 1 & 0 \\ 0 & 0 & 1 \end{bmatrix}$

$= \begin{bmatrix} (5)(1)+(-1)(0)+(2)(0) & (5)(0)+(-1)(1)+(2)(0) & (5)(0)+(-1)(0)+(2)(1) \end{bmatrix}$

$= \begin{bmatrix} 5 & -1 & 2 \end{bmatrix}$

$\begin{bmatrix} 1 & 0 & 0 \\ 0 & 1 & 0 \\ 0 & 0 & 1 \end{bmatrix} \begin{bmatrix} 5 \\ -1 \\ 2 \end{bmatrix} = \begin{bmatrix} (1)(5)+(0)(-1)+(0)(2) \\ (0)(5)+(1)(-1)+(0)(2) \\ (0)(5)+(0)(-1)+(1)(2) \end{bmatrix} = \begin{bmatrix} 5 \\ -1 \\ 2 \end{bmatrix}$

(b) $\begin{bmatrix} 5 & -1 & 2 \end{bmatrix} \begin{bmatrix} 2 & 5 & -3 \\ 1 & 7 & 1 \\ -2 & -1 & 4 \end{bmatrix}$

$= \begin{bmatrix} (5)(2)+(-1)(1)+(2)(-2) & (5)(5)+(-1)(7)+(2)(-1) & (5)(-3)+(-1)(1)+(2)(4) \end{bmatrix}$

$= \begin{bmatrix} 10+(-1)+(-4) & 25+(-7)+(-2) & -15+(-1)+8 \end{bmatrix} = \begin{bmatrix} 5 & 16 & -8 \end{bmatrix}$

$\begin{bmatrix} 2 & 5 & -3 \\ 1 & 7 & 1 \\ -2 & -1 & 4 \end{bmatrix} \begin{bmatrix} 5 \\ -1 \\ 2 \end{bmatrix} = \begin{bmatrix} (2)(5)+(5)(-1)+(-3)(2) \\ (1)(5)+(7)(-1)+(1)(2) \\ (-2)(5)+(-1)(-1)+(4)(2) \end{bmatrix} = \begin{bmatrix} 10+(-5)+(-6) \\ 5+(-7)+2 \\ -10+1+8 \end{bmatrix} = \begin{bmatrix} -1 \\ 0 \\ -1 \end{bmatrix}$

(c) $\begin{bmatrix} 5 & -1 & 2 \end{bmatrix} \begin{bmatrix} 1 & 7 & 2 \\ 7 & 0 & -3 \\ 2 & -3 & -1 \end{bmatrix}$

$= \begin{bmatrix} (5)(1)+(-1)(7)+(2)(2) & (5)(7)+(-1)(0)+(2)(-3) & (5)(2)+(-1)(-3)+(2)(-1) \end{bmatrix}$

$= \begin{bmatrix} 5+(-7)+4 & 35+0+(-6) & 10+3+(-2) \end{bmatrix} = \begin{bmatrix} 2 & 29 & 11 \end{bmatrix}$

$\begin{bmatrix} 1 & 7 & 2 \\ 7 & 0 & -3 \\ 2 & -3 & -1 \end{bmatrix} \begin{bmatrix} 5 \\ -1 \\ 2 \end{bmatrix} = \begin{bmatrix} (1)(5)+(7)(-1)+(2)(2) \\ (7)(5)+(0)(-1)+(-3)(2) \\ (2)(5)+(-3)(-1)+(-1)(2) \end{bmatrix} = \begin{bmatrix} 5+(-7)+4 \\ 35+0+(-6) \\ 10+3+(-2) \end{bmatrix} = \begin{bmatrix} 2 \\ 29 \\ 11 \end{bmatrix}$

(d) $\begin{bmatrix} 5 & -1 & 2 \end{bmatrix} \begin{bmatrix} 0 & -4 & 3 \\ 4 & 0 & -1 \\ -3 & 1 & 0 \end{bmatrix}$

$= \begin{bmatrix} (5)(0)+(-1)(4)+(2)(-3) & (5)(-4)+(-1)(0)+(2)(1) & (5)(3)+(-1)(-1)+(2)(0) \end{bmatrix}$

$= \begin{bmatrix} 0+(-4)+(-6) & (-20)+0+2 & 15+1+0 \end{bmatrix} = \begin{bmatrix} -10 & -18 & 16 \end{bmatrix}$

$\begin{bmatrix} 0 & -4 & 3 \\ 4 & 0 & -1 \\ -3 & 1 & 0 \end{bmatrix} \begin{bmatrix} 5 \\ -1 \\ 2 \end{bmatrix} = \begin{bmatrix} (0)(5)+(-4)(-1)+(3)(2) \\ (4)(5)+(0)(-1)+(-1)(2) \\ (-3)(5)+(1)(-1)+(0)(2) \end{bmatrix} = \begin{bmatrix} 0+4+6 \\ 20+0+(-2) \\ -15+(-1)+0 \end{bmatrix} = \begin{bmatrix} 10 \\ 18 \\ -16 \end{bmatrix}$

6. (a) $\left(\left(\mathbf{A}^{\mathrm{T}} \right)^{\mathrm{T}} \right)^{\mathrm{T}} = \mathbf{A}^{\mathrm{T}}$

(b) $\left(\mathbf{BA}^{\mathrm{T}} \right)^{\mathrm{T}} \left(\mathbf{CD}^{\mathrm{T}} \right) = \left(\left(\mathbf{A}^{\mathrm{T}} \right)^{\mathrm{T}} \left(\mathbf{B} \right)^{\mathrm{T}} \right) \left(\mathbf{CD}^{\mathrm{T}} \right) = \left(\mathbf{AB}^{\mathrm{T}} \right) \left(\mathbf{CD}^{\mathrm{T}} \right) = \mathbf{AB}^{\mathrm{T}}\mathbf{CD}^{\mathrm{T}}$

(c) $\left(\left(\mathbf{D}^{\mathrm{T}}\mathbf{C}^{\mathrm{T}} \right) \left(\mathbf{AB} \right)^{\mathrm{T}} \right)^{\mathrm{T}} = \left(\left(\left(\mathbf{AB} \right)^{\mathrm{T}} \right)^{\mathrm{T}} \left(\mathbf{D}^{\mathrm{T}}\mathbf{C}^{\mathrm{T}} \right)^{\mathrm{T}} \right) = \left(\mathbf{AB} \right) \left(\left(\mathbf{C}^{\mathrm{T}} \right)^{\mathrm{T}} \left(\mathbf{D}^{\mathrm{T}} \right)^{\mathrm{T}} \right)$

$= \left(\mathbf{AB} \right) \left(\mathbf{CD} \right) = \mathbf{ABCD}$

(d) $\left((\mathbf{AB})^{\mathrm{T}}(\mathbf{CDE})^{\mathrm{T}}\right)^{\mathrm{T}} = \left(\left((\mathbf{CDE})^{\mathrm{T}}\right)^{\mathrm{T}}\left((\mathbf{AB})^{\mathrm{T}}\right)^{\mathrm{T}}\right) = (\mathbf{CDE})(\mathbf{AB})$

$= \mathbf{CDEAB}$

7. 对于每个矩阵 $\mathbf{M}$，将 $\mathbf{M}$ 行解释为变换后的基矢量。

（a）基矢量[1, 0]和[0, 1]分别变换为[0, −1]和[1, 0]。因此，$\mathbf{M}$ 执行90°顺时针旋转。

（b）基矢量[1, 0]和[0, 1]分别转换为$\left[\dfrac{\sqrt{2}}{2}, \dfrac{\sqrt{2}}{2}\right]$和$\left[-\dfrac{\sqrt{2}}{2}, \dfrac{\sqrt{2}}{2}\right]$。因此，$\mathbf{M}$ 执行45°逆时针旋转。

（c）基矢量[1, 0]和[0, 1]分别变换为[2, 0]和[0, 2]。因此，$\mathbf{M}$ 执行均匀缩放，将 x 和 y 维度缩放2。

（d）基矢量[1, 0]和[0, 1]分别变换为[4, 0]和[0, 7]。因此，$\mathbf{M}$ 执行非均匀缩放，将 x 维度缩放4，将 y 维度缩放7。

（e）基矢量[1, 0]和[0, 1]分别变换为[−1, 0]和[0, 1]。因此，$\mathbf{M}$ 在 y 轴上执行反射，使 x 值变负并保持 y 值不变。

（f）基矢量[1, 0]和[0, 1]分别变换为[0, −2]和[2, 0]。因此，$\mathbf{M}$ 将执行变换的组合：它顺时针旋转90°并将两个尺寸均匀地缩放2。这可以通过将（a）和（c）部分中的适当矩阵相乘来确认，这些矩阵分别执行以下变换：

$$\begin{bmatrix} 0 & -1 \\ 1 & 0 \end{bmatrix}\begin{bmatrix} 2 & 0 \\ 0 & 2 \end{bmatrix} = \begin{bmatrix} 0 & -2 \\ 2 & 0 \end{bmatrix}$$

8. $\mathbf{M} = \begin{bmatrix} 0 & -b_z & b_y \\ b_z & 0 & -b_x \\ -b_y & b_x & 0 \end{bmatrix}$，该矩阵是斜对称的，因为 $\mathbf{M}^{\mathrm{T}} = -\mathbf{M}$。

9. （a）3　（b）1　（c）4　（d）2

10. 结果矢量元素 w_i 是 $\mathbf{M}$ 的第 i 行乘以列矢量 $\mathbf{v}$ 的积。为了得到 $w_i = v_i - v_{i-1}$，$\mathbf{M}$ 的第 i 行需要捕获 $\mathbf{v}$ 的第 i 个元素，以及第$(i-1)$个元素的负值，同时排除所有其他元素。这意味着

$$m_{ij} = \begin{cases} 1 & \text{if } j = i, \\ -1 & \text{if } j = i - 1, \\ 0 & \text{otherwise} \end{cases}$$

从而，

$$
\mathbf{M} =
\begin{bmatrix}
1 & 0 & 0 & 0 & 0 & 0 & 0 & 0 & 0 & 0 \\
-1 & 1 & 0 & 0 & 0 & 0 & 0 & 0 & 0 & 0 \\
0 & -1 & 1 & 0 & 0 & 0 & 0 & 0 & 0 & 0 \\
0 & 0 & -1 & 1 & 0 & 0 & 0 & 0 & 0 & 0 \\
0 & 0 & 0 & -1 & 1 & 0 & 0 & 0 & 0 & 0 \\
0 & 0 & 0 & 0 & -1 & 1 & 0 & 0 & 0 & 0 \\
0 & 0 & 0 & 0 & 0 & -1 & 1 & 0 & 0 & 0 \\
0 & 0 & 0 & 0 & 0 & 0 & -1 & 1 & 0 & 0 \\
0 & 0 & 0 & 0 & 0 & 0 & 0 & -1 & 1 & 0 \\
0 & 0 & 0 & 0 & 0 & 0 & 0 & 0 & -1 & 1
\end{bmatrix}
$$

11. 结果矢量元素 w_i 是 $\mathbf{N}$ 的第 i 行乘以列矢量 $\mathbf{v}$ 的乘积。为了得到 $w_i = \sum_{j=1}^{i} v_j$，$\mathbf{N}$ 的第 i 行需要捕获 $\mathbf{v}$ 的所有元素，直到包括第 i 个元素，但排除所有其他元素。这意味着

$$
n_{ij} = \begin{cases} 1 & \text{if } j \leq i, \\ 0 & \text{otherwise} \end{cases}
$$

从而，

$$
\mathbf{N} =
\begin{bmatrix}
1 & 0 & 0 & 0 & 0 & 0 & 0 & 0 & 0 & 0 \\
1 & 1 & 0 & 0 & 0 & 0 & 0 & 0 & 0 & 0 \\
1 & 1 & 1 & 0 & 0 & 0 & 0 & 0 & 0 & 0 \\
1 & 1 & 1 & 1 & 0 & 0 & 0 & 0 & 0 & 0 \\
1 & 1 & 1 & 1 & 1 & 0 & 0 & 0 & 0 & 0 \\
1 & 1 & 1 & 1 & 1 & 1 & 0 & 0 & 0 & 0 \\
1 & 1 & 1 & 1 & 1 & 1 & 1 & 0 & 0 & 0 \\
1 & 1 & 1 & 1 & 1 & 1 & 1 & 1 & 0 & 0 \\
1 & 1 & 1 & 1 & 1 & 1 & 1 & 1 & 1 & 0 \\
1 & 1 & 1 & 1 & 1 & 1 & 1 & 1 & 1 & 1
\end{bmatrix}
$$

12. （a）注意，$\mathbf{M}$ 的结构导致 $\mathbf{MN}$ 的第 i 行等于 $\mathbf{N}$ 的第 i 行和第 $(i-1)$ 行之间的差。

（b）注意，$\mathbf{N}$ 的结构导致 $\mathbf{NM}$ 的第 i 行等于 $\mathbf{M}$ 的前 i 行的总和。

$$
\text{（c）} \mathbf{MN} = \mathbf{NM} = \mathbf{I}_{10 \times 10} =
\begin{bmatrix}
1 & 0 & 0 & 0 & 0 & 0 & 0 & 0 & 0 & 0 \\
0 & 1 & 0 & 0 & 0 & 0 & 0 & 0 & 0 & 0 \\
0 & 0 & 1 & 0 & 0 & 0 & 0 & 0 & 0 & 0 \\
0 & 0 & 0 & 1 & 0 & 0 & 0 & 0 & 0 & 0 \\
0 & 0 & 0 & 0 & 1 & 0 & 0 & 0 & 0 & 0 \\
0 & 0 & 0 & 0 & 0 & 1 & 0 & 0 & 0 & 0 \\
0 & 0 & 0 & 0 & 0 & 0 & 1 & 0 & 0 & 0 \\
0 & 0 & 0 & 0 & 0 & 0 & 0 & 1 & 0 & 0 \\
0 & 0 & 0 & 0 & 0 & 0 & 0 & 0 & 1 & 0 \\
0 & 0 & 0 & 0 & 0 & 0 & 0 & 0 & 0 & 1
\end{bmatrix}
$$

B.5　第 5 章

1. 是的，任何矩阵都表示线性变换。此外，因为所有线性变换也是仿射变换，所以

该变换也是仿射变换（仿射变换中没有任何变换，或者换句话说，变换部分为零）。

2. $\begin{bmatrix} 1 & 0 & 0 \\ 0 & \cos(-22°) & \sin(-22°) \\ 0 & -\sin(-22°) & \cos(-22°) \end{bmatrix} = \begin{bmatrix} 1.000 & 0.000 & 0.000 \\ 0.000 & 0.927 & -0.375 \\ 0.000 & 0.375 & 0.927 \end{bmatrix}$

3. $\begin{bmatrix} \cos 30° & 0 & -\sin 30° \\ 0 & 1 & 0 \\ \sin 30° & 0 & \cos 30° \end{bmatrix} = \begin{bmatrix} 0.866 & 0.000 & -0.500 \\ 0.000 & 1.000 & 0.000 \\ 0.500 & 0.000 & 0.866 \end{bmatrix}$

4. $\begin{bmatrix} 0.968 & -0.212 & -0.131 \\ 0.203 & 0.976 & -0.084 \\ 0.146 & 0.054 & 0.988 \end{bmatrix}$

5. $\begin{bmatrix} 2 & 0 & 0 \\ 0 & 2 & 0 \\ 0 & 0 & 2 \end{bmatrix}$

6. $\begin{bmatrix} 1.285 & -0.571 & 0.857 \\ -0.571 & 2.145 & -1.716 \\ 0.857 & -1.716 & 3.573 \end{bmatrix}$

7. $\begin{bmatrix} 0.929 & 0.143 & -0.214 \\ 0.143 & 0.714 & 0.429 \\ -0.214 & 0.429 & 0.356 \end{bmatrix}$

8. $\begin{bmatrix} 0.857 & .286 & -0.428 \\ 0.286 & .428 & 0.858 \\ -0.428 & .858 & -0.286 \end{bmatrix}$

9. （a）

$$\mathbf{M}_{obj \to wld} = \mathbf{R}_y(30°)\mathbf{R}_x(-22°) = \begin{bmatrix} 0.866 & 0.000 & -0.500 \\ 0.000 & 1.000 & 0.000 \\ 0.500 & 0.000 & 0.866 \end{bmatrix}\begin{bmatrix} 1.000 & 0.000 & 0.000 \\ 0.000 & 0.927 & -0.375 \\ 0.000 & 0.375 & 0.927 \end{bmatrix}$$

$$= \begin{bmatrix} 0.866 & -0.187 & -0.464 \\ 0.000 & 0.927 & -0.375 \\ 0.500 & 0.324 & 0.803 \end{bmatrix}$$

（b）在这里，需要以相反的顺序进行相反的旋转。

$$\mathbf{M}_{wld \to obj} = \mathbf{R}_x(22°)\mathbf{R}_y(-30°) = \begin{bmatrix} 1.000 & 0.000 & 0.000 \\ 0.000 & 0.927 & 0.375 \\ 0.000 & -0.375 & 0.927 \end{bmatrix}\begin{bmatrix} 0.866 & 0.000 & 0.500 \\ 0.000 & 1.000 & 0.000 \\ -0.500 & 0.000 & 0.866 \end{bmatrix}$$

$$= \begin{bmatrix} 0.866 & 0.000 & 0.500 \\ -0.187 & 0.927 & 0.324 \\ -0.464 & -0.375 & 0.803 \end{bmatrix}$$

或者，你可能已经知道，该结果应该是前一个问题的答案的转置。如果是这样的话，说明你已经完全理解了。

（c）将 z 轴从对象空间转换为直立空间：

$$[0 \quad 0 \quad 1] \begin{bmatrix} 0.866 & -0.187 & -0.464 \\ 0.000 & 0.927 & -0.375 \\ 0.500 & 0.324 & 0.803 \end{bmatrix} = [0.500 \quad 0.324 \quad 0.803]$$

当然，这与提取矩阵的最后一行完全相同。

B.6 第 6 章

1. $\begin{vmatrix} 3 & -2 \\ 1 & 4 \end{vmatrix} = 3 \cdot 4 - (-2) \cdot 1 = 14$

2. 该行列式是

$$\begin{vmatrix} 3 & -2 & 0 \\ 1 & 4 & 0 \\ 0 & 0 & 2 \end{vmatrix} = 3(4 \cdot 2 - 0 \cdot 0) + (-2)(0 \cdot 0 - 1 \cdot 2) + 0(1 \cdot 0 - 4 \cdot 0) = 28$$

现在计算以下辅助因子：

$$C^{\{11\}} = + \begin{vmatrix} 4 & 0 \\ 0 & 2 \end{vmatrix} = 8, \qquad C^{\{12\}} = - \begin{vmatrix} 1 & 0 \\ 0 & 2 \end{vmatrix} = -2, \qquad C^{\{13\}} = + \begin{vmatrix} 1 & 4 \\ 0 & 0 \end{vmatrix} = 0,$$

$$C^{\{21\}} = - \begin{vmatrix} -2 & 0 \\ 0 & 2 \end{vmatrix} = 4, \qquad C^{\{22\}} = + \begin{vmatrix} 3 & 0 \\ 0 & 2 \end{vmatrix} = 6, \qquad C^{\{23\}} = - \begin{vmatrix} 3 & -2 \\ 0 & 0 \end{vmatrix} = 0,$$

$$C^{\{31\}} = + \begin{vmatrix} -2 & 0 \\ 4 & 0 \end{vmatrix} = 0, \qquad C^{\{32\}} = - \begin{vmatrix} 3 & 0 \\ 1 & 0 \end{vmatrix} = 0, \qquad C^{\{33\}} = + \begin{vmatrix} 3 & -2 \\ 1 & 4 \end{vmatrix} = 14$$

然后将它们放入以下经典伴随矩阵中：

$$\mathrm{adj} \begin{bmatrix} 3 & -2 & 0 \\ 1 & 4 & 0 \\ 0 & 0 & 2 \end{bmatrix} = \begin{bmatrix} C^{\{11\}} & C^{\{21\}} & C^{\{31\}} \\ C^{\{12\}} & C^{\{22\}} & C^{\{32\}} \\ C^{\{13\}} & C^{\{23\}} & C^{\{33\}} \end{bmatrix} = \begin{bmatrix} 8 & 4 & 0 \\ -2 & 6 & 0 \\ 0 & 0 & 14 \end{bmatrix}$$

除以行列式即可获得以下逆矩阵：

$$\begin{bmatrix} 3 & -2 & 0 \\ 1 & 4 & 0 \\ 0 & 0 & 2 \end{bmatrix}^{-1} = \frac{1}{28} \begin{bmatrix} 8 & 4 & 0 \\ -2 & 6 & 0 \\ 0 & 0 & 14 \end{bmatrix} = \begin{bmatrix} 2/7 & 1/7 & 0 \\ -1/14 & 3/14 & 0 \\ 0 & 0 & 1/2 \end{bmatrix}$$

3. 矩阵在适当的容差范围内是正交的。

4. 因为矩阵是正交的，所以它的逆就是简单的转置，具体如下：

$$\begin{bmatrix} -0.1495 & -0.1986 & -0.9685 \\ -0.8256 & 0.5640 & 0.0117 \\ -0.5439 & -0.8015 & 0.2484 \end{bmatrix}^{-1} = \begin{bmatrix} -0.1495 & -0.1986 & -0.9685 \\ -0.8256 & 0.5640 & 0.0117 \\ -0.5439 & -0.8015 & 0.2484 \end{bmatrix}^{\mathrm{T}}$$

$$= \begin{bmatrix} -0.1495 & -0.8256 & -0.5439 \\ -0.1986 & 0.5640 & -0.8015 \\ -0.9685 & 0.0117 & 0.2484 \end{bmatrix}$$

5. 这个矩阵是标准仿射变换矩阵，其最右列为 $[0, 0, 0, 1]^{\mathrm{T}}$，如第 6.4.3 节所述。因此，它可以分解为以下线性部分和平移部分：

$$
\mathbf{M} = \begin{bmatrix} -0.1495 & -0.1986 & -0.9685 & 0 \\ -0.8256 & 0.5640 & 0.0117 & 0 \\ -0.5439 & -0.8015 & 0.2484 & 0 \\ 1.7928 & -5.3116 & 8.0151 & 1 \end{bmatrix}
$$

$$
= \begin{bmatrix} -0.1495 & -0.1986 & -0.9685 & 0 \\ -0.8256 & 0.5640 & 0.0117 & 0 \\ -0.5439 & -0.8015 & 0.2484 & 0 \\ 0 & 0 & 0 & 1 \end{bmatrix} \begin{bmatrix} 1 & 0 & 0 & 0 \\ 0 & 1 & 0 & 0 \\ 0 & 0 & 1 & 0 \\ 1.7928 & -5.3116 & 8.0151 & 1 \end{bmatrix}
$$

现在采用逆是很容易的，特别是当我们意识到线性部分是与习题 4 相同的矩阵时。唯一真正的工作是将平移行乘以线性部分的逆，具体如下：

$$
\mathbf{M}^{-1} = \left(\begin{bmatrix} -0.1495 & -0.1986 & -0.9685 & 0 \\ -0.8256 & 0.5640 & 0.0117 & 0 \\ -0.5439 & -0.8015 & 0.2484 & 0 \\ 0 & 0 & 0 & 1 \end{bmatrix} \begin{bmatrix} 1 & 0 & 0 & 0 \\ 0 & 1 & 0 & 0 \\ 0 & 0 & 1 & 0 \\ 1.7928 & -5.3116 & 8.0151 & 1 \end{bmatrix} \right)^{-1}
$$

$$
= \begin{bmatrix} 1 & 0 & 0 & 0 \\ 0 & 1 & 0 & 0 \\ 0 & 0 & 1 & 0 \\ 1.7928 & -5.3116 & 8.0151 & 1 \end{bmatrix}^{-1} \begin{bmatrix} -0.1495 & -0.1986 & -0.9685 & 0 \\ -0.8256 & 0.5640 & 0.0117 & 0 \\ -0.5439 & -0.8015 & 0.2484 & 0 \\ 0 & 0 & 0 & 1 \end{bmatrix}^{-1}
$$

$$
= \begin{bmatrix} 1 & 0 & 0 & 0 \\ 0 & 1 & 0 & 0 \\ 0 & 0 & 1 & 0 \\ -1.7928 & 5.3116 & -8.0151 & 1 \end{bmatrix} \begin{bmatrix} -0.1495 & -0.8256 & -0.5439 & 0 \\ -0.1986 & 0.5640 & -0.8015 & 0 \\ -0.9685 & 0.0117 & 0.2484 & 0 \\ 0 & 0 & 0 & 1 \end{bmatrix}
$$

$$
= \begin{bmatrix} -0.1495 & -0.8256 & -0.5439 & 0 \\ -0.1986 & 0.5640 & -0.8015 & 0 \\ -0.9685 & 0.0117 & 0.2484 & 0 \\ 6.976 & 4.382 & -5.273 & 1 \end{bmatrix}
$$

6. $\mathbf{T}([4, 2, 3]) = \begin{bmatrix} 1 & 0 & 0 & 0 \\ 0 & 1 & 0 & 0 \\ 0 & 0 & 1 & 0 \\ 4 & 2 & 3 & 1 \end{bmatrix}$

7. 首先，计算该旋转矩阵：

$$
\mathbf{R}_x(20°) = \begin{bmatrix} 1 & 0 & 0 & 0 \\ 0 & \cos(20°) & \sin(20°) & 0 \\ 0 & -\sin(20°) & \cos(20°) & 0 \\ 0 & 0 & 0 & 1 \end{bmatrix} = \begin{bmatrix} 1.000 & 0.000 & 0.000 & 0.000 \\ 0.000 & 0.940 & 0.342 & 0.000 \\ 0.000 & -0.342 & 0.940 & 0.000 \\ 0.000 & 0.000 & 0.000 & 1.000 \end{bmatrix}
$$

现在将其与习题 6 中的平移矩阵连接起来。我们知道这将简单地将旋转部分复制到上部 3 × 3，并将其平移到底部行。

$$\mathbf{R}_x(20°)\,\mathbf{T}([4,2,3]) = \begin{bmatrix} 1.000 & 0.000 & 0.000 & 0.000 \\ 0.000 & 0.940 & 0.342 & 0.000 \\ 0.000 & -0.342 & 0.940 & 0.000 \\ 0.000 & 0.000 & 0.000 & 1.000 \end{bmatrix} \begin{bmatrix} 1.000 & 0.000 & 0.000 & 0.000 \\ 0.000 & 1.000 & 0.000 & 0.000 \\ 0.000 & 0.000 & 1.000 & 0.000 \\ 4.000 & 2.000 & 3.000 & 1.000 \end{bmatrix}$$

$$= \begin{bmatrix} 1.000 & 0.000 & 0.000 & 0.000 \\ 0.000 & 0.940 & 0.342 & 0.000 \\ 0.000 & -0.342 & 0.940 & 0.000 \\ 4.000 & 2.000 & 3.000 & 1.000 \end{bmatrix}$$

8. 这次以相反的顺序连接矩阵，然后旋转平移部分。

$$\mathbf{T}([4,2,3])\,\mathbf{R}_x(20°) = \begin{bmatrix} 1.000 & 0.000 & 0.000 & 0.000 \\ 0.000 & 1.000 & 0.000 & 0.000 \\ 0.000 & 0.000 & 1.000 & 0.000 \\ 4.000 & 2.000 & 3.000 & 1.000 \end{bmatrix} \begin{bmatrix} 1.000 & 0.000 & 0.000 & 0.000 \\ 0.000 & 0.940 & 0.342 & 0.000 \\ 0.000 & -0.342 & 0.940 & 0.000 \\ 0.000 & 0.000 & 0.000 & 1.000 \end{bmatrix}$$

$$= \begin{bmatrix} 1.000 & 0.000 & 0.000 & 0.000 \\ 0.000 & 0.940 & 0.342 & 0.000 \\ 0.000 & -0.342 & 0.940 & 0.000 \\ 4.000 & 0.853 & 3.503 & 1.000 \end{bmatrix}$$

9. $\begin{bmatrix} 1 & 0 & 0 & 1/5 \\ 0 & 1 & 0 & 0 \\ 0 & 0 & 1 & 0 \\ 0 & 0 & 0 & 0 \end{bmatrix}$

10. $\begin{bmatrix} 105 & -243 & 89 & 1 \end{bmatrix} \begin{bmatrix} 1 & 0 & 0 & 1/5 \\ 0 & 1 & 0 & 0 \\ 0 & 0 & 1 & 0 \\ 0 & 0 & 0 & 0 \end{bmatrix} = \begin{bmatrix} 105 & -243 & 89 & \frac{105}{5} \end{bmatrix} \Rightarrow \begin{bmatrix} 5 & \frac{-81}{7} & \frac{89}{21} \end{bmatrix}$

B.7　第 7 章

⚠️ 注意:

在本节的某些地方，使用符号 $(x, y)_c$ 来表示笛卡儿坐标，使用 $(r, \theta)_p$ 来表示极坐标。如果使用普通的 (a, b) 坐标，则上下文将清楚地表明坐标是笛卡儿坐标还是极坐标。

1.

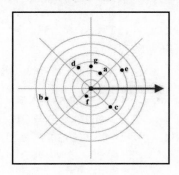

2. （a）$(4, 207°) \equiv (4, 207° - 360°) \equiv (4, -153°)$

（b）$(-5, -720°) \equiv (-5, 0°) \equiv (5, 180°)$

（c）$(0, 45.2°) \equiv (0, 0°)$

（d）$(12.6, 11\pi/4 \text{ rad}) \equiv (12.6, 11\pi/4 \text{ rad} - 2\pi \text{ rad}) \equiv (12.6, 3\pi/4 \text{ rad})$

3. （a）$(1, 45°)_p \equiv (1\cos 45°, 1\sin 45°)_c \approx (1 \cdot 0.707, 1 \cdot 0.707)_c = (0.707, 0.707)_c$

（b）$(3, 0°)_p \equiv (3\cos 0°, 3\sin 0°)_c = (3 \cdot 1, 3 \cdot 0)_c = (3, 0)_c$

（c）$(4, 90°)_p \equiv (4\cos 90°, 4\sin 90°)_c = (4 \cdot 0, 4 \cdot 1)_c = (0, 4)_c$

（d）$(10, -30°)_p \equiv (10\cos(-30°), 10\sin(-30°))_c \approx (10 \cdot 0.866, 10 \cdot (-0.500))_c = (8.66, -5.00)_c$

（e）$(5.5, \pi \text{ rad})_p \equiv (5.5\cos(\pi \text{ rad}), 5.5\sin(\pi \text{ rad}))_c = (5.5 \cdot (-1), 5.5 \cdot (0))_c = (-5.5, 0)_c$

4. （a）$(4, 207°)_p \equiv (4\cos 207°, 4\sin 207°)_c \approx (4 \cdot -.891, 4 \cdot -.454)_c \approx (-3.56, -1.82)_c$

（b）$(-5, -720°)_p \equiv (-5\cos(-720°), -5\sin(-720°))_c = (-5 \cdot 1, -5 \cdot 0)_c = (-5, 0)_c$

（c）$(0, 45.2°)_p \equiv (0, 0)_c$

如果你不愿意计算 45.2° 的正弦和余弦，那么将得不到学分。

（d）$(12.6, 11\pi/4 \text{ rad})_p \equiv (12.6\cos(11\pi/4 \text{ rad}), 12.6\sin(11\pi/4 \text{ rad}))_c \approx (12.6 \cdot -.707, 12.6 \cdot .707)_c \approx (-8.91, 8.91)_c$

请注意，将非规范极坐标转换为笛卡儿坐标确实没有任何不同，也不会更困难。

5. （a）$(10, 20)_c$：

$$r = \sqrt{10^2 + 20^2} = \sqrt{100 + 400} = \sqrt{500} \approx 22.36$$
$$\theta = \text{atan2}(20, 10) = \arctan(20/10) \approx 63.43°$$
$$(10, 20)_c \cong (22.36, 63.43°)_p$$

（b）$(-12, -5)_c$：

$$r = \sqrt{(-12)^2 + (-5)^2} = \sqrt{144 + 25} = \sqrt{169} = 13$$
$$\theta = \text{atan2}(-5, -12) = \arctan(5/12) - 180°$$
$$\approx 22.62° - 180° \approx -157.38°$$
$$(-12, -5)_c \cong (13, -157.38°)_p$$

（c）$(0, 4.5)_c$：

$$r = \sqrt{0^2 + 4.5^2} = 4.5$$
$$\theta = \text{atan2}(0, 4.5) = 90°$$
$$(4.5, 0)_c \equiv (4.5, 90°)_p$$

（d）$(-3, 4)_c$：

$$r = \sqrt{(-3)^2 + 4^2} = \sqrt{9 + 16} = \sqrt{25} = 5$$
$$\theta = \text{atan2}(4, -3) = \arctan(4/3) + 180°$$
$$\approx -53.13° + 180° \approx 126.87°$$
$$(-3, 4)_c \equiv (5, 126.87°)_p$$

（e）$(0, 0)_c \equiv (0, 0)_p$

（f）$(-5280, 0)_c$

$$r = \sqrt{(-5280)^2 + 0^2} = 5280$$
$$\theta = \text{atan2}(0, -5280) = 180°$$
$$(-5280, 0)_c \equiv (5280, 180°)_p$$

6.　（a）$x = r\cos(\theta) = 4\cos(120°) = 4(-1/2) = -2$
　　　　$y = r\sin(\theta) = 4\sin(120°) = 4(\sqrt{3}/2) = 2\sqrt{3}$

因此，$(x, y, z) = (-2, 2\sqrt{3}, 5)$。

　（b）$x = r\cos(\theta) = 2\cos(45°) = 2(\sqrt{2}/2) = \sqrt{2}$
　　　　$y = r\sin(\theta) = 2\sin(45°) = 2(\sqrt{2}/2) = \sqrt{2}$

因此，$(x, y, z) = (\sqrt{2}, \sqrt{2}, -1)$。

　（c）$x = r\cos(\theta) = 6\cos(-\pi/6) = 6\cos(\pi/6) = 6(\sqrt{3}/2) = 3\sqrt{3}$
　　　　$y = r\sin(\theta) = 6\sin(-\pi/6) = -6\sin(\pi/6) = -6(-1/2) = -3$

因此，$(x, y, z) = (3\sqrt{3}, -3, -3)$。

　（d）$x = r\cos(\theta) = 3\cos(3\pi) = 3\cos(\pi) = 3(-1) = -3$
　　　　$y = r\sin(\theta) = 3\sin(3\pi) = 3\sin(\pi) = 3(0) = 0$

因此，$(x, y, z) = (-3, 0, 1)$。

7.　（a）$r = \sqrt{1^2 + 1^2} = \sqrt{2}$
　　　　　$\theta = \arctan(1/1) = 45°$

因此，$(r, \theta, z) = (\sqrt{2}, 45°, 1)$。

　（b）$r = \sqrt{0^2 + (-5)^2} = 5$

$\theta = -90°$，由于 $x = 0$，$y < 0$

因此，$(r, \theta, z) = (5, -90°, 2)$。

　（c）$r = \sqrt{(-3)^2 + 4^2} = 5$
　　　　　$\theta = \arctan(4/(-3)) = 126.87°$

因此，$(r, \theta, z) = (5, 126.87°, -7)$。

（d）$r = \sqrt{0^2 + 0^2} = 0$

$\theta = 0$，由于 $x = 0$ 且 $y = 0$

因此，$(r, \theta, z) = (0, 0, -3)$。

8. （a）$x = r\sin(\phi)\cos(\theta) = 4\sin(3\pi/4)\cos(\pi/3) = 4(\sqrt{2}/2)(1/2) = \sqrt{2}$

　　　　$y = r\sin(\phi)\sin(\theta) = 4\sin(3\pi/4)\sin(\pi/3) = 4(\sqrt{2}/2)(\sqrt{3}/2) = \sqrt{6}$

　　　　$z = r\cos(\phi) = 4\cos(3\pi/4) = 4(-\sqrt{2}/2) = -2\sqrt{2}$

因此，$(x, y, z) = (\sqrt{2}, \sqrt{6}, -2\sqrt{2})$。

（b）$x = r\sin(\phi)\cos(\theta) = 5\sin(\pi/3)\cos(-5\pi/6) = 5(\sqrt{3}/2)(-\sqrt{3}/2) = -15/4$

　　　　$y = r\sin(\phi)\sin(\theta) = 5\sin(\pi/3)\sin(-5\pi/6) = 5(\sqrt{3}/2)(-1/2) = -5\sqrt{3}/4$

　　　　$z = r\cos(\phi) = 5\cos(\pi/3) = 5(1/2) = 5/2$

因此，$(x, y, z) = (-15/4, -5\sqrt{3}/4, 5/2)$。

（c）$x = r\sin(\phi)\cos(\theta) = 2\sin(\pi)\cos(-\pi/6) = 2(0)(\sqrt{3}/2) = 0$

　　　　$y = r\sin(\phi)\sin(\theta) = 2\sin(\pi)\sin(-\pi/6) = 2(0)(-1/2) = 0$

　　　　$z = r\cos(\phi) = 2\cos(\pi) = 2(-1) = -2$

因此，$(x, y, z) = (0, 0, -2)$。

（d）$x = r\sin(\phi)\cos(\theta) = 8\sin(\pi/6)\cos(9\pi/4) = 8(1/2)(\sqrt{2}/2) = 2\sqrt{2}$

　　　　$y = r\sin(\phi)\sin(\theta) = 8\sin(\pi/6)\sin(9\pi/4) = 8(1/2)(\sqrt{2}/2) = 2\sqrt{2}$

　　　　$z = r\cos(\phi) = 8\cos(\pi/6) = 8(\sqrt{3}/2) = 4\sqrt{3}$

因此，$(x, y, z) = (2\sqrt{2}, 2\sqrt{2}, 4\sqrt{3})$。

9. （a1）$(4, \pi/3, 3\pi/4) \Longrightarrow (4, 4\pi/3, \pi/4) \Longrightarrow (4, -2\pi/3, \pi/4)$

（a2）$x = r\cos p\sin h = 4\cos(\pi/4)\sin(-2\pi/3) = 4(\sqrt{2}/2)(-\sqrt{3}/2) = -\sqrt{6}$

　　　　$y = -r\sin p = -4\sin(\pi/4) = -4(\sqrt{2}/2) = -2\sqrt{2}$

　　　　$z = r\cos p\cos h = 4\cos(\pi/4)\cos(-2\pi/3) = 4(\sqrt{2}/2)(-1/2) = -\sqrt{2}$

因此，$(x, y, z) = (-\sqrt{6}, -2\sqrt{2}, -\sqrt{2})$。

（b1）$(5, -5\pi/6, \pi/3)$ 已在规范集中。

（b2）$x = r\cos p\sin h = 5\cos(\pi/3)\sin(-5\pi/6) = 5(1/2)(-1/2) = -5/4$

　　　　$y = -r\sin p = -5\sin(\pi/3) = -5(\sqrt{3}/2) = -(5\sqrt{3})/2$

　　　　$z = r\cos p\cos h = 5\cos(\pi/3)\cos(-5\pi/6) = 5(1/2)(-\sqrt{3}/2) = -(5\sqrt{3})/4$

因此，$(x, y, z) = (-5/4, -(5\sqrt{3})/2, -(5\sqrt{3})/4)$。

（c1）$(2, -\pi/6, \pi) \Longrightarrow (2, 5\pi/6, 0)$

（c2）$x = r\cos p\sin h = 2\cos(0)\sin(5\pi/6) = (2)(1)(1/2) = 1$

　　　　$y = -r\sin p = -2\sin(0) = (-2)(0) = 0$

　　　　$z = r\cos p\cos h = 2\cos(0)\cos(5\pi/6) = (2)(1)(-\sqrt{3}/2) = -\sqrt{3}$

因此，$(x, y, z) = (1, 0, -\sqrt{3})$。

（d1） $(8, 9\pi/4, \pi/6) \Longrightarrow (8, \pi/4, \pi/6)$

（d2） $x = r \cos p \sin h = 8 \cos(\pi/6) \sin(\pi/4) = 8(\sqrt{3}/2)(\sqrt{2}/2) = 2\sqrt{6}$

$\qquad y = -r \sin p = -8 \sin(\pi/6) = -8(1/2) = -4$

$\qquad z = r \cos p \cos h = 8 \cos(\pi/6) \cos(\pi/4) = 8(\sqrt{3}/2)(\sqrt{2}/2) = 2\sqrt{6}$

因此， $(x, y, z) = (2\sqrt{6}, -4, 2\sqrt{6})$ 。

10. （a） $r = \sqrt{x^2 + y^2 + z^2} = \sqrt{(\sqrt{2})^2 + (2\sqrt{3})^2 + (-\sqrt{2})^2} = \sqrt{2 + 12 + 2} = \sqrt{16} = 4$

$\qquad h = \arctan(x/z) = \arctan(-\sqrt{2}/\sqrt{2}) = \arctan(-1) = 135°$

给定 (x, z) 的位置，

$\qquad p = \arcsin(-y/r) = \arcsin(-(2\sqrt{3})/4) = \arcsin(-\sqrt{3}/2) = -60°$

因此， $(r, h, p) = (4, 135°, -60°)$ 。

（b） $r = \sqrt{x^2 + y^2 + z^2} = \sqrt{(2\sqrt{3})^2 + 6^2 + (-4)^2} = \sqrt{12 + 36 + 16} = \sqrt{64} = 8$

$\qquad h = \arctan(x/z) = \arctan(-(2\sqrt{3})/4) = \arctan(-\sqrt{3}/2) = 139.11°$

给定 (x, z) 的位置，

$\qquad p = \arcsin(-y/r) = \arcsin(-6/8) = \arcsin(-3/4) = -48.59°$

因此， $(r, h, p) = (8, 139.11°, -48.59°)$ 。

（c） $r = \sqrt{x^2 + y^2 + z^2} = \sqrt{(-1)^2 + (-1)^2 + (-1)^2} = \sqrt{1 + 1 + 1} = \sqrt{3}$

$\qquad h = \arctan(x/z) = \arctan((-1)/(-1)) = \arctan(1) = -135°$

给定 (x, z) 的位置，

$\qquad p = \arcsin(-y/r) = \arcsin(1/\sqrt{3}) = 35.26°$

因此， $(r, h, p) = (\sqrt{3}, -135°, 35.26°)$ 。

（d） $r = \sqrt{x^2 + y^2 + z^2} = \sqrt{2^2 + (-2\sqrt{3})^2 + 4^2} = \sqrt{4 + 12 + 16} = \sqrt{32} = 4\sqrt{2}$

$\qquad h = \arctan(x/z) = \arctan(2/4) = \arctan(1/2) = 26.57°$

给定 (x, z) 的位置，

$\qquad p = \arcsin(-y/r) = \arcsin((2\sqrt{3})/(4\sqrt{2})) = \arcsin(\sqrt{3}/(2\sqrt{2})) = 37.76°$

因此， $(r, h, p) = (4\sqrt{2}, 26.57°, 37.76°)$ 。

（e） $r = \sqrt{x^2 + y^2 + z^2} = \sqrt{(-\sqrt{3})^2 + (-\sqrt{3})^2 + (2\sqrt{2})^2} = \sqrt{3 + 3 + 8} = \sqrt{14}$

$\qquad h = \arctan(x/z) = \arctan(-\sqrt{3}/(2\sqrt{2})) = -31.48°$

给定 (x, z) 的位置，

$\qquad p = \arcsin(-y/r) = \arcsin(\sqrt{3}/\sqrt{14}) = 27.58°$

因此， $(r, h, p) = (\sqrt{14}, -31.48°, 27.58°)$ 。

（f）$r = \sqrt{x^2 + y^2 + z^2} = \sqrt{3^2 + 4^2 + 12^2} = \sqrt{9 + 16 + 144} = 13$

　　　$h = \arctan(x/z) = \arctan(3/12) = \arctan(1/4) = 14.04^\circ$

　　　$p = \arcsin(-y/r) = \arcsin(-4/13) = -17.92^\circ$

因此，$(r, h, p) = (13, 14.04^\circ, -17.92^\circ)$。

11.　（a）半径为 r_0 的球体。

　　　（b）垂直平面，通过使平面 $x = 0$ 绕 y 轴顺时针旋转角度 h_0 而获得。

　　　（c）"正圆锥形表面"（两个垂直圆锥体，在原点处与尖端相对）。

　　　　　锥体的内角为 $2p_0$。

12.　她在北极，所以熊是白色的。[①]

B.8　第 8 章

1.　（a）5　　（b）3　　（c）6　　（d）1　　（e）2　　（f）4

2.　（a）3。是，它们是规范的欧拉角。

　　（b）4。是，它们是规范的欧拉角。

　　（c）5。否，这个定向是在万向节死锁中，而在规范集合中，滚转应该为零。

　　（d）1。是，它们是规范的欧拉角。

　　（e）2。是，它们是规范的欧拉角。

　　（f）3。否，俯仰角超出有效范围。

　　（g）5。是，它们是规范的欧拉角。

　　（h）2。否，俯仰角超出有效范围。

　　（i）6。是，它们是规范的欧拉角。

3.　（a）$\begin{bmatrix} \cos(30^\circ/2) \\ \begin{pmatrix} 1 \cdot \sin(30^\circ/2) \\ 0 \cdot \sin(30^\circ/2) \\ 0 \cdot \sin(30^\circ/2) \end{pmatrix} \end{bmatrix} = \begin{bmatrix} 0.966 \\ .259 \\ 0.000 \\ 0.000 \end{bmatrix}$

　　（b）所有旋转四元数的大小为 1！

　　（c）[0.966　(−.259　0.000　0.000)]

[①] 这是一个脑筋急转弯问题，其实就是一个双关语。本章介绍的是 Polar（极坐标），出现在本章的熊自然就是 Polar Bear（北极熊）。

（d）这对应于 +30° 的俯仰角。

4. （a）2　（b）5　（c）1　（d）3　（e）2　（f）1　（g）4　（h）6　（i）3

5. （a）5　（b）2　（c）6　（d）1　（e）3　（f）5　（g）4　（h）2　（i）3

6. $(w_1 + x_1 i + y_1 j + z_1 k)(w_2 + x_2 i + y_2 j + z_2 k)$
$= w_1 w_2 + w_1 x_2 i + w_1 y_2 j + w_1 z_2 k$
$\quad + x_1 w_2 i + x_1 x_2 i^2 + x_1 y_2 ij + x_1 z_2 ik$
$\quad + y_1 w_2 j + y_1 x_2 ji + y_1 y_2 j^2 + y_1 z_2 jk$
$\quad + z_1 w_2 k + z_1 x_2 ki + z_1 y_2 kj + z_1 z_2 k^2$
$= w_1 w_2 + w_1 x_2 i + w_1 y_2 j + w_1 z_2 k$
$\quad + x_1 w_2 i + x_1 x_2 (-1) + x_1 y_2 k + x_1 z_2 (-j)$
$\quad + y_1 w_2 j + y_1 x_2 (-k) + y_1 y_2 (-1) + y_1 z_2 i$
$\quad + z_1 w_2 k + z_1 x_2 j + z_1 y_2 (-i) + z_1 z_2 (-1)$
$= w_1 w_2 - x_1 x_2 - y_1 y_2 - z_1 z_2$
$\quad + (w_1 x_2 + x_1 w_2 + y_1 z_2 - z_1 y_2)i$
$\quad + (w_1 y_2 + y_1 w_2 + z_1 x_2 - x_1 z_2)j$
$\quad + (w_1 z_2 + z_1 w_2 + x_1 y_2 - y_1 x_2)k$

7. 首先，提取半角和旋转轴：

$$\alpha = \theta/2 = \arccos w = \arccos 0.965 \approx 15.0°,$$
$$\hat{n} = \text{normalize}(\begin{bmatrix} 0.149 & -0.149 & 0.149 \end{bmatrix}) \approx \begin{bmatrix} 0.577 & -0.577 & 0.577 \end{bmatrix}$$

现在使用新的半角（$\alpha' = 2\alpha \approx 30.0°$）形成一个新的四元数：

$$\begin{bmatrix} \cos\alpha' \\ \begin{pmatrix} n_x \sin\alpha' \\ n_y \sin\alpha' \\ n_z \sin\alpha' \end{pmatrix} \end{bmatrix} = \begin{bmatrix} 0.867 \\ \begin{pmatrix} 0.577 \cdot 0.500 \\ -0.577 \cdot 0.500 \\ 0.577 \cdot 0.500 \end{pmatrix} \end{bmatrix} = \begin{bmatrix} 0.867 \\ \begin{pmatrix} 0.288 \\ -0.288 \\ 0.288 \end{pmatrix} \end{bmatrix}$$

8. （a）$\mathbf{a} \cdot \mathbf{b} = \begin{bmatrix} 0.233 \\ \begin{pmatrix} 0.060 \\ -0.257 \\ -0.935 \end{pmatrix} \end{bmatrix} \cdot \begin{bmatrix} -0.752 \\ \begin{pmatrix} 0.286 \\ 0.374 \\ 0.459 \end{pmatrix} \end{bmatrix} = (0.233)(-0.752) + (0.060)(0.286) + (-0.257)(0.374)$
$$+ (-0.935)(0.459) = -0.683$$

（b）$\mathbf{ab} = \begin{bmatrix} 0.333 \\ \begin{pmatrix} 0.253 \\ -0.015 \\ 0.906 \end{pmatrix} \end{bmatrix}$

（c）$\mathbf{d} = \mathbf{ba}^{-1} = \begin{bmatrix} -0.752 \\ \begin{pmatrix} 0.286 \\ 0.374 \\ 0.459 \end{pmatrix} \end{bmatrix} \begin{bmatrix} 0.233 \\ \begin{pmatrix} 0.060 \\ -0.257 \\ -0.935 \end{pmatrix} \end{bmatrix}^* = \begin{bmatrix} -0.683 \\ \begin{pmatrix} 0.343 \\ -0.401 \\ -0.500 \end{pmatrix} \end{bmatrix}$

9. $\|\mathbf{q}_1\mathbf{q}_2\| = \left\| \begin{bmatrix} w_1 & (x_1 & y_1 & z_1) \end{bmatrix} \begin{bmatrix} w_2 & (x_2 & y_2 & z_2) \end{bmatrix} \right\|$

$$= \left\| \begin{bmatrix} w_1 w_2 - x_1 x_2 - y_1 y_2 - z_1 z_2 \\ \begin{pmatrix} w_1 x_2 + x_1 w_2 + y_1 z_2 - z_1 y_2 \\ w_1 y_2 + y_1 w_2 + z_1 x_2 - x_1 z_2 \\ w_1 z_2 + z_1 w_2 + x_1 y_2 - y_1 x_2 \end{pmatrix} \end{bmatrix} \right\|$$

$$= \sqrt{ \begin{aligned} & (w_1 w_2 - x_1 x_2 - y_1 y_2 - z_1 z_2)^2 \\ & + (w_1 x_2 + x_1 w_2 + y_1 z_2 - z_1 y_2)^2 \\ & + (w_1 y_2 + y_1 w_2 + z_1 x_2 - x_1 z_2)^2 \\ & + (w_1 z_2 + z_1 w_2 + x_1 y_2 - y_1 x_2)^2 \end{aligned} }$$

展开这些积，然后约消掉一些项目（在此省略了这一步骤，因为它确实非常混乱），然后得到如下结果：

$$\|\mathbf{q}_1\mathbf{q}_2\| = \sqrt{ \begin{aligned} & w_1{}^2 w_2{}^2 + x_1{}^2 x_2{}^2 + y_1{}^2 y_2{}^2 + z_1{}^2 z_2{}^2 \\ & + w_1{}^2 x_2{}^2 + x_1{}^2 w_2{}^2 + y_1{}^2 z_2{}^2 + z_1{}^2 y_2{}^2 \\ & + w_1{}^2 y_2{}^2 + y_1{}^2 w_2{}^2 + z_1{}^2 x_2{}^2 + x_1{}^2 z_2{}^2 \\ & + w_1{}^2 z_2{}^2 + z_1{}^2 w_2{}^2 + x_1{}^2 y_2{}^2 + y_1{}^2 x_2{}^2 \end{aligned} }$$

$$= \sqrt{ \begin{aligned} & w_1{}^2 (w_2{}^2 + x_2{}^2 + y_2{}^2 + z_2{}^2) \\ & + x_1{}^2 (w_2{}^2 + x_2{}^2 + y_2{}^2 + z_2{}^2) \\ & + y_1{}^2 (w_2{}^2 + x_2{}^2 + y_2{}^2 + z_2{}^2) \\ & + z_1{}^2 (w_2{}^2 + x_2{}^2 + y_2{}^2 + z_2{}^2) \end{aligned} }$$

$$= \sqrt{ (w_1{}^2 + x_1{}^2 + y_1{}^2 + z_1{}^2)(w_2{}^2 + x_2{}^2 + y_2{}^2 + z_2{}^2) }$$

$$= \sqrt{ \|\mathbf{q}_1\|^2 \|\mathbf{q}_2\|^2 }$$

$$= \|\mathbf{q}_1\| \|\mathbf{q}_2\|$$

B.9　第 9 章

1. 首先，使用式（9.5）将光线转换为以下隐含形式：

$$a = d_y = 5,$$
$$b = -d_x = 7,$$
$$d = x_{\mathrm{org}} d_y - y_{\mathrm{org}} d_x = 5 \cdot 5 - 3 \cdot (-7) = 46$$

然后，可以根据式（9.6）将其转换为以下斜率截距形式：

$$m = -a/b = -5/7,$$
$$y_0 = d/b = 46/7$$

因此，该直线的方程是 $y = -(5/7)x + 46/7$。

2. $4x + 7y = 42$
$$7y = -4x + 42$$
$$y = -(4/7)x + 6$$

斜率为-4/7，y 截距为 6。

3. （a）$\mathbf{p}_{\min} = (-5, -7, -5)$, $\mathbf{p}_{\max} = (7, 11, 8)$

（b）
$$
\begin{array}{ll}
(x_{\min}, y_{\min}, z_{\min}) = (-5, -7, -5) & (x_{\min}, y_{\min}, z_{\max}) = (-5, -7, 8) \\
(x_{\min}, y_{\max}, z_{\min}) = (-5, 11, -5) & (x_{\min}, y_{\max}, z_{\max}) = (-5, 11, 8) \\
(x_{\max}, y_{\min}, z_{\min}) = (7, -7, -5) & (x_{\max}, y_{\min}, z_{\max}) = (7, -7, 8) \\
(x_{\max}, y_{\max}, z_{\min}) = (7, 11, -5) & (x_{\max}, y_{\max}, z_{\max}) = (7, 11, 8)
\end{array}
$$

（c）$\mathbf{c} = (\mathbf{p}_{\min} + \mathbf{p}_{\max})/2 = (1, 2, 1.5)$
$\mathbf{s} = (\mathbf{p}_{\max} - \mathbf{p}_{\min}) = (12, 18, 13)$

（d）$\mathbf{v}'_1 = (-2.828, 12.728, -5.000)$ $\mathbf{v}'_2 = (-0.707, 3.5355, 8.000)$
$\mathbf{v}'_3 = (-4.243, 0.000, 1.000)$ $\mathbf{v}'_4 = (1.414, -8.485, 0.000)$
$\mathbf{v}'_5 = (2.121, 6.364, 4.000)$

（e）$\mathbf{p}_{\min} = (-4.243, -8.485, -5)$, $\mathbf{p}_{\max} = (2.121, 12.728, 8)$

（f）首先，使用代码清单 9.4 中的技术确定要采用的积：

$$
\begin{array}{lll}
x'_{\min} = m_{11} \cdot x_{\min} & x'_{\max} = m_{11} \cdot x_{\max} & (m_{11} > 0) \\
\quad + m_{21} \cdot y_{\max} & \quad + m_{21} \cdot y_{\min} & (m_{21} < 0) \\
\quad + 0, & \quad + 0, & (m_{31} = 0) \\
y'_{\min} = m_{12} \cdot x_{\min} & y'_{\max} = m_{12} \cdot x_{\max} & (m_{12} > 0) \\
\quad + m_{22} \cdot y_{\min} & \quad + m_{22} \cdot y_{\max} & (m_{22} > 0) \\
\quad + 0, & \quad + 0, & (m_{32} = 0) \\
z'_{\min} = 0 & z'_{\max} = 0 & (m_{13} = 0) \\
\quad + 0 & \quad + 0 & (m_{23} = 0) \\
\quad + z_{\min}, & \quad + z_{\max} & (m_{33} = 1)
\end{array}
$$

对恰当的积求和，可得

$x'_{\min} = m_{11} \cdot x_{\min} + m_{21} \cdot y_{\max} + 0 = 0.707 \cdot -5 + (-0.707) \cdot 11 + 0 = -11.312$,
$y'_{\min} = m_{12} \cdot x_{\min} + m_{22} \cdot y_{\min} + 0 = 0.707 \cdot -5 + 0.707 \cdot -7 + 0 = -8.484$,
$z'_{\min} = z_{\min} = -5$,
$x'_{\max} = m_{11} \cdot x_{\max} + m_{21} \cdot y_{\min} + 0 = 0.707 \cdot 7 + (-0.707) \cdot -7 + 0 = 9.898$,
$y'_{\max} = m_{12} \cdot x_{\max} + m_{22} \cdot y_{\max} + 0 = 0.707 \cdot 7 + 0.707 \cdot 11 + 0 = 12.726$,
$z'_{\max} = z_{\max} = 8$

请注意观察这个包围盒比变换角点的包围盒大多少。

4. （a）首先，使用式（9.12）找到法线：

$$\mathbf{e}_3 = \mathbf{p}_2 - \mathbf{p}_1 = \begin{bmatrix} 3 \\ -1 \\ 17 \end{bmatrix} - \begin{bmatrix} 6 \\ 10 \\ -2 \end{bmatrix} = \begin{bmatrix} -3 \\ -11 \\ 19 \end{bmatrix},$$

$$\mathbf{e}_1 = \mathbf{p}_3 - \mathbf{p}_2 = \begin{bmatrix} -9 \\ 8 \\ 0 \end{bmatrix} - \begin{bmatrix} 3 \\ -1 \\ 17 \end{bmatrix} = \begin{bmatrix} -12 \\ 9 \\ -17 \end{bmatrix},$$

$$\mathbf{e}_3 \times \mathbf{e}_1 = \begin{bmatrix} (-11)(-17) - (19)(9) \\ (19)(-12) - (-3)(-17) \\ (-3)(9) - (-11)(-12) \end{bmatrix} = \begin{bmatrix} 187 - 171 \\ -228 - 51 \\ -27 - 132 \end{bmatrix} = \begin{bmatrix} 16 \\ -279 \\ -159 \end{bmatrix}$$

现在来归一化它：

$$\| \mathbf{e}_3 \times \mathbf{e}_1 \| = \sqrt{16^2 + (-279)^2 + (-159)^2} = \sqrt{103378} \approx 321.5,$$

$$\hat{\mathbf{n}} = \frac{\mathbf{e}_3 \times \mathbf{e}_1}{\| \mathbf{e}_3 \times \mathbf{e}_1 \|} \approx \frac{\begin{bmatrix} 16 & -279 & -159 \end{bmatrix}}{321.5}$$

$$\approx \begin{bmatrix} .04976 & -.8677 & -.4945 \end{bmatrix}$$

从第 9.5.3 节中的式（9.13）可以获得相同的结果，具体如下：

$$n_x = (z_1 + z_2)(y_1 - y_2) + (z_2 + z_3)(y_2 - y_3) + (z_3 + z_1)(y_3 - y_1)$$
$$= ((-2) + 17)(10 - (-1)) + (17 + 0)((-1) - 8) + (0 + (-2))(8 - 10)$$
$$= 16,$$

$$n_y = (x_1 + x_2)(z_1 - z_2) + (x_2 + x_3)(z_2 - z_3) + (x_3 + x_1)(z_3 - z_1)$$
$$= (6 + 3)((-2) - 17) + (3 + (-9))(17 - 0) + ((-9) + 6)(0 - (-2))$$
$$= -279,$$

$$n_z = (y_1 + y_2)(x_1 - x_2) + (y_2 + y_3)(x_2 - x_3) + (y_3 + y_1)(x_3 - x_1)$$
$$= (10 + (-1))(6 - 3) + ((-1) + 8)(3 - (-9)) + (8 + 10)((-9) - 6)$$
$$= -159,$$

$$\hat{\mathbf{n}} = \frac{\begin{bmatrix} 16 & -279 & 159 \end{bmatrix}}{\sqrt{16^2 + (-279)^2 + 159^2}} \approx \frac{\begin{bmatrix} 16 & -279 & 159 \end{bmatrix}}{321.5} \approx \begin{bmatrix} .04976 & -.8677 & -0.4945 \end{bmatrix}$$

现在已经有了 $\hat{\mathbf{n}}$，可以计算 d。我们将任意使用 $\mathbf{p}_1$，则 d 计算如下：

$$d = \mathbf{n} \cdot \mathbf{p}_1 \approx \begin{bmatrix} .04976 & -.8677 & -.4945 \end{bmatrix} \cdot \begin{bmatrix} 6 & 10 & -2 \end{bmatrix}$$
$$\approx (.04976)(6) + (-.8677)(10) + (-.4945)(-2) \approx -7.389$$

该三角形的平面方程是

$$.04976x - .8677y - .4945z = -7.389$$

（b）为了回答这两个问题，可以使用第 9.5.4 节中的式（9.14）计算有符号距离：

$$a = \mathbf{q} \cdot \hat{\mathbf{n}} - d$$
$$\approx \begin{bmatrix} 3 & 4 & 5 \end{bmatrix} \cdot \begin{bmatrix} .04976 & -.8677 & -.4945 \end{bmatrix} - (-7.389)$$
$$\approx (.04976)(3) + (-.8677)(4) + (-.4945)(5) + 7.389$$
$$\approx 1.595$$

由于此值为正，即可得出结论，该点位于平面的正面。

（c）首先可以使用二维投影方法来求解这个问题。法线的主轴是 y，因此我们将
丢弃顶点的 y 坐标并投影到 xz 平面上。应用代码清单 9.6 中的表示法（但
使用基于 1 的下标）计算如下：

$$
\begin{array}{llll}
u_1 = z_1 - z_3 & u_2 = z_2 - z_3 & u_3 = p_z - z_1 & u_4 = p_z - z_3 \\
\quad = -2 - 0 & \quad = 17 - 0 & \quad = 17.11 - (-2) & \quad = 17.11 - 0 \\
\quad = -2, & \quad = 17, & \quad = 19.11, & \quad = 17.11, \\
v_1 = x_1 - x_3 & v_2 = x_2 - x_3 & v_3 = p_x - x_1 & v_4 = p_x - x_3 \\
\quad = 6 - (-9) & \quad = 3 - (-9) & \quad = 13.60 - 6 & \quad = 13.60 - (-9) \\
\quad = 15, & \quad = 12, & \quad = 7.60, & \quad = 22.60
\end{array}
$$

$$
\begin{array}{llll}
\text{denom} & = v_1 u_2 - v_2 u_1 & = (15)(17) - (12)(-2) & = 279, \\
(b_1)(\text{denom}) & = v_4 u_2 - v_2 u_4 & = (22.60)(17) - (12)(17.11) & = 178.9, \\
b_1 & = 178.9/279 & & = 0.641, \\
(b_2)(\text{denom}) & = v_1 u_3 - v_3 u_1 & = (15)(19.11) - (7.60)(-2) & = 301.85, \\
b_2 & = 301.85/279 & & = 1.082, \\
b_3 & = 1 - b_1 - b_2 & = 1 - 0.641 - 1.082 & = -0.723
\end{array}
$$

（d）$\mathbf{c}_{\text{Grav}} = \dfrac{\mathbf{v}_1 + \mathbf{v}_2 + \mathbf{v}_3}{3} = \dfrac{\begin{bmatrix} 6 & 10 & -2 \end{bmatrix} + \begin{bmatrix} 3 & -1 & 17 \end{bmatrix} + \begin{bmatrix} -9 & 8 & 0 \end{bmatrix}}{3}$

$\qquad = \dfrac{\begin{bmatrix} (6+3-9) & (10-1+8) & (-2+17+0) \end{bmatrix}}{3} = \dfrac{\begin{bmatrix} 0 & 17 & 15 \end{bmatrix}}{3}$

$\qquad = \begin{bmatrix} 0 & 17/3 & 5 \end{bmatrix} \approx \begin{bmatrix} 0 & 5.66 & 5 \end{bmatrix}$

（e）首先，计算边的长度：

$$
\begin{array}{l}
l_1 = \left\| \begin{bmatrix} -9 & 8 & 0 \end{bmatrix} - \begin{bmatrix} 3 & -1 & 17 \end{bmatrix} \right\| = \left\| \begin{bmatrix} -12 & 9 & -17 \end{bmatrix} \right\| \approx 22.67, \\
l_2 = \left\| \begin{bmatrix} 6 & 10 & -2 \end{bmatrix} - \begin{bmatrix} -9 & 8 & 0 \end{bmatrix} \right\| = \left\| \begin{bmatrix} 15 & 2 & -2 \end{bmatrix} \right\| \approx 15.26, \\
l_3 = \left\| \begin{bmatrix} 3 & -1 & 17 \end{bmatrix} - \begin{bmatrix} 6 & 10 & -2 \end{bmatrix} \right\| = \left\| \begin{bmatrix} -3 & -11 & 19 \end{bmatrix} \right\| \approx 22.16
\end{array}
$$

$\mathbf{c}_{\text{In}} = \dfrac{l_1 \mathbf{v}_1 + l_2 \mathbf{v}_2 + l_3 \mathbf{v}_3}{p}$

$\qquad = \dfrac{22.67 \begin{bmatrix} 6 & 10 & -2 \end{bmatrix} + 15.26 \begin{bmatrix} 3 & -1 & 17 \end{bmatrix} + 22.16 \begin{bmatrix} -9 & 8 & 0 \end{bmatrix}}{22.67 + 16.22 + 22.16}$

$\qquad = \dfrac{\begin{bmatrix} 136.02 & 226.70 & -45.34 \end{bmatrix} + \begin{bmatrix} 45.78 & -15.26 & 259.42 \end{bmatrix} + \begin{bmatrix} -199.44 & 177.28 & 0 \end{bmatrix}}{60.09}$

$\qquad = \dfrac{\begin{bmatrix} -17.64 & 388.72 & 214.08 \end{bmatrix}}{60.09} = \begin{bmatrix} -0.294 & 6.47 & 3.56 \end{bmatrix}$

（f） $\mathbf{e}_1 = \begin{bmatrix} -9 \\ 8 \\ 0 \end{bmatrix} - \begin{bmatrix} 3 \\ -1 \\ 17 \end{bmatrix} = \begin{bmatrix} -12 \\ 9 \\ -17 \end{bmatrix}$

$\mathbf{e}_2 = \begin{bmatrix} 6 \\ 10 \\ -2 \end{bmatrix} - \begin{bmatrix} -9 \\ 8 \\ 0 \end{bmatrix} = \begin{bmatrix} 15 \\ 2 \\ -2 \end{bmatrix}$

$\mathbf{e}_3 = \begin{bmatrix} 3 \\ -1 \\ 17 \end{bmatrix} - \begin{bmatrix} 6 \\ 10 \\ -2 \end{bmatrix} = \begin{bmatrix} -3 \\ -11 \\ 19 \end{bmatrix}$

$d_1 = -\mathbf{e}_2 \cdot \mathbf{e}_3 = -\begin{bmatrix} 15 \\ 2 \\ -2 \end{bmatrix} \cdot \begin{bmatrix} -3 \\ -11 \\ 19 \end{bmatrix} = -((15 \cdot -3) + (2 \cdot -11) + (-2 \cdot 19)) = 105$

$d_2 = -\mathbf{e}_3 \cdot \mathbf{e}_1 = -\begin{bmatrix} -3 \\ -11 \\ 19 \end{bmatrix} \cdot \begin{bmatrix} -12 \\ 9 \\ -17 \end{bmatrix} = -((-3 \cdot -12) + (-11 \cdot 9) + (19 \cdot -17)) = 386$

$d_3 = -\mathbf{e}_1 \cdot \mathbf{e}_2 = -\begin{bmatrix} -12 \\ 9 \\ -17 \end{bmatrix} \cdot \begin{bmatrix} 15 \\ 2 \\ -2 \end{bmatrix} = -((-12 \cdot 15) + (9 \cdot 2) + (-17 \cdot -2)) = 128$

$c_1 = d_2 d_3 = 386 \cdot 128 = 49408$

$c_2 = d_3 d_1 = 128 \cdot 105 = 13440$

$c_3 = d_1 d_2 = 105 \cdot 386 = 40530$

$c = c_1 + c_2 + c_3 = 49408 + 13440 + 40530 = 103378$

$\mathbf{c}_{\text{Circ}} = \dfrac{(c_2 + c_3)\mathbf{v}_1 + (c_3 + c_1)\mathbf{v}_2 + (c_1 + c_2)\mathbf{v}_3}{2c}$

$= \dfrac{(13440 + 40530)\begin{bmatrix} 6 \\ 10 \\ -2 \end{bmatrix} + (40530 + 49408)\begin{bmatrix} 3 \\ -1 \\ 17 \end{bmatrix} + (49408 + 13440)\begin{bmatrix} -9 \\ 8 \\ 0 \end{bmatrix}}{2(103378)}$

$= \dfrac{53970}{206756}\begin{bmatrix} 6 \\ 10 \\ -2 \end{bmatrix} + \dfrac{89938}{206756}\begin{bmatrix} 3 \\ -1 \\ 17 \end{bmatrix} + \dfrac{62848}{206756}\begin{bmatrix} -9 \\ 8 \\ 0 \end{bmatrix}$

$= 0.261\begin{bmatrix} 6 \\ 10 \\ -2 \end{bmatrix} + 0.435\begin{bmatrix} 3 \\ -1 \\ 17 \end{bmatrix} + 0.304\begin{bmatrix} -9 \\ 8 \\ 0 \end{bmatrix}$

$= \begin{bmatrix} 1.566 \\ 2.610 \\ -0.522 \end{bmatrix} + \begin{bmatrix} 1.305 \\ -0.435 \\ 7.395 \end{bmatrix} + \begin{bmatrix} -2.736 \\ 2.432 \\ 0 \end{bmatrix} = \begin{bmatrix} 0.135 \\ 4.607 \\ 6.873 \end{bmatrix}$

5. 使用式（9.13）：

$$n_x = (12.70 + (-9.22))(13.90 - 12.77) + (-9.22 + 12.67)(12.77 - 2.34)$$
$$+ (12.67 + (-7.09))(2.34 - 10.64) + (-7.09 + 18.68)(10.64 - 3.16)$$
$$+ (18.68 + 12.70)(3.16 - 13.90) = -256.73$$
$$n_y = (-29.74 + 11.53)(12.70 - (-9.22)) + (11.53 + 9.16)(-9.22 - 12.67)$$
$$+ (9.16 + 14.62)(12.67 - (-7.09)) + (14.62 + (-3.31))(-7.09 - 18.68)$$
$$+ (-3.31 + (-29.74))(18.68 - 12.70) = -871.27$$
$$n_z = (13.90 + 12.77)(-29.74 - 11.53) + (12.77 + 2.34)(11.53 - 9.16)$$
$$+ (2.34 + 10.64)(9.16 - 14.62) + (10.64 + 3.16)(14.62 - (-3.31))$$
$$+ (3.16 + 13.90)(-3.31 - (-29.74)) = -437.40$$

归一化该结果，可得

$$\hat{\mathbf{n}} = [-0.255, -0.864, -0.434]$$

现在，最佳拟合 d 值可由下式计算：

$$d = \hat{\mathbf{n}} \cdot (\mathbf{p}_1 + \mathbf{p}_2 + \mathbf{p}_3 + \mathbf{p}_4 + \mathbf{p}_5)/5$$
$$= [-0.255, -0.864, -0.434] \cdot [2.26, 42.81, 27.74]/5 = -9.92$$

6. 七边形被扇形化为 5 个三角形。基于第 9.7.3 节中给出的简单策略，对该多边形进行扇形化的一种可能方法是

$$\{\mathbf{v}_1, \mathbf{v}_2, \mathbf{v}_3\}, \{\mathbf{v}_1, \mathbf{v}_3, \mathbf{v}_4\}, \{\mathbf{v}_1, \mathbf{v}_4, \mathbf{v}_5\}, \{\mathbf{v}_1, \mathbf{v}_5, \mathbf{v}_6\}, \{\mathbf{v}_1, \mathbf{v}_6, \mathbf{v}_7\}$$

B.10　第 10 章

1. 以下是式（10.2）的直接应用：

（a）$\dfrac{\text{pixPhys}_x}{\text{pixPhys}_y} = \dfrac{\text{devPhys}_x}{\text{devPhys}_y} \cdot \dfrac{\text{devRes}_y}{\text{devRes}_x} = \dfrac{4}{3} \cdot \dfrac{480}{640} = 1$。

（b）$\dfrac{\text{pixPhys}_x}{\text{pixPhys}_y} = \dfrac{\text{devPhys}_x}{\text{devPhys}_y} \cdot \dfrac{\text{devRes}_y}{\text{devRes}_x} = \dfrac{16}{9} \cdot \dfrac{480}{640} = \dfrac{4}{3}$（宽度大于高度）。

2. （a）$\dfrac{\text{winPhys}_x}{\text{winPhys}_y} = \dfrac{\text{winRes}_x}{\text{winRes}_y} \cdot \dfrac{\text{pixPhys}_x}{\text{pixPhys}_y} = \dfrac{320}{480} \cdot 1 = \dfrac{2}{3}$（宽度大于高度）。

（b）使用式（10.3）的左侧，可得

$$\text{zoom}_x = \dfrac{1}{\tan(\text{fov}_x/2)} = \dfrac{1}{\tan(60°/2)} \approx 1.732$$

（c）使用式（10.4）可得

$$\dfrac{\text{zoom}_y}{\text{zoom}_x} = \dfrac{\text{winPhys}_x}{\text{winPhys}_y},$$
$$\dfrac{\text{zoom}_y}{1.732} = \dfrac{2}{3},$$
$$\text{zoom}_y = 1.155$$

（d）使用式（10.3）的右侧，可得

$$\mathrm{fov}_y = 2\,\arctan\,(1/\mathrm{zoom}_y) = 2\,\arctan\,(1/1.155) = 81.77^\circ$$

（e）通过式（10.6）可以给出正确的公式：

$$\begin{bmatrix} \mathrm{zoom}_x & 0 & 0 & 0 \\ 0 & \mathrm{zoom}_y & 0 & 0 \\ 0 & 0 & -\frac{f+n}{f-n} & -\frac{2nf}{f-n} \\ 0 & 0 & -1 & 0 \end{bmatrix} = \begin{bmatrix} 1.732 & 0 & 0 & 0 \\ 0 & 1.155 & 0 & 0 \\ 0 & 0 & -\frac{256.0+1.0}{256.0-1.0} & -\frac{2(1.0)(256.0)}{256.0-1.0} \\ 0 & 0 & -1 & 0 \end{bmatrix}$$

$$= \begin{bmatrix} 1.732 & 0 & 0 & 0 \\ 0 & 1.155 & 0 & 0 \\ 0 & 0 & -1.00784 & -2.00784 \\ 0 & 0 & -1 & 0 \end{bmatrix}$$

（f）这一次可以使用式（10.7）：

$$\begin{bmatrix} \mathrm{zoom}_x & 0 & 0 & 0 \\ 0 & \mathrm{zoom}_y & 0 & 0 \\ 0 & 0 & \frac{f}{f-n} & 1 \\ 0 & 0 & \frac{-nf}{f-n} & 0 \end{bmatrix} = \begin{bmatrix} 1.732 & 0 & 0 & 0 \\ 0 & 1.155 & 0 & 0 \\ 0 & 0 & \frac{256}{256-1} & 1 \\ 0 & 0 & -\frac{(1)(256)}{256-1} & 0 \end{bmatrix} = \begin{bmatrix} 1.732 & 0 & 0 & 0 \\ 0 & 1.155 & 0 & 0 \\ 0 & 0 & 1.00392 & 1 \\ 0 & 0 & -1.00392 & 0 \end{bmatrix}$$

3.（a）$\dfrac{\mathrm{winPhys}_x}{\mathrm{winPhys}_y} = \dfrac{\mathrm{winRes}_x}{\mathrm{winRes}_y} \cdot \dfrac{\mathrm{pixPhys}_x}{\mathrm{pixPhys}_y} = \dfrac{320}{480} \cdot \dfrac{4}{3} = \dfrac{8}{9}$。

（b）和习题 2 中（b）一样，即 1.732。。

（c）$\dfrac{\mathrm{zoom}_y}{\mathrm{zoom}_x} = \dfrac{\mathrm{winPhys}_x}{\mathrm{winPhys}_y}$，

$\dfrac{\mathrm{zoom}_y}{1.732} = \dfrac{8}{9}$，

$\mathrm{zoom}_y = 1.540$。

（d）$\mathrm{fov}_y = 2\,\arctan\,(1/\mathrm{zoom}_y) = 2\,\arctan\,(1/1.540) = 66.00^\circ$。

4.（a）2　（b）1　（c）4　（d）6　（e）3　（f）5

5.（a）7　（b）3　（c）1　（d）10　（e）4　（f）2

（g）9　（h）6　（i）8　（j）5

6. 在这里，可以通过乘以 127，再加上 128，然后四舍五入到整数来编码每个分量。如果任何答案偏离 1 个像素，那可能就可以了（最好确保 -1 被编码为零）。

（a）R = 0, G = 128, B = 128　　　　（b）R = 162, G = 60, B = 230

（c）R = 128, G = 128, B = 255　　　（d）R = 128, G = 237, B = 193

7.

	切线-空间法线	副　法　线	模型-空间法线
（a）	[0.000, 1.000, 0.000]	[0.577, −0.577, 0.577]	[0.577, −0.577, 0.577]
（b）	[−0.172, 0.211, 0.953]	[0.000, 0.000, 1.000]	[−0.172, 0.953, 0.211]
（c）	[0.000, 0.703, 0.703]	[0.000, 0.894, 0.447]	[0.703, 0.628, 0.314]
（d）	[0.820, −0.547, 0.133]	[−0.064, −0.786, −0.615]	[0.864, 0.386, 0.307]

B.11 第 11 章

1. $1\dfrac{\text{lb}}{\text{in}^2} \approx 1\dfrac{\text{lb}}{\text{in}^2} \times \dfrac{4.448\ \text{N}}{1\ \text{lb}} \times \left(\dfrac{1\ \text{in}}{0.0254\ \text{m}}\right)^2 \approx 6.89 \times 10^3\ \dfrac{\text{N}}{\text{m}^2}$

2.

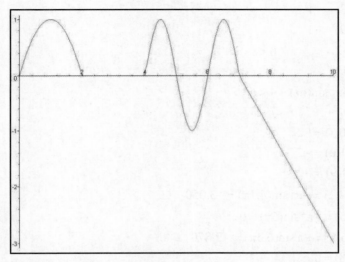

3. （a）$\dfrac{x(1) - x(0)}{1 - 0} = \dfrac{1 - 0}{1} = 1$

（b）$\dfrac{x(2) - x(1)}{2 - 1} = \dfrac{0 - 1}{1} = -1$

（c）$\dfrac{x(2) - x(0)}{2 - 0} = \dfrac{0 - 0}{2} = 0$

（d）$\dfrac{x(6.5) - x(5.5)}{6.5 - 5.5} = \dfrac{1 - (-1)}{1} = 2$

（e）$\dfrac{x(9) - x(0)}{9 - 0} = \dfrac{(-2) - 0}{9} = -\dfrac{2}{9}$

4. $v(t) = \begin{cases} 2 - 2t & 0 < t < 2 \\ 0 & 2 < t < 4 \\ \pi\cos(\pi t) & 4 < t < 7 \\ -1 & 7 < t \end{cases}$

5. （a）$v(0.1) = 2 - 2(0.1) = 1.8$

　　（b）$v(1.0) = 2 - 2(1.0) = 0.0$

　　（c）$v(1.9) = 2 - 2(1.9) = -1.8$

　　（d）$v(4.1) = \pi \cos(4.1\pi) = 2.988$

　　（e）$v(5) = \pi \cos(5\pi) = -\pi$

　　（f）$v(6.5) = \pi \cos(6.5\pi) = 0$

　　（g）$v(8) = -1$

　　（h）$v(9) = -1$

6. $a(t) = \begin{cases} -2 & 0 < t < 2 \\ 0 & 2 < t < 4 \\ -\pi^2 \sin(\pi t) & 4 < t < 7 \\ 0 & 7 < t \end{cases}$

7. （a）$a(0.1) = -2$

　　（b）$a(1.0) = -2$

　　（c）$a(1.9) = -2$

　　（d）$a(4.1) = -\pi^2 \sin(4.1\pi) = -3.050$

　　（e）$a(5) = -\pi^2 \sin(5\pi) = 0$

　　（f）$a(6.5) = -\pi \sin(6.5\pi) = -9.870$

　　（g）$a(8) = 0$

　　（h）$a(9) = 0$

8. 负判别式表示运动的顶点（初始速度方向上的最远位移）不足以达到所需的位移 Δx。因此，没有达到所追求的位移的 t 值。如果判别式为零，那么对于式（11.16）只有一个解，并且位移等于顶点处的最大位移。

请注意，如果加速度和位移具有相同的符号，则判别式永远不会为负，并且除了在所有值都为零的简单情况下，总会有两个解。

9. （a）$\mathbf{v}_0 = 150[\cos 40^\circ, \sin 40^\circ] \text{ ft/s} \approx [114.9, 96.4] \text{ ft/s}$

　　（b）$t = -(\mathbf{v}_0)_y / a_y = -(96.4 \text{ ft/s})/(-32.0 \text{ ft/s}^2) = 3.01 \text{ s}$

　　（c）$\mathbf{p}(t) = \begin{bmatrix} 0 \text{ ft} \\ 10 \text{ ft} \end{bmatrix} + \begin{bmatrix} 114.9 \text{ ft/s} \\ 96.4 \text{ ft/s} \end{bmatrix} t + \frac{1}{2} \begin{bmatrix} 0 \text{ ft/s}^2 \\ -32.0 \text{ ft/s}^2 \end{bmatrix} t^2$

$$\mathbf{p}(3.01 \text{ s}) = \begin{bmatrix} 0 \text{ ft} \\ 10 \text{ ft} \end{bmatrix} + \begin{bmatrix} 114.9 \text{ ft/s} \\ 96.4 \text{ ft/s} \end{bmatrix}(3.01 \text{ s}) + \frac{1}{2} \begin{bmatrix} 0 \text{ ft/s}^2 \\ -32.0 \text{ ft/s}^2 \end{bmatrix}(3.01 \text{ s})^2$$

$$= \begin{bmatrix} 0 \text{ ft} \\ 10 \text{ ft} \end{bmatrix} + \begin{bmatrix} 345.8 \text{ ft} \\ 290.2 \text{ ft} \end{bmatrix} + \begin{bmatrix} 0 \text{ ft} \\ -145.0 \text{ ft} \end{bmatrix} = \begin{bmatrix} 345.8 \text{ ft} \\ 155.2 \text{ ft} \end{bmatrix}$$

（d）是达到顶点的时间的 2 倍，即 2(3.01 s) = 6.02 s。

（e）$x(t) = (0 \text{ ft}) + (114.9 \text{ ft/s})t + (1/2)(0 \text{ ft/s}^2)t^2$

$x(6.02 \text{ s}) = (114.9 \text{ ft/s})(6.02 \text{ s}) = 691.7 \text{ ft}$

10. $\Delta\mathbf{p} = \mathbf{v}_0 t + (1/2)\mathbf{a}t^2$

$\Delta\mathbf{p} \cdot \mathbf{a} = (\mathbf{v}_0 t + (1/2)\mathbf{a}t^2) \cdot \mathbf{a}$

$\Delta\mathbf{p} \cdot \mathbf{a} = (\mathbf{v}_0 \cdot \mathbf{a})t + (1/2)(\mathbf{a} \cdot \mathbf{a})t^2$

$0 = (\mathbf{a} \cdot \mathbf{a}/2)t^2 + (\mathbf{v}_0 \cdot \mathbf{a})t - \Delta\mathbf{p} \cdot \mathbf{a}$

$t = \dfrac{-(\mathbf{v}_0 \cdot \mathbf{a}) \pm \sqrt{(\mathbf{v}_0 \cdot \mathbf{a})^2 - 4(\mathbf{a} \cdot \mathbf{a}/2)(\Delta\mathbf{p} \cdot \mathbf{a})}}{2(\mathbf{a} \cdot \mathbf{a}/2)}$

$t = \dfrac{-(\mathbf{v}_0 \cdot \mathbf{a}) \pm \sqrt{(\mathbf{v}_0 \cdot \mathbf{a})^2 - 2(\mathbf{a} \cdot \mathbf{a})(\Delta\mathbf{p} \cdot \mathbf{a})}}{\mathbf{a} \cdot \mathbf{a}}$

11. 扩展 e^{ix} 的泰勒级数：

$$e^{ix} = 1 + ix + \frac{(ix)^2}{2!} + \frac{(ix)^3}{3!} + \frac{(ix)^4}{4!} + \frac{(ix)^5}{5!} + \frac{(ix)^6}{6!} + \frac{(ix)^7}{7!} + \frac{(ix)^8}{8!} + \cdots$$

代入 i 的幂（$i^2 = -1$，$i^3 = -i$，$i^4 = 1$，以此类推）：

$$e^{ix} = 1 + ix - \frac{x^2}{2!} - \frac{ix^3}{3!} + \frac{x^4}{4!} + \frac{ix^5}{5!} - \frac{x^6}{6!} - \frac{ix^7}{7!} + \frac{x^8}{8!} + \cdots$$

现在分离实数和虚数项：

$$e^{ix} = \left(1 - \frac{x^2}{2!} + \frac{x^4}{4!} - \frac{x^6}{6!} + \frac{x^8}{8!} - \cdots\right) + i\left(x - \frac{x^3}{3!} + \frac{x^5}{5!} - \frac{x^7}{7!} + \cdots\right)$$

该总和可以被认为是余弦和正弦的泰勒级数展开，因此，

$$e^{ix} = \cos x + i\sin x$$

这个等式被称为欧拉公式（Euler's Formula）。代入 $x = \pi$，并将所有的东西都移动到左侧，这样将给出欧拉恒等式（Euler's Identity），这是一个将 5 个重要数学常数联系在一起的漂亮方程：

$$e^{i\pi} + 1 = 0$$

12. 这个问题有一些技巧。首先，需要计算轨道的实际半径，同时考虑地球的（平均）半径为 6371 km，如

$$r = 6371 \text{ km} + 340 \text{ km} = 6711 \text{ km}$$

现在，圆形轨道的长度只是具有该半径的圆的圆周，可以使用基本几何计算，即

$$C = 2\pi r = 2\pi(6711 \text{ km}) = 4.217 \times 10^4 \text{ km}$$

最后，将此距离除以平均速度以获得轨道周期，即

$$P = C / s = (4.217 \times 10^4 \text{ km})/(27740 \text{ km / hr}) = 1.520 \text{ hr} = 91.21 \text{ min}$$

向心加速度可以通过式（11.29）计算，即

$$a = \frac{s^2}{r} = \frac{\left(27740 \; \frac{\text{km}}{\text{hr}} \times \frac{1 \; \text{hr}}{3600 \; \text{s}}\right)^2}{6711 \; \text{km}} = \frac{\left(7.706 \; \frac{\text{km}}{\text{s}}\right)^2}{6711 \; \text{km}} = 0.008849 \; \frac{\text{km}}{\text{s}^2} = 8.849 \; \frac{\text{m}}{\text{s}^2}$$

B.12　第 12 章

1. 我们必须考虑作用在风扇、空气和船上的所有力量。当风扇旋转时，风扇和空气之间存在力，该力想要向前推动空气并向后推动风扇。由于风扇没有向后加速，我们知道必须有一些力量反对它，这种力来自船提供的摩擦力。但是这意味着船正在接受向后的力，而这种向后的力抵消了风吹帆船所产生的任何力。

2. 首先，我们确定了 4 个体：女孩、男孩、绳子和地球。接下来，我们分别确定以下主动张力和摩擦力：

$T_{g,r}$	女孩拉绳子，	$T_{r,g}$	绳子拉女孩；
$F_{g,e}$	女孩推地球，	$F_{e,g}$	地球推女孩；
$T_{b,r}$	男孩拉绳子，	$T_{r,b}$	绳子拉男孩；
$F_{b,e}$	男孩推地球，	$F_{e,b}$	地球推男孩

根据牛顿第三定律，可以假设左边的每个力的大小与右边的相应力的大小相等，但是方向相反。接下来，由于假设绳索的拉伸可以忽略不计，则一端的张力必须等于另一端的张力，因此所有的 T 力都具有相同的大小。由于孩子们都在加速，每个孩子都必须有一个净力导致他们的位移。地球推动女孩比绳子拉她更卖力，所以她向后加速；对于男孩来说，情况恰恰相反，力量的方向使他向前移动。因此，作为一个系统，孩子相对于地球加速的原因是因为女孩的推力大于男孩的推力，导致在女孩的方向出现了净力。

3. 错误。由重力引起的加速度是恒定的，但由重力引起的力随质量成比例增加。

4. 这是牛顿万有引力定律的直接应用，其距离等于地球半径加上轨道高度，即

$$d = 6371 \; \text{km} + 340 \; \text{km} = 6711 \; \text{km}$$

将这个值和地球质量插入式（12.3）中，即可得到

$$f = G \frac{m_1 m_2}{d^2} = \left(6.673 \times 10^{-11} \frac{\text{N m}^2}{\text{kg}^2}\right) \frac{(5.98 \times 10^{24} \; \text{kg}) m_2}{(6.711 \times 10^6 \; \text{m})^2}$$
$$= (8.86 \; \text{N}) \frac{m_2}{\text{kg}} = \left(8.86 \; \frac{\text{m}}{\text{s}^2}\right) m_2$$

我们来观察一些和这个结果有关的东西。首先，它绝对不是零；实际上，它仅比地球表面的重力加速度约低 10%。尽管术语"零重力"通常用于描述在太空中轨道上运行的物体的环境，但我们看到这个术语有点用词不当，因为即使在距离地球表面以上约 340 千米处，引力也非常活跃。事实上，正是重力提供了必要的向心加速度以维持轨道。

其次，我们将这个答案与第 11.9 节习题 12 的结果进行比较，可以发现数字是相同的（好吧，差不多完全相同，0.1%的差异是问题简化和舍入的结果）。这种匹配引导我们回答问题的第二部分。由于空间站及其中的所有物体都处于自由落体状态，因此存在明显的失重现象。在任何自由落体情况下都会出现明显的失重，无论重力是什么，即使物体没有轨道运行（例如，在下降的电梯或游乐园的超级过山车项目中）。美国国家航空航天局（NASA）有所谓的"呕吐彗星"飞机，就是专门用来给宇航员进行地面失重模拟训练的。

坠落的电梯和围绕地球轨道运行的空间站之间的区别在于，空间站的自由下落会无限期地持续下去。空间站所选择的轨道速度和高度使得由于重力引起的加速度与向心加速度完全相同，并且与下降的电梯不同，空间站永远不会更接近地面。空间站不断"落在地平线上"，永远不会触底。

5. 在临界角处，静摩擦力 f_s 精确地平衡了重力的横向分量 $g_\parallel$。最大摩擦力等于法向力的大小 n 乘以静摩擦系数 μ_s。法向力等于 $g_\perp$，即垂直于表面的重力分量，从表 12.1 中可以看出，混凝土与木材之间的静摩擦系数为 0.62。因此可得

$$f_s = g_\parallel,$$
$$(\mu_s n) = g_\parallel,$$
$$(0.62 g_\perp) = g_\parallel$$

重力的法向和横向分量可以用倾斜角 θ 表示为

$$g_\perp = \|\mathbf{g}\|\cos\theta,$$
$$g_\parallel = \|\mathbf{g}\|\sin\theta$$

其中，$\|\mathbf{g}\|$ 是混凝土块上重力的总量值。插入这些值并求解 θ，可得

$$0.62 g_\perp = g_\parallel,$$
$$0.62\|\mathbf{g}\|\cos\theta = \|\mathbf{g}\|\sin\theta,$$
$$0.62 = \frac{\|\mathbf{g}\|\sin\theta}{\|\mathbf{g}\|\cos\theta},$$
$$0.62 = \frac{\sin\theta}{\cos\theta},$$
$$0.62 = \tan\theta,$$
$$\arctan 0.62 = \theta,$$
$$32^\circ \approx \theta$$

请注意，在本实验中，混凝土块的重量和重力加速度都不相关。因此，如果在月球上进行这个实验，那么你会得到相同的临界角。

6. （a）胡克定律告诉我们 $f = kx_0$。在这种情况下，该力是重力，其与质量成比例并且由 $f = mg$ 给出。因此，其关系是

$$mg = kx_0$$

（b）代入在（a）中得到的公式，有

$$mg = kx_0,$$

$$(5.00 \text{ kg})(9.8 \text{ m/s}^2) = k(10.0 \text{ cm}),$$

$$\frac{49 \text{ N}}{0.100 \text{ m}} = k,$$

$$4.9 \times 10^2 \text{ N/m} = k$$

（c）将（b）中得到的 k 值代入 $mg = kx_0$ 中，可得

$$m(9.8 \text{ m/s}^2) = (4.9 \times 10^2 \text{ N/m})(17.0 \text{ cm})$$

$$m = \frac{(4.9 \times 10^2 \text{ N/m})(0.170 \text{ m})}{9.8 \text{ m/s}^2} = 8.5 \text{ kg}$$

（d）假设弹簧和环境没有改变，我们预计 1 kg 质量会导致 2 cm 的延伸。由于长度的实际变化为 8 cm，因此只有两种解释：[①] 弹簧常数减小或表观重力增加（或两个原因同时都有）。也许弹簧已经磨损了？重力的增加可能是由于在较大的行星上或在向上加速的非惯性参考系中进行实验而引起的。

7.　（a）$F = \dfrac{1}{2\pi}\sqrt{\dfrac{k}{m}} = \dfrac{1}{2\pi}\sqrt{\dfrac{1.00 \times 10^2 \ (\text{kg m/s}^2)/\text{m}}{5.00 \text{ kg}}} = \dfrac{\sqrt{20.0 \text{ s}^{-2}}}{2\pi} = 0.712 \text{ Hz}$

（b）振幅仅为初始位移，为 14.7 cm。

（c）我们知道质量的运动必须是 $A\cos(\omega t + \theta_0)$ 的形式。在确定振幅 $A = 14.7$ cm 的情况下，知道角频率 $\omega = 2\pi F = 4.47$ Hz。

当质量穿过静止位置时，$\cos(\omega t + \theta_0) = 0$。因此，此时 $\sin(\omega t + \theta_0) = \pm 1$，其速度为

$$v(t) = -A\omega \sin(\omega t + \theta_0)$$

$$= \pm(14.7 \text{ cm})(4.47 \text{ s}^{-1}) = \pm 65.7 \text{ cm/s}$$

由于速度总是正的，因此可以丢弃"$\pm$"。

8.　由于没有外力，人+车系统的质心不会移动，并且该系统的总动量必须始终保持为零。设 v_m 和 v_c 分别指的是相对于地球的人和车的速度。

（a）人与车的相对速度表示为

$$v_m - v_c = 1.25 \text{ m/s},$$

$$v_m = v_c + 1.25 \text{ m/s}$$

并且我们也知道系统的综合动力必须保持为零，即

$$P_m + P_c = m_m v_m + m_c v_c = 0$$

[①] 说"物理定律不起作用"者，不得分。但是，回答"因为在视频游戏中"者，额外加 20 分。

将上面第一个等式插入第二个等式中，可得

$$(75.0 \text{ kg})(v_c + 1.25 \text{ m/s}) + (1.00 \times 10^3 \text{ kg})v_c = 0,$$
$$(75.0 \text{ kg})v_c + 93.8 \text{ kg m/s} + (1.00 \times 10^3 \text{ kg})v_c = 0,$$
$$(1.08 \times 10^3 \text{ kg})v_c = -93.8 \text{ kg m/s},$$
$$v_c = -0.0869 \text{ m/s}$$

所以得到了人的惯性速度为

$$v_m = v_c + 1.25 \text{ m/s} = -0.0869 \text{ m/s} + 1.25 \text{ m/s} = 1.16 \text{ m/s}$$

（b）首先，我们通过固定汽车上的坐标空间中的运动来计算行程的持续时间，即

$$\Delta t = \Delta x / v = (20.0 \text{ m})/(1.25 \text{ m/s}) = 16.0 \text{ s}$$

然后，将汽车和人的速度分别乘以此持续时间以获得其位移，即

$$\Delta x_m = v_m \Delta t = (1.16 \text{ m/s})(16.0 \text{ s}) = 18.6 \text{ m},$$
$$\Delta x_c = v_c \Delta t = (-0.0869 \text{ m/s})(16.0 \text{ s}) = -1.39 \text{ m}$$

另一种方法是认识到系统的质心不会移动，因为没有外力，并将人和车视为点质量。由于那个人走完了车的长度，因此

$$\Delta x_m = \Delta x_c + 20.0 \text{ m}$$

现在，人的运动必须被汽车的运动所抵消，使得重心不会移动，即

$$\Delta x_m m_m + \Delta x_c m_c = 0$$

通过将上面第一个方程插入第二个方程中来求解方程组，可得

$$(\Delta x_c + 20.0 \text{ m})m_m + \Delta x_c m_c = 0,$$
$$(\Delta x_c + 20.0 \text{ m})(75.0 \text{ kg}) + \Delta x_c(1.00 \times 10^3 \text{ kg}) = 0,$$
$$\Delta x_c(75.0 \text{ kg}) + (1.50 \times 10^3 \text{ kg m}) + \Delta x_c(1.00 \times 10^3 \text{ kg}) = 0,$$
$$\Delta x_c(1.08 \times 10^3 \text{ kg}) = -1.50 \times 10^3 \text{ kg m},$$
$$\Delta x_c = -1.39 \text{ m}$$

（c）汽车的速度也会随着人的速度按比例而增加。在任何时候，质心的总动量和总位移都是零。汽车和人的最后位置与以前相同。

（d）这里要做的就是在之前的结果上加上+5.00 m/s，即

$$v_c = -0.0869 \text{ m/s} + 5.00 \text{ m/s} = 4.91 \text{ m/s},$$
$$v_m = 1.16 \text{ m/s} + 5.00 \text{ m/s} = 6.16 \text{ m/s}$$

（e）因此，最后求得

$$\Delta x_m = v_m \Delta t = (6.16 \text{ m/s})(16.0 \text{ s}) = 98.6 \text{ m},$$
$$\Delta x_c = v_c \Delta t = (4.91 \text{ m/s})(16.0 \text{ s}) = 78.6 \text{ m}$$

9. 首先，必须计算接触法线 $\mathbf{n}$ 为

$$\mathbf{n} = \begin{bmatrix} \cos -110^\circ \\ \sin -110^\circ \end{bmatrix} \approx \begin{bmatrix} -0.342 \\ -0.940 \end{bmatrix}$$

再计算相对速度 $\mathbf{v}_{\mathrm{rel}}$ 为

$$\mathbf{v}_{\mathrm{rel}} = \mathbf{v}_1 - \mathbf{v}_2 = (35~\mathrm{km/hr}) \begin{bmatrix} -1 \\ 0 \end{bmatrix} - (65~\mathrm{km/hr}) \begin{bmatrix} \cos 115^\circ \\ \sin 115^\circ \end{bmatrix} \approx \begin{bmatrix} -7.505 \\ -58.890 \end{bmatrix}~\mathrm{km/hr}$$

现在将这些值以及质量和恢复系数插入式（12.23）中，以确定 k，即碰撞冲击力的大小（注意，我们还假设 $\mathbf{n}$ 是单位矢量，因此 $\mathbf{n} \cdot \mathbf{n} = 1$）。进而求解 k 为

$$k = \frac{(e+1)\mathbf{v}_{\mathrm{rel}} \cdot \mathbf{n}}{(1/m_1 + 1/m_2)\,\mathbf{n} \cdot \mathbf{n}} = \frac{(1+0.1)\left(\begin{bmatrix} -7.505 \\ -58.890 \end{bmatrix}~\mathrm{km/hr}\right) \cdot \begin{bmatrix} -0.342 \\ -0.940 \end{bmatrix}}{(1/1{,}500~\mathrm{kg} + 1/2{,}500~\mathrm{kg})}$$

$$= \frac{63.716~\mathrm{km/hr}}{0.00107~\mathrm{kg}^{-1}} = 59{,}533~\mathrm{kg~km/hr}$$

凯莉（也就是 m_2）接受到矢量冲击力是

$$k\mathbf{n} = (59{,}533~\mathrm{kg~km/hr}) \begin{bmatrix} -0.342 \\ -0.940 \end{bmatrix} = \begin{bmatrix} -20{,}360 \\ -55{,}961 \end{bmatrix}~\mathrm{kg~km/hr}$$

最后计算撞车之后的速度，可得

$$\mathbf{v}_1' = \frac{\mathbf{P}_1'}{m_1} = \frac{\mathbf{P}_1 - k\mathbf{n}}{m_1} = \frac{\left(\begin{bmatrix} -52{,}500 \\ 0 \end{bmatrix} - \begin{bmatrix} -20{,}360 \\ -55{,}961 \end{bmatrix}\right)~\mathrm{kg~km/hr}}{1{,}500~\mathrm{kg}} = \begin{bmatrix} -21.43 \\ 37.31 \end{bmatrix}~\mathrm{km/hr},$$

$$\mathbf{v}_2' = \frac{\mathbf{P}_2'}{m_2} = \frac{\mathbf{P}_2 + k\mathbf{n}}{m_2} = \frac{\left(\begin{bmatrix} -68{,}700 \\ 147{,}000 \end{bmatrix} + \begin{bmatrix} -20{,}360 \\ -55{,}961 \end{bmatrix}\right)~\mathrm{kg~km/hr}}{2{,}500~\mathrm{kg}} = \begin{bmatrix} -35.62 \\ 36.42 \end{bmatrix}~\mathrm{km/hr}$$

10. 由于重力总是直接向下，因此平衡杆中的弯曲导致每侧的杠杆臂根据猴子的角度而改变。例如，如果猴子开始向左倾斜，这会使杆子右端的重量向上旋转。在这种情况下，重力作用更垂直于右侧的杆（杠杆臂），并且扭矩增加。同时，相对端的质量向下旋转，使得杆与重力更加平行，从而减小扭矩。换句话说，恢复扭矩总是大于倾向于使猴子翻倒的扭矩，并且当猴子直立时，它们处于平衡状态。

11. 空心圆柱体将更难滚动，因为惯性矩会更大。想象一下，圆柱体是由可压缩物质制成的。现在想象一下从实心圆柱体的中心取出一个单独的质量元素并将其向外推。随着半径的增加，该元素的惯性矩将增加。这基本上是两个圆柱体之间的差异，空心圆柱体具有更密集的外环，其更多的质量被向外推。

12. （a）首先可以确定总质量，即 2200 kg。然后可以根据式（12.22）对质心进行加权平均。由此可得

$$\mathbf{r}_c = \frac{1}{M}\sum_i^n m_i \mathbf{r_i} = \frac{1}{2200}\left(\begin{array}{l} 1000 \cdot (0, 100, 225) + 600 \cdot (0, 125, 75) \\ + 400 \cdot (0, 100, -120) + 50 \cdot (-100, 35, 230) \\ + 50 \cdot (100, 35, 230) + 50 \cdot (-100, 35, -150) \\ + 50 \cdot (100, 35, -150) \end{array}\right)$$

$$= (0, 101, 105)$$

（b）在撰写本文时，可以在 wikipedia.org 的 List of moment of inertia tensors 下找到这样的表格。

车头：

$$J = \frac{1000 \text{ kg}}{12}\begin{bmatrix} (0.80 \text{ m})^2 + (1.50 \text{ m})^2 & 0 & 0 \\ 0 & (2.00 \text{ m})^2 + (1.50 \text{ m})^2 & 0 \\ 0 & 0 & (2.00 \text{ m})^2 + (0.80 \text{ m})^2 \end{bmatrix}$$

$$= \begin{bmatrix} 241 & 0 & 0 \\ 0 & 521 & 0 \\ 0 & 0 & 387 \end{bmatrix} (\text{kg m}^2)$$

车身：

$$J = \frac{600 \text{ kg}}{12}\begin{bmatrix} (1.30 \text{ m})^2 + (1.50 \text{ m})^2 & 0 & 0 \\ 0 & (2.00 \text{ m})^2 + (1.50 \text{ m})^2 & 0 \\ 0 & 0 & (2.00 \text{ m})^2 + (1.30 \text{ m})^2 \end{bmatrix}$$

$$= \begin{bmatrix} 197 & 0 & 0 \\ 0 & 313 & 0 \\ 0 & 0 & 285 \end{bmatrix} (\text{kg m}^2)$$

车厢：

$$J = \frac{400 \text{ kg}}{12}\begin{bmatrix} (0.80 \text{ m})^2 + (2.40 \text{ m})^2 & 0 & 0 \\ 0 & (2.00 \text{ m})^2 + (2.40 \text{ m})^2 & 0 \\ 0 & 0 & (2.00 \text{ m})^2 + (0.80 \text{ m})^2 \end{bmatrix}$$

$$= \begin{bmatrix} 213 & 0 & 0 \\ 0 & 325 & 0 \\ 0 & 0 & 155 \end{bmatrix} (\text{kg m}^2)$$

每个轮子：

$$J = (50 \text{ kg})\begin{bmatrix} \frac{1}{2}(0.35 \text{ m})^2 & 0 & 0 \\ 0 & \frac{1}{12}(3(0.35 \text{ m})^2 + (0.20 \text{ m})^2) & 0 \\ 0 & 0 & \frac{1}{12}(3(0.35 \text{ m})^2 + (0.20 \text{ m})^2) \end{bmatrix}$$

$$= \begin{bmatrix} 3.06 & 0 & 0 \\ 0 & 1.70 & 0 \\ 0 & 0 & 1.70 \end{bmatrix} (\text{kg m}^2)$$

（c）可以将平行轴定理（见式（12.31））应用于每个部分。必须首先计算每个部分相对于卡车质心的位置，将其表示为 $\mathbf{r'}$。

车头：

$$\mathbf{r}' = (0, 1.00, 2.25) - (0, 1.01, 1.05) = (0, -0.01, 1.20),$$

$$J' = \begin{bmatrix} 241 & 0 & 0 \\ 0 & 521 & 0 \\ 0 & 0 & 387 \end{bmatrix} + 1000 \begin{bmatrix} (-0.01)^2 + 1.20^2 & -0 \cdot (-0.01) & -0 \cdot 1.20 \\ -0 \cdot (-0.01) & 0^2 + 1.20^2 & -(-0.01) \cdot 1.20 \\ -0 \cdot 1.20 & -(-0.01) \cdot 1.20 & 0^2 + (-0.01)^2 \end{bmatrix} \text{ (kg m}^2)$$

$$= \begin{bmatrix} 1680 & 0 & 0 \\ 0 & 1960 & 12.0 \\ 0 & 12.0 & 387 \end{bmatrix} \text{ (kg m}^2)$$

车身：

$$\mathbf{r}' = (0, 125, 75) - (0, 1.01, 1.05) = (0, 0.24, -0.30),$$

$$J' = \begin{bmatrix} 197 & 0 & 0 \\ 0 & 313 & 0 \\ 0 & 0 & 285 \end{bmatrix} + 600 \begin{bmatrix} 0.24^2 + (-0.30)^2 & -0 \cdot 0.24 & -0 \cdot (-0.30) \\ -0 \cdot 0.24 & 0^2 + (-0.30)^2 & -0.24 \cdot (-0.30) \\ -0 \cdot (-0.30) & -0.24 \cdot (-0.30) & 0^2 + 0.24^2 \end{bmatrix} \text{ (kg m}^2)$$

$$= \begin{bmatrix} 286 & 0 & 0 \\ 0 & 367 & 43.2 \\ 0 & 43.2 & 320 \end{bmatrix} (10^2 \text{ kg m}^2)$$

车厢：

$$\mathbf{r}' = (0, 1.00, -1.20) - (0, 1.01, 1.05) = (0, -0.01, -2.25),$$

$$J' = \begin{bmatrix} 213 & 0 & 0 \\ 0 & 325 & 0 \\ 0 & 0 & 155 \end{bmatrix} + 400 \begin{bmatrix} (-0.01)^2 + (-2.25)^2 & -0 \cdot (-0.01) & -0 \cdot (-2.25) \\ -0 \cdot (-0.01) & 0^2 + (-2.25)^2 & -(-0.01) \cdot (-2.25) \\ -0 \cdot (-2.25) & -(-0.01) \cdot (-2.25) & 0^2 + 0.01^2 \end{bmatrix} \text{ (kg m}^2)$$

$$= \begin{bmatrix} 22.4 & 0 & 0 \\ 0 & 23.5 & -0.09 \\ 0 & -0.09 & 1.55 \end{bmatrix} (10^2 \text{ kg m}^2)$$

左前轮：

$$\mathbf{r}' = (-1.00, 0.35, 2.30) - (0, 1.01, 1.05) = (-1.00, -0.66, 1.25),$$

$$J' = \begin{bmatrix} 3.06 & 0 & 0 \\ 0 & 1.70 & 0 \\ 0 & 0 & 1.70 \end{bmatrix} \text{ (kg m}^2)$$

$$+ 50 \begin{bmatrix} (-0.66)^2 + 1.25^2 & -(-1.00) \cdot (-0.66) & -(-1.00) \cdot 1.25 \\ -(-1.00) \cdot (-0.66) & (-1.00)^2 + 1.25^2 & -(-0.66) \cdot 1.25 \\ -(-1.00) \cdot 1.25 & -(-0.66) \cdot 1.25 & (-1.00)^2 + (-0.66)^2 \end{bmatrix} \text{ (kg m}^2)$$

$$= \begin{bmatrix} 103 & -33.0 & 62.5 \\ -33.0 & 130 & 41.3 \\ 62.5 & 41.3 & 73.5 \end{bmatrix} \text{ (kg m}^2)$$

右前轮：

$$\mathbf{r}' = (1.00, 0.35, 2.30) - (0, 1.01, 1.05) = (1.00, -0.66, 1.25),$$

$$J' = \begin{bmatrix} 3.06 & 0 & 0 \\ 0 & 1.70 & 0 \\ 0 & 0 & 1.70 \end{bmatrix} \text{ (kg m}^2)$$

$$+ 50 \begin{bmatrix} (-0.66)^2 + 1.25^2 & -(1.00) \cdot (-0.66) & -(1.00) \cdot 1.25 \\ -(1.00) \cdot (-0.66) & (1.00)^2 + 1.25^2 & -(-0.66) \cdot 1.25 \\ -(1.00) \cdot 1.25 & -(-0.66) \cdot 1.25 & (1.00)^2 + (-0.66)^2 \end{bmatrix} \text{ (kg m}^2)$$

$$= \begin{bmatrix} 103 & 33.0 & -62.5 \\ 33.0 & 130 & 41.3 \\ -62.5 & 41.3 & 73.5 \end{bmatrix} \text{ (kg m}^2)$$

左后轮:

$\mathbf{r}' = (-1.00, 0.35, -1.50) - (0, 1.01, 1.05) = (-1.00, -0.66, -2.55),$

$J' = \begin{bmatrix} 3.06 & 0 & 0 \\ 0 & 1.70 & 0 \\ 0 & 0 & 1.70 \end{bmatrix} (\text{kg m}^2)$

$\qquad + 50 \begin{bmatrix} (-0.66)^2 + (-2.55)^2 & -(-1.00) \cdot (-0.66) & -(-1.00) \cdot (-2.55) \\ -(-1.00) \cdot (-0.66) & (-1.00)^2 + (-2.55)^2 & -(-0.66) \cdot (-2.55) \\ -(-1.00) \cdot (-2.55) & -(-0.66) \cdot (-2.55) & (-1.00)^2 + (-0.66)^2 \end{bmatrix} (\text{kg m}^2)$

$\quad = \begin{bmatrix} 350 & -33.0 & -128 \\ -33.0 & 377 & -84.2 \\ -128 & -84.2 & 73.5 \end{bmatrix} (\text{kg m}^2)$

右后轮:

$\mathbf{r}' = (1.00, 0.35, -1.50) - (0, 1.01, 1.05) = (1.00, -0.66, -2.55),$

$J' = \begin{bmatrix} 3.06 & 0 & 0 \\ 0 & 1.70 & 0 \\ 0 & 0 & 1.70 \end{bmatrix} (\text{kg m}^2)$

$\qquad + 50 \begin{bmatrix} (-0.66)^2 + (-2.55)^2 & -(1.00) \cdot (-0.66) & -(1.00) \cdot (-2.55) \\ -(1.00) \cdot (-0.66) & (1.00)^2 + (-2.55)^2 & -(-0.66) \cdot (-2.55) \\ -(1.00) \cdot (-2.55) & -(-0.66) \cdot (-2.55) & (1.00)^2 + (-0.66)^2 \end{bmatrix} (\text{kg m}^2)$

$\quad = \begin{bmatrix} 350 & 33.0 & 128 \\ 33.0 & 377 & -84.2 \\ 128 & -84.2 & 73.5 \end{bmatrix} (\text{kg m}^2)$

总计:

$$\begin{bmatrix} 5110 & 0 & 0 \\ 0 & 5690 & -40 \\ 0 & -40 & 1150 \end{bmatrix} (\text{kg m}^2)$$

B.13　第 13 章

1. $\ell_1(t) = \left(\dfrac{t - t_2}{t_1 - t_2} \right) \left(\dfrac{t - t_3}{t_1 - t_3} \right) = \left(\dfrac{t - 1}{0 - 1} \right) \left(\dfrac{t - 2}{0 - 2} \right) = (t - 1)(t - 2)/2$

$\qquad = (t^2 - 3t + 2)/2$

$\quad \ell_2(t) = \left(\dfrac{t - t_1}{t_2 - t_1} \right) \left(\dfrac{t - t_3}{t_2 - t_3} \right) = \left(\dfrac{t - 0}{1 - 0} \right) \left(\dfrac{t - 2}{1 - 2} \right) = -t(t - 2)$

$\qquad = -t^2 + 2t$

$\quad \ell_3(t) = \left(\dfrac{t - t_1}{t_3 - t_1} \right) \left(\dfrac{t - t_2}{t_3 - t_2} \right) = \left(\dfrac{t - 0}{2 - 0} \right) \left(\dfrac{t - 1}{2 - 1} \right) = t(t - 1)/2$

$\qquad = (t^2 - t)/2$

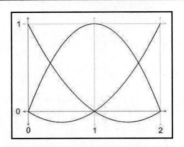

2. 可以通过几种方式解决这个问题，但由于这是关于曲线的章节，我们希望读者使用第 13.2 节中的多项式插值技术，通过问题中给出的"控制点"拟合抛物线。这些控制点碰巧共享了习题 1 中的节点顺序，希望读者能利用习题 1 的结果。数学计算开始于将每个拉格朗日基多项式乘以相应的控制点，即

$$\mathbf{p}(t) = \mathbf{p}_1 \ell_1(t) + \mathbf{p}_2 \ell_2(t) + \mathbf{p}_3 \ell_3(t)$$

$$= \begin{bmatrix} 0 \\ 0 \end{bmatrix} (t^2 - 3t + 2)/2 + \begin{bmatrix} d/2 \\ h \end{bmatrix} (-t^2 + 2t) + \begin{bmatrix} d \\ 0 \end{bmatrix} (t^2 - t)/2$$

$$= \begin{bmatrix} d/2 \\ h \end{bmatrix} (-t^2 + 2t) + \begin{bmatrix} d \\ 0 \end{bmatrix} (t^2 - t)/2$$

$$= \begin{bmatrix} -d/2 \\ -h \end{bmatrix} t^2 + \begin{bmatrix} d \\ 2h \end{bmatrix} t + \begin{bmatrix} d/2 \\ 0 \end{bmatrix} t^2 + \begin{bmatrix} -d/2 \\ 0 \end{bmatrix} t$$

$$= \begin{bmatrix} 0 \\ -h \end{bmatrix} t^2 + \begin{bmatrix} d/2 \\ 2h \end{bmatrix} t$$

3. （a）从 $t = 0.4$ 开始。第一轮插值如下：

$$\mathbf{b}_0^1 = 0.60\,\mathbf{b}_0^0 + 0.40\,\mathbf{b}_1^0 = 0.60 \cdot (3, 5) + 0.40 \cdot (6, 1) = (4.20, 3.40),$$
$$\mathbf{b}_1^1 = 0.60\,\mathbf{b}_1^0 + 0.40\,\mathbf{b}_2^0 = 0.60 \cdot (6, 1) + 0.40 \cdot (0, 3) = (3.60, 1.80),$$
$$\mathbf{b}_2^1 = 0.60\,\mathbf{b}_2^0 + 0.40\,\mathbf{b}_3^0 = 0.60 \cdot (0, 3) + 0.40 \cdot (5, 5) = (2.00, 3.80)$$

第二轮插值：

$$\mathbf{b}_0^2 = 0.60\,\mathbf{b}_0^1 + 0.40\,\mathbf{b}_1^1 = 0.60 \cdot (4.20, 3.40) + 0.40 \cdot (3.60, 1.80) = (3.96, 2.76),$$
$$\mathbf{b}_1^2 = 0.60\,\mathbf{b}_1^1 + 0.40\,\mathbf{b}_2^1 = 0.60 \cdot (3.60, 1.80) + 0.40 \cdot (2.00, 3.80) = (2.96, 2.60)$$

最后一轮插值：

$$\mathbf{b}_0^3 = 0.60\,\mathbf{b}_0^2 + 0.40\,\mathbf{b}_1^2 = 0.60 \cdot (3.96, 2.76) + 0.40 \cdot (2.96, 2.60) = (3.56, 2.70)$$

（b）应用式（13.32）～式（13.35），可得

$$\mathbf{p}_0 = \mathbf{b}_0 = (3, 5),$$
$$\mathbf{v}_0 = 3(\mathbf{b}_1 - \mathbf{b}_0) = 3[(6, 1) - (3, 5)] = [9, -12],$$
$$\mathbf{v}_1 = 3(\mathbf{b}_3 - \mathbf{b}_2) = 3[(5, 5) - (0, 3)] = [15, 6],$$
$$\mathbf{p}_1 = \mathbf{b}_3 = (5, 5)$$

（c）使用式（13.19），可得

$$\mathbf{p}(t) = \mathbf{b}_0 + t(3\mathbf{b}_1 - 3\mathbf{b}_0) + t^2(3\mathbf{b}_0 - 6\mathbf{b}_1 + 3\mathbf{b}_2) + t^3(-\mathbf{b}_0 + 3\mathbf{b}_1 - 3\mathbf{b}_2 + \mathbf{b}_3)$$

$$= \begin{bmatrix} 3 \\ 5 \end{bmatrix} + t\left(3\begin{bmatrix} 6 \\ 1 \end{bmatrix} - 3\begin{bmatrix} 3 \\ 5 \end{bmatrix} \right) + t^2\left(3\begin{bmatrix} 3 \\ 5 \end{bmatrix} - 6\begin{bmatrix} 6 \\ 1 \end{bmatrix} + 3\begin{bmatrix} 0 \\ 3 \end{bmatrix} \right)$$

$$+ t^3\left(-\begin{bmatrix} 3 \\ 5 \end{bmatrix} + 3\begin{bmatrix} 6 \\ 1 \end{bmatrix} - 3\begin{bmatrix} 0 \\ 3 \end{bmatrix} + \begin{bmatrix} 5 \\ 5 \end{bmatrix} \right)$$

$$= \begin{bmatrix} 3 \\ 5 \end{bmatrix} + t\begin{bmatrix} 9 \\ -12 \end{bmatrix} + t^2\begin{bmatrix} -27 \\ 18 \end{bmatrix} + t^3\begin{bmatrix} 20 \\ -6 \end{bmatrix}$$

（d）将 $t = 0.40$ 代入习题（c）的计算结果中，可得

$$\mathbf{p}(t) = \begin{bmatrix} 3 \\ 5 \end{bmatrix} + 0.40\begin{bmatrix} 9 \\ -12 \end{bmatrix} + 0.40^2\begin{bmatrix} -27 \\ 18 \end{bmatrix} + 0.40^3\begin{bmatrix} 20 \\ -6 \end{bmatrix}$$

$$= \begin{bmatrix} 3.00 \\ 5.00 \end{bmatrix} + \begin{bmatrix} 3.60 \\ -4.80 \end{bmatrix} + \begin{bmatrix} -4.32 \\ 2.88 \end{bmatrix} + \begin{bmatrix} 1.28 \\ -0.38 \end{bmatrix} = \begin{bmatrix} 3.56 \\ 2.70 \end{bmatrix}$$

（e）使用式（13.5），可得

$$\mathbf{v}(t) = \mathbf{c}_1 + 2\mathbf{c}_2 t + 3\mathbf{c}_3 t^2 = \begin{bmatrix} 9 \\ -12 \end{bmatrix} + 2t\begin{bmatrix} -27 \\ 18 \end{bmatrix} + 3t^2\begin{bmatrix} 20 \\ -6 \end{bmatrix}$$

$$= \begin{bmatrix} 9 \\ -12 \end{bmatrix} + t\begin{bmatrix} -54 \\ 36 \end{bmatrix} + t^2\begin{bmatrix} 60 \\ -18 \end{bmatrix}$$

（f）分别将 $t = 0.40$，$t = 0.00$，$t = 1.00$ 代入习题（e）的计算结果中，求得速度如下：

$$\mathbf{v}(0.40) = \begin{bmatrix} 9 \\ -12 \end{bmatrix} + 0.40\begin{bmatrix} -54 \\ 36 \end{bmatrix} + 0.40^2\begin{bmatrix} 60 \\ -18 \end{bmatrix} = \begin{bmatrix} 9 \\ -12 \end{bmatrix} + \begin{bmatrix} -21.6 \\ 14.4 \end{bmatrix} + \begin{bmatrix} 9.60 \\ -2.88 \end{bmatrix} = \begin{bmatrix} -3.00 \\ -0.48 \end{bmatrix},$$

$$\mathbf{v}(0.00) = \begin{bmatrix} 9 \\ -12 \end{bmatrix} + 0.00\begin{bmatrix} -54 \\ 36 \end{bmatrix} + 0.00^2\begin{bmatrix} 60 \\ -18 \end{bmatrix} = \begin{bmatrix} 9.00 \\ -12.00 \end{bmatrix},$$

$$\mathbf{v}(1.00) = \begin{bmatrix} 9 \\ -12 \end{bmatrix} + 1.00\begin{bmatrix} -54 \\ 36 \end{bmatrix} + 1.00^2\begin{bmatrix} 60 \\ -18 \end{bmatrix} = \begin{bmatrix} 15.00 \\ 6.00 \end{bmatrix}$$

4．$1 = B_0^2(t) + B_1^2(t) + B_2^2(t)$

  $= (1-t)^2 + 2(1-t)t + t^2$

  $= (1 - 2t + t^2) + (2t - 2t^2) + t^2$

  $= 1$

5．所有 4 个控制点应位于同一位置。

6．很明显，$\mathbf{b}_0$ 是直线的起点，而 $\mathbf{b}_3$ 是终点，但是如何处理内部点 $\mathbf{b}_1$ 和 $\mathbf{b}_2$ 并不是那么明显。求解它的一种方法是以单项式形式写出光线方程，即

$$\mathbf{p}(t) = \mathbf{p}_0 + (\mathbf{p}_1 - \mathbf{p}_0)t$$

现在，如果提取单项式系数

$$\mathbf{c}_0 = \mathbf{p}_0,$$
$$\mathbf{c}_1 = \mathbf{p}_1 - \mathbf{p}_0,$$
$$\mathbf{c}_2 = 0,$$
$$\mathbf{c}_3 = 0$$

则可以使用式（13.20）～式（13.23）转换为贝塞尔形式。具体转换如下：

$$
\begin{aligned}
\mathbf{b}_0 &= \mathbf{c}_0 & &= \mathbf{p}_0, \\
\mathbf{b}_1 &= \mathbf{c}_0 + (1/3)\mathbf{c}_1 & &= \mathbf{p}_0 + (1/3)(\mathbf{p}_1 - \mathbf{p}_0), \\
\mathbf{b}_2 &= \mathbf{c}_0 + (2/3)\mathbf{c}_1 + (1/3)\mathbf{c}_2 & &= \mathbf{p}_0 + (2/3)(\mathbf{p}_1 - \mathbf{p}_0), \\
\mathbf{b}_3 &= \mathbf{c}_0 + \mathbf{c}_1 + \mathbf{c}_2 + \mathbf{c}_3 = \mathbf{p}_0 + (\mathbf{p}_1 - \mathbf{p}_0) & &= \mathbf{p}_1
\end{aligned}
$$

请注意，$\mathbf{b}_0$ 和 $\mathbf{b}_3$ 按预期映射到端点。为了获得恒定的速度，我们将光线分成三等分，并将两个中间点放在这三分之间的分界处。

当考虑埃尔米特形式的恒定速度曲线时，这是有道理的。必须在单位时间间隔内通过差矢量 $\mathbf{p}_1 - \mathbf{p}_0$，因此所需的速度矢量 $\mathbf{v}_0$ 和 $\mathbf{v}_1$ 都等于该差矢量。回顾贝塞尔控制点和埃尔米特矢量之间的关系（见式（13.32）～式（13.35））将使我们得出与上面相同的结论。

当考虑伯恩斯坦基多项式时，这也是有道理的。请记住，每个基函数 $B_i^n(t)$ 在 $t = i/n$ 处具有一个局部最大值，其中相应的控制点 $\mathbf{b}_i$ 对曲线施加最大的影响。

7．我们希望读者能够通过思考的方式来获得答案。已知曲线的起始速度和结束速度为零，因此在埃尔米特形式中，矢量 $\mathbf{v}_0$ 和 $\mathbf{v}_1$ 为零。由于内部贝塞尔控制点从端点偏移速度的三分之一，这意味着第二个控制点必须与第一个控制点相同，而第三个控制点则应与最后一个控制点相同。因此，可得

$$
\begin{aligned}
\mathbf{b}_1 &= \mathbf{b}_0 + (1/3)\mathbf{v}_0 = \mathbf{b}_0 + (1/3)0 = \mathbf{b}_0, \\
\mathbf{b}_2 &= \mathbf{b}_3 - (1/3)\mathbf{v}_1 = \mathbf{b}_3 - (1/3)0 = \mathbf{b}_3
\end{aligned}
$$

8．要解决这个问题，可以转换为埃尔米特形式并检查起始速度和结束速度，即

$$
\begin{aligned}
\mathbf{v}_0 &= 3(\mathbf{b}_1 - \mathbf{b}_0) = 3(\mathbf{b}_3 - \mathbf{b}_0), \\
\mathbf{v}_1 &= 3(\mathbf{b}_3 - \mathbf{b}_2) = 3(\mathbf{b}_3 - \mathbf{b}_0)
\end{aligned}
$$

从本章习题 6 中可以知道，如果内部点均匀分布，将间隔分成三分之一，那么得到的曲线具有恒定的速度。但现在，内部控制点与其邻近端点的距离远远超过总间隔的三分之一，该距离等于总间隔长度。因此起始速度和结束速度是原来的 3 倍。这意味着我们开始"太快"并且必须在中间的某个地方减速，然后在最后加速回到高速。减速究竟要慢到什么程度？让我们绘制曲线来看一看。

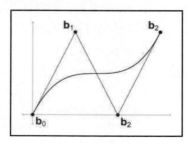

这里控制点在 x 轴上均匀间隔，因此它以恒定的水平速度移动。y 坐标根据本练习的描述进行分配，如你所见，初始垂直速度很大，在 $t = 1/2$ 时减慢到最小值，然后加速到最终的高速度。从上图中可以看出，斜率在中点 $t = 1/2$ 处是水平的，这意味着垂直速度为零。

9. 我们可以用代数方式解决这个问题。首先，需要将本章习题 2 中的答案转换为具有归一化参数的单项式形式的曲线。请记住，当 t 从 0 到 2 变化时，曲线会被追踪，但是所有的曲线都使用了从 0 到 1 变化的参数。所以，设置 $s = t/2$ 并根据 s 得出以下一个新的曲线：

$$\mathbf{p}(t) = \begin{bmatrix} 0 \\ -h \end{bmatrix} t^2 + \begin{bmatrix} d/2 \\ 2h \end{bmatrix} t,$$

$$\mathbf{p}(s) = \begin{bmatrix} 0 \\ -h \end{bmatrix} (2s)^2 + \begin{bmatrix} d/2 \\ 2h \end{bmatrix} (2s),$$

$$= \begin{bmatrix} 0 \\ -4h \end{bmatrix} s^2 + \begin{bmatrix} d \\ 4h \end{bmatrix} s$$

写出单项式系数，我们得到

$$\mathbf{c}_0 = \mathbf{0}, \qquad \mathbf{c}_1 = \begin{bmatrix} d \\ 4h \end{bmatrix}, \qquad \mathbf{c}_2 = \begin{bmatrix} 0 \\ -4h \end{bmatrix}, \qquad \mathbf{c}_3 = \mathbf{0}$$

现在可以使用式（13.20）～式（13.23）转换为贝塞尔形式，具体如下：

$$\mathbf{b}_0 = \mathbf{c}_0 \qquad\qquad\qquad\qquad\qquad\qquad = \mathbf{0},$$

$$\mathbf{b}_1 = \mathbf{c}_0 + (1/3)\mathbf{c}_1 = (1/3)\begin{bmatrix} d \\ 4h \end{bmatrix} \qquad\qquad = \begin{bmatrix} d/3 \\ 4h/3 \end{bmatrix},$$

$$\mathbf{b}_2 = \mathbf{c}_0 + (2/3)\mathbf{c}_1 + (1/3)\mathbf{c}_2$$

$$= (2/3)\begin{bmatrix} d \\ 4h \end{bmatrix} + (1/3)\begin{bmatrix} 0 \\ -4h \end{bmatrix} = \begin{bmatrix} 2d/3 \\ 8h/3 \end{bmatrix} + \begin{bmatrix} 0 \\ -4h/3 \end{bmatrix} \qquad = \begin{bmatrix} 2d/3 \\ 4h/3 \end{bmatrix},$$

$$\mathbf{b}_3 = \mathbf{c}_0 + \mathbf{c}_1 + \mathbf{c}_2 + \mathbf{c}_3 = \begin{bmatrix} d \\ 4h \end{bmatrix} + \begin{bmatrix} 0 \\ -4h \end{bmatrix} \qquad\qquad = \begin{bmatrix} d \\ 0 \end{bmatrix}$$

10. 我们的第一个任务是将曲线从函数 $y = f(x)$ 转换为参数形式 $(x(t), y(t))$。假设 x 是 t 的线性函数，因此需要求解 $x(t) = mt + b$，给定 $x(0) = -0.9683$ 和 $x(1) = 4.2253$。这将给出 $x(t) = 5.1936t - 0.9683$。使用习题 6 的结果可以很容易地确定贝塞尔控制点的 x 坐标。选择 x 作为 t 的线性函数，因为假设它具有恒定的水平速度，因此控制点的 x 坐标是在 $t = 1/3$ 和 $t = 2/3$ 处均匀间隔。总结所有 4 个控制点，可得

$$x_0 = x(0) = -0.968,$$

$$x_1 = x(1/3) = 5.1936(1/3) - 0.9683 = 0.763,$$

$$x_2 = x(2/3) = 5.1936(2/3) - 0.9683 = 2.494,$$

$$x_3 = x(1) = 4.225$$

x 坐标在这个问题上是无足轻重的，所有真正的工作都在 y 坐标。将 $x(t)$ 插入函数形式中，可得

$$y = -0.364x^2 + 1.145x + 2.110$$
$$= -0.364(5.1936t - 0.9683)^2 + 1.145(5.1936t - 0.9683) + 2.110$$
$$= -9.818t^2 + 9.608t + 0.660$$

这是单项式形式的完全有效的一维三次曲线。通过式（13.20）～式（13.23）可以将其转换为贝塞尔形式，具体如下：

$$y_0 = c_0 = 0.660,$$
$$y_1 = c_0 + (1/3)c_1 = 0.660 + (1/3)(9.608) = 3.863,$$
$$y_2 = c_0 + (2/3)c_1 + (1/3)c_2 = 0.660 + (2/3)(9.608) + (1/3)(-9.818) = 3.793,$$
$$y_3 = c_0 + c_1 + c_2 + c_3 = 0.660 + 9.608 + (-9.818) + 0 = 0.450$$

请注意，两个中间 y 坐标几乎是相等的，因为选择的起点和终点使抛物线略微不对称。

综上所述，4 个贝塞尔控制点分别就是

$$\mathbf{b}_0 = (-0.968, 0.660), \quad \mathbf{b}_1 = (0.763, 3.863), \quad \mathbf{b}_2 = (2.494, 3.793), \quad \mathbf{b}_3 = (4.225, 0.450)$$

11.（a）对于第一个控制点，执行常规 de Casteljau 算法，每轮使用分数 0.20，即

$$\mathbf{b}_0^1 = 0.80\,\mathbf{b}_0^0 + 0.20\,\mathbf{b}_1^0 = 0.80 \cdot (3,5) + 0.20 \cdot (6,1) = (3.60, 4.20),$$
$$\mathbf{b}_1^1 = 0.80\,\mathbf{b}_1^0 + 0.20\,\mathbf{b}_2^0 = 0.80 \cdot (6,1) + 0.20 \cdot (0,3) = (4.80, 1.40),$$
$$\mathbf{b}_2^1 = 0.80\,\mathbf{b}_2^0 + 0.20\,\mathbf{b}_3^0 = 0.80 \cdot (0,3) + 0.20 \cdot (5,5) = (1.00, 3.40),$$
$$\mathbf{b}_0^2 = 0.80\,\mathbf{b}_0^1 + 0.20\,\mathbf{b}_1^1 = 0.80 \cdot (3.60, 4.20) + 0.20 \cdot (4.80, 1.40) = (3.84, 3.64),$$
$$\mathbf{b}_1^2 = 0.80\,\mathbf{b}_1^1 + 0.20\,\mathbf{b}_2^1 = 0.80 \cdot (4.80, 1.40) + 0.20 \cdot (1.00, 3.40) = (4.04, 1.80),$$
$$\mathbf{b}_0' = 0.80\,\mathbf{b}_0^2 + 0.20\,\mathbf{b}_1^2 = 0.80 \cdot (3.84, 3.64) + 0.20 \cdot (4.04, 1.80) = (3.88, 3.27)$$

对于第二个控制点，使用分数 0.50 执行最后一轮，即

$$\mathbf{b}_0^2 = (3.84, 3.64),$$
$$\mathbf{b}_1^2 = (4.04, 1.80),$$
$$\mathbf{b}_1' = 0.50\,\mathbf{b}_0^2 + 0.50\,\mathbf{b}_1^2 = 0.50 \cdot (3.84, 3.64) + 0.50 \cdot (4.04, 1.80) = (3.94, 2.72)$$

对于第三个控制点，使用分数 0.50 执行最后三轮，即

$$\mathbf{b}_0^1 = (3.60, 4.20),$$
$$\mathbf{b}_1^1 = (4.80, 1.40),$$
$$\mathbf{b}_2^1 = (1.00, 3.40),$$
$$\mathbf{b}_0^2 = 0.50\,\mathbf{b}_0^1 + 0.50\,\mathbf{b}_1^1 = 0.50 \cdot (3.60, 4.20) + 0.50 \cdot (4.80, 1.40) = (4.20, 2.80),$$
$$\mathbf{b}_1^2 = 0.50\,\mathbf{b}_1^1 + 0.50\,\mathbf{b}_2^1 = 0.50 \cdot (4.80, 1.40) + 0.50 \cdot (1.00, 3.40) = (2.90, 2.40),$$
$$\mathbf{b}_2' = 0.50\,\mathbf{b}_0^2 + 0.50\,\mathbf{b}_1^2 = 0.50 \cdot (4.20, 2.80) + 0.50 \cdot (2.90, 2.40) = (3.55, 2.60)$$

对于最后的控制点，使用分数 0.50 执行所有轮，即

$$\mathbf{b}_0^1 = 0.50\,\mathbf{b}_0^0 + 0.50\,\mathbf{b}_1^0 = 0.50 \cdot (3,5) + 0.50 \cdot (6,1) = (4.50, 3.00),$$
$$\mathbf{b}_1^1 = 0.50\,\mathbf{b}_1^0 + 0.50\,\mathbf{b}_2^0 = 0.50 \cdot (6,1) + 0.50 \cdot (0,3) = (3.00, 2.00),$$
$$\mathbf{b}_2^1 = 0.50\,\mathbf{b}_2^0 + 0.50\,\mathbf{b}_3^0 = 0.50 \cdot (0,3) + 0.50 \cdot (5,5) = (2.50, 4.00),$$
$$\mathbf{b}_0^2 = 0.50\,\mathbf{b}_0^1 + 0.50\,\mathbf{b}_1^1 = 0.50 \cdot (4.50, 3.00) + 0.50 \cdot (3.00, 2.00) = (3.75, 2.50),$$
$$\mathbf{b}_1^2 = 0.50\,\mathbf{b}_1^1 + 0.50\,\mathbf{b}_2^1 = 0.50 \cdot (3.00, 2.00) + 0.50 \cdot (2.50, 4.00) = (2.75, 3.00),$$
$$\mathbf{b}_3' = 0.50\,\mathbf{b}_0^2 + 0.50\,\mathbf{b}_1^2 = 0.50 \cdot (3.75, 2.50) + 0.50 \cdot (2.75, 3.00) = (3.25, 2.75)$$

（b） $\mathbf{q}_0 = \mathbf{b}_0 = (3.0, 5.0)$

$\mathbf{q}_1 = \mathbf{b}_0/2 + \mathbf{b}_1/2 = (3,5)/2 + (6,1)/2 = (4.5, 3.0)$

$\mathbf{q}_2 = \mathbf{b}_0/4 + \mathbf{b}_1/2 + \mathbf{b}_2/4 = (3,5)/4 + (6,1)/2 + (0,3)/4 = (3.75, 2.5)$

$\mathbf{q}_3 = \mathbf{r}_0 = \mathbf{b}_0/8 + 3\mathbf{b}_1/8 + 3\mathbf{b}_2/8 + \mathbf{b}_3/8$
$\quad = (3,5)/8 + 3 \cdot (6,1)/8 + 3 \cdot (0,3)/8 + (5,5)/8 = (3.25, 2.75)$

$\mathbf{r}_1 = \mathbf{b}_1/4 + \mathbf{b}_2/2 + \mathbf{b}_3/4 = (6,1)/4 + (0,3)/2 + (5,5)/4 = (2.75, 3.0)$

$\mathbf{r}_2 = \mathbf{b}_2/2 + \mathbf{b}_3/2 = (0,3)/2 + (5,5)/2 = (2.5, 4.0)$

$\mathbf{r}_3 = \mathbf{b}_3 = (5.0, 5.0)$

（c）使用式（13.38）和 $n = 3$，则 5 个控制点分别如下：

$$\mathbf{b}_0' = \frac{0}{4}\,\mathbf{b}_{-1} + \left(1 - \frac{0}{4}\right)\mathbf{b}_0 = 0\begin{bmatrix} ? \\ ? \end{bmatrix} + 1\begin{bmatrix} 3 \\ 5 \end{bmatrix} = \begin{bmatrix} 3.00 \\ 5.00 \end{bmatrix},$$

$$\mathbf{b}_1' = \frac{1}{4}\,\mathbf{b}_0 + \left(1 - \frac{1}{4}\right)\mathbf{b}_1 = \frac{1}{4}\begin{bmatrix} 3 \\ 5 \end{bmatrix} + \frac{3}{4}\begin{bmatrix} 6 \\ 1 \end{bmatrix} = \begin{bmatrix} 5.25 \\ 2.00 \end{bmatrix},$$

$$\mathbf{b}_2' = \frac{2}{4}\,\mathbf{b}_1 + \left(1 - \frac{2}{4}\right)\mathbf{b}_2 = \frac{1}{2}\begin{bmatrix} 6 \\ 1 \end{bmatrix} + \frac{1}{2}\begin{bmatrix} 0 \\ 3 \end{bmatrix} = \begin{bmatrix} 3.00 \\ 2.00 \end{bmatrix},$$

$$\mathbf{b}_3' = \frac{3}{4}\,\mathbf{b}_2 + \left(1 - \frac{3}{4}\right)\mathbf{b}_3 = \frac{3}{4}\begin{bmatrix} 0 \\ 3 \end{bmatrix} + \frac{1}{4}\begin{bmatrix} 5 \\ 5 \end{bmatrix} = \begin{bmatrix} 1.25 \\ 3.50 \end{bmatrix},$$

$$\mathbf{b}_4' = \frac{4}{4}\,\mathbf{b}_3 + \left(1 - \frac{4}{4}\right)\mathbf{b}_4 = 1\begin{bmatrix} 5 \\ 5 \end{bmatrix} + 0\begin{bmatrix} ? \\ ? \end{bmatrix} = \begin{bmatrix} 5.00 \\ 5.00 \end{bmatrix}$$

对于每一个复杂的问题，都有一个清晰、简单和错误的答案。

——H. L. Mencken

参 考 文 献

[1] Tomas Akenine-Möller, Eric Haines, and Natty Hoffman. *Real-Time Rendering*, Third edition. Natick, MA: A K Peters, Ltd., 2008. http://www. realtimerendering.com/.

[2] James Arvo. "A Simple Method for Box-Sphere Intersection Testing." In *Graphics Gems*, edited by Andrew S. Glassner. San Diego: Academic Press Professional, 1990.

[3] Ian Ashdown. "Photometry and Radiometry: A Tour Guide for Computer Graphics Enthusiasts." Adapted from *Radiosity: A Programmer's Perspective*, Ian Ashdown, Wiley, 1994. http://www.helios32.com/.

[4] Didier Badouel. "An Efficient Ray-Polygon Intersection." In *Graphics Gems*, edited by Andrew S. Glassner. San Diego: Academic Press Professional, 1990.

[5] Ronen Barzel. "Lighting Controls for Computer Cinematography." *J. Graph. Tools* 2 (1997), 1–20.

[6] James F. Blinn. "Models of Light Reflection for Computer Synthesized Pictures." *SIGGRAPH Comput. Graph.* 11: 2 (1977), 192–198.

[7] James F. Blinn. "A Generalization of Algebraic Surface Drawing." *ACM Trans. Graph.* 1 (1982), 235–256.

[8] David M. Bourg. *Physics for Game Developers*. Sebastapol, CA: O'Reilly Media, 2002.

[9] Ronald N. Bracewell. *The Fourier Transform and Its Applications*, Second edition. New York: McGraw-Hill, 1978.

[10] G. H. Bryan. *Stability In Aviation: An Introduction to Dynamical Stability as Applied to the Motions of Aeroplanes*. London: Macmillan and Co., 1911.

[11] Erik B. Dam, Martin Koch, and Martin Lillholm. "Quaternions, Interpolation and Animation." Technical Report DIKU-TR-98/5, Department of Computer Science, University of Copenhagen, 1998. http://www.diku.dk/students/myth/quat.html.

[12] M. de Berg, M. van Kreveld, M. Overmars, and O. Schwarzkopf. *Computational Geometry—Algorithms and Applications*. Springer-Verlag, 1997.

[13] James Diebel. "Representing Attitude: Euler Angles, Unit Quaternions, and Rotation Vectors." http://citeseerx.ist.psu.edu/viewdoc/summary?doi=10.1.1.110.5134, 2006.

[14] "DirectX Developer Center." http://msdn.microsoft.com/en-us/directx/default.aspx.

[15] Tevian Dray and Corinne A. Manogue. "The Geometry of the Dot and Cross Products." *Journal of Online Mathematics and Its Applications* 6. http://mathdl.maa.org/images/upload_library/4/vol6/Dray2/Dray.pdf.

[16] Fletcher Dunn and Ian Parberry. *3D Math Primer for Graphics and Game Development*, First edition. Plano, TX: Wordware Publishing, 2002.

[17] David H. Eberly. *Game Physics*. San Francisco: Morgan Kaufmann Publishers, 2004.

[18] Christer Ericson. *Real-Time Collision Detection*. San Francisco: Morgan Kaufmann Publishers, 2005.

[19] Kenny Erleben, Jon Sporring, Knud Henricksen, and Henrik Dohlmann. *Physics-Based Animation*. Boston: Charles River Media, 2005.

[20] Gerald Farin. *Curves and Surfaces for Computer Aided Geometric Design: A Practical Guide*, Second edition. Boston: Academic Press, 1990.

[21] Frederick Fisher and Andrew Woo. "R • E versus N • H Specular Highlights." In *Graphics Gems IV*, edited by Paul S. Heckbert. San Diego: Academic Press Professional, 1994.

[22] Andrew S. Glassner. "Maintaining Winged-Edge Models." In *Graphics Gems II*, edited by James Arvo. San Diego: Academic Press Professional, 1991.

[23] Andrew S Glassner. *Principles of Digital Image Synthesis*. San Francisco: Morgan Kaufmann Publishers, 1995. http://glassner.com/andrew/writing/books/podis.htm.

[24] Ronald Goldman. "Intersection of Three Planes." In *Graphics Gems*, edited by Andrew S. Glassner. San Diego: Academic Press Professional, 1990.

[25] Ronald Goldman. "Triangles." In *Graphics Gems*, edited by Andrew S. Glassner. San Diego: Academic Press Professional, 1990.

[26] H. Gouraud. "Continuous Shading of Curved Surfaces." *IEEE Transactions on Computers* 20 (1971), 623–629.

[27] F. Sebastin Grassia. "Practical Parameterization of Rotations Using the Exponential Map." *J. Graph. Tools* 3 (1998), 29–48. http://jgt.akpeters.com/papers/Grassia98/.

[28] Ned Greene. "Environment Mapping and Other Applications of World Projections." *IEEE Comput. Graph. Appl.* 6 (1986), 21–29.

[29] Roy Hall. *Illumination and Color in Computer Generated Imagery*. New York: Springer-Verlag New York, 1989.

[30] Andrew J. Hanson. *Visualizing Quaternions (The Morgan Kaufmann Series in Interactive 3D Technology)*. San Francisco: Morgan Kaufmann, 2006.

[31] John C. Hart, George K. Francis, and Louis H. Kauffman. "Visualizing Quaternion Rotation." *ACM Trans. Graph.* 13:3 (1994), 256–276.

[32] Michael T. Heath. *Scientific Computing: An Introductory Survey*, Second edition. New York: McGraw-Hill, 2002. http://www.cse.illinois.edu/heath/scicomp/.

[33] Paul S. Heckbert. "What Are the Coordinates of a Pixel?" In *Graphics Gems*, edited by Andrew S. Glassner, pp. 246–248. San Diego: Academic Press Professional, 1990. http://www.graphicsgems.org/.

[34] Chris Hecker. "Physics, Part 3: Collision Response." *Game Developer Magazine*, pp. 11–18. http://chrishecker.com/Rigid Body Dynamics#Physics Articles.

[35] Chris Hecker. "Physics, Part 4: The Third Dimension." *Game Developer Magazine*, pp. 15–26. http://chrishecker.com/Rigid_Body_Dynamics#Physics_Articles.

[36] Jeff Hultquist. "Intersection of a Ray with a Sphere." In *Graphics Gems*, edited by Andrew S. Glassner. San Diego: Academic Press Professional, 1990.

[37] James T. Kajiya. "The Rendering Equation." In *SIGGRAPH '86: Proceedings of the 13th Annual Conference on Computer Graphics and Interactive Techniques*, pp. 143–150. New York: ACM, 1986.

[38] Randall D. Knight. *Physics for Scientists and Engineers*. Reading, MA: Addison-Wesley, 2004. http://wps.aw.com/aw_knight_physics_1/.

[39] Donald E. Knuth. *The Art of Computer Programming, Volume 1: Fundamental Algorithms*, Third edition. Reading, MA: Addison-Wesley Longman, 1997.

[40] Doris H. U. Kochanek and Richard H. Bartels. "Interpolating Splines with Local Tension, Continuity, and Bias Control." *SIGGRAPH Comput. Graph.* 18:3 (1984), 33–41.

[41] Jack B. Kuipers. *Quaternions and Rotation Sequences: A Primer with Applications to Orbits, Aerospace, and Virtual Reality*. Princeton, NJ: Princeton University Press, 1999.

[42] Eric Lengyel. *Mathematics for 3D Game Programming and Computer Graphics*, Second edition. Boston: Charles River Media, 2004. http://www.terathon.com/books/mathgames2.html.

[43] William E. Lorensen and Harvey E. Cline. "Marching Cubes: A High Resolution 3D Surface Construction Algorithm." In *Proceedings of the 14th Annual Conference on Computer Graphics and Interactive Techniques, SIGGRAPH '87*, pp. 163–169. New York: ACM, 1987.

[44] T. M. MacRobert. *Spherical Harmonics*, Second edition. New York: Dover Publications, 1948.

[45] John McDonald. "Teaching Quaternions Is Not Complex." *Computer Graphics Forum* 29: 8 (2010), 2447–2455.

[46] Brian Vincent Mirtich. "Impulse-based Dynamic Simulation of Rigid Body Systems." Ph.D. thesis, University of California at Berkeley, 1996.

[47] Jason Mitchell, Gary McTaggart, and Chris Green. "Shading in Valve's Source Engine." In *ACM SIGGRAPH 2006 Courses, SIGGRAPH '06*, pp. 129–142. New York: ACM, 2006. http://www.valvesoftware.com/publications.html.

[48] Addy Ngan, Frédo Durand, and Wojciech Matusik. "Experimental Validation of Analytical BRDF Models." In *ACM SIGGRAPH 2004 Sketches, SIGGRAPH '04*, pp. 90–. New York: ACM, 2004.

[49] "OpenGL Software Development Kit." http://www.opengl.org/sdk/docs/man/.

[50] OpenGL Architecture Review Board, Shreiner, Dave, Woo, Mason, Neider, Jackie, and Davis, Tom. *OpenGL(R) Programming Guide: The Official Guide to Learning OpenGL(R), Version 2.1*. Reading, MA: Addison-Wesley Professional, 2007. http://www.opengl.org/documentation/red_book/.

[51] Oliver M. O'Reilly. *Intermediate Dynamics for Engineers: A Unified Treatment of Newton–Euler and Lagrangian Mechanics*. Cambridge, UK: Cambridge University Press, 2008.

[52] Joseph O'Rourke. *Computational Geometry in C*, Second edition. Cambridge, UK: Cambridge University Press, 1994.

[53] Matt Pharr and Greg Humphreys. *Physically Based Rendering: From Theory to Implementation*. San Francisco: Morgan Kaufmann Publishers, 2004. http://www.pbrt.org/.

[54] Bui Tuong Phong. "Illumination for Computer Generated Pictures." *Commun. ACM* 18: 6(1975), 311–317.

[55] Charles Poynton. "Frequently Asked Questions about Color." http://www.poynton.com/ColorFAQ.html.

[56] William H. Press, Saul A. Teukolsky, William T. Vetterling, and Brian P. Flannery. *Numerical Recipes in C*, Second edition. Cambridge, UK: Cambridge University Press, 1992. http://www.nr.com/.

[57] Robert Resnick and David Halliday. *Physics*, Third edition. New York: John Wiley and Sons, 1977.

[58] David F. Rogers. *An Introduction to NURBS: With Historical Perspective*. New York: Academic Press, 2001.

[59] Philip J. Schneider and David H. Eberly. *Geometric Tools for Computer Graphics*. San Francisco: Morgan Kaufmann Publishers, 2003.

[60] Peter Schorn and Frederick Fisher. "Testing the Convexity of a Polygon." In *Graphics Gems IV*, edited by Paul S. Heckbert. San Diego: Academic Press Professional, 1994.

[61] Peter Shirley. *Fundamentals of Computer Graphics*. Natick, MA: A K Peters, Ltd., 2002. http://www.cs.utah.edu/~shirley/books/.

[62] Ken Shoemake. "Quaternions and 4 × 4 Matrices." In *Graphics Gems II*, edited by James Arvo. San Diego: Academic Press Professional, 1991.

[63] Ken Shoemake. "Euler Angle Conversion." In *Graphics Gems IV*, edited by Paul S. Heckbert. San Diego: Academic Press Professional, 1994.

[64] Peter-Pike Sloan. "Stupid Spherical Harmonics (SH) Tricks." Technical report, Microsoft Cooporation, 2008. http://www.ppsloan.org/publications.

[65] Russell Smith. "Open Dynamics Engine User Guide." http://www.ode.org/ode-latest-userguide.html.

[66] Alvy Ray Smith. "A Pixel Is Not a Little Square, a Pixel Is Not a Little Square, a Pixel Is Not a Little Square! And a Voxel is Not a Little Cube." Technical report, Technical Memo 6, Microsoft Research, 1995. http://alvyray.com/memos/6 pixel.pdf.

[67] Gilbert Strang. *Computational Science and Engineering*. Cambridge, UK: Wellesley-Cambridge, 2007.

[68] Gilbert Strang. *Introduction to Linear Algebra*, Fourth edition. Cambridge, UK: Wellesley-Cambridge, 2009.

[69] Paul S. Strauss. "A Realistic Lighting Model for Computer Animators." *IEEE Comput. Graph. Appl.* 10: 6(1990), 56–64.

[70] Gino van den Bergen. *Collision Detection in Interactive 3D Environments*.San Francisco: Morgan Kaufmann Publishers, 2004.

[71] David R. Warn. "Lighting Controls for Synthetic Images." In *Proceedings of the 10th Annual Conference on Computer Graphics and Interactive Techniques, SIGGRAPH '83*, pp. 13–21. New York: ACM, 1983.

[72] Andrew Woo. "Fast Ray-Box Intersection." In *Graphics Gems*, edited by Andrew S. Glassner. San Diego: Academic Press Professional, 1990.

阅读使生命更美好。生命不息，阅读不辍。

——P. J. O'Rourke（1947—）